D1753290

Gustav Hegi

Illustrierte Flora von Mitteleuropa

Gustav Hegi
Illustrierte Flora
von
Mitteleuropa

Band IV Teil 2 A
Zweite, völlig neubearbeitete Auflage
292 Abbildungen, 8 Farbtafeln

Verlag Paul Parey
Berlin und Hamburg

Aus der ersten Auflage wurden die Zeichnungen übernommen. Die Tafeln sind, unter Verwendung der alten Vorlagen von den Kunstmalern Hajek und R. E. Pfenninger, von Claus Caspari, München, und Walter Opp, Ottobrunn, neugestaltet worden.

1. Lieferung 1/1961
2./3. Lieferung 4/1963
4. Lieferung 11/1964
5. Lieferung 7/1965
6. Lieferung 11/1966

Schutzumschlag und Einband: Christoph Albrecht, D-8399 Tettenweis

1. Auflage 1925, erschienen im J. F. Lehmanns Verlag, München; 2. Auflage 1961, völlig neubearbeitet, erschienen im Carl Hanser Verlag, München; am 1. Juli 1975 übernommen vom Verlag Paul Parey, Berlin und Hamburg.

Das Werk ist urheberrechtlich geschützt. Die dadurch begründeten Rechte, insbesondere die der Übersetzung, des Nachdrucks, des Vortrages, der Entnahme von Abbildungen, der Funksendung, der Wiedergabe auf photomechanischem oder ähnlichem Wege und der Speicherung in Datenverarbeitungsanlagen, bleiben, auch bei nur auszugsweiser Verwertung, vorbehalten. Werden einzelne Vervielfältigungsstücke in dem nach § 54 Abs. 1 UrhG zulässigen Umfang für gewerbliche Zwecke hergestellt, ist an den Verlag die nach § 54 Abs. 2 UrhG zu zahlende Vergütung zu entrichten, über deren Höhe der Verlag Auskunft gibt.

© 1975 Verlag Paul Parey, Berlin und Hamburg
Anschriften: D-1000 Berlin 61, Lindenstr. 44-47 — D-2000 Hamburg 1, Spitalerstr. 12

Druck: Text: C. H. Beck'sche Buchdruckerei, D-8860 Nördlingen. Tafeln: Kastner & Callway, D-8000 München. — Bindung: Sellier GmbH, D-8050 Freising; Lüderitz & Bauer, D-1000 Berlin.

ISBN 3-489-66021-8 (Sellier); ISBN 3-489-66020-X (Lüderitz & Bauer) · Printed in Germany

IV. Band, 2. Teil

Teilband A

Dicotyledones

(Droseraceae, Philadelphaceae, Grossulariaceae, Crassulaceae, Saxifragaceae, Parnassiaceae, Rosaceae)

Zweite Auflage, neu bearbeitet und herausgegeben von

Dr. Herbert Huber

Botanisches Institut der Universität Würzburg

unter Mitarbeit von

Dr. H. Marzell,
Dr. E. Oberdorfer, Prof. Dr. Straka, Dr. R. Wannenmacher

mit 8 farbigen Tafeln
und 292 Abbildungen und Karten

Inhalt

56. Familie: Droseraceae	4
Hamamelidaceae	23
Altingiaceae	26
Platanaceae	28
57a. Familie: Philadelphaceae	37
57b. Familie: Grossulariaceae	43
58a. Familie: Crassulaceae	62
58b. Familie: Saxifragaceae	126
58c. Familie: Parnassiaceae	225
59. Familie: Rosaceae	231
Verzeichnis der deutschen Pflanzennamen	439
Verzeichnis der fremdsprachigen Pflanzennamen	441
Verzeichnis der lateinischen Pflanzennamen	443
Ergänzungen und Berichtigungen	448

Sarraceniales

Diese von A. ENGLER definierte Reihe umfaßt die drei Familien *Sarraceniaceae*, *Nepenthaceae* und *Droseraceae*, deren Blätter gewöhnlich zum Fang und zur Verdauung von Tieren, besonders Insekten, eingerichtet sind. In Europa sind davon nur die *Droseraceae* vertreten.

Die Verwandtschaft zwischen den genannten drei Familien ist – nach WETTSTEIN und vielen neueren Autoren – recht fraglich; namentlich sind es die *Droseraceae*, die durch ihre seitlich oder fast extrors aufspringenden Antheren, die vergänglichen Kronblätter, den ungefächerten Fruchtknoten mit wand- oder grundständigen Samenanlagen und das Stärke und Aleuron (jedoch kein fettes Öl) enthaltende Endosperm besser mit den *Cistaceae* übereinstimmen als mit den beiden anderen Familien der *Sarraceniales*, die ihrerseits in den introrsen Antheren, gefächerten Fruchtknoten mit mehr oder weniger zentralwinkelständiger Plazentation, dem Eiweiß und fettes Öl (bei den *Nepenthaceae* auch Stärke) enthaltenden Nährgewebe gemeinsame Merkmale besitzen, sich aber in anderen, vielleicht schwerer wiegenden Eigentümlichkeiten unterscheiden. So besitzen die *Nepenthaceae* (wie *Droseraceae*) einfache Gefäßdurchbrechungen, zu Tetraden verbundene Pollenkörner und bitegmische Samenanlagen, wogegen die *Sarraceniaceae* durch leiterförmig durchbrochene Tracheen, freie Pollenkörner und tenuinuzellate Samenanlagen mit nur einem Integument ausgezeichnet sind. Mit den *Nepenthaceae* scheint die – nicht carnivore – Familie *Dioncophyllaceae* am nächsten verwandt zu sein, die mit 3 monotypischen Gattungen in Sierra Leone und Gabun beheimatet ist und zu den *Flacourtiaceae* überleitet.

Stärker isoliert sind die *Sarraceniaceae*, die nach MARKGRAF auf Grund ihres Blütenbaus Beziehungen zu den *Passifloraceae* aufweisen – was übrigens durch die bei beiden Familien leiterförmigen Gefäßdurchbrechungen bestätigt wird –, während andererseits *Passifloraceae* und *Nepenthaceae* durch die Neigung zu säulenförmiger Verwachsung der Filamente und den Besitz bitegmischer, krassinuzellater Samenanlagen verbunden sind. Immerhin muß die Zugehörigkeit der *Droseraceae* und *Nepenthaceae* zu den *Cistiflorae* (= *Parietales* im Sinne ENGLERS) als nahezu sicher gelten, die der *Sarraceniaceae* ist dagegen umstritten. Der schirmförmig verbreitete Griffel von *Sarracenia* veranlaßten A. L. DE JUSSIEU bereits 1789, diese Gattung mit *Papaver* und *Nymphaea* zu vergleichen, und in neuerer Zeit machte G. ERDTMAN auf die Ähnlichkeit des Pollens von *Dendromecon* (*Papaveraceae*) mit dem der *Sarraceniaceae* aufmerksam. Auch durch ihren reichen Gehalt an fettem Öl im Endosperm kommen sich beide Familien nahe. Dagegen sind die Gefäße der *Papaveraceae* einfach perforiert und die Samenanlagen bitegmisch. Gegen die Einreihung in die *Cistiflorae* spricht auch die bei den *Sarraceniaceae* sukzedan verlaufende Teilung der Pollenmutterzelle, während diese bei allen bisher untersuchten, wirklichen *Cistiflorae* wie bei den *Droseraceae* simultan erfolgt. Das Verhalten der *Nepenthaceae* ist noch unbekannt. [vgl. F. MARKGRAF, Über Laubblatt-Homologien und verwandtschaftliche Zusammenhänge bei *Sarraceniales*. Planta **46**, 414–446 (1955)].

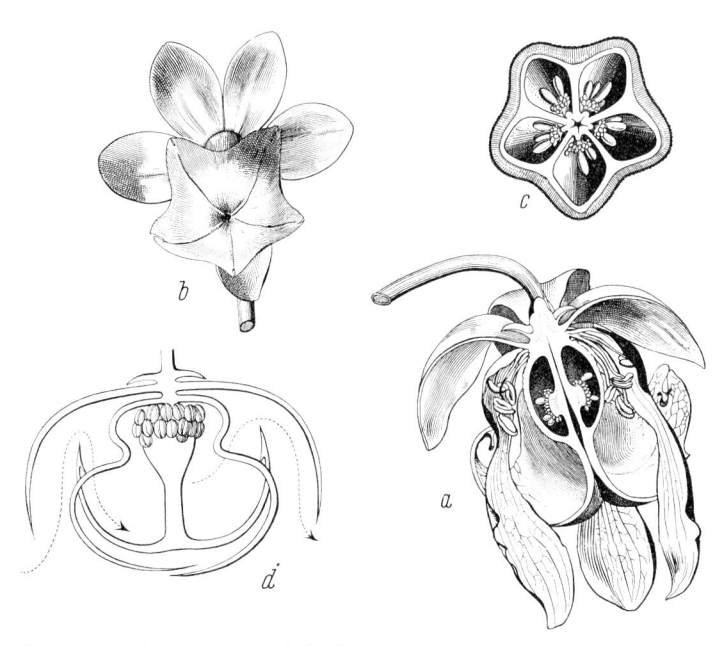

Fig. 1. *Sarracenia* spec. *a* Längsschnitt durch die Blüte. *b* Blüte mit Griffelscheibe und Kelchblättern. *c* Querschnitt durch den Fruchtknoten. *d* Schematischer Längsschnitt durch die Blüte, um die Befruchtungsweise durch Insekten zu zeigen. Die punktierten Linien bedeuten die Wege eines ein- und auskriechenden Insektes (Fig. *a* bis *c* Original, *d* nach HILDEBRAND).

Die **Sarraceniaceae** umfassen drei auf die neue Welt beschränkte Gattungen, nämlich *Sarracenia*[1]) L. (Fig. 1 u. 2) mit 9 Arten im atlantischen Nordamerika von Labrador bis an den Golf von Mexiko, die monotypische Gattung

---

[1]) So benannt nach dem Arzte SARRAZIN in Quebec, der eine Pflanze dieser Gattung an TOURNEFORT schickte.

Darlingtonia TORR. (*D. californica* TORR.) in den Gebirgen Nordkaliforniens und des südlichen Oregon, und *Heliamphora* BENTH. mit 4 Arten in den Bergländern des südlichen Venezuela und am Roraima in Britisch Guyana. Alle Arten sind ausdauernd, die Laubblätter stehen gewöhnlich in einer grundständigen Rosette und sind zu schlauch- oder schmal trichterförmigen Gebilden (Ascidien) umgewandelt; auf ihrer der Achse zugewandten Seite tragen sie eine flügelförmige Längsleiste. Die ansehnlichen, 5-zähligen, heterochlamydeïschen Zwitterblüten mit meist zahlreichen Staubblättern, einem großen, 3- bis 5-fächerigen, oberständigen Fruchtknoten und zahlreichen, umgewendeten, marginalen Samenanlagen stehen einzeln auf axillären Schäften, nur bei *Heliamphora*, die auch sonst durch verschiedene eigenartige Merkmale ausgezeichnet ist, wie homochlamydeïsche Blüten und bei einer Art stengelständige Laubblätter, stehen sie in einer lockeren Traube. Die tenuinuzellaten Samenanlagen weisen nur ein Integument auf; die Bildung des Endosperms erfolgt zellulär (im Gegensatz zu den *Droseraceae*, *Papaveraceae* und *Passi-*

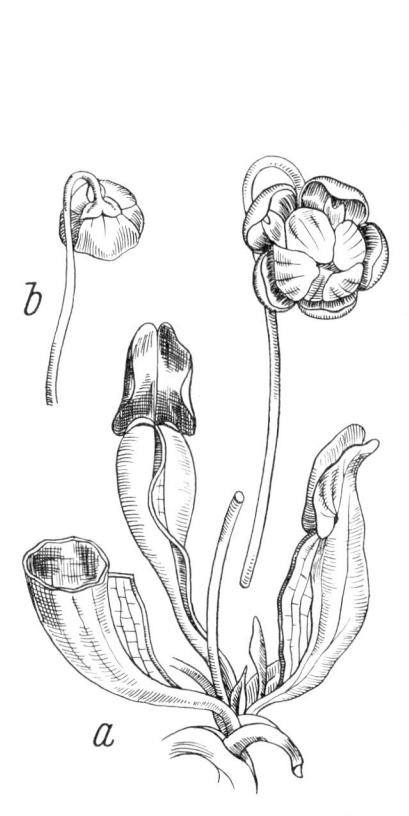

Fig. 2. *Sarracenia purpurea* L. *a* ganze Pflanze. *b* Knospe (nach A. GRAY).

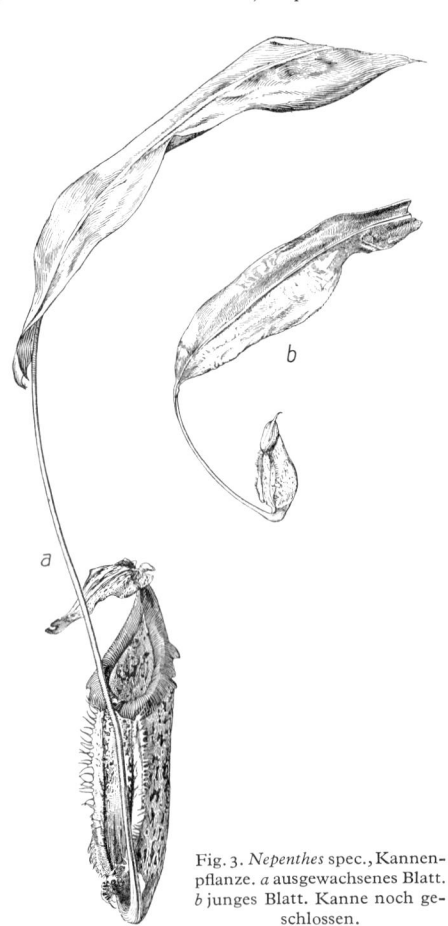

Fig. 3. *Nepenthes* spec., Kannenpflanze. *a* ausgewachsenes Blatt. *b* junges Blatt. Kanne noch geschlossen.

floraceae mit nukleärer Nährgewebsbildung). Die Frucht ist eine fachspaltige Kapsel, die kleinen, membranösen und dünnschaligen Samen enthalten reichlich Nährgewebe. Eigenartig ist die Ausbildung des Griffels bei *Sarracenia*: er erweitert sich in einen breiten, gestielten Schirm und spannt sich über die Staubblätter aus; die 5 Narben sitzen als kleine zapfenartige Bildungen auf der Unterseite des Daches am Ende der Zipfel (Fig. 1).

Die Schlauchblätter wirken als Fallgruben für Springschwänze, Ameisen und andere Insekten; meist sind sie auffallend gefärbt (Lockfarbe). Bei *Sarracenia* lassen sich inwendig 4 Zonen unterscheiden: zuoberst eine Drüsenzone mit abwärts gerichteten Haaren und honigabscheidenden Drüsen, die als Lockmittel gedeutet werden, dann eine „Gleitzone", in der neben Drüsen auch dachziegelförmig angeordnete, abwärts gerichtete Zellvorsprünge die Oberfläche bedecken, dann die „Reusenzone" mit langen, abwärts gerichteten Reusenhaaren, die ein Zurückkriechen der abgestürzten Insekten verhindern, und schließlich eine unterste Zone ohne Haare und Drüsen, wo die gefangenen Tiere in dem daselbst angesammelten Wasser zugrunde gehen. Den Blättern scheinen verdauende Enzyme und fäulnishemmende Stoffe in größerer Menge zu fehlen. Die Sarracenien stehen also auf einer niedrigeren Stufe der „Insektivorie" als *Nepenthes* und die *Droseraceae*.

In Botanischen Gärten und auch in Erwerbsgärtnereien – hier zur Gewinnung von Schnittblumen – werden mehrere *Sarracenia*-Arten (*S. Drummondii* CROOM, *S. flava* L., *S. psittacina* MICHX., *S. purpurea* L., *S. rubra* WALT.) und eine ganze Reihe Hybriden gezogen. Die Anzucht aus Samen bietet keine besonderen Schwierigkeiten.

In einigen westschweizerischen Mooren ist *Sarracenia purpurea* L. (Fig. 2) mit 6–35 cm langen, aufsteigenden, bauchig erweiterten Schlauchblättern und purpurroten Kronblättern vor längerer Zeit angepflanzt worden, und im Berner Jura (Tavannes-Bellelay) und bei Vevey (Marais de Prantin) hat sie sich eingebürgert. Hier – bei Vevey – blühen und fruchten die Pflanzen alljährlich, so daß die Blüten auf dem Markte verkauft werden. Sie stammen von Samen, die 1890 aus Kanada eingeführt wurden. *S. purpurea* ist die in ihrer Heimat am weitesten verbreitete und die einzige gegen Norden bis Kanada vordringende Art; sie führt die einheimischen Namen „Pitcherplant" und „Coupe de chasseur". Sie ist im südöstlichen Kanada in *Sphagnum*- wie in Kalkmooren verbreitet.

Die **Nepenthaceae** oder „Kannenpflanzen" sind mit ihrer einzigen Gattung *Nepenthes* L.[1]) (Fig. 3) und rund 70 Arten in Madagaskar, den Seychellen, Ceylon, Bengalen, besonders formenreich im indisch-malayischen Monsungebiet, ferner in Nordostaustralien und Neukaledonien heimisch, vorwiegend in feuchten Bergwäldern zwischen 600 und 2500 m. Bemerkenswert ist hierbei das vom Hauptareal weit abliegende Vorkommen in Madagaskar und das Fehlen der Gattung im benachbarten Afrika. Ähnlich verhält sich eine ganze Reihe tropisch-mesophiler Organismen, was viele Forscher zur Annahme einer „lemurischen Landbrücke", die Madagaskar mit Indien verbunden haben soll, veranlaßt hat. Da aber in Madagaskar auch eine recht erhebliche Anzahl mehr oder weniger trockenheitsliebender oder zumindest -verträglicher Gattungen auftreten, die in der Regel in Afrika wiederkehren und kein Grund für die Vermutung eines geringeren Alters der madagassisch-(süd-)afrikanisch verbreiteten Sippen vorliegt (vgl. z. B. *Myrothamnaceae*, S. 32 dieses Bandes), ist dieses Phänomen besser mit der Annahme einer Kontinentalverschiebung zu erklären.

Die Kannenpflanzen sind stattliche Kletterpflanzen (Blattstiel-Ranker) mit unscheinbaren, meist 4-zähligen, homochlamydëischen, radiären, zweihäusigen Blüten in Trauben oder Rispen, 4–24 Staubblättern, deren Filamente zu einer Säule verwachsen sind, und einem oberständigen, 4-fächerigen Fruchtknoten, aus dem eine lederige fachspaltige Kapselfrucht hervorgeht mit zahlreichen, kleinen, spindelförmigen, geflügelten Samen. Die krassinuzellaten Samenanlagen besitzen 2 Integumente. Das voll entwickelte Blatt von *Nepenthes* gliedert sich in eine basale Spreite, die morphologisch als spreitenartig vergrößerter Blattgrund anzusprechen ist; diese Spreite verschmälert sich in eine Ranke, die dem Blattstiel entspricht und an den Erstlingsblättern fehlt; am Ende trägt die Ranke eine mit scharf abgesetztem, unbeweglichem Deckel versehene Kanne, das ist die ursprüngliche Blattspreite. Darin besitzt *Nepenthes* sehr vollkommene Einrichtungen für den Fang und die Verdauung kleiner Tiere; die eingefangenen Insekten (bei einigen Arten kommen auch kleine Wirbeltiere, Eidechsen und selbst Vögel als Beute in Betracht) werden von einem zur Reihe der Pepsine zählenden, proteolytischen Ferment (Nepenthin) aufgelöst (vgl. Einleitung Band 1, S. CVII der 1. Auflage). Daneben gibt es eine größere Anzahl von Wassertieren und Insekten (namentlich Dipterenmaden), die ihre normale Entwicklung in den *Nepenthes*-Kannen durchlaufen.

Die Kannenpflanzen, als die mächtigsten und eindrucksvollsten Carnivoren, werden gern in Warmhäusern gezogen, zumal sie sich durch Stecklinge leicht vermehren lassen. Neben den reinen Arten ist eine größere Zahl von Gartenbastarden in Kultur.

---

[1]) Griechisch νηπενθής [nepenthes] = Trauer lindernd, Sorgenbrecher.

56. Familie Droraceae[1])

SALISB. in W. HOOKER, Parad. Lond. t. 95 (1808) „Drosereae".

Sonnentaugewächse

Wichtigste Literatur: DIELS in Pflanzenreich, Heft 26 (1906) und in ENGLER, PRANTL und HARMS, Natürl. Pflanzenfam. 2. Aufl. **17b**, 766–784 (1936) mit Literaturverzeichnis.

Meist ausdauernde und gewöhnlich kleinbleibende, bei uns an feuchte Orte oder Gewässer gebundene Kräuter. Primärwurzel fehlend. Sproß häufig kurz; unterirdischer Teil einfach oder bisweilen zwiebelartig verdickt. Laubblätter wechselständig, seltener in Quirlen; Blattspreite im Knospenzustand einwärts gerollt, erwachsen mit sezernierenden Drüsen und reizbaren Drüsenhaaren oder Tentakeln besetzt; mit oder ohne Nebenblätter. Blüten strahlig, zwitterig, gewöhnlich 5-zählig, zu wickeligen oder scheinährigen Blütenständen vereint oder einzeln. Kelch bleibend. Kronblätter frei, wie der Kelch in der Knospenlage dachig. Staubblätter in gleicher Zahl wie die Kronblätter und mit diesen abwechselnd, selten 2- bis 4mal so viele; Filamente frei, Antheren seitlich aufspringend bis fast extrors. Pollen – außer bei *Drosophyllum* – in großen Tetraden von 40–95 μ Durchmesser (Fig. 10). Fruchtknoten oberständig, einfächerig, aus 5–3 Fruchtblättern gebildet, mit wand- oder fast grundständigen, anatropen, tenuinuzellaten, bitegmischen Samenanlagen. Griffeläste 5–3, mit einfacher oder wiederholt gegabelter Narbe (Taf. 139, Fig. 6b). Frucht eine klappig aufspringende Kapsel. Die kleinen, meist zahlreichen Samen enthalten reichlich nukleär gebildetes Nährgewebe; der Embryo ist gerade.

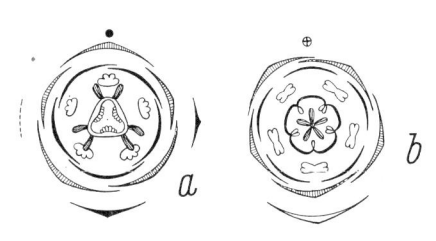

Fig. 4. *a* Diagramm von *Drosera*. – *b* Diagramm von *Aldrovanda*.

Die Stellung der *Droseraceae* im System, so gut umschrieben die Familie auch ist, war bis in die jüngste Zeit strittig. A. L. DE JUSSIEU (1789) brachte sie in Beziehung zu den *Resedaceae*, LINDLEY schloß sie den *Papaveraceae* und *Berberidaceae* an, später auch (ebenso HOOKER und AGARDH, 1858) an die *Saxifragaceae*, doch läßt sich zwischen diesen Familien und den *Droseraceae* eine tatsächliche Verwandtschaft ebensowenig erkennen wie mit den *Sarraceniaceae*, die ENGLER damit in eine Ordnung gestellt hat. DE CANDOLLE (1824) stellte sie auf Grund der Hypogynie und der echt parietalen Plazentation neben die *Violaceae*, die ihrerseits den *Resedaceae* und *Cistaceae* nahestehen, und dürfte die *Droseraceae* damit wirklich in die angemessene Familiengruppe eingereiht haben. Gelegentlich wurde die Gattung *Parnassia* zu den *Droseraceae* gestellt, doch läßt sich dies nach GOEBEL und HEINRICHER nicht aufrechterhalten. Ebensowenig können die Gattungen *Roridula* (Südafrika) und *Byblis* (Australien) zu den Sonnentaugewächsen gezogen werden, obwohl gerade hier eine gewisse Übereinstimmung mit ihnen nicht von der Hand zu weisen ist.

Außer der weit verbreiteten und formenreichen Gattung *Drosera* gehören noch die drei monotypischen und stark isolierten Gattungen *Aldrovanda*, *Dionaea* und *Drosophyllum* hierher, wovon die beiden letztgenannten ein sehr eng umgrenztes Verbreitungsgebiet bewohnen. *Dionaea* und *Drosophyllum* nehmen ferner durch die vermehrte Zahl der

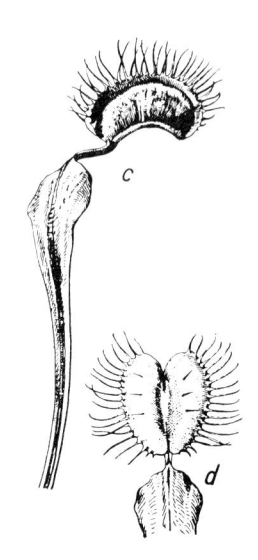

Fig. 5. *Dionaea muscipula* ELLIS. *a* Blatt mit zusammengeklappter Spreite. *b* ausgebreitete Klappe mit Fühlborsten.

---

[1]) Mit Beiträgen und Verbesserungen von Dr. H. SCHÄFTLEIN, Graz.

Staubblätter und die annähernd grundständigen Plazenten eine Sonderstellung ein. *Dionaea muscipula*[1]) ELLIS, die Venus-Fliegenfalle (Fig. 5), ist auf Mooren der sandigen Kieferndistrikte (pine barrens) des Küstengebiets von Carolina in Nordamerika einheimisch. Die Laubblätter, in eine grundständige Rosette zusammengedrängt, gliedern sich in einen nach vorn keilförmig verbreiterten Basalteil („Blattstiel" der Autoren; vgl. *Aldrovanda* mit sehr ähnlichen morphologischen Verhältnissen) und eine scharf abgesetzte, rundliche, zweiklappige Spreite. Am Rand der „Klappen" stehen zahlreiche steife Borsten, die Innenseite trägt kleine, jedoch nicht schleimabsondernde Drüsen, sowie auf jeder Spreitenhälfte drei Reizborsten. Sobald nun ein Tier (Insekt, Spinne, Assel) eine der genannten Reizborsten berührt, klappt die Blattspreite zusammen und die randständigen Borsten greifen ineinander, wodurch das Beutetier am Entrinnen gehindert wird. Ein proteolytisches Sekret – und somit echte Verdauung – ist nachgewiesen. Nach v. GUTTENBERG beruht die Klappbewegung auf einer plötzlichen Turgorzunahme im inneren Schwellgewebe, wodurch die untere Epidermis gedehnt, die kräftigere obere aber kaum betroffen wird. – *Drosophyllum lusitanicum*[2]) (L.) LINK bewohnt Portugal, die angrenzenden Teile Spaniens und das nördliche Marokko. Ein bis 50 cm hoher Halbstrauch mit schopfig gedrängten, schmal linealen Blättern; Blätter und Blütenstiele mit sitzenden Drüsen und gestielten, drüsentragenden, jedoch unbeweglichen Tentakeln dicht besetzt. Die großen gelben Blüten erinnern an die gewisser *Cistaceae*. In Portugal, wo die Pflanze als „Herva penheira orvalhada" bekannt ist, wird sie in Wohnungen als Fliegenfänger verwendet und zu diesem Zweck in Töpfen gezogen. – *Drosophyllum* wie *Dionaea* werden allgemein in botanischen Gärten kultiviert.

In Mitteleuropa sind nur die Gattungen *Drosera* und *Aldrovanda* heimisch.

Gattungsschlüssel

1a Bewurzelte Moor- und Sumpfpflanzen. Laubblätter nicht zusammenklappend, mit langen, reizbaren Tentakeln besetzt, in grundständiger Rosette . . . . *Drosera* (S. 5)
1b Wurzellose, untergetauchte, schwimmende Wasserpflanze. Laubblätter der Länge nach zusammenklappend, quirlständig . . . . *Aldrovanda* (S. 18)

370. Drosera[3]) L., Spec. plant. 281 (1753). Sonnentau.

Wichtigste Literatur. Ernährung, Lebensweise, Verbreitung: K. BEHRE, Physiolog. u. zytolog. Untersuchungen über *Drosera*. Planta 7, 208 (1929). – W. BENECKE, Über thermonastische Krümmungen der *Drosera*-Tentakel-Zeitschr. für Botanik 1, 2, 107 (1909). – M. BÜSGEN, Die Bedeutung des Insektenfangs für *Drosera rotundifolia* L. Botan. Zeitung 41, 569–577, 585–594 (1883). – A. HEILBORN, Fleischfressende Pflanzen. Neue Brehm-Bücherei, Heft 5. Wittenberg 1953. – E. KALELA, Über Land- und Wasserformen bei *Drosera*. Memoranda Soc. Fauna & Flora Fenn. 29, 80–98 (1954). – J. OUDMAN, Nährstoffaufnahme und Transport durch die Blätter von *Drosera capensis*. L. Proc. Kon. Ned. Akad. v. Wetensch. 38, 650–662 (1935). – H. PAUL, Die Moorpflanzen Bayerns. Berichte Bayer. Botan. Ges. 12, 186, 190 und 219 (1910). – H. SCHÄFTLEIN, *Drosera* (Sonnentau) auf der Turracher Höhe. Carinthia II, Mitteil. d. Naturwiss. Vereins f. Kärnten, 70. bzw. 150. Jahrg. Heft 1, S. 61–81 (1960). – G. SCHMIDT, Beiträge zur Biologie der insektivoren Pflanzen. Flora 104, 335 (1912). – TH. SCHMUCKER und G. LINNEMANN, Bedeutung der Carnivorie für die Versorgung der Pflanze mit Mineralstoffen. Hdb. Pflanzenphysiol. 4, 280–282 (1958). – J. VELENOVSKY, Die *Drosera*-Kultur in Böhmen. Festschrift anläßlich d. 70. Geburtstags v. J. STOKLASA 1928, 391–393. – WOOD in Rhodora 57, 105–130 (1955). – Pharmakognosie und Chemie: F. BERGER, Handbuch der Drogenkunde 6 (1954). – O. GESSNER, Gift- und Arzneipflanzen von Mitteleuropa. Heidelberg (1953). – HAGER, Handbuch der pharm. Praxis (1925–1958). – H. HOLTER & LINDERSTROEM-LANG, Z. f. physiologische Chemie 214, 223 (1933). – W. KARRER, Konstitution und Vorkommen der organischen Pflanzenstoffe. Basel (1958). – G. KLEIN, Handbuch der Pflanzenanalyse. Wien (1933). – H. SCHINDLER, Inhaltsstoffe und Prüfungsmethoden homöopathisch verwendeter Heilmittel (1955). – C. WEHMER, Die Pflanzenstoffe. Jena (1931–1935).

Kleinbleibende, ausdauernde Kräuter mit meist dünnfaserigen Wurzeln. Laubblätter in mehr oder weniger dichter, grundständiger Rosette, am Grund des Blattstiels meist mit zu Fransen rückgebildeten Nebenblättern, die Spreite langgestielt, unterseits kahl, oben mit gestielten, roten,

---

[1]) Nach Διώνη [Dione], der Mutter der Venus, davon Διωναίη [Dionaie], die „Dionäische", d. h. Aphrodite = Venus; muscipula = die Mausefalle.

[2]) Von griechisch δρόσος [drosos] = Tau und φύλλον [phyllon] = Blatt.

[3]) Von griechisch δρόσος [drosos] = Tau; die Sekrettröpfchen an den Tentakeln glänzen wie Tautropfen.

reizempfindlichen und beweglichen Verdauungsdrüsen besetzt. Blüten strahlig, in verlängerten, scheintraubigen (wickeligen) Blütenständen. Kelchblätter 5, am Grunde verwachsen. Kronblätter 5, länglich-keilförmig, weiß. Staubblätter 5, zwischen den Kronblättern stehend. Fruchtknoten aus meist 3 (selten 4 oder 5) Fruchtblättern verwachsen, einfächerig, mit 3 wandständigen Plazenten und zahlreichen Samenanlagen. Griffeläste 3 oder 5, von Grund an zweiteilig, mit als Narben ausgebildeten Enden. Frucht eine 1-fächerige, fachspaltige Kapsel. Samen sehr klein, zahlreich, bei den heimischen Arten spindelförmig (Taf. 139, Fig. 2a), mit dünner, loser Samenschale oder eiförmig mit enganliegender Samenschale (Fig. 11).

Die Gattung *Drosera* bewohnt mit rund 85 Arten den größten Teil der Erde, doch sind Hauptverbreitung und die Zentren der größten Formenmannigfaltigkeit ausgesprochen südhemisphärisch. Sie fehlt einzig in allen dauernd regenarmen Ländern (mit Ausnahme des inneren Australiens), ebenso in den Regenwaldgebieten des äquatorialen Brasiliens und des tropischen Westafrikas, in Polynesien, Abessinien, im gesamten pazifischen Amerika (ebenso auch in Mexiko) von zirka 35° nördlicher Breite bis 40° südlicher Breite (ausgenommen Kolumbien), sowie im eigentlichen Mittelmeergebiet. Die nördliche gemäßigte Zone, mit Ausnahme Chinas, Japans und des atlantischen Nordamerikas, besitzt einzig die auch in Europa vertretenen Arten; die übrigen verteilen sich auf das amerikanische, afrikanische und indisch-australische Florenreich. – Die *Drosera*-Arten sind an nährstoffarmes Substrat gebunden und meist Bewohner feuchter Stellen. Sie bevorzugen Moore (hier wiederum besonders *Sphagnum*-Polster), Teichränder, feuchten Sand, überrieselte Felsen, doch treten daneben einige ausgesprochen xerophile Formen auf, so namentlich die Arten der australischen Untergattung *Ergaleium*, die mittels ihrer Zwiebeln längere Trockenperioden zu überdauern vermögen.

Die Arten lassen sich auf drei Untergattungen verteilen, von denen in Europa nur das Subgenus *Drosera* vertreten ist.

I. Untergattung *Drosera*. Syn. *Rorella* DC. Unterirdische Stengelteile oder Wurzeln nicht verdickt; Stipeln gewöhnlich ausgebildet. Diese Untergattung ist annähernd im ganzen Areal der Familie verbreitet, ihre reichste Entfaltung hat sie aber im südlichen Australien erlebt. Hierher gehören neben den heimischen Arten die meisten der in botanischen Gärten gezogenen, wie *Drosera pygmaea* DC. und die durch gegabelte Laubblätter auffallende *D. binata* LABILL., beide in Ostaustralien und Neuseeland beheimatet, die letztgenannte mit einem ätherlöslichen, gelben Farbstoff $C_{10}H_8O_3$ (vermutlich Juglon) in ihren Wurzeln und Blattstielen; *D. spathulata* LABILL. aus Ostasien und Australien (am nächsten verwandt mit *D. intermedia*), *D. capensis* L. aus dem südwestlichen Kapland, *D. villosa* ST. HIL. im östlichen Brasilien, deren Saft gegen Husten verwendet wird, sowie *D. communis* ST. HIL. in Südbrasilien und Kolumbien (die letztgenannte Pflanze wird in ihrer Heimat gepulvert, wie Senfmehl zu reizenden Umschlägen verwendet und soll für Schafe giftig sein); *D. madagascariensis* DC. vgl. S. 10.

II. Untergattung *Ptycnostigma* (PLANCH.) DIELS mit spindelförmig verdickten Wurzeln; ohne Nebenblätter. Hierher nur wenige, verhältnismäßig großblütige Arten aus dem südwestlichen Kapland, am bekanntesten *D. cistiflora* L. mit *Helianthemum*-ähnlichen Blüten.

III. Untergattung *Ergaleium* DC. Zwiebelgewächse, meist ohne Stipeln. Mehrere Arten in Südwest- und Südostaustralien, nur *D. peltata* SM. nach Norden bis Vorderindien, China und Japan ausstrahlend. – Hierher gehören unter anderen *D. bulbosa* HOOK., *D. gigantea* LINDL., *D. stolonifera* ENDL. und *D. Menziesii* R. BROWN, alle aus Südwestaustralien. *D. auriculata* BACKH. ex PLANCH. aus Ostaustralien und Neuseeland sowie die schon oben erwähnte *D. peltata* SM., deren Zwiebeln Droseron und Plumbagin enthalten. *D. Whittakeri* PLANCH. aus Südaustralien und Victoria, deren Zwiebeln einen schönen roten Farbstoff liefern, der zum Färben von Seide verwendet wurde, enthält Droseron, Oxydroseron und im Drüsensekret der Blätter ein pepsinartiges Enzym.

Vegetationsorgane. Die einheimischen Sonnentau-Arten überwintern mit ihren gestauchten Erneuerungsknospen (nach ROSENBERG 1908 handelt es sich dabei um Axillarknospen), die durch die fransig zerschlissenen Nebenblätter einen besonderen Schutz erfahren. Im Frühjahr streckt sich die Achse, und durch Bildung längerer Internodien gelingt es der Pflanze, die im Laufe des Winters höher gewordene Moosdecke zu durchdringen. Ist nun die Oberfläche des Moosrasens erreicht, so schließt das Längenwachstum ab, und die nunmehr gebildeten Blätter stehen gedrängt in einer Rosette, in der sich die Erneuerungsknospe bildet. Durch diesen regelmäßigen Wechsel gestreckter und gestauchter Internodien entsteht der bekannte etagenartige Aufbau der abgestorbenen Stengelteile (Fig. 9b). Am stärksten sind diese Verhältnisse bei *Drosera rotundifolia* ausgeprägt. – Das Blatt ist deutlich in Stiel und Spreite gegliedert; am Grund des Blattstiels treten bei unseren Arten fransig zerschlitzte Nebenblätter auf, die nach E. BERGDOLT meist als seitliche Anhänge des Blattgrunds entstehen. Da aber diese zunächst lateralen Stipularbildungen auf der Oberseite des Blattstiels zusammenfließen, erwecken sie den Eindruck ligula-artiger, intrapetiolarer Nebenblätter. An den jungen Laubblättern der europäischen *Drosera*-Arten ist die Blattspreite an ihrem Grunde umgeklappt und dem Stiel angedrückt; die Ränder sind von den Seiten her nach innen gebogen (Fig. 6). Alle Arten besitzen auf der Oberseite und am Rand ihrer Laubblätter sitzende Drüsen und reizbare, krümmungsfähige Tentakeln, die in den Dienst des Insektenfangs getreten sind. Die kreisrunde Blattspreite von *Drosera rotundifolia* ist innen konkav, gegen den Rand zu konvex gekrümmt und mit etwa 200 Tentakeln besetzt. Die inneren Tentakeln sind die kleinsten, die äußeren die längsten (bis 6 mm lang); beide bestehen aus einem haarförmigen, sich nach oben verjüngenden, vielzelligen Stiel, der oben eine mehr oder weniger eiförmige Sekretionsdrüse trägt (Fig. 7 a bis f). Der Tentakelstiel wird von einer einzelnen Spiraltracheïde zentral durchlaufen (Fig. 7 a). Am Tentakelkopf lassen sich drei Zellgruppen unterscheiden: 1. Im Anschluß an die genannte Tracheïde ein länglich-elliptisches Paket schmaler, langgestreckter Zellen mit gleichfalls spiraliger Wandverdickung. Diese Zellen bilden das Kernstück des Tentakelkopfes. – 2. Das tracheïdale Kernstück wird von ein oder zwei Schichten parenchymatischer Zellen (= Parenchymglocke) umschlossen (Fig. 7 b bis f). – 3. Der Parenchymglocke liegt die Epidermis auf.

Außer den Tentakeln besitzt *Drosera* noch eine zweite Art von Drüsen rein epithelialen Ursprungs, die über die ganze Blattfläche und einen Teil der Tentakelstiele verteilt sind, die sitzenden oder sessilen Drüsen, die aus 2 Basal-, 2 (4) Stiel- und 2 (4) Köpfchenzellen bestehen.

Die vielfach diskutierte Frage, ob die Tentakeln Blattlappen oder Trichome darstellen, wurde von PENZIG dahin beantwortet, daß weder das eine noch das andere anzunehmen ist, sondern daß es sich vielmehr um eine intermediäre Bildung zwischen Phyllom und Trichom handle.

Regenerationsvermögen. Die heimischen und viele andere *Drosera*-Arten sind durch ein in der Familie verbreitetes, echtes Regenerationsvermögen ausgezeichnet. Sie bilden Knospen und daraus hervorgehende Adventivsprosse vor allem auf der Oberseite der Blätter (Fig. 9 a), gelegentlich auch auf Blattstielen und in den Blütenständen, und zwar dann, wenn diese Teile mit der Pflanze nicht mehr durch lebendes Gewebe, sondern nur mehr mechanisch zusammenhängen oder von ihr schon getrennt sind. In der Natur bilden sich diese Regenerate vorwiegend auf älteren Blättern, besonders dann, wenn die Blattstiele im Herbst von unten her abfaulen; sie lassen sich auch künstlich durch Auslegen von abgeschnittenen Blättern auf feuchter Unterlage erzielen. Die Erscheinung ist, obwohl schon seit mehr als 100 Jahren beobachtet, verhältnismäßig wenig bekannt, weil sich der Vorgang in der Regel innerhalb der Sphagnum-Polster vollzieht und so nicht in die Augen springt. Eine eingehende Beschreibung (für *D. rotundifolia*) findet sich schon bei NITSCHKE 1860; BEHRE 1929 hat die Ergebnisse gründlicher experimenteller Studien darüber bekanntgegeben. Diese Adventivknospen entsprechen im wesentlichen den viel bekannteren auf den Blättern von *Kalanchoë* (= *Bryophyllum*, S. 65), *Begonia* und *Cardamine pratensis* (Bd. **4/1** der 2. Aufl. 205, Fig. 111 k). Vgl. auch Bd. **1**, der 1. Aufl. CLVIII, Abb. 300, 301, 302. Sie bewirken eine starke vegetative Vermehrung; besonders im Herbst kann man bei Nachsuche an den Standorten, meist in den Moospolstern geborgen, zahlreiche so entstandene Jungpflanzen finden, die sich von Keim-

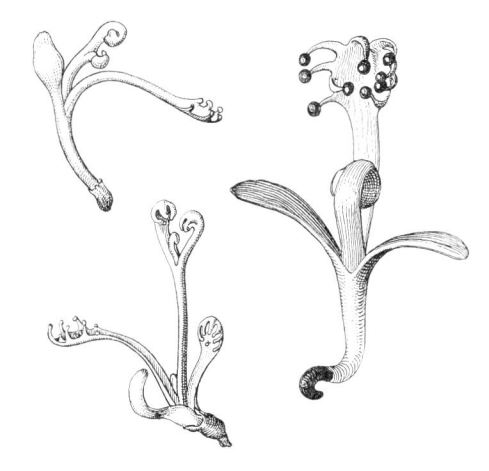

Fig. 6. *Drosera intermedia* HAYNE. Keimpflanzen.

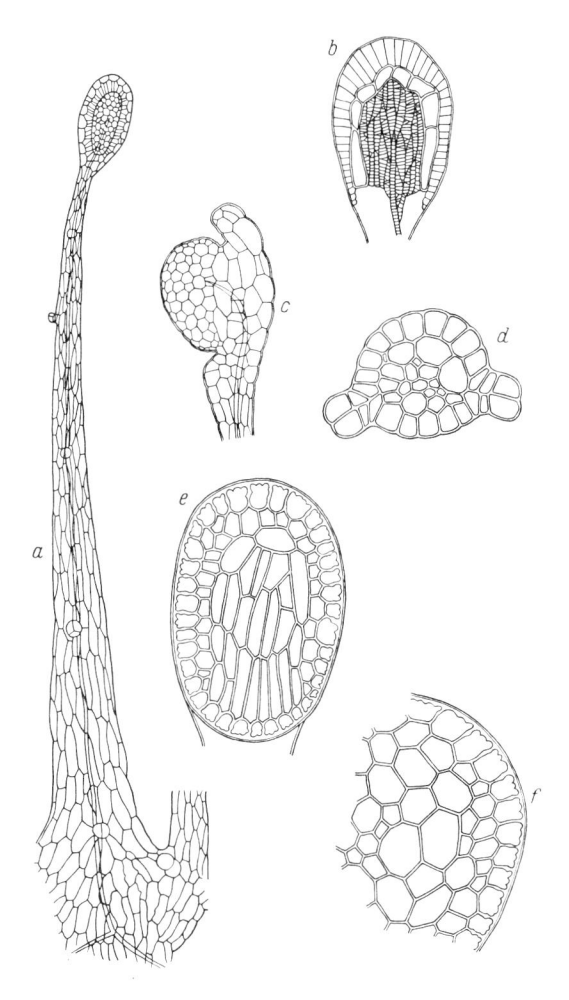

Fig. 7. *Drosera rotundifolia* L. *a* Tentakel, längs geschnitten. *b* Drüsenköpfchen eines Tentakels im Längsschnitt. *c* randständiger Tentakel im Längsschnitt. – *D. anglica* HUDS. *d* Querschnitt durch einen Tentakelstiel, wobei zwei sitzende Drüsen getroffen sind. *e* Drüsenköpfchen eines Tentakels im Längsschnitt. *f* dasselbe, quer geschnitten (F. HÖHN, Zürich).

pflanzen nur durch das Fehlen der besonders gestalteten Keimblätter unterscheiden. Diese vegetative Vermehrung erklärt auch die nicht seltenen Massenvorkommen des unfruchtbaren Bastardes *D.* × *obovata*, s. S. 16. Auch in tieferen Blattachseln bilden sich gelegentlich aus Adventivknospen Seitensprosse, die mit dem allmählichen Zugrundegehen der Achse von unten her zu selbständigen Pflanzen werden (H. SCHÄFTLEIN).

Tierfang. Während *Nepenthes* und *Sarracenia* Fanggruben für Tiere aufstellen, ist *Drosera* imstande, sich beim Tierfang selbsttätig zu beteiligen, indem sie die Insekten, ausnahmsweise selbst größere Odonaten, Collembolen, Dipteren u. a., die an den klebrigen Blattdrüsen haften bleiben, mit ihren Tentakeln umschlingt. Der Tierfang verläuft folgendermaßen: Kommt ein Tier mit einer oder mehreren der äußeren Tentakeln in Berührung, so klebt es an dem ausgeschiedenen Leimtropfen fest. Nach kurzer Zeit biegt sich der Tentakel an seiner Basis ab gegen die Blattmitte zu. Der durch das Tier ausgeübte Reiz pflanzt sich zuerst zu den nächststehenden, dann zu den entfernteren Tentakeln fort, die alle die gleiche Bewegung gegen die Blattmitte ausführen und so das Tier überdecken und gegen die kurzen

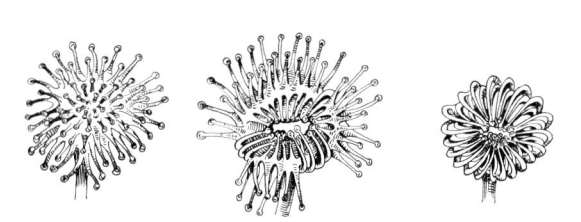

Fig. 8. *Drosera rotundifolia* L. Tierfangendes Blatt in drei verschiedenen Stadien.

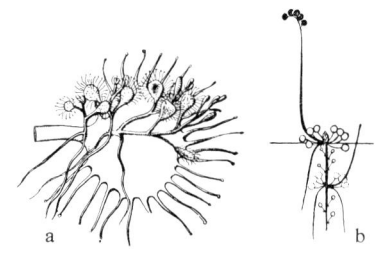

Fig. 9. *Drosera rotundifolia* L. *a* Laubblatt mit Adventivknospen. *b* Schema der Wuchsform (beide Figuren nach DIELS).

zentralen Tentakeln pressen. Wird nur das Zentrum gereizt, so krümmen sich die peripheren Tentakel gleichfalls ein und legen sich über das Tier, ja im Notfall beteiligt sich sogar die Blattspreite an der Einrollung, um eine vollkommene Umschließung des Beutetiers zu bewirken. Es handelt sich hier um eine Reizleitung von gereizten zu ungereizten Geweben, wie sie uns aus dem Tierreich geläufig ist. Daß es sich jedoch nicht um ein Reagieren auf einen mechanischen, sondern auf einen chemischen Reiz handelt, geht daraus hervor, daß diese Krümmungserscheinungen bei einer Berührung mit „unverdaulichen" Körpern (z. B. Glas, Knochen, Steinchen) nicht eintreten. Es wird dies darauf zurückgeführt, daß die gleichzeitig mit dem Schleim ausgeschiedene Ameisensäure Spuren von tierischem Eiweiß zu lösen vermag und daß diese Lösung den chemischen Reiz ausübt (nach DARWIN wirken auch Phosphate, ätherische Öle, Ammoniaksalze). Dadurch wird aber die Drüse gleichzeitig zur Produktion des Verdauungssaftes, eines eiweiß-lösenden, zähflüssigen Fermentes, das mit dem tierischen Magensaft Ähnlichkeit hat, angeregt. Die Aufsaugung der gelösten Eiweißkörper, ohne die von einer echten Carnivorie nicht gesprochen werden kann, geschieht wiederum durch die gleichen Drüsen und ist in 1 bis mehreren Tagen beendet. Danach krümmen sich die Tentakeln wieder in ihre alte Lage zurück, und die Schleimsekretion setzt von neuem ein. Die geleerten Drüsen füllen sich im Verlauf von 2 bis 3 Tagen erneut mit dem farblosen, schwach sauren Sekret. – Nach OKAHARA sind an der Verdauung neben proteolytischen Enzymen auch Bakterien und Pilze beteiligt.

Bereits DARWIN war es bekannt, daß *Drosera*-Tentakeln in warmem Wasser Krümmungen ausführen können. W. BENECKE 1909 kommt im Gegensatz zu CORRENS wieder zur DARWINschen Ansicht, daß diese Krümmungen als thermonastische und nicht als hygronastische Bewegungen aufzufassen sind, und zwar gehen diese bei einer Wassertemperatur von 35–53° vor sich, eine Analogie zu den von CORRENS beobachteten thermonastischen Krümmungen von Ranken. Die Zahl der exakten Nachweise über den Vorteil der Insektennahrung für die Sonnentau-Pflanze ist auch heute noch sehr bescheiden. Eine unbedingte Notwendigkeit ist organische Zusatznahrung für keine carnivore Pflanze. Auch die Aufnahme organischer Wirkstoffe gilt derzeit als unwahrscheinlich (TH. SCHMUCKER und G. LINNEMANN 1958). Dagegen ist die Aufnahme von löslichen Stickstoffverbindungen, Phosphat und Kalium mikrochemisch erwiesen (BÜSGEN, OUDMAN, G. SCHMIDT). In diesem Zusammenhang fällt auf, daß die Insektivoren als einzige Hochmoorpflanzen keine Mykorrhiza besitzen und sich außerdem durch das Fehlen jeder Xeromorphie auszeichnen. Der bei nahezu allen anderen Moorpflanzen verbreitete xeromorphe Habitus soll – nach FIRBAS (1931) – namentlich von dem mangelhaften Stickstoffgehalt des Substrats herrühren [vgl. E. STEEMANN NIELSEN, Über die Bedeutung der sogenannten xeromorphen Struktur im Blattbau der Pflanzen auf nährstoffarmen Böden. Dansk Bot. Arkiv **10**, 2 (1940)].

Blütenverhältnisse. Die zymösen Blütenstände sind in der Jugend schneckenförmig eingerollt, was auf stark epinastischem Wachstum beruht. Die Fruchtstände strecken sich gerade. Die unscheinbaren Blüten öffnen sich meist erst am späten Vormittag, gewöhnlich nur eine oder zwei an jedem Blütenstand. Die Anthese dauert wenige Stunden. Bei unseren Arten ist Selbstbestäubung die Regel, doch kommen ebenso wie bei *Aldrovanda* bei *Drosera*-Arten, z. B. *D. rotundifolia*, neben sich öffnenden, autogamen Blüten auch meist kleinere kleistogame vor, die sich

Tafel 139

Tafel 139. Erklärung der Figuren

Fig. 1. *Reseda lutea* (Bd. **4**, 1, S. 485 1. Aufl.). Blütensproß.
,, 1a. Blüte.
,, 1b. Kronblatt.
,, 1c. Junger Fruchtknoten.
,, 1d. Fruchtknoten im Querschnitt.
,, 2. *Drosera rotundifolia* (S. 11). Blühende Pflanze
,, 2a. Samen.
,, 3. *Drosera anglica* (S. 14). Blühende Pflanze.
,, 4. *Drosera intermedia* (S. 15). Blühende Pflanze.
,, 5. *Drosera anglica* × *rotundifolia* (S. 16). Habitus.

Fig. 6. *Aldrovanda vesiculosa* (S. 18). Habitus.
,, 6a. Laubblatt.
,, 6b. Fruchtknoten im Längsschnitt.
,, 6c. Einzelner Narbenzipfel.
,, 6d. Winterknospe.
,, 6e. *Drosera intermedia* (S. 15). Nebenblatt.
,, 7. *Rhodiola Rosea* (S. 63). Männliche Pflanze.
,, 7a. Frucht.
,, 8. *Sedum annuum* (S. 91). Habitus.
,, 8a. Frucht.
,, 9. *Sedum rubens* (S. 99). Habitus.

nicht öffnen; der Pollen entleert sich in der geschlossenen Blüte auf die Narben oder die Pollenschläuche wachsen aus den nicht aufspringenden Staubbeuteln auf die Narben. Vgl. KIRCHNER, Flora von Stuttgart 322 (1888); KNUTH, Handbuch der Blütenbiologie, 66 (1898).

Pollen in Tetraden, die an der Außenseite eine dicke Exine mit zahlreichen, kleinen Stacheln (Spinulae), an der Innenseite eine dünnere, weiche Exine haben, die in Falten ausgezogen ist, welche im Mittelpunkt der Tetrade auf-

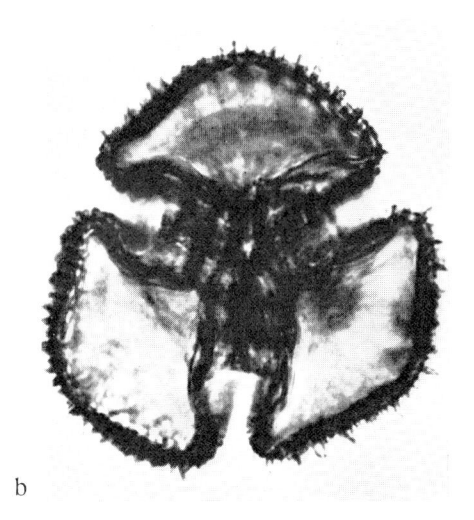

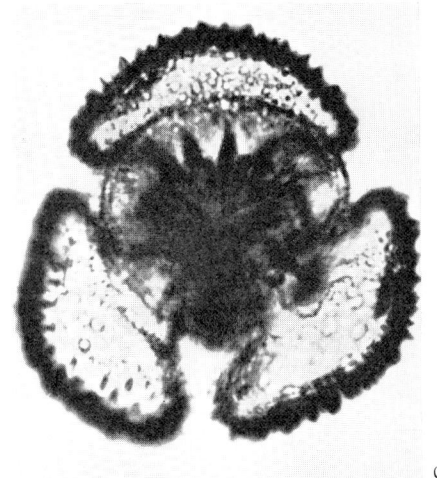

Fig. 10. Pollentetrade von *Drosera rotundifolia* L., gesehen von jener Stelle, an der die Ecken dreier Pollenkörner zusammenstoßen; das vierte Pollenkorn liegt darunter und ist nur im Bild c schattenhaft zu erkennen. a, hohe Einstellung, das große von den weitabständigen Spinulae gebildete LO-Muster und dazwischen das kleinere LO-Muster zeigend. b optischer Schnitt der drei oberen Pollenkörner mit den Spinulae. c tiefe Einstellung mit dem schattenhaft angedeuteten vierten Pollenkorn (etwa 900 mal vergrößert. Mikrofoto H. STRAKA)

einanderstoßen. Die Schichtung der Exine ist am Pollenkorn nur undeutlich zu sehen und bisher nicht näher untersucht. Die Tetraden von *D. anglica* sind zwischen 70 und 80 μ groß und besitzen eine typische körnige Struktur zwischen den dimorphen Spinulae. *D. rotundifolia* (Fig. 10) hat längere und etwas spitzere Spinulae als *D. intermedia*; bei beiden sind die Tetraden um 55 μ groß.

Fossile Pollenfunde. *Drosera* streut nur wenig Pollen aus, da die Blüten sich nur selten und für kurze Zeit öffnen. Dennoch findet man vereinzelt die Tetraden, besonders in postglazialen Hochmoortorfen, aber auch sonst in spät- und interglazialen Ablagerungen. Sie stammen von lokalen Sonnentaubeständen; man kann ihnen kaum einen bestimmten Zeigerwert zusprechen, zumal ihr Fehlen im Pollendiagramm in vielen Fällen nur auf der geringen Pollenstreuung beruhen wird.

Die Samen der *Drosera*-Arten sind durchwegs sehr klein und leicht. Bei *D. intermedia* liegt die dünne, dicht papillöse Testa dem Samenkern unmittelbar an (Fig. 11), bei *D. anglica* und *D. rotundifolia* ist die Samenschale mehrschichtig, an beiden Enden verlängert und steht vom Kern weit ab (Taf. 139, Fig. 2a), wodurch die Samen schwimmfähig werden. Vor allem scheinen die Samen wegen ihres geringen Gewichts an Windverbreitung angepaßt zu sein.

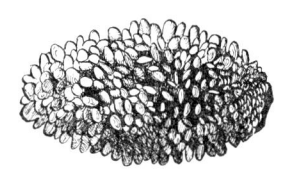

Fig. 11. *Drosera intermedia* HAYNE. Samen.

Keimung und Entwicklung. Nach KINZEL sind unsere Arten ausgesprochene Lichtfrostkeimer; am leichtesten keimt *D. rotundifolia*, am schwersten *D. intermedia*, wodurch auch die unterschiedliche Verbreitung der 3 Arten verständlich wird. Bei der Keimung bildet sich oberhalb der Wurzelanlage, die sich nicht weiterentwickelt, ein Meristem, aus dem das sich stark streckende Hypokotyl hervorgeht. An diesem entstehen aus Epidermiszellen Saughaare analog den Wurzelhaaren und mit deren Funktion (vgl. HACCIUS und TROLL in Beitr. Biol. Pflanzen 36, S. 139, 1961). (Fig. 6). Die Aufgabe der fehlenden Hauptwurzel übernehmen frühzeitig sproßbürtige Wurzeln, deren Zahl aber gering bleibt. Die Keimblätter sind an ihrer Spitze als Saugapparate ausgebildet und entnehmen dem Endosperm die erforderlichen Nährstoffe; Drüsen besitzen sie nicht. Die Primärblätter tragen nur wenige, große Randdrüsen; auch die flächenständigen Drüsen sind hier nur in geringer Zahl entwickelt und können beim ersten Primärblatt sogar ganz fehlen. – Bei vielen, wenn nicht allen *Drosera*-Arten sind sowohl an Keimpflanzen als auch Jungpflanzen aus vegetativer Vermehrung die ersten Blätter rundlich, auch bei solchen Arten, die später ganz andere Blattformen haben wie z. B. *D. anglica*, *D. binata*, *D. linearis*.

Inhaltsstoffe. Nur einige *Drosera*-Arten sind chemisch eingehender untersucht. In diesen finden sich einige sehr charakteristische Chinone, und zwar Droseron $C_{11}H_8O_4$, Oxydroseron $C_{11}H_8O_5$ und Plumbagin $C_{11}H_8O_3$,

Droseron   Oxydroseron   Plumbagin

alles wasserdampfflüchtige, orangegelb bis rot gefärbte 1,4-Naphthochinone, die sich strukturell einerseits sehr eng an das Juglon der *Juglandaceae* anlehnen, im Falle des Plumbagin aber auch in mehreren *Plumbaginaceae* und *Ebenaceae* verbreitet sind. Die in älteren Werken erwähnte „flüchtige Schärfe", die besonders den Schafen schädlich sei, dürfte wohl in diesen Chinonen zu suchen sein. Nach den neuesten Feststellungen beeinträchtigen Naphthochinone das Wachstum von Tuberkelbazillen und wirkt das Plumbagin antibiotisch auf Staphylokokken, Streptokokken und Pneumokokken. Dies rückt die alte volksmedizinische Verwendung der *Droseraceae* in ein völlig neues Licht. Plumbagin ist überdies mit dem Phthiocol aus dem Pigment der Tuberkelbazillen isomer. Alkaloide, Glykoside und Saponine scheinen in dieser Familie gänzlich zu fehlen, ätherische Öle sind höchstens in Spuren vorhanden, dagegen wurde eine ganze Reihe von Pflanzensäuren beobachtet. Sehr bemerkenswert sind die Enzyme der *Drosera*-Arten, die sie befähigen, tierisches Eiweiß zu verdauen. Sie sind sowohl in den Tentakeln als auch in den Blattspreiten enthalten.

Verwendung. In den letzten Jahren hat *Drosera* als Heilpflanze stark an Bedeutung gewonnen. An Stelle der in Deutschland und Österreich offizinellen *D. rotundifolia*, die nur in ungenügender Menge angeboten wird, wird hauptsächlich *D. madagascariensis* DC., Syn. *D. ramentacea* OLIV. nec BURCHELL, auf dem Drogenmarkt gehandelt, gewöhnlich unter der Bezeichnung *D. „intermedia"* oder *D. „longifolia"*. Die Droge kommt aus Madagaskar (nicht aus Frankreich, was gelegentlich als das Ursprungsland angegeben wird), aber die Stammpflanze, *D. madagascariensis*, ist darüber hinaus auch im tropischen Afrika von Tanganyika bis Nigeria und nach Süden bis Angola, an der Ostküste sogar bis Natal und Pondoland verbreitet. Die Pflanze ist als Ganzdroge leicht an dem gestreckten, zerstreut beblätterten Stengel (die Blätter sind nicht wie bei den europäischen Arten rosettig gedrängt) und den unterseits spärlich behaarten Blättern von *D. anglica* und *D. intermedia* zu unterscheiden. Die Blätter werden 3 bis 6 cm lang, wovon 1,5 bis 3 cm auf die spatelige oder schmal verkehrt-eiförmige, 3 bis 4 mm breite Spreite entfällt. – Mehrere überseeische Arten liefern schöne rote Farbstoffe *(D. bulbosa, D. communis, D. gigantea* und *D. Whittakeri)*. Grüne Farbe soll *D. stolonifera* geben. Auch aus den heimischen Arten wurden früher rote und gelbe Farbstoffe für die Zuckerbäckerei gewonnen. Näheres bei den Arten.

In Deutschland ist das gewerbsmäßige Sammeln der Sonnentauarten gesetzlich verboten.

Geschichtliches. Bei VALERIUS CORDUS (gestorben 1540) wird der Sonnentau als „rorella" und „salsirora" (von solis ros, also Sonnentau) erwähnt, auch THAL (1577) gibt ihn als „salsirora" für den Harz an. Die Reizbewegungen des Sonnentau-Blattes hat 1779 der Bremer Arzt ROTH beschrieben, aber erst DARWIN („Insectivorous Plants") hat 1875 festgestellt, daß diese Reizbewegungen dem Fangen und Verzehren von Insekten dienten.

Kultur. Zum Zwecke weiterer Beobachtungen und Untersuchungen lassen sich die *Drosera*-Arten leicht kultivieren, wenn man vom Standort ganze Stücke von *Sphagnum*polstern mit darin enthaltener *Drosera* mitnimmt und sie in Schüsseln zieht, die von unten her ständig bewässert werden.

Volksnamen. Der Name Sonnentau bezieht sich auf die in der Sonne glänzenden Blätter, deren Drüsenhaare einen tauähnlichen Saft ausscheiden. Vielleicht handelt es sich aber nur um eine Umdeutung des alten Namens Sindau, mnd. sindouwe = Immertau, vgl. Singrün = Immergrün (*Vinca minor* L.) und Sinau (*Alchemilla vulgaris* L.). Im Niederdeutschen heißt die Pflanze auch Daurose oder Daubladen [Taublatt], in Südböhmen Perlknöpf oder Foaste Mandeln [feiste Männlein]. Als insektenfressende Pflanze wird der Sonnentau durch Namen wie Fliegefälleekes (Niederrhein) und Müggenfangers (Ostfriesland) gekennzeichnet. Früher wurde die Pflanze als Aphrodisiacum für Haustiere verwendet. Daher heißt sie Bullenkrut (Mecklenburg, Schleswig), Spöolkrut [zu spöolen = brünstig sein] (Ostfriesland), Brochkraut [brochen = brünstig sein] (niederbergisch). Rossoli, Rosölichrut (Appenzell) sind entlehnt aus dem neulateinischen ros solis = Tau der Sonne. Hueschdedrooschd [Hustentrost] (mittlerer Schwarzwald) weist auf eine Verwendung der Pflanze gegen Husten (besonders Keuchhusten) hin.

Artenschlüssel

1 a Stiele der Blütenstände in der Regel aus der Rosette bogig aufsteigend, meist wenig, zur Fruchtzeit höchstens zweimal länger als die Blätter. Kapseln gestreift. Samen walzlich-eiförmig mit eng anliegender, dicht papillöser Samenschale. Blattspreiten keilig-verkehrt-eiförmig bis breit spatelig . . . . 1377. *D. intermedia* HAYNE

1 b Stiele der Blütenstände aufrecht, viel länger als die Blätter. Kapseln glatt. Samen – soweit ausgebildet – durch die an beiden Enden vorgezogene, lockere Samenschale spindelförmig 2

2 a Blattspreiten kreisrund oder quer-elliptisch, plötzlich in den Stiel zusammengezogen . . . . 1375. *D. rotundifolia* L.

2 b Blattspreiten verkehrt-eiförmig bis schmal spatelig, allmählich in den Stiel verschmälert 3

3 a Blattspreiten lineal-länglich bis lineal-keilförmig; Kapseln den Kelch überragend, Samen wohl entwickelt . . . . 1376. *D. anglica* HUDSON

3 b Blattspreiten keilförmig-verkehrt-eiförmig. Kapseln kürzer als der Kelch; Samen fehlschlagend . . . . *D. anglica* × *rotundifolia* (S. 16)

1375. Drosera rotundifolia L., Spec. Plant. 281 (1753). Syn. *D. septentrionalis* STOKES (1812). *Rossolis septentrionalis* SCOP. p. pte. (1772). *Rorella rotundifolia* ALL. (1785). Rundblätteriger Sonnentau. Engl.: Round-leaved Sundew, Youth-wort, Moorgrass, Red-rot. Franz.: Rossolis, rorelle, herbe à la rosée, rosée du soleil, rosolaire, rozalaira (Waadt), herbe à la goutte, rosette, oreille de diable. Ital.: Rosolida, rorella, rugiuda del sole. Sorbisch: Tačakojta rosowka, kóćadło. Poln.: Rosiczka okrągłolistna, Rosnik. Tschech.: Rosnatka. Slowenisch: Rosika. Dänisch: Rundbladet Soldug. Taf. 139, Fig. 2, Fig. 7a bis c, 8, 9, 10 u. 12.

Ausdauernd, mit faserigen Wurzeln und an den Sproßenden rosettig gedrängten, abstehenden, gewöhnlich dem Substrat angedrückten, lang gestielten Laubblättern. Blätter 1 bis 7 cm lang, die Spreite kreisrund oder queroval, plötzlich in den Stiel zusammengezogen, 4–10 mm lang und 5–12 mm breit, unterseits kahl oder (var. *maritima* GRAEBNER) zerstreut kurzhaarig, oberseits mit spreizenden, drüsentragenden, rot gefärbten Tentakeln besetzt. Stiele der Blütenstände in der Mitte der Rosette entspringend, aufrecht, völlig blattlos, schaftartig, 5–30 cm hoch, die Laubblätter mehrmals überragend, glatt, kahl und meist rot überlaufen, die Blüten in (mitunter gegabelten) Wickeln. Kronblätter 5, weiß, spatelig, 4–6 mm lang, die 5 Staubblätter meist etwas kürzer. Staubbeutel weißlich. Griffeläste 3, bis zum Grund zweispaltig, 1,5–2 mm lang, die Narbenäste keulig. Fruchtkapsel glatt, eiförmig. Samen durch die beidendig vorgezogene, locker anliegende Testa spindelförmig; gelblich. – Chromosomenzahl: 2n = 20. – VI bis VIII.

Vorkommen. Im ganzen Gebiet verbreitet und ziemlich häufig in *Sphagnum*-Polstern der Hoch- und Zwischenmoore auf sauren, nährstoffarmen Torfböden, seltener auch in nährstoffreichen, aber dann wenigstens an der Oberfläche sauren und kalkfreien Flach- und Quellmooren oder an entsprechenden Grabenrändern, vereinzelt auch auf Moderholz oder auf feuchtem Sand, an überrieselten Felsen, immer auf basenarmen und meist kalkfreien Unterlagen von der Ebene (vor allem im Norden) bis in die subalpine Stufe; Schwerpunkt des Vorkommens auf den Hochmoor-Bulten des Sphagnetum medii, Oxycocco-Sphagnetea-Klassen-Charakterart.

Fig. 12. *Drosera rotundifolia* L. Bei Abisko, Lappland (Aufn. P. MICHAELIS).

Allgemeine Verbreitung. In Nord- und Mitteleuropa häufig (Finnmark bis über 70° nördl. Breite), ebenso im subarktischen Asien (in Sibirien bis 63 ½° nördl. Breite) bis Japan und in Nordamerika von Vancouver bis Neufundland, Grönland (bis 61° nördl. Breite) und Island; in Südeuropa selten und ganz auf die Gebirge beschränkt; außerdem im Kaukasus (selten) und im Libanon.

Verbreitung im Gebiet. Fehlt nur den größeren Trocken- und Kalkgebieten oder ist dort an sandige Überdeckung gebunden. Im mitteldeutschen Trockengebiet nur ganz vereinzelt im Südharz und im westlichen Thüringer Becken in vermoorten Erdfällen (Über die Verbreitung in Mitteldeutschland vgl. H. MEUSEL, Verbreitungskarten mitteldeutscher Leitpflanzen, 7. Reihe in Wissenschaftl. Zeitschr. d. Martin-Luther-Universität Halle-Wittenberg, Math.-Nat. Reihe 3, 1, S. 38, 1953–54). – In den Bayerischen Alpen steigt *D. rotundifolia* bis 1250 m an, in Tirol bis 1740 m, in Salzburg, Steiermark und Kärnten bis etwa 1800 m, im Engadin ist sie bis 1860 m nachgewiesen, im Gotthardgebiet noch bei 1920 m.

Ändert ab: var. *maritima* GRAEBNER (1895). Blätter sehr dicht gedrängt. Blattstiele breit, kaum länger als die Spreite, dicht graufilzig behaart. Laubblätter unterseits zerstreut kurzhaarig. Blütenstand sehr gedrängt, behaart, mit auffallend steifem Schaft. – Auf feuchtem Sandboden in Dünentälern der Ostseeküste von Pommern und Westpreußen.

Begleitpflanzen. *Drosera rotundifolia* vermag in noch höherem Grad als die folgende Art, mit der sie oft zusammen auftritt, *Sphagnum*-Moore zu besiedeln; sie allein kann mit den raschwüchsigen *Sphagnum*-Bülten (besonders *Sphagnum nemoreum* SCOP., *S. fuscum* [SCHIMPER] KLINGGR., *S. rubellum* WILS.) konkurrieren, dank ihrer Fähigkeit, lange Internodien auszubilden. Sobald die Achse im Frühjahr die Oberfläche erreicht hat, bildet sie eine Laubblattrosette aus; die unteren Teile der Achse verfaulen ebenso wie die alten Blattrosetten. NITSCHKE hat Reste von bis zu 3 alten Blattrosetten unterhalb der Endknospe beobachtet. Bevorzugte Standorte von *D. rotundifolia* sind die Hochmoore (Hochmoorwald, *Eriophorum vaginatum*-Bestände usw.); hier zusammen mit *Andromeda polifolia* L., *Vaccinium Oxycoccus* L., *Salix repens* L., *Calluna vulgaris* (L.) HULL, *Vaccinium Myrtillus* L., *V. Vitis-Idaea* L., *V. uliginosum* L., *Empetrum hermaphroditum* (LANGE) HAGERUP, *Eriophorum vaginatum* L., *Carex limosa* L., *Sphagnum nemoreum* SCOP., *S. palustre* L. em. JENSEN, *S. magellanicum* BRID. u. a., *Aulacomnium palustre* (HEDW.) SCHWAEGR., *Polytrichum strictum* SM., *Pleurozium Schreberi* (Willd.) MITTEN., *Dicranum Bergeri* BLANDOW, *Cladonia rangiferina* (L.) WEB., *C. sylvatica* (L.) HARTM.; ferner Zwischenmoore, zusammen mit *Eriophorum gracile* KOCH in ROTH, *E. angustifolium* HONCK., *Carex dioica* L., *Calliergon trifarium* (WEB. et MOHR) KINDB., *Sphagnum tenellum* PERS. und *S. recurvum* P. BEAUV., *Lycopodium inundatum* L. u. a.; dann Flachmoore, Bestände von *Trichophorum alpinum* (L.) PERS. und *Molinia caerulea* (L.) MOENCH.

Manchmal erscheint *D. rotundifolia* auch an den senkrechten Wänden von Torfstichen, hier zusammen mit *Dicranella cerviculata* (HEDW.) SCHIMPER, an überrieselten Silikatfelsen sowie auf feuchtem Sand. An der Ostseeküste tritt *D. rotundifolia* in der var. *maritima* oft in großer Menge auf den Strandheideflächen auf, neben *Salix repens* L. subsp. *argentea* (SM.) NEUM. ex RECH. f., *Lycopodium inundatum* L. und *L. clavatum* L., *Viola palustris* L., *Pinguicula vulgaris* L., *Juncus balticus* WILLD. und *J. filiformis* L., *Calluna vulgaris* (L.) HULL, *Empetrum nigrum* L., *Carex serotina* MÉRAT, *Ophioglossum vulgatum* L. usw.

Florengeschichte. Nach ihrem heutigen Verbreitungsgebiet läßt *Drosera rotundifolia* deutliche Beziehungen zur Riß-Würm-Zwischeneiszeit erkennen, als die *Sphagnum*-Moore hauptsächlich im ehemals vergletscherten Gebiet verbreitet waren. Sie steht in Europa und Asien ganz ohne nähere Verwandtschaft da, von *D. anglica* abgesehen. Verwandte Formen treten erst im tropischen Südamerika, in Angola, Ost- und Südafrika, namentlich in Kapland, und endlich in Madagaskar auf. Dies Verhalten legt die Annahme nahe, *D. rotundifolia* und die anderen europäischen *Drosera*-Arten entstammten einem zunächst tropisch-montanen und zugleich stark hygrophilen Formenkreis, woraus sich, teils im atlantischen Nordamerika, zum Teil auch im nordpazifischen Bereich, unsere rezenten, circumpolar verbreiteten Sonnentau-Arten ausdifferenziert haben; mit geringen Variationen dürfte diese Annahme für die Grundsubstanz der ganzen holarktischen Flora zutreffen.

Im Pleistocän von Don Valley in Kanada wurde *D. rotundifolia* zusammen mit einer Begleitflora gefunden, die der heutigen vollkommen entspricht.

Inhaltsstoffe. Das Kraut enthält 1% Plumbagin, welches Drüsenhaare und Blattspreite rot färbt und wie ein Indikator bei p_H 4,4 von rot fast ganz in gelb umschlägt. – Mit den Enzymen haben sich besonders HOLTER und LINDERSTROEM-LANG befaßt, die aus Glycerinextrakten frischen Pflanzenmateriales 2 Proteinasen nachweisen konnten. Eine davon kommt in beträchtlicher Menge als echtes, sezernierendes Verdauungsenzym in den Drüsenköpfchen vor. Das p_H dieser Sekrettropfen liegt zwischen 3,0 und 3,5 und das Wirkungsoptimum dieses Enzyms (gegen Edestin) liegt bei etwa p_H 3,2. Es ist wahrscheinlich von tierischem Pepsin verschieden. – In den Blättern findet sich nach KLEIN auch Labenzym (Chymase); HOLTER und LINDERSTROEM-LANG stellten im Drüsengewebe auch Peptidasen fest. – Für die Wirksamkeit dieser Enzyme sind die zahlreich vorhandenen organischen Säuren von Bedeutung (Ameisen-, Äpfel-, Benzoë-, Butter-, Essig-, Propion-, Zitronen- und Gallussäure). Ferner finden sich noch reichlich Gerbstoffe, etwas Fett und Spuren ätherischen Öls. In frischen Pflanzen wurde auch Ascorbinsäure (= Vitamin C) nachgewiesen.

Verwendung. Die ganze, getrocknete Pflanze ist im Ergänzungsbuch zum Deutschen Arzneibuch von 1926 und dem Österr. Arzneibuch (9. Aufl.) als Herba Droserae (Herba Rorellae) enthalten, wobei *D. anglica* und *D. intermedia* bis zu 10% der Droge ausmachen dürfen. Gesammelt wird die Pflanze während der Blütezeit. Die Droge schmeckt etwas zusammenziehend, säuerlich-bitter und scharf und gelangt in Form flüssiger Extrakte oder als Tee, oft gemeinsam mit Thymian, zur Anwendung. Sie ist ein beliebtes Volksmittel gegen Keuchhusten, Reizhusten, chronische Heiserkeit, dann auch bei Wassersucht, Arteriosklerose, Dyspepsie, Ruhr, Wechselfieber und Augenentzündungen. Nach dem Genuß des Tees färbt sich der Urin schwarzbraun durch Bildung von Dioxybenzolen.

Der ausgepreßte Saft der Pflanze dient gelegentlich noch zum Entfernen von Warzen, Hühneraugen und Sommersprossen (Enzymwirkung?). In die Haut eingerieben erzeugen die frischen Blätter Blasen. In der Homöopathie wird aus der frischen Pflanze eine Urtinktur hergestellt. – *D. rotundifolia* war wesentlicher Bestandteil des alten, berühmten Universalmittels „Aqua Auri".

Die Droge des Handels stammt teilweise aus Holland, Süddeutschland, dann auch aus Belgien, Nordspanien und Nordamerika. Das Angebot von *D. rotundifolia* vermag bei weitem nicht den Bedarf zu decken, weshalb im Drogenhandel schon seit einigen Jahren exotische *Drosera*-Arten angeboten und in größerer Menge verbraucht werden. In Österreich beläuft sich der jährliche Verbrauch beispielsweise auf etwa 300 kg Droge, wobei weniger als die Hälfte von *D. rotundifolia* stammt. Darüber hinaus wurden noch weitere 400–500 kg Droge in Form von Extrakten eingeführt, und es ist wohl anzunehmen, daß auch diese zum größten Teil aus anderen Arten gewonnen wurden (nach WANNENMACHER).

1376. Drosera anglica HUDSON, Fl. angl. ed. **2**, 135 (1778). Syn. *D. longifolia* L., Spec. plant. 282 (1753) pro pte.?[1]) Langblätteriger Sonnentau. Engl.: Great Sundew. Dänisch: Langbladet Soldug. Taf. 139, Fig. 3 und Fig. 7d bis f, 13.

Ausdauernd, mit faserigen Wurzeln und an den Sproßenden rosettig gedrängten, aufrechten, lang gestielten Laubblättern. Blätter 3 bis 10 cm lang, die Spreite lineal-keilförmig, ganz allmählich in den Stiel verschmälert, 1–4 cm lang und 2–5 mm breit, unterseits kahl, oberseits mit abstehenden, bis 7 mm langen, drüsentragenden, roten Tentakeln besetzt. Stiele der Blütenstände in der Mitte der Rosette entspringend, aufrecht, blattlos, schaftartig, 5–30 cm hoch, 2- bis mehrmals länger als die Laubblätter, glatt, kahl, rot überlaufen, die Blüten in armblütigen Scheintrauben (Wickeln) angeordnet. Kronblätter 5, weiß, breit spatelförmig, rund 6 mm lang, die 5 Staubblätter etwas kürzer. Staubbeutel gelb. Griffeläste 3, bis zum Grund gespalten, etwa 2 mm lang, die Narbenäste keulig. Fruchtkapsel nicht gefurcht, eiförmig. Samen durch die an beiden Enden vorgezogene Testa spindelförmig, braun, fein netzmaschig. – Chromosomenzahl: 2 n = 40. – VI bis VIII.

Vorkommen. Zerstreut vor allem in Zwischenmooren oder im Bereich von Hochmoor-Schlenken, seltener auch auf Flachmooren in nassen Lücken, auf mäßig sauren oder auch basischen, aber sonst nährstoffarmen Torfböden, oft im Wasser stehend, vom Tiefland bis in die subalpine Stufe, meist in Begleitung von *Drepanocladus*-, *Scorpidium*- und *Calliergon*-, aber auch *Sphagnum*-Arten, wie *Sphagnum cuspidatum* EHRH. em. WARNST. u. a., auch in die Wasserschlauchgesellschaft des Scorpidio-Utricularietum übergreifend, Scheuchzerietalia-Ordnungs-Charakterart.

Fig. 13. *Drosera anglica* HUDSON. Mark Brandenburg (Aufn. P. MICHAELIS)

Allgemeine Verbreitung. Nord- und Mitteleuropa, subarktisches Sibirien bis Japan, Kanada; außerdem auf der Insel Kauai im Hawaii-Archipel. Die südlichsten Vorkommen in Europa liegen in den Pyrenäen, am Alpensüdrand, in den Karpaten und in Südrußland. Reicht weiter nach Norden als die anderen Arten (Finnmark bis 71°51' nördl. Breite).

Verbreitung im Gebiet. Weniger allgemein als *D. rotundifolia*, mit der sie oft zusammen vorkommt. Namentlich in den Mittelgebirgen viel seltener (DIELS). Im ostbayerischen Grenzgebirge fehlt sie völlig. Steigt in Bayern bis 1270 m an, im Tiroler Inntal (Zeinisjoch) bis 1900 m, im Oberengadin (Maloja) bis 1860 m, vielfach aber nicht so hoch wie *D. rotundifolia* und *D.* × *obovata*. – Das Ausbreitungsvermögen von *D. anglica* ist geringer als das der vorangehenden Art; auch keimt sie schwerer und erst nach längerer Frosteinwirkung (KINZEL).

---

[1]) Es kann bezweifelt werden, ob LINNÉ unter seiner *D. longifolia* außer dieser auch die folgende Art verstanden wissen wollte; in seinem in London verwahrten Herbar liegt unter diesem Namen nur eine *D. anglica*. Jedenfalls aber wurde der Name schon frühzeitig in diesem doppelten Sinne verstanden. HUDSON trennte 1778 *D. anglica* ab; HAYNE 1798 und 1801 beließ umgekehrt dieser den Namen *D. longifolia* L. und gab der zweiten Art den seither eingebürgerten Namen *D. intermedia*. So kam es, daß durch das ganze 19. Jahrhundert und auch in das 20. hinein in England *D. intermedia* HAYNE allgemein als *D. longifolia* L. bezeichnet wurde, während auf dem Kontinent dieser Name vielfach für *D. anglica* HUDS. in Gebrauch war. *D. longifolia* L. wurde so zu einem nomen ambiguum, das nach den Nomenklaturregeln zu verwerfen ist (H. SCHAEFTLEIN).

Begleitpflanzen. Dank seiner Verträglichkeit gegen höheren Kalkgehalt ist *D. anglica* in Zwischen- und Flachmooren häufiger als *D. rotundifolia*. In den Zwischenmooren ist sie gern mit *Rhynchospora alba* (L.) VAHL und *Rh. fusca* (L.) AIT., *Drepanocladus*-Arten, *Scorpidium scorpioides* (HEDW.) LIMPR., *Calliergon trifarium* (WEB. et MOHR) KINDB. und *C. stramineum* (DICKS.) KINDB., *Lycopodium inundatum* L. vergesellschaftet, in den Flachmooren mit *Schoenus nigricans* L., *Trichophorum caespitosum* (L.) HARTM., *Primula farinosa* L., *Carex Davalliana* SM. und anderen. Mit *Liparis Loeselii* (L.) RICH. und *Sagina nodosa* (L.) FENZL erscheint sie stellenweise (so einst im Dachauer Moor bei München und am Greifensee bei Zürich) auf kalkreichen Kiesböden, jedoch fast nur an solchen Stellen, wo die Bodenlösung durch die Tätigkeit von Eisenbakterien und dem dabei entstehenden Limonit (Raseneisenerz) neutral bis sauer geworden ist. Den sauersten Humusböden, insbesondere den Bülten von *Sphagnum nemoreum* SCOP., *S. rubellum* WILS. und *S. fuscum* (SCHIMPER) KLINGGR. fehlt *D. anglica* im Gegensatz zu *D. rotundifolia* fast immer, nach WALO KOCH wohl deshalb, weil sie mit den raschwüchsigen *Sphagnum*-Arten nicht wie *D. rotundifolia* konkurrieren kann, infolge ihrer Unfähigkeit, längere Internodien auszubilden.

D. anglica ist tetraploid. Nach WOOD in Rhodora 57, 105–130 (1955) dürfte sie ein amphidiploider Bastard sein, entstanden aus dem im atlantischen Nordamerika beobachteten unfruchtbaren Bastard zwischen den diploiden Arten *D. linearis* GOLDIE und *D. rotundifolia* durch Verdoppelung des Genoms.

Wenig veränderlich mit Ausnahme der Blattform. Zu dieser liegen mehrfache Angaben über verhältnismäßig breitblättrige *D. anglica* vor (Blattspreiten bis zu verkehrt-eiförmig), die nach den Blättern von *D.* × *obovata* nicht zu unterscheiden sind. Gewiß ist in solchen Fällen gelegentlich der unfruchtbare Bastard für *D. anglica* gehalten worden; mehrfach wird aber die Ausbildung normaler Früchte und Samen bei solchen Pflanzen berichtet. Volle Klarheit in dieser Richtung könnte nur durch cytologische Untersuchung einer größeren Zahl solcher Pflanzen verschiedener Herkunft erzielt werden; es bestünde ja auch die Möglichkeit, daß sich irgendwo aus der triploiden, unfruchtbaren *D.* × *obovata* durch Verdoppelung des Genoms eine hexaploide fruchtbare, ähnlich aussehende Sippe gebildet hätte (H. SCHÄFTLEIN).

Eine auffallend kleinblättrige Pflanze mit arm- (oft nur ein-)blütigem Schaft von 5–10 cm Höhe, im Vergleich zur typischen Form breiteren Kelch- und Kronblättern und früherer Blütezeit wurde (als var. *albensis* DOMIN) aus Böhmen (Vrutice im Vsetaler Elbtal) beschrieben. Nach dem Autor soll es sich dabei nicht um verkümmerte Exemplare handeln, vielmehr soll die Sippe einer arktischen Zwergform nahestehen. Ähnliche Abweichungen sind auch mehrfach in den Voralpen von Bayern und der Schweiz sowie in Ostpreußen nachgewiesen worden. Obwohl sie durch etwas kürzere, breitere Blattspreiten an *D. intermedia* oder *D. anglica* × *rotundifolia* erinnern, handelt es sich doch wohl vorwiegend um edaphische Modifikationen, zum Teil auch um Jugendstadien der Normalform.

Verwendung. Wird wie *D. rotundifolia* verwendet. Beimengung bis zu 10% der Arzneiware zugelassen. Über Inhaltsstoffe liegen keine gesonderten Untersuchungen vor.

1377. Drosera intermedia HAYNE in DREVES et HAYNE, Getreue Abbildungen und Zergliederungen deutscher Gewächse 1, 18 (1798) und in SCHRADERS Journal 1, 15 [1800 („1801")], DC. (1824). Syn. *D. longifolia* auct. pro pte. vix L. (1753)[1]; HUDSON (1778), SMITH (1804), DC. (1805), SCHKUHR (1808). Mittlerer Sonnentau. Engl.: Long-leaved Sundew. Dänisch: Liden Soldug.
Taf. 139, Fig. 4 und 6e und Fig. 6 und 11.

Ausdauernd, mit faserigen Wurzeln und meist an den Sproßenden rosettig gehäuften, aufrecht-abstehenden Laubblättern. Blätter 2 bis 5 cm lang, die Spreite verkehrt-eiförmig bis spatelig, allmählich in den aufrechten Stiel verschmälert, 0,5–1 cm lang und 3–5 mm breit, unten kahl, oberseits mit bis 4 mm langen, abstehenden, drüsigen roten Tentakeln besetzt. Stiele der Blütenstände unter der Blattrosette entspringend, aus liegendem Grund aufsteigend, blattlos, schaftartig, 1–10 cm hoch, zur Blütezeit so lang oder nur wenig länger als die Laubblätter, später sich mäßig verlängernd, glatt, kahl, rot überlaufen; Blüten in armblütigen Scheintrauben stehend. Kronblätter 5, weiß, schmal verkehrt-eiförmig, 4–5 mm lang, die 5 Staubblätter etwas kürzer. Griffeläste 3, bis zur Basis zweispaltig, die Narbenäste an der Spitze verbreitert und meist herzförmig-zweilappig. Fruchtkapsel eiförmig, mit Längsfurchen. Samen eiförmig-walzlich, mit enganliegender, dicht mit Papillen besetzter Samenschale, rotbraun. – Chromosomenzahl: $2n = 20$. – VII, VIII.

Vorkommen: Ziemlich selten in Schlenken und Schwingrasen der Hochmoore, in Zwischenmooren, auf mäßig sauren und nährstoffarmen, oft nackten Torfschlamm- oder auch Sandböden,

---

[1] Siehe die Anmerkung bei *D. anglica* S. 14.

in Torfstichen, oft mit *Carex limosa* L., *Rhynchospora alba* (L.) VAHL, *Rh. fusca* (L.) AIT. und *Lycopodium inundatum* L., Rhynchosporion albae-Verbands-Charakterart.

Allgemeine Verbreitung. Süd- und Mittelskandinavien (nach Norden nur bis 63° nördl. Breite), West- und Mitteleuropa, vor allem im nordeuropäischen Tiefland, im Alpenvorland und in den Mittelgebirgen, seltener in den Alpentälern und lange nicht so hoch ansteigend wie die beiden anderen Arten und ihr Bastard; nach Süden bis Nordportugal und Mittelitalien, östlich bis ins Ladoga- und obere Dnjeprgebiet und in die Karpaten; außerdem im atlantischen Nordamerika von Kuba bis Neufundland.

Verbreitung im Gebiet. In Deutschland nur im nordwestlichen Teil häufig, sonst zerstreut und selten; in Ostpreußen sehr selten bei Heidekrug, Osterode und im Kreis Labiau, in Brandenburg zerstreut, in Sachsen verbreitet in der Lausitzer Niederung, selten im Muldegebiet (Colditzer Wald; Eilenburg: bei Doberschütz), früher im Vogtland bei Greiz; in Bayern im Alpenvorland ziemlich verbreitet. – In Österreich sehr zerstreut in Kärnten (Wörthersee, Fuchsgrube bei Steuerberg, Sittersdorfer See, Vassacher See, St. Leonhard, Seebach und St. Magdalena bei Villach, Egelsee bei Spittal a. d. D.), Salzburg und Vorarlberg (im Bodenseeried an mehreren Stellen, so am Laagsee, zwischen Höchst und Fussach, Hard am oberen Lochsee, bei Ritters Bierkeller, Bregenz, bei Feldkirch [von Tisis gegen Hub und Schaanwald]), in Oberösterreich im Ibmer Moos, für Osttirol (Schobergruppe) sehr zweifelhaft. – In Südtirol in der Umgebung von Trient (Piné, Palude Pudra bei Pergine), Judicarien (Tione), Strahlwiesen bei Oberbozen. – In der Schweiz bei Stans, Einsiedeln, Pfäffikon (Schwyz), Bilten, Robenhausen, Hallwiler See (?), Gonten, Altstätten, im Tessin am Monte Cénere, bei Locarno, von Losone bis Ronco, ob Moscia, Ponte Brolla, Canedo bei Medeglia, Monti de Travorno minore, Alpe Tiglio, S. Gra ob Osteno, bei Vezio, Sessa, Fusio, Val Verzasca, Bellinzona. – Einige Angaben sind unsicher, da die Art vor dem Blühen leicht mit jungen Exemplaren von *D. anglica* und verhältnismäßig oft mit *D.* × *obovata* verwechselt wird (s. unten).

Abänderungen gibt es bei *D. intermedia* kaum. Nach DIELS sind bei den amerikanischen Pflanzen die Blattspreiten häufig stärker verlängert als bei der Mehrheit der europäischen. – Eine submerse Wasserform wird aus Westfalen erwähnt; die Sprosse sind hier stark gestreckt; die Stengelblätter, besonders im mittleren Teil, bis 5 cm lang gestielt. Zeitweise submers wächst die Pflanze auch in Torfstichen im Ibmer Moos in Oberösterreich (GAMS).

Begleitpflanzen. *Drosera intermedia* ist eine ausgesprochene Zwischen- und Hochmoorpflanze, welche auch die nassesten Schlenken von *Lycopodium inundatum* L. zu bewohnen vermag und sich namentlich dann in größerer Menge ansiedelt, wenn infolge des Rückgangs des Wasserstandes die Schlenken teilweise austrocknen und so der nackte Torfschlamm freigelegt wird. Im Gegensatz zu *D. anglica* und *D. rotundifolia* ist die Art auf die Hoch- und Zwischenmoore beschränkt. Trockenere Hochmoorbülten meidet sie ähnlich wie *D. anglica*. Wie *Rhynchospora fusca* (L.) AIT., *Hypericum Helodes* L., *Ludwigia palustris* (L.) ELLIOT, *Scutellaria minor* HUDS., *Wahlenbergia hederacea* (L.) RCHB., *Cidendia filiformis* (L.) DEL., *Hydrocotyle vulgaris* L., *Lycopodium inundatum* L., *Pilularia globulifera* L., *Sphagnum molle* SULL., *S. imbricatum* HORNSCH. ex RUSS. und *S. plumulosum* RÖLL gehört auch *D. intermedia* dem subatlantischen Element an. In Oberschwaben, wo die Pflanze nach BERTSCH (1918) deutliche Beziehungen zum alten Rheingletscher aufweist, liegen alle heutigen Standorte innerhalb der äußeren Jung-Endmoräne, ebenso wohl im ganzen nördlichen Alpenvorland. Über die Verbreitungsverhältnisse in Bayern vgl. H. PAUL (1910).

Inhaltsstoffe und Verwendung. Enthält 2% Plumbagin und ist daher stärker antibiotisch wirksam als *D. rotundifolia*. Verwendung wie diese. In Deutschland und Österreich als Beimengung zur Arzneiware bis 10% zugelassen, in Frankreich überhaupt gleichgestellt. – Drosera „intermedia" und *D*. „longifolia" des Handels stammt nicht von dieser Art, sondern von *D. madagascariensis* DC. (vgl. S. 10).

Bastarde

Verbreitet und verhältnismäßig häufig ist

1. *Drosera anglica* × *rotundifolia* = *D.* × *obovata* MERTENS et KOCH in RÖHLINGS Deutschlands Flora 2, ed. 3, 502 (1826). Syn. *D. intermedia* SOYER-WILLEMET (1828) non HAYNE. *D. longifolia* L. var. („β") *obovata* KOCH (1840 u. 1843). Taf. 139 Fig. 5 (zu ergänzen durch einen Blütenstand wie bei *D. anglica*, nur entsprechend kürzer). Laubblätter kürzer gestielt als bei *D. anglica*; Blattspreiten verkehrt-eiförmig, keilig in den Blattstiel verschmälert, 10–16 (22) mm lang und 4–9 mm breit; Blütenstand bis 20 cm hoch, die Laubblätter doppelt bis dreifach überragend. Pollen in Tetraden ausgebildet (vielleicht mitunter auch fehlschlagend), in der Gestalt dem der Eltern gleichend, aber

durchscheinend und plasmaleer. Samen werden nicht ausgebildet, die Kapsel bleibt kürzer als der Kelch. – Chromosomenzahl: 2 n = 30. VI bis VIII.

Verbreitung: D. × obovata findet sich nicht selten zwischen den Stammeltern, wohl fast überall, wo beide miteinander vorkommen, z. B. auch in Japan (aus Nordamerika anscheinend noch nicht angegeben), sei es vereinzelt, sei es in größerer Zahl. Aber der Bastard kommt auch – oft in dichten Beständen – ohne einen der Eltern (bes. ohne D. anglica) oder ohne beide vor. Solche Vorkommen haben schon früh zu der Auffassung geführt, daß D. obovata kein Bastard sei, sondern eine eigene Art oder eine Varietät von D. anglica („longifolia"). Solche Ansichten wurden bis ungefähr 1900 fast ebensooft vertreten wie die Auffassung der Sippe als Bastard. Erst die eingehenden cytologischen Untersuchungen von ROSENBERG (1909) stellten ihre Bastardnatur außer Zweifel. Ihr diploider Chromosomensatz (2 n = 30) kommt durch die Vereinigung der haploiden Sätze der Eltern (10 und 20) zustande. Die Unfruchtbarkeit des Bastardes wird durch Meiosestörungen verursacht; 10 der 20 von D. anglica stammenden Chromosomen paaren sich dabei mit den 10 der D. rotundifolia, während die übrigen 10 der D. anglica keine Partner finden und sich unregelmäßig auf die beiden neuen Zellen verteilen. Schon bald beginnen im Pollen und im Embryosack Degenerationserscheinungen, und die Zellen gehen allmählich zugrunde, die des Embryosackes nach mehreren Teilungen. – Die erwähnten Massenvorkommen von D. × obovata ohne einen oder beide Eltern erklären sich aus ihrer die Eltern übertreffenden Lebenskraft, einer bei Bastarden nicht seltenen Erscheinung, und aus ihrer starken vegetativen Vermehrung (s. oben S. 7). Beides zusammen kann dazu führen, daß einer oder beide Eltern an für sie minder günstigen Standorten durch den Bastard verdrängt werden. So finden sich solche Massenvorkommen von D. × obovata im östlichen Teil der österreichischen Zentralalpen mehrfach, z. B. auf der Turracher Höhe in den Gurktaler Alpen, in Höhen (bis etwa 1860 m), die dort von D. anglica überhaupt nicht und von D. rotundifolia nur mit geringer Lebenskraft erreicht werden; der Bastard ist aber auch in solchen Fällen gewiß an Ort und Stelle entstanden, vielleicht in weit zurückliegender Zeit, als im Ablaufe der Klimaschwankungen der letzten Jahrhunderte beide Eltern dort gedeihen konnten. – D. × obovata wird oft mit D. intermedia verwechselt. An den sehr variablen Blättern ist sie tatsächlich oft nicht von dieser zu unterscheiden. Aber ihr Blütenstand überragt wie bei den Eltern die Blätter wesentlich und sie zeigt auch nicht die anfängliche Gedrungenheit und das seitlich-bogige Aufsteigen der D. intermedia. Dagegen kann die Unterscheidung von den nach mehrfachen Angaben vorkommenden breitblättrigen Formen von D. anglica (s. S. 14) wirklich Schwierigkeiten bereiten oder auch unmöglich sein, soweit nicht Pollen untersucht werden kann oder Kapseln ausgebildet sind; daher die Dringlichkeit cytologischer Untersuchung solcher Pflanzen. – Auch in ihren ökologischen Bedürfnissen steht D. × obovata einigermaßen zwischen den Eltern, bevorzugt mehr Nässe als D. rotundifolia, ohne D. anglica auf die nassesten Standorte zu folgen; sie steht z. B. an Schlenkenrändern zwischen der höher auf den Bulten wachsenden D. rotundifolia und der in der Schlenke selbst lebenden D. anglica.

Anscheinend sehr selten sind dagegen Hybriden zwischen D. intermedia und den beiden anderen Arten, wozu der geringere Grad der Verwandtschaft beitragen mag; sie können wohl auch leicht übersehen werden.

2. *D. intermedia × rotundifolia = D. × Beleziana* CAMUS in Journ. de Bot. 5, 198 (1891) wurde von CAMUS aus der weiteren Umgebung von Paris beschrieben und abgebildet. Danach hat der Bastard zwar Blätter, deren Spreiten sich in der Form D. rotundifolia nähern, immerhin nicht so scharf gegen den Stiel abgesetzt sind, wie es bei dieser überwiegend der Fall ist; aber die Blütenstandsstiele entspringen am Grunde der Rosette und steigen daher z. T. bogig auf wie bei D. intermedia; die Samen waren fehlgeschlagen oder schlecht ausgebildet, die Samenschale „un peu tuberculeux", was ebenfalls nur von D. intermedia stammen kann. Diese genauen Angaben sprechen eindeutig für die Bastardnatur der Pflanze, was von DIELS 1906 wohl mit Unrecht bezweifelt wird. Bei Beurteilung weiterer hierher gehöriger Pflanzen wird man mit einem stärkeren Schwanken der Gestalt des Bastardes zwischen den Merkmalen der Eltern rechnen dürfen. Mit J. SCHUSTER [Über *Drosera × Beleziana* CAMUS in Allgem. Botan. Zeitschr. 13, 180 (1907)] können weitere Funde von D. × Beleziana in Schlesien (Rothenburg, Schleife, Haynau, Samitz) und in Brandenburg (Grunewald bei Paulsborn) als gesichert betrachtet werden. Von HOLZNER und NAEGELE, Ber. Bayer. Bot. Ges. 9, 15 (1904) werden Pflanzen aus einem Moor bei Grafing in Oberbayern kurz beschrieben, die ebenfalls D. × Beleziana gewesen sein dürften. Ohne Beschreibung wurde D. × Beleziana angegeben: mehrfach aus Württemberg (Oberschwaben) und aus Österreich vom Egelseemoor bei Elsbethen in Salzburg. Die öfters wiederholte Angabe „früher am Vorderjoch bei Hindelang (Allgäu)" beruht dagegen auf einem unzutreffenden Schluß aus der Beschreibung von D. × obovata durch MERTENS und KOCH. Nach WOOD, Rhodora 57, 110, 111 (1955) soll eine sterile Hybride zwischen den beiden Arten auch in Nordmichigan vorkommen.

3. *Drosera anglica × intermedia* wurde aus Oberschwaben (Degersee im Oberamt Tettnang) und aus Salzburg (Egelseemoor bei Elsbethen) angegeben, jedoch noch nicht beschrieben. Die sichere Erkennung dieser Hybride auf Grund morphologischer Merkmale dürfte wegen der verhältnismäßigen Ähnlichkeit der Eltern schwierig und nicht immer möglich sein; jedenfalls muß bei diesem Bastard wegen der verschiedenen Chromosomenzahlen der Eltern völliges Fehlschlagen der Samen wie bei D. × obovata erwartet werden. – Auf jeden Fall sollten Pflanzen, die für einen dieser beiden seltenen Bastarde gehalten werden, zu weiterer Beobachtung und – auch cytologischer – Untersuchung in Kultur genommen werden (H. SCHÄFTLEIN).

371. Aldrovanda[1]) L., Spec. plant. 281 (1753). Wasserfalle.

Die Gattung ist heute monotypisch. Aus alttertiären (eozänen und oligozänen) Ablagerungen in England und aus Schichten des Miozäns in Rußland und Westsibirien wurden einige weitere Arten beschrieben. Die alttertiären Funde sind von der rezenten Art sicher unterscheidbar, nicht so die jüngeren (F. KIRCHHEIMER).

1378. Aldrovanda vesiculosa[2]) L., Spec. Plant. 281 (1753). Syn. *A. verticillata* ROXB. (1832). *Drosera Aldrovanda* F. MÜLL. (1877). Wasserfalle. Taf. 139, Fig. 6a bis d und Fig. 4b und 14.

Wichtigste Literatur: R. CASPARY, *Aldrovandia vesiculosa*. Botan. Zeitung **17** (1859) und **20** (1862). – C. A. FENNER, Beiträge zur Kenntnis der Anatomie, Entwicklungsgeschichte und Biologie der Laubblätter und Drüsen einiger Insektivoren. Flora **94** (1904). – G. MOESZ, Über *Aldrovanda vesiculosa*. Annales Musei Nationalis Hungar. **5**, pag. 324-399 (1907). – W. R. MÜLLER-STOLL und H.-D. KRAUSCH, Verbreitungskarten brandenburgischer Leitpflanzen, 2. Reihe. Wiss. Zeitschr. pädagog. Hochschule Potsdam, math.-naturwiss. Reihe **4** (2), 115 (1959).

Pflanze ausdauernd, wurzellos, im Wasser nahe der Oberfläche frei schwimmend, kahl. Sproß einfach oder gelegentlich sympodial (scheinbar dichotom) verzweigt, fädlich, rund 10–30 cm lang, mit zahlreichen, kurzen Internodien. Laubblätter zu 6–9 (an blühenden Sprossen selten bis 17) in meist dichtgedrängten, abstehenden Quirlen. Stielartige Blattbasis aus schmalem Grund keilförmig verbreitert, 5–9 mm lang, am Ende in 4–6 (selten 1–3) pfriemenförmige, 6–8 mm lange Borsten auslaufend (Taf. 139, Fig. 6a). Blattspreite rundlich-nierenförmig, 5–7 mm lang und 8–10 mm breit, in der Mitte verdickt, ihre Hälften um die Längsrippe in einem spitzen oder fast rechten Winkel zusammengeklappt, am Rande mit feinen Zähnchen besetzt, gegen den keilförmigen Grundteil durch ein kurzes Stielchen abgesetzt. Blüten strahlig, einzeln, seitenständig in den Blattquirlen, an dicken, die Blätter etwas überragenden Stielen. Kelchblätter 5, länglich-eiförmig, 3–4 mm lang und rund 1,5 mm breit. Kronblätter 5, grünlich-weiß, schmal verkehrt eiförmig, 4–5 mm lang, ganzrandig. Staubblätter 5, etwa so lang wie der Kelch. Fruchtknoten aus 5 Fruchtblättern verwachsen, einfächerig, mit 5 wandständigen Plazenten, deren jede 2–3 Samenanlagen trägt und 5 abstehenden, am Ende aufgekrümmten und fransig verzweigten Griffeläste (Taf. 139, Fig. 6b, c). Frucht eine einfächerige, fachspaltige Kapsel, länger als der bleibende Kelch. Samen kurz eiförmig, 1,5 mm lang, gegen den Nabel zugespitzt, mit schwarzer, glänzender Samenschale. – VII, VIII.

Vorkommen: Sehr selten und zerstreut in nährstoffreichen, seichten, sich stark erwärmenden Gewässern, in Gräben, Schlenken oder Weihern des Tieflandes (vor allem im Osten und Süden des Gebietes), in ruhigen Wasserbuchten zwischen Schilf oder Binsen schwimmend mit *Lemna*-Arten, *Riccia fluitans* L., *Ricciocarpus natans* (L.) CORDA, *Salvinia* usw. in Lemnion-Gesellschaften, in Ungarn Charakterart des Spirodelo-Aldrovandetum BORHIDI et JARAI-KOMLODI 1959.

Allgemeine Verbreitung. In Europa in Frankreich (namentlich im Westen und Süden), im Bodenseegebiet, in Südtirol, Nord- und Mittelitalien, in Schlesien und Nordostdeutschland, Litauen, Rußland, Ungarn und dem unteren Donautal; außerdem im Kaukasus, in Turkestan, im Amurgebiet, in Japan, Bengalen, in Afrika im östlichen Sudan (Bahr el Ghasal und Bahr el Dschebel) sowie in Nordostaustralien.

Verbreitung im Gebiet (Fig. 14). In Deutschland sehr selten im Süden: früher im Bodenseegebiet im Bühelweiher bei Enzisweiler nächst Lindau in Bayern (hier 1885 von HOPPE-SEYLER aus Straßburg entdeckt, seit

---

[1]) Nach ULISSES ALDROVANDI, Professor der Botanik in Bologna (1522–1605). Die Pflanze wurde als *Aldrovandia* schon 1747 von dem Italiener MONTI aus Bologna beschrieben.

[2]) Lat. vesica = Blase; vesiculosus = blasig.

1930 verschwunden; die Vorkommnisse am Bodensee beruhen nach GAMS vielleicht auf Einschleppung durch Pelikane, die besonders um 1811 in Lindau auftraten) und angesiedelt im Siechenweiher bei Meersburg. Häufiger in Schlesien (Neuhammer Teich bei Proskau, Kemper Teich bei Ratibor, Ruda-Teich bei Rybnik, Miserauer See und Rodziner Teich bei Pless, Sohrau, Czarkov, Gottartowitz, Niederobschütz), in Brandenburg im Ruppiner Land (seit Jahrzehnten verschwunden; früher im Mehlitzsee und mehrfach in dessen Umgebung), in der südlichen Uckermark (Rühlfenn, Plage- und Parsteiner See; an den beiden letzten Fundorten noch 1958 beobachtet) und in der südlichen Mittelmark (Sperenberg). – In Österreich ehemals in Vorarlberg (Oberer Lochsee bei Bregenz; hier 1847 von CUSTER entdeckt; jedoch nach KURZ seit dem großen Hochwasser von 1890 verschwunden). – In Südtirol früher bei Sigmundskron

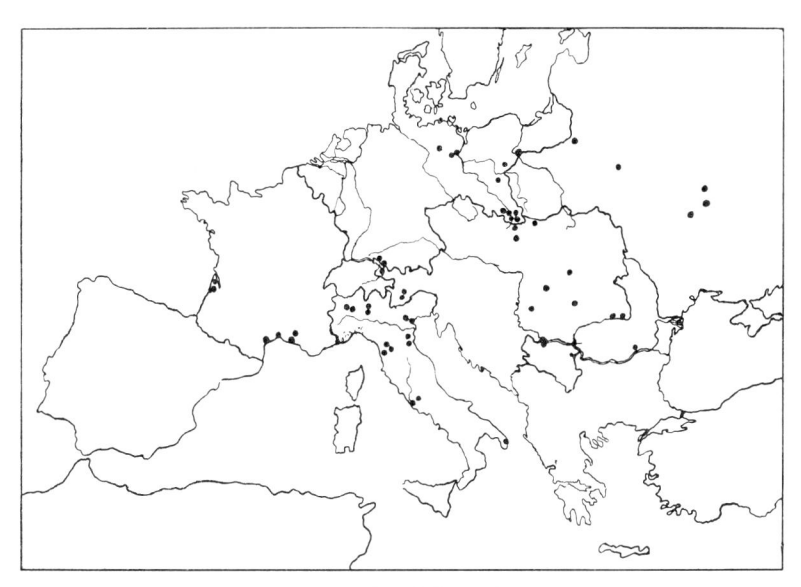

Fig. 14. *Aldrovanda vesiculosa* L. in Europa.

an der Etsch (1851, von SEYBOLD entdeckt) und im Porzengraben bei Salurn. – Fehlt ursprünglich in der Schweiz vollständig, jedoch 1908 von STAHEL im Mettmenhaslisee ausgesetzt und seither eingebürgert. – Da sich bei uns *Aldrovanda* zur Hauptsache ungeschlechtlich vermehrt – Winterknospen oder auch größere Sproßteile werden von Wassergeflügel leicht epizoisch verschleppt –, erklärt sich die aus Fig. 14 ersichtliche Tatsache, daß die mitteleuropäischen Fundorte dieser Pflanze an die Vogelzugstraßen gebunden sind, die von Südeuropa und Oberitalien über den Bodensee und das Elbe- und Odergebiet verlaufen.

Begleitpflanzen. Wiederholt wurden angegeben: *Salvinia natans* (L.) ALL., *Stratiotes aloides* L., *Potamogeton natans* L. und *P. gramineus* L., *Sparganium minimum* WALLR., *Utricularia minor* L. und *U. vulgaris* L., *Chara fragilis* DESV. und *Ch. foetida* A. BR., *Ricciocarpus natans* (L.) CORDA usw. Hinsichtlich ihrer Standorte ist *Aldrovanda* sehr wählerisch; sie verlangt zu ihrem Gedeihen ruhige, durch Rohr *(Phragmites)* und Binsen (*Scirpus lacustris* L.) geschützte Stellen stehender Gewässer, möglichst seichtes und weiches Wasser, das sich im Sommer bis zu 30° erwärmen kann, und einen moorigen Untergrund, wo die Winterknospen besser als im Sandboden Gelegenheit zum Überwintern finden.

Vegetationsorgane. Wie alle *Droseraceae* zeigt auch *Aldrovanda* nur geringe Tendenz zur Verzweigung. In Gegenden mit warmen Wintern hält das Fortwachsen dauernd an, in solchen mit kalten Wintern wird es dagegen dadurch unterbrochen, daß Winterknospen (hibernacula oder gemmulae; vgl. Taf. 139, Fig. 6d) gebildet werden, worauf die übrige Pflanze abstirbt. Diese bestehen aus gestauchten, mit Stärke vollgepfropften Sprossen mit zahlreichen Blattquirlen und gestauchten Internodien. Meist sinken sie Ende September auf den Grund der Gewässer, können jedoch, wie CASPARY und MOESZ beobachtet haben, zunächst oder auch später an der Oberfläche treiben. Meist steigen sie Mitte Mai nach Umsetzung der Stärke wieder zur Wasseroberfläche, wo sie sogleich austreiben. Der Stengel besitzt ein einziges, zentrales Leitbündel. – Das Blatt von *Aldrovanda* besteht, wie oben ausgeführt, aus einem keilförmigen Basalteil und dem darauf aufgesetzten Fangapparat. Der besagte Basalteil – „Blattstiel" der Autoren – trägt am Vorderrand die schon genannten Borsten. Eine anatomische Besonderheit bilden die ausgedehnten Hohlräume, die sich zwischen den Parenchymzellreihen befinden und bis in die Borsten fortsetzen. Diesem Aërenchym verdankt die Pflanze ihre Schwimmfähigkeit, nicht den in der geschlossenen Falle eingeklemmten Luftbläschen, wie früher angenommen wurde; denn sobald Hohlräume des Basalteils angestochen werden und sich mit Wasser füllen, sinkt das Blatt unter. Morphologisch entspricht der keilförmige Basalteil dem Blattgrund, der hier stark verlängert ist und weitgehend die Assimilation übernimmt, wofür ja die zur Falle umgebildete eigentliche Blattspreite nur mangelhaft geeignet ist (NITSCHKE, DIELS). Hierin zeigt sich eine gewisse Übereinstimmung zwischen *Aldrovanda*, *Dionaea* und *Nepenthes*. Die Borsten am Ende des Basalteils stehen hinter der Spreite (dorsal) und seitlich davon. COHN will sie als Blattfiedern gedeutet wissen, doch spricht ihre Stellung unterhalb des Blattstiels (das ist das winzige Verbindungsstück zwischen Basalteil und Falle) wie auch das Fehlen gefiederter Blätter bei allen übrigen *Droseraceae* entschieden gegen diese Annahme. Dagegen scheint die Ansicht von IRMISCH und NITSCHKE, die die Borsten für Stipularbildungen halten, durchaus zuzutreffen. Die Blattspreite besteht aus zwei Hälften, die die Form eines Kreissegments haben, und einem daran anschließenden, sichelförmigen Saum; dieser besteht aus einer Zellschicht und trägt am Außenrand kleine einzellige Zähnchen. Daran schließt sich nach innen die Zone der vierarmigen Drüsen an und an diese eine drüsenlose Zone, die scharf gegen den inneren Blatteil abgesetzt ist. Das ganze Innenstück ist mit zahlreichen Digestionsdrüsen besetzt, die gegen das Gelenk zu immer dichter stehen; dazwischen sind einige sensible, mit einem Gelenk versehene, gerade, nach außen gerichtete Trichome eingestreut. Die Außenseite der Spreite trägt nur zweiarmige Drüsen. Das Gelenk ist von einem Leitzellenbündel durchzogen, das weder Gefäße noch Tracheïden, sondern nur langgestreckte Zellen aufweist, die mit den Digestionsdrüsen in Verbindung stehen. Die 2- und 4-armigen Drüsen bestehen aus einem 2- bis 4-zelligen Stiele und aus 2 bzw. 4 armförmigen, waagrecht abstehenden Köpfchenzellen. Die Digestionsdrüsen erscheinen von oben gesehen als Rundhöcker; sie haben jedoch einen auf 2 Basalzellen aufsitzenden, aus 2 ziemlich hohen Zellen bestehenden Stiel, der seinerseits das kreisrunde, aus 2 Zellkreisen gebildete Drüsenköpfchen trägt. Die zwischen die Digestionsdrüsen eingestreuten Haare bestehen aus 4–7 Stockwerken, von denen jedes gewöhnlich aus 2 Zellen zusammengesetzt ist.

Tierfang. In der Ruhelage bilden die beiden Blattspreitenhälften einen Winkel von 60 bis 70°. Werden die von der Blattfläche abstehenden sensiblen Trichome gereizt, so setzt sofort die Schließbewegung ein, die bei starkem Reiz bis zur Berührung der äußeren Haarränder der beiden Blatthälften fortschreitet. Die Schließbewegung erfolgt nicht gleichmäßig, sondern ruckweise. Je größer die Zahl der gereizten, das heißt an ihrem basalen Gelenk abgebogenen Trichome ist, um so rascher geht der Verschluß vor sich. Den Digestionsdrüsen fällt wahrscheinlich eine doppelte Aufgabe zu: zunächst die Verdauungsenzyme zu liefern und schließlich die gelöste Nahrung zu resorbieren. Hierzu soll auch die Luftblase, die sich im geschlossenen Blatt bildet, beitragen. Erst nach einigen Tagen ist die Verdauung abgeschlossen und die Falle öffnet sich von neuem. – Nach KLEIN ist in den Blüten ein pepsinartiges Enzym (Pepsinase) enthalten, das Protëine in Peptone zu spalten vermag.

Blütenverhältnisse. Die Blüten, die bei uns höchst selten (KELLERMANN beobachtete einmal eine solche bei Lindau) ausgebildet werden, sind kleistogam. Die Pollenkörner verbleiben in der Anthere, während die Pollenschläuche auswachsen und bei geschlossener Blüte in die Narben eindringen. KORZCHINSKY wies nach, daß nach erfolgter Bestäubung die meisten Samenanlagen unbefruchtet waren und eine Embryobildung unterblieb, der Fruchtknoten und die Samenanlagen sich aber dennoch vergrößerten.

Pollen. *Aldrovanda* hat um 70µ große Tetraden mit dünner Exine und stumpfen Spinulae.

Fossile Pollenfunde. *Aldrovanda*-Pollentetraden und Samen wurden wiederholt in den wärmsten Stadien von Interglazialen, hauptsächlich dem Riß-Würm-Interglazial, zusammen mit Resten von *Najas*, *Brasenia*, *Dulichium*, *Caldesia*, *Trapa*, *Vitis silvestris*, reichlich *Carpinus*, *Tilia* und *Abies Fraseri* sowie von *Quercus* und *Corylus* gefunden (Zusammenfassung siehe bei SZAFER 1953).

Keimung und Entwicklung. Der Keimling entwickelt ein rudimentär bleibendes Würzelchen (KORSHINSKY); weitere Wurzelorgane werden nicht ausgebildet. Die Primärblätter sind lineal, pfriemlich zugespitzt, am Rande fein gesägt und zu 8 in einem Wirtel angeordnet.

Rosiflorae

Die Familien *Crassulaceae*, *Saxifragaceae*, *Rosaceae* und *Papilionaceae* sind die wichtigsten Vertreter der Überordnung *Rosiflorae* in Mitteleuropa. Ihre nahe Verwandtschaft ist unzweifelhaft, und in einigen Fällen wird sie durch das Auftreten nahezu intermediärer Formen deutlich illustriert. Gleichwohl zerfällt diese Gruppe in einige stark divergente Entwicklungslinien, deren Endglieder sich klar umreißen lassen, deren weniger abgeleitete Formen jedoch eine Gliederung in sich wie eine scharfe Abgrenzung von den nahestehenden *Polycarpicae* und älteren *Cistiflorae*, speziell den *Dilleniales* und *Theales* der neueren Autoren, gleichermaßen erschweren.

Ursprünglich besitzen die *Rosiflorae* strahlige Zwitterblüten mit freiblättriger, in Kelch und Krone gegliederter Hülle, wobei allerdings mehrfach der Kronblattkreis im Zusammenhang mit der verbreiteten Neigung zu Windblütigkeit unterdrückt wird. Durch einreihiges Perianth sind außerdem die aberranten Gattungen *Brunellia* und *Cephalotus* ausgezeichnet. Verwachsung der Kronblätter ist besonders bei *Crassulaceae*, *Pittosporaceae* und *Mimosaceae* verbreitet, zygomorphe Blüten treten allgemein bei den *Papilionaceae* auf. Die Entwicklung der Staubblätter verläuft – wie bei den *Polycarpicae* – in zentripetaler Folge: aber im Gegensatz zu diesen sind Andrözeum und Blütenhülle streng zyklisch gebaut, und die anatomisch wie morphologisch ursprünglichen Formen besitzen in der Regel nur 3 oder 2 Staubblattwirtel, woraus die vielzähligen Andrözeen der abgeleiteten Familien (bei einzelnen *Mimosaceae* bis 400 Staubblätter) sekundär durch Spaltung entstanden zu sein scheinen. Der sichere Nachweis ursprünglicher Polyandrie ist für keine hierhergehörige Art erbracht. Den *Polycarpicae* gegenüber ergeben sich vollkommen entgegengesetzte Entwicklungstendenzen, die teils zu extremer Bereicherung des Andrözeums, teils zur Beschränkung auf einen einzigen, in der Regel isomeren Staubblattkreis führen, dessen Gliederzahl bei windblütig gewordenen Gattungen einer weiteren Reduktion verfallen kann. Eine sehr bedeutsame Reduktionserscheinung ist die bei *Cunoniaceae*, *Crassulaceae*, *Saxifragaceae* und den meisten damit verwandten Familien vorherrschende Obdiplostemonie[1]. Verwachsene Filamente sind bei *Mimosaceae*, *Caesalpiniaceae* und *Papilionaceae* häufig, bei den *Chrysobalanaceae* weniger verbreitet und bei den übrigen Familien unbekannt. – Die Fruchtblätter der schwach spezialisierten Formen sind in einem isomeren Wirtel vorhanden: Vermehrung wie Verminderung der Karpellzahl müssen entsprechend den Verhältnissen im Staminalkreis als Ableitungen angesehen werden.

Für mehrere Entwicklungslinien ist die Ausbildung einer „Blütenröhre" sehr bezeichnend, worunter der aus der Verwachsung der unteren Abschnitte von Kelch, Krone und Staubblättern gebildete Becher zu verstehen ist. Der Fruchtknoten oder die einzelnen Karpelle stehen frei darin oder verwachsen damit mehr oder weniger hoch zu einem halbunterständigen bis unterständigen Fruchtknoten. An der Entstehung dieser Blütenröhre beteiligen sich in der Regel nur Phyllome, was durch den Leitbündelverlauf bestätigt wird (A. EAMES und MAC DANIELS 1947). Die alteingeführten Bezeichnungen „Achsenbecher", „Blütenachse", „Rezeptakulum" oder „Hypanthium" sind daher vielfach unrichtig oder zumindest durch den allgemeinen Gebrauch im Sinne einer Achseneffiguration irreführend. Die Epigynie der *Rosiflorae* – die große Mehrzahl der anderen Reihen bzw. Ordnungen verhält sich ganz analog – ist somit nicht durch Versenkung des Ovars in die verbreiterte Achse, sondern durch Verwachsung des teils noch apokarpen, teils synkarpen oder bereits parakarpen Fruchtknotens mit den Basen der übrigen Blütenphyllome zu erklären. Das umgekehrte Verhalten, die Ausbildung eines wirklich axialen Rezeptakulums, ist sehr selten: innerhalb der *Rosiflorae* ist es nur von der Gattung *Rosa* bekannt, sonst ist es für *Calycanthus*, die *Cactaceae* und einige andere *Centrospermae*, z. B. *Ficoidaceae* und *Phytolaccaceae*, sowie *Santalaceae* nachgewiesen. Vgl. A. J. EAMES & MAC DANIELS, Introduction to Plant Anatomy, 2nd ed., New York 1947; A. J. EAMES, Morphology of the Angiosperms, New York 1961, S. 245–252; A. TAKHTAJAN, Die Evolution der Angiospermen, Jena 1959, S. 105–110.

Beerenartige, saftige Früchte sind verbreitet, namentlich bei den Gruppen, die eine kräftig ausgebildete Blütenröhre oder unterständigen Fruchtknoten besitzen. – Das Nährgewebe in den Samen der *Rosiflorae* ist teils reichlich – und dann fleischig –, teils spärlich entwickelt oder völlig unterdrückt.

Die embryologischen Verhältnisse sind recht unterschiedlich erforscht: spärliche Nachrichten liegen über die *Cunoniales* vor, während *Saxifragales*, *Rosales* und *Leguminosae* besser bekannt sind. Die Teilung der Pollenmutterzelle erfolgt bei sämtlichen untersuchten *Rosiflorae*, den *Hamamelidaceae*, *Platanaceae* und allen *Amentiferae* simultan, aber bei den von vielen Autoren – doch wohl zu Unrecht – an diesen Verwandtschaftskreis angeschlossenen *Podostemonaceae* verläuft sie succedan. Der reife Pollen ist zweikernig, nur bei den *Pittosporaceae* und *Neuradaceae* besitzt er 3 Kerne. Die Samenanlagen sind wie bei den *Amentiferae* gewöhnlich krassinuzellat mit 2 Integumenten oder nur

---

[1] Ein obdiplostemones Andrözeum besteht aus 2 Staubblattwirteln, von denen der äußere v o r den Kronblättern steht und der innere damit abwechselt.

einem; eine Ausnahme machen z. B. die *Philadelphaceae, Pittosporaceae* und *Parnassiaceae* mit tenuinuzellaten Samenanlagen. Der Embryosack wird ganz allgemein nach dem Normaltypus gebildet. Das Endosperm bildet sich bei den *Hamamelidaceae, Pittosporaceae, Francoaceae, Parnassiaceae,* den *Rosales, Leguminosae* und schließlich den *Amentiferae* nukleär, wogegen die *Grossulariaceae, Penthoraceae* und *Crassulaceae* zelluläres Endosperm haben; bei den *Saxifragaceae* tritt zelluläres und helobiales Endosperm auf (nach K. SCHNARF, 1931).

Die *Rosiflorae*, von den *Polycarpicae*, wie sich aus den vorangehenden Ausführungen ergibt, mehr durch Höhe und Richtung ihrer Progressionen als durch handgreifliche Merkmale geschieden, bilden einen Parallelast zu der auf eine ähnliche Wurzel zurückgehenden Überordnung *Cistiflorae*, wovon sie durch die entgegengesetzte Entwicklung ihres Andrözeums gut getrennt sind, freilich nur im Hinblick auf die polyandrischen Familien, sowie durch die bei den *Cistiflorae* geringe Tendenz zu Epigynie.

Erhebliche Bedeutung haben die *Rosiflorae* als mutmaßliche Entwicklungsbasis der *Umbelliflorae* und *Amentiferae*. Namentlich die letztgenannte Gruppe, so heterogene Elemente sie auch vereinigt, ist beinahe lückenlos durch Zwischenformen mit den *Rosiflorae* verbunden. Es braucht hier nur an die *Hamamelidaceae* und die durch orthotrope Samenanlagen gekennzeichneten *Platanaceae* verwiesen zu werden, die beide mit gleichem Recht der einen wie der anderen Überordnung zugeteilt werden können, oder auf das Auftreten von Mesogamie bei *Alchemilla* und *Sibbaldia*, bei denen der Pollenschlauch seitlich, zwischen Chalaza und Mikropyle in die Samenanlage eindringt.

Die drei folgenden Familien, die sich zwischen *Rosiflorae* und *Amentiferae* einschieben, werden häufig als Ordnung *Hamamelidales* zusammengefaßt, was allerdings mit Rücksicht auf die sehr selbständigen *Platanaceae* nicht zweckmäßig ist.

Familie Hamamelidaceae

R. Brown in Abel, Narr. Journ. China 374 (1818)

Zaubernußgewächse

Bäume oder Sträucher mit abwechselnden Blättern. Nebenblätter vorhanden. Blüten zwitterig oder eingeschlechtig, mit doppelter Blütenhülle oder ohne Krone, mit mehr oder weniger deutlich ausgebildeter, freier oder dem Fruchtknoten angewachsener Blütenröhre. Andrözeum „schwach obdiplostemon" (Eichler): ein zu Staminodien umgebildeter Kreis vor den Kronblättern und ein fertiler Staubblattkreis damit abwechselnd; mehrere windblütige Gattungen mit zahlreichen, nicht nachweisbar im Wirtel koordinierten Staubblättern. Pollen tricolpat oder tricolporoidat, suboblat bis subprolat[1]); Aperturenmembran granuliert. Fruchtblätter zwei, in einen fast oberständigen bis unterständigen Fruchtknoten verwachsen. Samenanlagen in jedem Fache zahlreich oder einzeln, anatrop, krassinuzellat, mit 2 Integumenten. Frucht eine meist holzige, fachspaltige und zugleich scheidewandspaltige Kapsel. Das nukleär entstehende Nährgewebe ist im Samen reichlich oder ziemlich dünn ausgebildet. Harzgänge fehlen. Gefäßdurchbrechungen ausnahmslos leiterförmig; Markstrahlen schmal, meist nur 1 bis 3 Zellreihen breit.

Die *Hamamelidaceae* sind mit den zu den *Rosiflorae* gehörigen *Cunoniales* durch eine Reihe gemeinsamer Merkmale verbunden (leiterförmige Gefäßdurchbrechungen; zum Teil zwitterige Blüten mit Kelch und Krone; Andeutung von Obdiplostemonie; Ausbildung einer Blütenröhre, mit der die Fruchtblätter zu einem unterständigen Ovar verwachsen können; Besitz von Nährgewebe), so daß eine enge Verwandtschaft kaum bestritten werden kann. Andrerseits treten im Zusammenhang mit der Tendenz zu Windblütigkeit so auffällige Annäherungen an die *Amentiferae* auf, daß neuere Autoren die *Hamamelidaceae* mit gutem Grund an den Anfang dieser Überordnung stellen. Die besonderen Argumente bieten hierfür die abgeleiteten Gattungen mit vielfach eingeschlechtigen, in Köpfchen oder Ähren

Fig. 15. *Hamamelis virginiana* L. *a* Laubzweig. *b* blühender Zweig.

zusammengedrängten Blüten, der Unterdrückung der Blütenhülle, der Ausbildung nur mehr einer Samenanlage in jedem Fruchtblatt, vor allem den z. B. bei *Sinowilsonia* Hemsl., einer monotypischen Gattung aus Westchina, auftretenden geschlechtsdimorphen, kätzchenartigen Blütenständen. Die Spaltöffnungen weisen eine dem Spalt parallele Nebenzelle auf, oder bisweilen deren mehrere.

Daneben werden häufig Zusammenhänge mit den *Cercidiphyllaceae* angenommen, deren einzige Gattung – *Cercidiphyllum* Sieb. et Zucc. – in China und Japan beheimatet ist, doch dürfte es richtiger sein, diese Gattung an die zu den *Polycarpicae* gerechneten *Trochodendraceae* und *Tetracentraceae* anzuschließen und die Übereinstimmungen als Folgen gleichsinniger Abwandlung anzusprechen. Im Tertiär (bis Pliozän) war *Cercidiphyllum* auch in Europa vertreten.

---

[1]) Vgl. Anmerkung S. 62.

Die fast 100 Arten zählenden *Hamamelidaceae* sind in Ostasien am reichsten entwickelt. Daneben weisen noch Ostindien, die Sundainseln und das atlantische Nordamerika eine größere Formenfülle auf. Jeweils nur eine Gattung findet sich in Ostafrika, Madagaskar, in Nordwestindien (*Parrotiopsis* [NIEDENZU] C. K. SCHNEIDER) und in Persien (*Parrotia* C. A. MEY.). Dabei fällt auf, daß die beiden genannten Gattungen mit der atlantisch-nordamerikanischen *Fothergilla* MURRAY, nicht mit den räumlich benachbarten ostasiatischen Genera am nächsten verwandt sind.

Die *Hamamelidaceae* fehlen heute in Europa vollständig, sind aber im Tertiär und bis ins 1. Interglazial auch in Mitteleuropa verbreitet gewesen. Die ältesten sicher bestimmbaren Funde entstammen dem Oligozän und können mit keiner rezenten Gattung identifiziert werden. Die namentlich in pliozänen Ablagerungen ziemlich zahlreichen Funde

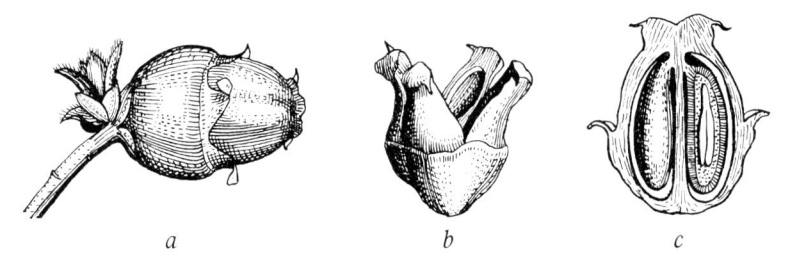

Fig. 16. *Hamamelis virginiana* L. *a* unreife Frucht. *b* reife Kapsel, entleert. *c* Frucht mit Samen, längsgeschnitten (nach ENGLER und PRANTL).

belegen das Vorkommen mehrerer Gattungen in Mitteleuropa. Dabei handelt es sich um Arten von *Corylopsis*, *Fothergilla*, *Hamamelis*, *Parrotia* und der heute ganz auf das tropische Südostasien beschränkten Gattung *Bucklandia* R. BR. Im Frankfurter Pliozän finden sich nach MÄDLER *Corylopsis urselensis* MÄDLER und *Fothergilla Gardenii* MURR., außerdem *Liquidambar pliocaenica* GEYLER & KINKELIN (*Altingiaceae*) und *Eucommia europaea* MÄDLER (*Eucommiaceae*); im Pliozän von Reuver *Bucklandia*, *Corylopsis*, *Liquidambar* und *Platanus*; im rumänischen Pliozän *Fothergilla*, *Hamamelis* und *Liquidambar*; im Altpleistozän des Mainzer Beckens *Hamamelis*, *Parrotia* cf. *persica* und *Eucommia* cf. *ulmoides*.

Große wirtschaftliche Bedeutung hat die Familie nicht, doch stellt sie eine Reihe dekorativer, sommergrüner Ziergehölze. Die für uns in Betracht kommenden Gattungen unterscheiden sich folgendermaßen:

1a Kronblätter vorhanden, gelb oder grünlich-gelb 2
1b Ohne Kronblätter 3
2a Kronblätter linealisch. Blüten 4-zählig, nur die Gipfelblüte 5-zählig . . . . *Hamamelis*
2b Kronblätter verkehrt-eiförmig, spatelig oder fast kreisrund. Blüten 5-zählig . . . . *Corylopsis*
3a Blütenstand eine dichte Ähre. Blüten weiß, mit zahlreichen Staubblättern . . . . . *Fothergilla*
3b Blütenstand ein 2- bis 6-blütiges Köpfchen. Blüten mit 5–7 Staubblättern . . . . . . *Parrotia*

Die wichtigste Gattung ist *Hamamelis*[1]) L., die Zaubernuß, die mit 6–8 Arten das atlantische Nordamerika und Ostasien bewohnt. Sommergrüne Sträucher mit an *Corylus* und *Alnus* erinnernden Blättern. Blüten zu 1–5 in blattachselständigen Köpfchen, meist zwitterig, mit linealischen gelben Kronblättern, je einem Kreis steriler und fertiler Staubblätter und holzigen, 2-samigen, 4-klappig aufspringenden Früchten. – Die meistgepflanzten Arten sind: *Hamamelis virginiana* L., die Virginische Zaubernuß, englisch Witch Hazel (Fig. 15 u. 16), ein in seiner Heimat bis 10 m hoher, baumartiger Strauch. Von Südostkanada bis Nordflorida verbreitet, bereits um 1736 in Europa eingeführt. Die Art ist an der herbstlichen Blütezeit (September, Oktober) leicht zu erkennen. Der Kelch ist auf der Innenseite mehr oder weniger gelbbraun. Nach SHOEMAKER unterliegt der Pollen zwischen Bestäubung und der erst im folgenden Frühjahr stattfindenden Befruchtung einer Ruhezeit von 5 bis 7 Monaten. Die haselnußähnlichen Früchte (Fig. 16a–c), die bei uns meist nicht zur Reife gelangen, reifen erst im Sommer, worauf sie infolge Gewebespannungen mit solcher Heftigkeit platzen, daß die Samen bis 4 m weit fortgeschleudert werden sollen. Auffällig sind die säulenförmigen oder zum Teil verzweigten Steinzellen (Idioblasten) im Mesophyll. Die virginische Zaubernuß ist in Deutschland nach dem Ergänzungsbuch zum Deutschen Arzneibuch offizinell. Es werden die getrockneten, im Herbst

---

[1]) Griechisch ἀμαμηλίς [hamamelis], bei HIPPOKRATES und ATHENAEUS ein Strauch mit mispelähnlichen Früchten; wahrscheinlich von griech. ὁμός [homos] = gleich, ähnlich und μῆλον [melon] = Apfel; homomelis also apfelähnlich. Der Name Zaubernuß soll von den im Sommer, scheinbar ohne vorausgegangenes Blühen, erscheinenden Früchten der herbstblühenden *H. virginiana* L. herrühren.

gesammelten Blätter (Folia Hamamelidis), sowie die Rinde (Cortex Hamamelidis, Tobacco Wood) verwendet. Die Blätter enthalten etwa 3% Hamamelitannin ($C_{20}H_{20}O_{14}$), einen glykosidischen Gerbstoff, der in Gallussäure und Zucker (Hamamelose) spaltbar ist, und weitere Gerbstoffe, rund 0,2% Cholin, Quercetin, 0,01–0,02% ätherisches Öl mit Sesquiterpenen sowie ein Resinoid (Hamamelin). *Hamamelis* hat vasokonstriktorische Eigenschaften und gilt als mildes Adstringens wie als Haemostypticum. Wegen ihrer tonisierenden Wirkung auf die Haut wird sie sehr viel in kosmetischen Präparaten (Gesichtswässern) und Kinderpudern verwendet. Hauptsächlich kommt *Hamamelis* bei Hämorrhoiden, Krampfaderbeschwerden, Venenentzündungen, Ulcus cruris, Thrombosen, Menorrhagien, passiven Blutungen an Nase, Lunge, Magen, Darm, Nieren und Uterus, Fissura ani und Pruritus zur Anwendung, in der Homöopathie besonders bei Diarrhöe und Dysenterie. – *Hamamelis* erfreute sich bereits bei den Urbewohnern Nordamerikas großer Wertschätzung als Heilpflanze (nach H. A. Hoppe, H. Schindler); die Zweige werden in Nordamerika gern als Wünschelrute benutzt. – *H. japonica* Sieb. et Zucc., in den Bergwäldern Japans verbreitet, blüht von Januar bis etwa April, ist aber sonst mit der vorigen Art sehr nahe verwandt. Der Kelch ist hier innen weinrot gefärbt. Bei beiden verkahlen die Laubblätter im Alter auf der Unterseite. Von *H. japonica* sind Spielarten mit rötlichen Kornblättern in Kultur. – *H. mollis* Oliver aus Westchina (Hupeh, Kiangsi) gilt als die prächtigste Art. Die Laubblätter sind am Grund herzförmig und auf der Unterseite dick filzig behaart. Blütezeit wie *H. japonica*, doch sind die Blüten etwas ansehnlicher.

Ganz auf Ostasien ist heute die Gattung *Corylopsis*[1]) Sieb. et Zucc., Scheinhasel, beschränkt. Sommergrüne Sträucher ähnlich *Hamamelis*, jedoch die Blüten in endständigen, oft nickenden, wenig- bis reichblütigen Ähren und mit breiten Kronblättern. Blütezeit ist das zeitige Frühjahr. – Die zahlreichen (rund 22) Arten sind schwer zu unterscheiden. Die wichtigsten sind: *Corylopsis spicata* Sieb. et Zucc. aus Südjapan mit in der Jugend behaarten Zweigen und Blattstielen, 7- bis 10-blütigen Trauben, außen kahlen Brakteen und behaarten Kelchen. Enthält in der Rinde Bergenin, ein Isocumarin-Derivat, das auch in einigen *Saxifragaceae* (z. B. *Bergenia*) vorkommt. – *C. pauciflora* Sieb. et Zucc. aus Japan (Kiusiu) mit von Anfang an mehr oder weniger kahlen Zweigen und nur 2- bis 3-blütigen Trauben. Die Einzelblüten sind fast 2 cm lang. – *C. glabrescens* Franch. et Sav. Syn. *C. Gatoana* Makino, gleichfalls aus Kiusiu stammend, mit von Anfang an kahlen Zweigen, vielblütigen Trauben und etwa 8 mm langen Kronblättern, deren Spreite länger als breit ist. Diese Art wird als die unempfindlichste ihrer Gattung empfohlen. – *C. platypetala* Rehder et Wilson aus China (Hupeh). Zweige und Blütenstände wie bei voriger Art, die Kronblätter nur etwa 4 mm lang und ihre Spreite breiter als lang oder so breit wie lang, die Nektarien ausgerandet oder gestutzt und die Laubblätter rasch verkahlend. – Ganz ähnlich ist *C. Willmottiae* Rehder et Wilson aus Südwestchina (Szechuan), nur sind hier die Nektarien tief zweispaltig und die Blätter unterseits zumindest auf den Nerven behaart.

Fothergilla[2]) Murray ist mit einigen wenigen und einander sehr ähnlichen Arten im atlantischen Nordamerika zu Hause. Sommergrüne Sträucher mit erlenähnlichen Blättern und endständigen, dichten Ähren. Blüten ohne Kronblätter, weiß, duftend. Staubblätter zahlreich. Blütezeit gewöhnlich im Frühjahr, gelegentlich auch erst im Hochsommer. – In Mitteleuropa sind winterhart: *F. Gardenii* Murray, Syn. *F. alnifolia* L. f., *F. maior* (Sims) Loddiges und *F. monticola* Ashe.

Die monotypische *Parrotia*[3]) *persica* (Dc.) C. A. Mey. bewohnt die feuchten Laubwälder am Südrand des Kaspisees. Mehrstämmiger Baum oder baumartiger Strauch mit glattrindigen und bei gegenseitiger Berührung häufig miteinander verwachsenden Stämmen und Rotbuchen-ähnlichen, im Herbst prächtig goldgelben und scharlachrot gefärbten Blättern. Blüten zu wenigen in blattachselständigen, am Grund von häutigen Hochblättern umhüllten Köpfchen, zwitterig, ohne Kronblätter, mit 5–7 sämtlich fertilen Staubblättern. Das Holz – transkaukasisches Eisenholz – ist im Kern hellrosa. – Ein Bindeglied zwischen Parrotia und Fothergilla ist die gleichfalls monotypische *Parrotiopsis Jacquemontiana* (Decne.) Rehder aus Nordwestindien und Kaschmir. In Kultur trifft man diese Art nur selten.

---

[1]) Nach der Ähnlichkeit mit dem Haselstrauch *Corylus* und griech. ὄψις [opsis] = Aussehen.

[2]) Benannt nach dem englischen Arzt John Fothergill (1712–1780), der in seinem Garten in Upton (Essex) eine große Zahl nordamerikanischer Gewächse zog.

[3]) Die Gattung ist nach dem deutschen Arzt Friedrich Parrot (1791–1841) benannt, der den Kaukasus und Armenien bereiste und als erster den Ararat bestieg.

Familie Altingiaceae

HAYNE, Arzneigewächse 11, 26 (1830). – *Liquidambaraceae* L. PFEIFFER, Syn. Bot. 125 (1870).

Amberbaumgewächse

Stehen der vorigen Familie nahe und werden meist damit vereinigt, unterscheiden sich aber in wesentlichen Punkten: Blüten und Blütenstände eingeschlechtig, einhäusig, die männlichen ohne Andeutung von Kelch und Krone, die weiblichen mit winzigen Kelchschuppen. Staubblätter sehr zahlreich. Pollen polyforat. Fruchtknoten halbunterständig, die Blütenröhren der zu kugeligen Köpfen vereinten weiblichen Blüten miteinander verwachsen. Kapseln – zumindest bei *Liquidambar* – nur scheidewandspaltig. Nährgewebe dünn. Mit schizolysigenen Harzgängen am Markrand. Wie bei der vorigen Familie sind die Gefäße leiterförmig durchbrochen; Markstrahlen schmal, gewöhnlich 2 bis 4 Zellreihen breit.

Die *Altingiaceae* haben sich schon frühzeitig von *Hamamelidaceae*-ähnlichen Formen abgespalten und in ihrer Anpassung an Windblütigkeit eine höhere Entwicklungsstufe erreicht als jene. Auch F. KIRCHHEIMER (1957) hält eine Trennung der Familien für gerechtfertigt, die beide in tertiären Ablagerungen zahlreich nachgewiesen sind und bereits damals scharf geschieden waren. *Liquidambar*-Pollen werden als nicht ganz sicher auch noch für das Altpleistozän aus der Umgebung von Bergamo angegeben (F. LANA). Die Pollen aller rezenten *Altingiaceae* behandelt L. KUPRIANOVA (in Russ. Bot. Journ. 1960), wo sie nach Pollen 4 weitere Arten aus dem Paläozän bis Miozän beschreibt und einen hypothetischen Stammbaum der Familie gibt.

Im Tertiär war die Familie auch in Mitteleuropa vertreten und offenbar weit verbreitet, am bekanntesten ist *Liquidambar europaea* A. BRAUN (Oligozän bis Pliozän) und *L. subglobosa* (PRESL) KIRCHH. (Oligozän), die vielleicht etwas gegen *Altingia* neigt; bezeichnend ist das Fehlen gerade dieses Fossils in den jungtertiären Schichten.

Die Familie enthält nur zwei eng verwandte Gattungen, *Liquidambar*[1] L. – mit handförmig gelappten, Ahorn-ähnlichen Blättern – in Nord- und Mittelamerika, Ostasien und der südwestlichen Türkei, sowie *Altingia*[2] NORONHA – kaum mehr als eine Untergattung von *Liquidambar* mit ungeteilten Blättern – in Südostasien von Südchina bis Java. *Altingia excelsa* NORONHA ist ein Baumriese in den javanischen Regenwäldern und liefert wertvolles, hartes Holz und das sogenannte Rasamalaharz, das Zimtsäure, Benzaldehyd und Zimtaldehyd enthält und in der Parfümerie als Ersatz für Styrax Verwendung findet (H. A. HOPPE).

In Gärten werden mitunter gezogen: *Liquidambar styraciflua*[3] L., der amerikanische Amberbaum, aus dem atlantischen Nordamerika, Texas, Mexiko und Guatemala, ein sommergrüner, in der Heimat bis 50 m hoher Baum mit wechselständigen, 3- bis 7-lappigen Blättern und fein knorpelzähnigen Blattlappen. Die männlichen Blüten besitzen weder Kelch noch Krone und sind in Köpfchen zusammengefaßt, die die Einzelblüten nicht mehr erkennen lassen. Diese Köpfchen stehen in einer endständigen Rispe. Die weiblichen Blüten lassen noch Kelchrudimente und 4–10 Staminodien erkennen; sie stehen in kugeligen Köpfen, die einzeln an langen, hängenden Stielen aus den Achseln der oberen Laubblätter entspringen. – Sehr ähnlich und nahe verwandt ist *L. orientalis* MILLER aus dem südwestlichen Kleinasien und Rhodos mit meist grobgezähnten Blattlappen. Diese Art ist stärker frostempfindlich und zur Gartenkultur weniger geeignet als die amerikanische. Der von ihr gelieferte Storax, „Styrax liquidus", ein dickflüssiges Ölharz, wird in Europa seit dem Mittelalter zu Arzneizwecken verwendet und ist noch heute u. a. in England, Frankreich, der Schweiz und den USA offizinell. Er wird aber medizinisch nurmehr selten bei Bronchialleiden, als Krätze- und Wundheilmittel angewendet, bisweilen noch zur Aromatisierung des Tabaks (z. B. bei der beliebten österreichischen Virginia-Zigarre), als Fixeur in der Parfümerie, als Räuchermittel und wegen seines hohen Brechungsindex als Einschlußmedium für mikroskopische Präparate. Der Styrax des Handels wird durch Kochen und Auspressen der Rinde gewonnen. Die Rindenrückstände stellen die Cortex Thymiamatis des Handels dar und dienen als Räuchermittel oder zur Bereitung des künstlichen Styrax calamitus. Gereinigter Styrax (Storax) enthält beachtliche Mengen Zimtsäure (frei etwa 23%!) und mehrere ihrer Ester, ferner Zimtalkohol (Styron), einen Harzalkohol (Storesinol) und etwas

---

[1] Von Ambar liquidum oder Styrax liquidus, dem Ölharz von *Liquidambar orientalis*. Arabisch Ambar oder Ambra bezeichnet eine ganze Reihe wohlriechender oder sonst geschätzter Stoffe. Die graue Ambra ist ein Produkt des Pottwals, die gelbe Bernstein, die schwarze Gagat, d. i. verunreinigter Bernstein.

[2] Benannt nach dem niederländischen Gouverneur ALTING.

[3] Στύραξ [styrax] soll vom arab. assthirak (stiria = Tropfen) kommen; es bezeichnet einen Gummiharze liefernden Strauch.

ätherisches Öl (Storaxöl) mit dem charakteristischen Styrol (= Phenyläthylen), Styrocamphen, Vanillin und Spuren von Naphthalin. Nach DIOSKORIDES und PLINIUS stellte der im südlichen Kleinasien gewonnene und zweifellos von Liquidambar stammende Storax einen wichtigen Artikel des phönizischen Handels dar. – *L. styraciflua* liefert den ähnlichen Amerikanischen Styrax, „Sweet gum" oder „Red gum" der Amerikaner. Sein ätherisches Öl ist jedoch im Gegensatz zum Orientalischen Styrax rechtsdrehend. – Von diesen beiden ist der „feste Styrax" zu unterscheiden, ein von *Styrax*-Arten *(Styracaceae)* stammendes Benzoëharz mit ähnlicher Zusammensetzung und Anwendung. Dieser enthält jedoch auch Benzoësäure (und deren Verbindungen), die dem Produkt von *Liquidambar* fehlt (R. WANNENMACHER).

Familie Platanaceae

Dumort., Anal. Fam. Pl. 11 (1829).

Platanengewächse

Literatur: E. Bretzler, Über den Bau der Platanenblüte und die systematische Stellung der Platanen. Botan. Jahrb. f. Syst. **62**, 305–309 (1929).

Stattliche, sommergrüne Bäume mit langgestielten, handförmig gelappten, selten ungeteilten, wechselständigen Blättern. Nebenblätter ziemlich groß, laubblattartig oder häutig, miteinander verwachsen und den Stengel kragenförmig umschließend, gezähnt (Fig. 18 g). Blüten und Blütenstände eingeschlechtig, einhäusig, doch öfters mit Rudimenten des anderen Geschlechts; Einzelblüten sitzend, zu dichten, kugeligen Köpfchen zusammengedrängt, die zu zweien oder mehreren (seltener einzeln) einer hängenden Infloreszenzachse aufsitzen; obere Blütenstände weiblich, die tiefer stehenden männlich. Kelch und Krone 3- bis 8-zählig. Sämtliche Blütenphyllome, auch die Karpelle, unter sich frei; keine Blütenröhre. Kelchblätter dreieckig, stumpflich, außen behaart. Kronblätter frei, keilförmig oder spatelig, kahl. Staubblätter in der Zahl der Kelchblätter oder zuweilen einige weniger und vor diesen stehend; Staubfäden frei, sehr kurz; Staubbeutel langgestreckt, seitlich oder leicht intrors aufspringend, mit einem fast rechteckigen, dach- oder schildförmig verbreiterten Konnektivfortsatz an der Spitze. Pollen tricolporat, gewöhnlich subprolat[1]), retikuliert, mit breiten Furchen (Colpi), deren Membran granuliert ist (Ähnlichkeit mit *Hamamelis* und *Salix*!). Fruchtblätter meist in der Zahl der Kelchblätter vorhanden, vollkommen frei, allmählich in das Stylodium ausgezogen, gegen den Grund zu behaart. Griffel an der Spitze hakenförmig gekrümmt, die Narben lang an der Innenseite herablaufend. Samenanlagen einzeln, nur ausnahmsweise 2, von der Bauchnaht des Fruchtblatts herabhängend, orthotrop bis sehr schwach hemianatrop, krassinuzellat, bitegmisch. Karpelle bei der Fruchtreife nußartig, durch gegenseitigen Druck vierkantig, länglich verkehrt pyramidenförmig, am Grund von einem Haarschopf umgeben, zu kugeligen Sammelfrüchten vereinigt, die einzeln oder zu mehreren (bis 7) an einer Spindel hängen. Nährgewebe spärlich. Gefäßdurchbrechungen teils leiterförmig, teils einfach; Markstrahlen sehr breit.

Neben der auffallenden äußerlichen Ähnlichkeit mit *Liquidambar (Altingiaceae)* zeigen die Platanen deutliche Beziehungen zur Ordnung *Rosales*, besonders zu den *Rosaceae* als ihrer ursprünglichsten Familie, wie durch den mehrblätterigen, apokarpen Fruchtknoten, das spärliche Endosperm und das Auftreten einfach perforierter Gefäße bestätigt wird. Die für die *Platanaceae* charakteristischen breiten Markstrahlen (gewöhnlich 8–20 Zellen breit), zwischen denen nur wenige oder gar keine einreihigen vorkommen, fehlen den *Hamamelidaceae* und *Altingiaceae* wie auch den meisten *Amentiferae* überhaupt, nur bei einigen strauchigen *Rosaceae* einerseits sowie *Urticaceae* und *Fagaceae* andrerseits sind Markstrahlen von ähnlicher Breite bekannt geworden.

Die stark abgeleiteten, eingeschlechtigen Blütenstände, die Länge der Narben, vor allem aber die orthotropen Samenanlagen erinnern dagegen erheblich an gewisse *Amentiferae*, unter denen die *Urticales*, die ja auch sonst gewisse Anklänge an die *Rosiflorae* zeigen, man vergleiche nur die *Eucommiaceae*, mit den Platanen am besten übereinstimmen.

Eine Besonderheit dieser Familie ist die alljährlich in kleineren oder größeren Stücken abblätternde Borke („Schuppenborke"). Der Blattstiel ist am Grund kurz dreieckig verbreitert und schließt eine Achselknospe ein. Die jungen Stengel und Blätter sind wollig-filzig durch vielzellige, ästige Etagenhaare bekleidet; die Äste dieser Haare stehen zu (1) 3–5 in meist mehreren (bis 5) Quirlen übereinander. Die Spaltöffnungen besitzen – wie bei den meisten *Rosiflorae* – keine spezialisierten Nebenzellen. Die Tracheen sind teils einfach durchbrochen, teils leiterförmig mit wenigen oder bis 20 Sprossen.

Die *Platanaceae* sind heute auf eine einzige Gattung – *Platanus*[2]) L., die Platane – beschränkt, die mit rund einem halben Dutzend Arten sehr disjunkt über die nördliche Hemisphäre verbreitet ist. Der alten Welt gehört eine einzige Art an (*P. orientalis* L.), die übrigen sind in Nordamerika beheimatet. In Mitteleuropa, wo die Familie heute fehlt, sind indessen Blätter und Früchtchen aus oligozänen bis pliozänen Schichten bekannt geworden. Das hohe erdgeschichtliche Alter der Platanen wurde durch Funde in Sedimenten der oberen Kreide Nordamerikas bestätigt.

Die Platanen erfreuen sich großer Beliebtheit als Straßen- und Parkbäume; dank ihrer Widerstandsfähigkeit gegen strengen Schnitt, Staub und Rauchschäden eignen sie sich hierfür selbst in Großstädten und Industriegegenden.

---

[1]) Vgl. Anmerkung S. 62.
[2]) Πλάτανος [platanos] = Name der Platane bei den Griechen; wohl mit πλατύς [platys] = breit zusammenhängend (wegen der ausladenden Krone?).

Neuerdings wird fast nur noch *P. hybrida* Brot. gezogen, eine Gartenpflanze vermutlich hybridogener Entstehung, die ihre Eltern aus der Kultur weitgehend verdrängt hat.

Inhaltsstoffe und Verwendung. Die Rinde von *Platanus* enthält Betulinsäure (= Platanol), $C_{30}H_{48}O_3$, die auch bei einigen anderen Pflanzenfamilien auftritt. Merkwürdig ist die Tatsache, daß Betulin, $C_{30}H_{50}O_2$, der entsprechende pentacyclische Triterpenalkohol, in der Rinde von *Betula*, *Carpinus*, *Corylus* sowie von *Trochodendron aralioides* vor-

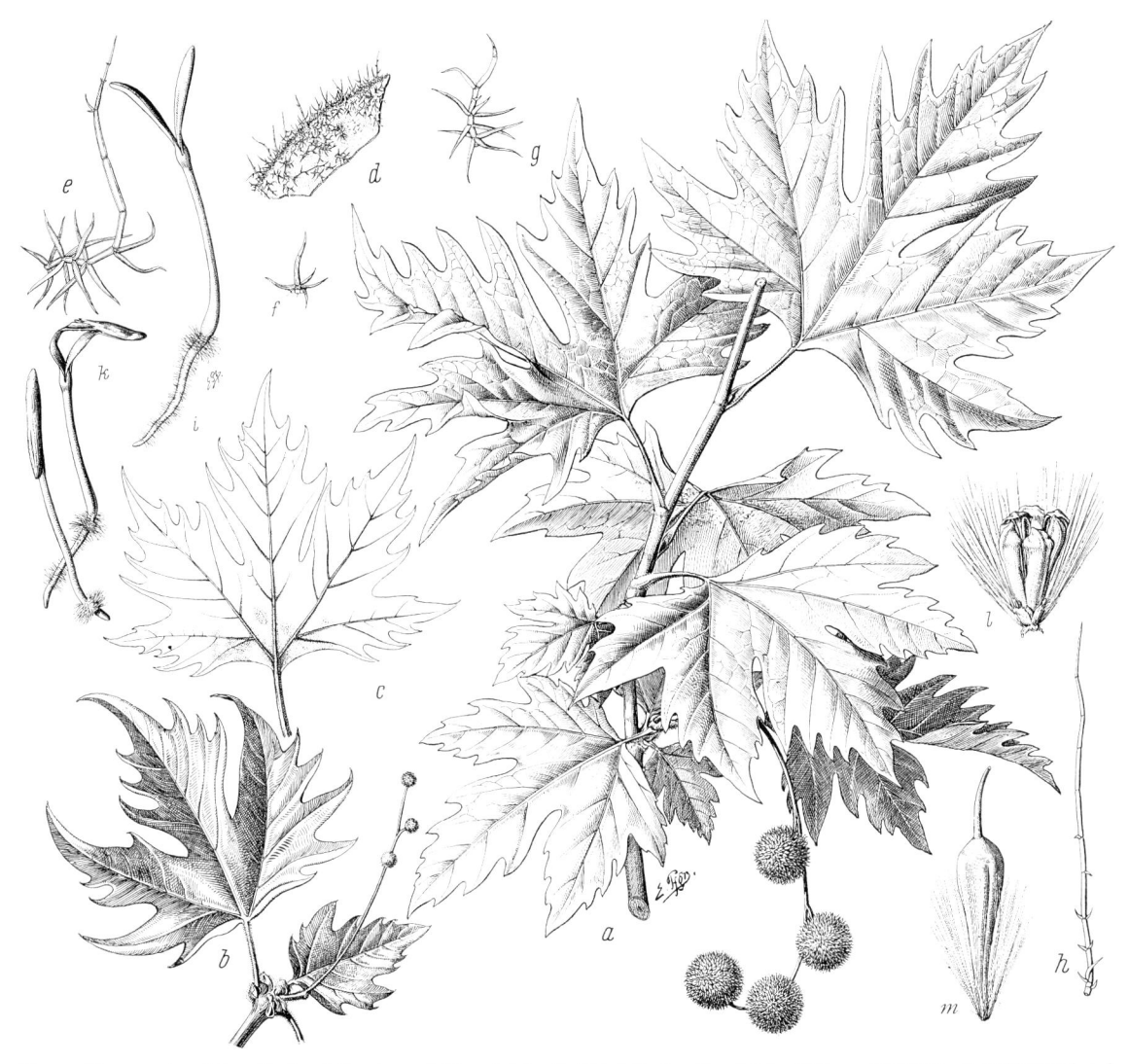

Fig. 17. *Platanus orientalis* L. *a* Zweig mit Fruchtstand ($^1/_5$ natürlicher Größe). *b* Zweig mit weiblichen Blüten. *c* Laubblatt. *d* Laubblattrand. *e, f, g* Haare des Laubblatts. *h* Haar aus der Blattachsel. *i, k* Keimpflanzen. *l* männliche Blüte. *m* reifes Karpell.

kommt, in der Rinde der eigentlichen *Rosiflorae* nach den bisherigen Untersuchungen aber zu fehlen scheint. Allerdings findet sich Betulin in den Hagebutten (nach W. Karrer). In der Homöopathie findet die frische, junge Zweigrinde Anwendung.

Platanus orientalis L., Spec. plant. 999 (1753). Fig. 17. Morgenländische Platane. Bis 27 m hoher Baum mit meist abstehenden Ästen. Borke an jüngeren Bäumen in größeren Platten abspringend. Laubblätter 5- bis 7-lappig, selten (an jüngeren Trieben) 3-lappig, am Grunde meist lang keilförmig, selten abgestutzt und sehr selten eingebuchtet. 5-, seltener 3-nervig. Mittellappen viel länger als am Grunde breit, durch tiefe Einschnitte von den Seitenlappen getrennt. Lappen mehr oder weniger stark buchtig-gezähnt oder gegen den Grund zu ganzrandig, seltener vollständig ganzrandig; Zähne spitz, mit aufgesetztem Hydathodenspitzchen. Nervenwinkel auf der Unterseite verkahlend. Nebenblätter klein. Blüten 4-zählig, meist in 3 oder 4 (bis 7) Köpfchen. Einzelfrucht spitz-dreieckig in das Stylodium auslaufend. – V. – Heimat: Griechenland, Mazedonien, Kleinasien bis Nordpersien; im westlichen Himalaja und in Unteritalien ist die Art wahrscheinlich nicht urwüchsig. Wächst mit Vorliebe an Wasserläufen und ist in Griechenland der wichtigste Auenbaum. Die morgenländische Platane erreicht gewaltige Ausmaße und ein außerordentlich hohes Alter. Die Bäume werden im Lauf der Zeit nicht nur hohl, sondern lösen sich

Fig. 18. *Platanus hybrida* BROT. *a* Zweig mit Fruchtständen. *b* Zweig mit Winterknospen. *c* und *e* Winterknospen. *d* Knospenschuppen. *f* Laubblatt. *g* Nebenblätter. *h* Haare der Laubblätter. *i* Haare aus den Blattachseln *k* theoretisches Diagramm. *l* weibliche Blüte. *m* Staubblatt. *n* weiblicher Blütenkopf, längsgeschnitten. *o* Fruchtblatt. *p* reifes Fruchtblatt längsgeschnitten.

schließlich in mehrere Stämme auf. Berühmt ist u. a. die Platane von Stanchio auf Kos, deren Äste auf 40 Säulen ruhen; sie wird auf 2000 Jahre geschätzt. – Die verhältnismäßig große Frostempfindlichkeit dieser Art verbietet eine ausgedehntere Verwendung in Mitteleuropa.

Platanus occidentalis L., Spec. Plant. 999 (1753). Abendländische oder Amerikanische Platane. Bis 30 m (in ihrer Heimat über 50 m) hoher Baum mit aufrechten Ästen und in kleinen Stücken sich ablösender Rinde. Laubblätter meist 3- oder (besonders die Sommer- und Herbstblätter üppiger Triebe) 5-lappig, am Grunde gestutzt, breit-herzförmig oder kurz keilförmig, seltener abgerundet, 3- bis 5-nervig. Mittellappen breit dreieckig, meist kürzer als am Grunde breit, buchtig gezähnt oder selten vollständig ganzrandig. Blattzähne zugespitzt, mit aufgesetztem Spitzchen. Behaarung auf den Nerven und in den Nervenwinkeln der Unterseite erhalten bleibend. Nebenblätter sehr groß, oft tütenförmig, bisweilen röhrenförmig zusammenschließend. Blüten 6-teilig, die Blütenköpfchen einzeln oder seltener zwei bis drei. Frucht ziemlich kurz in das Stylodium verschmälert. – Chromosomenzahl: 2n = 42. – V. – Heimat: Atlantisches und mittleres Nordamerika von Maine bis Ontario und Minnesota; Florida, Kansas, Texas. Häufig auf feuchten, nährstoffreichen Böden, besonders in Auwäldern, auf Sand- und Kiesalluvionen. – In Europa wird diese weniger frostempfindliche Art seit dem 17. Jahrhundert in Gärten und Parkanlagen gezogen; heute ist sie, zumindest in Mitteleuropa, wieder vollkommen verschwunden.

Platanus hybrida BROT., Fl. lusitan. **2**, 487 (1804). Syn. *P. orientalis* L. var. *acerifolia* AIT. (1799). *P. acerifolia* (AIT.) WILLD. (1804). Fig. 18 u. 19. Ahornblätterige oder London-Platane. Borke in größeren Platten abspringend. Laubblätter meist 5-, seltener schwach 7- oder an jüngeren Trieben auch 3-lappig, am Grunde meist gestutzt, stumpfwinkelig bis schwach-herzförmig, sehr selten keilförmig, auf der Unterseite in den Blattwinkeln verkahlend. Mittellappen fast immer länger als am Grunde breit. Einschnitte zwischen den Lappen meist weniger tief als bei *P. orientalis*, jedoch tiefer als bei *P. occidentalis*. Lappen seicht buchtig gezähnt und dann mehr oder weniger eiförmig (an *P. orientalis* erinnernd) oder spärlich gezähnt und dann dreieckig. Nebenblätter mittelgroß. Fruchtköpfchen meist zu 2, auch einzeln oder zu 3. Frucht kegelförmig, spitz. – Chromosomenzahl: 2n = 42. – V. – Die London-Platane steht mit ihren Merkmalen zwischen *P. orientalis* und *P. occidentalis* und ist auch nach den meisten Autoren ein Bastard dieser beiden Arten, vielleicht ist es aber richtiger, sie als Mutante der abendländischen Platane zu betrachten. Die von DODE und C. SPRENGER als in Süditalien oder Sizilien heimisch angegebene „*P. acerifolia*" gehört nicht hierher. – In Mitteleuropa wird die Art (angeblich schon seit Anfang des 18. Jahrhunderts) häufig kultiviert. Die Vermehrung erfolgt durch Stecklinge, die sich leicht bewurzeln. Sie ist gegen Frost widerstandsfähiger als ihre vermeintlichen Eltern; in der Ostschweiz wird sie noch bei 800 m als Straßenbaum angepflanzt, in Westpreußen ist sie gut akklimatisiert, und erst östlich der Provinz Posen und östlich von Danzig gedeiht sie nicht mehr. Heute wird sie allgemein in Parkanlagen, an Straßen (Alleebaum) und in Wirtschaftsgärten angepflanzt. Wegen ihres großen Lichthungers gedeiht die Platane in dichten Beständen schlecht und eignet sich daher nicht als Forstgehölz. Unangenehm wirken die im Frühjahr abfallenden Filzhaare der Laubblätter und jungen Triebe wie auch die Fruchthaare, indem sie die Schleimhäute der Augen und eingeatmet die Luftwege reizen. Unter Insekten haben die Platanen wenig zu leiden; für Mitteleuropa kommen höchstens die im Holz lebende Larve des Käfers *Bostrychus dispar* HELLER, die auf den Blättern lebende Larve eines Spanners

Fig. 19. *Platanus hybrida* BROT. (Aufn. R. PFENNINGER)

(*Zerene ulmaria* F.) und die Blattlaus *Lachnus Platani* KALTB. in Betracht. In den Blättern miniert häufig die Raupe der Kleinschmetterlinge *Lithocolletis Platani* STGR., die, meist auf der Blattunterseite, eine aufgetriebene Faltenmine erzeugt, und – weit seltener als die vorige Art und mehr in Südeuropa – die Raupe von *Niepeltia Platani* MLL.-RTZ., ebenfalls eines Kleinschmetterlings, die eine oberseitige Gangmine bildet (nach HERING). Größeren Schaden richtet ein die jungen Frühlingsblätter befallender Pilz (*Gloeosporium nervisequum* SACC.) an. Das grobfaserige, mittelschwere, sehr zähe, ziemlich harte und schwer zu spaltende, aber nicht sehr dauerhafte, bräunliche bis rötliche Holz hat lufttrocken ein spezifisches Gewicht von 0,47 bis 0,65 und wird als Bau- und Werkholz, seltener zu Möbeln, Wagnerarbeiten u. dgl. verwendet; es ist zerstreut porig (ähnlich dem der Rotbuche), hat enge Gefäße und breite Markstrahlen.

Gliederung der *Rosiflorae*

1. Ordnung *Cunoniales*.

Vorwiegend Holzgewächse mit leiterförmig durchbrochenen Tracheen. Staubblätter in 1–3 isomeren Wirteln oder in Vielzahl. Fruchtblätter in einem isomeren Quirl oder bis auf zwei verringert, selten (*Bruniaceae* z. T.) nur ein Karpell. Endosperm stets vorhanden, seine Entstehung aber nur bei einer Familie (*Grossulariaceae*) näher bekannt.

a) Familien mit gegenständigen oder wirteligen Blättern. Staubblätter zahlreich oder in 3–2 isomeren Wirteln. Fruchtblätter in einem isomeren Quirl oder in geringer Zahl, wenigstens zwei, selten auch in einem mehrzähligen Wirtel. Reife Früchte trocken, Balgfrüchte oder Kapseln, sehr selten beerenartig. Endosperm reichlich. Ausnahmsweise kommen krautige Formen vor (*Philadelphaceae* z.T.). – Die so definierte Familiengruppe enthält im ganzen recht ursprüngliche Formen. Im Bereich der Blüte lassen sich jedoch gewisse Progressionen erkennen. Apokarpie ist bereits selten geworden, obdiplostemone und epigyne Blüten sind verbreitet, und verschiedentlich zeigen sich Ansätze zu stark spezialisierten Infloreszenztypen (Köpfchenbildung bei einigen *Cunoniaceae*, z. B. *Callicoma* ANDR. Trugdolden bei *Hydrangea*). Mit einiger Wahrscheinlichkeit wird hier der Anschluß der *Cornaceae*, vielleicht auch der sympetalen *Styracaceae* vermutet. Die wichtigsten hierher gehörigen Familien sind:

Cunoniaceae. Meist Zwitterblüten mit Kelch und Krone, seltener ohne Krone. Fruchtblätter 5–2, frei oder häufiger in einen meist oberständigen Fruchtknoten verwachsen. Blätter einfach, dreizählig oder unpaarig gefiedert. Mit hinfälligen Nebenblättern, selten (*Bauera* BANKS ex ANDR.) ohne solche. – Rund 25 Gattungen in Südamerika, auf den pazifischen Inseln, in Australien, Malesien und Madagaskar; 2 monotypische Gattungen in Südafrika, davon *Cunonia capensis* L. in Kultur und gelegentlich im Handel. – *Weinmannia glabra* L. FIL. aus Venezuela, Kolumbien und Peru enthält in der Rinde („Curtidor", „Tan rouge") 10–13% Gerbstoff und wird als Gerbmaterial verwendet.

Brunelliaceae. Blüten eingeschlechtig, mit einfacher Blütenhülle. Der äußere der beiden Staubblattkreise wechselt mit den Perianthblättern ab. Fruchtblätter meist 4–5, frei. – Eine Gattung, *Brunellia* RUIZ et PAVON, mit mehreren Arten in Mittelamerika, Westindien und den Anden von Kolumbien bis Bolivien.

Eucryphiaceae. Blüten zwitterig, 4-zählig, mit Kelch und Krone. Staubblätter sehr zahlreich, der kegelförmigen oder walzlichen Blütenachse aufsitzend. Fruchtblätter 5–18, bis auf die Griffeläste miteinander in einen oberständigen Fruchtknoten verwachsen. Blätter einfach oder unpaarig gefiedert, mit verwachsenen Nebenblättern. – Einzige Gattung *Eucryphia* CAV. mit 4 Arten in Südchile, Tasmanien und Südostaustralien. In Westeuropa, namentlich England, werden Eucryphien gelegentlich in Gärten gezogen.

Philadelphaceae. Meist Zwitterblüten mit Kelch und Krone. Karpelle 10 oder 5–2, in einen fast ober- bis unterständigen Fruchtknoten verwachsen. Blätter einfach, selten gelappt, sehr selten wechselständig, ohne Nebenblätter. – Näheres vgl. S. 37.

Hier dürfte auch die kleine, windblütig gewordene Familie der **Myrothamnaceae** hergehören. Die Blüten sind eingeschlechtig, achlamydëisch und stehen in kätzchenartigen Infloreszenzen. Pollen zu Tetraden verbunden. Blätter gegenständig, bei Trockenheit längsgefaltet, mit Stipeln. – Einzige Gattung *Myrothamnus* WELW. mit zwei Arten in Madagaskar und Afrika von Nyasaland bis Natal und Südwestafrika.

b) Familien mit (fast immer) abwechselnden Blättern. Staubblätter in einem isomeren Quirl und mit den Kronblättern abwechselnd, selten in geringerer Zahl als die Petalen; sehr selten (*Pterostemon*) mit einem zu Staminodien umgebildeten äußeren, epipetalen und einem fertilen, inneren, alternipetalen Staubblattkreis. Karpelle selten in einem isomeren Kreis, meist 3–2, gelegentlich einzeln. Reife Früchte trockene oder außen saftige Kapseln, Steinfrüchte, Beeren (so bei *Ribes*), ausnahmsweise einsamige Nüßchen (nur *Bruniaceae* z.T.).

Die verwandtschaftlichen Beziehungen dieser Familiengruppe weisen in ganz verschiedene Richtungen. Besondere Erwähnung verdienen: 1. die *Escalloniaceae*; sie nähern sich in einigen Formen so sehr den *Cornaceae*, daß eine naturgemäße Abgrenzung dieser Familien sehr schwierig wird. – 2. An diese Familiengruppe schließen sich die zwitterblütigen *Hamamelidaceae* an, die ja, ähnlich *Pterostemon*, einen epipetalen Staminodialkreis und einen damit alternierenden Kreis fertiler Staubblätter besitzen. Auch die leiterförmigen Gefäßdurchbrechungen, die Frucht- und Samenmerkmale verweisen hierher. Daneben zeichnen sich jedoch die *Hamamelidaceae*, namentlich die stärker abgeleiteten, windblütig gewordenen Gattungen, durch weitgehende Übereinstimmung mit den *Betulaceae* aus. – 3. Nach dem Bau von Blüte und Frucht müßten schließlich *Rosaceae* und *Mespilaceae* hier angeschlossen werden, doch erweisen sich diese Familien durch ihre einfachen Gefäßperforationen als Glieder einer anderen Entwicklungslinie.

Pterostemonaceae. Zwitterblüten mit Kelch und Krone. Epipetaler Staubblattkreis zu Staminodien umgebildet, der episepale fertil. Pollenkörner tricolporat. Fruchtknoten 5-fächerig, unterständig. Frucht eine Kapsel. Mit hinfälligen Stipeln. – Eine artenarme Gattung – *Pterostemon* SCHAUER – in Mexiko.

Grossulariaceae. Blüten zwitterig oder eingeschlechtig, mit Kelch und Krone. Pollenkörner vielporig. Fruchtknoten bikarpellat, einfächerig, unterständig. Samenanlagen mit 2 Integumenten. Frucht eine Beere. Nebenblätter fehlen. Endosperm zellulär. – *Grossulariaceae* und *Pterostemonaceae* sind beide durch das Vorkommen schüsselförmiger Drüsenhaare ausgezeichnet. – Näheres vgl. S. 43.

Iteaceae. Zwitterblüten mit Kelch und Krone. Kein Diskus. Pollenkörner mit 2 Poren. Fruchtknoten zweifächerig, halbunterständig. Samenanlagen mit 2 Integumenten. Frucht eine Kapsel. Nebenblätter sind vorhanden. – Eine Gattung in Südostasien und im atlantischen Nordamerika; *Itea virginica* L. wird bisweilen bei uns in Gärten gezogen.

Brexiaceae. Mit der vorigen Familie verwandt, jedoch mit Diskusbildung und meist isomeren Fruchtknoten. Pollenkörner tricolporat. – 3 artenarme Gattungen in Madagaskar und den benachbarten Inseln sowie in Tanganyika, außerdem in Neuseeland.

Escalloniaceae. Meist Zwitterblüten mit Kelch und Krone, zum Teil mit Diskusbildung. Pollenkörner tricolporat. Fruchtknoten selten isomer oder oberständig, meist 3- bis 2-blätterig und unterständig, Samenanlagen mit einem Integument. Frucht eine trockene oder außen fleischige Kapsel oder eine Steinfrucht. Nebenblätter fehlen. – Wenige Gattungen, vorwiegend in Südamerika, Neuseeland, Ostaustralien, Neuguinea; jeweils eine Art in Burma, Reunion, Ostafrika und dem Kapland. Als Kalthauspflanzen werden *Corokia Cotoneaster* RAOUL aus Neuseeland mit unscheinbaren, gelben Blüten und einige Arten der vorwiegend auf den Anden von Venezuela bis Südchile beheimateten Gattung *Escallonia* L. f. kultiviert; am häufigsten Kreuzungen der rotblühenden *E. macrantha* HOOK. et ARN. mit der weißblühenden *E. virgata* (RUIZ et PAV.) PERS. = *E.* × *langleyensis* VEITCH.

Bruniaceae. Blüten zwitterig, mit Kelch und Krone. Fruchtknoten zwei- oder einblätterig, fast oberständig bis unterständig. Frucht eine zweifächerige Kapsel oder ein einsamiges Nüßchen. Samenanlagen nur mit einem Integument. Blätter nadel- oder schuppenförmig, gelegentlich mit Stipeln. – Eine kleine Familie mit etwa 75 Arten, die ganz auf Südafrika, vorwiegend das südwestliche Kapland beschränkt ist und durch ihre ericoide Tracht, sowie die häufig an Compositen erinnernden Blütenstände auffällt. – Die Zugehörigkeit der *Bruniaceae* zu den *Rosiflorae* ist recht zweifelhaft.

Nach Ansicht der meisten Autoren sind die **Pittosporaceae** mit den hier vereinigten Familien zunächst verwandt. Die Krone ist gewöhnlich mehr oder weniger verwachsenblätterig, der oberständige Fruchtknoten ist (5- bis) 3- oder 2-karpellat. Die Samenanlagen weisen wie bei den *Escalloniaceae* nur ein Integument auf. Durch ihre auf die Rinde beschränkten und in einem Kreis stehenden, schizogenen Harzkanäle weichen die *Pittosporaceae* von sämtlichen *Rosiflorae* ab, und nähern sich hierin den *Araliaceae* und *Umbelliferae*, womit sie auch in ihrem nukleären Endosperm übereinstimmen. Von sämtlichen echten *Cunoniales* unterscheiden sie sich durch die einfach durchbrochenen Tracheen, ein Merkmal, das sie ebenfalls mit den *Araliaceae* und *Umbelliferae* teilen. Endlich besitzen die *Pittosporaceae* Spaltöffnungen mit zwei dem Spalt parallelen Nebenzellen, wie sie bei den *Cunoniales* nicht häufig sind. Dies alles rechtfertigt, wenn schon nicht unbedingt ihre Einbeziehung in die *Umbelliflorae*, so doch die Errichtung einer eigenen Ordnung für diese selbständige Familie [vgl. P. N. SCHÜRHOFF, Über die systematische Stellung der *Pittosporaceae*. Beitr. zur Biologie der Pflanzen **17**, 72–86 (1929)]. – 9 Gattungen, die meisten auf Australien beschränkt; artenreich und weiter verbreitet ist nur *Pittosporum*[1]) GAERTN., das im westpazifischen Bereich von Japan bis Neuseeland und Hawaii verbreitet ist, sodann in den tropischen und subtropischen Regenwäldern Indiens, Madagaskars, Afrikas, und schließlich auf Teneriffa und Madeira. *Pittosporum Tobira* (THUNB.) AIT. (Fig. 20) aus Südjapan und Korea wird vielfach als Kalthauspflanze in Gärten, in Südeuropa auch im Freien gezogen. Zahlreiche Arten führen Saponin (= Glykosid Pittosporin?), manche ätherische Öle, Harz und Gerbstoff. Das phillipinische *P. resiniferum* HEMSL. hat brennbare Früchte und enthält fast 7% ätherisches Öl von eigentümlichem Geruch („Petroleumnüsse"). – In diese Familie gehört auch die in Australien weit verbreitete *Bursaria spinosa* CAV., in deren Blättern das Glykosid Aesculin vorkommt, das zu Sonnenschutzcremen verwendet wird (HENGLEIN 1949).

Fig. 20. *Pittosporum Tobira* (THUNB.) AIT. In Bordighera gepflanzt (Aufn. P. MICHAELIS)

2. Ordnung *Saxifragales*.

Ausdauernde oder bisweilen einjährige Kräuter (selten Sträucher mit dicken, weichfleischigen Stämmen) mit abwechselnden oder gegenständigen, oft rosettig gedrängten Blättern. Staubblätter in zwei oder einem isomeren Wirtel;

---

[1]) Griechisch πίττα [pitta] Pech, Harz und σπορά [spora] Same; wegen der klebrigen Samen.

bei Blüten mit Kelch und Krone ist im ersten Falle das Andrözeum stets obdiplostemon, im zweiten Falle wechseln die Staubblätter mit den Kronblättern ab (ausgenommen einige *Mitella*-Arten). Fruchtblätter in einem isomeren Kreis oder bis auf 2 vermindert, frei oder verwachsen, ober-, halbunter- oder auch unterständig. Früchte trocken, kapselartig, sich auf verschiedene Weise öffnend. Samenanlagen (außer bei *Pyxidanthera*) mit 2 Integumenten. Nährgewebe im Samen reichlich, spärlich oder fehlend.

Durch den vielfach noch apokarpen und isomeren Karpellkreis entsteht der Anschein großer Ursprünglichkeit, jedoch bedeutet die verbreitete Neigung zur Unterdrückung des Endosperms und die zunehmende Seltenheit von Leitertracheïden – als einzige der hierher gerechneten Formen besitzt *Penthorum* L. ausschließlich leiterförmig perforierte Gefäße – gegenüber den *Cunoniales* eine ganz abweichende Entwicklungsrichtung, auch wenn die Ausgangsformen der *Saxifragales* mit guten Gründen in der vorangehenden Ordnung gesucht werden. Verwandtschaftliche Zusammenhänge mit anderen Ordnungen sind indessen nur schwach ausgebildet. Zu nennen ist hier die Gattung *Astilbe (Saxifragaceae)* nebst ihren nächsten Verwandten wegen ihrer auffallenden Annäherung an *Aruncus (Rosaceae)*. – Bemerkenswert ist ferner die isolierte Gattung *Donatia* FORST. aus Neuseeland, Tasmanien und dem antarktischen Südamerika, die ihren morphologischen Merkmalen nach hier untergebracht werden könnte, wegen ihres Inulingehaltes jedoch besser zu den *Campanulatae* gezogen wird. – Auch mit den *Diapensiaceae* haben die *Saxifragales* einige Merkmale gemein, jedoch sind die verwandtschaftlichen Beziehungen dieser in Europa einzig durch die hochnordische *Diapensia lapponica* L. vertretenen kleinen Familie noch nicht zuverlässig geklärt.

a) Fruchtblätter sich an der Bauchseite, bei verwachsenblätterigem Fruchtknoten zwischen den Griffeln öffnend. Endosperm zellulär, bei den *Saxifragaceae* daneben auch helobial. Nicht auf Endospermbildung untersucht sind *Cephalotaceae* und *Vahliaceae*.

Penthoraceae. Zwitterblüten. Krone fehlt. Fruchtblätter in einem isomeren Kreis, frei, ohne schuppenförmiges Anhängsel an ihrem Grund, bei der Reife quer zur Bauchnaht aufspringend. Samenanlagen zahlreich. – Hierher einzig die artenarme Gattung *Penthorum* L. aus Ostasien und dem atlantischen Nordamerika. – Das frische Kraut von *P. sedoides* L. (Nordamerika) wird selten in der Homöopathie gegen Schnupfen und Entzündungen der Schleimhäute gebraucht.

Crassulaceae. Meist Zwitterblüten, stets mit Kelch und Krone. Fruchtblätter in einem isomeren Kreis, frei oder nur wenig verwachsen, oberständig; außen, am Grund der Fruchtblätter, meist mit einem drüsigen Schüppchen (Nektarium). Die reifen Karpelle öffnen sich an der Bauchnaht, sehr selten quer dazu (so bei *Greenovia* WEBB et BERTH. und *Telmissa* FENZL). Samenanlagen meist zahlreich, selten nur zwei oder eine. Nährgewebe meist spärlich oder völlig unterdrückt. Keine Nebenblätter. – Näheres vgl. S. 62.

Cephalotaceae. Zwitterblüten mit einfachem, 6-zähligen Perianth, zwei Staubblattquirlen und isomerem, freiblätterigen Karpellkreis. Endosperm reichlich. Reife Fruchtblätter wachsen zu einsamigen Balgkapseln aus. Laubblätter in grundständiger Rosette, stark dimorph: teilweise flach und breitlanzettlich, teils in mit einem Deckel versehene und zum Tierfang eingerichtete Kanne umgebildet. Blütenstand eine schmale Rispe. – Eine Art, *Cephalotus follicularis* LABILL., in Südwestaustralien.

Saxifragaceae. Meist Zwitterblüten mit Kelch und Krone, mitunter apetal. Staubblätter meist in zwei Kreisen, ohne Staminodien oder Diskuseffigurationen. Fruchtblätter zwei, selten bis 5, fast frei oder mehr oder weniger hoch verwachsen, ober- bis unterständig, bei der Reife entlang der Bauchnaht aufspringend. Plazenten wandständig oder zentral, mit zahlreichen Samenanlagen. Nährgewebe wohlentwickelt. Nebenblätter kommen gelegentlich vor.

Vahliaceae. Stehen den *Saxifragaceae* im engeren Sinne nahe, unterscheiden sich aber durch die vom Scheitel des unterständigen Fruchtknotens hängenden Plazenten. – Eine Gattung – *Vahlia* THUNB. – mit wenigen Arten in den Trockengebieten Afrikas und Südwestasiens.

b) Kapsel fach- oder scheidewandspaltig. Endosperm nukleär (von den *Lepuropetalaceae* unbekannt). – Die Übereinstimmungen mit den vorangehenden Familien beruhen auf einer vergleichbaren Entwicklungshöhe, nicht auf Verwandtschaft.

Francoaceae. Mit vierzähligen Zwitterblüten mit Kelch und Krone, obdiplostemonem Andrözeum, kleinen schuppenförmigen Emergenzen zwischen den Staubblättern, meist vierfächerigem, oberständigen Fruchtknoten und scheidewandspaltigen Kapseln. Narben – wie bei den nachfolgenden Familien – kommissural. Nährgewebe reichlich. – Hierher zwei Arten in Mittelchile, davon *Francoa sonchifolia* CAV. mitunter in Kultur.

Parnassiaceae. Zwitterblüten mit Kelch und Krone. Die äußeren, epipetalen Staubblätter zu Staminodien umgebildet, die inneren fertil. Fruchtknoten 3- bis 4-karpellat, einfächerig, ober- bis halbunterständig. Kapsel fachspaltig. Nährgewebe spärlich oder fehlend.

In diesen Verwandtschaftskreis gehört auch die unbedeutende Familie **Lepuropetalaceae** (mit einer einzigen Art – *Pyxidanthera spathulata* MÜHLENB. – in Nordamerika, Mexiko und Chile), deren Samenanlagen nur ein Integument aufweisen.

3. Ordnung *Rosales*.

Bäume, Sträucher oder Kräuter mit abwechselnden, sehr selten gegenständigen Blättern; häufig mit Nebenblättern. Blüten strahlig, nur bei vielen *Chrysobalanaceae* zygomorph. Staubblätter zwei- oder mehrmals so viele wie Kelchblätter bis sehr zahlreich, seltener auf einen isomeren Kreis oder bis auf eines reduziert; Filamente frei (außer bei einigen *Chrysobalanaceae*); Staubblätter von den Karpellen meist mehr oder weniger deutlich abgerückt und oft durch einen Diskus getrennt. Fruchtblätter in einem isomeren Kreis oder bis auf eines vermindert oder in mehrfacher Zahl der Kelchblätter bis unbestimmt vielzählig; frei oder miteinander verwachsen, dem häufig verbreiterten, teils auch hochgewölbten Blütenboden aufsitzend und gelegentlich mit der Blütenröhre verwachsen. Das Endosperm entsteht nukleär (unbekannt von den *Chrysobalanaceae*), im reifen Samen ist es nur selten vorhanden.

Gegenüber den *Cunoniales* und *Saxifragales* weist diese Ordnung verschiedene abgeleitete Merkmale auf, die bei jenen noch nicht oder erst in ihren Anfängen erkennbar sind. Allem voran ist hier das generelle und beinahe ausschließliche Vorkommen einfach perforierter Gefäße zu nennen, ferner die häufige Reduktion des Gynözeums auf ein einziges Karpell, die verbreitete Ausbildung nur mehr eines einzigen Samens in jedem Fruchtblatt und die allgemeine Tendenz zur Unterdrückung des Endosperms. Als archaisches Merkmal mag dagegen die namentlich für die *Rosaceae* sensu strenuo bezeichnende Apokarpie angesehen werden; nicht so die Vielzähligkeit des Andrözeums. Diese wird wohl richtiger auf Spaltung der ursprünglich in wenigen isomeren Wirteln angelegten Primordien zurückgeführt.

Rosaceae. (einschließlich *Spiraeaceae*). Mit oder ohne Außenkelch. Zahl der Staub- und Fruchtblätter stark wechselnd. Blütenboden häufig verbreitet und dann meist aufgewölbt. Fruchtblätter unter sich frei oder miteinander verwachsen, jedoch niemals mit der Blütenröhre. Samenanlagen einzeln oder zu mehreren in jedem Karpell, meist unitegmisch. Fruchtblätter bei der Reife trockene Balgfrüchte, Kapseln, Schließfrüchte (Nüßchen) oder (nur bei *Rubus*) Steinfrüchte bildend. Nährgewebe im Samen gelegentlich vorhanden. Kräuter und Sträucher, selten kleine Bäume mit unpaarig gefiederten, gefingerten oder einfachen Blättern. Häufig mit Nebenblättern.

Neuradaceae. Mit oder ohne Außenkelch. Staubblätter 10. Fruchtblätter 5–10, untereinander und mit der Blütenröhre verwachsen, einsamig. Frucht trocken. Krautige Pflanzen mit buchtigen oder fiederschnittigen Blättern. Nebenblätter vorhanden. – Wenige Arten in den Wüstengebieten Afrikas und des nordwestlichen Indien. Im Gegensatz zu den anderen *Rosales* ist der Pollen dreikernig.

Mespilaceae. Kelch einfach. Staubblätter meist 20–30, seltener 15 oder 10, meist am Saum der Blütenröhre inseriert. Fruchtblätter in einem 5-zähligen Wirtel oder bis auf eines vermindert, stets mit der Blütenröhre und häufig auch unter sich verwachsen, jedes gewöhnlich mit 2, selten mit 1–20 bitegmischen Samenanlagen. Bei der Fruchtreife wird die Blütenröhre fleischig, die Innenwand der Karpelle (Endokarp) häutig, pergament- oder steinartig. Samen ohne Nährgewebe. Bäume und Sträucher, durchwegs mit Nebenblättern. – Wie bei der folgenden Familie sind in Samen, Rinde und selbst in den Blättern die in Bittermandelöl und Blausäure spaltbaren Glykoside Amygdalin, Laurocerasin und andere weit verbreitet.

Amygdalaceae. Kelch einfach. Staubblätter 10–20 oder mehr, am Saum der Blütenröhre stehend. Fruchtblätter einzeln, selten 2–5, gewöhnlich mit endständigem Stylodium, nicht mit der Blütenröhre verwachsen, mit 2 hängenden Samenanlagen. Frucht eine einsamige Steinfrucht mit saftigem Fruchtfleisch und steinhartem Endokarp. Kein Nährgewebe. Bäume oder Sträucher mit ungeteilten Blättern. Nebenblätter vorhanden, meist klein und hinfällig.

Chrysobalanaceae. Blüten meist zygomorph. Filamente öfters mehr oder weniger verwachsen. Fruchtknoten – im Gegensatz zu den *Amygdalaceae* – pseudomonomer[1]), mit grundständigem Griffel und 2 aufsteigenden Samenanlagen. Frucht eine einsamige Steinfrucht mit saftigem oder mehlig-trockenem Fruchtfleisch und steinartigem Endokarp. Nährgewebe fehlt. Immergrüne Bäume oder hohe, zum Teil kletternde Sträucher mit ungeteilten Blättern. – Trotz der weitgehenden Übereinstimmung mit den *Amygdalaceae* weicht diese Familie in mehreren schwerwiegenden Merkmalen von den 5 vorangehenden Familien ab: Die Spaltöffnungen werden von zwei dem Spalt parallelen Nebenzellen flankiert, wogegen die übrigen *Rosales* keine differenzierten Nebenzellen erkennen lassen. Dieser für die *Chrysobalanaceae* bezeichnende Spaltöffnungstyp tritt auch bei den *Connaraceae*, *Caesalpiniaceae* und *Papilionaceae* häufig und bei den *Mimosaceae* fast ausschließlich auf. Die Markstrahlen der *Chrysobalanaceae* sind ausschließlich oder doch zur Hauptsache einreihig, die der übrigen *Rosales* stets zwei- oder mehrreihig, bei einigen bis über 10 Zellen breit. Die öfters zygomorphen Blüten und die Verwachsung der Filamente weisen gleichfalls auf eine nahe Verwandtschaft mit den *Papilionaceae* hin. – Die *Chrysobalanaceae* sind pantropisch verbreitet, am artenreichsten in Südamerika.

Einzelne *Chrysobalanaceae* haben weltwirtschaftliche Bedeutung: *Afrolicania elaeosperma* MILDBR. aus Liberia liefert Niköl oder Po-Yoaköl; Verwendung in der Lack- und Farbenindustrie. – *Chrysobalanus Icaco* L., die Icako-

---

[1]) Pseudomonomer ist ein einsamiger Fruchtknoten, der aus der Verwachsung mehrerer Karpelle hervorgegangen ist.

Pflaume aus Südamerika und Westafrika; die Früchte werden als Obst genossen und die Samen zur Gewinnung von Speiseöl verwendet. – *Chr. orbicularis* SCHUM. et THONN. aus Westafrika von Guinea bis Angola liefert in Wurzeln und Rinde Gerbstoff, in den Steinkernen das als Speiseöl geschätzte Chrysobalanusöl. – *Licania rigida* BENTH. aus Brasilien; aus den Steinkernen wird das in der Lack- und Farbenindustrie und zur Herstellung von Linoleum verwendete Oiticicaöl gepreßt. – *Moquitea tomentosa* BENTH. aus Guayana und Brasilien liefert das sogenannte Oiticeiraöl. – *Parinarium macrophyllum* SABINE, Syn. *P. senegalense* GUILL. et PERR., aus Westafrika von Senegal bis Nigeria liefert die als Obst genossene Ingwerpflaume (englisch: gingerbread plum) und das als Leinölersatz verwendbare Néonöl. – Von *P. Mobola* OLIV. (Angola, Sambesigebiet) stammt das Mambosamenöl.

Recht umstritten ist die Stellung der **Connaraceae**, die mit rund 150 Arten in den Tropen verbreitet ist. Es sind Bäume oder meist kletternde Sträucher, mit abwechselnden Blättern ohne Stipeln, strahligen Blüten, meist 10 Staubblättern und gewöhnlich 5 freien, einsamigen Karpellen. – J. HUTCHINSON (1959) bringt sie – namentlich mit Rücksicht auf die apokarpen Fruchtknoten und den Arillus – in seiner Ordnung *Dilleniales* unter. Allerdings sind diese Charaktere den *Rosiflorae* keineswegs fremd: Arillusbildungen treten gerade bei vielen *Mimosaceae* und *Caesalpiniaceae* auf, womit die *Connaraceae* auch durch die einfachen Gefäßdurchbrechungen, die zum Teil etwas verwachsenen Staubblätter, die bei der Fruchtentwicklung bis auf eines verkümmernden Karpelle, die allermeist unpaarig gefiederten Blätter und die ganzrandigen Blättchen übereinstimmen.

4. Ordnung *Leguminosae*.

Holzpflanzen oder Kräuter mit abwechselnden, meist zusammengesetzten Blättern. Nebenblätter fehlen selten. Blüten strahlig oder meist zygomorph. Staubblätter meist 10, manchmal nur in gleicher Zahl wie die Kelchblätter vorhanden oder sehr zahlreich; vielfach sind die Filamente mehr oder weniger weit miteinander verwachsen. Aufwölbung des Blütenbodens kommt hier nicht vor, Verwachsung von Kelch, Krone und Andrözeum zu einer Blütenröhre ist nicht häufig (ausgenommen zahlreiche *Caesalpiniaceae*). Fruchtknoten oberständig, fast immer einblätterig. Früchte gewöhnlich trocken, häufig Hülsen. Samenanlagen mit 2 Integumenten und nukleärem Endosperm; im Samen ist es meist dünnschichtig, selten reichlich oder ganz unterdrückt.

Diese Gruppe enthält stark abgeleitete Endglieder des Rosifloren-Astes, kann jedoch bis auf die *Chrysobalanaceae* mit keiner der vorangehenden Familien in näheren Zusammenhang gebracht werden. Die Durchbrechung der Gefäße ist durchwegs einfach.

Mimosaceae. Blüten strahlig, in traubigen, köpfchen- oder ährenförmigen Infloreszenzen. Kelch meist verwachsen-blätterig. Kronblätter frei oder miteinander verwachsen, in der Knospenlage klappig, seltener fehlend. Staubblätter so viele oder doppelt so viele wie Kelchblätter bis sehr zahlreich, mit meist stark verlängerten, freien oder röhrig verwachsenen Filamenten. Antheren mit Längsrissen aufspringend. Pollenkörner häufig zu mehrzelligen Gruppen verbunden. Fruchtblätter einzeln, selten zu 2–15. Reife Früchte meist Hülsen, doch auch Bruch- und Schließfrüchte. Samen häufig mit einem Arillus. Bäume, Sträucher oder Kräuter, zum Teil hoch kletternde Lianen mit doppelt-, seltener einfach paarig gefiederten oder (bei vielen *Acacia*-Arten) auf den verbreiterten Blattstiel reduzierten Blättern. – Weit verbreitet und artenreich in den Tropen und südlichen Außertropen.

Caesalpiniaceae. Blüten zygomorph. Kelchblätter frei oder unter sich verwachsen oder mit den Basen der Kron- und Staubblätter zu einer Blütenröhre verbunden. Kronblätter unter sich frei, mit aufsteigender Knospendeckung (oberstes Kronblatt zugleich das innerste), seltener fehlend. Staubblätter in doppelter Zahl der Kronblätter, gewöhnlich 10, selten weniger oder zahlreich. Antheren der Länge nach, seltener mit apikalen Poren aufspringend. Fruchtknoten stets einblätterig. Reife Früchte Hülsen, Schließ- oder Bruchfrüchte. Arillus vielfach vorhanden. Vorwiegend Holzpflanzen mit einfach oder doppelt gefiederten, seltener (durch Reduktion auf das terminale Blättchen oder paarweiser Verwachsung der Fiedern einjochiger Blätter) einfachen Blättern. – Artenreiche Familie tropischer Wald- und Savannengebiete, in den gemäßigten Zonen sparsam vertreten.

Papilionaceae (= *Fabaceae*). Blüten zygomorph. Kelch gewöhnlich verwachsen-blätterig. Kronblätter frei oder z. T. miteinander verwachsen, mit absteigender Knospenlage: das obere, zumeist größere Kronblatt ist zugleich das äußere („Fahne"), die beiden unteren und inneren schließen zu einem die Staubblätter umgebenden „Schiffchen" zusammen. Staubblätter meist 10, frei oder miteinander verbunden, häufig eines (das obere) frei und die übrigen verwachsen. Antheren sich mit Längsrissen öffnend. Fruchtknoten und Früchte wie bei den *Caesalpiniaceae*. Samen ohne Arillus. Kräuter, Sträucher oder bisweilen Bäume mit einfach paarig- oder unpaarig gefiederten, gefingerten oder dreizähligen, seltener einfachen Blättern. – Sehr formenreiche, weltweit verbreitete Familie.

Die Ordnung *Leguminosae* wird im Band **4**, 3 ausführlich behandelt.

57a. Familie Philadelphaceae

D. Don in Edinburgh New Phil. Journ. 1, 133 (1826) „Philadelpheae". – Hydrangeaceae Dumort., Anal. Fam. Pl. 36 (1829). – Saxifragaceae-Hydrangeoideae A. Br. in Ascherson, Fl. Prov. Brandenburg 1, 61 (1864)

Wichtigste Literatur: Engler, Prantl u. Harms, Natürl. Pflanzenfam. 2. Aufl. 18a, 190–210 (1930) mit zahlreichen Literaturhinweisen. – J. Hutchinson, The Families of Flowering Plants, ed. 2., 1, 159–162 (1959).

Aufrechte oder zum Teil kletternde Sträucher, selten Stauden, mit einfachen oder gelappten, gegenständigen (nur bei der ostasiatischen Gattung *Cardiandra* Sieb. et Zucc. wechselständigen) Blättern. Nebenblätter fehlen vollständig. Blüten zwitterig oder bisweilen die Randblüten der Infloreszenz völlig geschlechtslos, strahlig oder gelegentlich der Kelch bei blumenblattartiger Ausbildung einseitig, gewöhnlich in Trugdolden, auch einzeln oder in aus Trugdolden zusammengesetzten Trauben. Kelch und Krone (3) 4- bis 5-, selten bis 10-zählig. Kelch in der Knospenlage klappig oder dachig. Kronblätter frei (selten – so bei *Hydrangea petiolaris* Sieb. et Zucc. – oberwärts in eine Mütze verwachsen), in der Knospe gedreht, klappig, dachziegelig oder quincuncial. Andrözeum diplo- oder obdiplostemon oder durch Spaltung der Primordien vielzählig; Staubfäden frei, fadenförmig oder häufig flach und dann oftmals mit seitlichen Zähnen. Staubbeutel intrors. Fruchtblätter nur selten in der gleichen Zahl wie die Kelchblätter, meist 4–2, in einen gefächerten oder ungefächerten Fruchtknoten verwachsen. Griffeläste in der Zahl der Fruchtblätter (d. h. Fruchtknotenfächer oder Samenleisten) vorhanden oder alle in einen einzigen, säulenförmigen Griffel verwachsen. Der Fruchtknoten ist meist hoch mit der Blütenröhre verwachsen und halbunter- oder unterständig, seltener fast oberständig. Die meist stark entwickelten Plazenten tragen zahlreiche, anatrope, unitegmische, tenuinuzellate Samenanlagen. Frucht eine scheidewandspaltige, zum Teil auch etwas fachspaltige Kapsel, bei einigen tropischen Gattungen eine Beere. Samen meist mit ausgiebigem Nährgewebe und kleinem, geraden Embryo.

Die hier als *Philadelphaceae* zusammengefaßten Gattungen werden gewöhnlich, neben vielen anderen, zu den *Saxifragaceae* gezogen, wie dies auch in der ersten Auflage dieses Werkes geschehen ist. Daraus ergibt sich eine derart heterogene Sammelfamilie, daß es kaum mehr angeht, nahestehende Familien, wie etwa die *Cunoniaceae* und *Hamamelidaceae*, davon getrennt zu halten. Unter diesem Eindruck hat ja bereits A. Engler polyphyletische Entstehung der von ihm weitgefaßten *Saxifragaceae* angenommen. Da sich aber diese uneinheitliche „Familie" unschwer in gut geschlossene und zweifellos homogene Gruppen, die Familienrang verdienen, zerlegen läßt, und die so gewonnenen Einheiten kaum durch Zwischenformen verbunden zu sein scheinen, dürfte die hier durchgeführte Gliederung die mutmaßlichen Verwandtschaften am deutlichsten ausdrücken. – Das Vorgehen J. Hutchinsons, der die *Hydrangeaceae* von den *Philadelphaceae* getrennt hält, ist unnötig und, da als hauptsächliches Kriterium die Sternhaare der *Philadelphaceae* (im engsten Sinne) verwendet werden, sogar irrig: derartige Bildungen sind auch von *Hydrangea* L. und der damit verwandten *Pileostegia* Hook. f. et Thoms. bekannt. Überhaupt sind die Trichome für die *Philadelphaceae* recht bezeichnend. Wie bei den *Cunoniaceae*, *Escalloniaceae* und mehreren anderen Familien der *Rosiflorae* sind die Haare meist einzellig, was auch für die sternförmig verzweigten Haare von *Deutzia* Thunb. zutrifft. Mehrzellige Sternhaare oder sternförmige Haarbüschel sind dagegen selten. Einfache, keulenförmige, aus mehreren Zellen gebildete Haare kommen nur bei *Schizophragma* Sieb. et Zucc. vor (nach A. Engler). – Fraglich ist die Zugehörigkeit der merkwürdigen Gattung *Kirengeshoma* Yatabe zu den *Philadelphaceae*.

Ihrer Verbreitung nach ist die Familie holarktisch, nur *Hydrangea* L. im andinen Südamerika und *Dichroa* Lour. in Südost-Asien und Neuguinea überschreiten den Äquator. Die Mehrzahl der Gattungen entfällt auf Ostasien und Nordamerika, in der westlichen Paläarktis wird die Familie durch eine einzige Gattung mit 2 Arten vertreten.

Mehrere Gattungen haben als schönblühende Gewächse Eingang in die europäischen Gärten gefunden, neben *Philadelphus* namentlich *Deutzia* und *Hydrangea*, selten *Schizophragma*, *Dichroa*, *Deinanthe* und *Kirengeshoma*.

Die bei uns kultivierten Gattungen lassen sich folgendermaßen unterscheiden:

1a Staubblätter 15 oder mehr 2
1b Staubblätter 8 oder 10 4
2a Zweige holzig. Blätter ungeteilt. Fruchtknoten unterständig . . . . *Philadelphus*
2b Stengel krautig, Fruchtknoten mehr oder weniger halbunterständig 3
3a Staubblätter sehr zahlreich. Blüten weiß bis hellviolett . . . . *Deinanthe*
3b Staubblätter 15. Blüten gelb . . . . *Kirengeshoma*
4a Filamente flach, an der Spitze verschmälert und oft mit seitlichen Zähnen . . . . *Deutzia*
4b Filamente fadenförmig 5
5a Randblüten der Infloreszenz mit einem einzigen petaloiden Kelchblatt . . . . *Schizophragma*
5b Randblüten mit 3–6 petaloiden Kelchblättern oder alle Blüten gleichartig 6
6a Randblüten meist mit vergrößerten Kelchen, meist unfruchtbar. Kapselfrüchte . . . . *Hydrangea*
6b Alle Blüten gleichartig. Kelche nicht vergrößert. Beerenfrüchte . . . . *Dichroa*

Die Gattung *Deutzia*[1]) THUNB. ist mit annähernd 40 Arten im gemäßigten Ostasien und dem Himalajagebiet, eine etwas abweichende Art in Mexiko zu Hause. Von *Philadelphus* unterscheidet sie sich durch das 10-zählige, diplostemone Andrözeum, von den nachfolgenden Gattungen besonders durch die flachen und an der Spitze oft gezähnten Filamente. Die weißen – mitunter rosa überlaufenen – Blüten stehen in dichten, zusammengesetzten Trugdolden.

Fig. 21. *Deutzia scabra* THUNB. *a* blühender Zweig. *b* und *c* Früchte.

Fig. 22. *Hydrangea macrophylla* (THUNB.) DC. *a, b* blühende Sprosse. *c* unfruchtbare Randblüte. *d* fruchtbare Mittelblüte. – *Hydrangea radiata* WALT. *e* blühender Sproß.

---

[1]) Benannt nach dem Amsterdamer Ratsherrn JOHANN VAN DER DEUTZ, einem Förderer THUNBERGS.

Die Laubblätter tragen meist einzellige Sternhaare, besonders auf der Unterseite. – Die verbreitetsten Arten sind: *Deutzia corymbosa* R. BR. aus dem Himalaja, Nordchina und dem Amurgebiet. Ein bis etwa 1,5 m hoher Strauch, von den übrigen Arten durch die imbrikate Knospenlage der Kelchblätter unterscheidbar. – *D. gracilis* SIEB. et ZUCC. aus Japan. Im bayerischen Allgäu (Kempten) wird die Pflanze „Birkenblume", in der Schweiz „Maierislistrauch" und im Burgenland „Biskotenröserl" genannt. Kaum meterhoher Strauch. Blätter auf der Oberseite dichter behaart als unten. Kelch in der Knospenlage klappig. – *D. Sieboldiana* MAXIM., ebenfalls aus Japan. Etwa 1 m hoch oder etwas darüber. Blätter unterseits reicher behaart als oben, die Haare der Unterseite 4- bis 5-strahlig. Kelch in der Knospenlage klappig. – *D. scabra* THUNB. (einschließlich *D. crenata* SIEB. et ZUCC.) Fig. 21. Ein kräftiger, bis 3 m hoher Strauch. Blätter auf der Unterseite mit 10- bis 15-strahligen Sternhaaren. Sonst ähnlich *D. Sieboldiana* und wie diese aus Japan. – Außerdem werden noch zahlreiche Hybriden gezogen.

Hydrangea[1])[2]) L. Syn. *Hortensia* COMMERS. ex JUSS. mit etwa 80 Arten in Ostasien – nach Süden bis Java – im atlantischen Nordamerika und den Hochgebirgen Mittel- und Südamerikas bis Südchile. Das Andrözeum ist hier obdiplostemon, die Filamente fadenförmig, die Griffeläste (2–5) frei und die Frucht eine Kapsel. Am auffälligsten sind die vielblütigen, trugdoldigen Infloreszenzen mit den meist sterilen Randblüten, deren Kelche stark vergrößert und petaloid entwickelt sind; bei vielen Gartenformen tritt diese Erscheinung auch an den zentralen Blüten auf, wodurch Schneeball-ähnliche, „gefüllte" Blütenstände entstehen. – Am häufigsten werden in Kultur angetroffen: *Hydrangea macrophylla* (THUNB.) DC. Syn. *H. opuloides* LAM., *H. Hortensia* SIEB. et ZUCC.; Garten-Hortensie. (Fig. 22 a bis d und 23). Stammt aus Japan, aber schon seit langer Zeit auch in China kultiviert. 1–1,5 m hoher Strauch. Einjährige Zweige kahl. Blätter elliptisch, ziemlich kurz (selten über 3 cm lang) gestielt. Blütenstände flach oder konvex, am Grund ohne Hochblätter. Die Stammform besitzt nur wenige sterile Randblüten mit (4–6) blumenblattartig ausgebildeten Sepalen, bei den „Schneeball-Hortensien" der Gärten sind fast alle Blüten unfruchtbar und ihre Kelche petaloid vergrößert. Diese heute als Kübel- oder Topfpflanze allgemein bekannte Art wurde 1767 von COMMERSON in China entdeckt und nach seiner Geliebten HORTENSE BARRÉ, die ihn auf seinen Reisen als Jäger verkleidet begleitete, benannt. Im Jahre 1790 wurde sie durch BANKS nach Europa gebracht. Die Pflanze verlangt viel Wasser und kräftigen Boden mit einem p_H-Wert zwischen 5,5 und 6. Durch Erhöhung des Säuregrads auf p_H 4 bis 4,5 gelingt es, bei rosa blühenden Hortensien einen Farbumschlag ins Blaue zu erreichen, der durch die bei diesem Säuregrad leichter löslich gewordenen Aluminiumverbindungen im Boden bedingt wird. In der gärtnerischen Praxis bedient man sich regelmäßiger Dunggüsse von 1 bis 3⁰/₀₀ Aluminiumalaun, um blaublühende Pflanzen zu erzielen. – *H. paniculata* SIEB. et ZUCC. aus Japan und dem östlichen China. Ein üppiger, in der Heimat bis 6 m hoher Strauch. Einjährige Zweige kahl. Blätter häufig in dreizähligen Wirteln. Blütenstände pyramidal, mit Hochblättern am Grunde. Fruchtknoten halboberständig, mit 2–3 Griffeln. Im Gegensatz zur vorigen Art ist *H. paniculata* bei uns völlig winterhart. – *H. Sargentiana* REHD. aus China (Hupeh). Sehr breiter und bis 2 m hoher Strauch mit dicht zottig behaarten Ästen und ebensolchen Blättern. Spreite 18–30 cm lang, 10–20 cm breit, mit bis 15 cm langem Stiel. Blütenstände flach gewölbt, bis 16 cm breit, die fertilen Blüten violett. Randblüten weiß. – *H. arborescens* L. aus dem atlantischen Nordamerika. Bis 3 m hoher Strauch. Blätter unterseits nur auf den Nerven behaart oder fast kahl. Blattstiel 2 bis über 5 cm lang. Blütenstand flach. Fruchtknoten unterständig. Das Rhizom dieser Pflanze – Rhizoma Hydrangeae, Seven Bark – enthält das Glykosid Hydrangin, Saponin, Rutin, Harz, ätherisches und fettes Öl. Es dient als Diureticum und ist in der Homöopathie offizinell (H. A. HOPPE). – Ähnlich ist *H. radiata* WALT. (Fig. 22 e; 24 a, b) aus den Alleghanies mit mehr herzförmigen, unterseits weißfilzigen Blättern. – *H. quercifolia* BARTR. aus dem südlichen atlantischen Nordamerika. Breiter, bei uns etwa 1,5 m hoch werdender Strauch. Von den übrigen Arten durch die gelappten Blätter verschieden. Blütenstand pyramidal. – Durch die in eine Mütze verwachsenen Kronblätter, die beim Erblühen abfallen, und den mit Haftwurzeln kletternden Wuchs weicht die japanische *H. petiolaris* SIEB. et ZUCC. Syn. *H. scandens* MAXIM. non (L. f.) DC. von den vorausgehenden Arten ab.

Die Gattung *Schizophragma* SIEB. et ZUCC. enthält 4 Arten, wovon nur das auf die Gebirge Japans, Koreas und Formosas beschränkte *Sch. hydrangeoides* SIEB. et ZUCC. als Besonderheit in Gärten gezogen wird. Ein Kletter-

Fig. 23. *Hydrangea macrophylla* (THUNB.) DC. Blüte, 4,6 × vergrößert (Aufn. TH. ARZT)

---

[1]) Von griechisch ὕδωρ [hydor] = Wasser und ἄγγειον [angeion] = Gefäß; wohl in bezug auf den großen Wasserbedarf der Pflanze.

[2]) Eine Monographie der Gattung von E. MCCLINTOCK in Proceed. Calif. Acad. **29** (1957).

strauch mit Haftwurzeln ähnlich *Hydrangea petiolaris,* jedoch sind die Griffel (4–5) in eine Säule verwachsen und die sterilen Randblüten entwickeln nur ein petaloides Kelchblatt. Frucht eine Kapsel.

Dichroa LOUR. Immergrüner Strauch, in der Tracht an die Hortensie erinnernd, mit anfangs weißlichen, später blauen oder violetten, durchwegs fertilen und gleichgestalteten Blüten. Griffeläste 3–5, spreizend. Frucht beerenartig. In Kultur ist nur *D. febrifuga* LOUR., die Fieber-Trugblume. Die Art ist in Südostasien verbreitet und wird bei uns als Gewächshaus- oder Zimmerpflanze gehalten. In China dient sie seit Jahrtausenden als Febrifugum bei Malaria. In den unterirdischen Teilen (Ch'ang Shan), vor allem aber in den Blättern (Shu Chi) enthält sie die Quinazolin-Alkaloide Febrifugin und Isofebrifugin. Das erstgenannte ist bei Geflügelmalaria hochwirksam, beim Menschen aber nur unzureichend. Vermutlich kommen daneben weitere aktive Alkaloide vor. Außerdem ist das Cumarinderivat Umbelliferon enthalten. Die Pflanze wird neuerdings in Rußland angebaut. Sie läßt sich durch Stecklinge vermehren (R. WANNENMACHER).

Deinanthe MAXIM. Im Gegensatz zu den vorausgegangenen Gattungen Halbsträucher oder Stauden. Blätter einfach oder an der Spitze zweispaltig. Randblüten der Scheindolde klein, unfruchtbar und ohne Kronblätter. Staubblätter sehr zahlreich, mit fadenförmigen Filamenten. Der halbunterständige Fruchtknoten ist unvollständig 5-fächerig, der Griffel säulenförmig verwachsen. – Zwei Arten, *D. bifida* MAXIM. in Japan, *D. caerulea* STAPF in China (Hupeh); beide in Kultur und völlig winterhart, jedoch gegen Lufttrockenheit empfindlich.

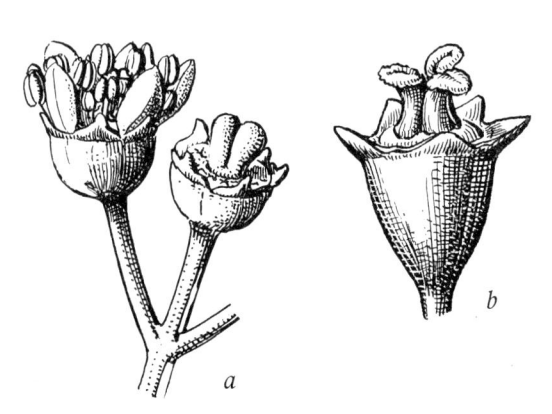

Fig. 24. *Hydrangea radiata* WALT. *a, b* Blüten (in *b* die Kron- und Staubblätter entfernt).

Hierher gehört vielleicht auch die monotypische *Kirengeshoma palmata* YATABE aus Japan. Eine Staude mit handförmig gelappten Blättern und großen, gelben, durchwegs fertilen Blüten. Staubblätter in 3 isomeren Kreisen. Der meist dreifächerige Fruchtknoten ist halboberständig, die Griffeläste sind frei. – Neuerdings ist diese Art im Handel erhältlich und wird als Unterpflanzung in *Rhododendron*-Beeten empfohlen.

Inhaltsstoffe. Die *Philadelphaceae* sind bis auf die Gattung *Hydrangea* chemisch nur wenig untersucht. Es kommen einige bemerkenswerte Flavonoide vor (z. B. Rutin und Kämpferol), sowie Cumarine (z. B. Hydrangenol $C_{15}H_{12}O_4$, Phylloducin $C_{16}H_{14}O_5$, Umbelliferon) nebst einigen ihrer Glucoside und eine bislang nur hier aufgefundene Monocarbonsäure mit Stilbenstruktur (= Hydrangeasäure $C_{15}H_{12}O_4$). Bei *Dichroa febrifuga* (vgl. dort) und in ganz geringen Mengen auch im Laub von *Hydrangea macrophylla* treten neben Cumarinderivaten auch Alkaloide (besonders Febrifugin) auf (R. WANNENMACHER).

372. Philadelphus[1]) L., Spec. plant. 470 (1753). Falscher Jasmin, Pfeifenstrauch, spanischer Holder.

Wichtigste Literatur: SH.-Y. HU, A monograph of the Genus *Philadelphus*. Journ. Arnold Arboretum **35**, 275–333 (1954); **36**, 52–109, 325–368 (1955); **37**, 15–90 (1956).

Meist sommergrüne Sträucher mit fast stielrunden Zweigen und gegenständigen, ungeteilten, ganzrandigen oder gesägten Blättern. Blüten fast immer weiß, in traubigen Blütenständen. Kelch meist 4-zählig, in der Knospenlage klappig. Kronblätter 4, rundlich oder verkehrt eiförmig, in der Knospe gedreht. Staubblätter 20–40 (Fig. 25 c), mit pfriemlichen Filamenten. Fruchtknoten unterständig, 4- (3- bis 5-)fächerig, mit dicken, zentralwinkelständigen Plazenten und fadenförmigen, mehr oder weniger verwachsenen Griffelästen. Frucht kreiselförmig, bei der Reife in die einzelnen fachspaltigen Karpelle zerfallend. Samen länglich, die Testa locker anliegend und genetzt.

---

[1]) Angeblich nach dem König PTOLEMAEUS von Ägypten benannt, der den Beinamen PHILADELPHUS führte, da er seine Schwester zur Frau genommen hatte. Griechisch φιλεῖν [philein] = lieben und ἀδελφός [adelphos] = Bruder; also bruderliebend, schwesterliebend.

Die Gattung zählt rund 50 Arten, die hauptsächlich im gemäßigten Ostasien, in Nord- und Mittelamerika zu Hause sind; wenige erreichen den Himalaja, und eine Art (*Ph. caucasicus* KOEHNE) bewohnt das südwestliche Kaukasusgebiet. In Europa findet sich nur *Ph. coronarius* L.

SH.-Y. HU unterscheidet vier Untergattungen, wovon drei fast ganz auf Amerika (namentlich Mexiko) beschränkt sind.

I. Untergattung *Gemmatus* HU. Achselknospen aus den Blattwinkeln deutlich hervorragend. Griffeläste frei. Samen lang geschwänzt. – Wenige Arten in Mexiko und Kalifornien.

II. Untergattung *Philadelphus*. Achselknospen im ausgehöhlten Grund des Blattstiels versteckt. Griffeläste meist frei. – Hierher gehören fast alle altweltlichen und die meisten kultivierten Arten. Die bekanntesten sind: *Philadelphus inodorus* L. aus dem atlantischen Nordamerika. 2–3 m hoher, aufrechter Strauch. Einjährige Zweige kastanienbraun. Blätter eiförmig oder elliptisch, 4–12 cm lang, unterseits bis auf die Nervenwinkel kahl. Blüten ohne Duft, die Griffel überragen die Staubblätter. – *Ph. microphyllus* A. GRAY aus Colorado und Neumexiko. Kaum 1 m hoch. Blätter breit lanzettlich bis elliptisch, 1–2 cm lang, unten angedrückt behaart. Blüten meist einzeln, duftend. Die meisten kleinbleibenden Gartenformen gehen auf die Kreuzung *Ph. coronarius* × *microphyllus* = *Ph.* × *Lemoinei* HORT. zurück. – *Ph. pekinensis* RUPR. aus Nordchina, der Mongolei, Korea und Japan. Rund 3 m hoher Strauch. Einjährige Zweige rotbraun. Blätter mehr oder weniger eiförmig, 3–9 cm lang, unterseits kahl. Blüten gelblichweiß, leicht duftend, die Griffel etwa so lang wie die Staubblätter. Blütenstiele kahl. – *Ph. pubescens* LOISL. Syn. *Ph. latifolius* SCHRAD. aus Tennessee und Alabama. Bis 5 m hoher Strauch. Einjährige Zweige blaß ocker- oder strohgelb. Blätter breit eiförmig, 3–10 cm lang, unten dicht grauhaarig. Blüten duftlos. – Außerdem gehören *Ph. coronarius* L. und *Ph. caucasicus* KOEHNE zu dieser Untergattng.

III. Untergattung *Macrothyrsus* HU. Achselknospen aus den Blattwinkeln hervorragend. Griffeläste frei. Samen kurz geschwänzt. Ganz auf Amerika beschränkt. – Eine Art wird gelegentlich in Gärten angetroffen: *Ph. insignis* CARR., Syn. *Ph. Billiardii* KOEHNE, aus Kalifornien und Oregon.

IV. Untergattung *Deutzioides* HU. Wie die vorige Gruppe, jedoch mit säulenförmig verwachsenen Griffelästen und ungeschwänzten Samen. – Wenige Arten in Amerika, davon *Ph. hirsutus* NUTT. aus den südöstlichen Vereinigten Staaten öfters in Kultur.

1379. Philadelphus coronarius[1]) L., Spec. Plant. 470 (1753) Syn. *Ph. pallidus* HAYEK ex C. K. SCHNEIDER (1905). **Falscher Jasmin, gewöhnlicher Pfeifenstrauch.** Engl.: White syringa, mock orange. Franz.: Philadelphe, seringa odorant, seringa des jardins, seringa magnifique, jasmin bâtard. Ital.: d'angiolo, gelsomino de' frati. Slowenisch: Skobotovec. Fig. 25.

Strauch von 1–3 m Höhe. Einjährige Zweige tief rotbraun, die zweijährigen – deren Rinde in langen Streifen abblättert – kastanienbraun. Achselknospen im ausgehöhlten Grund des Blattstiels verborgen. Laubblätter elliptisch oder schwach eiförmig, zugespitzt, kurz gezähnt, 4–10 cm lang und 2–5 cm breit, an Schößlingen noch größer; Unterseite meist kahl, nur in den Nervenwinkeln mehr oder weniger bärtig. Blütenstand traubig, 1- bis 10-blütig. Blütenstiele kahl oder behaart. Kelch außen meist kahl. Blüten 4-zählig, stark duftend, 2,5–3 cm breit, gewöhnlich gelbweißlich. Pollen tricolpor(oid)at, longicolpat, subprolat[2]), fein retikuliert. – Chromosomenzahl: $2n = 26$. – VI.

Vorkommen. In wärmeliebenden Laubholzgebüschen felsiger Hänge, meist mit *Ostrya carpinifolia* oder *Quercus pubescens*, auf basenreichen Steinböden, im Gebiet nur in der Steiermark und in Südtirol.

Allgemeine Verbreitung. Steiermark, Südostalpen (westlich bis zum Gardaseegebiet: Monte Baldo), Colli Euganei, Toskana und Umbrien; Siebenbürgen. Die Fundorte in Armenien und dem Kaukasus gehören zu einer anderen Art (*Ph. caucasicus* KOEHNE).

---

[1]) Lat. coronarius = zum Kranz (gehörig).
[2]) Vgl. Anmerkung S. 62.

Verbreitung im Gebiet. In Österreich nur in der Weizklamm bei Graz, zahlreich bei rund 600 m Höhe. Mehrere Fundorte hat die Art in Südtirol: Corna calda bei Botte, Vall'Avianda, Val Ronchi, Revolto, Cengialto, Sarcatal, bei Stenico, Umgebung von Trient u. a., nördlich bis Leifers südlich Bozen; um Bozen und Meran nur verwildert. – In der Schweiz fehlt die Pflanze, jedoch sind Blattreste von ihr in den Tonen von Calprino bei Lugano (Tessin) nachgewiesen worden. Diese Ablagerungen gehören der letzten Interglazialzeit (Riß-Würm) an.

Begleitpflanzen. In der Weizklamm wächst *Philadelphus coronarius* zusammen mit der Hopfenbuche. Gleich daneben findet sich eine Kolonie von Alpenpflanzen (*Silene Saxifraga* L., *Pulsatilla alpina* (L.) SCHRANK, *Athamanta cretensis* L., *Achillea Clavenae* L.). In Südtirol ist er ganz auf den Flaumeichen-Gürtel beschränkt.

Mißbildungen werden nicht selten beobachtet: 3-zählige Blattquirle, Blätter mit gegabelter Spreite (was bei der Gattung *Deinanthe* MAXIM. regelmäßig auftritt), verwachsene Blüten (durch Sprossung einer Sekundärblüte aus der Achsel eines Kelchblattes), gefüllte Blüten, verlaubte oder petaloide Kelchblätter, Vermehrung der Kronblätter auf 6–8 oder Reduktion auf 2, petaloide Staubblätter, teilweises Verwachsen derselben zu Bündeln. Dieses Verhalten spricht nach WETTSTEIN ebenso wie die entwicklungsgeschichtlichen Studien von PAYER dafür, daß die zahlreichen episepalen Staubblätter durch radiale und tangentiale Verdopplung aus einem isomeren Primordialkreis hervorgehen. Die inneren, epipetalen Staubblätter treten nur gelegentlich auf.

Verwendung. Die getrockneten Blüten (Flores Philadelphi s. Jasmini silvestris s. Syringae albae) waren früher gegen Nervenleiden gebräuchlich. Heute ist nurmehr die frische Blüte in der Homöopathie offizinell. Das nach Erdbeeren duftende ätherische Öl der Blüten diente zum Verfälschen des echten Jasminöls. Die Blätter werden in Italien (zusammen mit denen von *Schinus molle*) wegen ihres Gurkengeschmacks Salaten zugesetzt. Blätter und Blüten enthalten Labenzym (R. WANNENMACHER). — Die wichtigere Anwendung findet die Pflanze als wüchsiges und reich blühendes Ziergehölz. Sie scheint im 17. Jahrhundert in Kultur genommen worden zu sein: Im Hortus Eystettensis (1613) wird *Philadelphus coronarius* als *Syringa flore albo* erwähnt, aus Schlesien wenig später als „Springsbaum".

Fig. 25. *Philadelphus coronarius* L. *a* blühender Zweig. *b* Kelch und Fruchtknoten. *c* Diagramm (nach WETTSTEIN).

Volksnamen. Nach den stark riechenden Blüten heißt der Strauch Zimmetrösli (Schweiz) oder weniger fein Nachttüppl [Nachttöpflein] (Erzgebirge), Scheißhafe (Nellingen bei Eßlingen). Der starke Duft der Blüten soll Kopfschmerzen verursachen, daher Kopfwehblume (z. B. Osnabrück, Stockach in Baden), Koppienblööm [Kop-pien, Kopfpein, -weh'] (Ostfriesland), Totenblume [„die Blüten riechen so stark, daß man davon sterben könnte", meint man im Volk] (Schlesien). Die weißen, etwas glänzenden Blüten haben Benennungen veranlaßt wie Speckbloom (Vierlande), Schmeerblom (Oberhessen), Sirupsblume (Oberneuland/Bremen). Der Name Pfeifenstrauch ist wenig volkstümlich. Er soll daher rühren, daß die ausgehöhlten Äste zu Pfeifenröhren dienten. Vielfach wird der Strauch im Volke wegen des ähnlichen Duftes als „Jasmin" angesprochen und heißt dann mundartlich Schossemiau (Anhalt), Scheschmin (Mecklenburg), Schießmi(n) (obersächsisch), Scheißmine (Oberschefflenz/Baden). Auch mit dem „Holler" *(Syringa vulgaris)* wird unser Strauch verglichen, und man nennt ihn daher auch Stinketer Holler (Egerland), Becherlholler (Niederösterreich). Andere Namen sind noch Antoniblüh [weil um den Antoniustag, 13. Juni, blühend?] (Oberbayern), Kandelblüh [zu Kanel ‚Zimmt' nach dem Geruch der Blüten?] (Mittelfranken).

57b. Familie Grossulariaceae

LAMARCK et DE CANDOLLE, Fl. Franç. ed. 3., **5**, 405 (1805) „*Grossularieae*". – *Ribesieae* A. RICHARD, Bot. Med. **2**, 487 (1823). – *Saxifragaceae* – *Ribesioideae* ENGLER in ENGLER u. PRANTL, Natürl. Pflanzenfam. 1. Aufl. **III 2a**, 88 (1890). – *Saxifragaceae* – *Ribesieae* ENGLER l. c. 2. Aufl. **18a**, 168 (1930).

Stachelbeergewächse

Aufrechte, seltener fast kriechende Sträucher, unbewehrt oder mit bestachelten Zweigen, mit wechselständigen, gewöhnlich mehr oder weniger handförmig gelappten Blättern. Nebenblätter fehlen. Blüten zwitterig, mitunter auch eingeschlechtig, strahlig, meist unscheinbar, oft grünlich oder rotbraun, seltener auffällig gefärbt, gewöhnlich in blattachselständigen Trauben, bisweilen in Büscheln oder einzeln. Kelch und Krone 4- bis 5-zählig, die Kelchabschnitte in der Knospe dachig oder klappig, die Kronblätter frei, oft schuppenförmig und meist kürzer als der Kelch. Staubblätter in der Zahl der Kronblätter vorhanden und mit diesen abwechselnd. Staubfäden frei. Staubbeutel intrors. Pollen kugelig, panto-polyporat (Fig. 26). Fruchtblätter meist 2, mit der Blütenröhre zu einem unterständigen, ungefächerten Fruchtknoten verwachsen. Griffeläste 2, nur am Grund oder mehr oder weniger hoch miteinander verwachsen. Plazenten 2, wandständig, meist mit zahlreichen, anatropen, krassinuzellaten Samenanlagen mit 2 Integumenten. Frucht eine vom vertrockneten Kelch gekrönte Beere. Samen mit reichlichem, zellulär gebildetem Nährgewebe und kleinem Embryo.

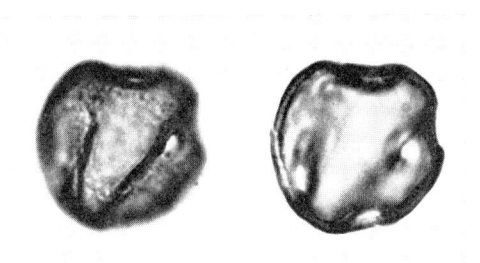

Fig. 26. Panto-polyporates Pollenkorn von *Ribes rubrum* L. Die Poren sind in ziemlich tiefe Gruben eingesenkt. Links hohe Einstellung, rechts tiefere Einstellung mit optischem Schnitt (etwa 900 mal vergrößert. Mikrofoto H. STRAKA)

Die Familie umfaßt eine einzige Gattung – *Ribes* L. –, die von zahlreichen Autoren in die weitgefaßte Familie *Saxifragaceae* einbezogen wird. Davon unterscheidet sie sich außer in den schon erwähnten morphologischen Eigenschaften durch eine Reihe anatomischer Besonderheiten, so die drüsigen Trichome auf den Blättern. Bei einem Teil der Arten (z. B. *R. rubrum*) sind dies langgestielte Zotten mit vielzelligem Fuß und rundem Kopf, bei anderen (z. B. *R. nigrum*) ist der Stiel der Haare in die Epidermis eingesenkt und der Kopf scheiben- oder schüsselförmig verbreitert. Ähnliche Bildungen sind auch von *Pterostemon* und *Escallonia* bekannt, wozu zweifellos gewisse verwandtschaftliche Beziehungen bestehen. Bemerkenswert sind ferner die kleinen, im Umriß annähernd kreisrunden Nebenzellen der Stomata, worin die *Grossulariaceae* mit den *Escalloniaceae* und *Cunoniaceae* übereinstimmen, die ungewöhnlich breiten Markstrahlen (mit bis 11–14, sogar 22 Zellreihen), und das Fehlen von perizyklischem Sklerenchym in der jungen Achse (METCALF und CHALK). – Sehr wahrscheinlich läßt sich auch die Beschaffenheit der Samen zur Charakterisierung der Familie heranziehen. Bei der Fruchtreife ergibt das innere der beiden Integumente die feste Samenschale, während das äußere verschleimt, wobei seine Zellen eine starke radiale Streckung erfahren (W. RAUH).

373. Ribes[1])[2]) L., Spec. plant. 200 (1753). Johannisbeere, Stachelbeere.

Wichtigste Literatur: E. DE JANCZEWSKI, Monographie des Groseilliers *Ribes* L. in Mem. Soc. Phys. et d'Hist. Nat. Genève **35**, 3, 199–517 (1907). – C. K. SCHNEIDER, Ill. Handbuch der Laubholzkunde **1**, 399–423

---

[1]) Stammt aus dem Arabischen (zuerst SIMON JANUENSIS 1290, der darunter nach dem Araber RASIS [Abu Bakr Arrazi] einen immergrünen Strauch Syriens versteht) von Ribas (= *Rheum Ribes* L.), einer Rhabarberart, die auf dem

(1905); **2**, 943–954 (1912). – T. HEDLUND, Om *Ribes rubrum* L. Botan. Notiser 1901: 33–72. – A. J. POSARKOVA in Flora URSS **9**, *Ribes* 226 und *Grossularia* 267 (1939).

Merkmale wie für die Familie angegeben. Die Chromosomenzahl beträgt bei sämtlichen bisher untersuchten Arten, wozu alle hier erwähnten gehören, 2n = 16. Polyploidie ist nur bei Gartenformen von *Ribes nigrum* beobachtet worden.

Die Gattung zählt etwa 140 Arten, die über die nördliche gemäßigte Zone und außerdem in den Gebirgen von Mittel- und Südamerika bis Patagonien verbreitet sind.

E. DE JANCZEWSKI, der Monograph der Gattung, verteilt die Arten auf 6 Subgenera, wovon 4 auch in Mitteleuropa auftreten.

I. Untergattung *Ribes* (Syn. *Ribesia* BERLAND.). Wehrlose Sträucher mit kollenchymatischem Hypoderm, trockenen Knospenschuppen, stets zweigbildender Endknospe und elliptischen oder keuligen, nicht sezernierenden Drüsen. Blüten zwitterig, meist gestielt, in Trauben. – Zu dieser vorwiegend in Europa und dem gemäßigten Asien beheimateten Untergattung gehören die Arten *R. petraeum*, *R. spicatum* und *R. rubrum* sowie *R. multiflorum* KIT. aus den Balkanländern (Dalmatien bis Griechenland), Italien und Sardinien, das sich von den vorher genannten Arten durch die zur Blütezeit zurückgeschlagenen, nicht ausgebreiteten Kelchabschnitte unterscheidet. *R. multiflorum* ist an der Entstehung der Gartensorten „Heinemanns Spätlese" (Fig. 27), „Macherauchs Späte Riesentraube" und einigen anderen beteiligt. Für diese Sorten ist neben den vielblütigen Trauben (mit bis zu 40 Beeren) die späte Fruchtreife (30–40 Tage nach „Heros") bezeichnend.

Fig. 27. *Ribes* „Heinemanns Spätlese", entstandena aus *R. multiflorum* KIT. und *R. petraeum* WULFEN. Blühender Zweig (Aufn. R. BAUER, Max-Planck-Institut für Züchtungsforschung)

II. Untergattung *Coreosma* (SPACH) JANCZ. Wehrlose Sträucher mit kollenchymatischem Hypoderm, krautigen Knospenschuppen, zweig- oder blütenbildender Endknospe. Drüsen verschiedenartig, oft sezernierend. Blüten zwitterig, meist gestielt, in Trauben. – Diese sehr formenreiche und in Mexiko sowie dem pazifischen Nordamerika, etwas weniger in Ostasien entwickelte Untergattung zerfällt in mehrere Sektionen, wovon nur eine, *Coreosma* (SPACH) JANCZ., mit *R. nigrum* nach Europa reicht. Gekennzeichnet ist diese Sektion durch die proterandrischen Blüten und die niedergedrückten, sezernierenden Drüsen auf den Blättern. – Zur Sektion *Calobotrya* (SPACH) JANCZ. mit proterogynen Blüten, kugeligen, sezernierenden Drüsen und in der Knospenlage gefalteten Blättern gehört *R. sanguineum* PURSH, die Blut-Johannisbeere (Fig. 28a, d, e und Fig. 29i). Bis 2 (3) m hoher Strauch mit aufrechten, rotbraunen Ästen und großen, 3- bis 5-lappigen, kerbig-gezähnten, am Grunde herzförmigen, unterseits graufilzigen, mehr oder weniger drüsigen Laubblättern (Fig. 29i). Blüten schön purpurrot, selten weiß oder hell rosa, zu lockeren Trauben vereinigt. Kronblätter spatelförmig, rot. Beeren blauschwarz, bereift, schwach drüsig-behaart. Diese Art stammt aus den Bergwäldern des pazifischen Nordamerikas von Colorado bis Britisch Kolumbien. Bei uns wird die Pflanze als frühblühender Zierstrauch seit 1826 allgemein und in verschiedenen Gartenrassen angepflanzt, selbst noch in höheren Alpentälern (z. B. im Engadin in Schuls und St. Moritz, 1800 m). Ab und zu auch verwildert. – Aus der Sektion *Symphocalyx* BERLAND., ebenfalls mit ansehnlichen, proterogynen Blüten, jedoch mit keuligen, nicht sezernierenden Drüsen und in der Knospenlage eingerollten Blättern ist nur *R. aureum* PURSH, die Gold-Johannisbeere (Fig. 28b, c und 29h), in Kultur. Aufrechter, bis 3 m hoher, frühblühender (IV, V) Strauch mit kahlen, beiderseits mehr oder weniger glänzenden, 3- bis 5-lappigen, meist nur am Rande bewimperten Laubblättern. Blüten goldgelb, duftend. Beeren kahl, schwarzviolett, selten orangerot. Stammt aus dem westlichen Nordamerika vom Mississippi bis Oregon. Als Zierstrauch seit 1812 in europäischen Gärten; findet ausgedehnte Verwendung als Unterlage für hochstämmige Stachel- und Johannisbeeren. Diese Unterlage neigt jedoch zur sogenannten „Wassersucht", einer krankhaften Wucherung unterhalb der Veredlungsstelle. Der Stamm bildet hier ein schwammiges, kallöses Gewebe, schwillt an und platzt auf. Die aufgesetzte Krone stirbt in der Folge ab. Die Ursache der Schädigung, die nicht durch

---

Libanon und Antilibanon wächst, von wo aus sie, von der Arabern schon frühzeitig in Kultur genommen, als Arzneimittel (Rob Ribâs) Verwendung fand. Als dann die Araber bei der Eroberung von Spanien ihr „Ribâs" nicht antrafen, belegten sie die dort vorkommende, gleichfalls säuerlich schmeckende Johannisbeere mit diesem Namen, woraus die mittelalterlichen Botaniker Ribos, Ribes machten.

[2]) Die Beiträge über die Gartenformen und Schädlinge sowie ihre Bekämpfung von Professor Dr. G. LIEBSTER, Weihenstephan.

Parasiten bedingt wird, ist unbekannt. Da noch keine Möglichkeiten der Abwehr bekannt sind, werden ersatzweise die allerdings schwerer vermehrbaren Arten *R. divaricatum* DOUGL. und *R. Uva-crispa* L. verwendet (G. LIEBSTER). Selten wird *R. aureum* verwildert angetroffen. – Der Bastard *R. aureum* ♂ × *sanguineum* ♀ = *R.* × *Gordonianum* LEMAIRE besitzt gelbrote Blüten; oft ist die Kelchröhre rot, die Kronblätter gelb. Die Kreuzung ist um 1837 in England entstanden; neuerdings wird der Strauch auch bei uns viel kultiviert.

III. Untergattung *Parilla* JANCZ. Mit diözischen Blüten, die männlichen mit sterilen Samenanlagen, die weiblichen mit sterilen Pollen. Wehrlose Sträucher mit krautigen Knospenschuppen; nahe mit der Untergattung *Coreosma* verwandt und wohl daraus hervorgegangen. – Zahlreiche Arten auf den Anden von Venezuela bis Feuerland, daneben eine Art – *R. sardoum* MARTELLI – auf Sardinien, eine weitere in Ostasien.

IV. Untergattung *Berisia* SPACH. Wehrlose oder seltener bestachelte Sträucher mit trockenen Knospenschuppen, aufgerichteten Trauben und diözischen Blüten, die männlichen ohne Fruchtknoten, die weiblichen ohne Pollen. – Diese rein altweltliche Gruppe ist in Ostasien am reichsten vertreten; nach Westen nimmt die Zahl rasch ab: In Europa findet sich neben *R. alpinum* nur noch *R. orientale* DESF., das von Zentralasien bis Griechenland reicht.

V. Untergattung *Grossularioides* JANCZ. Stachelige Sträucher mit verholztem Hypoderm, trockenen Knospenschuppen mit zwitterigen, gestielten Blüten in vielblütigen Trauben. Fruchtknoten ohne Stiel. – Wenige Arten in Nordamerika und Nordostasien, z. B. *R. montigenum* MCCLATCHIE aus Oregon und Kalifornien, das wegen seiner Mehltau-Resistenz zur Züchtung widerstandsfähiger Stachelbeeren verwendet wird. Vgl. S. 60.

Fig. 28. *Ribes sanguineum* PURSH *a* Blüte. *d* blühender Zweig. *e* Diagramm (nach EICHLER). *R. aureum* PURSH *b* blühender Zweig. *c* Längsschnitt durch die Blüte.

VI. Untergattung *Grossularia* (MILL.) A. RICH. Ganz wie die vorige Gruppe, nur die Trauben armblütig, ohne Blütenstiel, aber der Fruchtknoten am Grund in ein Stielchen verschmälert. – Von dieser in Nordamerika am reichsten entwickelten Untergattung reicht nur *R. Uva-crispa* nach Europa. – In Gärten werden gelegentlich folgende, sämtlich aus Nordamerika stammende Arten gezogen: *R. Cynosbati* L., die Hagebutten-Stachelbeere, leicht kenntlich an den bestachelten Früchten. – *R. oxyacanthoides* L., die Weißdorn-Stachelbeere, die der europäischen *R. Uva-crispa* nahesteht, jedoch erreichen die Staubblätter fast die Länge der Kelchzipfel. *R. rotundifolium* MICHX. Von den vorigen durch die lange, 2- bis 5-blütige Traube und die den Kelch weit überragenden Staubblätter verschieden. Mit dieser Art ist *R. divaricatum* DOUGL. nahe verwandt.

Vegetationsorgane. Die *Ribes*-Arten haben, wie viele Strauchpflanzen (*Rosa, Rubus* u. a.) eine Dauerachse am Boden, von der jährlich unverzweigte Schößlinge ausgehen. Diese verzweigen sich im zweiten Jahr und werden fertil. Sie leben etwa 4–8 Jahre (inaequipermanente Achsen) und sterben ab. Die Dauerachse erreicht ein viel höheres Alter (E. SCHMID). – Die Kurztriebe beginnen mit Niederblättern, worauf wenige Laubblätter und dann die Hochblätter folgen, in deren Achseln die Blüten stehen (Fig. 38 b, c). Bei *Ribes alpinum* wird die Laubblattbildung gewöhnlich übersprungen. Die Stacheln der *Ribes*-Arten sind wie bei den Rosen Emergenzen des Rindengewebes, ebenso die „subfoliaren" Stacheln, die dicht unter dem Blattkissen entweder einzeln oder zu 3 (selten bis 5) entspringen (Fig. 38 b, c).

Blütenverhältnisse. Bei den Untergattungen *Ribes*, *Coreosma* und *Berisia* haben die Blütenstände den Charakter von einfachen Trauben ohne Gipfelblüte, bei *Grossularia* sind sie auf 1–3 Blüten an einer gestauchten Achse reduziert. – Nach GÜNTHART sind alle europäischen Arten bis auf *R. nirgum* proterogyn, besonders stark *R. rubrum* und *R. Uva-crispa*. Die Proterogynie kommt dadurch zustande, daß die Narben vor dem Öffnen der Knospen empfängnisfähig werden, das Stäuben jedoch erst nach dem Öffnen beginnt. Die Bestäubung erfolgt bei guter Witterung sehr frühzeitig, bereits während des halboffenen Zustandes. Selbstbestäubung ist nur bei *R. nigrum* als regelmäßige Erscheinung festgestellt worden. Der Honig, der sehr reichlich auf dem verbreiterten Vorderende des unterständigen Fruchtknotens – bei den langröhrigen Formen (*R. aureum*) auch an der inneren Basis der Blütenröhre – abgesondert wird, ist bei den meisten Arten den Insekten leicht zugänglich. Einzig bei den langröhrigen Formen (z. B. *R. aureum*) kann derselbe nur von sehr langrüsseligen Bienen ausgebeutet werden (Fig. 28c). Als Besucher kommen Dipteren und Hymenopteren in Betracht. Haare am Griffel und auf der Innenseite der Blütenröhre schützen den Nektar gegen kleine Insekten. Zuweilen kommt Gynodiözie vor, während die Blüten von *R. alpinum* unvollkommen zweihäusig sind.

Inhaltsstoffe. Über die Gattung *Ribes* liegen, die Früchte der bekanntesten Art ausgenommen, nur spärliche chemische Untersuchungen vor. Nach HEGNAUER enthalten mehrere Arten Blausäure-abspaltende Verbindungen in den jungen Blättern und Trieben. Die Früchte sind reich an Fruchtsäuren, einigen Zuckerarten, Fermenten (Emulsin, Amylase, Pektase, Linamarase), Vitaminen (A, B_1, B_2, B_6, C, P), Nikotinsäure und enthalten außerdem Gerbstoffe, Pektine, vor allem aber sehr viel Kali. – Alkaloide, Saponine und ätherische Öle sind bisher noch nicht bekannt geworden (R. WANNENMACHER).

Verwendung. Von den einheimischen Arten werden *Ribes nigrum*, *R. Uva-crispa* und *R. rubrum* allgemein, in den Gebirgsgegenden auch *R. petraeum* als wertvolles Beerenobst kultiviert, dessen Verwendung als Tafelfrucht, zur Süßmost-, Konfitüren-, Sirup- und Beerenweinbereitung allgemein bekannt ist. Auch Schaumwein, Essig und Liköre werden aus Johannisbeersaft gewonnen. – Abgesehen von der kühlenden Wirkung des Saftes bei Fieber und der Bedeutung der Beeren als Vitaminträger, spielen die *Ribes*-Arten in der Heilkunde keine Rolle mehr (Näheres bei den einzelnen Arten).

Schädlinge und Parasiten. Pilze: *Pseudopeziza Ribis* KLEB. verursacht die Blattfallkrankheit der Johannisbeere und ist besonders in regenreichen Jahren sehr verbreitet. Der Pilz befällt vorwiegend die roten und weißen Kultursorten, seltener die schwarzen. Er verursacht auf den Blättern zahlreiche runde, nur wenige Millimeter breite, teilweise miteinander verschmelzende Flecken. Die Blätter vergilben, rollen sich ein und fallen ab. Oft sind die erkrankten Sträucher schon im Spätsommer völlig entlaubt. Die einzelnen Sorten sind verschieden anfällig. Die Bekämpfung ist nicht schwierig, oft genügt eine vorbeugende Spritzung mit Kupfermitteln gleich nach der Ernte, bei frühem Befall auch schon kurz nach der Blüte. – *Cronartium Ribicola* J. C. FISCHER. Die Dikaryophyten dieses wirtswechselnden Rostes, bekannt als „Säulenrost", leben auf verschiedenen *Ribes*-Arten, besonders auf *R. nigrum*, und sind die gefährlichste pilzliche Krankheit dieser Art. Die Haplonten kommen auf allen möglichen fünfnadeligen Kiefern vor und werden als „Blasenrost der Weymouthskiefer" gefürchtet. Ursprünglich ist dieser Rost im Alpengebiet, in Ostrußland und Sibirien endemisch, wo seine haploide Generation an die Arve gebunden ist. In Nordamerika, der Heimat der Weymouthskiefer, fehlte der Blasenrost vor seiner Einschleppung durch den Menschen. Seine Ausbreitung über Europa verdankt der Pilz dem Anbau der fünfnadeligen Kiefern (GÄUMANN). Die Uredosporen, durch die der Rost innerhalb der Johannisbeerpflanzungen verbreitet wird, erscheinen als hellgelbe Pusteln auf der Blattunterseite. Starker Befall führt zu frühzeitiger Entlaubung. Die lange Zeit zur Bekämpfung des Säulenrostes empfohlene Entfernung der Weymouthskiefer erwies sich häufig als Mißerfolg. Wirksamer ist die Anwendung von Fungiziden (z. B. Zineb), die, einmal nach der Blüte und ein- oder zweimal nach der Ernte ausgespritzt, die Sträucher weitgehend gesund erhalten. – *Puccinia Ribesii-Caricis* KLEB. Die Haplonten dieser in zahlreichen Kleinarten auftretenden Sammelart leben auf *Ribes*-Arten aller Untergattungen und werden an Stachelbeeren gelegentlich schädlich („Stachelbeerrost"). Die Dikaryophyten sind an *Carex* gebunden. Der Pilz erzeugt im Frühjahr auf Beeren, Blattstielen und der Unterseite der Blätter von *Ribes* bläulich-rote Anschwellungen mit orangeroten Becherchen. Erkrankte Früchte fallen vorzeitig ab. Sichere Mittel zur Bekämpfung sind nicht bekannt. – Eine weitere auf *Ribes* vorkommende *Puccinia*-Art ist *P. Ribis* DC., die nach ERIKSSON in mehrere biologische Rassen zerfällt, da Material von *Ribes rubrum* die Schwarze Johannisbeere nicht infiziert. – Die Haplonten mehrerer *Melampsora*-Arten, namentlich *M. Ribesii-epitea* KLEB., *M. Ribesii-purpureae* KLEB. und *M. Ribesii-viminalis* KLEB. leben an verschiedenen *Ribes*-Arten, die Dikaryophyten an *Salix*. – *Fomes Ribis* (SCHUM.) FR. ist als Schwächeparasit anzusehen, dessen Myzel das Holz von Johannisbeer- und auch Stachelbeersträuchern durchwuchert und sie zum Absterben bringt. Am Wurzelhals der befallenen Sträucher erscheinen feuerschwammähnliche, braune Fruchtkörper. Kranke Pflanzen sind zu roden und zu verbrennen (G. LIEBSTER). – Über den Stachelbeer-Mehltau vgl. S. 59.

Insekten: *Sesia tipuliformis* CLERCK., der Johannisbeer-Glasflügler, gehört zu den gefürchtetsten tierischen Schädlingen der Johannisbeeren; weniger häufig wird die Stachelbeere befallen. Die Raupen dieses Schmetterlings schlüpfen Anfang Juni und bohren sich in die Äste ein, deren Mark sie aushöhlen und die sie dadurch zum Absterben bringen. Der Schaden kann erheblich sein. Zum Schutz der Sträucher wird empfohlen, zur Zeit des Schlüpfens der Raupen (Warndienst!) mit DDT oder Lindan + DDT zu spritzen. – *Incurvaria capitella* CLERCK., die Johannisbeer-Motte, ist in Deutschland nicht allgemein verbreitet. Sie befällt, örtlich und in manchen Jahren massenhaft, vor allem die rot- und weißfrüchtigen Johannisbeersorten. Die überwinternden Raupen zerstören namentlich Knospen und junge Triebe. Zur Bekämpfung dient eine sorgfältige Spritzung mit Obstbaumkarbolineum oder Gelbkarbolineum gegen Ende des Winters oder eine Insektizid-Spritzung beim Austrieb der Knospen. – *Eriophyes Ribis* NAL., die Johannisbeer-Gallmilbe, wird besonders an *Ribes nigrum* schädlich. Die Knospen schwellen zu kugelförmigen Gallen („Rundknospen") an und vertrocknen schließlich. In ihrem Innern leben zahllose Milben. Als Vektoren der „Brennesselblatt"-Virose der Johannisbeere kommt ihnen besondere Gefährlichkeit zu. Die Bekämpfung erfolgt durch mehrere Spritzungen Ende März oder Anfang April mit Schwefelkalkbrühe oder Netzschwefel, eventuell auch mit den neueren Akariziden. – Die wichtigsten an Johannisbeeren lebenden Blattlaus-Arten sind: *Aphidula Schneideri* C. B., die Kleine Johannisbeerlaus, *Cryptomyzus Ribis* L., die Johannisbeer-Blasenlaus (Wirtswechsel mit *Labiatae*), und *Nasonovia Ribis-nigri* MOSL. (Wirtswechsel mit Kompositen und *Scrophulariaceae*). Mit einer Winterspritzung oder späteren Insektizid-Spritzungen sind die Sträucher unschwer von Blattläusen sauber zu halten. – Schwieriger zu bekämpfen sind die gern in geschlossenen Lagen auftretenden Schildlaus-Arten. So überzieht *Lepidosaphes conchiformis* GMEL., die Komma-Schildlaus, nicht nur die Zweigrinde, sondern saugt sich oft auch an den Beeren fest. An den Zweigen findet man zuweilen die hochgewölbten Schilder (unter denen eine weißwollige Wachsausscheidung erscheint) von *Pulvinaria Ribesia* SIGN., der Johannisbeer-Schildlaus, oder die anfangs flachen, erst später gewölbten Schilder (ohne erhebliche Wachsausscheidung) von *Eulecanium Persicae* F., der Pfirsich-Schildlaus. Auch *Eulecanium Corni* BCHÉ., die Zwetschgen-Schildlaus, ist auf der Johannisbeere anzutreffen. Eine besondere Anfälligkeit besteht gegenüber *Quadraspidiotus perniciosus* (COMST.) FERRIS, der San-José-Schildlaus, die oft auch an den Beeren zu finden ist. Bei starkem Befall helfen Spritzungen oder Herausschneiden einzelner Triebe nichts mehr, sondern nur das Roden der kranken Sträucher. Bei schwachem Befall und gegen die weniger gefährlichen Arten sind Winterspritzung und Behandlung der Pflanzen mit geeigneten Phosphorinsektiziden zweckmäßig. – Nicht selten findet man an Johannisbeeren das Schadbild von *Lygus pabulinus* L., der Grünen Futterwanze. Es besteht aus durchscheinenden, gelblichen Stichstellen auf den Blättern, aus denen beim weiteren Wachstum unregelmäßige Löcher werden (G. LIEBSTER). – Die auf die Stachelbeere spezialisierten Schmarotzer vgl. S. 60.

Fig. 29. Blattformen von: *a Ribes Uva-crispa* L. *b* und *c R. petraeum* WULFEN. *d R. rubrum* L. *e R. alpinum* L. *f R. nigrum* L. *g* und *h R. aureum* PURSH. *i R. sanguineum* PURSH.

Virus-Krankheiten: Zu den wichtigsten Krankheiten der Johannisbeere gehört eine Virose, das „Brennesselblatt". Das Blatt bleibt zwar grün, wird aber deformiert, die Zahl der Blattlappen ist meist geringer, aber die Einschnitte sind tiefer als am gesunden Blatt (G. LIEBSTER).

Artenschlüssel

1a Stacheliger Strauch. Blüten einzeln oder in 2- bis 3-blütigen Trauben. Früchte groß, meist länger als breit . . . . 1384. *R. Uva-crispa* L.

1b Unbewehrter Strauch. Trauben vielblütig. Früchte ziemlich klein, kugelig 2

2a Blüten auffällig gefärbt, die zylindrische Röhre länger als breit. Beeren schwarz, selten orangerot, oft bläulich bereift oder (und) drüsig behaart 3

2b Blüten unscheinbar, grün oder gelblich, die kurze, flache oder schüsselförmig vertiefte Blütenröhre breiter als hoch 4

3a Laubblätter in der Knospe gerollt. Blüten gelb. Blütenröhre viel länger als die Kronblätter . . . . *R. aureum* PURSH (S. 44)

3b Laubblätter in der Knospe gefaltet. Blüten hell purpurn. Blütenröhre etwa so lang wie die Kronblätter . . . . *R. sanguineum* PURSH (S. 44)

4a Laubblätter unterseits mit mehrzelligen, sitzenden, gelblichen Harzdrüsen (Fig. 36), nach Wanzen riechend. Knospenschuppen krautig. Beeren schwarz, drüsig punktiert . . . 1382. *R. nigrum* L.

4b Laubblätter mit gestielten, nicht sezernierenden Drüsen, ohne spezifischen Geruch. Knospenschuppen trockenhäutig. Beeren rot, bei Gartenformen auch weißlich, stets glatt, kahl, unbereift und drüsenlos 5

5a Blüten zweihäusig. Trauben wenigblütig, aufrecht. Blattstiel kaum halb so lang wie die Spreite . . . . 1383. *R. alpinum* L.

5b Blüten zwitterig. Trauben mehrblütig, hängend. Blattstiel länger 6

6a Blattlappen spitz, dreieckig (Fig. 29b, c). Kronblätter etwa halb so lang wie die gewimperten Kelchzipfel . . . . 1380. *R. petraeum* WULFEN

6b Blattlappen stumpflich, oft etwas eiförmig (Fig. 29d). Kronblätter höchstens ein Drittel so lang wie die kahlen Kelchzipfel 7

7a Kelchbecher schüsselförmig, innen ohne Ringwulst; Ansatz der trockenen Blüte an der Frucht daher kreisrund. Antherenfächer zusammenstoßend . . . . 1381a. *R. spicatum* ROBSON

7b Kelchbecher flach, innen mit 5-eckigem Ringwall, der auch an der Frucht mehr oder weniger erkennbar bleibt. Antherenfächer durch das breite Konnektiv getrennt . . . . 1381b. *R. rubrum* L.

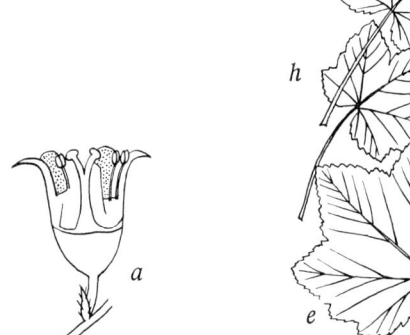

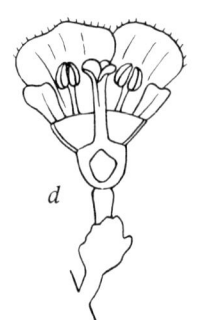

Fig. 30. *Ribes petraeum* WULFEN. *a* Blüte im Längsschnitt. *b, c* Blattformen. *R. spicatum* ROBSON. *d* Blüte im Längsschnitt. *e* Blattform. *R. rubrum* L. *f* Blüte im Längsschnitt. *g, h* Blattformen (nach C. K. SCHNEIDER).

1380. Ribes petraeum WULFEN in JACQ., Misc. austr. **2**, 36 (1781). Syn. *R. alpinum* DELARBRE (1795) non L. Felsen-Johannisbeere. Franz.: Groseillier des rochers. Ital.: Spinella dei sass, eneta. Rätoromanisch: Uzua ascha (Engadin), caglia d'eua (Oberland), anzoua ascha (Oberhalbstein) bö-sch da muschins, crosej, crosell, alzugáir, ughetter (Bergell). Tschechisch: Meruzalka skalni. Fig. 29 b, c, 30 a–c, 31.

Bis etwa 1 (–2,5) m hoher Strauch mit unbewehrten, gewöhnlich kahlen Ästen. Laubblätter 3- bis 5-lappig, groß, meist 5–9 cm breit, mit spitzen und geradseitigen Lappen, scharf doppelt gezähnt, anfangs beiderseits behaart, später namentlich oberseits mehr oder weniger verkahlend, mit 2–5 (–9) cm langem Stiel. Blüten grünlich, in hängenden, vielblütigen Trauben. Kelchbecher glockig, die Kelchzipfel nach vorne gerichtet, spatelig, fein bewimpert. Kronblätter und Staubblätter der Blütenröhre in gleicher Höhe inseriert, beide ungefähr halb so lang wie der Kelch. Fruchtknoten mit kegelförmiger Spitze (Griffelfuß), allmählich in den Griffel verschmälert, außen glatt und kahl. Früchte kugelig, rot, sehr sauer. – Chromosomenzahl: $2n = 16$. – V, VI.

Vorkommen. Zerstreut in montanen oder subalpinen Hochstaudenwäldern und Hochstaudegebüschen, vor allem im Bereich der Waldgrenze, aber an Gebirgsbächen auf frischem Blockschutt oder an Felsen auch tiefer steigend, vorzugsweise auf frischen, humosen, basenreichen, aber kalkarmen Lehm- oder Steinböden, im Alnetum viridis, im Acero-Fagetum (Fagetum subalpinum) oder Piceetum adenostyletosum. Belubo-Adenostyletea-Klassen-Charakterart.

Allgemeine Verbreitung. Pyrenäen (hier bis 2460 m ansteigend), Alpen, französische und deutsche Mittelgebirge (nördlich bis zum Riesengebirge), Balkanländer, Sardinien, Atlas; weit verbreitet in Westasien und Sibirien, von Armenien und dem Kaukasus bis ins Amurgebiet.

Verbreitung im Gebiet. In den Alpen zwischen 800 und 2000 (2450) m ziemlich verbreitet, doch stellenweise selten oder ganz fehlend (in den Bayerischen Alpen nicht nachgewiesen, in Steiermark und in Niederösterreich sehr zerstreut, im Tessin einzig von der Alpe Piscium ob Nante angegeben, im Wallis fast nur in den südlichen Seitentälern, im Kanton St. Gallen nur an wenigen Stellen im Oberland.) Im allgemeinen kalkfeindlich und auf humosem Substrat. In der Schweiz kann die mittlere obere Grenze bei etwa 1900 m angesetzt werden. Der Strauch reicht aber stellenweise noch bedeutend höher hinauf, so im Val Sesvenna im Unterengadin bis 2250 m, im Val Roseg im Oberengadin bis 2450 m und im Wallis bis 2240 m. In Tirol steigt er bis auf 2200 m hinauf, während seine obere Höhengrenze in der Steiermark bei 1900 m angegeben wird. Außerdem im Schweizer Jura, in den Vogesen (besonders am Hohneck), im südlichen Schwarzwald (Feldberg, Breitnau, Hirschsprung, Alpirsbach [bereits bei 600 m]), Isergebirge, Riesengebirge, Glatzer Schneeberg, Gesenke.

Begleitpflanzen. *Ribes petraeum* ist mit *Sambucus racemosa* L., *Lonicera nigra* L. und *L. alpigena* L., *Sorbus Aria* (L.) CR., und anderen Arten einer der bezeichnendsten Sträucher der

Fig. 31. *Ribes petraeum* WULFEN. *a* und *b* blühender und fruchtender Zweig. *c* Kronblatt.

subalpinen Nadelwaldstufe und, wo er oberhalb der Waldgrenze noch fruchtet, wie die genannten Arten ein sicherer Zeuge ehemaliger Bewaldung.

Blütenverhältnisse. Die schwach proterogynen Blüten sondern am Blütenboden Honig ab und werden von kurzrüsseligen Insekten, namentlich Fliegen, besucht. Bei ausbleibendem Insektenbesuch erfolgt spontan Selbstbestäubung.

Verwendung. In den Alpentälern der Schweiz, von Tirol sowie in den Vogesen werden die Beeren zur Bereitung von Konfitüren gesammelt. Nicht selten wird der Strauch auch in die Gärten verpflanzt, wo er noch in Höhenlagen von 1800 m (z. B. auf der Maloja [Fig. 988] und in Scarl im Unterengadin) reichen Ertrag abwirft.

Kultursorten. Auf *Ribes petraeum* gehen nur wenige Gartenformen zurück. Die wichtigsten sind die „Rote Holländische" (vgl. S. 61. unter *R. petraeum* × *spicatum*), „Heinemanns Spätlese" (vgl. S. 44 und Fig. 27) und die „Weiße aus Jüterbog" mit weißen Beeren, die aus dem Anbaugebiet um Jüterbog stammt.

1381 a. Ribes spicatum ROBSON in Trans. Linn. Soc. **3**, 240 (1797). Syn. *R. rubrum* L., Spec. plant. 200 (1753) pro pte. i. e. quoad patriam nec quoad synonyma. – *R. rubrum* L. emend. JANCZ. (circa 1900 vel postea), C. K. SCHNEIDER, ENGLER non auct. priores. – *R. Schlechtendalii* LANGE (1870). Wilde rote Johannisbeere. Fig. 30d, e und 32.

1–2 m hoher, unbewehrter Strauch mit verkahlenden Ästen. Laubblätter 3- bis schwach 5-lappig, am Grunde gestutzt oder sehr schwach herzförmig mit weiter Bucht, groß, mit breiten, stumpflichen an den Seiten mehr oder weniger konvexen Lappen, doppelt kerbzähnig, unterseits in der Jugend meist kurz flaumig, später weitgehend verkahlt, mit ähnlich langem Stiel wie die vorige Art. Blüten grünlich, bei der im Gebiet auftretenden Rasse in hängenden vielblütigen Trauben. Blütenröhre schüsselförmig vertieft, ohne Ringwulst auf der Innenseite, die Kelchzipfel breit verkehrteiförmig, kahl, etwa 3-mal so lang wie die gestutzten Kronblätter. Staubblätter wenig länger als die Kronblätter; Konnektiv auf der Innenseite schmal, weshalb sich die Antherenhälften fast berühren. Fruchtknoten mit leicht konvexer Spitze, scharf von dem im unteren Teil zylindrischen Griffel abgesetzt, außen glatt

Fig. 32. a *Ribes spicatum* ROBSON. b *Ribes* „Hochrote Frühe", entstanden aus *R. petraeum* WULFEN und *R. spicatum* ROBSON
(Aufn. R. BAUER, Max-Planck-Institut für Züchtungsforschung)

und kahl. Beeren rot, selten rosa oder farblos, genießbar. – Chromosomenzahl: 2n = 16. – IV, V.

Vorkommen. Zerstreut im Norden und Nordosten des Gebietes in feuchten Wäldern, in Schluchten und an Bächen auf humosen, nährstoffreichen und grundwasserbeeinflußten Lehm- und Tonböden, oft mit *Alnus incana* vergesellschaftet und z. B. Charakterart des baltischen Alnetum boreale [Alno-Ulmion (Alno-Padion)].

Allgemeine Verbreitung. Schottland, Skandinavien, Finnland, nördliches Mittel- und Osteuropa, in anderen Rassen in Sibirien und der Mandschurei.

R. spicatum gliedert sich in mehrere, zum Teil räumlich getrennte Sippen, wovon die Nominatrasse, var. *spicatum* (ROBSON), Syn. *R. rubrum* var. *pubescens* SWARTZ ex HARTM. (1838) auf Schottland, Skandinavien und Finnland beschränkt ist. Die Blätter sind hier meist bleibend behaart, die Trauben ärmerblütig, aufrecht oder bogig gekrümmt, nicht hängend und die Beeren etwas kleiner. – Nach Mitteleuropa reicht nur:

var. *scandicum* (HEDLUND in Bot. Notiser 33, 94–105 (1901) sub *R. rubro* L.) H. HUBER. Blätter fast kahl, ebenso die Achse der hängenden, mehr- (10- bis 15-)blütigen Traube.

Verbreitung der Varietät: Schweden, Norddeutschland, Osteuropa, nach Süden bis Galizien. Die Verbreitung im Gebiet ist wegen der häufigen Verwechslung mit *R. rubrum* bislang unbekannt. –

Kultursorten. *Ribes spicatum* soll an der Entstehung der heute in Mitteleuropa gebauten Johannisbeersorten nur wenig beteiligt sein. Nach ENGLER sind von dieser Pflanze abstammende Gartenformen fast ganz auf Nordeuropa und Litauen beschränkt. Vgl. aber *R. petraeum* × *spicatum* S. 61.

1381 b. Ribes rubrum L., Spec. plant. 200 (1753) emend. auct. vetustiores[1]). Syn. *R. vulgare* LAMARCK (1789) nom. illeg. *R. sativum* SYME (c. 1864). *R. sylvestre* SYME (c. 1864). *R. domesticum* JANCZ. (1900). Rote Garten-Johannisbeere. Engl.: Red currant. Franz.: Groseillier commun, groseillier à grappes, g. rouge, raisin de mare, castillier, gadellier (vom Bretonischen gardiz = rauh, scharf); raisinet (Westschweiz). Ital.: Ribes rosso: crosei (Tessin). Sorbisch: Čerwjeny januškowc, Zahrodny januškowc. Poln.: Porzeczka czerwona. Tschech.: Meruzalka červená, rybíz, vino sv. Jana. Slowenisch: Rdeče grozdjiče, ribizelj. Kroatisch: Ribizla crvena, grozdič, medjeđe grožđe (đ = dj), ivansko grožđe, borićak. Dänisch: Ribs. Taf. 144, Fig. 5; Fig. 29d, 30f–h, 33 und 34.

1–2 m hoher, stacheloser Strauch mit anfangs spärlich behaarten Ästen. Laubblätter 3- bis schwach 5-lappig, am Grund herzförmig mit spitzer Bucht, groß, 3–8 cm breit, mit stumpflichen, an den Seiten meist etwas konvexen Lappen, doppelt kerbzähnig, auf den Nerven meist etwas behaart, sonst weitgehend verkahlend. Blattstiel länger als die halbe Spreite. Blüten grünlich, in hängenden, vielblütigen Trauben. Blütenröhre flach, innen mit fünfeckigem Ringwulst, die Kelchzipfel breit-verkehrt-eiförmig, kahl, rund 3-mal länger als die gestutzten oder ausgerandeten Kronblätter; Konnektiv breit, die Antherenfächer deutlich getrennt. Fruchtknoten durch den Diskusring an der Spitze schwach konkav, vom Griffel scharf abgesetzt, außen glatt und kahl. Beeren rot, bei Gartenformen auch rosa oder weißlich; der pentagonale Diskus ist auf der reifen Frucht meist noch zu erkennen. – Chromosomenzahl: 2n = 16. – IV, V.

---

[1]) Es ist mir nicht bekannt, bei welchem Schriftsteller der Name *R. rubrum* erstmals eindeutig festgelegt wurde – vielleicht bei HUDSON –; sicher ist nur, daß dieser Name im 18. und 19. Jahrhundert bis JANCZEWSKI allgemein für die west- und mitteleuropäische Art verwendet wurde. Die Übertragung des Namens *R. rubrum* auf die nördliche Pflanze verstößt gegen die Nomenklaturregeln. Vgl. JANCHEN, Catalogus Fl. Austriae 1. Teil, Heft 2, 271 (1957).

Vorkommen. Zerstreut im Westen und Nordwesten des Gebietes und noch [als var. *silvestre* (LAM.) DC.] einheimisch z. B. in Holstein, im Rheinland oder im Oberrheingebiet (vgl. CHRISTIANSEN 1926, ISSLER 1933, OBERDORFER 1936), vor allem in nassen Eschen- und Erlenwäldern, an Gräben und in Gebüschen auf feuchthumosen nährstoffreichen, unter Grundwassereinfluß stehenden und episodisch überschwemmten Lehm- und Tonböden, z. B. im Pruno pado-Fraxinetum.

Allgemeine Verbreitung. „Westeuropa, namentlich in Frankreich, Belgien, England" (ENGLER).

Die vielgestaltige Gartenpflanze kann als var. *rubrum* (L.) Syn. *R. vulgare* LAMARCK var. *hortense* LAMARCK (1789), *R. sativum* SYME (c. 1864), bezeichnet werden, die wildwachsende Pflanze, die sich durch ihre Kriechsprosse, die netzrunzeligen Blätter, kleineren Beeren u. a. von verwilderten Kulturformen unterscheidet, muß var. *silvestre* (LAMARCK) DC. (1805), Syn. *R. sylvestre* (LAM.) SYME (c. 1864) heißen. – Außerdem wird eine var. *macrocarpum* (JANCZ.) JANCZ. (1907) (Fig. 34) angegeben, deren Beeren die Größe einer kleinen Kirsche erreichen. Die Kelchzipfel sind hier stark zurückgebogen, außen gefleckt und die Griffel sind tiefer gespalten als beim Typus.

Bildungsabweichungen werden genannt: Vermehrung der Glieder in allen Kreisen der Blüte, Vermehrung der Karpelle allein, Vergrünung der Krone, der Staubblätter und der Karpelle, Fehlen der Karpelle, 3 Narben, trikotyle Keimlinge (HEGI).

Inhaltsstoffe: 100 g frische, reife, abgerebelte Beeren enthalten (nach Documenta Geigy, 6. Aufl. 1960) 83,7 g Wasser, 1,4 Proteine, 0,4 Fett, 10,7 Zucker (fast ausschließlich Invertzucker), 3,2 Faserstoffe, ferner 50 mg Äpfelsäure, 2300 mg (!) Zitronensäure, 19 mg Oxalsäure, jedoch keine Harnsäure oder Purinbasen; an Vitaminen: 120 I. E. Vitamin A (Gesamtaktivität), 0,07 mg β-Carotin, 0,05 mg B_1, 0,14 mg B_2, 0,03 mg B_6; an Elementen: 2 mg Na, 261 mg K, 36 mg Ca, 15 mg Mg, 0,7 mg Fe, 0,11 mg Cu, 38 mg P, 29 mg S, 13 mg Cl sowie 58 kcal. Weiter werden angegeben: Bernsteinsäure (1,5–2,6 %), Salicyl- und Borsäure in Spuren; Weinsäure fehlt jedoch oder ist höchstens spurenweise vorhanden; Pektinstoffe (1,5%), Protopektin. Der Anteil der Kerne und Schalen beträgt rund 4,5%. – Die Samen enthalten 16–20% scharfes und trocknendes, fettes Öl. – Frische Blätter enthalten das Blausäure-Glykosid l-Sambunigrin (Blausäure-Gehalt im Juni 0,0035%, im August 0,0015%) und 0,1% Carotin. Gerötete Blätter enthalten den Farbstoff Erythrophyllin, aber keine Blausäure (R. WANNENMACHER).

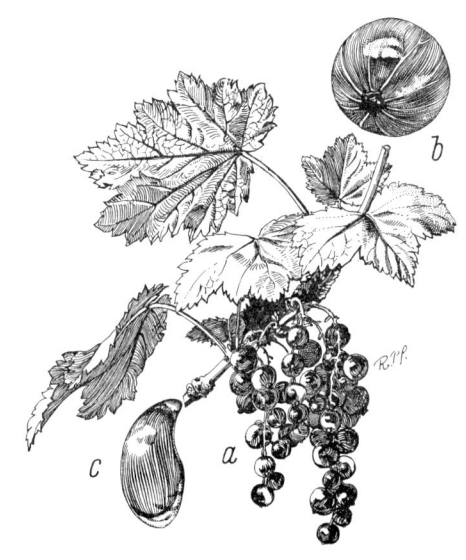

Fig. 33. *Ribes rubrum* L. a fruchtender Zweig. b Beere. c Same.

Verwendung. Auf *Ribes rubrum* geht der Großteil der gegenwärtig in Mittel- und Westeuropa gezogenen Garten-Johannisbeeren zurück. – Der Saft wird gern als kühlendes und durstlöschendes Getränk bei fieberhaften Krankheiten benützt und war als Sirupus ribium gebräuchlich. Bereits L. FUCHS (1543) sagt, daß die Beeren gut für hitzigen Magen, für Durst, Fieber usw. sind. In Frankreich ist der Saft der Roten Johannisbeere offizinell. In Norwegen wird viel der schwach alkoholische „ribs vin" getrunken.

Kultursorten. Rotfrüchtige: „Jonkheer van Tets", eine neuere, aus Holland stammende Sorte, die in den letzten Jahren in Westdeutschland weite Verbreitung gefunden hat. Reift 3 Tage vor „Heros". – „Heros" (Fig. 34), 1927 von ROSENTHAL, Rötha, als Auslese aus „Laxton's Perfection" in den Verkehr gebracht. Reift sehr früh. – „Red Lake", eine amerikanische Züchtung; ähnlich der vorigen. – „Fays Fruchtbare", Syn. „Prolific" und „Fays Neue Rote", eine amerikanische Sorte, seit 1880 im Handel. – Weißfrüchtige: „Weiße Versailler", eine aus Frankreich stammende Sorte; bei uns seit 1873 verbreitet. – Daneben wird noch eine große Zahl weiterer rot- und weißfrüchtiger Sorten in Gärten gezogen und in Baumschulen angeboten.

Geschichte. Wie die Stachelbeere war auch die Johannisbeere den Griechen und Römern als Beerenfrucht gänzlich unbekannt. Die ältesten Abbildungen finden sich nach KILLERMANN in zwei Kunstwerken der niederländischen (Genter) Miniaturenschule aus den neunziger Jahren des 15. Jahrhunderts. Erstmals wird der Strauch in Deutschland im Anfange des 15. Jahrhunderts genannt und auch 1480 im Mainzer Herbarium unter dem Namen „Ribes, sant johans drubgin" und 1485 in dem gleichfalls in Mainz gedruckten „Gart der gesundtheit" abgebildet, später (1543) von L. FUCHS in seinem bekannten Kräuterbuch. Als Gartenpflanze kennt sie 1561 C. GESNER, während sie in Italien erstmals um das Jahr 1550 bei PETROLLINI und CIBO genannt wird. Dagegen tauchen von der Pflanze im wilden Zustande bei CAMERARIUS (1586) die ersten Nachrichten auf. KILLERMANN vermutet mit Recht, daß die Kultur der Johannisbeere aus Belgien oder Nordfrankreich stammt. Gegen Ende des 16. Jahrhunderts kannte man bereits verschiedene Kultursorten. CLUSIUS erhielt 1589 aus Amsterdam eine vermutlich in England gezüchtete weißfrüchtige Form.

Volksnamen. Der Name (Sankt) Johannisbeere, der sich auf die Reifezeit der Früchte bezieht, taucht allgemeiner erst im 16. Jahrhundert auf: „sant johannis trübelin". Im Volksmunde erscheint er oft stark zusammengezogen: Jannsbeere, Jansdruwe (niederdeutsch), G'hansdrauwe (Hunsrück), Kanstraube (Rheinpfalz), Santihanstriweli, Hansistriiweli, Kanzeltriweli, Hansetribili (Baden), Santihansberi, = trübli (Schweiz), Hannskiesche (Niederrhein). Oft werden die Früchte auch kurzweg als (Wein-) Träubchen bezeichnet: Träuble (schwäbische Alb), Wimbere, Wiemelter, Wimmele, Bimmele (zusammengezogen aus Wimbere) (Niederrhein), Weinbeer(l) (vielfach im Oberdeutschen), Krente(nstruk) = Korinthe (bergisch). Auf die fremde Herkunft (die Kultur der Johannisbeere scheint aus dem nordfranzösischen Gebiet zu stammen) geht wohl die schweizerische Benennung Meertrübli (nach DE CANDOLLE angeblich über das Meer gekommen). In Westfalen werden die Johannisbeeren kurzweg Kasbiten, Kassbeten (eigentlich = Kirschen) genannt. Vielfach ist der botanische Name „ribes" in die Volkssprache übergegangen: Riebs (z. B. Braunschweig, Lübeck), Riwels (Eiderstedt, Stapelholm), Ribis(e)l, Riwis(e)l (bayerisch-österreichisch). Zur Verbreitung der deutschen Namen für die Johannisbeere s. B. MARTIN, Deutsche Wortgeographie. IX. Die Johannisbeere (Ribes rubrum) in Teuthonista 5, 212–214 (1929). In Allbeer (Ostfriesland), Elbääre (Emsland), Aalbessim (Westpreußen) vgl. Ribes nigrum S. 53. Rätoromanische Bezeichnungen sind: uzuas, uzuér, azuas, anzuas, anzuér (Engadin), caglia de S. Gion; die Frucht: l'aischétta (Bündner-Oberland).

Fig. 34. *Ribes rubrum* L. var. *macrocarpum* (JANCZ.) JANCZ., die sogenannte Sorte „Heros" (Aufn. R. Bauer, Max-Planck-Institut für Züchtungsforschung)

1382. **Ribes nigrum** L., Spec. plant. 201 (1753). Syn. *R. olidum* MOENCH (1794). Schwarze Johannisbeere, Ahlbeere, Gichtbeere. Engl.: Black Currant. Franz.: Groseillier noir, cassis (von *Cassia*). Sorbisch: Čorny januškowc, Wićowa jahoda. Poln.: Porzeczka czarna, Smrodynka. Tschech.: Meruzalka černá, smradinka. Slowenisch: Črno grozdičic. Kroatisch: Grozdič, ribizla črna, svib, črni čmanjci. Dänisch: Solbaer. Taf. 144, Fig. 4; Fig. 29f, 35 und 36.

Kräftiger, bis 2 m hoher, wehrloser, widerlich riechender Strauch mit in der Jugend behaarten Zweigen. Laubblätter 3- bis 5-lappig, am Grund mehr oder weniger herzförmig, groß, mit spitzen oder stumpflichen, grob doppeltgesägten Lappen, oberseits verkahlend, auf der Unterseite mehr oder weniger behaart und mit gelblichen Harzdrüsen besetzt (Fig. 36). Blüten grünlich, in hängenden, meist vielblütigen Trauben. Tragblätter kürzer als der Blütenstiel, lanzettlich, behaart. Blütenstiele dicht unter dem Fruchtknoten gegliedert, mit 2 Vorblättern. Blütenröhre glockig, die Kelchzipfel länglich, zurückgeschlagen, etwa doppelt so lang wie die länglichen Kronblätter. Fruchtknoten an der Spitze etwas gewölbt, scharf vom Griffel abgesetzt, außen etwas behaart und drüsig punktiert. Beeren kugelig, schwarz, mit Drüsenpunkten und eigenartigem, an Wanzen erinnerndem Geschmack. – Chromosomenzahl: $2n = 16$; einige Kultursorten sind polyploid. IV, V.

Vorkommen. Zerstreut in nassen Erlenbrüchen, in feuchten Gebüschen oder auch in Auenwäldern; vor allem im Norden und Osten des Gebietes auf naß-humosen, zeitweise überschwemmten, oft torfigen, aber nährstoffreichen Lehm- und Tonböden. Charakterart des Carici elongatae-Alnetum W. KOCH 1926 (Alnion), gelegentlich auch in Auenwälder übergreifend.

Allgemeine Verbreitung: Eurasiatisches Waldgebiet von Nordwestfrankreich und den Britischen Inseln (nicht in Irland und Nordschottland) bis in die Mandschurei, nordwärts bis Lappland (67° 50′ nördlicher Breite), nach Süden bis Armenien und den Himalaja reichend. Im Kaukasusgebiet und in Sibirien in stark abweichenden Rassen.

Die Verbreitung im Gebiet ist wegen der Schwierigkeit, spontanes Vorkommen von verwildertem zu unterscheiden, kaum bekannt. Jedenfalls darf im nördlichen und östlichen Europa der Strauch sicher als ursprünglich einheimisch angesehen werden. Am Oberrhein gibt es kulturferne Fundorte, die einen ganz natürlichen Eindruck machen (OBERDORFER).

Fig. 35. *Ribes nigrum* L. a Typische Pflanze, mit grünen Blüten. b weißblühende, schwarzfrüchtige Gartenform. c normalblühende, gelbfrüchtige Gartenform (Aufn. R. BAUER, Max-Planck-Institut für Züchtungsforschung)

An Abänderungen wurden namentlich an kultivierten Pflanzen beobachtet: Spielarten mit mehr oder weniger fein zerschlitztem Laub, Pflanzen mit weiß oder gelb panaschierten Blättern sowie Formen mit gelben Beeren.

Blütenverhältnisse. Der Insektenbesuch ist außerordentlich spärlich, womit die zuweilen schwache Ausbildung der Früchte zusammenhängen mag. Die Blüten sind sehr schwach proterandrisch, beinahe homogam. In den hängenden Blüten erfolgt in der Regel Selbstbestäubung, indem aus den Antheren Pollen auf den umgebogenen Rand der Narbe hinabfällt.

Inhaltsstoffe. 100 g frische, reife und entstielte Beeren enthalten an Vitaminen: 300–500 J. E. Vitamin A (Gesamtaktivität), 0,18–0,3 mg Carotin, 0,02–0,06 mg B_1, 0,02 mg B_2, 0,35 mg Nikotinsäure, 88–400 mg C, 300–700 Einheiten P (nach ROCHE, Die Vitamine 1952; STEPP; BICKNELL-PRESCOTT). Nach GESSNER kommt ferner „Vitamin J" vor, das auch als Vitamin C_2-EULER oder Antipneumoniefaktor bekannt ist, das sonst noch in der Zitrone auftritt. Die chemische Struktur dieses Stoffes ist nicht geklärt und auch sein Vitamincharakter ist umstritten. – Außerdem werden für die reifen Früchte angegeben: Saccharose (2,5 g in 100 ccm Saft), Zitronensäure (bis 3,5%), Äpfelsäure, Pektin, Anthocyan. Weinsäure scheint zu fehlen. – In den Blüten, Blättern und Früchten, besonders aber in Knospen (0,75%) findet sich ein ätherisches Öl von bezeichnendem, an Wanzen erinnerndem Geruch. – Junge Blätter enthalten Spuren von Blausäure; das Enzym Emulsin ist in allen Teilen der Pflanze vorhanden (R. WANNENMACHER).

Verwendung findet die Schwarze Johannisbeere heute hauptsächlich zur Bereitung von alkoholfreiem Fruchtsaft, Beerenwein, Marmelade, Sirup und Likör. In den letzten Jahren ist sie als Mittel zur Verjüngung, Lebensverlängerung, gegen „Managerkrankheit" usw. sehr in Mode gekommen und wird in großen Mengen verbraucht. Ungeachtet dieser übertriebenen Anpreisungen sind die Schwarzen Johannisbeeren wertvolle Vitaminträger. Auch hemmen sie das Wachstum von Viren und Bakterien. – Die Pflanze ist nach dem Ergänzungsbuch zum Deutschen Arzneibuch offizinell. Aus den frischen Beeren (Fructus Ribis nigri) wurde früher in den Apotheken der Sirupus Ribis nigri bereitet. Die Blätter (Cassis, Gichtbeerblätter, Cassiatee) werden in der Volksmedizin bisweilen als Diureticum, Diaphoreticum, Antidiarrhoicum sowie bei Rheuma, Gicht, Keuchhusten und krampfhaften Hustenanfällen, äußerlich auch zur Wundbehandlung benutzt. Aufgüsse der getrockneten Beeren dienen als Gurgelwasser bei Entzündungen der Mundhöhle und oberen Luftwege. Gelegentlich (Norddeutschland) werden die Blätter dem Maitrank beigegeben. Dem Branntwein zugesetzt gelten sie beim Landvolke als wirksames Mittel gegen Gicht („Gichtbeere").

Kultursorten. Zu den wichtigsten und empfehlenswertesten Sorten gehören: „Rosenthals Langtraubige Schwarze". 1913 von ROSENTHAL, Rötha, als Auslese von „Boskoop Giant" herausgebracht. Früh reifend. – „Silvergieters Schwarze", in Holland entstanden und seit 1936 auch in Deutschland angebaut. – „Roodknop". Stammt aus Holland und wird dort viel angebaut, neuerdings auch bei uns. – „Wellington XXX", Syn. „Triplex", eine wertvolle englische Züchtung. – „Baldwin", eine sehr alte Sorte unbekannter Herkunft. Reift spät. – „Daniels September", eine wertvolle spätreifende Sorte. – Den Sorten „Roodknop", „Wellington XXX" und „Baldwin" wird ein besonders hoher Vitamin C-Gehalt nachgerühmt.

Geschichte. Im Altertum war R. nigrum ebensowenig bekannt wie die Rote Johannisbeere. Erst in der zweiten Hälfte des 16. Jahrhunderts wurde man auf den Strauch aufmerksam. R. DODONAEUS gibt 1583 in seiner Botanik eine gute Abbildung. Im Hortus Eystettensis (1613) wird der Strauch als Ribes fructu nigro aufgeführt. In Frankreich empfahl ihn LE GRAND D'AUSSY unter dem Namen „Cassis" um 1750 zum Anbau. In Nordosteuropa ist die Verwendung der Pflanze wahrscheinlich schon viel älter.

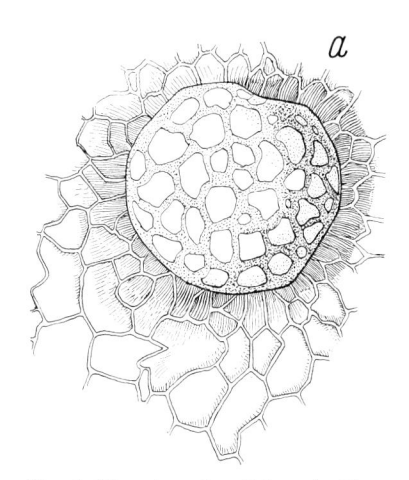

Fig. 36. *Ribes nigrum* L. *a* Drüsen der Blattunterseite. *b* Drüse im Längsschnitt.

Volksnamen. Nach dem unangenehmen Geruch des Strauches und dem schwach wanzenartigen Geschmack der Beeren heißt die Art Stinkstrúk (Mecklenburg), Scheißbeere (Altenburg/Thüringen), Kakelbeere (Ostfriesland), Bocks-, Bucksbeere (niederdeutsch), Wanzenbeere (vielfach). Albeere, -bese u. ä. (niederdeutsch) stammen wohl aus dem gleichbedeutenden nl. aalbes. Der Name ist vielleicht abgeleitet von nl. aal „Mistjauche" (nd. adel, âl) mit Bezug auf den unangenehmen Geruch des Strauches. Die schwarze Farbe der Beeren veranlaßte Namen wie Schusterbeere [die Beeren sind schwarz wie Schusterpech] (Schlesien) und Taterbeeren [nach der dunklen Hautfarbe der Tatern (Zigeuner)] (Ostholstein). Häufig (z. B. im Niederdeutschen, aber auch in Hessen) ist der Name Gichtbeere, auch Gichtbäumchen (Ruhla), Gichtholt (Mecklenburg), da der Strauch als „Sympathiemittel" galt, um die Gicht zu vertreiben. Namen wie Hehnerschken, Hehnderschken (Kr. Teltow), Hindrischke, Hundrischke (Niederlausitz) scheinen slavischer Herkunft zu sein. Der alte mecklenburgische Name Adebarskasber bedeutet „Storchkirschen" (nd. Adebar „Storch" und Kasber „Kirsche"). Soll-, Solt-, Saalbeer (Südschleswig) begegnet uns im Dänischen und Schwedischen als solbaer. Die Namen gehören vielleicht zu niederdeutsch Sülte „Salzlauge" nach dem Geschmack der Beeren. Diese werden auch zum Ansetzen eines Schnapses verwendet und heißen daher Schnapsbeeren (z. B. Schwaben).

1383. Ribes alpinum L., Spec. plant. 200 (1753). Alpen-Johannisbeere. Engl.: Mountain Currant. Franz: Groseillier des alpes. Sorbisch: Hórski januškowc. Dänisch: Tjaeld-Ribs. Taf. 144, Fig. 6; Fig. 29e und Fig. 37.

Vielgestaltiger, bis etwa 1,5 (selten 3) m hoher Strauch mit unbewehrten, kahlen, hellrindigen Ästen. Laubblätter 3- bis 5-lappig, mit spitzen oder stumpflichen, tief und grob gezähnten Lappen, fein drüsenhaarig bis mehr oder weniger kahl. Blattstiel kaum halb so lang wie die Spreite, von langen Drüsenhaaren bewimpert. Trauben stets aufrecht. Blüten unvollkommen zweihäusig, grünlichgelb, in den Achseln von lanzettlichen, kurzdrüsig bewimperten Tragblättern. Die männlichen

Blüten in 10- bis 30-blütigen Trauben, mit flach schüsselförmiger, kahler Blütenröhre, breit elliptischen oder eiförmigen Kelchzipfeln und viel kürzeren Kron- und Staubblättern, die ihrerseits das an der Spitze zweilappige Griffelrudiment überragen. Weibliche Blütenstände 2- bis 5-blütig, mit kleineren Kelchzipfeln, sterilen Staubbeuteln und sehr großem, kahlen Fruchtknoten. Beeren rot, kugelig, in wenigfrüchtigen Trauben, fade schmeckend, schleimig. – Chromosomenzahl: 2n = 16. – IV bis VI.

Vorkommen. Zerstreut in lichten steinigen Bergwäldern, auf Blockschutthalden, in Schluchten oder an Gebirgsbächen, vor allem in der montanen und hochmontanen Stufe, seltener im nordosteuropäischen Tiefland, auf frischen warmen vorzugsweise kalkreichen oder sonst basen- oder nährstoffreichen Stein- und Lehm-, seltener Sandböden, vorzugsweise in Lindenmischwäldern, in Buchenmischwäldern, in subalpinen Hochstaudengebüschen, in tiefergelegenen Gebüschen des Berberidion oder selten auch in Kieferngesellschaften, in den Bayerischen Alpen bis 1630 m, in Tirol und in Graubünden bis über 1900 m, im Wallis bis 2020 m; außerdem zuweilen in Anlagen kultiviert und daraus verwildert.

Allgemeine Verbreitung. Fast in ganz Europa, im Süden allerdings nur in den Gebirgen, in Holland und Belgien wohl nicht ursprünglich, in Finnland bis zum 66° nördlicher Breite. Sonst noch im Kaukasus.

Begleitpflanzen. Im Gegensatz zu dem schattenliebenden, auf die Alpen und die Mittelgebirge beschränkten *R. petraeum* erscheint diese Art auch an sonnigen Standorten, andererseits als Erlenbegleiter. In Karfluren an der Bodenschnaid (bayerische Alpen) gedeiht die Pflanze in Gesellschaft von *Salix appendiculata* VILL., *Daphne Mezereum* L., *Lonicera caerulea* L., *Pimpinella maior* (L.) HUDS., *Veronica latifolia* L. em. SCOP., *Mercurialis perennis* L., *Pulmonaria mollis* WOLFF, *Symphytum nodosum* SCHUR., *Actaea spicata* L., *Dryopteris Filix-mas* (L.) SCHOTT, *Polygonatum verticillatum* (L.) ALL. und anderen Arten (HEGI).

Verwendung. Die Pflanze kommt wegen des faden Geschmacks der Beeren für wirtschaftliche Nutzung nicht in Betracht. Dagegen erfreut sie sich großer Beliebtheit als dichtwachsende und sehr frühzeitig austreibende Heckenpflanze.

Fig. 37. *Ribes alpinum* L. a männliche, b weibliche Pflanze (Aufn. R. BAUER, Max-Planck-Institut für Züchtungsforschung)

Geschichte. Die Pflanze wird 1577 von THAL für den Harz als *Ribes sylvestris* und 1613 als *Ribes minor fructu rubro* im Hortus Eystettensis genannt.

Volksnamen. Nach dem etwas faden, mehlähnlichen Geschmack heißen die Beeren dieser Art Mehlbeeren, Gottvergessene Beeren [„weil die Beeren würz- und geschmacklos sind"] (Thüringen). Die um 1800 aus dem Salzburgischen angegebenen merkwürdigen Namen Affaritzen und Dabernatschen sind wohl jetzt nicht mehr bekannt. Vielleicht sind sie slavischer Herkunft. Der rheinische Name Mardau(n)e, der manchmal auch für die Johannis- und die Preißelbeere gebraucht wird, hat mit der Bezeichnung Madaun für *Ligusticum mutellina* nichts zu tun. Andere Namen sind noch Schmalzbör (Reutte in Tirol), Schmargeln (Mecklenburg), Schnapperbeeren (früher in Hinterpommern). Im romanischen Graubünden heißt der Strauch bösch da muschins [mus-chins Name der Beeren] (Süss und Ardez), scrac, uzua dutscha (Engadin), anzuoua dolscha (Oberhalbstein).

1384. Ribes Uva-crispa[1]) L., Spec. plant. 201 (1753). emend. LAMARCK (1789). Syn. *R. Grossularia*[2]) L., Spec. plant. 201 (1753). *Grossularia Uva-crispa* (L.) MILLER[3]), Gard. Dict. ed. 8, no. 3 (1768). Stachelbeere. Engl.: Gooseberry. Franz.: Groseillier des haies, groseillier vert, g. épineux à marquerau[4]); gresalei (franz. Schweiz). Ital.: Uva spina; uga spina (Tessin). – Sorbisch: Kosmačkowc. Poln.: Agrest (zwyczajny). Tschech.: Angrešt, srstka. Slowenisch: Kosmulja. Kroatisch: Ogroz, ogrozd, kosmača, greš, ronjgoza, trnata ribizla. Dänisch: Stikkelsbaer. Taf. 144, Fig. 3; Fig. 29a; Fig. 38–43.

Mittelgroßer, 60–150 cm hoher, buschiger Strauch mit graubraunen Ästen. Laubblätter an Kurztrieben bis in den Achseln von einfachen oder 2- bis 3-spitzigen Stacheln (Emergenzen). Blattspreiten 3- bis 5-lappig, am Grund gestutzt, abgerundet oder schwach herzförmig, mit mehr oder weniger stark gekerbten Lappen, unterseits meist etwas behaart. Blattstiel fast so lang wie die Spreite oder länger. Blüten grünlich, zu 1–3 in blattachselständigen Büscheln. Blütenstiel kurz, am Grunde gegliedert, mit 1–2 schmalen, öfter fehlenden Vorblättern und einem breiten, scheide-

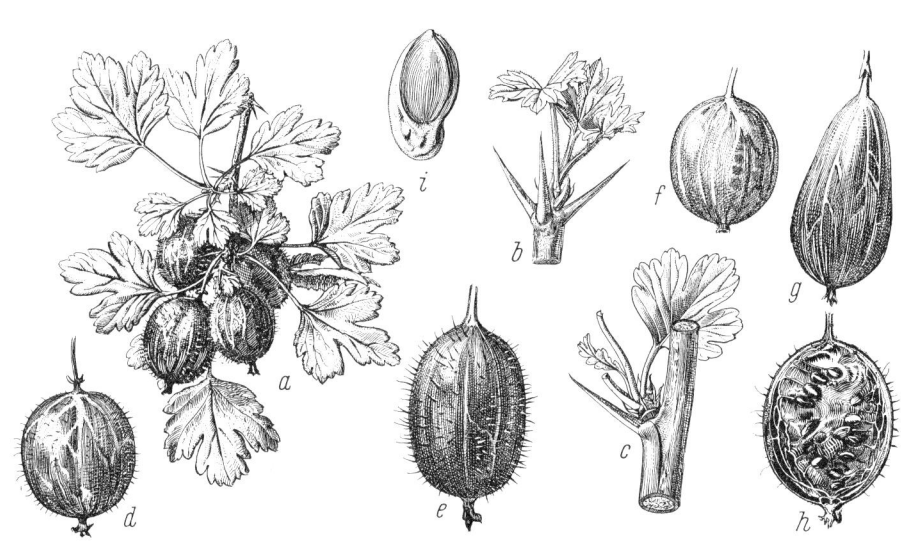

Fig. 38. *Ribes Uva-crispa* L. *a* fruchtender Zweig. *b* und *c* junger Kurztrieb. *d* bis *g* verschiedene Fruchtformen. *h* Längsschnitt durch die Frucht. *i* Same.

artigen, behaarten Tragblatt. Blütenröhre tief glockig, die länglichen Kelchzipfel 2- bis 3-mal so lang wie die verkehrt eiförmigen Kronblätter. Griffel borstig behaart, nicht spreizend. Frucht eine große, eiförmige oder eirundliche, hängende, grüne oder gelbe, häufig mehr oder weniger rot oder violett überlaufene, glatte, behaarte oder drüsenborstige Beere (Fig. 981 d bis g). – Chromosomenzahl: $2n = 16$. – IV, V.

Vorkommen. Ziemlich häufig an Waldrändern, in Hecken, an Zäunen, an Wegen, auf Steinriegeln, in Auen- und Schluchtwäldern auf frisch-humosen, nährstoffreichen, oft kalkhaltigen und

---

[1]) Lat. uva = Traube und crispa = kraus; wohl wegen der (namentlich bei Wildformen) borstig behaarten jungen Beeren.

[2]) Das dem mittelalterlichen Latein entnommene Wort „grossularia" ist aus dem französischen groseille (bei RUELLIUS) gebildet, was wahrscheinlich ursprünglich den Weißdorn bedeutete.

[3]) Dieser Name muß gebraucht werden, wenn die Untergattungen *Grossularia* und *Grossularioides* als selbständiges Genus betrachtet werden, was durchaus vertretbar ist.

[4]) Weil die Makrelenbrühe mit Stachelbeeren gewürzt wird.

stickstoffbeeinflußten Stein- und Lehmböden, auch epiphytisch auf alten Bäumen (Buche, Ahorn), gern in Ruinennähe oder im Bereich ehemaliger Siedlungen, in Rosen- und Schlehengebüschen, z.T. aus Kulturen verwildert, in Bayern bis 830 m, in Tirol und Graubünden bis etwa 1400 m (in Kultur bis 1600 m) und im Wallis bis 1860 m ansteigend.

Allgemeine Verbreitung. Fast ganz Europa mit Einschluß Skandinaviens, der Britischen Inseln und der mittelländischen Halbinseln bis Marokko (Atlas); außerdem im Kaukasus und in Sibirien, nach Osten bis in die Mandschurei. Im südlichen Teil des Verbreitungsgebietes auf die Montanstufe beschränkt.

Ribes Uva-crispa zerfällt in mehrere Unterarten, wovon zwei im Gebiet heimisch sind.

Subsp. **lasiocarpum** GAUDIN ex MONN., Syn. Fl. Helvet. 203 (1836). Syn. *R. Grossularia* L. (1753) sensu str. – *R. Uva-crispa* L. var. *sativum* DC. (1805). – *R. Grossularia* L. var. *glandulososetosum* KOCH (1837).

Blütenröhre und Frucht mit Drüsenborsten, zugleich weich behaart. – Nach C. K. SCHNEIDER im Gebiet nur in Österreich und der Schweiz, außerdem in Frankreich, Schweden, Polen, Ungarn und auf der Balkanhalbinsel bis Griechenland, nach JANCHEN in Österreich wildwachsend die häufigere und in allen Bundesländern nachgewiesene Unterart.

Subsp. **Uva-crispa** (L.). Syn. *R. Grossularia* L. var. *Uva-crispa* (L.) SMITH (1824). – *R. Grossularia* L. var. *pubescens* KOCH (1837).

Blütenröhre und Frucht mit kurzen, weichen, drüsenlosen Haaren, ohne Borsten. – Diese Rasse scheint im Gebiet – und wohl in ganz Europa – die verbreitetste zu sein.

Subsp. **reclinatum** (L.) GAUDIN ex MONN., Syn. Fl. Helvet. 203 (1836). Syn. *R. reclinatum* L. (1753). – *R. Uva-crispa* L. var. *reclinatum* (L.) BERLAND. (1828). – *R. Grossularia* L. var. *glabrum* KOCH (1837).

Blütenröhre und die gewöhnlich dunkelrot gefärbte Beere kahl. Äste häufig bogig gekrümmt, wenig bewehrt, kahl. Laub- und Tragblätter sowie Kelchzipfel kahl oder nur schwach bewimpert. – Wird wildwachsend aus Südspanien (Sierra Nevada) und dem Kaukasus angegeben, scheint aber an der Entstehung verschiedener bei uns gebräuchlicher Gartensorten beteiligt zu sein.

Außerdem wurde eine subsp. *austro-europaeum* (BORNM.) BECHERER (1929), Syn. *R. Grossularia* subsp. *austro-europaeum* BORNM. (1928) beschrieben.

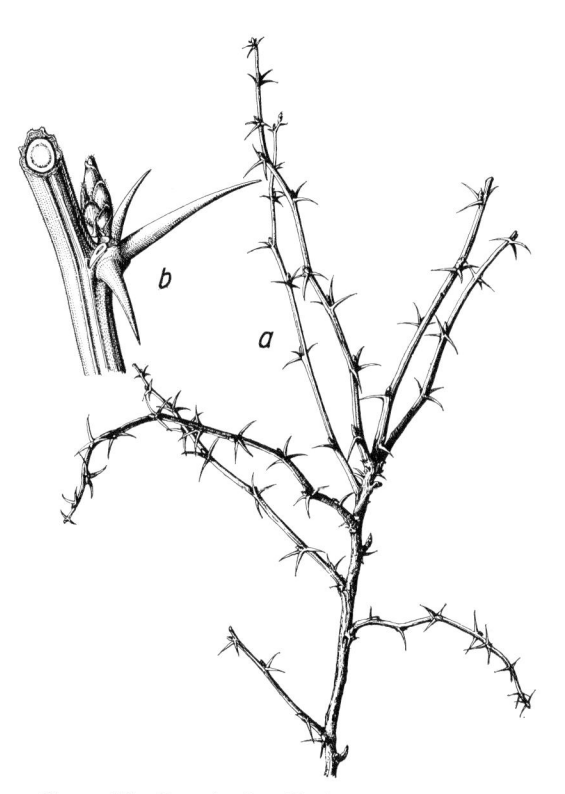

Fig. 39. *Ribes Uva-crispa* L. *a* blattloser Zweig im Winter. *b* Stacheln (vergrößert).

Blütenverhältnisse. Die unauffälligen Blüten, die wie diejenigen von *Berberis* riechen, sondern im Grunde der glockenförmigen Blütenröhre Nektar ab. Der Zugang wird durch die Verengung des Kelchsaumes sowie durch starre, vom Griffel senkrecht abstehende Haare verdeckt. Außer Zwitterblüten wurden unvollkommene weibliche Blüten festgestellt. Als Besucher werden Musciden, Syrphiden, Apiden, auch *Bombus terrestris*, Tenthrediniden und Vespiden beobachtet. – EWERT (1910) stellte fest, daß sich bei Verhinderung der Bestäubung durch Ringelung der Zweige Fruchtentwicklung erzielen läßt. Die Früchte bleiben aber kernlos; sie gelangen etwa 14 Tage früher zur Reife als die normalen, kernhaltigen, von denen sie sich in chemischer Hinsicht dadurch unterscheiden, daß sie mehr Zucker und mehr Säure enthalten als die kernhaltigen.

An Bildungsabweichungen sind spiralig gewundene Fasziationen, verwachsene Blüten und Früchte, vier- und sechszählige Blüten sowie Längsverwachsungen der Kotyledonen bekannt. Bemerkenswert ist das gelegentliche Auftreten der sonst fehlenden Vorblätter auf der Mitte des Fruchtknotens.

Inhaltsstoffe. 100 g frische, reife Stachelbeeren enthalten (nach Documenta Geigy, 6. Aufl. 1960): 89,9 g Wasser, 0,8 Protëine, 0,5 Fett, 7,1 Kohlehydrate (als Zucker), 1,2 Faserstoffe, 1400 mg Äpfelsäure , 13 mg Oxalsäure,

Zitronensäure, jedoch keine Harnsäure oder Purinbasen; an Vitaminen: 290 I. E. Vitamin A (Gesamtaktivität), 0,15 mg B_1, 25 mg C; an Elementen: 1 mg Na, 149 mg K, 35 mg Ca, 9 mg Mg, 0,04 mg Mn, 0,5 mg Fe, 0,08 mg Cu, 31 mg P, 15 mg S, 9 mg Cl sowie 35 kcal. Weiter werden in der Literatur angegeben: Pektin (0,3–1,1%), Protopektin, Weinsäure (?), Gerbstoffe (etwa 0,1%), Gummi und Glykobernsteinsäure (in unreifen Beeren). Der Anteil an Schalen und Kernen beträgt 3,5%. – Die Samen (Trester) enthalten nahezu 20% fettes Öl. – Die bitterlich-herben Blätter standen früher im Ansehen, gegen die Abzehrung der Kinder und die englische Krankheit wirksam zu sein (R. WANNENMACHER).

Verwendung. Die Beeren finden als Kompott, Gelee, als frisches Obst, Konserven sowie zur Fruchtsaft-, Beerwein- und Essigbereitung allgemein Verwendung. Unreife Beeren, im Übermaß genossen, sollen schlimme Erscheinungen, selbst mit tödlichem Ausgang, zur Folge haben.

Kultursorten. Sorten mit grünen und weißlichgrünen Früchten: „Weiße Neckartal", 1942 von A. MAUK, Lauffen, in den Verkehr gebracht. – „Grüne Kugel", von demselben Züchter, seit 1940 im Handel. – „Lady Delamare", in Deutschland seit 1873 bekannt. Wegen des hohen Ertrages bemerkenswert. – „Weiße Triumph", Syn. „Whitesmith", „Lovetts Triumph" und „Grüne Hansa". Eine der ältesten Sorten, die bereits um 1800 erwähnt wird. Auch heute noch empfehlenswert und viel angebaut. – Mit gelben Früchten: „Hönings Früheste", um 1900 entstanden. Die beste gelbe Frühsorte. – „Lauffener Gelbe", Züchtung von A. MAUK, Lauffen. Seit 1938 im Anbau. – „Gelbe Triumph" Syn., „Triumphant". Seit Ende des vorigen Jahrhunderts bekannt. Wegen der hohen Fruchtbarkeit wertvoll. – „California". Eine alte, aus England stammende Sorte. Früchte groß und wohlschmeckend, aber nur für Liebhaber von Bedeutung. – Rotfrüchtige Sorten: „Mauks Frühe Rote", Züchtung von A. Mauk; seit 1938 im Anbau. – „Maiherzog", Syn. „May Duke". Stammt aus England und ist seit 1892

Fig. 40. *Ribes Uva-crispa* L. Blüte, 2,8× nat. Gr. (Aufn. TH. ARZT)

Fig. 41. *Ribes Uva-crispa* L. Blütenröhre längs aufgeschnitten, 4,2× nat. Gr. (Aufn. TH. ARZT)

Fig. 42. *Ribes Uva-crispa* L. Blüte von oben, 4,2× nat. Gr. (Aufn. TH. ARZT

auch bei uns bekannt. Die bewährteste und meistgebaute Rote Frühsorte. – „Rote Triumph", Syn. „Whinhams Industry". Um 1858 in England entstanden und seit 1888 auch in Deutschland angebaut. Die verbreitetste rote Stachelbeere. – „Rote Preis", um 1896 aus England eingeführt. – „Rote Orléans", Syn. „Kronprinz", „Crownprince". Eine ältere, verhältnismäßig wenig angebaute, aber durch die Güte der Beeren wertvolle Sorte. – Daneben werden noch zahlreiche andere Sorten angebaut.

Schädlinge und Parasiten. Pilze: Der verbreitetste und gefährlichste Schmarotzer ist *Sphaerotheca Mors-uvae* (SCHW.) BERK. et CURT., der Stachelbeer-Mehltau. Die Heimat dieses Pilzes ist Nordamerika, wo er zeitweilig so verheerend auftrat, daß man den Anbau der großfrüchtigen, aus England eingeführten Sorten aufgeben und aus den kleinfrüchtigen, aber resistenten Wildarten neue Formen züchten mußte. Nach Europa gelangte der Pilz um das Jahr 1900. Er erschien zuerst in Irland, seit 1905 ist er auch in Deutschland bekannt, und innerhalb von 10 Jahren breitete er sich über den größten Teil Europas aus. Der Pilz erscheint zuerst auf den jungen Blättern und Triebspitzen, die er mit einem mehligweißen, sich später bräunenden Myzel überzieht. Als feiner, anfangs weißer, später dunkelbrauner Belag tritt er hierauf an den reifenden Früchten auf; diese werden in ihrer Entwicklung gehemmt und für den Genuß unbrauchbar.

Für den Menschen ist der Pilz allerdings nicht gesundheitsschädlich. Die einzelnen Arten und Sorten werden sehr unterschiedlich befallen. Ganz unanfällig ist beispielsweise *R. montigenum* (S. 45), das auch seit längerem zur Züchtung Mehltau-resistenter Sorten benutzt wird. Die deutschen Hochzuchtsorten „Macherauchs Resistenta" und „Robustenta" sind hierzuland die ersten Ergebnisse der Resistenzzüchtung. Zur Gesunderhaltung der Sträucher genügt oft schon ein regelmäßiger Winterschnitt, bei dem die Triebspitzen mit dem überwinternden Pilz entfernt und vergraben oder verbrannt werden. Bei starkem Befall muß der Winterschnitt durch chemische Bekämpfung ergänzt werden. Zur Spritzung vor dem Austrieb benutzt man an Stelle der früher gebräuchlichen Schwefelpräparate heute Gelbspritzmittel (Dinitrokresol), das zugleich die überwinternden Blattlauseier vernichtet. Für Spritzungen nach dem Austrieb sind Schwefelmittel am wirksamsten, doch sind viele Sorten gegen Schwefel empfindlich. Diese können erfolgreich mit einer alkalischen Kupfersodabrühe behandelt werden. Beginnender Befall der Beeren kann mit einer 0,5%igen Lösung von wasserfreier Soda ohne Kupfer, aber mit Netzmittelzusatz, eingeschränkt werden. – Seltener und wesentlich harmloser ist *Microsphaera Grossulariae* (WALLR.) LÉV., der Europäische Stachelbeer-Mehltau. Er erscheint meist erst nach der Ernte und verursacht lediglich einen zarten, weißen Belag auf den Blättern. Maßnahmen zur Bekämpfung sind kaum jemals erforderlich (G. LIEBSTER). – Über *Puccinia Ribesii-Caricis* und die auch auf anderen Ribes-Arten verbreiteten Parasiten vgl. S. 46.

Insekten und Milben. Der gefährlichste tierische Schädling der Stachelbeeren ist *Pteronus Ribesii* SCOP., die Gelbe Stachelbeer-Blattwespe. Aus den auf der Blattunterseite perlschnurartig abgelegten Eiern schlüpfen raupenartige, hellgrüne Larven mit schwarzen, behaarten Wärzchen. Sie zerstören das Laub bis zum völligen Kahlfraß. Es treten jährlich bis zu 5 Generationen auf. Die Larven können in allen Entwicklungsstadien mit Phosphorinsektiziden schlagartig und sicher abgetötet werden; diese dürfen aber nur bis spätestens zwei Wochen vor der Ernte angewendet werden. – Seltener und weniger verderblich sind die Stachelbeer-Blattwespen *Pristiphora pallipes* LEP. (Gelbe Stachelbeer-Blattw.) und *Pteronidea leucotrocha* HTG. – Im Hochsommer findet man, meist vereinzelt, mitunter aber auch sehr zahlreich, die weißen, schwarzgefleckten, unterseits gelben, beim Fortbewegen sich bucklig krümmenden Raupen des Schmetterlings *Abraxas grossulariata* L., des Harlekins oder Stachelbeerspanners. Sie können u. U. die Sträucher kahlfressen und gehen auch auf die Johannisbeere über. – Ähnliches gilt für die nur gelegentlich auftretenden Wickler *Cacoecia rosana* L. (Heckenwickler) und *Pandemis ribeana* HBN. (Ledergelber Wickler), sowie einiger anderer Schmetterlinge. All diese Raupen sind unschwer mit den üblichen Fraß- und Kontaktgiften zu bekämpfen, doch sind mit Rücksicht auf die heranreifenden Früchte die vorgeschriebenen Karenzzeiten gewissenhaft einzuhalten. – In den Blättern miniert die Raupe des Schmetterlings *Incurvaria quadrimaculella* HÖFN., die Gangminen erzeugt und in Nordeuropa und im Gebirge gelegentlich schädlich wird (HERING). – In trockenen, heißen Sommern findet man an den Sproßspitzen die dichten Kolonien der blaugrau bereiften *Aphidula Grossulariae* KALT., der Kleinen Stachelbeerlaus. Diese Blattlaus ist gefährlich als Überträgerin einer Virus-Krankheit, des sog. Stachelbeer-Nervenbandmosaiks. Mit Dinitrokresol-Winterspritzungen kann man dem Befall vorbeugen, sonst verwendet man Phosphorinsektizide. – Am Wurzelhals und an den stärkeren Wurzeln findet man zuweilen die weißwolligen Flocken von *Schizoneura Ulmi* L., der Ulmenblattlaus. – Sehr unangenehme Schäden verursacht *Bryobia praetiosa* KOCH, die Rote Stachelbeer-Spinnmilbe. Durch ihre zahllosen Saugstiche verfärben sich die Blätter weißlichgrau und vertrocknen. Zur Bekämpfung dienen Phosphorinsektizide oder die neueren Akarizide, von denen jedoch die systemisch wirkenden wegen hygienischer Bedenken nicht verwendet werden dürfen (G. LIEBSTER).

Geschichte. Erstmals wird die im Altertum unbekannte Pflanze im 13. Jahrhundert von TROUVÈRE (= dem provenzalischen Troubadour) DE RUTEBEUF als „groiselle" erwähnt. Eine spätere Erwähnung des Strauches findet sich dann in dem 1536 in Basel gedruckten lateinischen Buch von J. RUELLIUS (geb. 1474). In Deutschland bzw. in der Schweiz nennen ihn 1539 HIERONYMUS BOCK, 1542 KONRAD GESNER, 1543 L. FUCHS, 1583 WIGAND, 1664 TITIUS als eine noch wenig bekannte Gartenpflanze und empfehlen den Strauch, die „Grosselbeere", in erster Linie als Heckenpflanze. Allgemeiner wurde die Kultur in Deutschland erst im 16. Jahrhundert, zumal als man begann, bessere, großfrüchtige Sorten zu züchten. Immerhin kannte man um die Mitte des 18. Jahrhunderts erst 5 Sorten; später kamen besonders englische Züchtungen hinzu.

Volksnamen. Der Strauch (bzw. die Beeren) wird wegen seiner Bestachelung als Stachelbeere bezeichnet: Stickbeeren, Stickelbeer, Steck(e)beere (plattdeutsch); Stachellitzen (Schweinsburg, Kreis Zwickau); Stachelpunzchen (Dresden); Stachelhutschen (Meißen); Stachle (Baden), Stechabeerle (bayerisch Schwaben). Auf das lateinische spina = Dorn gehen zurück: Spunsker (Thüringen), Sponellen, Spunellen (bayrisch Schwaben: Memmingen). Im Alemannischen, Fränkischen und im Niederdeutschen tritt uns eine Namensfamilie entgegen, als deren Hauptform Kräuselbeere oder ähnliche Formen erscheinen. Ob diese Namen zu „kraus" gehören (nach den gekräuselten Blättern) oder zu oberdeutsch „Krause" = Krug (mit Bezug auf die krugförmigen Früchte; vgl. das schweizerische Gutterebeere) oder zu lateinisch grossularia gehören, mag dahingestellt sein. Nicht selten sind die Namen an andere Wörter angelehnt bzw. arg entstellt: Krüsebeerje (Ostfriesland), Krüesbeere (Oldenburg), Krissbetten, -beer (Westfalen), Krönschel, Grinschel (rhein- und moselfränkisch), Gruschel (Rheinpfalz, Hessen, Nassau), Grischeln, Krieschel (Eifel), Krönzel, Kränselte (Elberfeld),

Kruspel (Nassau), Grossel (Steiermark), Russelen [hierher?] (Innsbruck), Kroschel, Kronschel, Greschle, Kreschelheck (Lothringen), Chruserle, Chrüselbeere, Chrutzerle, Chrutzele (Baden), Krusel(s)- Krüselbeer (Elsaß), Chrusel-, Chrüselbeeri (Schweiz). Jedenfalls gehört Krist-, Christbeere (Weichseldelta, Schlesien) hierher, vielleicht auch das nassauische Druschel, Druschule, Drieschule, das rheinpfälzische Druschele, das lothringische Droschel und das badische Druss-, Trutzelbeere (Rastatt). Möglicherweise hängen diese Formen mit Drüse (= Geschwulst; vgl. unten Eiterbatzen!) zusammen. Klosterbeere (Nassau), Klusterbiern (Sachsenhausen) gehört vielleicht zu „Kluster" = Klumpen (mit Bezug auf die Beeren; vgl. Kluusternälken Bd. III S. 321). Guttere-Beri (Thurgau), Gütterli (Schaffhausen) leiten sich ab von „Guttere" = (bauchige) Flasche, Kropf. Recht anschaulich, wenn auch nicht eben ästhetisch sind die bayrisch-österreichischen Benennungen. Oaterpatz'n [= Eiterbatzen] mit Beziehung auf den schleimigen, zähen Beereninhalt. Da die Beeren, besonders der wildwachsenden Formen, mit rauhen Haaren bedeckt sind, heißen sie: Rau(ch)beern (Nordostböhmen), Raupbeeren (Schlesien), Reichling, Rauchling, Reidlinger (Kärnten: Mölltal). Der ominöse Name Nonnenfarzen (Nassau), Nonnenfürzle (Schwaben, Baden, Unterfranken), gemildert als Annenverz (hessisch), Brunnen-Fürzli (Zürich), Sunnen-Fürzele (Thurgau) mag in der Ähnlichkeit der Beeren mit dem gleichnamigen (besonders in Klöstern gefertigten) Gebäck seinen Grund haben. Oder hat der Name gar einen realeren Grund nach dem Geräusch der zusammengedrückten Beeren, wie es die Benennungen Schneller (Vorarlberg), Krachelbeere (Elsaß), Gra-

Fig. 43. *Ribes Uva-crispa* L. Früchte, unter Verwendung von Gegenlicht aufgenommen. Nat. Größe (Aufn. TH. ARZT)

chel(beer) (Steiermark) fast vermuten lassen? Harmlosere Namen sind Strukberten [Strauchbeeren] (Westfalen), Hecke(n)bere (schwäbisch), Bettlerkersch'n (Kärnten: Glödnitz). Österreichisch Agrass, Agres und Siebenbürgisch Agersch, Aejresch gehören zu mittellat. agresta (von acer) = saure Brühe, unreifes Obst. Margrêten (Nordböhmen), Moagreatitzpearlein (Krain: Gottschee) sowie Jakobibeer (Niederösterreich) gehen auf die Reifezeit der Stachelbeeren im Juli zurück. Schließlich wären noch die Namen zu erwähnen: Meischgl, Mauchele, Maucherlen, Mäuserling (Kärnten), Migetze, Meiketsche (Steiermark); Haarellen (Drautal), Aischlitzen (Pustertal), Herchesbeere (Schmalkalden); Hergelberge (hennebergisch). Zur Verbreitung der deutschen Namen für die Stachelbeere s. W. MITZKA, Deutscher Wortatlas 2 (1953), Karte 72–75. – Im romanischen Graubünden nennt man die Stachelbeere üä d'spina (Unterengadin), caglia de S. Gian, die Frucht la schauna (Bündner-Oberland).

Bastarde:

Wildwachsende *Ribes*-Bastarde sind im Gebiet nicht bekannt und wohl auch kaum zu erwarten, da Bastarde fast nur zwischen Arten, die der gleichen Untergattung angehören, bekannt sind; die natürlichen Verbreitungsgebiete von *R. petraeum*, *R. spicatum* und *R. rubrum* – das sind die einzigen mitteleuropäischen Arten, wofür dies zutrifft – liegen zu weit auseinander, als daß eine Vermischung eintreten könnte. Das Auftreten von Hybriden ist deshalb auf Gärten und – äußerst selten – auf verwilderte Vorkommen beschränkt.

1. *Ribes petraeum* × *spicatum*; *R.* × *pallidum* OTTO et DIETR. in Allgem. Gartenzeitung 1842, S. 268. Von dieser Kreuzung soll die Sorte „Rote Holländische" abstammen, die seit dem ausgehenden 18. Jahrhundert in den Gärten verbreitet und wohl die älteste Sorte ist. Sie stellt geringe Ansprüche und reift spät. – Hierher gehört ferner die Sorte „Hochrote Frühe" (Fig. 32).

2. *Ribes petraeum* × *rubrum*. Hierher gehört die kaum mehr gezogene Sorte „Gonduin rouge".

3. *Ribes spicatum* × *rubrum*, wozu die Sorten „Houghton Castle" und „Perle striée" gerechnet werden.

4. Eine sehr merkwürdige Hybride ist *Ribes nigrum* × *Uva-crispa*; *R.* × *Culverwellii* MACFARLANE in Gard. Chron. 28, 7 (1900), da die Eltern verschiedenen Subgenera angehören. Die Pflanze erinnert an *R. Uva-crispa*, ist jedoch stachellos und trägt auf der Blattunterseite vereinzelte Drüsen in der Art von *R. nigrum*. Die Früchte sind schwarzrot, etwa 8 mm lang und enthalten keine Samen (nach C. K. SCHNEIDER).

58a. Familie Crassulaceae

De Candolle in Bull. Soc. Philom. no 49, 1 (1801) nom. cons. propositum. Syn. *Semperviveae* A. L. de Jussieu, Gen. Pl. 307 (1789) nom. rej. propositum.

Dickblattgewächse

Wichtigste Literatur: A. Berger in Engler, Prantl und Harms, Natürl. Pflanzenfam. 2. Aufl. 18a, 352–483 (1930).

Einjährige und ausdauernde Kräuter, selten Sträucher mit dicken, weichen Ästen, wechsel- oder gegenständigen, bisweilen auch quirlig angeordneten, mehr oder weniger dick fleischigen, ungeteilten (ausgenommen einige *Kalanchoë*-Arten) Blättern. Nebenblätter fehlen. Blüten zwitterig, selten (so bei *Rhodiola Rosea*) unvollkommen zweihäusig, stets strahlig, mit Kelch und Krone, in Dichasien mit Wickelenden oder reinen Wickeln, die meist in Doldenrispen oder Rispen angeordnet sind; seltener ist der Blütenstand – durch Reduktion der Wickel – wirklich traubig oder ährig. Kelch und Krone 3- bis etwa 30-zählig. Kelchblätter bleibend, in der Knospenlage meist offen. Kronblätter bei den einheimischen Gattungen frei, sonst öfters röhrig verwachsen, von verschiedenartiger und oft veränderlicher Knospenlage. Staubblätter in der Zahl der Kronblätter vorhanden und dann mit diesen abwechselnd, meist aber in doppelter Anzahl, wobei der äußere Kreis den Kronblättern gegenübersteht; bei vielen sympetalen Gattungen sind die Staubfäden mit der Kronröhre mehr oder weniger hoch verwachsen. Staubbeutel intrors. Pollen zumeist tricolpat mit dünnrandigen Colpi, prolat-sphäroidal bis prolat[1] (Polachse 13–38 µ), mehr oder weniger striat oder mit feinen Vertiefungen (Fig. 45). Fruchtblätter oberständig, fast stets in gleicher Anzahl wie die Kronblätter, frei oder nur am Grunde miteinander verwachsen, außen am Grunde mit einem schuppenförmigen, drüsigen Nektarium, mit meist zahlreichen (selten auf 2 oder 1 verringerten), anatropen, bitegmischen, krassinuzellaten, gewöhnlich an der Bauchnaht sitzenden

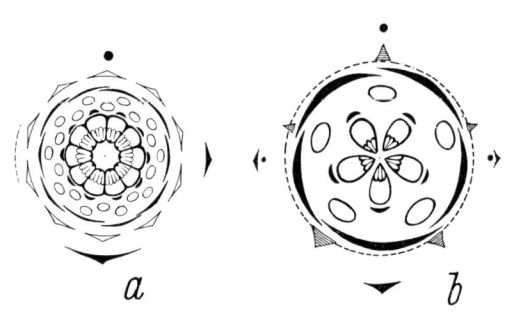

Fig. 44. Blütendiagramm von *a Sempervivum montanum* L., *b* von *Crassula lactea* Soland. (nach Eichler).

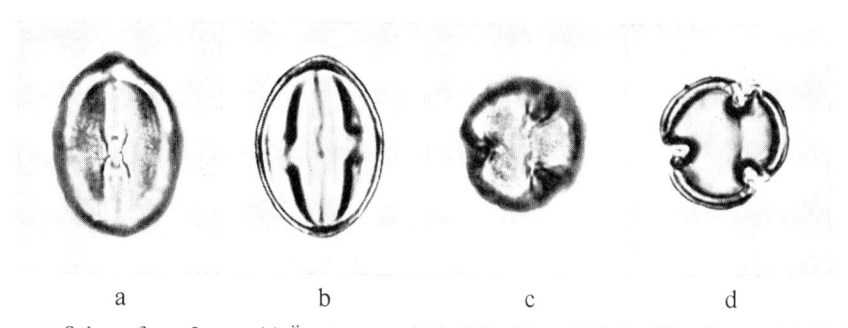

Fig. 45. Pollenkorn von *Sedum reflexum* L., a und b Äquator-, c und d in Polansicht. a bei hoher Einstellung und Aufsicht auf den Colpus in der Mitte, b im optischen Schnitt, c hohe Einstellung und d optischer Schnitt (etwa 900mal vergrößert. Mikrofoto H. Straka)

---

[1]) Prolate Pollen sind ellipsoidisch, wobei die längere Achse mit den Furchen parallel läuft. Prolat-sphäroidale oder subprolate Pollen nähern sich in ihrer Gestalt einer Kugel. – Oblate Pollen sind ebenfalls ellipsoidisch, doch läuft hier die kurze Achse mit den Furchen parallel.

Samenanlagen. Karpelle bei der Reife an der Bauchnaht aufspringend, selten quer dazu. Samen meist sehr klein, mit spärlichem, zellulär gebildetem Nährgewebe oder ganz ohne solches.

Die *Crassulaceae* sind eine homogene und klar umrissene Familie. Sie verbinden eine weit fortgeschrittene Reduktion des Endosperms, wie sie sonst für *Rosaceae, Mespilaceae, Amygdalaceae* und andere abgeleitete Familien der *Rosiflorae* bezeichnend ist, mit einem offensichtlich altertümlichen Bauplan des Gynözeums: freie, in der Zahl der Kronblätter vorhandene, meist vielsamige Karpelle, die sich bei der Reife entlang der Bauchnaht öffnen. Eine Ausnahme machen hierin die mit *Aeonium* verwandte Gattung *Greenovia* WEBB et BERTH. aus den kanarischen Inseln und die monotypische, einem einjährigen *Sedum* ähnliche, jedoch durch einsamige Karpelle ausgezeichnete *Telmissa* FENZL aus dem östlichen Mittelmeergebiet, deren Balgkapseln bei der Reife auf der Innenseite quer aufreißen. So verhält sich sonst nur noch die Gattung *Penthorum* L., die allerdings durch die fehlenden Kronblätter und die Unterdrückung der hypogynen Schuppen von den *Crassulaceae*, besonders aber durch den Besitz ausschließlich leiterförmig durchbrochener Tracheen von sämtlichen krautigen *Rosiflorae* abweicht und am vorteilhaftesten als selbständige Familie angesehen wird.

Die *Crassulaceae* sind in den kühleren Klimaten nur durch krautige Arten vertreten, was nicht darüber hinwegtäuschen darf, daß in wohl sämtlichen Verwandtschaftskreisen kleinstrauchige oder bäumchenartige Formen auftreten und diese die stammesgeschichtlich älteren sein dürften, was auch durch neuere, am Beispiel der Gattung *Aeonium* durchgeführte Untersuchungen bestätigt wird [vgl. K. LEMS, The Evolution of plant forms in the Canary Islands. Ecology 41, nr. 1 (1960)]. Die Kambiumtätigkeit der *Crassulaceae* ist im allgemeinen nur bescheiden; das sekundäre Dickenwachstum beruht vielfach auf Zellteilungen in Mark und Rinde (METCALFE & CHALK).

Die Familie umfaßt gegen 1500 Arten, die sich auf mehr als 30 Gattungen verteilen. Am reichsten ist sie im außertropischen Südafrika vertreten, ohne dem tropischen Afrika ganz zu fehlen, in Madagaskar, in den Trockengebieten Mittelamerikas und endlich im Mittelmeergebiet unter Einschluß der Kanarischen Inseln und der südeuropäischen Gebirge, sowie dem temperierten, vorwiegend östlichen Asien. Pantropisch ist *Kalanchoë* verbreitet und nahezu kosmopolitisch die Gattung *Tillaea*, die zahlreiche Sumpf- und Wasserpflanzen enthält.

Die *Crassulaceae*-Gattungen sind miteinander so nahe verwandt, daß eine naturgemäße Gliederung der Familie sehr erschwert wird. Keinesfalls reichen die vorhandenen Unterschiede hin, die Familie in Unterfamilien zu zerlegen. Immerhin lassen sich einige Entwicklungslinien erkennen.

1. Relativ ursprünglich erscheinende Gattungen mit endständig oder axillär entspringenden blühenden Stengeln. Infloreszenz doldenrispig oder rispig, nicht selten auf einen einzelnen, scheintraubigen Wickel, seltener auf eine Einzelblüte reduziert. Blüten 3- bis 30-zählig, mit freien oder nur am Grund glockig verwachsenen Kronblättern. Andrözeum obdiplostemon, bei einjährigen Arten nicht selten haplostemon. Karpelle vielsamig. Laubblätter abwechselnd, gegen- oder quirlständig. – Diese so umschriebene, vorwiegend nordhemisphärische Gruppe enthält die in Mitteleuropa vertretenen Gattungen *Sedum* L. mit terminalem Blütensproß und meist 5 oder 6 ganzrandigen Kronblättern; *Rhodiola* L. mit seitlich aus dem Wurzelstock entspringenden Sprossen, sonst ähnlich *Sedum*, jedoch häufig mit diözischen Blüten; *Diopogon* JORD. et FOURR. wieder mit endständigem Blütensproß, durch die 6 aufrecht stehenden, gefransten Kronblätter von *Sedum* verschieden; *Sempervivum* L. mit endständigem Blütensproß und 8–20 radförmig ausgebreiteten, ganzrandigen Kronblättern und sitzenden, rasenbildenden Rosetten. – Ferner gehören hierher die im Gebiet nur kultivierten, meist nicht winterharten Gattungen: *Aeonium* WEBB et BERTH., sehr ähnlich den strauchartigen Formen der Gattung *Sedum*, namentlich der Sektion *Dendrosedum*, doch kommen auch sitzende Einzelrosetten vor; die Blüten sind 7- bis 12-zählig, die Kronblätter ganzrandig. – *Monanthes* HAW. mit unscheinbaren, radförmigen, 5- bis 9-zähligen, einzeln oder in wenigblütigen Trauben stehenden Blüten mit stark ausgebildeten, fast blumenblattartigen hypogynen Schuppen. Auch diese Gattung ist mit gewissen strauchigen *Sedum*-Arten eng verbunden. – *Echeveria* DC. mit aufrechten oder niederliegenden Stämmchen und an den Zweigspitzen rosettig gedrängten Blättern, bisweilen mit sitzenden Rosetten, stets axillären Blütenständen, glockiger Krone, freien oder am Grund verwachsenen, ganzrandigen Kronblättern. *Echeveria*, die ganz auf Amerika beschränkt ist, und die ostmediterran-zentralasiatische Gattung *Rosularia* kommen einander in gewissen Formen sehr nahe und sind konvergente Entwicklungsreihen mit zunehmender Neigung zu Sympetalie und Unterdrückung der terminalen Infloreszenz.

2. An die vorige Gruppe schließen sich einige Gattungen mit traubiger, durchwegs terminaler Infloreszenz an, konstant 5-zähligen Blüten, bei *Orostachys* FISCHER (Sibirien, Ostasien) mit freien und sternförmig spreizenden, bei den anderen Gattungen mit glockig oder röhrig verwachsenen Kronblättern. Andrözeum meist obdiplostemon. Fruchtbälge vielsamig. Laubblätter wechselständig, nur bei *Chiastophyllum* (DC.) STAPF (westlicher Kaukasus) gegenständig. – In Europa tritt hiervon nur die Gattung *Umbilicus* DC. auf. Wurzelstock knollig. Stengel und Blätter alljährlich absterbend. Laubblätter meist schildförmig, etwas fleischig, in der Gestalt an die von *Hydrocotyle* erinnernd. Kronröhre zylindrisch, mehrmals länger als die Zipfel. Die schon bei *Rosularia, Echeveria* und einigen anderen Gattungen zu beobachtende Tendenz zur Verwachsung der Petalen tritt hier in extremer Ausbildung zutage.

3. Einige vorwiegend afrikanische und madagassische Gattungen erinnern durch ihre gleichfalls langröhrig verwachsene Krone stark an die vorangehende Gruppe. Die 4- oder 5-zähligen Blüten stehen in terminalen Scheindolden; seltener sind Trauben, Ähren oder Einzelblüten. Andrözeum obdiplostemon. Karpelle vielsamig. Sträucher, Halbsträucher oder Stauden mit gegen- oder bisweilen wechselständigen Blättern. – So verhalten sich die häufig kultivierten Gattungen *Kalanchoë* ADANSON mit 4-zähligen, stets in Scheindolden stehenden, seltener einzelnen Blüten und gegenständigen Blättern sowie *Cotyledon* L. mit 5-zähligen Blüten und gegen- oder wechselständigen Blättern.

4. Bei einer letzten Gruppe von Gattungen endlich finden sich terminale oder blattachselständige oder bisweilen auf Einzelblüten reduzierte Infloreszenzen, meist 5- (3- bis 9-)teilige Blüten mit freien oder mehr oder weniger hoch verwachsenen Kronblättern, haplostemonem Andrözeum und viel- oder häufig wenig- bis einsamigen Fruchtblättern. Laubblätter (wie auch Teilinfloreszenzen) streng gegenständig. – Hierher gehören die Gattungen *Crassula* L. mit deutlich terminalen Infloreszenzen, nicht laubblattartig entwickelten Brakteen, nur am Grund kurz glockig verwachsenen oder freien Kronblättern und vielsamigen Fruchtblättern, die sehr ähnliche, durch eine sympetale, zylindrische Kronröhre ausgezeichnete Gattung *Rochea* DC. und die als einzige der ganzen Gruppe auch in Europa spontan auftretende Gattung *Tillaea* L. mit kleinen, einzeln oder zu wenigen in den Achseln von Laubblättern stehenden Blüten, mehr oder weniger freien Kronblättern und zahlreichen oder nur 1–2 Samenanlagen in jedem Fruchtblatt.

Einige nicht im Gebiet heimische Gattungen stellen Zierpflanzen[1]) von zum Teil großer gärtnerischer Bedeutung:

Aeonium[2]) WEBB et BERTH. (Merkmale vgl. S. 63) bewohnt mit rund 40 Arten die Kanarischen Inseln, einige wenige auch auf Madeira, dem kapverdischen Archipel, in Marokko, Abessinien und Südarabien. Am häufigsten wird *Ae. arboreum* (L.) WEBB et BERTH. gezogen. Nach Meinung vieler Autoren ist die Pflanze im südlichen Mittelmeergebiet weit verbreitet, wahrscheinlich stammt sie jedoch aus Marokko und ist anderwärts nur verwildert. Wenigästiger, bis 1 m hoch werdender Strauch mit an den Zweigspitzen rosettig gehäuften, keilförmigen, 5–7 cm langen, 1–2 cm breiten, auf den Flächen kahlen Blättern und radförmigen, 8- bis 11-zähligen, gelben Blüten in drüsig behaarten Rispen. Neben der grünblätterigen Stammform sind oft Spielarten mit dunkelpurpurn gefärbten Laubblättern in Kultur. Diese Art scheint bereits den alten Schriftstellern bekannt gewesen zu sein und soll das ἀείζωον τὸ μέγα bei DIOSCORIDES vorstellen. Im Hortus Eystettensis wird sie als „*Sedum arborescens*" bezeichnet. – Andere *Aeonium*-Arten werden fast nur in botanischen Sammlungen gezogen, verdienten aber größere Beachtung, so das mit der vorigen Art nahe verwandte *Ae. holochrysum* WEBB et BERTH. von den Kanarischen Inseln, dessen Blütenstand kahl ist. – *Ae. glutinosum* (AIT.) WEBB et BERTH. aus Madeira, ein kleiner, bis etwa ½ m hoher, wenigästiger Strauch mit stark klebrigen Ästen und Blättern. Blätter in lockeren, endständigen Rosetten, breit spatelig, 6 bis 10 cm lang und 3 bis 6 cm breit. Blüten goldgelb. Die harzreiche Rinde findet auf Madeira zum Imprägnieren von Fischernetzen Verwendung. – *Ae. Haworthii* WEBB et BERTH. aus dem nordwestlichen Teneriffa, ein etwa ½ m hoher, vielästiger, oft halbkugeliger Strauch mit verkehrt eiförmigen, zugespitzten, dicklichen, graugrünen Blättern von 2–6 cm Länge und 1½ bis 3 cm Breite. Blüten grünlichweiß, rot überlaufen. – Zu den eigenartigsten Erscheinungen gehören *Ae. tabulaeforme* (HAW.) WEBB et BERTH. aus Teneriffa mit sitzenden, tellergroßen, vollkommen flachen und der Unterlage angepreßten Rosetten sowie das prächtige *Ae. nobile* PRAEGER mit kurzstämmiger, gleichfalls solitärer Rosette, bis 30 cm langen und bis 20 cm breiten Blättern und hochroten Blüten in gewaltigen Rispen. Diese sehr seltene Art ist auf der Insel Palma endemisch.

Aus der Gattung *Monanthes* HAW. mit etwa 15 Arten auf den Kanaren und einer Art in Marokko ist nur *M. muralis* (WEBB) CHRIST aus Hierro und Palma öfters in Kultur. Kaum 10 cm hoher, aufrechter Zwergstrauch mit unscheinbaren, 6-zähligen Blüten. Kronblätter wenig länger als der Kelch.

Die sehr formenreiche Gattung *Echeveria*[3]) DC. (Merkmale vgl. S. 63) mit über 150 Arten – die meisten in Mexiko – stellt eine Reihe beliebter Kalthauspflanzen. Die häufigsten sind *E. agavoides* LEM. mit starren, dreieckig-eiförmigen, hell apfelgrünen, braun besprizten Blättern und nickenden, gelbroten, 12–15 mm langen, entlang den Kronblättern kaum kantigen Blüten. – *E. Harmsii* MACBRIDGE, Syn. *Oliverella elegans* ROSE, *Echeveria elegans* (ROSE) BERGER non ROSE; Stämmchen ästig, mit breit-lanzettlichen, 2–3 cm langen, rosettig gedrängten Blättern. Blütenstände 1- oder 2-blütig, die Blüten tief rot, 2–3 cm lang, scharf 5-kantig. – *E. elegans* ROSE non BERGER, Syn. *E. perelegans* BERGER; Rosetten stammlos, sitzend. Blätter verkehrt eiförmig, mit kurzem, aufgesetztem Spitzchen, alabaster-weiß, etwa 6 cm lang oder darüber und 3 cm breit. Blüten in Wickeltrauben, rosa mit gelben Spitzen, bis 1,5 cm lang, schwach 5-kantig. – Damit nahe verwandt sind *E. glauca* BAKER mit verkehrt ei-lanzettlichen, hellgrauen, rund 5 cm langen, 2 cm breiten Blättern und tief orangeroten Blüten, *E. secunda* BOOTH (Fig. 46), mit verkehrt eiförmigen, hell apfelgrünen, bis 4 cm langen und 2,5 cm breiten Blättern und etwas kleineren, blutroten,

---

[1]) Näheres bei H. JACOBSEN, Handbuch der sukkulenten Pflanzen, Band 1 und 2 (Jena 1954).

[2]) Griechisch αἰώνιον [aionion], bei DIOSCORIDES ein Synonym seines ἀείζωον τὸ μέγα, angeblich unseres *Aeonium arboreum*.

[3]) Nach ATANASIO ECHEVARRIA, dem Illustrator eines mexikanischen Florenwerkes; lebte Anfang und Mitte des 19. Jahrhunderts.

gelb bespitzten Blüten sowie *E. Derenbergii* J. A. PURPUS mit fast kugeligen Rosetten auf niederliegenden Stämmchen, breit spateligen, 3–4 cm langen und bis 2,5 cm breiten Blättern und 1,5 cm langen rotgelben Blüten in 3- bis 5-blütigen Scheintrauben. – *E. gibbiflora* DC. Mit aufrechtem, 20–50 cm hohem Stamm und verkehrt eiförmigen, graugrünen, 15–20 cm langen und 7–15 cm breiten Blättern. Blütenstand trugdoldig, oft über 50 cm hoch. – Ähnlich, jedoch in allen Teilen kleiner, ist *E. fulgens* LEM., Syn. *E. retusa* LINDL.; mit bis 10 cm langen, 2,5–4 cm breiten Blättern und 20–50 cm hoher Doldenrispe. – Alle genannten Arten stammen aus Mexiko; die kalifornischen Echeverien, die oft als eigene Gattung – *Dudleya* BRITTON et ROSE – abgetrennt werden, haben wegen ihrer großen Empfindlichkeit keine gärtnerische Bedeutung.

Umbilicus[1]) DC. (Merkmale vgl. S. 63). Im Mittelmeergebiet weit verbreitet. Eine Art, *U. rupester* (SALISB.) DANDY, Syn. *U. pendulinus* DC., *Cotyledon Umbilicus* L., der Venusnabel, reicht darüber hinaus in Westeuropa bis Irland und Südwestschottland und soll im Gebiet in der Schweiz (Losone bei Locarno) vorgekommen sein, aber vielleicht handelt es sich nur um ein Kulturrelikt, zumal die Pflanze im Altertum zu Heilzwecken gebraucht wurde.

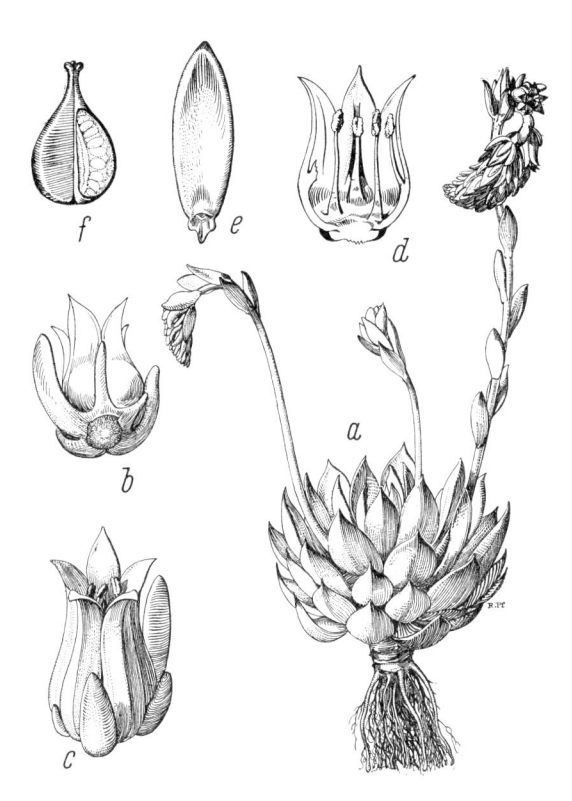

Fig. 46. *Echeveria secunda* BOOTH. *a* Habitus (⅓ natürliche Größe). *b*, *c* Blüte (von unten und von der Seite). *d* Längsschnitt durch die Blüte *e* Kelchblatt. *f* Früchte.

Sicher spontane Vorkommen der Pflanze gibt es aber am Lago Maggiore z. B. bei Pallanza (GAMS). Die 5–8 mm langen, röhrigen, grünlichen, nickenden Blüten stehen in dichten Trauben. – Die frischen Blätter finden als Herba Cotyledonis in der Homöopathie Anwendung. Sie enthalten ätherisches Öl, Trimethylamin und Gerbstoff. In den Knollen findet sich über 4% kristallin gewinnbare Maltose.

Sehr eigentümliche Formen enthält die artenreiche Gattung *Kalanchoë* ADANSON, Syn. *Bryophyllum* SALISB. (Merkmale vgl. S. 64), die pantropisch verbreitet ist, in Amerika jedoch nur mit einer einzigen Art. Die Mehrzahl stammt aus Afrika und Madagaskar. Die bekanntesten Arten sind *K. Blossfeldiana* v. POELLN., ein 10–50 cm hoher Halbstrauch mit kahlen, gestielten, eiförmigen Blättern, bis 7 cm langer und 4 cm breiter Spreite, gedrängten Trugdolden und blutroten, 12–13 mm langen und 9–10 mm breiten Blüten mit kurzem, unscheinbarem Kelch. Brutknospen werden nicht entwickelt. Die Art ist derzeit eine der beliebtesten Topfpflanzen („Flammendes Käthchen"). Es sind zahlreiche Gartenformen in Kultur, zum Teil mit gelben Blüten. – *K. laxiflora* BAKER, Syn. *Bryophyllum*

---

[1]) Lat. umbilicus = Nabel; wegen der schildförmigen, in der Mitte vertieften Blätter.

crenatum BAKER, *Kalanchoë crenata* (BAKER) HAMET non HAW. (Fig. 47); Stengel bis 50 cm hoch. Blätter kahl, gestielt, eiförmig, am Grund etwas herzförmig, mit gekerbtem Rand. Infloreszenz locker rispig, der Kelch kugelig aufgeblasen, die Kronröhre bis 2 cm lang, braunrot, die Zipfel rot. – Nahe verwandt ist *K. tubiflora* (HARV.) HAMET, Syn. *Bryophyllum tubiflorum* HARV.; mit halbstielrunden, 3–12 cm langen, 4–6 mm breiten Blättern, ebenfalls glockigem Kelch und etwas längerer Kronröhre. Beide Arten, *K. laxiflora* und *K. tubiflora*, bilden in den Kerben an den␣Blatträndern Brutknospen, die leicht abfallen und zu neuen Pflanzen heranwachsen. Die drei genannten Arten sind in Madagaskar beheimatet.

Aus der Gattung *Cotyledon*¹) L. (Merkmale vgl. S. 64) sind 2 aus Südafrika stammende, nahe verwandte Arten in Kultur und häufig im Handel, nämlich *C. orbiculata* L., ein kleiner Strauch mit gegenständigen, kahlen, verkehrt eiförmigen, glattrandigen, weiß bereiften Blättern und hängenden roten Blüten in langgestielter Trugdolde. Die sehr ähnliche *C. undulata* HAW. ist durch den stark gewellten Blattrand verschieden. – Einige *Cotyledon*-Arten, so zum Beispiel *C. fascicularis* AIT., *C. ventricosa* BURM. und *C. Wallichii* HARV. enthalten eine toxische, stickstoffreie Substanz, die D. G. STEYN (1934) Cotyletontoxin nennt. Durch sie werden in Südafrika beim Weidevieh, namentlich bei Schafen, Ziegen und Pferden, schwere Vergiftungen („Krimpsiekte"), die gewöhnlich mit Halsverkrümmungen verbunden sind, hervorgerufen.

Fig. 47. Laubblatt von *Kalanchoë laxiflora* BAKER mit Brutknospen.

*Crassula*²) L. (Merkmale vgl. S. 64) ist mit über 200 Arten in Südafrika beheimatet; nur wenige sind aus dem tropischen Afrika und Südarabien bekannt. Häufige Zierpflanzen sind *C. falcata* WENDL., Syn. *Rochea falcata* (WENDL.) DC., ein wenigästiger, 0,5–1 m hoher Halbstrauch mit länglichen, etwas sichelförmig gebogenen, 7–10 cm langen, hellgrauen, in zwei schraubig gedrehten Zeilen angeordneten Blättern und blutroten, im Sommer erscheinenden Blüten, sowie *C. lactea* SOLAND., ein reich verzweigter Strauch mit verkehrt eiförmigen, 2–5 cm langen, grünen, am Rande grubig punktierten Blättern und im Winter erscheinenden weißen Blüten.

Rochea DC. Von den wenigen, ganz auf Südafrika beschränkten Arten ist *R. coccinea* (L.) DC. (Fig. 48) öfters in Kultur. Wenigästiger oder unverzweigter Halbstrauch mit aufrechten, dicht beblätterten Stengeln. Blüten meist scharlachrot, 3,5–5 cm lang, in vielblütigen Trugdolden.

Vegetationsorgane. Die meisten *Crassulaceae* sind den Lebensbedingungen zeitweilig trockener Gegenden angepaßt. In wüstenhaften Gebieten treten sie stark zurück oder fehlen vollständig, was mit ihrer Unverträglichkeit gegen salzhaltige Böden zusammenhängen dürfte. Sehr bezeichnend sind die bei allen Arten mehr oder weniger fleischig verdickten, wasserspeichernden Blätter. Bei den Achsenorganen und Wurzeln ist die Sukkulenz meist schwächer ausgeprägt. – Zur Einschränkung der Transpiration dienen die eingesenkten und meist in geringer Zahl vorhandenen Spaltöffnungen, der wachsartige Reif auf den Blättern vieler Arten und die häufig verdickte Kutikula.

Stoffwechselverhältnisse. Eine Besonderheit der *Crassulaceae* ist die tagesperiodische Zu- und Abnahme des Gehalts an organischen Säuren, speziell an Äpfelsäure, in den grünen Teilen. Diese Erscheinung wurde erstmals an einer *Kalanchoë*-

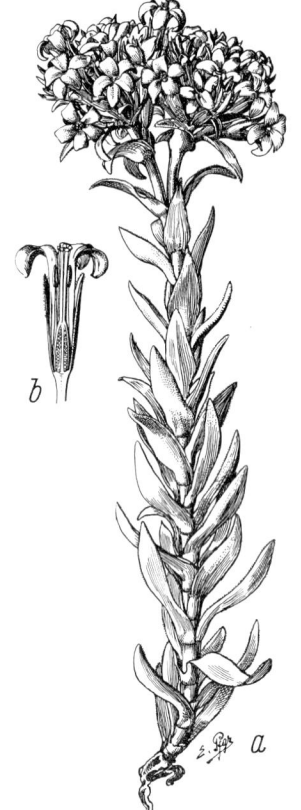

Fig. 48. *Rochea coccinea* (L.) DC. *a* blühender Sproß. *b* Blüte, längsgeschnitten.

Art beobachtet, deren Blätter am frühen Morgen stark sauer, gegen Mittag krautig und am Abend erneut etwas sauer schmecken (die Äpfelsäure wird im Lauf der Nacht angereichert und bei Tage abgebaut). Im Gegensatz zur Ansicht der älteren Autoren scheinen diese Säuren nicht unmittelbar in der Photosynthese zu entstehen (H. LUNDEGARDH 1960).

---

¹) Griechisch κοτυληδών [kotyledon], bei DIOSCORIDES der Name unserer *Umbilicus*-Arten, die LINNÉ zu *Cotyledon* rechnete; stammt von κοτύλη [kotyle] = Napf, Nabel.

²) Vom lat. crassus = fett, dick; nach der fleischigen Beschaffenheit der Laubblätter.

Blütenverhältnisse. Die Blüten sind proterandrisch; proterogyn sind nur wenige Arten wie *Sedum alpestre*, *S. sexangulare* usw. Ganz homogam sind dagegen *Diopogon hirtus* und *Sedum spurium*. Bei ausbleibender Fremdbestäubung kann Selbstbestäubung eintreten (näheres bei den einzelnen Arten). Die Fremdbestäubung wird durch Insekten (besonders durch Hummeln) oder bei manchen tropischen *Cotyledon*- und *Kalanchoë*-Arten durch Vögel vermittelt.

Die Inhaltsstoffe der *Crassulaceae* sind verhältnismäßig wenig durchforscht. Die Blätter enthalten in ihrem Saft vielfach Äpfel-, Bernstein-, Zitronen- und Isozitronensäure, wobei nachts die Äpfel-, tagsüber aber die Isozitronensäure überwiegt. In mehreren Gattungen ist Sedoheptulose (= Sedoheptose, Volemose) $C_7 H_{14} O_7$ der vorherrschende Zucker. Dieser kommt aber auch bei den *Saxifragaceae* und einigen anderen Familien vor. Weit verbreitet ist ferner D-Fructose (Lävulose). Häufig sind bei den *Crassulaceae* Schleime, Harze und Gummi, gelegentlich treten auch Gerbstoffe auf, während ätherische Öle selten sind und in glykosidischer Bindung auftreten. Bei *Sedum acre* kommen Alkaloide und Rutin vor (vgl. S. 94). Bis auf diese Pflanze und einige *Cotyledon*-Arten führt die Familie keine Giftpflanzen (nach R. WANNENMACHER).

Gattungsschlüssel

1a Blüten einzeln oder zu wenigen in den Achseln der gegenständigen Laubblätter *Tillaea* (S. 122)

1b Blüten in Scheindolden oder Rispen, niemals in den Achseln von Laubblättern 2

2a Kronblätter röhrig verwachsen. Blütenstand eine einfache oder am Grund ästige Traube. Untere Blätter schildförmig, lang gestielt . . . . *Umbilicus* (vgl. S. 65)

2b Kronblätter frei, selten am Grund kurz verwachsen. Blütenstand eine Scheindolde 3

3a Blüten 9- bis 20-zählig, sternförmig ausgebreitet . . . . *Sempervivum* (S. 108)

3b Blüten 3- bis 7-, gewöhnlich 4- bis 6-zählig 4

4a Kronblätter am Rand gefranst, aufrecht . . . . *Diopogon* (S. 103)

4b Kronblätter ganzrandig, sternförmig ausgebreitet oder aufrecht 5

5a Blühender Sproß endständig. Blüten stets zwitterig, selten 4-zählig . . . . *Sedum* (S. 67)

5b Blühender Sproß seitlich aus dem Wurzelstock entspringend, aus der Achsel eines meist schuppenartigen Niederblattes. Blüten (bei unserer Art) zweihäusig und 4-zählig . . . . . *Rhodiola* (S. 100)

374a. Sedum [1])[2])

L., Spec. plant. 430 (1753). Fetthenne, Mauerpfeffer.

Wichtigste Literatur: R. LL. PRAEGER, An Account of the Genus *Sedum* as Found in Cultivation. Journ. Royal Hortic. Soc. **46**, 1–314 (1921). – H. FRÖDERSTRÖM, The Genus *Sedum*. Acta Horti Gothoburgensis **5, 6, 7, 10**, Appendix (1930–35). – A. BORISSOVA in Flora URSS **9**, 45 (1939). – J. JALAS & M. T. RÖNKKÖ, A Contribution to the Cytotaxonomy of the *Sedum Telephium* Group. Archivum Soc. Zool. Bot. Fenn. Vanamo **14**, 2 (1959), 112–116, Helsinki 1960. – D. A. WEBB in Flora Europaea, unveröffentlichtes Manuskript (1960).

Einjährige und ausdauernde Kräuter oder Sträucher (nicht im Gebiet) mit endständigen blühenden Stengeln, die bei den ausdauernden Arten bis zum Ansatz des nächsten sterilen Astes absterben. Laubblätter sukkulent, wechsel-, gegen- oder zu dreien quirlständig, selten rosettig

---

[1]) Angeblich von lat. sedare = stillen; weil die saftigen Blätter kühlend wirken und als schmerzstillendes Wundmittel Verwendung finden. – PLINIUS bringt sedum als Synonym von aïzoum.

[2]) Herr Professor D. A. WEBB, Dublin, hat mir dankenswerterweise sein unveröffentlichtes Manuskript der Gattung *Sedum* für die Flora Europaea zur Verfügung gestellt. Die vorliegende Bearbeitung weicht davon nur in wenigen Punkten ab: *Sedum maximum* und *S. polonicum* werden von WEBB als Unterarten zu *S. Telephium* gezogen, *S. montanum* als Unterart zu *S. ochroleucum* und *S. Hillebrandtii* zu *S. Sartorianum*.

5*

gedrängt, flach, walzlich oder annähernd kugelig, gekerbt, gezähnt oder ganzrandig. Blüten zwitterig, 3- bis 7-zählig, in aus Wickeln zusammengesetzten, endständigen Scheindolden, seltener in Rispen. Kelchblätter frei oder am Grund etwas verwachsen. Kronblätter frei, lanzettlich bis linealisch, ganzrandig. Staubblätter doppelt so viele wie Kronblätter, in 2 Kreisen angeordnet, selten *(S. rubens)* in einem Kreis und dann mit den Kronblättern abwechselnd; Staubfäden frei. Fruchtblätter so viele wie Kronblätter, aufrecht oder sternförmig spreizend, am Grunde etwas verwachsen, mit zahlreichen Samenanlagen; vor jedem Fruchtblatt eine kurze Drüsenschuppe.

Die Gattung *Sedum* bewohnt mit über 500 Arten die nördliche Hemisphäre. Sie dringt nach Norden mit einigen wenigen Arten bis über den Polarkreis, nach Süden entlang der Anden bis Bolivien und auf den afrikanischen Gebirgen bis Madagaskar vor.

Einteilung der Gattung. Eine naturgemäße und völlig befriedigende Gliederung der Gattung ist noch nicht gefunden. Bei der großen Uniformität des Blütenbaus sind alle diesbezüglichen Versuche weitgehend auf die Betrachtung der vegetativen Organe angewiesen. Die Hauptschwierigkeit resultiert daraus, daß offensichtlich verschiedene Ausgangsformen einer gleichsinnigen Abwandlung, beziehungsweise Reduktion ihres Rhizom- und Stengelsystems unterlagen. – Die stammesgeschichtlichen Zusammenhänge lassen sich in großen Zügen folgendermaßen umreißen:

1. Als die ursprünglichste Habitusform der Gattung müssen die Sträucher und Zwergsträucher mit perennierenden Blättern angesehen werden. Knollige Rhizomverdickung oder zu Speicherorganen umgestaltete Wurzeln sind hier unbekannt. – Derartige Formen finden sich vorwiegend in Mittelamerika, weniger zahlreich in den Gebirgen des tropischen Afrika, in Makaronesien und – nur eine Art – in Madagaskar. Streng genommen gehört auch das mediterrane *S. sediforme* (JACQ.) PAU hierher.

Die hier zusammengefaßten Arten zeigen nur geringe qualitative Unterschiede, und es ist recht zweifelhaft, ob eine weitergehende Unterteilung in Sektionen, wie sie A. BERGER versucht hat, zu vertreten ist. Lediglich das in Madagaskar endemische *S. madagascariense* PERRIER verdient wegen seiner vierkantigen Äste, gegenständigen und fein gezähnten Blätter ausgeschieden zu werden (Sekt. *Perrierosedum*). Die übrigen Arten – mit spiraliger Blattstellung und meist (oder stets?) ganzrandigen, z. T. auch zylindrischen Blättern werden als Sektion *Dendrosedum* zusammengefaßt. – Es muß in diesem Zusammenhang noch darauf hingewiesen werden, daß die hauptsächlich kanarische Gattung *Aeonium* von *Sedum* Sekt. *Dendrosedum* nur geringfügig verschieden ist und beide Einheiten auf dieselbe Grundform zurückzugehen scheinen.

2. Einen gleichfalls sehr ursprünglichen Typus verkörpert *S. populifolium* PALLAS aus Südsibirien: ein dünnästiger, sommergrüner Zwergstrauch mit abwechselnden, gezähnten Blättern und weißen oder hellroten Blüten in konvexen Trugdolden. Die damit verwandten, ganz auf Mittel- und Ostasien beschränkten Arten zeigen nurmehr chamaephytische oder hemikryptophytische Lebensformen. Gleiches gilt auch für einige nordostasiatische Arten mit gelben Blüten und meist flachen oder konkaven Blütenständen (Sekt. *Aizoon*). Fleischige Verdickung an Rhizom oder Wurzeln kommt bei den genannten Formen gewöhnlich nicht vor.

3. Mehrere, angeblich ganz auf Kalifornien und Mexiko beschränkte Arten sind durch einen mehr oder weniger fleischigen, knollig verdickten Wurzelstock, krautige Stengel und überwinternde Blätter gekennzeichnet. Die Wurzeln selbst sind hier nicht verdickt (Sekt. *Mexicana*).

4. Bei den zur Sektion *Telephium* (im engsten Sinn) zu rechnenden Arten sind die Wurzeln spindelförmig verdickt; der Wurzelstock hat an der Knollenbildung keinen oder nur geringen Anteil. Die oberirdischen Teile sterben alljährlich ab. – Diese Sektion hat in Ostasien ihren Entwicklungsschwerpunkt, einige Arten finden sich auch in Europa und Nordamerika.

Diesen ziemlich distinkten, in sich mehr oder weniger geschlossenen und miteinander nur wenig verwandten „Grundformen" steht eine weitaus größere Zahl abgeleiteter Formen gegenüber, die von PRAEGER und BERGER auf die Sektionen *Seda genuina* (richtiger: Sekt. *Sedum*), *Epiteium* und *Sempervivoides* verteilt werden. Dabei ist die Einbeziehung von *Sempervivoides* in die Gattung *Sedum* überhaupt wenig glücklich. Wahrscheinlich handelt es sich bei dieser Sektion um eine westliche, obdiplostemone Parallelform der haplostemonen Gattung *Sinocrassula* aus dem Himalajagebiet. – Die beiden anderen Sektionen sind ihrerseits überaus heterogen und bestehen aus gleichartig reduzierten Derivaten der vorangehenden Grundformen, wenn auch nur zum Teil ein unmittelbarer Anschluß nachweisbar ist. Der Übergang von den ausdauernden, rasenbildenden Sippen zu den annuellen läßt sich sehr viel deutlicher und bei den verschiedensten Artengruppen erkennen. Daher empfiehlt es sich, die Sektionen *Seda genuina* und *Epeteium* als Sekt. *Sedum* zu vereinigen.

I. Sektion *Dendrosedum* BERGER (einschließlich *Fruticisedum* BERGER und *Pachysedum* BERGER). Sträucher mit kräftigen Ästen, wechselständigen, flachen oder mehr oder weniger walzlichen, ganzrandigen, häufig sehr dicken Blättern. – Mit zahlreichen Arten in Mexiko endemisch. Davon *S. praealtum* DC. mit schmal verkehrt-eiförmigen, abgeflachten, ganzrandigen, 4–7 cm langen, 1–2 cm breiten Blättern und gelben Blüten häufig als Kalthauspflanze in Kultur; wird meist fälschlich als *S. dendroideum* bezeichnet. – Weitere beliebte, nicht winterharte Zierpflanzen dieser Sektion sind: *S. Adolphi* HAMET mit breit lanzettlichen, sehr dicken, auf der Oberseite abgeflachten, bis 4 cm langen und 1,5 cm breiten Blättern und weißen Blüten. – *S. allantoides* ROSE blüht ebenfalls weiß, jedoch sind die Blätter fast stielrund. – *S. pachyphyllum* ROSE mit gelben Blüten; Blätter wie bei *S. allantoides*.

Mit *Dendrosedum* nahe verwandt sind die von A. BERGER als eigene Sektionen abgetrennten strauchigen Arten der afrikanischen Gebirge, der Kanaren (nur auf Lanzarote) und Madeiras. Ein großer Teil der mediterranen oder europäischen Arten der Sekt. *Sedum* dürfte auf diesen afromontanen Formenkreis zurückgehen.

II. Sektion *Perrierosedum* BERGER: monotypisch in Madagaskar.

III. Sektion *Populisedum* BERGER. Hierher gehört *S. populifolium* PALLAS (Fig. 49) aus Dahurien. Ein dünnästiger Zwergstrauch (20–40 cm hoch) mit abwechselnden, ziemlich dünnen, eiförmigen, am Rand grob gezähnten, lang gestielten Blättern. Blüten blaß rosa oder weiß. – In der Schweiz soll diese Art an einigen Stellen verwildert und eingebürgert sein (bei Aarburg, am Mont Aubert, bei Vaumarcus und Aigle). – Mit *S. populifolium* sind einige mehr oder weniger krautige Arten sehr nahe verwandt, die bisher gewöhnlich in der Sektion *Telephium* untergebracht waren. Davon verdienen als Zierpflanzen Erwähnung: *S. Ewersii* LED. aus dem Himalaja und den Gebirgen Innerasiens. Stengel meist nicht auf den Grund absterbend, im unteren Teil Erneuerungsknospen tragend. Blätter gegenständig, sitzend, ganzrandig. Trugdolden halbkugelig, Blüten purpurn. – Ähnlich ist das meist als Topfpflanze gezogene *S. Sieboldii* SWEET aus Japan mit quirlständigen, vorn schwach gekerbten, graugrünen, rot geränderten Blättern. Stengel meist bis zum Wurzelstock absterbend. Diese seit alters beliebte Topfpflanze heißt nach den wie die Haare eines Krauskopfes („Krollekopfes") überhängenden Stengeln (ebenso wie *S. Anacampseros*) Krollesche, Krollekopp (Nahegebiet). Wie andere dickblätterige, saftige Pflanzen heißt die Art auch Eiskraut, -gewächs. Auf die Blütezeit im Oktober gehen Volksnamen wie Oktoberl (Steiermark), Oktoberlich (Unterfranken), Oktoberbliml (Vorderpfalz), Theresienblumen [der Theresientag fällt auf den 15. Oktober] (Steiermark) zurück. In Wien ist sie als „Maria-Theresien-Stöckerl" bekannt.

An diese Artengruppe schließt sich sehr wahrscheinlich das europäische *S. Anacampseros* L. und das verwandte *S. cyaneum* RUD. aus Ostsibirien an. Der Einschluß dieser Formen in die Sektion *Telephium*, wo PRAEGER und BERGER sie unterbringen, ist nicht zweckmäßig.

Vermutlich ist hier auch die Sektion IV. *Mexicana* PRAEGER anzuschließen, wovon eine Art, *S. bellum* ROSE, aus dem mexikanischen Staat Durango häufig als Zimmerpflanze gezogen wird. Die Pflanze besitzt ein Rhizom, überwinternde, nach der Blüte bis zum Grund absterbende Sprosse, abwechselnde, flache, breit spatelige, an den nichtblühenden Stengeln rosettig gedrängte Blätter. Blütenstand kahl. Blüten weiß.

Fig. 49. *Sedum populifolium* PALLAS. *a* blühende Sprosse (⅓ natürliche Größe). *b* Blüte.

V. Sektion *Aizoon* KOCH. Stengel krautig, alljährlich bis auf den holzigen Wurzelstock absterbend, nur bei *S. hybridum* überwinternd. Wurzeln dünn faserig. Blätter wechselständig, meist gezähnt. Blüten gelb. – Diese ganz auf das nordöstliche Asien beschränkte Sektion stellt einige winterharte, leicht wachsende und wenig auffällige Zierpflanzen, wie *S. hybridum* L. aus Sibirien und der Mongolei mit niederliegenden, rasenbildenden, überwinternden Stengeln; gelegentlich verwildernd, z. B. am Geiersberg in Deggendorf. – *S. Aizoon* L. aus Nordostasien und Japan, mit unverzweigten, straff aufrechten Stengeln, sowie die nahe mit *S. Aizoon* verwandten Arten *S. Ellacombianum* PRAEGER, *S. kamtschaticum* FISCH. et MEY. und *S. Middendorffianum* MAXIM.

VI. Sektion *Telephium* S. F. GRAY. Stengel krautig, alljährlich bis auf den Wurzelstock absterbend. Wurzeln dicklich, rübenförmig. Blätter wechsel-, gegen- oder quirlständig, meist gezähnt oder gekerbt, sehr selten auch ganzrandig. Blüten weiß, rot oder grünlich, niemals gelb. – In diese über Europa, Nordasien und Nordamerika verbreitete Gruppe gehören neben den heimischen Arten *S. maximum* und *S. Telephium* das nordosteuropäische *S. polonicum* BLOCKI, Syn. *S. Telephium* L. s. str. et emend. A. BORISSOVA nec auct. priores, *S. Telephium* L. subsp. *Ruprechtii* JALAS, das sich von *S. maximum* durch kürzere, liegende oder aufsteigende

Stengel, breite, oft beinahe kreisrunde, bis 5 cm lange stengelumfassende, gegenständige Blätter und etwas größere Blüten (Länge wie bei *S. Telephium* L. emend. RCHB.) unterscheidet, sowie das in Gärten sehr verbreitete *S. spectabile* BOREAU (Fig. 50) aus China und Japan. Stengel kräftig, aufrecht, 30—50 cm hoch, zumindest die oberen Blätter gegenständig oder quirlig. Blüten rosa, in großen, flachen Trugdolden. Wegen ihrer späten Blütezeit wird die Pflanze in der Schweiz „Oktöberli" genannt.

VII. Sektion *Sedum*. Syn. *Seda genuina* KOCH; Sekt. *Cepaea* KOCH; Sekt. *Epeteium* BOISS.; *Aithales* WEBB et BERT. (pro gen.); *Procrassula* GRISEB. (pro gen.). Ausdauernde, rasenbildende oder ein- bis zweijährige Pflanzen ohne Rhizom; Wurzeln dünnfaserig. Blätter sehr verschiedenartig, aber nur selten in Rosetten zusammengedrängt.

1. *Spurium*-Gruppe. Blätter gegenständig, die oberen manchmal abwechselnd, flach, breit spatelig, am Rand häufig gekerbt oder gezähnt. Blüten weiß oder purpurn. Pflanzen perennierend. – Wenige Arten im Kaukasus und in Armenien, eine in China. *S. spurium* verwildert häufig aus Gärten. – Dieser Formenkreis steht vermutlich dem eigenartigen *S. populifolium* (Sekt. *Populisedum*) am nächsten.

2. *Album-Cepaea*-Gruppe. Blätter wechsel- oder gegenständig, selten quirlig, flach, langgestielt und ganzrandig oder häufiger dicklich, im Querschnitt halbelliptisch bis kreisrund und dann gewöhnlich sitzend, stets stumpf, an den nichtblühenden Trieben öfters in Rosetten zusammengedrängt. Blüten weiß, rosa oder blau, dünn und ziemlich lang gestielt. Fruchtblätter mehr oder weniger aufrecht. Ausdauernde oder einjährige Pflanzen. – Fast ganz auf Europa und das Mittelmeergebiet beschränkt, zwei angeblich mit *S. alsinefolium* verwandte Arten im Himalaja. Diese Artengruppe zeigt keine nachweisbaren Beziehungen zu den übrigen Arten der Sektion *Sedum* und verdiente wahrscheinlich, als selbständige Sektion abgetrennt zu werden. Die hierher gehörigen Arten lassen sich folgendermaßen gliedern:

a) Blätter flach, spatelig, langgestielt, abwechselnd. Blütenstände drüsig behaart. – Hierher neben dem auch in Mitteleuropa vorkommenden, hapaxanthen *S. Cepaea* die oben erwähnten perennierenden Arten aus dem Himalaja und das gleichfalls ausdauernde *S. alsinefolium* ALLIONI aus den Seealpen und den angrenzenden provençalischen Voralpen, Piemont und Ligurien. Zu dieser Art soll nach SCHULTZ, Herbarium normale, nov. ser. nr. 1097, ein Beleg aus der Schweiz (Waadtland) gehören. *S. alsinefolium* ist eine zarte, schattenliebende Gebirgspflanze und siedelt sich namentlich unter überhängenden Felsen an.

Fig. 50. *Sedum spectabile* BOREAU (Aufn. B. HALDY)

b) Blätter dicklich, sitzend, häufig gegenständig oder quirlig. Blütenstände drüsig behaart. – Hierher neben dem heimischen *S. dasyphyllum* das in Südostfrankreich, Italien und Korsika vorkommende *S. monregalense* BALB. mit 4-zähligen Blattquirlen.

c) Blätter dicklich, sitzend, stets abwechselnd. Blütenstände wie bei den vorigen. – In Mitteleuropa nur *S. villosum*, im Mittelmeergebiet einige weitere Arten, am bekanntesten das im südwestlichen Europa (nach Osten bis Piemont) verbreitete *S. hirsutum* ALLIONI. Unsicher ist die Zugehörigkeit von *S. caeruleum* VAHL aus Sizilien, Sardinien, Korsika, Tunis und Algerien zu diesem Formenkreis. Es ist eine annuelle Pflanze mit abwechselnden, stielrunden Blättern und – als einzige Art der Gattung – blauen oder blauvioletten Blüten.

d) Blätter wie unter c, die Blütenstände wie die ganze Pflanze kahl. – Hierher gehört *S. album* und vielleicht auch das westeuropäische *S. anglicum* HUDS.

3. *Lineare*-Gruppe. Blätter wenigstens an den sterilen Stengeln gegenständig oder quirlig, flach, lanzettlich oder lineal. Blüten gelb. Ausdauernde Pflanzen. – Zu dieser ganz auf Ostasien beschränkten Gruppe gehört *S. lineare* THUNB., eine beliebte, meist in buntblätterigen Formen gezogene Topfpflanze. – Steht wahrscheinlich in enger Beziehung zur Sektion *Aizoon*.

4. *Reflexum*-Gruppe. Blätter abwechselnd, dicklich, im Querschnitt halbelliptisch bis kreisrund, in eine Stachelspitze auslaufend. Blüten gelb oder gelblichweiß, kurz und dick gestielt oder fast sitzend. Fruchtblätter aufrecht. Ausdauernde Arten. – Diese bis auf eine nordamerikanische Art ganz auf Europa und das Mediterrangebiet beschränkte Gruppe enthält mehrere eng verwandte und schwer unterscheidbare Formen. Engere Beziehungen zu den übrigen Artengruppen der Sektion *Sedum* bestehen nicht. Eigenartig ist das im südlichen Mittelmeergebiet

häufige, auch noch in Südfrankreich und Ligurien auftretende *S. sediforme* (JACQ.) PAU (1909) non HAMET (1912). Syn. *S. nicaeense* ALL., *S. altissimum* POIR. Diese Art bildet einen niedrigen, gewöhnlich aufrechten Zwergstrauch und besitzt, zumindest im Süden ihres Areals, keinerlei liegende oder kriechende Sprosse, verbindet also die sonst rasenbildenden Arten der *Reflexum*-Gruppe mit den strauchigen von *Dendrosedum* oder seinen afrikanischen Parallelformen. Die in Mitteleuropa vertretenen Arten sind *S. Forsteranum*, *S. reflexum*, *S. montanum* und *S. ochroleucum*.

5. *Acre-hispanicum*-Gruppe. Blätter abwechselnd, dicklich, im Querschnitt halbelliptisch bis kreisförmig, stumpf oder stumpflich. Blüten gelb, grünlich, rosa oder weiß, sitzend oder mit kurzen, dicken Stielen. Staubblätter in zwei oder nur in einem Kreis. Fruchtblätter spreizend. Ausdauernde oder annuelle Pflanzen. – Zu dieser fast über die ganzen nördlichen Außertropen verbreiteten und sehr formenreichen Gruppe gehören die einheimischen Arten *S. sexangulare*, *S. Hillebrandtii*, *S. annuum*, *S. acre*, *S. alpestre*, *S. atratum*, *S. rubens* und *S. hispanicum*.

Mit dieser Artgruppe ist das gelegentlich als Topfpflanze gezogene *S. Stahlii* SOLMS verwandt. Die Pflanze ist durch kreuzgegenständige, ellipsoidische bis fast kugelige Blätter und gelbe Blüten ausgezeichnet und stammt aus Mexiko.

Schmarotzer. An vielen *Sedum*-Arten treten Rostpilze aus der Gattung *Puccinia* auf, jedoch nur die Haploidgeneration, während die Dikaryophyten an Gräser gebunden sind. Es handelt sich dabei im einzelnen um *Puccinia australis* KOERNICKE (Haplonten auf *Sedum reflexum* u.a.A., Dikaryophyten auf *Cleistogenes serotina*), *P. longissima* SCHROET. (Haplonten auf *Sedum*, z. B. *S. acre*, *S. album*, *S. maximum*, *S. reflexum*, *S. sexangulare*, *S. Telephium*, sowie auf *Kalanchoë*, die Dikaryophyten auf *Koeleria*-Arten) und *P. triseti* ERIKSSON (Haplonten auf *Sedum sediforme* und *S. reflexum*, die Dikaryophyten auf *Trisetum*-Arten und *Koeleria phleoides*). – Aus der Gattung *Uromyces* ist bisher nur eine an *Crassulaceae* vorkommende Art bekannt geworden; es ist dies *U. Sedi* GÄUMANN auf *Sedum Anacampseros* in den Westalpen, doch vielleicht auch im Gebiet (nach GÄUMANN).

Außerdem leben an *Sedum* die Larven mehrerer minierender Insekten, so auf den Arten mit walzlichen Blättern (*Sedum acre*, *album* usw.) die Diptere *Phytomyza Sedi* KLTB. und der Schmetterling *Glyphipteryx equitella* SC., auf den breitblätterigen *Sedum*-Arten die Dipteren *Cheilosia semifasciata* BECK und *Phytomyza Sedicola* HG. (die letztere im Süden auch auf *Umbilicus*), der Schmetterling *Yponomeuta vigintipunctatus* RTZ. und der Käfer *Apion Sedi* GERM. (nach HERING).

Fossilfunde. Es liegen bisher nur wenige, zur Gattung *Sedum* gehörige Pollenfunde aus spätglazialen Ablagerungen (Alleröd, Jüngere Tundrenzeit) aus der Eifel, Dänemark und Finnland vor.

Artenschlüssel

1a Laubblätter flach, wenigstens dreimal so breit wie dick 2
1b Laubblätter mehr oder weniger walzenförmig oder ellipsoidisch, im Querschnitt rund oder halbrund 6
2a Einjähriges, sehr zartes Kraut, die unteren Blätter lang gestielt, alle ganzrandig. Blüten in länglicher, lockerer Rispe . . . . 1388. *S. Cepaea* L.
2b Pflanze ausdauernd. Blüten in flachen oder halbkugeligen Trugdolden 3
3a Pflanze ohne überwinternde, nichtblühende Triebe. Stengel aufrecht, 20–80 cm hoch 4
3b Pflanze mit überwinternden, nichtblühenden Trieben. Stengel aufsteigend, niederliegend oder kriechend 5
4a Die oberen Laubblätter gegenständig oder zu dreien quirlig, mit breitem, schwach herzförmigem Grunde, sitzend, häufig grau bereift. Blüten gelblich-weiß . . . 1386a. *S. maximum* (L.) SUTER
4b Laubblätter wechselständig, in den Grund verschmälert, niemals grau bereift. Blüten purpurn . . . . 1386b. *S. Telephium* L.
5a Blätter ganzrandig, Stengel gewöhnlich unverzweigt . . . . 1385. *S. Anacampseros* L.
5b Blätter vorn gezähnt oder gekerbt. Stengel am Grund verzweigt . . . . . 1387. *S. spurium* M. BIEB.
6a Pflanze ausdauernd, rasenbildend, blühende und kriechende, nichtblühende Sprosse entwickelnd 7
6b Pflanze 1- oder 2-jährig, nicht rasenbildend, nur mit blühenden Sprossen 18
7a Laubblätter mit kurzer Stachelspitze. Fruchtbälge aufrecht 8
7b Laubblätter stumpf, ohne Stachelspitze 11
8a Kronblätter zwei- bis dreimal so lang wie die dreieckigen oder eiförmigen Kelchblätter. Kronblätter spitz oder stumpf, sternförmig ausgebreitet, goldgelb (wenn gelblich-weiß und stumpf vgl. *S. sediforme* (JACQ.) PAU S. 68) 9

8 b Kronblätter eineinhalbmal bis doppelt so lang wie die lanzettlichen, lang zugespitzten Kelchblätter. Kronblätter spitz, sternförmig ausgebreitet oder aufrecht, goldgelb oder gelblich-weiß 10

9 a Vertrocknete Laubblätter an den nichtblühenden Sprossen lange erhalten bleibend, der Achse anliegend und sie umhüllend. Sproßspitzen durch die dicht gedrängten, rasch absterbenden Blätter keulenförmig, die Blätter auf der Oberseite deutlich abgeflacht. Kronblätter linealisch, stumpflich . . . . 1392. *S. Forsteranum* SMITH

9 b Vertrocknete Laubblätter rasch abfallend. Sprosse meist mehr oder weniger walzlich, die Blätter auf der Oberseite gewölbt. Kronblätter lineal-lanzettlich, spitz . . . . . . 1393. *S. reflexum* L.

10 a Kronblätter sternförmig ausgebreitet, goldgelb, etwa doppelt so lang wie der Kelch . . . . 1394a. *S. montanum* PERR. et SONG.

10 b Kronblätter aufrecht stehend, gelblich-weiß, nur um die Hälfte länger als der Kelch . . . . 1394b. *S. ochroleucum* CHAIX

11 a Blüten weiß oder rosa 12

11 b Blüten gelb. Fruchtbälge spreizend 15

12 a Blüten meist 6-zählig. Fruchtbälge spreizend . . . . 1400. *S. hispanicum* JUSLEN

12 b Blüten 5-zählig. Fruchtbälge aufrecht 13

13 a Ganze Pflanze (einschließlich des Blütenstands) kahl. Blätter abwechselnd, grün oder rot überlaufen, beiderseits stark gewölbt . . . . 1391. *S. album* L.

13 b Ganze Pflanze oder nur der Blütenstand drüsig-flaumig. Blätter oberseits fast flach 14

14 a Blätter ein- bis zweimal länger als breit, meist gegenständig. Pflanze trockener Standorte . . . . 1389. *S. dasyphyllum* L.

14 b Blätter drei- bis sechsmal länger als breit, stets abwechselnd. Hoch- und Flachmoore 1390. *S. villosum* L.

15 a Kronblätter stumpf. Laubblätter meist nach vorn etwas verbreitert, seltener fast lineal, am Grund ungespornt. Alpen . . . . 1398. *S. alpestre* VILL.

15 b Kronblätter spitz. Laubblätter nicht gegen die Spitze verbreitert 16

16 a Laubblätter am Grund abgerundet, ohne Sporn, eiförmig. Kronblätter 5—8(—9) mm lang 1397. *S. acre* L.

16 b Laubblätter am Grund gespornt, linealisch-walzlich 17

17 a Blätter glatt. Kronblätter lineal-lanzettlich. Vertrocknete Blätter alsbald abfallend . . . . 1395a. *S. sexangulare* L.

17 b Blätter papillös. Kronblätter eiförmig-lanzettlich. Vertrocknete Blätter lange am Stengel haftenbleibend und ihn mehr oder weniger scheidig umhüllend . . . . 1395b. *S. Hillebrandtii* FRENZL.

18 a Blütenstiele ziemlich lang und dünn (länger als der Kelch). Fruchtblätter aufrecht. Ganze Pflanze drüsig-flaumig. Hoch- und Flachmoore . . . . 1390. *S. villosum* L.

18 b Blüten sitzend oder mit sehr kurzem, dickem Stiel. Fruchtblätter spreizend 19

19 a Laubblätter unter 1 cm lang, linealisch-walzlich oder keulenförmig, hellgrün oder rotbraun, ohne grauen Reif 20

19 b Laubblätter etwa 1 cm lang oder darüber, linealisch-walzlich, deutlich grau oder hell bläulich bereift. Kronblätter weiß oder rosa, mit dunklerem Mittelnerv 21

20 a Laubblätter linealisch-walzlich. Kronblätter gelb. Auf kalkarmem Substrat 1396. *S. annuum* L.

20 b Laubblätter schmal keulenförmig. Kronblätter grünlich oder rötlich. Auf Kalk 1399. *S. atratum* L.

21 a Blüten meist 6-zählig. Staubblätter gewöhnlich 10 . . . . 1400. *S. hispanicum* JUSLEN

21 b Blüten 5-zählig. Staubblätter gewöhnlich 5 . . . . 1401. *S. rubens* L.

1385. Sedum Anacampseros[1]) L., Spec. plant. 430 (1753). Wund-Fetthenne. Fig. 51.

Ausdauernd. Wurzeln unverdickt. Rhizom mehrköpfig, blühende und überwinternde, nicht blühende Sprosse treibend. Stengel 10—30 cm lang, rasig niederliegend oder aufsteigend, meist einfach, kahl. Laubblätter wechselständig, fleischig, flach, die der unfruchtbaren Sprosse verkehrt

---

[1]) Anacampseros bei PLINIUS Name einer Pflanze, durch deren „bloße Berührung die Liebe wiederkehre" (griechisch ἀνακάμπτειν [anakamptein] = zurückbiegen).

Tafel 140

Tafel 140. Erklärung der Figuren

Fig. 1. *Sedum maximum* (S. 74). Habitus.
„ 1a. Junge Balgfrüchte mit Drüsenschuppen.
„ 2. *Sedum villosum* (S. 82). Habitus.
„ 3. *Sedum dasyphyllum* (S. 80). Habitus.
„ 3a. Längsschnitt durch ein Fruchtblatt.
„ 4. *Sedum acre* (S. 92). Habitus.
„ 4a. Blüte von oben.
„ 4b. Laubblatt (vergrößert).
„ 5. *Sedum sexangulare* (S. 89). Habitus.
„ 5a. Laubblätter (vergrößert).

Fig. 5b. Balgfrüchte.
„ 6. *Sedum reflexum* (S. 86). Habitus.
„ 6a. Gynözeum mit Kelch.
„ 6b. Kronblatt mit Staubblatt.
„ 6c. Halbreife Früchte.
„ 7. *Tillaea muscosa* (S. 123). Habitus.
„ 8. *Sedum album* (S. 83). Habitus.
„ 8a. Blüte von oben.
„ 8b. Laubblatt (vergrößert).

eiförmig-rundlich, vorne abgerundet oder gestutzt, die der blühenden Stengel breit-länglich, elliptisch, lanzettlich oder verkehrt-eiförmig, stumpf, ungestielt, ganzrandig. Blüten 5-zählig, in dichten, reichblütigen, ebensträußigen bis halbkugeligen Blütenständen. Kelchblätter eilänglich, etwa 2,5 mm lang. Kronblätter 5, länglich-lanzettlich, 4,5 mm lang, trüb-purpurrot, selten weiß, unterseits bläulich mit grünem Kiel, auf der Innenseite mit karminroten Flecken oder Längsstreifen. Staubblätter 10, etwa 4 mm lang; Staubfäden karminrot. Balgfrüchte 4 mm lang mit 1 mm langer, dünner Spitze. Samen länglich, 0,6–0,7 mm lang, dunkelbraun, längsrunzelig. – Chromosomenzahl: 2n = 36, nach anderen Zählungen bis zu 50. – VII, VIII.

Vorkommen. Auf Felsen und berasten Schutthalden trockener Hänge der Alpen; in der subalpinen und alpinen Stufe (im Wallis von 1400 bis 2400 m, in den Seealpen von 1400 bis 2500 m, in Tirol bis 1300 m herabsteigend). Nur auf kalkarmer Unterlage. Im Verbreitungsgebiet nicht selten und meist gesellig. Außerdem selten auf Mauern angepflanzt oder verwildert.

Allgemeine Verbreitung. Pyrenäen, Südalpen (von den Seealpen bis Südtirol und Venetien), Apenninen (südlich bis zum Cornovalle, Scale).

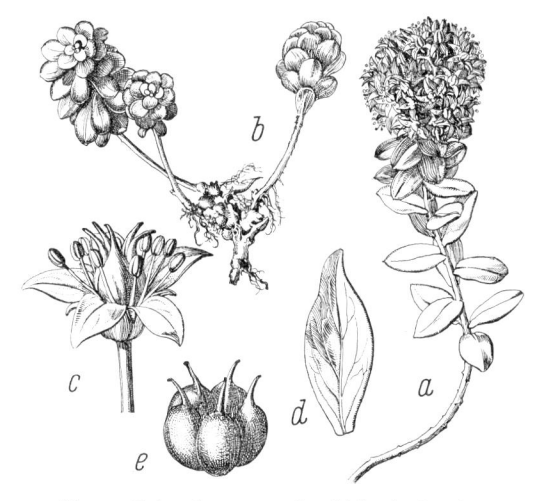

Fig. 51. *Sedum Anacampseros* L. *a* blühender Sproß. *b* unfruchtbarer Sproß. *c* Blüte. *d* Kronblatt. *e* Fruchtblätter

Verbreitung im Gebiet. Fehlt in Deutschland und im heutigen Österreich völlig. – In Südtirol in Judikarien und in der Umgebung von Rovereto (Val Genova, alla Nuova ob Daone, Alpe Lanciada zwischen Judikarien und Val di Ledro, Lanciada alla Roda, Lanciada und Cadria, Monte Vesi ob Campei in Lanciada, Monte Ringia). – In der Schweiz nur im Rhônegebiet: nördlich der Rhône auf den Alpen von Morcles (Waadt), Outre-Rhône und Fully (Wallis), südlich der Rhône vom Trientgebiet bis zum Val d'Hérémence (Wallis).

Begleitpflanzen. *Sedum Anacampseros* ist streng kalkfliehend und besiedelt insbesondere südexponierte Abwitterungshalden kalkarmer Gesteine, meist in den Rasen von *Agrostis Schraderiana* BECHERER (mit *Chaerophyllum Villarsii* KOCH, *Rhaponticum scariosum* LAM., *Hieracium prenanthoides* VILLARS, *H. intybaceum* ALL. usw.) und in der *Juniperus sibirica*-Heide (mit *Deschampsia flexuosa* (L.) TRIN., *Gentiana purpurea* L. usw.).

Verwendung. Die Pflanze wurde früher wie *S. maximum* und *S. Telephium* als Wund-Heilpflanze kultiviert (Herba Anacampserotis). Dadurch erklären sich die einzelnen verwilderten Vorkommen nördlich der Alpen.

1386a. Sedum maximum (L.) SUTER, Fl. Helv. **1**, 270 (1802). Syn. *S. Telephium* var. *maximum* L. (1753). *S. Telephium* subsp. *maximum* (L.) ROUY et CAMUS (1901). *S. latifolium* BERTOL. (1819). Große Fetthenne. Franz.: Reprise, orpin à large feuilles, orpin robuste, grand orpin. Ital.: Erba S. Giovanni, fava grassa. Sorbisch: Wulke mydleško, Rozchódnik, Kokoški, Tučne kaponki. Poln.: Rozchodnik wielki. Tschech.: Masná bylina, rozchodník největší. Slowenisch: Zdravilna homulica. Dänisch: Almindelig St. Hansurt. Taf. 140, Fig. 1; Fig. 52 und 53.

Ausdauernd, 30–80 cm hoch. Wurzeln rübenförmig verdickt. Grundachse kurz, mehrköpfig. Stengel aufrecht, einfach oder oberwärts ästig, kahl. Laubblätter gegenständig, die oberen meist zu dreien quirlig, nur die untersten öfters abwechselnd, etwas sukkulent, elliptisch, flach, schwach und ungleichmäßig gezähnt, nicht selten fast ganzrandig, mit breitem, schwach herzförmigem

Fig. 52. *Sedum maximum* (L.) SUTER. *a* Habitus. *b* Blüte. *c* Junge Pflanze.

Grund, sitzend, 5–13 cm lang, 2–5 cm breit, graublau bereift oder grün. Blüten 3–4 mm lang, in dicht gedrängten, meist ebensträußigen Trugdolden vereinigt. Kelchblätter 5, dreieckig, Kronblätter 5, länglich-eiförmig, gelbgrün. Staubblätter 10. Fruchtblätter 5, aufrecht. – Chromosomenzahl: $2n = 24$ oder 48. – VII bis X.

Vorkommen. Verbreitet und ziemlich häufig an trockenen Hängen, Weg- und Ackerrändern, in lichten Föhren- und Eichenwäldern, auf Felsen und Gesteinsschutt, von der Ebene bis in die subalpine Stufe (im Wallis bis 1750 m aufsteigend). Auf Kalk- und Silikatgestein. Nach BRAUN-BLANQUET charakteristisch für Steinschuttfluren, auch in Festuco-Sedetalia-Gesellschaften.

Allgemeine Verbreitung. Frankreich, Italien, Mittel- und Südosteuropa, Ukraine, nach Osten bis ins Gebiet der Wolga. Eingeschleppt in Ostsibirien. Unsicher sind die Angaben für Skandinavien und Sardinien. In Spanien, Portugal und auf den britischen Inseln fehlt die Pflanze.

Verbreitung im Gebiet. In Deutschland ziemlich verbreitet; fehlt in den Allgäuer und Salzburger Alpen, zerstreut auf der Schwäbisch-bayerischen Hochebene, am Niederrhein. in der nordwestdeutschen Tiefebene, ziemlich zerstreut in Schleswig-Holstein, zerstreut im norddeutschen Flachland (Brandenburg, Posen, Ost- und Westpreußen). – In Österreich in allen Bundesländern in tieferen Lagen verbreitet, auch im größten Teil der Alpen mit Ausnahme der feuchtesten Täler, aber nicht überall blühend. – In der Schweiz in den wärmeren Gegenden ziemlich verbreitet, sonst nur vereinzelt; fehlt in den Kantonen Luzern und Zug.

Begleitpflanzen. *Sedum maximum* ist auf trockene Standorte angewiesen, aber nicht an bestimmte Pflanzengesellschaften gebunden. In den lichten Gebüschen von *Corylus Avellana* L., *Quercus petraea* (MATT.) LIEBL. und *Qu. pubescens* WILLD. der südexponierten, steinigen Hänge des nördlichen Zentralalpentales begleiten es u. a.: *Melica ciliata* L., *Carex humilis* LEYSS., *Anthericum Liliago* L., *Cephalanthera rubra* (L.) RICH., *Trifolium medium* GRUFB. *Coronilla Emerus* L., *Geranium sanguineum* L., *Chamaebuxus alpestris* SPACH, *Cynanchum Vincetoxicum* (L.) PERS., *Prunella grandiflora* (L). SCHOLLER, *Stachys recta* L. usw.

Blütenverhältnisse. Die proterandrischen Blüten werden von Dipteren und Hymenopteren besucht. Zuerst stäuben die 5 äußeren, später die 5 inneren Staubbeutel und erst dann werden die Narben empfängnisfähig, zudem liegen die Staubblätter den Kronblättern an, so daß eine Selbstbestäubung ausgeschlossen ist. Nach DALLA TORRE und SARNTHEIN gelangen die Pflanzen in höheren Lagen nicht mehr zur Blüte; im nördlichen Tirol und in Salzburg bleiben sie meist steril.

Fig. 53. *Sedum maximum* (L.) SUTER (Aufn. B. HALDY)

Inhaltsstoffe, Verwendung und Volksnamen wie bei der nachfolgenden Art.

1386 b. Sedum Telephium[1]) L., Spec. plant. 430 (1753) emend. REICHENB. (1830) nec auct. sequentes. Syn. *Anacampseros vulgaris* HAW. (1812). *Sedum vulgare* (HAW.) LINK (1821). Rote Fetthenne. Engl.: Orpine, Livelong. Franz.: Reprise. Dänisch: Röd St. Hansurt. Fig. 54 und 55.

Ausdauernd, 15–60 cm hoch. Wurzeln rübenförmig. Grundachse kurz, mehrköpfig. Stengel aufrecht, einfach oder unter dem Blütenstand ästig. Laubblätter etwas fleischig, abwechselnd, schmal elliptisch bis länglich lanzettlich, selten breiter, flach, am Rande ungleichmäßig gezähnt, in den gestutzten bis keilförmigen, niemals herzförmig eingebuchteten Blattgrund verschmälert, 2–7 cm lang, 1–3 cm breit, ohne blauen Reif. Blüten 5–6 mm lang, in dichten Trugdolden stehend. Kelchblätter 5, kurz dreieckig. Kronblätter 5, länglich, hell bis dunkel purpurn. Staubblätter 10. Fruchtblätter 5, aufrecht. – Chromosomenzahl (subsp. *Telephium*): $2n = 36$ oder (subsp.?) 48. – VII bis X.

Vorkommen. Auf frischen, aber gut durchlüfteten Böden an Waldrändern, in Gebüschen, an Gräben, Teichrändern und Uferbefestigungen; die Art scheint den größeren Trockengebieten weitgehend zu fehlen. Auf Kalk und Silikatgestein.

Allgemeine Verbreitung. West-, Mittel- und Osteuropa (Aragonien, Katalonien, Oberitalien; Britische Inseln, Skandinavien, Lappland) bis Sibirien, Mandschurei, Japan.

---

[1]) Τηλέφιον [telephion] war ein berühmtes, pflanzliches Wundheilmittel der Griechen; vielleicht von TELEPHOS, König in Mysien.

Sedum Telephium tritt in Europa in zwei Unterarten auf:

Subsp. **Telephium** (L.). Syn. *S. Telephium* L. var. *purpureum* L. (1753). *S. purpurascens* KOCH (1846). *S. Telephium* subsp. *purpureum* (L.) SCHINZ et KELLER (1909). Fig. 54.

Untere Laubblätter am Grund keilförmig, die oberen mit abgerundeter oder gestutzter Basis sitzend. Karpelle am Rücken mit einer Längsfurche.

Vorkommen. Zerstreut an Waldrändern und in Gebüschsäumen, auch in lichten Wäldern, an Wegen, Dämmen und auf Mauern, in Äckern, vorwiegend auf frischen, nicht zu basenarmen, steinigen Böden, häufiger in Kalk- und Lehmgebieten, in Steinschutt- und Unkrautgesellschaften von der Ebene bis in die subalpine Stufe (Engadin bis 1780 m).

Allgemeine Verbreitung. Im ganzen Areal der Art.

Verbreitung im Gebiet. In Deutschland zerstreut, am häufigsten im Südwesten, nordöstlich bis zum Harz, bis zur mittleren Elbe und zum Erz-

Fig. 54. *Sedum Telephium* L. subsp. *Telephium*. *a* blühender Sproß. *b* Blüte.

Fig. 55. *Sedum Telephium* L. subsp. *Fabaria* (KOCH) SCHINZ et KELLER. *a* Blütensproß. *b*, *c* Laubblätter. *d* Blüte.

gebirge (nordöstlich dieser Linie nur verwildert und eingebürgert, so in Schleswig-Holstein und im nordostdeutschen Flachlande); ganz fehlend in Ost- und Westpreußen, in Schlesien und in den Bayerischen Alpen (hier eine Angabe für Mittenwald: ob verwildert?). – In Österreich verbreitet, in Salzburg nur verwildert, im Burgenland fehlend. – In der Schweiz ziemlich verbreitet.

Diese Unterart findet sich an mäßig trockenen wie an frischen bis feuchten, auch schattigen Standorten, meidet aber die niederschlagsärmeren und lufttrockenen Gebiete völlig (fehlt z. B. im unterfränkischen Muschelkalkgebiet, ist aber im Steigerwald nicht selten).

Subsp. **Fabaria** (KOCH) SCHINZ et KELLER, Fl. Schweiz ed. 3, **1**, 255 (1909). Syn. *Anacampseros vulgaris* HAW. (1812). *Sedum Fabaria* KOCH (1837). *S. Telephium* L. var. *vulgare* (Haw.) BURNAT. Fig. 55.

Alle Laubblätter am Grund keilförmig verschmälert, undeutlich oder kurz gestielt, meist lanzettlich. Fruchtblätter am Rücken nicht gefurcht.

Vorkommen. Zerstreut und selten an feuchten, schattigen Felsen der montanen Stufe der Mittelgebirge und selten auch auf künstlichen Standorten, im Hochschwarzwald z. B. mit *Sedum annuum* L. und *Silene rupestris* L.

Allgemeine Verbreitung. Pyrenäen, britische Inseln, französische und deutsche Mittelgebirge, nach Osten bis Mähren und Siebenbürgen. In den Alpen anscheinend nur bei Domodossola.

Verbreitung im Gebiet. In Deutschland zerstreut im Bayerischen Wald (Regenstauf, Falkenstein bei Wörth, Vogelsang und Rindberg bei Edenstetten, Regensburgerstein bei Gotteszell), in der Rhön am Kreuzberg, im Keupergebiet bei Altenburg bei Trappstadt, im Schwarzwald am Belchen und bei Nagold, angeblich in den Vogesen (Hoheneck, Spitze Köpfe), ebenso in der Pfalz (Dahn, Donnersberg), in der Eifel (Gerolstein, Gemünd, Hohe Acht), im Nahe-, Mosel- und Lahntal, in Niederhessen (Burghasunger Berg bei Wolfshagen), bei Kassel (Fuldadamm bei der Aue, zwischen Elgershausen und Hoof), zwischen Altona und Pinsal, hinter Harburg bei Heimfeld, in Schlesien bei Bielitz; sonst selten auf Friedhöfen und aus Gärten verwildert. – Fehlt in Österreich völlig. – In der Schweiz vereinzelt im Berner Mittelland, im Jura (zwischen der Düreggfluh und der Bölchenfluh) und vielfach im Kanton Freiburg (bis 1100 m).

Inhaltsstoffe. Sedum „Telephium" (die Angabe bezieht sich wahrscheinlich auf *S. maximum*) enthält ein amorphes Glukosid (Telephin), das durch Emulsin in ein geraniolartig riechendes ätherisches Öl und Glucose spaltbar ist; ferner Äpfelsäure und deren Calziumsalz, sowie Zucker.

Verwendung. Die frische, blühende Pflanze ist in der Homöopathie offizinell. In Bauern- und Küchengärten alten Stils wurde sie wie andere *Sedum*-Arten gezogen und als Zusatz zu Salat verwendet. Als Radix et Herba Telephii oder Crassulae maioris fand es ehedem als kühlendes, schmerzstillendes und wundreinigendes Mittel Verwendung. Bereits von ALBERTUS MAGNUS werden sie unter dem Namen Orpinum und Crassula erwähnt, von Konrad von Megenberg als Krässelkraut in den Kräuterbüchern (z. B. von TH. ZWINGER) als Telephium albo flore *(S. maximum)*. Nach diesen dient der Absud des Krautes gegen innere Verletzungen und gegen „rote Ruhr"; die Wurzel, an einem Faden zwischen die Schulterblätter geheftet, hilft gegen Geschwulst und Schmerzen der „gulden Ader"; die frisch zerstoßenen Blätter gelten als Mittel gegen entzündete Brustwarzen und zusammen mit Efeublättern in Butter und mit Speck gesotten als Salbe bei Verbrennungen der Haut. THAL nennt die Pflanze 1577 unter Crassula maior als wildwachsende Art für den Harz. Schon ALBERTUS MAGNUS erwähnt das Aufhängen der Pflanze als Volksbrauch, und noch heute wird da und dort das um Johanni gepflückte Kraut in die Ritzen zwischen Zimmerdecke und Balken geschoben, um dem Besitzer durch sein Grünbleiben langes Leben zu verkünden. Außerdem wird die Pflanze gegen Hühneraugen und Warzen, Milchschorf, Kopfgrind und auch Epilepsie angewendet.

Volksnamen. Nach den fetten, saftigen Blättern heißt die Pflanze Fette Henne (so schon um die Mitte des 16. Jahrhunderts), Fetthenne (auch mundartlich), Fette Gans (Wagstadt), Stiefelschmiere (östliches Erzgebirge), Schuhschmier (Siegerland), Schuhsalbe (Kt. St. Gallen), Eiskraut (Oberhessen), Knirschelkraut [die Blätter knirschen beim Zerdrücken] (Thüringer Wald). Wie die Hauswurz *(Sempervivum tectorum)* heißt unsere Art auch Dachkappes [Kappes ‚Kohl'] (Oberwesterwald), Firschtekraut [weil auf die Firste der Strohdächer gepflanzt] (Siegen), Leienkappes [Leie ‚Schieferfelsen'] (rheinisch). Als Heilpflanze gegen Brüche (Hodensackbrüche) ist *S. telephium* die Bruchwurtz (so bereits 1539 bei H. BOCK) oder das Bruchkraut (Schwaben), das Knabenkraut (rheinisch, pfälzisch) oder das Buwekraut [Buben-] (Dillkreis). Zur Heilung von Wunden dient die Pflanze als Wundkraut (so schon 1500 bei H. BRUNSCHWYG), Heil-aller-Wunden (früher in Mecklenburg), Heilblättli (Schweiz), Schälchrut [das geschälte Blatt wird auf Wunden aufgelegt] (Schweiz). Auch auf geschwollene Körperstellen werden die Blätter gelegt, daher Geschwulstkraut (z. B. Erzgebirge, Böhmerwald, Egerland, Oberpfalz). Mit dem Saft des Warzenkrautes (Böhmerwald, Schwäbische Alb) sucht man die Warzen zu vertreiben. Als Bullenkraut (Meppen bei Osnabrück), Stierkraut (Moselgebiet), Ochsenkraut (Hessen) wird die Pflanze den Kühen gegeben, die zum Stier geführt werden. In früheren Zeiten wurde *S. telephium* am Johannistag (24. Juni) ähnlich wie das Johanniskraut *(Hypericum perforatum)* an die Stubenwände gehängt und hieß deshalb Johanniskraut (rheinisch), Johannislook [-lauch] (Osnabrück), Johannislötel [-schlüssel] (Dithmarschen). Wie die Hauswurz *(Sempervivum tectorum)* galt unsere Art als Schutz gegen Gewitter, daher Donnerkraut (vielfach), Donnerloof [-laub] (Emsland), Donnerbohne (Braunschweig, Thüringen), Blitzkraut (niederrheinisch). Auf dem Lande diente die Pflanze auch als Liebesorakel, daher Frier un Brut [Freier und Braut] (Süderdithmarschen), Schatzkraut, Liebeskraut (Hessen). In Ostpreußen hieß man *S. telephium* Lebenskraut oder Leben und Sterben, da es als Orakel für die Lebensdauer galt. Andere Namen sind schließlich noch Pottlack, Pollack [eigentlich „Portulak"] (Oberneuland bei Bremen), Flachsmutter [manchmal als Unkraut in Flachsfeldern] (Glatz), Hasenkraut (Westböhmen, Niederbayern), Nodernkraut [Nattern-] (Böhmerwald), Sauwurzel (Erzgebirg), Teufelskraut (Thüringer Wald).

1387. Sedum spurium[1]) M. BIEBERSTEIN, Fl. taur. – cauc. **1**, 352 (1808). Kaukasus-Fetthenne.
Fig. 56 und 57.

Ausdauernd, rasenbildend, ohne eigentlichen Wurzelstock. Wurzeln dünn faserig. Sprosse niederliegend, verzweigt, wurzelnd, in sterilen Blattrosetten und in blütentragenden Stengeln endigend. Stengel 6–20 cm lang, nach dem Fruchten absterbend. Blätter fleischig, keilförmig, verkehrt-eiförmig, am Vorderrande gekerbt-gezähnt, gegenständig oder zu 3-quirlig, am Rande gewimpert. Blüten zahlreich, 15–25 mm im Durchmesser, auf den bis 10 mm langen Stielen oder auch fast

Fig. 56. *Sedum spurium* M. BIEB. *a* Habitus. *b* blühender Sproß. *c* Blüte (vergrößert).

sitzend. Kelchblätter 3,5–4 mm lang, länglich-dreieckig, gegen den Grund zu bärtig berandet, fleischig, rötlich. Kronblätter fünf; 13–15 mm lang, länglich-lanzettlich, zugespitzt (Mittelnerv als Stachelspitzchen vorragend), rosarot bis purpurrosa, an der Spitze und an der Mittellinie dunkler. Staubblätter 10, bis auf etwa $\frac{1}{3}$ der Länge mit den Kronblättern verwachsen. Früchtchen 5, reif etwa 8 mm lang. Samen lineal-länglich, etwa 1 mm lang. Chromosomenzahl: $2n = 28$. – VII bis VIII.

Vorkommen. Hie und da aus Gärten oder Friedhöfen verwildert und an Bahndämmen, in Kiesgruben, Bahnhöfen, an Felsen, alten Mauern, im Ufersand eingebürgert (im Engadin bei Pontresina auf Felsen noch bei 1770 m).

---

[1]) Lat. spurius = unehelich, im botanischen Sprachgebrauch meistens in der Bedeutung von unecht gebraucht.

Fig. 57. *Sedum spurium* M. BIEB. Bei Wetzlar (Stoppelberg) eingebürgert (Aufn. TH. ARZT)
Standort mittlerweile durch Steinbruch vernichtet.

Allgemeine Verbreitung. Kaukasusländer, Armenien, Kurdistan.

Verwendung findet die Pflanze vielerorts zur Bodenbefestigung auf Gräbern (Speckkraut). In Kultur gibt es Spielarten mit kräftig karminroten oder weißen Blüten sowie kupferbraunen, anthocyanreichen Blättern.

1388. Sedum Cepaea[1]) L., Spec. plant. 431 (1753). Syn. *Cepaea Caesalpinii* FOURR. (1868). Rispen-Fetthenne, Zwiebelpfeffer. Ital.: Cepèa. Fig. 58.

Zwei- oder gelegentlich einjährig, 8–40 cm hoch. Wurzel dünn faserig. Stengel am Grund aufsteigend, seltener aufrecht, einfach oder vom Grund an ästig, unten kahl, oberwärts flaumigdrüsig. Laubblätter flach, ganzrandig, stumpf, fleischig, kahl, 1–3 cm lang, die unteren gegenständig oder in 3- bis 4-zähligen Wirteln, verkehrt-eiförmig bis fast kreisrund, gestielt, die oberen länglich-lanzettlich, sitzend und teilweise wechselständig. Blüten in lockerer, länglicher, unten beblätterter, oben meist blattloser Rispe auf 2,5–9 mm langen, flaumig-drüsigen Stielen. Kelchblätter schmal-eiförmig, spitz, zerstreut drüsenhaarig. Kronblätter 5, lanzettlich, rund dreimal so lang wie der Kelch, in eine feine Haarspitze (Fig. 58 e) verschmälert, am Rücken behaart, rosa-rot, mit purpurnem, selten grünem Mittelstreifen. Staubblätter 10, mit weißen Staubfäden und roten, fast kugeligen Staubbeuteln. Balgfrüchte 4 mm lang, plötzlich in eine dünne Spitze verschmälert. Samen braun, 0,6–0,7 mm lang, breit-länglich, längsrunzelig. – VI, VII.

Vorkommen. Zerstreut und selten an Waldrändern und in Heckensäumen, am Fuß beschatteter Mauern oder Felsen, an schattigen Wegböschungen, auf frischen, stickstoffbeeinflußten, nährstoffreichen, aber meist kalkarmen humosen Stein- und Lehmböden. Charakterart der *Geranium lucidum-Sedum Cepaea*-Assoziation (OBERDORFER 1954) im Verband von Waldunkraut-Gesellschaften, vorwiegend in Tieflagen, im Süden (Insubrien) aber auch bis in die subalpine Stufe ansteigend; mediterran-atlantische Pflanze.

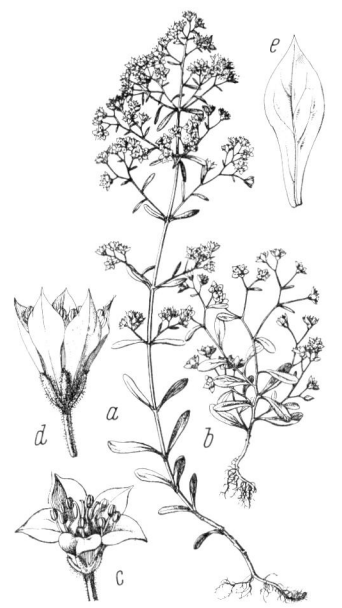

Fig. 58. *Sedum Cepaea* L. *a, b* Habitus (¹/₃ natürliche Größe). *c, d* Blüte. *e* Kronblatt.

[1]) Griechisch κηπαῖα [kepaia] Pflanzenname bei DIOSKORIDES. Vermutlich mit κῆπος [kepos = Garten] zusammenhängend.

Allgemeine Verbreitung. West- und Südeuropa, nördlich bis Nordspanien, Mittelfrankreich (bis Lothringen), Südschweiz, Norditalien, Balkanländer, Ungarn, Siebenbürgen.

Verbreitung im Gebiet. In Deutschland und im heutigen Österreich früher gelegentlich kultiviert und verwildert, neuerdings völlig verschwunden. In Südtirol ursprünglich im untersten Chiesetal bei Riccomassimo, Castel Lodron und Bondone di Storo. – In der Schweiz spontan nur im südlichen Tessin (nördlich bis zum Val di Peccia und bis Bellinzona); sonst wohl nur eingebürgert, so im Rhônegebiet (bei Commigny und früher bei Genf, Coppet und St. Gingolph) sowie in Rebbergen bei Zofingen.

Begleitpflanzen. *Sedum Cepaea* ist die am wenigsten lichtbedürftige unserer *Sedum*-Arten. Im südlichen Tessin wächst sie häufig an Mauern in Gesellschaft von Laub- und Lebermoosen [*Homalothecium sericeum* (HEDW.) BR. EUR., *Funaria mediterranea* LINDB., *Reboulia hemisphaerica* (L.) RADDI], Farnen [*Ceterach officinarum* LAM. et DC., *Asplenium Trichomanes* L.], ferner *Corydalis lutea* (L.) DC., *Viola odorata* L., *Draba muralis* L., *Cymbalaria muralis* G. M. SCH. *Geranium lucidum* L., *G. Robertianum* L., *Cardamine hirsuta* L., *Veronica hederifolia* L. u. a. A.

Verwendung. TH. ZWINGER erwähnt in seinem Kräuterbuch 1697 die Pflanze unter dem Namen „Welsch Harnkraut"; nach ihm wurde die Pflanze in Holland kultiviert. Die Blätter mit „Spargenwurtzeln" in weißem Wein gesotten, dienten gegen die „Harnwinde und Räudigkeit der Blasen".

1389. Sedum dasyphyllum[1]) L., Spec. plant. 431 (1753). Syn. *S. glaucum* LAM. (1778). Dickblatt-Mauerpfeffer. Franz.: Orpin à feuilles épaisses, raisin de ratte (= Mäusetraube). Ital.: Erba della Madonna, erba muraria. Taf. 140, Fig. 3; Fig. 59, 60 und 61.

Ausdauernd, 3–15 cm hoch, rasenbildend. Grundachse dünn, stark verzweigt, zahlreiche ästige, z. T. kriechende, an der Spitze dicht beblätterte Sprosse treibend. Stengel aus aufsteigendem Grunde mehr oder weniger aufrecht, dünn, wie die ganze Pflanze blaugrün bereift, oberwärts drüsig behaart (selten drüsenlos). Laubblätter kreuzweise gegenständig oder wechselständig, dick, fleischig, eiförmig oder kurz elliptisch, 3–7 mm lang und bis 5 mm dick, oberseits fast flach, unterseits stark gewölbt (daher halb-ellipsoidisch bis fast halbkugelig), meist kahl. Blüten in lockeren, rispigen, stark drüsig behaarten Wickeln auf 3–5 mm langen Stielen. Kelchblätter 5, eiförmig, 1,5–2 mm lang, kahl oder spärlich drüsig. Kronblätter 5, ei-lanzettlich, spitzlich, 2–3mal so lang wie der Kelch, 3–5 mm lang und 1,5–2 mm breit, weiß oder schwach rosa, am Grunde gelb gefleckt, auf der Unterseite mit purpurnem Mittelstreifen. Staubblätter 10. Staubbeutel purpurrot. Balgfrüchte 5, aufrecht, 3,5–4 mm lang, in das 0,8–1 mm lange Stylodium zugespitzt (Taf. 140, Fig. 3a). Samen 0,6–0,7 mm lang, längsrunzelig, hellbraun. – Chromosomenzahl: $2n = 28, 42, 56$. – VI bis VIII.

Fig. 59. *Sedum dasyphyllum* L. a Habitus. b Blüte. c Blütenknospe.

Vorkommen. In Felsspalten, auf Mauern, Schutt, steinigem Waldboden, alten Dächern; von der Ebene, besonders aber von der montanen bis in die subalpine Stufe ansteigend (in Bayern bis 2000 m, im Wallis bis 2500 m, im Tessin bis 2150 m, im Engadin bis 2200 m). Besonders auf kieselhaltigem Gestein, seltener auf Kalk. Asplenietea Klassen-Charakterart.

Allgemeine Verbreitung. West-, Mittel- und Südeuropa, Nordwestafrika.

---

[1]) Griechisch δασύς [dasys] = dicht, dick und φύλλον [phyllon = Blatt].

Verbreitung im Gebiet. In Deutschland ursprünglich nur im Süden; in Bayern vereinzelt in den Allgäuer Alpen (Höfats, Dietersbachtal, Ochsenalpe, im Bärgündele, Kienberg bei Pfronten, im Mittelstock am Kofel bei Ammergau, am Rosstein und Leonhardsstein bei Kreuth, sowie früher verwildert an der Schloßmauer bei Tegernsee, außerdem noch im Fichtelgebirge (Schloßberg Berneck, Ruine Grünstein bei Gefrees und Kösseine; hier vielleicht ausgesät) und im Fränkischen Jura (Bieberach und Streitberg), in Württemberg in der Schwäbischen Alb (z. B. Reußenstein) und an den Felsen des Donaudurchbruchs zwischen Tuttlingen und Sigmaringen, in Baden im Hegau z. B. am Hohentwiel, im südlichen Schwarzwald (Feldberg, Höllental, Belchen usw.), am Isteiner Klotz, im nördlichen Schwarzwald bei Oberachern, in der Pfalz bei Herxheim, Kallstadt und Leistadt (auf Tertiärkalk); in Mittel- und Norddeutschland nur verwildert oder angepflanzt, so am Hohenstein am Süntel, an einem Elbdeich bei der Lubemündung. – In Österreich zerstreut in Vorarlberg, Salzburg, in der Steiermark, in Kärnten und in Tirol (verbreitet). – In der Schweiz im Alpengebiet verbreitet, im Mittelland und im Jura ziemlich zerstreut.

Ändert ab: 1. var. *dasyphyllum*. Stengel und Blätter kahl, Blütenstand mehr oder weniger drüsig behaart. Blüten ziemlich klein, weiß oder rosa, die Kronblätter 3–4 mm lang. – So am weitesten verbreitet.

2. var. *Donatianum* VISIANI et SACC. (1869). Weicht von var. *dasyphyllum* durch verlängerte Stengel, größere Blüten und gelbliche Kronblätter ab. – Gelegentlich in Südtirol (Canal San Bovo im Fassatal, Monte Baldo, zwischen Artillonzin und Artilone).

Fig. 60. *Sedum dasyphyllum* L. (Aufn. P. MICHAELIS)

Fig. 61. *Sedum dasyphyllum* L. Straßenmauer im Pitztal in Tirol (Aufn. TH. ARZT)

3. var. *glanduliferum* (GUSSONE) MORIS (1840–43). Stengel und Blätter zumindest in der Jugend drüsig behaart. Blüten wie bei var. *dasyphyllum*. – So angeblich bei Streitberg im Fränkischen Jura und mehrfach im Wallis.

Begleitpflanzen. *Sedum dasyphyllum* ist eine ausgesprochene Felsenspaltenpflanze der montanen und subalpinen Stufe der Alpen. Auf Kalk erscheint die Pflanze oft zusammen mit *Kernera saxatilis* (L.) RCHB., *Potentilla caulescens* TORNER, *Globularia cordifolia* L., *Asplenium Ruta-muraria* L., *Thymus pulegioides* L. usw., auf Silikatgestein mit *Asplenium septentrionale* (L.) HOFFM., *Ceterach officinarum* LAM. et DC., *Allium sphaerocephalum* L., *Silene rupestris* L., *Sedum annuum* L., *Sempervivum arachnoideum* L., *Saxifraga aspera* L. usw. wie auch in der Flaumeichen-Stufe mit *Parietaria ramiflora* MOENCH. Seltener ist *S. dasyphyllum* auch auf Ruhschutt, ganz ausnahmsweise sogar in Äckern zu finden. Weiter erscheint das Pflänzchen auf felsigem Boden in den Beständen von *Pinus silvestris* oder im lichten Mischwald der Arve und Lärche. Sehr verbreitet ist es dann vor allem in der Felsenheide der südlichen Alpentäler und im Mittelmeergebiet.

Blütenverhältnisse. Nach STAEGER sind die Blüten ausgesprochen proterogyn. Während die Stylodien bereits aus einer Öffnung der Knospe herausragen oder in der sich öffnenden Blüte mit den reifen Narben zu spreizen beginnen, sind noch alle Antheren vollständig geschlossen.

Der vegetativen Vermehrung dienen die in den Blattachseln entspringenden, abfallenden Äste, die aus den Achseln der unteren Laubblätter entspringen. Sie tragen an der Spitze eine Rosette von Laubblättern, am Grunde zahlreiche, oft schon an der Mutterpflanze sich entwickelnde Adventivwurzeln. Diese Sprosse fallen samt dem sie tragenden Laubblatt von der Mutterpflanze leicht ab; das halbkugelige Tragblatt gibt dem jungen Trieb seinen Vorrat an Wasser- und Nährstoffen ab und ermöglicht infolge seiner Form zuerst wohl auch ein Fortbewegen auf geneigter Unterlage.

Inhaltsstoffe. Nach FRIGOT enthält die Pflanze Gerbstoffe und Anthozyane, vielleicht auch Flavonoide. Ihre Asche enthält 0,04% Na, 6,7% K und 28,6% Ca.

1390. Sedum villosum L., Spec. plant. 432 (1753). Behaarter Mauerpfeffer, Moor-Mauerpfeffer. Taf. 140, Fig. 2; Fig. 62 und 63.

Zwei-, seltener einjährig oder ausdauernd, 5–20 (25) cm hoch. Wurzel einfach, unverdickt, faserig. Stengel aus niederliegendem, mit Adventivwurzeln versehenem Grunde aufsteigend, einfach oder am Grunde verzweigt, besonders oberwärts drüsig behaart. Laubblätter wechselständig,

Fig. 62. *Sedum villosum* L. Am Katschbergpaß, blühend
(Aufn. TH. ARZT)

Fig. 63. *Sedum villosum* L. Am Katschbergpaß, fruchtend
(Aufn. TH. ARZT)

linealisch, halb-stielrund, oberseits fast flach, stumpf, fleischig, drüsig behaart, 3–8 mm lang, aufrecht oder aufrecht-abstehend. Blüten zu wenigen in lockerer Doldentraube, auf 3–8 mm langen, drüsig-behaarten Stielen. Kronblätter 5, eiförmig, 3–4,5 mm lang, rosarot, am Rücken mit dunkleren Streifen, zuweilen drüsen-haarig. Staubblätter 10, zuweilen aber nur 5 oder 6, kürzer als die Kronblätter; Staubbeutel kurz, breit, rot. Balgfrüchte 5, aufrecht, 4–5 mm lang. Samen längsrunzelig, hellbraun. – Chromosomenzahl: 2 n = 30. – VI, VII.

Vorkommen. Ziemlich zerstreut und nur stellenweise häufig in Quellfluren, in lückigen Quell- und Flachmooren, an Gräben, auf feuchten oder nassen, nicht zu nährstoffarmen, aber kalkfreien reinen oder sandigen Torf- und Moorböden, seltener auch auf feuchten Felsen oder feuchtem Sand, in Zwischenmoor-Gesellschaften oder feuchten humosen Wiesen; von der Ebene bis in die subalpine Stufe (in den Bayerischen Alpen bis 1350 m, im Wallis von 1400 bis 3020 m, im Engadin bis 2300 m, Altmann im Säntisgebiet 2450 m) aufsteigend, besonders verbreitet in der montanen Stufe, in tieferen Lagen seltener. Meidet im allgemeinen kalkhaltige Böden und fehlt aus diesem

Grunde in Kalkgebieten (Jura, Unterfränkisches Muschelkalkgebiet) vollständig oder findet sich daselbst nur auf sandiger oder humoser Überdeckung.

Allgemeine Verbreitung. West-, Mittel- und Nordeuropa bis in die Finnmark, angeblich auch in Algerien; nach Norden bis Island und Grönland, nach Osten bis Litauen und Polen. Die Angaben aus dem Kaukasus sind wohl irrig.

Vorkommen im Gebiet. In Deutschland zerstreut, in Süd- und Mitteldeutschland nördlich bis zur Eifel (die älteren Angaben aus dem Niederrheingebiet sind zweifelhaft), Südwestfalen (Burbach im Kreis Siegen, zwischen Feudingen und Lindenfeld, Wixberg bei Iserlohn), Reinhardswald, am Meißner, im Erzgebirge, in Südthüringen, selten in Brandenburg (zerstreut bis Nauen und Tantow), in Pommern (Stettin), Posen (Meseritz, Jasionne im Kreis Czarnikau, Samsieczno im Kreis Bromberg), West- und Ostpreußen (Belauf Dlugimost, Bartnitzka und Wilhelmstal im Kreis Strasburg bei Tilsit). – In Böhmen und Mähren (Schlesien) im Gebirge verbreitet. – In Österreich zerstreut in Salzburg, Oberösterreich (besonders im Silikatgebiet), in Niederösterreich im Granitgebiet häufig, in der Steiermark ziemlich verbreitet bis in die höheren Voralpen (1700 m), in Kärnten ziemlich verbreitet, in Vorarlberg bei Bregenz (Gebhardsberg, Fußach) und Feldkirch (Ardetzenberg), in Tirol selten im Lechgebiet am Roßberge bei Vils, und angeblich bei Lienz im Drautal. – In Südtirol in den Dolomiten in Villnöß, Seiseralpe (hier recht verbreitet), im Durontal, ob Campitello. – In der Schweiz sehr zerstreut; fehlt wahrscheinlich im Jura vollständig, ebenso im Tessin.

In Mitteleuropa ist *Sedum villosum* wenig veränderlich. Pflanzen mit nur fünf Staubblättern wurden als var. *pentandrum* DC. bezeichnet. Größere Bedeutung dürfte einigen westalpinen Sippen zukommen, wovon eine auf die Schweiz übergreift.

1. var. *villosum* (L.). Pflanze zwei- oder einjährig, ohne nichtblühende Äste. Stengel 5–20 (25) cm hoch. – In dieser Form weit verbreitet.

2. var. *alpinum* HEGETSCHW. (1840). Pflanze ausdauernd, am Grund mit 1 oder 2 nichtblühenden Ästen. Stengel 2–8 cm hoch, reichlich verzweigt. Blüten etwas größer als bei der Nominatrasse. – In den Alpen der Schweiz (Wallis, St. Gotthard, Graubünden, Glarus) und den Grajischen Alpen angeblich endemisch, aber wahrscheinlich in den höheren Lagen der Alpen und in Skandinavien weiter verbreitet.

Begleitpflanzen. Am häufigsten ist die Pflanze auf den Flach- und Übergangsmooren anzutreffen, zusammen mit *Scheuchzeria palustris* L., *Potentilla erecta* (L.) RÄUSCHEL, *Comarum palustre* L., *Viola palustris* L., *Lysimachia thyrsiflora* L., *Trientalis europaea* L., *Menyanthes trifoliata* L., *Scutellaria minor* HUDS., *Pedicularis palustris* L. usw. In höheren Lagen der Alpen bevorzugt sie das Nardetum und Trichophoretum caespitosi und ist oft mit *Eriophorum Scheuchzeri* HOPPE vergesellschaftet. Von selteneren Begleitarten ist *Lomatogonium carinthiacum* (WULF.) RCHB. (z. B. im Saastal) bemerkenswert. Besonders häufig ist die Art an humosen, quelligen Stellen, seltener auf mineralischen Unterlagen, auf feuchtem Sand und Felsen.

Der vegetativen Vermehrung dienen die bei Pflanzen aus höheren Gebirgslagen an den Blattachseln gebildeten, leicht abfallenden Adventivsprosse.

Inhaltsstoffe. *Sedum villosum* enthält nach FRIGOT Sedoheptulose und Vitamin C.

1391. Sedum album L., Spec. plant. 432 (1753). Weißer Mauerpfeffer. Engl.: White Stonecrop. Franz.: Vermiculaire, raisin de ratte (Wallis). Ital.: Erba pignola, pinocchiella; im Tessin: ris di ratt. Sorbisch: Běle mydlěško. Tschechisch: Rozchodník bílý. Slowenisch: Bela homulica. Taf. 140, Fig. 8; Fig. 64 und 65.

Ausdauernd, 5–20 (30) cm hoch, rasenbildend. Grundachse dünn, sterile Äste ziemlich dicht, blühende locker beblättert. Laubblätter grasgrün oder rötlich, fleischig (Taf. 140, Fig. 8b), länglich-lineal, walzlich, fast waagrecht abstehend, 0,5–1,5 cm lang und 1–3 mm dick, stumpf, beiderseits gewölbt, oberseits etwas abgeflacht, kahl. Blüten in reichblütiger, kahler oder sehr spärlich drüsiger, zurückgekrümmter Doldenrispe, auf 1–4 mm langen Stielen. Kelchblätter 5, breit-länglich, 1,3 mm lang, undeutlich 3-nervig, grün. Kronblätter 5, länglich-lanzettlich, kurz zugespitzt, 3–5 mm lang, weiß oder schwach rotviolett. Staubblätter 10, wenig kürzer als die Kronblätter; Staubbeutel rotbraun (Taf. 140, Fig. 8a). Balgfrüchte 5, in die Spitze verschmälert, bis 5 mm lang, aufrecht. Samen länglich, 0,7 mm lang, hellbraun. – Chromosomenzahl: $2n = 32$ oder 64. – VI, VII bis zum Eintritt des Frostes.

Fig. 64. *Sedum album* L. Saaletal bei Breternitz (Aufn. P. MICHAELIS)

Vorkommen. Verbreitet und in vielen Gegenden häufig auf Felsen, sonnigen Geröllhalden, in lückigen Trockenrasen, auf trockenen, steinigen Wiesen und Weiden, an kiesigen Ufern, außerdem angesiedelt auf Mauern, Dämmen, Böschungen, Stroh- und Ziegeldächern; von der Ebene bis in die subalpine (vereinzelt bis in die alpine) Stufe (in den Bayerischen Alpen bis 1820 m, im Engadin [Piz Alv] bis 2200 m, im Unterwallis bis 2500 m aufsteigend). Auf Kalk und Urgestein. Sedo-Scleranthetea-Klassen-Charakterart.

Allgemeine Verbreitung. Süd- und Mitteleuropa (nördlich bis Südengland [?], das südliche Skandinavien, Estland), Balkanländer, Kaukasus, Armenien, Kurdistan sowie Nordwestafrika.

Sedum album tritt im Gebiet in zwei Rassen auf:

Subsp. **album** (L.).

Blätter zylindrisch. Kronblätter 3–5 mm lang, etwas länger als die Staubblätter. – Die in Mittel- und Westeuropa häufigste Unterart.

Verbreitung im Gebiet. In Deutschland einheimisch und ziemlich verbreitet in Süd- und Mitteldeutschland; nördlich bis an den Niederrhein, bis Südostwestfalen, Thüringen, Sachsen (hier auf Felsen im oberen Saaletal und im Elbtal zwischen Pirna und Meißen wohl die nördlichsten natürlichen Vorkommen, sonst zerstreut synanthrop), im Erzgebirge und in Norddeutschland ab und zu verwildert. – In Böhmen in der Mitte und im Norden häufig, in Schlesien bei Troppau. – In Österreich verbreitet in Salzburg, Oberösterreich, Niederösterreich, in der Steiermark bis in die Voralpen verbreitet, in Kärnten und in Krain verbreitet, in Vorarlberg und Tirol verbreitet, und nur in den zentralen Ketten seltener (fehlt im Glocknergebiet vollständig). – In Südtirol und der Schweiz ziemlich verbreitet, doch stellenweise (so vielerorts in den Voralpen) fehlend.

Subsp. **micranthum** (BASTARD ex DC.) SYME in SOWERBY, Engl. Bot. **3** (c. 1864). Syn. *S. micranthum* BASTARD ex DC. (1805).

Laubblätter kürzer, länglich-eiförmig oder verkehrt eiförmig. Kronblätter 2–3 mm lang, länglich-lanzettlich, weiß oder häufig rosa überlaufen, so lang oder etwas kürzer als die Staubblätter. – In typischer Ausbildung in Süd- und Ostspanien, Katalonien, Südfrankreich und Sizilien, vielleicht in der Schweiz in den südlichen Walliser Alpen (angenähert bei Zermatt, am Großen St.

Fig. 65. *Sedum album* L. Am Südfuß des Hochkönigs (Aufn. P. MICHAELIS)

Bernhard, Tanneverge ob Salvan) und im Jura; angeblich auch in Niederösterreich, im Gurhofgraben bei Aggsbach an der Donau auf Serpentinfelsen. Wahrscheinlich handelt es sich im letztern Falle nur um eine reduzierte Serpentinform des Typus. – Kleinblütige Formen der typischen Unterart sind von subsp. *micranthum* häufig nicht sicher zu unterscheiden.

Begleitpflanzen. Von den natürlichen und Halbkulturassoziationen, in denen die Pflanze auftritt, sind zu erwähnen: Die Felsflur, wo sie vor allem oberflächliche, humuserfüllte Mulden und Vorsprünge besiedelt, dann das Festucetum vallesiacae und Koelerietum vallesianae der trockenen Täler der Zentralalpen, das Brometum erecti der sonnigen und trockenen Hänge sowie die Karstheide. Hinsichtlich der Bodenunterlage scheint S. album ziemlich indifferent zu sein; denn fast ebenso häufig wie auf Kalk wird es von Standorten mit kalkreicheren oder kalkärmeren Silikatgesteinen erwähnt, so auf Granit, Gneis, Porphyr, ebenso auf Sandstein, Basalt, Dolomit, Sand, Löß usw. Hierauf deutet auch das Vorkommen auf Strohdächern und auf Bäumen (z. B. als Gelegenheitsepiphyt auf Bergahorn), wo der Pflanze sehr wenig anorganische Nahrung zur Verfügung steht. In den Kalkalpen besiedelt S. album gern die nach Süden exponierten Felswände sowie – und zwar dann konkurrenzlos – die vorspringenden, mit wenig Humus bedeckten Felsbänder und Nischen, wo es als Oberflächenpflanze einer weitgehenden Austrocknung ausgesetzt ist. – Im Alpengebiet, im Jura und mancherorts in Mitteldeutschland kommt auf S. album die Raupe des Apollofalters (*Parnassius Apollo* L.) vor.

Blütenverhältnisse. Die Blüten sind ausgesprochene Honigblumen und meist proterandrisch, seltener homogam. Beim ersten, noch nicht vollständigen Öffnen der Blüte bewegen sich die kelchständigen Staubblätter nach GÜNTHART nach innen und beginnen zu stäuben, um nach einiger Zeit noch stäubend an die Peripherie der Krone zurückzukehren; gleichzeitig bewegen sich die äußeren Staubbeutel nach der Blütenmitte zu und beginnen zu stäuben. Erst jetzt beginnen die Griffel, sich auseinanderzuspreizen, und die in der Mitte stehenden Staubblätter biegen sich so rasch zurück, daß sie von den Griffelenden nicht eingeholt werden, wodurch Selbstbestäubung vermieden wird.

Inhaltsstoffe. FRIGOT (1960) wies in *Sedum album* Apfelsäure, Isoapfelsäure, Sedoheptulose, Gerbstoffe, Flavonoide und Vitamin C nach, außerdem Alkaloide. Sonst liegt über diese Art nur noch eine Aschenanalyse vor: 65% CaO, 9,2% K_2O, 4,7% Na_2O, 2,9% MgO, 1,4% Fe_2O_3, 6,3% P_2O_5, 2,8% SO_3, 5,8% SiO_2, 2,0% Cl (nach WEHMER).

Verwendung. Wegen seiner langen Blütezeit und seiner Anspruchslosigkeit wird S. album gern in Gärten für Felsenpartien verwendet. Da und dort werden die Blätter auch als Salat gegessen. Im Zürcher Oberland wird die Pflanze zuweilen in der Nähe von Viehstellen kultiviert; das Kraut soll beim Vieh – angeblich auch beim Menschen – als Aphrodisiacum wirksam sein. Das Kraut, Herba Sedi minoris s. albi, diente früher zur Reinigung von Geschwüren und zur Behandlung des Skorbut.

Volksnamen. Die Art führt meist die gleichen Namen wie S. acre, von dem sie öfter durch den Zusatz „weiß" unterschieden wird, z. B. Judendrauf [-traube] (Luxemburg), Wisse Stei(n)rogge(n) (Schaffhausen), Silwerkraut [im Gegensatz zu Goldkraut = S. acre] (Oberhessen), Warzenkraut (Oberbayern). Auch der Name Tripmadam (vgl. S. 87) wird bisweilen für diese Art verwendet.

1392. Sedum Forsterianum SMITH, Engl. Bot. tab. 1802 (1790–1814) „*S. Forsteranum*". Syn. *S. rupestre* L., Spec. plant. 431 (1753) [excl. syn. p. pte.] emend. PRAEGER 1921 non auct. priores. *S. elegans* LEJEUNE (1811). *S. rupestre* L. subsp. *elegans* (LEJEUNE) HEGI et SCHMID (1923). Fig. 66.

Ausdauernd, 10–30 cm hoch, rasenbildend, kahl, Wurzeln dünn faserig. Sprosse kriechendwurzelnd, am Grunde verzweigt. Nichtblühende Triebe an der Spitze dicht, fast rosettig beblättert, die Blätter bereits kurz unter der Stengelspitze abtrocknend, die abgestorbenen lange haftend, bleibend, dem Stengel anliegend und ihn verhüllend; Laubsprosse daher verkehrt-kegelförmig oder verkehrt-eiförmig, an der Spitze meist etwas abgeflacht. Blühende Stengel locker beblättert, aufsteigend bis aufrecht, unverzweigt. Laubblätter fleischig, abwechselnd, linealisch, oberseits stark abgeflacht, mehr als eineinhalbmal so breit wie dick, mit kurzer Stachelspitze, am Grund kurz gespornt, grün oder – bei den mitteleuropäischen Pflanzen durchwegs – bläulich oder grau bereift, aufrecht abstehend mit nach innen gekrümmter Spitze. Blütenstand vor dem Aufblühen nickend. Blüten 5-(seltener 6- bis 8-)zählig, in ziemlich reichblütigen, trugdoldig angeordneten Wickeln. Kelchblätter dreieckig, stumpflich. Kronblätter sternförmig ausgebreitet, länglichlinealisch, stumpf, zwei- bis dreimal so lang wie die Kelchblätter, goldgelb. Staubblätter 10. Balgfrüchte etwa 5–6 mm lang, aufrecht. – VI bis VII.

Allgemeine Verbreitung. Westeuropa von England und Wales bis Nord- und Westspanien, Portugal und Marokko. Die Angaben aus Norditalien sind unwahrscheinlich.

Verbreitung im Gebiet. In Deutschland einzig im Mosel- und Nahetal (am häufigsten in der Umgebung von Trier), in der vulkanischen Eifel, im Hunsrück (Soonwald), im Unterlahntal und von Bingen bis Koblenz. Im benachbarten Lothringen tritt die Pflanze mehrfach auf. – Fehlt in Österreich. – In der Schweiz in den nordwestlichen Landesteilen zu erwarten.

Sedum Forsterianum erinnert durch die lange erhalten bleibenden, abgestorbenen Blätter an das mediterrane *S. tenuifolium* (SIBTH. et SMITH) STROBL, bei dem allerdings zu Beginn der sommerlichen Ruhezeit an den nichtblühenden Trieben sämtliche Blätter vertrocknen. Die sternförmig ausgebreiteten Blüten und das Längenverhältnis von Kelch und Krone teilt die Art mit *S. reflexum* und *S. sediforme*; mit diesem stimmt sie außerdem in den linealischen, stumpflichen Kronblättern überein, unterscheidet sich aber durch die vor dem Aufblühen nickenden Infloreszenzen und die Farbe der Kronblätter, wie auch durch die schmäleren, kaum über 2 mm breiten, weniger fleischigen Laubblätter und die schlankeren Äste.

CLAPHAM, TUTIN und WARBURG (1952) unterscheiden für England zwei Rassen: subsp. *Forsterianum* mit gewöhnlich grünen, nur selten bereiften Blättern und während der Anthese konvexem Blütenstand; in dieser Form wird die Pflanze an feuchten Standorten gefunden; sowie eine subsp. *elegans* (LEJEUNE) WARBURG mit bereiften Blättern und in der Anthese flachen Infloreszenzen. So an trockenen Felsen. Die mitteleuropäischen Belege scheinen demnach zur subsp. *elegans* zu gehören, doch ist nicht geklärt, ob sich diese Unterteilung aufrechterhalten läßt.

Fig. 66. *Sedum Forsterianum* SMITH. *a* Habitus. *b* Kelch.

1393. Sedum reflexum L., Fl. Suec. ed. 2., 463 (1755). Syn. *S. rupestre* L., Spec. plant. 431 (1753) quoad syn. p. pte. et auct. plur.[1]). *S. rupestre* L. subsp. *reflexum* (L.) HEGI et SCHMID (1923). Tripmadam, Felsen-Mauerpfeffer. Engl.: Rock Stonecrop. Franz.: Trique madame. Ital.: Erba grassa, sopravvivolo dei muri. Sorbisch: Skalne mydleško. Tschechisch: Rozchodník skalní. Slowenisch: Skalna homulica. Dänisch: Bjerg-Stenurt. Taf. 140, Fig. 6; Fig. 45 und 67.

Ausdauernd, (5) 10–30 (40) cm hoch, rasenbildend, kahl. Wurzeln dünn faserig. Sprosse kriechend, wurzelnd, am Grunde verzweigt. Nichtblühende Sprosse dicht beblättert, walzenförmig, bisweilen auch etwas keulig, an der Spitze gewöhnlich kegelförmig verschmälert; Laubblätter länger grün bleibend als bei *S. Forsteranum*, die vertrockneten meist hinfällig, niemals den Stengel umhüllend. Blühende Triebe locker beblättert, aufsteigend oder aufrecht, unverzweigt. Laubblätter fleischig, abwechselnd, linealisch, an den blühenden Stengeln auch lineal-lanzettlich, fast walzlich, auf der Oberseite gewölbt, an den sterilen Trieben ein- bis eineinhalbmal so breit wie dick, mit kurzer Stachelspitze, am Grund gespornt, grasgrün oder grau bis bläulich bereift, rund 1–1,5 cm lang und etwa 2 mm breit, anfangs mehr oder weniger aufrecht, später häufig waagrecht abstehend oder zurückgebogen. Blütenstände vor dem Aufblühen nickend. Blüten 5- (seltener 6- bis 7-)zählig, in ziemlich vielblütigen, trugdoldig angeordneten Wickeln. Kelchblätter dreieckig-eiförmig, stumpflich oder spitz. Kronblätter sternförmig ausgebreitet, lineallanzettlich, spitz, zwei- bis dreimal so lang wie die Kelchblätter, goldgelb. Staubblätter 10, fast so lang bis wenig länger als die Kronblätter. Fruchtbälge aufrecht. Samen länglich, 1–1,5 mm lang, längsrippig, dunkelbraun. – Chromosomenzahl: $2n = 34, 68$, circa 112. – VI bis VIII.

---

[1]) Die Diagnose von *S. rupestre* L. bezieht sich eindeutig auf *S. Forsterianum*, aber zumindest eines der darunter genannten Synonyma auf *S. reflexum*. Solange nicht mit Sicherheit bekannt ist, in welchem Sinne der Name *S. rupestre* zuerst eindeutig verwendet wurde, kann er nicht wieder aufgegriffen werden.

Vorkommen. Zerstreut an Felsen oder auf Felsköpfen (besonders auf Silikat), an Wegen, Dämmen, Böschungen und in lockeren Trockenrasen auf basenreichen, aber meist kalkarmen Stein- und Sandböden, in Pioniergesellschaften mit anderen *Sedum*-Arten von der Ebene bis in die subalpine Stufe; außerdem angesiedelt. Festuco-Sedetalia-Ordnungs-Charakterart.

Allgemeine Verbreitung. Skandinavien, Finnland, Mitteleuropa von Frankreich bis in die nördliche Ukraine; angeblich auch im Kaukasus. Alle Angaben aus den Zentral- und Südalpen, sowie aus dem Mittelmeergebiet sind zweifelhaft. Wegen der häufigen verwilderten Vorkommen (z. B. in England und Nordamerika) ist die Klärung des ursprünglichen Areals sehr erschwert.

Vorkommen im Gebiet. In Deutschland in den Alpen einzig bei Ammergau, auf der Schwäbisch-bayerischen Hochebene früher im oberen Teil bei Wielenbach nächst Weilheim und bei Polling, im übrigen Bayern und Württemberg zerstreut (stellenweise wie im Keupergebiet und in der Mittelpfalz häufig), im Bodenseegebiet und im Jura, am Hohentwiel, Hohenkrähen, Mägdeberg. Sonst verbreitet, in Mitteldeutschland ziemlich häufig, doch in den Gebirgen zerstreut, in der Norddeutschen Tiefebene nach Nordwesten zu zerstreut, am Niederrhein sehr zerstreut, fehlt in Ostfriesland, in Oldenburg und in Schleswig, in Holstein bis Wittenbergen-Trittau, im Südosten von Mecklenburg bis Tessin, Güstrow, Schwerin, Ludwigslust, im Nordosten zerstreut, in der Nähe der Ostseeküste selten oder fehlend (mit Ausnahme von Usedom und Wollin, um Mölln bei Lübeck wohl nur verwildert, westlich der Weichsel selten, fehlt in Ostpreußen und im östlichen Polen. – In Böhmen in der Mitte und im Norden zerstreut, im Süden selten (Blatná, Pisek, Klattau); im mittleren und südlichen Mähren häufig, im nördlichen selten. – In Österreich selten in Salzburg (bei Zell am See), fehlt in Oberösterreich, in Niederösterreich bei Raabs, von Hardegg und Retz bis Horn und Ravelsbach, bei Steinegg am Kamp, bei Langenlois, Krems, Mautern, in der Wachau, im Dunkelsteiner Walde, zwischen Enzersdorf u. Th. und Großmugel, bei Groß-Rußbach, am Geißberg bei Rodaun, im Gebiet von Mödling, bei Schottwien, in der Steiermark sehr zerstreut, in Kärnten unsicher (angeblich an der Drau bei Völkermarkt, Deutsch-Bleiberg), ebenso für Südtirol. – In der Schweiz wohl nur im Norden und Osten, nach BECHERER auch im Unterwallis.

Fig. 67. *Sedum reflexum* L. Verbänderte Pflanze.

Begleitpflanzen. *Sedum reflexum* wächst gern auf Felsen, auf Felsschutt, auf Sandfeldern (mit *Corynephorus canescens* (L.) P. B., *Herniaria glabra* L., *Armeria maritima* (MILL.) WILLD. var. *elongata* (HOFFM.) MANSF., *Jasione montana* L. usw.), auf trockenen Wiesen vom Charakter des Brometum erecti und des Brachypodietum pinnati, in den Rasen von *Phleum phleoides* (L.) KARSTEN und von *Festuca heterophylla* LAM. (unter Eichen und Föhren), auf Buschwiesen, in der *Sieglingia*-Heide von Norddeutschland, in der *Cytisus scoparius*-Heide, mit *Pinus silvestris* usw. Häufig wird es apophytisch auf Weinbergsmauern, an Straßenrändern, an Ufern, auf trockenen Äckern sowie auf Bahndämmen beobachtet.

Blütenverhältnisse. Die Blütenstände sind vor dem Aufblühen geotropisch nach unten gekrümmt. Als Besucher der unvollständig proterandrischen Blüten sind besonders Bienen, Syrphiden, Tagfalter und Musciden *(Anthonomyia)* nachgewiesen.

Bildungsabweichungen. In Gärten werden seit Jahrhunderten verbänderte Pflanzen (Fig. 67) gezogen; sehr selten treten solche wildwachsend auf (z. B. bei Prag 1893).

Inhaltsstoffe. Nach FRIGOT führt *Sedum reflexum* Spuren von Gerbstoffen und Flavonoiden, außerdem Isoapfelsäure, Sedoheptulose, Saccharose, Fructose, Glucose, Vitamin C und einen antibiotisch wirkenden Körper. Sonst liegt nur noch eine Aschenanalyse vor: 54% CaO, 11,3% K_2O, 3,5% Na_2O, 4,2% MgO, 1,9% Fe_2O_3, 3% P_2O_2, 4,7% SO_3, 12,9% SiO_2, 4,7% Cl.

Verwendung. Die Spitzen der nichtblühenden Sprosse werden – besonders in Westeuropa – verschiedenen Salaten beigegeben, denen sie einen erfrischenden, etwas zusammenziehenden Geschmack verleihen. Auch als Suppenkraut – allein oder in Mischung – wird das Kraut benützt, sowie als Beilage zu Gemüsen, Salat oder Fleisch. In manchen Gegenden ist die „Tripmadam-Suppe" beliebt. Das Kraut war früher als Herba Sedi minoris flore luteo und ähnlich wie *S. album* in medizinischer Verwendung.

Volksnamen. Der Name Tripmadam stammt aus dem Französischen, wo er als trique-madame, tripemadame bereits im 16. Jahrhundert vorkommt (als Bezeichnung für *Sedum acre*). Die Bedeutung des Namens ist unsicher. Vielleicht mit Weiberdarm zu verdeutschen (französisch tripe = Gedärme).

1394a. Sedum montanum PERR. et SONG. in Billotia **1**, 77 (1864). Syn. *S. rupestre* WILLKOMM (1880), HAYEK (1927) et aliorum. *S. rupestre* L. subsp. *montanum* (PERR. et SONG.) HEGI et SCHMID (1923). Berg-Mauerpfeffer.

Ausdauernd, 5–15 cm hoch, rasenbildend, kahl. Wurzeln dünn faserig. Sprosse kriechend oder hängend, wurzelnd, unterwärts ästig, ziemlich dünn. Unfruchtbare Triebe walzlich oder etwas keulenförmig; Laubblätter nach dem Vertrocknen meist abfallend, sonst locker abstehend. Blühende Stengel aufsteigend oder aufrecht, weniger dicht beblättert, unverzweigt. Laubblätter fleischig, abwechselnd, schmal linealisch, fast pfriemlich bis walzlich, auf der Oberseite etwas abgeflacht, an den sterilen Trieben bis rund um die Hälfte breiter als dick, mit kurzer Stachelspitze, am Grund kurz gespornt, dunkel grasgrün, häufig grau bereift und vielfach braun oder purpurn überlaufen, etwa 1–1,5 cm lang, anfangs mehr oder weniger aufrecht, später oft abstehend oder zurückgebogen. Blütenstände vor dem Aufblühen aufrecht, niemals nickend. Blüten 5- oder 6-zählig, in ziemlich armblütigen, gegabelten Wickeln, eine flache Trugdolde bildend. Kelchblätter lanzettlich, (3-) 4–6 mm lang, sehr spitz, aufrecht. Kronblätter sternförmig ausgebreitet (?), schmal lanzettlich, spitz, rund doppelt so lang wie die Kelchblätter, goldgelb. Staubblätter doppelt so viele wie Kronblätter. Fruchtblätter aufrecht. – VI bis VIII.

Vorkommen. Nicht selten in der montanen und subalpinen Stufe der Südalpen, an Felsen, auf Geröllhalden, Grobschutt- und Felsfluren, in Lärchenwäldern, bisweilen auf Mauern, an Wegrändern und Straßenböschungen, in Südtirol am Ritten bis 1600 m, im Wallis bis 2110 m ansteigend. Nur auf Silikatgestein. Nach BRAUN-BLANQUET Charakterart des Sedetum montani (Sedo-Scleranthion).

Allgemeine Verbreitung. Nordspanien (?), Pyrenäen, West- und Südalpen, westliche und mittlere Balkanhalbinsel.

Vorkommen im Gebiet. Fehlt in Deutschland und dem heutigen Österreich vollständig. In Südtirol oberhalb Bozen auf Porphyr ziemlich verbreitet, in der Schweiz in den Kantonen Graubünden, Tessin, Wallis, Waadt, Neuenburg (hier angeblich Kulturrelikt), sowie im Berner Ober- und Mittelland.

Verwandtschaft. *Sedum montanum* erinnert mit seinen vegetativen Teilen am meisten an *S. reflexum*, womit es auch häufig verwechselt wird, allerdings sind die Äste bei *S. montanum* oft zierlicher und die blühenden Stengel meist niedriger, die Kelchblätter erreichen die halbe Länge der Petalen und sind lang und scharf zugespitzt; der Blütenstand ist durchwegs aufrecht; ob sich die ziemlich wenigblütigen Infloreszenzäste gleichfalls zur Charakterisierung der Art verwenden lassen, bedarf weiterer Beobachtungen. In der Gestalt der Sepalen nähert sich *S. montanum* dem nachfolgenden *S. ochroleucum*, womit es auch von manchen Autoren vereinigt wurde (ROUY & CAMUS, FIORI), doch scheinen die im Schlüssel angegebenen Unterschiede die Trennung zu rechtfertigen.

Blütenverhältnisse. Auf *Sedum montanum* beziehen sich wohl die blütenbiologischen Angaben von STAEGER, wonach die Blüten proterandrisch sind und sich die 6 äußeren Staubblätter zuerst aufrichten, während die 6 inneren nach außen den zitronengelben Petalen anliegen. Dann öffnen sich die Antheren der 6 äußeren Staubblätter, während die Narben noch unentwickelt sind. Später bewegen sich die inneren Staubblätter nach einwärts und können dann mit den etwas tiefer stehenden, inzwischen empfängnisfähig gewordenen Narben in Berührung kommen, so daß dann Selbstbestäubung eintreten kann. Der anfänglichen Proterandrie folgt also die Autogamie. Am Grunde der inneren Staubblätter sitzen 6 schuppenartige, 1 mm breite Nektarien. Die Kelchblätter stehen aufrecht und halten die Blüte zusammen. Als Bestäuber beobachtete STAEGER Bienen und Syrphiden. – Auch den Untersuchungen von GÜNTHART dürfte diese Art zugrunde liegen. Danach bewegen sich zuerst alle Staubblätter rasch nach innen und beginnen zu stäuben. Sobald dann die Griffel sich ausbreiten, drehen sich die Staubblätter nach außen, ohne daß jedoch die Staubbeutel mit den Narben in Berührung kommen. Am Ende der Anthese tritt aber regelmäßig Selbstbestäubung ein durch Einwärtsdrehen der Staubblätter.

1394 b. Sedum ochroleucum CHAIX in VILLARS, Hist. plant. Dauph. **1**, 325 (1786) nec *S. ochroleucum* VILLARS l. c. **3**, 680 (1789) quod ad *S. sediforme* pertinet. *S. rupestre* VILLARS (1789) non L. *S. anopetalum* DC. (1808). *S. hispanicum* LAM. et DC. (1815) nec JUSLEN. *S. rupestre* L. subsp. *ochroleucum* (CHAIX) HEGI et SCHMID (1923). Blaßgelber Mauerpfeffer.

Ausdauernd, 15–30 cm hoch, rasenbildend, kahl. Wurzeln faserig. Sprosse kriechend, wurzelnd, am Grund ästig, grau bereift. Unfruchtbare Sprosse walzenförmig oder etwas keulig; Laubblätter lange am Leben bleibend, die vertrockneten alsbald abfallend. Blühende Stengel locker beblättert, aufrecht, unverzweigt. Laubblätter sukkulent, abwechselnd, linealisch bis lineal-lanzettlich, fast walzlich, oberseits etwas abgeflacht, mit kurzer Stachelspitze, am Grund kurz gespornt, kräftig grau bereift, aufrecht-abstehend. Blütenstände vor dem Aufblühen aufrecht, niemals nickend. Blüten meist 5-zählig, die dichtblütigen Wickel eine flache Trugdolde bildend. Kelchblätter lanzettlich, 5–7 mm lang, spitz. Kronblätter in der Vollblüte aufrecht, nicht oder nur wenig spreizend, lanzettlich, spitz, etwa eineinhalbmal so lang wie die Kelchblätter, gelblich-weiß bis fast weiß. Staubblätter 10. Balgfrüchte aufrecht. – VI bis VII.

Vorkommen. An sonnigen Felsen, trockenen Stellen, in Geröllfeldern niedriger Lagen, gelegentlich an Mauern und Straßenböschungen; im Gebiet nur bei Genf.

Allgemeine Verbreitung. Nordost-Spanien, Südfrankreich, Norditalien, Sizilien, Balkanländer, Ägäische Inseln und Kleinasien.

Verbreitung im Gebiet. Einzig in der Schweiz bei Veyrier nahe Genf. Außerhalb der Grenze am Mont Vuache und am Mont Salève.

Inhaltsstoffe. Diese Art führt nach FRIGOT Gerbstoffe; Alkaloide (Spuren?) und Flavonoide sind zweifelhaft. Die Asche, die 10% der getrockneten Pflanze ausmacht, enthält sehr viel Ca (36,7%) und K (7,6%) und nur 0,53% Na.

1395 a. Sedum sexangulare L., Spec. plant. 432 (1753) emend. GRIMM (1773)[1]. Syn. *S. Sempervivum* GRIMM (1767). *S. mite* GILIB. (1781) nom. illeg. *S. boloniense*[2]. LOISEL. in DESV. (1809). Milder Mauerpfeffer. Engl.: Insipid Stonecrop. Dänisch: Mild Stenurt. Taf. 140, Fig. 5; Fig. 68.

Ausdauernd, 4–10 (18) cm hoch, rasenbildend, kahl. Grundachse reichverzweigt, blühende und nicht blühende Sprosse treibend. Stengel aus niederliegendem Grunde aufrecht. Laubblätter fleischig, walzenförmig, stumpf, stielrund, mit schiefgestutztem und flachem, etwas spornförmig vorgezogenem Grunde sitzend (Taf. 140, Fig. 5 a), glatt, glänzend grün, 3–6 mm lang und bis 1 mm dick, an den blühenden Sprossen locker, an den nichtblühenden dicht 6-zeilig angeordnet, ohne scharfen Geschmack, nach dem Vertrocknen alsbald abfallend. Blüten kurz gestielt, in verzweigten Wickeln. Blütenstandsäste meist 2-blütig. Kelchblätter 5, eiförmig, stumpf, fleischig, 2–2,3 mm lang, bis 1/3 so lang wie die 5 Kronblätter; letztere 3,5–5 mm lang, schmal lanzettlich, spitz, fast waagrecht abstehend, zitronengelb oder seltener bleichgelb. Staubblätter 10; 3–4 mm lang. Balgfrüchte sternförmig ausgebreitet, 3 mm lang, in das 0,7–1 mm lange Stylodium zugespitzt. – VI bis VIII (IX).

Vorkommen. Ziemlich verbreitet auf Felsen, Felsschutt, Sandfeldern, sandigen und kiesigen Fluß- und Seeufern, auf Dünen, in Föhrenwäldern, auf trockenen Wiesen, sonnigen Hügeln und Dämmen, auf Brachäckern, auf Mauern, Dächern, in trockenen, lückigen Pioniergesellschaften; von der Ebene bis in die subalpine Stufe ansteigend (in den Bayerischen Alpen nur bis 900 m,

---

[1]) Die Diagnose von *S. sexangulare* L. (foliis subovatis) bezieht sich sicher nicht auf diese Art, aber zumindest eines der darunter genannten Synonyma gehört hierher.

[2]) Nach der Stadt Boulogne (Bolonia) benannt.

in Nordtirol bis 1700 m, am Monte Baldo bis 2050 m, im Puschlav bis 1900 m). Die Pflanze ist an kein bestimmtes Substrat gebunden. Festuco-Sedetalia-Art.

Allgemeine Verbreitung. Nordspanien, Frankreich, Mitteleuropa, Süd- und Südostschweden. Litauen, Nord- und Mittelitalien, Balkanhalbinsel.

Verbreitung im Gebiet. In Deutschland meist häufig, nur in der Norddeutschen Tiefebene seltener, besonders im Nordwesten. Fehlt in Ostfriesland und auf den vorgelagerten Inseln, ebenso in Mecklenburg nordwestlich der Linie Wismar-Wittenburg. – In Österreich, Böhmen, Mähren und in der Schweiz verbreitet.

Sedum sexangulare ist in Mittel- und Nordeuropa eine sehr konstante Art und weist hier keine auffälligen Abänderungen auf. Dagegen lassen sich in den Balkanländern verschiedene Formen unterscheiden.

Fig. 68. *Sedum sexangulare* L. emend. GRIMM (Aufn. V. ZÜND)

Begleitpflanzen. *Sedum sexangulare* erscheint besonders häufig auf trockenem Sandboden, so an der Ostsee auf der grauen Düne, auf den Sandhügeln des schlesischen Tieflandes, hier zusammen mit *Aira caryophyllea* L., *Festuca ovina* L., *Corynephorus canescens* (L.) P. B., *Gypsophila fastigiata* L., *Silene Otites* (L.) WIBEL, *Pulsatilla pratensis* (L.) MILL., *Alyssum montanum* L., *Sedum acre* L. und *S. reflexum* L., *Plantago indica* L., *Helichrysum arenarium* (L.) MOENCH usw., ferner in der montanen und subalpinen Felsflur, in lückigen Trockenrasen, Steppenwiesen, an Ufern angeschwemmt und über den Grenzgürtel (vereinzelt in dem letzteren trotz der oft mehrere Wochen andauernden Überschwemmungen üppig wuchernd), in Kiefernwäldern, in lichten Gebüschen und in trockenen Kunstwiesen. – In den Alpentälern ist die Art westlich des Gotthardgebietes häufiger als *Sedum acre* und steigt im allgemeinen höher hinauf als diese.

Frucht und Samen. Die Früchte schließen sich bei trockenem Wetter und öffnen sich bei Regen (Hygrochasie). Die Samen werden durch das Wasser verbreitet, gelegentlich auch durch Ameisen verschleppt.

Inhaltsstoffe. Nach FRIGOT enthält *Sedum sexangulare* Apfelsäure, Sedoheptulose und Alkaloide.

Verwendung. In den oberösterreichischen Gebirgstälern schmücken die Bauern die Heiligenbilder mit Kränzen aus *Sedum sexangulare*, die dann wochenlang weitergrünen und blühen. – Im Garten der Fürstbischöfe von Eichstätt (Hortus Eystettensis, 1613) wurde die Pflanze als „Sedum minus sive vermiculare" gezogen.

1395b. Sedum Hillebrandtii[1]) FENZL in Verh. Zool. Bot. Ges. Wien 6, 449 (1856) „*S. Hillebrandii*".
Ungarischer Mauerpfeffer

Ausdauernd, 5–10 cm hoch, rasenbildend, kahl. Grundachse ästig, mit blühenden und nichtblühenden Trieben. Blühende Sprosse aus liegendem Grund aufrecht. Laubblätter fleischig, zylindrisch, gegen die Spitze verschmälert, stumpflich, am Grunde kurz spornartig vorgezogen, sitzend, papillös, nicht glänzend, rund 5 mm lang und bis 1 mm dick, an den nichtblühenden

---

[1]) Nach F. HILLEBRANDT (1805 bis 1860), der diese Art aus Ungarn mitbrachte und im HOSTISCHEN Garten in Wien (dem heutigen Alpengarten des Belvedere), dessen Betreuer er war, kultivierte. In diesem Garten war zu jener Zeit ein Großteil der österreichischen Flora zu sehen (nach JANCHEN und WANNENMACHER).

Trieben dichter stehend als an den blühenden; die abgestorbenen Blätter lange am Stengel haftenbleibend. Blüten in Scheindolden; Blütenstandsäste etwas aufgerichtet, ziemlich vielblütig. Kronblätter lanzettlich, spitz, goldgelb, rund 6 mm lang. Samen gelblich-braun. Sonst der vorangehenden Art sehr ähnlich.

Vorkommen. Nach Soó (1951) vor allem in den xerothermen Steppenrasen des Festucetum vaginatae und Festucetum sulcatae.

Allgemeine Verbreitung. Im pannonischen Florengebiet endemisch.

Verbreitung im Gebiet. Nur in Österreich im Burgenland an trockenen Stellen beim Neusiedler See.

Sedum Hillebrandtii nähert sich in der Blattform dem west- und mitteleuropäischen *S. sexangulare*; die lange am Stengel erhalten bleibenden abgetrockneten Blätter teilt es mit *S. Sartorianum* BOISS., dem D. A. WEBB – zweifellos mit Recht – das *Sedum Hillebrandtii* als Unterart zuordnet. Der Bearbeiter wäre dem gern gefolgt, wollte aber die noch unveröffentlichte Neukombination nicht vorwegnehmen. *S. Sartorianum* wächst in Mazedonien und den Gebirgen Nord- und Mittelgriechenlands. Die Stengel verholzen am Grund merklich und sind kräftiger als bei *S. Hillebrandtii*. In Serbien und Rumänien treten nach WEBB intermediäre Formen auf.

1396. Sedum annuum L., Spec. plant. 432 (1753). Syn. *S. saxatile* DC. (1805).
Einjähriger Mauerpfeffer. Taf. 139, Fig. 8; Fig. 69.

Einjährig, 4–15 cm hoch, kahl, mit einfacher, unverdickter Wurzel, am Grunde ohne Laubsprosse. Stengel aufrecht, meist vom Grunde an ästig. Laubblätter wechselständig, linealisch, halb-stielrund, stumpf, fleischig, gegen den Grund verschmälert, 4–6 (10) mm lang. Blüten 5-zählig, in reichlich verzweigten, später verlängerten, lockeren Wickeln, auf etwa 1,5 mm langen Stielen. Kelchblätter stumpf-eiförmig oder länglich, 2–2,5 mm lang. Kronblätter 5, länglich-eiförmig oder lanzettlich, spitz, gelb, 3–4 mm lang, die zehn 2,5–3 mm langen, gelben Staubblätter überragend. Balgfrüchte mit dem kurzen Stylodium 5 mm lang, nur wenig abstehend. Samen länglich, 0,5–0,6 mm lang, braun, längsrunzelig. Chromosomenzahl: 2n = 22. – VI bis VIII.

Vorkommen. Zerstreut, aber stellenweise häufig an Felsen, auf Felsköpfen, an Mauern oder auf Mauerkronen, an Dämmen oder Straßenböschungen, auf Feinschutt-Halden, auch im Flußgeröll oder in steinigen lichten Wäldern auf nicht zu trockenen, grusigen, oft humosen, basenreichen, aber kalkarmen Unterlagen, Charakterart des Sclerantho-Sempervivetum arachnoidei BR.-BL. 1949 (Sedo-Scleranthion), auch in den entsprechenden, aber verarmten Gesellschaften, in der montanen (in den Südalpen schon bei 200–300 m) und alpinen Stufe (Tirol 2100 m, Puschlav 2780 m, Wallis 2800 m).

Allgemeine Verbreitung. Grönland, Island, Skandinavien, Pyrenäen, Cevennen, Alpen, Vogesen, Schwarzwald; Gebirge Spaniens, Korsikas, Mittel- und Unteritaliens, der Balkanhalbinsel, sowie in Kleinasien und im Kaukasus.

Fig. 69. *Sedum annuum* L. Straßenmauer im Pitztal in Tirol
(Aufn. TH. ARZT)

Verbreitung im Gebiet. In Deutschland im Allgäu, und zwar einzig am Grünten (auf Kreide unter dem Hotel), im Schwarzwald [im Bereich des Wiesentales (Schönau-Todtnau), Feldberggebiet, im Münstertal (z. B. Scharfenstein), Belchen und Blauen, im Dreisamtal-Hölltal (z. B. Hirschsprung), St.-Wilhelm-Tal, Elztal] von 300 bis 1400 m; außerdem im Fichtelgebirge angepflanzt und eingebürgert. — In Böhmen bei Tetschen eingeschleppt. — In Österreich sehr selten in Salzburg und in Oberösterreich auf dem Hohen Priel, Klinserscharte; fehlt in Niederösterreich; in der Steiermark und in den Urgebirgsvoralpen ziemlich verbreitet; in Kärnten ziemlich verbreitet; in Tirol verbreitet im Gebiet der silikatischen Zentral- und Südalpen, auf kalkreicheren Gesteinen der Zentralalpen seltener (Oberinntal, Brenner, Kitzbühlergebirge, Tauern), in den nördlichen und südlichen Kalkalpen selten, in Vorarlberg einzig zwischen Hopfreben und Schröcken, Freschen (auf Kreide), Hochgerach, Arlbergstraße ob Stuben. — In der Schweiz auf Silikat verbreitet.

Begleitpflanzen. *Sedum annuum* ist eine ausgesprochen kalkfliehende Pflanze. An trockenen Felsen der Silikatalpen erscheint es in der subalpinen Stufe gern in Begleitung von *Rhacomitrium canescens* (HEDW.) BRID. und *Rh. lanuginosum* (HEDW.) BRID., *Asplenium septentrionale* (L.) HOFFM., *Minuartia striata* (L.) MATTF., *Silene rupestris* L., *Saxifraga aspera* L., *Sempervivum arachnoideum* L., *Thymus pulegioides* L., *Veronica fruticans* JACQ. usw. In den Alpentälern tritt das Pflänzchen an tief gelegenen Standorten nicht selten an Straßenrändern und Mauern auf, in Gesellschaft von *Urtica dioica* L., *Silene Cucubalus* WIBEL, *Trifolium repens* L., *Lotus corniculatus* L., *Lappula Myosotis* MOENCH, *Hieracium staticifolium* ALL. Im Schwarzwald wächst die Pflanze im Sileno-Sedetum zusammen mit *Silene rupestris* L.

Blütenverhältnisse. Die hellgelben Blüten sind proterogyn; die Narben sind bereits beim Aufblühen empfängnisfähig. Die der Fremdbestäubung dienenden äußeren Staubbeutel springen zuerst auf, die der Selbstbestäubung dienenden inneren folgen später und stehen gleich hoch wie die Narben. Dadurch wird eine Selbstbestäubung unvermeidlich.

Bildungsabweichungen. Häufig kommen 6-zählige Blüten vor; seltener ist eine Vermehrung der Fruchtblätter zu beobachten. Bei ausbleibender Fruchtreife werden einzelne der vegetativen Vermehrung dienende, rosettentragende Ausläufer gebildet.

Inhaltsstoffe. Die Pflanze führt nach FRIGOT Sedoheptulose und Vitamin C.

1397. Sedum acre L., Spec. plant. 432 (1753). Scharfer Mauerpfeffer. Engl.: Wall-pepper. Franz.: Poivre de muraille, orpin brûlant, gazon d'or, mousse jaune, vermiculaire brûlante, petite joubarbe. Ital.: Borracina, erba pignola. Sorbisch: Popjerjane mydleško, Tučne mužiki. Poln.: Rozchodnik ostry. Tschech.: Svalníček, samorost, rozchodník prudký. Slowenisch: Ostra homulica, bradovicnik (von bradavica = Warze). Kroatisch: Ljuti zednjak, jaric, homuljica. Dänisch: Bidende stenurt. Taf. 140, Fig. 4; Fig. 70.

Ausdauernd, 2–15 cm hoch, rasenbildend, kahl. Wurzel dünnfaserig. Sprosse reichlich ästig, verzweigt, teilweise unterirdisch waagrecht kriechend; Zweige aufsteigend, dicht beblättert und unfruchtbar oder einen locker beblätterten, aufsteigenden, einfachen, selten ästigen Blütenstengel tragend. Laubblätter fleischig, eiförmig, oberseits flach, unten gewölbt, stumpflich, mit stumpfem, ungespornten Grunde sitzend (Taf. 140, Fig. 4b), kahl, bis 5 mm lang, 4- bis 6-zeilig angeordnet, von scharfem Geschmack. Blüten in beblätterten trugdoldigen Wickeln auf 1 bis 4 mm langen Stielen. Kelchblätter 5, eiförmig, stumpf, kurz (3 mm). Kronblätter 5, 7–9 mm lang, lanzettlich, spitz, fast waagrecht abstehend (Taf. 140, Fig. 4a), goldgelb, Staubblätter 10, $^2/_3$ bis fast so lang wie die Kronblätter, goldgelb. Balgfrüchte sternförmig ausgebreitet, 3–5 mm lang mit 1 mm langem Stylodium. Samen 0,8 mm lang, längsrunzelig, hellbraun. — Chromosomenzahl: $2n = 16$ und 48. — (V) VI bis VIII.

Vorkommen. Häufig in lückigen Trockenrasen, an Wegen, Dämmen, auf Böschungen, an Mauern, auf Felsköpfen, in Sandfeldern, in Kies-Alluvionen über basenreichen, kalkfreien wie kalkhaltigen, warmen Sand- und Steinböden, auch auf Dächern und in lichten Trockenwäldern; von der Ebene bis in die subalpine Stufe (Seealpen bis 2300 m). Festuco-Sedetalia-Art.

Allgemeine Verbreitung. Ganz Europa, nach Norden bis Island und Lappland; Nordafrika, Westsibirien, Kaukasusländer. In Nordamerika aus Gärten verwildert.

Verbreitung im Gebiet. In Deutschland verbreitet und meist häufig; in den höheren Gebirgen und Voralpen seltener. – In Österreich in Salzburg zerstreut, in Oberösterreich verbreitet, doch in den Kalkvoralpen weniger häufig, in Niederösterreich bis in die Voralpen häufig, in der Steiermark gemein bis in die Voralpen (nur im Ennstal seltener), in Kärnten zerstreut, in Krain verbreitet, in Vorarlberg nicht häufig, in Tirol verbreitet (im Inntal teilweise gemein, ebenso um Kitzbühel). – In Südtirol meist sehr häufig. – In Böhmen und Mähren verbreitet, nur in den höheren Gebirgen selten. – In der Schweiz ziemlich verbreitet; westlich des Gotthardgebietes zerstreut (seltener als *S. sexangulare*) und in der Westschweiz.

Sedum acre ist eine formenreiche und recht veränderliche Pflanze. Sie scheint in mehrere geographische Rassen zu zerfallen, doch fehlen genauere Untersuchungen hierüber. Deshalb ist es angezeigt, die Einheiten vorerst noch nicht in Unterarten umzubenennen.

1. var. *acre*. Mit scharfem, brennendem Geschmack. Laubblätter 3–4 mm lang, dicht dachziegelig angeordnet. Äste der Trugdolden 2- bis 4-blütig. Kronblätter goldgelb, etwa doppelt so lang wie der Kelch. – Verbreitung unbekannt, im Gebiet die weitaus häufigste Sippe. – Es ist wenig wahrscheinlich, daß sich die als var. *sexangulare* (L.) KOCH bezeichnete Pflanze hiervon abtrennen läßt. Sie soll niedriger bleiben als var. *acre*, die Äste der Trugdolde sollen nur 1–3 Blüten tragen und die Pflanze soll keinen scharfen Geschmack aufweisen.

2. var. *Wettsteinii* (FREYN) HEGI et SCHMID. Geschmack unbekannt. Blätter an den blühenden Stengeln dicht gedrängt, bis 8 mm lang. Kronblätter dreimal länger als der Kelch, goldgelb. – Gipfel des Schöckel in der Steiermark, bis in die Holzschläge oberhalb des Sattels hinabsteigend. Nach JANCHEN auch im Land Salzburg (Voralpen) und in Nordtirol (bei Innsbruck).

3. var. *neglectum* (TENORE) ROUY et CAMUS. Geschmack nicht scharf. Pflanze kräftiger als var. *acre*, mit längeren, weniger dicht stehenden Blättern. Kronblätter dreimal länger als der Kelch, zitronengelb. – Eine robuste, im Habitus an *S. reflexum* erinnernde Pflanze, im Mittelmeergebiet (Südfrankreich, Italien, Griechenland) wahrscheinlich verbreitet. Im Gebiet in der Schweiz: Tessin (Madonna del Sasso und auf dem Maggiadelta bei Locarno). Diese sehr zweifelhafte Sippe gehört vielleicht nicht zu *S. acre*.

Fig. 70. *Sedum acre* L. Bei Wetzlar (Aufn. TH. ARZT)

Begleitpflanzen. Wie die vorige Art ist *Sedum acre* häufig an trockenen, sonnigen Standorten anzutreffen, besonders in der montanen und subalpinen Felsflur, in der Schuttflur, am kiesigen Meeresufer, auf Sandfeldern, auf Dünen, in der Steppe (in der ungarischen Tiefebene auch auf salzreicher Unterlage), in geschlossenen Gesellschaften in der *Scleranthus*-Flur (so in Böhmen), in Heidegenossenschaften (so in der Karstheide), im Festucetum rubrae fallacis der subalpinen Stufe der Zentralalpen. Auf den steilen Sandböden der Weichselufer um Thorn tritt *S. acre* im Pinetum silvestris callunosum auf; weitere Begleitpflanzen sind dort *Festuca ovina* L., *Carex ericetorum* POLL., *Anthericum ramosum* L., *Rumex Acetosella* L., *Spergula vernalis* WILLD., *Silene Otites* (L.) WIBEL, *Dianthus arenarius* L. *Gypsophila fastigiata* L., *Pulsatilla patens* (L.) MILL., *Sedum maximum* (L.) SUTER, *Astragalus arenarius* L., *Potentilla arenaria* BORKH., *Viola rupestris* F. W. SCHMIDT u. a. Häufig erscheint *S. acre* auch als Apophyt auf Bahndämmen, Mauern, auf trockenen Wiesen, auf flachen mit Sand oder Kies bedeckten Dächern, in Getreidefeldern, auf Brachäckern und an ähnlichen Standorten.

Blütenverhältnisse. Die Blüten sind proterandrisch. Zuerst bewegen sich die kelchständigen Staubblätter einwärts und stäuben, während die Griffel mit den empfängnisfähigen Narben auseinander spreizen. Erst später wenden sich auch die übrigen 5 Staubblätter nach innen und stäuben. Nur ganz ausnahmsweise gehen die kelchständigen Staubblätter wieder in ihre ursprüngliche Stellung zurück, um hier das Stäuben zu vollenden.

Frucht und Samen. Die Früchte öffnen sich nur bei Regenwetter bzw. in feuchter Luft (Hygrochasie). Nach KINZEL keimen die Samen fast nur im Licht. Eine Ausnahme machten Samen der an eine häufige Verschüttung durch Sand angepaßten Pflanzen von Dünen der Insel Röm, die bei Dunkelheit reichlicher keimten.

Inhaltsstoffe. Das frische Kraut schmeckt zunächst schleimig, dann aber brennend scharf und verursacht ein unangenehmes Kratzen im Hals. Beim Trocknen verliert sich der scharfe Geschmack zum Teil. Innerlich genommen wirkt *S. acre* purgierend und emetisch; auf den Schleimhäuten ruft es Entzündungen und Blasen hervor. Nach GESSNER wurden sogar resorptive Vergiftungen mit Betäubungserscheinungen, Lähmungen und schließlich tödlichem Atemstillstand (am Menschen?) beobachtet. – Die Pflanze fällt unter den *Crassulaceae* durch den Besitz von Alkaloiden auf. Nach BEYERMANN, MÜLLER u. a. handelt es sich dabei um Sedridin, $C_8H_{17}ON$. Dieses Alkaloid zeigt bemerkenswerte pharmakodynamische Wirkungen (Blutdrucksenkung, Atmungslähmung, Mydriasis), wurde aber von der Schulmedizin noch nicht ausgewertet. – Unklarheit herrscht noch immer über die Natur des „scharfen" Stoffes. Auf Grund der Untersuchungen von MARION und anderen an „kanadischem" Material (was damit gemeint ist, bleibt unklar, weil *S. acre* in Kanada nicht vorkommt), die in der Pflanze l-Nicotin und Sedamin $C_{14}H_{21}ON$ nachwiesen, bestand zunächst ganz der Eindruck, dieser Stoff sei mit dem äußerst giftigen Nicotin identisch. Wie dieses hinterläßt er einen brennend scharfen Geschmack im Munde. BEYERMANN, MÜLLER u. a. fanden in Pflanzenmaterial aus Amsterdam beziehungsweise Darmstadt nur Sedridin und auch FRIGOT konnte das Vorkommen von Nicotin nicht bestätigen. Statt dessen fand sich neuerdings eine Reihe weiterer Alkaloide mit Piperidinkern: Sedinin $C_{17}H_{25}O_2N$, Sedinon $C_{17}H_{25}NO_2$, Isopelletierin $C_8H_{15}ON$ und 8-Methyl, -10 phenyllobellidiol. Wegen der gegensätzlichen Befunde vermutet FRIGOT die Ausbildung chemischer Rassen bei *S. acre*, aber der Verdacht, das Material MARIONS gehöre einer ganz anderen Art an, liegt wenigstens ebenso nahe.

Sedamin   Sedridin

Die genannten Alkaloide stehen jenen der *Campanulaceae-Lobelioideae* und der *Punicaceae* chemisch sehr nahe. An weiteren Inhaltsstoffen der Blätter werden angegeben: Rutin, reduzierende Zucker (und zwar über 12% Sedoheptulose), viel Schleim (12,8%), Gummi (30%), Fruchtsäuren (Äpfel-, Bernstein-, Zitronen- und Isozitronensäure), Harz und Wachs (R. WANNENMACHER).

Verwendung. *Sedum acre* findet selten medizinische Anwendung, in der Homöopathie speziell bei blutenden Hämorrhoiden. In der Volksheilkunde wird die Pflanze gegen Epilepsie, als blutdrucksenkendes Mittel namentlich bei Hypertonie, das frische Kraut auch als Purgans, Emeticum und Abortivum gebraucht. Stellenweise wird es zu Umschlägen bei Geschwüren und Hühneraugen, bei Verbrennungen und gegen Hautkarzinom verwendet. Bei Rachendiphtherie soll Gurgeln mit dem Saft günstig wirken. Innerlich wird das Kraut – getrocknet und gepulvert – gegen dysenterische Krankheiten, Skorbut, Wechselfieber und Würmer verwendet. – Im Oberwallis, wo die Pflanze im wilden Zustande fehlt, wird sie allgemein – wie auch anderorts – auf Kirchhöfen gezogen.

Volksnamen. Volksnamen wie Mauerträubchen u.ä. gehen auf die Gestalt und Anordnung der Blätter sowie auf den Standort auf Mauern zurück. Ähnliche Namen sind Katzentraube (Untere Nahe), Hühnerträubchen (rheinisch), Jude(n)träuble (schwäbisch). Auch mit Getreidekörnern vergleicht man die walzenförmigen Blätter, daher Steinweizen (Oberösterreich), Steinroggen (Zillertal), Vögeleroggen (Kärnten). In Liebfrauenbröserl, Himmelbresl (Niederösterreich) sieht man eine Ähnlichkeit mit Brosamen („Bröserln"). Nach den fetten, saftigen, weichen Blättern heißt unsere Art Fettkraut (Gegend von Urach), Fette Gänschen (ehemaliges Ostpreußen), Knorpelkräutich, Knörpala (Schlesien). Namen wie Goldkraut (Oberhessen), Goldblümel (Oberösterreich), Sternblum (Wagbachtal) beziehen sich auf die goldgelben, sternförmigen Blüten. Der scharfe, pfefferähnliche Geschmack der Blätter veranlaßte Namen wie Steinpfeffer, Mauerpfeffer (beide Namen schon gegen Ende des 15. Jahrhunderts), Pfefferkraut (mehrfach im Oberdeutschen). Auf den Standort (steinige Plätze, Mauer, Dächer) weisen hin Steinkraut (mehrfach), Mauerkräutchen, -blümchen (rheinisch), Dachschisser (östlich Wetterau). Die Blätter dienen im Volk häufig zum Vertreiben der Warzen, daher im Oberdeutschen häufig Warzenkraut, -gras. Wie die Große Fetthenne (*Sedum telephium*) heißt man auch den Mauerpfeffer in Oberösterreich Zitterich- oder Ziedererkraut, weil man damit die Hautflechten (mhd. ziteroch „flechtenartiger Ausschlag") zu vertreiben sucht. Als Harnkraut (Volders bei Innsbruck) verwendet man die Pflanze bei Harnverhaltung, als Stierkraut (Niederösterreich) ist sie ein Aphrodisiacum für Kühe. Aus Mauerpfeffer gewundene Kränzchen werden besonders in katholischen Gegenden Süddeutschlands an Fronleichnam als kirchlicher Schmuck verwendet (mit der Prozession herumgetragen), daher Herrgottskraut (Altbayern, Schwaben), Christikraut (Böhmer Wald), Herrgottsrue (Elsaß), Kro(n)lkraut (Bayerischer Wald), Christuskrone, -schweiß (Egerland). Die merkwürdigen Namen Wideritod (Bayerischer Wald), Widertat (Graubünden), Midridat (Oberbayern) gelten sonst für gewisse kleine Farne (z. B. *Asplenium trichomanes*) oder Moose (*Polytrichum*-Arten), denen man eine zauberwehrende Wirkung zuschrieb. Im romanischen Graubünden gelten Namen wie revas d'crap (Bernina), furmentin, verdriol (Puschlav), ris-da-mur, pizade.

1398. Sedum alpestre VILLARS, Prosp. 49 (1779) et Hist. plant. Dauph. 3, 684 (1789). Syn. *S. saxatile* ALLIONI (1785). Alpen-Mauerpfeffer. Fig. 71 a und 71 b.

Ausdauernd, 2–8 cm hoch, lockere Rasen bildend, kahl. Wurzel faserig. Sprosse zahlreich, niederliegend, wurzelnd, ziemlich kurze, dichtbeblätterte, nichtblühende und meist etwas locker beblätterte, aus aufsteigendem Grunde aufrechte, einfache oder verzweigte blühende Stengel treibend. Laubblätter fleischig, im vorderen Drittel keulenförmig verdickt, seltener fast lineal, bis 6 mm lang und bis 2 mm breit, oberseits stark, unterseits schwach abgeflacht, stumpf, mit breitem, abgerundetem, gestütztem, ungespornten Grunde sitzend. Blüten kurz gestielt (Stiel 1–2 mm lang), zu wenigblütigen Wickeln vereinigt. Kelchblätter 5, stumpf, eiförmig, 2–2,5 mm lang. Kronblätter 5 (Fig. 71a,b), länglich-eiförmig, stumpf, hellgelb (selten rot-gefleckt), 3–3,5 mm lang, aufrecht oder nur wenig abstehend. Staubblätter 10, gelb, etwa 2,5 mm lang. Balgfrüchte dick, mit kurzer, 0,3 mm langer Spitze, 3–3,5 mm lang, sternförmig ausgebreitet. Samen länglich, 0,5 mm lang, glatt. – Chromosomenzahl: 2n = 16. – VI bis VIII.

Fig. 71a. *Sedum alpestre* VILLARS. *a* Habitus (⅔ natürliche Größe). *b* Blüte.

Vorkommen. Ziemlich verbreitet, doch stellenweise selten, auf Felsen, Felsschutt, Grus, auf Alluvionen, Moränen, Schaflägern, auf Schneeböden, auch auf Mauern der Alpen, von der subalpinen Stufe (Sellrain und Finkelberg in Nordtirol 1100 m, im Tessin mehrfach bei 1400 m) bis 3500 m (Monte Rosa im Wallis); selten auch herabgeschwemmt (im Tessin zwischen Buseno und Arvigo bis 750 m). Nur auf Silikatgestein und kalkarmem Humus. Nach BRAUN-BLANQUET Salicetea herbaceae-Klassen-Charakterart.

Allgemeine Verbreitung. Pyrenäen, Alpen, französische Mittelgebirge, Vogesen, Sudeten, Karpaten; Apenninen, Korsika und Sardinien.

Verbreitung im Gebiet. In Deutschland selten und nur im Allgäu (Hochgrat, Grünten, Rauheck, Laufbachereck, Kreuzeck, Himmeleck, Höfats, Rappensee, Pointalpe im Bärgündele, Fürschüsser bis 2270 m, Hoher Ifen) und in den Berchtesgadener Alpen (Funtenseetauern). – In Böhmen im Riesengebirge und in Schlesien im Gesenke ziemlich verbreitet und bis ins Vorgebirge herabsteigend. – In Österreich in den Zentralalpen sehr verbreitet, außerdem in Salzburg auf der Glemmerhöhe, Geisstein, Langeck, in Zwing und im Naßfeld, in Oberösterreich bei Weißenbach, im Granitgebiet an der Donau bei Neuhaus, fehlt in Niederösterreich, in der Steiermark, in den Kalkalpen seltener, im Stangalpenzuge, in den Seetaler Alpen, auf der Kor- und Gleinalpe, auf dem Zeiritzkampel, in den Sanntaleralpen, auf der Oistrica, in Kärnten ziemlich verbreitet, in Vorarlberg und Tirol, in den Kalkvoralpen zerstreut und selten. – In der Schweiz in den Zentralalpen ziemlich verbreitet; in den Kalkalpen zerstreut und teilweise fehlend (so in den Kantonen Glarus und Waadt).

Begleitpflanzen. *Sedum alpestre* vertritt das *S. atratum* auf Silikatgestein. In den Alpen erscheint es auf ziemlich trockenen bis feuchten, humosen und mineralreichen Unterlagen und vermag in verschiedene Pflanzengesellschaften einzudringen, gehört aber vorzugsweise den Schneebodengesellschaften an, dem Luzuletum spadiceae, schneewasserfeuchten Felsschutthalden und ähnlichen. Es greift aber auf feuchte Curvuleten über oder findet sich auf Weideflächen und Schaflägern; nur selten tritt es auch ruderal auf Mauern auf. Näheres siehe unter *Cerastium uniflorum* (Bd. **3**, S. 369 der 1. Auflage).

Fig. 71b. *Sedum alpestre* VILLARS. Gornergrat (Aufn. P. MICHAELIS)

1399. Sedum atratum L., Spec. plant. ed. 2., 1674 (1763). Dunkler Mauerpfeffer. Taf. 141, Fig. 4; Fig. 72 und 73.

Überwinternd-einjährig, 2–8 cm hoch, kahl, dunkelpurpurn bis rotbraun überlaufen oder gelbgrün. Wurzel unverdickt. Stengel aufrecht oder am Grunde aufsteigend, einfach oder ästig, Laubblätter schmal keulenförmig, fast steilrund, oberseits nur wenig abgeflacht, stumpf, fleischig, nach dem Stengelgrunde zu einander genähert. Blüten meist 5-zählig, in gedrängten, fast ebensträußigen, wenigblütigen, gestauchten Wickeln. Kelchblätter 5, dreieckig-eiförmig,

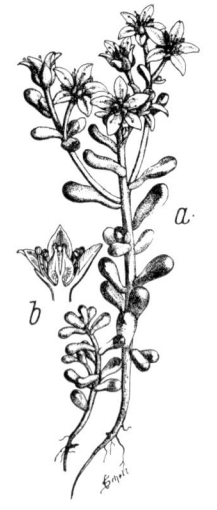

Fig. 72. *Sedum atratum* L.
a Habitus. *b* Längsschnitt durch die Blüte.

Fig. 73. *Sedum atratum* L. Bei Heiligenblut in Kärnten
(Aufn. TH. ARZT)

meist zugespitzt, 2 mm lang. Kronblätter 5, länglich-eiförmig, 3–4 mm lang, weißlich, grünlich oder rötlich. Staubblätter 10, etwas kürzer als die Kronblätter. Fruchtbälge 5, sternförmig ausgebreitet, in die dünne, 0,5 mm lange Spitze verschmälert. Samen länglich-eiförmig, hellbraun, längsrunzelig, 0,5–0,8 mm lang. – Chromosomenzahl: $2n = 16$. – VI bis VIII.

Vorkommen. In den Kalkalpen verbreitet und ziemlich häufig, auf Felsschutt, Kies, Grus, in Spalten von Kalk- und Dolomitfelsen, in den *Carex sempervirens*- und *Elyna*-Halden mit Verbreitungsschwerpunkt im Seslerion und Thlaspeion rotundifolii, von der subalpinen Stufe (in Steiermark von etwa 1000 m an, in Bayern von 1400 m, in Tirol von 1500 m, im Tessin von 1450 m, in Graubünden von 1250 m an; seltener auch tiefer herabsteigend, so in Tirol bei Lienz 676 m und Salurn 224 m) bis in die nivale Stufe (Silvretta 3000 m, Cognetal im Piemont 3100 m). Nur auf kalkhaltiger Unterlage.

Allgemeine Verbreitung. Pyrenäen, Alpen, Südjura, Karpaten (östlich der Tatra), Apenninen und Gebirge der Balkanhalbinsel.

Verbreitung im Gebiet. In Deutschland in den Bayerischen Alpen allgemein verbreitet, herabgeschwemmt bei Füssen, Mittenwald, in der Jachenau (800 m). – In Österreich im Gebiet der Kalkalpen allgemein verbreitet, selten auch in den Silikatalpen der Steiermark auf Kalk (Gumpeneck, im Sunk bei Trieben, auf dem Hochreichart, Seckauer Zinken, Eisenhut usw.). – In der Schweiz in den Alpen verbreitet, vereinzelt bis in die Nagelfluhvorberge (Ruppen und Saurücken in Appenzell, Dürrspitz 1150 m und Grüntisberg-Wald etwa 650 m im Zürcher Oberland); im Jura nordöstlich bis zum Chasseral.

Ändert ab: 1. var. *atratum*. Pflanze gewöhnlich purpurn oder braun überlaufen. Kelchblätter spitz. – So im ganzen Areal der Art.

2. var. *carinthiacum* HOPPE. Pflanze gelbgrün. Kelchblätter stumpf. Kronblätter grünlich-weiß. – Hier und da in den Ostalpen mit dem Typus und stellenweise häufiger als dieser (z. B. im oberen Ötztal; GAMS). In der Schweiz und den Westalpen fehlend.

Begleitpflanzen. Neben den Fels- und Schuttfluren besiedelt das winzige Pflänzchen auch humusreiche Standorte, so u. a. die Bestände von *Dryas octopetala* L., das Elynetum, das Caricetum firmae und Caricetum sempervirentis, die Bestände von *Sesleria albicans* KIT. ex SCHULT. und *Salix retusa* L.

Blütenverhältnisse. Die Blüten sind proterogyn und bleiben mehrere Tage geöffnet. Die äußeren Staubblätter dienen der Fremd-, die inneren der Selbstbestäubung; die letztere ist Regel. Die Fruchtreife erfolgt sehr frühzeitig, zuweilen schon vor Ende August.

Keimung und Entwicklung. Die stets reichlich ausgebildeten Samen keimen nach BRAUN-BLANQUET bereits im Herbst, weshalb beim Ausbleiben einer schützenden Schneedecke an windoffenen Standorten ein großer Teil dem Trockentode verfällt. Die weitere Entwicklung der Keimlinge beginnt unter der Schneedecke.

1400. Sedum hispanicum JUSLEN, Cent. pl. **1**, 12 (1755). Syn. *S. glaucum* WALDST. et KIT. (1805) non LAM. (1778). – *S. sexfidum* M. BIEBERSTEIN (1808). – Spanischer Mauerpfeffer. Fig. 74 a bis d und 75.

Zweijährig, 5–15 cm hoch, ohne Kriechtriebe, nicht rasenbildend, mit dünnem Wurzelhals. Stengel meist am Grund ästig, seltener einfach, aus aufsteigendem Grund aufrecht, meist kahl. Laubblätter wechselständig, 8–15 mm lang, 1 mm dick, fleischig, lineal, halbstielrund, spitz, blaugrün bereift. Blüten meist 6-zählig, in 2- bis 5-ästigen, etwas drüsig behaarten Infloreszenzen, kurz gestielt. Kelchblätter 6, eiförmig, sehr kurz; Kronblätter meist 6 (seltener 7–9), lanzettlich, spitz, 5–7 mm lang, ungefähr 4mal so lang wie der Kelch, weiß mit rötlichem Rückenstreifen, Staubblätter meist 12, ungefähr 1/3 kürzer als die Kronblätter, mit purpurroten Antheren. Karpelle weiß bis rötlich. Balgfrüchte meist 6, gewöhnlich kahl, 3 mm lang, in das Stylodium verschmälert (Fig. 74d). Samen 0,5 mm lang. – Chromosomenzahl: $2n = 14, 28, 30, 40$. – VI, VII.

Vorkommen. Zerstreut und ziemlich selten an feuchten, moosigen, schattigen, seltener an sehr trockenen, sonnigen Felsen, auf Felsschutt, Kies, an felsigen Stellen in Gebüschen, im Buchenwald, an Mauern, Wegrändern; in der montanen und subalpinen Stufe der Alpenländer, im Kanton Glarus bis 1900 m aufsteigend. Auf Kalk und kalkhaltigem Silikatgestein.

Allgemeine Verbreitung. Schweiz, Ostalpen, Italien, Kroatien, Ungarn, Siebenbürgen, mittlere und südliche Balkanhalbinsel, Krim, Kaukasus und Kleinasien.

Verbreitung im Gebiet. In Deutschland nur verwildert oder angepflanzt. – In Österreich in der Steiermark in den nördlichen Kalkalpen im Gebiet der Schneealpe im Kleidbodengraben, unter den Fadnerbodenmauern im Baumtale, auf der Grasgraberhöhe, auf dem Glatzeten Kogel und an der Grasgraberleiten; in Kärnten in den Sanntaler Alpen, Zigguln, Viktring, Kalkgebirge südlich von St. Paul im Lavanttal, Koralm, Twimberger Brücke, Reichenau, Kaiserburg und Reichenauer Alpen, Tal von Heiligenblut, Plöcken, Arnoldstein, Föderaun, Dobratsch, Unterbergen Waidischgraben, Alpen um Ebriach, Uschowa. – In Südtirol am Brenner, auf der Seiseralpe, im Talbecken von Primör, Noanaschlucht, Vette di Feltre, im Val Vestino in Moena und ob Turano, im Gebiet von Trient im Val Tesino und zwischen Bieno und Pieve di Tesino, im Ledrotal bei Lenzumo, Alpe Vies

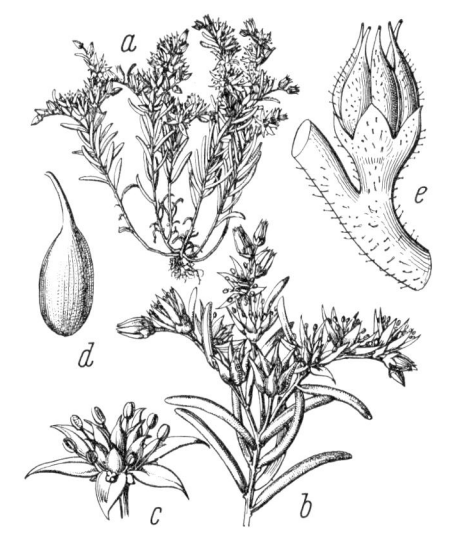

Fig. 74. *Sedum hispanicum* JUSLEN. *a* Habitus. *b* Blütenstand. *c* Blüte. *d* Teilfrucht. – *S. rubens* L. *e* Frucht mit Kelch.

(1500 m), Folgaria (alle carbonare), Servada (Dossi gegen Terragnolo), Castel Corno bei Isera, Chizzola, Monte Baldo, Brentonico, Vall'Aviana, Val Ronchi, Lessinerberge. – In der Schweiz im Tessin (Buzza di Biasca und Generoso), im südlichen Graubünden (Campocologno), nördlich der Alpen vom Brünig bis ins Toggenburg und in die Grabseralpen, besonders im Gebiete des Vierwaldstätter Sees, im Tal von Engelberg, im Isental, bei Silenen, Muottatal, von Lowerz bis Aegeri, bei Walchwyl, vom Etzel bis ins Wäggital, vom Groß Rotstein (Tweralpgruppe) ob Uznach bis Wallenstadt, im Toggenburg (von Nesslau bis Wildhaus und Niederenpass).

In Südosteuropa und Kleinasien ist die Art ziemlich veränderlich; in Mitteleuropa wurde noch keine Abänderung wildwachsend angetroffen.

Fig. 75. *Sedum hispanicum* JUSLEN. Kärnten (Aufn. P. MICHAELIS)

Begleitpflanzen. In den Tälern der Südalpen erscheint *Sedum hispanicum* gern in Begleitung von Moosen [besonders *Homalothecium sericeum* (HEDW.) BR. EUR. und *Campothecium lutescens* (HEDW.) BR. EUR.], von *Asplenium Trichomanes* L., *Phyllitis Scolopendrium* NEWM., *Moehringia muscosa* L., *Lunaria rediviva* L., *Sedum maximum* (L.) SUTER, *Salvia glutinosa* L., *Veronica latifolia* L. em. SCOP., an trockenen Felsen zusammen mit *Ceterach officinarum* LAM. et DC., *Allium montanum* F. W. SCHMIDT, *Sedum album* L., *Sempervivum*-Arten, *Saxifraga paniculata* MILL. usw.

Blütenverhältnisse. Die Blüten sind proterogyn. Die Griffel treten bereits in der Knospe auseinander und tragen dann auch am meisten Papillen. Nach GÜNTHART scheinen die kronständigen Staubblätter ausschließlich für Allogamie, die kelchständigen dagegen für Autogamie prädisponiert zu sein, zumal die letzteren sich während der ganzen Anthese über das Blütenzentrum neigen. KERNER will diese Arbeitsteilung auch noch bei *S. annuum*, *S. atratum* und *S. dasyphyllum*, bei *Sempervivum montanum* usw. beobachtet haben.

1401. Sedum rubens L., Spec. plant. 432 (1753). Syn. *Crassula rubens* (L.) L. (1759). – *Aithales rubens* (L.) WEBB et BERTH., (1836). Rötlicher Mauerpfeffer. Taf. 139, Fig. 9 und Fig. 74 e.

Einjährig, 3–15 cm hoch, Wurzel dünn faserig. Stengel aufrecht oder aufsteigend, einfach oder ästig, stielrund mit 4 herablaufenden Leisten, rötlich, im oberen Teil kurzdrüsig. Laubblätter fleischig, wechselständig, linealisch, halb-stielrund, oberseits flach oder rinnig, stumpflich, am Grunde ungespornt, kahl, an der Spitze und am Rand papillös, blaugrün, 10–25 mm lang, bis 2 mm dick, abstehend. Blüten 5-zählig, in einer meist 3-ästigen Trugdolde, fast sitzend oder auf bis 3,5 mm langen, dicken, drüsigen Stielen. Kelchblätter 5, etwa 1 mm lang, dreieckförmig, spitzlich. Kronblätter 5, lanzettlich, spitz, spreizend, weißlich oder rosa mit dunklerem Mittelnerv, außen behaart. Staubblätter 5, mit roten Antheren. Balgfrüchte 5, am Grunde miteinander verwachsen, 3,5 mm lang, plötzlich in die 1 mm lange Spitze verschmälert, drüsenhaarig (Fig. 74 e) bei der Fruchtreife spreizend. Samen zahlreich, länglich, 0,5 mm lang und 1 mm breit, längsrunzelig, braun. V, VI.

Vorkommen. Zerstreut und selten auf Äckern, Brachfeldern, in Weinbergen, an Wegrändern, auf Felsen, Mauern, in Kiesgruben; auf rohen oder stickstoffbeeinflußten Sand- und Lehmböden in Pioniergesellschaften mit *Chenopodium*-Arten usw.; nur im südwestlichen Deutschland und in der Schweiz in der Ebene.

Allgemeine Verbreitung. Mittelmeergebiet einschließlich der Kanarischen Inseln und Westeuropa (nördlich bis Belgien).

Verbreitung im Gebiet. In Deutschland im südlichen Baden (Leopoldshöhe, Weinstetten, Weil, Lörrach, Hörnlein, Isteiner Klotz, zwischen St. Georgen und Thiengen, bei Karlsruhe, Griesheim) und in der Rheinprovinz (um Trier zwischen Euren und Zewen und zwischen Balduinshäuschen und Euren). Adventiv im Hof des Schwetzinger Schlosses in Baden (1901 bis 1903). – Fehlt in Österreich gänzlich. – In der Schweiz bei Eglisau, Würenlos, Baden (Goldwand), um Brugg, bei Stetten, Wohlenschwyl, Niederlenz, Wildegg-Möriken, um Basel (bei Pratteln, Muttenz, Dornach, Birsfelden, Bruderholz, Rütihard, zwischen Wiesenbrücke und Klein-Hüningen, bei Bettingen und Riehen), im Kanton Waadt (bei Lausanne, St. Prex, Allaman, Coppet, Nyon, Romainmotier usw.) und um Genf; früher auch bei Lugano.

Begleitpflanzen. Diese ausgesprochen mediterrane Art gehört in Baden ähnlich wie *Blackstonia perfoliata* (L.) HUDS., *Colutea arborescens* LAM., *Rhynchosinapsis (Brassica) Cheiranthos* (VILLARS) DANDY, *Lepidium graminifolium* L., *Veronica acinifolia* L., *Heliotropium europaeum* L., *Calendula arvensis* L., *Podospermum laciniatum* (L.) DC. usw. zu den echten „Thermophyten", deren Verbreitung nicht oder nur wenig über die Grenze des Weinbaues hinausgeht. Am Isteiner Klotz erscheint *S. rubens* auf Äckern neben *Nigella arvensis* L., *Erucastrum nasturtiifolium* (WILLD.) O. E. SCHULZ und *Neslia paniculata* (L.) DESV.

Bastarde.

Die wenigen für die Gattung *Sedum* angegebenen Bastarde müssen zum Teil als sehr zweifelhaft angesehen werden.

1. *Sedum acre × annuum* soll in Norwegen vorkommen.
2. *S. acre × sexangulare; S. × Fuereri* K. WEIN (1912) wird für den Harz und den Küchelberg bei Meran angegeben.
3. *S. annuum × alpestre; S. × engadinense* BRUEGGER (1882) in Graubünden.
4. *S. annuum × atratum; S. × Derbezii* PETITMENGIN (1906) in den Seealpen.
5. *S. annuum × sexangulare; S. × erraticum* BRUEGGER (1882) in Graubünden.
6. *S. maximum × Telephium* subsp. *Telephium* soll nach BERGER häufig in Gärten und wohl auch im Freien entstehen.

374b. Rhodiola[1])
L. Spec. plant. 1035 (1753) Rosenwurz

Wichtigste Literatur: A. BORISSOVA in Fl. URSS **9**, 24 (1939).

Zwergstrauch mit ästigem Stamm und an den Zweigenden rosettig gehäuften Blättern oder krautige Pflanzen mit ausdauerndem, einfachem oder verzweigtem, mit einem Schopf grüner Laubblätter oder mit trockenhäutigen Niederblättern (nur so im Gebiet) besetztem Wurzelstock. Blühende Äste aus den Achseln der genannten Rosettenblätter oder Rhizomschuppen entspringend, unverzweigt, alljährlich bis zum Wurzelstock absterbend. Laubblätter etwas sukkulent, wechselständig, flach, gezähnt, gekerbt oder ganzrandig. Blütenstand dicht gedrängt, flach oder halbkugelig trugdoldig, seltener traubig. Blüten mitunter zwitterig, meist aber eingeschlechtig, 4-, selten 5-zählig. Kelchblätter frei oder nur wenig verwachsen. Kronblätter frei, ziemlich schmal, sternförmig ausgebreitet oder mehr oder weniger glockig aufgerichtet, in weiblichen Blüten öfters fehlend. Staubblätter doppelt so viele wie Kronblätter, in weiblichen Blüten völlig unterdrückt; Staubfäden frei. Fruchtblätter 4 oder 5, in männlichen Blüten verkümmert und zum Teil in geringerer Zahl, unter sich frei, mit zahlreichen Samenanlagen.

Rhodiola ist mit über 50 Arten in der Arktis und den Gebirgen der nördlichen Hemisphäre verbreitet; ihren größten Artenreichtum entfaltet die Gattung in Ost- und Innerasien.

---

[1]) Das Rhizom war früher als Radix Rhodiae, griechisch ῥοδία ῥίζα (rhodía rhíza) = Rosenwurzel, offizinell. Rhodiola ist eine schlecht gebildete Verkleinerungsform von ῥοδία oder ῥόδον (rhodon) = Rose. Der Wurzelstock riecht rosenähnlich.

Seit SCOPOLI hat sich der Gebrauch eingebürgert, *Rhodiola* als Sektion zu *Sedum* zu ziehen, wohl vorwiegend mit Rücksicht auf die habituell ähnlichen Arten der Sektionen *Aizoon* und *Telephium*. Diese äußere Ähnlichkeit darf aber nicht im Sinne einer wirklichen Verwandtschaft begriffen werden, eher handelt es sich – bei *Rhodiola* wie auch den genannten *Sedum*-Sektionen – um gleichlaufende Anpassung zunächst strauchiger oder halbstrauchiger Ausgangsformen an alpine Lebensbedingungen, wodurch die so abgewandelten Sippen auch für die wahrscheinlich weit später erfolgte Expansion ihres Areals in die Arktis prädisponiert waren. – Der triftigste Grund zur Abtrennung der Gattung *Rhodiola* von *Sedum* liegt in der scharfen Differenzierung des Vegetationskörpers in Dauerachse und – durchwegs axilläre – Blütensprosse, die sich überdies in ihrer Belaubung unterscheiden. Die stammesgeschichtlich ältesten *Rhodiola*-Arten sind kleine, ästige Sträucher mit endständigen Blattrosetten; die Blütenstengel entspringen aus den Achseln der Rosettenblätter. Darin erinnern sie ganz an die Gattung *Echeveria*. Die abgeleiteten Arten von *Rhodiola* sind durch Stauchung und Verlegung der Dauerachse in Bodennähe ausgezeichnet und die damit verbundene Übertragung der Assimilationstätigkeit auf die Blütensprosse; die Grundachse trägt hier nurmehr trockenhäutige Niederblätter. Es braucht da nur noch an die bei mehreren *Rhodiola*-Arten durch die aufrecht stehenden Kronblätter bedingte glockige oder walzliche Krone erinnert zu werden, und es wird deutlich, daß die Schwierigkeit nicht so sehr in der Abgrenzung der Gattungen *Rhodiola* und *Sedum* als vielmehr in der ziemlich schwierigen Trennung der Gattungen *Rhodiola*, *Echeveria* und *Rosularia* liegt. Immerhin haben die beiden letztgenannten mehr oder weniger deutliche Tendenzen zu Sympetalie. Unter keinen Umständen kann aber der Vereinigung aller dieser Gattungen mit *Sedum* das Wort geredet werden.

Außer der fast im ganzen Areal der Gattung verbreiteten *Rh. Rosea* finden sich in Europa drei weitere Arten: *Rh. quadrifida* (PALL.) FISCH. et MEY., das aus Sibirien und Innerasien bis in das arktische Rußland reicht, *Rh. arctica* BORISSOVA auf der Halbinsel Kola und auf Novaja Zemlja, sowie *Rh. irmelica* BORISSOVA aus dem Ural; die beiden letztgenannten sind mit *Rh. Rosea* sehr eng verwandt und wahrscheinlich nur geographische Rassen dieser weit verbreiteten Art.

In Nord- und Westeuropa findet sich auf *Rh. Rosea* der Rostpilz *Puccinia Rhodiolae* BERKELEY et BROOME. Im Gebiet wurde er noch nicht nachgewiesen (nach GÄUMANN).

1402. Rhodiola Rosea L., Spec. plant. 1035 (1753). Syn. *Sedum roseum* SCOP. (1772). – *S. Rhodiola* DC. (1805). Rosenwurz. Engl.: Rose-root, midsummer-men. Slowenisch: Rodžni koren. Tschechisch: Rozchodnice růžová. Taf. 139, Fig. 7 und Fig. 76 bis 79.

Ausdauernd, 10–35 cm hoch, kahl. Grundachse walzlich, fleischig, nach Rosen duftend, mit zahlreichen Sproßknospen und trockenhäutigen, dreieckigen, mit breitem Grunde sitzenden Niederblättern bedeckt, sich in die spindelförmige Wurzel verschmälernd. Stengel seitlich aus der Grundachse entspringend, aufrecht, unverzweigt, dicklich. Laubblätter wechselständig, flach, fleischig, meist grau bereift, lanzettlich bis elliptisch, mit keilförmig verschmälertem Grund sitzend, spitz, oberwärts am Rand mehr oder weniger gesägt, bis etwa 3 cm lang. Blüten in dichtgedrängter, endständiger Trugdolde, zweihäusig, 4- (seltener auch 3- oder 5-)zählig, sehr selten zwitterig und 4-zählig. Männliche Blüte (Fig. 76c): Kelchblätter 4, schmal-eiförmig, kurz. Kronblätter 4, lineal, 3–4 mm lang, gelblich und meist rötlich überlaufen. Staubblätter 8, die Kronblätter überragend. Fruchtblätter 2–4, jedoch verkümmert, vor den Kronblättern stehend. Weibliche Blüte (Fig. 76b und d): Kelchblätter 4. Kronblätter 4, bis 2 mm lang oder häufiger verkümmert oder fehlend. Balgfrüchte (Taf. 139, Fig. 7a) 4, aufrecht, länglich, 6–12 mm lang, mit kurzer Spitze. Samen 1–1,5 mm lang, braun, länglich. – Chromosomenzahl: $2n = 22$ und 36. – VI bis VIII.

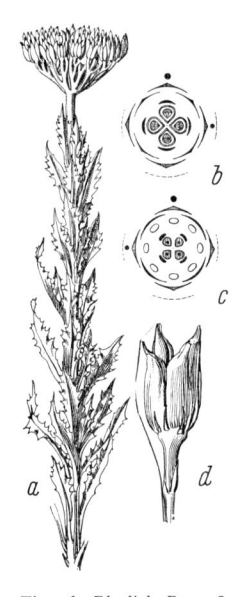

Fig. 76. *Rhodiola Rosea* L. *a* fertiler Sproß einer weiblichen Pflanze. *b* Diagramm einer weiblichen, *c* einer männlichen Blüte (nach EICHLER). *d* Früchte.

Vorkommen: In Felsspalten, auf Felsschutt, Wiesen (Curvuletum), in Gebüschen (Grünerle, Krummholz), selten auch in Quellfluren und auf Torfböden der Alpen (im Tessin [Versasca] bis 900 m, in Niederösterreich im Lueg bis 1200 m hinabsteigend; in den Grajischen Alpen [Grivola] bis 3000 m aufsteigend). Auf Kalk- und Silikatgestein.

Allgemeine Verbreitung. Pyrenäen, Alpen, Vogesen, Sudeten, Karpaten, Gebirge der Balkanhalbinsel (südlich bis Mazedonien und Bulgarien), der Britischen Inseln und Skandinaviens, Lappland, Island, Bäreninsel; Nordrußland, Sibirien, Mongolei, China (Schansi), Grönland, Labrador. Mehrere nahe verwandte Arten im pazifischen Nordamerika von Alaska bis Kalifornien, in Nordkarolina und in Japan.

Verbreitung im Gebiet. Im heutigen Deutschland fehlend. – In Böhmen im Riesengebirge (Kleine Schneegrube, Kesselkoppe, Teufelsgärtchen) und in Schlesien im Hochgesenke. – In Österreich in den Alpen von Salzburg (nur in den Zentralalpen, fehlt in den Kalkalpen), in Oberösterreich selten in den Kalkalpen und den angrenzenden Voralpen: Almkogel bei Weyer, am Hohen Nock, Warschenegg; in Niederösterreich angeblich auf dem Schneeberg und der Raxalpe, sicher auf dem Dürrenstein (um 1600 m), im Lueg 1200 m, Scheiblingstein 1600 m, Hochtor, Gamsstein, in den Alpen des Gesäuses, in Steiermark in den nördlichen Kalkalpen in der Hochtorgruppe besonders am Sulzkaarhund und Hochtor, Eisenerzer Reichenstein, Hochschwab, Gamsstein bei Palfau, häufig in den Niederen Tauern, im Stangalpenzuge, Koralpe, in Kärnten auf der Koralm, Saualm, Feldmauern in Winkel, Reichenau, Reichenauer Garten, Falkhart, Katschtaler Alpen, Klammnock bei St. Oswald, Faschaun, Maltatal, Mallnitzer Tauern, Wallnock, bei Obervellach, Fraganter und Sagritzer Alpen, Scheideck, Pasterze, Knoten und Stagarwände im Oberdrautal, in Vorarlberg einzig an der Damülser Mittagsspitze, in Tirol in den Kitzbüheler Alpen. – In Südtirol sehr verbreitet. – In der Schweiz zerstreut in Graubünden, im Tessin und im Wallis.

Fig. 77. *Rhodiola Rosea* L. Am kleinen Bösenstein, Niedere Tauern; männliche Pflanze (Aufnahme P. MICHAELIS)

Begleitpflanzen. In den Alpen zeigt die Pflanze eine Vorliebe für etwas feuchte und humose Standorte. Sie erscheint in Felsspalten, doch auch in Zwergstrauchheiden und auf Wiesen, so im Wallis im Curvuletum neben *Festuca Halleri* ALL. und *F. violacea* GAUD., *Carex foetida* ALL., *Juncus Jacquinii* L., *J. trifidus* L., *Luzula lutea* (ALL.) DC., *L. alpino-pilosa* (CHAIX) BREIST. und *L. spicata* (L.) DC., *Potentilla grandiflora* L., *P. aurea* TORNER und *frigida* VILL., *Sieversia montana* (L.) R. BR., *Aster alpinus* L. usw. Im Oberwallis und ähnlich auch in Tirol (z. B. im Schlerngebiet) wächst *Rh. Rosea* gern in feuchten Schluchten in den Beständen von *Alnus viridis* (CHAIX) DC., zusammen mit *Ribes petraeum* WULFEN, *Saxifraga rotundifolia* L., *Chrysosplenium alternifolium* L., *Viola biflora* L., *Valeriana montana* L. usw. An eine bestimmte Bodenunterlage ist diese Art nicht gebunden; sie tritt beispielsweise auf den Sudetengipfeln sowohl mit kalkmeidenden Arten wie *Festuca varia* HAENKE, *Poa laxa* HAENKE und *Luzula spicata* (L.) DC., wie mit mehr oder weniger kalkholden Arten auf, wie *Carex rupestris* ALL., *Poa glauca* VAHL, *Saxifraga paniculata* MILL., *Arabis alpina* L., *Aster alpinus* L. usw. In den Alpen erscheint es öfters auch auf Torf, so in den Zwergwacholderheiden und Trichophoreta caespitosi und mit *Juncus triglumis* L., *Saxifraga stellaris* L., *Veronica alpina* L., *Bartsia alpina* L. usw. Im ganzen scheint sie Orte mit Schneeschutz zu bevorzugen, kann jedoch auch als Wintersteher vorkommen und ist mehrfach als Schneeläufer beobachtet worden. – In Skandinavien kommt die Rosenwurz von den Küstenfelsen (besonders auf den Vogelinseln) bis zu den Nunatakkern in den großen Gletschern vor (GAMS).

Fossilfunde: Pollen wurden in spätglazialen Ablagerungen Irlands gefunden (MITCHELL 1953).

Verwendung. Der nach Rosen duftende Wurzelstock wurde als Radix Rhodiae gegen Kopfweh als schmerzstillendes, kühlendes Mittel angewandt, auch als Ersatz für die „Chinawurzel". Nach ZWINGER wurde die Rosenwurzel im 17. Jahrhundert in Italien, Frankreich, Holland und England „wegen ihres lieblichen Geruchs in allen Lustgärten gepflanzt". Heute scheint die Pflanze nirgends mehr regelmäßig kultiviert zu werden. Es ist nicht ausgeschlossen, daß das Vorkommen in den Vogesen, obwohl der Fundort schwer zugänglich ist, auf alte Anpflanzung zurückgeht. Im Dürrensteingebiet wird die Pflanze wegen des Tanningehaltes zum Blutstillen („Blutsigeln") verwendet, in Norwegen pflanzt man sie als „Taklauk" auf Dächer, ähnlich wie anderswo *Sempervivum*-Arten (GAMS).

Fig. 78. *Rhodiola Rosea* L. Kareck am Katschbergpaß, fruchtend (Aufn. TH. ARZT)

Fig. 79. *Rhodiola Rosea* L. Pallentjåkko, Lappland; männliche Pflanze. Man beachte die im Gegensatz zur alpinen Rasse ungewöhnlich breiten Blätter (Aufn. P. MICHAELIS)

375a. Diopogon[1])[2])

JORD. et FOURR., Brev. Pl. Nov. fasc. **2**, 46 (1868). Syn. *Sempervivum* sect. *Jovibarba* DC. (1828). *Jovibarba*[2]) OPIZ, (1852) pro gen., nom. nud. Fransen-Hauswurz.

Ausdauernde, krautige Pflanzen mit sitzenden, hapaxanthen Rosetten, durch Bildung von Tochterrosetten häufig rasenförmig. Rosetten sich in einen einfachen, terminalen Blütensproß verlängernd. Blätter spiralig angeordnet, fleischig, abgeflacht, lanzettlich bis verkehrt eiförmig, ganzrandig, spitz. Blüten zwitterig, 6- oder gelegentlich 5- bis 7-zählig, in endständigen, flachen oder halbkugeligen Scheindolden. Kelchblätter kurz verwachsen, lanzettlich. Kronblätter frei, lanzettlich oder spatelig, am Rücken gekielt, aufrecht, glockig aufgerichtet, am Rand mehr oder weniger drüsig gefranst oder am Vorderrand 3-zähnig blaßgelb oder gelblich-weiß. Staubblätter

---

[1]) Der Schlüssel zu den Unterarten von *D. hirtus* und ihre Beschreibungen, sowie die Angaben der Chromosomenzahlen und der allgemeinen Verbreitung stammen von Herrn Professor C. FAVARGER und F. ZÉSIGER, Neuchâtel. Die hier als Unterarten gewerteten Sippen führen FAVARGER und ZÉSIGER als Arten. – Herrn H. P. FUCHS verdanke ich den Hinweis darauf, daß der Gattungsname *Jovibarba* OPIZ als „nomen nudum" anzusehen und durch *Diopogon* zu ersetzen sei.

[2]) Von griech. Ζεύς [Zeus], Genitiv Διός [Dios] und πώγων [pōgōn] = Bart, also Götterbart. Jovibarba bedeutet dasselbe lateinisch: Jupiter, Genitiv Jovis, und barba = Bart.

doppelt so viele wie Kronblätter. Fruchtblätter gewöhnlich 6, frei, aufrecht, fein drüsenhaarig, mit zahlreichen Samenanlagen. Vor jedem Fruchtblatt eine kurze Drüsenschuppe. Samen klein (etwa 1 mm lang), birnförmig, undeutlich längsgestreift. – Chromosomenzahl (alle Arten untersucht) $2n = 38$.

Die Gattung umfaßt zwei Arten, die beide zur Ausbildung geographischer Rassen neigen. Die meisten Schriftsteller billigen diesen Rassen Artrang zu, aber die Qualität der Unterschiede (man vergleiche nur den Schlüssel zu den Unter-

Fig. 80. *Diopogon hirtus* (JUSLEN) FUCHS ex HUBER. *a–c* subsp. *arenarius* (KOCH) HUBER. *a* Habitus. *b* Kronblatt. *c* Gynözeum. – *d, e* subsp. *hirtus* (JUSLEN). *d* Habitus. *e* Blüte. – *f–h* subsp. *borealis* HUBER. *f* Habitus. *g* Rosette. *h* Kronblatt.

arten von *D. hirtus*) spricht dagegen. Beide *Diopogon*-Arten sind Gebirgspflanzen, nur *D. hirtus* subsp. *borealis* kommt auch in der Ebene vor. Die Gattung ist ganz auf das Alpengebiet, Osteuropa und das östliche Mitteleuropa beschränkt.

Diopogon wird gewöhnlich mit *Sempervivum* vereinigt, was unverständlich ist, da der Blütenbau zwischen den beiden keine größere Übereinstimmung zeigt als die zwischen *Sedum* und *Sempervivum*. Abgesehen von den Zahlenverhältnissen, deren Wert nicht überschätzt werden darf, weicht *Diopogon* durch die glockige oder zylindrische Krone und die gefransten und am Rücken gekielten Petalen von *Sempervivum* ab, dessen Kronblätter ganzrandig und radförmig ausgebreitet sind. Ähnliche Blütenformen sind bei den *Crassulaceae* nicht selten, sehr ungewöhnlich sind aber gefranste oder gezähnte Kronblätter.

Von den beiden hierher gerechneten Arten gehört nur *D. hirtus* der mitteleuropäischen Flora an. Die andere, stark abweichende Art ist *D. Heuffelii*[1]) (SCHOTT) H. HUBER, comb. nov. Syn. *Sempervivum Heuffelii* SCHOTT in Öster. Bot. Wochenblatt. **2**, 18 (1852). Eine in den Gebirgen der Balkanhalbinsel heimische, ausläuferlose Pflanze mit sich im Scheitel teilenden Rosetten. Die Kronblätter sind hier verkehrt eilänglich, am Rücken gekielt, an der Spitze dreizahnig, an den Rändern nicht gefranst. Im Gegensatz zu den spärlich blühenden, durch ausgiebige vegetative Vermehrung ausgezeichneten anderen Arten erscheinen die Blüten bei *D. Heuffelii* regelmäßig. Wird nicht selten unter allen möglichen Namen in Steingärten gezogen.

---

[1]) Nach dem Arzt JOHANN HEUFFEL (geboren 1800, gestorben 1857) benannt, einem eifrigen Erforscher der Pflanzenwelt des Banats.

Blütenverhältnisse. Im Gegensatz zur Gattung *Sempervivum* besitzt *Diopogon* homogame Blüten. Bei *D. hirtus* erfolgt regelmäßig Selbstbestäubung.

Bastarde sind aus dieser Gattung nicht bekannt; solche zwischen den Unterarten von *D. hirtus* sind wegen der getrennten Verbreitungsgebiete und der sparsamen Blütenentwicklung unwahrscheinlich und angesichts der geringfügigen Unterschiede kaum zu erkennen.

1404a. Diopogon hirtus (JULSEN) H. P. FUCHS ex H. HUBER, comb. nov. Syn. *Sempervivum hirtum* JUSLEN, Cent. Pl. **1**, 12 (1755). *Jovibarba hirta* (JUSLEN) OPIZ (1852). Fransen-Hauswurz. Fig. 80 bis 83.

Literatur: W. R. MÜLLER-STOLL und H.-D. KRAUSCH, Verbreitungskarten brandenburgischer Leitpflanzen; 2. Reihe. Wiss. Zeitschr. pädagog. Hochschule Potsdam, math.-naturwiss. Reihe **4** (2), 121 (1959; betrifft *D. hirtus* subsp. *borealis*.

Rosetten mittelgroß oder klein, mit zahlreichen, dünn und kurz gestielten, sich leicht ablösenden Tochterrosetten aus den Achseln der unteren und mittleren Blätter. Rosettenblätter fleischig, sternförmig ausgebreitet oder nach innen zusammenneigend, lanzettlich, eiförmig-lanzettlich oder verkehrt einförmig, spitz, 8 bis etwa 20 mm lang und 2 bis 7 mm breit, am Rand drüsig gewimpert, auf den Flächen kahl, nur bei subsp. *Allionii* auf den Flächen kurz drüsig behaart. Blühender Stengel 8 bis 30 (ausnahmsweise bis 40) cm hoch, zumal oberwärts drüsig behaart. Stengelblätter so lang wie die Rosettenblätter oder häufig etwas länger und etwas schmäler bis doppelt so breit wie diese, kahl oder am Rücken drüsig behaart. Kelchabschnitte am Rand gewimpert, außen kahl oder behaart. Kronblätter 6, lanzettlich, am Rücken flügelig gekielt, an den Rändern fransig gewimpert, 12–17 mm lang, blaßgelb. Staubfäden am Grund drüsig behaart. Fruchtblätter allmählich in das Stylodium verlängert. – Chromosomenzahl (bei sämtlichen Unterarten): $2n = 38$. – VII – IX.

Vorkommen. An sonnigen Felsen und in steinigen Trockenrasen, auch auf Sandböden; von der Ebene bis etwa 2000 m ansteigend, aber mit deutlichem Schwerpunkt in der montanen Stufe.

Allgemeine Verbreitung. Südwest- und Ostalpen, mittleres und nördliches Osteuropa, südwärts bis Ungarn und Jugoslawien sowie in den Karpaten.

Diopogon hirtus gliedert sich in mehrere, räumlich getrennte Unterarten, von denen vier in Mitteleuropa und im Alpengebiet vorkommen.

Schlüssel der Unterarten.

1a Stengelblätter schmäler als die Rosettenblätter, lang zugespitzt. Blühender Stengel meist bis etwa 18 cm hoch. Stengelblätter außen kurz behaart 2

1b Stengelblätter so breit wie die Rosettenblätter oder breiter. Blühender Stengel meist 20 bis 30 cm hoch. Stengelblätter außen behaart oder kahl 3

2a Rosettenblätter gelbgrün, auf den Flächen kurz drüsig behaart. . Subsp. *Allionii* (JORD. & FOURR.) H. HUBER

2b Rosettenblätter frisch grün, auf den Flächen kahl . . . . Subsp. *arenarius* (KOCH) H. HUBER

3a Rosette mehr oder weniger offen, ihre Blätter in oder unter der Mitte am breitesten, sternförmig spreizend oder gerade in die Höhe stehend, ohne roten Fleck . . . . Subsp. *hirtus* (JUSLEN)

3b Rosette kugelig geschlossen, ihre Blätter im vorderen Drittel am breitesten, bogig zusammenneigend, außen an der Spitze mit einem roten Fleck . . . . Subsp. *borealis* H. HUBER

Subsp. **Allionii**[1]) (JORD. & FOURR.) H. HUBER, stat. nov. Syn. *Diopogon Allionii* JORD. & FOURR., Brev. Pl. Nov. fasc. **2**, 46 (1868). *Sempervivum Allionii* (JORD. & FOURR.) NYM. (1879).

---

[1]) Benannt nach dem Botaniker CARLO ALLIONI, geb. 1725 in Turin, gest. daselbst 1804, der in seiner Flora Pedemontana (1785) die Pflanze zuerst beschrieb und abbildete.

Tafel 141

Tafel 141. Erklärung der Figuren

Fig. 1. *Sempervivum Wulfenii* (S. 117). Habitus.
 " 2. *Sempervivum arachnoideum* (S. 110). Habitus.
 " 3. *Sempervivum tectorum* (S. 114). Habitus.

Fig. 4. *Sedum atratum* (S. 96). Habitus.
 " 5. *Saxifraga paniculata* (S. 167). Habitus.
 " 6. *Saxifraga rotundifolia* (S. 186). Habitus.

Ähnlich subsp. *arenarius* eine kleinrosettige Pflanze und wie diese mit kugelig zusammenschließenden Rosettenblättern und verhältnismäßig kurzem Blütenstengel. Rosettenblätter in der Mitte oder darunter am breitesten, auf den Flächen kurz drüsig behaart, außen an der Spitze meist mit einem rotbraunen Fleck; von allen anderen Unterarten durch die auffallend gelbliche Färbung der Laubblätter verschieden.

Diese Unterart ist in den Südwestalpen endemisch und fehlt in Mitteleuropa. Die Angaben für Südtirol beziehen sich auf subsp. *arenarius* und subsp. *hirtus*. Ganz unsicher ist das Vorkommen in den Pyrenäen. Die Sippe kommt nur auf kalkarmer Unterlage vor. Sie steht der ostalpinen Unterart subsp. *arenarius* sehr nahe und ist eigentlich nur durch die Behaarung und Färbung der Rosettenblätter davon unterschieden.

Subsp. **arenarius** (KOCH) H. HUBER, stat. nov. Syn. *Sempervivum arenarium* KOCH, Syn. Fl. Germ. ed. 1, 833 (1837). *S. Kochii* FACCH. (1855). *S. hirtum* JUSLEN var. *glabriusculum* CARUEL (1890). *Jovibarba arenaria* (KOCH) OPIZ (1852). Fig. 80a bis c und 81.

Rosette mehr oder weniger kugelig geschlossen, klein, 1–2 cm im Durchmesser. Rosettenblätter lanzettlich, in oder unter der Mitte am breitesten, meist 8–12 mm lang und 3–5 mm breit, die inneren bogig zusammenneigend; Blattflächen kahl, frisch grün, außen an der Spitze mit rotbraunem Fleck. Blühender Stengel kaum bis 20 cm hoch. Stengelblätter schmal lanzettlich, 3–4 mm breit, wie auch die Kelchzipfel auf der Außen- bzw. Unterseite kurz drüsig behaart. Blüten meist etwas kleiner als bei den folgenden Unterarten, die Kronblätter gewöhnlich 12–15 mm lang.

Vorkommen. Auf kalkarmem Gestein in den Ostalpen, vorwiegend in der montanen Stufe, selten höher aufsteigend.

Allgemeine Verbreitung. In den Ostalpen endemisch.

In Deutschland nirgends wildwachsend; eingebürgert an Felsen im Fichtelgebirge (Schloßberg Berneck, Ölsnitztal, Eisenleite auf Diabas). – In Österreich in der Steiermark sehr zerstreut in den Zentralvoralpen: am Wege von

Fig. 81. *Diopogon hirtus* (JUSLEN) FUCHS ex HUBER subsp. *arenarius* (KOCH) HUBER. Bichl bei Prägraten (Aufn. TH. ARZT)

der Weißwandalm im Schladminger Untertal zum Riesachsee, am Schwarzensee in der Sölk, im oberen Murtale von Predlitz bis gegen Unzmarkt, auf dem Eisenhut und auf der Frauenalpe bei Murau und bei Niederwölz; in Kärnten in der Zentralalpenkette weit verbreitet; in Salzburg im Lungau bei Windsfeld und auf der Reitalpe bei Hüttschlag. – In Südtirol im Rienzgebiet im Lüsenertale, im Pustertal, Taufertal, Reintal, Knuttental in Rein, bei Antholz, Antholzertal, Gsies (gemein zwischen St. Magdalena und St. Martin), Oberberg in Gsies, um Welsberg im Draugebiet ziemlich verbreitet, außerdem am Monte Bondone bei Trient, Monte Baldo und angeblich in der Umgebung von Brixen. – Fehlt in der Schweiz vollständig.

Subsp. **hirtus** (JUSLEN). Fig. 80 d, e, 82 und 83.

Rosette sternförmig geöffnet, mittelgroß bis für die Gattung sehr groß, 3–5 (–7) cm im Durchmesser. Rosettenblätter lanzettlich, in oder unter der Mitte am breitesten, häufig 15 bis 20 mm lang und (2-) 5–6 mm breit, alle sternförmig ausgebreitet oder in die Höhe stehend, nicht nach innen zusammenneigend; Blattflächen kahl, frisch grün, ohne rote Spitze. Blühender Stengel gewöhnlich 20 bis 30 cm hoch. Stengelblätter eiförmig lanzettlich, mit breitem Grund sitzend, 7–10 mm breit, auf der Außen- bzw. Unterseite kurz drüsig behaart, ausnahmsweise kahl (so bei var. *Neilreichii*). Kelchzipfel außen behaart oder kahl. Kronblätter gewöhnlich 15–17 mm lang.

Vorkommen. Auf mehr oder weniger kalkhaltiger Unterlage in der montanen und unteren alpinen Stufe der Ostalpen, bis über 1900 m ansteigend, doch auch im Tiefland.

Allgemeine Verbreitung. Ostalpen und östliches Alpenvorland bis Ungarn und Jugoslawien. Zweifelhaft für Rumänien. In den Karpaten wird subsp. *hirtus* durch eine ganz ähnliche, streng silicikole Rasse vertreten, deren Stengelblätter auf der Außen- bzw. Unterseite kahl sind.

Fig. 82. *Diopogon hirtus* (JUSLEN) FUCHS ex HUBER subsp. *hirtus*. Dürrenstein (Aufn. P. MICHAELIS)

Verbreitung im Gebiet. Fehlt in Deutschland und in der Schweiz vollständig. In Österreich in den nördlichen Kalkalpen von Ober-, Niederösterreich und Steiermark vom Dachstein und Toten Gebirge an östlich bis Wien nicht selten. Außerhalb der Alpen in Niederösterreich noch zwischen Krems und Dürrenstein; in Steiermark ferner bei Kirchdorf nächst Pernegg, auf dem Lantsch und Schöckel, bei Gösting und im Andritzgraben bei Graz, in der Weizklamm, bei Pöltschach, bei Weitenstein, Sternstein, Bad Neuhaus, auf dem Hum bei Tüffer, Römerbad, Trifail, im Gößgraben bei Leoben, auf dem Schloßberg von Voitsberg, auf dem Zigöllerkogel und Kirchberg bei Kankowitz, angeblich auch bei Klein-Sölk, Groß-Sölk und im Stechengraben bei Rottenmann; in Kärnten auf dem Cellonkogel, auf der Plöcken, Eberstein, Tiffen, Gurktal, Reichenau, Maltatal, Millstatt, im Mölltal, Mallnitzer Tauern, angeblich auch auf der Saualm, Stangalm, Stuhleck bei Kanning, Achernach.

Ändert ab: Neben der typischen Pflanze – var. *hirtus* (JUSLEN) –, die ziemlich breite (5–6 mm) Rosettenblätter und unterseits behaarte Stengelblätter besitzt, kommt als große Seltenheit eine Pflanze mit sehr schmalen, nur 2–3 mm breiten Rosettenblättern und angeblich auf den Flächen beiderseits kahlen Stengelblättern vor; es ist dies var. *Neilreichii*[2]) (SCHOTT, NYM. et KOTSCHY) H. HUBER. Syn. *Sempervivum Neilreichii* SCHOTT, NYM. et KOTSCHY, Analecta Bot. 19 (1854). *S. hirtum* JUSLEN subsp. *Neilreichii* (SCHOTT, NYM. et KOTSCHY) O. SCHWARZ (1949). Fig. 83. Wie bei der Nominatrasse sind die Rosetten offen, die Blätter kräftig grün und ohne rote Blattspitzen. – Einzig in Österreich in der Marienseer Klause am Fuß des Wechsel in Niederösterreich und angeblich in der Ebene von Reichenau in Kärnten. – Mit subsp. *arenarius*, bzw. *Sempervivum arenarium*, dem JANCHEN (1957) diese Pflanze als Unterart zuordnet, hat sie nichts zu tun.

---

[1]) Benannt nach AUGUST NEILREICH, geb. 1803, gest. 1871, Oberlandesgerichtsrat in Wien, einem ausgezeichneten Kenner der Flora Niederösterreichs, Ungarns, Slavoniens und Kroatiens.

Geringe Bedeutung haben die übrigen hierher gerechneten Sippen: *Sempervivum Hillebrandtii* SCHOTT, NYM. et KOTSCHY (1852) mit graugrünen Rosettenblättern, die breiter sein sollen als bei der typischen Pflanze. So nur in Österreich in der Steiermark auf Serpentin bei Kraubath und im Gurktal in Kärnten. – Eine weitere Serpentinpflanze ist das zuerst aus Ungarn beschriebene, dem Bearbeiter unbekannte *Sempervivum adenophorum* BORB. (1887), das auch für Österreich (Serpentingebiet von Bernstein im Burgenland) angegeben wird.

Subsp. **borealis** H. HUBER, nom. et stat. nov. Syn. *Sempervivum globiferum* L. (1753) quoad syn. p. pte. et emend. RCHB. (1834) non emend. LEDEB. *S. soboliferum*[1]) SIMS in Bot. Mag. tab. 1457 (1812). Fig. 80 f bis h.

Rosette kugelig geschlossen, meist mittelgroß, 2,5 bis 4 cm im Durchmesser. Rosettenblätter verkehrt eiförmig oder verkehrt eilanzettlich, im vorderen Drittel am breitesten, meist 10–15 mm lang und 5–7 mm breit, bogig zusammenneigend, auf den Flächen kahl, olivgrün bis graugrün, außen gegen die Spitze zu häufig gerötet. Blühender Stengel gewöhnlich über 20 cm hoch, ausnahmsweise bis 40 cm. Stengelblätter länglich eiförmig, mit breitem Grunde sitzend, bis 1 cm breit, wie die Kelchblätter auf den Flächen kahl. Kronblätter wie bei subsp. *hirtus*.

Vorkommen. Trockenrasen der unteren Bergstufe und der Ebenen, im Riesengebirge bis in die subalpine Stufe ansteigend (kleine Schneegrube). Mit Vorliebe auf Quarzsand und Silikatrohböden. Öfters auf Dächern, Mauern und in Kirchhöfen kultiviert. Charakterart des Allio-Sempervivetum soboliferi (KNAPP 1942).

Allgemeine Verbreitung. Mittleres und nördliches Osteuropa (nördlich bis ins Ladoga- und Ilmenseegebiet, angeblich bis Archangelsk, östlich bis zum oberen Dnepr).

Verbreitung im Gebiet. In Deutschland westlich der Elbe wahrscheinlich nirgends ursprünglich und nur aus alter Kultur verwildert. Angaben liegen vor aus dem nördlichen Schwarzwald (Bernecktal), der Oberpfalz (z. B. auf Dolomitfelsen im unteren Vils- und Naabtal), Ober-, Mittel- und Unterfranken, der Rhön, dem Harz, der Lausitz und dem Erzgebirge. Westlich, nördlich und südlich dieses Gebiets nur selten kultiviert (Pfalz, Bayerischer Wald). Weiter verbreitet ist die Pflanze in Ostdeutschland: Ostbrandenburg, Hinterpommern, West- und Ostpreußen, Schlesien. Im angrenzenden Böhmen ziemlich verbreitet. – In Österreich in Niederösterreich bei Hardegg, Drosendorf, zwischen Raabs und Waidhofen a. d. Thaja, zwischen Groß-Gerungs und Landschlag, Mitterschlag, Hermannschlag, St. Martin, Schrems, Litschau: nach einer alten, unbestätigten Angabe auch in Oberösterreich am Kasberg bei Molln (JANCHEN). – Fehlt in der Schweiz vollständig.

Fig. 83. *Diopogon hirtus* (JUSLEN) FUCHS ex HUBER var. *Neilreichii* (SCHOTT, NYM. et KOTSCHY) HUBER (Aufn. J. A. HUBER)

Begleitpflanzen. 1. Subsp. *hirtus*. Die Pflanze wächst nach GAMS vorwiegend im Festucetum variae, zusammen mit *Senecio abrotanifolius* L.

2. Subsp. *borealis*. Wie die übrigen Unterarten siedelt sich auch diese am liebsten auf Felsen an; im Erzgebirge wächst sie zusammen mit *Festuca glauca* LAM., *Silene nutans* L., *Sedum reflexum* L. und *S. maximum* (L.) SUTER, *Cynanchum Vincetoxicum* (L.) PERS., *Verbascum Lychnitis* L., *Tanacetum corymbosum* (L.) SCH.-BIP. und *Hieracium (pallidum* grex*) Schmidtii* TAUSCH. In den steppenartigen Trockenwiesen von Südmähren erscheint sie zusammen mit *Poa bulbosa* L., *Festuca glauca* LAM. und *F. valesiaca* SCHLEICH., *Carex supina* WAHLENBG. und *C. Michelii* HOST, *Anthericum ramosum* L. *Ranunculus illyricus* L., *Peucedanum alsaticum* L., *Armeria maritima* (MILL.) WILLD. var. *elongata* (HOFFM.) MANSF., *Galium (Asperula) glaucum* L. u. a., ferner in lichten Kiefernwäldern auf Sandboden mit dünner Rasen- oder Moosdecke (so besonders in Nordostdeutschland), seltener auch auf sandigen Feldern, an Ufern, Teichdämmen und an Mauern.

Blütenverhältnisse. Die Blüten sind homogam (GÜNTHART). Die Staubbeutel bleiben während der ganzen Blütenzeit in der gleichen Lage in der Nähe der nur oben schwach gespreizten Griffel. Die Selbstbestäubung tritt zeitig ein und wird vielleicht durch Blattläuse, die auf den Staubbeuteln und Narben sitzen, unterstützt.

---

[1]) Vom lat. soboles oder suboles = Nachwuchs, Brut, Sprößling, und fero = ich trage.

Inhaltsstoffe. In den Blättern findet sich Apfelsäure (frei und als Ca-Salz).

Verwendung. *Diopogon hirtus*, zumal in der Unterart *borealis*, wird wie *Sempervivum tectorum* auf Mauern, Dächern oder als Grabschmuck auf Kirchhöfen kultiviert, aber fast nur in Franken und Mitteldeutschland. Das Vorkommen dieser zweifellos aus Osteuropa stammenden Kulturpflanze zeigt weitgehende Übereinstimmung mit der Verbreitung wendischer Besiedlung.

Volksnamen. Im ehemaligen Westpreußen hieß die Pflanze Sandrose, in Posen Totenkopf, wohl deswegen, weil sie manchmal auf Gräbern angepflanzt wird.

375b. Sempervivum[1])[2]) L., Spec. plant. 464 (1753). Hauswurz.

Wichtigste Literatur: R. LL. PRAEGER, An Account of the *Sempervivum* Group (1932). – F. ZÉSIGER, Recherches cytotaxonomiques sur les Joubarbes. Note préliminaire. Extrait du „Bulletin de la Société botanique suisse" 1961, tome 71.

Ausdauernde, krautige Pflanzen mit sitzenden, hapaxanthen Rosetten, durch Ausläufer mehr oder weniger rasenbildend. Rosetten sich in einen einfachen, terminalen Blütenstengel verlängernd. Laubblätter spiralig angeordnet, fleischig, abgeflacht. linealisch-lanzettlich bis verkehrt eiförmig oder spatelig, ganzrandig, spitz. Blüten zwitterig, 9- bis 20-zählig, in endständigen Scheindolden. Kelchblätter lanzettlich, kurz verwachsen. Kronblätter frei, schmal lanzettlich oder linealisch, sternförmig ausgebreitet, ganzrandig, am Rücken ohne Kiel, zwei- bis viermal so lang wie der Kelch, purpurn, gelb oder selten weißlich. Staubblätter doppelt so viele wie Kronblätter, in 2 Kreisen stehend. Fruchtblätter so viele wie Kronblätter, in einem Kreis angeordnet, mit endständiger, linealer, nach auswärts gebogener Narbe; außen unter jedem Fruchtblatt meist ein kleines honigabsonderndes Schüppchen. Früchte vielsamige Balgfrüchte. Samen lineal-länglich, spitz, hellbraun, oft fein längsrippig.

Sempervivum im engeren Sinn umfaßt 20 oder 30 Arten – nach manchen Autoren erheblich mehr –, die einander zum Teil sehr nahe stehen und dringend einer gründlichen, womöglich zytotaxonomischen Untersuchung bedürfen. Das Areal der Gattung reicht vom Atlas und der Sierra Nevada über die nordspanischen Randgebirge, die Pyrenäen, Frankreich, das Alpengebiet, Korsika, die Apenninen und Karpaten bis in die Ukraine (fraglich für die Krim) und in die Gebirge der Balkanhalbinsel (nach Süden bis Epirus und Bulgarien). Ein östliches Teilareal umfaßt den Kaukasus und Armenien. Die meisten und verschiedenartigsten Formen weisen die Balkanhalbinsel und die Alpen auf.

Blütenverhältnisse. Die Blüten der *Sempervivum*-Arten sind proterandrisch. Zur Anlockung der Insekten dienen die gelben oder roten Kronblätter und der am Grunde der Fruchtblätter von verschieden geformten Honigschuppen abgesonderte Nektar. Dieser wird den Besuchern durch bestimmte Röhren zugänglich gemacht, welche von je 1 äußeren und 2 inneren Staubfäden sowie von dem betreffenden Fruchtblatt gebildet werden (Fig. 84a, b, c). Die Insekten bewegen sich dabei auf den Stempeln sitzend im Kreis herum, um ein Nektarium nach dem anderen auszusaugen. Die häufigsten Besucher sind Hummeln, Bienen, Falter und Fliegen.

Keimung. Nach KINZEL ist die Keimung der Samen von *Sempervivum* durchaus vom Licht abhängig. Die Keimkraft der dünnschaligen Samen erlischt meist schon nach einem Jahr vollkommen.

Zierpflanzen. Eine ganze Reihe Hauswurzarten empfiehlt sich zur Anpflanzung in Steingärten, Trockenmauern und selbst Balkonkästen, sofern diese nur recht sonnig untergebracht werden. In erster Linie kommen hierfür in Betracht: *S. arachnoideum* L. (vgl. S. 110). – *S. calcareum* JORD. (Fig. 92) aus den Seealpen, eine mit *S. tectorum* verwandte Pflanze und wohl die dekorativste Art der Gattung. Wird bisweilen als „Flimmerstern" in Gärten gezogen (vgl. S. 116). – *S. ciliosum* CRAIB aus Bulgarien, Mazedonien und Nordgriechenland. Die etwa 3–4 cm breiten Rosetten sind dicht weißwollig (aber nicht spinnwebig) behaart. Blüten einfarbig gelb. – *S. Clusianum* TENORE; Syn. *S. Schlehanii* SCHOTT. Stammt aus den Apenninen und den Gebirgen der Balkanhalbinsel, wo sie das nahe verwandte *S. tectorum* vertritt. Die Rosettenblätter sind wenigstens in der Jugend kurz behaart. Zu dieser sehr vielgestaltigen Art gehört eine Pflanze

---

[1]) Das Manuskript dieser Gattung hat Herr Prof. C. FAVARGER, Neuchâtel, überprüft. Die angegebenen Chromosomenzahlen entstammen der zitierten Arbeit von F. ZÉSIGER.

[2]) Vom lat. semper = immer und vivere = leben.

mit fast ganz dunkelroten, nur an der Spitze mit einem sichelförmigen, hellgrünen Fleck gezeichneten Blättern; so seit über 100 Jahren (meist unter dem Namen *S. rubicundum* SCHUR) in Kultur. – *S. globiferum* L. emend. LEDEB.; Syn. *S. ruthenicum* KOCH. Stammt aus den Ostkarpaten und ihrem Vorland. Rosetten mittelgroß, meist abgeflacht-kugelig, mit dicht und kurz behaarten Blättern. Kronblätter gelb, Staubfäden rot. Seit alters in Kultur. – *S. tectorum* L. (vgl. S. 114). Für Gartenkultur eignen sich namentlich die stark anthozyanreichen Formen, die unter den Namen *S. atropurpureum* HORT. (sehr großrosettige Pflanzen mit stark geröteten Blättern), *S. violaceum* HORT. (ähnlich voriger, aber mit fast metallischem Blaustich) und *S. triste* HORT. (kleine, kräftig purpurne Rosetten) in den Handelskatalogen geführt werden. – G. ARENDS hat aus *S. arachnoideum* und rotblätterigen Formen von *S. tectorum* verschiedene Bastarde herangezogen und in den Handel gebracht.

Fig. 84. *Sempervivum tectorum* L. *a, b, c* Längsschnitt durch die Blüte beim Beginn und am Ende des männlichen Stadiums (nach GÜNTHART).

Parasiten und Bildungsabweichungen. Sehr häufig ist der Rostpilz *Endophyllum Sempervivi* (ALB. et SCHWEIN.) DE BARY, der eine vollständige Änderung im Aussehen der Blattrosetten hervorruft. Außer bei *Sempervivum* tritt dieser Pilz auch bei *Diopogon-* und *Echeveria*-Arten auf. Die Blätter wachsen dabei stark in die Länge. Auch nicht parasitäre Mißbildungen sind bei *Sempervivum*-Arten ziemlich häufig, so die Verbänderung des Stengels und der Blütenstandsäste, das Auftreten von Laubsprossen im Blütenstand, die Vergrünung der Blüten, eine Umwandlung der Staubblätter in Fruchtblätter oder der Fruchtblätter in Staubblätter.

Artenschlüssel.

1a Rosettenblätter an der Spitze durch weiße, spinnwebartige Haare miteinander verbunden (Fig. 924k). Pflanze ohne[1]) harzigen Geruch . . . . 1406. *S. arachnoideum* L.

1b Rosettenblätter an der Spitze ohne spinnwebige Haare[2]) 2

2a Rosettenblätter auf der Fläche beiderseits kahl[3]), am Rande gewimpert. Pflanze ohne harzigen Geruch 3

2b Rosettenblätter auf der Fläche beiderseits drüsig behaart, nicht verkahlend. Pflanze mit oder ohne Harzgeruch 4

3a Kronblätter gelb, getrocknet grünlich; Staubfäden rot, Antheren gelb . . 1409. *S. Wulfenii* HOPPE

3b Kronblätter, Staubfäden und Antheren rosenrot oder purpurn . . . . . . 1408. *S. tectorum* L.

4a Blüten gelb, sich beim Trocknen grünlich verfärbend 5

4b Blüten rosenrot, purpurn oder violett 6

5a Staubfäden und Staubbeutel weiß oder gelb. Rosettenblätter am Rand mit $\frac{1}{3}$ bis 1 mm langen Haaren gewimpert. Pflanze ohne Harzgeruch (wenn mit Harzgeruch und höchstens $\frac{1}{3}$ mm langen Haaren am Blattrand vgl. weiß oder blaßgelb blühende Formen von *S. montanum*) . 1405. *S. Pittonii* SCHOTT

5b Staubfäden und Staubbeutel violett. Pflanze mit kräftigem Harzgeruch 1410. *S. grandiflorum* HAW.

---

[1]) Weist die Pflanze neben den genannten Merkmalen harzigen Geruch auf, so liegt ein Bastard von *S. montanum* oder *S. grandiflorum* vor (vgl. S. 121).

[2]) Findet sich an der Blattspitze ein kleines Büschel längerer, mitunter etwas spinnwebiger Haare, so liegt ein Bastard von *S. arachnoideum* vor (vgl. S. 121).

[3]) Höchstens die äußeren Blätter der Ausläufer sind anfangs, namentlich auf der Rückseite, etwas behaart.

6a Laubblätter kurz spitz, auf der Fläche reichlich drüsenhaarig; die Haare am Blattrand nicht oder kaum länger als die auf der Fläche. Kronblätter blaustichig karminrosa mit dunklerem Mittelstreifen. Pflanze mit kräftigem Harzgeruch . . . . 1411. *S. montanum* L.

6b Laubblätter auf der Fläche kurz drüsenhaarig, am Rande von deutlich kräftigeren Haaren gewimpert, allmählich zugespitzt. Kronblätter rosenrot mit breitem, rotbraunem Mittelstreif. Ohne harzigen Geruch. Nur in Südtirol . . . . 1407. *S. dolomiticum* FACCH.

1405. Sempervivum Pittonii[1]) SCHOTT, NYM. et KOTSCHY, Analecta Bot. 19 (1854).
Serpentin-Hauswurz. Fig. 85.

Rosetten im Sommer sternförmig ausgebreitet, 2,5–5 cm breit, mit kurzen Ausläufern, ohne Harzgeruch. Rosettenblätter sukkulent, länglich-verkehrt-eilanzettlich, allmählich zugespitzt, graugrün mit rotbrauner Spitze, 12–20 mm lang, 3–8 mm breit, beiderseits besonders gegen die Spitze zu mit langen, ziemlich kräftigen Drüsenhaaren dicht besetzt und fast zottig, am Rande von kräftigen Drüsenhaaren dicht gewimpert. Stengel 5–15 cm hoch, drüsig-zottig; Stengelblätter lanzettlich, drüsig-zottig. Blütenstand 5- bis 15-blütig. Blüten 10–30 mm breit. Kelchblätter eilanzettlich, dicht drüsenhaarig, 3–5 mm lang. Kronblätter 12–16, sternförmig ausgebreitet, lineal-lanzettlich, spitz, 3–4mal so lang wie die Kelchblätter, hellgelb, außen drüsig behaart. Staubblätter 24 bis 32. Staubfäden weiß, kahl, etwa halb so lang wie die Kronblätter; Antheren gelb. Fruchtknoten spärlich drüsenhaarig; Stylodien kahl, kürzer als der Fruchtknoten. – Chromosomenzahl: 2n = 64 (UHL und ZÉSIGER). – VII, VIII.

Vorkommen. Einzig in Österreich im Murtal, und zwar auf der Gulsen bei Kraubath und an dem gegenüberliegenden Felsen am südlichen Murufer (Augraben); auf Serpentin, teilweise auch auf Magnesit.

Allgemeine Verbreitung. Endemisch in der Steiermark.

Begleitpflanzen. An den Serpentinfelsen von Kraubath wächst diese Pflanze in Begleitung von *Asplenium adulterinum* MILDE und *A. cuneifolium* VIV., *Alyssum montanum* L. var. *Preissmannii* (HAYEK) BAUMG. und *Armeria maritima* (MILL.) WILLD. var. *elongata* (HOFFM.) MANSF.

Sempervivum Pittonii ist mit keiner mitteleuropäischen Hauswurzart verwandt, steht aber dem bulgarischen *S. leucanthum* PANČ. sehr nahe.

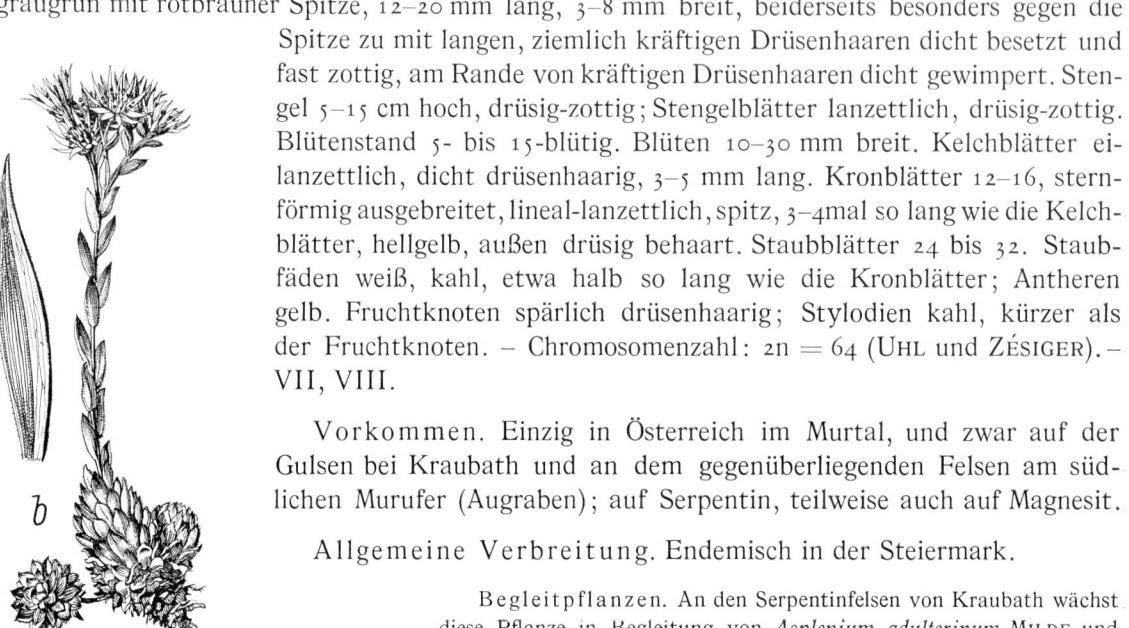

Fig. 85. *Sempervivum Pittonii* SCHOTT, NYM. et KOTSCHY. *a* Habitus. *b* Kronblatt.

1406. Sempervivum arachnoideum[2]) L., Spec. plant. 465 (1753). Spinnweb-Hauswurz. Franz.: Joubarbetoile d'araignée. Taf. 141, Fig. 2; Fig. 86 bis 89.

Rosetten klein, 5–20 mm breit, halbkugelig, mehr oder weniger geschlossen, mit zahlreichen, ziemlich kurzen Ausläufern, ohne spezifischen Geruch. Rosettenblätter sukkulent, lanzettlich, zungenförmig, kurz und breit zugespitzt, graugrün, an der Spitze meist braunrot, auf der Fläche dicht und fein drüsenhaarig oder kahl, am Rand von längeren Haaren gewimpert, an der Spitze

---

[1]) Benannt nach JOSEF CLAUDIUS PITTONI, Ritter von Dannenfeld, Truchseß in Graz, (1797–1878), einem eifrigen Förderer der Botanik.

[2]) Vom griechischen ἀράχνη (arachne) = Spinne (wegen der spinnwebigen Behaarung der Rosetten).

mit einem Büschel langer, weißer, spinnwebig zusammenhängender Wollhaare besetzt (Fig. 87). Stengelblätter lanzettlich, an der vorderen Hälfte rotbraun, an der Spitze zottig gebärtet. Stengel (1–) 5–15 cm hoch, locker und lang drüsig-behaart. Blütenstand 5- bis 18-blütig. Blüten im Durchmesser 10–15 (–24) mm breit, 9- bis 12-zählg. Kelchblätter lanzettlich, dicht und kurz, teilweise drüsig behaart. Kronblätter breit lanzettlich, etwa 10 mm lang, doppelt so lang wie die Kelchblätter, rasch fein zugespitzt, am Rücken spärlich drüsenhaarig, lebhaft hell- bis karminrot mit dunklerem Mittelnerv. Staubblätter 18–20, purpurn, an der Basis drüsenhaarig. Frucht-

Fig. 86. *Sempervivum arachnoideum* L. subsp. *arachnoideum* (Aufn. W. HELLER)

Fig. 87. *Sempervivum arachnoideum* L. subsp. *arachnoideum*. Bei Obergurgl, Tirol. Vergrößert. (Aufn. TH. ARZT)

knoten grün, drüsenhaarig; Stylodien kahl, purpurn, kürzer als der Fruchtknoten. Nektarien flach, nur wenig von der Achse abgesetzt. – Chromosomenzahl: $2n = 32$[1]. – VII bis IX, in tieferen Lagen auch schon V, VI und wiederum IX, X.

Vorkommen. Verbreitet und meist häufig auf Rohböden, Felsen, Felsschutt, an Mauern, auf Weiden und Wiesen, in Zwergstrauchgesellschaften; von 280 m (San Vittore in der Südschweiz) bis 2900 m (Col Legnir im Aostatal), oft in die Täler hinabsteigend, auf kalkarmer, seltener auf kalkreicher Unterlage; kieselliebend. Charakterart des Scleranthето-Sempervivetum arachnoidei (BRAUN-BLANQUET 1948).

Allgemeine Verbreitung. Pyrenäen, Alpen, Apenninen, Karpaten.

Sempervivum arachnoideum ist etwas veränderlich, doch sind die unterschiedenen Einheiten durch Zwischenformen verbunden.

Subsp. **arachnoideum** (L.) Syn. *S. arachnoideum* L. subsp. *Doellianum* (SCHNITTSP. et LEHM.) NYMAN (1879).
Rosetten eiförmig, geschlossen oder sternförmig ausgebreitet, bis etwa 12 mm breit. Spinnwebige Behaarung dicht bis spärlich. Blüten 10–15 mm breit.

Vorkommen. In höheren Lagen der Alpen; auf Silikat und vielfach auf Rohhumus.

Allgemeine Verbreitung. So in den Alpen, Pyrenäen und Karpaten verbreitet, ausgenommen die niederen Lagen der Südwestalpen und Ostpyrenäen.

---

[1] Ganz selten kommen tetraploide Pflanzen ($2n = 64$) vor, aber, wie es scheint, nur bei subsp. *tomentosum*. Solche sind aber für Mitteleuropa noch nicht nachgewiesen.

Verbreitung im Gebiet. In Deutschland einzig im Allgäu auf der Ochsenalpe und dem Salober im Bärgündele auf Kalkhornstein; im Schwarzwald auf dem Belchen bei ca. 1400 m angepflanzt (wahrscheinlich 1867) und seither eingebürgert. – In Österreich in Salzburg im Pinzgau, Gastein, und Lungau; in Steiermark in den Urgebirgsvoralpen, im Giglertal, Untertal, bei Schladming, im Sattental bei Klein-Sölk, auf dem Hochreichart, im obersten Murtale bei Predlitz und St. Ruprecht, im Turracher Tal und auf dem Eisenhut, im Paalgraben bei Stadl; in Kärnten verbreitet und teilweise gemein; in Vorarlberg um Gaschurn, am Zeinisjoch; in Tirol im Oberinntal bei Paznaun, Venetberg, Pitztal, im ganzen Ötztal, auf dem Brunnenkogel (2734 m), in der Umgebung von Innsbruck ziemlich verbreitet, Tristenspitze bei Rattenberg und im Zillertal, bei Kitzbühel am Kleinen Rettenstein, auf der Jochberger Wildalpe und am Geisstein, im Pustertal und im Zentralalpengebiet des Drautales verbreitet. – In Südtirol im oberen Etschgebiet verbreitet, ebenso im oberen Eisackgebiet, den Kalkalpen im Kreuzkofelgebiet, im Nonsberg am Monte Tonale, Pejo, Rabbital, Val Bresimo, Proveis, in der Umgebung von Bozen verbreitet, in Fassa und Fleims, Primör, Fedajaklamm, Cavalese, Canal San Bovo, im Adamellogebiet, im Silikatgebiet zwischen Avisio und Valsugana, im Val die Ledro, Monte Baldo. – In der Schweiz in den Zentral- und Südalpen verbreitet und häufig.

Neben der typischen Form mit mehr oder weniger dichter und bleibender Spinnwebbehaarung treten namentlich in den höheren Lagen der Alpen Pflanzen mit spärlicher, nur auf die Spitzen der jungen Blätter beschränkten spinnwebiger Behaarung auf.

Subsp. **tomentosum** (SCHNITTSP. et LEHM.) SCHINZ et THELL., Fl. Schweiz ed. 4 **1**, 325 (1923). Syn. *S. tomentosum* SCHNITTSP. et LEHM. (1856). *S. arachnoideum* L. var. *tomentosum* (SCHNITTSP. et LEHM.) HEGI et SCHMID (1923). Fig. 88.

Fig. 88. *Sempervivum arachnoideum* L. subsp. *tomentosum* (SCHNITTSP. et LEHM.) SCHINZ et THELL. An Gneisfelsen im Unterwallis (Aufn. E. GANZ)

Rosetten halbkugelig, oben stark abgeflacht. 1–2,5 (–3) cm breit, mit sehr dichter, bleibender Spinnweb-Behaarung. Blüten angeblich 20–23 mm im Durchmesser.

Vorkommen. An heißen, trockenen Hängen, auf kalkarmem wie auch kalkhaltigem Substrat, nur in tieferen Lagen.

Allgemeine Verbreitung. Ostpyrenäen, Südalpen, Apeninnen.

Verbreitung im Gebiet. Im Gebiet in Südtirol, Graubünden, im Tessin und Wallis verbreitet und stellenweise häufig. Unsicher sind die Angaben aus dem Ötztal und der Gegend von Landeck.

Begleitpflanzen. *Sempervivum arachnoideum* ist besonders häufig in den Felsfluren der subalpinen Stufe der zentralalpinen Täler zusammen mit *Sedum album* L., *S. dasyphyllum* L., *S. annuum* L. und *S. acre* L., *Sempervivum montanum* L., *Potentilla grandiflora* L., *Rhamnus pumila* TURRA, *Primula hirsuta* ALL., *Thymus Serpyllum* L., *Phyteuma Scheuchzeri* ALL., *Aster alpinus* L., *Erigeron alpinus* L. usw. Weniger häufig ist die Art in Schuttfluren, auf Alluvionen, im Curvuletum, im Festucetum violaceae, auf trockeneren Weiden, besonders an Stellen, wo über Fels- oder Steinunterlage nur eine dünne Bodenkrume liegt. An windexponierten, schneefreien Stellen werden die Rosetten hier und da vom Wind losgerissen und über weite Strecken als „Schneeläufer" verfrachtet (BRAUN-BLANQUET).

Haare. Die eigentümlichen spinnwebigen Haare von *Sempervivum arachnoideum* sind nach den Untersuchungen von M. DINTZL von den bei dieser Art – wie bei vielen anderen Arten – auftretenden Drüsenhaaren abzuleiten. Die Entwicklung der Drüsenhaare und der spinnwebigen Haare ist anfangs die gleiche; auch letztere bilden Drüsenköpfchen aus, die ein klebriges Sekret absondern. Durch dieses sollen die Spitzen benachbarter Rosetten miteinander verkleben (Fig. 89).

Blütenverhältnisse. Die Blüten sind mehr oder weniger ausgeprägt proterandrisch. Nach GÜNTHART öffnen sich die Blüten bei Beginn der Anthese noch nicht vollständig. Die inneren Staubblätter beginnen zu stäuben und bewegen sich gleichzeitig nach außen, erreichen aber die äußeren Staubblätter nicht. Erst wenn diese sich (noch vor dem Öffnen der Staubbeutel) etwas nach innen bewegt haben, stehen beide Kreise auf gleicher Höhe. Jetzt öffnen sich die äußeren Antheren. Gleichzeitig spreizen die Stylodien auseinander und die Kronblätter biegen sich nach außen, hierauf auch die beiden Staubblattkreise. Die Narben gelangen dadurch an jene Stelle, wo zuvor die Staubbeutel standen. Besucher sind Hummeln, Bienen, Fliegen und Falter.

Bildungsabweichungen. Auch bei dieser Art ist eine teilweise Umwandlung der Fruchtblätter in Staubblätter und der Staubblätter in Fruchtblätter unter Bildung verschiedener Zwischengebilde beobachtet worden. Zuweilen werden Laubblattrosetten im Blütenstand gebildet.

Volksnamen. Nach der Form der Blattrosetten heißt die Art im Katschtal (Kärnten) Stänepfl (Steinäpfel).

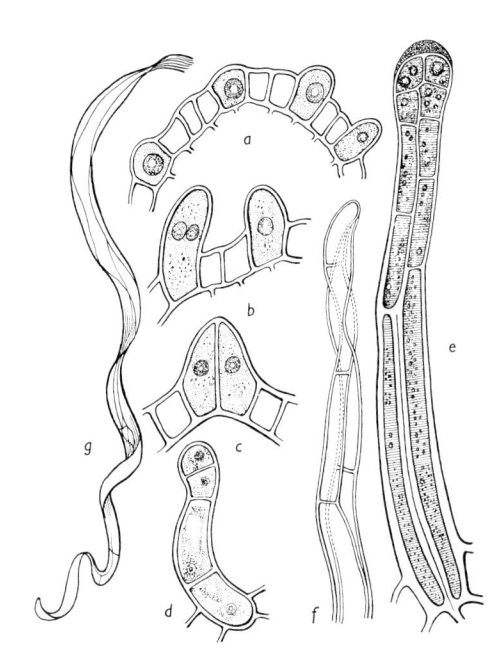

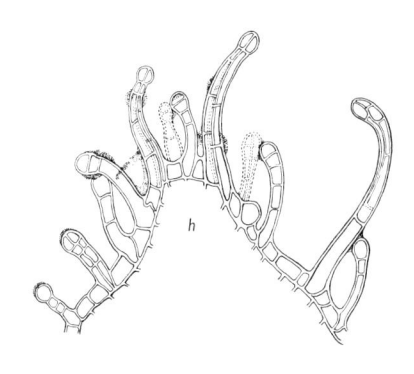

Fig. 89. *Sempervivum arachnoideum* L. *a* bis *f* Entwicklung der Spinnwebhaare aus der Epidermis des Laubblattes. *g* fertiges Spinnwebhaar. *h* junge Blattspitze mit untereinander verklebenden Drüsenhaaren (nach MARIE DINTZL).

1407. Sempervivum dolomiticum FACCH. in Zeitschr. des Ferdinandeums 3. Folge **4**, 56 (1854). Dolomiten-Hauswurz.

Pflanze ausdauernd, 5–15 cm hoch. Rosetten kugelig, geschlossen, 2–4 cm breit, mit kurzen Ausläufern, ohne harzigen Geruch. Rosettenblätter sukkulent, verkehrt-eilanzettlich, ziemlich allmählich scharf zugespitzt, grün, an der Spitze oft braunrot, beiderseits kurz drüsenhaarig, und am Rande von etwas längeren Haaren gewimpert. Stengel drüsig-zottig. Stengelblätter lanzettlich oder länglich, spitz, an der Spitze braunrot und ebenso gesprenkelt, reichlich kurzdrüsig behaart und gewimpert. Blütenstand wenig verzweigt, 3- bis 6-blütig. Kelchzipfel lanzettlich, drüsigbehaart, kupferrot. Kronblätter 12–16, sternförmig, ausgebreitet, breit-lanzettlich, spitz, doppelt so lang wie die Kelchblätter, außen rosenrot mit braunrot-grünlichem Mittelnerv, innen hellrosenrot mit sehr breitem, braunrotem Mittelstreif. Staubfäden braunrot, kahl. Fruchtknoten feindrüsig-behaart. Stylodien kahl. – Chromosomenzahl: $2n = 72$. – VII bis IX.

Vorkommen. An Felsen und auf steinigen Matten der Alpen, zwischen 1600 und 2500 m. Nur in Südtirol im Gebiet der Dolomitalpen auf Dolomit.

Allgemeine Verbreitung. Endemisch in den südlichen Kalkalpen von Südtirol und der angrenzenden Provinz Vicenza (Recoaro).

Verbreitung im Gebiet. Einzig in Südtirol in den Pragser Dolomiten am Seekofel, auf der Roßalpe, am Dürrenstein, am Aufstieg zur Dialspitze bei Prags, auf dem Hohen Jaufen bei Prags, am Nonsberg auf der Alpe Tognola oberhalb Spormaggiore, im Fassatal auf dem Padon Fassano, Monte di Pozza, Contrin, Cirelle, Selle di Monzoni Soraga. Die Pflanze wird leicht mit dem Bastard *S. montanum* × *Wulfenii* verwechselt, und ein Teil der genannten Fundorte dürfte sich auf diesen Bastard beziehen. Wirklich sicher sind nur die Vorkommen in den Pragser Dolomiten.

Sempervivum dolomiticum ist ein Endemismus der südöstlichen Kalkalpen, besonders der Dolomiten, wie *Cerastium subtriflorum* RCHB., *Rhizobotrya alpina* TAUSCH, *Saxifraga depressa* STERNB. und *S. Facchinii* KOCH, *Primula tirolensis* SCHOTT und *Campanula Morettiana* RCHB.

1408. Sempervivum tectorum[1]) L., Spec. plant. 464 (1753). Syn. *S. glaucum* TENORE (1830). *S. alpinum* GRISEB. et SCHENK (1852). *S. murale* BOREAU (1859). *S. Schottii* BAKER (1874), nomen illegitimum. *S. tectorum* L. γ *alpinum* (GRISEB. & SCHENK) ARCANGELI (1894). *S. tectorum* L. subsp. *alpinum* (GRISEB. et SCHENK) WETTST. ex HEGI & SCHMID und subsp. *Schottii* WETTST. ex HEGI et SCHMID (1923). *S. tectorum* L. var. *rhenanum* HEGI et SCHMID (1923). Echte Hauswurz. Engl. Houseleek, Welcome home husband, however drunk you be. Franz.: Artichaut de murailles, grand joubarbe, artichaut sauvage. Ital.: Barba di Giove, carcioffi grassi. Sorbisch: Třěšny rozkólnik. Poln.: Rojnik, Samoroda. Tschech.: Netřesk střešní. Slowenisch: Navadni netresk, gromo tresk, stresnik, uheljnik, usesnik, mozic. Kroatisch: Čuvar kuča. Dänisch: Zuslög.

Taf. 141, Fig. 3; Fig. 84, 90 und 91

Rosetten mittelgroß bis sehr groß, mit verhältnismäßig kurzen Ausläufern, ohne harzigen Geruch. Rosettenblätter fleischig, sternförmig ausgebreitet, aus keilförmigem Grunde verkehrt-eiförmig bis verkehrt-lanzettlich, mehr oder weniger rasch geschweift zugespitzt in eine derbe Stachelspitze auslaufend, grün, an der Spitze meist rotbraun, auf der Fläche ganz kahl, drüsenlos, am

Fig. 90. *Sempervivum tectorum* L. Rechts daneben *S. arachnoideum* L. Pontresina (Aufn. P. MICHAELIS)

Fig. 91. *Sempervivum tectorum* L. Südkärnten (Aufn. P. MICHAELIS)

[1]) Lat. tectum, Genitiv plur. tectorum = Dach. Die Pflanze wird gern auf Dächern gepflanzt.

Rande mit kurzen, kräftigen, oft nach rückwärts gerichteten Wimpern besetzt. Stengel 10–60 cm (ausnahmsweise bis 1 m) hoch, mehr oder weniger dicht (besonders gegen die Spitze zu) drüsigwollig behaart. Stengelblätter aus eiförmigem Grunde fein zugespitzt, meist braunrot gestrichelt und in der vorderen Hälfte ganz braunrot, auf der Fläche drüsig behaart, am Rande dicht gewimpert. Blütenstand reichlich verzweigt, reich- und dichtblütig. Kelchblätter lanzettlich, meist 13, drüsig-flaumig, zugespitzt. Kronblätter 12–16 (meist 13) sternförmig ausgebreitet, 9–10 mm lang, unterseits drüsig-flaumig, am Rande drüsig oder nichtdrüsig gewimpert, oberseits blaß: rosenrot, rotlila gestrichelt, am Mittelnerv gelblich. Staubfäden meist 26, rosenrot mit purpurnen Antheren; die kronblattständigen Staubblätter höher eingefügt als die mit den Fruchtblättern abwechselnden. Fruchtknoten grün, drüsig-flaumig; Stylodien kahl, purpurn. – Chromosomenzahl: 2n = 72. – VII bis IX.

Vorkommen. An sonnigen Felsen und kurzrasigen Steilhängen der Mittelgebirge, Voralpen und Alpen zwischen 200 (Tessin) und 2800 m. Ziemlich verbreitet in den Alpen der Schweiz und von Österreich; in Deutschland ursprünglich wild nur im mittleren Rheintal, Mosel-, Nahe- und Ahrtal, sowie im Allgäu. Vorzugsweise auf kalkarmem Substrat. Außerdem häufig an Mauern, auf Dächern, Schornsteinen und an Felsen angepflanzt und mancherorts verwildert. Im Moselgebiet ist die Pflanze Charakterart des Potentillo rhenanae-Sempervivetum, in der Schweiz des Sedetum-montani (BRAUN-BLANQUET).

Fig. 92. *Sempervivum calcareum Jord.* (Aufn. J. A. HUBER)

Allgemeine Verbreitung. Pyrenäen, Mittel- und Südfrankreich, Jura, Alpen, Istrien. Zweifelhaft sind die Angaben aus den Apenninen, Kroatien, Dalmatien, Bosnien und Serbien. Nahe verwandte, vielleicht spezifisch nicht verschiedene Sippen in den spanischen Gebirgen.

Verbreitung im Gebiet. In Deutschland im mittleren Rhein-, Mosel-, Nahe- und Ahrtal, sowie im Allgäu an den Unteren Gottesackerwänden, Höfats, zwischen Schattenberg und Epplersgern, Seealpe, Wengenalpe, Ochsenalpe im Bärgründele, am Obermädelejoch und am Geishorn im obersten Rappenalpental bei 2000 m, und am Grünten. – In Österreich in Vorarlberg zerstreut; in Tirol verbreitet im Lech- und Loisachgebiet, auf der Elbigenalp; im Oberinntal, in den Ötztaler Alpen, im Gebiet von Innsbruck vereinzelt, in Kärnten in den Karnischen Alpen (auf dem Pölcken, Dobratsch, der oberen Trondelalpe, am Südhang des Sauken, dem Cellon, der Mauthneralpe, im Osternig usw.). – In Südtirol ziemlich verbreitet, im Ortlergebiet, im Vintschgau, bei Brixen und in der Umgebung von Bozen, z. B. um Klausen, am Ritten, bei Gröden, Kastelruth, Atzwang, Blumau, Tiersertal, Prösels, Völs, im Eggental, bei Welschnofen und noch anderwärts, am Monte Bondone, in der Umgebung von Trient, am Doss Brione bei Riva, am Monte Baldo usw. – In der Schweiz in den Zentralalpen verbreitet und häufig, zerstreut in den Kalkalpen und auf den höchsten Teilen des Schweizer Jura.

Sempervivum tectorum ist namentlich in den Silikatgebirgen Mittelfrankreichs und in den Pyrenäen eine ungemein vielgestaltige Pflanze, namentlich was den Durchmesser der Rosette, Breite, Färbung und Art der Zuspitzung der Rosettenblätter angeht. Die Verbreitung einer bestimmten Merkmalskonstellation zeigt – wie weiter unten ausgeführt wird – eine gewisse Gesetzmäßigkeit, indessen ist nach C. FAVARGER die herkömmliche Gliederung des mitteleuropäischen *S. tectorum* in die drei Unterarten *tectorum*, *alpinum* und *Schottii* unhaltbar. – Bei der allgemein kultivierten Pflanze sind die Staubbeutel vielfach fehlgeschlagen – häufig tragen sie Samenanlagen – und auch die Karpelle sind öfters mißgebildet, doch darf dieser nur durch menschliche Mitwirkung verbreiteten, teratologischen Erscheinung keine taxonomische Bedeutung zugeschrieben werden. Spontan auftretendes *S. tectorum* besitzt normal ausgebildete Blütenorgane, ist aber sonst von der Kulturpflanze oft nicht verschieden. Dies gilt namentlich für das sogenannte

S. tectorum L. subsp. *Schottii* WETTST. ex HEGI et SCHMID, das für die Südostalpen und angrenzenden Balkanländer angegeben wird, von vielen westeuropäischen Pflanzen aber nicht zu unterscheiden ist. Anders verhält es sich mit *S. tectorum* in den Westalpen: hier ist mit mehreren, sicher unterscheidbaren Rassen zu rechnen, zu deren Beschreibung das vorliegende Material allerdings noch nicht ausreicht.

Innerhalb der Alpen läßt sich ein gewisses Merkmalsgefälle erkennen, und zwar besitzen die Pflanzen des äußersten Südostens sehr breite Rosetten mit breiten, plötzlich in die Spitze verschmälerten, gras- oder gelblichgrünen, an der Basis niemals geröteten, an der Spitze kurz rotbraun gefärbten Blättern; in den Westalpen (Penninische und Grajische Alpen, Aostatal) treten Sippen auf, die durch mäßig große Rosetten, sehr allmählich zugespitzte, hell bläulichgrau überlaufene, am Grund gerötete Blätter ausgezeichnet sind. Die Rotfärbung am Blattgrund ist mitunter stark ausgedehnt und kann sich fast bis zur Blattspitze erstrecken. Die Spitze selbst ist hell. Dadurch erinnert die Pflanze im nichtblühenden Zustand an *S. Wulfenii*[1]) oder an das *S. calcareum* JORD. (Fig. 92) der Seealpen, das allerdings durch schmälere, an der Spitze in der Regel kräftig rotbraun gefleckte Blätter und nach F. ZÉSIGER auch in seinem zytologischen Verhalten von *S. tectorum* abweicht. Diesen räumlich und morphologisch extremen Formen gegenüber weisen die Pflanzen der Nord- und Zentralalpen keine eigenen Züge auf; sie stehen vielmehr bald dem östlichen, bald dem westlichen Formenkreis näher.

Begleitpflanzen. In den Südalpen wächst *S. tectorum* gern auf Silikatfelsen zusammen mit *Ceterach officinarum* LAM. et DC., *Asplenium septentrionale* (L.) HOFFM., *Allium pulchellum* G. DON., *Festuca capillata* LAM., *Bothriochloa Ischaemum* (L.) KENG, *Sedum album* L. und *S. dasyphyllum* L., *Saxifraga Cotyledon* L., *Dianthus silvester* WULF., *Thymus Froelichianus* OPIZ u. a. mehr.

Blütenverhältnisse. Nach dem Aufblühen biegen sich zuerst die inneren Staubblätter bis an die äußeren nach außen und stäuben; bald darauf öffnen sich auch die Staubbeutel der äußeren. Während diese noch stäuben, spreizen die Griffel nach außen und die Narben werden empfängnisfähig. Die Staubblätter rücken unterdessen noch weiter nach außen, ebenso die Kronblätter, so daß der Abstand der Staubbeutel von den Narben eine Selbstbestäubung verhindert, Bestäuber sind besonders Hummeln.

Inhaltsstoffe. Die Blätter enthalten L(-)Äpfelsäure und ihre Ca-Salze sowie Isozitronensäure, nach alten Angaben auch Ameisensäure, Gerbstoff, Harze und Schleim.

Verwendung. *Sempervivum tectorum* ist in der Homöopathie offizinell und findet dort hauptsächlich bei Dysmenorrhoë und Amenorrhoë Anwendung, in der Volksheilkunde auch bei Verletzungen, Verbrennungen u. a. So werden die gequetschten Blätter gegen Hautausschlag und offene Wunden sowie gegen Bienenstich verwendet, ebenso auch der ausgepreßte Saft der Pflanze. Letzterer soll auch bei Brandwunden und wunden Brustwarzen, ferner gegen Hühneraugen und Sommersprossen wirksam sein, innerlich genommen bei Halsentzündungen und gegen die bei Dys- und Amenorrhoë auftretenden Uterusneuralgien. Mit Fett gemischt ergibt er eine Kropfsalbe; auch gegen Katarrh der Augenlider, gegen aufgesprungene, rissige Haut, Schwerhörigkeit und Ohrenschmerz wird er verwendet; ebenso trinkt man ihn als Wurmmittel. Der Absud der Pflanze in Wein gilt z. B. in der Steiermark als Fiebermittel; die abgeschnittenen Blätter sollen in hohle Zähne gesteckt Zahnschmerzen lindern. In manchen Gegenden werden Blätter und junge Sprosse als Salat verwendet. Im Engadin werden sie in Trinkwasser gelegt, um demselben einen erfrischenden Geschmack zu geben.

Geschichte. Daß die Hauswurz den griechischen und lateinischen Schriftstellern bekannt war, ist unwahrscheinlich, zumal die Gattung dem eigentlichen Mittelmeergebiet fehlt (d. h. dort auf die Gebirge beschränkt und keineswegs häufig ist). Die Gepflogenheit, die Pflanze auf Dächern zu kultivieren, dürfte eher in West- oder Mitteleuropa entstanden sein, ursprünglich wohl, um lehmbedeckte Dachfirste und Mauerkronen gegen eine Auswaschung zu schützen und zusammenzuhalten (LAUS). Aus der Beobachtung, daß sie durch Blitzschlag kaum geschädigt wird, entwickelte sich vielleicht der Glaube, die Pflanze schütze das Haus, auf welchem sie wachse, vor Blitzschlag; sie wurde deshalb vielfach angebaut. Schon Karl der Große hieß in seinem „Capitulare" die Pächter der kaiserlichen Güter die Hauswurz aufs Dach zu pflanzen; im Eichstätter botanischen Garten (Hortus Eystettensis, 1613) wurde sie unter dem Namen „*Sedum vulgare*" kultiviert. Auch heute noch wird sie auf Stroh- und Ziegeldächern, auf Mauern, Schornsteinen, auf Rolandsfiguren oder auf irgendwelchen Postamenten aus Holz oder Stein gern gepflanzt; immerhin verschwindet sie mit dem Zurückgehen der Strohdächer und des primitiven Mauerwerks mehr und mehr.

Volksnamen. Der Standort auf Dächern, Mauern und Felsen hat Namen veranlaßt wie Hauswurz [schon im 12. Jahrhundert huszwurtz] (allgemein), Hûslôk [Hauslauch], Hûslôf [Hauslaub] (niederdeutsch), Hausampfer (Oberösterreich), Dachwurz [so schon Ende des 15. Jahrhunderts] (vielfach), Dachkraut, Dachapfel, Dachkappes, Mauerkraut (rheinisch), Mauerwurzel (Pfalz, Schlesien), Steinrose (Oberhessen). Nach einem alten verbreiteten Volksglauben

---

[1]) Auf diese westalpine Sippe von *S. tectorum* bezieht sich die Angabe von *S. Wulfenii* für Piemont bei ARCANGELI, Fl. Italiana, ed. 2, S. 565 (1894).

schützt die auf das Dach gepflanzte Hauswurz vor Blitzschlag und Feuersgefahr, daher Donnerkraut (besonders in Norddeutschland), Donnerwurz (oberdeutsch), Donnerlôk [-lauch] (niederdeutsch), Dunnerknöpf (Tirol, Niederösterreich), Dunnerboort [-bart] (Mecklenburg), Gewitterkrut (Schleswig), Grummelkraut, -blome [grummeln ‚donnern'] (Osnabrück). Als äußerliches Mittel (ausgepreßter Saft) nennt man die Art Ohrpeinkraut [Ohrpein ‚Ohrenschmerzen'] (Kochem), Brantblum [die kühlenden Blätter werden auf Brandwunden gelegt] (Vierlande), Zidriwurzn [Ziederer ‚Hautausschlag'] (Niederösterreich), Scherzenkraut, -blatt [Scherzen ‚Risse und Schrunden in der Haut'] (Bayer. Schwaben), Warzenkraut (Niederösterreich, Tirol), Aagenwurz [Aage ‚Hühnerauge'] (Pfalz). Entlehnungen aus dem lat. sempervivum sind Sempelfi, Zimpelfi (niederdeutsch). Nach einem schweizerischen Aberglauben bedeutet das Blühen der Hauswurz auf dem Dache den baldigen Tod eines Hausinwohners, daher Totenblume (Richterswil/Kt Zürich). Im romanischen Graubünden heißt die Art rava d'crap (Remüs), pasella d'crap (Süs und Ardez), madragona.

1409. Sempervivum Wulfenii[1]) HOPPE ex MERT. et KOCH, Deutschl. Fl. **3**, 386 (1831). Syn. *S. globiferum* WULFEN in JACQ. (1778) non L. **Gelbe Hauswurz.** Taf. 141, Fig. 1; Fig. 93 und 94.

Rosetten sternförmig ausgebreitet, 4–7 cm breit, mit ziemlich kurzen Ausläufern, ohne harzigen Geruch. Rosettenblätter sukkulent, länglich-spatelig, plötzlich in eine starre Stachelspitze zusammengezogen, 15–40 mm lang und 8–15 mm breit, seegrün, an der Basis rot, auf der Fläche

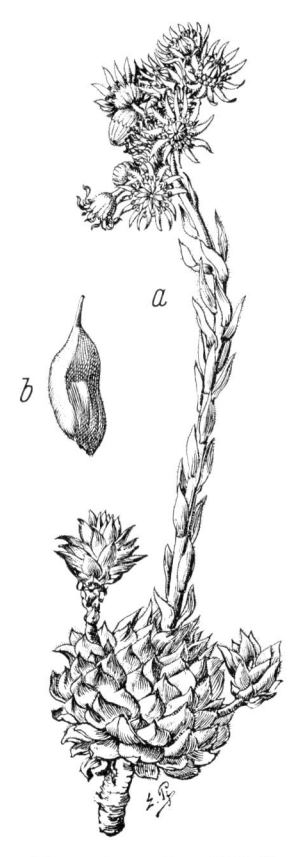

Fig. 93. *Sempervivum Wulfenii* HOPPE. *a* Habitus. *b* Fruchtbalg.

Fig. 94. *Sempervivum Wulfenii* HOPPE. Tschaneck am Katschbergpaß (Aufn. TH. ARZT)

kahl, am Rande dicht gewimpert. Stengel 10–30 cm hoch, unten kahl, oberwärts drüsig-zottig. Stengelblätter länglich, plötzlich zugespitzt, am Rande (oft nur gegen die Basis) drüsig gewimpert. Blütenstand dicht, fast kopfig gedrängt. Blüten 18–33 mm im Durchmesser, sternförmig aus-

---

[1]) Benannt nach dem um die Kenntnis der Ostalpenflora hochverdienten Botaniker FRANZ XAVER Freiherr v. WULFEN (1728–1805).

gebreitet, mit 12–18 Kronblättern. Kelchblätter lanzettlich, gelb-grün, dicht drüsenhaarig. Kronblätter 8–11 mm lang, lineal-lanzettlich, lang zugespitzt, außen dicht drüsig flaumig, gelb, an der Basis mit einem roten Fleck, beim Trocknen grün werdend. Schüppchen aufrecht, länglich-viereckig. Staubfäden rot, drüsig gewimpert; Staubbeutel gelb. Fruchtknoten drüsenhaarig; Stylodien kahl, kürzer als der Fruchtknoten. – Chromosomenzahl: $2n = 36$. – VII, VIII.

Vorkommen. Nicht häufig und meist nur einzeln auf Magermatten, Felsen und Felsschutt und in Zwergstrauchheiden sonniger Lagen der Alpen; von 1750 m (Sasso della Padella bei Primör) bis 2610 m (Berninagebiet). Meist auf kalkarmer Unterlage, im Ober- und Unterengadin jedoch auch auf kalkreichen Böden. Nach BRAUN-BLANQUET (1933) vor allem im Festucetum halleri und Festucetum variae.

Allgemeine Verbreitung. In den Ostalpen endemisch.

Verbreitung im Gebiet. Fehlt in Deutschland vollständig. – In Österreich in Tirol in den Zentralalpen zerstreut bis ziemlich verbreitet, in den nördlichen Kalkalpen (Lech- und Loisachgebiet, Unterinntal) fehlend, für Kitzbühel fraglich; Kärnten in den Zentralalpen ziemlich verbreitet, angeblich auch in den Karnischen Alpen auf dem Mussen und am Wolayersee und am Obir(?); in der Steiermark in den Zentralalpen sehr zerstreut in den Niederen Tauern (Blahberg in der Strechen bei Rottenmann, Saukogel, Hochreichart, Seckauer Zinken, Lamprechtshöhe bei Seckau, Ingerinngraben bei Knittelfeld, Zinken bei Oberzeyring, Glaneck bei St. Oswald), häufiger im Stangalpenzug; in Salzburg im Lungau und auf dem Hasseck bei Gastein. In Ober- und Niederösterreich, Vorarlberg und Liechtenstein fehlend. – In Südtirol in den südlichen Kalkalpen hier und da auf Silikatgestein von Pejo bis Proveis, Tonale, Val del Mare, Rabbital, im Fassatal bei Campitello, Fedaja, Vilandereralpe, im Fleimsertal, bei Primör, am Grostépaß, Malghetto bei Campiglio, bei Tione, im Val Breguzzo und im Val Daone, im Suganertal, bei Montalone ob Valzion südöstlich der Cima Lagorai; im Gebiet von Riva und Trient vollständig fehlend. – In der Schweiz im Ober- und Unterengadin sowie im Puschlav. Die Angaben für das Wallis sind falsch und beziehen sich wohl meist auf die dort wachsende Form von S. tectorum, die im nichtblühenden Zustand von S. Wulfenii teilweise kaum zu unterscheiden ist, teilweise auch auf das gelbblühende S. grandiflorum HAW.

Blütenverhältnisse. Nach GÜNTHART rücken sogleich nach Beginn des Blühens die inneren Staubblätter nach innen und beginnen zu stäuben; hierauf stäuben auch die äußeren. Erst nach dem Verstäuben aller Staubblätter entwickeln sich die Narben. Selbstbestäubung ist nach MÜLLER und GÜNTHART ausgeschlossen, oder kommt nur an monströsen Blüten vor, bei welchen die Staubfäden aufgerichtet bleiben. Besucher sind Bienen, Hummeln, Fliegen (auch Schwebfliegen) und Falter.

1910. Sempervivum grandiflorum HAW., Syn. plant. succ. 66 (1812). Syn. *S. Gaudinii*[1]) CHRIST (1867). Großblütige Hauswurz.

Rosetten groß, im Sommer sternförmig ausgebreitet, meist mit mäßig langen Ausläufern, stark nach Harz riechend. Rosettenblätter keilig-länglich, 2–11 cm lang und 8–15 mm breit, rasch zugespitzt, grün, an der Spitze meist intensiv rotbraun, auf der Fläche dicht mit feinen Drüsenhaaren besetzt, am Rande von etwas kräftigeren Drüsenhaaren gewimpert. Stengel 10–20 (selten bis 30) cm hoch, drüsig-zottig. Untere Stengelblätter den grundständigen ähnlich gestaltet, die oberen schmäler, fein drüsig behaart. Blütenstand wenig verzweigt, etwas locker-blütig. Blüten sehr groß, sternförmig ausgebreitet (11–) 12-, seltener bis 16-zählig; Kelchblätter lineal-lanzettlich, hellgrün, außen langdrüsig-zottig. Kronblätter 11–12 mm lang, 2½mal so lang wie die Kelchblätter, goldgelb bis grünlich, am Grunde meist mit einem violetten Fleck, fein-, teilweise drüsig behaart. Staubfäden und Staubbeutel violett. – Chromosomenzahl: $2n = 80$. – VII bis IX.

---

[1]) Benannt nach J. FR. G. PH. GAUDIN (geb. 1766, gest. 1833), Pfarrer von Nyon am Genfer See, Verfasser einer mehrbändigen, durch gründliche und kritische Bearbeitung ausgezeichneten Flora Helvetica (1828–1833) und der 1836 erschienenen Synopsis Florae Helveticae.

Vorkommen. An Felsen, an sonnigen, felsigen Hängen der Alpen, jedoch nur in der Südschweiz und dem angrenzenden Piemont.

Allgemeine Verbreitung. Penninische und Grajische Alpen.

Verbreitung im Gebiet. Wallis: in Zwischbergen und am Pizzo Cervandone im Binntal, ob Liddes im Val Entremont und im Tessin bei Gordola; bei Zermatt vielleicht nur angepflanzt.

Blütenverhältnisse. Nach GÜNTHART sind die Blüten stark proterandrisch. Die inneren Staubblätter bewegen sich zunächst nach innen und beginnen zu stäuben; nach einiger Zeit gehen sie wieder bis in die Reihe der äußeren Staubblätter zurück, welche nun zu stäuben anfangen. Hierauf beginnen die Griffel zu spreizen, während dessen sich die Staubblätter beider Staubblattkreise nach außen biegen, um sich zuletzt ganz auf die Kronblätter zu legen.

1411. Sempervivum montanum L., Spec. plant. 465 (1753). Berg-Hauswurz. Franz.: Joubarbe des montagnes. Fig. 95.

Rosetten kugelig, geschlossen oder mehr oder weniger sternförmig ausgebreitet, 15–45 mm breit, lange oder kurze Ausläufer treibend, mit stark harzigem Geruch. Rosettenblätter sukkulent, eilanzettlich bis lineal-lanzettlich, mit kurzer, nicht derber Spitze, grün, manchmal mit rotbrauner oder roter Spitze, beiderseits sehr dicht mit kurzen Drüsenhaaren besetzt. Stengelblätter eiförmig bis länglich, zugespitzt, drüsig-zottig. Stengel 5–20 cm hoch, drüsig-zottig. Blütenstand 3- bis 11-blütig. Blüten sternförmig ausgebreitet, mit 12–16 Kronblättern. Kelchblätter lanzettlich, spitz, drüsig-zottig, ganz oder an der Spitze rot. Kronblätter lineallanzettlich, spitz, 2–4mal so lang wie die Kelchblätter, 10–20 mm lang, außen drüsig-zottig, innen rotviolett bis purpurn, mit dunklerem Mittelstreif, selten gelblich weiß. Staubfäden purpurn oder violett, an der Basis drüsenhaarig, kürzer als die halbe Blumenkrone. Hypogyne Schüppchen viereckig-rundlich,

Fig. 95. *Sempervivum montanum* L. Kapruner Törl, Glocknergebiet (Aufn. P. MICHAELIS)

etwas gekerbt. Fruchtknoten drüsenhaarig. Stylodien kahl, kürzer als der Fruchtknoten. Chromosomenzahl: $2n = 42$ (subsp. *montanum*) und $2n = 84$ (subsp. *stiriacum*). – VII bis IX.

Vorkommen. Auf steinigen, kurzgrasigen Weiden, hauptsächlich Krummseggenrasen, auf Schutt und Felsen der Alpen, von 300 (Tessin) bis 3400 m; auf kalkarmem Gestein und Rohhumus fast durch die ganze Alpenkette verbreitet. Sedo-Scleranthetalia-Ordnungs-Charakterart, auch im Caricion curvulae.

Allgemeine Verbreitung. Pyrenäen, Korsika (sehr selten), Alpen, Karpaten.

Diese in den Alpen häufigste Hauswurzart tritt in zwei Unterarten auf:

Subsp. **montanum** (L.). Syn. *S. debile* SCHOTT, NYM. et KOTSCHY (1852).

Rosetten 1–2 cm breit, kugelig, Rosettenblätter aus keilförmigem Grunde verkehrt-lanzettlich, rasch breit zugespitzt, 2–4 mm breit, ohne rotbraune Spitze, dicht gleichmäßig drüsenhaarig, ohne längere Drüsenhaare gegen die Blattspitze, Stengel 2- bis 8-blütig. Kronblätter lineal-lanzettlich, 10–12 mm lang, hell purpurviolett mit dunklerem Mittelstreif. – Chromosomenzahl: 2n = 42.

Allgemeine Verbreitung. Pyrenäen, West- und Zentralalpen [östlich bis in die Hohen Tauern und Dolomiten, zweifelhaft ist eine Angabe für die Karawanken (Hoch Obir)]; Karpaten.

Verbreitung im Gebiet. In Deutschland vollständig fehlend (die Angaben aus dem Allgäu sind nach VOLLMANN zu streichen), aber nahe der Grenze in Tirol (Jöchelspitze südlich der Kemptner Hütte). – In Österreich in den Nordalpen nicht häufig (hier besonders auf Hauptdolomit), im Gebiet der Zentralalpen östlich bis in die Hohen Tauern verbreitet. – In Südtirol im Ortler und Adamellogebiet, auf Silikatgesteinen im Fassatal, Fleims und im Cima d'Astastocke, ferner im Eisacktal an der Plose in Lüsen, im Trametschtal, Abteital, bei Prags[1]), Helm, in der Kreuzkofelgruppe, bei Villnös, auf der Seiseralpe, am Schlern, in Judicarien am Grostepaß. – In der Schweiz verbreitet und häufig in den Silikatalpen.

Ziemlich selten sind albinotische Pflanzen, die als var. *pallidum* WETTSTEIN ex HEGI & SCHMID bezeichnet werden, einen eigenen Namen aber kaum verdienen. Kronblätter weiß oder weißlichgelb, beim Trocknen nicht grün werdend, meist nur etwa doppelt so lang als die Kelchblätter. Staubfäden weiß. Laubblattrosetten klein. Stengel kurzdrüsig (bei *S. grandiflorum* Staubblätter violett; Rosetten größer; Haare lang). Zerstreut und selten, z. B. bei Kitzbühel, am Stilfserjoch, am Ritsnerhorn, bei Camogask und im hinteren Scarltal im Engadin; für das Wallis fraglich. – Eine ähnliche Pflanze wird von der Bistialp am Simplon und aus dem Eifischtal angegeben, die in Gartenkultur wieder in die rotblütige Stammform zurückschlug.

Zu dieser Unterart gehört nach FAVARGER auch *S. montanum* L. subsp. *Burnatii* WETTST. ex HEGI et SCHMID (1923), das mit der Nominat-Rasse durch Übergänge verbunden ist und sich nur durch die etwas größeren Ausmaße der Rosetten (2,5–3 cm breit) und Blätter (4–5 mm breit) unterscheidet. Das im nichtblühenden Zustand ähnliche *S. grandiflorum* ist durch die meist rotbraunen Blattspitzen davon verschieden. In typischer Ausbildung tritt diese Sippe, die wohl nur den Rang einer Varietät verdient und auch in ihrer Chromosomenzahl mit subsp. *montanum* übereinstimmt, in den Seealpen auf.

Subsp. **stiriacum** (WETTSTEIN ex HAYEK) HEGI et SCHMID in HEGI, Ill. Fl. Mitteleuropa **4**, 2, 554 (1923). Syn. *S. Braunii* FUNK ex KOCH (1835 oder 1837). – *S. stiriacum* WETTSTEIN ex HAYEK (1909).

Rosetten größer, im Sommer mehr sternförmig ausgebreitet. Rosettenblätter schärfer und länger zugespitzt, fast stets mit rotbrauner Spitze, an der Spitze und mitunter auch am Rande von längeren und kräftigeren Drüsenhaaren gewimpert. Blütenstand 3- bis 11-blütig. Blüten größer als bei der vorigen Unterart. Kronblätter bis 4mal so lang wie die Kelchblätter, bis 20 mm lang, meist dunkler rotviolett. – Chromosomenzahl: 2n = 84 (ZÉSIGER unveröffentlicht).

Allgemeine Verbreitung. Östliche Zentralalpenkette vom Großglockner ostwärts. Eine sehr ähnliche Sippe in den Westkarpaten.

Verbreitung im Gebiet. Verbreitet in den Zentralalpen von Salzburg, Kärnten und der Steiermark, bis zum Sonnwendstein an der niederösterreichisch-steirischen Grenze; sehr selten in den nördlichen Kalkalpen, so in Oberösterreich auf dem Plassen bei Hallstatt, in Steiermark auf dem Reiting, dem Polster und dem Eisenerzer Reichenstein sowie auf dem Schöckl bei Graz.

Wie bei der Nominat-Rasse tritt auch hier eine albinotische Form auf: var. *Braunii* (FUNCK) WETTSTEIN ex HEGI et SCHMID. Blüten weiß oder gelblichweiß. Sehr zerstreut in Kärnten (Großglockner, Pasterze, Koralpe) und in der Steiermark (Koralpe, Stubalpe).

---

[1]) Wohl Verwechslung mit *S. dolomiticum*.

Begleitpflanzen. *Sempervivum montanum* subsp. *montanum* erscheint in der subalpinen, alpinen und nivalen Felsflur mit *Rhacomitrium-*, *Cladonia-* und *Cetraria-*Arten, in Urgesteinsfelsspalten der Ostkarpaten zusammen mit *Agrostis rupestris* ALL., *Poa laxa* HAENKE, *Sesleria disticha* (WULF.) PERS., *Saxifraga bryoides* L. und *S. moschata* WULF., *Primula minima* L., *Erigeron uniflorus* L., *Campanula alpina* JACQ. u. a. m. Auch auf Ruhschutt der subalpinen, alpinen und nivalen Stufe ist die Pflanze nicht selten, ferner auf Felsblöcken, selbst in Waldesschatten auf Nadelhumus in Pionierrasen, in Curvuleten, im Sempervivetum, in feuchteren Mulden mit *Salix retusa* L., im Nardetum (hier nach Bewässerung und Düngung verschwindend), im *Trifolium alpinum-*Bestand, auf Weiden auf nährstoffreichem Boden mit *Trifolium alpinum* L., im Festucetum violaceae, im Festucetum variae, in Übergangsgesellschaften von der Weide zur Zwergstrauch-Heide, im Vaccinietum Myrtilli und V. uliginose, sowie in den Beständen von *Rhododendron ferrugineum* L. und von *Arctostaphylos Uva-ursi* (L.) SPR.

Volksnamen. Ebenso wie *S. tectorum* heißt die Art in Kärnten Donnerknöpf. Im romanischen Graubünden ist sie als tschaguola de grep (Engadin) bekannt. Die Pflanze soll heftig purgierend wirken.

Bastarde.

Wo immer mehrere *Sempervivum-*Arten nebeneinander vorkommen, entstehen Kreuzungen. Diese vermehren sich auf vegetativem Wege sehr reichlich, oft reichlicher als die Stammarten, und treten vielfach auch ohne die vermeintlichen Eltern auf. Diese Bastardformen, die als solche lange nicht erkannt wurden, sind wiederholt als eigene Arten beschrieben worden, und auf solchen basiert die Mehrzahl der von SCHOTT, LEHMANN, SCHNITTSPAHN, BAKER, JORDAN u. a. verteilten Namen, von denen viele jetzt nicht mehr mit Sicherheit aufzuklären sind.

1. *Sempervivum arachnoideum* × *grandiflorum* wird als Seltenheit für das Wallis angegeben.

2. *S. arachnoideum* subsp. *arachnoideum* × *montanum* subsp. *montanum*; *S.* × *barbulatum* SCHOTT (1853). Syn. *S.* × *Delasoiei* LEHM. et SCHNITTSP. (1860). Mit den Eltern ziemlich häufig. In Bayern in den Allgäuer Alpen am Laufbacher Eck (1950 bis 2000 m) ohne den einen Parens (*S. montanum*) vorkommend.

3. *S. arachnoideum* subsp. *tomentosum* × *montanum* subsp. *montanum*. Im Wallis.

4. *S. arachnoideum* subsp. *arachnoideum* × *montanum* subsp. *stiriacum*; *S.* × *noricum* HAYEK (1909). Sehr selten in Salzburg, Steiermark und Kärnten.

5. *S. arachnoideum* subsp. *arachnoideum* × *tectorum*; *S.* × *angustifolium* KERNER (1870). Syn. *S.* × *Heerianum* BRUEGGER (1880). Unter den Stammeltern wohl überall, so in Bayern in den Allgäuer Alpen auf der Ochsenalpe und an den Hängen des Salober im Bärgündele auf Liashornsteinfelsen), in Tirol bei Landeck, Ober-Spiß und im vorderen Ötztal, wahrscheinlich auch bei Schmirn, in der Schweiz im Samnaun (Compatsch), im Oberengadin und im Wallis. – Auch das auf den höheren Gipfeln des Französischen Jura schon unweit der Schweizer Grenze vorkommende *Sempervivum Fauconnetii* REUTER (1861) gehört zweifellos zu diesem Bastard, wenn auch heute *S. arachnoideum* im Jura fehlt.

6. *S. arachnoideum* subsp. *tomentosum* × *tectorum*; *S.* × *flavipilum* HAUSMANN (1851–54). Syn. *S.* × *Hausmannii* LEHM. (1863). In Südtirol und im Wallis wohl überall, wo die Stammeltern zusammen vorkommen.

7. *S. arachnoideum* subsp. *arachnoideum* × *Wulfenii*; *S.* × *fimbriatum* SCHOTT (1852–53). Syn. *S.* × *roseum* HUTER et GANDER (1879). Unter den Stammarten in der Steiermark auf dem Eisenhut; in Kärnten auf der Görlitzen, Pasterze, unter dem Cellonkogel am Plöckenpaß (bei den römischen Inschriften), bei Bad Mandorf im Gailtal; in Osttirol ziemlich häufig, in Südtirol bei Trafoi, am Stilfserjoch, am Rabbijoch, in Pfitsch, im Pustertal, im Drautal, im Nonsberg, im Fassatal; in der Schweiz im Engadin.

8. *S. grandiflorum* × *montanum* subsp. *montanum*. Selten im Wallis.

9. *S. grandiflorum* × *tectorum*. Selten im Wallis.

10. *S. montanum* subsp. *montanum* × *tectorum*. Oberengadin. Hierher gehört wohl auch die Angabe von *S. Comollii* ROTA aus dem Berninagebiet.

11. *S. montanum* subsp. *montanum* × *Wulfenii*; *S.* × *rupicolum* KERNER (1870). Unter den Eltern in Tirol im Oberinntal, im Pitztal, am Birkkogel bei Kuhtai, in den Schieferbergen zwischen Ötztal und Sellrain, in der Umgebung von Innsbruck im Navistal, zwischen Navis und Wattental; in Südtirol häufig; in der Schweiz im Oberengadin, Unterengadin und im Puschlav.

12. *S. montanum* subsp. *stiriacum* × *Wulfenii*. *S.* × *Pernhofferi* HAYEK (1909). Sehr selten in Kärnten und der Steiermark.

13. *S. tectorum* × *Wulfenii*. In der Schweiz, und zwar besonders häufig im Oberengadin und Puschlav.

Auch Tripelbastarde kommen bei *Sempervivum* vor. Mit Sicherheit wurde *S. arachnoideum* × *montanum* × *Wulfenii* auf dem Schönberg bei Luttach im Taufertal beobachtet.

Eine Pflanze hybrider Entstehung ist ferner *Sempervivum Funckii*[1]) F. BRAUN (Fig. 96). Pflanze 10—25 cm hoch. Rosetten sternförmig ausgebreitet, 1,5—5 cm breit. Rosettenblätter aus verschmälertem Grunde verkehrt-eiförmig, plötzlich zugeschweift-zugespitzt, grasgrün, an der Spitze oft rötlich, auf der Fläche, besonders unterseits mit kleinen, bald verschwindenden Drüsenhaaren, am Rande mit langen, weißen, teilweise mit kleinen Drüsenköpfen versehenen Wimperhaaren, an der Spitze mit einem kleinen Büschel kurzer, geschlängelter Haare besetzt. Stengel reichlich drüsig-zottig, Stengelblätter zungenförmig, an der Spitze purpurn, dicht gewimpert und auf den Flächen drüsenhaarig. Blüten groß, sternförmig ausgebreitet, mit 12 Kronblättern, Kelchzipfel 5—6 mm lang, am Grunde bärtig. Kronblätter groß, 3mal so lang wie die Kelchblätter, lanzettlich, lang zugespitzt, rosenrot mit purpurnem Mittelstreif. Staubfäden kahl, purpurn; Antheren orangegelb. Fruchtknoten drüsenhaarig, plötzlich in das an der Spitze purpurne Stylodium zusammengezogen. Seit langem in fast allen Botanischen Gärten in Kultur; vor Jahren in Bayern im Fichtelgebirge bei Berneck, Oelsnitz und am Rimlas auf Diabasfelsen, ferner zwischen Burgkundstadt und Theisau und bei Bayreuth (ob noch?) angepflanzt und eingebürgert (hier stellenweise große Flächen bedeckend und reichlich blühend). Alle Standortsangaben aus dem Alpengebiete sind irrtümlich und beziehen sich zumeist auf den Bastard *S. arachnoideum* × *montanum*. *Sempervivum Funckii* soll von den Mallnitzer Tauern in Kärnten stammen, wo es aber gewiß nicht wild vorkommt. Vermutlich ist die Pflanze dadurch entstanden, daß eine von dort stammende Pflanze (wahrscheinlich *S. arachnoideum* subsp. *arachnoideum* × *montanum* subsp. *stiriacum*) in Gärten eine Verbindung mit *S. tectorum* einging.

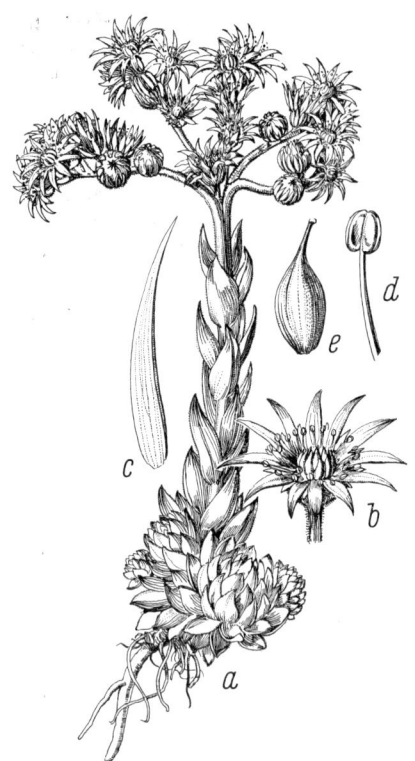

Fig. 96. *Sempervivum Funckii* F. BRAUN. *a* Habitus. *b* Blüte. *c* Kronblatt. *d* Staubblatt. *e* Fruchtbalg.

376. Tillaea[2]) L., Spec. plant. 128 (1753). Moosblümchen, Teichkraut.

Einjährige oder ausdauernde Kräuter, mit sukkulenten, gegenständigen, flachen oder walzlichen, ganzrandigen Blättern. Blüten zwitterig, 3- bis 5-zählig, einzeln oder zu mehreren in den Achseln laubblattartig ausgebildeter Tragblätter. Kelch- und Kronblätter frei oder am Grund kurz verwachsen, die Kronblätter eiförmig, oblong oder lanzettlich, ganzrandig, gewöhnlich ohne Stachelspitze. Staubblätter in der gleichen Zahl wie die Kronblätter und mit diesen abwechselnd; die Filamente frei oder am Grund mit der Krone verwachsen. Fruchtblätter gleichfalls in der Zahl der Kronblätter, frei oder kurz verwachsen, mit kurzem Stylodium oder ohne solches; Samenanlagen zahlreich bis wenige oder nur eine. Meist mit kurzer Drüsenschuppe vor jedem Fruchtblatt.

Tillaea ist mit rund 60 Arten annähernd weltweit verbreitet, am zahlreichsten allerdings in Südafrika und in Australien. – Nach dem Vorbild SCHÖNLANDS vereinigen viele Autoren diese Gattung mit *Crassula*, was bei ausschließlicher Berücksichtigung des Blütenbaus gerechtfertigt ist. Allerdings werden dabei die abweichenden Blütenstände vernachlässigt. Diese sind bei *Crassula* scharf vom vegetativen Sproß abgesetzt, und die Tragblätter sind zu unscheinbaren Schuppen reduziert. Bei *Tillaea* sind die blütentragenden Sprosse bis zur Spitze laubartig durchblättert, wodurch die Teilinfloreszenzen, die mitunter auf Einzelblüten verringert sind, wie das bei *T. aquatica* der Fall ist, aus den Achseln von Laubblättern entspringen. Die für die meisten *Crassula*-Arten bezeichnende Haarspitze auf den Petalen fehlt bei *Tillaea* fast immer. Die bei *Tillaea* verbreitete Reduktion der Samenanlagen auf zwei oder eine

---

[1]) Benannt nach HEINRICH CHRISTIAN FUNCK, 1771—1839, Apotheker in Gefrees im Fichtelgebirge.
[2]) Benannt nach dem italienischen Arzt MICHELANGELO TILLI, 1655—1740, der in Pisa einen zu seiner Zeit hochberühmten botanischen Garten aufbaute, in dem er erstmals in Europa die Aloe und den Kaffeebaum zum Blühen gebracht haben soll. Sein Catalogus plantarum horti Pisani (1723) umfaßt 5000 Arten.

einzige ist bei *Crassula* unbekannt. Viele *Tillaea*-Arten sind ausgesprochene Wasser- und Sumpfpflanzen, daneben enthält die Gattung auch mehrere xerophytische Formen.

Außer *T. muscosa* und *T. aquatica* findet sich in Europa eine weitere Art, *T. Vaillantii* WILLD. [Syn. *Bulliarda Vaillantii* (WILLD.) DC.], die in Westeuropa, Nordafrika, Nord- und Mittelamerika verbreitet ist und sich im oberen Moseltal unserem Gebiet nähert.

Artenschlüssel.

1a Blüten zu 2–4 in den Blattachseln, meist dreizählig. Kronblätter kürzer als der Kelch. Fruchtbälge zweisamig . . . . 1412. *T. muscosa* L.
1b Blüten in den Blattachseln einzeln, meist vierzählig. Kronblätter länger als der Kelch. Fruchtblätter meist 6- bis 12-samig 2
2a Blüten deutlich gestielt . . . . *T. Vaillantii* WILLD. (vgl. oben)
2b Blüten fast sitzend, an achselständigen Kurztrieben . . . . 1413. *T. aquatica* L.

1412. Tillaea muscosa L., Spec. plant. 129 (1753). Syn. *Crassula muscosa* (L.) ROTH (1827) non PRINTZ (1760). *Crassula Tillaea* LESTER (1903)[1]) Moosblümchen. Taf. 140, Fig. 7 und Fig. 97e bis h.

Einjährig, 1–5 (8) cm hoch, in der Tracht an nichtblühende *Sagina nodosa* oder an *Illecebrum verticillatum* erinnernd. Hauptwurzel frühzeitig verschwindend. Stengel niederliegend oder aufsteigend, seltener aufrecht, meist stark verzweigt, 4-kantig, oft rötlich überlaufen, reichlich Adventivwurzeln treibend. Laubblätter fleischig, gegenständig, am Grunde kurzscheidig verbunden, mehr oder weniger abstehend, eiförmig spitzlich, bis 2 mm lang, oberseits flach, unterseits gerundet, sehr dichtgedrängt, oft sich mehr oder weniger deckend, in ihren Achseln oft sehr gestauchte, wechselständige Kurztriebe tragend. Blüten zu 2–4 in den Achseln der Laubblätter sitzend, 3- (selten 4-)zählig (Fig. 97 e). Kelchblätter 3, breit-lanzettlich, spitz, 1 mm lang, hellrot mit weißer Spitze, Kronblätter 3, schmal-lanzettlich, spitz, weiß bis hellrot, kürzer als der Kelch. Staubblätter 3, kürzer als die Kronblätter. Balgfrüchte 3, breit-eiförmig mit kurzer Spitze, 2- (selten 1- oder 3-)samig, mit deutlicher Einschnürung (Fig. 97 f, g), vor jedem Fruchtblatt eine sehr kurze, fädliche Drüsenschuppe. Samen länglich, dunkelbraun, 0,4 mm lang, längsrunzelig. – V bis IX.

Vorkommen. Sehr zerstreut und selten (oft wohl übersehen!) auf Äckern, Heiden, an Ufern; auf feuchtem Sand- und Lehmboden. Nur in der Ebene in Nordwestdeutschland. Im Mittelmeergebiet Charakterart des Tillaeëtum (MOLINIER & TALLON 1950), in Westeuropa entsprechend in Kleinschmielen-Fluren, ferner in Nanocyperion-Gesellschaften.

Allgemeine Verbreitung. Mittelmeergebiet, Westeuropa, Kanarische Inseln.

Verbreitung im Gebiet. In Deutschland am Niederrhein um Cleve (hinter dem Fasanengarten, zwischen Bedburg und Schneppenbaum, bei Rosenthal, Calcar, Kehrum, Monreberg), Xanten, Mörs und Hau, in Westfalen, im unteren Lippegebiet (bei Coesfeld hinter der Kleinke [hier 1823 von BOENNINGHAUSEN entdeckt]), bei Haltern (früher), Bossendorf, Hämmchen und Vest bei Recklinghausen, bei der Sickingmühle, Linterbeck, bei Schulte in Hülsen, im Kesselgrunde bei Nieder-Görsdorf, bei Jüterbog und in Anhalt bei Oranienbaum. – Fehlt in Österreich und in der Schweiz vollständig.

Begleitpflanzen. In der nordwestdeutschen Tiefebene erscheint das Pflänzchen gern in Gesellschaft von *Radiola linoides* ROTH und von *Limosella aquatica* L. an feuchten Stellen in der *Erica tetralix*-Heide, zum Teil auch an feuchten Stellen in sandigen Äckern zusammen mit *Centunculus minimus* L., *Radiola* und *Limosella*.

Blütenverhältnisse. Die kleinen, sehr unscheinbaren, rötlichen oder weißlichen Blüten werden wohl ausschließlich durch Selbstbestäubung befruchtet.

---

[1]) Dieser Name muß verwendet werden, wenn man die Gattung *Tillaea* mit *Crassula* vereinigt, wie es SCHÖNLAND und neuerdings FRIEDRICH wollen.

1413. Tillaea aquatica L., Spec. plant. 128 (1753). Syn. *T. prostrata* SCHKUHR (1794). – *Bulliarda aquatica* (L.) DC. (1801). – *Crassula aquatica* (L.) SCHÖNLAND (1891). – *Tillaeastrum aquaticum* (L.) BRITTON (1903). Nordisches Teichkraut. Fig. 97 a bis d.

Literatur: W. J. CODY, A History of *Tillaea aquatica* in Canada and Alaska. Rhodora 56 (Nr. 665), 96–101 (1954).

Ein- bis mehrjährig, 1,8–5 cm hoch, kahl, in der Tracht an *Elatine Hydropiper* oder an Landformen von *Callitriche verna* erinnernd. Wurzel faserig. Stengel aufrecht oder niederliegend, an den Knoten reichlich mit Adventivwurzeln besetzt, reichästig. Laubblätter kreuzweise gegenständig, lineal-lanzettlich, spitzlich, am Grunde kurzscheidig verbunden, fast waagrecht abstehend, bis 6 mm lang, flach, entfernt stehend, Blüten einzeln an Kurztrieben in den Blattwinkeln fast sitzend (Fig. 97 a), 4- (seltener 3- oder 5-) zählig. Kelchblätter 4, am Grunde verwachsen, spitz. Kronblätter 4, länglich-eiförmig, stumpflich, 1–1,5 mm lang, weiß, aufrecht, über doppelt so lang wie der Kelch. Staubblätter 4, kürzer als die Kronblätter. Vor jedem Fruchtblatt eine lineale Drüsenschuppe von der Länge der Staubblätter. Balgfrüchte 4, eiförmig-kugelig, frei, etwas abstehend, mit 10–12 walzlichen, 0,3–0,6 mm langen, längsrunzeligen, dunkelbraunen Samen. – Chromosomenzahl: $2n = 42$. – VII bis IX.

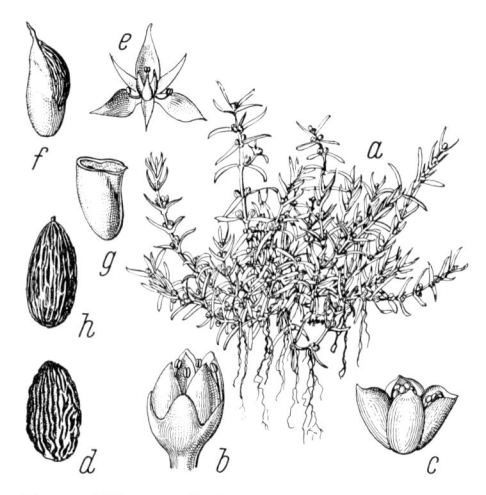

Fig. 97. *Tillaea aquatica* L. *a* Habitus. *b* Blüte. *c* Frucht. *d* Samen. – *T. muscosa*. L. *e* Blüte. *f* Teilfrucht. *g* Teilfrucht quergeschnitten. *h* Samen.

Vorkommen. Sehr zerstreut und oft unbeständig (oder übersehen!) auf schlammigen Teichböden, auf sandigen, kiesigen Ufern, überschwemmten Stellen, zuweilen auch im Wasser. Nur in der Ebene und nur auf kalkfreier Unterlage. In Nanocyperion-Gesellschaften.

Allgemeine Verbreitung. Nord- und Mitteleuropa (nördlich bis Island, Lappland und Spitzbergen, südlich bis Mitteldeutschland und Niederösterreich), sodann in Ostsibirien (Ussurigebiet), Korea, Japan und Nordamerika.

Verbreitung im Gebiet. In Deutschland in Westfalen und bei Vörden nächst Osnabrück zwischen Ahe und Rottinghausen, am Wittenberge bei Neuenkirchen und früher im Mecklenburgischen bei Lotte am Blankenpol, an der Elbe bei Appolensdorf, Gribo und gegenüber dem Rieglitzerberg (die Angaben vom Wittenberg [daselbst von SCHKUHR für Deutschland entdeckt] und Coswig[1]) bedürfen der Bestätigung!), in Schleswig-Holstein bei Kiel (Röbsdorf) und bei Husum (Petersburg), in Brandenburg am Kleinen Teich von Weißensee bei Berlin (vor 1836, seither nicht mehr), in Pommern am Nordrand des Campsees (im Brackwasser) bei Kolberg (1864 von WELLMANN und später von GRAEBNER gefunden, seither nicht mehr beobachtet), in Ostpreußen im Samland bei Rauschen (seit Jahren nicht mehr bemerkt) und in Schlesien bei Pleß (Paprozanteich, Neu Berun und Rybnik). – In Österreich nur in Hoheneich bei Gmünd (Niederösterreich). – In Böhmen im Elbegebiet, auf der Budweis-Wittingauer Seenplatte, um Klattau, bei Krucemburk, Bolevec bei Pilsen. – In Mähren bei Namiest und bei Trebitsch.

Begleitpflanzen. Wie *Cyperus flavescens* L. und *C. fuscus* L., *Scirpus setaceus* L., *Eleocharis acicularis* (L.) ROEM. et SCHULT., *Juncus bulbosus* L., *J. bufonius* L., *Illecebrum verticillatum* L., *Peplis Portula* L., *Radiola linoides* ROTH, *Limosella aquatica* L., *Lindernia Pyxidaria* ALL. *Centunculus minimus* L., *Elatine*-Arten, *Bidens radiatus* THUILL. usw. ist auch diese Art eine Pflanze des feuchten Schlickbodens von abgelassenen Teichen sowie dem zwischen

---

[1]) Im Herbarium Halle befindet sich ein Beleg aus Coswig: „Auf überschwemmt gewesenen Stellen am Elbufer bei Coswig. August 1887. Legit G. OERTEL." Allerdings gilt OERTEL als wenig zuverlässiger Gewährsmann. Von SCHKUHR selbst ist kein Exemplar vorhanden (K. WERNER).

Hoch- und Niederwasserstand liegenden Randgürtel (vgl. *Juncus capitatus* Bd. **2**, S. 203 der 2. Auflage). Seltener erscheint sie auch auf kiesigem Uferboden oder auf feuchtem Sand, und zwar dann in einer niederliegenden, stark rötlichen Form. Im reinen Sand vermag sich das Pflänzchen auf die Dauer nicht zu halten.

Vegetationsorgane. Je nach dem Wasserstand ist der Wuchs recht verschiedenartig. Im Wasser wachsende Pflanzen besitzen meist mehr oder weniger aufrechte Stengel mit gestreckten Internodien, terrestrisch, im Schlamm lebende Pflanzen sind kurzgliedrig, niederliegend und reich bewurzelt. – Der Stengelbau entspricht dem einer echten Wasserpflanze. Das den größten Teil des Querschnitts einnehmende Rindenparenchym wird von Luftkanälen durchzogen.

Blütenverhältnisse. Die Blüten stehen terminal in axillären Kurztrieben. Sie öffnen sich auch auf dem Land meist nicht, sind also regelmäßig kleistogam.

Keimung. Bei der Keimung, die CASPARY eingehend beschreibt, wird ähnlich wie bei *Najas* und den *Nymphaeaceae* zwischen Stamm und Wurzel ein Wulst mit langen, einzelligen Haaren gebildet, die wohl der Atmung dienen („pflanzliche Kiemen").

58b. Familie. Saxifragaceae

A. L. DE JUSSIEU, Gen. Plant. 308 (1789) „*Saxifrageae*".

Steinbrechgewächse

Ausdauernde, seltener einjährige Kräuter mit wechsel- oder gegenständigen, oft rosettig gedrängten, einfachen oder handförmig eingeschnittenen, selten fiederlappigen, gefiederten oder doppelt dreizähligen Blättern. Nebenblätter fehlen meist. Blüten zwitterig, ausnahmsweise durch Verkümmerung eingeschlechtig, strahlig oder zu Zygomorphie neigend, in traubigen oder rispigen, zum Teil auch scheindoldigen oder auf terminale oder blattachselständige Einzelblüten verringerten Infloreszenzen. Kelch und Krone meist 4- bis 5-zählig, die Krone mitunter fehlend. Kelchblätter fast bis zum Grunde frei oder häufiger mehr oder weniger hoch miteinander und mit dem Fruchtknoten in einen flachen oder verschieden gewölbten Blütenbecher[1]) verwachsen, in der Knospe dachig oder klappig. Kronblätter wie die Staubblätter unter sich frei und aus dem Blütenboden oder dem Rande des Blütenbechers entspringend. Staubblätter in der doppelten Anzahl der Kelchblätter vorhanden, der äußere Kreis vor den Kronblättern, der innere vor den Kelchblättern stehend; selten ist einer der beiden Kreise unterdrückt. Staubbeutel intrors. Pollen einzeln, tricolporoidat, oblat-sphäroidisch bis prolat,[2]) mit feinem Netz- oder Streifenmuster. Fruchtblätter meist 2, selten 3 bis 5, selten fast frei, in der Regel unter sich und vielfach auch mit dem Blütenbecher mehr oder weniger hoch verwachsen, der Fruchtknoten daher ober- bis fast unterständig, 2- (selten bis 5-)fächerig oder ungefächert. Stylodien frei, oft spreizend, manchmal auf die fast sitzenden Narben reduziert. Samenanlagen zahlreich, anatrop, krassinuzellat, meist mit zwei Integumenten. Reife Früchte trocken, balgartig aufspringend oder bei syn- und parakarpem Fruchtknoten Kapseln, die sich an der Bauchnaht der nicht miteinander verwachsenen Karpellspitzen öffnen. Samen klein, mit kleinem Embryo in der Achse des reichlichen, zellulär oder heliobal gebildeten Nährgewebes.

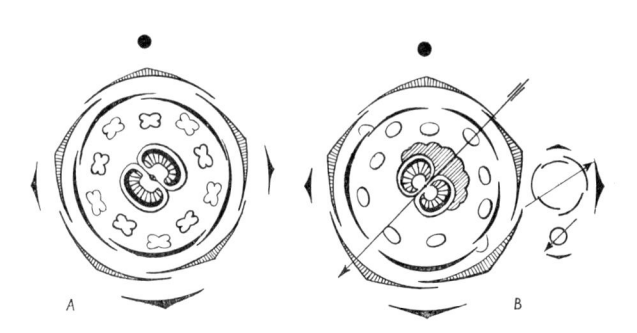

Fig. 98. Blütendiagramme von a *Saxifraga granulata* L. - b *S. stolonifera* MEERB. (nach EICHLER).

Nach Ausschluß der *Philadelphaceae, Brexiaceae, Escalloniaceae* und der aberranten Gattungen *Itea, Ribes, Vahlia, Parnassia, Pyxidanthera* und einiger mehr erweisen sich die *Saxifragaceae* als klar umschriebene, in ihren morphologischen, anatomischen und embryologischen Verhältnissen einheitliche Familie. Sichere stammesgeschichtliche Zusammenhänge bestehen zwischen den *Saxifragaceae*, der Gattung *Penthorum (Penthoraceae)* und den *Crassulaceae*. Diese drei Familien werden – und das zweifellos zu Recht – in der Ordnung *Saxifragales* zusammengefaßt (Merkmale S. 33): Dagegen ist die Zugehörigkeit der *Francoaceae, Parnassiaceae* und *Lepuropetalaceae* zu dieser Ordnung mehr als zweifelhaft. Vermutlich handelt es sich bei den ganzen *Saxifragales*, den echten wie den unsicheren, um krautig gewordene Abkömmlinge jenes urtümlichen und polymorphen Entwicklungszentrums, das die neueren Autoren gern als Ordnung *Cunoniales* bezeichnen, was freilich nur eine behelfsmäßige Lösung sein kann, solange die hierher gehörigen Familien nicht besser durchforscht sind. In erster Linie mangelt es dabei an embryologischen Untersuchungen.

---

[1]) Vgl. hierzu die Ausführungen S. 21.
[2]) Vgl. Anmerkung S. 62 und Fig. 109 u. 110, S. 145.

Die erstaunliche habituelle Ähnlichkeit der Gattung *Astilbe (Saxifragaceae)* mit *Aruncus (Rosaceae)* hat naturgemäß zur Annahme enger Zusammenhänge zwischen ihnen geführt. Diese Beziehungen dürfen jedoch nicht überschätzt werden: von keiner *Rosaceae* kennen wir ein obdiplostemones Andrözeum; meist besteht es aus mehr als zwei Wirteln (sekundäre Vermehrung) und bei den Gattungen mit diplostemonem Andrözeum wird das bei allen *Saxifragaceae* stets wohlentwickelte Endosperm unterdrückt, ganz abgesehen von dessen nukleärer Entstehung bei den *Rosaceae*.

Während bei den *Rosaceae, Mespilaceae* und *Amygdalaceae* die Staubblattquirle in zentripetaler Folge angelegt werden und ebenso verstäuben[1]), bildet sich bei den *Saxifragaceae, Crassulaceae, Parnassiaceae, Francoaceae, Philadelphaceae, Hamamelidaceae* etc. der innere, alternipetale Staubblattwirtel zuerst und kommt auch vor dem äußeren, epipetalen, zur Pollenreife. Eine Ausnahme macht nur *Deutzia* mit regelmäßig diplostemonem Andrözeum, dessen alternipetaler, äußerer Wirtel vor dem epipetalen, inneren angelegt wird und ebenso verstäubt.

Die annähernd 30 Gattungen dieser Familie sind überwiegend auf die durch ihren Reichtum an mesophilen Florenrelikten ausgezeichneten Gebirge Ostasiens (hier besonders in Japan und Westchina) sowie Nordamerikas beschränkt. Auf die westliche Hälfte der Paläarktis, Mittelamerika, das andine und antarktische Südamerika entfallen nur wenige, darunter freilich die sehr vielgestaltige und im Gesamtareal der Familie verbreitete Gattung *Saxifraga*.

Mit den Umweltbedingungen feuchter, temperierter bis kühler Gebirge korrespondiert die herrschende, chamaephytische oder hemikryptophytische Lebensform der Familie; Therophyten sind äußerst spärlich vertreten. Die weite Verbreitung, die einige Formenkreise in den nördlichen Polargebieten gefunden haben, wurde durch diese zunächst orophytische Anpassung ermöglicht.

Zur Charakterisierung der *Saxifragaceae* kann eine Reihe anatomischer Merkmale mit herangezogen werden, so namentlich die in der Regel mehrzelligen Trichome (bei den *Rosaceae, Mespilaceae* und *Amygdalaceae* herrschen einzellige Haare vor), das allgemeine Fehlen schleimführender Zellen (die bei den *Rosales* sehr verbreitet sind), das seltene Auftreten von Kristallschläuchen, die hier auf *Bergenia* und *Saxifraga* Sektion *Diptera* beschränkt sind, aber bei den meisten *Crassulaceae* nachgewiesen wurden, und schließlich das Vorkommen markständiger Leitbündel, was mehreren *Saxifraga*-Arten, den Gattungen *Rodgersia* und *Peltiphyllum*, aber auch einigen *Crassulaceae* (z. B. *Echeveria*) eigen ist, bislang aber von keiner *Rosaceae, Philadelphaceae* oder verwandten Familie bekannt wurde. — Eine gesteigerte Bedeutung erfahren die anatomischen Befunde durch ihre Verwendbarkeit für Gliederung und Umgrenzung der Gattungen. So ist bekanntlich *Bergenia* durch in die Blätter eingesenkte, eiförmige Drüsen, durch das Fehlen der sonst allgemein verbreiteten Hydathoden und die schon genannten Kristallschläuche, die Drusen von oxalsaurem Kalk führen, gekennzeichnet. Für die meisten Gattungen ist auch der Bau der Drüsenhaare recht kennzeichnend: diese sind beispielsweise bei *Peltiphyllum, Heuchera* und *Tolmiea* einzellreihig, bei *Astilbe, Mitella* und *Tellima* mehrreihig, bei *Tiarella* treten beiderlei Formen auf und bei *Saxifraga* erlauben sie die Charakterisierung einzelner Sektionen.

Der wirtschaftliche Nutzen der Familie ist bescheiden. Zu erwähnen ist an erster Stelle die Gerbstoff liefernde Gattung *Bergenia* (vgl. S. 128). Weitaus größer ist die Bedeutung der *Saxifragaceae* als anspruchslose Zierpflanzen. Nur gegen Prallsonne und übermäßige Dürre sind sie empfindlich. Die wichtigsten, für die Gartenkultur in Betracht kommenden Gattungen lassen sich nach folgendem Schlüssel unterscheiden. Bis auf *Saxifraga* Sektion *Diptera* sind die genannten Arten in Mitteleuropa winterhart.

1a Fruchtblätter 2 bis 4, frei oder in einen 2- bis 4-fächerigen Fruchtknoten verwachsen 2

1b Fruchtblätter 2, in einen ungefächerten Fruchtknoten verwachsen 8

2a Grundständige Laubblätter schildförmig 3

2b Grundständige Laubblätter nicht schildförmig 4

3a Kelch und Krone vierzählig . . . . *Astilboides*

3b Kelch und Krone fünfzählig . . . . *Peltiphyllum*

4a Laubblätter gefiedert, gefingert oder doppelt bis dreifach 3-teilig. Mit häutigen Nebenblättern. Kelchbecher nur am Grund mit dem Fruchtknoten verwachsen. Krone nicht selten fehlend oder auf 1 bis 2 Petalen reduziert . 5

4b Laubblätter einfach, gelappt oder handförmig eingeschnitten. Meist ohne Nebenblätter. Kelch und Krone stets gleichzählig (bei den kultivierten Arten fehlt die Krone nie) 6

5a Blüten mit Vorblättern. Laubblätter meist doppelt oder dreifach dreizählig . . . . *Astilbe*

5b Blüten ohne Vorblätter. Laubblätter gefingert oder gefiedert . . . . *Rodgersia*

6a Blätter durch eingesenkte, mehrzellige Drüsen punktiert . . . . *Bergenia*

6b Blätter ohne eingesenkte Drüsen 7

---

[1]) Die Angabe hierüber auf S. 21, Absatz 2, Zeile 6 dieses Bandes trifft nur für die Ordnungen *Rosales* und *Leguminosae* zu, nicht aber für die *Hamamelidaceae, Cunoniales* und *Saxifragales*. Es verstärken sich dadurch die Bedenken gegen die Zusammengehörigkeit der als *Rosiflorae* zusammengefaßten Ordnungen.

7a Kelch in der Knospenlage klappig	*Boykinia*
7b Kelch in der Knospenlage dachziegelig. Fruchtblätter zumindest unterwärts miteinander verwachsen. Nebenblätter gewöhnlich fehlend (wenn mit Nebenblättern und fast freien Karpellen vgl. *Astilbe simplicifolia* MAKINO) . . . . *Saxifraga* (S. 130)
8a Kronblätter ungeteilt	9
8b Kronblätter fiederspaltig oder dreiteilig	10
9a Staubblätter 10	*Tiarella*
9b Staubblätter 5	*Heuchera*
9c Staubblätter 3	*Tolmiea*
10a Stylodien sehr kurz	*Mitella*
10b Stylodien gestreckt	*Tellima*

Die Gattung *Astilbe*[1]) BUCH. HAMILT. bewohnt mit 30 bis 40 Arten Ostasien (südlich bis Neuguinea) und das Himalajagebiet. Es sind kleinere bis recht ansehnliche, in der Tracht an *Aruncus* erinnernde Pflanzen mit unscheinbaren, weißen, roten oder grünlichen Blüten in großen Rispen. – In den europäischen Gärten wurden die reinen Arten durch gärtnerische Züchtungen fast vollständig verdrängt. Am bekanntesten sind *Astilbe* × *Arendsii* hort., aus *A. Davidii* (FRANCH.) HENRY und *A. astilboides* (MAXIM.) LEMOINE [an deren Stelle auch *A. japonica* (MORR. & DECNE.) A. GRAY und *A. Thunbergii* (SIEB. & ZUCC.) MIQU.] hervorgegangen, *A.* × *Lemoinei* hort., die der Kreuzung von *A. astilboides* (MAXIM.) LEMOINE mit *A. Thunbergii* (SIEB. & ZUCC.) MIQU. entstammt, sowie *A.* × *rosea* v. WAWEREN & KRUIFF, die dem Bastard *A. chinensis* (MAXIM.) FRANCH. & SAV. × *A. japonica* (MORR. & DECNE.) A. GRAY entspricht. – Eine Reihe zwergwüchsiger Hybriden geht auf die Verbindung von *A.* × *Arendsii* hort. mit der durch einfache, 3- bis 5-lappige Blätter ausgezeichneten *A. simplicifolia* MAKINO aus dem mittleren Japan zurück. – Die einzige, wahrscheinlich nicht hybridogene Astilbe von gärtnerischer Bedeutung ist eine Zwergform von *A. Davidii* (FRANCH.) HENRY (var. *pumila* hort.), deren Wert auf ihrem dichten, niedrigen Wuchs, der purpurnen Blütenfarbe und der für die Gattung verhältnismäßig großen Unempfindlichkeit gegen Trockenheit beruht.

Rodgersia[2]) A. GRAY enthält nur wenige Arten in den Gebirgen Japans, Mittel- und Westchinas. Mit ihren stattlichen, tief handförmig gelappten (*R. podophylla* A. GRAY), gefingerten (*R. aesculifolia* BATALIN) oder gefiederten (*R. pinnata* FRANCH. und *R. sambucifolia* HEMSL.) Blättern empfehlen sie sich als prächtige, schattenliebende Zierstauden.

Mit *Rodgersia* ist die monotypische *Astilboides tabularis* (HEMSL.) ENGL. aus der Mandschurei und Nordkorea eng verwandt. Die Blattspreite dieser gewaltigen Hochstaude erreicht annähernd 1 m im Durchmesser.

Zur Gattung *Bergenia*[3]) MOENCH, Wickelwurz, die früher gewöhnlich mit *Saxifraga* vereinigt wurde, gehören 8 in den Gebirgen Mittel- und Ostasiens heimische Arten mit dickem Rhizom, meist überwinternden, derben, ledrigen oder fleischigen Blättern und wickeligen, im zeitigen Frühjahr erscheinenden Blütenständen. Kronblätter weiß bis dunkelrosa.

Fig. 99. *Bergenia cordifolia* (HAW.) STERNB. *a* Habitus (⅓ natürliche Größe). *b* Fruchtknoten. *c* Kronblatt.

---

[1]) Von griech. στιλβός [stilbos] = Glanz, Pracht, und vorgesetztem α privativum, also sinngemäß Astilbe = die Unscheinbare.

[2]) Benannt nach dem amerikanischen Admiral JOHN RODGERS (1812–1882), Leiter einer Expedition nach Japan.

[3]) Nach dem Arzt und Botaniker KARL AUGUST VON BERGEN (1704–1759), Professor der Medizin und Botanik in Frankfurt an der Oder.

Die bekanntesten Arten sind: *Bergenia cordifolia* (HAW.) STERNB. (Fig. 99) aus dem Altai mit völlig kahlen, rundlich-herzförmigen, bis über 20 cm breiten Blättern. – *B. crassifolia* (L.) FRITSCH, gleichfalls im Altai und den sibirisch-mongolischen Grenzgebirgen zu Hause, von voriger Art durch die in den Stiel verschmälerten Blätter verschieden; diese Art tritt gelegentlich als Gartenflüchtling auf, so bei Feuchtwangen in Bayern, Ahrensburg in Hannover, bei Salzburg und in Vorarlberg. Die Wurzeln (eher: Rhizome) dieser Pflanze enthalten 18–25% Gerbstoff, außerdem Bergenin (ein Isocumarin), Stärke und gelbe sowie braune Farbstoffe. Sie werden als Badanwurzel gehandelt und finden als Gerbmaterial Verwendung, besonders für Sohlenleder und Juchten. Die Blätter, die rund 22% Gerbstoff, und im Herbst etwa 12% Arbutin enthalten, wirken adstringierend und liefern den sogenannten Tschagorischen Tee (nach H. A. HOPPE). – *B. purpurascens* (HOOKER f. & THOMS.) ENGL. aus Sikkim, deren völlig kahle, eiförmige, ganzrandige Blätter nur 4 bis 8 cm breit werden, sowie die einander nahestehenden Arten *B. Stracheyi* (HOOKER f. & THOMS.) ENGL. aus dem Nordwest-Himalaja und Afghanistan mit am Rande gewimperten, sonst kahlen Blättern, und die im Himalaja weit verbreitete *B. ligulata* (WALL.) ENGL. mit mehr oder weniger behaarter Blattspreite. Durch die verbreitete Neigung zur Bastardbildung verschwinden die ursprünglichen Arten aus den Gärten in zunehmendem Maße. *B. ligulata* führt Gallussäure, Gerbsäure (14%), Glucose, Schleim, Wachs und ist ein altes Adstringens. Die Pflanze soll gegen den Grippevirus A virulicid sein (R. WANNENMACHER).

Geringe gärtnerische Bedeutung hat die Gattung *Boykinia*[1]) NUTT., die mit 9 Arten in Nordamerika und Japan beheimatet ist. Am häufigsten wird noch die bis 70 cm hohe, weißblühende *Boykinia aconitifolia* NUTT. aus den Alleghanies in Gärten angetroffen. Laubblätter lang gestielt, handförmig gelappt, bis 20 cm breit. Staubblätter 5.

Das monotypische, aus Nordkalifornien und Oregon stammende *Peltiphyllum peltatum*[2]) (TORR.) ENGL. fällt durch seine bis meterhohen, fast blattlosen Blütenschäfte und die langgestielten, schildförmigen, bis 60 cm breiten Blätter auf. Die ansehnlichen, hell purpurnen Blüten erscheinen im Mai und stehen in reichen, halbkugeligen Trugdolden.

Tiarella[3]) L. enthält einige wenige Arten im temperierten Ostasien, dem Himalaja und in Nordamerika, wovon *T. cordifolia* L., eine 15 bis 20 cm hohe, Ausläufer treibende Staude, zur Begrünung schattiger Stellen empfohlen wird. Die herzförmigen Blätter sind meist schwach 5-lappig, das stengelständige fehlt häufig, die unscheinbaren, weißen Blüten stehen in Trauben.

Aus der Gattung *Heuchera*[4]) L., die mit mehreren Arten Nordamerika und die mexikanischen Gebirge bewohnt, haben nur die rotblühende *H. sanguinea* ENGELM. aus Arizona und dem nördlichen Mexiko sowie die aus der Kreuzung dieser Art mit der weiß oder grünlich blühenden *H. americana* L. hervorgegangenen, unter dem Namen *H. × brizoides* hort. verbreiteten Gartenformen Bedeutung. Arten der Gattung *Heuchera* bilden mit *Tiarella cordifolia* L. Bastarde.

Mit der vorigen Gattung ist auch die monotypische *Tolmiea*[5]) *Menziesii* (PURSH) TORR. & A. GRAY aus dem pazifischen Nordamerika nahe verwandt, allerdings besitzt *Tolmiea* mehrblätterige Blütenstengel und einen zygomorphen Blütenbecher.

Die in Nordamerika, Japan, Formosa und Ostsibirien vorkommende Gattung *Mitella*[6]) L. zählt ein Dutzend unscheinbare Arten, die in der Tracht an *Tiarella cordifolia* L. erinnern, womit auch Bastarde gebildet werden. Am bekanntesten sind *Mitella nuda* L. mit blattlosem oder einblättrigem Blütenstengel (Neufundland bis Alaska und Amurgebiet) und *M. diphylla* L. mit zwei gegenständigen Stengelblättern aus dem östlichen Nordamerika.

Ganz auf das pazifische Nordamerika ist die monotypische *Tellima*[7]) *grandiflora* (PURSH) R. BR. beschränkt, eine halbmeterhohe Staude mit langgestielten, herzförmigen Blättern und gelben oder grünlichen Blüten in einfachen Trauben

Die Inhaltsstoffe der Saxifragaceae sind wenig bedeutend und mangelhaft bekannt. Eingehendere Untersuchungen liegen nur über die Gattungen *Astilbe* und *Bergenia* vor. In mehreren *Astilbe*-Arten, *Bergenia crassifolia*, *Rodgersia* und *Boykinia* findet sich regelmäßig und in Mengen von 0,4 bis 1,4% das Isocumarin Bergenin, besonders in den Wurzeln (gemeint sind wohl die Rhizome). Dieses Bergenin ist wahrscheinlich an der Bildung der reichlich vorhandenen Gerbstoffe beteiligt, die bei *Bergenia* bis über 20% enthalten sind. Zu erwähnen ist ferner das Vorkommen von Flavonoiden (Quercetin in Blüten von *Astilbe*), Flavonoidglykosiden (Astilbin und Myricitrin in den Rhizomen von *Astilbe*, Chrysosplenin im Kraut von *Chrysosplenium japonicum*), Arbutin (bis zu 18% in den getrockneten Blättern von *Bergenia crassifolia*), Cholin (in den Stengeln und Blättern von *Saxifraga rotundifolia*) sowie Saponine (in den Blättern

---

[1]) Benannt nach Dr. BOYKEN, der im vorigen Jahrhundert in Milledgeville, Georgia, lebte und Pflanzen sammelte.

[2]) Von griech. πέλτη [pelte] = leichter Schild, und φύλλον [phyllon] = Blatt.

[3]) Diminutiv von griech. τιάρα, lat. tiara = orientalischer Kopfschmuck der Könige und Satrapen, übertragen Diadem, Krone.

[4]) Benannt nach dem Arzt und Botaniker JOHANN HEINRICH VON HEUCHER (1677–1747), Professor der Medizin in Wittenberg, dann Leibarzt in Dresden; begründete in Wittenberg einen botanischen Garten und veröffentlichte (1711) ein Verzeichnis von dessen Beständen.

[5]) Nach dem schottischen Arzt und Pflanzensammler W. F. TOLMIE (1812–86) benannt, der im nordwestlichen Amerika große Reisen machte.

[6]) Lat. mitella, Diminuitiv von mitra = Kopfbinde, Turban.

[7]) Anagramm von *Mitella*.

mehrerer Steinbrecharten und bei *Chrysosplenium*). – Blausäure abspaltende Verbindungen sind ausgesprochen selten: HEGNAUER wies solche bei 2 von 20 untersuchten *Astilbe*- und einer von 8 *Boykinia*-Arten nach. – Bei einigen Saxifragen beobachtete WINTER (1954) mäßige bis starke antibiotische Wirksamkeit gegen Testbakterien.

Alkaloide, ätherische Öle und andere als die oben genannten Glykoside scheinen den *Saxifragaceae* zu fehlen. Arzneiliche Bedeutung hat die Familie nicht. Auch sind daraus keine Giftpflanzen bekannt geworden (R. WANNENMACHER).

Gattungsschlüssel.

1a Fruchtknoten 2- (selten mehr-)fächerig. Kronblätter gewöhnlich vorhanden. Blüten einzeln oder in Trauben oder Rispen. Blütenstände ohne Hochblatthülle . . . *Saxifraga* (S. 130)

1b Fruchtknoten nicht gefächert. Kronblätter fehlen. Blüten in von gelblichen Hochblättern gestützten Trugdolden . . . . *Chrysosplenium* (S. 218)

377. Saxifraga[1])[2]) L. Spec. plant. 398 (1753). Steinbrech.

Wichtigste Literatur: J. BOUCHARD. Clef dichotomique des espèces, hybrides et affines du genre *Saxifraga*, groupe des dactylites dits dactyloides. Le Monde des Plantes, no. 259, S. 27 (1949). – E. BRATH, Historisches und Geographisches über *Saxifraga paradoxa* STERNBERG. Phyton 1, 63–70 (1948). – P. VAN DER ELST, Bijdrage tot de Kennis van de zaadknopontwikkeling der *Saxifragaceae*. Diss. Utrecht 1909. – A. ENGLER & E. IRMSCHER in Pflanzenreich, *Saxifragaceae* – *Saxifraga* IV, 117 (1916–1919). – A. v. HAYEK, Monographische Studien über die Gattung *Saxifraga*. I. Die Sektion *Porphyrion*. Denkschr. Akad. Wiss. Wien, math.-nat. Klasse, 77, 611–709 (1905). – TH. SCHMUCKER, *Saxifraga*-Studien. Beih. Botan. Centralblatt 57, Abt. B, 139–166 (1937). – P. N. SCHÜRHOFF, Zur Zytologie von *Saxifraga*. Jahrb. f. wiss. Bot. 60, 443–449 (1925). – K. SCHWAIGHOFER, Ist *Zahlbrucknera* als eigene Gattung beizubehalten oder wieder mit *Saxifraga* zu vereinigen? Sitzungsbericht Akad. Wiss. Wien, math.-nat. Klasse, Abt. I, 117, 25–52 (1908). – E. TEMESY, Der Formenkreis von *Saxifraga stellaris* L. Phyton 7, 40–141 (1957). – M. WALDNER, Die Kalkdrüsen der Saxifragen. Mitteil. d. naturw. Vereins f. Steiermark 25 (1877). – E. WARMING, The Structure and Biology of Arctic Flowering Plants. 1. *Saxifragaceae*. Meddelelser om Groenland 36, Kopenhagen 1909. – D. A. WEBB, Notes Preliminary to a Revision of the Irish Dactyloid Saxifrages. Notes from the Botanical School of Trinity College, Dublin 5, no. 3 (1952).

Zwergige bis mittelgroße, ausdauernde, seltener 1- bis 2-jährige, häufig rasen- oder polsterbildende Kräuter mit dünnfaserigen Wurzeln. Leitbündel von einer gemeinsamen Endodermis umschlossen. Laubblätter wechsel-, seltener gegenständig, dicklich fleischig, ledrig oder bisweilen dünnhäutig, ungeteilt oder mehr oder weniger tief handförmig zerteilt. Blüten strahlig, selten (z. B. bei *S. stellaris*) auch zygomorph, einzeln oder in beblätterten (und dann bisweilen vom vegetativen Sproß unscharf abgesetzten) oder in blattlosen (und dann meist schaftartig gestielten), rispigen oder traubigen Blütenständen. Kelch und Krone meist 5-, ausnahmsweise bis 9-zählig, die Kelchabschnitte in der Knospenlage dachig. Staubblätter meist 10, der äußere Kreis vor den Kronblättern stehend, der innere damit abwechselnd. Staubfäden fadenförmig, pfriemlich oder keulig, die Antheren zweilappig. Pollen zumeist tricolporoidat, sphäroidisch bis prolat[3]) (Polachse 20–38 μ), gewöhnlich mit Netz- oder Streifenmuster (Fig. 109, 110). Fruchtknoten meist 2- (selten bis 5-)fächerig, frei oder bei den Arten mit deutlicher Blütenröhre mit dieser verwachsen. Stylodien meist 2, frei, anfangs zusammenneigend, zuletzt meist spreizend. Fruchtkapsel an der Bauchnaht der Karpelle aufspringend. Samen sehr zahlreich, klein.

Die vielgestaltige Gattung *Saxifraga* ist mit über 300 Arten in der nördlichen gemäßigten Zone und den Anden verbreitet. Dem andinen, völlig vom Hauptareal abgetrennten Verbreitungsgebiet gehören nur einige wenige Arten aus der

---

[1]) Von lat. saxum = Fels, und frangere = brechen. PLINIUS gibt einer Art des „adiantum" den Namen saxifragum. Der Name *Saxifraga* wie auch seine Verdeutschung Steinbrech geht auf die frühere Anwendung von *Saxifraga granulata* L. gegen Blasensteine zurück. Diese Art ist die eigentliche *Saxifraga* der Autoren des 16. und 17. Jahrhunderts. Die Eigenart vieler Steinbrech-Arten, auf Felsen und in Felsspalten zu gedeihen, wodurch die Felsen scheinbar zerklüftet werden, brachten andere Botaniker mit dem Namen in Zusammenhang.

[2]) Zu dieser Gattung verdanke ich zahlreiche Anregungen Herrn Professor D. A. WEBB, Dublin.

[3]) Vgl. Anmerkung S. 62.

Verwandtschaft von *S. caespitosa* an, darunter *S. magellanica*. Nach Norden dringt die Gattung so weit vor, als Blütenpflanzen überhaupt zu gedeihen vermögen. N. POLUNIN (1959) gibt zwei Dutzend Arten für das arktische Gebiet an. Endemiten sind hier allerdings äußerst spärlich vertreten und ganz auf den nordpazifischen Sektor beschränkt (z. B. *S. Eschscholtzii* STERNB.). Die südliche Begrenzung des Gattungsareals bilden in der Alten Welt Madeira mit der benachbarten Insel Porto Santo, der Atlas, Abessinien und Yemen, schließlich das Himalaja-Gebiet und die Gebirge Südchinas. In Nordamerika dringt die Gattung mit einer Art bis in das Mexikanische Hochland (Chihuahua) vor. Innerhalb ihres Verbreitungsgebiets zeigen die Saxifragen in zweifacher Hinsicht eine ausgesprochene klimatische Abhängigkeit: ihr Vorkommen ist einerseits weitgehend an Gebirge gebunden; andererseits meiden auch die nicht orophilen Arten der Gattung die kontinentalen Tiefländer sowie die Flußniederungen. In Zentralasien und im Himalaja steigen zahlreiche Arten bis über 5000 m an, darunter die holarktische *S. Hirculus*, eine Bewohnerin unserer Moore, die noch bei 5 600 m angegeben wird. Einige Arten werden bis 6 000 m Höhe angetroffen. Von den 45 in Mitteleuropa einheimischen *Saxifraga*-Arten kommen nur drei auch in der Ebene vor (*S. bulbifera*, *S. granulata* und *S. tridactylites*).

Gliederung der Gattung. Die ursprünglichsten *Saxifraga*-Arten bilden die Sektionen *Micranthes* und *Hirculus*, die beide durch einen nur schwach entwickelten oder fehlenden Blütenbecher (und demzufolge einen ganz oder beinahe oberständigen Fruchtknoten) sowie das Vorkommen mehr- und einzellreihiger Trichome gekennzeichnet sind. Zwischen diesen Sektionen läßt sich nur schwer eine scharfe Grenze ziehen: immerhin sind bei Sekt. *Micranthes* die Laubblätter meist in eine grundständige Rosette zusammengedrängt, die Blütenstandsstiele sind blattlos oder nur mit wenigen Blattrudimenten besetzt, wodurch die Blütenstände schaftartig gestielt erscheinen, und die Kronblätter gewöhnlich weiß. Die Laubblätter erweisen sich in dieser Sektion als äußerst vielgestaltig; teils sind sie kreis- oder nierenförmig, grob gezähnt und scharf in Stiel und Spreite gegliedert, teilweise sind sie keilförmig, elliptisch oder lanzettlich, dann häufig auch ganzrandig und meist nur undeutlich gestielt. Die Filamente sind entweder pfriemlich bis linealisch oder spatelig, und zwar können beide Formen bei der nämlichen Art auftauchen (so z. B. bei *S. nivalis* und *S. punctata*).

Im Gegensatz dazu besitzt die Sekt. *Hirculus* einen reich beblätterten Stengel, wobei die Stengelblätter von den grundständigen nur wenig verschieden sind und nach oben nicht oder nur allmählich kleiner werden; bei verschiedenen Arten wird eine Blattrosette gar nicht ausgebildet. Die Kronblätter sind in der Regel lebhaft gelb oder orangerot gefärbt, die Laubblätter lanzettlich bis linealisch (auch herzförmige kommen vor) und gewöhnlich ganzrandig. Die Filamente endlich sind stets pfriemlich.

Micranthes und *Hirculus* sind morphologisch die am wenigsten abgeleiteten Sektionen der Gattung und stellen den Ausgangspunkt für ihre weitere Evolution dar. Diese Weiterentwicklung hat freilich schon eingesetzt, bevor sich die beiden genannten Gruppen in die heute einigermaßen unterscheidbaren Sektionen differenzieren konnten.

Wie schon oben festgestellt, kommen bei den Sektionen *Micranthes* und *Hirculus* ein- und mehrzellreihige Haarbildungen nebeneinander vor. Der Besitz mehrzellreihiger Trichome ist für die eine der hier ausgehenden Entwicklungslinien sehr bezeichnend. Von den hierher zu zählenden Sektionen steht *Gymnopera* der Sekt. *Micranthes* eindeutig am nächsten; zu *Hirculus* bestehen keine Beziehungen. Wie bei *Micranthes* bilden die Laubblätter eine Rosette; sie sind deutlich in Stiel und Spreite gegliedert und häufig durch handförmigen Nervenverlauf ausgezeichnet. Grubige Vertiefungen oder Kalk sezernierende Hydathoden fehlen. Der Blütenstandsstiel ist blattlos (oder doch beinahe) und schaftartig entwickelt. Wie bei vielen Arten von *Micranthes* sind die Filamente keulenförmig verbreitert. Ein Blütenbecher ist kaum oder nur dürftig ausgebildet und der Fruchtknoten fast völlig oberständig.

Die gleichfalls durch mehrzellreihige Trichome gekennzeichneten Sektionen *Aizoonia*, *Porophyllum* und *Porphyrion* lassen sich nicht so eindeutig mit *Micranthes* in Zusammenhang bringen. Zumindest für einen Teil der Sekt. *Aizoonia* (z. B. *S. mutata*) muß eine nähere Verwandtschaft mit der Sekt. *Hirculus* angenommen werden. Zwar besitzen alle *Aizoonia*-, *Porophyllum*- und *Porphyrion*-Arten dicht gedrängte, häufig in Rosetten stehende Laubblätter, zugleich sind aber die Blütenstandsstiele meist mit einer größeren Zahl Blätter besetzt. Die schmal spateligen, zungenförmigen oder linealischen Laubblätter lassen keine klare Trennung in Stiel und Spreite mehr erkennen und sind vor allem durch die am Blattrand oder der Blattspitze in Grübchen eingesenkten, Kalk sezernierenden Drüsen bemerkenswert, die bereits an der Spitze der Keimblätter vorhanden sind. Diese Kalkgrübchen fehlen allerdings bei *S. florulenta* stets und bei *S. biflora* häufig, bei einigen (*S. mutata*, *S. oppositifolia* subsp. *amphibia*) sondern sie meist keinen Kalk ab. Die Filamente sind bei *Aizoonia*, *Porophyllum* und *Porphyrion* pfriemlich bis linealisch, und der Fruchtknoten ist gewöhnlich mehr oder weniger hoch mit dem Blütenbecher verwachsen. *Aizoonia* und *Porophyllum* bilden untereinander Bastarde, *Aizoonia* außerdem mit *Gymnopera*.

Die andere, von *Micranthes* abzweigende Entwicklungslinie ist durch nurmehr einzellreihige Haare und die in der Regel kräftiger entwickelte Blütenröhre gekennzeichnet. Kalk ausscheidende Hydathoden kommen bei dieser Gruppe nicht vor, und nur eine Art, *S. tenella*, weist eine grubige Vertiefung unter der Blattspitze auf. – Hierher gehört die überaus formenreiche und fast im ganzen Areal der Gattung verbreitete Sekt. *Saxifraga*, mit deren altertümlichsten Formen (*Arachnoidea*-Gruppe u. a.), die durch sehr dünnhäutige, handförmig gelappte Laubblätter, zarten Stengel und vom beblätterten Stengelteil undeutlich geschiedenen Blütenstand ausgezeichnet sind, die artenarmen Sektionen *Cymbalaria* und *Discogyne* nahe verwandt sind, die beide in der Epidermis der Laubblätter und des Stengels schlauchförmige, Gerbstoff-führende Synzytien besitzen. Die Filamente der Sektionen mit einzellreihigen Haaren sind ausnahmslos pfriemlich bis linealisch, und die Blattspreite weist häufig eine ausgeprägt palmate Nervatur auf, vielfach verbunden mit mehr oder weniger tiefer, handförmiger Lappung. Diese Tendenz ist ja bereits in der Sekt. *Micranthes* angedeutet (z. B. *S. punctata*), obwohl hier und in noch viel größerem Maße bei der Sekt. *Hirculus* auch Formen mit ungeteilten, schmalen Blättern sehr verbreitet sind.

Zwischen diese dominierenden und divergenten Entwicklungslinien schiebt sich die artenarme Sekt. *Miscopetalum* ein. Sie ist zweifellos mit *Gymnopera* nahe verwandt und bildet mit ihr Bastarde, weicht aber durch die einzellreihigen Haare davon ab und kommt so der Sekt. *Saxifraga* näher, was ferner durch die im Vergleich zu *Gymnopera* sehr grob gezähnten oder sogar gelappten Blattspreiten und den meist mit einigen wohlentwickelten Laubblättern besetzten Blütenstandsstiel bekräftigt wird.

Schwieriger ist die phylogenetische Stellung der Sekt. *Trachyphyllum* zu erkennen. ENGLER vergleicht sie mit *Hirculus*, nach WEBB steht sie, wohl mit Rücksicht auf die ganz ähnliche und sicher nahe verwandte *S. tenella*, der Sekt. *Saxifraga* am nächsten, trotz der mehrzellreihigen Wimperhaare und dem fast oberständigen Fruchtknoten. Die intermediäre Stellung von *S. tenella* läßt es geraten erscheinen, dieser Art eine eigene Sektion, *Trachyphylloides*, zuzuweisen. Hier sind, wie auch bei *Trachyphyllum*, die Laubblätter (aber im Gegensatz zu *Xanthizoon*, *Aizoonia*, *Porophyllum* und *Porphyrion* nicht die Keimblätter) unter der Spitze mit einer grubigen Vertiefung ausgestattet, die aber keinen Kalk ausscheidet. Beide Sektionen vermitteln einen Übergang von *Hirculus* zu *Saxifraga*, wobei *Trachyphyllum* mehr zu *Hirculus*, *Trachyphylloides* stärker zu *Saxifraga* neigt.

Nahe Verwandtschaft mit der Sekt. *Hirculus* zeigt auch die monotypische Sekt. *Xanthizoon*. Sie ist ausgezeichnet durch einen reich beblätterten Stengel, das Fehlen einer Blattrosette und wie bei Hirculus leuchtend gefärbte Kronblätter. Die Laubblätter sind schmal, ganzrandig oder gezähnt und (wie auch die Kotyledonen) mit einem einzelnen, keinen Kalk sezernierenden Grübchen ausgestattet. Dies erinnert an die Sekt. *Aizoonia*, *Porophyllum* und *Porphyrion*, mit denen *Xanthizoon* auch das Merkmal der mehrzellreihigen Trichome teilt, und mit denen (*Aizoonia*, *Porophyllum*) sie Bastarde bildet.

Zur Gattung *Saxifraga* wird von den meisten Autoren des weiteren die Sekt. *Diptera* gerechnet, die zweifellos mit *Micranthes*, besonders aber mit *Gymnopera* nahe verwandt ist und damit die rosettig gedrängten, langgestielten Blätter mit mehr oder weniger rundlicher Spreite, den blattlosen oder mit wenigen, stark reduzierten Blättchen besetzten Blütenstandsstiel, die bei den meisten Arten spatelig verbreiterten Filamente und die schwach entwickelte Blütenröhre gemein hat. Ausgezeichnet ist diese Sektion durch die schräg zygomorphen Blüten, doch kommt dies auch bei *S. stellaris* vor, namentlich aber unterscheidet sie sich durch den Besitz von Drusen oxalsauren Kalkes von allen übrigen Saxifragen, was wohl die Abtrennung der Sektion als eigene Gattung (*Sekika* MOENCH) rechtfertigt.

Eine weitergehende Aufgliederung der Gattung, wie sie durch die teilweise recht erheblichen, morphologischen und anatomischen Unterschiede zwischen einzelnen Sektionen nahegelegt wird, läßt sich als Folge der oben dargestellten netzartig verzweigten Verwandtschaftsverhältnisse derzeit noch nicht durchführen.

Es liegt nahe, zur Aufhellung der verwandtschaftlichen Zusammenhänge auch zytologische Befunde, namentlich die Chromosomenzahlen, heranzuziehen. Der begrenzende Faktor ist dabei die ungenügende Kenntnis der alpinen Arten. Dennoch lassen sich bereits einige Eigentümlichkeiten erkennen. Über die Verteilung der Grundzahlen unterrichtet folgende Tabelle:

Sektion:	Grundzahlen:						
Micranthes	8	—	10	11	—	—	14
Hirculus	8	—	—	—	—	—	—
Gymnopera	—	—	—	—	—	—	14
(*Diptera*)	8	9	—	—	—	—	—
Trachyphyllum	8	—	—	—	—	13	—
Xanthizoon	—	—	—	—	—	13	—
Aizoonia	—	—	—	—	—	—	14
Porophyllum	—	—	—	—	—	13	—
Porphyrion	—	—	—	—	—	13	—
Miscopetalum	—	—	—	11	—	—	—
Saxifraga	8	—	10	11	—	13	14
Trachyphylloides	—	—	—	11	—	—	—
Cymbalaria	—	9	—	—	—	—	—
Discogyne	?	?	?	?	?	?	?

Übersicht der Sektionen.

a) Haare wenigstens zum Teil mehrzellreihig.

α) Blätter weder grubig punktiert noch knorpelig berandet, teils deutlich, teils kaum oder nicht in Stiel und Spreite gegliedert, ohne Calciumoxalat-Drusen. Filamente pfriemlich, fadenförmig oder spatelig verbreitert. Fruchtknoten mehr oder weniger oberständig.

I. Sektion *Micranthes* (HAW.) D. DON, Syn. *Aulaxis, Dermasea, Micranthes* u. *Spatularia* HAW. pro gen., *Hydatica* HOWELL non TAUSCH pro gen., *Ocrearia* SMALL pro gen., *Saxifraga* sect. *Boraphila* ENGL. Blätter gezähnt, gekerbt oder ganzrandig, dann aber die Blütenstandsstiele blattlos oder mit wenigen, reduzierten, von den Grundblättern stark verschiedenen Stengelblättern besetzt. Samen länglich. – Diese Sektion ist namentlich in Ostasien (hier vorwiegend im Himalaja-Gebiet, in Westchina, Ostsibirien und dem nördlichen Japan) und im pazifischen Nordamerika mit zahlreichen Arten beheimatet. Daneben gibt es einige im atlantischen Nordamerika, wie z. B. die gelegentlich in Gärten gezogene *S. pennsylvanica* L. In Europa finden sich nur 4 Arten von *Boraphila*, nämlich *S. hieraciifolia, S. nivalis* und *S. stellaris*, die zirkumpolar verbreitet sind und auch in Mitteleuropa vorkommen, sowie *S. Clusii* GOUAN in den französischen Mittelgebirgen, den Pyrenäen und den nordspanischen Randgebirgen. Diese Art hat ihre nächste Verwandte im östlichen Nordamerika.

II. Sektion *Hirculus* TAUSCH, Syn. *Hirculus* u. *Leptasea* HAW. pro gen., *Kingstonia* S. F. GRAY pro gen. Blätter ganzrandig, die Blütenstandsstiele mehr oder weniger reichblätterig. Samen spindelförmig. – Diese nahezu 100 Arten umfassende Sektion ist fast ganz auf das Himalaja-Gebiet und die Gebirge Westchinas beschränkt. Eine Art, *S. chrysantha* A. GRAY, ist im pazifischen Nordamerika (Colorado, New Mexico) endemisch. Nach Europa reichen nur die beiden zirkumpolar verbreiteten Arten *S. Hirculus*, die auch in Mitteleuropa vorkommt, und *S. flagellaris* WILLD. ex STERNB.; diese Pflanze ist durch die Bildung langer, fadenförmiger Stolonen ausgezeichnet und hat ihre Heimat in den Gebirgen West- und Mittelasiens (Kaukasus, Himalaja, Altai), im arktischen Sibirien und Nordamerika, in Grönland und Spitzbergen. Außerdem ein disjunktes Vorkommen in Colorado.

β) Blätter korpelig berandet oder wenn ohne Knorpelrand mit Calciumoxalat-Drusen; nicht grubig punktiert, deutlich in Stiel und Spreite gegliedert. Filamente gegen die Spitze zu verbreitert (Ausnahmen bei *Diptera* bzw. *Sekika*). Ohne deutliche Blütenröhre, der Fruchtknoten deshalb oberständig.

III. Sektion *Gymnopera* D. DON, Syn. *Saxifraga* sect. *Robertsonia* (HAW. pro gen.) SER. Blütenstandsstiel blattlos oder mit wenigen, schwach entwickelten Blättern. Blüten strahlig. – Die einzige in Mitteleuropa heimische Art dieser Sektion ist *S. cuneifolia*; die übrigen sind in Westeuropa (Nordportugal bis Irland) zu Hause, werden aber vielfach in Gärten gezogen (zum Teil schon seit dem 17. Jahrhundert) und verwildern gelegentlich daraus. Neben den reinen Arten treten – auch wildwachsend – häufig Hybriden auf.

S. hirsuta L. non auct.[1]) Syn. *S. Geum* „L." auct. plur. *S. Geum* subsp. *eu-Geum* ENGL. & IRMSCHER. Rauhblätteriger Steinbrech. Engl.: Kidney Saxifrage. Fig. 100a und 101e–f. Ausdauernd, mit überwinternder Blattrosette und oberirdischen Seitensprossen. Grundblätter lang gestielt, der Stiel schmal (kaum 1 mm breit), eng rinnig, gegen die Spitze hin nicht oder kaum verbreitert, 2–4mal so lang wie die Spreite und wie diese beiderseits behaart. Spreite kreisrund oder nierenförmig, am Grund deutlich herzförmig, 1–5 cm lang, an ausgewachsenen Blättern etwas aufgerichtet, fleischig, mit handförmiger Nervatur, mit sehr schmalem Knorpelsaum, gewöhnlich stumpf, am Rand gekerbt oder gezähnt, mit 6–13 stumpfen oder zugespitzten Zähnen auf jeder Seite. Blütenstand schaftartig gestielt, im ganzen 12–30 cm hoch, der Stengel drüsig behaart, mit mäßig vielblütiger Rispe. Kelchzipfel während der Anthese zurückgeschlagen, rund 2 mm lang. Kronblätter länglich-elliptisch, stumpf, 4 (–5½) mm lang, weiß, gegen den Grund zu gelblich, oft ohne rote Punkte. Fruchtkapsel eiförmig, 4–5 mm lang, mit kurzen, kaum 1 mm langen, spreizenden Stylodien. Samen rundlich eiförmig. 0,5–0,6 mm lang, fein papillös, schwärzlich. – Chromosomenzahl: 2 n = 28. – VI bis VIII.

Heimat: Randgebirge Nordspaniens, West- und Zentralpyrenäen, Südwestirland. In den Vogesen (am Hoheneck bei 1300 m) kommt die Pflanze nicht wildwachsend vor, sie wurde daselbst von MOUGEOT angepflanzt. – *S. hirsuta* ist unter dem Namen *S. Geum* eine altbekannte Gartenpflanze, die auch gelegentlich verwildert, so angeblich bei Weinheim an der Bergstraße, in Nymphenburg bei München, bei Reichenhall und anderwärts.

S. spathularis BROT. Syn. *S. umbrosa* auct. plur., pro pte. *S. umbrosa* var. *serratifolia* (MACKAY) DON. Engl.: St. Patrick's Cabbage. Fig. 100b. Ausdauernd, mit überwinternder Blattrosette und oberirdischen Seitensprossen. Blattstiel ziemlich breit (2–4 mm) und flach, an der Spitze allmählich verbreitert, deutlich länger als die Spreite, meist nur

---

[1]) Die Sippen der Sektion *Gymnopera* bzw. *Robertsonia* und ihre Nomenklatur behandelt PUGSLEY in einer Veröffentlichung, die dem Verfasser nicht zugänglich ist, die aber in CLAPHAM, TUTIN, WARBURG, Flora of the British Isles, S. 570, 573–574 (1952) berücksichtigt ist. Hierauf stützt sich die vorliegende Darstellung.

in der unteren Hälfte oder im unteren Drittel gewimpert. Spreite eiförmig, spatelig oder fast kreisrund, keilförmig in den Stiel verschmälert, 1–6 cm lang, an ausgewachsenen Blättern etwas aufgerichtet, lederig, kahl, mit fast fiederigem Nervenverlauf, breit knorpelig berandet, spitz oder stumpflich, am Rand jederseits mit 4–7 spitz dreieckigen Zähnen, der Endzahn so lang wie die Seitenzähne oder länger als diese. Blütenstand schaftartig gestielt, im Ganzen 10–40 cm hoch, der Stengel der Länge nach drüsig behaart. Kelchzipfel zurückgeschlagen, rund 2 mm lang. Kronblätter elliptisch, stumpf, 4–5 mm lang, weiß, am Grund mit 1–3 gelben Flecken, darüber fein karminrot punktiert. Fruchtkapsel länglich, 5–6 mm lang, grünlich, mit spreizenden Stylodien. – VI bis VIII. – Heimat: Gebirge des nördlichen Portugal und nordwestlichen Spaniens, außerdem in Irland. – Diese Art wurde für Mitteleuropa noch nicht angegeben, aber es ist gut möglich, daß ein Teil der zu S. umbrosa gerechneten Vorkommen hierher gehört.

S. umbrosa L. Schatten-Steinbrech. Fig. 100c u. 101 a–d. Ausdauernd, mit oberirdischen Seitensprossen und rosettig gedrängten Grundblättern. Blattstiel ziemlich breit (2–4 mm) und flach, an der Spitze allmählich verbreitert, kürzer als die Spreite oder so lang wie diese, am Rand der Länge nach lang gewimpert. Spreite verkehrt eiförmig oder elliptisch, keilförmig in den Stiel verschmälert, 1–6 cm lang, an ausgewachsenen Blättern waagrecht abstehend, lederig, kahl, mit fast fiederigem Nervenverlauf, breit knorpelig berandet, an der Spitze fast gestutzt, am Rand gekerbt und mit 4–10 stumpfen Zähnen auf jeder Seite, der Endzahn breiter und kürzer als die seitlichen. Blütenstand schaftartig gestielt, im ganzen 10–40 cm hoch, der Stengel namentlich oberwärts drüsig behaart, meist rötlich überlaufen. Kelchzipfel zurückgeschlagen, rund 2 mm lang. Kronblätter elliptisch, stumpf, 3–4 mm lang, weiß, am Grund gelb gefleckt und darüber mit wenigen, feinen, karminroten Punkten. Fruchtkapsel eiförmig, 5–6 mm lang, rot, mit aufsteigenden

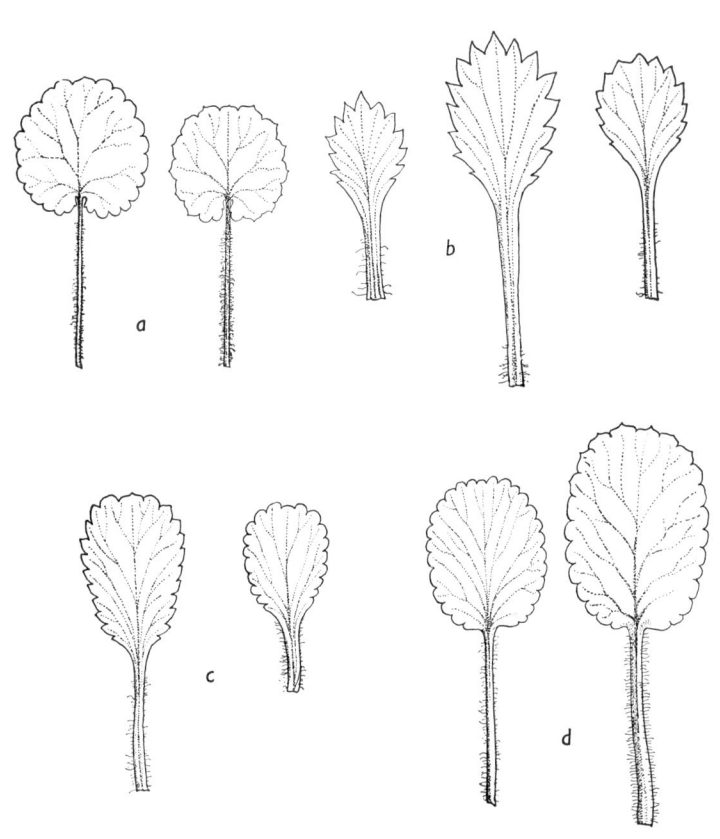

Fig. 100. Rosettenblätter von: a *Saxifraga hirsuta* L. – b *S. spathularis* BROT. – c *S. umbrosa* L. – d *S.* × *Geum* L. = *S. hirsuta* × *umbrosa* (nach ENGLER).

Stylodien. Samen eiförmig, 0,6–0,7 mm lang, fein papillös, schwarzbraun. – Chromosomenzahl: 2n = 28. – VI bis VIII. – Heimat: West- und Zentralpyrenäen. – Diese Art wird gewöhnlich mit *S. spathularis* zusammengeworfen und es ist deshalb nicht möglich, zu entscheiden, ob alle in der Literatur angegebenen verwilderten Vorkommen von *S. umbrosa* (z. B. im Harz bei Oderbrück, in der Pfalz bei Edenkoben, in Oberbayern beim Kloster Schäftlarn, in Oberösterreich bei Steyr, in Salzburg in der Abtenau im Tennengebirge und am Mönchsberg, in der Steiermark am Reitzenstein) hierher, zu *S. spathularis* oder zum Bastard zwischen den beiden gehören. Dagegen gehört der Beleg aus Ternberg in Oberösterreich sicher zu *S. umbrosa*.

S. hirsuta × *spathularis*. Syn. *S. hirsuta* „L." auct. plur., pro pte. *S. Geum* L. subsp. *hirsuta* ENGL. & IRMSCHER pro pte. Sehr vielgestaltig, in den Merkmalen zwischen den Eltern stehend und in deren Verbreitungsgebiet häufig, oft häufiger als diese; in Irland überschreitet diese Pflanze das Areal des einen Parens *(S. hirsuta)*.

S. hirsuta × *umbrosa* = *S.* × *Geum* L. nec auct. Syn. *S. hirsuta* „L." auct. plur., pro pte. *S. Geum* L. subsp. *hirsuta* ENGL. & IRMSCHER pro pte. Dieser Bastard, der spontan wohl nur im Pyrenäengebiet vorkommt, wird seit langem in Gärten gezogen und verwildert zuweilen daraus, z. B. in Oberösterreich bei Steyr und am Losenstein, in Niederösterreich am Sixtenstein, in Salzburg am Untersberg und bei Gastein.

S. spathularis × *umbrosa* = *S.* × *urbium* WEBB. Syn. *S. umbrosa* L. var. *crenato-serrata* BAB. Engl.: London Pride. Ähnlich *S. umbrosa*, aber die Blätter nicht so flach ausgebreitet, die Spreite spitzer und am Rand mit bis zu 12 mehr dreieckigen Zähnen. Kronblätter länger als bei *S. umbrosa* und reichlicher rot punktiert (wie die von *S. spathularis*). Sehr selten fruchtend. – *S.* × *urbium* ist wildwachsend nicht bekannt, wird aber, namentlich in England, allgemein in Gärten gezogen und verwildert mitunter. Es bleibt zu untersuchen, ob nicht ein Teil der Angaben von *S. umbrosa* für Mitteleuropa hierher gehört.

Fig. 101. *Saxifraga umbrosa* L. *a* Habitus. *b* Kronblatt. *c* Keimpflanze. *d* Frucht. –
Saxifraga hirsuta L. *e*, *e₁* Habitus. *f* Kronblatt.

Mit *Gymnopera* ist die ganz auf das temperierte Ostasien beschränkte (IV.) Sektion *Diptera* (BORKH.) STERNB., als eigene Gattung *Sekika* MOENCH, nahe verwandt. Im Gegensatz zu den übrigen *Saxifraga*-Sektionen finden sich hier Calciumoxalat-Drusen in den Blättern. – Drei Arten dieser Sektion werden häufig kultiviert: *S. stolonifera* MEERB. (1777), Syn. *S. sarmentosa* SCHREDER in ELLIS (1780), der Judenbart, engl. Mother of Thousands, franz. Saxifrage sarmenteuse (Fig. 98 b und 102), eine aus China, Korea, Japan und Formosa stammende Pflanze mit langen, fadendünnen Ausläufern und nierenförmiger bis fast kreisrunder, am Grund herzförmig eingeschnittener Blattspreite und vielblütiger, rispiger Infloreszenz. Die 3 oberen Kronblätter sind eiförmig, 3–4 mm lang, weiß, am Grund gelb punktiert, gegen die Spitze zu oft auch gerötet, die beiden unteren sind lanzettlich, bis 1½ cm lang und weiß. Vor den drei kleineren Kronblättern ist ein einseitiger, nektarabsondernder Diskuswulst ausgebildet. Die Blüten sind proterandrisch. Nach LODD bringt jeder Satz von gleichalterigen Blüten zunächst 4–5 Tage im männlichen und dann 1–3 Tage im weiblichen Stadium zu, ehe die nächstfolgende Blütengeneration die Antheren zur Reife bringt. Durch diese Einrichtung wird Fremdbestäubung begünstigt. *S. stolonifera* ist wegen ihrer Ausläufer seit alters eine beliebte Ampelpflanze und gedeiht in kühlen Zimmern am besten. Neben der normalen Pflanze sind auch Formen mit panaschierten Blättern in Kultur. – *S. cuscutiformis* LODD. steht der vorigen Art nahe und ist von ihr durch die mehr oder weniger ovale oder eiförmige, am Grund abgerundete Blattspreite zu unterscheiden. Die Heimat dieser Art ist unbekannt. – *S. cortusifolia* SIEB. & ZUCC. aus Japan, China, Korea und dem südöstlichen Amurgebiet weicht von den vorausgehenden Arten durch das Fehlen von Ausläufern ab.

γ) Blätter unter der Spitze oder am Rand mit einer oder mehreren grubigen Vertiefungen, nicht in Spreite und Stiel gegliedert, ohne Calciumoxalat-Drusen. Filamente pfriemlich oder fadenförmig.

Fig. 102. *Saxifraga stolonifera* MEERB. *a* Habitus (⅓ natürliche Größe). *b* Blüte.

V. Sektion *Trachyphyllum* GAUD. Syn. *Cilaria* HAW. pro gen. Blätter lineal-lanzettlich, starr, unter der grannenartigen Spitze mit einer grubigen Vertiefung. Fruchtknoten meist oberständig. Neben den auch in Mitteleuropa vertretenen Arten *S. aspera* und *S. bryoides* gehören die damit nahe verwandten *S. bronchialis* L. (vom Ural ostwärts bis ins pazifische Nordamerika) und *S. tricuspidata* ROTTB. (aus Grönland und dem arktischen Nordamerika) hierher.

VI. Sektion *Xanthizoon* GRISEB. Laub- und Keimblätter an der Spitze mit einer grubigen Vertiefung, die aber keinen Kalk ausscheidet. Fruchtknoten etwa zu ¼ bis ⅓ seiner Länge mit dem Blütenbecher verwachsen. – Einzige Art: *S. aizoides*.

VII. Sektion *Aizoonia* TAUSCH. Syn. *Saxifraga* sect. *Cotyledon* GAUD. und sect. *Euaizoonia* (SCHOTT) ENGL., *Chondrosea* HAW. pro gen., pro pte. Keimblätter an der Spitze eingrubig, die Laubblätter am Rande mit mehreren grubigen, meist Kalk ausscheidenden Vertiefungen, nur bei *S. florulenta* ohne solche. Rosetten nach dem Blühen absterbend. Fruchtknoten fast ober- bis fast unterständig. – Die meisten Arten dieser Sektion gehören den Gebirgen Mittel- und Südeuropas an; darüber hinaus reichen nur *S. Cotyledon* und *S. paniculata* und eine weitere ist im Kaukasusgebiet endemisch.

1. *Florulenta*-Gruppe. Ohne grubige Vertiefungen am Blattrand. Blüten meist rosenrot, ausnahmsweise auch blau (!), die Endblüte meist mit 8 bis 9 Kronblättern, 15 Staubblättern und 5 Griffeln, sonst mit den gewohnten Zahlenverhältnissen. – Hierher als einzige Art die prächtige *S. florulenta* MORETTI, die im Mercantour-Massiv in den Südwestalpen endemisch ist. Die Pflanze bildet handgroße, flachgedrückte Rosetten, die an nordexponierten Felswänden sitzen.

2. *Cotyledon*-Gruppe. Mit grubigen Vertiefungen am Blattrand und gewöhnlich mit Kalk inkrustiert (außer *S. mutata*). – Hierher *S. mutata*, *S. Cotyledon*, *S. Hostii*, *S. paniculata* (= *S. Aizoon*) und *S. incrustata*, die auch im Gebiet vorkommen, außerdem *S. longifolia* LAPEYR. aus den Pyrenäen und einigen Gebirgen Ostspaniens, mit ihren handgroßen, steilen Felswänden angedrückten Rosetten eine der auffälligsten Pyrenäenpflanzen, *S. lingulata* BELL.¹) aus den Südwestalpen, Apenninen, Sizilien, Sardinien und Katalonien, *S. cochlearis* REICHB. aus den Seealpen, *S. valdensis* DC. aus den südlichen Grajischen und den Kottischen Alpen sowie die mit *S. paniculata* nahe verwandte *S. cartilaginea* WILLD. ex STERNB. im Kaukasus.

VIII. Sektion *Porophyllum* GAUD. Syn. *Saxifraga* sect. *Calliphyllum* und *Trigonophyllum* GAUD., sect. *Kabschia* ENGL., *Chondrosea* HAW. pro gen., pro pte. Keimblätter an der Spitze eingrubig, die Laubblätter am Rand mit mehreren, Kalk absondernden, grubigen Vertiefungen, spiralig gestellt. Rosetten nach dem Blühen nicht absterbend. Fruchtknoten meist halbunter- oder unterständig. – Namentlich in den Alpen, den Balkangebirgen und dem Kaukasus artenreich ausgebildete Sektion, nach Osten mit einigen Arten bis Turkestan, das Himalajagebiet und Westchina reichend.

1. *Media*-Gruppe. Syn. *Saxifraga* sect. *Engleria* SÜNDERM. Blätter spiralig spatelig oder linealisch. Kronblätter gelb, grünlich, rosa oder purpurn, so lange wie die Kelchblätter oder kürzer als diese. – Zu dieser in Mitteleuropa nicht vertretenen Gruppe gehören *S. media* GOUAN aus den Pyrenäen, *S. porophylla* BERTOL. aus den mittleren Apenninen und den Balkanländern, *S. corymbosa* BOISS. aus Kleinasien mit einer nur wenig abweichenden Rasse in den Ostkarpaten nebst einigen weiteren Arten auf der Balkanhalbinsel und in Yünnan.

---

¹) Für diese Art schlägt H. P. FUCHS den Namen *S. pyramidata* MILLER vor.

2. *Juniperifolia*-Gruppe. Blätter schmal spatelig, lanzettlich oder pfriemlich-linealisch. Kronblätter stets gelb, länger als die Kelchblätter, aber höchstens so lang wie die Staubblätter. – Diese Gruppe ist mit mehreren Arten im Kaukasus beheimatet, von denen eine, *S. juniperifolia* ADAMS, nach Europa (Balkan und Rila Planina in Bulgarien) übergreift. Eine weitere Art, *S. sancta* GRISEB., findet sich auf dem Gipfel des Athos und im nordwestlichen Kleinasien.

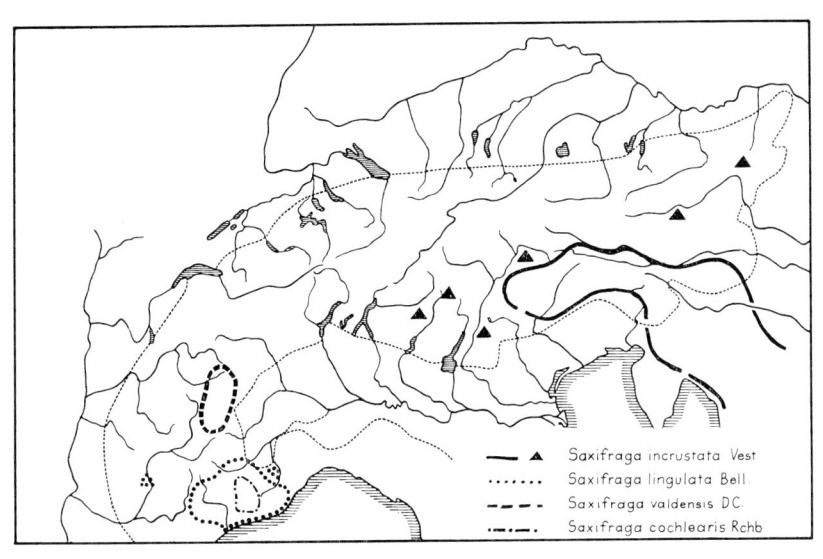

Fig. 103. Verbreitung einiger Arten von *Saxifraga* Sektion *Aizoonia* in den Alpen (nach MERXMÜLLER).

3. *Marginata*-Gruppe. Blätter spatelig (oberhalb der Mitte am breitesten). Kronblätter weiß oder rosa, viel länger als die Kelch- und Staubblätter. – Drei Arten in Europa (*S. scardica* GRISEB. in Mazedonien und Griechenland, *S. marginata* STERNB. in Unteritalien, den Gebirgen der Balkanhalbinsel und den Karpaten, sowie *S. Spruneri* BOISS. auf einigen Bergen in Griechenland), wenige Arten in Nordpersien und Turkestan, die meisten im Himalaja, darunter die hell violett blühende *S. lilacina* DUTHIE, die an der Entstehung einiger Gartenhybriden beteiligt ist.

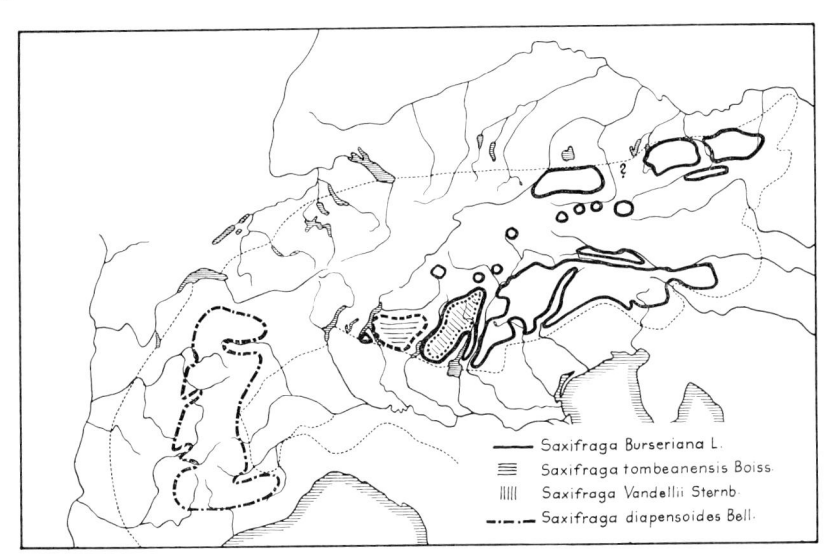

Fig. 104. Verbreitung einiger alpiner Arten der *Saxifraga Aretioides*-Gruppe (nach MERXMÜLLER).

4. *Aretioides*-Gruppe. Blätter länglich-eiförmig bis linealisch oder pfriemlich, in oder unterhalb der Mitte am breitesten. Kronblätter gelb oder häufiger weiß, viel länger als die Kelch- und Staubblätter. – Die weißblühenden

Arten dieses Formenkreises *(S. diapensioides, S. squarrosa, S. caesia, S. tombeanensis, S. Vandellii* und *S. Burseriana)* gehören überwiegend dem Alpengebiet an, nur eine mit *S. diapensioides* verwandte Art bewohnt den Kaukasus; die gelbblütigen Arten sind auf die Pirin Planina in Bulgarien (*S. Ferdinandi-Coburgi* KELLERER & SÜNDERM.) und die Pyrenäen (*S. aretioides* LAP.) beschränkt.

F. SÜNDERMANN in Lindau und andere haben aus Arten dieser Sektion eine große Anzahl von Bastarden gezogen, von denen einige ihre Eltern an Blühwilligkeit und Anspruchslosigkeit übertreffen und Eingang in die Gärten gefunden haben. Am verbreitetsten sind *S.* × *apiculata* ENGL. [= *S. marginata* STERNB. var. *Rocheliana* (STERNB.) ENGL. & IRMSCH. × *S. sancta* GRISEB.] und *S.* × *Haagii* SÜNDERM. [= *S. Ferdinandi-Coburgii* KELLERER & SÜNDERM. × *S. sancta* GRISEB.].

IX. Sektion *Porphyrion* TAUSCH. Syn. *Antiphylla* HAW. pro gen. Nahe mit der vorangehenden Sektion verwandt, jedoch die Blätter gewöhnlich gegenständig. Laubblätter verkehrt eiförmig, spatelig oder eiförmig lanzettlich, mit 1–5 grubigen Vertiefungen und meist Kalk ausscheidend, nur bei *S. biflora* häufig ganz ohne Grübchen. Rosetten nach dem Blühen weiterlebend. Kronblätter purpurrosa, meist länger als die Kelchblätter, kürzer bis länger als die Staubblätter. *Porphyrion* und *Porophyllum* stehen einander sehr nahe und sind durch die gleiche Chromosomenzahl (n = 13) ausgezeichnet, weshalb WEBB vorschlägt, sie zu vereinigen. Auch sollen im Himalajagebiet Zwischenformen vorkommen. Aber zumindest für Europa dürfte es zweckmäßiger sein, sie getrennt zu halten, solange nicht weitere Untersuchungen hierzu vorliegen. – Hierher gehören die drei in Mitteleuropa heimischen Arten *S. retusa, S. biflora* und *S. oppositifolia*, sowie *S. purpurea* ALL., Syn. *S. retusa* GOUAN var. *Augustana* VACC.; Fig. 105; nahe mit *S. retusa* verwandt, aber mit höherem (bis 10 cm) Blütenstengel, mehr- (bis 6-)blütiger Infloreszenz, reichlicher Drüsenbehaarung, auch am Kelch und im Gegensatz zu *S. retusa* eine Kalkpflanze (nach VACCARI). *S. purpurea* ist in den Südwestalpen zu Hause; die nördlichsten Fundorte liegen auf der Südseite der Penninischen Alpen (Val Gressoney: Issime bei den Lacs de Saint Grat, Col d'Ollen, Col Bettaforca). Die Fundorte in den Ossolatälern gehören dagegen nicht hierher, sondern zu *S. retusa* GOUAN (H. P. FUCHS)

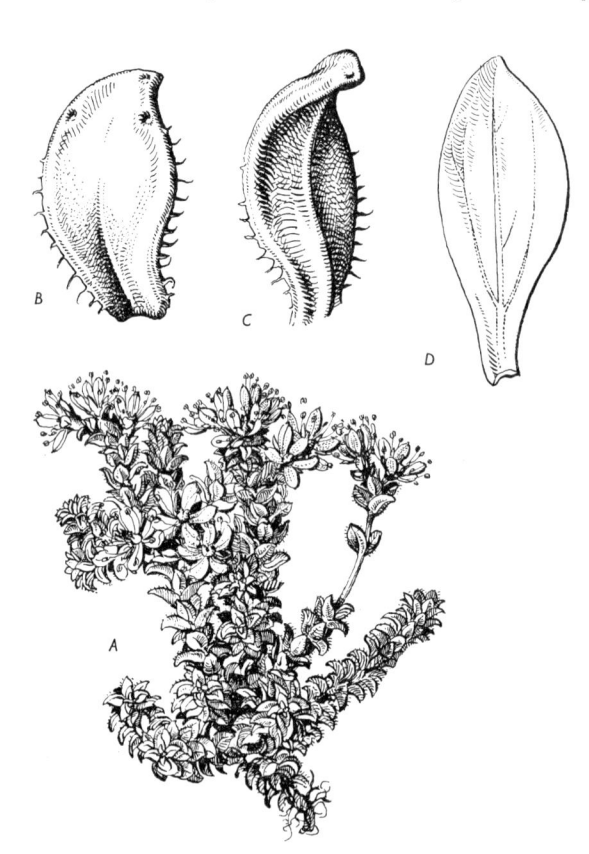

Fig. 105. *Saxifraga purpurea* ALL. *a* Habitus. *b, c* Laubblätter. *d* Kronblatt.

b) Haare einzellreihig. Fruchtknoten ober- bis unterständig. Blätter nicht grubig punktiert (ausgenommen *S. tenella*). Ohne Calciumoxalat-Drusen.

α) Ohne Tannzellen in der Epidermis der Laubblätter und Stengel.

X. Sektion *Miscopetalum* (HAW.) STERNB. Syn. *Miscopetalum* HAW. pro gen. Ohne deutlichen Blütenbecher. Fruchtknoten vollkommen oberständig. – Die drei Arten dieser Sektion – außer der verbreiteten *S. rotundifolia* zwei weitere in Albanien, Mazedonien, Bulgarien, Griechenland und Kreta – sind fast ganz auf die Gebirge Mittel- und Südeuropas beschränkt. Nach Osten reicht ihr Areal bis in das nördliche Kleinasien und den Kaukasus. Das Gegenstück zu *Miscopetalum* in der Reihe der Sektionen mit mehrzellreihigen Haaren ist *Gymnopera*. Beide Sektionen bilden überdies Bastarde miteinander (vgl. S. 216).

XI. Sektion *Saxifraga* (L.), Syn. *Saxifraga* sect. *Dactyloides* TAUSCH, sect. *Nephrophyllum* GAUD. u. sect. *Tridactylites* (HAW.) ENGL.[1]) *Muscaria* u. *Tridactylites* HAW. pro gen. Blütenbecher meist deutlich entwickelt und mit dem Fruchtknoten verwachsen, dieser ist daher halb- oder ganz unterständig, selten nur im unteren Viertel mit dem Becher

---

[1]) Mit der Vereinigung der Sektionen *Dactyloides, Nephrophyllum* und *Tridactylites* folge ich einem Vorschlag von Herrn Professor WEBB.

verwachsen. – Sehr artenreiche Sektion in Europa, besonders auf den Gebirgen der iberischen Halbinsel, im Alpengebiet und in den Balkanländern. Außerhalb Europas einige wenige Arten in Zentralasien, Sibirien, Nordamerika und den Anden.

1. *Arachnoidea*-Gruppe. Ausdauernde Pflanzen mit zarten Stengeln und dünnhäutigen, fast durchscheinenden Blättern. Untere und mittlere Stengelblätter 3- bis 7-lappig. Blütenstand vom vegetativen Stengelteil nicht scharf getrennt (die unteren Blütenstandsäste entspringen aus den Achseln wohlentwickelter Laubblätter). Ohne Bulbillen oder Brutknospen. Fruchtknoten halbunterständig. – Hierher nur die in Judikarien endemische S. *arachnoidea* mit hellgelben Kronblättern, sowie die weißblühenden Arten S. *berica* (BÉGUINOT) D. A. WEBB aus den Colli Berici in Venetien, S. *latepetiolata* WILLK. aus Ostspanien (Prov. Valencia) und S. *irrigua* M. BIEBERST. aus dem Jailagebirge auf der Krim.

2. *Petraea-Tridactylites*-Gruppe. Pflanzen zwei- oder einjährig, sonst mit der vorhergehenden Gruppe – namentlich den weißblühenden Arten – eng verwandt und gleich diesen ohne Brutknospen. Fruchtknoten halb oder ganz unterständig. – Hierher S. *petraea*, s. *adscendens* und S. *tridactylites*, die auch in Mitteleuropa vorkommen, sowie S. *Nuttallii* SMALL aus dem pazifischen Nordamerika (Washington, Oregon).

3. *Sibirica*-Gruppe. Ausdauernde Pflanzen mit handförmig gelappten, in ihren Achseln Brutzwiebeln tragenden Grundblättern. Blütenstandsstiel beblättert. Fruchtknoten mehr oder weniger oberständig. – Diese Artengruppe fällt durch ihr abweichendes Verbreitungsbild aus dem Rahmen der Sekt. *Saxifraga*. Sie umfaßt die im Karpaten-Gebiet endemische S. *carpathica* REICHENB., die von Osteuropa durch das gemäßigte Asien bis China verbreitete S. *sibirica* L., eine in Ostsibirien und Alaska heimische Art, eine weitere im Pazifischen Nordamerika, sowie die beiden zirkumpolar verbreiteten Arten S. *rivularis* L. mit häufig zu Stolonen auswachsenden Brutknospen in den Achseln der Rosettenblätter, aber ohne Bulbillen am Stengel, und die Bulbillen-tragende S.*cernua*, die auch in Mitteleuropa vorkommt.

4. *Granulata*-Gruppe. Der vorangehenden Artengruppe sehr ähnlich und wie diese durch die Bildung von Bulbillen in den Achseln der Grundblätter ausgezeichnet, aber durch mehr oder weniger oberständige Fruchtknoten davon verschieden. – Hierher S. *bulbifera* und S. *granulata*, sowie eine größere Zahl in Spanien und Algerien einheimischer Arten.

5. *Ajugifolia*-Gruppe. Ausdauernde Pflanzen ohne Bulbillen oder Brutknospen. Alle Blütenstände aus den Achseln der handförmig gelappten, unteren Rosettenblätter entspringend, wodurch diese Artengruppe von allen übrigen der Sektion *Saxifraga* geschieden ist. – Von den beiden hierher zählenden Arten ist die eine, S. *ajugifolia* L., in den Pyrenäen, die andere, S. *perdurans* KIT., in den Karpaten endemisch.

6. *Aquatica*-Gruppe. Ausdauernde Pflanzen ohne Bulbillen oder Brutknospen, mit handförmig gelappten, fleischigen Grundblättern und robustem, von Grund auf ästigem Blütenstandsstiel. Kronblätter weiß. – Die einzige hierher gerechnete Art, S. *aquatica* LAP., ist in den Pyrenäen endemisch und vermittelt zwischen der (1.) *Arachnoidea*-Gruppe und der folgenden.

7. *Caespitosa*-Gruppe. Ähnlich der vorigen Gruppe und wie diese mit gelappten oder eingeschnittenen Grundblättern, bisweilen sind diese ungeteilt und dann linealisch; die abgestorbenen sind braun. Bei einigen Arten kommen axilläre Brutknospen, aber nirgends Brutzwiebeln vor. Blütenstandsstiele schlank, erst in der oberen Hälfte verzweigt. Kronblätter weiß oder hellgelb, ausnahmsweise (bei Formen von S. *moschata*) auch rötlich. – Der Entwicklungsschwerpunkt dieses Formenkreises liegt im atlantischen Europa, vor allem auf der iberischen Halbinsel. Die südlichsten Vorposten finden sich auf Madeira und dem Atlas. Im Alpengebiet sind S. *pedemontana*, S. *exarata* und S. *moschata* beheimatet. Im außeralpinen Mitteleuropa sind S. *rosacea* und S. *hypnoides* vertreten. Weitere Arten aus diesem Formenkreis in Ostsibirien, Alaska und den südamerikanischen Anden.

S. *pedemontana* ALL. Piemonteser Steinbrech. Fig. 152 b, c, e, f. Große, lockere Rasen bildend. Stämmchen reichlich beblättert, ohne Achselknospen. Grundblätter handförmig eingeschnitten, im Umriß verkehrt eiförmig, keilförmig in den breiten Blattstiel verschmälert, im ganzen 1–2 cm lang, beiderseits dicht kurzdrüsig, nach Harz riechend, von fester Konsistenz, die Nerven nach dem Trocknen scharf hervortretend. Blattzähne stumpf oder fast stumpf. Stengel 2–20 cm hoch. Blütenstand doldenrispig, meist mit 3–7 (–12) Blüten. Kelchzipfel linealisch, stumpf, etwa 5 mm lang und 1 mm breit. Kronblätter keilig-verkehrt-eiförmig, 2- bis 3mal so lang wie die Kelchabschnitte, weiß. – Heimat: Subsp. *pedemontana* (ALL.) in den Südwestalpen, namentlich in den Seealpen, selten in den Grajischen Alpen und auf der Südseite der Penninischen Kette (Val Tournache usw.). Nach alten und unbestätigten Angaben auch im Wallis und zwar im Binntal und Ofental; hier auf der Distelalp bei Saas um 2700 m. Andere Unterarten auf den Balkangebirgen [subsp. *cymosa* (WALDST. & KIT.) ENGL.] und auf den Bergen von Korsika [subsp. *cervicornis* (VIV.) ENGL.] Die Pflanze ist überall auf kalkarme Unterlagen beschränkt.

S. *hypnoides* L. emend. WEBB, Syn. S. *hypnoides* L. subsp. *boreali-atlantica* ENGL. & IRMSCHER. Fig. 106 und 145 a bis c. Große, lockere Rasen bildend. Stämmchen locker beblättert, in den Blattachseln mehr oder weniger krautige Achselknospen tragend oder häufig ohne solche. Blätter handförmig 3- bis 9-spaltig oder auch ungeteilt, im Umriß meist keilförmig, lang gestielt, fast kahl, die Blattzipfel grannenspitz. Blütenstand lockerrispig bis trugdoldig, (1–) 3- bis 7-blütig. Knospen nickend. Blüten proterandrisch. Kelchzipfel eiförmig-dreieckig, scharf bespitzt. Kronblätter länglich bis verkehrt eiförmig, meist 2½- bis 3-mal so lang wie die Kelchzipfel, rein weiß. – Chromosomenzahl: 2n = 44, 48, 58 und 64. – Heimat: Island, Britische Inseln, Färöer, ferner in einem beschränkten Gebiet an der Westküste von Norwegen und in den Vogesen oberhalb Géradmer. – Mit *S. hypnoides* ist *S. continentalis* (ENGL. & IRMSCHER) D. A. WEBB, Syn. *S. hypnoides* L. subsp. *continentalis* ENGL. & IRMSCHER aus Südfrankreich und dem Nordteil der Iberischen Halbinsel zunächst verwandt.

Fig. 106. *Saxifraga hypnoides* L. *a* Habitus. *b* Blüte einer Pflanze mit schmalen, *c* mit breiten Kronblättern (nach ENGLER).

S. caespitosa L.[1]) Dichte Polster bildend. Blätter handförmig 3- (seltener 5-)spaltig, im Umriß mehr oder weniger keilförmig, ziemlich klein, dicht drüsig behaart, die Blattzipfel sehr stumpf. Stengel 3–12 cm hoch. Blütenstand ein armblütiger Ebenstrauß oder einblütig. Blüten gewöhnlich proterogyn. Kelchzipfel eiförmig, stumpf, meist gerötet. Kronblätter eiförmig oder länglich, etwa 2½mal so lang wie die Kelchzipfel, schmutzig oder gelblich weiß. Fruchtknoten weiter unterständig als bei den verwandten Arten (nach D. A. WEBB). – Chromosomenzahl: 2n = 80 und 84. – Heimat: Arktisches Europa, Sibirien und Nordamerika, in Europa südwärts bis Schottland und Südnorwegen. – Ähnlich ist *S. Hartii* D. A. WEBB auf der Insel Arranmore vor der Nordküste Irlands.

Einige Arten und Abkömmlinge dieses Formenkreises werden gern in Steingärten gezogen, so *S. trifurcata* SCHRAD. aus den Gebirgen Nordspaniens und die hybridogene *S.* × *Arendsii* ENGL., die aus der Kreuzung von *S. rosacea* mit *S. granulata* und einer rotblühenden Form von *S. moschata* entstanden ist.

8. *Androsacea*-Gruppe. Ausdauernde, dichte Polster bildende, gelegentlich lockerrasige oder einzeln wachsende, alpine Zwergpflanzen ohne Bulbillen oder Brutknospen. Grundblätter dreizähnig oder ganzrandig, im Umriß verkehrt eiförmig bis spatelig lanzettlich, die lebenden dunkelgrün, die abgestorbenen braun. Blütenstiele meist ziemlich kurz. Blütenstandsstiele beblättert oder blattlos, gerade, nicht schlaff, erst in der oberen Hälfte ästig oder nur einblütig. Kronblätter länglich verkehrt eiförmig, vorn abgerundet oder leicht ausgerandet, weiß, nur bei *S. Seguieri* grünlich gelb. – Neben den im Gebiet beheimateten Arten *S. depressa*, *S. androsacea* und *S. Seguieri* gehören *S. tridens* JAN ex ENGL. aus den Apenninen und den westlichen Balkangebirgen sowie je eine Art aus Sikkim und Yünnan hierher.

9. *Aphylla*-Gruppe. Ausdauernd, lockere, weiche Rasen bildend. Ohne Bulbillen oder Brutknospen. Grundblätter dreizähnig oder ganzrandig, im Umriß länglich keilförmig bis spatelig lanzettlich, die lebenden hellgrün,

---

[1]) LINNÉ schreibt cespitosus, aber besser ist die Schreibweise mit ae (caespes = Rasenstück).

die abgestorbenen braun. Blütenstiele sehr lang und dünn. Blütenstandsstiele häufig blattlos, aufsteigend oder gerade, schlaff, einblütig oder mit lockerer, 2- bis 4-blütiger Inflorszenz. Kronblätter linealisch, lanzettlich oder eiförmig, meist spitz, gelblich, seltener rötlich. – Hierher gehören einzig die beiden in den Ostalpen vorkommenden Arten *S. aphylla* und *S. sedoides*.

10. *Muscoides*-Gruppe. Gleich den vorigen alpine Zwergpflanzen, jedoch dichte, feste Polster bildend. Grundblätter länglich-lanzettlich bis fast linealisch, stets ganzrandig und die letztjährigen vorne silbergrau verwitternd. Blütenstandsstiel mit mehreren (meist 3–5) Blättern. Kronblätter verkehrteiförmig oder (bei *S. presolanensis*) fast linealisch, vorn gestutzt oder meist ausgerandet, weiß, gelblich oder purpurn. Blütenstände 1- bis 4-blütig, schlank, erst oberwärts verzweigt. – Die drei Arten dieses Formenkreises – *S. presolanensis*, *S. muscoides* und *S. Facchinii* – kommen im Gebiet vor.

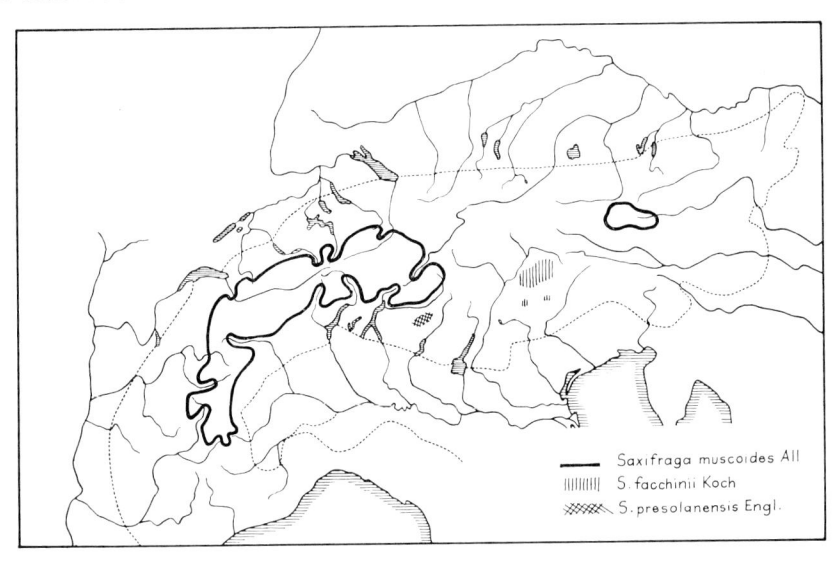

Fig. 107. Verbreitung der *Saxifraga Muscoides*-Gruppe (nach MERXMÜLLER und WIEDMANN).

XII. Sektion *Trachyphylloides* H. HUBER, sect. nov. Syn. *Saxifraga* sect. *Dactyloides* § *Tenellae* ENGL. & IRMSCHER in Pflanzenreich IV, 117, S. 285 (1916). Die einzige Art dieser Sektion, die südostalpine *S. tenella*, besitzt lineal-lanzettliche, ganzrandige, ringsum knorpelig berandete und an der Spitze begrannte Laubblätter; die abgestorbenen wie bei der *Muscoides*-Gruppe der vorigen Sektion silbergrau verwitternd. Fruchtknoten fast unterständig. *S. tenella* erinnert tatsächlich an einige Arten der vorausgehenden Gruppe, unterscheidet sich aber davon und von allen Saxifragen mit nur einzellreihigen Trichomen durch die grubige Vertiefung vor der Blattspitze, wie auch durch den häufig knorpelig gewimperten Blattrand.

β) Mit schlauchförmigen, Tannin-führenden Synzytien in der Epidermis der Laubblätter und Stengel.

XIII. Sektion *Cymbalaria* GRISEB. Blütenbecher undeutlich oder kurz, der Fruchtknoten demnach ganz oberständig oder im unteren Drittel damit verwachsen. Kronblätter eiförmig bis schmal verkehrteiförmig, deutlich gegen den Grund verschmälert und meist genagelt. – Die wenigen Arten dieser Sektion gehören meist dem östlichen Mittelmeergebiet an. *S. hederacea* L. reicht nach Norden bis ins südliche Dalmatien und nach Westen bis Sizilien, *S. Sibthorpii* Boiss. ist in Griechenland endemisch, *S. Cymbalaria* L. bewohnt das nördliche Kleinasien bis zum Kaukasus, hat aber einen disjunkten Fundort in Siebenbürgen am Slanie im Bezirk Bacau und eine letzte Art, *S. hederifolia* HOCHST. ex A. RICH. kommt in Abessinien vor.

XIV. Sektion *Discogyne* STERNB. Syn. *Zahlbrucknera* REICHB. pro gen., *Oreosplenium* ZAHLBR. ex ENDL. mit kurzem, dem Fruchtknoten angewachsenem Blütenbecher. Kronblätter länglich, gegen die Ansatzstelle nicht verschmälert. – Hierher gehört nur *S. paradoxa*.

Ökologie. Eine ganze Anzahl selbst weitverbreiteter Steinbrecharten ist phytosoziologisch und ökologisch scharf differenziert und zeigt in ihrem Vorkommen ganz bestimmte Ansprüche an Klima und Substrat. Die Zahl der gesellschaftsvagen Arten ist den in ihren Lebensbedingungen hochspezialisierten (stenosynusischen) Arten gegenüber verschwindend klein. Ganze Artengruppen verhalten sich in ihrer soziologisch-ökologischen Anpassung ähnlich. So sind z. B. die Arten der *Media*- und *Aretioides*-Gruppe aus der Sekt. *Porophyllum* ausschließlich kalkstete, chamäphytische

Bewohner von Felsspalten. Diese ökologische Spezialisierung höherer (supraspezifischer) Einheiten, die eigentlich eine Verringerung der Konkurrenzfähigkeit bedeutet, weist auf das beträchtliche Alter dieser Sippen hin, worin auch die Erklärung für einige sonst unverständliche arealkundliche Phänomene liegt, wie zum Beispiel das merkwürdig zerstückelte Areal der Sektion *Porphyrion* und die Seltenheit, d. h. die strenge Lokalisierung der meisten ihrer Arten, die bereits im Tertiär die von ihnen heute bewohnten Gebirge erreicht haben müssen. Das ist bei der großen Verbreitungsfähigkeit der Samen nur durch die hier zum genetisch fixierten Merkmal gewordene Standorts- und Gesellschaftstreue begreiflich. Damit stimmt auch überein, daß der hohe Norden (ausgenommen der durch die eiszeitliche Vergletscherung nicht so stark betroffene pazifische Sektor) postglazial fast ausschließlich von anpassungsfähigeren Arten (z. B. *S. aizoides*, *S. caespitosa*, *S. stellaris*, *S. oppositifolia* u. a.) besiedelt worden ist, während kaum eine von den ökologisch eng angepaßten Arten weitere Verbreitung erlangt haben. Am schärfsten demonstrieren Arten wie *S. cochlearis*, *S. squarrosa*, *S. tombeanensis*, *S. Vandellii* und viele andere diese Unfähigkeit einer nachträglichen Arealausweitung: sie sind heute noch auf ihre von der diluvialen Vereisung wenig berührten Refugien beschränkt.

Wuchsformen und Vegetationsorgane. Bei der Gattung *Saxifraga* läßt sich eine Reihe recht gut umschriebener Wuchsformen unterscheiden. Darunter ist der sehr verschieden gestaltete Sproßaufbau mit seinen mannigfaltigen Ausbildungsformen zu verstehen.

Als die – bei *Saxifraga* – phylogenetisch älteste Wuchs- oder Habitusform muß der sogenannte „Primel-Typus"[1]) WARMINGS angesehen werden. Ein senkrechtes oder etwas schiefes, unterirdisches Rhizom (Sympodium) mit zahlreichen Faserwurzeln trägt an der Spitze eine meist lockere Blattrosette, wodurch die Ähnlichkeit mit vielen Arten der Gattung *Primula* hervorgerufen wird. In den Achseln der Grundblätter entwickeln sich kurze Nebensprosse, die allein nach dem Absterben des Hauptsprosses erhalten bleiben. Diese Wuchsform spielt unter den mitteleuropäischen Saxifragen nur eine bescheidene Rolle. Von den heimischen Arten können *S. hieraciifolia*, *S. nivalis*, *S. rotundifolia*, *S. stellaris* und Arten aus der Sektion *Gymnopera* hierher gerechnet werden. In Nordamerika und erst recht im gemäßigten Ostasien sind die Arten dieses Typus weit stärker vertreten als die Repräsentanten der anderen Wuchsformen. Eine Abwandlung des „Primel-Typus" stellt der „Fragaria-Typus" dar, der durch die stark verlängerten, mit nur wenigen, schuppenförmigen Blattrudimenten besetzten Ausläufer gekennzeichnet ist, die aus den Achseln der Rosettenblätter entspringen und an der Spitze eine Knospe oder eine sich bewurzelnde Laubblattrosette tragen. So verhalten sich z. B. *S. flagellaris*, *S. stolonifera* und *S. cuscutiformis*. Eine weitere Modifikation der ursprünglichen Habitusform ist der „Bulbillen-Typus", ausgezeichnet durch die in den Achseln der Grund- und teilweise auch der Stengelblätter sich entwickelnden Brutknospen. Diese bestehen aus einer gestauchten Achse und fleischigen, chlorophyllarmen, aber sehr stärkereichen Niederblättern, die zwiebelartig zusammenschließen. Morphologisch handelt es sich dabei – wenigstens bei *S. cernua* – um verkümmerte Blüten. Beispiele dieser Wuchsform sind *S. bulbifera*, *S. granulata* und *S. cernua*.

Sehr viel weitere Verbreitung als diese Habitusformen haben unter den europäischen Steinbrech-Arten der „Sempervivum-", der „Hypnum-" und der den Lebensbedingungen der Hochgebirge am besten entsprechende „Aretia-Typus". Den „Sempervivum-Typus" WARMINGS (= Kriechrosetten-Typus) veranschaulichen *S. cuneifolia* und viele Arten der Sektion *Aizoonia*; die Blattrosetten sind meist abstehend-ausgebreitet und in den Blattachseln der Rosettenblätter entstehen zahlreiche Nebensprosse, die sich ausläuferartig verlängern und am Ende eine sich bewurzelnde Tochterrosette tragen. Die Abgrenzung dieser Wuchsform vom ursprünglicheren „Primel-Typus" ist nicht immer deutlich. – Den „Hypnum-Typus" (Luftkrautkissen von HAURI und SCHRÖTER), wie bei *S. biflora*, *S. hypnoides*, *S. rosacea*, *S. sedoides* und vielen anderen schön ausgeprägt ist, charakterisieren die aus den Achseln der lockeren Grundrosette entspringenden, zahlreichen Seitensprosse, die sich rings um den Hauptsproß ausbreiten und ihrerseits wieder Seitensprosse bilden. So entsteht ein lockeres, lufterfülltes, dem Boden flach aufliegendes, moosartiges Polster, das sich meist leicht abheben läßt und nur durch die Hauptwurzel verankert ist. Durch Förderung des Wachstums in einer bestimmten Richtung kommen gelegentlich girlandenartige Gebilde zustande. Mit dem „Hypnum-Typus" ist der von DIELS so benannte „Aretia-Typus" (Kugelpolster nach SCHRÖTER) eng verwandt und wohl davon abzuleiten, wie durch das häufige Auftreten von Zwischenformen (z. B. bei *S. exarata*, *S. moschata*, *S. oppositifolia* u. a. m.) bestätigt wird. In prächtigster Ausbildung ist der „Aretia-Typus" bei den Arten *S. Burseriana*, *S. caesia*, *S. diapensioides*, *S. squarrosa*, *S. Vandellii* und anderen Vertretern der Sektion *Porophyllum* verwirklicht. Durch die dichte, dachziegelige Belaubung erscheinen die sonst rosettig beblätterten Sprosse säulenförmig. Der dichte Zusammenschluß dieser Seitensprosse bedingt die Bildung eines festen, oft halbkugeligen Polsters, in dessen Hohlräumen sich Erde ansammelt. Nebensprosse

---

[1]) Nach W. TROLL (1937) ist es richtiger, diesen Begriff durch den der Halb- und Ganzrosettenpflanzen zu ersetzen. Halbrosettenpflanzen haben demnach eine rosettig gestauchte Achse, die sich aber in einen laubig beblätterten, blühenden Stengel verlängert. Diese Wuchsform verkörpern in Europa z. B. *S. Hirculus* und *S. rotundifolia*. Im Gegensatz dazu stehen bei den Ganzrosettenpflanzen sämtliche Laubblätter in Rosetten, und der blühende Stengel entspricht einem einzigen, schaftartig gestreckten Internodium, ist also blattlos. So verhalten sich die europäischen Vertreter der Sekt. *Micranthes* sowie die meisten Arten der Sektionen *Gymnopera* und *Diptera*. Die genannten Beispiele zeigen ganzrosettigen Wuchs bei begrenzter Hauptachse (da diese mit einem Blütenstand abschließt).

und Hauptsproß entwickeln im Innern des Polsters häufig Adventivwurzeln, die zur Wasseraufnahme aus dem als Schwamm wirkenden Polster dienen. Namentlich die drei zuletzt angeführten Wuchsformen sind in hohem Maße an die Lebensverhältnisse des Hochgebirges mit seiner kurzen Vegetationszeit, seinen starken und oft plötzlichen Feuchtigkeits- und Wärmeschwankungen, seinen heftigen Winden und der intensiven Bestrahlung vorzüglich angepaßt. – Von geringer Verbreitung ist der „Mikro-Therophyten-Typus" bei *Saxifraga*; von den europäischen Arten gehört einzig die im Mittelmeergebiet häufige *S. tridactylites* hierher, deren Samen im Laufe des Winters keimen, um im zeitigen Frühjahr (März bis Mai) zur Blüte und Fruchtreife zu gelangen. Hierauf stirbt die Pflanze ab.

Zahlreiche Steinbrech-Arten, namentlich aus der Verwandtschaft von *S. oppositifolia* und die rasenbildenden Vertreter der Sektion *Saxifraga* haben fast unbegrenztes Wachstum. Sie bilden leicht Adventivwurzeln, die nach dem Absterben der Hauptwurzel deren Funktion übernehmen. Abgerissene Polsterteile vermögen dank dieser Bewurzelungsart anderwärts weiterzuwachsen. In gewissen Grenzen wird dadurch eine Verbreitung der Arten ermöglicht, der namentlich in Gebieten, wo Samenbildung nicht mehr regelmäßig eintritt, wie auf den Alpengipfeln und im hohen Norden, einige Bedeutung zukommt.

Anatomie und Physiologie. Den Blattbau zahlreicher *Saxifraga*-Arten haben LEIST (1890) und LOHR (Untersuchungen über die Blattanatomie von Alpen- und Ebenenpflanzen. Dissertation, Basel 1919) untersucht. Die Laubblätter sind fast durchwegs dorsiventral gebaut. Isolaterales Palisadengewebe wird von *S. oppositifolia*, *S. moschata* und *S. muscoides* angegeben, doch hängt dessen Ausbildung weitgehend von ökologischen Bedingungen ab. Auch die Ausbildung von Palisadenschicht und Schwammparenchym wird vorwiegend durch die Beleuchtungs- und Feuchtigkeitsverhältnisse bestimmt, wie es besonders schön am Beispiel von *S. stellaris* zum Ausdruck kommt. Pflanzen aus einer Quelle (bei 2300 m) besaßen eine einzige Palisadenschicht von 100 μ Dicke und ein Schwammparenchym von 308 μ Dicke; auf einer feuchten Wiese (bei 1980 m) gesammelte Exemplare zeigten 2 Palisadenschichten von zusammen 89 μ und ein Schwammparenchym von 120 μ Dicke. Pflanzen von trockenem Verwitterungsboden (bei 2750 m) wiesen 3 Palisadenschichten von zusammen 152 μ und ein Schwammparenchym von nur 84 μ Dicke auf. – Bei einzelnen Arten erreicht das Palisadengewebe ganz ungewöhnliche Dimensionen. So wurde an Blättern von *S. moschata* bei sonnigem Standort bis 224 μ, an solchen von *S. aizoides* bis 235 μ, von *S. cuneifolia* bis 247 μ Dicke gemessen. Die höchsten Zahlen ergaben sich bei *S. paniculata* (= *S. Aizoon*), nämlich 326 μ, 483 μ und 510 μ Dicke. Bei *S. lingulata* können 5, bei *S. Cotyledon* bis zu 7 Palisadenschichten übereinander liegen. – Bei Saxifragen sonniger, trockener Standorte zeigt sich eine erhebliche Verminderung des Interzellularvolumens. Dadurch wird – nach STAHL – die stomatäre Transpiration herabgesetzt, als Folge der Verkleinerung der inneren, transpirierenden Oberfläche. Die alpine *S. moschata* hat demzufolge im Mittel ein Interzellularvolumen von nur 16% des Blattvolumens, *S. muscoides* von 14%. – Die hochalpinen Steinbrech-Arten sind gewöhnlich durch eine sehr kräftige Kutikula ausgezeichnet. *S. paniculata* zeigte in Südexposition bei 1980 m eine Kutikuladicke von 10 μ, bei 2300 m von 19 μ, bei 2420 m von 40 μ. – Spaltöffnungen sind meist auf der Ober- und Unterseite der Laubblätter vorhanden, im Allgemeinen aber sind sie unterseits zahlreicher, doch kommt auch das Gegenteil vor (z. B. *S. aizoides*). Bei *S. cuneifolia* und *S. rotundifolia* scheinen sie auf der Oberseite zu fehlen. Öfters sind die Stomata streng lokalisiert; so finden sie sich nach LEIST bei *S. Cotyledon* nur in der Nähe der Blattspitze, bei *S. caesia* am Blattrand. – Die orophilen Sektionen *Porophyllum*, *Porphyrion* und *Aizoonia* fallen durch die Inkrustation der Laubblätter mit kohlensaurem Kalk auf. Die Kalkausscheidung erfolgt durch Hydathoden oder Wasserspalten (Fig. 108), die zwar auch bei den Arten der übrigen Sektionen vorhanden sind, hier aber keinen Kalk sezernieren. Diese Hydathoden sind rundliche Gruppen kleiner, chlorophyllfreier oder chlorophyllarmer Parenchymzellen, die unter der Epidermis vor den Tracheenendigungen liegen. Bei den Kalk-inkrustierten Arten sind die zahlreich oder nur einzeln vorhandenen Hydathoden auf der Oberseite am Rand oder an der Spitze der Laubblätter in grübchenartige Vertiefungen eingesenkt. Der Kalk gelangt in diesen Grübchen zur Ablagerung, erfüllt sie bald ganz und breitet sich als feiner, hellgrauer, schuppiger Überzug auf der Blattoberseite aus. Dieser Überzug scheint nicht nur die Wasserabgabe zu erschweren, er wirkt auch für das subepidermale

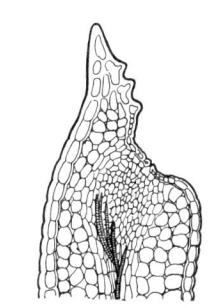

Fig. 108. Längsschnitt durch eine Kalk ausscheidende Hydathode von *Saxifraga paniculata* MILL. (nach THOUVENIN).

Gewebe als Schutz gegen allzu starke Lichtintensität und in gewissem Maße auch gegen die schleifende Windwirkung (vgl. hierüber J. BRAUN-BLANQUET, Vegetationsverhältnisse der Schneestufe usw., S. 57 bis 64). Die Menge des ausgeschiedenen Kalks ist recht ansehnlich. Von 30 Blättern der *S. paniculata* gewann UNGER mehr als 0,5 g kohlensauren Kalk.

Die Laubblätter der auch an schneearmen oder gänzlich schneefreien Stellen überwinternden Arten (z. B. *S. exarata*, *S. moschata*, *S. paniculata*, *S. oppositifolia*) verfärben sich in der Regel und nehmen im Spätherbst und Winter durch reichliche Ausbildung von Anthozyan eine kräftig rotviolette oder rotbraune Färbung an. Auch die Blütensprosse und Blütenteile (Stylodien, Fruchtknoten) sind vielfach dunkelrot gefärbt. Über das Zustandekommen und die Funktion dieser Anthozyanbildung herrscht immer noch Unklarheit. KERNER betrachtete seinerzeit den roten Farbstoff als Schutz gegen übermäßige Belichtung; ENGELMANN, STAHL und andere sehen darin einen Wärme absorbierenden Körper ohne spezifische Schutzwirkung; nach PALLADIN handelt es sich dabei um eine reine „Atmungsfärbung", also ein Stoffwechsel-Produkt ohne bekannte Funktion. Immerhin findet die Rotfärbung nur am Licht statt; unter Schnee sind die Pflanzen stets grün (BRAUN-BLANQUET).

Blütenverhältnisse. Viele hochalpine Arten entwickeln sich unter der Schneedecke bis zur Bildung der Blütensprosse; kurz nach der Schneeschmelze sind sie schon blühreif. Eine besonders weitgehende Anpassung an die kurze Vegetationszeit finden wir bei *S. oppositifolia* und ihren Verwandten, die zu den in unseren Gebirgen am höchsten ansteigenden Blütenpflanzen gehören. *Saxifraga oppositifolia* hat beispielsweise im Juli auch in den höchsten Lagen oft schon abgeblüht; im August reifen die Samen, während in den Spätsommertagen bereits wieder neue Blütensprosse angelegt und im Laufe des Herbst fertig gebildet werden. Im Inneren der dachig zusammenschließenden, laubblattähnlichen Knospenhüllblätter finden sich nicht nur nahezu ausgewachsene Kelch- und Kronblätter, die Kronblätter hierbei bereits intensiv gefärbt; auch das Andrözeum und der Fruchtknoten sind vollkommen differenziert. Eine geringe Streckung der Internodien, verbunden mit der Öffnung der Knospenhülle, bewirkt die Entfaltung der Blüte. Man trifft denn auch an warmen Herbsttagen nicht selten vereinzelte Vorblüten (namentlich von *S. oppositifolia*). Andererseits hat BRAUN-BLANQUET *S. oppositifolia* bei 2900 m anfangs Juni hart am schmelzenden Schnee und sogar unter der Schneedecke blühend vorgefunden. Eine ähnlich weitgehende Vorbereitung ist auch bei *S. biflora* und *S. retusa* zu beobachten.

In den blütenbiologischen Verhältnissen der Gattung, die namentlich MÜLLER-LIPPSTADT, O. KIRCHNER, A. GÜNTHART und E. WARMING untersucht haben, gelangt mit großer Übereinstimmung die Anpassung an die Gebirgsheimat zum Ausdruck. Die Saxifragen sind vorwiegend dichogam; Staubblätter und Narben entwickeln sich zu verschiedener Zeit, wodurch Fremdbestäubung notwendig wird. Die Steinbrechblüte ist für den Besuch kurzrüsseliger Insekten eingerichtet; der am Grund des Fruchtknotens abgesonderte Honig liegt unmittelbar sichtbar, leicht zugänglich offen. Verschiedenfarbige, augenfällige Punkte oder Adern am Grund der Kronblätter müssen als Saftmale gedeutet werden, die den Insekten den Weg zur Honigquelle weisen. Während an und kurz über der Baumgrenze Hymenopteren und Schmetterlinge noch recht zahlreich fliegen, nimmt ihre Häufigkeit nach oben zu rasch ab, und die kurzrüsseligen Insekten, allen voran die Fliegen, bilden in höheren und höchsten Lagen den Hauptteil der Blütenbesucher. Tatsächlich sind denn auch Dipteren die vorherrschenden Blütengäste der Saxifragen. Noch bei 3000 m beobachtete H. MÜLLER Fliegen, die Blüten von *S. androsacea* besuchten. Eine Ausnahme macht die rotblühende *S. oppositifolia*, die den Honig etwas tiefer birgt und auch Falter und Hummeln zu eifrigem Besuch anlockt. Aber gerade bei dieser frühblühenden und hoch ansteigenden Art ist spontane Selbstbefruchtung bei ausbleibendem Insektenbesuch häufiger als bei den meisten anderen. Bei *Saxifraga aizoides* ist gelegentlich Ameisenbesuch zu beobachten.

Viele Steinbrech-Arten sind proterandrisch, einige proterogyn. H. MÜLLER und A. GÜNTHART konnten nachweisen, daß die Dichogamie im Knospenzustand noch nicht entwickelt ist, die Knospen also homogam sind; Staubblätter und Fruchtknoten sind gleichweit entwickelt und erst beim Aufblühen entsteht durch Zurückbleiben der Narben oder der Antheren Proterandrie bzw. Proterogynie. Daraus erklärt sich die Tatsache, daß die Bestäubungseinrichtungen bei manchen Arten stark variieren. Als besonders veränderlich erweisen sich hierin die arktischen Arten, bei denen Selbstbestäubung häufig ist.

Frucht und Samen. Zahlreiche Saxifragen sind „Wintersteher", deren vertrocknete Fruchtstände erhalten bleiben. Die im Herbst ausreifenden Samen werden zum Teil mitsamt dem Fruchtstand als „Schneeläufer" verfrachtet. Synzoische Verbreitung der Fruchtstände durch Mäuse konnte bei *S. oppositifolia* in Schweden und *S. biflora* in Graubünden nachgewiesen werden. Ferner besitzen die Samen zahlreicher Arten Haftorgane in Gestalt von feinen Stacheln und Runzeln, Emergenzen der Samenschale. Innerhalb einzelner Sektionen oder Artengruppen zeigt sich hierin oft große Übereinstimmung. So sind z. B. in der Sektion *Porophyllum* alle Arten der *Aretioides*-Gruppe durch warzenstachelige Samen ausgezeichnet, während die Arten der Sekt. *Porphyrion* eine glatte Samenschale aufweisen. Die Samen aller daraufhin untersuchten Steinbrech-Arten sind schwimmfähig und können durch Wasser verbreitet werden. Am besten sind hierzu die meist großen, glatten Samen der wasserliebenden oder an feuchte Standorte gebundenen Arten der Sekt. *Boraphila* befähigt. In Versuchen, die BRAUN-BLANQUET durchgeführt hat, erwiesen sich die Samen von *S. aizoides* mehr als 3 Wochen schwimmfähig, von *S. nivalis* blieben viele, von *S. stellaris* eine Anzahl Samen 17 Tage über Wasser, wogegen die Samen der felsbewohnenden Arten (z. B. *S. bryoides*, *S. moschata*, *S. paniculata* und *S. rotundifolia*) bereits nach wenigen Tagen zum größten Teil gesunken waren; die Samen von *S. bryoides* und *S. paniculata* hatten bereits nach 2 Tagen ihre Schwimmkraft zur Hälfte eingebüßt. Von den untersuchten Fels-Saxifragen hielten sich nur die Samen von *S. caesia* teilweise 17 Tage über Wasser.

Vegetative Fortpflanzung. An Stelle der Samenbildung tritt bei einigen Arten Fortpflanzung durch Brutknospen auf, so namentlich bei *S. cernua*, *S. bulbifera*, *S. granulata* und ihren Verwandten sowie bei *S. stellaris* subsp. *comosa* und subsp. *prolifera*. *S. cernua* scheint die Fähigkeit, Früchte und Samen auszubilden, vollkommen verloren zu haben. Dabei handelt es sich wohl um eine Anpassung an ungünstige Umweltbedingungen.

Fossile Pollenfunde. Verschiedenartige Steinbrech-Pollen finden sich öfters in spätglazialen Sedimenten, aber meist nur vereinzelt. Am häufigsten werden *Saxifraga aizoides* oder *S. oppositifolia* bzw. *S. aizoides/ oppositifolia*-Typ genannt, so für Südwestdeutschland von LANG (1952), für einige deutsche Mittelgebirge von BEUG (1957), für die Niederlande von POLAK (1959), für Dänemark von IVERSEN (1954), für Norwegen von HAFSTEN (1956; hier bis zu 26%), für Schweden von ERDTMAN (1949) und für die Britischen Inseln von MITCHELL (1953); MITCHELL und IVERSEN geben außerdem vermutliche *S. nivalis* und *S. stellaris*, sowie *S. Hirculus* an.

Fig. 109. Pollenkorn von *Saxifraga stellaris* L., oben bei höherer Einstellung, unten jeweils bei tieferer Einstellung im optischen Schnitt. Die beiden linken Bilder zeigen ein Pollenkorn schräg von oben, die beiden mittleren in Äquatorialansicht mit Blick auf das Mesocolpium. Die beiden rechten Bilder geben die Polansicht (etwa 900mal vergrößert. Mikrofoto H. STRAKA).

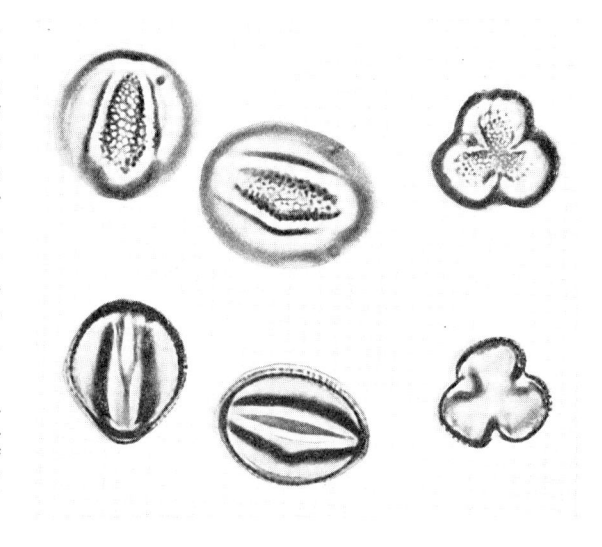

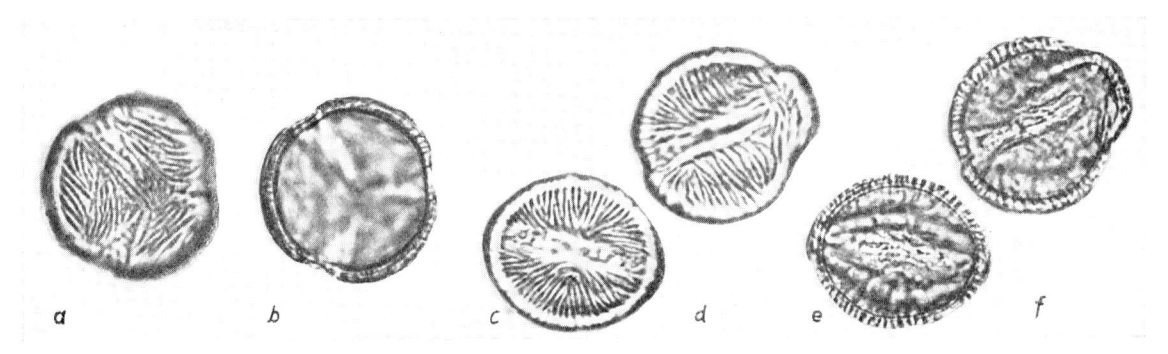

Fig. 110. Pollenkörner von *Saxifraga aizoides* L. *a* und *b* Polansicht, *a* bei hoher Einstellung, *b* im optischen Schnitt; *c* und *e* Äquatoransicht mit Blick auf den Colpus, *c* bei hoher Einstellung, *e* im optischen Schnitt; *d* und *f* dasselbe wie *c* bzw. *e*, jedoch in der Ansicht schräg von oben (etwa 900mal vergrößert. Mikrofoto H. STRAKA).

Inhaltsstoffe und Verwendung. Die Blätter mehrerer Arten führen Saponin (namentlich: *Saxifraga* × *Andrewsii, S. cortusifolia, S. cuneifolia, S. Sibthorpii*). – Bei *S. rosacea*[1]) geben FREERKSEN und WINTER (1954) einen starken antibiotischen Effekt gegen Testbakterien von Abortus Bang an, sowie eine mäßige Wirkung gegen *Salmonella*. Das wirksame Prinzip ist noch nicht bekannt. In diesem Zusammenhang ist die Anwendung von *S. bronchialis* gegen Hals- und Rippenfellentzündung in Sibirien bemerkenswert. – Über *S. granulata* vgl. S. 196.

Parasiten. Die inkrustierten Arten der Gattung beherbergen auffallend wenige Parasiten. In den Blättern von *Saxifraga paniculata* u. a. lebt die minierende Larve der Diptere *Phytomyza Aizoon* HG. Größer ist die Zahl der in den breitblättrigen Saxifragen minierenden Insekten; die verbreitetsten sind die Dipteren *Cheilosia Saxifragae* HG. und *Phytomyza Saxifragae* HG., die Lepidopteren *Incurvaria trimaculella* H. S. und *Zelleria alpicella* H. S. (diese bisher nur an *S. rotundifolia*) und der Käfer *Otiorhynchus rugifrons* GYLLH., dessen Larve anfangs in der Blattspreite, später im Blattstiel und im Stengel miniert (nach HERING). – Auch Rostpilze sind an den kalkausscheidenden Arten weit seltener als an den weichblätterigen. Der Haplont von *Melampsora alpina* JUEL lebt vorzugsweise auf *Saxifraga oppositifolia*, wo er leicht Deformationen bewirkt, der Dikaryophyt kommt auf *Salix herbacea* und deren Bastarden vor. Verwandt ist *Melampsora reticulatae* BLYTT, deren haploide Generation auf *Saxifraga aizoides* u. a. A. auftritt, während sich der Dikaryophyt auf *Salix reticulata* entwickelt. Daneben leben auf *Saxifraga* ein halbes Dutzend *Puccinia*-Arten, die aber, wohl wegen ihrer hochspezialisierten ökologischen Ansprüche, bis auf die verbreitete *Puccinia Saxifragae* SCHLECHTD. meist recht selten sind (nach GÄUMANN).

Zierpflanzen. Mehrere Steinbrech-Arten haben Eingang in die Gärten und darin weitere Verbreitung gefunden. Das gilt in erster Linie für die Gartenformen aus der Sektion *Saxifraga*, wie z. B. die rot oder weiß blühende *S.* ×

---

[1]) Es ist oft nicht möglich, die in der Literatur als *S. rosacea* und *S. decipiens* geführten Pflanzen sicher zu deuten.

Arendsii (S. 140), einige wenige reine Arten der nämlichen Sektion, wie *S. trifurcata* (S. 140) u. a., die an schattigen Gartenplätzen dankbar gedeihenden und seit dem 17. Jahrhundert hierzulande eingeführten Arten der Sektion *Gymnopera* (S. 133, 134), vor allem *S. umbrosa* und ihre Bastarde, schließlich auch für einige krustige Arten wie *S. Cotyledon*, *S. lingulata* und *S. paniculata* (= *S. Aizoon*) und für ein paar Arten und Hybriden aus der Sektion *Porophyllum*, namentlich *S.* × *apiculata* und *S.* × *Haagii* (S. 138).

Artenschlüssel.

1a Laubblätter – wenigstens die unteren – gegenständig, auf der Oberseite vor der Spitze oder am Rand meist mit 1–5 grubigen Vertiefungen. Blüten purpurrosa bis rotviolett 2

1b Laubblätter wechselständig 5

2a Kelchabschnitte ohne Wimpern 3

2b Kelchzipfel gewimpert 4

3a Kelch, Blütenbecher und Blütenstiele dicht drüsig behaart . . *S. purpurea* ALL. (S. 138)

3b Kelch, Blütenbecher und Blütenstiele kahl . . . . 1432. *S. retusa* GOUAN

4a Stengel mehr- (bis 6-)blütig. Diskus am Grunde des Fruchtknotens breit. Pflanze locker kriechend . . . . 1433. *S. biflora* ALL.

4b Stengel einblütig. Diskus sehr schmal oder fast fehlend. Pflanze häufig dicht polsterförmig
. . . . 1434. *S. oppositifolia* L.

5a Laubblätter ungeteilt, verkehrt eilänglich, linealisch oder pfriemlich, fleischig oder derb lederig, oberseits mit einer oder meist mehreren grubigen Vertiefungen, oft Kalk ausscheidend 6

5b Laubblätter verschieden gestaltet, nicht grubig punktiert und keinen Kalk ausscheidend
. . . . 18

6a Kronblätter gelb, rot oder hellgelb mit dunkelgelber Basis. Laubblätter häufig keinen Kalk sezernierend 7

6b Blüten weiß, nicht selten fein rot punktiert. Laubblätter allermeist mit Kalk inkrustiert 9

7a Laubblätter oberseits mit einer einzigen grubigen Vertiefung; nicht über 3 cm lang und nicht über 5 mm breit 19

7b Laubblätter auf der Oberseite am Rand und an der Spitze mit 3 bis zahlreichen grubigen Vertiefungen 8

8a Laubblätter 3–7 cm lang und im vorderen Drittel 4–12 mm breit, mit zahlreichen (mehr als 10) grubigen Vertiefungen, am Vorderende mit einer deutlichen, zusammenhängenden, knorpeligen Saumleiste . . . . 1421. *S. mutata* L.

8b Laubblätter ¾–2 cm lang und 1½–3½ mm breit, mit 3 bis 8 grubigen Vertiefungen, am Vorderende mit sehr schmaler, knorpeliger Saumleiste oder ohne eine solche . . . .
. . . . *S. aizoides* × *mutata* (S. 216)

9a Stämmchen rosettig beblättert, nach dem Blühen bis zum Grund absterbend, mit Ausläufern. Rosettenblätter meist mit zahlreichen (gewöhnlich mehr als 9) grubigen Vertiefungen. Blütenstand meist reichblütig 10

9b Stämmchen rosettig oder dachziegelig beblättert, nach dem Blühen nicht absterbend, sehr dichte, harte Polster bildend. Ausläufer fehlen. Rosettenblätter mit 1–9 grubigen Vertiefungen. Blütenstände 1- bis etwa 8-blütig 13

10a Blühender Stengel vom Grund oder erst von der Mitte an ästig; Rispenäste gewöhnlich reichblütig. Rosettenblätter 6–17 mm breit . . . . 1422. *S. Cotyledon* L.

10 b Blühender Stengel erst im oberen Drittel oder darüber verzweigt, seltener schon von der Mitte ab, dann aber die Rispenäste arm- (1- bis 3-)blütig 11
11 a Rosettenblätter fast ganzrandig, selten schwach gekerbt; linealisch, 1½ bis 4 cm lang und im vorderen Drittel 2–3 mm breit. Äste des Blütenstands 1- bis 3-blütig . . . .
. . . . 1425. *S. incrustata* VEST
11 b Rosettenblätter gekerbt oder gesägt; breit linealisch (zungenförmig) bis verkehrt eiförmig, 2½ bis 9 mm breit 12
12 a Rosettenblätter nach außen gebogen. Äste des Blütenstands 2- bis 10-blütig . . . .
. . . . 1423. *S. Hostii* TAUSCH
12 b Rosettenblätter aufrecht oder zusammenneigend. Äste des Blütenstands 1- bis 3-, selten bis 5-blütig . . . . 1424. *S. paniculata* MILLER
13 a Grundblätter 4–14 mm lang, unterhalb der Mitte am breitesten, allmählich in die starre, stechende Spitze verschmälert; 5- bis 7-punktig 14
13 b Grundblätter 2–6 mm lang, meist über der Mitte am breitesten (ausgenommen *S. tombeanensis* mit sehr kleinen Blättern) 15
14 a Stengel 3- bis 6-, selten mehrblütig. Südalpen . . . . . . 1430. *S. Vandellii* STERNB.
14 b Stengel 1-, sehr selten 2-blütig. Ostalpen . . . . 1431. *S. Burseriana* L.
15 a Grundblätter von Grund an zurückgebogen, ohne Knorpelrand. Verbreitete, kalkstete Alpenpflanze . . . . 1428. *S. caesia* L.
15 b Grundblätter aufrecht, gerade oder nur an der Spitze nach außen gebogen, stets schmal knorpelig berandet. Südalpine Arten 16
16 a Blühender Stengel meist in der unteren Hälfte dicht drüsig behaart, oberwärts kahl oder spärlich behaart. Grundblätter bis etwa 1 mm breit, die oberen meist an der Spitze nach außen gebogen. Südöstliche Kalkalpen . . . . 1427. *S. squarrosa* SIEBER
16 b Blühender Stengel der Länge nach dicht drüsig behaart. Grundblätter meist gerade . . . 17
17 a Grundblätter stumpf, 3–6 mm lang. Blütenstand 2- bis 9-blütig. Penninische Alpen
. . . . 1426. *S. diapensioides* BELL.
17 b Grundblätter mit kurzer, aufgesetzter Stachelspitze, meist 2 bis 3 mm lang. Blütenstand 1- bis 5-blütig. Judikarien. . . . . 1429. *S. tombeanensis* BOISS. ex ENGL.
18 a Laubblätter linealisch bis lanzettlich, nicht über 5 mm breit, ganzrandig oder knorpelig gezähnt, aber niemals gelappt oder eingeschnitten 19
18 b Laubblätter eingeschnitten oder ungeteilt, dann aber rundlich, keil- oder verkehrt eiförmig 23
19 a Fruchtknoten (bzw. Kapsel) oberständig oder höchstens im unteren Drittel mit dem Blütenbecher verwachsen 20
19 b Fruchtknoten (bzw. Kapsel) unterständig oder wenigstens bis zur Hälfte mit dem Blütenbecher verwachsen 32
20 a Kelchblätter stumpf. Kronblätter leuchtend gelb, orange oder dunkelrot 21
20 b Kelchblätter stachelspitz[1]). Kronblätter gelblichweiß, nur am Grund tiefer gelb 22
21 a Laubblätter oberseits mit einer grubigen Vertiefung vor der Spitze, die grund- und stengelständigen gleich gestaltet, alle sitzend. Kronblätter 3–8 mm lang . . 1420. *S. aizoides* L.
21 b Laubblätter ohne grubige Vertiefung, die grundständigen lang gestielt (Blattstiel etwa so lang wie die Spreite oder länger), die mittleren und oberen undeutlich kurz gestielt bis sitzend. Kronblätter etwa 1 cm lang oder darüber . . . . 1417. *S. Hirculus* L.

───────────────

[1]) Ausnahme: *S. aspera* var. *brevicaulis*.

22a Blätter der nichtblühenden Triebe zumeist locker stehend. Untere Stengelblätter oft länger als die der nichtblühenden Triebe, nach oben deutlich kleiner werdend. Achselknospen kürzer als ihr Tragblatt. Stengel meist mehrblütig . . . . 1419a. *S. aspera* L.

22b Blätter der nichtblühenden Triebe sehr dicht gedrängt. Untere Stengelblätter 4–7 mm lang, nicht länger als die der nichtblühenden Triebe, nach oben kaum kleiner werdend. Achselknospen etwa solang wie ihre Tragblätter. Stengel stets einblütig . 1419b. *S. bryoides* L.

23a Alle Laubblätter in einer grundständigen Rosette; die Blütenstände daher schaftartig gestielt d. h. bis auf die Tragblätter blattlos, stets mehrblütig. Rosettenblätter ganzrandig, gezähnt oder gekerbt, aber stets ungeteilt. Fruchtknoten oberständig oder höchstens bis zum unteren Drittel mit dem Blütenbecher verwachsen. Kelchblätter im Fruchtzustand und oft schon in der Blüte zurückgeschlagen (ausgenommen *S. nivalis*) 24

23b Außer den Grund- oder Rosettenblättern wenigstens ein stengelständiges Laubblatt vorhanden (die Tragblätter der Blütenstandsäste nicht mitgerechnet). Blühender Stengel höchstens bei sehr armblütigen Infloreszenzen blattlos. Blütenstände bisweilen vom Laubsproß nicht deutlich abgegrenzt. Kelchzipfel niemals zurückgeschlagen 32

24a Blütenstiel fast fehlend bis etwa so lang wie die Blüte. Blütenstand meist gedrungen rispig, scheintraubig oder kopfig. Kronblätter stumpf, fast so lang bis 1½mal so lang wie die Kelchzipfel 25

24b Blütenstiele länger als die Blüte. Blütenstand locker rispig oder trugdoldig. Kronblätter gewöhnlich doppelt so lang wie die Kelchzipfel 26

25a Kronblätter grünlich oder purpurn, die Kelchzipfel nicht überragend. Laubblätter sehr schwach gezähnt, fast ganzrandig . . . . . 1414. *S. hieraciifolia* WALDST. & KIT.

25b Kronblätter weiß, etwas länger als die Kelchblätter. Laubblätter vorne grob gekerbt . . . . 1415. *S. nivalis* L.

26a Laubblätter ohne Knorpelrand. Kronblätter lanzettlich, spitz. Blütenstand trugdoldig . . . . 1416. *S. stellaris* L.

26b Laubblätter mit zusammenhängendem Knorpelrand. Kronblätter elliptisch oder eiförmig, stumpf. Blütenstand rispig 27

27a Spreite der Rosettenblätter am Grund herzförmig eingebuchtet oder gestutzt 28

27b Spreite der Rosettenblätter keilförmig in den Stiel verschmälert 29

28a Blattspreite fingernervig, beiderseits behaart, im Umriß kreisrund oder nierenförmig, am Grund deutlich herzförmig. Blattstiel kaum 1 mm breit, eng rinnig   *S. hirsuta* L. (S. 133)

28b Blattspreite fast fiedernervig, spärlich behaart oder kahl, eiförmig oder elliptisch, am Grund seicht herzförmig oder gestutzt. Blattstiel 1–2 mm breit . . . . *S. hirsuta* × *spathularis* und *S. hirsuta* × *umbrosa* (S. 134)

29a Blattstiel der Länge nach dicht gewimpert, kürzer als die Spreite 30

29b Blattstiel nur in der unteren Hälfte gewimpert oder ganz kahl, gewöhnlich so lang wie die Spreite oder länger 31

30a Blattspreite gekerbt, auf jeder Seite mit 4–10 stumpfen Zähnen; der mittlere Zahn mehr oder weniger gestutzt, kürzer als die seitlichen. Kronblätter 3–4 mm lang, mit wenigen karminroten Punkten . . . . *S. umbrosa* L. (S. 134)

30b Blattspreite gezähnt, mit bis zu 12 dreieckigen Zähnen auf jeder Seite und dreieckigem Mittelzahn. Kronblätter wie bei *S. spathularis* . . . . . *S. spathularis* × *umbrosa* (S. 134)

31a Blattspreite 1–6 cm lang, auf jeder Seite mit 4–7 spitz dreieckigen Zähnen, der mittlere Zahn so lang wie die Seitenzähne oder länger als diese. Kronblätter 4–5 mm lang, mit zahlreichen, feinen, karminroten Punkten. Im Gebiet nicht wildwachsend. *S. spathularis* BROT. (S. 133)

31b Blattspreite ½–1,7 cm lang, ganzrandig oder auf jeder Seite mit bis zu 4 seichten Kerben oder kurzen Zähnen, der Mittelzahn stumpflich oder gestutzt. Kronblätter 2½–4 mm lang, gewöhnlich ohne rote Punkte. Alpen und Jura. . . . . 1418. *S. cuneifolia* L.

32a Pflanze ein- oder zweijährig (hapaxanth), zur Blütezeit ohne nichtblühende Sprosse . . . 33

32b Pflanze ausdauernd, mit blühenden und nicht blühenden Sprossen 35

33a Spreite der Grund- und unteren Stengelblätter etwa so breit wie lang, handförmig gelappt, am Grund mehr oder weniger nierenförmig. Stengel niederliegend. Südliche Kalkalpen . . . . 1437. *S. petraea* L.

33b Spreite aller Laubblätter keilförmig oder lanzettlich, 3- bis 5-spaltig oder ungeteilt, stets länger als breit. Stengel aufrecht. 34

34a Frucht verkehrt eiförmig, allmählich in den Stiel verschmälert. Rosettenblätter zur Fruchtzeit oft noch vorhanden . . . . 1438a. *S. adscendens* L.

34b Frucht fast kugelig und am Grund deutlich abgerundet. Rosettenblätter zur Fruchtzeit abgestorben . . . . 1438b. *S. tridactylites* L.

35a Spreite der Grundblätter im Umriß kreisrund oder nierenförmig, an der Basis gestutzt oder herzförmig eingebuchtet; lang gestielt 36

35b Spreite der Grundblätter keilförmig in den Blattstiel verschmälert oder sitzend 40

36a Kronblätter grünlich, mit breitem Grund sitzend, etwa so lang wie die Kelchzipfel. Stengel niederliegend oder knickig aufsteigend. Ohne Brutzwiebeln . . 1452. *S. paradoxa* STERNB.

36b Kronblätter weiß, in den Grund verschmälert, 2- oder mehrmals so lang wie die Kelchzipfel; selten gelblichweiß, dann aber Pflanze mit Brutzwiebeln. Stengel aufrecht 37

37a Pflanze ohne Brutzwiebeln. Kronblätter weiß, gewöhnlich rot und gelb punktiert. Blütenstand rispig. Fruchtknoten fast oberständig . . . . 1435. *S. rotundifolia* L.

37b Mit Brutzwiebeln in den Achseln der Grund- oder Stengelblätter. Kronblätter weiß, nicht punktiert 38

38a Stengel gewöhnlich einblütig. Fruchtknoten fast ganz oberständig. Sehr seltene Alpenpflanze. . . . . 1439. *S. cernua* L.

38b Stengel mehrblütig. Fruchtknoten fast unterständig 39

39a Grund- und Stengelblätter mit Brutzwiebeln. Stengel viel- (10- bis 16-)blätterig. Niederösterreich, Südtirol, Wallis . . . . 1440. *S. bulbifera* L.

39b Stengelblätter ohne Brutzwiebeln. Stengel armblätterig . . . . . 1441. *S. granulata* L.

40a Laubblätter mit knorpeliger Randleiste, linealisch bis pfriemlich, grannig bespitzt, unter der Spitze mit einer punktförmigen Vertiefung. Südöstliche Kalkalpen 1451. *S. tenella* WULF.

40b Laubblätter ohne Knorpelrand 41

41a Kronblätter weiß, breiter als die Kelchzipfel und meist 2- oder mehrmals so lang wie diese . 42

41b Kronblätter grünlich oder gelblich, ausnahmsweise trüb rot, oft schmäler als die Kelchzipfel und wenn breiter, dann höchstens doppelt so lang wie diese 48

42a Kelchzipfel linealisch, 4- bis 5mal so lang wie breit. Kronblätter groß (etwa 1 bis 1½ cm lang), keilig benagelt. Angeblich im Wallis; sehr zweifelhaft . . . . *S. pedemontana* ALL. (S. 139)

42b Kelchzipfel eiförmig oder dreieckig, bis etwa 2mal so lang wie breit 43

43a Grundblätter ungeteilt, ganzrandig oder am Vorderrand kurz dreizähnig 44

43 b Grundblätter 3- bis 9-spaltig 45

44 a Rosettenblätter beiderseits dicht mit sehr kurzen (4- bis 5-zelligen) Haaren besetzt. Stengel 1- bis 11-blütig. Südtiroler Dolomiten . . . . 1445 a. *S. depressa* STERNB.

44 b Rosettenblätter namentlich am Rand mit langen, bandförmigen Drüsenhaaren. Stengel 1- bis 3- (selten bis 5-)blütig . . . . 1445 b. *S. androsacea* L.

45 a Grundblätter dicht drüsig, klebrig, harzig duftend. Kronblätter 3–6 mm lang. Westliche Zentralalpen . . . . 1443. *S. exarata* VILL.

45 b Grundblätter ohne oder mit spärlichen, bald verschwindenden Drüsenhaaren. Im Alpengebiet fehlende Arten 46

46 a Blüten im Knospenzustand aufrecht. Blattzipfel stumpf, spitz oder (subsp. *sponhemica*) kurz grannig bespitzt. Die nichtblühenden Sprosse ohne schlafende Achselknospen. West- und Mitteldeutschland, Böhmen . . . . 1442. *S. rosacea* MOENCH

46 b Blüten im Knospenzustand nickend, Blattzipfel stets grannenspitzig. Laubblätter der sterilen Sprosse häufig mit Achselknospen 47

47 a Achselknospen fehlend oder ziemlich krautig; ihre Knospenschuppen mit schmalem, trockenhäutigen Saum. Vogesen . . . . *S. hypnoides* L. (S. 139)

47 b Achselknospen stets vorhanden, sehr starr, spitz und silberglänzend. Knospenschuppen bis auf die kräftige Mittelrippe trockenhäutig *S. continentalis* (ENGL. & IRMSCHER) WEBB (S. 140)

48 a Stengel dicht und abstehend spinnwebig-wollig behaart. Die unteren und mittleren Laubblätter etwa 1–1½ cm breit. Judikarien . . . . 1436. *S. arachnoidea* STERNB.

48 b Stengel nicht wollig behaart. Laubblätter viel schmäler 49

49 a Laubblätter mit hyaliner Stachelspitze; lanzettlich bis schmal spatelig, ganzrandig. Kronblätter schmäler als die Kelchzipfel und etwa so lang bis eineinhalbmal so lang wie diese. Östliche Kalkalpen . . . . 1448. *S. sedoides* L.

49 b Laubblätter ohne Stachelspitze 50

50 a Kronblätter lanzettlich oder eiförmig, spitz, viel schmäler als die Kelchzipfel. Laubblätter keilförmig, meist 3-zähnig. Östliche Kalkalpen . . . . . . 1447. *S. aphylla* STERNB.

50 b Kronblätter stumpf oder ausgerandet 51

51 a Grundblätter alle oder doch zum Teil gezähnt oder eingeschnitten 52

51 b Alle Blätter ganzrandig 53

52 a Kronblätter breiter als die Kelchzipfel, länglich verkehrt eiförmig, weiß, selten blaß gelblich oder purpurn. Grundblätter 3- bis 5- (bis 7-)spaltig, sehr selten teilweise ungeteilt. Blattnerven oft stark hervortretend. Auf kalkarmer Unterlage . . . . . . 1443. *S. exarata* VILL.

52 b Kronblätter meist schmäler als die Kelchzipfel, eiförmig, länglich elliptisch oder fast linealisch. Laubblätter häufig teilweise ungeteilt, selten mehr als 3-spaltig, die Nerven (im Leben!) meist nicht oder nicht deutlich hervortretend oder doch nicht in die Blattzipfel reichend. Auf Kalk und Dolomit . . . . 1444. *S. moschata* WULF.

53 a Die abgestorbenen Laubblätter dunkelbraun. Kronblätter vorn abgerundet, niemals ausgerandet 54

53 b Die abgestorbenen Laubblätter silbergrau ausbleichend. Kronblätter vorn gestutzt oder ausgerandet 55

54 a Laubblätter linealisch oder lineal-lanzettlich, selten über 1 cm lang 1444. *S. moschata* WULF.

54 b Laubblätter lanzettlich spatelig, 0,6–3,5 cm lang . . . . . . 1446. *S. Seguieri* SPRENG.

55a Kronblätter so lang und breit wie die Kelchzipfel oder nur wenig länger als diese. Südtiroler Dolomiten . . . . 1450. *S. Facchinii* KOCH

55b Kronblätter (1½- bis) 2mal so lang wie die Kelchzipfel 56

56a Kronblätter schmal keilförmig bis fast linealisch, breit und tief ausgerandet, dadurch fast zweispitzig, mit einem kleinen Zahn in der Ausrandung. Bergamasker Alpen . . . . . .
. . . . 1449a. *S. presolanensis* ENGL.

56b Kronblätter breit verkehrteiförmig, vorn gestutzt oder leicht ausgerandet (ohne Zahn in der Ausrandung), doppelt so breit wie die Kelchzipfel . . . . 1449b. *S. muscoides* ALL.

1414. Saxifraga hieraciifolia[1]) WALDST. & KIT., Pl. rar. hung. 1, 17, t. 18 (1802). Syn. *Hermesia spicata* HOPPE (1800) nec *Sax. spicata* D. DON. *Micranthes hieraciifolia* (WALDST. & KIT.) HAW. (1821). Habichtskrautblätteriger Steinbrech. Fig. 111 a–d.

Ausdauernd, ohne sterile Seitensprosse, mit kräftiger, aufsteigender, rosettig beblätterter Grundachse. Rosettenblätter eiförmig bis schmal verkehrt eiförmig, spitz, fast ganzrandig oder entfernt sägezähnig, allmählich in den geflügelten Stiel verschmälert, dicklich fleischig, bis auf die Mittelrippe ohne deutlich erkennbare Nerven, oberseits kahl, am Rand und oft auch unterseits mehr oder weniger lang wollhaarig; Blattspreite 2–7 cm lang und 1–4 mm breit, der Stiel ebenso lang oder kürzer. Blütenstand eine scheinährig zusammengezogene Rispe mit gestauchten, kopfigen Seitenästen; schaftartig gestielt, im Ganzen (5–) 10–50 cm hoch, bis auf die Tragblätter blattlos, dicht und lang drüsig behaart. Blütenstiele fast fehlend bis höchstens so lang wie die Blüte, dicht wollig. Kelchzipfel 5, dreieckig oder eiförmig, stumpflich, bald nach der Blüte zurückgeschlagen, 1,3–3 mm lang. Kronblätter 5, verkehrteiförmig, etwa so lang wie die Kelchzipfel, grünlich oder trüb purpurn. Staubblätter 10, ihre Filamente pfriemlich oder linealisch und etwa so lang wie der Kelch. Fruchtknoten oberständig, nur ganz am Grunde kurz mit der Blütenröhre verbunden, rundlich, breiter als lang, mit 2 (in der Gipfelblüte bisweilen 3) sehr kurzen, spreizenden Stylodien. Reife Kapsel 3,5–5 mm lang. Samen länglich, 1–1,3 mm lang, braun, undeutlich papillös bis fast glatt. – Chromosomenzahl: 2n = 55–60, ca. 80, ca. 110, 112 und 120. – VII, VIII.

Fig. 111. *Saxifraga hieraciifolia* WALDST. & KIT. *a, b* Habitus (½ natürl. Größe). *c* Kronblatt. *d* Blüte (vergrößert). – *Saxifraga cuneifolia* L. *e, f* Habitus mit Blüten und Frucht. *g* Frucht (stark vergrößert).

---

[1]) Die Blätter erinnern an die einiger Habichtskraut-(*Hieracium*-)Arten.

Vorkommen. „Feuchte Gesteinsfluren und Felsen in der alpinen Stufe und Krummholzstufe; sehr zerstreut und selten; kalkfliehend." (JANCHEN, Cat. Fl. Austr. 1957.)

Allgemeine Verbreitung. Arktisches und subarktisches Europa, Nordasien und Amerika (nach Süden bis in den Yellowstone Park), sowie Ostgrönland, Spitzbergen und Nowaja Semlja; außerdem als Glazialrelikt in der Auvergne, den Ostalpen und den Karpaten.

Verbreitung im Gebiet: Nur in Österreich in Salzburg (Lungau), Kärnten (nach JANCHEN) und in der Steiermark (Lantscher Alpe, 1800–2400 m, Stangalpenzug auf dem Eisenhut[1]), Nordseite des Hochwart um 1700 m, Putzentalerseen bei Schladming, Hoch Reichardt, Westgrat des Waldhorns, am Hochschwung auf Schiefer, 1900–2300 m). An mehreren der genannten Fundorte ist die Pflanze in den letzten Jahrzehnten verschwunden.

Saxifraga hieraciifolia ist ein bezeichnendes de-arktisch-alpines Glazialrelikt, das sein Areal während der Eiszeit in mehreren Zungen nach Süden vorgeschoben hat. Daraus erklärt sich die weite Disjunktion zwischen den Vorkommen in der Auvergne (Pas-de-Roland[1]), Roche-Taillarde, Peyre-Arse) und dem ostalpin-karpatischen Teilareal.

Blütenverhältnisse. Die Blüten sind geruchlos, proterogyn-homogam (nach anderen Autoren proterogyn oder proterandrisch) und werden von Fliegen bestäubt, doch ist, wie bei vielen arktischen Pflanzen, auch Selbstbestäubung möglich.

1415. Saxifraga nivalis L. Spec. plant. 401 (1753). Syn. *Dermasea nivalis* (L.) HAW. (1821). *Robertsonia nivalis* (L.) LINK (1831). *Micranthes nivalis* (L.) SMALL (1905). Schnee-Steinbrech. Engl.: Alpine Saxifrage. Taf. 143, Fig. 6; Fig. 112.

Ausdauernd, mit einfacher oder kurzästiger, rosettig beblätterter Grundachse. Rosettenblätter rundlich bis länglich eiförmig, verkehrteiförmig oder mehr oder weniger rautenförmig, am Rand gekerbt oder gesägt, keilförmig in den Stiel verschmälert, dicklich fleischig, anfangs zerstreut behaart, später oberseits kahl, am Rand mehr oder weniger drüsig behaart, unterseits meist purpurn überlaufen; Blattspreite 1–4 cm lang und 0,6 bis fast 4 cm breit, der Stiel länger als die Spreite, kürzer oder fast fehlend. Blütenstand eine kurz scheinährige oder fast kopfig gedrängte Rispe mit gestauchten Seitenästen und kurzgestielten oder sitzenden Blüten (= var. *nivalis*), seltener ein mehr oder weniger tief gegabelter Ebenstrauß mit verlängerten Ästen und deutlich gestielten Blüten (= var. *tenuis*); schaftartig gestielt, im ganzen 5–20 cm hoch, bis auf die Tragblätter blattlos, kurz kraushaarig und besonders oberwärts drüsig. Kelchzipfel 5, dreieckigeiförmig, aufrecht oder zurückgeschlagen, 1,5–2 mm lang, oft gerötet. Kronblätter 5, breit verkehrt eiförmig, 2,5–3 mm lang, grünlichweiß, ohne Punktzeichnung, außen meist rot überlaufen. Staubblätter 10, ihre Filamente an der Spitze verbreitert oder fadenförmig, ein wenig kürzer als die Kronblätter. Fruchtknoten oberständig, nur im unteren Drittel mit der Blütenröhre verwachsen, breit, eiförmig; die 2, seltener 3 Fruchtblätter nur ganz am Grund miteinander verwachsen, die kurzen Stylodien in der Blüte fast aufrecht, später spreizend. Reife Kapsel 3–4 mm lang, oft dunkelrot. Samen länglich, 0,7 mm lang, dunkelbraun, rauhhöckerig, aber stachellos. – Chromosomenzahl: var. *nivalis* $2n = 60$; var. *tenuis* $2n = 20$. – VII, VIII.

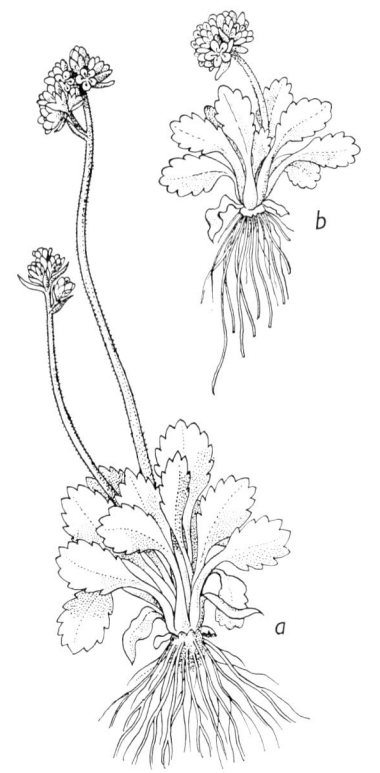

Fig. 112. *Saxifraga nivalis* L. *a* eine Pflanze aus dem Riesengebirge. *b* aus Spitzbergen (nach ENGLER).

---

[1]) An diesen Fundorten neuerdings (1956 bzw. 1951) nach H. P. FUCHS und REICHSTEIN nicht mehr vorhanden.

Vorkommen. Im Gebiet nur an feuchten, schwer zugänglichen Basaltfelsen der Kleinen Schneegrube in den Sudeten.

Allgemeine Verbreitung. Arktisches und subarktisches Europa, Nordasien und Nordamerika (hier noch bei 81° 43' nördl. Breite), Grönland, Spitzbergen, Franz-Josefs-Land, Island und die Färöer, außerdem auf den Britischen Inseln im nordwestlichen Irland, im Norden von Wales und in Schottland, sowie in den Sudeten.

Ändert ab: Neben der typischen, polyploiden Pflanze, var. *nivalis* (L.), Syn. *S. nivalis* L. subsp. *eu-nivalis* BRAUN-BL. (1923), die durch gedrängte Inflorescenzen ausgezeichnet ist, kann die diploide var. *tenuis* WAHLENB. (1812) mit langgestielten Teilblütenständen unterschieden werden. Die Belege aus den Sudeten gehören überwiegend zur var. *nivalis*, doch scheint dort gelegentlich auch var. *tenuis* vorzukommen.

Saxifraga nivalis gehört neben *Rubus Chamaemorus* L. und *Pedicularis sudetica* WILLD. zu den arktischen Arten, die im Diluvium die Alpen nicht erreicht haben und in Mitteleuropa in den Sudeten ihren südlichsten Vorposten besitzen.

Die Blattrosette überwintert unter der Schneedecke in frischgrünem Zustand. Die nächstjährigen Blüten sind bereits im Spätsommer weitgehend vorbereitet; sie entfalten sich gleich nach der Schneeschmelze. Aus den Achseln der Rosettenblätter entspringen nicht selten zusätzliche Blütenstände.

Blütenverhältnisse. Die wohlriechenden Blüten sind gewöhnlich schwach proterogyn und werden von Dipteren bestäubt, doch kommt auch Selbstbestäubung vor.

1416. Saxifraga stellaris L. Spec. plant. 400 (1753). Syn. *Hydatica stellaris* (L.) S. F. GRAY (1821). *Spatularia stellaris* (L.) HAW. (1821). *Robertsonia stellaris* (L.) LINK (1831). Sternblütiger Steinbrech. Taf. 142, Fig. 7 und Fig. 109, 113 und 114.

Ausdauernd, mit einfacher oder seltener ästiger, rosettig oder locker beblätterter Grundachse und öfters mit kurzen, in einer Rosette endenden Ausläufern. Grundblätter verkehrteiförmig bis spatel- oder keilförmig, grob gesägt oder gezähnt, ganz allmählich in den Stiel verschmälert, leicht fleischig, glänzend, oberseits oder nur am Rand drüsig behaart, im Ganzen 1–5 cm lang und ½–2 cm breit. Blütenstand eine oft ebensträußige Rispe, endständig oder häufig mit einigen zusätzlichen Infloreszenzen aus den Achseln der oberen Laubblätter, 2–30 cm hoch, schaftartig gestielt und gewöhnlich bis auf die Tragblätter blattlos, zerstreut drüsenhaarig oder verkahlend, Blüten oder Brutknospen tragend. Blütenstiele gut entwickelt, im Fruchtzustand so lang wie die Kapsel oder mehrmals länger. Kelchblätter 5 (–8), länglich lanzettlich, stumpf oder spitzlich, zurückgeschlagen, 1½–5 mm lang. Kronblätter 5 (–8), lanzettlich, spitz, am Grund kurz benagelt, 2½–8 mm lang, in den aufrechten Blüten alle gleich groß, in den geneigten die beiden nach außen ragenden größer als die anderen; weiß mit 2 gelben Punkten. Staubblätter 10, mit pfriemlichen Filamenten, etwa halb so lang wie die Kronblätter. Fruchtknoten oberständig, die Fruchtblätter etwa bis zur Hälfte miteinander verwachsen, mit 2 sehr kurzen, aufrechten Stylodien. Reife Kapsel rundlich eiförmig, bauchig aufgeblasen, etwa 3–8 mm lang. Samen spindelförmig leicht gekrümmt, ½ mm lang, braun, mit feinen Stachelwarzen in Längsreihen. – Chromosomenzahl: subsp. *alpigena*, *prolifera* und *stellaris* 2n = 28; subsp. *comosa* 2n = 56. – VI bis VIII.

Allgemeine Verbreitung. In Europa auf den Gebirgen weit verbreitet und von Skandinavien südwärts bis Portugal (Sierra d'Estrela), Spanien (Sierra Nevada), Korsika, Mazedonien und Bulgarien vordringend. Außerdem im arktischen Rußland, Sibirien und Nordamerika, sowie in Grönland, Spitzbergen und Island (Karte bei E. TEMESY).

Nach E. TEMESY (1957) zerfällt die Gesamtart in 4 Rassen, die zum Teil getrennte Areale einnehmen. In Mitteleuropa sind davon nur die subsp. *alpigena* und subsp. *prolifera* beheimatet.

Subsp. **alp'gena** TEMESY in Phyton **7**, 85 (1957). Syn. *S. Clusii* KOCH (1838) non GOUAN. *S. Engleri* DALLA TORRE (1882). *S. subalpina* DALLA TORRE (1891). *S. pegaia* (BECK) DALLA TORRE (1899). *S. robusta* DALLA TORRE (1899). *S. stellaris* L. subsp. *genuina* BRAUN-BL. (1922) pro pte. Taf. 142, Fig. 6; Fig. 113.

Pflanze spärlich behaart oder fast kahl, mit den Blütenständen (3-) 8–18 (–30) cm hoch. Blütenstand rispig oder mehr oder weniger ebensträußig, mit wenig- bis vielblütigen Ästen. Brutknospen fehlen. Fruchtstiele meist doppelt bis mehr als dreimal so lang wie die Kapsel. Kelchblätter 1½–3 mm lang. Kronblätter 2½–6½ mm lang und 1–2 mm breit. – Chromosomenzahl: 2 n = 28.

Vorkommen: In Quellfluren, an Bachufern, in Sümpfen, an überrieselten Felsen und Schutthängen, in Grünerlen-Gebüschen zwischen 1200 und 3000 m verbreitet, in Bayern bis 2460 m, in Österreich (Venediger-Gebiet) bis über 2800 m, in der Sierra Nevada bis 3300 m ansteigend. Vielfach auch herabgeschwemmt, z. B. an der Aare bei Wildegg. und bei Grono im Misox um 300 m, bisweilen noch tiefer Bodenvag (auf Sand, Schlamm, Lehm oder Torf), gern mit *Bryum Schleicheri*. Montio-Cardaminetalia-Ordnungscharakterart.

Allgemeine Verbreitung. Gebirge der Iberischen Halbinsel, Pyrenäen, Korsika, französische Mittelgebirge, Vogesen, Schwarzwald, Alpen, nördliche Apeninnen, Gebirge der Balkanhalbinsel bis in die Waldkarpaten. Fehlt im Jura, den westlichen und mittleren Karpaten sowie den deutschen Mittelgebirgen (E. TEMESY).

Verbreitung im Gebiet. Im Alpengebiet weit verbreitet. Außerdem im Schwarzwald zwischen 630 und 1400 m (Hornisgrinde, Belchen, Feldberg, Hofsgrund, Triberg, Schapbach, Kniebis, Elbachsee, Rippoldsauer Wasserfall) und in den Vogesen (Sulzer Belchen, Hochfeld, Hohneck, Diedoldshausen).

Ändert ab. 1. var. *alpigena* (TEMESY). Pflanze behaart oder kahl, mit verkehrteiförmigen, lanzettlichen, länglich-lanzettlichen, länglich-elliptischen oder rautenförmigen, keilig in den Stiel verschmälerten Blättern, vorne mehr oder weniger seicht gesägt-gezähnt. – So weit verbreitet und in den Alpen dominierend.

2. var. *hispidula* (ROCHEL) TEMESY (1957). Pflanze stets mehr oder weniger behaart, mit länglich verkehrteiförmigen, gegen die Spitze tief gesägt-gezähnten Blättern. – So im ganzen Areal der var. *alpigena*, aber im Alpengebiet nur vereinzelt. Häufig in den Ostkarpaten.

Fig. 113. *Saxifraga stellaris* L. subsp. *alpigena* TEMESY. Am Katschbergpaß (Aufn. Th. ARZT).

3. var. *angustifolia* (WILLK.) TEMESY (1957). Pflanze immer kahl, sehr zart, mit lanzettlichen bis verkehrteiförmig lanzettlichen, in ihrer Form wenig variierenden Blättern. – Sehr vereinzelt im Areal der var. *alpigena*, häufiger in den Pyrenäen und auf der Iberischen Halbinsel und hier stellenweise allein vorkommend.

4. var. *obovata* (ENGL.) TEMESY (1957). Pflanze immer kahl, etwas kräftiger als bei voriger Varietät, mit breit verkehrteiförmigen, keilig verschmälerten, entfernt gezähnten, wenig veränderlichen Blättern. – Sehr zerstreut im Areal der var. *alpigena*; in Korsika die allein vorkommende Varietät.

Subsp. **prolifera** (STERNB.) TEMESY in Phyton 7, 103 (1957). Syn. *S. stellaris* L. subsp. *comosa* (RETZ.) BRAUN-BL. var. *prolifera* STERNB. emend. BRAUN-BL. (1922).

Blätter oberseits und am Rande behaart. Pflanze mit den Blütenständen (6-) 8–20 (–36) cm hoch. Blütenstände (mit Schaft) etwa doppelt bis 3½mal so lang wie die Blätter, rispig verzweigt, mit Achsen bis 4. Ordnung, außer Blüten auch Brutknospen tragend. Kelch und Krone wie bei subsp. *alpigena*, wie diese mit fertilem Pollen und oft mit Samen. – Chromosomenzahl: 2 n = 28.

Vorkommen. Wie bei subsp. *alpigena*, aber nicht so hoch ansteigend wie diese (höchster Fundort am Zirbitzkogel bei 2350 m) und im Gegensatz dazu bisher nur auf Silikat-Unterlage.

Allgemeine Verbreitung und Verbreitung im Gebiet. Endemisch in den Ostalpen in der Steiermark und in Kärnten, überwiegend außerhalb des Bereichs der eiszeitlichen Vergletscherung. In den Niederen Tauern auf der Davidsalm bei Tweng, in den Norischen Alpen auf der Turracher Höhe, den Gurktaler und Seetaler Alpen, auf dem

Zirbitzkogel und der Koralpe, in den Cetischen Alpen auf der Gleinalpe und Stubalpe (Aufzählung aller bekannten Fundorte bei E. TEMESY). Intermediäre Formen zwischen subsp. *prolifera* und subsp. *alpigena* kommen gelegentlich vor (Niedere Tauern, Norische Alpen).

Diese Rasse wurde lange Zeit mit der arktischen subsp. *comosa* verwechselt, ist aber nicht näher damit verwandt; vielmehr scheint sie, wie TEMESY vermutet, während der Eiszeit, durch die ihr Areal wenig betroffen wurde, aus der subsp. *alpigena* hervorgegangen zu sein. Die Ausbildung von Brutknospen war vielleicht – nach SCHARFETTER – eine Antwort der Pflanze auf den Rückgang der bestäubenden Insekten.

Die nicht im Gebiet vertretenen Unterarten sind: Subsp. **stellaris** (L.). Fig. 114. Pflanze mehr oder weniger dicht behaart, mit den Blütenständen (2–)4–10 (–18) cm hoch. Blütenstand armblütig. Brutknospen fehlen. Fruchtstiele meist so lang bis doppelt so lang wie die Kapsel. Kelchblätter 3–5 mm lang. Kronblätter 4–8 mm und 2–3 mm breit. Chromosomenzahl wie bei den Mitteleuropäischen Sippen. – So im westlichen und nördlichen Skandinavien, auf den Britischen Inseln (hier auch zur subsp. *alpigena* neigende Zwischenformen), auf den Färöer, Island und im südlichen Grönland. Selten im arktischen Sibirien und in Alaska, im übrigen Amerika fast fehlend.

Subsp. **comosa** (RETZ.) BRAUN-BL. (1923) emend. TEMESY (1957). Syn. *S. stellaris* L. var. *comosa* RETZ. (1779). *S. foliosa* R. BR. (1821). Blätter meist nur am Rande bewimpert. Pflanze mit den Blütenständen (2,5–) 4–20 (–27) cm hoch. Blütenstände (mit Schaft) meist 5- bis über 8-mal länger als die Blätter, rispig, wenig verzweigt, mit Achsen höchstens 2. Ordnung, Blüten und Brutknospen oder nur Brutknospen tragend. Kelchzipfel 1–2 mm lang, Kronblätter 3½–7 mm lang und 1½–2½ mm breit, am Grund geöhrt oder herzförmig eingebuchtet. Fertiler Pollen und reife Samen werden nur selten ausgebildet. – Chromosomenzahl: 2n = 56. – Diese tetraploide Rasse ist in Nordskandinavien, auf Nowaja Semlja, im arktischen Sibirien und Nordamerika, in Grönland (hier noch bei 83° 6′ nördl. Breite) und in Spitzbergen verbreitet. – Verschiedene Autoren betrachten diese Sippe als selbständige Art, aber nach E. TEMESY ist dies nicht gerechtfertigt. Zur Trennung wird neben dem verdoppelten Chromosomensatz von subsp. *comosa* der Besitz unitegmischer Samenanlagen herangezogen, doch sind die Samenanlagen der beiden alpinen Rassen auch nur mit einem Integument versehen.

Begleitpflanzen. *S. stellaris* subsp. *alpigena* wächst in ihrem eigentlichen Wohnbezirk, der subalpinen und alpinen Stufe, gern in der Gesellschaft von *Montia rivularis* C. C. GMEL. und *Cardamine amara* L. Weitere Begleitpflanzen sind: *Stellaria Alsine* GRIMM, *Epilobium alsinifolium* VILL., *E. nutans* SCHMIDT, *E. palustre* L., *Caltha palustris* L., *Deschampsia caespitosa* (L.) P. B., *Bryum Schleicheri* SCHWAEGR., *Philonotis fontana* (L.) BRID. und *Ph. seriata* (MITT.) LINDB., *Cratoneurum commutatum* (HEDW.) ROTH usw.

Blütenverhältnisse. Die Blüten sind – bei den alpinen wie bei den arktischen Rassen – ausgesprochen proterandrisch. Die Antheren stäuben zyklisch, eine nach der andern, wodurch die Blühdauer verlängert wird. In großen Höhen und im hohen Norden kommt auch Homogamie und Autogamie vor.

Parasiten. *Saxifraga stellaris* wird von einem parasitischen Pilz, *Synchytrium Saxifragae* RYTZ, befallen.

Fig. 114. *Saxifraga stellaris* L. subsp. *stellaris*. Bei Pallentjåkko, Lappland (Aufn. P. MICHAELIS).

1417. Saxifraga Hirculus[1]) L., Spec. plant. 402 (1753). Syn. *Hirculus ranunculoides* HAW. (1821). *Kingstonia guttata* S. F. GRAY (1821). *Leptasea Hirculus* (L.) SMALL (1905) Moor-Steinbrech, Bocks-Steinbrech. Engl.: Yellow Marsh Saxifrage. Franz.: Saxifrage jeune, Oeil de bouc. Taf. 143, Fig. 2 und Fig. 115.

Ausdauernd, mit aufrechten, 10–40 cm hohem blühenden Stengel und kurzen, beblätterten Ausläufern aus den Achseln der Grundblätter. Grundblätter lanzettlich bis ei-lanzettlich, stumpf, ganzrandig, allmählich in den Stiel verschmälert, kahl oder fast kahl; die Spreite 1–3 cm lang und

---

[1]) Verkleinerungsform von lat. hircus = Bock; bezieht sich auf den leichten Bocksgeruch der Pflanze.

3–5 mm breit, der Stiel so lang bis doppelt so lang wie die Spreite, am Grund von langen, braunroten Haaren zottig. Stengelblätter zahlreich, lanzettlich bis linealisch, 1–2 cm lang und 1–3 mm breit, kurz gestielt bis sitzend. Blüten einzeln endständig oder zu 2–5 in einer Scheindolde. Blütenstiele dicht und lang kraushaarig. Kelchblätter 5, länglich, stumpf, in der Blüte ausgebreitet, später zurückgeschlagen, 2½–5 mm lang. Kronblätter 5, länglich verkehrt eiförmig, am Grund mit 2 kegelförmigen, kallösen Höckern, rund 3mal so lang wie die Kelchblätter, gelb, am Grund mit roten Flecken. Staubblätter 10, mit pfriemlichen Filamenten etwa halb so lang wie die Kronblätter. Fruchtknoten oberständig, länglich eiförmig, mit kurzen, spreizenden Stylodien. Reife Kapsel 1 cm lang und 5–6 mm breit. Samen länglich eiförmig, 1–1,2 mm lang, glatt und glänzend. – Chromosomenzahl: 2n = 32. – VII bis IX.

Vorkommen. In Torfsümpfen und Zwischenmooren, auf schlammigen Schwingrasen, in Sphagnumpolstern. Durch Trockenlegung der Moore vielfach am Verschwinden und mancherorts ausgerottet. – In Oberschwaben Charakterart des Caricetum lasiocarpae (Caricion lasiocarpae), doch auch in Quellfluren.

Allgemeine Verbreitung. Arktisches und subarktisches Europa, Sibirien und Nordamerika, südwärts bis Irland und England, den Französischen und Schweizer Jura, das nördliche Alpenvorland, Oberschlesien, Galizien, Karpaten, angeblich auch in Piemont (Alpe Alagna); außerdem im Kaukasus und den zentralasiatischen Hochgebirgen bis in den Himalaja (hier sehr formenreich und in stark abweichenden Rassen), Westchina und in Nordamerika in Colorado.

Fig. 115. *Saxifraga Hirculus* L. Bei Ohlstadt in Oberbayern (Aufn. G. HEGI und M. LUTZ).

Verbreitung im Gebiet. In Deutschland in der Norddeutschen Tiefebene ziemlich verbreitet und nicht gerade selten, scheint aber im nördlichsten Ostpreußen zu fehlen; um Hamburg früher bei Trittau und Elmshorn und Harburg (Daerstorfer Moor), bei Stade (Wiepenkathen), bei Lehe (Veermoor) usw., bei Lesum unweit Bremen (hier noch zu Anfang des 19. Jahrhunderts). In Mitteldeutschland größtenteils fehlend, so in Thüringen (nach HAMPE noch 1809 bei Zorge), in Oberschlesien wohl ausgerottet (ehedem bei Gnadenfels, Beneschau, Cziensokowitz bei Ratibor). Selten und zerstreut in den südbayerischen Mooren in der Umgebung von Augsburg, Sulzschneid bei Markt Oberdorf, Gennachhausen bei Kaufbeuren (neuerdings verschwunden), Bannwaldsee bei Füssen, Gaißach, Ellbach, Schönramer Filz, bei Eschenlohe, früher auch Rothenstein bei Memmingen, Deining und Haspelmoor; in Baden und Württemberg: Klosterwald bei Sigmaringen, Taubenried bei Pfullendorf, Leutkirch, Tannheim, Wurzach, Federsee, Immenried, Schweinebach, Buchau (Lkr. Riedlingen), Pfrungen, Dietmannsried (Lkr. Waldsee) und Neutrauchburg (Lkr. Wangen). – In Schlesien im Gebiet von Troppau, Unter Beneschau und Stablowitz. – In Österreich früher in dem Moor bei Ursprung unweit Salzburg (SAUTER), bei Mattsee (nach MIELICHHOFER). – In der Schweiz nach H. P. FUCHS durch die Trockenlegung der Moroe während des letzten Krieges wahrscheinlich ausgestorben. Ehedem als große Seltenheit bei Einsiedeln und auf dem Geißboden bei Zug (jetzt erloschen), ferner an mehreren Lokalitäten im westlichen Teil des Molasselandes: oberhalb Vevey (Waadt), Marais des Ponts, Semsales, Lac de Lussy (Freiburg) sowie auf den Jurassischen Mooren zwischen 800 und 1100 m: La Chaux d'Abelle, la Brévine, la Chatagne, les Ponts (1885), Vraconnaz (1020 m, sehr selten), Brassus, Pré de Gimel Marais de la Trèlasse usw.

Begleitpflanzen. Im Redigkainer Moor bei Allenstein in Ostpreußen wächst *Saxifraga Hirculus* zusammen mit *Carex heleonastes* EHRH., *C. chordorrhiza* EHRH., *Corallorhiza trifida* CHÂT., *Malaxis monophyllos* (L.) SW., *Empetrum nigrum* L., *Senecio rivularis* (WALDST. & KIT.) DC. und dem Moos *Meesia triquetra* (HOOK. et TAYL.) ÅNGST., an einem anderen ostpreußischen Fundort, dem Soltissek-Moor bei Grammen, Kr. Ortenburg, kommt die Pflanze in Gesellschaft von *Betula humilis* SCHRANK, *Salix myrtilloides* L., *Carex chordorrhiza* EHRH., *Stellaria crassifolia* EHRH., *Chamaedaphne calyculata* (L.) MOENCH und *Empetrum nigrum* L. vor (nach H. STEFFEN, 1931).

Blütenverhältnisse. Die auffallenden, gelben Blüten sind ausgesprochen proterandrisch und werden mit Vorliebe von Dipteren besucht.

1418. Saxifraga cuneifolia[1]) L., Spec. plant. ed. 2, 574 (1762). Syn. *Robertsonia cuneifolia* (L.) HAW. (1821). Keilblätteriger Steinbrech. Fig. 111e–g und 116.

Ausdauernd, locker rasenbildend, mit (häufig mehrmals) überwinternder Blattrosette (und dann meist 2 oder mehrere Rosetten etagenartig übereinanderstehend). Seitensprosse oberirdisch. Blühender Stengel aufrecht, 8 bis 25 cm hoch, blattlos, der Länge nach kurz drüsig behaart. Spreite der Laubblätter verkehrt eiförmig oder rundlich, keilförmig in den Stiel verschmälert, ½ bis 1½ cm lang, waagrecht abstehend, lederig, kahl, schmal knorpelig berandet, am Rand leicht gekerbt oder gesägt mit 2 bis 6 Zähnen auf jeder Seite oder fast ganzrandig, der Endzahn stumpfer als die seitlichen und häufig kürzer, ohne eingestochene Punkte; Blattstiel 1 bis 2 mm breit, flach, meist so lang bis doppelt so lang wie die Spreite, nur ganz am Grund gewimpert, sonst kahl. Blüten in lockerer, wenigästiger, oft ebensträußiger Rispe. Blütenstiele lang und dünn. Kelchblätter 5, länglich, während der Blüte zurückgeschlagen, 1½ bis fast 2 mm lang. Kronblätter 5, länglich elliptisch, stumpf, ausgebreitet, 2½ bis fast 4 mm lang, weiß, am Grund gelb (sehr selten rot) punktiert. Staubblätter 10, kürzer als die Kronblätter, mit spatelig gegen die Spitze verbreiterten Filamenten. Fruchtknoten oberständig. Kapsel eiförmig oder länglich eiförmig, 5 bis 6 mm lang, mit zurückgeschlagenen Kelchzipfeln und wenig spreizenden Stylodien. Samen ellipsoidisch, bis 1 mm lang, papillös, braun oder schwarz. – Chromosomenzahl: 2n = 28. – VI bis VIII.

Vorkommen. An schattigen, meist feuchten Felsen und steinigen Hängen im Alpengebiet; hauptsächlich in obermontanen Fichten-Tannen-Buchen-Mischwäldern und subalpinen Lärchen-Fichten-Wäldern; steigt im Tessin und den Waadtländer und Walliser Alpen bis 2200 m an und bis 240 m (Ponte Brolla und Castione im Tessin) herab. In den Westalpen wohl nur auf kalkarmen Silikatböden, aber zumindest in den Karawanken auch über reinem Kalk, wenn auch mit Humusauflage (MERXMÜLLER); in Fagion- und Galio-Abietion-Gesellschaften.

Allgemeine Verbreitung. Sierre Meirama in Nordwestspanien, Pyrenäen, Sevennen (Mont Lozère), Alpen, Apenninen, Slowenien und Kroatien; außerdem in den Ostkarpaten und in Siebenbürgen.

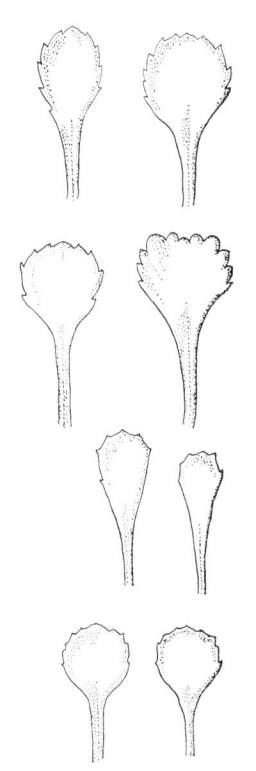

Fig. 116. *Saxifraga cuneifolia* L. Beispiele für die Variationsbreite der Rosettenblätter (nach ENGLER).

Verbreitung im Gebiet. Fehlt in Deutschland vollständig. – In Österreich besonders in den tiefen Lagen der Alpen von Kärnten, Steiermark; sehr selten in Nordtirol und Vorarlberg. – In der Schweiz nordwärts bis zur Linie Ragaz–Engelberg–Brünig–Freiburger Alpen. – Außerdem recht verbreitet in den Venetianischen Alpen und im Karst; scheint in den Bergamasker Alpen zu fehlen.

Saxifraga cuneifolia ist eine wenig veränderliche Art. Neben der im Gebiet ausschließlich vertretenen var. *cuneifolia* (L.) läßt sich var. *capillipes* RCHB. (1830–32) unterscheiden; viel zierlicher als die Nominatrasse, die Blätter zwei- bis dreimal kleiner und meist ganzrandig. So in den Seealpen und der Toskana.

Die Blüten sind proterandrisch; spontane Selbstbestäubung ist ausgeschlossen.

---

[1]) Lat. cuneus = Keil, und folium = Blatt.

1419a. Saxifraga aspera L., Spec. plant. 402 (1753), Syn. *S. aspera* L. subsp. *euaspera* ENGL. & IRMSCHER (1916). *S. aspera* L. subsp. *elongata* (GAUD.) BRAUN-BL. (1923). *Ciliaria aspera* HAW. (1821). Rauher Steinbrech. Taf. 142, Fig. 8.

Ausdauernd, lockere bis ziemlich dichte Rasen bildend. Die nichtblühenden Sprosse kriechend, mehr oder weniger entfernt und abstehend beblättert, meist mit blattachselständigen Sproßknospen; diese viel kürzer als ihr Tragblatt. Blühender Stengel aufrecht, (½–) 5 bis 20 cm hoch, vom Laubsproß meist nicht scharf abgehoben. Grundblätter lineal-lanzettlich, am Rand steif gewimpert (die Wimpern mehrzellreihig), sonst kahl, grannig bespitzt, vor der Spitze mit einer eingestochenen Vertiefung, aber keinen Kalk ausscheidend; ungestielt, glänzend gelblichgrün, ½ bis 1 cm lang und bis 1½ mm breit. Stengelblätter abstehend oder gelegentlich anliegend, gewöhnlich zahlreich, gerade, den Grundblättern ähnlich, die unteren Stengelblätter häufig größer als diese, bis 2 cm lang und 2½ mm breit, nach oben kleiner werdend. Blütenstand eine wenigblütige, lockere Rispe oder Traube, seltener auf eine Einzelblüte reduziert, die Blütenstiele länger als die Blüten. Kelchblätter 5, eiförmig, ungewimpert (nur bei var. *Hugueninii* mit Wimpern), stachelspitzig, sehr selten (var. *brevicaulis*) stumpflich, ausgebreitet, 1½ bis 2 mm lang. Kronblätter 5, länglich verkehrt-eiförmig, stumpf, am Grund kurz genagelt, 6 bis 8 mm lang, gelblichweiß, gegen den Grund kräftig gelb. Staubblätter kürzer als die Kronblätter, mit pfriemlichen Filamenten. Fruchtknoten oberständig, nur ganz am Grund mit der sehr kurzen Blütenröhre verwachsen. Kapsel eiförmig, 4 bis 6 mm lang, mit spreizenden Stylodien und abstehenden Kelchzipfeln. Samen länglich eiförmig, schief abgeschnitten, 0,5 bis 0,6 mm lang, fein warzig-stachelig, dunkelbraun. – Chromosomenzahl: $2n = 26$. – VII, VIII.

Vorkommen. An Felsen, im Ruhschutt, auch an Bachufern, Mauern und in Moospolstern der Nadelwaldstufe und der subalpinen Region zwischen 1600 und 2200 m, selten (in feuchten Schluchten im Maggiatal im Tessin) auf 400 m herabsteigend, ausnahmsweise (am Gornergrat im Wallis) noch bei 2800 m. Nur auf kalkarmer Unterlage, vor allem in Androsacetalia alpinae-Gesellschaften, auch im Festucetum variae und anderen steinigen Silikat-Magerrasen.

Allgemeine Verbreitung. Ost- und Zentralpyrenäen, Alpen, Apuanische Alpen und Toskanischer Apennin.

Verbreitung im Gebiet. Fehlt in Deutschland vollständig. – In Österreich in den Zentralalpen zerstreut, in Tirol und den Hohen Tauern ziemlich häufig, sehr selten in den Eisenerzer Alpen (Zeiritzkampel) sowie in den Gailtaler Alpen. Fehlt in Ober- und Niederösterreich. – In der Schweiz gelegentlich in den nördlichen Kalkalpen (Nordseite des Churfirsten, Glarner Alpen, hier recht häufig), weiter verbreitet in den Zentralalpen von Graubünden, Tessin, Uri und Wallis, in den Waadtländer und Freiburger Alpen fehlend. – In Südtirol im Ortler- und Adamellogebiet verbreitet, hin und wieder in der Brenta und den Dolomiten (Schlern, Rollepaß u. a.).

Saxifraga aspera ist etwas veränderlich und soll nach Angaben der älteren Autoren mit der folgenden Art durch Zwischenformen verbunden sein. Das gilt namentlich für *S. intermedia* HEGETSCHW. in SUTER (1822), die durch meist einblütige Infloreszenzen und die anliegenden Stengelblätter an *S. bryoides* erinnert, aber wohl richtiger nach dem Vorschlag ENGLERS als Form von *S. aspera* aufgefaßt wird. Man kann sie als var. *intermedia* (HEGETSCHW.) GAUD. (1828) der gewöhnlichen, durch 3- bis 10-blütige Infloreszenzen und meist abstehende Stengelblätter ausgezeichneten var. *aspera* (L.) gegenüberstellen.

Wichtigere Abweichungen sind:

1. var. *brevicaulis* ENGL. & IRMSCHER (1919). Blühender Stengel viel niedriger als bei der normalen Pflanze, ½ bis 4 cm hoch, nur unterwärts beblättert. Kelchblätter stumpflich, ungewimpert. – So in Graubünden (Adula-Alpen): Thäli-Alp, Sagenser, Ranasca- und Brigleser Alp bei 2100 m, Stellerberg bei Avers um 2600 m.

2. var. *Hugueninii* (BRÜGGER) ENGL. & IRMSCHER (1919). Blühender Stengel sehr kurz oder fast fehlend. Kelchblätter steif gewimpert, spitz. Kronblätter etwa doppelt so groß wie bei var. *aspera*, sich mit den Rändern berührend. – In Graubünden (Adula-Alpen): hinteres Calancatal und Rheinwaldtal.

Begleitpflanzen. Auf Silikatschutt wird die Pflanze öfters mit *Minuartia laricifolia* (L.) SCHINZ & THELL., *Sempervivum arachnoideum* L., *Silene rupestris* L., *Astrantia minor* L., *Alchemilla saxatilis* BUSER sowie den Moosen *Rhacomitrium canescens* (TIMM ap. HEDW.) BRID. und *Syntrichia ruralis* (L.) BRID. angetroffen.

1419b. Saxifraga bryoides L., Spec. plant. 400 (1753). Syn. *S. aspera* L. var. *bryoides* (L.) DC. (1805). *S. aspera* L. subsp. *bryoides* (L.) ENGL. & IRMSCHER (1916). *Ciliaria bryoides* (L.) HAW. (1821). Moos-Steinbrech. Taf. 142, Fig. 9; Fig. 117 und 118.

Ausdauernd, dichte, große Flachpolster bildend. Nichtblühende Sprosse kurz, kriechend, sehr dicht beblättert, mit blattachselständigen Sproßknospen; diese fast so lang wie ihr Tragblatt. Blühender Stengel aufrecht, 1½ bis 6 cm hoch, scharf vom Laubsproß abgesetzt. Grundblätter

Fig. 117. *Saxifraga bryoides* L. Hohe Tauern, Sonnblick-Gebiet (Aufn. P. MICHAELIS).

Fig. 118. *Saxifraga bryoides* L. Aineck am Katschbergpaß (Aufn. Th. ARZT).

lineal-lanzettlich, am Rand steif gewimpert, sonst kahl, grannig bespitzt, vor der Spitze mit einer eingestochenen Vertiefung, aber keinen Kalk ausscheidend; ungestielt, glänzend hellgrün, 4 bis 7 mm lang und bis 1 mm breit. Stengelblätter anliegend, meist 3 bis 12, oft etwas gebogen, etwa so lang wie die der nichtblühenden Triebe und nach oben kaum kleiner werdend. Blüten stets einzeln. Kelchblätter 5, eiförmig, ungewimpert, stachelspitzig, abstehend, 1½ bis 2 mm lang. Kronblätter 5, länglich verkehrt-eiförmig, stumpf, am Grund kurz genagelt, 4 bis 6 mm lang, gelblichweiß mit dunkler gelbem Grund. Staubblätter, Frucht und Samen wie bei der vorangehenden Art. – VII, VIII.

Vorkommen. Verbreitet in Silikat-Schuttfluren der alpinen und nivalen Stufe, häufig auch in skelettreichen Pionier- und Gratrasen; nur auf kalkarmer Unterlage und meist zwischen 1800 und 4000 m. Androsacion alpinae-Verbands-Charakterart.

Allgemeine Verbreitung. Ost- und Zentralpyrenäen, Auvergne, Alpengebiet, Karpaten, Siebenbürgen und Gebirge Bulgariens.

Verbreitung im Gebiet. In Deutschland nur in den Allgäuer Alpen: Hinterer Fürschüsserkopf, Daumen, Hochvogel. – In Böhmen im Riesengebirge in der Kleinen Schneegrube auf Basalt (hier als dealpines Eiszeitrelikt, zusammen mit *Saxifraga moschata*). – In Österreich in den Zentralalpen sehr verbreitet und häufig; in den nördlichen Kalkalpen östlich des Inns fehlend (angeblich im Kaiser), in Nordtirol am Sonnwend- und Steinbergjoch, Wildalpe bei

Brandenberg, in Vorarlberg am Freschen und einigen anderen Fundorten; selten in den südlichen Kalkalpen. – In der Schweiz selten in den nördlichen Kalkalpen (z.B. Murgsee-Alpen), verbreitet und häufig in den Zentralalpen. – In Südtirol im Ortler- und Adamello-Gebiet verbreitet, in den Dolomiten hin und wieder auf Silikat-Unterlage.

Im Gegensatz zu der verwandten *S. aspera* und trotz ihrer weiteren Verbreitung ist diese Art sehr einförmig und variiert nur ganz unwesentlich.

Begleitpflanzen. *Saxifraga bryoides* ist ein bezeichnender Bewohner kalkarmer Schuttböden und lückiger Pionierrasen. Hier findet sie sich häufig in Gesellschaft von *Ranunculus glacialis* L., *Cerastium uniflorum* CLAIRV. und *C. pedunculatum* GAUD., *Minuartia sedoides* (L.) HIERN und *M. recurva* (ALL.) SCHINZ & THELL., *Arenaria biflora* L., *Sedum alpestre* VILL., *Saxifraga exarata* VILL., *S. Seguieri* SPR. und *S. oppositifolia* L., *Sieversia reptans* (L.) R. BR., *Cardamine resedifolia* L., *Draba fladnizensis* WULF., *Androsace alpina* (L.) LAM., *Primula viscosa* ALL., *Gentiana bavarica* L. var. *subacaulis* CUSTER und *G. brachyphylla* VILL., *Eritrichium nanum* (AMANN) SCHRAD., *Veronica alpina* L., *Linaria alpina* (L.) MILL., *Phyteuma hemisphaericum* L. und *Ph. globulariaefolium* STERNB. & HOPPE, *Tanacetum alpinum* (L.) SCH.-BIP., *Trisetum spicatum* (L.) K. RICHTER, *Poa laxa* HAENKE, *Elyna myosuroides* (VILL.) FRITSCH und vielen mehr; hat als Pionierpflanze eine Vorliebe für offene, lockere Feinschutt-Gesellschaften (Androsacion alpinae), findet sich aber auch in lückigen Silikat-Steinrasen (Caricion curvulae; Salicion herbaceae) und in Felsspalt-Gesellschaften des Androsacion Vandellii sowie in der Gesellschaft von *Solorina crocea* (L.) ACH.

Auch in ihrer Wuchsform erweist sich *Saxifraga bryoides* als recht anpassungsfähig. In den höchsten Lagen bildet sie feste, geschlossene Polster von Aretia-artigem Habitus, auf noch nicht völlig zur Ruhe gekommenen Schutthängen bildet sie lange, rosettentragende Ausläufer. Sie ist eine der wenigen Alpenpflanzen, die auch an windexponierten, schneefreien Graten unbeschadet überwintern. Die äußeren, vertrockneten Rosettenblätter bleiben eine Zeitlang erhalten und schließen sich kugelig zusammen. Vom Wind oder durch Steinschlag abgerissene Polsterteile können weit verfrachtet werden und scheinen, an geeigneten Stellen abgelagert, wieder anzuwurzeln. In Lawinenbahnen steigt die Pflanze gelegentlich in die subalpine Stufe herab.

Saxifraga bryoides wird vielfach als Unterart zu *S. aspera* gezogen, stellt aber eine recht distinkte und in wohl allen Fällen gut unterschiedene Sippe dar. In einigen Merkmalen erinnert sie stärker an *S. bronchialis* (S. 136) als an *S. aspera*.

Parasiten. Die Pflanze wird gelegentlich von dem Pilz *Exobasidium Warmingii* ROSTR. befallen.

1420. Saxifraga aizoides[1]) L., Spec. plant. 403 (1753). Syn. *S. autumnalis* L. (1753). *S. atrorubens* BERTOLINI (1813). *S. aizoidea* ST. LAG. (1880). *Leptasea aizoides* (L.) HAW. (1821). Bach-Steinbrech, Fetthennen-Steinbrech. Taf. 142, Fig. 6; Fig. 110, 119 und 164 l, p.

Ausdauernd, lockerrasig. Sprosse am Grund kriechend, aufsteigend, reich verzweigt, die nichtblühenden dicht bis locker und meist abstehend beblättert, ohne blattachselständige Sproßknospen. Blühender Stengel aufrecht oder aufsteigend, 3 bis ausnahmsweise 30 cm hoch, vom Laubsproß nicht scharf abgesetzt. Laubblätter linealisch oder lineal-lanzettlich, am Rand steif gewimpert (die Wimpern mehrzellreihig), kurz und entfernt gezähnelt oder vollkommen ganzrandig und wimpernlos, sonst kahl, spitz oder meist mit aufgesetztem Knorpelspitzchen, sehr selten (var. *amphidoxa*) stumpf, vor der Spitze mit einer eingestochenen Vertiefung, aber keinen Kalk ausscheidend; ungestielt, dunkelgrün oder rot überlaufen, fleischig, mit flacher oder leicht konvexer Oberseite, $\frac{1}{2}$ bis 3 cm lang und 1 bis 5 mm breit. Stengelblätter abstehend, meist zahlreich, mit den Grundblättern übereinstimmend. Blütenstand eine lockere, 2- bis 10-blütige Traube oder Rispe, seltener durch Verkümmerung einblütig, die Endblüte größer als die seitlichen. Blütenstiele so lang bis doppelt so lang wie die Blüte, kurz drüsig behaart. Kelchblätter 5, eiförmig, ungewimpert, stumpf, ausgebreitet, $2\frac{1}{2}$ bis 4 mm lang, kahl. Kronblätter 5, länglich-linealisch bis eiförmig-elliptisch, 2- bis 4-mal so lang wie breit, stumpf, am Grund nicht genagelt, 3 bis 8 mm lang, leuchtend gelb, orange oder tiefrot, häufig mit dunkler Punktzeichnung. Staubblätter fast so lang wie die Kronblätter, mit pfriemlichen Filamenten. Fruchtknoten oberständig, nur im unteren Viertel oder Drittel mit der Blütenröhre verwachsen. Kapsel kugelig eiförmig, 4 bis 10 mm lang, mit spreizenden Stylodien und abstehenden Kelchzipfeln. Samen länglich spindelförmig, 0,7 bis 0,8 mm lang, fein papillös, braun. – Chromosomenzahl: $2n = 26$. – VI bis X.

---

[1]) Vom griechisch ἀείζωον [aeizoon] (vgl. Anmerkung S. 167) und εἶδος [eidos] = Aussehen, Gestalt.

Vorkommen. Auf feuchtem Ruhschutt, in Quellfluren, an Bachufern und in Flachmooren; vorzugsweise auf kalkhaltiger Unterlage, gern auf mergeligen Böden; im ganzen Alpengebiet zwischen 800 und 3000 m, entlang den Flüssen häufig weit ins Vorland herabsteigend; als Glazialrelikt auf Molasse schon bei 450 m. Cratoneurion commutati-Verbands-Charakterart.

Allgemeine Verbreitung.[1]) Pyrenäen, Alpen, Apenninen, Karpaten und Gebirge der Balkanhalbinsel südwärts bis zur Šar Planina; im Norden auf Spitzbergen, Island, Irland, den Britischen Inseln, in Skandinavien, Westsibirien (ostwärts bis zur Stschutschja); Grönland, Westkanada sowie in den nördlichen Rocky Mountains.

Verbreitung im Gebiet. In den Alpen an geeigneten Biotopen allgemein verbreitet und vielfach mit den Flüssen tief herabsteigend. So in Bayern mit dem Lech bis Mering (früher bis Augsburg), mit der Isar bis München, mit der Salzach bis Laufen, in der Schweiz im Rheintal bis zum Bodensee und darüber hinaus bis Augst oberhalb Basel, bei Schmerikon, am Muggensturmfelsen bei Bischofszell, mit der Aare bis Kiesen und Belpmoos, mit der Reuß bis Bremgarten, mit dem Tessin bis Castione, im Misox bei Roveredo sowie am Genfer See. Außerhalb der Alpen noch im südlichen Schweizer Jura.

Ändert ab: 1. var. *aizoides* (L.) Syn. *S. aizoides* L. var. *euaizoides* ENGL. & IRMSCHER (1919). Blätter spitz, die unteren ganzrandig, nicht oder nur spärlich gewimpert. Kronblätter länger als die Kelchzipfel. – Diese in der Arktis fast ausschließlich vorkommende Pflanze kommt gelegentlich auch in den Nord- und Zentralalpen vor.

2. var. *autumnalis* ENGL. & IRMSCHER (1919). Von den vorigen durch den regelmäßig gewimperten Blattrand verschieden. – Im Alpengebiet bei weitem vorherrschend.

Fig. 119. *Saxifraga aizoides* L. Am Katschbergpaß (Aufn. Th. ARZT).

3. var. *amphidoxa* BECK (1892). Von den vorigen durch die vorne abgerundeten, oberen Stengelblätter verschieden. – Bisher nur vom Wiener Schneeberg (Niederösterreich) bekannt.

4. var. *vallesiaca* BRIQ. (1897). Laubblätter nur 3 bis 8 mm lang, am Rand spärlich gewimpert. Blüten einzeln, die Kronblätter grünlich gelb, kaum länger als die Kelchzipfel. – Im Wallis: Pierre à Voir.

5. var. *dentifera* BECK (1892). Blätter lanzettlich, bis 3 cm lang und 4 mm breit, entfernt gezähnt. Steht der var. *autumnalis* nahe. Niederösterreich: Schneealpe.

Außerdem wurden nach der Farbe der Kronblätter bei den Varietäten *aizoides* und *autumnalis* einige Formen mit Namen belegt.

Begleitpflanzen. In alpinen Quellfluren, namentlich an kiesigen Stellen, wächst *Saxifraga aizoides* gern in Begleitung von *Epilobium alsinifolium* VILL., *E. nutans* SCHMIDT, *Tofieldia calyculata* (L.) WAHLENB. und *Saxifraga stellaris* L. (weitere Begleitpflanzen siehe S. 155). In hochalpinen Lagen greift die Art auch auf lange schneebedeckt bleibende Geröllhalden mit feuchtem Untergrund über, wo sie mit *Trisetum distichophyllum* (VILL.) P. B., *Poa minor* GAUD., *Moehringia ciliata* (SCOP.) DALLA TORRE, *Cerastium latifolium* L., *Thlaspi rotundifolium* (L.) GAUD., *Saxifraga oppositifolia* L., *Linaria alpina* L., *Doronicum grandiflorum* LAM. u. a. m. vergesellschaftet ist. An den Gletscherenden besiedelt *S. aizoides* die dem Eis nächsten Stellen.

---

[1]) Eine Verbreitungskarte bei A. & D. LÖVE in Svensk Bot. Tidskr. **45**, S. 378 (1951).

Blütenverhältnisse. *Saxifraga aizoides* ist proterandrisch; die Narben werden erst nach dem Verstäuben der Antheren empfängnisfähig. Selbstbestäubung ist nur während eines kurzen Zeitraums am Ende der Pollenentleerung möglich. Als Bestäuber kommen in erster Linie Dipteren in Betracht, aber auch Hummeln, Wespen, Bienen, Tagfalter und Käfer stellen sich ein, häufig auch Ameisen *(Formica fusca)*, die dann die legitimen Gäste vom Besuch abhalten.

Parasiten. Die Gallmilbe *Eriophyes Kochii* NAL. & THOMAS verursacht gelegentlich krankhafte Knospenbildung. An pilzlichen Schmarotzern werden genannt: *Synchytrium Saxifragae* RYTZ, *Puccinia Jueliana* DIETEL, *Melampsora reticulata* BLYTT (über den Dikaryophyt vgl. S. 145), *Caeoma Saxifragae* (STRAUSS) WINTER und *Pyrenophora chrysospora* NIESSL.

Volksnamen. Wie viele andere Alpenpflanzen heißt diese Art in Niederösterreich (Schneeberg), in Tirol und anderwärts Gamswurz. In Tirol (z. B. im Zillertal) wird die Pflanze zum Vertreiben von Warzen verwendet und deshalb Warzenkraut genannt (H. GAMS).

1421. Saxifraga mutata[1]) L., Spec. plant. ed. 2, 570 (1762). Syn. *S. hybrida* L. (1759) nomen nudum. Kies-Steinbrech. Taf. 143, Fig. 1 und Fig. 164 q.

Rosetten einachsig, mit kurzer, unverzweigter Grundachse und daher nach einmaligem Blühen absterbend oder nicht selten vor dem Blühen Ausläufer bildend; 4 bis 13 cm im Durchmesser. Blühender Stengel aufsteigend oder aufrecht, 20 bis 60 cm hoch, von Grund an oder erst in der oberen Hälfte rispig verzweigt, der Länge nach kurz und dicht rotdrüsig behaart. Grundblätter spatelig-linealisch, stumpf, 3 bis 7 cm lang, dick lederig, rundum knorpelig berandet, vorne ganzrandig, in der Mitte undeutlich gesägt oder klein gekerbt, ganz am Grund derb gewimpert, sonst kahl, am Rand mit zahlreichen, meist keinen Kalk ausscheidenden punktförmigen Vertiefungen. Stengelblätter zerstreut, zahlreich, den Grundblättern ähnlich, 1 bis 3 cm lang, beiderseits oder nur unten drüsig behaart. Blütenstand eine lockere, schmal pyramidale Rispe mit mehrblütigen Ästen. Kelchzipfel 5, dreieckig, eiförmig, stumpflich, 3 bis 4 mm lang. Kronblätter 5, lineal-lanzettlich, spitz, 5 bis 8 mm lang, zitronengelb bis leuchtend orange. Staubblätter ein Drittel bis halb so lang wie die Kronblätter. Fruchtknoten etwa zu zwei Dritteln mit der Blütenröhre verwachsen. Kapsel kugelig, 5 bis 6 mm lang. Samen länglich, dreikantig, beidendig zugespitzt, 0,7 bis 0,8 mm lang, dicht stachelig feinwarzig, dunkelbraun. – Chromosomenzahl: $2n = 28$. – VI bis IX.

Vorkommen. In feuchten Felsspalten, besonders an Nagelfluhfelsen[2]) und auf Geröllfeldern, seltener auch im Bachkies. Vorwiegend auf kalkhaltiger Unterlage, vom Talgrund bis etwa 1800 m (selten höher, so an der Frau Hitt in Tirol bis 2200 m) ansteigend.

Allgemeine Verbreitung. Alpengebiet, Niedere Tatra in den Westkarpaten und Burzenländer Gebirge in den Ostkarpaten; hier meist in einer abweichenden Rasse, subsp. *demissa* (SCHOTT & KOTSCHY) BRAUN-BL., daneben aber auch, wenngleich viel seltener, mit der alpinen Sippe übereinstimmende Pflanzen.

Verbreitung im Gebiet. In Deutschland in den Bayerischen Alpen verbreitet und bis 1770 m ansteigend und entlang den Flüssen weit ins Vorland herabreichend: mit der Isar früher bis München (Menterschwaige), mit der Ammer bis Rottenbuch, am Lech bis Roßhaupten und früher bis Augsburg. Außerdem im Württembergischen Allgäu im Schleifertobel an der Adelegg. – In Österreich in den nördlichen Kalkalpen verbreitet (namentlich in den Eisenerzer Alpen, in Salzburg selten, in Nordtirol und Vorarlberg stellenweise recht häufig), in Niederösterreich bis zur Donau herabsteigend; in den Zentralalpen seltener (Stubalpe bei Köflach, Weißenstein bei Fladnitz), Klagenfurter Becken, Lungau, Navis, Stafflach, St. Jodok, Gschnitztal bei Trins usw. – In der Schweiz durch die nördlichen Kalkalpen und im Mittelland (daselbst auf Molasse) verbreitet, in den Zentralalpen meist fehlend (nur in den Lepontinischen Alpen von 840 bis 1700 m, so am San Bernardino, San Jorio und im Val Colla) in den südlichen Kalkalpen am Mt. Generoso und Mt. San Giorgio. Daneben noch am Rhein bei Rüdlingen (seit 1900 nicht mehr beobachtet). –

---

[1]) Lat. mutatus = verändert.
[2]) Auch auf Molasse-Sandstein.

In Südtirol am Mt. Tombea und Baldo, bei Ala, am Mt. Bondone, Cengialto, Caldonazzo, auf der Seiseralpe und dem Schlern. – In den Venetianischen Alpen selten und auch in Slowenien nur von wenigen Fundorten bekannt.

Das weitgehende Fehlen dieser Art im Bereich der Zentralalpen hat seinen Grund in der pleistozänen Vergletscherung der Alpen, die eine vorzugsweise in tieferen Lagen siedelnde Art naturgemäß stärker in Mitleidenschaft ziehen mußte als die Bewohner von Hochgebirgen, die vielfach auf Nunatakkern erfolgreich überdauern konnten. Der Wiedereinwanderung stehen bei einer ökologisch so hoch spezialisierten Art große Hindernisse im Wege. Ein ähnliches Verbreitungsbild zeigt übrigens *Primula Auricula* L., mit der *S. mutata* häufig vergesellschaftet ist.

Begleitpflanzen. In den Lechauen wächst *Saxifraga mutata* in Kiesrinnen in einer anmoorigen Pioniergesellschaft, meist mit *Aster Bellidiastrum* (L.) SCOP., *Tofieldia calyculata* (L.) WAHLENB., *Carex Davalliana* SM., *Primula farinosa* L., *Calamagrostis varia* (SCHRAD.) HOST, *Molinia arundinacea* SCHRANK, *Epipactis palustris* (L.) CRANTZ, *Carex flacca* SCHREB. u. a. vergesellschaftet (Bellidiastro-Saxifragetum mutatae, Eriophorion latifolii). In Schluchten des Alpenvorlandes steht sie an feuchten Felsen (Nagelfluh) auch zusammen mit *Saxifraga aizoides* L. (OBERDORFER).

Parasiten. Auf *Saxifraga mutata* wurde der Rostpilz *Puccinia Huteri* SYDOW beobachtet.

Volksnamen. In Niederösterreich (Lassingfall) heißt diese Art Falsche Hauswurz (vgl. *Sempervivum tectorum* S. 116).

1422. Saxifraga Cotyledon[1]) L., Spec. plant. 398 (1753). Syn. *S. multiflora* ALL. (1774). *S. pyramidalis* LAP. (1795). *S. montavonensis* KERNER ex Gartenflora (1890). *Chondrosea pyramidalis* (LAP.) HAW. (1821). – Pracht-Steinbrech. Franz.: Saxifrage pyramidale. Ital.: Sannicola delle Alpi.
Fig. 120, 121 g–l, 164 d, g, k.

Rosetten einachsig, mit kurzer, unverzweigter Grundachse oder später durch Ausläufer Kolonien bildend; 5 bis 15 cm im Durchmesser, nach dem Blühen absterbend. Blühender Stengel aufrecht, 15 bis 80 cm hoch, vom Grund oder erst von der Mitte an rispig verzweigt, der Länge nach dicht mit kurzen, meist rötlichen Drüsenhaaren bekleidet. Grundblätter breitlinealisch, vorne spatelig verbreitert, stumpf oder mit aufgesetztem Spitzchen, 2 bis 8 cm lang und 6 bis 17 mm breit, dick ledrig, rundum fein und regelmäßig knorpelig gezähnt, die Zähne nach vorn gebogen, grannig bespitzt, oberseits in der Mitte mit einem punktförmigen, mit einem Kalkschüppchen bedeckten Einstich. Stengelblätter zerstreut, zahlreich, den Grundblättern ähnlich, 1 bis 3 cm lang, kurz drüsig behaart. Blütenstand eine lockere, pyramidale Rispe mit gewöhnlich vielblütigen Ästen. Kelchzipfel 5, länglich, stumpf oder spitzlich, 1½ bis 3 mm lang.

Fig. 120. *Saxifraga Cotyledon* L. Am Monte Lema bei Lugano, Tessin (Aufn. P. MICHAELIS).

Kronblätter 5, keilig verkehrt eiförmig, stumpf, 5 bis 10 mm lang, weiß, oft mit rötlichen Nerven, selten rot punktiert. Staubblätter kaum halb so lang wie die Kronblätter. Fruchtknoten fast ganz mit der Blütenröhre verwachsen. Samen länglich eiförmig, 0,8 mm lang, spitzwarzig, dunkelbraun. – Chromosomenzahl: $2n = 28$. – VI bis VIII.

[1]) Vgl. Anmerkung S. 66.

Vorkommen. An Silikatfelsen der südlichen Schweizer Alpen und in Vorarlberg zwischen 210 m (Ponte Brolla im Tessin) und 2615 m (Madone di Quadrella im Tessin; nach BRAUN-BLANQUET) gern an etwas beschatteten Felsen und Felsblöcken einer subalpinen Androsacion Vandellii-Gesellschaft.

Allgemeine Verbreitung. Zentralpyrenäen, mittlerer Teil des Alpenzuges von den Grajischen Alpen und Savoien ostwärts bis Vorarlberg, Graubünden und das Veltlin; Rodnaer Karpaten; außerdem in Island, Norwegen (hier bis über den Polarkreis) und Schweden (sehr selten in Jemtland, Lule Lappmark).[1]

Verbreitung im Gebiet. Fehlt in Deutschland vollständig. – In Österreich nur im Montafon (Vorarlberg), wo die Pflanze erst 1875 entdeckt wurde: von Gaschurn bis Parthenen (etwa 900 bis 1050 m), bei Schönach und am Aufstieg zum Zeinisjoch bis 1700 m. – In der Schweiz in den südlichen Rätischen Alpen (z. B. häufig im Val Bregaglia; im Puschlav fehlend), in den Lepontinischen Alpen und der Adula-Gruppe, Penninische Alpen; nördlich der Hauptkette nur an wenigen Punkten: Zapport, im Ferreratal (Avers), in der Roffla, im hintersten Valsertal, im Val Viglioz (Somvix), im oberen Haslital (Kt. Bern), im Reußtal und seinen Seitentälern. Auch im Wallis ist die Pflanze hauptsächlich auf die Südkette beschränkt, und nur im Oberwallis greift sie auch auf die Bernerkette über.

Begleitpflanzen. In den höheren Lagen der südalpinen Silikatketten ist *Saxifraga Cotyledon* ein häufiger Begleiter der Felsspalten-Gesellschaft von *Androsace multiflora* (VAND.) MORETTI (Aufzählung der wichtigsten Begleitpflanzen im Band 5, 3 S. 1794). In den Tälern siedelt sie sich gern in Moospolstern an [*Amphidium Mougeotii* (Br. eur.) SCHIMP., *Blindia acuta* (HUDSON) Br. eur., *Brachythecium plumosum* (Sw.) Br. eur., *Bryum alpinum* HUDS.], zusammen mit *Asplenium septentrionale* (L.) HOFFM., *Sedum album* L. und *S. annuum* L., *Sempervivum arachnoideum* L., *Saxifraga paniculata* MILL., *Draba dubia* SUTER, *Silene rupestris* L., Bupleurum stellatum L. u. a. A. – In Norwegen wächst *S. Cotyledon* in Gesellschaft von *Blindia acuta* (HUDSON) Br. eur., *Asplenium septentrionale* (L.) HOFFM. und *Woodsia ilvensis* (L.) R. BR. (H. GAMS).

Blütenverhältnisse. Die Blüten sind proterandrisch und werden namentlich von Fliegen besucht.

Parasiten. Auf *Saxifraga Cotyledon* lebt der Rostpilz *Puccinia Huteri* SYDOW.

Diese auffällige Pflanze ist spätestens seit dem Barock in Kultur; aus dem Eichstätter Garten wird sie als *Cotyledon minus* (1613) angegeben.

Volksnamen. In der Schweiz wird die Pflanze im Reußtal als Felsestruß, im Verzascatal (Tessin) als ghirlanda bianca bezeichnet.

1423. Saxifraga Hostii[2]) TAUSCH, Syll. pl. nov. 2, 240 (1828). Syn. *S. longifolia* LAP. var. *media* STERNB., (1810). *S. longifolia* HOST (1827) non LAP. *S. Besleri* STERNB. (1831). *S. elatior* MERT. & KOCH (1831). *S. Aizoon* JACQ. var. *Hostii* (TAUSCH) GORTANI (1906). Südalpen-Steinbrech. Fig. 121 d–f und 122.

Ausdauernd, durch Ausläufer Rasen bildend. Rosetten 4 bis 10 (–15) cm breit, nach dem Blühen absterbend. Blühender Stengel aufrecht, 20 bis 60 cm hoch, nur im oberen Drittel oder darüber rispig verzweigt, der Länge nach oder nur oberwärts kurz drüsig behaart. Grundblätter ausgebreitet, zungenförmig bis fast linealisch, stumpf oder spitzlich, 2 bis 10 cm lang und 3½ bis 9 mm breit, dick ledrig, am Rand gekerbt oder gesägt, am Grund gewimpert, die Zähne vorwärts gerichtet, an der Spitze knorpelig, oberseits mit einem punktförmigen, Kalk ausscheidenden Ein-

---

[1]) Nach H. P. FUCHS [vgl. JANCHEN, Catalogus Fl. Austriae 1. Teil, Heft 4, 938 (1959)] sollen sich die alpinen und pyrenäischen Pflanzen von der nordischen spezifisch(!) unterscheiden; für unsere „Art" wird deshalb der Name *S. montavonensis* KERNER oder neuerdings *S. Halleri* VEST vorgeschlagen. Leider werden keine unterscheidenden Merkmale angegeben. ENGLER, dem Monographen der Gattung, waren solche nicht bekannt.

[2]) Nach NICOLAUS THOMAS HOST (1761 bis 1834), Kaiserlicher Leibarzt in Wien und Verfasser der zu seiner Zeit maßgebenden Flora Austriaca (1827–31).

stich. Stengelblätter zerstreut, zahlreich, kleiner als die Grundblätter. Blütenstand eine Rispe, häufig in einen Ebenstrauß übergehend, mit viel- (2- bis 10-) blütigen Ästen. Kelchzipfel 5, eiförmig, stumpf, 1 ½ bis 2 mm lang. Kronblätter 5, länglich verkehrt eiförmig oder elliptisch, vorn abgerundet, 4 bis 8 mm lang, einfarbig weiß oder bisweilen mit purpurnen Punkten. Staubblätter halb so lang wie die Kronblätter. Fruchtknoten fast unterständig. Kapsel kugelig eiförmig, mit kurzen, spreizenden Stylodien. Samen länglich, 0,8 bis 0,9 mm lang, fein warzig, schwarz. – Chromosomenzahl: $2n = 28$. – V bis VIII.

Vorkommen. An Felsen, Felsspalten und quelligen Kalktuffen der südlichen und östlichen Kalkalpen zwischen 500 und 2500 m, Potentillion caulescentis-Verbands-Charakterart, auch im Seslerion.

Allgemeine Verbreitung. Süd- und Ostalpen, nach Westen bis zum Comer See, ostwärts bis in die Karawanken.

Saxifraga Hostii zerfällt in mehrere, geographisch halbwegs getrennte Rassen, die hier nach dem Beispiel von BRAUN-BLANQUET auf zwei Unterarten verteilt werden.

Subsp. **rhaetica** (ENGL.) BRAUN-BL. (1923). Syn. *S. Hostii* TAUSCH var. *rhaetica* ENGL. (1872). *S. rhaetica* KERNER (1887).

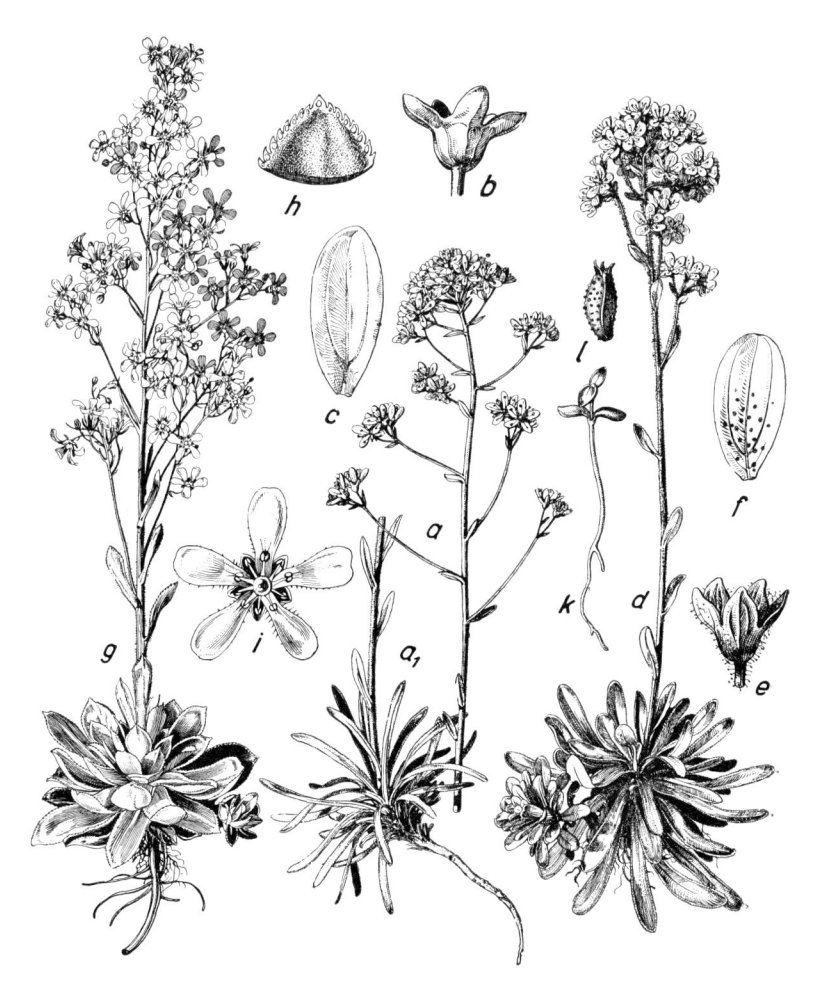

Fig. 121. *Saxifraga incrustata* VEST a, a₁ Habitus (½ natürl. Größe). b Kelch. c Kronblatt. – *Saxifraga Hostii* TAUSCH subsp. *Hostii*. d Habitus. e Kelch. f Kronblatt. – *Saxifraga Cotyledon* L. g Habitus. h Blattspitze. i Blüte (von oben). k Keimpflanze. l Kapsel.

Rosetten 4 bis 8 cm im Durchmesser. Rosettenblätter linealisch, spitzlich, allmählich in die Spitze verschmälert. Blühender Stengel im oberen Drittel oder Viertel rispig verzweigt. – So im Westen des Areals: Bergamasker Alpen (Grigna sassosa, Presolana oberhalb Dezzo, Val Sassina), Ortler-Gruppe (Trafoi, Madatschferner, Stilfser Joch usw.) und im oberen Veltlin (hier bis 2500 m ansteigend). In einem Kälteloch des Val Cuvallina bei Bergamo nach FENAROLI bis unter 400 m herabsteigend.

Subsp. **Hostii** (TAUSCH). Syn. *S. Hostii* TAUSCH subsp. *dolomitica* BRAUN-BL. (1923). Fig. 121d-f und 122.

Rosetten 4 bis 15 cm im Durchmesser. Rosettenblätter breiter linealisch, mehr zungenförmig, stumpf, vorn plötzlich abgerundet. – Von subsp. *rhaetica*, wie es scheint, scharf und übergangslos geschieden, obwohl im Ortler-Gebiet (Tabaretta bei Trafoi) beide Rassen nebeneinander vorkommen sollen.

Diese Unterart kann in zwei nicht scharf getrennte Varietäten gegliedert werden:

1. var. *Hostii* (TAUSCH). Syn. *S. Hostii* TAUSCH var. *eu-Hostii* ENGL. & IRMSCHER (1919). *S. Hostii* TAUSCH var. *Sternbergii* BRAUN-BL. (1923). Grundblätter 2 bis 8 cm lang, 3½ bis 10 mm breit, der Endzahn wenig größer als die seitlichen, die Seitenzähne fast quadratisch oder rechteckig. Blühender Stengel meist erst im oberen Fünftel rispig verzweigt. – Fehlt in Deutschland und der Schweiz vollkommen. – In Österreich in den Gailtaler- und Karnischen Alpen (z. B. Valentinalpe, Plöckenpaß) und den Karawanken. – In Südtirol im Ortler-Gebiet (Tabaretta bei Trafoi), im Val Sugana (Castello Tesino, Brocconepaß), im Fassatal (Primör, Val Doana, Alpe Neva, Monte Pavione 2000 bis 2100 m), sowie außerhalb des Gebiets in den Venetianischen Alpen (um Ospedalette bei nur 200 m), in Slowenien in den Julischen Alpen (Triglav, Wochein, Crna Prst 1200 bis 1700 m), Sanntaler Alpen und im Karst.

Fig. 122. *Saxifraga Hostii* TAUSCH subsp. *Hostii*. In den Julischen Alpen (Aufn. P. MICHAELIS).

2. var. *altissima* (KERNER) ENGL. & IRMSCHER (1919). Syn. *S. altissima* KERNER (1870). Grundblätter 5 bis 10 cm lang und 7 bis 9 mm breit, der Endzahn merklich größer als die seitlichen, die Seitenzähne fast dreieckig. Blühender Stengel im oberen Drittel rispig verzweigt. – Nur in Österreich in den Voralpen der Steiermark und von Ostkärnten, namentlich im Gebiet der Zentralalpen; in den nördlichen Kalkalpen im Hochschwab-Gebiet, Törlgraben bei Aflenz, zwischen Aflenz und Kapfenberg; in den Niederen Tauern am Sekkauer Zinken gegen Mautern, im Jassinggraben bei St. Michael; in der mittleren Steiermark um Kainach, an der Badelwand bei Peggau, in der Bärenschützklamm bei Mixnitz, am Südhang des Schöckel, am Fuß der Stub-Alpe bei Feistritz usw.; in den Seetaler Alpen, in Kärnten im Lavanttal und auf der Koralpe.

Die beiden Varietäten sind nicht gut unterscheidbar, so nehmen beispielsweise nach ENGLER die Belege aus dem Pressinggraben im Lavanttal und St. Gertraud eine Mittelstellung ein.

Begleitpflanzen. In ihren Lebensbedingungen steht *Saxifraga Hostii* der verwandten *S. paniculata* recht nahe und ersetzt diese in einigen Gebieten (z. B. in der Grigna-Gruppe und den südwestlichen Bergamasker Alpen) vollständig. Hier bewohnt *S. Hostii* in ihrer Unterart *rhaetica* schattige Kalkfelsen in Gesellschaft von *Asplenium viride* HUDS., *Sesleria albicans* KIT. ex SCHULT., *Carex baldensis* L. und *C. austroalpina* BECHERER, *Silene Saxifraga* L., *Heliosperma quadridentatum* (MURR.) SCHINZ & THELL., *Kernera saxatilis* (L.) RCHB., *Potentilla caulescens* TORNER, *Siler montanum* CRANTZ, *Horminum pyrenaicum* L., *Telekia speciosissima* (ARD.) LESS. u. a. A. (Zuc de Angelon bei 600 m).

Parasiten. Auf *Saxifraga Hostii* schmarotzt der Rostpilz *Puccinia Patzschkei* DIETEL.

1424. Saxifraga paniculata MILLER, Gard. Dict. ed. 8, nr. 3 (1768).[1]) Syn. *S. Cotyledon* ε L. (1753). *S. Aizoon*[2]) JACQ. (1771). *S. Aizoon* JACQ. subsp. *euaizoon* ENGL. & IRMSCHER (1916). *S. maculata* SCHRANK (1789). *S. pyramidalis* SALISB. (1796). Rispen-Steinbrech. Taf. 141, Fig. 5; Fig. 108, 123, 124, 163c und 164b, e, h, r, s.

Ausdauernd, rasenbildend, mit zahlreichen nichtblühenden Blattrosetten. Rosetten 1 bis 6 cm im Durchmesser, selten breiter; nach dem Blühen absterbend. Blühender Stengel aufrecht, 2 bis 45 cm hoch, in der oberen Hälfte oder darüber rispig verzweigt, unten meist kahl, oberwärts selten der Länge nach drüsig behaart. Grundblätter aufgerichtet oder zusammenneigend, schmal verkehrt eiförmig bis linealisch zungenförmig, stumpf oder spitz (bei der nahe verwandten, kaukasischen *S. cartilaginea* WILLD. zugespitzt), ½ bis 5 cm lang und 2 bis 5 mm breit, dick lederig, starr, am Rand knorpelig gesägt[3]), am Grund gewimpert, die Blattzähne vorwärts gerichtet, allermeist auf den Flächen kahl, nur bei f. *hirtifolia* behaart, oberseits mit einem punktförmigen, Kalk ausscheidenden Einstich. Stengelblätter zerstreut, meist zahlreich, kleiner als die Grundblätter. Blütenstand eine Rispe, häufig in einen Ebenstrauß übergehend, mit 1- bis 3-, selten bis 5-blütigen Ästen. Kelchzipfel 5, eiförmig, stumpf oder spitz, 1 bis 2 mm lang. Kronblätter 5, verkehrt eiförmig oder elliptisch, stumpf, 3 bis 6 mm lang, einfarbig weiß oder gelblichweiß, nicht selten mit purpurnen Punkten. Staubblätter etwa halb so lang wie die Kronblätter. Fruchtknoten fast ganz unterständig. Kapsel kugelig, mit kurzen, spreizenden Griffeln. Samen länglich, 0,6 bis 0,9 mm lang, fein warzig-höckerig, dunkelbraun. – Chromosomenzahl: $2n = 28$. – V bis VIII.

Vorkommen. In Felsspalten und auf Felsgesimsen, in lückigen Rasengesellschaften und auf Ruhschutt, gern an im Winter schneefreien Standorten; kalkliebend, aber auch auf kalkarmen Unterlagen vorkommend. Vom Tiefland bis 3415 m (im Wallis) aufsteigend. Potentilletalia caulescentis-Ordnungs-Charakterart, auch in Elyno-Seslerietea- und Thlaspeetea rotundifolii-Gesellschaften.

Allgemeine Verbreitung. Nordspanien (Galicien, Aragonien, Katalonien), Mittel- und Ostpyrenäen, Auvergne, Sevennen, Vogesen, mittelrheinisches Bergland, Schwarzwald, Jura, böhmisch-mährisches Bergland bis in die polnischen Mittelgebirge; Alpen, Apennin (südwärts bis in die Abruzzen und zum Monte San Angelo bei Neapel), Korsika; Karpaten, Gebirge der Balkanhalbinsel von Illyrien bis Bulgarien und Mittelgriechenland (Korax, Parnassos) sowie in Lazistan bei Trapezunt; im Kaukasus die spezifisch kaum verschiedene *S. cartilaginea* WILLD. Ein zweites Teilareal in Skandinavien zwischen 59° und 67° nördlicher Breite, ein weiteres umfaßt Grönland bis etwa 73° nördlicher Breite und das nordöstliche Nordamerika (Labrador, Baffinsland, Quebec, Neubraunschweig, Vermont).

Verbreitung im Gebiet. In Deutschland im mittelrheinischen Bergland (Nahetal bei Kreuznach, Huttental in der nördlichen Rheinpfalz), im Schwarzwald (Höllental, am Hirschsprung, Belchen, Feldberg, Hörnle bei Röthenbach, Utzenfeld), im Schwäbischen Jura (Kolbingen, Fridingen, Urach), im oberen Donautal verbreitet, z. B. um Beuron, am Hohentwiel bei Singen; in den Mittelgebirgen ferner in den östlichen Sudeten (Köpernik, Fuhrmannstein, Altvater u. a. O.). In den Bayerischen Alpen zwischen 1200 und 2570 m, verbreitet, stellenweise tiefer herabsteigend: Eistobel bei Riedholz (730 m), Weißachtobel (790 m). Die bayerischen Belege gehören zu den Varietäten *paniculata* und *brachyphylla*, die übrigen ausnahmslos zu var. *maior*. – In Österreich nur im Alpengebiet, da aber auf Kalk allgemein verbreitet, doch in den Silikatgebirgen nicht völlig fehlend, nur in den südlichen Kalkalpen ziemlich selten. Fehlt im Burgenland. – In der Schweiz im Jura (Aargau) und im ganzen Alpengebiet verbreitet, auch in den höheren Teilen des Mittellandes (Napf, Züricher Oberland). Ebenso in Südtirol.

---

[1]) MILLERS Beschreibung und die von ihm angeführten Synonyma beziehen sich eindeutig auf diese Art, nicht auf *S. Cotyledon*. Der allgemein gebräuchliche, aber jüngere Name *S. Aizoon* kann deshalb nicht beibehalten werden.

[2]) Aizoon, griechisch ἀείζωον, ist der Name einer immergrünen (ἀείζωος = ewiglebend) Pflanze bei PLINIUS.

[3]) Vgl. aber „*S. Aizoon*" var. *subintegrifolia* S. 169.

Saxifraga paniculata ist eine gerade im Alpengebiet außerordentlich vielgestaltige Art. Eine halbwegs zufriedenstellende Gliederung ist noch nicht gelungen. ENGLER gliedert die Art in eine größere Zahl von Varietäten, von denen 9 im Gebiet vertreten sind. Einige davon erscheinen dem Bearbeiter kaum unterscheidbar.

1. var. *maior* (KOCH) H. HUBER, comb. nov. Syn. *S. Aizoon* JACQ. β *maior* KOCH, Synops. ed. 1, S. 267 (1837). *S. Aizoon* JACQ. var. *montana* ENGL. & IRMSCHER (1919). *S. Aizoon* JACQ. var. *praealpina* BRAUN-BL. (1923). Stengelblätter (zumal die unteren) erst von der Mitte ab in den Grund verschmälert. Rosettenblätter beiderseits kahl, länglich verkehrt eiförmig bis linealisch, 1 bis 5 cm lang und 3 bis 9 mm breit, mit 7 bis 14 Vorderrandzähnen, der Mittelzahn nicht oder nur wenig größer als die benachbarten. – Im außeralpinen Mitteleuropa allein vorkommend, in den Alpen selten und nur in tieferen Lagen (Steiermark, Bern, Waadt, Wallis).

Fig. 123. *Saxifraga paniculata* MILLER. Bei Obergurgl, Tirol (Aufn. Th. ARZT).

Fig. 124. *Saxifraga paniculata* MILLER. Padasterkogel bei Trins in Tirol (Aufn. Th. ARZT).

2. var. *paniculata* (MILL.). Syn. *S. Aizoon* JACQ. β *minor brevifolia* STERNB. (1810), var. *typica* ENGL. & IRMSCHER (1919), var. *carinthiaca* (SCHOTT, NYM. & KOTSCHY) ENGL. & IRMSCHER (1919), var. *gracilis* ENGL. (1872), var. *Sturmiana* (SCHOTT, NYM. & KOTSCHY) ENGL. & IRMSCHER (1919) und var. *dilatata* (SCHOTT) ENGL. & IRMSCHER (1919). – Stengelblätter spatelig, schon vom oberen Viertel (oder Fünftel) ab in den Grund verschmälert. In den übrigen Merkmalen sehr veränderlich, aber häufig kleiner als var. *maior*. Rosettenblätter verkehrt eiförmig bis linealisch spatelig, (½–) 1 bis 2½ (selten bis 4) cm lang und 2½ bis 6 (selten bis 9) mm breit, mit 5 bis 11 Vorderrandzähnen. – Im Gebiet nur in den Alpen, hier aber fast allgemein verbreitet.

Eine geringfügig abweichende Form ist f. *hirtifolia* (FREYN) H. HUBER[1]), comb. nov. Rosettenblätter beiderseits behaart, unterseits stärker. So in den Eisenerzer Alpen am Reiting, im Engadin (Pontresina, Sulsannatal, Ruine Steinsberg bei Ardez usw.) und im oberen Wallis.

3. var. *minutifolia* (ENGL. & IRMSCHER) H. HUBER, comb. nov. Syn. *S. Aizoon* JACQ. var. *minutifolia* ENGL. & IRMSCHER in Pflanzenreich IV, 117, S. 498 (1919). Rosettenblätter spatelig, 4 bis 6 mm(!) lang und 1,2 bis 1,5 mm breit, meist mit 7 Sägezähnen, davon 3 Vorderrandzähne; Mittelzahn sehr breit. – Einzig am Monte Baldo: Covel Santo.

---

[1]) Syn. *S. Sturmiana* SCHOTT, NYM. & KOTSCHY f. *hirtifolia* FREYN in Österr. Bot. Zeitschr. **50**, 408 (1900).

Tafel 142

Tafel 142. Erklärung der Figuren

Fig. 1. *Saxifraga adscendens* (S. 189). Habitus.
„ 2. *Saxifraga moschata* (S. 200). Habitus.
„ 3. *Saxifraga exarata* (S. 198). Habitus.
„ 4. *Saxifraga Seguierii* (S. 205). Habitus.
„ 5. *Saxifraga Burseriana* (S. 176). Habitus.
„ 6. *Saxifraga aizoides* (S. 160). Habitus.
„ 7. *Saxifraga stellaris* (S. 153). Habitus.

Fig. 8. *Saxifraga aspera* (S. 158). Habitus.
„ 9. *Saxifraga bryoides* (S. 159). Habitus.
„ 10. *Saxifraga oppositifolia* subsp. *oppositifolia* (S. 180). Habitus.
„ 11. *Saxifraga caesia* (S. 173). Habitus.
„ 12. *Saxifraga androsacea* (S. 204). Habitus.
„ 13. *Saxifraga aphylla* (S. 207). Habitus.

Eine recht obskure Pflanze ist *S. Aizoon* JACQ. var. *subintegrifolia* ENGL. & IRMSCHER (1919), die durch fast ganzrandige oder nur stumpf gewellte, höchstens seicht gekerbte Blätter ausgezeichnet ist. – Soll außer in den Rodnaer Karpaten auch in Niederösterreich am Schneeberg (Waxenriegel) vorkommen. Trotz der auffallenden Ähnlichkeit mit *S. incrustata* setzt sich ENGLER entschieden für die Zugehörigkeit der Pflanze zu *S. Aizoon*, unserer *S. paniculata*, ein.

Begleitpflanzen. *Saxifraga paniculata* ist in den Alpen eine wenig wählerische Felspflanze und kommt demzufolge in verschiedenen Pflanzengesellschaften vor, besonders aber im Potentillo-Hieracietum, in höheren Lagen auch im Androsacetum helveticae, im Asplenio-Cystopteridetum u. a. m., geht auch in lückige Rasenbestände über (Caricetum firmae, Seslerio-Sempervirretum). – Bezeichnende Begleitpflanzen sind *Carex sempervirens* VILL., *Sesleria albicans* KIT. ex SCHULT., *Sedum album* L., *Draba aizoides* L., *Kernera saxatilis* (L.) RCHB., *Athamanta cretensis* L., *Primula Auricula* L., *Globularia cordifolia* L., *Hieracium humile* JACQ.

Anatomische Verhältnisse. Zahlreiche anatomische und morphologische Erscheinungen an dieser Art müssen als xerophytische Anpassungen aufgefaßt werden, so vor allem die außergewöhnlich dicke Kutikula (bis 40 μ), die noch durch eine Wachsschicht verstärkt ist, die eingesenkten, nicht sehr zahlreichen Spaltöffnungen und das ungewöhnlich mächtige Palisadengewebe (vgl. S. 143).

Blütenverhältnisse. Zuerst entfaltet sich die Gipfelblüte; die seitlichen Blüten der Infloreszenz gelangen später zur Entwicklung. Die Blüten sind in den Alpen deutlich proterandrisch, und zwar öffnen sich die Antheren nicht gleichzeitig, sondern eine nach der anderen. Erst nach Entleerung des Pollens werden die Narben empfängnisfähig. Nur in der Arktis kommt nach WARMING Selbstbestäubung vor. Die Zahl der bestäubenden Insektenarten ist groß, doch spielen darunter die Dipteren die Hauptrolle.

Parasiten. Auf dem Rispen-Steinbrech leben die Schmarotzerpilze *Exobasidium Warmingii* ROSTR. (Tirol, Oberitalien, Grönland) und *Puccinia Pazschkei* DIETEL sowie die minierende Larve einer *Phytomyza*-Art (vgl. S. 145).

1425. Saxifraga incrustata VEST in Flora Bot. Zeitg. 3, 96 (März 1804). Syn. *S. Cotyledon* SCOP. (1772) non L. *S. crustata* VEST (Oktober 1804). *S. crustacea* HOPPE (1805). *S. longifolia* LAP. var. *minor* STERNB. (1810). *S. lingulata* BELL. var. *Vestii* STERNB. (1831). Krusten-Steinbrech. Fig. 103, 121 a–c, 125 und 126.

Ausdauernd, dichte Polster bildend, mit zahlreichen, nichtblühenden Blattrosetten. Rosetten 2 bis 8 cm im Durchmesser, nach dem Blühen absterbend. Blühender Stengel aufrecht, 15 bis 40 cm hoch, von der Mitte ab oder darüber rispig verzweigt, der Länge nach dicht drüsig behaart. Grundblätter mit der Spitze bogig nach außen gekrümmt, linealisch, stumpf, 1 bis 5 cm lang und vorne 2 bis 3 mm breit, dicklich lederig, starr, schmal knorpelig berandet, ganz seicht gekerbt bis ganzrandig, am Rand mit zahlreichen, von einem großen Kalkschüppchen bedeckten Einstichen. Stengelblätter meist wenige, zerstreut, kleiner als die Grundblätter und am Rand gesägt. Blütenstand eine Rispe oder Traube, häufig in einen Ebenstrauß übergehend, mit 1- bis 3-blütigen Ästen. Kelchzipfel 5, länglich-eiförmig. 1½ bis 2 mm lang. Kronblätter 5, verkehrt eiförmig, stumpf, etwa 5 mm lang, einfarbig weiß, selten mit roten Punkten. Staubblätter halb so lang wie die Kronblätter. Fruchtknoten fast ganz unterständig. Kapsel kugelig, 4 mm lang, mit kurzen, spreizen-

Fig. 125. *Saxifraga incrustata* VEST bei Sulzbach in den Sanntaler Alpen (Aufn. G. KRASKOVITS).

den Stylodien und aufrechten Kelchzipfeln. Samen eiförmig, netzig grubig, schwarz. – Chromosomenzahl: $2n = 28$. – VI bis VIII.

Vorkommen. An Dolomit- und Kalkfelsen und in steinigen Rasengesellschaften der Südostalpen von der montanen Stufe bis in die alpine (600 bis 2400 m), gelegentlich bis 200 m absteigend, nach AICHINGER (1933) Potentillion caulescentis-Verbands-Charakterart.

Allgemeine Verbreitung[1]). Südöstliche Kalkalpen (östlich der Etsch) bis Krain; außerdem in Bosnien, Herzegowina und Westserbien.

Verbreitung im Gebiet. Fehlt in Deutschland und in der Schweiz vollkommen. – In Österreich in Osttirol (Kerschbaumer Alpe bei Lienz) und Südkärnten (in den Karnischen Alpen und Karawanken verbreitet), außerdem zwei isolierte Fundorte in der Steiermark auf der Hohen Veitsch und in den Norischen Alpen (nach MERXMÜLLER l. c.). – In Südtirol bei Montalon im Val Sugana, im Fiemmetal, Contrintal, Alba, am Pordoijoch, in den Ampezzaner Dolomiten. – Außerdem in den Venetischen Alpen und in Slowenien in den Julischen und Steiner Alpen und im Karst (Nanos, Doline von St. Canzian usw.).

Begleitpflanzen. *Saxifraga incrustata* ist häufig mit *Potentilla nitida* TORNER, *Saxifraga caesia* L. und *S. squarrosa* SIEBER, *Phyteuma comosum* L. und *Sesleria sphaerocephala* ARD. vergesellschaftet.

Saxifraga incrustata ist die ostalpine Parallelsippe zu *S. lingulata* BELL., deren Hauptareal in den Südwestalpen liegt. *S. lingulata* unterscheidet sich durch die im vorderen Drittel breiteren (3 bis 9 mm) Blätter und die mehr- (3- bis 6-)blütigen Rispenäste. Durch seine Blattform und die geringe Zähnung nähert sich dieser Formenkreis bereits der Sektion *Porophyllum*.

Fig. 126. *Saxifraga incrustata* VEST. Dobratschgipfel, Kärnten (Aufn. P. MICHAELIS).

[1]) Vgl. H. MERXMÜLLER, Untersuchungen zur Sippengliederung und Arealbildung in den Alpen S. 23 und 24 (1952). Dieser Veröffentlichung ist auch Fig. 103 entnommen.

1426. Saxifraga diapensioides[1]) BELL. in Act. Acad. Tur. 5, 227, t. 5 (1790–91). Syn. *S. caesia* L. γ DC. (1815). *S. glauca* CLAIRV. (1811). *Chondrosea diapensioides* (BELL.) HAW. (1821). Fig. 104 und 127 l–q.

Ausdauernd, dichte und harte Polster bildend. Stämmchen dicht dachziegelig beblättert und dadurch kurz säulenförmig oder keulig, 5 bis 10 mm im Durchmesser, nach dem Blühen weiterwachsend. Blühender Stengel aufrecht, 1 bis 10 cm hoch, der Länge nach abstehend drüsig behaart. Grundblätter fast aufrecht stehend oder etwas nach außen gekrümmt, länglich verkehrt eiförmig, stumpf, unterseits stumpf gekielt, 3 bis 6 mm lang und 1 bis 2 mm breit, dicklich, starr, schmal knorpelig berandet, am Grund gewimpert, sonst kahl und ganzrandig, auf der Oberseite am Rand mit 5 bis 7 Kalk ausscheidenden Einstichen, oft mit einer hellgrauen Kalkkruste überzogen. Stengelblätter meist zahlreich, fast ganz drüsig behaart, Blütenstand kurz traubig oder ebensträußig, 2- bis 9-blütig. Kelchzipfel 5, eiförmig, stumpf oder kurz zugespitzt, 2 ½ bis 3 ½ mm lang. Kronblätter 5, länglich verkehrt eiförmig, stumpf, 6 (bis 9) mm lang, weiß oder gelblichweiß. Staubblätter etwa so lang wie die Stylodien. Fruchtknoten fast ganz unterständig. Kapsel eiförmig, 4 bis 4 ½ mm lang, mit spreizenden, ziemlich langen Stylodien. Samen spindelförmig ellipsoidisch, beidendig spitz, 0,6 mm lang, fein runzelig, braun. – Chromosomenzahl: $2n = 26$. – VII, in den Südwestalpen schon von IV ab.

Vorkommen. Auf Felsen und im Ruhschutt der südlichen Walliser Alpen zwischen 1800 und 2300 m; in dieser Höhenlage auch außerhalb des Gebiets am häufigsten, in den Seealpen (Tenda) schon bei 850 m, gelegentlich bis 2800 m ansteigend. Mit Vorliebe auf Kalk.

Allgemeine Verbreitung. Westalpen von den Penninischen bis in die Seealpen, fast ganz auf die zentralen Ketten beschränkt.

Verbreitung im Gebiet. Nur in der Schweiz im Wallis: Val Ferret und im Val de Bagnes bei Loutier, an der Croix du Coeur, Pierre à Voir (2250 m) und am Großen Sankt Bernhard. Auf der italienischen Südseite viel häufiger.

Saxifraga diapensioides, ein altisolierter Endemit der Westalpen, ist die morphologisch am wenigsten spezialisierte Art der Sektion *Porophyllum* in den Alpen. Sie ist mit der kaukasischen *S. columnaris* SCHMALH. am nächsten ver-

Fig. 127. *Saxifraga Vandellii* STERNB. *a, b* Habitus. *c* Blüte. *d* Kronblatt. *e* Laubblatt. – *Saxifraga tombeanensis* BOISS. ex ENGL. *f* Habitus. *g* Blüte. *h* Kelchblatt. *i* Kronblatt. *k* Laubblatt. – *Saxifraga diapensioides* BELL. *l, m* Habitus. *n* Stengelstück. *o, p* Laubblätter. *q* Kronblatt.

[1]) Nach der (allerdings recht entfernten) Ähnlichkeit mit der arktischen Polsterpflanze *Diapensia lapponica* L.

wandt und zeigt einerseits Beziehungen zu den beiden nachfolgenden Arten, die durch mehr oder weniger gekrümmte Laubblätter und häufig nur spärlich drüsenhaarige Blütenstengel ausgezeichnet sind, sowie zu *S. tombeanensis*, die zu den spitzblätterigen Arten *S. Vandellii* und *S. Burseriana* überleitet. Diese am stärksten abgeleiteten Sippen (Nr. 1429–31) sind dann insgesamt auf das Alpengebiet beschränkt.

1427. Saxifraga squarrosa SIEBER in Flora 4, 99 (1821). Syn. *S. imbricata* BERT. (1830) non LAM. nec ROYLE. *S. caesia* L. var. *squarrosa* (SIEBER) GORTANI (1906). Fig. 128.

Ausdauernd, dichte, feste Polster bildend. Stämmchen dicht dachziegelig beblättert und dadurch säulenförmig oder keulig, 4 bis 7 mm im Durchmesser, nach dem Blühen weiterwachsend.

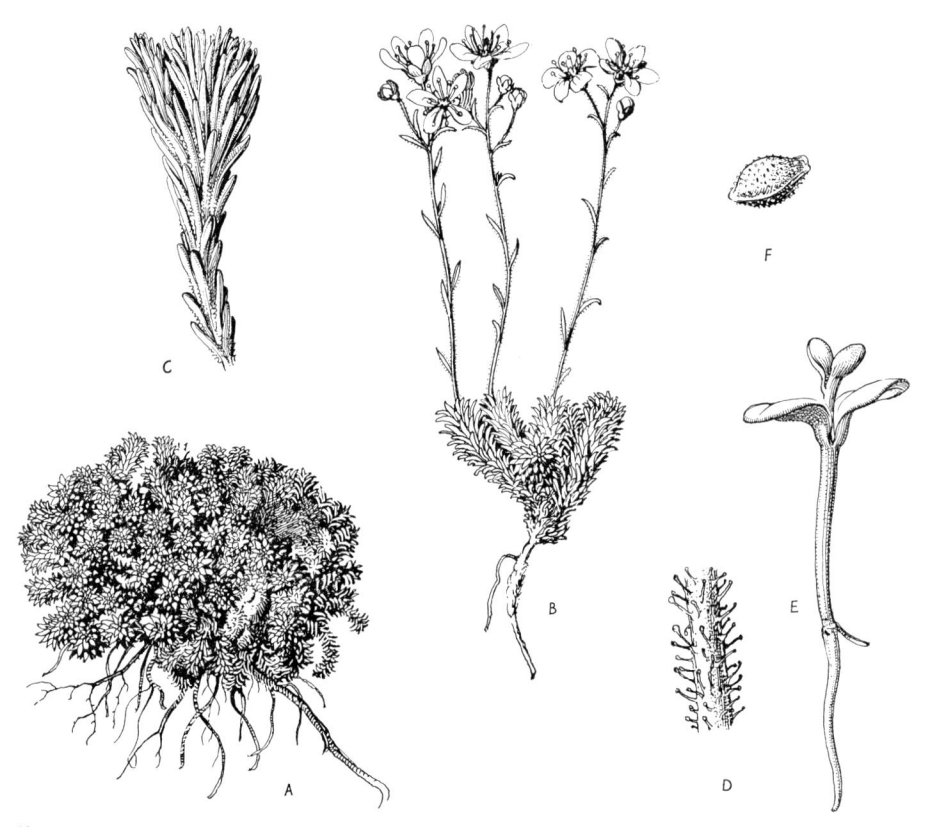

Fig. 128. *Saxifraga squarrosa* SIEBER. *a, b* Habitus. *c* nichtblühendes Stämmchen. *d* Blühender Stengel, vergrößert. *e* Keimpflanze. *f* Samen

Blühender Stengel aufrecht, sehr zierlich, 3 bis 10 cm hoch, in der unteren Hälfte dicht kurzdrüsig behaart, oberwärts kahl oder spärlich drüsenhaarig. Grundblätter aufrecht, die oberen nur mit der Spitze nach außen, gebogen, linealisch oder zungenförmig, stumpf mit einer kleinen Knorpelspitze, unterseits stumpf gekielt, 3 bis 4 mm lang, 0,8 bis 1 mm breit, dicklich, starr, schmal knorpelig berandet, am Grund gewimpert, sonst kahl und ganzrandig, auf der Oberseite am Rand meist mit 7 Kalk ausscheidenden Einstichen. Stengelblätter 3 bis 6, die unteren drüsig behaart, die oberen bis auf die Wimpern kahl. Blütenstand rispig ebensträußig, 2- bis 7-blütig. Kelchzipfel 5, eiförmig, stumpf, 1½ bis 2 mm lang. Kronblätter 5, rundlich (seltener länglich) verkehrt eiförmig, stumpf oder spitzlich, 3½ bis 4 mm lang, weiß. Staubblätter länger als die Kelchzipfel. Fruchtknoten fast unterständig. Kapsel kugelig, mit kurzen, spreizenden Stylodien. Samen eiförmig, 0,6 mm lang, zerstreut spitzwarzig. – VII, VIII.

Vorkommen. Auf Felsen, in ruhendem Felsschutt und in steinigen Rasengesellschaften der südöstlichen Kalkalpen zwischen 1200 und 2500 m, an feuchten, schattigen Felswänden auch tiefer. In den Karawanken nach AICHINGER (1933) Charakterart der *Potentilla Clusiana-Campanula Zoysii*-Assoziation (Potentillion caulescentis), auch in Seslerion-Gesellschaften, siehe unten.

Allgemeine Verbreitung. Endemisch in den südöstlichen Kalkalpen von Judikarien bis in die Sanntaler Alpen und Karawanken.

Fehlt in Deutschland und der Schweiz vollständig. – In Österreich in Osttirol (z. B. Kerschbaumer Alpe bei Lienz) und in Kärnten in den Gailtaler und Karnischen Alpen und in den Karawanken (z. B. am Hochobir). – In Südtirol im Ledrotal (selten), in den Dolomiten sehr verbreitet.

Saxifraga squarrosa variiert namentlich im Hinblick auf die Drüsenbekleidung des blühenden Stengels. Dieser ist gewöhnlich nur unterwärts reichlich drüsig behaart, doch kommen Exemplare vor, bei denen er der Länge nach dicht drüsenhaarig ist [f. *glandulosissima* (BEYER) BRAUN-BL.] und solche, deren Stengel fast oder ganz kahl ist [f. *glabrata* (HAUSSM. ex DALLA TORRE & SARNTH.) BRAUN-BL.].

Begleitpflanzen. Wie die verwandte *Saxifraga caesia*, mit der sie häufig vergesellschaftet ist, wächst *S. squarrosa* gerne im Caricetum firmae, Seslerio-Semperviretum, im Androsacetum helveticae und in verwandten Gesellschaften. Nach HEGI und anderen findet sie sich am Schlern in Gesellschaft von *Salix serpyllifolia* SCOP., *Anemone baldensis* TURRA, *Draba aizoides* L., *Achillea Clavenae* L., *Potentilla nitida* TORNER, *Leontopodium alpinum* CASS., *Carex firma* HOST, *Sesleria sphaerocephala* ARD., *Chamorchis alpinus* (L.) L. C. RICH. u. a. A.

Die Blüten sind proterandrisch und werden meist von Dipteren bestäubt.

1428. Saxifraga caesia L., Spec. plant. 399 (1753). Syn. *Chondrosea caesia* (L.) HAW. (1821). Blaugrüner Steinbrech. Taf. 142, Fig. 11; Fig. 129.

Ausdauernd, dichte, harte Polster bildend. Stämmchen dicht dachziegelig beblättert, kurz säulenförmig bis kugelig-rosettig, 5 bis 10 mm im Durchmesser, nach dem Blühen weiterwachsend. Blühender Stengel aufrecht, 3 bis 12 cm hoch, selten ganz gestaucht, spärlich drüsenhaarig bis kahl, seltener dicht drüsig behaart. Grundblätter vom Grund aus bogig zurückgekrümmt, länglich spatelig bis spatelig linealisch, stumpflich oder kurz und undeutlich bespitzt, unterseits stumpf gekielt, 3 bis 5 mm lang und 0,8 bis 1,2 mm breit, dicklich, starr, ohne Knorpelrand, unterwärts gewimpert, sonst kahl und ganzrandig, auf der Oberseite am Rand mit (5–) 7 (–9) reichlich Kalk ausscheidenden Einstichen, oft mit einer hellgrauen Kalkkruste überzogen. Stengelblätter 3 bis 6, kahl oder am Rand, seltener auch auf der Fläche drüsig behaart. Blütenstand kurz traubig oder ebensträußig, 2- bis 5- (–8) blütig, selten auf eine Einzelblüte verringert. Kelchzipfel 5, eiförmig, stumpf, etwa 1½ mm lang. Kronblätter 5, verkehrt eiförmig, stumpf, 3 bis 4 mm lang, weiß. Staubblätter etwas länger als die Kelchzipfel. Fruchtknoten fast ganz unterständig. Kapsel kugelig, 2 bis 3 mm lang, mit sehr kurzen, spreizenden Stylodien. Samen länglich, 0,5 bis 0,6 mm lang, fein stachelwarzig, graubraun. – Chromosomenzahl: $2n = 26$. – VII bis IX.

Vorkommen. In Felsspalten, ruhendem Felsschutt und lückigen, flachgründigen Rasen, auf Alluvionen, meist an im Winter schneefreien Standorten. Nur auf Kalk, Dolomit und Amphibolit, hier aber häufig zwischen 1500 und 2600 m, in feuchten Schluchten, in Lawinenzügen und mit den Flüssen auch weiter herabsteigend; selten bis 3000 m ansteigend (Piz Nair, Ofenpaß, nach BRAUN-BL.). Charakterart des Caricetum firmae (Seslerion), auch in Potentillion caulescentis-Gesellschaften und im Flußgeröll.

Allgemeine Verbreitung. Ost- und Zentralpyrenäen, Alpen, Apenninen bis in die Abruzzen, westlicher und mittlerer Karpatenbogen, Bosnien, Herzegowina und Montenegro.

Verbreitung im Gebiet. In Deutschland nur in den Bayerischen Alpen, hier aber verbreitet, bis 2470 m ansteigend; mit den Isaralluvionen bis Lenggries und Ebenhausen herabsteigend. – In Österreich im Alpengebiet auf kalkhaltigem Boden überall, in der Schweiz im Osten verbreitet und häufig, im Westen seltener. Fehlt im Jura. — In Südtirol massenhaft in den Dolomiten, oft zusammen mit *S. squarrosa*.

Saxifraga caesia ist eine alte und wenig veränderliche Art. Nur die Bekleidung des blühenden Stengels und Blütenstands zeigt von völliger Kahlheit bis zur dichten, klebrigen Drüsenbehaarung alle Übergänge. Es scheinen dabei im diluvial vergletscherten Gebiet die spärlich bedrüsten und kahlen Pflanzen zu überwiegen[1]), während in den Nordost- und Südalpen auch reichlich drüsenhaarige häufig sind[2]). Eine fast stengellose, einblütige Zwergform wurde als f. *subacaulis* (HAUSM.) BRAUN-BL. beschrieben (Stempeljoch bei Innsbruck, Stilfserjoch u. a. O.).

Begleitpflanzen. Die Art ist eine Pionierpflanze windexponierter, nicht oder nur kurz schneebedeckter Felsfluren des Caricetum firmae, zusammen mit *Sesleria albicans* KIT. ex SCHULT., *Festuca pumila* CHAIX, *Carex rupestris* ALL., *C. firma* HOST und *C. mucronata* ALL., *Chamorchis alpinus* (L.) L. C. RICH., *Minuartia verna* (L.) HIERN, *Silene acaulis* (L.) JACQ., *Dryas octopetala* L., *Helianthemum alpestre* (JACQ.) DC., *Gentiana verna* L., *Globularia cordifolia* L., *Crepis Jacquinii* TAUSCH u. a. A. Die fest zusammenschließenden Stämmchen bilden einen Panzer, dem die Pflanze ihre außerordentliche Widerstandsfähigkeit gegen Schneeschliff verdankt.

Blütenverhältnisse. Die Blüten sind proterandrisch und die Antheren öffnen sich, wie auch bei *S. paniculata* und anderen Arten, einzeln nacheinander. Neben Fliegen werden auch Käfer, Hummeln, Schmetterlinge und Ameisen als Blütenbesucher angegeben.

Volksnamen. Im Drautal heißt die Pflanze Weißes Steinmoos (H. GAMS).

Fig. 129. *Saxifraga caesia* L. Am Wollayer See, Südkärnten (Aufn. Th. ARZT).

1429. Saxifraga tombeanensis[3]) BOISS. ex ENGL. in Verh. zool. bot. Ges. Wien **19**, 554 (1869). Syn. *S. diapensioides* NEILR. (1861) non BELL. Tombea-Steinbrech. Fig. 104 und 127 f–k und 130.

Ausdauernd, dichte, harte Polster bildend. Stämmchen dicht dachziegelig beblättert, säulenförmig, 4 bis 6 mm im Durchmesser, nach dem Blühen weiterwachsend. Blühender Stengel aufrecht, 3 bis 8 cm hoch, der Länge nach abstehend kurzdrüsig behaart. Grundblätter aufrecht, gerade, länglich verkehrt eiförmig oder eiförmig lanzettlich, mit aufgesetzten, nach innen gekrümmten Spitzchen, unterseits stumpf gekielt, 2 bis 3 (–6) mm lang und 1 bis 1½ (–2½) mm breit,[4]) dicklich, starr, sehr schmal knorpelrandig, am Grund gewimpert, sonst kahl und ganzrandig, auf der Oberseite am Rand mit 3 bis 5 nur wenig Kalk ausscheidenden Einstichen, auf der Fläche ohne kalkigen Überzug. Stengelblätter meist zahlreich (6 bis 12), reichlich drüsig behaart. Blütenstand kurz traubig oder ebensträußig, 1- bis 5-, meist 3-blütig. Kelchzipfel 5, läng-

---

[1]) Man kann diese als f. *caesia* (L.) bezeichnen; entspricht der *S. squarrosa* f. *glabrata*.

[2]) Solche mögen als f. *glandulosissima* (ENGL.) VOLLMANN geführt werden. Sie entsprechen der gleichnamigen Form von *S. squarrosa*. Daneben gibt es wie bei dieser Art Pflanzen mit nur unterwärts reichlich drüsenhaarigen Stengeln.

[3]) Benannt nach dem Monte Tombea in Judikarien, wo diese Art im Jahre 1853 entdeckt wurde.

[4]) Die Angaben über Gestalt und Länge der Blätter und über die Länge der Kelchzipfel bei ENGLER und BRAUN-BLANQUET weichen erheblich voneinander ab.

lich eiförmig, zugespitzt, 2 bis 3 mm lang. Kronblätter 5, verkehrt eiförmig, vorn abgerundet, 8 bis 14 mm lang, weiß. Staubblätter etwas länger als die Kelchzipfel. Fruchtknoten fast ganz unterständig. Kapsel kugelig, 4 bis 5 mm lang. – V, VI.

Vorkommen. An Kalkfelsen der Judikarischen Alpen zwischen 1200 und 2300 m, im Potentillion caulescentis, ausnahmsweise auch herabgeschwemmt.

Allgemeine Verbreitung[1]). Endemisch in den Judikarischen Alpen.

Nur in Südtirol und den angrenzenden Lombardischen Gebirgen: Val Vestino um 1200 bis 2000 m, Monte Tombea, herabgeschwemmt in einem Bachbett zwischen Magasa und Carignano um 600 m; Val di Ledro um 2000 bis 2300 m (Kalkwände im Val Concei, Lenzumo, Bocca di Tratte, Monte Corone del Gui, zwischen Bocca di Saval und der Grotta Rossa usw.), auf dem Aik bei Idro, am Monte Baldo von 1600 bis 1800 m in fußbreiten Polstern (Malga Canaletti, Altissimo di Nago, Südseite), am Monte Bondone, auf der Alpe Dablino bei Stenico, Nonsberg, am Übergang von Schloß Thun nach Fennberg, Mendelpaß oberhalb Tramin.

Die Art steht morphologisch zwischen der südwestalpinen *S. diapensioides* und den beiden folgenden. Ihr Areal erinnert an das von *Daphne petraea* und *Callianthemum Kernerianum*.

Blütenverhältnisse. Die Blüten sind proterogyn. Das weibliche Stadium dauert 2 bis 3 Tage. Mit der Öffnung der Antheren legen sich die Stylodien unverzüglich zusammen, doch soll auch Selbstbestäubung vorkommen.

Fig. 130. *Saxifraga tombeanensis* BOISS. ex ENGL. (Aufn. P. MICHAELIS).

1430. Saxifraga Vandellii[2]) STERNB. Rev. Saxifr. 34 (1810). Syn. *S. pungens* CLAIRV. (1811). *S. Burseriana* L. var. *Vandellii* (STERNB.) DON (1821). *Chondrosea Vandellii* (STERNB.) HAW. (1821). Vandellis Steinbrech. Fig. 104 und 127 a–e.

Ausdauernd, dichte, harte Polster bildend, Stämmchen dicht dachziegelig beblättert, kurz säulenförmig oder verkehrt eiförmig, 1 bis 1½ cm im Durchmesser, nach dem Blühen weiterwachsend. Blühender Stengel aufrecht, 3 bis 7 cm lang, der Länge nach dicht abstehend drüsig behaart. Grundblätter aufrecht, gerade, lanzettlich bis eiförmig lanzettlich, allmählich in die lange, stechende Spitze verschmälert, unterseits stumpf gekielt, 6 bis 10 mm lang und 1½ bis 2⅓ mm breit, starr, schmal knorpelig berandet, am Grund wimperig gesägt, sonst kahl und ganz-

---

[1]) Verbreitungskarte bei H. PITSCHMANN und H. REISIGL in Veröff. Geobot. Inst. Rübel **35**, S. 55 (1959).
[2]) Nach dem italienischen Mathematiker, Karthographen und Naturforscher DOMENICO VANDELLI (geb. 1735 in Padua, gest. 1816 in Lissabon), der die Gebirge östlich des Comer Sees botanisch durchforschte und dabei diese Art entdeckte. VANDELLI gründete 1772 den botanischen Garten von Coimbra in Portugal.

randig, auf der Oberseite am Rand mit 5 bis 7 nur wenig Kalk ausscheidenden Einstichen, frisch grün, auf der Fläche ohne kalkigen Überzug. Stengelblätter 5 bis 10, drüsig behaart, nur vorne kahl. Blütenstand ebensträußig, 3- bis 7-blütig. Kelchzipfel 5, eiförmig lanzettlich, lang bespitzt, 2½ bis 3 mm lang. Kronblätter 5, verkehrt eiförmig, stumpf, 7–9 mm lang, weiß. Staubblätter etwas länger als die Kelchzipfel. Fruchtknoten fast ganz unterständig. Kapsel kugelig eiförmig, 4 bis 5 mm lang. Samen länglich spindelförmig, 0,6 bis 0,7 mm lang, fein langstachelig, schwarzbraun. – V, VI.

Vorkommen. An Kalkfelsen der Südalpen zwischen 1000 und 2600 m; Potentillion caulescentis-Verbands-Charakterart.

Allgemeine Verbreitung[1]). Endemisch in den Südalpen von den Corni di Canzo zwischen Lecco und Como ostwärts über die Bergamasker Kalkalpen bis Judikarien und die Ortler-Gruppe.

Fehlt in Deutschland, Österreich und der Schweiz vollkommen. – Im südwestlichen Südtirol in Judikarien: Malga Stabolete im Val Daone, Cima del Frate, Stabol fresco, oberhalb Varassone, Clef, Alpe Scortegada, Cleoba, Monte Bondol, Monte Resta. – Im Ortler-Gebiet auf der lombardischen Westseite: Umgebung von Bormio, zwischen den alten und neuen Bädern, oberhalb der Stilfser Joch-Straße, Pliniusquelle, oberhalb Premadio.

Begleitpflanzen. In den an endemischen Reliktformen so reichen Bergamasker Alpen ist *Saxifraga Vandellii* eine recht häufige Pflanze steiler Kalkfelswände. Sie wächst gern in Gesellschaft von *Saxifraga caesia* L., *Primula Auricula* L., *Valeriana saxatilis* L., *Campanula Raineri* PERPENTI, *Phyteuma comosum* L., *Carex austroalpina* BECHERER, *Sesleria ovata* (HOPPE) KERNER und einigen anderen (so am Zucco di Campelli oberhalb Introbio; BRAUN-BL.).

1431. Saxifraga Burseriana[2]) L., Spec. plant. 400 (1753). Syn. *Chondrosea Burseriana* (L.) HAW. (1821). Bursers Steinbrech. Taf. 142, Fig. 5; Fig. 104 und 131.

Ausdauernd, harte Halbkugel-Polster bildend. Stämmchen dicht dachziegelig beblättert, 0,7 bis 1½ cm im Durchmesser, nach dem Blühen weiterwachsend. Blühender Stengel aufrecht, 2 bis 6 (–8) cm hoch, der Länge nach kurz rotdrüsig behaart. Grundblätter gerade, pfriemlich lanzettlich, allmählich in die lange, stechende Spitze verschmälert, unterseits stumpf gekielt, die unteren abstehend, die oberen aufrecht, 4 bis 14 mm lang und 0,8 bis 1,3 mm breit, starr, schmal knorpelig berandet, am Grund gewimpert, sonst kahl und ganzrandig, auf der Oberseite am Rand mit 5 bis 7 Kalk ausscheidenden Einstichen, beiderseits mit hellgrauem Überzug. Stengelblätter 3 bis 7, am Grund gerötet und drüsig gewimpert, vorne hellgrau und kahl. Blütenstand auf eine Einzelblüte verringert, sehr selten 2-blütig. Kelchzipfel 5, dreieckig eiförmig, spitz, 2½ bis 4 mm lang. Kronblätter 5, breit verkehrt eiförmig, vorn abgerundet, 5 bis 15 mm lang, weiß. Staubblätter etwa so lang wie die Kelchzipfel. Fruchtknoten fast ganz unterständig. Kapsel kugelig, mit fast aufrechten Stylodien, die die Kelchzipfel überragen. Samen länglich, 0,5 bis 0,6 mm lang, fein stachelwarzig, hellbraun. – III bis VI.

Vorkommen. An Felsen, in Felsrasen und Flußschottern des östlichen Alpenflügels von der montanen bis in die alpine Stufe, gelegentlich bis 200 m herabsteigend. Nur auf kalkreichem Substrat. Potentillion caulescentis-Verbands-Charakterart (z. B. im Hieracio-Potentilletum), auch verschwemmt im Flußgeröll.

Allgemeine Verbreitung[3]). In den Ostalpen endemisch.

---

[1]) Verbreitungskarte bei H. PITSCHMANN und H. REISIGL in Veröff. Geobot. Inst. Rübel **35**, S. 55 (1959).

[2]) Nach dem Arzt und Botaniker JOACHIM BURSER, (geb. 1583 zu Kamenz in Sachsen, gest. 1649), einem Mitarbeiter von KASPAR BAUHIN. BURSER bereiste 1620 einen Teil des Herzogtums Salzburg und entdeckte diese Pflanze in den Radstätter Tauern. Seine Sammlung kam nach Upsala und wurde von LINNÉ ausgiebig benutzt.

[3]) Vgl. H. MERXMÜLLER, Untersuchungen zur Sippengliederung u. Arealbildung in den Alpen S. 64 (1952). Dieser Veröffentlichung ist auch Fig. 104 entnommen.

Saxifraga Burseriana hat zwei getrennte Verbreitungsgebiete, das eine in den nordöstlichen, das andere in den südöstlichen Kalkalpen. Aus den Zentralalpen sind nur wenige Fundorte bekannt. In Deutschland nur in den Bayerischen Alpen östlich des Inns zwischen 600 und 2200 m: Kampenwand, Brünnlingsalpe, Haaralpschneid, Engeret vor dem Hirschbichl, Almbachklamm und Güldener Graben am Untersberg, im oberen Wimbachtal, am Königsee-Ufer und bei der Eiskapelle sowie am Kleinen Watzmann bei 2200 m. – In Österreich in den nördlichen Kalkalpen östlich der Traun bis zum Schneeberg ziemlich häufig, zwischen Traun und Salzach anscheinend fehlend, zwischen Salzach und Inn zerstreut[1]), z. B. im Kaisergebirge östlich und südlich vom Stripsenjoch zwischen 1600 und 2000 m und am Wildseeloder bei Kitzbühel um 2100 m; selten in den Zentralalpen (z. B. auf der Gnadenalpe in den Radstädter Tauern); in Osttirol und Südkärnten häufig in den Gailtaler und Karnischen Alpen und in den Karawanken, z. B. am Obir. – Fehlt in der Schweiz vollkommen. – In Südtirol selten in Judikarien (am Monte Tombea 1894 von ENGLER aufgefunden) und an der Bocca di Brenta, in den Tridentiner und Veroneser Kalkalpen verbreitet, in den Dolomiten häufig. – Außerdem in den Julischen Alpen häufig, in den Sanntaler Alpen am Grintouz.

Ändert ab, namentlich in bezug auf die Blütengröße. Nach ENGLER wachsen die kleinblütigen Pflanzen mehr an trockenen, die großblütigen an feuchteren Stellen. Die kleinblütigen, mit nur 5 bis 9 mm langen Kronblättern, werden als var. *minor* SÜNDERMANN (1906)[2]), die großblütigen als var. *maior* JENKINS (1901) bezeichnet, jedoch hat diese Unterscheidung außer für gärtnerische Zwecke wenig Wert.

Begleitpflanzen. Auf Alluvionen bei Sankt Bartholomä am Königsee erscheint diese Art als „Schwemmling" neben *Gypsophila repens* L., *Arabis alpina* L., *Hutchinsia alpina* (TORNER) R. BR., *Saxifraga caesia* L., *Dryas octopetala* L., *Athamanta cretensis* L., *Linaria alpina* (L.) MILL., *Erica carnea* L., *Galium helveticum* WEIGEL, *Petasites paradoxus* (RETZ.) BAUMG., *Rumex scutatus* L., *Trisetum distichophyllum* (VILL.) P. B., *Equisetum variegatum* SCHLEICH., u. a. A.

Fig. 131. *Saxifraga Burseriana* L. Am Dobratsch, Kärnten (Aufn. P. MICHAELIS).

Die Blütenverhältnisse hat GÜNTHART eingehend untersucht. Der Nektar ist ziemlich verborgen und wird von den unteren Teilen der Staub- und Kronblätter überwölbt. Die Blüten sind ausgesprochen proterogyn und werden vorzugsweise von Bienen besucht. Auch Dipteren befliegen die Blüten, aber, wie es scheint, mit geringem Erfolg.

Gartenkultur. *Saxifraga Burseriana* ist in der großblütigen Form eine begehrte Steingartenpflanze und erfreut sich besonders in England großer Beliebtheit. Sie findet auch zur Züchtung zahlreicher hybridogener Gartenformen Verwendung.

1432. Saxifraga retusa GOUAN, Ill. et obs. bot. 28, t. 18, f. 1 (1773). Syn. *S. imbricata* LAM. (1778). *S. Baumgartenii* SCHOTT (1857). *S. Wulfeniana* SCHOTT (1857). *S. purpurosa* SCHUR (1869). *S. retusa* ALL. var. *Baumgartenii* (SCHOTT) VELEN. (1891). *S. retusa* ALL. var. *glabrata* VACCARI (1905). *S. purpurea* ALL. var. *Wulfeniana* (SCHOTT) VACCARI (1906). *Antiphylla retusa* (GOUAN) HAW. (1821). Gestutzter Steinbrech.

Ausdauernd, dichte Polster bildend. Stämmchen dicht vierzeilig beblättert, säulenförmig, 3 bis 5 mm breit, nach dem Blühen weiterwachsend. Blühender Stengel aufrecht, sehr kurz bis fast fehlend, bis 1½ cm hoch, unten kraus drüsenhaarig, oberwärts wie auch die Kelchzipfel und die

---

[1]) Vgl. MERXMÜLLER l. c.
[2]) Korrekt wäre var. *Burseriana* (L.).

Blütenröhre kahl. Laubblätter gegenständig, aus dem fast aufrechten Grund waagrecht abstehend oder bogig zurückgekrümmt, länglich lanzettlich bis eilanzettlich, spitzlich, unterseits gekielt, 2 bis 4 mm lang und 1 bis 2 mm breit, dicklich, glänzend dunkelgrün, ohne Knorpelrand, am Grund nicht oder nur ganz spärlich gewimpert, sonst kahl, ganzrandig, auf der Oberseite am Rand mit 3 bis 5 schwach Kalk ausscheidenden Einstichen. Stengelblätter klein, in der unteren Hälfte fein gewimpert. Blütenstand 1- bis 3-blütig. Kelchzipfel 5, länglich eiförmig, stumpf, 1,8 bis 2½ mm lang, kahl und ungewimpert. Kronblätter 5, schmal verkehrt eiförmig bis elliptisch, plötzlich in den langen Nagel verschmälert, der Nagel fast so lang wie die Platte; spitz, etwa 4 mm lang, purpurrosa. Staubblätter länger als die Kronblätter, die Staubbeutel gelb. Fruchtknoten halbunterständig. Kapsel länglich eiförmig, bis 5 mm lang, mit fast aufrechten Kelchzipfeln und langen, spreizenden Griffeln. Samen länglich eiförmig, 0,8 bis fast 1 mm lang, fein längsrunzelig, gelbbraun. – Chromosomenzahl: $2n = 26$. – V bis VIII, später als *S. oppositifolia*.

Vorkommen. Auf Silikatfelsen und Felsschutt der alpinen und nivalen Stufe, meist in Nordexposition, nur an den höchstgelegenen Standorten auch auf Südflanken übergreifend; gern an windgefegten, den Winter über schneefreien Graten, z. B. in Caricion curvulae-Gesellschaften. Fehlt auf kalkhaltigem Substrat[1]).

Allgemeine Verbreitung. Ost- und Zentralpyrenäen, Alpen, Karpaten, Siebenbürgen, Rila Planina in Bulgarien.

Das alpine Areal der Art zerfällt in zwei weit getrennte Teile: ein südwestalpines, das bis ins westliche Tessin reicht, und ein nordostalpines mit den Niederen Tauern, Eisenerzer und Seetaler Alpen.

Verbreitung im Gebiet. Fehlt in Deutschland und Südtirol vollständig. – In Österreich nur in der Steiermark und dem angrenzenden Salzburg (Hoch-Golling, Schwarzkopf in der Fusch, Naßfelder Tauern, Hoch-Reichart, Seckauer Zinken, Zirbitzkogel, Reiting u. a. m.). – In der Schweiz im Tessin (nur im Westen des Maggiatals, hier aber stellenweise häufig, z. B. im Onsernone, Rosso di Ribbia, Sonnenhorn-Gruppe) und Wallis (Pizzo Cervandone im Binntal, Simplon, Monte Rosa: St. Vincent-Hütte, 3150 m). Häufiger ist die Pflanze auf der Südseite der Penninischen und in den Grajischen Alpen.

Begleitpflanzen. Im Tessin oberhalb Pianaccio (Valle di Campo-Maggia) wächst *Saxifraga retusa* bei 2200 m an exponierten Gratrücken in Menge zusammen mit vereinzelten, stark winderodierten Rasen von *Carex curvula* ALL. und *Festuca Halleri* ALL. sowie einigen weiteren Arten wie *Juncus trifidus* L., *Salix herbacea* L., *Polygonum viviparum* L., *Silene exscapa* ALL., *Minuartia recurva* (ALL.) SCHINZ & THELL., *Trifolium alpinum* L., *Loiseleuria procumbens* (L.) DESV., *Vaccinium uliginosum* L., *Primula hirsuta* ALL., *Phyteuma hemisphaericum* L.

Blütenverhältnisse. Die Blüten sind ausgesprochen proterogyn, doch ist Selbstbestäubung möglich. Sie werden vorwiegend von Fliegen besucht.

1433. Saxifraga biflora ALL., Auct. ad synops. method. stirp. horti Taurin. in Miscell. phil. math. soc. priv. Taurin. 5, 86 (1770–73). Syn. *S. oppositifolia* L. var. *biflora* (ALL.) WILLD. 1799. *Antiphylla biflora* (ALL.) HAW. (1821). Zweiblütiger Steinbrech. Fig. 132 und 133a–g.

Ausdauernd, lockere Rasen bildend. Stämmchen aufsteigend oder aufrecht, locker oder gelegentlich dicht beblättert, nach dem Blühen weiterwachsend. Blühender Stengel aufrecht, sehr kurz bis fast fehlend oder bis 5 cm hoch, wie die Blütenröhre der Länge nach kraus drüsig behaart. Laubblätter gegenständig, abstehend, verkehrt eiförmig bis fast kreisrund, stumpf oder undeutlich spitz, kaum merklich gekielt, 5 bis 9 mm lang und 2 bis 6 mm breit, flach, etwas fleischig, dunkelgrün, oft rot überlaufen, ohne Knorpelrand, nur am Grund oder rundum drüsig gewimpert, kahl oder am Grund kraus drüsig behaart, ganzrandig (sehr selten und nicht im Ge-

---

[1]) Dagegen ist die nahe verwandte *Saxifraga purpurea* ALL. (S. 138) der südlichen Penninischen und der Südwestalpen eine ausgesprochene Kalkpflanze.

biet mit 3 Kerben), auf der Oberseite an der Spitze mit einem punktförmigen Einstich oder ohne solchen; niemals Kalk sezernierend. Stengelblätter den Grundblättern ähnlich. Blütenstand rispig-ebensträußig, (1-) 2- bis 9-blütig. Kelchzipfel 5, eiförmig, stumpf oder spitz, 2 bis 4 mm lang, kahl oder außen spärlich drüsenhaarig, am Rand oft drüsig gewimpert. Kronblätter 5, lanzettlich bis verkehrt eiförmig, kurz und breit genagelt, spitzlich oder stumpf, 4 bis 10 mm lang, purpurrosa bis schmutzig violett, selten weiß. Staubblätter stets kürzer als die Kronblätter, so lang wie die Stylodien, die Staubbeutel orangegelb. Fruchtknoten fast ganz unterständig, mit breitem Diskus. Kapsel kugelig, 4 bis 6 mm lang, mit fast aufrechten Kelchzipfeln und kurzen, spreizenden Stylodien. Samen eiförmig, schwach papillös, 1 bis 1,2 mm lang, braun. – Chromosomenzahl: $2n = 26$. – VII, VIII.

Vorkommen. Auf lang schneebedecktem Kalk- und Kalkschieferschutt der Zentral- und Nordalpen von 2000 bis 3000 (–4200) m, vor allem in Feinschutt. Charakterart des Leontodontetum montani (Thlaspeion rotundifolii), auch in Androsacion alpinae-Gesellschaften.

Allgemeine Verbreitung. In den Alpen endemisch.

Saxifraga biflora gliedert sich in zwei nicht überall scharf getrennte Unterarten.

Subsp. **biflora** (ALL.). Fig. 133 c–e, g.
Blühender Stengel entfernt beblättert. Die oberen Stengelblätter meist nur am Grund weich gewimpert. Kronblätter lanzettlich bis lanzettlich elliptisch, bis etwa doppelt so lang wie die Kelchzipfel, bis 6 mm lang, selten über 2 mm breit, meist dreinervig, schwach fleischig und beim Trocknen gewöhnlich schwarz werdend.

Fig. 132. *Saxifraga biflora* ALL. subsp. *macropetala* (KERNER) ROUY & CAMUS. Naßfeld, Glocknergebiet (Aufn. P. MICHAELIS).

Allgemeine Verbreitung. Im Areal der Art, meist häufiger als die folgende Unterart.

Verbreitung im Gebiet. In Deutschland einzig im Allgäu an der Schwarzen Milz (sowohl auf der bayerischen wie auf der Tiroler Seite). – In Österreich in Salzburg, Kärnten, Tirol und Vorarlberg(?); in den nördlichen Kalkalpen nur im Tennengebirge, in den Zentralalpen in den Radstädter und Hohen Tauern, den Zillertaler und Stubaier Alpen, im Paznaun (Fimberjoch) und am Arlberg. – In der Schweiz in den Rätischen und Lepontinischen Alpen, in der Tödikette, den westlichen Berner Alpen (Grimsel, Furka-Joch) und ziemlich häufig in den Penninischen Alpen; hier steigt die Pflanze bis 4200 m (Matterhorn) an. – In Südtirol im Contrintal am Aufstieg zur Marmolata bei 2600 m.

Ändert ab. Vom Kleinen Sankt Bernhard wurde eine Pflanze mit vorne 3-kerbigen Blättern als var. *Chanousiana* VACCARI (1911) beschrieben.

Subsp. **macropetala** (KERNER) ROUY & CAMUS, Fl. France, 7, S. 68 (1901). Syn. *S. macropetala* A. KERNER (1872). *S. Kochii* BLUFF, NEES & SCHAUER (1838) pro pte. Fig. 132 und 133 a, b, f.
Blühender Stengel dicht beblättert, erst bei der Fruchtreife gestreckt. Die oberen Stengelblätter meist rundum gewimpert. Kronblätter verkehrt eiförmig bis breit verkehrt eiförmig elliptisch, mehr als doppelt so lang wie die Kelchzipfel, 6 bis 10 mm lang und bis 6 mm breit, 5-nervig, dünner als bei der vorigen Unterart und beim Trocknen weniger leicht schwarz werdend. – Nach GAMS ist diese Sippe wahrscheinlich hybridogen *(S. biflora × oppositifolia)*.

Allgemeine Verbreitung. Mittlere und östliche Alpenkette vom Wallis bis in die Hohen Tauern. Außerhalb des Gebiets nicht zuverlässig nachgewiesen.

Fehlt in Deutschland vollständig. – In Österreich in Kärnten (Pasterze, Gamsgrube), Salzburg (Hoher Gang über Ferleiten, Pfandlscharte zwischen 2700 und 3000 m, Naßfeld bei Gastein), Tirol (Muttekopf bei Imst, Sandestal in Gschnitz, Rollspitze am Brenner, Wildseespitze in Pfitsch, Windischmatrei, Kals) und Vorarlberg (Schindlerspitze am Arlberg, Biklengrat, Schwarzhorn, Sulzfluh). – In der Schweiz in den Urkantonen (Gitschen, Hasenstock, Widderfeld), in Glarus und St. Gallen auf den Kämmen gegen Graubünden (Sernftal, Calfeusertal), in Graubünden am Scopi (2940 m), Segnespaß, Flimserstein, Piz Mirutta, Lavadignasgrat, Piz da Sterls (2900 m), Vanezfurca (2400 m), Krachenhorn, Fimberjoch, in den Berner und Waadtländer Kalkalpen (wo subsp. *biflora* fast vollständig fehlt) sowie im Wallis ziemlich verbreitet (z. B. Alpes de Bex, Sanetschpaß, Dalagletscher oberhalb Leukerbad, Lötschenpaß, Bagnestal, Nicolai- und Saastal, Simplongebiet).

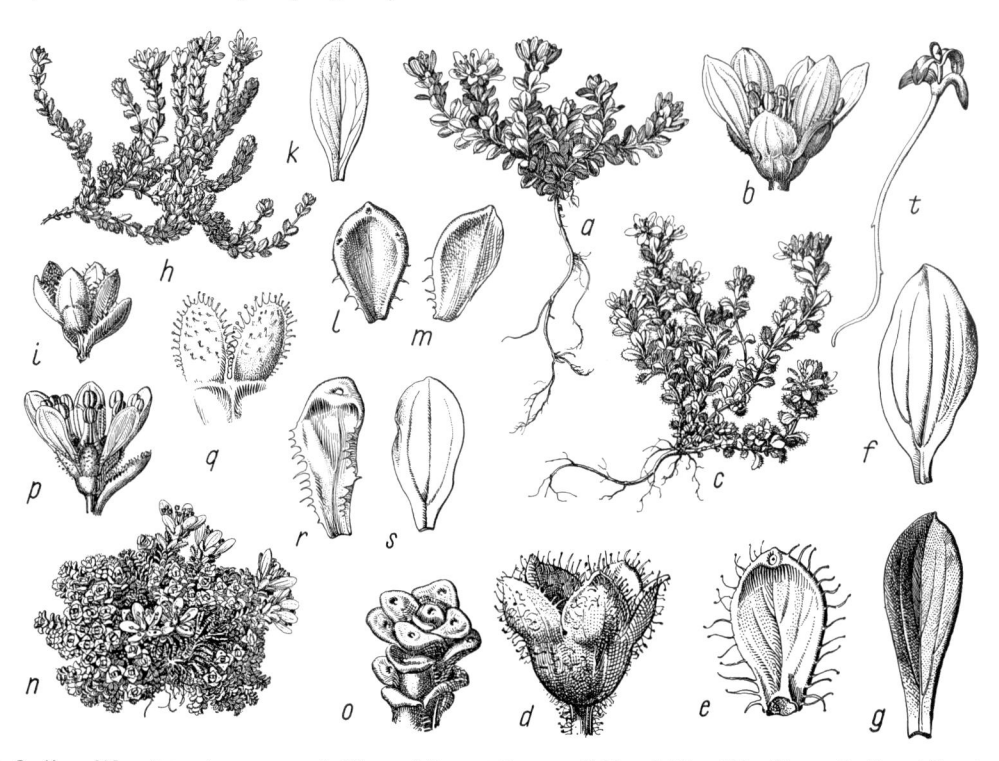

Fig. 133. *Saxifraga biflora* ALL. subsp. *macropetala* (KERNER) ROUY et CAMUS. *a* Habitus. *b* Blüte. *f* Kronblatt. – *Saxifraga biflora* ALL. subsp. *biflora*. *c* Habitus. *d* Kelch. *e* Laubblatt. *g* Kronblatt. – *Saxifraga oppositifolia* L. subsp. *amphibia* (SÜNDERMANN) BR.-BL. *h* Habitus. *i* Kelch. *k* Kronblatt. *l*, *m* Laubblätter. – *Saxifraga oppositifolia* L. subsp. *Rudolphiana* (HORNSCH.) ENGL. & IRMSCHER. *n* Habitus. *o* Sproßspitze. *p* Blüte. *q* Kelchblätter. *r* Laubblatt. *s* Kronblatt. *t* Keimpflanze.

Begleitpflanzen. Beide Unterarten stimmen in ihren Standortansprüchens überein. Beide sind Charakterarten rutschender Kalkschutthänge mit feuchtem Untergrund und langer Schneebedeckung, auf denen sie mit *Poa minor* GAUD., *Moehringia ciliata* (SCOP.) DALLA TORRE, *Thlaspi rotundifolium* (L.) GAUD., *Arabis caerulea* ALL. und *A. Jacquinii* BECK, *Saxifraga oppositifolia* L., *Doronicum grandiflorum* LAM., *Leontodon montanus* LAM. u. a. A. vorkommen.

Blütenverhältnisse. Die Blüten von *Saxifraga biflora* sind bereits im Herbst fertig ausgebildet. Sie entfalten sich alsdann nach dem Ausapern. Beide Unterarten sind proterogyn. Spontane Selbstbestäubung ist beim Übergang vom weiblichen ins männliche Stadium möglich.

Parasiten. Auf dieser Art lebt der Rostpilz *Puccinia Fischeri* CROUCHET & MAJOR sowie der Schlauchpilz *Pyrenophora chrysospora* NIESSL, der auch andere alpine Steinbrech-Arten befällt.

1434. Saxifraga oppositifolia L., Spec. plant. 402 (1753). Syn. *S. caerulea* PERS. (1805). *Antiphylla caerulea* (PERS.) HAW. (1821). *Antiphylla oppositifolia* (L.) FOURR. Roter Steinbrech, Paarblätteriger Steinbrech. Taf. 142, Fig. 10; Fig. 133 h–t, 134–138.

Ausdauernd, lockere Rasen bis dichte, flache Polster bildend. Stämmchen kriechend und locker beblättert bis fast aufrecht und dicht vierzeilig belaubt; nach dem Blühen weiterwachsend. Blühender Stengel aufrecht, sehr kurz oder häufig ganz unterdrückt bis gegen 5 cm hoch, einblütig, oberwärts, wie auch die Blütenröhre, oft drüsig behaart. Laubblätter gegenständig, sehr selten (nicht im Gebiet) die oberen Stengelblätter abwechselnd, gerade oder die Spitze zurückgekrümmt, verkehrt eiförmig lanzettlich bis breit verkehrt eiförmig oder fast kreisrund, spitz bis stumpf oder abgerundet, unterseits gekielt, 2 bis 8 mm lang und 1 bis 3 ½ mm breit, starr, flach, fleischig, dunkel blaugrün, ohne Knorpelrand[1]), nur am Grund oder rundum gewimpert, sonst kahl und ganzrandig[2]), auf der Oberseite vor der Spitze und am Rand mit 1, 3 oder 5 meist etwas Kalk ausscheidenden Einstichen. Stengelblätter den Grundblättern ähnlich, die obersten bisweilen unterseits drüsig behaart. Blüten einzeln, mit 5 eiförmigen bis schmal eiförmigen, stumpfen oder spitzlichen, 2½ bis 5 mm langen, am Rand gewimperten Kelchzipfeln. Kronblätter 5, verkehrt eiförmig bis elliptisch, undeutlich kurz und breit genagelt, stumpf oder spitz, 5 bis 20 mm lang, purpurrosa bis weinrot, sehr selten weiß. Staubblätter zwei Drittel so lang bis so lang wie die Kronblätter, die Staubbeutel orangegelb, getrocknet grauviolett. Fruchtknoten halbunterständig. Kapsel eiförmig, 3 bis 6 mm lang, mit fast aufrechten Kelchzipfeln und ziemlich langen, spreizenden Stylodien. Samen eiförmig, 0,8 bis 1,1 mm lang, schwach runzelig bis fein höckerig, hellbraun bis schwärzlich. – Chromosomenzahl: 2n = 26, in der Arktis auch 39 und 52. – (II) IV bis VII.

Vorkommen. Mit Ausnahme von subsp. *amphibia*, die im Strandgeröll des Bodensees lebt (siehe S. 184), an Felsen, auf Felsschutt, Gletschermoränen, Geröllhalden, Kiesbänken, auch in lückigen Rasen der alpinen und nivalen Stufe von 580 m (Felsen an der Klus bei Landquart) bis 3800 m (Wallis) auf Kalk- und Silikatunterlage. Thlaspeetalia rotundifolii-Klassen-Charakterart (ausgenommen subsp. *amphibia*).

Allgemeine Verbreitung. Sierra Nevada, Pyrenäen, Auvergne, Französischer Jura, Bodenseegebiet, Alpen, Apenninen; Riesengebirge, Karpaten, Gebirge der Balkanhalbinsel; außerdem im Norden zirkumarktisch verbreitet: Spitzbergen, Franz-Josefs-Land, Bäreninsel, Nowaja Semlja, Island, Faer Öer, Skandinavien, Lappland, Irland, Gebirge der Britischen Inseln, arktisches Sibirien, Alaska und Nordkanada bis Grönland; im atlantischen Nordamerika südwärts

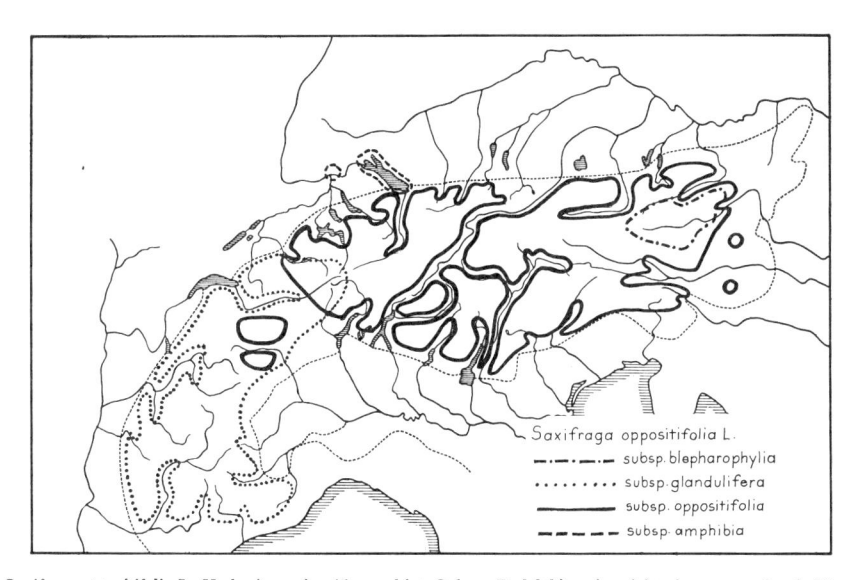

Fig. 134. *Saxifraga oppositifolia* L. Verbreitung im Alpengebiet. Subsp. *Rudolphiana* ist nicht eingetragen (nach MERXMÜLLER).

---

[1]) Nur die subsp. *speciosa* (DÖRFLER & HAYEK) ENGL. & IRMSCHER aus den Abruzzen vorne knorpelig berandet.
[2]) Nur bei subsp. *asiatica* (HAYEK) ENGL. & IRMSCHER, die nicht im Gebiet vorkommt, gehen die Wimpern gegen die Blattspitze zu in Zähne über.

bis Vermont, im pazifischen bis ins Yellowstone-Gebiet; eine abweichende Unterart, subsp. *asiatica* (HAYEK) ENGL. & IRMSCHER, im Altai, in Ostsibirien, Dahurien, Alatau, Tian-Schan, Westtibet und Kaschmir. Zahlreiche Fossilfunde in glazialen und spätglazialen Ablagerungen des europäischen Tieflands.

Saxifraga oppositifolia zerfällt in einige morphologisch und arealmäßig recht verschiedenwertige Sippen, deren Bewertung lange umstritten war und es eigentlich immer noch ist. So hat HAYEK (1905) in einer monographischen Bearbeitung der Sektion *Porphyrion* unsere *S. oppositifolia* in 8 Arten zerlegt, von denen 4 auf Mitteleuropa entfallen. Dieser Engfassung des Artbegriffs folgte in den letzten Jahren beispielsweise JANCHEN [Catalogus Fl. Austriae 1. Teil, Heft 2, S. 268 (1957)]. ENGLER und IRMSCHER (1919) wie auch BRAUN-BLANQUET (1923) haben im Gegensatz hierzu die HAYEKschen „Arten" zu Unterarten und in einem Fall zur Varietät erniedrigt. Aber auch damit sind nach WEBB (brieflich) die mitteleuropäischen Sippen immer noch um eine Kategorie zu hoch bewertet.

Schlüssel der Unterarten.

1 a Laubblätter stumpf bis fast gestutzt, die randlichen Wimpern gegen die Blattspitze länger werdend. Nur in Österreich (Hohe und Niedere Tauern, Norische Alpen) . Subsp. **blepharophylla** (KERNER ex HAYEK) ENGL. & IRMSCHER
1 b Laubblätter stumpf bis spitz, die randlichen Wimpern gegen die Blattspitze zu kürzer werdend 2
2 a Kelchzipfel drüsig gewimpert. Wimpern der Laubblätter kurz (etwa ½ mm lang) 3
2 b Kelchzipfel nicht drüsig gewimpert. Wimpern der Laubblätter häufig bis 1 mm lang 4
3 a Laubblätter 3 bis 5 (–8) mm lang, am Rand fast bis zur Spitze bewimpert. Häufig lockere Rasen bildend. Westalpen . . . . Subsp. **glandulifera** VACCARI
3 b Laubblätter 1½ bis 2½ mm lang, im vorderen Drittel oder Viertel ungewimpert. Stets sehr dichte, feste Polster bildend. Ostalpen . . . . Subsp. **Rudolphiana** (HORNSCH.) ENGL. & IRMSCHER
4 a Laubblätter mit nur einem Einstich, sehr selten mit dreien; meist Kalk ausscheidend. Gebirgspflanzen . . . .
. . . . Subsp. **oppositifolia** (L.)
4 b Laubblätter meist mit 3 Einstichen am Vorderrand, gelegentlich nur mit einem; keinen Kalk ausscheidend. Kronblätter 8 bis 13 mm lang. Uferpflanzen des Bodenseegebiets . . . Subsp. **amphibia** (SÜNDERMANN) BRAUN-BL.

Subsp. **blepharophylla** (KERNER ex HAYEK) ENGL. & IRMSCHER in Pflanzenreich IV 117, S. 638 (1919). Syn. *S. blepharophylla* KERNER ex HAYEK (1902).

Meist dichte Rasen bildend. Laubblätter verkehrt eiförmig, vorn stumpf oder quergestutzt und nur wenig verdickt, unterseits nur ganz schwach gekielt, 3 bis 4 mm lang, die Randwimpern gegen die Blattspitzen zu länger werdend; am Vorderrand nur ein einziger, Kalk ausscheidender Einstich. Kelchzipfel sehr lang, aber nicht drüsig gewimpert. Kronblätter 5 bis 8 mm lang.

Allgemeine Verbreitung. Endemisch in den Hohen und Niederen Tauern sowie in den Norischen Alpen.

Der Schwerpunkt der Verbreitung liegt in den Niederen Tauern: Seckauer Zinken, Hoch-Reichart um 2417 m, Hochschwung, Marstecken bei Seckau, Hohenwart, Lechkogel bei Krakauhintermühlen von 2000 bis 2500 m, Hochwildstelle, Schladminger Tauern (am Plasken, Waldhorntörl, Steinkarzinken) von 2100 bis 3000 m, Hoch-Golling, Treberspitz, Liegnitz im Lungau, Schellgaden-Urbanalpe, Hundsfeldkopf am Radstädter Tauern, Weißbriachtal, Murwinkel, Kareck, Göriachwinkel. Außerdem einige wenige Fundorte in den Hohen Tauern (Schwarzhorn im Kleinen Elend und Gamsgrube bei Heiligenblut, beide in Kärnten) und in den Norischen Alpen (Eisenhut und Zirbitzkogel). – In Bayern, wo nach VOLLMANN angenäherte Formen vorkommen sollen, fehlt diese Unterart vollständig.

Subsp. **glandulifera** VACCARI in Bull. Soc. bot. Ital. (Febr. 1903) 68. Syn. *S. oppositifolia* L. var. *distans* SER. in DC. (1830). *S. Murithiana* TISSIÈRE (1868).

Lockere bis mäßig dichte (selten sehr dichte) Rasen bildend. Laubblätter verkehrt eiförmig bis länglich keilförmig, vorn gewöhnlich spitz oder spitzlich und meist kräftig verdickt, unterseits meist stark gekielt, 3 bis 5 (–8) mm lang, am Rand fast bis zur Spitze bewimpert, die Wimpern ziemlich starr, gerade abstehend oder nur an der Spitze geschlängelt, kurz (meist ½ mm lang), vom Blattgrund gegen die Blattspitze zu kürzer werdend; am Vorderrand nur ein einziger, Kalk aussondernder Einstich, seltener deren 3. Die Wimpern der Kelchzipfel (alle oder nur die unteren) mit Drüsenköpfchen. Kronblätter 6 bis 12 mm lang.

Allgemeine Verbreitung. Sierra Nevada und Pyrenäen (wo die anderen Unterarten fehlen) sowie in den Westalpen.

Verbreitung im Gebiet. Nur im Wallis, hier aber häufig und bis 3800 m ansteigend; nach Osten bis zum Gotthard. Außerdem vom Hauptareal abgesprengte Vorkommen im Tessin und in Graubünden (Flimserstein, Piz Ivreina bei Zernez, Sassalbo im Puschlav).

Subsp. **Rudolphiana**¹) (HORNSCH.) ENGL. & IRMSCHER in Pflanzenreich IV **117**, S. 638 (1919). Syn. *S. Rudolphiana* HORNSCH. in KOCH (1837). *S. oppositifolia* L. var. *Rudolphiana* (HORNSCH.) ENGL. (1872). Fig. 133 n–t, 135.

Sehr dichte, harte Polster bildend. Laubblätter verkehrt eiförmig bis zungenförmig, meist spitzlich, vorn kräftig verdickt und unterseits gekielt, 1½ bis 2 (–2½) mm lang, mit dünnen, kurzen Randwimpern, die gegen die Blattspitze hin kürzer werden; das vordere Drittel oder Viertel ungewimpert; am Vorderrand nur ein einziger Einstich, meist Kalk ausscheidend. Kelchzipfel dicht drüsenköpfig gewimpert. Kronblätter 5 bis 7 mm lang.

Allgemeine Verbreitung. Ostalpen und Ostkarpaten (Rodna, Bucsecs).

Verbreitung im Gebiet. Fehlt in Deutschland vollständig. – In Österreich am Reiting in der Steiermark, in den Niederen Tauern (Lungau, Hoch-Golling, Hohe Warthe bei Oberwölz u. a.), Hohe Tauern (Mallnitzer Tauern, Katschtaler Alpen, Gamskarkogel, Naßfeld, Fuscher Tauern, Hochtor, Kitzsteinhorn um 3200 m, Pasterzengletscher, Heiligenblut, Prägraten, Windischmatrei), in den Zillertaler Alpen (Navistal, Tarntaler Köpfe, Wildkreuzspitze im Pfitschtal, Wildseespitz, Rollspitze am Brenner, Ahrntal, Tristenstein in Weißenbach, Hasental im Prettau) und im oberen Ötztal. – Fehlt in der Schweiz; die angeblichen Vorkommen (Badus und Thäli [Avers] in Graubünden, Wandfluh in den Freiburger Alpen) gehören nach JACQUET zu subsp. *oppositifolia*. – In Südtirol im Brennergebiet und am Sasso di Rocca bei Canazei.

Diese Unterart ist bezeichnend für die Nivalstufe der östlichen Zentralalpen und kommt vorwiegend auf kalkführenden Schiefern (Bratschen) vor. Als Begleitpflanzen kommen in Betracht: *Sesleria ovata* (HOPPE) KERNER, *Hutchinsia brevicaulis* HOPPE, *Doronicum Clusii* (ALL.) TAUSCH var. *villosum* TAUSCH, *Oxytropis triflora* HOPPE, *Phyteuma globulariaefolium* STERNB. & HOPPE, *Primula glutinosa* WULF. und *P. minima* L., *Saponaria pumila* (ST.-LAG.) JANCHEN u. a. A.

Aus den Penninischen und Grajischen Alpen werden zwergwüchsige Hochgebirgsformen von subsp. *glandulifera* angegeben, die mit subsp. *Rudolphiana* nicht verwechselt werden dürfen.

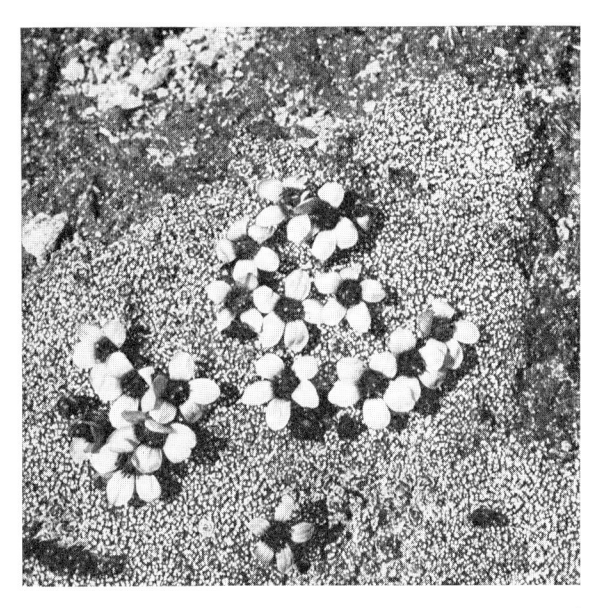

Fig. 135. *Saxifraga oppositifolia* L. subsp. *Rudolphiana* (HORNSCHUCH) ENGL. & IRMSCHER, Glocknergebiet (Aufn. P. MICHAELIS).

Subsp. **oppositifolia** (L.). Syn. *S. oppositifolia* L. subsp. *eu-oppositifolia* ENGL. & IRMSCHER (1919). *S. oppositifolia* L. subsp. *arcto-alpina* BRAUN-BL. (1923). Taf. 142, Fig. 10; Fig. 136, 137.

Lockere bis dichte Rasen und selbst feste Polster bildend. Laubblätter in der Form sehr veränderlich, verkehrt eiförmig bis länglich lanzettlich, stumpf oder spitz, vorn gewöhnlich kräftig verdickt und unterseits stark gekielt, 3 bis 5 mm lang, am Rand meist bis zur Spitze, selten nur am Grund gewimpert, die Wimpern meist vom Grund an geschlängelt, oft um 1 mm lang, vom Blattgrund gegen die Blattspitze zu kürzer werdend; am Vorderrand nur ein einziger, Kalk ausscheidender Einstich, sehr selten deren 3. Kelchzipfel nicht drüsig gewimpert. Kronblätter (–5) 7 bis 10 mm lang, selten darüber.

Allgemeine Verbreitung. Die in der Arktis, in Nord- und dem außeralpinen Mitteleuropa (Auvergne, Jura, Riesengebirge) sowie in Nordamerika allein vorkommende Sippe; in den Alpen im Osten (nur einige disjunkte Fundorte in den Penninischen und Grajischen Alpen, in den übrigen Südwestalpen vollständig fehlend), in den Karpaten verbreitet. Fehlt in den Pyrenäen und auf allen Gebirgen Südeuropas.

Verbreitung im Gebiet. In Deutschland nur in den Bayerischen Alpen, hier aber von 1600 bis über 2600 m verbreitet, z. B. am Watzmann, auf der Rotwand bei Schliersee, Zugspitze, am Walchensee bis 820 m absteigend, auch im Allgäu recht häufig. – In Böhmen im Riesengebirge (Teufelsgärtchen, Riesengrund, Kesselkoppe, Kleine Schneegrube). – In Österreich, der Schweiz und Südtirol im ganzen Alpengebiet häufig, auch im Areal von subsp. *blepharophylla* und subsp. *Rudolphiana*, nur in Niederösterreich fehlend und in den Penninischen Alpen selten; wird hier durch subsp. *glandulifera* vertreten. Einen Hinweis auf die Entstehung von subsp. *oppositifolia* gibt die Tat-

---

¹) Benannt nach KARL ASMUND RUDOLPHI, geb. 1771 in Stockholm, seit 1797 Professor der Anatomie und Physiologie in Greifswald, seit 1810 in Berlin, gest. 1832. Er sammelte 1826 Pflanzen in den Radstätter Tauern, wo er die nach ihm benannte Splachnacee *Tayloria Rudolphiana* (HORNSCH.) BR. EUR. entdeckte.

Fig. 136. *Saxifraga oppositifolia* L. subsp. *oppositifolia*. Am Padasterkogel bei Trins in Tirol (Aufn. Th. ARZT).

Fig. 137. *Saxifraga oppositifolia* L. subsp. *oppositifolia*. Am Padasterkogel bei Trins in Tirol. 4 × natürliche Größe. (Aufn. Th. ARZT).

sache, daß diese äußerst polymorphe, hauptsächlich im diluvial stark beeinflußten Gebiet siedelnde Sippe ausgesprochen „negativ" charakterisiert ist, sie also kein Merkmal aufweist, das nicht in der einen oder anderen Kombination bei der gewiß ursprünglicheren subsp. *glandulifera* und subsp. *blepharophylla* schon vorhanden wäre. Es ist recht wahrscheinlich, daß subsp. *oppositifolia* erst verhältnismäßig spät entstanden ist und im vergletscherten Gebiet die älteren Sippen ersetzt hat (vgl. auch unter subsp. *amphibia*).

Subsp. **amphibia** (SÜNDERMANN) BRAUN-BL. in HEGI, Ill. Fl. v. Mitteleuropa, 4, 1, S. 580 (1923). Syn. *S. oppositifolia* L. var. *amphibia* SÜNDERMANN (1909). Fig. 133 h–m und 138.

Lockerrasig, mit langkriechenden Stämmchen. Laubblätter verkehrt eiförmig, stumpf oder spitzlich, vorn verdickt, unterseits nur schwach gekielt, 3 bis 4 mm lang, in der unteren Blatthälfte oder in den unteren zwei Dritteln gewimpert, die Wimpern unter 1 mm lang und nach vorne kürzer werdend; am Vorderrand meist mit 3 punktförmigen Einstichen, gelegentlich mit nur 2 oder einem, keinen Kalk ausscheidend. Kelchzipfel gewimpert, aber drüsenlos. Kronblätter 8 bis 13, meist um 10 mm lang.

Allgemeine Verbreitung. Nur am Bodensee und am Rhein bei Thiengen gegenüber der Aaremündung.

In Deutschland früher bei Wasserburg und Nonnenhorn, am Horn zwischen Überlinger und Obersee, bei Konstanz, im Wollmatinger Ried, auf der Reichenau, am Landungsplatz Hegne, zwischen Markelfingen und Allensbach. – In der Schweiz bei Güttingen, Landschlacht, Scherzingen, Bottighofen, unterhalb Steckborn gegen Glarisegg, zwischen Münsterlingen und Landschlacht. – In Österreich in Vorarlberg im Delta der Bregenzer Ache. – Neuerdings infolge der Verbauung und Verschmutzung der Ufer fast überall ausgestorben; 1962 nur noch ein sicherer Fundort (OBERDORFER).

Diese Sippe ist mehr durch ihre Lebensweise als durch morphologische Unterschiede ausgezeichnet, denn ähnlich großblütige Individuen finden sich vereinzelt auch bei subsp. *distans* und subsp. *oppositifolia*. Sehr bemerkenswert ist dagegen das Überwiegen von 3-punktigen Blättern, ein Merkmal, das bei den alpinen Sippen von *S. oppositifolia* ausgesprochen ungewöhnlich ist, bei den apenninischen und balkanischen aber recht häufig vorkommt. Von den heute im Alpengebiet wachsenden Pflanzen kann also subsp. *amphibia* kaum abgeleitet werden, viel eher möchte man sie mit einer Sippe wie der balkanischen subsp. *meridionalis* TERRACIANO vergleichen. Das heutige Fehlen einer derartigen Pflanze in den Alpen wird durch die Expansion der jungen und vermutlich hybridogenen subsp. *oppositifolia* verständlich.

Die Pflanze blüht im Februar und März; nach der Blütezeit, oft schon im Mai, werden die Standorte meist überschwemmt und bleiben bis Ende August vollständig unter Wasser. Die eigentliche Wachstumsperiode ist der Herbst; sie zieht sich bis in den Winter hinein.

Begleitpflanzen. *S. oppositifolia* subsp. *amphibia* ist Charakterart des Deschampsietum rhenanae. Sie wächst im Strandgeröll des Bodensees zusammen mit *Deschampsia litoralis* (RCHB.) REUTER, *Eleocharis acicularis* (L.) R. & SCH., *Allium Schoenoprasum* L., *Ranunculus reptans* L., *Armeria alpina* (DC.) WILLD. var. *purpurea* (KOCH) BAUMANN, *Litorella uniflora* (L.) ASCHERS., *Myosotis palustris* (L.) NATH. subsp. *caespititia* (DC.) BAUMANN u. a. A.

S. oppositifolia subsp. *glandulifera* und subsp. *oppositifolia*. Begleitpflanzen wie unter *Saxifraga bryoides* (S. 159) und *S. exarata* (S. 200). In der Arktis ist subsp. *oppositifolia* neben *Salix polaris* WAHLENB. einer der ersten Besiedler der Polygonböden (ENGLER) und – neben *Saxifraga aizoides* L. – der Moränen (GAMS).

Wuchsformen und Vegetationsorgane. *Saxifraga oppositifolia* ist an exponierten Standorten zur Bildung dichter Polster befähigt. An tiefergelegenen Lokalitäten strecken sich die Internodien der Stämmchen (bis 1 cm lang) und überziehen ausläuferartig den Felsschutt und entwickeln gelegentlich Adventivwurzeln. Durch Lawinen und heftige Winde abgerissene Polsterteile wurzeln nach Möglichkeit wieder an. Die Laubblätter sind immergrün; an schneefreien Stellen ertragen die Pflanzen unbeschadet bis zu 40° Kälte; sie bilden an solchen Standorten reichlich Anthocyan und färben sich kräftig purpurn oder braunrot. Die Blüten werden schon im Spätsommer und Herbst angelegt; sie entfalten sich gewöhnlich bald nach dem Ausapern im nächsten Frühjahr, mitunter aber noch im Herbst. Als Knospenschutz dienen die obersten Laubblätter.

Blütenverhältnisse. Die Blüten sind in der Regel proterogyn, werden aber bald homogam. Proterandrische Blüten wurden als Seltenheit in der Arktis beobachtet. Spontane Selbstbestäubung erfolgt leicht und oft. Die Blüten scheiden reichlich Nektar ab und werden von Fliegen, Hummeln und Faltern besucht. Schon Anfang Juni fand BRAUN-BLANQUET am Flimserstein bei 2680 m Hummeln beim Blütenbesuch. Wie bei zahlreichen Steinbrech-Arten kommen auch hier Blüten mit verkümmerten Staubblättern vor.

Fig. 138. *Saxifraga oppositifolia* L. subsp. *amphibia* (SÜNDERMANN) BR.-BL., im Ufergeröll des Bodensees (Aufn. E. SCHMID).

Frucht und Samen. Die Früchte kommen selbst in den höchsten Lagen (z. B. Piz Linard, 3400 m) und in ungünstigen Sommern noch zur Reife. Die Samen sind nach VOGLER etwa 0,0001 g schwer und zur Verbreitung durch den Wind geeignet.

Fossilfunde. Beblätterte Stengel, Samen und Pollen wurden wiederholt fossil gefunden, auch außerhalb des heutigen Verbreitungsgebiets. Vgl. auch S. 145.

Parasiten. *Saxifraga oppositifolia* ist die Futterpflanze des Schmetterlings *Dasydia tenebraria*. Eine *Phytoptus*-Art kann vergrünte Blüten hervorrufen. Über den wirtswechselnden Rostpilz *Melampsora alpina* JUEL vgl. S. 145.

Volksnamen und Verwendung. In Osttirol und Kärnten heißt diese Art Rotes Stanmies. – In Grönland wird sie von den Eskimos gern gegessen (GAMS).

1435. Saxifraga rotundifolia L., Spec. plant. 403 (1753), Syn. *S. rotundifolia* L. subsp. *eurotundifolia* ENGL. & IRMSCH. (1916). *Miscopetalum rotundifolium* (L.) HAW. (1821). Rundblätteriger Steinbrech. Franz.: Saxifrage à feuilles rondes. Ital.: Erba stella. Taf. 141, Fig. 6 und Fig. 139.

Ausdauernd, ohne sterile Seitensprosse, mit kurzer, knotiger, unterirdischer Grundachse und aufrechtem, (10–) 15 bis 70 cm hohem, blühendem Stengel. Grundblätter rundlich herz-nierenförmig, grob und ungleich gekerbt-gezähnt, lang gestielt, weich und etwas fleischig, kahl bis mäßig dicht behaart; die Spreite 1 bis 3 $\frac{1}{2}$ cm lang und 1 $\frac{1}{2}$ bis 5 cm breit, der Stiel mehrmals länger. Stengelblätter wenige, die unteren den Grundblättern ähnlich, die oberen kleiner, kurz gestielt oder sitzend. Blüten in lockerer, reichblütiger, kurz drüsig behaarter Rispe. Blütenstiele etwa so lang wie die Blüte. Kelchblätter 5, länglich dreieckig, spitz, während der Anthese aufrechtspreizend, 1 $\frac{1}{2}$ bis 4 mm lang. Kronblätter 5, länglich, 5 bis 9 mm lang, weiß, in der unteren Hälfte mit gelben, in der oberen mit purpurnen Punkten, selten einfarbig weiß. Staubblätter 10, fast doppelt so lang wie die Kelchblätter. Fruchtknoten oberständig, nur ganz am Grund mit der Blütenröhre verbunden. Kapsel eiförmig, mit bis zu 2 mm langen Griffeln. Samen eiförmig, 0,6 mm lang, braun oder schwarz, fein warzig punktiert. – Chromosomenzahl: $2n = 22$. – VI bis IX.

Vorkommen. An feuchten, schattigen Stellen der subalpinen Stufe, in Bachschluchten, Karfluren, auf kräuterreichen Waldlichtungen der Alpen; öfters herabsteigend, so in Vorarlberg bis 400 m, in Tirol bei Meran bis 320 m, im Wengentobel bei Kempten, Eistobel bei Riedholz in Bayern; andererseits im Schutze der Grünerlen in die alpine Stufe vordringend (z. B. im hinteren Ötztal noch bei 2200 m). Adenostyletalia-Ordnungscharakterart, auch in subalpinen Hochstaudenbuchenwäldern. Auf Kalk- und Silikatgestein.

Fig. 139. *Saxifraga rotundifolia* L. Am Rosengarten in den Dolomiten bei etwa 1800 m Höhe. (Aufn. Th. ARZT).

Allgemeine Verbreitung. Alpengebiet und Gebirgsländer von Südeuropa. Im Westen in den französischen Mittelgebirgen, Pyrenäen und in Mittelspanien (Burgos). Im mittleren Mittelmeergebiet über die Apenninen bis Sizilien reichend, außerdem auf Korsika und Sardinien. Im Osten in den Karpaten, den Gebirgen der Balkanhalbinsel, des nördlichen Kleinasiens und im Kaukasus.

Verbreitung im Gebiet. In Deutschland nur in den Bayerischen Alpen (verbreitet bis 2110 m) und in Württemberg (Kreis Wangen: Großholzleite an mehreren Punkten, Rohrdorf, Adelegg bei Eisenbach). – Im Schweizer Jura nordwärts bis zum Kellenholz der Lägern. – In den Österreichischen und Schweizer Alpen sehr verbreitet und meist häufig; nur in den zentralen Trockentälern stellenweise selten oder fehlend, so im Unterengadin (hier einzig im Seitental Scarl von 1900 bis 2100 m), im hinteren Stubai- und vorderen Ötztal. Im Schweizerischen Mittelland auf den höchsten Molassebergen.

Saxifraga rotundifolia ist im Gebiet mit der Nominatrasse – var. *rotundifolia* (L.) – vertreten; diese ist durch kahle oder spärlich behaarte, unregelmäßig gezähnte oder gesägte Grundblätter ausgezeichnet. Bereits in Slowenien und Istrien wächst eine abweichende Pflanze, var. *repanda* (WILLD.) ENGL. (1872), mit beiderseits dicht behaarten und am Rand nur schwach gekerbten Grundblättern. So in Südosteuropa, Kleinasien und dem Kaukasus, zum Teil zusammen mit var. *rotundifolia*.

Begleitpflanzen. *Saxifraga rotundifolia* ist eine konstante Begleiterin des Grünerlen-Gebüsches und wächst hier gern in Gesellschaft großblätteriger Hochstauden wie *Rumex arifolius* ALL., *Ranunculus lanuginosus* L., *Aconitum paniculatum* LAM. und *A. Vulparia* RCHB., *Geum rivale* L., *Peucedanum Ostruthium* (L.) KOCH, *Adenostyles Alliariae* (GOUAN) KERN., *Achillea macrophylla* L., *Cicerbita alpina* (L.) WALLR., *Doronicum austriacum* JACQ. u. a. A. – Je extremer die klimatischen Bedingungen, um so enger ist die Pflanze an den Strauch- und Waldschutz gebunden; in den kontinentalen Tälern der Zentralalpen wird man sie kaum in freier Lage antreffen, während sie in den Nordalpen wenig wählerisch ist und in recht verschiedene Pflanzengesellschaften eindringt.

Blütenverhältnisse. Die Blüten sind ausgeprägt proterandrisch. Der Nektar wird in kleinen Tröpfchen von der fleischigen Basis des Fruchtknotens abgesondert und ist leicht zugänglich. Die Bestäubung vermitteln kleine Fliegen, die sich oft in sehr großer Zahl als Besucher einfinden.

Parasiten. *Saxifraga rotundifolia* wird von mehreren parasitären Pilzen befallen, namentlich von *Puccinia Saxifragae* SCHLECHTD. (vgl. S. 145), *Exobasidium Schinzianum* MAGNUS und *Sphaerotheca fuliginea* SCHLECHTD. Über die an dieser Art auftretenden minierenden Insekten vgl. S. 145.

Volksnamen und Geschichtliches. Wegen der äußeren Ähnlichkeit dieser Art mit dem Sanikel (*Sanicula europaea* Bd. V/2, S. 957 der 1. Auflage) heißt sie in den Ostalpen Sanigl, in der Schweiz (Waldstätten) nach der volksmedizinischen Anwendung Lunge(n)-Chrut. Als Sanikel war die Pflanze auch den Vätern der Botanik geläufig. CLUSIUS kannte sie als Sanicula alpina maior austriaca, C. BAUHIN als Sanicula alpina foliis rotundis. In Schlesien war sie im 17. Jahrhundert als Sanicula montana, Wildes Schellkraut oder Weißer Sanikel in Kultur.

Inhaltsstoffe. In den Stengeln und Blättern wies KLEIN Cholin nach.

1436. Saxifraga arachnoidea[1]) STERNB., Rev. Saxifr. 23, t. 15 (1810). Spinnweb-Steinbrech. Fig. 140a–c.

Ausdauernd, lockere Rasen bildend. Stengel zart, niederliegend. 10 bis 30 cm lang, vielästig, mit nichtblühenden Achselsprossen. Untere Blätter rundlich verkehrt eiförmig, 3- bis 5- (selten bis 7-) lappig mit breiten, stumpfen Lappen, plötzlich oder kurz keilförmig in den Blattstiel verschmälert, zart dünnhäutig und fast durchscheinend, hellgrün, wie die Stengel spinnwebig von langen, klebrigen Haaren überzogen; Blattspreite 1½ bis 2 cm lang und 1 bis 1½ cm breit, der Stiel etwa so lang wie die Spreite. Obere Stengelblätter den unteren ähnlich, aber fast sitzend, allmählich in die Tragblätter übergehend. Blütenstand vom vegetativen Stengel nicht scharf abgesetzt, eine lockere, armblütige Rispe, spärlich spinnwebig wollig oder fast kahl. Blütenstiele mehrmals länger als die Blüte. Kelchzipfel 5, eiförmig, spitz oder stumpf, waagrecht spreizend, 1½ bis 2 mm lang. Kronblätter 5, verkehrt eiförmig, am Grund kurz genagelt, stumpf, 2 bis 3 mm lang, zitronengelb. Staubblätter nicht länger als die Kelchzipfel. Fruchtknoten halbunterständig, breit eiförmig. Kapsel 3½ bis 4½ mm lang. Samen eiförmig, ¾ mm lang, glänzend schwarzbraun, schwach gefurcht. – VII, VIII.

Vorkommen. In Felsnischen der südlichen Kalkalpen, im Schatten unter überhängenden Felsen auf feuchtem, feinpulverigem Kalkmulm zwischen 600 und 1700 m.

Allgemeine Verbreitung und Verbreitung im Gebiet[2]). Endemisch in den Gebirgen westlich des Gardasees im südlichsten Judikarien, und zwar im Val Ampola (hier zuerst von

---

[1]) Vgl. *Sempervivum arachnoideum* S. 110.
[2]) Verbreitungskarte bei H. PITSCHMANN und H. REISIGL in Veröff. Geobot. Inst. Rübel **35**, S. 55 (1959).

STERNBERG 1804 aufgefunden), Valle Santa Lucia, häufig in den Gebirgen zwischen dem Val Ampola und Val Vestino, Val Lorina, Monte Tombea, Rocca pagana, Monte Tremalso, oberhalb Magasa, oberhalb Messane und im Val di Ledro; ein Fundort auch östlich des Gardasees, ein weiterer im Val Brembana nördlich Bergamo. Alle Fundorte liegen außerhalb der größten eiszeitlichen Vergletscherung.

Fig. 140. *Saxifraga arachnoidea* STERNB. *a* Habitus. *b* Haare des Laubblattes. *c* Kronblatt. – *Saxifraga petraea* L. *d* Habitus. *e* Blüte (Kronblätter entfernt).

Als Begleitpflanzen werden *Hymenolobus pauciflorus* (KOCH) SCHINZ & THELL., *Arabis alpina* L. subsp. *crispata* (WILLD.) WETTST., *Aquilegia thalictrifolia* SCHOTT & KOTSCHY und *Moehringia glaucovirens* BERT. angegeben.

Die nächsten Verwandten dieser Art sind *Saxifraga latepetiolata* WILLK. in Ostspanien und *S. irrigua* M. BIEBERST. auf der Krim.

Blütenverhältnisse. *Saxifraga arachnoidea* ist nach KIRCHNERS Untersuchungen proterandrisch. Selbstbestäubung ist ausgeschlossen.

1437. Saxifraga petraea L., Spec. plant. ed. 2, 578 (1762). Syn. *S. rupestris* WILLD. (1799). *S. Ponae* STERNB. (1810). Karst-Steinbrech. Fig. 140 d,e und 141.

Pflanze zweijährig, ohne sterile Seitensprosse. Stengel zart, hin- und hergebogen, 10 bis 25 cm lang, am Grund mäßig dicht bis rosettig beblättert. Grundblätter im Umriß halbkreisförmig, handförmig dreilappig, die Lappen grob 2- bis 5-zähnig, der mittlere gelegentlich ganzrandig und oft keilförmig; Spreite am Grund nierenförmig, besonders oberseits wie auch der Stiel und Stengel reichlich langdrüsig behaart; Blattspreite 0,8 bis 3 cm lang und 1 bis 3½ cm breit, der Blattstiel so lang wie die Spreite oder mehrmals länger. Obere Stengelblätter den unteren ähnlich, jedoch am Grund gestutzt oder keilförmig verschmälert und kürzer gestielt bis fast sitzend, allmählich in die Tragblätter übergehend. Blütenstand von unten an locker rispig verzweigt, mit langen, weit abstehenden Ästen, dicht und lang drüsig behaart. Blütenstiele mehrmals länger als die Blüte. Kelchblätter 5, eiförmig, stumpflich, etwas spreizend, 1½ bis 2½ mm lang. Kronblätter 5, verkehrt eiförmig bis keilförmig, vorn breit ausgerandet, 7 bis 10 mm lang, weiß. Staubblätter so lang bis eineinhalbmal so lang wie die Kelchzipfel. Fruchtknoten unterständig, vorn gestutzt. Blütenröhre glockig. Kapsel breit eiförmig bis kugelig, 3 bis 4 mm lang. Samen rundlich eiförmig, ½ mm lang, graubraun (?) oder schwarz (nach ENGLER), kahl und glatt, nur längs der hervortretenden Mittelnaht kurz stachelwarzig. – IV bis VII.

Vorkommen. An feuchten Kalkfelsen unter vorspringenden Wänden, in Höhlen und grottenartigen Vertiefungen der südöstlichen Kalkalpen, von etwa 200 bis 2000 m; kalkstet.

Allgemeine Verbreitung. Von den Corni di Canzo bei Lecco am Comersee durch die südöstlichen Kalkalpen bis Istrien und Kroatien.

Fig. 141. *Saxifraga petraea* L. Doline von St. Canzian bei Triest (Aufn. P. MICHAELIS)

Verbreitung im Gebiet. In Südtirol: Val Vestino, Monte Tombèa 1500 bis 1700 m, Val d'Ampola, Fassatal am Monte Tatóga und Monte Pavione, bei Rovereto an den Felsen von Castelcorno, Cima di Nago 1900 m, Vall' Aviana, Podestaria bei Ala usw.; dann namentlich in Krain an zahlreichen Fundorten: bei Sagor, Laibach, am Lorenziberge bei Billichgraz, Adelsberg, Zirknitz, am Predil u. a. O.; Küstenland: Sabotina bei Görz, Grotten von St. Canzian bei Triest, unterhalb Visinada fast bis zum Meeresspiegel herabsteigend.

Die Art ist florengeschichtlich wie auch ökologisch und selbst habituell *S. arachnoidea* recht ähnlich und wie diese ein Tertiärrelikt von etwas weiterer Verbreitung, aber immerhin recht selten.

Die Blüten sind ausgeprägt proterandrisch und sondern nur spärlich Nektar ab.

1438a. Saxifraga adscendens L., Spec. plant. 405 (1753). Syn. *S. controversa* STERNB. (1810). *S. tridactylites* L. subsp. *adscendens* (L.) A. BLYTT (1906). Aufsteigender Steinbrech. Taf. 142, Fig. 1 und Fig. 142.

Zweijährig, ohne sterile Seitensprosse. Stengel aufrecht, einfach oder von Grund auf ästig, 1 bis 25 cm hoch, am Grund rosettig, darüber zerstreut beblättert, wie die ganze Pflanze kurz klebrig drüsig behaart. Grundblätter keilförmig oder spatelig, am Vorderrand 2- bis 5-zähnig, seltener ganzrandig, stumpflich, fast ungestielt, 3 bis 25 mm lang und bis 7 mm breit. Stengelblätter zahlreich, den Grundblättern ähnlich, die oberen oft ganzrandig, allmählich in die Tragblätter übergehend. Blütenstand rispig verzweigt, mit wenigblütigen, steif aufrechten Ästen. Blütenstiele kürzer bis mehrmals länger als die Blüte. Kelchblätter 5, eiförmig, etwas spreizend, 1 bis 2½ mm lang. Kronblätter 5, verkehrt eiförmig, keilförmig in den Grund verschmälert, häufig vorn ausgerandet, 2- bis 3-mal so lang wie die Kronzipfel, milchweiß. Staubblätter etwa so lang wie die Kelchzipfel. Fruchtknoten unterständig, vorn gestutzt. Blütenröhre im Fruchtzustand

Fig. 142. *Saxifraga adscendens* L. Beispiele für die Modifikationsbreite der Art (nach ENGLER).

Fig. 143. *Saxifraga tridactylites* L. Beispiele für Hunger- und Mastformen (nach ENGLER).

verkehrt eiförmig, allmählich in den Stiel verschmälert, 4 bis 5 mm lang. Samen eiförmig bis ellipsoidisch, spitz mit gestutztem Grunde, 0,3 bis 0,4 mm lang, ganz fein papillös. – Chromosomenzahl: $2n = 22$. – VI bis VIII.

Vorkommen. An mäßig feuchten, kurzrasigen, steinigen oder grasigen Stellen, besonders in *Elyna*-Rasen, auch an Schaf- und Ziegenlägern in den Schweizer und Österreichischen Alpen, von 1800 bis 3000 m (im Ötztal) ansteigend, in den Französischen Westalpen bis 3480 m. Schwach kalkliebend.

Allgemeine Verbreitung. Pyrenäen, Alpen, Apenninen bis Sizilien, Karpaten, Gebirge der Balkanhalbinsel, Kaukasus; subarktisches Europa (in Norwegen bis 71°5′ nördl. Breite, Lappland, Schweden, Finnland, Estland) und Nordamerika (in den Rocky Mountains bis über 4000 m ansteigend).

Verbreitung im Gebiet. Fehlt in Deutschland vollständig. – In Österreich in den Zentralalpen verbreitet, in Niederösterreich auf der Raxalpe und dem Dürrenstein, in Oberösterreich und den Salzburger Kalkalpen sehr selten, in Vorarlberg fehlend. – In der Schweiz fast ganz auf die Zentralalpen beschränkt und auch dort streckenweise fehlend, so z. B. im Berner Oberland, St. Gallen, Appenzell, Uri und Glarus; im Kanton Tessin nur auf den Kalklinsen am Lukmanier und Pizzo Molare. – In Südtirol ziemlich verbreitet (Ortler- und Brennergebiet, Sarntaler Alpen, Dolomiten).

Saxifraga adscendens ist eine recht vielgestaltige Pflanze, namentlich im Hinblick auf die Verzweigung des Blütenstands, die Größenverhältnisse und – in geringerem Maße – die Behaarung. Dabei scheint es sich weitgehend um ökologische Modifikationen zu handeln.

Diese Art vertritt im Gebirge und im Norden die nahe verwandte *S. tridactylites*. In Nord- und Mitteleuropa schließen sich die Verbreitungsgebiete beider Arten aus.

Begleitpflanzen. Entsprechend ihrer Vorliebe für humusreiche, den Winter über schneefreie oder doch bald ausapernde Stellen wird *Saxifraga adscendens* gern in Rasen von *Elyna myosuroides* (VILL.) FRITSCH, zusammen mit *Trisetum spicatum* (L.) RICHTER, *Sagina saginoides* (L.) KARSTEN, *Arenaria Marschlinsii* KOCH, *Draba carinthiaca* HOPPE, *Gentiana tenella* ROTTB. u. a. Arten angetroffen. Gleich mehreren dieser Arten wohl endozoochor durch Gemsen, Schafe und Ziegen verbreitet (GAMS).

Blütenverhältnisse. Die Blüten sind in den Alpen proterogyn, in Schweden dagegen homogam. Selbstbestäubung kommt vor.

1438 b. Saxifraga tridactylites[1]) L., Spec. plant. 404 (1753), Syn. *S. tridactylites*, L. subsp. *eutridactylites* ENGL. & IRMSCHER. *S. trifida* GILIB. (1781). *S. annua* LAP. (1801). *Tridactylites annua* (LAP.) HAW. (1821). Dreifinger-Steinbrech, Händleinkraut. Engl.: Rue-leaved Saxifrage. Franz.: Saxifrage à trois doigts, S. des murailles, perce-pierre. Ital.: Lucernicchia. Dänisch: Treklöft Stenbraek. Taf. 143, Fig. 3 und Fig. 143.

Einjährig. Stengel aufrecht, einfach oder verzweigt, ein- oder mehrblütig, 2 bis 18 cm hoch, am Grund dicht und oft rosettig beblättert, wie die ganze Pflanze kurz drüsenhaarig. Grundblätter spatelförmig ganzrandig oder kurz dreilappig, spitz oder stumpflich, kurz oder undeutlich gestielt, 5 bis 20 mm lang. Stengelblätter mehr oder weniger zahlreich, 3- bis 5-lappig, gewöhnlich tiefer geteilt als die Grundblätter, allmählich in die Tragblätter übergehend. Blütenstand meist rispig verzweigt, mit wenigblütigen Ästen. Blütenstiele 2- bis mehrmals so lang wie die Blüte. Kelchblätter 5, eiförmig, leicht spreizend, 1 bis 2 mm lang. Kronblätter 5, keilig eiförmig, doppelt so lang wie die Kelchzipfel, weiß. Staubblätter etwa so lang wie die Kelchzipfel. Fruchtknoten unterständig, vorn gestutzt. Blütenröhre im Fruchtzustand fast kugelig, am Grund abgerundet. Samen eiförmig, 0,3 mm lang, entfernt kurz warzig-stachelig. – Chromosomenzahl: $2n = 22$. – IV bis VI.

---

[1]) Von griechisch τρεῖς [treis] = drei und δάκτυλος [daktylos] = Finger, also tridactylites = dreifingerig.

Vorkommen. An sonnigen, trockenen Hängen, auf Felsköpfen, Sandfeldern und in offenen, steinigen Trockenrasen, sekundär auf Weinbergsmauern, Lesesteinhaufen und Hausdächern, namentlich in den wärmeren, trockeneren Gebietsteilen verbreitet. In den trockenen Zentralalpen-Tälern bis 1550 m (Wallis) ansteigend. Kalkliebend, aber nicht kalkstet, Festuco-Sedetalia-Ordnungscharakterart.

Allgemeine Verbreitung. Europa und Mittelmeergebiet bis Westpersien; im Norden selten werdend, in Norwegen bis 64°13′ nördl. Breite.

Verbreitung im Gebiet. In Deutschland im Nordwesten sehr selten, den Ostfriesischen Inseln bis auf Juist fehlend, in Mecklenburg, Brandenburg, Thüringen, Sachsen und den Mittelgebirgen zerstreut, stellenweise fehlend (z. B. im Erzgebirge) oder sehr selten (im Bayerischen Wald), am häufigsten im Rhein- und Maingebiet, sowie im Jura. Im Alpenvorland zerstreut, in den bayerischen Alpen sehr selten. – In Österreich und der Schweiz zerstreut, aber kaum über 1500 m ansteigend und in den Nordalpen auch darunter recht selten .– In Böhmen in der Umgebung von Prag, im Böhmischen Karst, auf Kalkfelsen bei Horaždovice, im Elbegebiet, um Pardubitz und im Böhmischen Mittelgebirge. – In Mähren im Süden und in der Mitte verbreitet, gegen Norden bis Mährisch Trübau, Stramberg und Ungarisch Hradisch reichend.

Saxifraga tridactylites ist, von Hunger-, Mast- und Schattenformen abgesehen, eine wenig veränderliche Pflanze.

Begleitpflanzen. Diese Art gehört im Mittelmeergebiet zu den verbreitetsten Mitgliedern der ephemeren Therophytenflora, die bereits im zeitigen Frühjahr zur Blüte kommt und bis zum Eintritt der sommerlichen Trockenzeit die Frucht- und Samenreife abgeschlossen hat. In Mitteleuropa siedelt sie sich vorzugsweise in offenen, wärmeliebenden Rasengesellschaften auf Feinschutt, Felsen und entsprechenden Sekundärstandorten an. In der Umgebung von Würzburg tritt sie auf in Gesellschaft von *Poa compressa* L., *Stipa capillata* L., *Melica ciliata* L., *Bromus erectus* HUDS., *Koeleria pyramidata* (LAM.) P. B., *Sedum reflexum* L., *Arenaria serpyllifolia* L., *Holosteum umbellatum* L., *Allium sphaerocephalum* L., *Alyssum alyssoides* (L.) NATH., *Hippocrepis comosa* L., *Teucrium botrys* L., *Lactuca perennis* L., *Anthemis tinctoria* L., *Achillea nobilis* L. u. a. A. – In der Walliser Felsensteppe wächst *S. tridactylites* zusammen mit *Festuca valesiaca* SCHLEICH., *Poa carniolica* HLADNIK & GRAF, *Carex liparicarpos* GAUD., *Hornungia petraea* (L.) RCHB., *Cerastium semidecandrum* L., *Veronica praecox* ALL. und vielen mehr.

Parasiten. Die Pflanze wird von dem Pilz *Pleospora Tridactylitis* AUERSW. befallen.

Blütenverhältnisse. Wahrscheinlich tritt in der Regel Selbstbefruchtung ein. Die Blüten sind meist schwach proterogyn, doch wird auch Proterandrie angegeben.

Verwendung. Der Dreifinger-Steinbrech wurde früher innerlich und äußerlich gegen Drüsenverhärtung empfohlen und in Bier gesotten gegen chronischen Ikterus verwendet. Er soll auch als Salat gegessen und zur Bereitung von Leim verwendet werden.

1439. Saxifraga cernua L., Spec. plant. 403 (1753). Syn. *Lobaria cernua* (L.) HAW. 1821. Nickender Steinbrech. Fig. 144, 145 h, i.

Ausdauernd, meist mit kurzen, unterirdischen Seitensprossen aus den Achseln der Grundblätter. Stengel meist aufrecht, einfach oder mit wenigen, aufrechten Ästen, (2½–) 10 bis 35 cm hoch. Grundblätter zur Blütezeit meist abgestorben, aber die Blätter der Seitensprosse oft solche vortäuschend, diese wie auch die unteren Stengelblätter im Umriß nierenförmig, handförmig 3- bis 7-lappig, die Blattlappen meist eiförmig und stumpf, seltener spitz; leicht fleischig, kahl, selten unten und am Rand kraushaarig, die Spreite 5–18 mm lang und 9 bis 25 mm breit, der Stiel 2- bis 5-mal länger. Stengelblätter wenige, kürzer gestielt, nach oben in die Tragblätter übergehend, wie die Grundblätter in ihren Achseln mit Brutzwiebeln. Stengel (und Äste) an der Spitze eine einzige, wohl ausgebildete oder verkümmerte Blüte tragend. Blütenstiel meist länger als die Blüte, drüsig behaart. Kelchzipfel 5, eiförmig, spreizend, 2½ bis 3 mm lang. Kronblätter 5, länglich verkehrteiförmig, keilig in den Grund verschmälert, 8 bis 13 mm lang, weiß. Staubblätter so lang wie die Kelchzipfel bis doppelt so lang. Fruchtknoten nur im unteren Drittel mit der Blütenröhre verwachsen, länglich eiförmig. Früchte werden nicht ausgebildet. – Chromosomenzahl: $2n = 30$–36, ca. 50, 60 und 64. – VII.

Vorkommen. Sehr selten an feuchten Felsen und überrieselten Schluchtwänden, auch in lückigen Pionierrasen; auf Kalk, Gneis und Porphyr.

Allgemeine Verbreitung. Arktisches Europa (in Spitzbergen bis 80° nördlicher Breite), Sibirien, Amerika (in Pearyland bis etwa 82° nördl. Breite) und Grönland, außerdem in Island, Schottland (Perth und Argyll), in den Seealpen, im Wallis, in den Ostalpen und Karpaten; im Altai, den zentralasiatischen Hochgebirgen, in Japan und auf den Rocky Mountains.

Verbreitung im Gebiet[1]). Fehlt in Deutschland vollständig. – In Österreich in der Steiermark (Eisenhut bei Turrach, Sinabel bei Schladming, Hochwildstelle unter den Felswänden zwischen Obersee und der Neualmscharte), in Kärnten (in den Hohen Tauern, auf der Großfragantalpe, am Schober, Klein-Zirknitz bei Döllach, Wintertal am Abhang gegen den Pressnigsee) und in Westtirol (Schmalzkopf bei Nauders). – In der Schweiz im Unterengadin auf dem Piz Arina (2830 m), in den Südberner Alpen (in feuchten Felshöhlen am Sanetschpaß, am Südabfall gegen das Rhonetal in den Felsen von Bellalui oberhalb Lens bei 1800 m und 2250 m und am Sublage, Zabona beim Col de Pochet) aber nicht bei Lens in den Rätischen Alpen. – In Südtirol im Fassatal (Cirelle di Contrin, Porta Vescovo, Padon Fassano, Laghetto delle Selle, Sella- und Rollepaß, Travignolotal, Colbriccone, Cavallazzo unter nassen Felswänden).

Ändert ab: Von dieser im hohen Norden ziemlich veränderlichen Pflanze lassen sich im Gebiet neben der typischen Form – f. *cernua* (L.), Syn. f. *simplicissima* LEDEB. (1830) –, die durch einen unverzweigten, 10 bis 35 cm hohen, an der Spitze eine wohl ausgebildete Blüte tragenden Stengel ausgezeichnet ist, eine f. *bulbillosa* ENGL. & IRMSCHER unterscheiden, die meist niedriger bleibt, bei der die Endblüte verkümmert ist und Brutzwiebeln trägt. Im allgemeinen herrscht die f. *cernua* vor, nur in Südtirol ist die f. *bulbillosa* häufiger.

Eine amphibisch lebende Form von *Saxifraga cernua*, gewissermaßen ein Gegenstück zu *S. oppositifolia* subsp. *amphibia*, ist *S. cernua* f. *amphibia* GAMS[2]) im Grenzgürtel des Torneträsk in Schwedisch-Lappland. Sie erreicht eine Höhe von 5 bis 8 cm, hat einen starr aufrechten, unverzweigten, blühenden Stengel, Rosettenblätter mit 1 bis 2 cm langem Stiel und einer 2 bis 6 mm breiten, oft ganz verkümmerten Spreite, einen ährenförmigen Blütenstand, der an Stelle von Blüten oder Brutzwiebeln auswachsende Knospen mit 4 bis 6 mm langen Blattstielen und winzigen Blattspreiten tragen. Dadurch erinnert die Pflanze fast an *Polygonum viviparum*.

Fig. 144. *Saxifraga cernua* L. Laktatjakko bei Abisko (Aufn. P. MICHAELIS).

Begleitpflanzen. Auf dem Piz Arina im Unterengadin wächst *Saxifraga cernua* in Pionierrasen über kalkführenden Schiefern bei nordwestlicher Exposition in Gesellschaft von *Artemisia Genipi* WEBER, *Carex parviflora* HOST, *Cerastium cerastioides* (L.) BRITTON und *C. uniflorum* CLAIRV., *Draba fladnizensis* WULF., *Erigeron neglectus* KERNER, *Euphrasia minima* JACQ., *Lloydia serotina* (L.) RCHB., *Luzula spicata* (L.) DC., *Minuartia biflora* (L.) SCHINZ & THELL. und *M. sedoides* (L.) HIERN, *Oxytropis Halleri* BUNGE und *O. Jacquinii* BUNGE, *Pedicularis Kerneri* DALLA TORRE, *Polygonum viviparum* L., *Ranunculus glacialis* L., *Saxifraga moschata* WULF. var. *lineata* (STERNB.,) H. HUBER und *S. oppositifolia* L., *Sedum atratum* L., *Sesleria albicans* KIT. ex SCHULT., *Tanacetum alpinum* (L.) SCH.-BIP., *Taraxacum ceratophorum* (LED.) DC., *Trisetum spicatum* (L.) K. RICHTER, den Flechten *Cetraria nivalis* (L.) ACH. und *Thamnolia vermicularis* (SW.) ACH. u. a. A. An feuchteren, stärker nach Norden abfallenden Stellen siedelt sich die Pflanze gern in *Hypnum*-Polstern an, zusammen mit *Gentiana bavarica* L. var. *subacaulis* CUSTER, *Saxifraga androsacea* L. und *S. Seguieri* SPRENGEL. – Am Sellajoch kommt die Art mit *Mnium orthorhynchium* Br. eur., *Timmia bavarica* HESSL., *Sauteria alpina* NEES sowie einer *Vaucheria* und *Arabis alpina* L. zusammen vor (GAMS).

Die disjunkten Vorkommen im Alpengebiet weisen die Pflanze als Glazialrelikt aus.

---

[1]) Verbreitungskarte bei H. MELCHIOR in Ber. Deutsch. Bot. Gesellsch. 52, S. 226 (1934).
[2]) Veröff. Geobot. Inst. Rübel 4, S. 68 (1927).

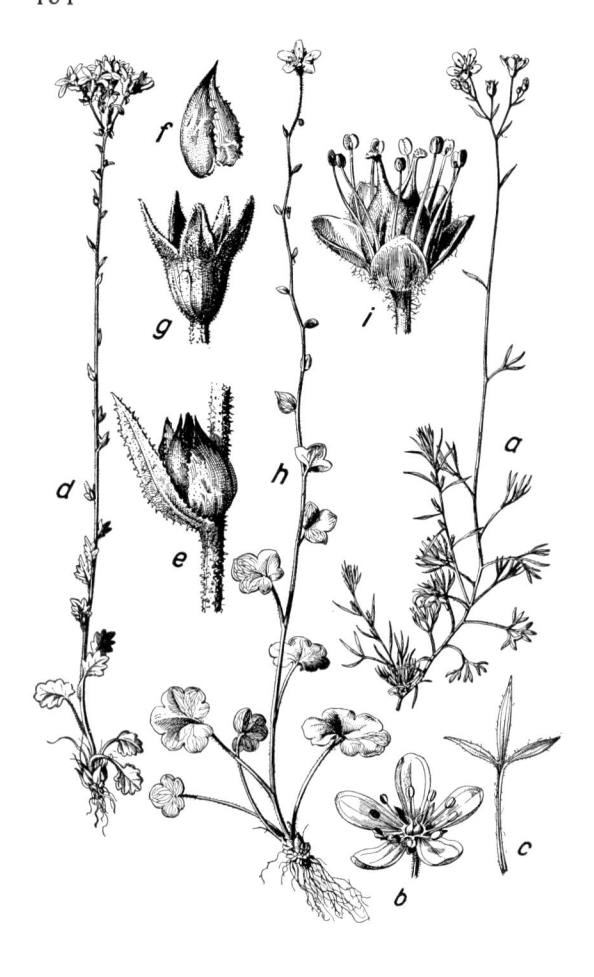

Brutzwiebeln. Die Bulbillen bestehen aus mehreren, fest zusammenschließenden, eiförmigen oder länglichen Schuppenblättern, die als Andeutung einer Blattspreite in eine kurze Spitze ausgezogen sind. Sie sind dicklich fleischig und reich an Stärke. Die Brutzwiebeln der Grund- und Stengelblätter sind weißlich, die des Blütenstands sind dunkelrot gefärbt.

Blütenverhältnisse. Die Blüten duften nach Mandeln; die Blüte ist meist etwas unregelmäßig, d. h. die Kronblätter der einen Seite sind schmäler als die der anderen. Wie bei den meisten *Saxifraga*-Arten wird am Grunde des Fruchtknotens Nektar abgesondert, der Dipteren anlockt. Die Blüten sind in der Regel proterandrisch; doch kann Selbstbestäubung stattfinden. Proterogynie scheint seltener zu sein.

Verbreitung. Da Samen trotz regelmäßigen Insektenbesuches anscheinend niemals ausgebildet werden, vermehrt sich *S. cernua* ausschließlich mittels ihrer Brutzwiebeln. Diese werden von Schneehühnern gefressen und können gelegentlich dadurch verbreitet werden. Wichtiger ist wahrscheinlich die endozoische Verbreitung durch Wiederkäuer (im Norden Rentiere, im Alpengebiet Schafe, Ziegen und Gemsen), da die Pflanze vielfach in Höhlen auftritt, in denen diese übernachten. Neben der Verbreitung durch Tiere spielt auch die durch fließendes Wasser eine Rolle, weshalb die Pflanze, besonders im Norden, oft in Bachrinnen vorkommt (H. GAMS).

Fig. 145. *Saxifraga hypnoides* L. *a* Habitus (½ natürl. Größe). *b* Blüte. *c* Laubblatt. – *Saxifraga bulbifera* L. *d* Habitus. *e* Brutknospe mit Stützblatt. *f* Stützblatt. *g* Kelch. – *Saxifraga cernua* L. *h* Habitus. *i* Blüte.

1440. Saxifraga bulbifera[1]) L., Spec. plant. 403 (1753). Syn. *S. granulata* LUMNITZER (1791) non L. *S. veronicaefolia* PERS. (1805). *S. vivipara* VEST (1820). Zwiebelsteinbrech. Slowenisch: Brstični Kreč. Fig. 145 d–g.

Ausdauernd. Stengel aufrecht, einfach, 15 bis 50 cm hoch, wie die Blätter dicht klebrig-drüsig behaart. Grundblätter rosettig gedrängt, im Umriß rundlich nierenförmig, am Grund herzförmig oder gestutzt, eingeschnitten gekerbt gelappt mit breiterem Endlappen, die Spreite 6 bis 13 mm lang und 8 bis 20 mm breit, der Stiel 2- bis 3-mal so lang wie die Spreite. Stengelblätter zahlreich (8 bis 16), nach oben in die Tragblätter übergehend, wie auch die Grundblätter in den Achseln Brutzwiebeln tragend. Blütenstand in eine dicht gedrängte, meist 3- bis 7-blütige Trugdolde zusammengezogen. Blütenstiele viel kürzer als die Blüte. Kelchzipfel 5, eiförmig, schräg aufgerichtet, 2½ bis 3½ mm lang. Kronblätter 5, länglich verkehrt eiförmig, 5 bis 10 mm lang, weiß oder gelblichweiß. Staubblätter 10, etwa so lang wie die Kelchzipfel. Fruchtknoten fast ganz in die verkehrt eiförmige Blütenröhre eingesenkt. Kapsel fast kugelig, 4 bis 6 mm lang, die Stylodien und Kelchzipfel aufrecht. Samen länglich, ⅓ mm lang, schwarzbraun, fein papillös. – V bis VII.

Vorkommen. In trockenen Rasen, lichtem Eichen-Buschwald und feinerdereichen Felshängen, auf Kalk- und Silikatgestein, z. B. in Quercetalia pubescentis-Gesellschaften.

---

[1]) Lat. bulbus = Zwiebel, besonders der Knoblauch, und ferre = tragen; also bulbifer = zwiebeltragend.

Allgemeine Verbreitung. Südmähren, Westslowakei, Österreich, Ungarn, Balkanhalbinsel bis Nordgriechenland; West-, Zentral- und Südalpen, Apenninen bis Sizilien (hier Übergänge zu *S. carpetana* BOISS. & REUT., die den Zwiebelsteinbrech im südwestlichen Mittelmeergebiet vertritt).

Verbreitung im Gebiet. Fehlt in Deutschland vollständig. – In Österreich in Niederösterreich (häufig in der Umgebung von Wien, von der Ebene bis in den Wiener Wald ansteigend) und im Burgenland. – In Mähren südlich von Trebitsch und Brünn. – In der Schweiz nur im Unterwallis (häufig von den Follaterres bis um Sitten, bis 1300 m ansteigend. – In Südtirol auf Bergwiesen am Monte Baldo von 700 m bis 900 m, bei Rovereto (Vallunga), am Cengialto, Drio Pozzo, Vallarsa.

Saxifraga bulbifera ist wenig veränderlich.

Begleitpflanzen. In Ungarn wächst diese Art gern in der Goldbartflur, zusammen mit *Chrysopogon gryllus* (TORN.) TRIN., *Phleum phleoides* (L.) SIMK., *Festuca hirsuta* HOST, *Carex stenophylla* WAHLENBG. und *C. supina* WAHLENBG., *Gagea pusilla* (F. W. SCHMIDT) R. & SCH., *Ornithogalum comosum* TORN., *Iris variegata* L., *Adonis vernalis* L., *Hesperis tristis* L., *Potentilla arenaria* BORKH., *Ranunculus illyricus* L., *Inula oculus-Christi* L., *Scabiosa ochroleuca* L. und vielen mehr (nach HAYEK).

Verwendung und Volksnamen wie bei der folgenden Art.

1441. Saxifraga granulata[1]) L., Spec. plant. 403 (1753). Knöllchen-Steinbrech, Hundsrebe, Heilkraut. Engl.: Meadow Saxifrage. Franz.: Casse-pierre, rompe-pierre, herbe à la gravelle. Slowenisch: Zrnati Kreč. Dänisch: Kornet Stenbraek. Taf. 143, Fig. 4; Fig. 98a, 146 und 147.

Ausdauernd. Stengel aufrecht, einfach oder gelegentlich ästig, 20 bis 50 cm hoch, wie die Laubblätter klebrig-drüsig behaart. Grundblätter rosettig gedrängt, nierenförmig, tief gekerbt, die Spreite 7 bis 25 mm lang und 12 bis 40 mm breit, der Stiel eineinhalb- bis 5-mal so lang wie die Spreite, in den Achseln mit zahlreichen rundlichen Brutzwiebeln; diese bestehen aus fleischigen Niederblättern, die von häutigen Niederblättern eingehüllt werden. Stengelblätter wenige (2 bis 6), keilförmig in den Grund verschmälert, nach oben in die Tragblätter übergehend, ohne Brutzwiebeln. Blütenstand eine meist lockere Trugdolde. Blütenstiele meist kürzer als die Blüte. Kelchzipfel 5, länglich eiförmig, aufrecht, 3 bis 5 mm lang. Kronblätter 5, länglich verkehrt-eiförmig, 10 bis 17 mm lang, weiß. Staubblätter halb so lang wie die Kronblätter. Fruchtknoten fast ganz in die breit verkehrt-eiförmige

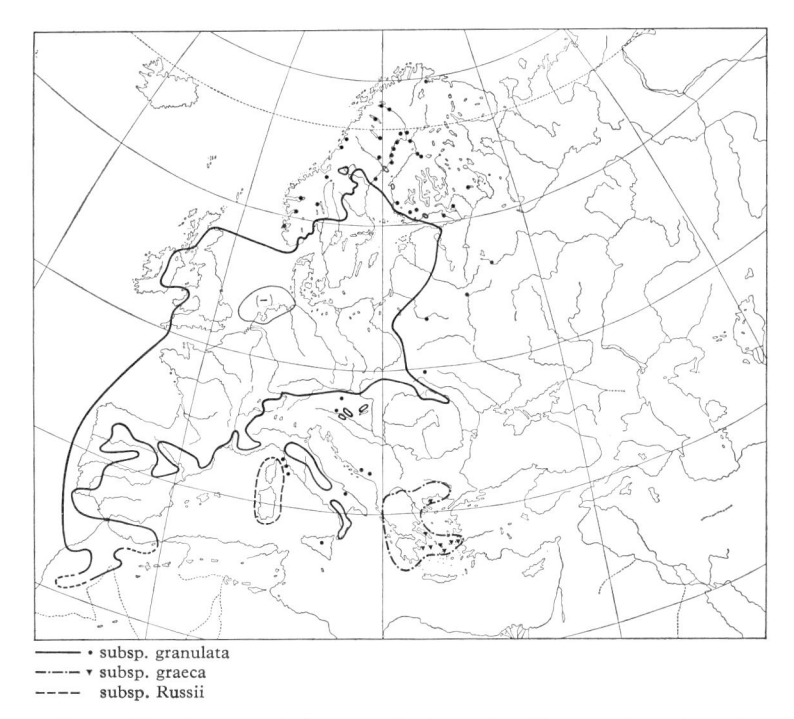

——— • subsp. granulata
—·—· ▾ subsp. graeca
———— subsp. Russii

Fig. 146. Verbreitung von *Saxifraga granulata* L. und ihrer Unterarten (nach MEUSEL).

---

[1]) Lat. granulatus = körnig; wegen der Brutzwiebeln am Stengelgrund.

Blütenröhre eingesenkt. Kapsel fast kugelig, bis 7 mm lang, mit aufrechten Stylodien und Kelchzipfeln. Samen länglich-eiförmig, 0,4 bis 0,5 mm lang, fein warzig, schwarzbraun. – Chromosomenzahl: 2n = 32, 46, 48, 52 und zwischen 49 und 60 schwankend. – V, VI (im Süden schon von IV ab).

Vorkommen. Am häufigsten in mittelfeuchten, schwach basischen bis neutralen Wiesen, aber auch in mäßig trockenen Rasen und lichten Wäldern; meist kieselhold, weiter im Norden mehr auf Kalk. Arrhenateretalia-Ordnungs-Charakterart, auch in Festuco-Sedetalia oder Carpinion-Gesellschaften. In Südeuropa besonders in Buchenwäldern.

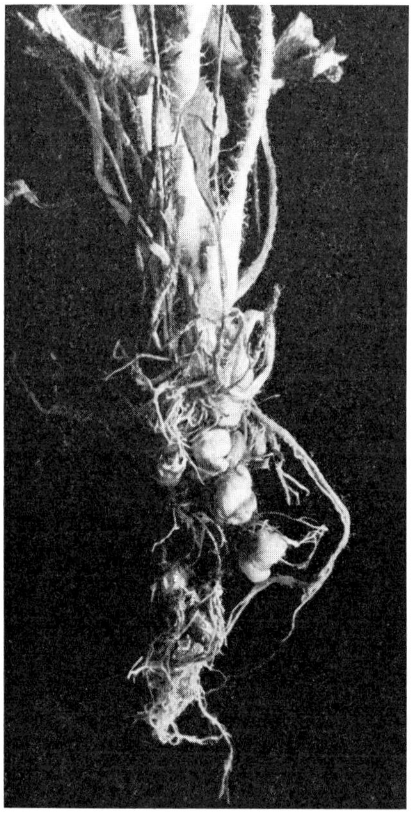

Allgemeine Verbreitung. Europa von Skandinavien (hier bis etwa 64° nördl. Breite) und den Britischen Inseln südwärts bis Spanien, Portugal und Marokko, Italien und Sizilien, im Osten bis Westrußland, Rumänien und Ungarn. In Südeuropa fast ganz auf die Gebirge beschränkt; in Griechenland [subsp. *graeca* (BOISS. & HELDR.) ENGL.] und in Korsika sowie Sardinien [subsp. *Russii* (PRESL) ENGL. & IRMSCHER] durch etwas abweichende Rassen vertreten. Fehlt in den Tiefländern von Ungarn, Südfrankreich und Spanien. Eingeschleppt in Island.

Von den drei Unterarten der *Saxifraga granulata* ist im Gebiet nur die Nominatrasse vertreten (Vgl. Fig. 146).

Verbreitung im Gebiet. In Deutschland in den wärmeren Gebieten mit subozeanischem Klima verbreitet, sonst zerstreut; im Nordwesten nur eingeschleppt und sich von den Bahnlinien aus verbreitend (BUCHENAU), im Thüringer Muschelkalkgebiet selten (nur auf oberflächlich versauerten Böden) und in den Alpen fehlend. – In Böhmen und Mähren in den wärmeren Landesteilen häufig, in den Gebirgen seltener. – In Österreich im Hügel- und Bergland von Ober- und Niederösterreich sowie im Burgenland zerstreut, in Salzburg und Kärnten sehr selten, in Tirol und Vorarlberg fehlend (JANCHEN). – In der Schweiz im Jura und im westlichen Alpenvorland; im Gebiet der nördlichen Kalkalpen sehr selten, in den Zentral- und Südalpen fehlend. – Fehlt in Südtirol.

Fig. 147. *Saxifraga granulata* L. Wurzelstock mit Brutzwiebeln. Vergrößert. (Aufn. Th. ARZT).

Bildungsabweichungen. In Gärten wird eine Form mit gefüllten Blüten gezogen. Auch kommen gelegentlich Pflanzen vor, bei denen die Kronblätter in Staminodien umgebildet waren (so wildwachsend bei Schwerin und Pichelswerder bei Berlin). Selten sind die Blütenknospen in Brutzwiebeln umgewandelt.

Blütenverhältnisse. Die ansehnlichen Blüten sind proterandrisch und werden vorwiegend von Schwebfliegen besucht. Selbstbestäubung ist ausgeschlossen.

Parasiten. Auf *Saxifraga granulata* leben der Pilz *Peronospora Chrysosplenii* FUCKEL, die Uredineen *Puccinia Saxifragae* SCHLECHTD., *Melampsora vernalis* NIESSL und *Pleospora herbarum* PERS. sowie die Chytridinee *Synchytrium rubrocinctum* MAGNUS.

Inhaltsstoffe und Verwendung. Die Pflanze enthält Gerb- (und – nach HOPPE – auch Bitter-) stoffe. Kraut und Blüten (Herba et Flores Saxifragae albae) und auch die kleinen Brutzwiebeln (Semina Saxifragae albae) wurden früher in den Apotheken als Mittel gegen Steinbeschwerden und Brustkrankheiten geführt (R. WANNENMACHER).

Volksnamen. Der Büchername Steinbrech rührt her von der Anwendung der Pflanze, die auf Steinen oder Felsen gar nicht vorkommt, vor allem gegen Blasensteine. Als Saxifraga alba erscheint sie bereits im Index Thalianus 1577, als Saxifraga rotundifolia alba bei C. BAUHIN, als Saxifraga alba radice granulata bei J. BAUHIN. In Nordböhmen heißt die Pflanze Steinkraut. Auf die Gestalt der Blätter beziehen sich Gösefoot [Gänsefuß] (Oberweser), vielleicht auf die mandelähnlichen Brutzwiebeln Mandelbloom (Schleswig), auf die Farbe der Blüte Semmelmilch (Vogtland). Nach dem klebrigen Stengel heißt die Pflanze im Riesengebirge weiße Wenschmerblume (= Wagenschmierblume).

1442. Saxifraga rosacea¹) MOENCH, Meth. Hort. Marb. 106 (1794). Syn. *S. petraea* ROTH (1789) non L. *S. decipiens* EHRH. (1790) nomen nudum. *S. palmata* SMITH (1789). *S. Sternbergii* WILLD. (1809). *S. caespitosa* L. subsp. *decipiens* (EHRH.) ENGL. & IRMSCHER (1916). Rosenblütiger Steinbrech. Taf. 143, Fig. 5; Fig. 148.

Ausdauernd, dichte oder meist lockere Rasen bildend. Stämmchen rosettig beblättert, meist mit kurzen, aufsteigenden oder fast aufrechten, nichtblühenden Sprossen, ohne Brutknospen. Stengel aufrecht, meist einfach, 10 bis 30 cm hoch, wie die Blätter fast kahl oder nur spärlich drüsenhaarig. Grundblätter im Umriß spatelig-keilförmig oder keilig-verkehrt-eiförmig, handförmig 3- bis 5-spaltig, der mittlere Abschnitt einfach oder gelegentlich 3-zähnig, die seitlichen meist 2-spaltig; Blattabschnitte und Blattzähne stumpf, spitz oder grannenspitzig (subsp. *sponhemica*), keilförmig in den breiten, flachen Stiel verschmälert, die Spreite 7 bis 15 mm lang und 6 bis 20 mm breit, der Stiel meist länger als die Spreite. Stengelblätter wenige, keilförmig, meist dreispaltig. Blütenstand eine lockere, 2- bis 9-blütige Rispe; die Knospen aufrecht. Blüten proterandrisch. Kelchzipfel 5, länglich eiförmig, stumpflich oder spitz, schräg aufrecht, 2 bis 4 mm lang. Kronblätter verkehrt eiförmig, 3- bis 4-mal so lang wie die Kelchzipfel, rein weiß. Staubblätter halb so lang wie die Kronblätter. Fruchtknoten fast ganz in die Blütenröhre versenkt. Kapsel eiförmig bis fast kugelig. Samen länglich, 0,6 bis 0,7 mm lang, braun, fein papillös oder grob warzig. – Chromosomenzahl: $2n = 32, 48, 64$ und zwischen 56 und 65 schwankend. – V bis VII.

Vorkommen. In Felsspalten und in Felsschutt; auf Kalk und kalkarmem Substrat. Asplenietea rupestris-Klassen-Charakterart; auch in Thlaspeetea rotundifolii-Gesellschaften.

Allgemeine Verbreitung. Island und Faer Öer, Westliches Irland, Wales (Carnarvonshire), Ardennen und mittelrheinisches Bergland durch die deutschen Mittelgebirge bis in die Sudeten, Böhmen und Mähren sowie im Fränkischen und Schwäbischen Jura. Isolierte Vorkommen in den Vogesen (Hartmanswiller, Ruinen Heuenkuch oberhalb Cernay und Bollweiler) und im Französischen Jura.

Saxifraga rosacea gliedert sich nach D. A. WEBB (brieflich) in die beiden Unterarten

Subsp. **rosacea** (MOENCH). Taf. 143, Fig. 5 und Fig. 148.

Sehr polymorphe Sippe. Lockere oder auch dichte Rasen bildend. Blattabschnitte und Blattzähne stumpf oder spitzlich, aber nie mit aufgesetztem Spitzchen. – Samenmerkmale und Chromosomenzahl wie für die Art angegeben.

Allgemeine Verbreitung. Im Areal der Art, aber in Mitteleuropa westlich des Rheins sowie im Französischen Jura fehlend und durch die subsp. *sponhemica* ersetzt.

Verbreitung im Gebiet. In Deutschland in Hessen (Gudensberg, Hangenstein bei Gießen), im Harz, im oberen Saaletal, im Vogtland, in den Sudeten, selten im Schwäbischen Jura (vom Bezirk Urach bis Neresheim, angeblich auch bei Sigmaringen) und verhältnismäßig verbreitet im Fränkischen Jura (Umgebung von Bayreuth, Pegnitz, Muggendorf, Gößweinstein usw.) und im nordwestlichen Vorland des Fichtelgebirges im Schwesnitztal bei Wurlitz auf Serpentin (nach GAUCKLER). – In Böhmen im Böhmischen Karst, bei Hořice, Křivoklát, Orlík, Štěchovice, Homole bei Vraný, Závist bei Zbraslav, Semily. – In Mähren in den Tälern der Oslava, Iglava und Thaja. – In Österreich einzig in Niederösterreich bei Hardegg an der Thaya, Waidhofen an der Ybbs und am Göller. – Fehlt in der Schweiz und dem ganzen Alpengebiet.

Subsp. **sponhemica** (GMELIN) D. A. WEBB, comb. nov. Syn. *S. sponhemica* GMELIN, Fl. bad. als. 2, 224 (1806). *S. condensata* GMELIN (1806). *S. confusa* LEJEUNE (1824). *S. caespitosa* subsp. *decipiens* var. *quinquefida* ENGL. & IRMSCHER (1916) excl. locis britannicis.

Mäßig dichte Rasen bildend. Blattabschnitte und Blattzähne mit aufgesetzter, kurzer Grannenspitze. – Samen unbekannt. – Chromosomenzahl: $2n = 52$.

---

¹) Lat. *rosaceus* = rosenartig. Flos rosaceus = Rosenblüte, bei der 5 (oder mehr) Kronblätter mit kurzem Nagel und breiter Platte nebst den Staubblättern dem breiten Blütenbecher aufsitzen.

Fig. 148. *Saxifraga rosacea* MOENCH subsp. *rosacea*. Am Rosenstein in der Schwäbischen Alb (Aufn. O. FEUCHT).

Allgemeine Verbreitung. Mittelrheinisches Bergland vom Nahegebiet und der Pfalz bis Luxemburg und in die Ardennen, außerdem ein disjunktes Vorkommen im Französischen Jura (Source de la Cuisance, Arbois, Salins unterhalb Fort Belin, Baume les Messieurs im Vallée de St. Aldegrin, Echelles des Crançot).

Verbreitung im Gebiet. Nur im westlichen Deutschland: In der Eifel (im Bezirk Gerolstein), in Nassau, im Nahetal (Kreuznach, Idar-Oberstein, Sobernheim, Kirn und Burgsponheim) und in der Pfalz (bei Cusel, zwischen Niederalben und Irzweiler usw.).

Begleitpflanzen. In der Schwäbischen Alb findet sich *Saxifraga rosacea* subsp. *rosacea* einerseits gern an Kalkfelsen in Gesellschaft von *Hieracium humile* JACQ. und *H. bupleuroides* GMEL., *Draba aizoides* L., *Kernera saxatilis* (L.) RCHB., *Campanula cochleariifolia* LAM., *Asplenium Ruta-muraria* L. und *A. Trichomanes* L., *Sedum dasyphyllum* L. und *Valeriana tripteris* L. (nach FABER), dann auch in frischen Kalkschuttfluren mit *Gymnocarpium Robertianum* (HOFFM.) NEWM., *Sesleria albicans* KIT. ex SCHULT., *Geranium Robertianum* L., *Rubus saxatilis* L., *Camptothecium lutescens* (HUDS. ap. HEDW.) Br. eur. und anderen mehr. – Bei Wurlitz in Oberfranken wächst *S. rosacea* subsp. *rosacea* in Serpentinfelsspalten (in Süd- bis Ostexposition) zusammen mit *Asplenium serpentini* TAUSCH, *A. adulterinum* MILDE, *A. septentrionale* (L.) HOFFM., *Festuca glauca* LAM., *Dianthus gratianopolitanus* VILL., *Campanula rotundifolia* L., *Brachythecium velutinum* (HEDW.) Br. eur., *Cephaloziella*, *Hedwigia ciliata* (HEDW.) Br. eur., *Homalothecium sericeum* (HEDW.) Br. eur., *Hypnum cupressiforme* HEDW. und *Frullania*-Arten (nach GAUCKLER in Ber. Bay. Bot. Gesellsch. 30 S. 24 [1954]).

Blütenverhältnisse. Die Blüten sind proterandrisch; spontane Selbstbestäubung ist ausgeschlossen, da zwischen das männliche und weibliche Stadium ein kurzes geschlechtsloses Stadium eingeschaltet ist (GÜNTHART).

Inhaltsstoffe vgl. S. 145.

1443. Saxifraga exarata[1]) VILL., Prosp. hist. pl. Dauph. 47 (1779). Syn. *S. moschata* WULF. var. *exarata* (VILL.) BURNAT (1902). Furchen-Steinbrech. Taf. 142, Fig. 3 und Fig. 149.

Ausdauernd, dichte oder lockere Rasen bildend. Stämmchen rosettig bis fast dachziegelig beblättert, ohne Brutknospen. Blühender Stengel aufrecht, 2 bis 20 cm hoch, wie die Blätter klebrig drüsig. Grundblätter länglich keilförmig, vorn 3- bis 7-spaltig bzw. -zähnig (sehr selten auch ungeteilt oder 2-zähnig), mit stumpfen, etwas spreizenden Abschnitten, wovon der mittlere die seitlichen leicht überragt; keilförmig in den Stiel zusammengezogen, etwas fleischig, meist mit kräftig hervortretenden Nerven, durch sitzende Drüsen klebrig und harzig riechend; Blätter im ganzen 7 bis 20 cm lang, der Stiel etwa so lang bis doppelt so lang wie die Spreite. Stengelblätter sehr

---

[1]) Von lat. arare = pflügen, auch übertragen im Sinn von durchfurchen.

wenige (meist 1 bis 2), lineal-lanzettlich und ungeteilt oder 3-spaltig. Blütenstand locker doldenrispig oder gedrängt trugdoldig, (1-) 2- bis 12-blütig. Blütenstiele länger bis kürzer als die Blüte. Kelchzipfel 5, länglich, stumpf, etwa 2 mm lang, Kronblätter länglich verkehrt-eiförmig, vorn abgerundet, 2 bis 6 mm lang, eineinhalb- bis dreimal so lang und meist doppelt so breit wie die Kelchblätter, weiß bis rahmgelb. Staubblätter wenig länger als die Kelchzipfel. Fruchtknoten unterständig, Kapsel rundlich eiförmig, Samen eiförmig, 0,5 bis 0,6 mm lang, deutlich gekielt, fein papillös, dunkelbraun. – Chromosomenzahl: $2n = $ ca. 68. – V–VIII.

Vorkommen. In Felsritzen, Ruhschutt, Gratpolstern der alpinen und nivalen Stufe der Silikatalpen, zwischen 1800 und 3380 m, selten in den Tälern herabsteigend (bis 500 m). Kieselhold; vorwiegend in Krummseggenrasen, auch im Androsacetum Vandellii (Androsacion Vandellii) und Androsacion alpinae.

Allgemeine Verbreitung. Pyrenäen, West- und Zentralalpen (ostwärts bis in die Stubaier Alpen und das Ortlergebiet, angeblich auch in Osttirol), Apenninen, Gebirge der Balkanhalbinsel von Montenegro bis Bulgarien und Griechenland mit Euböa, außerdem im nördlichen Kleinasien und im Kaukasus.

Saxifraga exarata tritt in Mitteleuropa in zwei Rassen auf, die von ENGLER als Varietäten, von BRAUN-BLANQUET als Unterarten gewertet wurden.

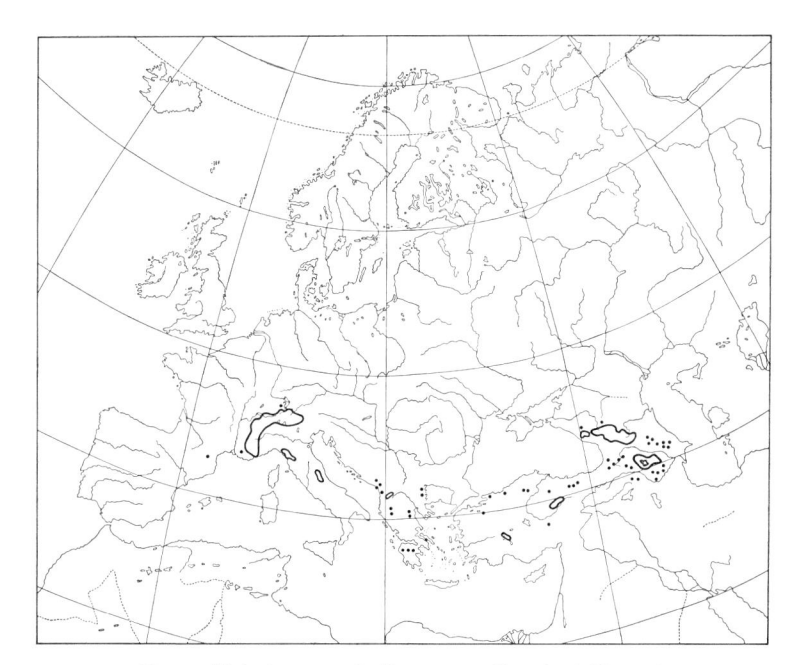

Fig. 149. Verbreitung von *Saxifraga exarata* VILL. (nach MEUSEL).

Subsp. **exarata** (VILL.). Syn. *S. exarata* VILL. var. *Villarsii* ENGL. & IRMSCHER (1916). *S. exarata* VILL. subsp. *alpina* BRAUN-BL. (1922). Taf. 142, Fig. 3 und Fig. 149.

Die verbreitete Form mit 3- bis 5 (–7)spaltigen, stark keiligen Grundblättern und etwas spreizenden, symmetrisch angeordneten Blattlappen. Ganzrandige, ungeteilte Grundblätter fehlend oder sehr selten. Stengelblätter häufig 3-spaltig. Kronblätter meist eineinhalb- bis zweimal so lang wie die Kelchzipfel, milchweiß oder rahmfarben, selten purpurn. VII, VIII.

Allgemeine Verbreitung. West- und Zentralalpen, Apenninen, Šar Planina, Thessalischer Olymp, Armenien, Kaukasus.

Verbreitung im Gebiet. Fehlt in Deutschland vollständig. – In Österreich im westlichen Tirol, und zwar in den Stubaier und Ötztaler Alpen, am Habicht im Stubai bis 3270 m ansteigend sowie in Vorarlberg in der Silvretta. Zweifelhaft sind die Angaben für Osttirol. – In der Schweiz in den Zentralalpen sehr verbreitet, im Wallis bis 3300 m (Trugberg am Aletschgletscher) und in Graubünden (am Piz Kesch) bis 3380 m ansteigend. – In Südtirol im Ortler- und Adamellogebiet sowie auf der Brenta.

Subsp. **leucantha** (THOMAS) BRAUN-BL. in HEGI, Ill. Fl. v. Mitteleuropa, **4**, 1, S. 610 (1923). Syn. *S. leucantha* THOMAS (1818). *S. exarata* VILL. var. *leucantha* (THOMAS) ENGL. & IRMSCHER (1916).

Meist üppige, locker ausgebreitete Rasen bildend. Grundblätter schwach keilig bis lineal-lanzettlich, vorn (2- bis) 3-zähnig, mit großem Mittelzahn. Ganzrandige, ungeteilte Grundblätter stets zahlreich vorhanden, lineal-lanzettlich; an den sterilen Trieben oft alle Blätter ungeteilt. Stengelblätter meist ungeteilt, linealisch. Blüten zu 1 bis 5 in gedrängter Trugdolde. Kronblätter 2- bis 3-mal so lang wie die Kelchzipfel, weiß. – Blüht im Frühjahr.

Allgemeine Verbreitung. Endemisch im Unterwallis von etwa 500 bis 1000 m: Bei Vernayaz, in der Trientschlucht, Mont Rosel 580 bis 1000 m, Brançon. Den umliegenden Gebirgen scheint diese Unterart zu fehlen.

Von allen Formen der *S. exarata* läßt sich die subsp. *leucantha* sogleich durch den Besitz zahlreicher steriler Sprosse mit ungeteilten, lanzettlichen Blättern unterscheiden.

Verwechslungsmöglichkeiten. *Saxifraga exarata* ist der holarktisch verbreiteten *S. caespitosa* sehr ähnlich, doch kommt diese nicht in Mitteleuropa vor. Schwierigkeiten verursacht namentlich die Unterscheidung von *S. exarata* und *S. moschata*, weil die von den meisten Autoren als wichtigstes Merkmal herangezogenen, stark hervortretenden Blattnerven von *S. exarata* durchaus nicht immer deutlich ausgeprägt sind und Exemplare auftreten, bei denen sie kaum erkennbar sind. Andrerseits können die – besonders unteren – Rosettenblätter von *S. moschata* nicht selten eine recht deutliche Nervatur aufweisen. Auch die Blütengröße und die Form der Kronblätter allein reicht nicht hin zu einer sicheren Abgrenzung. Zu einer ausreichenden Charakterisierung der beiden Arten ist die Verbindung aller Merkmale unbedingt erforderlich. Dann aber fällt die Unterscheidung in der Regel nicht schwer. Unter Tausenden von Individuen aus den Zentral- und Ostalpen sind BRAUN-BLANQUET nur wenige intermediäre Pflanzen vorgekommen, bei denen es sich wohl um rezente Bastarde handelte. Schwieriger und noch nicht ganz geklärt scheinen die Verhältnisse in den französischen Westalpen zu liegen, und es ist begreiflich, daß die Zusammenziehung der beiden Arten durch BURNAT und CAVILLIER gerade auf Grund des westalpinen Materials stattgefunden hat. Es seien kurz die wichtigsten Unterschiede der beiden Arten hervorgehoben: *S. exarata* unterscheidet sich von *S. moschata* durch die mehr keiligen, vorn breiteren, stets mehr oder weniger tief 3- bis 7-spaltig-spreizenden, dicht drüsig-klebrigen Rosettenblätter. Ungeteilte, mehr oder weniger lineale Grundblätter kommen nur ganz vereinzelt und an sterilen Stämmchen höchst selten vor (vgl. indessen subsp. *leucantha*). Dagegen trifft man bei kräftigen Individuen öfter einen 6. und 7. Blattzipfel, während bei den alpinen Formen der *S. moschata* wenigstens vereinzelte ungeteilte, dagegen niemals 5- bis 7-spaltige[1]) Rosettenblätter vorhanden sind (vgl. aber var. *basaltica* der Sudeten). Bei *S. exarata* sind die Blattzipfel beiderseits gleichmäßig entwickelt, symmetrisch, die Nervatur der letztjährigen Blätter kräftig hervortretend und meist bis in die Blattzipfel reichend; bei *S. moschata* sind die Blatthälften der geteilten Blätter oft unsymmetrisch, die Nervatur fehlt oder reicht bei mehr oder weniger deutlicher Ausbildung doch nicht bis in die Blattzipfel. Der Blütenstand von *S. exarata* subsp. *exarata* ist auch bei den hochalpinen Formen stets 2- bis mehrblütig, meist 4- bis 8-blütig; bei *S. moschata* aus den Alpen sind 1- bis 5-blütige Stengel die Regel, mehr als 5-blütige selten. *S. exarata* hat weiße oder rosafarbene Kronblätter, die meist doppelt so lang und breit sind wie die Kelchzipfel, während *S. moschata* intensiver gelbe, meist ins Grünliche spielende, seltener weiß-gelbe oder rötliche Kronblätter besitzt, die meist schmäler oder doch nicht viel breiter und selten bis doppelt so lang sind wie die Kelchzipfel. *S. exarata* ist dicht langdrüsig, klebrig, mehr oder weniger harzduftend, *S. moschata* meist arm- und kurzdrüsig, selten harzduftend. Die vorjährigen Blätter von *S. exarata* sind hellrotbraun oder gelbbraun, jene von *S. moschata* meist matt dunkelbraun oder graubraun. – Auch ökologisch sind die beiden Arten insofern verschieden, als *S. exarata* kalkarme, *S. moschata* aber kalkreiche Gesteine bevorzugt. Man kann die erstgenannte zumindest als kieselhold, die andere als kalkstet bezeichnen.

Begleitpflanzen: *Saxifraga exarata* subsp. *exarata* wächst gern zusammen mit *Carex curvula* ALL., *Oreochloa disticha* (WULF.) LINK, *Poa laxa* HAENKE, *Luzula spicata* (L.) DC., *Silene exscapa* ALL., *Cerastium uniflorum* CLAIRV., *Minuartia sedoides* (L.) HIERN, *M. recurva* (ALL.) SCHINZ & THELL., *Draba dubia* SUTER, *Saxifraga bryoides* L., *S. paniculata* MILL. und *S. oppositifolia* L., *Androsace multiflora* (VAND.) MORETTI, *Primula hirsuta* ALL. und *P. viscosa* ALL., *Eritrichium nanum* (AMANN) SCHRAD., *Artemisia Mutellina* VILL. u. a. A.

Parasiten: Die Art wird oft von der Uredinee *Caeoma Saxifragae* (STRAUSS) WINTER befallen, deren dottergelb gefärbte Sporenlager schon aus einiger Entfernung auffallen.

1444. Saxifraga moschata[2]) WULF. in JACQ., Misc. austr. **2**, 128 (1781). Syn. *S. cespitosa* L. (1753) pro parte. *S. caespitosa* L. emend. SCOP. (1772), LAP. (1801). *S. muscoides* WULF. in JACQ. (1781) non ALL. *S. exarata* ALL. (1785) non VILL. *S. pyrenaica* VILL. (1789) non SCOP. *S. planifolia* LAP. (1810). *S. muscosa* SUTER (1802). *S. pygmaea* HAW. (1803). *S. acaulis* GAUD. in MEISN. (1818). *S. Allionii* GAUD. in MEISN. (1818). *S. crocea* GAUD. in MEISN. (1818). *S. condensata* PRESL (1819). *S.*

---

[1]) Von den bei ENGLER & IRMSCHER (Pflanzenreich IV **117**, S. 418, Fig. 95 A und E) als *S. moschata* mit 5- bis 7-spaltigen Blättern gegebenen Abbildungen gehört Fig. 95 A (aus dem Riesengebirge) zu *S. moschata* var. *basaltica* und Fig. 95 E (vom Piz Languard) zu *S. exarata*. Am Languardkegel kommt nur *S. exarata* vor (BRAUN-BLANQUET).

[2]) Lat. *moschatus* = nach Moschus riechend; von griechisch μόσχος [moschos] = Bisam, Moschus.

atropurpurea HEGETSCHW. (1840). *S. citrina* HEGETSCHW. (1840). *S. Rhei* SCHOTT (1854). *S. carniolica* HUTER ex HAYEK (1909). *S. tenuifolia* ROUY & CAMUS (1901). *S. fastigiata* LUIZ. (1911). *S. Lamottei* LUIZ. (1913). Moschus-Steinbrech. Taf. 142, Fig. 2; Fig. 150, 151, 152 h–t.

Ausdauernd, mäßig bis sehr dichte Polster bildend. Stämmchen locker rosettig bis dicht dachziegelig beblättert, ohne Brutknospen. Blühender Stengel aufrecht, 1 bis 12 cm hoch, wie die Blätter kurz drüsig, meist etwas klebrig und dann harzig riechend, oder mehr oder weniger stark verkahlend. Grundblätter linealisch und dann meist ungeteilt, oder länglich-keilförmig und am Vorderrand (2-) 3-zähnig oder 3- (selten mehr-) spaltig, mit stumpfen, vorwärts gerichteten, nur selten spreizenden Abschnitten; etwas fleischig, im Leben meist ohne deutlich hervortretende Nerven; die abgestorbenen lange erhalten bleibend, dunkel graubraun; Blätter im ganzen 3 bis 15 mm lang. Stengelblätter meist 2 bis 5, ungeteilt oder seltener 2- bis 3-spaltig. Blütenstand arm- (meist 2- bis 5,- selten bis 9-) blütig, oft nur mit einer Blüte, rispig oder trugdoldig. Blütenstiele meist kürzer als die Blüte, gelegentlich auch mehrmals länger. Kelchzipfel 5, länglich eiförmig, stumpf, etwa 2 mm lang. Kronblätter linealisch, lanzettlich, elliptisch oder verkehrt eiförmig, stumpf oder stumpflich, wenig länger und meist schmäler als die Kelchzipfel bis zweieinhalbmal so lang wie diese, grünlich gelb, selten auch orange oder purpurrot. Staubblätter so lang wie die Kelchzipfel oder wenig länger. Fruchtknoten unterständig. Kapsel rundlich eiförmig. Samen eiförmig, 0,5 mm lang, gekielt, fein papillös, goldbraun. – VII, VIII.

—— · Saxifraga moschata WULF.
    Saxifraga ampullacea TEN.

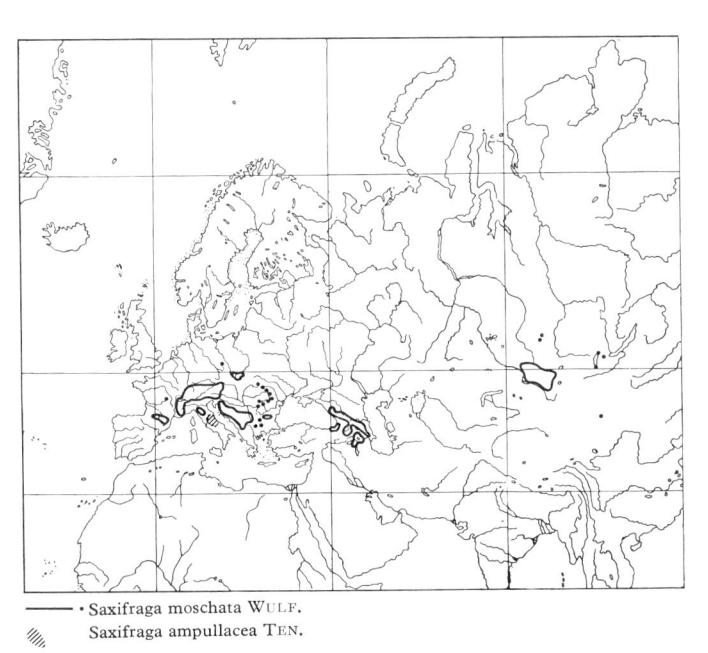

Fig. 150. Verbreitung von *Saxifraga moschata* WULF. und der naheverwandten *S. ampullacea* TEN. (nach MEUSEL).

Vorkommen. Auf Kalk- und Kalkschieferfelsen[1]), ruhendem Felsschutt, steinigen Magerrasen; im Riesengebirge auf Basalt. Von der subalpinen (selten unter 1500 m, z. B. im Vorfeld des Hufigletschers herabgeschwemmt bei 1450 m) bis in die nivale Stufe ansteigend (im Zugspitzgebiet bis 2760 m, in Graubünden bis 3200 m, im Ötztal bis 3460 m, am Finsteraarhorn bis 4000 m); vor allem in Seslerietalia-Gesellschaften, oft auch in Elyneten.

Allgemeine Verbreitung. Pyrenäen, Auvergne, Alpen- und Karpatengebiet bis in die Sudeten, Nordapenninen und Gebirge der Balkanhalbinsel, Kaukasus; außerdem im Altai und dem Sajan-Gebirge. Wird in den Abruzzen durch *S. ampullacea* TEN. vertreten.

Verbreitung im Gebiet: In Deutschland außerhalb der Alpen nur im Riesengebirge in der Kleinen Schneegrube auf Basaltfelsen; in den bayerischen Alpen verbreitet. – Ebenso im Alpengebiet von Österreich, der Schweiz und Südtirols.

Saxifraga moschata ist eine ungewöhnlich vielgestaltige Art. Sie zeigt einige Ansätze zur Differenzierung geographischer Rassen. Diese sind jedoch, von abgesprengten Teilarealen wie dem in der Auvergne [hier var. *Lamottei* (LUIZ.)

---

[1]) Seltener auf kalkarmer Unterlage, so z. B. am Linkerskopf im Allgäu auf Fleckenmergel (nach LOSCH).

ENGL. & IRMSCHER], im Riesengebirge (und selbst hier zwei merklich verschiedene Formen!) und in Sibirien [var. *terektensis* (BUNGE) ENGL. & IRMSCHER] abgesehen, durch alle möglichen Zwischenformen miteinander verbunden. Mancherorts lassen sich unterscheiden:

1. var. *lineata* (STERNB.) H. HUBER, comb. nov. Syn. *S. muscoides* WULF. ε *lineata* STERNB., Suppl. **1**, 10, t. 7 (1822). *S. moschata* WULF var. *versicolor* ENGL. & IRMSCHER subvar. *integrifolia* KOCH (1837). *S. moschata* WULF. subsp. *linifolia* BRAUN – BL. (1922). Rosettenblätter sämtlich oder doch in der Mehrzahl ungeteilt. Stengel meist niedrig, ein- bis wenigblütig. Kronblätter länglich, bis etwa eineinhalbmal so lang wie die Kelchzipfel und meist schmäler als diese. – In den nördlichen Kalkalpen vom Kanton Freiburg bis zur Rax, wohl auch in den Schweizer und österreichischen Zentralalpen und – wiederum recht häufig – in den Südtiroler Dolomiten. In den Südwestalpen, nördlichen Apenninen und Karpaten sehr selten oder fehlend, jedoch könnte ein Beleg aus der Schneegrube im Riesengebirge hierher gehören. Außerhalb des Gebiets zahlreich in den Pyrenäen.

Sehr selten sind Pflanzen mit ungeteilten Rosettenblättern, deren eiförmige bis breit verkehrt eiförmige Kronblätter zwei- bis zweieinhalbmal so lang wie die Kelchzipfel und auch breiter als diese sind. So z. B. in Niederösterreich: Kaiserstein am Schneeberg.

2. var. *moschata* (WULF.). Syn. *S. moschata* WULF. var. *versicolor* ENGL. & IRMSCHER subvar. *fissifolia* ENGL. & IRMSCHER (1916) pro maiore pte. *S. moschata* WULF. subsp. *pseudoexarata* BRAUN-BL. (1922). Fig. 152o–t. Rosettenblätter dreispaltig, daneben stets auch ungeteilte und zweispaltige. Stengel bis 12 cm hoch, gewöhnlich mehrblütig. Kronzipfel länglich, meist eineinhalbmal so lang wie die Kelchzipfel und schmäler als diese. – So wohl im ganzen Alpengebiet und darüber hinaus, manchmal mit var. *lineata* zusammen.

Mit var. *moschata* ist subsp. *Rhodanensis* BRAUN-BL. (1922) nahe verwandt; sie wird für den Südwestjura (Reculet bis zum Colombier de Gex) und die westlichen Schweizeralpen angegeben. Vielleicht handelt es sich dabei um Formen, die zu *S. exarata* überleiten. Das scheint auch für *S. moschata* WULF. var. *Allionii* (GAUDIN) ENGL. & IRMSCHER und var. *acaulis* (GAUDIN) ENGL. & IRMSCHER zuzutreffen.

3. var. *carniolica* (HUTER ex HAYEK) BRAUN-BL. (1922). Blätter und Stengel wie bei var. *moschata*. Kronblätter elliptisch bis breit verkehrt eiförmig, zwei- bis zweieinhalbmal so lang wie die Kelchzipfel und auch breiter als diese. – Typisch in den Julischen und Steiner Alpen sowie in den Karawanken, zerstreut auf den höchsten Gipfeln über 2100 m.

E. MAYER (in Jahrb. d. Vereins z. Schutz d. Alpenpfl. u. -tiere **23**, S. 132 [1958]) hält diese Sippe für eine selbständige Art. Ebenda eine Aufzählung ihrer wichtigsten Begleitpflanzen.

4. var. *basaltica* (BRAUN-BL.) H. HUBER, comb. nov. Syn. *S. moschata* WULF. subsp. *basaltica* BRAUN-BL. in HEGI, Ill. Fl. v. Mitteleuropa, **4**, 2, 609 (1922). Fig. 152 h–n. Weicht von allen alpinen Formen durch die tief eingeschnittenen 3- bis 5- bis 7-spaltigen Grundblätter mit mehr oder weniger spreizenden Segmenten ab. Stengel 2- bis 8-blütig, mit tief 3- bis 5-spaltigen Stengelblättern. Kronblätter lanzettlich, eineinhalbmal so lang wie die Kelchzipfel. – So nur im Riesengebirge in der Kleinen Schneegrube. – In den Karpaten eine ganz ähnliche Rasse.

Fig. 151. *Saxifraga moschata* L. var. *lineata* (STERNB.) H. HUBER. Am Padasterkogel bei Trins in Tirol (Aufn. Th. ARZT).

Begleitpflanzen: In den nördlichen Kalk- und Zentralalpen wächst die Art gern im Polsterseggenrasen (Caricetum firmae), zusammen mit *Carex atrata* L., *Sesleria albicans* KIT. ex SCHULT., *Chamorchis alpinus* (L.) L. C. RICH., *Festuca pumila* CHAIX, *Biscutella laevigata* L., *Minuartia verna* (L.) HIERN, *Potentilla Crantzii* (CRANTZ) BECK, *Dryas octopetala* L., *Androsace Chamaejasme* WULF., *Galium anisophyllum* VILL., *Euphrasia salisburgensis* HOPPE, *Aster alpinus* L. und anderen mehr.

In den äußersten Südostalpen wächst *S. moschata* var. *carniolica* in Höhen über 2100 m in Gesellschaft von *Minuartia Gerardi* (WILLD.) HAYEK, *M. sedoides* (L.) HIERN, *Cerastium julicum* SCHELLM., *Silene acaulis* (L.) JACQ. subsp. *longiscapa* (KERNER) HAYEK, *Draba aizoides* L., *D. tomentosa* CLAIRV., *Petrocallis pyrenaica* (L.) R. BR., *Saxifraga squarrosa* SIEBER und *S. sedoides* L. subsp. *Hohenwartii* (STERNB.) O. SCHWARZ, *Androsace villosa* L., *Eritrichum nanum* (AMANN) SCHRAD., *Veronica aphylla* L., *Pedicularis rosea* WULF., *Gentiana terglouensis* HACQ. und *G. Froelichii* JAN, *Valeriana supina* ARD., *Campanula Zoysii* WULF., *Carex firma* HOST, *C. sempervirens* VILL., *Festuca alpina* SUTER, *Sesleria sphaerocephala* ARD. u. a. A. (nach E. MAYER l. c.).

Parasiten: *Saxifraga moschata* wird von dem Rostpilz *Caeoma Saxifragae* (STRAUSS) WINTER befallen.

1445 a. Saxifraga depressa[1]) STERNB., Rev. Sax. 42, tab. 11a, fig. 5 (1810). Syn. *S. androsacea* L. var. *depressa* (STERNB.) EICHENFELD (1895). *S. fassana* HANDEL-MAZZETTI (1895). Fassaner Steinbrech. Fig. 152 a, d, g.

Ausdauernd, lockere und meist kleine bis mäßig große Rasen bildend. Stämmchen rosettig beblättert, ohne Brutknospen. Blühender Stengel aufrecht, 4 bis 10 cm hoch. Rosettenblätter breit keilförmig bis verkehrt eiförmig, vorn meist kurz dreizähnig, der Mittelzahn die seitlichen kräftig überragend; dicklich, dunkelgrün, im ganzen 7 bis 30 mm lang und 6 bis 10 mm breit, auf der ganzen Spreite sehr kurze Drüsenhaare tragend. Stengelblätter fehlend oder sehr wenige, gewöhnlich kurz dreizähnig. Blüten einzeln oder zu wenigen (selten bis 11), meist einen Ebenstrauß bildend. Blütenstiele gewöhnlich kürzer als die Blüte, wie die Tragblätter und der Kelch dicht kurzdrüsig. Kelchzipfel eiförmig, stumpf, 1,5 bis 2 mm lang. Kronblätter länglich verkehrt ei-

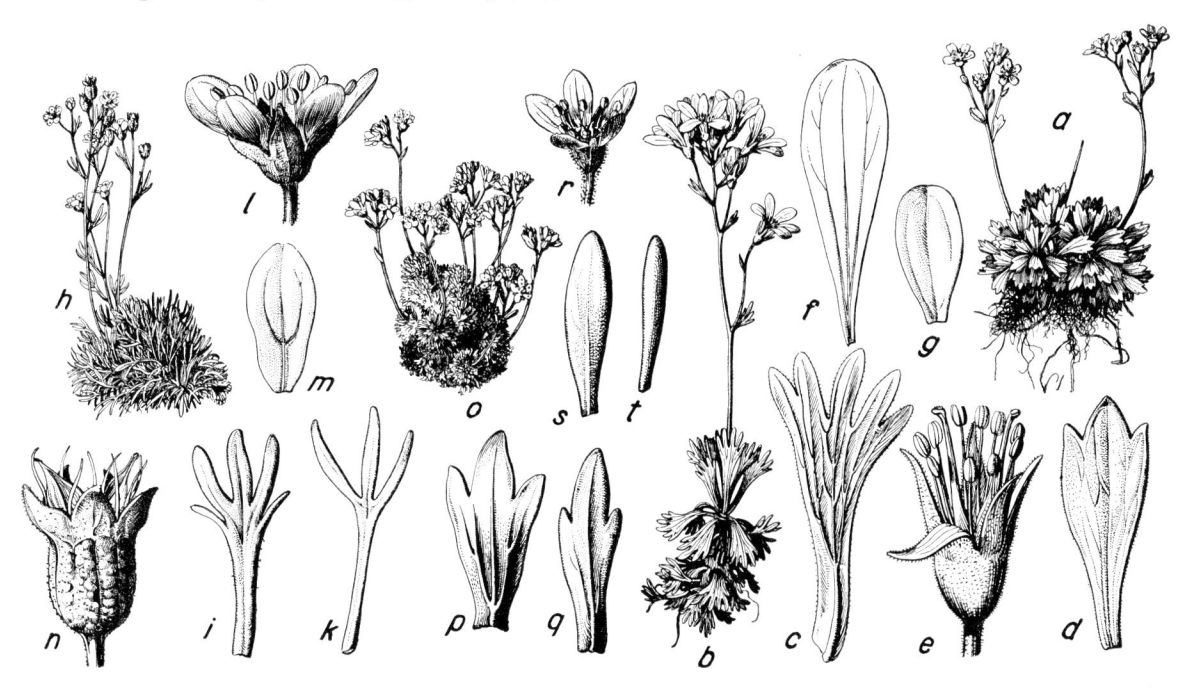

Fig. 152. *Saxifraga depressa* STERNBERG. *a* Habitus. *d* Laubblatt. *g* Kronblatt. – *Saxifraga pedemontana* ALL. *b* Habitus. *c* Laubblatt. *e* Blüte nach Entfernung der Kronblätter. *f* Kronblatt. – *Saxifraga moschata* WULF. var. *basaltica* (BR.-BL.) H. HUBER. *h* Habitus. *i, k* Laubblätter. *l* Blüte. *m* Kronblatt. *n* Frucht. – *Saxifraga moschata* WULF. var. *moschata*. *o* Habitus. *p, q* Laubblätter. *r* Blüte. *s, t* Kronblätter.

förmig, vorn breit abgerundet, doppelt so lang wie die Kelchzipfel und etwas breiter als diese, weiß. Staubblätter etwa so lang wie die Kelchabschnitte. Fruchtknoten unterständig. Kapsel rundlich eiförmig, die Kelchzipfel aufgerichtet, die Stylodien spreizend. Samen eiförmig, 0,6 mm lang, fein papillös, graubraun. – VIII.

---

[1]) Lateinisch depressus = niedergedrückt, niedrig.

Vorkommen. In feuchtem Felsschutt, vorzugsweise an Nordhängen in den Südtiroler Dolomiten. Auf Kalk, Schiefer und Porphyr.

Allgemeine Verbreitung. Endemisch in Südtirol in den westlichen Dolomiten.

Die Art wird von folgenden Fundorten angegeben: Marmolata, Col di Cuc (2500 bis 2550 m), Sasso di Dam und Sasso di Rocca bei Alba (2300 bis 2600 m), am Padon zwischen dem Fassatal und Buchenstein von 2300 bis 2500 m; hier besonders an der Porta Vescovo; Ostfuß des Sasso Nero im Contrintal, Passo di Selle bei San Pellegrina, Cima di Bocche (an Porphyrfelsen), Monte Castellazzo bei 2100 m (auf Dolomit), Colbriccone bei Paneveggio, Monte Montalone, Cima d'Asta, im hinteren Manzonital, in der Scharte zwischen dem Fleimstal und der Val Sugana.

Begleitpflanzen: An der Porta Vescovo wächst die Pflanze auf Augitporphyr in Gesellschaft von *Luzula spicata* (L.) DC., *Ranunculus glacialis* L., *Papaver alpinum* L. subsp. *rhaeticum* (LERESCHE) MARKG., *Rhodiola Rosea* L., *Tanacetum alpinum* (L.) SCHULTZ-BIP., *Leontodon montanus* LAM., *Senecio incanus* L. subsp. *carniolicus* (WILLD.) BRAUN-BL. und anderen mehr.

Saxifraga depressa ist mit der nachfolgenden Art nahe verwandt und wurde früher auch damit zusammengeworfen, läßt sich aber durch die kräftige Statur, die meist mehrblütige Infloreszenz und die abweichenden Drüsenhaare unterscheiden; die Stielzellen der Drüsenhaare sind bei *S. androsacea* stark gestreckt, bei *S. depressa* gestaucht und kürzer als breit.

1445 b. Saxifraga androsacea[1]) L., Spec. plant. 399 (1753). Syn. *S. pyrenaica* SCOP. (1772). *S. multinervis* DULAC (1867). Mannsschildähnlicher Steinbrech. Taf. 142, Fig. 12, Fig. 153 und 160 g, m.

Ausdauernd, lockere oder dichte, aber gewöhnlich ziemlich kleine Rasen bildend oder einzeln. Stämmchen rosettig beblättert, ohne Brutknospen. Stengel aufrecht, 1 bis 6 (selten bis 13) cm hoch, nach dem Verblühen etwas verlängert, drüsig behaart. Rosettenblätter schmal verkehrt eiförmig, keilförmig in den undeutlichen Stiel verschmälert, vorn etwas zugespitzt, ganzrandig oder vorn mit 3 (seltener 5) kurzen Zähnen, der mittlere Zahn die seitlichen überragend; im ganzen 7 bis 25 mm lang und 3 bis 6 mm breit, dunkelgrün, am Rand, selten auch oberseits mit zerstreuten, langen, bandförmigen Drüsenhaaren besetzt. Stengelblätter fehlend oder sehr wenige, den Grundblättern ähnlich, aber schmäler und sitzend. Blüten kurz oder lang gestielt, einzeln oder zu zweien, seltener zu 3 bis 5 einen Ebenstrauß oder eine Scheintraube bildend. Kelchzipfel eiförmig, stumpf, 1,5 bis 2 mm lang. Kronblätter länglich verkehrt eiförmig, stumpf oder leicht ausgerandet, zwei- bis dreimal so lang wie die Kronzipfel und breiter als diese, weiß. Staubblätter etwa so lang wie die Kelchabschnitte. Fruchtknoten unterständig. Kapsel verkehrt eiförmig, 4 bis 5 mm lang, mit aufrechten Kelchzipfeln und spreizenden Stylodien. Samen

Fig. 153. *Saxifraga androsacea* L. Bei Obergurgl, Tirol (Aufn. Th. ARZT).

---

[1]) Wegen der Ähnlichkeit mit gewissen *Androsace-* (= Mannsschild-) Arten *(Primulaceae)*.

eiförmig, 0,6 mm lang, bespitzt, fast glatt, schwarzbraun. – Chromosomenzahl: $2n = 16$. – V bis VIII.

Vorkommen. In Schneetälchen, Ruhschutt und in durchfeuchteten Rasen der alpinen Stufe, gewöhnlich zwischen 1800 und 3000 m, selten tiefer (herabgeschwemmt bis 1450 m). Vorzugsweise auf kalkhaltigem Substrat. Arabidion caeruleae-Verbandscharakterart.

Allgemeine Verbreitung. Pyrenäen, Auvergne (nur Puy Mary, Pas-de-Roland), Alpen, Karpaten und Rhodopegebirge (Musallah); außerdem im östlichen Altai und auf dem Sajangebirge in Ostsibirien.

Verbreitung im Gebiet: In Deutschland nur in den Bayerischen Alpen, hier aber sehr verbreitet und bis 2900 m ansteigend. – In Österreich, der Schweiz und Südtirol in den Kalkalpen ziemlich häufig, in den Zentralalpen auf sehr kalkarmer Unterlage strichweise fehlend (so in den Zillertaler Alpen, den südlichen Tessiner Alpen und anderwärts).

Von *Saxifraga androsacea* wurden nach der Ganzrandigkeit oder Zähnung der Blätter, der Länge des Stengels und der Dichte des Wuchses einige unbedeutende Formen unterschieden. Ganz allgemein bildet die Pflanze an den höchstgelegenen Vorkommen festere Polster, kaum gestielte Blätter und meist nur einblütige Infloreszenzen aus.

Begleitpflanzen: Die Pflanze wächst meist truppweise an etwas feuchten, lange schneebedeckten Stellen über Kalk- oder kalkhaltigem Silikatgestein und ist ein häufiger Bestandteil kalkholder Schneebodengesellschaften, zusammen mit *Ranunculus alpestris* L., *Rumex nivalis* L., *Potentilla Brauneana* HOPPE, *Alchemilla fissa* GUENTH. & SCHUMM., *Viola calcarata* L., *Arabis caerulea* ALL., *Sagina saginoides* (L.) KARSTEN, *Cardamine alpina* WILLD., *Sibbaldia procumbens* L., *Soldanella alpina* L., *Primula integrifolia* L., *Gentiana bavarica* L., *Veronica alpina* L., *Gnaphalium Hoppeanum* KOCH, *Plantago atrata* HOPPE, *Carex parviflora* HOST u. a. A.

Blütenverhältnisse: Die Blüten sind proterogyn, doch besteht die Möglichkeit zu Selbstbefruchtung. Die Narben bleiben empfängnisfähig, bis die ersten Antheren ihren Pollen entlassen haben. Da sich die Staubblätter vor dem Aufblühen etwas nach innen biegen und die Narben überragen, kann sehr leicht ein Teil des Pollens auf die Narbe fallen. Die Blüten sondern reichlich Nektar ab und werden regelmäßig von Fliegen beflogen. H. MÜLLER traf am Gipfel des Piz Umbrail noch bei 3010 m *Eristalis tenax* beim Blütenbesuch.

Parasiten: Die Art wird von den Pilzen *Synchytrium Saxifragae* RYTZ und *Puccinia Saxifragae* SCHLECHTD. befallen.

1446. Saxifraga Seguieri[1]) SPRENGEL, Cent. nov. pl. in Mant. prima halens. 46 (1807). Syn. *S. planifolia* STERNB. var. *Seguieri* (SPRENGEL) STERNB. (1810). Seguiers Steinbrech. Taf. 142, Fig. 4; Fig. 154, 155 e, f und 160 f, l.

Ausdauernd, breite, flache Polster bildend. Stämmchen dicht beblättert, die abgestorbenen, dunkelrotbraunen Grundblätter lange erhalten bleibend. Blühender Stengel aufrecht, mit kurzen hyalinen Drüsenhaaren besetzt. Grundblätter spatelig lanzettlich, allmählich in den langen, breit geflügelten Stiel verschmälert, stumpflich und ganzrandig, flach, im ganzen 6 bis 35 mm lang und 1 bis 3,5 mm breit, dunkelgrün, am Rand von kurzen Drüsenhaaren gewimpert, auf der Fläche kahl oder drüsig behaart. Stengelblätter fehlend oder 1 bis 2, länglich lanzettlich, ungestielt. Blüten kurz gestielt, meist einzeln, seltener in 2- bis 3-blütiger Infloreszenz. Kelchzipfel eiförmig, stumpflich, 1,8 bis 2 mm lang. Kronblätter länglich eiförmig, vorn abgerundet, so lang wie die Kelchzipfel oder nur wenig länger, schmutzig gelb. Staubblätter von der Länge der Kelchzipfel. Fruchtknoten fast ganz unterständig. Kapsel verkehrt eiförmig, 0,4 bis 0,5 mm lang, weitmaschig netzig, sonst glatt. – VII, VIII.

Vorkommen. Auf alten Gletschermoränen, feuchtem Felsgrus, in überrieselten Runsen und Felsritzen; mit Vorliebe an schattigen, nach Norden exponierten Stellen der Alpen mit winter-

---

[1]) Benannt nach dem französischen Jesuiten und Naturforscher JEAN FRANÇOIS SÉGUIER aus Nîmes (1703 bis 1784), dem Verfasser einer Flora von Verona (1745–54). Er bereiste mehrmals Südtirol und beschrieb diese Art als Saxifraga alpina minima, foliis ligulatis in orbem circumactis, flore ochroleuco.

licher Schneebedeckung. Angeblich kalkfliehend, doch auch auf kalkhaltigen Schiefern verbreitet, von 1900 m (herabgeschwemmt ausnahmsweise schon bei 1450 m) bis 3260 m aufsteigend. Nach BRAUN-BLANQUET Charakterart des Luzuletum spadiceae (Salicion herbaceae), auch im Androsacion alpinae.

Allgemeine Verbreitung. Alpen zwischen dem Kleinen Sankt Bernhard und dem Brenner. Westgrenze: Grajische Alpen, Bagnestal, Gemmi in den Berner Alpen; Ostgrenze: Roßkogel im mittleren Inntal, Widdersberg, Tribulaun, Lazins, Langkofel, Fedaja, Montalone in den Dolomiten.

Verbreitung im Gebiet: Fehlt in Deutschland vollständig. – In Österreich nur im westlichen Tirol und in Vorarlberg: Stubaier und Ötztaler Alpen, Paznaun Gruppe, Silvretta. – In der Schweiz in den Silikatstöcken der

Fig. 154. *Saxifraga Seguierii* SPRENGER. In den Graubündner Alpen (Aufn. E. RÜBEL).

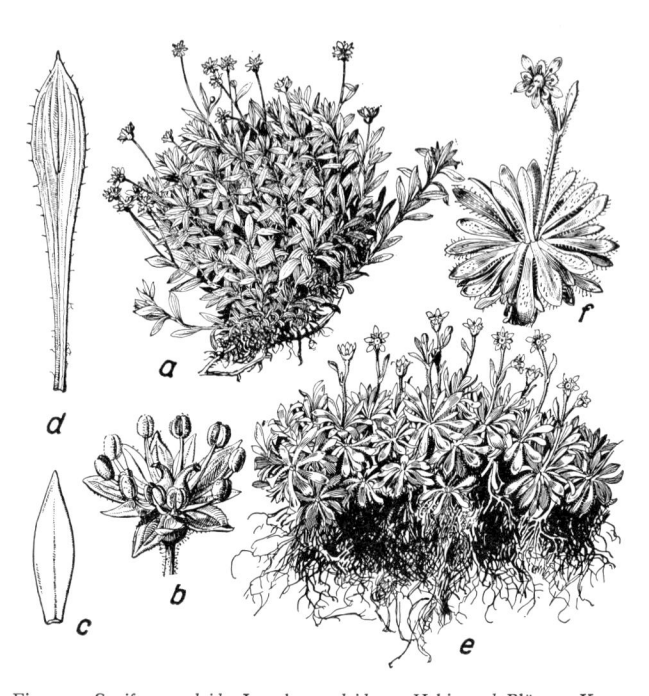

Fig. 155. *Saxifraga sedoides* L. subsp. *sedoides*. *a* Habitus. *b* Blüte. *c* Kronblatt. *d* Laubblatt (vergrößert). – *Saxifraga Seguierii* SPRENGEL. *e* Habitus. *f* Einzelrosette.

rätisch-lepontinischen Alpen verbreitet und häufig, im Bernina-Gebiet häufiger als *S. androsacea*, und im Puschlav auf Silikat diese Art ganz vertretend, auf Kalk bisweilen mit ihr zusammen vorkommend. Nordwärts bis in die Murgsee-, Calveiser und Glarner Alpen, Titlis und Faulhorn; nach Süden bis zu den südlichen Misoxer Bergen (Gardinello dello Stagno zwischen Moesa und Comer See). – In Südtirol im Ortlergebiet, auf der Brentagruppe sowie auf den Dolomiten (Langkofel und Fedajapaß). – Außerhalb des Gebiets nur noch in den Bergamasker Alpen (südwärts bis zum Pizzo dei tre Signori), den Insubrischen Alpen und dem Gebiet von Cogne.

Saxifraga Seguieri ist ein alter Endemit und gehört nach ihrem geschlossenen Verbreitungsgebiet zu den Arten, die die Eiszeit im Innern der Alpen auf lokalen Refugien überdauert haben. (Vgl. J. BRAUN, Vegetation der Schneestufe, S. 317 [1913].) Die Pflanze steigt höher als die verwandte *S. androsacea*; im Wallis wächst sie zwischen 2200 und 3250 m, am Mont Velan noch bei 3700 m; im Tessin zwischen 2000 und 3150 m; in Graubünden zwischen 2060 und 3300 m (am Piz Linard); in Westtirol zwischen 2100 und 3200 m.

Ändert nur unwesentlich ab. In hohen Lagen ist der Wuchs gedrungener, der Stengel einblütig und oft kaum länger als die Blätter. Von Zermatt und der Grimsel wird eine Form mit orangegelben Kronblättern angegeben.

Verwechslungsmöglichkeiten: Die Art wird im nichtblühenden Zustand leicht mit *S. androsacea* verwechselt. Eine sichere Unterscheidung erlauben die Drüsenhaare, die bei *S. Seguieri* kurz sind und mehr oder weniger dicht stehen, wogegen *S. androsacea* lange, bandförmige Haare besitzt.

Begleitpflanzen: Diese Art ist ein wichtiger Bestandteil der Schneebodenflora auf Silikatunterlage und wächst in Gesellschaft von *Solorina crocea* ACH., *Anthelia julacea* (L.) DUM., *Arenaria biflora* L., *Cerastium pedunculatum* GAUD., *Minuartia sedoides* (L.) HIERN, *Gentiana bavarica* L. var. *subacaulis* CUST., *Veronica alpina* L., *Gnaphalium supinum* L.; auf den höchsten Gipfeln, so am Campo Tencia im Tessin bei 3070 m, kommt sie vor zusammen mit *Poa laxa* HAENKE, *Luzula spicata* (L.) DC., *Silene exscapa* ALL., *Minuartia sedoides* (L.) HIERN, *Ranunculus glacialis* L. *Saxifraga exarata* VILL. und *S. bryoides* L., *Gentiana bavarica* L. var. *subacaulis* CUST., *Eritrichum nanum* (AMANN) SCHRAD., *Tanacetum alpinum* (L.) SCHULTZ-BIP., sowie verschiedenen Moosen und Flechten, im oberen Ötztal auch mit *Ranunculus pygmaeus* WAHLENB.

Blütenverhältnisse: Die Bestäubung der proterogynen Blüten besorgen noch in der Höhe von 3000 m Fliegen.

Parasiten: Auf *Saxifraga Seguieri* treten gelegentlich die Rostpilze *Puccinia Saxifragae* SCHLECHTD. und *Caeoma Saxifragae* (STRAUSS) WINTER auf.

1447. Saxifraga aphylla STERNB., Rev. Sax. 40, t. 11b, f. 3 (1810). Syn. *S. stenopetala* GAUD. (1818). Blattloser Steinbrech. Taf. 142, Fig. 13; Fig. 156 und 157.

Ausdauernd, schlaffe, lockere Rasen bildend. Stämmchen dünn, niederliegend, locker beblättert, ohne Brutknospen. Blühender Stengel schlaff, aufsteigend oder aufrecht, 1 bis 3 (seltener bis 5) cm lang, kahl oder zerstreut drüsig. Grundblätter länglich keilförmig oder spatelig lanzettlich, vorn 3-, seltener 5-spaltig, selten alle Blätter ganzrandig, die Zähne eiförmig lanzettlich, dreieckig oder länglich, der Mittellappen breiter und länger als die seitlichen, gewöhnlich stumpf, selten spitzlich, aber nie mit aufgesetztem Spitzchen, im ganzen 7 bis 15 mm lang und 3 bis 6 mm breit, hellgrün, sehr kurz drüsenhaarig bis fast kahl. Stengelblätter fehlen, selten eins vorhanden. Blüten meist einzeln, gelegentlich zu 2 bis 3, lang gestielt. Kelchzipfel eiförmig oder dreieckig,

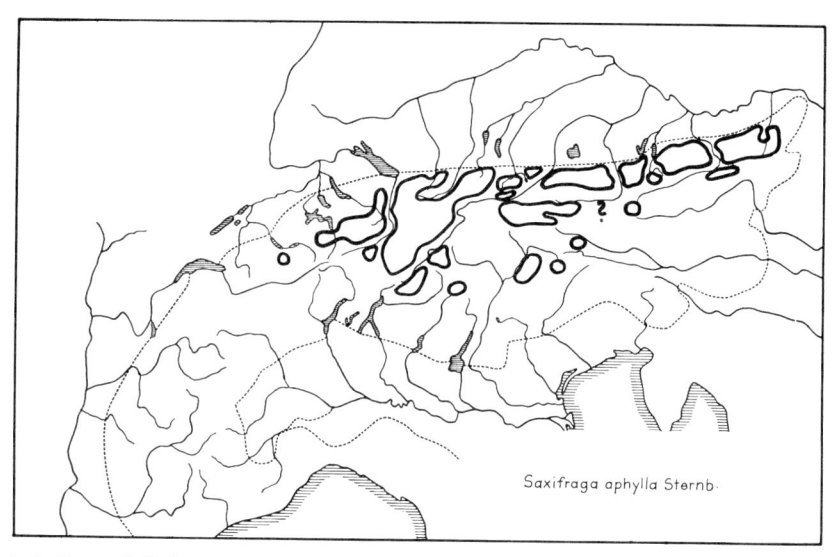

Fig. 156. *Saxifraga aphylla* STERNB. Schwerpunkt der Verbreitung in den nördlichen Kalkalpen (nach MERXMÜLLER).

1,5 bis 2 mm lang, stumpf. Kronblätter schmal linealisch, spitzlich, 2 bis 2,5 mm lang und 0,3 bis 0,5 mm breit, blaßgelb. Staubblätter etwa von der Länge der Kelchzipfel. Fruchtknoten unterständig. Kapsel rundlich eiförmig, 3 bis 5 mm lang, die feinen, verlängerten Stylodien weit spreizend. Samen eiförmig, etwa 1 mm lang, glänzend, schwarz. – VII bis IX.

Vorkommen. Nur auf Kalkgeröll der Ostalpen in der alpinen und nivalen Stufe von 1730 bis 3200 m, vereinzelt noch höher. Charakterart des Thlaspeetum rotundifolii (Thlaspeion rotundifolii).

Allgemeine Verbreitung¹). Ostalpen. Im Gebiet endemisch.

In Deutschland nur in den Bayerischen Alpen, hier aber von 1900 bis 2900 m verbreitet. In Österreich in den nördlichen Kalkalpen verbreitet und mäßig häufig, in den Zentralalpen selten und nur auf Kalk, sehr selten in den Lienzer Dolomiten (Kerschbaumer Alpe). – In der Schweiz verläuft die Westgrenze vom Berner Oberland (Mönch in Lauterbrunnertal) durch die Urkantone zum Panixerpaß, von dort zum Piz Beverin, Piz Michèl im Oberhalbstein, Piz Padella und Sassalbo im Puschlav. – In Südtirol im Ortler- und Adamellogebiet sowie in den Dolomiten, aber hier wie überall in den Südalpen selten.

Saxifraga aphylla ist eine wenig veränderliche Art. Pflanzen mit durchwegs ungeteilten und ganzrandigen Laubblättern können als f. *Breyniana* BECK (1892) bezeichnet werden. So recht selten und meist an hochgelegenen, windexponierten Gratstandorten (Wiener Schneeberg; Monte Garone, Livigno bei 3030 m).

Begleitpflanzen: Der blattlose Steinbrech gehört zu den bestandestreuesten Arten der alpinen Täschelkrauthalde. Er wächst in den nördlichen Kalkalpen gewöhnlich in Gesellschaft von *Poa minor* GAUD., *Cerastium latifolium* L., *Arabis alpina* L., *Hutchinsia alpina* (TORN.) R. BR., *Achillea atrata* L., *Doronicum grandiflorum* LAM., *Linaria alpina* (L.) MILL., *Galium helveticum* WEIGEL, *Viola calcarata* L., *Papaver alpinum* L. subsp. *rhaeticum* (LERESCHE) MARKG. und anderen mehr.

Blütenverhältnisse: Die ausgeprägt proterandrischen Blüten werden nach Beobachtungen von MÜLLER und BRAUN-BLANQUET noch in der Nivalstufe von Dipteren besucht. Spontane Selbstbestäubung ist nach MÜLLER ausgeschlossen.

Fig. 157 *Saxifraga aphylla* STERNB. Am Watzmann, etwa 2500 m (Aufn. P. MICHAELIS).

1448. Saxifraga sedoides L., Spec. plant. 405 (1753). *S. trichodes* SCOP. (1772). Fettkrautartiger Steinbrech. Fig. 155 a–d und Fig. 158.

Ausdauernd, lockere Rasen bildend. Stämmchen stark verzweigt, niederliegend, am Grund locker, nach oben zu dichter beblättert, ohne Brutknospen. Innovationssprosse aus den Achseln der Rosettenblätter entspringend, 1 bis 2,5 cm lang, die blühenden Stengel dadurch scheinbar seitenständig. Stengel schwächlich, aufsteigend oder aufrecht, 1,5 bis 5 cm hoch, kahl oder mit sehr kurzen, hyalinen Drüsenhaaren. Grundblätter spatelig lanzettlich, stachelspitz, ganzrandig, sehr selten 2- oder 3-zähnig, 6 bis 12 mm lang und 2 bis 4 mm breit, hellgrün, kurz drüsenhaarig oder selten kahl. Stengelblätter fehlend oder sehr wenige. Blüten lang gestielt, einzeln oder zu 2 bis 4 in einer lockeren Zyme (= subsp. *sedoides*) oder einer Traube (= subsp. *Hohenwartii*). Kelchzipfel eiförmig oder dreieckig, 1,5 bis 2 mm lang, spitz, zur Blütezeit fast waagrecht ausgebreitet. Kronblätter (im Gebiet) lanzettlich oder spitz eiförmig, 1,5 bis 3 mm lang und 0,3 bis 0,5 mm breit, blaß grüngelb, zitronengelb oder rötlich. Staubblätter etwa so lang wie die Kronzipfel. Fruchtknoten unterständig. Kapsel kreisel- oder verkehrt eiförmig, 2 bis 3 mm lang, mit

---

¹) Vgl. H. MERXMÜLLER, Untersuchungen zur Sippengliederung u. Arealbildung in den Alpen S. 29 u. 30 (1952). Dieser Veröffentlichung ist auch Fig. 156 entnommen.

Tafel 143

Tafel 143. Erklärung der Figuren

Fig. 1. *Saxifraga mutata* (S. 162). Habitus.
,, 1a. Blüte (von oben).
,, 1b. Blüte (ohne Kronblätter).
,, 1c. Längsschnitt durch den Fruchtknoten.
,, 1d. Staubblatt.
,, 2. *Saxifraga Hirculus* (S. 155). Habitus.
,, 3. *Saxifraga tridactylites* (S. 191). Habitus.
,, 4. *Saxifraga granulata* (S. 195). Habitus.
,, 4a. Blüte im Längsschnitt.
,, 5. *Saxifraga rosacea* subsp. *rosacea* (S. 197). Habitus.

Fig. 6. *Saxifraga nivalis* (S. 152). Habitus.
,, 6a. Frucht mit Kelch.
,, 7. *Parnassia palustris* (S. 228). Habitus.
,, 7a. Staminodium.
,, 7b. Drüsenköpfchen.
,, 7c. Fruchtknoten.
,, 7d. Querschnitt durch den Fruchtknoten.
,, 7e. Staubblatt.
,, 8. *Saxifraga paradoxa* (S. 214). Habitus.
,, 8a. Samen.

aufrechten Kelchzipfeln und spreizenden Stylodien. Samen ellipsoidisch, 1,0 bis 1,7 mm lang (nach ENGLER um die Hälfte kleiner!), bespitzt, kurz höckerig, braun oder schwarz. – VI bis IX.

Vorkommen. In Felsspalten und Schuttfluren, besonders an nordexponierten Hängen mit langer Schneebedeckung in den Ostalpen von 1600 bis 2800 m, selten tiefer und wohl nur herabgeschwemmt. Nur auf Kalk und Dolomit. Thlaspeion rotundifolii-Verbandscharakterart.

Allgemeine Verbreitung[1]). Ostpyrenäen (sehr selten), Ostalpen (vom Comer See ostwärts), nördlicher Apennin und Abruzzen. In den Dinarischen Alpen, in Bosnien, Herzegowina und Montenegro eine abweichende Rasse, subsp. *prenja* (BECK) H. HUBER.

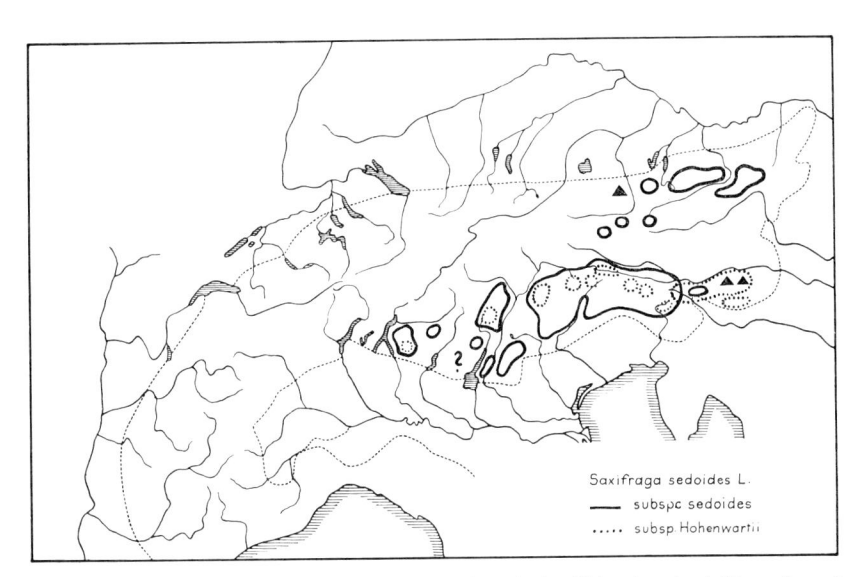

Fig. 158. *Saxifraga sedoides* L. Schwerpunkt der Verbreitung in den Südostalpen (nach MERXMÜLLER).

Saxifraga sedoides ist im Alpengebiet mit zwei Unterarten vertreten.

Subsp. **sedoides** (L.). Fig. 155 a–d.
Blühender Stengel bis auf die Tragblätter blattlos, ein- oder sehr armblütig. Kronblätter lanzettlich oder eiförmig, spitz, kürzer und schmäler als die Kelchzipfel.

Allgemeine Verbreitung: Im Areal der Art, ausgenommen die Balkanhalbinsel.

Verbreitung im Gebiet: In Österreich in den nördlichen Kalkalpen von Salzburg und der Steiermark verbreitet, in Oberösterreich (nur auf dem Warscheneck) und Niederösterreich (nur auf dem Hochkar) sehr selten, des-

---

[1]) Vgl. H. MERXMÜLLER, Untersuchungen zur Sippengliederung u. Arealbildung in den Alpen S. 29 u. 30 (1952). Dieser Veröffentlichung ist auch Fig. 158 entnommen.

gleichen in den Zentralalpen. In Tirol in den Stubaier Alpen. Häufig in den südlichen Kalkalpen von Osttirol und Kärnten. – Fehlt in der Schweiz völlig. – In Südtirol im Ortlergebiet (sehr selten), im Ledrotal, auf der Brentagruppe und dem Nonsberg, in den Dolomiten weit verbreitet und häufig. – Außerdem in den Bergamasker Kalkalpen und den ganzen südöstlichen Kalkalpen verbreitet und zum Teil häufig. Die Westgrenze der Art in den Alpen wird durch folgende Punkte bezeichnet: Grigna, Zucco di Campelli, Presolana, Kirchberger Joch in Ulten, Muttenjoch im Gschnitztal, Fuschertauern, Funtenseetauern, Tennengebirge, Totes Gebirge; sie verläuft somit wie bei manchen anderen ostalpinen Arten in südwest-nordöstlicher Richtung. In Bayern, wo die Art nach einer alten, nicht belegten Angabe in den Funtenseetauern vorkommen soll, fehlt sie sehr wahrscheinlich (MERXMÜLLER).

Subsp. **Hohenwartii** (STERNB.) O. SCHWARZ in Mitteil. Thür. Bot. Ges. **1**, S. 104 (1949). Syn. *S. Hohenwartii* STERNB. (1810). *S. sedoides* L. var. *Hohenwartii* (STERNB.) ENGL. (1872).

Blühender Stengel beblättert. Blütenstand traubig. Kronblätter linealisch, spitz, so lang wie die Kelchzipfel oder länger als diese, länger und schmäler als bei der Nominatrasse.

Allgemeine Verbreitung: In den südöstlichen Kalkalpen von den Bergamasker bis in die Steiner Alpen, meist seltener als subsp. *sedoides*, nur in den Karawanken, Steiner und Sanntaler Alpen häufiger und weiter verbreitet als diese. E. MAYER (in Jahrb. d. Vereins z. Schutz d. Alpenpfl. u. -tiere **23**, S. 131 [1958]) bezweifelt das Vorkommen dieser – von ihm als selbständige Art geführten Sippe – westlich der Save. Demnach wiese subsp. *Hohenwartii* ein höchst beschränktes Areal auf, das nur die Steiner Alpen (Kamniške Alpe) und Karawanken umfaßt. Die aus den Julischen Alpen stammenden Belege hält E. MAYER (mit Vorbehalt) für hybridogene Formen.

Derselben Quelle zufolge unterscheiden sich die beiden Sippen auch in ihren ökologischen Ansprüchen: subsp. *sedoides* ist, zumindest in den Julischen Alpen, eine Pflanze der Felsspalten, die nur gelegentlich ins Geröll übergeht, wogegen subsp. *Hohenwartii* vorwiegend feuchtere, ruhende Schuttfluren besiedelt und nur selten in Felsspalten wächst.

S. sedoides subsp. *Hohenwartii* ist in den Karawanken Charakterart des Saxifragetum Hohenwartii.

Die illyrische subsp. prenja (BECK) H. HUBER, comb. nov.[1]) weicht von der im Habitus sehr ähnlichen subsp. *sedoides* durch die linealischen, von gestutzten oder doppelt ausgerandeten Kronblätter ab.

Verwechslungsmöglichkeiten: *Saxifraga sedoides* kann unter Umständen mit *S. aphylla* verwechselt werden, aber die knorpelig bespitzten Laubblätter und Kelchzipfel erlauben eine sichere Unterscheidung, selbst von der seltenen *S. aphylla* f. *Breyniana* mit ganzrandigen Blättern.

Begleitpflanzen: *Saxifraga sedoides* hat im Gegensatz zur vorangehenden Art, mit der sie nahe verwandt ist, den Schwerpunkt ihrer Verbreitung in den Südostalpen. Wie *S. aphylla* ist auch sie ein Schuttkriecher von ähnlichen Standortsansprüchen. Sie wächst gewöhnlich in Gesellschaft von *Thlaspi rotundifolium* (L.) GAUD. und dessen Unterart *cepaeifolium* (WULF.) ROUY & FOUC., *Cerastium carinthiacum* VEST, *Doronicum Columnae* TEN., *Achillea Clavenae* L. und anderen Arten.

Als Begleitpflanzen von subsp. *Hohenwartii* nennt E. AICHINGER [Vegetationskunde der Karawanken, S. 43 (1933)] folgende Arten: *Saxifraga androsacea* L., *Valeriana elongata* JACQ., *Hutchinsia alpina* (TORN.) R. BR., *Arabis alpina* L., *Moehringia ciliata* (SCOP.) DALLA TORRE, *Poa minor* GAUD., *Salix retusa* L., *Cerastium carinthiacum* VEST und andere mehr. In den Steiner Alpen wächst diese Sippe nach E. MAYER zusammen mit *Salix retusa* L., *Polygonum viviparum* L., *Minuartia Gerardi* (WILLD.) HAYEK, *Silene acaulis* (L.) JACQ. subsp. *longiscapa* (KERNER) HAYEK, *Arenaria ciliata* L., *Ranunculus alpestris* L. subsp. *Traunfellneri* (HOPPE) RCHB., *Viola biflora* L. und *V. Zoysii* WULF., *Papaver alpinum* L. subsp. *Kerneri* (HAYEK) FEDDE, *Arabis alpina* L. und *A. pumila* JACQ., *Hutchinsia alpina* (TORN.) R. BR., *Thlaspi alpinum* CR. var. *Kerneri* (HUTER) ROUY & FOUC., *Saxifraga aizoides* L., *S. stellaris* L. subsp. *alpigena* TEMESY, *S. caesia* L., *S. squarrosa* SIEBER, *S. incrustata* VEST, *S. moschata* WULF. var. *carniolica* (HUTER ex HAYEK) BRAUN-BL., *Potentilla Clusiana* JACQ., *Linaria alpina* (L.) MILL. und anderen Arten.

Blütenverhältnisse: Die Blüten sind proterandrisch. Spontane Selbstbestäubung ist ausgeschlossen.

1449a. Saxifraga presolanensis[2]) ENGL. in Pflanzenreich IV **117**, 302 (1916). Presolana-Steinbrech.
Fig. 107, 159, und 160a, b, d, i.

Wichtigste Literatur: H. MERXMÜLLER und W. WIEDMANN, Ein nahezu unbekannter Steinbrech der Bergamasker Alpen. Jahrb. d. Vereins z. Schutz d. Alpenpfl. u. -tiere, **22**, S. 115–120 (1957). – Die nachfolgende Darstellung folgt im wesentlichen dieser Arbeit, der auch die Fig. 159 u. 160 entnommen sind. – H. REISIGL und H. PITSCHMANN, Botanische Streifzüge in den Bergamasker Alpen. Jahrb. d. Vereins z. Schutz d. Alpenpfl. u. -tiere **24**, S. 106 (1959).

---

[1]) Syn. *S. prenja* BECK in Ann. K. K. naturhist. Hofmuseum Wien **1**, 2 S. 93 (1887). *S. sedoides* L. var. *prenja* (BECK) ENGL. & IRMSCHER in Pflanzenreich IV **117**, 290 (1916).

[2]) Nach der Presolana in den Bergamasker Alpen, bis vor wenigen Jahren dem einzigen bekannten Fundort der Art.

Ausdauernd, dichte, halbkugelige, faust- bis kindskopfgroße, gelbgrüne Polster bildend. Stämmchen nur am Grund verzweigt, dachziegelig beblättert, 6 bis 8 cm lang. Blühende Stengel schwächlich, schlaff, häufig wirr auf dem Polster liegend, 8 bis 12 cm lang, wie auch die Blätter mit auffallend langen Drüsenhaaren bekleidet und klebrig. Grundblätter schmal spatelig lanzettlich bis

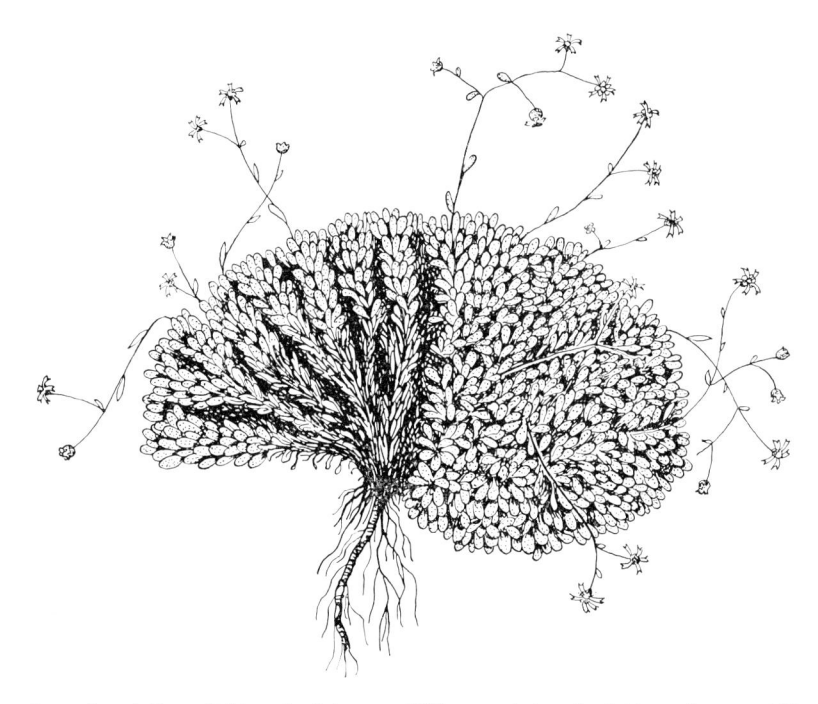

Fig. 159. *S. presolanensis* ENGL. Habitus; das Polster zur Hälfte angeschnitten (nach MERXMÜLLER und WIEDMANN).

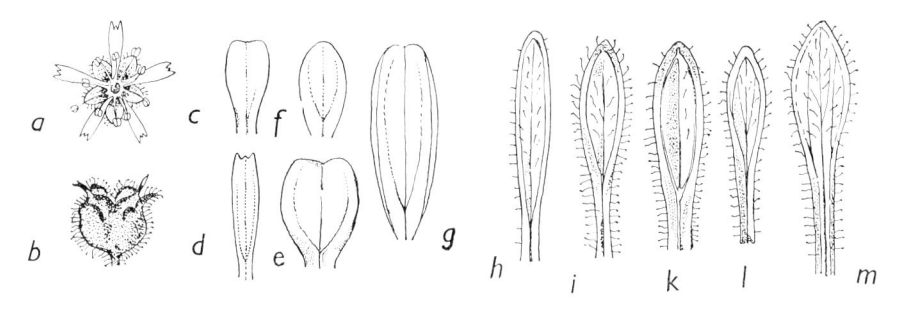

Fig. 160. *Saxifraga presolanensis* ENGL. *a* Blüte. *b* Frucht. – Kronblatt und Laubblatt von *S. Facchinii* KOCH *(c, h)*, *S. presolanensis* ENGL. *(d, i)*, *S. muscoides* ALLIONI *(e, k)*, *S. Seguieri* SPRENGEL *(f, l)* und *S. androsacea* L. *(g, m)*. Man beachte den Zahn in der Ausrandung des Kronblattes von *S. presolanensis* (nach MERXMÜLLER & WIEDMANN).

lineal-lanzettlich, ganzrandig, stumpf, 1 bis 2 cm lang und 2 bis 5 mm breit, die letztjährigen silbergrau verwitternd. Stengelblätter mehrere, meist 3 bis 6. Blüten lang gestielt, in lockerer, meist 2- bis 4-blütiger Infloreszenz. Kelchzipfel rundlich eiförmig, stumpf, nicht ganz 2 mm lang. Kronblätter keilförmig linealisch, durch die sehr breite Ausrandung am Vorderende zweizipfelig, in der Ausrandung einen winzigen Mittelzahn tragend, etwa zwei- bis zweieinhalbmal so lang wie die Kelchzipfel, sehr hell gelblichgrün. Staubblätter so lang wie die Kelchzipfel oder wenig länger. Fruchtknoten unterständig, halbkugelig. Kapsel fast kugelig, knapp 4 mm lang und breit, die Kelchzipfel ausgebreitet, die Griffel spreizend. Samen länglich eiförmig, glatt. – VII, VIII.

Vorkommen. In Höhlen und Kaminen und an überhängenden Felswänden vorwiegend nördlicher Exposition bei etwa 1800 m. Gewöhnlich auf Kalk, am Cimon de Bagozza auch auf Silikatunterlage.

Allgemeine Verbreitung. In den südlichen Bergamasker Alpen endemisch.

Saxifraga presolanensis wurde erstmals 1894 von A. ENGLER an der Presolana oberhalb Drezzo aufgefunden und dann 1954 von H. MERXMÜLLER am Nordosthang des Monte Arera. Weitere Fundorte: Monte Pegherolo, Pizzo Camino und Cimon di Bagozza.

Die Pflanze gedeiht mit Vorliebe in Felsspalten und bildet da feste Polster mit dicht dachziegelig belaubten Stämmchen. Ausnahmsweise kann sie auch auf Feinschutt vorkommen; an solchen Standorten nimmt sie locker rasenförmigen Habitus an (nach REISIGL & PITSCHMANN); eine derartige, untypische Form scheint ENGLER vorgelegen zu haben.

ENGLER stellte diese Art ursprünglich in den Verwandtschaftskreis von *S. androsacea*, was aber MERXMÜLLER als unzutreffend erkannt hat. Ebensowenig bestehen Beziehungen zu *S. sedoides*, als deren möglicher Bastard (mit *S. androsacea*) die Pflanze betrachtet wurde. Viel eher gehört *S. presolanensis*, eine sehr eigenständige und altisolierte Art, in die Nähe von *S. muscoides* und *S. Facchinii*, mit denen sie in wichtigen Merkmalen (vgl. S. 141) übereinstimmt.

1449 b. Saxifraga muscoides ALLIONI in Miscell. Taurin. 5, 74 (1774). Syn. *S. tenera* SUTER (1802). *S. planifolia* STERNB. (1810) non LAP. Moos-Steinbrech. Fig. 107, 160e, k und 161 h–i.

Ausdauernd, dichte, feste Flachpolster bildend, harzig duftend, mit dicht dachziegelig beblätterten Stämmchen, ohne Brutknospen. Blühender Stengel aufrecht, 0,5 bis 5 cm hoch, dicht drüsig-zottig behaart. Grundblätter lineal-lanzettlich bis linealisch, ganzrandig, stumpf oder leicht ausgerandet, 3 bis 7 mm lang und 1 bis 2 mm breit, am Rand drüsig gewimpert, auf der Fläche kahl oder kurzdrüsig behaart, die letztjährigen vorne silbergrau verwitternd. Stengelblätter 3 bis 5 Infloreszenz meist ein-, gelegentlich 2- bis 3-blütig, die Blüten kurz bis ziemlich lang gestielt. Kelchzipfel stumpf eiförmig, 1,5 bis 2 mm lang. Kronblätter breit verkehrt eiförmig, vorn gestutzt und meist etwas ausgerandet, eineinhalb- bis zweimal so lang und doppelt so breit wie die Kelchzipfel, blaßgelb oder hell zitronengelb, beim Trocknen ausbleichend. Staubblätter fast so lang wie die Kronzipfel. Fruchtknoten unterständig. Kapsel kugelig verkehrt eiförmig, 2 bis 3 mm lang, mit aufrechten Kelchzipfeln und fast aufrechten Stylodien. Samen elliptisch spindelförmig, spitz, 0,6 mm lang, fast glatt, glänzend schwarzbraun. – VI bis VIII.

Vorkommen. In den obersten Pionierrasen und auf Gesteinsgrus (seltener in Felsspalten) der höchsten Zentralalpen von (1800) 2300 bis 4200 m, im Sandr des Hufigletschers schon bei 1450 m. Nach MERXMÜLLER mit Vorliebe auf Kalkschiefern und kaum auf die benachbarten Silikatböden übergreifend; vor allem im Androsacion helveticae.

Allgemeine Verbreitung[1]). Alpenkette von den Cottischen Alpen bis in die Hohen Tauern. Fehlt in den Pyrenäen.

Verbreitung im Gebiet: Fehlt in Deutschland vollständig. – In Österreich im Lungau (zerstreut), in den Hohen Tauern (sehr selten), angeblich auch am Brenner; das Vorkommen am Großen Priel in Oberösterreich ist unwahrscheinlich. – In der Schweiz in den Zentralalpen (Graubünden, Tessin, Wallis) ziemlich verbreitet, aber nirgends häufig, seltener in den nördlichen Kalkalpen (Murgsee-Alpen, Glarner Alpen, Panixer, Faulhorn im Berner Oberland); fehlt im Puschlav. – In Südtirol angeblich am Tonale und Schlern.

Wie *Saxifraga Seguieri* ist auch diese Art ein alter Endemit der Zentralalpen, und Verbreitungsgebiet wie Lebensbedingungen machen die Annahme wahrscheinlich, auch *S. muscoides* habe die Eiszeit innerhalb des vergletscherten Gebietes auf Nunatakkern überdauert. Diese Art zählt zu den wenigen Alpenpflanzen, deren eigentlicher Lebensbereich über 2400 m liegt und die nur ausnahmsweise bis zur oberen Baumgrenze herabsteigen. Am Matterhorn steigt sie angeblich bis 4200 m, in Graubünden am Thälihorn im Avers bis 3050 m, im Tessin am Pizzo Centrale bis 2930 m.

---

[1]) Vgl. H. MERXMÜLLER & W. WIEDMANN in Jahrb. d. Vereins z. Schutz d. Alpenpfl. u. -tiere **22**, S. 117 (1957).

Saxifraga muscoides ändert nur unwesentlich ab. Am Piz Beverin ob Thusis in Graubünden, 2400 m, und am Grat über der Alp Scharmoin in Graubünden bei 2600 m wächst eine Form mit abweichend langer und dichter Behaarung, die, zumindest lokal, konstant zu sein scheint: f. *glandulosissima* BRAUN-BL. (1923). Die Drüsenhaare sind hier deutlich länger als der Durchmesser des Stengels (bis zweieinhalbmal so lang).

Begleitpflanzen: Diese kalkstete Art (GAMS) besiedelt mit Vorliebe Pionierrasen an Gipfeln und Gräten. Sie wächst gewöhnlich in Gesellschaft von *Androsace helvetica* (L.) ALL., *Saxifraga paniculata* MILL., *S. moschata* WULF. und *S. oppositifolia* L., *Draba aizoides* L. u. a. A. (GAMS). Ferner findet sich *S. muscoides* auf Grusböden in den nivalen und subnivalen Strauchflechtenbeständen eingestreut, zusammen mit *Cladonia gracilis* (L.) WILLD., *C. sylvatica* (L.) HARTM., *Stereocaulon alpinum* LAURER, *Solorina crocea* (L.) ACH., *Peltigera rufescens* ACH., *Parmelia saxatilis* (L.) FRIES, *Cornicularia aculeata* (SCHREB.) ACH., *Cetraria cucullata* (L.) ACH., *C. islandica* (L.) ACH., *C. juniperina* (L.) ACH., *C. nivalis* (L.) ACH., *Alectoria ochroleuca* (EHRH.) NYL. und *Thamnolia vermicularis* (SW.) ACH. und einigen der oben angeführten Blütenpflanzen (so am Flimserstein bei 2670 m auf Verrucano).

Blütenverhältnisse: Die Blüten sind nach KIRCHNER ausgesprochen proterandrisch. Selbstbestäubung ist ausgeschlossen.

1450. Saxifraga Facchinii[1]) KOCH in Flora **25**, 624 (1842). Syn. *S. planifolia* STERNB. var. *atropurpurea* KOCH (1837). *S. muscoides* ALL. var. *Facchinii* (KOCH) ENGL. (1872). Fig. 107, 160c, h und 161 k–o.

Ausdauernd, dichte, kleine Flachpolster bildend. Stämmchen kurz, dicht und fast rosettig beblättert, ohne Brutknospen. Blühender Stengel aufrecht, 0,6 bis 3 cm hoch, drüsig behaart. Grundblätter länglich-lanzettlich bis fast linealisch, ganzrandig, selten (var. *Leyboldii*) teilweise dreispaltig, vorn abgerundet und stumpf, 7 bis 10 mm lang und 1 bis 2 mm breit, dünn, am Rand und auf der Fläche kurz drüsig behaart, die abgestorbenen vorn silbergrau verwitternd. Stengelblätter mehrere. Blütenstand 1- bis 4-blütig, die Blütenstiele etwa so lang wie die Blüten oder etwas länger. Kelchzipfel eiförmig, 1,5 mm lang, stumpf. Kronblätter verkehrt eiförmig, vorn gestutzt oder schwach ausgerandet, 1,5 bis 2 mm lang, die Kelchzipfel nur wenig überragend, blaß gelb oder hell- bis dunkelpurpurn. Staubblätter kürzer als die Kelchzipfel. Fruchtknoten unterständig, verkehrt eiförmig. Frucht und Samen unbekannt. – VII.

Vorkommen. Spärlich in Felsritzen und in feinkörnigem, grusigem Ruhschutt der Dolomiten zwischen 2000 und 3360 m (Marmolatagipfel).

Allgemeine Verbreitung[2]). In den Südtiroler Dolomiten von Gröden bis zum Latemar endemisch.

Die Art ist nur von wenigen Fundorten bekannt: Seiseralp, Schlern, Rosengarten bei Bozen, Antermojakogelscharte, Latemar, Grasleitenpaß, Boespitze 2000 m, Marmolata 3250 bis 3360 m, Rosetta bei San Martino di Castrozza. Trotz ihrer sehr beschränkten Verbreitung ist *S. Facchinii* eine recht variable Pflanze, die vor allem in der Blütenfarbe und der Länge der Blätter, selbst innerhalb benachbarter Populationen große Unterschiede zeigt. Exemplare mit zum Teil dreispaltigen Laubblättern, deren Seitenlappen 2- bis 4-mal kürzer und 2- bis 3-mal schmäler als der Mittellappen sind, werden als var. *Leyboldii* ENGL. & IRMSCHER (1916) bezeichnet. So am Schlern von 2300 bis 2600 m.

1451. Saxifraga tenella WULFEN in Jacq. Collect. **3**, 144, t. 17 (1789). Syn. *S. arenarioides* BRIGNOLI (1810). *Chondrosea tenella* (WULF.) HAW. (1821). Grannen-Steinbrech. Fig. 161 a–f..

Ausdauernd, lockerrasig, mit dicht beblätterten, kriechenden Stämmchen. Mit krautigen Brutknospen in den Blattachseln. Blühender Stengel aufrecht, zierlich, dünn, 3 bis 15 cm hoch, kahl. Grundblätter pfriemlich lineal-lanzettlich, steif, einnervig, abstehend, ganzrandig, grannig zu-

---

[1]) Benannt nach FRANCESCO FACCHINI (1788 bis 1852), italienischer Arzt und Botaniker. Er lebte geraume Zeit als praktischer Arzt im Fassatal und verfaßte eine Flora von Südtirol, die 1855 erschienen ist.
[2]) Verbreitungskarte bei H. PITSCHMANN und H. REISIGL in Veröff. Mus. Ferdinandeum Innsbruck **37** (1958).

gespitzt, vor der Spitze mit einer grubigen Vertiefung, aber keinen Kalk sezernierend, ringsum knorpelig berandet, sitzend 8 bis 12 mm lang, am Grund oder ringsum borstig bewimpert (die Wimpern einzellreihig!) oder auch völlig kahl, die abgestorbenen Blätter silbergrau verwitternd. Stengelblätter meist 4 bis 6, allmählich kleiner werdend. Blütenstand rispig, 2- bis 9-blütig, Blüten ziemlich lang gestielt. Kelchblätter 5, dreieckig, grannenspitz, 1½ bis 2 mm lang. Kronblätter 5, länglich verkehrt eiförmig, stumpf, am Grund kurz genagelt, 2½ bis 3 mm lang, im Leben gelblichweiß, getrocknet grünlichgelb. Staubblätter etwa eineinhalb so lang wie die Kronblätter. Fruchtknoten fast unterständig. Kapsel halbkugelig, 2½ bis 3 mm lang, mit aufrechten Kelchzipfeln und spreizenden Stylodien. Samen länglich, 0,6 bis 0,7 mm lang, fein papillös, kastanienbraun. – Chromosomenzahl: $2n = 66$. – VI, VII.

Vorkommen. Zwischen Moosrasen auf schattigen Nagelfluh-, Kalk- und Dolomitfelsen und Felsschutt von der oberen Buchenregion bis in die untere alpine Stufe ansteigend.

Allgemeine Verbreitung. In den Südostalpen endemisch.

In Österreich nur in der Steiermark, und zwar in den Gurktaler Alpen auf der Krebenze bei St. Lambrecht. – In Venetien in den Karnischen Alpen am Mt. Amariana. – In Slowenien ziemlich verbreitet und stellenweise häufig in den Julischen Alpen (Lom bei Tolmein, Crna Prst, Krn, Manhartsattel, Isonzotal oberhalb Stcha und auch sonst am Fuß des Triglav, Wischbachalpe, Travnik oberhalb Preth u. a. m.) sowie in den Sanntaler Alpen (Raducha und Menina Planina; Sagor, am rechten Save-Ufer um 1500 m; bei Mitalovska Skala gegenüber Trifail).

Saxifraga tenella ist ein ausgezeichneter Endemit der Südostalpen. Auf den ersten Blick erinnert die Pflanze an *S. aspera*, die aber durch fast oberständigen Fruchtknoten und mehrzellreihige Wimpern am Blattrand leicht zu unterscheiden ist.

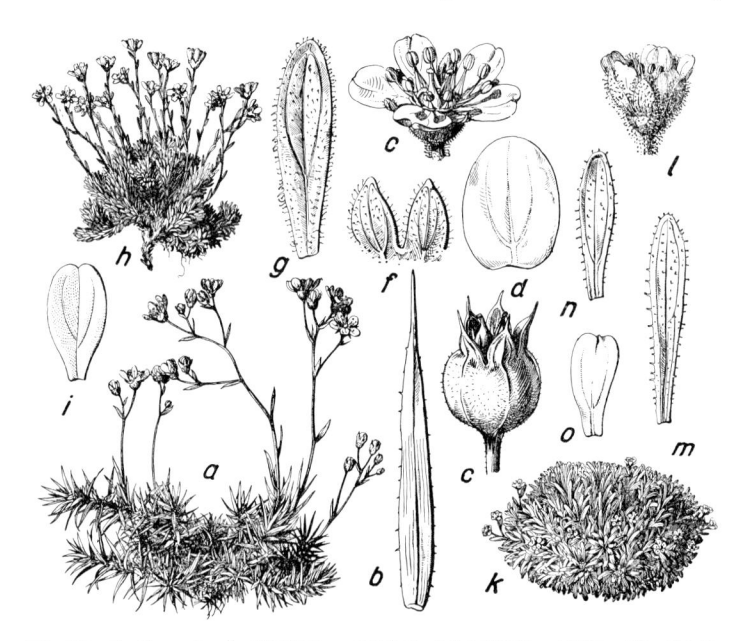

Fig. 161. *Saxifraga tenella* WULFEN. *a* Habitus. *b* Laubblatt. *c* Blüte. *d* Kronblatt. *e* Frucht. *f* Kelchblätter. – *Saxifraga muscoides* ALL. *h* Habitus. *g* Laubblatt. *i* Kronblatt. – *Saxifraga Facchinii* KOCH. *k* Habitus. *l* Blüte. *m, n* Laubblatt. *o* Kronblatt.

Blütenverhältnisse: Die Blüten sind proterandrisch; im männlichen Stadium sind sie wenig auffällig und nur 2 bis 5 mm breit; im weiblichen Stadium erreicht die Krone 6 bis 7 mm im Durchmesser.

1452. Saxifraga paradoxa STERNB., Rev. Saxifr. 22, t. 14 (1810). Syn. *Lobaria paradoxa* (STERNB.) HAW. (1821). *Zahlbrucknera paradoxa* (STERNB.) RCHB. (1832). Glimmer-Steinbrech, Seltsamer Steinbrech. Taf. 143, Fig. 8 und Fig. 162.

Ausdauerndes Kraut mit meist verzweigten, dünnen und zerbrechlichen, niederliegenden oder knickig aufsteigenden, 5 bis 30 cm langen Stengeln. Blätter sehr lang gestielt; die Spreite rundlich nierenförmig, 5- bis 7- (seltener 3- bis 9-)lappig, mit breit eiförmigen oder halbkreisförmigen, stumpfen oder spitzlichen Lappen, am Grund tief herzförmig eingebuchtet, zart dünnhäutig und fast durchscheinend, kahl, 1 bis 3 cm lang und etwa ebenso breit oder ein wenig breiter; der Stiel der unteren Blätter mehrmals länger als die Spreite und wie die Stengel locker behaart. Obere

Stengelblätter und Tragblätter den unteren sehr ähnlich, nur allmählich kleiner werdend und die Blattstiele an Länge abnehmend. Blüten einzeln (selten zu zweien) aus den Achseln der gestielten, laubblattartigen Tragblätter, die Infloreszenz demnach eine durchblätterte, vom vegetativen Stengel nicht abgesetzte, verarmte Scheintraube. Blütenstiele mehrmals länger als die Blüte. Kelchzipfel 5, eiförmig lanzettlich, spitz, fast 2 mm lang. Kronblätter 5, linealisch, spitz, gegen den Grund zu nicht verschmälert, etwa so lang wie die Kelchzipfel, aber nur halb so breit wie diese, grünlich. Staubblätter etwa halb so lang wie die Kelchzipfel, die Staubfäden pfriemlich. Fruchtknoten unterständig. Kapsel breit eiförmig, mit 2 nach vorne gerichteten, schwach spreizenden Griffeln von der halben Länge der Kapsel. Samen rundlich-elliptisch, bespitzt, 0,6 bis 0,7 mm lang, höckerig warzig, schwarz. – VI bis VIII.

Vorkommen. An feuchtschattigen Stellen, namentlich unter überhängenden Gneis- und Glimmerschieferfelsen in der Bergstufe der Vorberge der Kor- und Gleinalpe. Zerstreut und selten.

Allgemeine Verbreitung. Nur in der westlichen Steiermark und Ostkärnten (Kor- und Gleinalpe) sowie in Slowenien am Südfuß des Bachergebirges (Hudinaschlucht bei Weitenstein).

Die Vorkommen in der Obersteiermark sind: Gamsgraben bei Stainz, Sulzbacher Alpen, Gneishöhle am Ligister Bach bei Unterwald, Laßnitz-Klause bei Deutsch-Landsberg, Sallagraben (etwa 300 m), Teigitschgraben bei Voitsberg (450 m).

Begleitpflanzen: Die Pflanze wächst in der montanen Stufe und wird meist in Gesellschaft von *Moehringia diversifolia* DOLL., *Oxalis Acetosella* L., *Circaea alpina* L., *Asplenium septentrionale* (L.) HOFFM. und anderen Arten angetroffen.

Saxifraga paradoxa ist die einzige Art der Sektion *Discogyne*. Habituell und durch den Besitz schlauchförmig umgebildeter, tanninführender Synzytien in der Epidermis erinnert sie an die vorwiegend mittelländische Sektion *Cymbalaria*, die aber nur einjährige Arten umfaßt. Zweifellos ist *S. paradoxa* ein altisoliertes Tertiärrelikt, und es ist wohl anzunehmen, daß sie die Eiszeit in ihrem heutigen Verbreitungsgebiet überdauert hat. Von vielen älteren Autoren wurde diese Art als der Typus einer selbständigen Gattung – *Zahlbrucknera* RCHB. – aufgefaßt, was aber nach SCHWAIGHOFER (Zitat S. 130) nicht vertretbar ist. Das eine der früher zur Unterscheidung von *Saxifraga* verwendeten Merkmale, die gegen die Ansatzstelle nicht verschmälerten Kronblätter, findet sich auch bei mehreren *Saxifraga*-Arten (z. B. *S. aphylla*, *S. mutata*), und das andere Merkmal, die mit einem „Loch" aufspringende Kapsel, beruht auf einer Fehlbeobachtung: die Kapsel von *S. paradoxa* öffnet sich wie die der übrigen Saxifragen mit einem Spalt.

Fig. 162. *Saxifraga paradoxa*. Trimberger Graben bei Wolfsberg, Koralpe, Kärnten (Aufn. P. MICHAELIS).

Bastarde.

Sektion *Gymnopera* × *Aizoonia*

1. *S. Cotyledon* × *cuneifolia*; *S.* × *Jaeggiana* BRUEGGER (1878–80). In der Roffla an der Splügenstraße (Graubünden).
2. *S. cuneifolia* × *paniculata*; *S.* × *Zimmeteri* KERNER (1870). Sehr selten in Osttirol zwischen Lienz und Windisch-Matrei.

2a. *S. paniculata* × *umbrosa*¹); *S.* × *Andrewsii* HARV. (1848). Fig. 163. Ein im vorigen Jahrhundert in England entstandener Gartenbastard, der gelegentlich auch bei uns als Steingartenpflanze gezogen wird.

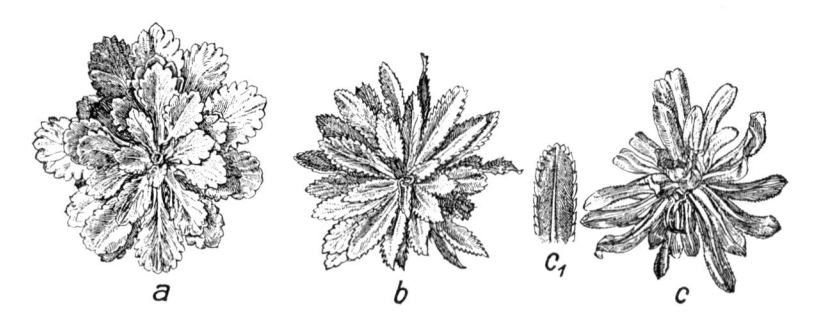

Fig. 163. *a* Blattrosette von *Saxifraga umbrosa* L. *b* von *S.* × *Andrewsii* HARV. = *S. paniculata* × *umbrosa*. *c* von *S. paniculata* MILL. c_1 Blattspitze von *S. paniculata*.

Sektion *Gymnopera* × *Miscopetalum*

3. *S. cuneifolia* × *rotundifolia*; *S.* × *Mattfeldii* ENGL. (1922). Sehr selten; bisher nur aus Kärnten (Gartnerkofel-Gebiet) bekannt.

3a. *S. cuneifolia* × *taygetea*; *S.* × *Tazetta* hort. Gartenbastard; kam etwa um 1884 in den Handel (nach ENGLER).

Sektion *Xanthizoon* × *Aizoonia*

4. *S. aizoides* × *mutata*; *S.* × *Hausmannii* KERNER (1863). Syn. *S.* × *Girtanneri* BRÜGGER. nom. nud. Fig. 164 n-o. zwei, den Eltern genäherten Formen. Nicht selten in den nördlichen Kalkalpen, im Alpenvorland bis Rottenbuch, In Lenggries usw., sehr selten in den Zentralalpen (Gschnitztal) und in Südtirol (Val di Ronchi bei Ala).

Sektion *Xanthizoon* × *Porophyllum*

5. *S. aizoides* × *caesia*; *S.* × *patens* GAUD. (1828). In Oberbayern im Isarkies von Mittenwald bis Wolfratshausen (SUESSENGUTH), am Tegelberg und Königsee. In Österreich bei Radstadt, im Kapruner Tal, im Defereggen Gebirge, bei Innsbruck und Matrei, im Gschnitztal; auch in Vorarlberg. In der Schweiz in den Glarner Alpen, mehrfach in Graubünden (Scarltal, am Ofenpaß, Val del Botsch bei 2500 m, Val Cluozza, Bargis oberhalb Fleims, zwischen Außenferrera und der Schmelze), in Waadt (Dent d'Andon), im Wallis (Montagne de Fully) und Bern (Trümmletental).

6. *S. aizoides* × *squarrosa*; *S.* × *sotchensis* ENGL. (1872). In den Julischen Alpen im Isonzotal oberhalb Sotcha, am Raibler See und im Manhard Gebirge.

Sektion *Aizoonia*

7. *S. Cotyledon* × *paniculata*; *S.* × *Gaudinii* BRUEGGER (1868). Fig. 164 a-c, f, i. In der Schweiz in Uri (Meitschlingen im Reußtal, Maderanertal), Graubünden (Misox, Roffla, Maloja, Sasso della Paglia bei 2200 m), im Tessin an zahlreichen Fundorten und im Wallis.

8. *S. Hostii* subsp. *Hostii* × *incrustata*; *S.* × *Engleri* HUTER (1905). Sehr selten in Kärnten: Obere Valentinalpe. In Venetien: Prato dei Carofoli bei Cimolais, am Monte Boscada oberhalb Erto. Einige weitere Fundorte in den Julischen Alpen.

9. *S. Hostii* subsp. *Hostii* × *paniculata*; *S.* × *Churchillii* HUTER (1905). Im Ortlergebiet (Tabarettawand bei Trafoi; vom Münstertal zum Wormser Joch) und am Monte Selva bei Belluno in den Venetianischen Alpen.

10. *S. Hostii* subsp. *rhaetica* × *paniculata*; *S.* × *camonicana* SÜNDERMANN (1906). Lombardische Alpen: Monte Vaccio im Val Camonica, in zwei den Eltern genäherten Formen.

11. *S. incrustata* × *paniculata*; *S.* × *pectinata* SCHOTT, NYM. & KOTSCHY. In Kärnten am Flaschberg bei Oberdrauburg ziemlich häufig, und bei der Oberen Valentinalpe. Außerdem in den Venetianischen und Julischen Alpen.

Sektion *Aizoonia* × *Porophyllum*

12. *S. caesia* × *mutata*; *S.* × *Forsteri* STEIN (1877). Sehr selten; bisher nur in Nordtirol (Höttinger Alpe bei Innsbruck; zwischen Zirl und Reith).

---

[1]) Nach ENGLER ist der eine Elternteil nicht *S. umbrosa* sondern *S.* × *Geum* L. (= *S. hirsuta* × *umbrosa* [Syn. *S. Geum* subsp. *hirsuta* ENGL. & IRMSCHER]).

Sektion *Porophyllum*

13. *S. caesia* × *squarrosa*; *S.* × *tiroliensis* KERNER (1870). Einige Fundorte in Südtirol (Weinlahn im Fischleintal bei Sexten, Marmolata, Pustertal) und in den Julischen Alpen (Raibl; zwischen der Jeserith Alpe oberhalb Sotcha und der Wochein).

Sektion *Porphyrion*

14. *S. biflora* subsp. *biflora* × *oppositifolia* subsp. *glandulifera*; *S.* × *bernardensis* VACCARI (1904). Syn. *S.* × *Hayekiana* VACCARI (1904). *S.* × *zermattensis* HAYEK (1905). In den Berner (Moräne des Glacier Martinets) und Penninischen Alpen (Gries und Riffelberg bei Zermatt) sowie am Kleinen Sankt Bernhard und in den Grajischen Alpen.

15. *S. biflora* subsp. *biflora* × *oppositifolia* subsp. *oppositifolia*; *S.* × *spuria* KERNER (1870). Syn. *S.* × *Huteri* AUSSERDORFER in KERNER (1870). Gelegentlich in den nördlichen Kalkalpen (Schwarzmilzgrat im Allgäu [nach ADE], Serlos bei Innsbruck, Hutzelspitz), den Hohen Tauern und Zillertaler Alpen (Kalser Törl, Virgen, Steineralpe bei Windisch-Matrei, Rollspitze, Ahrn- und Lappachtal), in den Stubaier Alpen (Finsterstern bei Sterzing um 2600 bis 2960 m, Kreitspitze oberhalb Ranalt), in Salzburg und mehrfach in Graubünden. Dieser Bastard tritt in intermediären und den Eltern genäherten Formen auf.

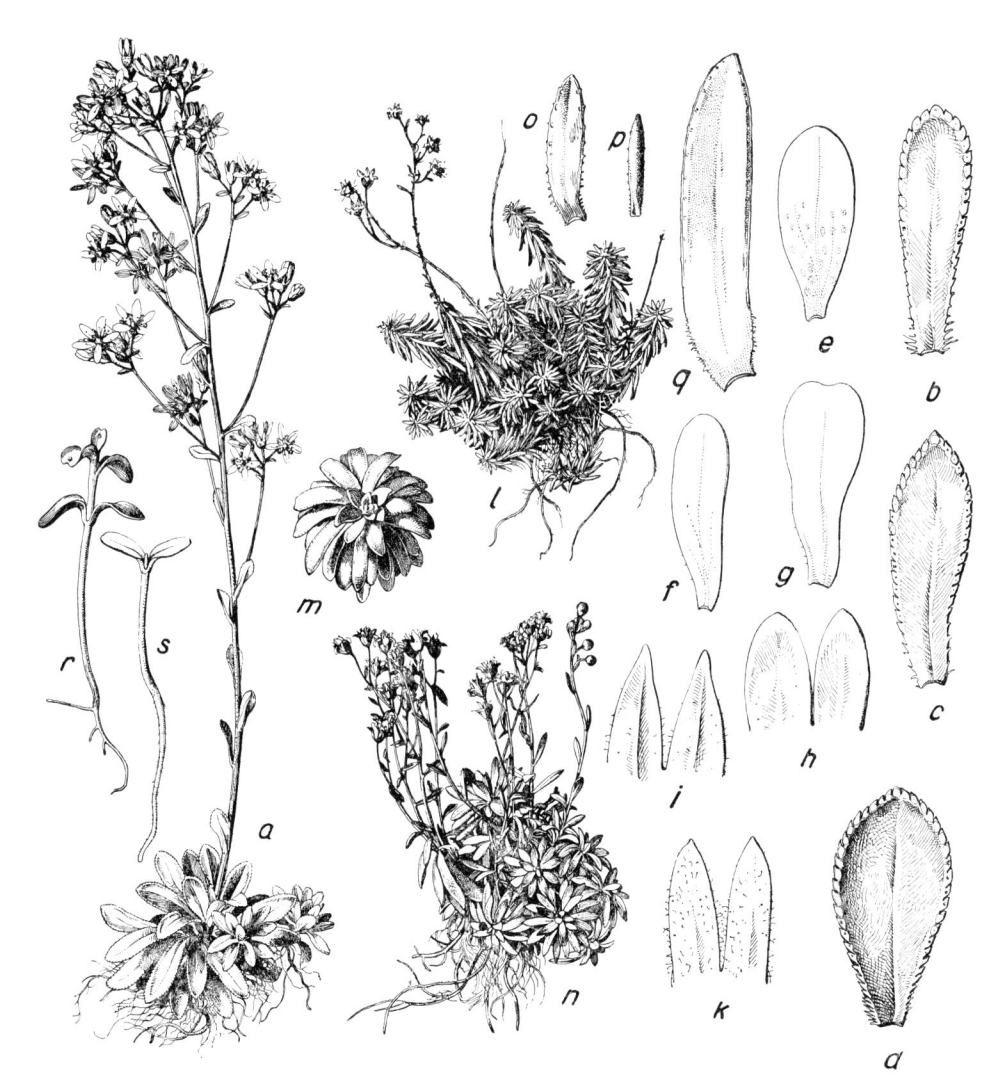

Fig. 164. *Saxifraga* × *Gaudinii* BRUEGGER = *S. Cotyledon* × *paniculata*. *a* Habitus. *c* Laubblatt. *f* Kronblatt. *i* Kelchzipfel. – *S. paniculata* MILL. *b* Laubblatt. *e* Kronblatt. *h* Kelchzipfel. – *S. Cotyledon* L. *d* Laubblatt. *g* Kronblatt. *k* Kelchzipfel. – *S. aizoides* L. *l* Habitus. *p* Laubblatt. – *S.* × *Hausmannii* KERNER = *S. aizoides* × *mutata*. *n* Habitus. *m* Blattrosette. *o* Laubblatt. – *S. mutata* L. *q* Laubblatt. – *S. paniculata* MILL. *r, s* Keimpflanzen.

16. *S. biflora* subsp. *macropetala* × *oppositifolia* subsp. *glandulifera*; *S.* × *Kochii* HORNUNG (1835), nicht *S. Kochii* der späteren Autoren. So im Wallis bei Lenk und am Weg vom Leukerbad über den Gletscher im Lütschtal.

17. *S. biflora* subsp. *macropetala* × *oppositifolia* subsp. *oppositifolia*; *S.* × *norica* KERNER (1870). In Nordtirol (Schindler- und Schwarzhorn), den Hohen Tauern (Gamsgrube an der Pasterze) und am Muttekopf bei Imst.

Sektion *Saxifraga*

Mittelgebirge

18. *S. granulata* × *rosacea* subsp. *rosacea*; *S.* × *Haussknechtii* ENGL. & IRMSCHER (1919). Syn. *S.* × *granulatoides* ENGL. & IRMSCHER (1919). Syn. *S.* × *decipientoides* ENGL. & IRMSCHER (1919). Nur im Harz bei Treseburg.

19. *S. granulata* × *rosacea* subsp. *sponhemica*; *S.* × *Freibergeri* RUPPERT (1908). Im Nahegebiet oberhalb Idar-Oberstein.

Alpen

20. *S. androsacea* × *depressa*; *S.* × *Vierhapperi* HANDEL-MAZZETTI (1905). In den Südtiroler Dolomiten (Padonrücken, Porta Vescovo).

20a. *S. androsacea* × *exarata*; *S.* × *Gentyana* BOUCHARD. Sehr selten in den französischen Westalpen (Quellgebiet der Isère).

21. *S. androsacea* × *Seguieri*; *S.* × *Padallae* BRUEGGER (1880). Gelegentlich in Graubünden (im oberen Fimbertal, Berninagebiet, in Puschlav am Sassalbo, mehrfach im Avers, z. B. im Thäli oberhalb Cresta; Rheinwald, Vals, Piz Tomül um 2780 m) und im Tessin (Val Corno, Naret, Forca di Bosco, Valdöschpaß).

22. *S. aphylla* × *muscoides*. Linthaler Alpen in Glarus (Muttensee auf der Seite des Simmentals).

23. *S. aphylla* × *sedoides*; *S.* × *Angelisii* STROBL (1882). Syn. *S.* × *ingrata* HUTER (1905). Steiermark (Sparafeld bei Admont; Vordernberger Reichenstein) und Stubaier Alpen (Telferweißen in der Vlamingalpe oberhalb Gossensaß).

24. *S. exarata* subsp. *exarata* × *moschata* var. *lineata*; *S.* × *connectens* ENGL. & IRMSCHER (1919). Syn. *S.* × *imperfecta* BRAUN-BL. (1923). Mehrfach in Graubünden (Pizza Naira bei 2870; oberhalb Pürt im Avers), im Wallis (nach WEBB am Gornergrat zahlreich mit den Eltern) und auch anderwärts, jedoch wohl nur an Ort und Stelle sicher zu erkennen.

25. *S. exarata* × *muscoides*; *S.* × *Wettsteinii* BRÜGGER (1880). Mehrfach im Wallis (Gornergrat, Théodulpaß, Riffelberg und Schwarzseeberg bei Zermatt, Torrenthorn, Val de Bagne).

Außerdem wurden von BRÜGGER (1880) die Bastarde *S. moschata* × *muscoides* (Graubünden und Berner Alpen) sowie *S. moschata* × *Seguieri* (Piz Beverin in Graubünden) angegeben, aber seither niemals wiedergefunden.

Sektion *Saxifraga* × *Trachyphylloides*

26. *S. sedoides* × *tenella*; *S.* × *Reyeri* HUTER (1905). In den Julischen Alpen an der Canedulscharte und am Manhartsattel.

Der Bastard *S. moschata* × *tenella* = *S.* × *Braunii* WIEMANN (1889) ist nur aus Gärten bekannt.

378. Chrysosplenium[1]) L., Spec. plant. 398 (1753). Milzkraut

Wichtigste Literatur: A. EICHINGER, Vergleichende Entwicklungsgeschichte von *Adoxa* und *Chrysosplenium*. Mitt. Bay. Bot. Gesellsch. 2, S. 65–74 (1907) und 2, S. 81–93 (1908). – H. HARA, Synopsis of the Genus *Chrysosplenium*. Journal of the Faculty of Science, University of Tokyo, sect. III (Botany), 7 (1957).

Kleinbleibende, Rasen bildende, ausdauernde Kräuter mit zarten Sprossen und dünnen Wurzeln. Leitbündel von einer gemeinsamen Endodermis umschlossen. Laubblätter gegen- oder wechselständig, lang gestielt, dünnhäutig, die Spreite meist nierenförmig bis kreisrund, grob gekerbt bis fast ganzrandig. Blüten unansehnlich, bei unseren Arten in flachen, von gelblichen Hochblättern getragenen Trugdolden. Kelchblätter 4 (ausnahmsweise 5), in der Knospenlage das äußere Paar das innere überlappend. Kronblätter fehlen. Staubblätter gewöhnlich 8 (selten 10), in zwei Kreisen, der äußere mit den Kelchzipfeln abwechselnd, der innere davorstehend; gele-

---

[1]) Von griechisch χρυσός [chrysos] = Gold und σπλήν [splen] = Milz; wegen der gelben Blütenfarbe und der Verwendung des Kräutchens bei Milzkrankheiten. Zuerst anscheinend bei TABERNAEMONTANUS (1591).

gentlich fällt der äußere (alternisepale) Kreis aus[1]). Staubfäden sehr kurz, oberwärts pfriemlich verschmälert, mit breiten, seitlich aufreißenden Antheren. Pollen tricolporoidat, mit feinem Netzmuster. Fruchtknoten ungefächert, mit 2 wandständigen Plazenten; bei den europäischen Arten bis über die Mitte mit der Blütenröhre verwachsen, sonst gelegentlich oberständig; meist mit einem deutlichen, schwach achtlappigen, Nektar ausscheidenden Diskusring, in dessen Buchten die Staubblätter stehen. Stylodien 2, frei, gewöhnlich spreizend. Fruchtkapsel dünnhäutig, zweilappig, an der Bauchnaht der Karpelle aufspringend. Samen zahlreich, klein, meist eiförmig, auf einer Seite gekielt.

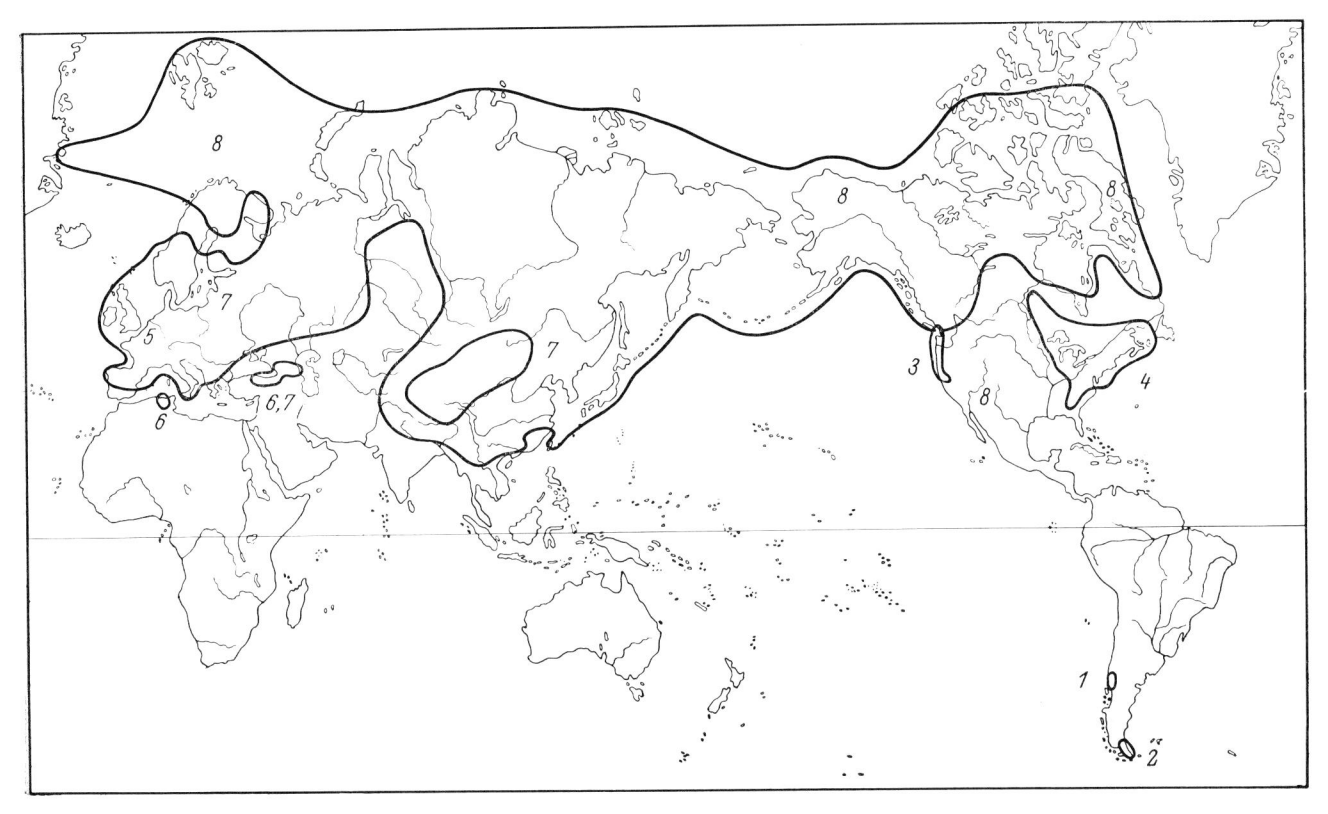

Fig. 165. Verbreitung der Gattung *Chrysosplenium* L. 1 *Chr. valdivicum* J. W. Hooker. – 2 *Chr. macranthum* J. W. Hooker. – 3 *Chr. glechomaefolium* Nutt. ex Torr. & Gray. – 4 *Chr. americanum* Schweinitz ex Hooker. – 5 *Chr. oppositifolium* L. – 6 *Chr. dubium* J. Gay ex DC. – 7 *Chr. alternifolium* L. – 8 *Chr. tetrandrum* (Lund ex Malmgr.) Th. Fries (nach H. Hara).

Die Gattung *Chrysosplenium* enthält nach der Monographie von H. Hara (1957) 55 Arten, die ungenügend bekannten nicht mitgerechnet. Durch ihr Verbreitungsgebiet, ihren Entwicklungsschwerpunkt und ihre ökologische Spezialisation erinnert sie ganz an *Saxifraga*, mit der sie trotz des ungefächerten Fruchtknotens und des Fehlens der Kronblätter nahe verwandt ist, jedenfalls viel näher als mit den Gattungen um *Tiarella, Heuchera, Mitella* usw., auch wenn diese durch ihr synkarpes Gynözeum mit *Chrysosplenium* übereinstimmen. Durch den Besitz von Gerbstoff führenden Zellen im Parenchym und gelegentlich auch der Epidermis und die einzellreihigen Haare erinnert *Chrysosplenium* an die *Saxifraga*-Sektionen *Discogyne* und *Cymbalaria*, denen es auch in Lebensform und Ökologie einigermaßen entspricht (namentlich *Discogyne*), freilich mit dem Unterschied, daß es sich bei den genannten Steinbrech-Sektionen um verlängerte, schlauchförmige Synzytien handelt, wogegen bei *Chrysosplenium* (wie auch bei *Parnassia*) einzelne und nicht weiter umgewandelte, lediglich Gerbstoff-reiche Zellen vorliegen. Die zytologischen Verhältnisse weichen allerdings von denen sämtlicher Saxifragen ab; die bei *Chrysosplenium* nachgewiesenen Grundzahlen 7 (*Chr. oppositifolium*) und 6 (bei den übrigen bisher untersuchten Arten) scheinen bei *Saxifraga* nicht vorzukommen.

---

[1]) Regelmäßig beim nordischen *Chr. tetrandrum*.

Die meisten Arten entfallen auf die nördliche gemäßigte Zone und hier wiederum auf China und Japan, die zusammen 20 endemische Arten beherbergen. In Nordamerika (hier 2 endemische Arten) und in Europa (endemisch-europäisch ist nur *Chr. oppositifolia*) ist die Gattung nur spärlich vertreten. Die am weitesten nordwärts vordringende Art ist *Chr. tetrandrum*, sie erreicht Spitzbergen, Nowaja Semlja, die Ellesmere-Insel in Nordkanada und die Ostküste Grönlands. Die südlichsten Vorposten sind einerseits Algerien *(Chr. dubium)*, Lazistan und der Kaukasus, das Himalaja-Gebiet mit Südchina und Formosa in der alten Welt, in Nordamerika reicht die Gattung im Westen südwärts bis Kalifornien *(Chr. glechomaefolium)* und Georgia *(Chr. americanum)*. Vom Hauptareal völlig abgeschnitten sind die beiden Vorkommen im außertropischen Südamerika *(Chr. valdivicum* in Mittelchile und *Chr. macranthum* in Feuerland).

Gliederung der Gattung. Nach NEKRASSOVA und HARA zerfällt die Gattung in 2 Artengruppen, *Oppositifolia* und *Alternifolia*, die jeweils wieder in mehrere Serien unterteilt werden.

1. *Oppositifolia*-Gruppe. Blätter gegenständig, zumindest die der nichtblühenden Sprosse. Meist mit kriechender Grundachse, sehr selten rosettig und Ausläufer bildend. – Hierher gehören die stammesgeschichtlich ursprünglicheren, morphologisch zum Teil voneinander erheblich abweichenden Arten. Die Gruppe ist zwar im ganzen Areal der Gattung verbreitet, die Arktis ausgenommen, aber doch recht ungleichmäßig, und in Japan ist sie entschieden am formenreichsten entwickelt (mit 7 endemischen Arten). Auch die 4 in Amerika endemischen *Chrysosplenium*-Arten (*Chr. glechomaefolium* NUTTAL ex TORR. & GRAY sowie *Chr. americanum* SCHWEINITZ ex HOOK. f. in Nordamerika, *Chr. valdivicum* J. W. HOOK. und *Chr. macranthum* J. W. HOOK. in Südamerika) gehören zu dieser Gruppe. In Europa ist außer *Chr. oppositifolium* nurmehr eine weitere Art mit gegenständiger Belaubung vertreten, nämlich *Chr. dubium* J. GAY ex DC., Syn. *Chr. macrocarpum* CHAMISSO. Die Pflanze unterscheidet sich von *Chr. oppositifolium* durch die eiförmigen oder breit elliptischen, keilig in den Grund verschmälerten Blattspreiten, die Kahlheit der vegetativen Teile (nur die Blattachseln und gelegentlich die Blattunterseite sind behaart), den mit der Blütenröhre viel kürzer verwachsenen und somit fast oberständigen Fruchtknoten und ganz besonders durch die behaarten Samen; die Samenhaare stehen in etwa 12 Längsreihen und sind 30 µ lang. Das Areal der Art ist stark zerrissen: Algerien, Unteritalien (Avellino, Basilikata, Kalabrien von der Sila bis zum Aspromonte), Lazistan und Westkaukasus.

2. *Alternifolia*-Gruppe. Blätter stets abwechselnd. Häufig mit langen, fadenförmigen Ausläufern. – Diese Gruppe ist in China, namentlich in den Gebirgsländern West- und Südwestchinas am vielgestaltigsten und artenreichsten ausgebildet (9 endemische Arten). Einige wenige Arten greifen von Sibirien ausgehend auf das nördliche Nordamerika über, aber endemische Formen der *Alternifolia*-Gruppe fehlen in der Neuen Welt so gut wie in Europa. Hier findet sich neben dem weit verbreiteten *Chr. alternifolium* noch eine weitere Art, *Chr. tetrandrum* (LUND ex MALMGR.) TH. FRIES, Syn. *Chr. alternifolium* L. var. *tetrandrum* LUND ex MALMGR., das sich von dem nahe verwandten *Chr. alternifolium* durch die aufrechten (nicht ausgebreiteten), konkaven, nur etwa 1 mm langen Kelchzipfel, die meist in Vierzahl (selten zu 2, 3, 6 oder 7) vorhandenen, sehr kurzen (0,3 bis 0,4 mm langen) Staubblätter, den verkümmerten, keinen Nektar ausscheidenden Diskus und die Chromosomenzahl 2n = 24 unterscheidet. Die Pflanze ist arktisch zirkumpolar verbreitet und in Europa auf Nordskandinavien beschränkt. Sonst wächst *Chr. tetrandrum* in Ostgrönland, Spitzbergen, Nowaja Semlja, im arktischen und subarktischen Sibirien, Alaska und Kanada, sowie abgesprengt auf einigen Bergen in Colorado. In Europa ist das Areal der Art von dem des *Chr. alternifolium* getrennt, in Sibirien scheinen sich die Verbreitungsgebiete zu überschneiden. Die Blüten sind homogam und werden von Fliegen besucht, doch kommt auch Selbstbestäubung vor. Die Art ist sicherlich aus *Chr. alternifolium* hervorgegangen und kann als dessen nordische Vikariante angesehen werden.

Ökologie. Alle Milzkraut-Arten sind an schattige, feuchtkühle Biotope angepaßt. Die Blüten entfalten sich meist zeitig im Frühjahr. Charakteristisch ausgebildete Überdauerungsorgane fehlen den meisten Arten der *Oppositifolia*-Gruppe völlig, die überwinternden Erneuerungssprosse entbehren aller Schutzvorrichtungen, wogegen bei vielen Arten der *Alternifolia*-Gruppe die Erneuerungsknospen an der Spitze langer, meist unterirdischer Ausläufer stehen, was als zweckdienliche Anpassung an extreme klimatische Verhältnisse aufzufassen ist. Damit stimmt auch die Verbreitung der Milzkraut-Arten gut überein. Bei zwei ostasiatischen Arten sind die Knospenschuppen der Endknospe fleischig verdickt, die Ausläufer tragen demnach an der Spitze ein Zwiebelchen.

Wuchsformen und Vegetationsorgane. Im Aufbau des vegetativen Körpers unterscheiden sich die beiden einheimischen *Chrysosplenium*-Arten, und zwar stellt *Chr. oppositifolium* einen ursprünglicheren, *Chr. alternifolium* einen stärker abgeleiteten Bauplan vor. *Chr. oppositifolium* besitzt eine aufsteigende (relative) Primärachse mit deutlich gestreckten Internodien; aus den unteren Knoten entspringen Adventivwurzeln und in den Achseln der unteren Stengelblätter bilden sich (nichtblühende) Erneuerungssprosse. Die Primärachse verlängert sich in den Blütenstand und stirbt nach der Fruchtreife ab. Ihr unterer, niederliegender und bewurzelter Teil wird gewöhnlich als Rhizom bezeichnet. Die Erneuerungssprosse tragen von Anfang an wohl ausgebildete, funktionsfähige Laubblätter, die sich von denen des Primärsprosses nicht unterscheiden. Allmählich legen sie sich an der Basis nieder, bewurzeln sich und überwintern in diesem Zustand. Im folgenden Jahr bilden sie ihrerseits Erneuerungssprosse aus den unteren Blattachseln und kommen zur Blüte. Dadurch bildet die Pflanze große und dichte Rasen.

Bei *Chr. alternifolium* ist demgegenüber die (relative) Primärachse in einen gestauchten, fast rosettig beblätterten Basalteil und in den gestreckten, wenigblätterigen, blühenden Stengel differenziert. Die Rosettenblätter übertreffen die stengelständigen an Größe oft um ein Mehrfaches. Besonders auffällig ist das Fehlen oberirdischer Erneuerungssprosse. An ihrer Stelle bildet die Pflanze (meist) unterirdische, lang fadenförmige Stolonen, die bereits an einjährigen Sämlingen auftreten. Diese Ausläufer entspringen aus den Achseln der schuppenförmigen Niederblätter unterhalb der Laubblatt-Rosette, tragen wenige, bleiche, zu Schuppen rückgebildete Blättchen und an der Spitze die überwinternde Erneuerungsknospe, aus der im folgenden Jahre eine neue Blattrosette und der blühende Stengel hervorgeht. Werden diese Ausläufer künstlich belichtet, so wachsen die schuppenförmigen Niederblätter sogleich in wohl differenzierte, in Stiel und Spreite gegliederte Laubblätter aus und die Streckung der Internodien unterbleibt.

An den jungen Laubblatt-Anlagen entwickelt sich am Grund der Blattspreite ein Paar hornförmiger Anhängsel, die an der Spitze einen drüsigen Fortsatz tragen. Am ausgewachsenen Blatt sind sie nurmehr in Form kleiner Spitzen am Spreitengrund erkennbar. Ähnliche Drüsen stehen auch in Anzahl um den Vegetationspunkt sowie an jungen Blüten; mit der Anthese scheinen sie ihre Funktion zu verlieren (nach A. EICHINGER).

Anatomie. Wie bei vielen Steinbrecharten sind die Spaltöffnungen in Gruppen vereinigt über die ganze Blattunterseite verstreut. Rhizom, Stengel und Blätter (hier besonders das Palisaden- und Schwammparenchym) besitzen reichlich Gerbstoff führende Zellen. Das Rhizom enthält reichlich Stärke; sklerenchymatische Zellen fehlen ihm. In der unter- wie der oberirdischen Sproßachse ist eine Endodermis ausgebildet.

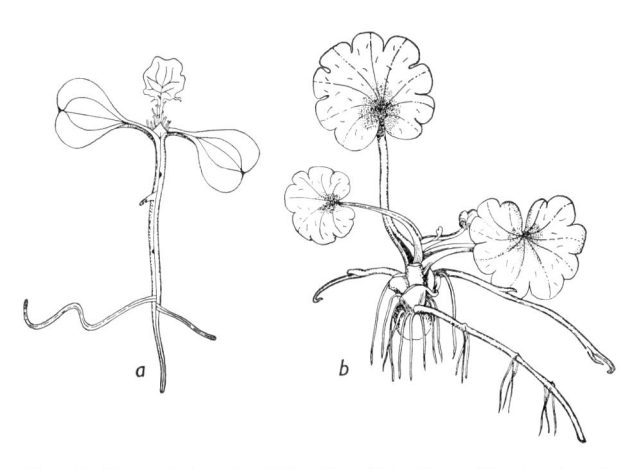

Fig. 166. *Chrysosplenium alternifolium* L. *a* Keimpflanze. Man beachte die hornförmigen Zipfel am Grund des Primärblattes. *b* Junge Pflanze. Die Sproßachse ist stark gestaucht und unterwärts mit Niederblättern besetzt, aus deren Achseln die Ausläufer entspringen. Diese tragen an Stelle von Laubblättern nur bleiche, schuppenförmige Kataphylle (nach A. EICHINGER).

Blütenverhältnisse. Die Blütenhülle von *Chrysosplenium* ist auf den Kelch reduziert, nur ausnahmsweise werden die Kronblätter ausgebildet. Für das obdiplostemone Andrözeum ist bezeichnend, daß zuerst der innere (episepale) Staubblattwirtel angelegt wird und der äußere (alternisepale) sich erst hernach einschiebt. In dieser Reihenfolge verstäuben auch die Antheren. Bei *Chr. tetrandrum* unterbleibt dann die Ausbildung des äußeren, entwicklungsgeschichtlich jüngeren Wirtels. – Die Blüten der einheimischen Arten sind proterogyne Honigblumen und werden hauptsächlich von kleinen Dipteren bestäubt.

Frucht und Samen. Bei der Fruchtreife streckt sich der obere Teil des Ovars, die oberwärts freien Karpelle öffnen sich entlang der Bauchnaht, wodurch eine becherförmige Vertiefung entsteht, in der die mäßig zahlreichen Samen liegen. Diese werden durch Tropf- und Regenwasser aus der Kapsel herausgewaschen. Die Samen keimen rasch, aber nur bei verhältnismäßig niedriger Temperatur.

Parasiten. Auf *Chrysosplenium* leben die parasitischen Pilze *Entyloma Chrysoplenii* (BERK. & BROOME) SCHROET. das auf den Blättern kleine, kreisrunde, gelblich gefärbte Flecken bildet, sowie *Peronospora Chrysosplenii* FUCKEL und *Puccinia Chrysosplenii* GREV.

Artenschlüssel.

1a Blätter gegenständig. Stengel vierkantig . . . .   1453. *Chr. oppositifolium* L.
1b Blätter wechselständig. Stengel dreikantig . . . .   1454. *Chr. alternifolium* L.

1453. Chrysosplenium oppositifolium L., Spec. plant. 398 (1753). Syn. *Chr. auriculatum* CRANTZ (1766). Paarblätteriges Milzkraut, Schwefel-Milzkraut. Engl.: Opposite-leaved Golden Saxifrage. Franz.: Dorine, Cresson doré. Dänisch: Smaabladet Milturt. Taf. 144, Fig. 2; Fig. 165 (5) u. 167.

Ausdauernd, oft große Rasen bildend. Sprosse aufsteigend, die Internodien gewöhnlich deutlich entwickelt, am Grund mit Adventivwurzeln aus den Knoten und nichtblühenden, beblätterten

Sprossen aus den Achseln der unteren Laubblätter, aber ohne Ausläufer; die Hauptachse in den 5 bis 20 cm hohen, wenige Blattpaare tragenden blühenden Stengel verlängert. Stengel vierkantig, namentlich die nichtblühenden Sprosse gegen die Spitze zu meist etwas behaart. Laubblätter gegenständig, die der Hauptachse und der Seitensprosse einander ähnlich, die Spreite rundlich bis nierenförmig, stumpf, am Grund eingebuchtet, gestutzt oder breit keilförmig, gewöhnlich leicht gekerbt, die unteren und besonders die der nichtblühenden Triebe oberseits behaart, ½ bis 1 ½ (selten 2) cm lang und breit, die unteren mit etwa gleichlangem Stiel, die Stengelblätter kürzer gestielt und meist kahl. Blütenstand eine lockere bis gedrängte, meist wenigblütige Trugdolde. Tragblätter den Laubblättern ähnlich, nur kleiner, mit ganz schwacher Kerbung oder fast ganzrandig; leuchtend grünlichgelb bis gelb. Kelchzipfel 4, breit eiförmig, stumpf, ausgebreitet, etwa 1 ½ mm lang, gelb, durch zahlreiche Tanninzellen fein punktiert. Staubblätter 8, kürzer als die Kelchzipfel. Diskus deutlich entwickelt. Fruchtknoten fast unterständig, mit 0,5 bis 0,7 mm langen Stylodien. Samen breit ellipsoidisch, 0,5 bis 0,6 mm lang, sehr fein papillös, dunkel kastanienbraun. – Chromosomenzahl: $2n = 42$. – IV bis V (–VII).

Fig. 167. *Chrysosplenium oppositifolium*. Im Weserbergland (Aufn. P. MICHAELIS).

Vorkommen: An nassen, schattigen Bachufern, in Quellfluren und Waldgräben, im Gebiet fast nur auf Silikatböden. Cardamino-Montion-Verbands-Charakterart, außerdem Differenzialart für den Bach-Eschenwald (Carici remotae-Fraxinetum).

Allgemeine Verbreitung. West- und Mitteleuropa: Südwestnorwegen, Britische Inseln, Nordspanien und Nordportugal, Frankreich (fehlt jedoch im Mittelmeergebiet und im Südosten, steigt in den Sevennen bis 1600 m und in den Ostpyrenäen bis 1800 m); ostwärts bis Böhmen und Mähren. Außerdem isoliert im nördlichen Slowenien und in Siebenbürgen.

Verbreitung im Gebiet: In Deutschland im Westen ziemlich verbreitet, namentlich im Rheinland und im Schwarzwald, im Norden häufig bis Schleswig-Holstein, in Mecklenburg, in Brandenburg (Sorau, Pförten), im mitteldeutschen Trockengebiet, im sächsischen Flachland, in Schlesien (Grüneberg) und Pommern bereits selten und in Ost- und Westpreußen vollkommen fehlend; entlang den Mittelgebirgen bis ins Riesen- und Isergebirge, in den Kalkgebieten aber sehr selten oder fehlend; in der Schwäbischen Alb nur bei Zwiefalten, in Franken auf Buntsandstein und Keuper an zahlreichen Fundorten, im Braunjuragebiet seltener (Enzendorf und Artelshofen, Pottenstein, Veitsberg und Ansberg bei Ebensfeld, Ziegenfelder Tal, zwischen Kloster Langheim und Vierzehnheiligen), auf Weißjura vollkommen und auf Muschelkalk beinahe fehlend. Im übrigen Bayern im Bayerischen Wald (nach VOLLMANN) verbreitet, sehr selten südlich der Donau (Streitelsfinger Tobel bei Lindau, Ergoldsbach bei Landshut, Andermannsdorf bei Rottenburg). In den Bayerischen Alpen, in ganz Österreich und Südtirol fehlt die Art vollständig. – In Böhmen im nördlichen Grenzgebiet vom Erzgebirge (Marienbad) und dem Böhmischen Mittelgebirge bis ins Riesengebirge; im Böhmerwald und im Brdywald selten; ferner um Eisenberg und Stráž. In Mähren im Gebiet von Iglau, in Schlesien bei Troppau (Domoradovice). – In der Schweiz nur in den nördlichen und mittleren Landesteilen, Basel (bei Neuenbrunnen, Grellingen, Binningen), Schaffhausen (Steinatal unterhalb Rosbach), Aargau (mehrfach um Zofingen, Niederwyl, Bremgarten, Hinterwyl, bei Glashütten), Solothurn (Gretzenbach), Bern (Laufenbad, Krauchtal, bei Burgdorf, Sigriswyl im Berner Oberland), Thun, Luzern (Brandtstobel) und Zug (Walchwyler Allmend, Nordostseite des Zugerbergs oberhalb Neuägeri, wo die Art in den Alpen ihre Ostgrenze erreicht). – Sonst nur noch ein abgesprengtes Vorkommen in Slowenien im Bachergebirge (bei St. Lorenzen und St. Heinrich sowie Ankenstein [Verbeniak]); wird von E. MAYER 1952 bestätigt. Auf das slowenische Vorkommen bezieht sich die Angabe „Austria (Steiermark)" bei HARA.

Begleitpflanzen: *Chrysosplenium oppositifolium* gedeiht an wenigstens zeitweilig überrieselten Stellen auf kalkarmem Substrat. Es ist eine häufige und weitverbreitete Pflanze der kristallinen Mittelgebirge Westeuropas; im Gebiet ist es ganz auf Gegenden mit ozeanisch getöntem Klima beschränkt. Seine häufigsten Begleiter sind *Caltha palustris* L., *Cardamine amara* L., *C. flexuosa* WITH., *Carex remota* L., *Epilobium adnatum* GRISEB. und *E. palustre* L., *Lysimachia nemorum* L., *Montia rivularis* C. C. GMEL., *Stellaria Alsine* GRIMM, *St. nemorum* L., sowie die Moose *Brachythecium rivulare* (BRUCH) Br. eur., *Calliergon stramineum* (DICKS.) KINDB., *Diobelon squarrosum* (STARKE) HAMPE, *Mnium punctatum* HEDW. und *Philonotis fontana* (L.) BRID.

Das Kraut kommt in Frankreich als Salat auf den Tisch. – Im Hortus Eystettensis (1613) wird die Pflanze als Hepatica palustris angeführt. – Nach KLEIN enthalten die Blätter Saponin. – Verwendung wie *Chr. alternifolium*.

1454. Chrysosplenium alternifolium L., Spec. plant. 398 (1753). Syn. *Chr. alternifolium* L. var. *octandrum* BRAUN-BL. (1923). Wechselblätteriges Milzkraut, Gold-Milzkraut. Engl.: Alternate-leaved Golden Saxifrage. Slowenisch: Navadni vraničnik. Tschechisch: Mokrýš. Dänisch: Almindelig Milturt. Taf. 144, Fig. 1; Fig. 165 (7), 166 und 168.

Ausdauernd, lockere Rasen bildend, mit grundständiger Blattrosette und langen, fadenförmigen, bleichen, gewöhnlich unterirdischen Ausläufern aus den Achseln der Niederblätter. Blühender Stengel 5 bis 20 cm hoch, ein- bis zwei-, selten 3-blätterig, dreikantig, spärlich behaart oder kahl. Laubblätter wechselständig, die Spreite nierenförmig oder kreisrund, am Grund tief herzförmig eingebuchtet, grob gekerbt mit breit gestutzten Kerbzähnen, gewöhnlich beiderseits behaart, 8 bis 25 mm lang und ebenso breit oder breiter, der Blattstiel der Rosettenblätter meist mehrmals länger als die Spreite. Stengelblätter viel kleiner als die grundständigen, ihre Spreite am Grund gestutzt, selten keilig in den nach oben zunehmend kürzer werdenden Stiel verschmälert. Blütenstand meist eine dichte Trugdolde, gewöhnlich reicherblütig als bei *Chr. oppositifolium*. Tragblätter den Stengelblättern ähnlich, kräftig gekerbt, grünlichgelb. Kelchzipfel 4, breit eiförmig, ausgebreitet mit zurückgekrümmten Spitzen, 1½ bis 2 mm lang, gelb, durch zahlreiche Gerbstoffzellen fein punktiert. Staubblätter 8, kürzer als die Kelchzipfel. Diskus wohl entwickelt. Fruchtknoten fast unterständig, mit 0,5 bis 0,7 mm langen Stylodien. Samen breit ellipsoidisch, 0,6 bis 0,7 mm lang, glatt und glänzend, nicht papillös, kastanienbraun. – Chromosomenzahl: $2n = 48$. – III bis V (–VI).

Vorkommen. In schattigen, frischen bis nassen Schluchtwäldern, Flußauen, Bruchwäldern; in schattigen Mulden auch beträchtlich über die Baumgrenze ansteigend. Vom Tiefland bis gegen 2500 m, in der Bergstufe am häufigsten. Bodenvag. Alno-Padion-Verbands-Charakterart, auch in quelligen Bergahorn-Wäldern (Acerion) oder nassen Hochstaudenfluren (Betulo-Adenostyletea) des Gebirges.

Allgemeine Verbreitung. Mittel- und Nordeuropa, Kaukasus, Sibirien bis Nordchina, Nordkorea und Hokkaido, Nepal, sowie zwei abgetrennte Vorkommen im mittleren Nordamerika (Alberta und Iowa). In Europa im Westen viel seltener als *Chr. oppositifolium*, fehlt auf der Pyrenäenhalbinsel und wohl schon im südwestlichen Frankreich, desgleichen im Cornwall und im westlichen Wales; im Mittelmeergebiet nur in den Apenninen und den Gebirgen von Mazedonien und Bulgarien; nordwärts bis Mittelskandinavien und Finnland.

Fig. 168. *Chrysosplenium alternifolium* neben *Conocephalum conicum*, *Cystopteris fragilis* und *Chrysosplenium oppositifolium*-Blättern. Buchenwald des Ith bei Koppenbrügge, Weserbergland. (Aufn. P. MICHAELIS).

Verbreitung im Gebiet: An geeigneten Standorten von der Ebene bis in die subalpine Stufe weit verbreitet und nur in den Trockengebieten selten. Steigt in Bayern bis 1850 m, in der Steiermark bis 2000 m, in Tirol (Lizum im Wattental) bis 2100 m, im Wallis (Valsorey) bis 2050 m und am Piz Beverin bis 2450 m.

Abänderungen kommen für Europa nicht in Betracht. Die Pflanzen aus dem Himalaja, Ostasien und Nordamerika werden als var. *sibiricum* SERINGE zusammengefaßt; sie unterscheiden sich namentlich durch den Mangel der Gerbstoffzellen in allen Teilen von der europäischen Rasse, var. *alternifolium* (L.).

Begleitpflanzen: *Chrysosplenium alternifolium* kommt mit weniger Feuchtigkeit aus als die vorausgehende Art, mit der sie gelegentlich vergesellschaftet ist. Sie ist aber darüber hinaus in mehreren, gewöhnlich kalkholden Pflanzengesellschaften verbreitet, besonders in Schluchtwäldern und Grünerlenbüschen. In Kalk-Schluchtwäldern wächst die Pflanze häufig zusammen mit *Cystopteris fragilis* (L.) BERNH., *Gymnocarpium Robertianum* (HOFFM.) NEWM., *Phyllitis Scolopendrium* (L.) NEWM., *Polystichum lobatum* (HUDS.) CHEV., *Acer pseudo-Platanus* L., *Aruncus dioicus* (WALT.) FERN., *Campanula latifolia* L., *Circaea lutetiana* L., *Impatiens Noli-tangere* L., *Lamium Galeobdolon* (L.) NATH., *Lonicera alpigena* L., *Lunaria rediviva* L., *Ulmus glabra* HUDS. und vielen mehr.

Verwendung. Gleich der vorigen Art war auch *Chrysosplenium alternifolium* unter dem Einfluß der Signaturenlehre als Herba Chrysosplenii, H. Nasturtii petraei oder H. Hepaticae aureae gegen Milzbeschwerden in Gebrauch. Das Kraut riecht schwach nach Kresse. Im Hortus Eystettensis (1613) heißt die Pflanze Saxifraga aurea, im Index Thalianus (1577) Saxifraga aurea Dodonaei. – Das Kraut soll für Schafe schädlich sein.

Volksnamen. Die meisten Volksnamen dieser Pflanze beziehen sich auf deren feuchte Standorte an Quellen, Bächen usw., den Aufenthaltsort von Kröten und Fröschen (vgl. H. MARZELL, Die Tiere in deutschen Pflanzennamen. Heidelberg 1913, S. 169): Krot'nkraut (bayrisch-österreichisch), Chrottablüemli (St. Gallen), Fröschächrut (Churfirstengebiet); Froschacha [Froschaugen] (Glatz); Froschgöschlein (Riesengebirge); Chrotta-, Fröschamüli (St. Gallen); Mokesauerampel [= Krötensauerampfer] (Luxemburg). Zur Heilung von Hautausschlägen usw. (Bayerisch-österreichisch Zit(e)rach(e), Bletz'n und Krätze dient die Pflanze im Volke, daher Zittrichkraut (Tirol), Hoalpletzl (Salzburg), Krätzenkraut, -bleaml (bayrisch-österreichisch). In Steiermark verwendet man die Pflanze gegen eine Viehkrankheit, den gelben Schelm (brandiger Rotlauf, vgl. *Helleborus niger* Band 3, S. 466 der 1. Auflage), daher dort Schelmkraut, -wurz genannt.

58 c. Familie Parnassiaceae

S. F. GRAY, Arr. Brit. Pl. **2**, 670 (1821) „*Parnassiae*".

Herzblattgewächse

Wichtigste Literatur: A. GRIS, Sur le mouvement des étamines dans la Parnassie des marais. Comptes rendus, **67**, S. 913 (1868). – O. DRUDE, Über die Blüthengestaltung und die Verwandtschaftsverhältnisse des Genus *Parnassia*. Linnaea, **39**, S. 239 (1875). – R. VON WETTSTEIN, Zur Morphologie der Staminodien von *Parnassia palustris*. Ber. d. deutsch. bot. Ges. **8**, S. 304, t. 8 (1890). – A. EICHINGER, Beitrag zur Kenntnis und systematischen Stellung der Gattung *Parnassia*. Beihefte z. Bot. Centralblatt **23**, Abt. 2, S. 303 (1908). – L. PACE, *Parnassia* and some allied Genera. Bot. Gaz. **54**, S. 306 (1912). – A. ARBER, On the Structure of the Androecium in *Parnassia* and its bearing on the Affinities of the Genus. Annales of Botany, **27**, S. 491 (1913). – E. DAUMANN, Über „Scheinnektarien" von *Parnassia palustris* .... Jahrb. wiss. Bot. **77**, (1932). – Derselbe, Über die Bestäubungsökologie der *Parnassia*-Blüte. l. c. **81** (1935). – Derselbe, Über die Bestäubungsökologie der *Parnassia*-Blüte. Biol. plant (Prag) **2**, S. 113 (1960). – H. KUGLER, Einführung in die Blütenökologie, S. 25 u. 169 (1955).

Kräuter mit ausdauernder, rosettig beblätterter Grundachse und verlängertem, abwechselnd beblättertem (bei unserer Art einblätterigem) blühenden Stengel. Laubblätter einfach, nieren-, herz- oder eiförmig, die grundständigen gestielt, die Stengelblätter sitzend. Nebenblätter fehlen. Blüten zwitterig, strahlig oder schwach zygomorph, meist einzeln endständig. Kelch und Krone 5-zählig, die Kelchblätter am Grund kurz miteinander verbunden, in der Knospe dachig. Kronblätter unter sich frei, ganzrandig oder gefranst. Vor den Kronblättern 5 auffällige, drei- oder mehrlappige, sehr selten ungeteilte Nektarschuppen. Staubblätter 5, mit den Kronblättern abwechselnd, mit kräftigen Filamenten und eiförmigen, seitlich aufreißenden Antheren. Pollen einzeln, tricolporat, longicolpat, zuweilen auch syncolpat oder pantotetracolporat, oblatsphäroidisch[1]), mit deutlichem Netzmuster. Fruchtknoten ober- bis halbunterständig, unterwärts 3- bis 5-, meist 4-fächerig, weiter oben ungefächert mit wandständigen, im Querschnitt T-förmig vorspringenden Plazenten. Griffel kurz und dick oder fehlend. Narben in der Zahl der Fruchtknotenfächer. Samenanlagen zahlreich, anatrop, mit zwei Integumenten, jedoch tenuinuzellat. Frucht eine fachspaltige Kapsel. Samen länglich, mit weit abstehender Testa und zylindrischem Embryo. Nährgewebe nukleär gebildet, im reifen Samen wenigschichtig oder fehlend.

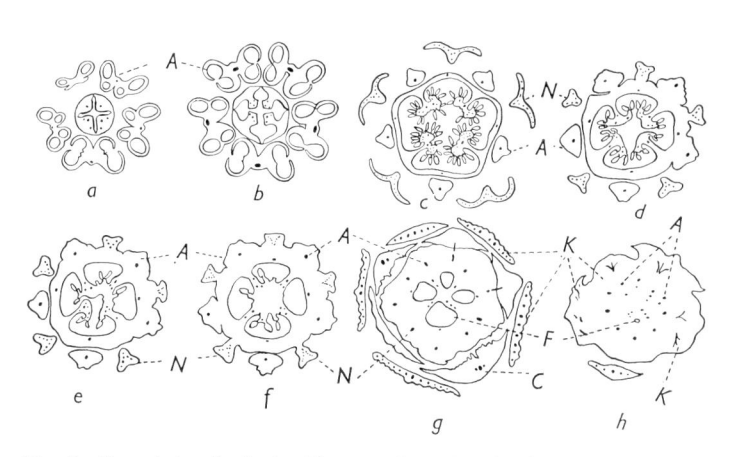

Fig. 169. Querschnitte durch eine Blüte von *Parnassia palustris* L. *a* Querschnitt kurz unterhalb der Fruchtknotenspitze; *h* am Grund der Blüte. Man beachte die im oberen Teil des Fruchtknotens parietalen Plazenten, während der untere Teil gefächert ist. *K* = Kelchblatt, *C* = Kronblatt, *N* = Nektarschuppe, *A* = Staubblatt, *F* = Fruchtknotenfach (nach A. ARBER).

Die Familie umfaßt nur die Gattung *Parnassia*. Ihre verwandtschaftlichen Beziehungen sind einigermaßen verborgen und ihre Stellung im System dementsprechend umstritten. A. L. DE JUSSIEU (1789) führte *Parnassia* im An-

---

[1]) Vgl. Anmerkung S. 62 und Fig. 174.

schluß an *Drosera* unter den Genera Capparidibus affinia. In der gleichen Verwandtschaft, nämlich bei den *Droseraceae*, die ihrerseits zu den *Parietales* gezählt wurden, findet sich die Gattung bei DE CANDOLLE (1824) und ENDLICHER (1841) wieder. Eine der Neuerungen im System von BENTHAM und HOOKER (1865) war die Erweiterung der *Rosales*, zu denen u. a. die *Droseraceae, Crassulaceae* und *Saxifragaceae* gestellt wurden, wobei *Parnassia* der letztgenannten Familie einverleibt worden war. A. ENGLER übernahm die *Rosales* von BENTHAM und HOOKER nahezu unverändert (nur die *Droseraceae* schloß er aus) und beließ auch *Parnassia* bei den *Saxifragaceae*. DRUDE (1875), der Monograph der Gattung, betrachtete *Parnassia*, wie schon einige ältere Autoren, als den Typus einer eigenen Familie, die von den *Saxifragaceae* zu den *Droseraceae* und *Hypericaceae* überleitet. Die neueren Schriftsteller betrachten die Gattung öfters als selbständige Familie (z. B. TAKHTAJAN), nehmen aber ohne Ausnahme eine sehr nahe Verwandtschaft mit den *Saxifragaceae* an.

Der wichtigste Beitrag zur Feststellung der stammesgeschichtlichen Stellung der Gattung ist eine anatomische Untersuchung von AGNES ARBER (1913). Die Autorin verfolgte Verlauf und Bau der Leitbündel im Bereich der Blüte bei mehreren *Parnassia*-Arten und fand sehr aufschlußreiche Verhältnisse.

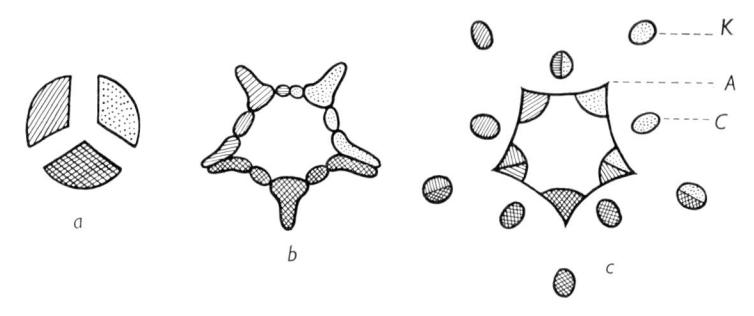

Fig. 170. Schematische Darstellung der Verteilung der Leitbündel auf Querschnitten durch die Blüte von *Parnassia palustris* L. *a* Querschnitt durch den Blütenstiel unmittelbar unter der Blüte. *b* Querschnitt am Grund der Blüte. *c* Querschnitt wenig höher als in b. *K* bedeutet Kelch-eigenes Leitbündel, *C* ein solches, das sich weiter oben teilt und in das Kronblatt bzw. die Nektarschuppe verläuft, *A* ein Staubblatt-eigenes Leitbündel. Die Fruchtknotenbündel sind weggelassen (nach A. ARBER).

1. Im Blütenstiel, unmittelbar unter der Blüte, bilden die Gefäßbündel 3 mehr oder weniger scharf getrennte Stränge (Fig. 170a). Das ist recht überraschend, weil dreizählige Blüten bei der Gattung gewöhnlich nicht vorkommen. Wenig höher verschmelzen die 3 Stränge ringförmig miteinander und bilden einen 5-strahligen Stern mit parenchymatischem Lumen (Fig. 170b). Die sternförmige Anordnung kommt dadurch zustande, daß jede der 3 Leitbündelschienen einen ganzen Strahl bildet und eine davon außerdem mit beiden Flanken je einen halben, dessen andere Hälfte durch den benachbarten Strang ergänzt wird. Weiter oben löst sich der Sternring wieder in einzelne Bündel auf: die 5 Strahlen teilen sich serial – wobei das innere Bündel das Staubblatt, das äußere das Kelchblatt versorgt –, während die 5 aus den Buchten entspringenden Bündel in dieser Höhe noch ungeteilt sind (Fig. 170c). Etwas höher teilen sich auch diese buchtständigen Bündel serial, und zwar gehört das innere Bündel der Nektarschuppe an, das äußere dem Kronblatt (Fig. 169g, h).

Recht unregelmäßig ist das Verhalten der in den Fruchtknoten eintretenden Leitbündel, sicher im Zusammenhang mit der Vierzähligkeit des Fruchtknotens bei einer sonst pentameren Blüte. Nach A. ARBER können die (meist) 4 Bündel, die den Fruchtknoten versorgen, entweder von den Staubblatt-Bündeln abzweigen (eines der 5 Staubblatt-Bündel bleibt dann unverzweigt) oder von den damit abwechselnden Kronblatt-Nektarien-Bündeln. Außerdem kommt es vor, daß die Fruchtknoten-Bündel in ein und derselben Blüte zum Teil aus den Staubblatt-eigenen, zum Teil aus den damit alternierenden Bündeln hervorgeht, gewöhnlich in der Höhe von Fig. 170c oder etwas darüber, doch können sich die dem Fruchtknoten zugehörigen Bündel gelegentlich schon weiter unten, auf der Höhe von Fig. 170b, vom Ring ablösen.

2. In den Filamenten (namentlich junger Blüten) bildet das Xylem eine Röhre, die parenchymatisches Gewebe umschließt; im Inneren der Röhre, und zwar auf der dorsalen Seite, liegen einzelne Protoxylem-Elemente. Der Xylemring ist nicht immer vollständig geschlossen (wie in Fig. 171a), häufig ist er etwas durchbrochen (Fig. 171b). Der Siebteil der Staubfäden ist durchwegs in eine Anzahl (bis 10) Stränge aufgelöst, die in geringer Entfernung die Xylemröhre umgeben. Im Konnektiv besteht das Xylem aus einer Anzahl untereinander freier Stränge.

Das Vorkommen solcher mesarcher Leitbündel bei einer Angiosperme ist kaum verständlich, wenn man sich nicht die von A. ARBER selbst gegebene Deutung zu eigen macht. Danach ist das Staubblatt von *Parnassia* kein einheitliches Blattorgan, sondern ein Bündel verwachsener Staubblätter, von denen allerdings nur eines fertil geblieben ist.

3. Entsprechend verhalten sich die Nektarschuppen. Diese werden der Länge nach von mehreren, unverzweigten Leitbündeln durchzogen, die einzeln in die Zipfel des Nektariums auslaufen. Nach unten lassen sie sich bis zum Eintritt

in den Blütenboden getrennt verfolgen. Daraus ergibt sich nunmehr mit Sicherheit, daß es sich bei den Nektarschuppen von *Parnassia* um Bündel fächerförmig verwachsener Staminodien handelt, wobei jedes Leitbündel einem Staminodium entspricht, da die Staubblätter der Angiospermen fast allgemein nur ein Leitbündel (sehr selten deren zwei, die aber meist miteinander verschmelzen) besitzen und nur bei den baumförmigen *Polycarpicae* auch Stamina mit 3 Blattspuren vorkommen.

Die Deutung der Nektarschuppen als Staminodienbündel geht bereits auf LINDLEY (1846) zurück. Sie wurde von VON WETTSTEIN (1890) entschieden zurückgewiesen, doch ist diese Auseinandersetzung durch die Arbeit von A. ARBER überholt.

Gebündelte Stamina kennen wir weder von einer Saxifragacee, noch überhaupt von einer Rosiflore, für die *Hypericaceae* sind sie jedoch recht charakteristisch. Tatsächlich stimmt das Andrözeum verschiedener *Hypericum*-Arten, z. B. von *H. Elodes* L., recht gut mit dem von *Parnassia* überein. Auch endet das Konnektiv bei manchen Johanniskräutern in einem terminalen Drüsenköpfchen, ähnlich dem der Staminodien von *Parnassia*, und in beiden Gat-

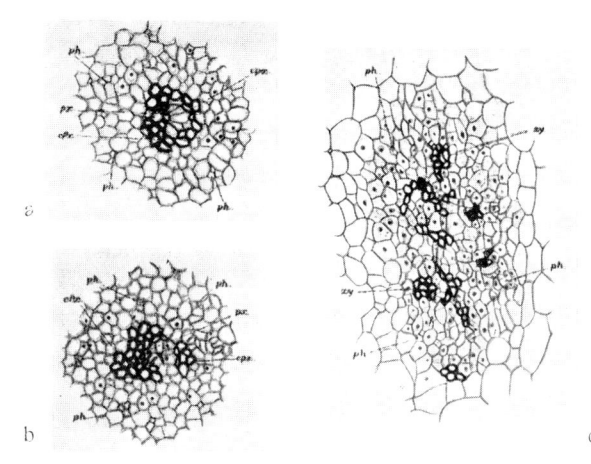

Fig. 171. *Parnassia palustris* L. *a* und *b* Querschnitte durch das Filament, *c* durch das Konnektiv. *xy* = Xylem, *cfx* = zentrifugales Xylem, *ph* = Phloem (A. ARBER).

Fig. 172. *Parnassia palustris* L. Blüte seitlich mit Nektarien (Aufn. Th. ARZT).

tungen bleiben Staubblatt- beziehungsweise Staminodienbündel bis zur Fruchtreife erhalten. Außerdem stimmt *Parnassia* in seinen bitegmischen, tenuinuzellaten Samenanlagen und durch die Endospermbildung recht gut mit *Hypericum* überein. Embryo und Embryosack erinnern nach PACE (1912) mehr an die *Droseraceae* als an die beiden anderen Familien. Man kann jedenfalls festhalten, daß die Zusammenhänge zwischen *Parnassia* und den *Saxifragaceae* von den meisten Autoren erheblich überbewertet wurden; von einer habituellen Ähnlichkeit der Gattung mit gewissen Arten von *Saxifraga* Sektion *Hirculus* und einem gleichartigen Areal abgesehen, bleiben fast nur die Tannin-führenden Zellen in der Epidermis der Laubblätter.

Solche finden sich bei *Parnassia*, *Chrysosplenium* und zwei Sektionen von *Saxifraga*, jedoch sind diese Zellen bei *Parnassia* und *Chrysosplenium* einfache und nicht weiter veränderte, lediglich Gerbstoff-reiche Epidermiszellen, wogegen es sich bei *Saxifraga* Sektion *Cymbalaria* und *Discogyne* um verlängerte, wurmförmige Tanninschläuche handelt, die nach ENGLER zusammengesetzter Natur (Synzytien) sind.

Die Gattung verdient es durchaus, als eigene Familie geführt zu werden. Ihre Selbständigkeit ist nicht zweifelhaft. Sie wird in einem phylogenetisch ausgerichteten System in der unmittelbaren Nähe der *Parietales* stehen, denen ja auch die *Droseraceae* angeschlossen werden sollten.

379. Parnassia[1]) L., Spec. plant. 273 (1753). Herzblatt, Studentenröschen.

Merkmale wie für die Familie angegeben.

Die Gattung ist mit über 40 Arten in der gemäßigten und kalten Zone der nördlichen Hemisphäre verbreitet, am formenreichsten in den Gebirgen Ostasiens und des nordwestlichen Amerika. In Europa wächst nur *P. palustris*.

---

[1]) Zuerst bei DE LOBEL (1581) als Gramen Parnassi, bei TABERNAEMONTANUS (1613) als Parnassergraß aufgeführt. DIOSKORIDES nennt ein „Gras vom Parnaß" (ἡ ἐν τῷ Παρνασσῷ ἄγρωστις [he en to Parnasso agrostis]), das man – jedenfalls zu Unrecht – auf unsere Pflanze deutet. Allerdings kommt *Parnassia palustris* nach HELDREICH auf dem Parnaß vor.

Einteilung der Gattung. Nach der Gestalt der Nektarschuppen lassen sich 5 Sektionen unterscheiden.

I. Sektion *Parnassia*. Syn. Sekt. *Nectarodroson* DRUDE. Nektarschuppen mit 3 oder zahlreichen, an der Spitze eine (nicht sezernierende) Drüse tragenden Wimpern. Meist 4 Fruchtknotenfächer. Kronblätter ganzrandig oder am Grund gewimpert. – Hierher gehören die einheimische *P. palustris* und die in der amerikanischen Arktis von Grönland und Labrador bis Alaska und in Nordost-Sibirien verbreitete *P. Kotzebuei* CHAM. sowie einige weitere Arten in Nordamerika, nach Süden bis Nordmexiko reichend.

II. Sektion *Fimbripetalum* DRUDE. Nektarschuppen mit 3 bis 5 langen, am Ende drüsigen Strahlen. Meist 4 Fruchtknotenfächer. Kronblätter (fast) ringsum gefranst. – Einige wenige Arten in China und Japan.

III. Sektion *Nectarotribolos* DRUDE. Nektarschuppen 3- bis 5- (-7) -lappig, ohne deutliche Drüsenköpfe. Meist 3 Fruchtknotenfächer. Kronblätter ganzrandig oder gewimpert. – Mehrere Arten in Ost- und Zentralasien, die westlichsten Vorkommen in Afghanistan und Südost-Persien.

IV. Sektion *Saxifragastrum* DRUDE. Staminodien ungeteilt, mit einer großen, endständigen Drüse. – Wenige Arten im Osthimalaja und in Westchina.

V. Sektion *Cladoparnassia* ENGL. Staminodien ungeteilt, mit endständigem, zweilappigem Köpfchen. Stengel ästig, mehrblütig. – Eine Art in Westchina (Szetschwan).

1455. Parnassia palustris L., Spec. plant. 273 (1753). Herzblatt, Studentenröschen. Engl.: Grass of Parnassus. Franz.: Parnassie des marais. Ital.: Parnassia. Slowenisch: Samoperka. Tschechisch: Tolije. Dänisch: Leverurt. Taf. 143, Fig. 7; Fig. 169 bis 174.

Ausdauernd, mit kräftigem, aufrechtem, an der Spitze rosettig beblättertem Rhizom und 5 bis 30 cm hohem blühendem Stengel. Grundblätter zahlreich, die Spreite eiförmig, am Grund tief herzförmig eingebuchtet, ganzrandig, dunkel punktiert, wie die ganze Pflanze kahl, 1 bis 5 cm lang, der Blattstiel länger als die Spreite. Blühender Stengel aufrecht, im unteren Drittel ein einziges, sitzendes, tief herzförmiges Blatt tragend. Kelchblätter gewöhnlich 5, eiförmig, stumpflich. Kronblätter 5, länglich oder elliptisch, meist 2- bis 3-mal so lang wie die Kelchblätter, weiß, sehr selten blaß rosenrot. Nektarschuppen 5, ungefähr ein Drittel so lang wie die Kronblätter, vor denen sie stehen; spatelförmig, am Vorderrand mit 7 bis 15 langen, fächerförmig spreizenden Fransen, von denen jede an der Spitze eine kugelige, gelbliche, glänzende, jedoch trockene und nach außen nicht sezernierende Drüse trägt. Staubblätter 5, mit den Nektarschuppen abwechselnd, mit breiten, gelben Antheren. Fruchtknoten oberständig, eiförmig, am Grund synkarp, weiter oben parakarp. Reife Frucht eine Kapsel, an der Spitze fachspaltig aufspringend. Samen zahlreich, länglich, flach, leicht gekrümmt, feinhöckerig-furchig, von einem breiten Flügelrand umgeben. – Chromosomenzahl: $2n = 18, 27, 36, 54$. – VII bis X.

Vorkommen. In Flach- und Wiesenmooren, versumpften Wiesen, in den höheren Lagen der Gebirge auch in trockeneren Rasengesellschaften als Grund- oder Sickerfeuchte-Zeiger. Tofieldietalia-Ordnungs-Charakterart; in der alpinen Stufe häufig im Caricetum firmae. Vom Tiefland bis 3000 m (Wallis) ansteigend, in Oberbayern bis 2320 m, in Tirol bis 2530 m, im Berninagebiet bis 2700 m.

Allgemeine Verbreitung. Von den Britischen Inseln und ganz Skandinavien durch Nord- und Mitteleuropa bis Ostsibirien verbreitet, in Südeuropa auf die Gebirge beschränkt; außerdem im Atlas.

Im Gebiet allgemein verbreitet.

Nach der Blattgröße, der Höhe des Stengels und der Länge der Kronblätter unterschieden die früheren Autoren einige unwesentliche Formen. Wichtigere Abänderungen kommen im Gebiet nicht vor.

Begleitpflanzen. Das Herzblatt wächst mit Vorliebe in Kalkflachmooren, zusammen mit *Comarum palustre* L., *Menyanthes trifoliata* L., *Swertia perennis* L., *Pedicularis palustris* L. und *P. Sceptrum-Carolinum* L., *Galium boreale* L., *Succisa pratensis* MOENCH, *Scorzonera humilis* L., *Tofieldia calyculata* (L.) WAHLENB., *Eriophorum latifolium* HOPPE, *Carex pulicaris* L., *C. Davalliana* SM., *C. Hostiana* DC., *Molinia caerulea* (L.) MOENCH, *Sesleria caerulea* (L.) ARD. u. a. A.

Anatomie. Die Laubblätter sind bei Pflanzen aus tieferen Lagen gewöhnlich dorsiventral gebaut, wogegen sie in der alpinen Stufe isolaterales Schwammparenchym aufweisen. Die Spaltöffnungen sind nicht sehr zahlreich und ganz auf die Unterseite beschränkt. Nach LOHR beträgt die mittlere Blattdicke etwa 290 μ, wovon mehr als Dreiviertel auf Palisaden- und Schwammparenchym entfallen. Die dunklen Punkte auf den Blättern werden durch Gerbstoffreiche Epidermiszellen bedingt, die aber sonst von den übrigen Epidermiszellen nicht verschieden sind.

Blütenverhältnisse. Die auffälligen, ausgesprochen proterandrischen Blüten werden namentlich von Fliegen, doch auch von verschiedenen anderen Insekten bestäubt. Zur Anlockung der Besucher dienen die glänzenden, jedoch ganz trockenen Köpfchen der Nektarschuppen (Scheinnektarien). *Parnassia* ist also eine Fliegentäuschblume. Der Nektar wird in der Mitte der Nektarschuppen reichlich abgeschieden. Beim Beginn der Anthese sind die Filamente noch sehr kurz; sie liegen dem Fruchtknoten an. Die Staubfäden strecken sich dann in einer bestimmten Reihenfolge, worauf schon ALEXANDER VON HUMBOLDT hingewiesen hat, und zwar reift das vor dem äußersten (größten) Kelchblatt stehende Staubblatt zuerst, dann folgt das ihm benachbarte (rechts oder links) und die übrigen in $^2/_3$ Divergenz. Die reifen Antheren kommen dadurch unmittelbar über die (noch unentwickelten) Narben zu stehen. Nach dem Verstäuben biegen sich die Filamente nach außen und die Antheren fallen ab. Die Blüte verharrt ungefähr 5 Tage im männlichen Stadium; nach dem Verwelken der letzten Anthere reifen die Narben (KUGLER).

Fossile Pollenfunde von *Parnassia palustris* wurden bisher nur aus spät- und postglazialen Ablagerungen bekannt. Angaben liegen vor aus Deutschland (nach DIETZ, GRAHLE und MÜLLER [1958] aus einem Alleröd bei Hannover), den Niederlanden (nach VAN DER HAMMEN [1951] recht häufig) und aus Dänemark (besonders in Ablagerungen der Älteren und Ältesten Tundrenzeit).

Bildungsabweichungen sind nicht selten und werden wiederholt in der Literatur erwähnt, namentlich 4- und 6-zählige Blüten, solche mit völlig unterdrückten Staubblättern, mit 5, 3 oder 2 Fruchtknotenfächern bzw. Plazenten, mit zahlreichen Kronblättern („gefüllte" Blüten), mit kronblattartig ausgebildeten Kelchblättern und andere mehr. Erwähnung verdienen schließlich die von R. VON WETTSTEIN (1890) beschriebenen Übergänge von Staubblättern in Nektarschuppen, die darauf hinweisen, daß es sich bei den einen wie den anderen um morphologisch gleichwertige Organe handelt, allerdings nicht, wie WETTSTEIN glaubte, um einfache Staubblätter und Staminodien; vielmehr sind Nektarschuppen wie (die nur äußerlich einfachen) Staubblätter aus der bündelförmigen Verwachsung mehrerer Staubblattanlagen hervorgegangen.

Fig. 173. *Parnassia palustris* L. (Aufn. W. HELLER).

Inhaltsstoffe und Verwendung. Die Inhaltsstoffe sind nur mangelhaft untersucht. Für *Parnassia* wird lediglich das Vorkommen von Gerbstoffen der Katechingruppe und Bitterstoffen unbekannter chemischer Natur sowie in den Blüten das von ebenfalls unbekannten Flavonen angegeben (nach R. WANNENMACHER).

Die Pflanze war früher als Herba et Flores Hepaticae albae seu Parnassiae offizinell und galt als vorzügliches Mittel gegen Herzklopfen. Außerdem wurde sie bei Augenkrankheiten, Leberleiden und Durchfällen, sowie als Diureticum verwendet und (um 1920) als Mittel gegen Epilepsie aus Rußland eingeführt. In Schweden wird das Kraut vom Landvolk in Bier gekocht als Magenmittel gebraucht.

Parasiten. Auf *Parnassia* leben die parasitischen Pilze *Synchytrium aureum* SCHRÖTER *(Chytridineae)* und die wirtswechselnde Uredinee *Puccinia uliginosa* JUEL, deren Uredo- und Teleutosporen auf *Carex*-Arten erscheinen.

Volksnamen. Der Name Herzblatt, der sich auf die Gestalt der Blätter bezieht, ist nur wenig volkstümlich. Mehr ist dies der Fall bei der Bezeichnung Studentenrösli (bes. im Alemannischen). Sie bezieht sich auf die Blütezeit der Pflanze anfangs September, wo die Studenten wieder die Schulen beziehen. Auf Form und Farbe der Blüten bzw. der Blätter gehen noch Sternli, Sternablüemli (St. Gallen), Weißi Schmalzbluma (Niederösterreich), Oablatt [Einblatt] (Schwäbische Alb). Nach dem Standorte auf feuchten Wiesen heißt das Herzblatt in Schleswig Ihlenblom (= Egelblume). Im Riesengebirge verwendet man das Stechblümlein gegen Seitenstechen. Die Bezeichnung Teufelsüberstrich

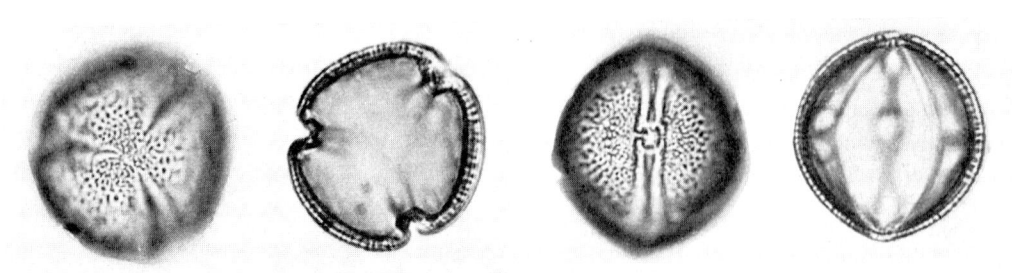

Fig. 174. Pollenkorn von *Parnassia palustris* L. Beide Bilder links in Pol-, die beiden rechts in Äquatoransicht. Links LO-Muster bei hoher Einstellung, Mitte links optischer Schnitt, Mitte rechts Blick auf Colpus mit Os bei hoher Einstellung, recht optischer Schnitt (900mal vergrößert. Mikrofoto H. STRAKA).

(Nordböhmen) rührt wohl daher, weil die von unserer Pflanze bestandenen feuchten Wiesen nur geringwertiges Futter liefern. Der selten gebrauchte Name Weißes Leberkraut deutet auf die Anwendung bei Leberleiden hin, ebenso der dänische Name Leverurt.

59. Familie Rosaceae

A. L. DE JUSSIEU, Gen. Plant. 334 (1789).

Rosengewächse

Wichtigste Literatur: P. ASCHERSON et P. GRAEBNER in Synopsis d. mitteleurop. Flora, **6**, 1 (1900–1905). – K. CEJP, Einige Bemerkungen über die Diagrammatik der Rosaceen. Österr. Botan. Zeitschrift **73**, 48–58 (1924). – W. O. FOCKE in ENGLER et PRANTL, Natürl. Pflanzenfam. III. Teil, 3. Abt., 1–61 (1894). – H. HUBER, Die Verwandtschaftsverhältnisse der Rosifloren. Mitteil. Botan. Staatssammlung München, **5**, 1–48 (1964). – E. JACOBSSON-STIASNY, Versuch einer embryologisch-systematischen Bearbeitung der Rosaceen. Sitzungsber. Akad. Wiss. Wien, math.-nat. Klasse, Abt. I, **129**, 763–800 (1914). – H. O. JUEL, Beiträge zur Blütenanatomie u. Systematik der Rosaceen. K. Svensk. Vet.-Akad. Handl., **58**, nr. 5 (1918). – A. LEBÈGUE, Recherches Embryogéniques sur quelques Dicotyledones dialypetales. Ann. Sci. Nat. (Bot.) **13**, 1–160 (1952). – H. SCHAEPPI et F. STEINDL, Vergleichend-morpholog. Untersuchungen am Gynoeceum der Rosoideen. Ber. d. Schweiz. Botan. Ges. **60**, 15–50 (1950). – C. K. SCHNEIDER, Illustr. Handb. d. Laubholzkunde **1**, 440–588 (1905).

Sträucher und ausdauernde, seltener einjährige Kräuter, außerhalb des Gebiets auch Bäume *(Hagenia, Quillaja)*. Blätter wechselständig, nur bei *Rhodotypos* gegenständig; ungeteilt, gelappt, einfach fiederig oder handförmig zusammengesetzt, selten zwei- oder dreifach gefiedert. Nebenblätter fehlend oder meist gut ausgebildet, paarig, frei oder mit dem Blattstiel verwachsen. Blüten zwitterig, gelegentlich auch eingeschlechtig; strahlig; in Rispen, Scheindolden, Trauben, Ähren oder Köpfchen, bisweilen auch einzeln. Kelch und Krone meist fünf-, gelegentlich vier- oder bis etwa achtzählig, die Krone manchmal fehlend, mehrere Gattungen mit einem „Außenkelch", der mit dem eigentlichen, inneren Kelche abwechselt. Kelchblätter am Grund miteinander in einen flachen bis tief krugförmigen Blütenbecher verwachsen, in der Knospe dachig. Kronblätter nicht miteinander verwachsen, in den Grund verschmälert oder kurz genagelt, weiß oder farbig, aber niemals blau, in der Knospe dachig, seltener eingerollt. Staubblätter zwei- bis viermal so viele wie

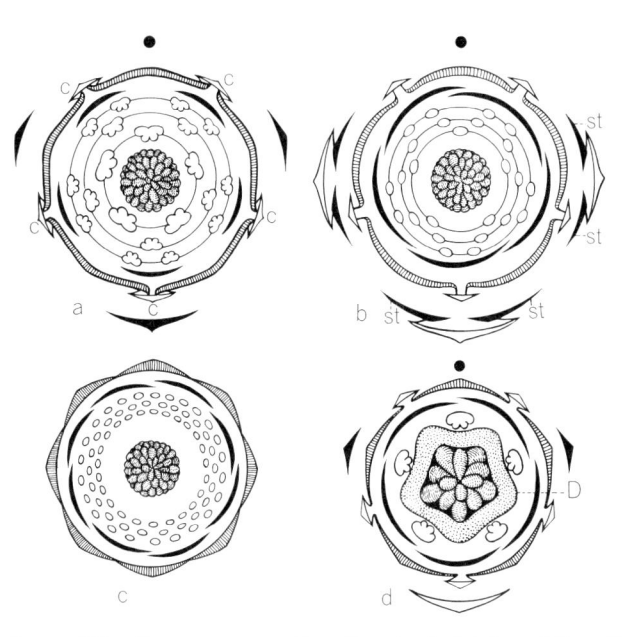

Fig. 175. Blütendiagramme von: *a Potentilla palustris* (L.) SCOP. *b Potentilla fruticosa* L. *c Dryas octopetala* L. *d Sibbaldia cuneata* HORNEM. D = Diskusring (nach EICHLER).

die Kelchblätter oder unbestimmt vielzählig, manchmal nur 1 bis 5, nicht miteinander verwachsen, wie die Kronblätter am Rande des Blütenbechers eingefügt, in der Knospe nach innen gekrümmt. Staubbeutel intrors. Pollen einzeln, meist tricolporat bis tricolporoid, oblat-sphäroid bis schwach prolat.[1] Fruchtblätter in der Zahl der Kelchblätter oder zwei- bis dreimal so viele oder unbestimmt

---

[1] Die pollenkundlichen Fachausdrücke werden im Band **IV**, 1, S. 525 der 2. Auflage erläutert.

zahlreich, selten nur 1 bis 4, von den Staubblättern meist abgerückt und häufig durch einen drüsigen Diskusring getrennt, bisweilen im Blütenbecher verborgen, aber niemals damit verwachsen, gewöhnlich ganz frei, selten miteinander verwachsen (nicht im Gebiet, z. B. *Exochorda*). Stylodien frei oder etwas miteinander verwachsen, aus dem Scheitel oder der Bauchseite, selten aus der Rückseite der Fruchtblätter entspringend. Samenanlagen meist 2, gelegentlich nur eine oder mehrere, anatrop, krassinuzellat, mit ein oder zwei Integumenten. Karpelle bei der Fruchtreife aufspringend oder häufiger nach Art einer Nuß oder Steinfrucht geschlossen bleibend, bei *Rosa* in den vergrößerten und fleischig werdenden Blütenbecher eingeschlossen, bei *Fragaria* dem kegelförmig verlängerten und bei der Fruchtreife saftigen Fruchtblattträger aufsitzend. Samen mäßig klein, mit geradem Embryo; die Kotyledonen flach aneinander liegend; das Endosperm entsteht durchwegs nukleär, im reifen Samen fehlt es gewöhnlich oder ist stark unterdrückt, nur selten ist es reichlich entwickelt.

Die *Rosaceae* bilden gemeinsam mit den Kernobstgewächsen oder *Mespilaceae* und den Steinobstgewächsen oder *Amygdalaceae*, aber ohne die *Chrysobalanaceae* und *Neuradaceae*, die isolierte Ordnung *Rosales*. Die drei Familien *Rosaceae*, *Mespilaceae* und *Amygdalaceae* stimmen in wesentlichen Stücken miteinander überein, wenngleich nicht so weitgehend, daß sich ihre Zusammenfassung rechtfertigen ließe, wie sie sich seit BENTHAM und HOOKER eingebürgert hat.

In der hier angenommenen Fassung umschließen die *Rosaceae* knapp 60 Gattungen, die sich auf fünfzehn Triben verteilen. Zwei Drittel aller Gattungen gehören der Nordhemisphäre an; vor allem das pazifische Nordamerika ist durch einen besonderen Reichtum eigentümlicher Formen ausgezeichnet. In den Tropen spielen die *Rosaceae* nur eine untergeordnete Rolle; sie sind hier im wesentlichen auf die feuchten Gebirgsländer beschränkt. Rein tropisch sind die beiden Gattungen *Duchesnea* in Südostasien und *Hagenia* in Nordostafrika. Dem stehen 8 bis 9 ganz oder vorwiegend an die südlichen Außertropen gebundene Gattungen gegenüber, die den Triben *Quillajeae* und *Sanguisorbeae* angehören. Fast über das gesamte Areal der Familie ist die Gattung *Rubus* verbreitet.

Mit den Klimabedingungen ihres vorzugsweise holarktischen Wohngebietes und wohl auch Entwicklungszentrums stimmt die große Häufigkeit laubwerfender Gehölze und – vielfach immergrüner – Chamaephyten und Hemikryptophyten gut überein. *Rosaceae* dieser Wuchsformen haben es vor allem in den niederschlags-, namentlich schneereichen Gebirgen, deren Lebensverhältnissen sie sich am leichtesten anpassen, zu einer bedeutenden Formenfülle gebracht. Ähnlich den *Saxifragaceae* dringen die *Rosaceae* im Norden und in den Hochgebirgen bis an die Grenzen des Pflanzenwuchses vor; so erreichen die Gattungen *Alchemilla*, *Dryas*, *Potentilla*, *Rubus* und *Sibbaldia* sowohl Spitzbergen als auch Grönland, während in den Alpen *Alchemilla*, *Potentilla* (*P. Crantzii* bis 3600 m, *P. frigida* bis 3698 m) und *Sieversia* (*S. montana* bis 3500 m, *S. reptans* bis 3800 m) zu den am höchsten ansteigenden Blütenpflanzen gehören. In den Trockengebieten nehmen die *Rosaceae* an Bedeutung ab, und in den Tiefländern des südlichen Mittelmeergebiets gibt es bis auf einige wenige Brombeeren (besonders *Rubus ulmifolius*) und Rosen fast nur Vertreter der am stärksten abgeleiteten und großenteils anemophilen Tribus *Sanguisorbeae*. Diese Tribus hat als einzige der *Rosaceae* ein paar richtiggehende Xerophyten hervorgebracht, wie das *Poterium spinosum* aus dem östlichen Mittelrangebiet, den peruanischen *Margyricarpus* und einige weitere Gattungen der südlichen Erdhälfte. Im übrigen gibt es nur wenige Beispiele extremer ökologischer Anpassung; Wasserpflanzen fehlen unter den *Rosaceae* überhaupt, sofern man nicht das Blutauge hierher rechnen will.

Gliederung der Familie. Die verwandtschaftlichen Beziehungen der einzelnen Triben zueinander werden durch die herkömmliche Einteilung in die beiden Unterfamilien *Spiraeoideae* (Tribus I bis V), deren Karpelle bei der Fruchtreife an der Bauchnaht aufreißen, und die *Rosoideae* (Tribus VI bis XV) mit nuß- oder steinfruchtartigen Früchtchen nur mangelhaft ausgedrückt.

I. Tribus *Gillenieae* MAXIM. Sommergrüne Sträucher und ausdauernde Kräuter mit gefiederten oder dreizähligen Blättern. Nebenblätter vorhanden. Blüten zwitterig, mit Kelch und Krone, ohne Außenkelch. Blütenbecher mehr oder weniger glockig, nie krugförmig. Staubblätter zwei bis mehr als zehnmal so viele wie Kelchblätter. Fruchtblätter meist ebenso viele wie Kelchblätter und vor diesen stehend, frei oder höchstens in der unteren Hälfte miteinander verwachsen, mit mehreren bitegmischen Samenanlagen, bei der Reife an der Bauchnaht aufreißend. Samen ohne Flügelrand, mit Nährgewebe.

Zu dieser Tribus gehören 4 Gattungen aus dem gemäßigten Asien und aus Nordamerika, nämlich die im gemäßigten Asien verbreitete *Sorbaria* und die monotypische *Chamaebatiaria* PORTER aus dem westlichen Nordamerika, die beide durch hängende Samenanlagen gekennzeichnet sind, sowie die monotypische Gattung *Spiraeanthus* MAXIM. aus dem Tian Schan und der Dschungarei und *Gillenia* aus dem östlichen Nordamerika; bei diesen hängen die Samenanlagen. – *Sorbaria* und *Gillenia* haben Eingang in unsere Gärten gefunden:

Tafel 144

Tafel 144. Erklärung der Figuren

Fig. 1. *Chrysosplenium alternifolium* (S. 223). Habitus
„ 1 a. Blüte. Fig. 1 b. Fruchtknoten.
„ 2. *Chrysosplenium oppositifolium* (S. 221).
„ 3. *Ribes Uva-crispa* (S. 57). Habitus.
„ 3 a. Frucht.
„ 3 b. Staubbeutel. Fig. 3 c. Samen.
„ 4. *Ribes nigrum* (S. 53). Habitus.
„ 4 a. Fruchtstand.

Fig. 4 b Längsschnitt durch die Frucht.
„ 4 c. Samen.
„ 5. *Ribes rubrum* (S. 51). Habitus.
„ 5 a. Fruchtstand. Fig. 5 b. Blüte.
„ 6. *Ribes alpinum* (S. 55). Habitus.
„ 6 a. Blüte.
„ 6 b. Längsschnitt durch die Blüte.

Sorbaria[1]) (SER.) A. BR. Syn. *Basilima* RAFIN. Fiederspiere. Sommergrüne Sträucher mit einfach gefiederten Blättern, vielblütigen, rispigen Inflorescenzen, kleinen, fünfzähligen, weißen Blüten, rundlichen und in der Knospe dachig deckenden Kronblättern, 5 am Grund miteinander verwachsenen Fruchtblättern, die vor den Kelchblättern stehen, und mehreren hängenden Samenanlagen in jedem Fruchtblatt. – *Sorbaria* ist die einzige Gattung dieser Tribus in der Alten Welt. Die bekannteste Art ist *S. sorbifolia* (L.) A. BR., Syn. *Spiraea sorbifolia* L., *Basilima sorbifolia* (L.) RAFIN. Fig. 176. 1 bis 2 m hoher Strauch mit aufrechten oder aufsteigenden Trieben und weitkriechender Grundachse. Zweige anfangs fein behaart oder fast kahl. Laubblätter bis etwa 90 cm lang und bis 12 cm breit, 13- bis 25-zählig gefiedert; Blättchen sitzend, länglich lanzettlich, lang zugespitzt, am Rand scharf doppelt gesägt, oberseits grün, unterseits heller, gewöhnlich verkahlend. Nebenblätter lanzettlich, ganzrandig oder gezähnelt. Blüten in dichten, 15 bis 30 cm hohen, kegelförmigen, sternhaarigen Rispen. Kelchblätter dreieckig eiförmig, zurückgeschlagen. Kronblätter eiförmig, weiß, etwa halb so lang wie die längeren Staubblätter. Fruchtblätter mit endständigem Stylodium, kahl oder schwach behaart. – VI bis VIII. – Heimat: Nordasien vom Ural bis Kamtschatka und Japan. – Die Art wird seit 1759 in Mitteleuropa kultiviert, verwildert aber nur selten, so im Allgäu bei Hohenschwangau, in Oberbayern bei Oberammergau und Garmisch, ferner bei Berlin (Scharfenberg), im Tessin bei Lugano. – Die Fiederspiere ist ein wertvoller Zierstrauch, da sie sich im Frühjahr vor den anderen Gehölzen belaubt.

Fig. 176. *Sorbaria sorbifolia* (L.) A. BR. In Holzhausen (Sachsen) gepflanzt (Aufn. K. HERSCHEL).

Gillenia[2]) MOENCH. Fig. 177. Perennierende Stauden mit ½ bis 1 m hohen Sprossen und gefiederten oder dreizähligen Blättern, lockeren, flachrispigen Inflorescenzen, ansehnlichen, fünfzähligen, weißen oder rosa überlaufenen Blüten, länglichen, in der Knospe gedrehten Kronblättern und 5 freien, vor den Kelchblättern stehenden Karpellen mit wenigen, aufsteigenden Samenanlagen. – *Gillenia* bewohnt mit 2 Arten das atlantische Nordamerika. Eine ansprechende Zierstaude ist *G. trifoliata* (L.) MOENCH, Syn. *Spiraea trifoliata* L.; sie ist in Laubwäldern zu Hause und war in den USA offizinell (Beaumont root). Die Droge wurde als Emeticum und Tonicum gebraucht.

Fig. 177. *Gillenia trifoliata* (L.) MOENCH. Blütendiagramm (nach EICHLER).

---

[1]) Wegen der Ähnlichkeit der Laubblätter mit denen der Eberesche, *Sorbus aucuparia*.
[2]) Benannt nach dem Kasseler Arzt und Botaniker ARNOLDUS GILLENIUS (1586–1633).

II. Tribus *Exochordeae* JUEL. Sommergrüne Sträucher mit einfachen Blättern ohne Nebenblätter (immer?). Blüten polygam-diözisch, mit Kelch und Krone, ohne Außenkelch. Blütenbecher breit trichterförmig. Staubblätter drei- bis etwa zehnmal so viele wie Kelchblätter. Fruchtblätter in der Zahl der Kelchblätter und vor diesen stehend, der Länge nach miteinander verwachsen, mit 2 bitegmischen Samenanlagen, bei der Reife sich voneinander lösend und an der Bauchnaht balgartig aufreißend. Samen flügelig berandet, ohne oder fast ohne Nährgewebe. Chromosomengrundzahl: n = 8.

Hierher nur die Gattung *Exochorda* LINDL. mit 4 Arten von Zentralasien bis China. Kahle Sträucher mit 5- bis 10-blütigen traubigen Infloreszenzen und ansehnlichen, fünfzähligen, weißen Blüten. – In Kultur werden angetroffen: *E. racemosa* (LINDL.) REHD., Syn. *E. grandiflora* LINDL. aus Ostchina. Infloreszenzen 6- bis 10-blütig. Blüten etwa 4 cm breit, mit 15 Staubblättern – *E. Korolkowii* LAVALL., Syn. *E. Alberti* REGEL, Fig. 178, aus Ostbuchara. Infloreszenzen 5- bis 8-blütig. Blüten 3 bis 4 cm breit, mit 25 Staubblättern. – *E. Giraldii* HESSE aus Nordwest-China. Blütentrauben wie bei voriger, aber die Blüten 6 cm breit. Staubblätter 20 bis 30. – Alle sind prächtige und empfehlenswerte Ziersträucher, vor allem die letztgenannte wie auch der Bastard *E. Korolkowii* × *racemosa* = *E.* × *macrantha* C. K. SCHNEIDER.

Fig. 178. *Exochorda Korolkowii* LAVALL. *a* blühender Zweig. *b* Fruchtkapsel (nach JUZEPCZUK in KOMAROV, Flora URSS).

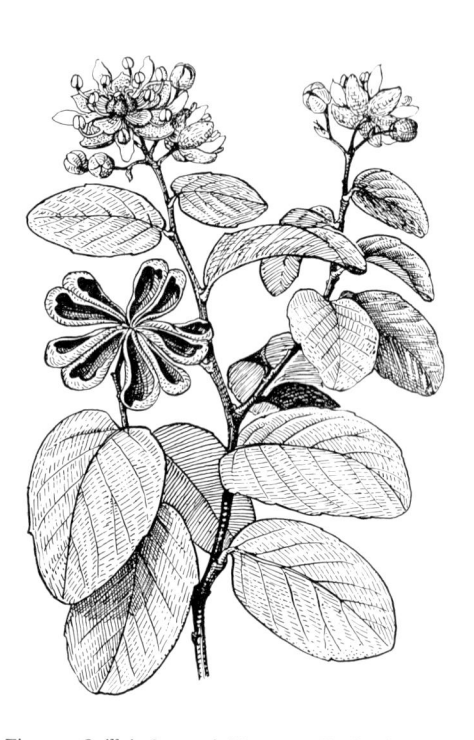

Fig. 179. *Quillaja Saponaria* MOLENDO. Zweig mit Blüten und Früchten (nach BAILLON).

III. Tribus *Quillajeae* (D. DON) LINDL. Immergrüne Sträucher und kleine Bäume mit ungeteilten Blättern und hinfälligen Nebenblättern. Blüten zwitterig, mit Kelch und Krone, ohne Außenkelch. Blütenbecher flach oder etwas ausgehöhlt, niemals krugförmig. Staubblätter zwei- bis fünfmal so viele wie Kelchblätter. Fruchtblätter in der Zahl der Kelchblätter und vor diesen stehend, frei oder miteinander verwachsen, mit 2 oder mehreren bitegmischen Samenanlagen, bei der Reife an der Bauchnaht aufspringend. Samen mit Flügelrand, ohne oder fast ohne Nährgewebe.

Hierher werden einige wenige Gattungen aus Mittel- und Südamerika gestellt. Wichtig ist vor allem *Quillaja*[1]) *Saponaria* MOLENDO, der Chilenische Seifenbaum. Fig. 179 u. 180. Die Art ist in Chile, Bolivien und Peru beheimatet und wird auch in Südeuropa angebaut (ob noch?). *Quillaja Saponaria* ist ein bis 18 m hoher Baum mit dickledrigen Laubblättern und weißen Blüten, die zu wenigen in den Blattachseln stehen. Merkwürdig ist der tief fünflappige, flach ausgebreitete und auf seiner Oberseite als Diskus ausgebildete Blütenbecher. Die vielsamigen Karpelle spreizen in der reifen Frucht sternförmig. Die Pflanze ist von einiger wirtschaftlicher Bedeutung, denn sie enthält in der Rinde, aber auch im Holz und in den

---

[1]) Quillai ist der chilenische Name dieses Baumes.

Wurzeln bis zu 10% Saponin, dessen Genin die Quillajasäure ist, ferner ein wenig Bitterstoff und Saccharose, Oxalate und Tartrate, wenig Stärke und 8–13% Mineralsubstanzen. Gerbstoffe sind nicht vorhanden. Die stark zum Niesen reizende Rinde wird seit langer Zeit als Seifen- oder Panamarinde[1]) verwendet und kommt seit 1892 in Form von flachen Tafeln, die im wesentlichen aus der hellen, holzigen Bastschicht bestehen und die durch Kristalle oxalsauren Kalkes glitzern, in Europa in den Handel. Sie findet noch heute als farbschonendes, neutrales Waschmittel Verwendung, sodann zur Herstellung von Haar- und Mundwässern, Zahnpulvern und Zahnpasten, zu Waschungen gegen Schweiß und Ungeziefer. Die arzneiliche Bedeutung der Droge (Cortex Quillajae) als Expectorans und Lösungsvermittler (für Teeremulsionen) ist heute nahezu erloschen.

Fig. 180. Blütendiagramm einer *Quillaja*-Art, zwitterig gedacht (in Wirklichkeit männlich mit Fruchtblatt-Rudimenten). *d* Diskuslappen. (nach EICHLER).

IV. Tribus *Neillieae* MAXIM. Sommergrüne Sträucher mit gelappten oder fast ungeteilten, niemals zusammengesetzten Blättern. Nebenblätter vorhanden. Mit oder ohne Blumenkrone, ohne Außenkelch. Blütenbecher flach oder glockig, aber nicht krugförmig. Staubblätter zwei- bis etwa achtmal so viele wie Kelchblätter. Fruchtblätter in der Zahl der Kelchblätter und dann mit diesen abwechselnd oder nur 1 bis 3, mit 2 oder mehreren, bitegmischen Samenanlagen, bei der Reife verschiedenartig aufspringend. Samen nicht geflügelt, mit steinharter, glänzender Schale, fast ohne oder mit mäßig reichlichem Nährgewebe. – Chrosomengrundzahl: $n = 9$.

Die *Neillieae* umfassen 3 Gattungen, die in Ostasien und Nordamerika zu Hause sind. Davon ist *Physocarpus* durch seine bei der Reife an der Bauchnaht und zugleich am Rücken (lokulizid) aufspringenden Fruchtblätter bemerkenswert. Alle 3 Gattungen werden als Ziergehölze in Mitteleuropa gezogen.

Physocarpus[2]) MAXIM. Blasenspiere, Schneeball-Spiere. Fig. 181. Blüten in Doldentrauben, mit 20 bis 40 Staubblättern und 5 mit den Kelchblättern abwechselnden, am Grund miteinander verwachsenden, bei der Reife blasig erweiterten und an der Bauchnaht wie am Rücken aufreißenden Fruchtblättern; seltener nur 1 bis 4 Fruchtblätter. Stylodien deutlich endständig. Meist nur 2 (bis 4) Samenanlagen in jedem Fruchtblatt. Samen meist einzeln, mit steinharter, glänzender, gelblicher Schale, fast ohne Nährgewebe. – Zu *Physocarpus* gehören, je nach Fassung des Artbegriffs, 5 bis 13 Arten, alle bis auf eine in Nordamerika beheimatet; nur *Ph. amurensis* (MAXIM.) MAXIM. kommt spontan in der Paläarktis vor, und zwar im Amurgebiet. – Eine Art wird in Mitteleuropa seit 1687 allgemein in Anlagen gezogen und verwildert auch mancherorts: *Ph. opulifolius* (L.) MAXIM. Syn. *Spiraea opulifolia* L. Blasenspiere, Knackbusch. Bis 3 m hoher Strauch

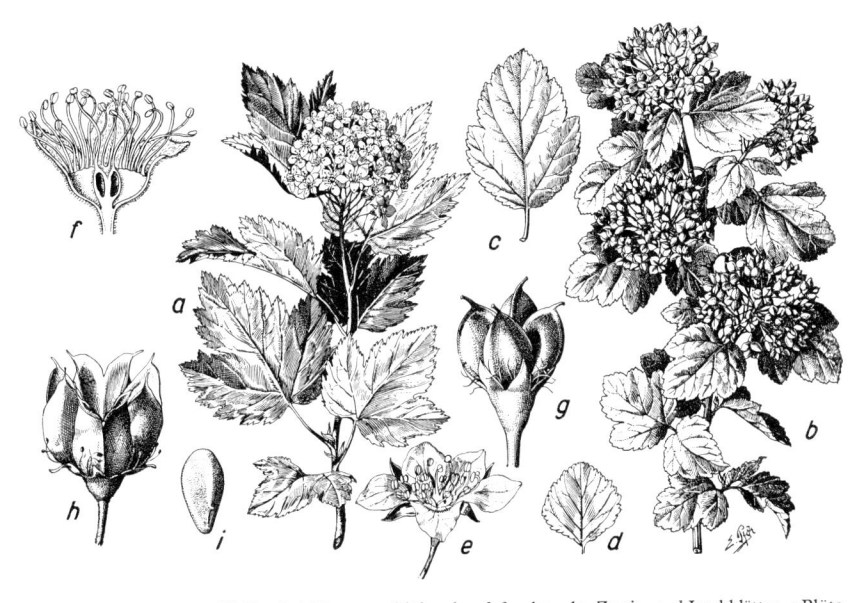

Fig. 181. *Physocarpus opulifolius* (L.) MAXIM. *a* blühender, *b* fruchtender Zweig. *c, d* Laubblätter. *e* Blüte. *f* Blüte, längsgeschnitten. *g* unreife, *h* aufgesprungene Balgkapseln. *i* Samen.

---

[1]) Weil zuerst über Panama eingeführt.

[2]) Vom griechischen φῦσα [physa] „Blase" und καρπός [karpos] „Frucht"; die Fruchtblätter sind bei der Reife aufgeblasen.

mit längsrissiger, sich in langen Stücken ablösender Rinde bzw. Borke und aufrecht abstehenden, später überhängenden Zweigen. Laubblätter breit eiförmig, meist mehr oder weniger deutlich dreilappig, seltener ungelappt oder 5-lappig, vorn spitz oder spitzlich, die der Langtriebe am Grund gewöhnlich seicht herzförmig eingebuchtet, die der Kurztriebe gestutzt oder keilförmig verschmälert; Blattrand unregelmäßig doppelt gekerbt. Blätter oberseits kahl, unten kahl oder, zumal auf den Nerven, sternhaarig. Nebenblätter ziemlich groß, bald abfallend. Blütenstände reiche, halbkugelige Doldentrauben, wie der Kelch bei der Nominatrasse kahl oder fast so. Kronblätter 5, rundlich, weiß. Fruchtblätter kahl, selten an der Spitze spärlich behaart, bei der Reife mindestens doppelt so lang wie der Kelch. – V bis VIII. – Heimat: Östliches Nordamerika, von Südostkanada bis Georgia reichend. – Die Blasenspiere ist ein anspruchsloser Zierstrauch, der nicht selten verwildert und sich besonders in feuchten Gebüschen wohl fühlt, so in Bayern am Perlbach zwischen Metten und Schloß Egg, bei Regensburg, zwischen Niederaltaich und Seebach bei Deggendorf, bei Freising, Haarkirchen, Utting, Prien am Chiemsee, Harbatzhofen im Allgäu, sodann im Elbsandsteingebirge bei Königstein, in Schlesien bei Frankenstein, am Obermühlberg bei Görlitz, Bodeufer bei Jannowitz, bei Schmiedeberg und anderwärts, bei Berlin (Tegel, Templin), Sommerfeld, Oderberg, Grabow, Gramzow, Prenzlau, Gerswalde, Matschdorf bei Frankfurt a. d. Oder, Magdeburg, Gera, Schleiz, Lobenstein, Hildburghausen usw., in Österreich in Niederösterreich zwischen Gmünd und Schrems (Waldviertel) sowie in Wien (Neuwaldegg), in Oberösterreich und der Steiermark, in der Schweiz bei Zürich usw., ferner in Böhmen, namentlich im Gebiet der Moldau. – Als Bestäuber werden Apiden aus den Gattungen *Anthrena* und *Prosopis* sowie die Wespe *Odynerus oviventris* WESM. angegeben. Eigentümlich ist die Rotfärbung der Karpelle nach dem Abblühen; nach F. LUDWIG sollen dadurch unerwünschte Gäste vom Besuch der frischen Blüten, deren Fruchtblätter noch nicht verfärbt sind, abgelenkt werden. – Die übrigen Arten werden viel seltener angebaut und sind von *Ph. opulifolius* vielfach nur schwer zu unterscheiden.

Neillia[1]) D. DON. Blüten in gestreckten Trauben oder Rispen, mit 10 bis 30 Staubblättern und einem einzigen, bei der Reife nicht aufgeblasenen und nur an der Bauchnaht aufreißenden Fruchtblatt, seltener mit 2 Fruchtblättern. Stylodien deutlich endständig. Samenanlagen zu 5 bis 10. Samen wie bei *Physocarpus*, doch mit mehr Nährgewebe. – Rund 10 Arten in China und im Himalajagebiet, in Kultur seltener als *Physocarpus*, dem sie ähnlich sehen, und nicht so winterhart wie dieser.

Stephanandra[2]) SIEB. et ZUCC. Blütenstände, Blüten und Früchte im wesentlichen wie bei *Neillia*, jedoch das Stylodium nicht terminal, sondern seitlich aus dem Fruchtblatt entspringend, das demzufolge bei der Reife nicht seiner Länge nach, sondern nur am Grunde aufreißt. Außerdem enthalten die Karpelle nur 2 Samenanlagen. – Wenige Arten in China und Japan, von denen die zierliche, nur 1 bis 1½ m hohe *St. incisa* (THUNB.) ZABEL mit 10 Staubblättern für niedrige Hecken empfohlen wird, die nicht geschnitten werden brauchen, während sich die stattlichere *St. Tanakae* FRANCH. et SAV. mit 20 Staubblättern als Solitärstrauch eignet. Beide Arten kommen aus Japan und fallen durch ihre purpurne bis orangerote Herbstfärbung auf.

V. Tribus *Spiraeeae* MAXIM. Sommergrüne Sträucher oder ausdauernde Kräuter mit einfachen, gelappten oder doppelt dreizählig gefiederten Blättern, ohne Nebenblätter. Blumenkrone wohl stets vorhanden, kein Außenkelch. Blütenbecher flach oder weit glockig, nicht krugförmig. Staubblätter drei- bis mehr als zehnmal so viele wie Kelchblätter. Fruchtblätter zumeist in der Zahl der Kelchblätter und mit diesen abwechselnd, nur bei *Aruncus* gewöhnlich 9; mit 2 oder mehreren unitegmischen Samenanlagen, bei der Reife an der Bauchnaht aufspringend oder nußartig geschlossenbleibend (*Holodiscus*). Samen ungeflügelt, mit häutiger oder runzelig-lederiger Schale, ohne oder mit spärlichem Endosperm. Chromosomengrundzahl: $n = 9$.

Die 6 Gattungen dieser Tribus sind über die nördliche gemäßigte Zone verbreitet; zwei davon, (Nr. 380) *Spiraea* und (Nr. 381) *Aruncus*, kommen auch in Mitteleuropa wildwachsend vor. Von diesen ist *Spiraea* mit durchwegs strauchigen Arten mit ungeteilten Blättern, fast immer mit Zwitterblüten und gewöhnlich 5 freien Fruchtblättern, die meist 3 hängende Samenanlagen enthalten, die ursprünglichste und zugleich formenreichste. Damit nahe verwandt und wohl unmittelbar daraus hervorgegangen, sind *Sibiraea* und *Holodiscus*, beides wie *Spiraea* Gehölze mit ungeteilten, höchstens schwach gelappten Laubblättern, am Rand des Blütenbechers inserierten Staubblättern und gewöhnlich 5 Karpellen. *Aruncus* ist durch Habitus, Blattschnitt, Anheftung der Staubblätter und seine meist 3 Fruchtblätter stärker verschieden und ein abgeleitetes Endglied der *Spiraeeae*. *Sibiraea* und *Holodiscus* werden hin und wieder in Gärten gezogen.

Sibiraea[3]) MAXIM. Blauspiere. Sträucher mit polygamdiözischen Blüten und 5 am Grund etwas verwachsenen Fruchtblättern, die bei der Reife an der Bauchnaht aufspringen und meist 2 Samen enthalten. Zu *Sibiraea* gehören 2 Arten, doch ist nur *S. altaiensis* (LAXM.) C. K. SCHNEIDER, Syn. *Spiraea altaiensis* LAXM. Juni 1771, *Sp. laevigata* L. Okt. 1771, *Sibiraea laevigata* (L.) MAXIM., Fig. 182, regelmäßig in Kultur. Ein sommergrüner, bis 1½ m hoher Strauch mit kräftigen, starren, aufrechten Ästen. Laubblätter schmal verkehrt-eilänglich, stumpflich oder spitz, keilförmig in den sehr kurzen Stiel

---

[1]) Benannt nach dem schottischen Botaniker P. NEILL, 1776–1851.
[2]) Vom griechischen στεφανός [stephanos] „Kranz, Krone", und ἀνήρ, ἀνδρός [aner, andros] „Mann".
[3]) Vom lateinischen Sibiria, Sibirien, der Heimat des Strauches.

verschmälert, ganzrandig, 3 bis 8 cm lang und 1 bis 2 cm breit, beiderseits mehr oder weniger stark blaugrün, unten kaum heller als oben, kahl oder am Rande gewimpert. Blütenstände 8 bis 12 cm lang, am Grund rispig, oberwärts einfach traubig. Blütenblätter 5, weiß oder grünlichweiß. Stylodium endständig, bei der Fruchtreife waagrecht nach außen gebogen. – V. – Das Wohngebiet dieses seltsamen Strauches ist stark zerrissen: zuerst wurde er aus dem Altai und Tian Schan bekannt, von wo er um 1774 nach Europa eingeführt und in den Gärten verbreitet wurde. Erst 1905 wurde die Art auch in Europa wildwachsend entdeckt, und zwar in Kroatien am Berg Velnac bei Karlopago in einer Höhe von 970 bis 1023 m, sowie in der Herzegowina auf der Čabulja Planina bei Mostar in einer Höhe von 1600 m. Die europäischen Vorkommen bilden die var. *croatica* DEGEN, die sich von der Nominatrasse durch die nicht oder kaum blau bereiften Laubblätter, die Kelchblätter und die Zahl der Samen unterscheidet: bei var. *croatica* sind die Kelchblätter stets länger als breit und die Fruchtbälge enthalten 4 bis 5 Samen, während bei var. *altaiensis* die Kelchblätter etwa so lang wie breit und die Fruchtbälge gewöhnlich zweisamig sind.

Holodiscus[1]) (K. KOCH) MAXIM. Sträucher mit Zwitterblüten und 5 freien Fruchtblättern; diese enthalten 2 Samenanlagen, von denen sich aber nur eine weiterentwickelt. Bei der Reife bleiben die Karpelle nußartig geschlossen. – Etwa ein Dutzend schwer unterscheidbare Arten im westlichen Nordamerika, mit Vorposten in Mittelamerika und Kolumbien. – In Kultur ist seit 1827 *H. discolor* (PURSH) MAXIM., Syn. *Spiraea discolor* PURSH, ein sommergrüner, 2 bis 4 m hoher Strauch mit dünnen, gern überhängenden Zweigen. Laubblätter breit eiförmig, mehr oder weniger tief fiederlappig, wie die Fiederlappen oberwärts grob gekerbt, an der Spitze abgerundet, am Grund gestutzt oder breit keilförmig, oberseits kahl oder spärlich behaart, unten grau- oder weißfilzig, die Spreite 4 bis 8 cm lang und 3 bis 7 cm breit, der Stiel ½ bis 2 cm lang. Blüten klein, in vielblütigen Rispen. Kronblätter 5, gelblich-weiß. Stylodium endständig. – VII. – Von Westkanada bis Kalifornien verbreitet, in Mitteleuropa häufig angepflanzt.

Fig. 182. *Sibiraea altaiensis* (LAXM.) C. K. SCHN. (nach JUZEPCZUK in KOMAROV, Flora URSS).

VI. Tribus *Ulmarieae* MEISSN. Ausdauernde Kräuter mit gefiederten, selten gelappten Blättern und großen Nebenblättern. Mit Blumenkrone, ohne Außenkelch. Blütenbecher flach oder leicht ausgehöhlt. Staubblätter vier- bis achtmal so viele wie Kelchblätter, in den Grund verschmälert und leicht abfallend. Fruchtblätter selten in der Zahl der Kelchblätter oder häufiger doppelt bis dreimal so viele, mit 2 unitegmischen Samenanlagen, bei der Reife trocken-lederig, nicht aufspringend. Chromosomengrundzahl: $n = 7$ und 8.

Einzige Gattung: (Nr. 382) *Filipendula*.

VII. Tribus *Kerrieae* FOCKE. Sommergrüne Sträucher mit einfachen Blättern und kleinen Nebenblättern. Mit oder ohne Blumenkrone, mit oder ohne Außenkelch. Blütenboden flach oder krugförmig. Staubblätter unbestimmt vielzählig. Fruchtblätter 2 bis 6, meist in der Zahl der Kelchblätter, mit diesen abwechselnd oder vor diesen stehend, mit 2 hängenden, unitegmischen Samenanlagen, bei der Reife trocken, nußartig, nicht aufspringend. Samen meist mit Nährgewebe. Chromosomengrundzahl: $n = 9$.

Die *Kerrieae* umfassen nur 3 Arten, von denen jede eine eigene Gattung repräsentiert. Sie kommen aus den an fremdartigen und isolierten Reliktformen so reichen Refugien Ostasiens und Nordamerikas. Zwei Arten haben als Zierpflanzen in den europäischen Gärten Eingang gefunden:

Kerria[2]) *japonica* (L.) DC., Syn. *Rubus japonicus* L., *Corchorus japonicus* THUNB. Gold- oder Nesselröschen. Fig. 183. Aufrechter, sommergrüner Strauch mit 3 m hohen Schößlingen und kahlen, grünen Zweigen. Laubblätter länglich eiförmig, lang zugespitzt, doppelt gesägt, die Spreite 3 bis 10 cm lang und 2 bis 5 cm breit, mit mehr oder weniger 1 cm langem Stiel. Blüten einzeln endständig an seitlichen Kurztrieben, fünfzählig, mit fast flachem, schwach ausgehöhltem Blütenboden. Kelchblätter breit dreieckig eiförmig, fast ganzrandig. Kronblätter verkehrt eiförmig, kurz genagelt, gelb. Fruchtblätter vor den Kelchblättern stehend, bei der Reife trocken und schwarzbraun. Samen mit dünnem Endosperm. – V. – Wildwachsend nur aus Westchina (Hupei, Szetschwan) bekannt, im übrigen China und Japan allgemein kultiviert, seit

---

[1]) Von griech. ὅλος [holos] „ganz" und δίσκος [diskos] „Scheibe", wegen des ganzrandigen Drüsenrings auf der Innenseite des Blütenbechers.

[2]) Benannt nach WILLIAM KERR, der zu Beginn des 19. Jahrhunderts in China, Java und auf den Philippinen für Kew Gardens Pflanzen sammelte und 1814 als Inspektor des Botanischen Gartens zu Peradenyia (Ceylon) starb.

Fig. 183. *Kerria japonica* DC. *a* blühender Zweig (¹/₃ natürliche Größe). *b* blühender Zweig mit gefüllten Blüten. *c* Kelch von unten. *d* Blüte nach Entfernung der Kronblätter, längsgeschnitten. *e* Kronblatt. *f* Teilfrüchtchen.

1805 auch in Europa, vor allem in einer gefüllt blühenden Form. Verwildert kaum und scheint in Mitteleuropa keine reifen Früchte hervorzubringen.

Rhodotypos[1]) *scandens* (THUMB.) MAKINO, Syn. *Rh. kerrioides*[2]). Fig. 184 u. 185. Bis 2½ m hoher, sommergrüner Strauch mit kahlen, bräunlich grünen Zweigen. Laubblätter gegenständig (sonst bei keiner *Rosaceae*!), eiförmig oder länglich eiförmig, zugespitzt, doppelt gesägt, die Spreite 8 bis 14 cm lang und 4 bis 7 cm breit, der Stiel kaum über 1 cm lang. Nebenblätter besser entwickelt als bei *Kerria*, krautig. Blüten einzeln endständig an beblätterten Kurztrieben, vierzählig, mit krugförmigem Blütenboden. Kelchblätter ungleich, laubig, grob gesägt. Außenkelch vorhanden. Kronblätter rundlich, kurz genagelt, weiß. Fruchtblätter mit den Kelchblättern abwechselnd, bei der Reife glänzend schwarz, mit spröder, krustiger Schale. Nährgewebe reichlich. – V. – Heimat: Japan, aber ganz lokal und auch hier meist nur gepflanzt. In Europa seit 1866 in Kultur.

Während die beiden altweltlichen Vertreter der *Kerrieae* ansehnliche Blüten besitzen, fehlen der amerikanischen die Kronblätter. Sie hat darum als Zierpflanze keine Bedeutung. Selten wird die im übrigen an *Kerria* erinnernde *Neviusia alabamensis* A. GRAY (Fig. 186) aus Alabama in Europa gezogen. Ihre Blüten sind fünfzählig, der Blütenboden ist flach.

VIII. Tribus *Rubeae* BENTH. et HOOK. Sommer- oder immergrüne Stäucher mit gelappten, gefiederten oder gefingerten Blättern und kleinen, freien Nebenblättern. Blumenkrone meist vorhanden, kein Außenkelch. Blütenboden flach, konvex oder glockig, nicht krugförmig. Staub- und Fruchtblätter unbestimmt vielzählig, selten die Fruchtblätter nur in der Zahl der Kelchblätter; Karpelle mit 2 unitegmischen Samenanlagen, bei der Reife saftig, steinfruchtartig. Samen mit dünnem Nährgewebe. Chromosomengrundzahl: n = 7. Einzige Gattung: (Nr. 383) *Rubus*.

IX. Tribus *Roseae* DC. Sommer- oder immergrüne Sträucher mit gefiederten Blättern und deutlichen, meist ein Stück weit mit dem Blattstiel verwachsenen Nebenblättern; nur *Hulthemia* hat einfache Blätter ohne Nebenblätter. Mit

---

[1]) Vom Griechischen ῥόδον [rhodon] „Rose" und τύπος [typos] „Abbild".
[2]) Wegen der Ähnlichkeit des Strauchs mit *Kerria*.

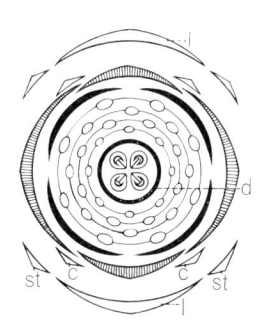

Fig. 184. *Rhodotypos scandens* (THUNB.) MAKINO. Blütendiagramm. *b* oberstes Paar der Laubblätter. st ihre Nebenblätter. *c* Außenkelch (die paarweise verwachsenen Nebenblätter der Kelchblätter). *d* Diskusring (nach EICHLER).

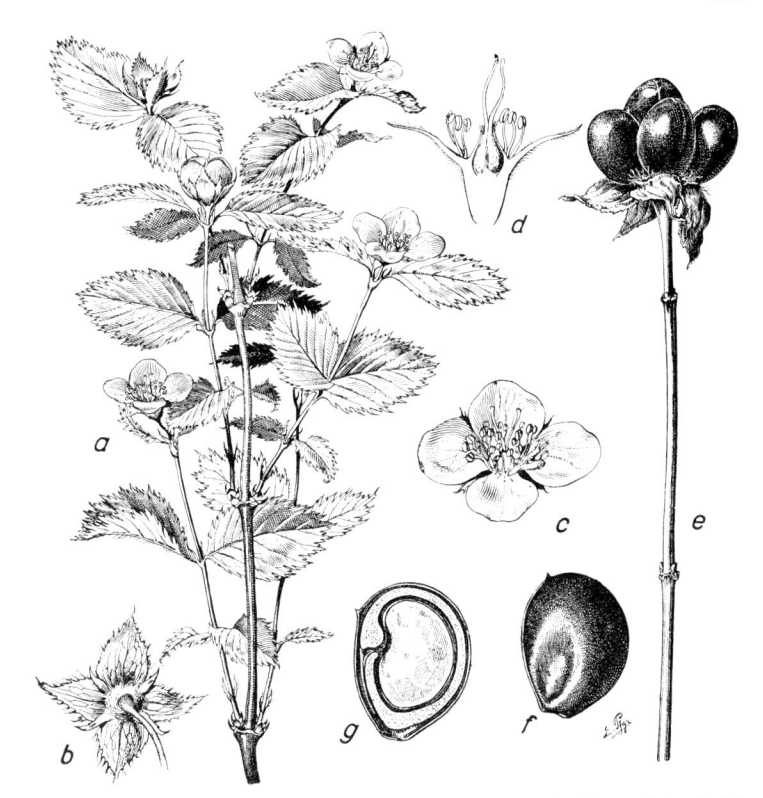

Fig. 185. *Rhodotypos scandens* (THUNB.) MAKINO. *a* blühender Zweig ($^1/_2$ natürliche Größe). *b* Kelch von unten. *c* Blüte. *d* Blüte, längsgeschnitten. *e* Sammelfrucht. *f* Teilfrüchtchen. *g* dasselbe, längsgeschnitten.

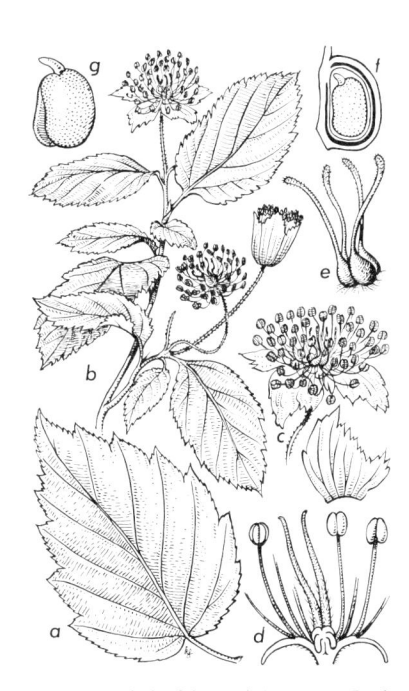

Fig. 186. *Neviusia alabamensis* A. GRAY. *a* Laubblatt. *b* blühender Zweig. *c* Blüte mit Kelch. c_1 Kelchblatt, vergrößert. *d* Blüte im Längsschnitt. *e* Gynäzeum. *f* Nüßchen im Längsschnitt. *g* freigelegter Embryo (nach C. K. SCHNEIDER).

Blumenkrone, ohne Außenkelch. Blütenboden krugförmig, bei der Fruchtreife fleischig werdend. Staub- und Fruchtblätter unbestimmt vielzählig, die Fruchtblätter mit 1 oder 2 unitegmischen Samenanlagen, bei der Reife trocken, nußartig, sehr hart und nicht öffnend. Chromosomengrundzahl: n = 7.

Zwei Gattungen: neben der im holarktischen Gebiet verbreiteten (Nr. 384) *Rosa* eine weitere, *Hulthemia* DUMORT., mit 2 Arten in Persien, Afghanistan und Turkestan. *Hulthemia* bildet mit *Rosa* Bastarde.

X. Tribus *Sanguisorbeae* SPRENG. Sommer- oder immergrüne Sträucher, Halbsträucher oder ausdauernde Kräuter mit gefiederten Blättern. Nebenblätter vorhanden. Mit oder ohne Blumenkrone, mit oder ohne Außenkelch. Blütenbecher krugförmig, bei der Reife trocken oder fleischig. Staubblätter unbestimmt vielzählig (nur bei *Sanguisorba*) oder so viele bis viermal so viele wie die Kelchblätter, gelegentlich nur 1 bis 3. Fruchtblätter 1 bis 4, meist 2, mit terminalem Stylodium und einer einzigen, hängenden, unitegmischen Samenanlage, bei der Reife trocken, nußartig und sich nicht öffnend. Chromosomengrundzahl: n = 7.

Die *Sanguisorbeae* sind eine der am stärksten abgeleiteten Triben ihrer Familie. Sie haben wahrscheinlich mit den *Roseae* gemeinsamen Ursprung, wenigstens deuten die gefiederten Blätter und der krugförmige, in der Reife öfters (*Bencomia*, *Margyricarpus*, *Poterium spinosum*) fleischige Blütenbecher in diese Richtung. — *Agrimonia* und vor allem *Aremonia* nähern sich aber erheblich den *Potentilleae*, und es ist leicht möglich, daß sie zu diesen gehören und die Übereinstimmung mit den *Sanguisorbeae* nur auf konvergenter Entwicklung beruht.

Die Gattungen verteilen sich vorläufig auf die beiden Subtriben *Agrimoniinae* und *Sanguisorbinae*.

1. Subtribus *Agrimoniinae*. Enthält die ursprünglicheren, entomophilen Gattungen mit wohlentwickelter Blumenkrone, meist fünfzähligen Blüten und häufig einem Außenkelch.

Hierher neben (Nr. 385) *Aremonia* und (Nr. 386) *Agrimonia* je eine monotypische Gattung in Westchina, Nordost- und Südafrika. Davon hat die nordostafrikanische *Hagenia*[1]) *abyssinica* WILLD. (Fig. 187) als Heilpflanze große lokale Bedeutung. Ein bis 20 m hoher Baum mit großen, schopfig gedrängten Fiederblättern und reichblütigen, bis ½ m langen, dicht drüsig behaarten Blütenrispen. Blüten polygam, d. h. teils männlich, teils weiblich oder zwittrig. Die trockenen, abgeblühten, rosavioletten, weiblichen Blüten lieferten die früher in Deutschland, Österreich und der Schweiz offizinellen Kosoblüten (Flores Koso), ein bekanntes, verhältnismäßig ungiftiges Bandwurmmittel (gegen alle *Taenia*-Arten). Besonders bei den Abessiniern, die viel rohes Fleisch verzehren, spielt diese Droge eine große Rolle. Nach Europa kam sie um 1822 (Paris), seit 1834 wurde sie auch in Deutschland bekannt. Sie enthält Kosotoxin (ein muskellähmendes Herzgift), Kosidin, Kosoïn, (alles Phloroglucin-Derivate, ähnlich den Filix-Stoffen), Gerbstoff, Zucker, Gummi, Harze, ätherisches Öl, Oxal-, Essig- und Baldriansäure. Der Baum bewohnt das Hochland von Abessinien und die afrikanischen Hochgebirge südwärts bis zum Kilimandscharo, wo er von 1600 m an geradezu eine Charakterpflanze ist und um 3000–3100 m die Waldgrenze bildet. Diese *Hagenia*-Wälder sind das Wohngebiet des Berggorillas. Das Holz wird als Furnier geschätzt.

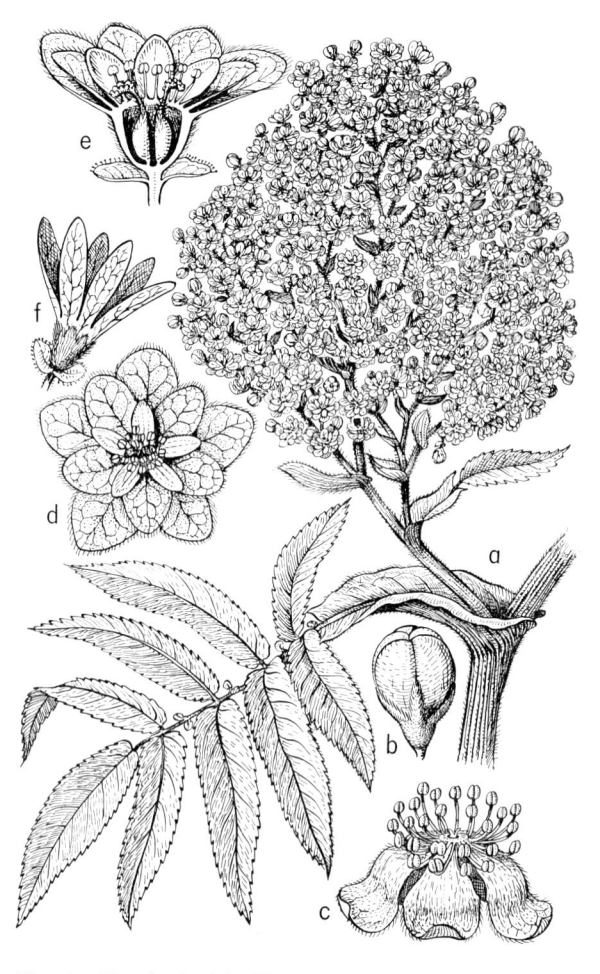

Fig. 187. *Hagenia abyssinica* WILLD. *a* Blütenstand. *b* und *c* männliche Blüte in Knospe und entfaltet. *d* und *e* weibliche Blüte, ganz und längsgeschnitten.

2. Subtribus *Sanguisorbinae*. Kronblätter und Außenkelch fehlen. Blüten häufig 4- oder selbst dreizählig. Im Zusammenhang mit der Neigung zu Windblütigkeit sind die Narben häufig pinselartig vergrößert.

Die *Sanguisorbinae*, die zwar in Mitteleuropa nur durch die krautigen Formen der Gattungen (Nr. 387) *Sanguisorba* und (Nr. 388) *Poterium* vertreten sind, enthalten vorwiegend Gehölze, wie den stark xeromorphen *Margyricarpus* RUIZ et PAVON im andinen Südamerika, dessen Blütenbecher bei der Reife saftig und genießbar wird. Weitere Gattungen sind: *Bencomia* WEBB, wenigästige, schopfig belaubte Sträucher oder Bäumchen der Kanarischen Inseln und Madeiras mit bei der Reife fleischigem Blütenbecher. – *Cliffortia*[2]) L. aus Südafrika, mit eingeschlechtigen Blüten und trockenem Blütenbecher. – *Acaena* VAHL, eine durch die zur Fruchtzeit mit langen, widerhakigen Stacheln besetzten Blütenbecher leicht kenntliche Gattung von etwa 60 Arten, die meisten im außertropischen Südamerika, von da über die Anden bis Mexiko und Kalifornien ausstrahlend, mit einigen weiteren Arten in Hawai, Neuseeland, Australien, Südafrika, Tristan da Cunha und anderen Inseln beheimatet, umfaßt neben kleineren Sträuchern vor allem perennierende Stauden vom Habitus eines *Poterium*, daneben auch Polsterpflanzen. Namentlich solche werden bei uns in Steingärten und auf Friedhöfen zur Bodenbegrünung gelegentlich gezogen, z. B. *A. microphylla* HOOK. F. aus Neuseeland.

XI. Tribus *Potentilleae* SPRENG. Sommergrüne Sträucher oder viel häufiger Zwergsträucher und Stauden, vereinzelt auch einjährige Kräuter mit dreizähligen, gefiederten oder gefingerten, aber nicht unterbrochen gefiederten Blättern. Nebenblätter vorhanden. Ohne oder mit kurzglockigem Blütenbecher, der bei der Fruchtreife vertrocknet,

---

[1]) Benannt nach KARL GOTTFRIED HAGEN, geb. 1749, gest. 1829, Professor der Botanik in Königsberg in Preußen.
[2]) Von LINNÉ seinem Förderer GEORGE CLIFFORD, geb. 1685, gest. 1760 in Amsterdam gewidmet.

dagegen wird der Fruchtblattträger bisweilen saftig und beerenartig. Kelchblätter in der Knospe klappig. Außenkelch meist vorhanden. Staub- und Fruchtblätter unbestimmt vielzählig oder beide in geringer Anzahl (10 – 5 – 1). Fruchtblätter mit end-, seiten- oder grundständigem, abfälligem Stylodium und einer einzigen, hängenden, unitegmischen Samenanlage, bei der Reife trocken, nußartig, sehr hart und geschlossen bleibend. Chromosomengrundzahl: $n = 7$.

Die ursprünglichste und am weitesten verbreitete Gattung dieser Tribus ist (Nr. 389) *Potentilla*. Davon sind *Duchesnea* und (Nr. 390) *Fragaria* nur durch die Veränderungen des Fruchtblattträgers bei der Reife verschieden, während (Nr. 391) *Sibbaldia* eine im Blütenbau reduzierte *Potentilla* vorstellt. Das dürfte, wenigstens zum Teil, auch für die übrigen, artenarmen Gattungen der *Potentilleae* in Sibirien und Nordwestamerika gelten.

In Europa nicht einheimisch, aber stellenweise verwildert und sogar eingebürgert ist *Duchesnea*[1]) *indica* (ANDREW) FOCKE, Syn. *Fragaria indica* ANDREW, *Duchesnea fragarioides* SMITH, *Potentilla indica* (ANDREW) TH. WOLF.

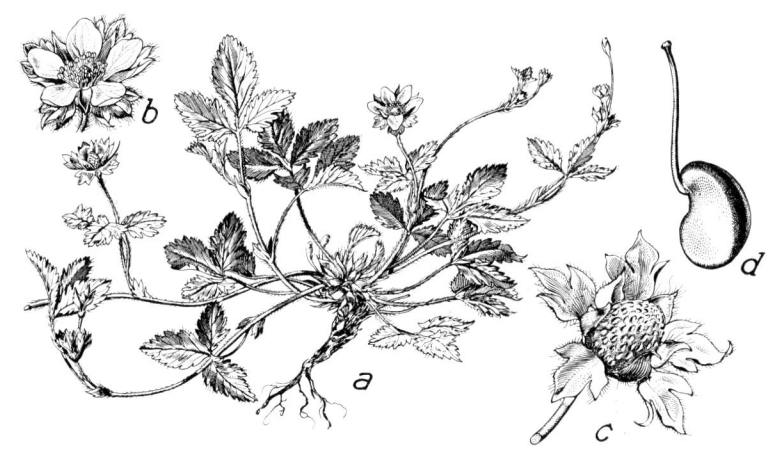

Fig. 188. *Duchesnea indica* (ANDREW) FOCKE. *a* Habitus. *b* Blüte. *c* reife Sammelfrucht. *d* Nüßchen mit Stylodium.

Indische Scheinerdbeere. Fig. 188. Halbrosettenstaude. Stengel sympodial, bis etwa 50 cm lang, ausläuferartig verlängert und niederliegend, an den Knoten wurzelnd, von einfachen, ein- und mehrzelligen Drüsenhaaren rauh. Laubblätter dreizählig; Blattstiele ziemlich lang, lockerzottig behaart; Blättchen kurz gestielt, das mittlere aus keilförmigem Grunde eiförmig bis verkehrt eiförmig, die seitlichen schief eiförmig, sämtlich mehr oder minder tief gekerbt, oberseits spärlich angedrückt behaart, dunkelgrün, unterseits besonders auf den Nerven etwas ausgiebiger behaart und heller grün. Blüten (Fig. 188 b) einzeln in den Blattachseln, lang gestielt, zwitterig. Kelchblätter bis etwa 10 mm lang, dreieckig eiförmig, spitz, dicht anliegend behaart, nur auf der Innenseite gegen den Grund zu kahl; Außenkelch den Kelch überragend, mit breit verkehrt eiförmigen, an der Spitze 3- bis 5-zähnigen oder -spaltigen, keilig in den Grund verschmälerten Blättern. Kronblätter mehr oder weniger 8 mm lang, länglich verkehrt eiförmig, goldgelb. Staub- und Fruchtblätter zahlreich. Stylodien mehr oder weniger 1,5 mm lang, etwas seitenständig, dünn, fadenförmig, länger als das reife Karpell. Fruchtblattträger bei der Reife vergrößert, leuchtend rot, kegelförmig bis eiförmig, schwammig und fast saftlos, von fadem, süßlichem Geschmack. – V bis X. – Heimat: Gebirge von Süd- und Südostasien, nach Westen angeblich bis Afghanistan, doch ist es weithin unmöglich, spontane und adventive Vorkommen zu unterscheiden. Sicher eingeschleppt ist die Pflanze im wärmeren Amerika sowie in Europa.

Duchesnea indica wird in Mitteleuropa, wo sie nur in milden Gegenden winterhart ist, seit dem Beginn des 19. Jahrhunderts als Zierpflanze gezogen und ist seither gelegentlich verwildert, so in der Rheinpfalz bei Speyer (1903), in der Steiermark bei Graz seit 1918 mehrfach verwildert bis eingebürgert und in der Nordschweiz bei Küngoldingen (Kt. Aargau), Birsfelden und in Zürich (1938); in den Tälern der Südalpen ist die Pflanze stellenweise völlig eingebürgert und in starker Ausbreitung begriffen, so in Friaul bei Görz, in Südtirol um Bozen, Meran und Trient, im Puschlav bei Santa Perpetua und im Tessin (um Locarno etwa seit 1880, in Lugano 1896 erstmals beobachtet, neuerdings bis ins Verzasca- und Marobbiotal vordringend).

---

[1]) Benannt nach A. N. DUCHESNE, geb. am 7. Okt. 1747 zu Versailles, gestorben am 18. Februar 1827 in Paris, Verfasser mehrerer Werke über Nutzpflanzen, darunter einiger über die Erdbeeren; davon ist das bedeutendste: Histoire naturelle des Fraisiers, contenant les vues d'économie réunies à la botanique. Paris 1766.

Die Blüten werden von Fliegen bestäubt und stimmen ganz mit denen von *Potentilla reptans* überein. *Duchesnea indica* bildet sowohl mit *Potentilla reptans* als auch mit der zur selben Artengruppe gehörigen *P. erecta* Bastarde. Die erstgenannte Verbindung stellte 1902 TH. WOLF her, die andere Kreuzung FR. KOCH.

XII. Tribus *Geeae* H. HUBER. Ausdauernde Stauden mit meist unterbrochen gefiederten, seltener *(Waldsteinia)* dreizähligen oder handförmig gelappten Laubblättern. Mit Nebenblättern. Ohne oder mit kurz trichterförmigem Blütenbecher, der bei der Fruchtreife vertrocknet. Kelchblätter in der Knospe klappig. Außenkelch meist vorhanden. Staub- und Fruchtblätter unbestimmt vielzählig (die Staubblätter 20 oder mehr) oder mit zahlreichen Staubblättern und nur 3–5 Früchtchen. Fruchtblätter mit stets endständigem, abfälligem oder (ganz oder teilweise) am Früchtchen verbleibendem Stylodium und einer einzigen, grundständigen, aufsteigenden, unitegmischen Samenanlage, bei der Reife trocken, nußartig, sehr hart und geschlossen bleibend. Chromosomengrundzahl: $n = 7$.

Die hier als *Geeae* zusammengefaßten Gattungen vermitteln zwischen den *Potentilleae* und den *Dryadeae*. Von den einen weichen sie vor allem durch die aufsteigende Samenanlage, von den andern durch den Besitz nur eines Integuments, wie auch die Chromosomengrundzahl ab, von beiden durch die meist unterbrochen gefiederten Blätter. Diese Tribus zerfällt in 2 Gattungsgruppen, von denen die erste mehr an die vorhergehende erinnert, während die andere stärker zu den *Dryadeae* neigt.

A. *Waldsteinia*-Gruppe: Blütenbecher trichterig. Kelchblätter klappig. Stylodien am Grund gegliedert, im ganzen abfallend. Hierher neben der auch nach Mitteleuropa einstrahlenden (Nr. 393) *Waldsteinia* mit nach dem Abblühen verwelkenden Staubblättern und nur 3 bis 5 Fruchtblättern noch die Gattung

Coluria R. BR., Syn. *Laxmannia* FISCHER. Rosettenstauden mit unterbrochen gefiederten Grundblättern, zahlreichen Staubblättern, die nach dem Abblühen erhalten bleiben und die zahlreichen Fruchtblätter einhüllen. 2 Arten in Südsibirien und China, von denen *C. geoides* (PALLAS) LEDEB., Syn. *Coluria Laxmannii* (GAERTN.) ASCHERS. et GRAEBN., *Dryas geoides* PALLAS, *Geum Laxmannii* GAERTN., *Laxmannia potentilloides* FISCHER, *L. geoides* (PALLAS) FISCHER, aus dem Altai wegen ihrer großen, gelben Blüte zuweilen kultiviert wird.

B. *Geum*-Gruppe. Ohne vertieften Blütenbecher. Kelchblätter klappig. Stylodien ganz oder teilweise auf dem Karpell verbleibend. Hierher wenigstens 3 selbständige Gattungen, vielleicht noch einige mehr: (Nr. 394) *Sieversia* mit ungegliedertem, nach Art der *Dryas* lange erhalten bleibendem Stylodium, *Orthurus* mit gegliedertem Stylodium, doch fällt der apikale Teil nicht, wie bei (Nr. 395) *Geum*, ab, dessen Stylodium überdies an der Stelle der Gliederung hakig gebogen ist.

Orthurus[1]) JUZ., eine Gattung von 2 Arten, kommt im eigentlichen Mitteleuropa nicht vor, nähert sich aber dem mitteleuropäischen Florengebiet in den Südwestalpen: *O. heterocarpus*[2]) (BOISS.) JUZ. Syn. *Geum heterocarpum* BOISS., *G. umbrosum* BOISS. Fig. 189b. Ausdauernde, dicht weichhaarige Staude mit meist schlaff aufrechtem oder auf-

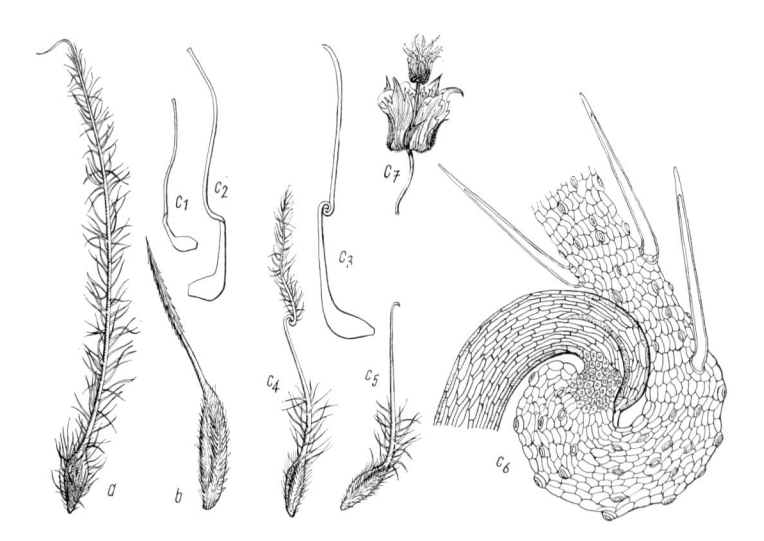

Fig. 189. *a* Früchtchen von *Sieversia montana* (L.)R. BR. *b* Früchtchen von *Orthurus heterocarpus* (BOISS.) JUZ. c_1–c_5 Veränderungen des Stylodiums von *Geum rivale* L. bei der Fruchtreife. c_6 die Artikulation des Stylodiums im Längsschnitt, stärker vergrößert. c_7 Blüte von *Geum rivale* L. mit ungewöhnlich verlängertem Fruchtblattträger (nach H. ILTIS).

---

[1]) Von griech. ὀρθός [orthos] „aufrecht, gerade" und οὐρά [ura] „Schwanz".
[2]) Von griech. ἕτερος [heteros] „abweichend, verschieden" und καρπός [karpos] „Frucht".

steigendem Stengel. Grundblätter einfach oder unterbrochen gefiedert, das Endblättchen herznierenförmig und viel größer als die seitlichen. Untere Stengelblätter häufig dreizählig, die mittleren und oberen einfach, verhältnismäßig groß. Blütenstand vielblütig, mit abstehenden Ästen und laubigen Hochblättern. Blüten lang gestielt, ziemlich groß. Außenkelchblätter lanzettlich, doppelt so lang wie die Kelchblätter. Kronblätter verkehrt-eiförmig, blaßgelb, halb so lang wie der Kelch. Fruchtblattträger stielartig verlängert, mit nur 5 bis 10 bei der Reife fast sternförmig spreizenden Karpellen; diese zerstreut kurzhaarig, allmählich in das starre Stylodium verschmälert, das untere Glied des Stylodiums fast kahl und gerade in den oberen, dicht mit rückwärts gerichteten Haaren besetzten, geraden oder etwas gebogenen Teil übergehend. – V, VI. – Diese sehr merkwürdige Pflanze bewohnt ein stark zerrissenes Areal, das Algerien und Südspanien, Kleinasien, Syrien, Persien und Turkestan bis in den Tian Schan umfaßt; ein abgesprengtes Vorkommen im Dauphiné bei Gap an Kalkfelsen des Mont Seüse bei etwa 1750 m.

XIII. Tribus *Dryadeae* S. F. GRAY pro fam. Immergrüne Sträucher und Zwergsträucher mit ungeteilten, gelappten oder fiederspaltigen Blättern. Nebenblätter vorhanden. Mit deutlichem, kurz glocken- oder trichterförmigem, bei der Reife vertrocknendem Blütenbecher. Kelchblätter in der Knospe klappig. Meist ohne Außenkelch. Staub- und Fruchtblätter unbestimmt vielzählig oder die Staubblätter zahlreich und die Früchtchen wenige. Fruchtblätter stets mit endständigem, bei der Reife erhalten bleibendem und in ein Flugorgan verlängertem Stylodium und einer einzigen, grundständigen, aufsteigenden, bitegmischen Samenanlage, bei der Reife trocken und nußartig geschlossen bleibend. Chromosomengrundzahl: n = 9.

Dryas und die damit verwandten Gattungen verraten verwandtschaftliche Beziehungen einerseits zu den *Potentilleae* und *Geeae*, aber wenigstens ebenso ausgeprägte zu den *Cercocarpeae*, von denen sie sich nur durch die Knospenlage der Sepalen, den im Zusammenhang mit der Verarmung des Gynäzeums verlängerten und verengten Blütenbecher sowie den Besitz von 2 Integumenten unterscheiden. – Hierher gehören 3 oder 4 Gattungen, nämlich die monotypische *Fallugia paradoxa* (D. DON) ENDL. aus Mexiko, ein kleiner Strauch mit fünfzähligen, weißen Blüten und Außenkelch; die ähnliche *Cowania* D. DON mit wenigen Arten in Mexiko und den benachbarten Unionstaaten, von *Fallugia* durch den fehlenden Außenkelch verschieden; sowie (Nr. 392) *Dryas*, die sich durch die meist achtzähligen Blüten von beiden Gattungen unterscheidet. – Vielleicht sollte auch die monotypische Gattung *Chamaebatia* BENTH. aus Kalifornien hier untergebracht werden: ein kleiner, sommergrüner Strauch mit dreifach gefiederten Blättern, vielzähligen Andrözeum, aber nur einem Fruchtblatt. Das Stylodium (abfällig?) scheint nicht als Flugorgan zu dienen.

XIV. *Cercocarpeae* FOCKE. Immergrüne Sträucher mit einfachen Bättern. Nebenblätter vorhanden. Blütenbecher röhrig, an der reifen Frucht trocken. Kelchblätter in der Knospe dachig. Kein Außenkelch. Die Blumenkrone kann fehlen. Staubblätter zwei- bis etwa sechsmal so viele wie Kelchblätter. Gynäzeum einblätterig, das Fruchtblatt mit mehr oder weniger endständigem Stylodium und einer einzigen, grundständigen, aufsteigenden, unitegmischen Samenanlage, bei der Reife trocken, nußartig geschlossen bleibend. Chromosomengrundzahl: n = 9.

Diese nur 2 oder 3 artenarme Gattungen zählende Tribus, deren Verbreitungsgebiet Nordmexiko und die westlichen Vereinigten Staaten umfaßt, zeigt Beziehungen zu den *Neillieae*, *Kerrieae* und vor allem den *Dryadeae*. – *Cercocarpus*[1]) *ledifolius* NUTT., ein kleiner Baum mit lanzettlichen Lederblättern, liefert ein hartes, schweres, dunkel gefärbtes Holz, das als „Bergmahagoni" verwendet wird.

XV. Tribus *Alchemilleae* AGARDH pro fam. Zwergsträucher oder häufiger Stauden und selbst *(Aphanes)* einjährige Kräuter mit gefingerten oder einfachen und dann meist handförmig gelappten oder eingeschnittenen Blättern. Nebenblätter vorhanden. Blütenbecher krugförmig, bei der Reife trocken. Kelchblätter in der Knospe dachig. Außenkelch vorhanden. Kronblätter fehlen. Staubblätter (5 –) 4 – 1. Fruchtblätter meist 1, selten 2 – 10, mit grundständigem Stylodium und einer einzigen, grundständigen, aufsteigenden, unitegmischen Samenanlage, bei der Reife trocken, nußartig, geschlossen bleibend. Chromosomengrundzahl: n = 8.

Drei Gattungen: (Nr. 396) *Alchemilla*, (Nr. 397) *Aphanes* sowie eine weitere in den Anden. – Die Alchemillen werden von FOCKE und den meisten neueren Autoren auf Grund der fehlenden Kronblätter und vor allem des krugförmigen Blütenbechers zu den *Sanguisorbeae* gezogen, unter denen sie sich allerdings recht fremdartig ausnehmen, denn bei diesen gibt es weder seiten- oder grundständige Stylodien, noch aufsteigende Samenanlagen, ganz abgesehen von der gegensätzlichen Blattform. Sicher ist der krugförmige Blütenbecher bei mehreren Entwicklungslinien der *Rosaceae* entstanden und gibt deshalb für sich allein keinen Anhaltspunkt für verwandtschaftliche Zusammenhänge.

Wuchsformen und Vegetationsorgane. Die Familie enthält nur wenige baumförmige Vertreter, in Europa fehlen diese sogar ganz. Es ist bezeichnend, daß die baumförmigen Gattungen vor allem die tropischen Gebirge bewohnen, wie *Quillaja* (S. 234) und *Hagenia* (S. 240) oder doch die an tropischen Reliktformen reichen Bergländer Nordamerikas, wie z. B. *Cercocarpus*.

---

[1]) Wohl von griech. κερκίς, -ίδος [kerkis, -idos] „Weberschiffchen", und καρπός [karpos] „Frucht".

Viel häufiger sind Sträucher. Sie kommen in fast allen Triben vor, die *Ulmarieae* und *Alchemilleae* ausgenommen. Hier ist zwischen den phylogenetisch ursprünglichen Sträuchern mit langlebigen, immer wieder blühenden und sich weiter verzweigenden Achsen zu unterscheiden, und den abgeleiteten Strauchformen, die bereits zum krautigen Habitus hinführen. Als Beispiel für die ursprüngliche Strauchform mit lange weiterwachsenden Ästen sei *Physocarpus* (S. 235) genannt, während die meisten anderen strauchigen Gattungen eine unterirdische, rhizomartige Dauerachse entwickeln, aus der zunächst unverzweigte Langtriebe (Schößlinge) hervorgehen, die sich in der nächsten Vegetationsperiode verzweigen und an den Kurztrieben Blüten bilden. Bei *Spiraea*, *Rosa* und anderen wiederholt sich dies mehrere Jahre hindurch, dann ist der Trieb erschöpft und stirbt ab. Am extremsten illustrieren das die echten Brombeeren und die Himbeere: ihre Schößlinge sind hapaxanth.

Ähnlich den *Saxifragaceae* verdanken die *Rosaceae* ihren heutigen Formenreichtum der Anpassungsfähigkeit an alpine (und, was davon nicht zu trennen ist, an arktische) Lebensbedingungen. So muß man sich aus den Sträuchern mit permanenten Achsen Zwerg- und Spaliersträucher wie *Dryas octopetala* und *Potentilla nitida* entstanden denken, während aus den Sträuchern mit kurzlebigen, oberirdischen Achsen Stauden hervorgingen, indem die Schößlinge bereits im ersten Jahr zur Geschlechtsreife schritten. Demzufolge verraten die sympodialen Dauerachsen der krautigen Gattungen oft genug noch halbstrauchigen Charakter, wie man sich bei *Potentilla (Comarum) palustris* überzeugen kann. Die weiter fortgeschrittenen krautigen Formen sind in der Regel Halbrosettenpflanzen (vgl. S. 142). Vielfach ist die Achse begrenzt, das heißt, die Rosette verlängert sich monopodial in den blühenden Stengel. Nach dessen Absterben bleibt allein der unterste Teil des Monopodiums am Leben, der die Erneuerungsknospe trägt (oder Erneuerungsknospen, wenn sich das Rhizom verzweigt). So verhalten sich neben der oben genannten Art viele andere Potentillen, *Dryas* und einige mehr. Schwieriger sind die Verhältnisse bei *Geum*, *Potentilla alba*, *P. anserina*, *Sibbaldia* und anderen zu deuten, bei denen die Hauptachse unbegrenzt weiterwächst, die Blütenstände also auf die Seitenzweige beschränkt sind. Hier sind die Dauerachsen monopodial, aber doch nur im beschreibenden Sinne, nicht ihrer Herkunft nach. Diese scheinbaren Monopodien entstehen durch Übergipfelung des Blütensprosses durch die Erneuerungsknospe, etwa in der Weise, wie die scheinbar monopodiale Rosette bei *Aloë* zustande kommt.

Zu einer weiteren Neuerung haben es die Erdbeeren, *Duchesnea*, *Potentilla anserina* und einige andere gebracht: ihre Erneuerungssprosse sind dimorph, das heißt, neben den gewöhnlichen, kurzgliederigen Seitensprossen, die nach dem Absterben des Blütensprosses die Grundachse fortsetzen, gibt es besondere Achselsprosse mit stark verlängerten Internodien, die bekannten Ausläufer. Diese entwickeln sich in viel größerer Zahl als die gestauchten Erneuerungsknospen, von denen manchmal nur eine in der Vegetationsperiode angelegt wird. – Neben den Sträuchern und Stauden treten die einjährigen Kräuter ganz zurück: ein paar *Potentilla*-Arten, z. B. *P. norvegica*, sind fakultativ annuell, regelmäßig ist es fast nur die kleine Gattung *Aphanes*.

Die Laubblätter der *Rosaceae* sind ein beachtenswertes Studienobjekt, illustrieren sie doch in großen Zügen die Evolution des Angiospermen-Blattes. Wie bei den meisten anderen Entwicklungsreihen stehen am Anfang Formen mit deutlich in Stiel und Spreite gegliederten Blättern, die Spreite ist fiedernervig, ungeteilt oder doch etwas gelappt. Nebenblätter fehlen fast nur den *Spiraeeae*, die trotz ihrer verschiedenen primitiven Merkmale in dieser Hinsicht als abgeleitet gelten müssen. Andrerseits gibt es einen Zusammenhang zwischen dem Besitz von Nebenblättern und der Tendenz zur Fiederung der Spreite. Das wird bei dem eng verwandten Gattungspaar *Rosa* und *Hulthemia* am augenfälligsten, wo die eine Gattung zwangsläufig gefiederte Laubblätter und Stipeln führt, während der anderen mit einfachen Blättern die Nebenblätter abgehen. Etwas Entsprechendes wiederholt sich übrigens bei den *Berberidaceae*, wo die fiederblätterigen Mahonien paarige Stipeln führen, während der Gattung *Berberis* mit ungeteilten Laubblättern solche abgehen.

Die Tendenz zur Teilung der Spreite ist zumal bei den auch in ihren Blütenmerkmalen stärker fortgeschrittenen Triben verbreitet, und zwar führt die Entwicklung in der Regel zum Fiederblatt. Zur Unterdrückung des Endblättchens, wie es bei den Leguminosen so häufig ist, kommt es bei den *Rosaceae* fast nie (ausgenommen einige *Cliffortia*-Arten), weiter verbreitet ist dagegen die Neigung, die paarigen Fiedern zugunsten des Endblättchens zu reduzieren. So läßt sich, besonders schön in der Tribus *Geeae*, die Entstehung einfacher oder palmat gelappter Blätter aus unpaarig gefiederten gewissermaßen in statu nascendi verfolgen. Auch die handförmig gelappten oder gefingerten Blätter von *Alchemilla* dürften dem vereinsamten Endblättchen eines Fiederblattes entsprechen. Das ist nun freilich nicht der einzige Weg, auf dem handnervige Blätter entstanden sind, wenn er auch bei den *Rosaceae* der häufigere zu sein scheint. Ansätze zur Ausbildung palmater Blattypen unmittelbar aus einfachen, fiedernervigen Spreiten zeichnen sich bei den *Neillieae* und *Spiraeeae* ab, und so sind auch die doppelt dreizähligen Blätter von *Aruncus* entstanden zu denken.

Die abgeleitetste Blattform, die bei den *Rosaceae* vorkommt (wenn man von Reduktionen absieht, und solche sind selten), stellen die gefingerten Blätter dar: sie können aus gefiederten Blättern durch Stauchung der Rhachis entstanden sein, wie das für die Brombeeren und Fingerkräuter wahrscheinlich ist, oder durch nachträgliche Zerteilung eines von

Fig. 190. Laubblatt einer Rose mit den Nebenblättern.

einem gefiederten Blatt allein erhalten gebliebenen Endblättchens, welche Annahme sich für *Alchemilla alpina* und Verwandte anbietet.

Blütenstände. Viele Autoren haben sich mit dem Blütenbau der *Rosaceae* beschäftigt, die Infloreszenzen sind dagegen ungenügend bekannt. Das ist um so mehr zu bedauern, als hier bemerkenswerte Zusammenhänge sichtbar werden.

1. Am anschaulichsten liegen die Verhältnisse bei den Holzgewächsen mit in Lang- und Kurztrieb differenziertem Achsensystem, allen voran *Spiraea chamaedryfolia* und andere Arten der Gattung, oder *Quillaja*: Die Blütenstände stehen im wesentlichen endständig an den Kurztrieben, und zwar werden sie gewöhnlich als begrenzte Trauben oder Doldentrauben beschrieben.

2. Diese ausgesprochen kurztriebständigen Infloreszenzen sind bei den *Rosaceae* indessen nicht die Regel. Viel häufiger sind zusammengesetzte Trauben: die Teilblütenstände mögen dabei ihrerseits wieder begrenzte Trauben sein, häufig auch Zymen (Mono- oder Dichasien). Wesentlich ist, daß diese zusammengesetzten Infloreszenzen nicht länger an die Kurztriebe gebunden sind, sondern sich der Langtrieb in der Blütenstandsachse fortsetzt. Das illustriert z. B. *Spiraea salicifolia* (Fig. 206) und manche Arten der Gattung *Rubus*.

Dieses Verhalten ist nach Ansicht des Verfassers aus dem oben für *Spiraea chamaedryfolia* und *Quillaja* beschriebenen abgeleitet. Ursprünglich tragen die Langtriebe nur Laubblätter (von den Niederblättern abgesehen) und in deren Achseln sterile wie blühbare Kurztriebe; dabei sind im einfachsten Falle *(Spiraea chamaedryfolia)* beide Arten von Kurztrieben noch belaubt, der Übergang vom vegetativen zum generativen Sproßabschnitt vollzieht sich an jedem einzelnen blühbaren Kurztrieb und ohne Beteiligung des Langtriebs. Bei den stärker modifizierten Formen ist das anders: hier erlebt der Langtrieb eine zunehmend stärkere, antagonistische Differenzierung in den meist langgliederigen, laubig beblätterten vegetativen Abschnitt und den reproduktiven Bereich an seiner Spitze, dessen Internodien meist kürzer und dessen Laubblätter zu Brakteen rückgebildet sind. Während aber die Laubblätter des vegetativen Abschnitts nur wenige oder fast keine Kurztriebe in ihren Achseln tragen, entwickelt im reproduktiven Bereich nahezu jedes Blatt des Langtriebs seinen Achselsproß (in unserem Fall eine Teilinfloreszenz). Es liegt nahe, hier von einer Arbeitsteilung innerhalb des Langtriebs zu sprechen.

3. Wird der Gipfel des Langtriebs sozusagen in den Blütenstand eingebaut, dann hat das für die Teilinfloreszenzen vielfach eigenartige Folgen: während die kurztriebständigen Infloreszenzen häufig begrenzte Trauben oder Doldentrauben sind, handelt es sich bei den ihnen gleichwertigen Infloreszenzästen der zusammengesetzten Trauben meistens um Zymen (annähernd Wickel oder Dichasien mit Wickel-Tendenz). Das scheint zunächst ganz unvereinbar, doch liegt die Diskrepanz weniger in der Sache als in der herkömmlichen Terminologie:

Die kurztriebständigen Infloreszenzen sind, wie gesagt, mit Vorliebe begrenzte Trauben oder Doldentrauben, das heißt, ihre Achse endet mit einer Blüte, und erfahrungsgemäß eilt diese Endblüte den übrigen in ihrer Entwicklung voraus. Nun ist aber eine derartige begrenzte Traube von einem Pleiochasium bis auf die Anordnung der Tragblätter in nichts verschieden: diese stehen hier nach Art von Laubblättern spiralig oder doch zerstreut, sie sind noch nicht, wie beim Pleiochasium, in einen Wirtel zusammengerückt. Dazu kommt es bei den *Rosaceae* auch nicht, denn die traubige Anordnung der Teilblütenstände bleibt weitgehend erhalten, nur verarmen die (zusammengesetzten) Trauben des öfteren und entstellen dadurch den wahren Sachverhalt. Eine begrenzte Traube, wie die von *Spiraea chamaedryfolia*, möchte ich deshalb, sit venia verbo, als Vorstufe einer Zyme, eigentlich als die Ur-Zyme, auffassen: verarmt sie bis auf eine einzige Seitenachse – und der Fall ist sehr gewöhnlich –, dann liegt ein Monochasium vor. Mit der Verarmung der (begrenzten) Traube geht gern eine Förderung der Seitenachse Hand in Hand: besteht diese in den vielgliederigen Trauben meistens nur aus einer einzigen Blüte, so treten bei den weniggliederigen Trauben vielfach wickelige Teilblütenstände an die Stelle der Einzelblüten.

In einer für die Familie einzigartigen Weise sind die traubigen Teilblütenstände von *Aruncus* reduziert. Ihnen ist die Endblüte verloren gegangen. Vermutlich liegt hier die nämliche Progression vor, wie sie F. WEBERLING (1961) für gewisse verwachsenkronblätterige Familien beschreibt.

4. Die Blütenstände vieler *Rosaceae* verfallen darüber hinaus einer weiteren Metamorphose: ich nenne sie ‚zymöse Überformung' des Langtriebs, beziehungsweise der razemösen Blütenstandsachse, die ja dem Gipfel eines Langtriebs homolog ist. Das ist bei den krautigen Gattungen fast allgemein verbreitet, zeichnet sich aber schon bei manchen Sträuchern ab.

Es handelt sich dabei um die Erscheinung, daß der Langtrieb, der ursprünglich seine blühenden Kurztriebe in unbegrenzt traubiger Anordnung trug, durch seine Einbeziehung in die Infloreszenz in einer begrenzten Traube aufgeht: der Bauplan der Axillarsprosse greift zentri- und basipetal auf die Achse des Gesamtblütenstands über, und zumal bei den am weitesten fortgeschrittenen Stauden *(Alchemilla, Geum, Potentilla)* hat der Blütenstand, obwohl er einen Langtrieb fortsetzt und auch daraus hervorgegangen ist, seinen razemösen Charakter vollkommen eingebüßt. Übergangsstadien bieten vor allem *Rosa* und *Rubus*, auch *Spiraea*. Solche Blütenstände nennt TROLL „monotele Synfloreszenzen". Sehr viel seltener sind bei den *Rosaceae* „polytele Synfloreszenzen", also Blütenstände mit unbegrenzt traubigen Teilinfloreszenzen, wie sie bei *Aruncus* (S. 263) verwirklicht sind.

5. Als weitere Abwandlungen von Blütenständen kommen bei den *Rosaceae* Verarmung und Stauchung vor: verarmen können sowohl die Teilinfloreszenzen, was beispielsweise zu den Ähren von *Agrimonia* führt, oder der Gesamtblütenstand,

wie bei *Dryas*; partielle oder umfassende Stauchung der Achsenglieder im Blütenstand führt zu den kopfigen und geknäuelten Teil- oder seltener Gesamtblütenständen von *Sanguisorba, Alchemilla, Acaena* und anderen.

Blütenverhältnisse. Das meiste über den Blütenbau kann der Übersicht über die Triben usw. S. 232 bis 243 entnommen werden. Hier sollen nur einige Punkte herausgegriffen werden:

1. Der Außenkelch. Im Gegensatz zu den *Malvaceae* ist der Außenkelch der *Rosaceae* dem eigentlichen Kelch gleichzählig. Er kommt ausschließlich bei Gattungen mit gutentwickelten Stipeln vor, doch nicht bei allen. Die Blättchen des Außenkelchs alternieren mit den Sepalen und sind tatsächlich nichts anderes als deren paarweise verwachsene Nebenblätter. Dafür spricht auch die häufige Spaltung der Außenkelchblätter, oder richtiger: ihre oft nur mangelhafte Verwachsung, wie man sie vor allem an Gartenerdbeeren findet (EICHLER).

2. Die Andrözeen der *Rosaceae* bestehen allermeist aus mehreren Quirlen, die zentripetal angelegt werden und ebenso verstäuben. Im übrigen herrscht eine beträchtliche Inkonstanz: Regelmäßig diplostemone Blüten sind selten (z. B. *Quillaja*, Fig. 180). Meist sind die Staubblätter mehr als doppelt so viele wie die Kelchblätter, oder auch unbestimmt vielzählig. In der Regel sind dann die äußeren Staubblatt-Quirle doppelt so vielzählig wie der Kelch, bei fünfzähliger Blütenhülle also 10. Diese 10 Staubblätter stehen meist nicht in gleichen Abständen voneinander, sondern paarweise vor den Petalen. Die nach innen anschließenden Staubblatt-Wirtel führen entweder ebenso viele Glieder wie der äußere, oder nur halb so viele. Nur selten sind, wie in Fig. 191, alle Quirle, auch die inneren, doppelzählig; gewöhnlich sind die ein oder zwei innersten Wirtel dem Kelche isomer. Sind 2 isomere Wirtel vorhanden, dann alternieren sie; die Staubblätter eines isomeren Quirls stehen entweder vor den (a) Petalen oder (b) Sepalen, je nachdem, ob sich (a) eine ungerade oder (b) gerade Zahl von (doppelzähligen oder einfachen) Staubblatt-Wirteln zwischen ihm und der Blumenkrone einschiebt.

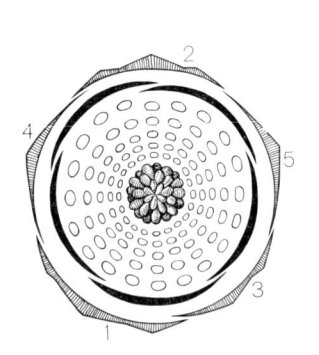

Fig. 191. *Rosa tomentosa* SMITH. Blütendiagramm (nach EICHLER).

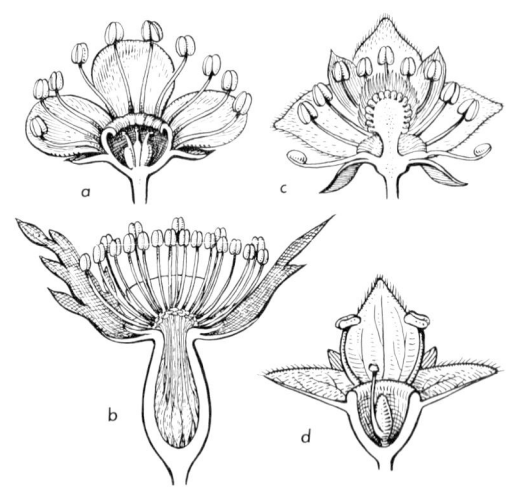

Fig. 192. Längsschnitt durch die Blüten von: *a Spiraea decumbens* KOCH. *b Rosa canina* L. *c Potentilla palustris* (L.) SCOP. *d Alchemilla alpina* L. (nach ENGLER und PRANTL).

3. Der Blütenbecher. Bei den meisten Gattungen verwachsen die Kelchblätter mit den Anlagen von Krone und Andrözeum ein Stück weit in den meist konkaven, gelegentlich auch fast flachen Blütenbecher, der seit SCHLEIDEN (1837) von den meisten Autoren als ein Achsenorgan betrachtet wird.[1]) Auf Grund der Orientierung der Leitbündel ist diese Erklärung aber nicht richtig; nur *Rosa* soll einen rezeptakulären Blütenbecher haben, indessen sind hierüber weitere Beobachtungen erwünscht. Das gilt auch für die noch nicht genauer untersuchten krugförmigen Effigurationen in den Blüten von *Rhodotypos* und der damit verwandten *Coleogyne ramosissima* TORR. aus den südwestlichen Vereinigten Staaten, die man nach dem ersten Eindruck für (appendikuläre) Bildungen des Andrözeums halten möchte.

Der Pollen der *Rosaceae* ist bisher noch nicht nach neuen Methoden ausreichend untersucht worden. Da er für die Bestimmung der Herkünfte von Bienenhonig einige Bedeutung hat, wird er in einschlägigen Arbeiten öfters beschrieben. Fossile Pollenkörner sind selten, wie man das bei einer so weitgehend entomophilen Familie erwarten muß, und oft nicht näher bestimmbar. Sv. TH. ANDERSEN erwähnt (1961) einen allerdings nicht publizierten Schlüssel von IVERSEN, nach dem er seine Fossilfunde identifizierte. – Die *Rosaceae* sind stenopalyn, das heißt, durch einen ziemlich einförmigen Pollentypus ausgezeichnet. Ihre Pollenkörner sind zumeist tricolporat oder tricolporoid (Ausnahme: *Sanguisorba officinalis* mit

---

[1]) Vgl. S. 21 und die dort angegebene Literatur.

6-colporaten Pollen), die Exine ist meistens gemustert. Das gilt auch für die *Mespilaceae* und *Amygdalaceae*. Bei den fossilen Funden unterscheiden die Autoren gewöhnlich *Alchemilla* (bzw. *Aphanes*), *Dryas*, *Filipendula*, *Geum* (bzw. *Sieversia*), *Potentilla* (manchmal auch einen *Comarum*-Typ), *Poterium*, *Sanguisorba*, *Rosa*, *Rubus arcticus*, *R. Chamaemorus*, *R. ‚fruticosus'* (gelegentlich auch *R. Idaeus*) und *Sanguisorba*.

Fossilfunde. Die ältesten, sicher bestimmbaren Reste stammen aus dem Tertiär und gehören nach KIRCHHEIMER zu den Gattungen *Rubus* (schon im Eozän), *Potentilla* (Miozän, Pliozän) und *Agrimonia* (Pliozän). Sehr viel zahlreicher sind die Funde in quartären Sedimenten; sie werden im folgenden bei den Gattungen aufgeführt.

Inhaltsstoffe. Nur wenige Gattungen führen besondere Inhaltsstoffe, wie *Hagenia* (S. 240) und *Quillaja* (S. 234), oder das heimische *Geum urbanum*. Blausäure abspaltende Glykoside, die bei den Kern- und Steinobstgewächsen allgemein verbreitet sind, gibt es nur in einigen Gattungen der *Rosaceae*, nämlich *Aruncus*, *Cercocarpus*, *Exochorda*, *Filipendula* (?), *Kageneckia* (zur Tribus *Quillajeae* gehörig), *Kerria*, *Neviusia*, *Rhodotypos*, *Sorbaria* und *Spiraea*. Näheres bei R. HEGNAUER, Die Verbreitung von Blausäure bei den Cormophyten. Pharm. Weekblad **94**, 248–262 (1959). Andere Glykoside treten diesen gegenüber stark zurück: Flavonglykoside wurden in *Spiraea* und *Filipendula* nachgewiesen (Avicularin, Spiraeosid, Hyperin); Saponine in *Quillaja* (hier in ungewöhnlichen Mengen), *Spiraea*, *Aruncus* und vielleicht auch *Rubus* „*villosus*"; Glykoside als Muttersubstanzen ätherischer Öle kommen bei *Spiraea* (Salicylmethylester, Salicylaldehyd) und *Geum* (Eugenol) vor. Von Blütenduftstoffen abgesehen sind die *Rosaceae* arm an duftenden, aromatischen Inhaltsstoffen. Bitterstoffe werden nur von *Geum* angegeben. Dagegen sind Gerbstoffe in den Rinden, Rhizomen und Blättern sehr verbreitet. Ihnen verdanken viele Gattungen *(Agrimonia, Alchemilla, Fragaria, Potentilla)* ihre medizinische Verwendung. Chemisch scheinen diese Gerbstoffe mehrfach zur Ellaggruppe zu gehören.

Die Wertschätzung der Früchte von *Fragaria* und *Rubus* beruht auf den zahlreich vorkommenden, allgemein bekannten Zuckern und Pflanzensäuren wie auch den Vitaminen. Auffallend und selten ist der (Glykosid-) Zucker Vicianose aus *Geum* und die Chinovasäure in der Wurzel von *Potentilla erecta*. Neben zahlreichen, allgemein verbreiteten Enzymen wurden Gaultherase (Betulase), Laccase, Gease u. a. festgestellt, ferner die Elemente Bor (in Kosofrüchten) sowie Arsen.

Die Samen (z. B. von *Rubus*) enthalten reichlich fettes Öl von wenig charakteristischer Zusammensetzung. Ganz isoliert und chemisch nur zum Teil erforscht sind die phloroglyzinartigen Inhaltsstoffe von *Hagenia* (S. 240), wie überhaupt die chemische Bearbeitung der Familie noch recht lückenhaft ist. Ihre arzneiliche Bedeutung ist insgesamt gering und vorwiegend auf die Volksmedizin beschränkt. Giftpflanzen sowie ausgesprochen bitter oder scharf schmeckende Arten führen die *Rosaceae* nicht. Auch Alkaloide scheinen ihnen zu fehlen (R. WANNENMACHER).

Nutzpflanzen. Die Gattungen *Fragaria* und *Rubus* liefern wertvolles Beerenobst und werden zu diesem Zweck auch im großen gebaut; auch die Früchte von *Rosa* werden ähnlich genutzt, doch ohne daß die Gattung hierzu kultiviert wird. *Rubus*, *Rosa* und andere liefern darüber hinaus Teesurrogat, lokal benützt man das Holz von *Cercocarpus* und *Hagenia*, über die arzneilich verwendeten Gattungen vergleiche man den vorausgehenden Abschnitt. Wichtiger als die Nutzpflanzen sind die Zierpflanzen aus dieser Familie: zu den ältesten gehören die Rosen, doch werden mittlerweile Vertreter fast aller Triben in unseren Gärten gezogen, namentlich die Gattungen *Exochorda*, *Geum*, *Kerria*, *Physocarpus*, *Potentilla*, *Rhodotypos* und *Spiraea*.

Gattungsschlüssel.

1a Blüten ohne Krone 2
1b Blüten mit Kelch und Krone 5
2a Laubblätter unpaarig gefiedert 3
2b Laubblätter handförmig gelappt, eingeschnitten oder gefingert 4
3a Mit ringförmigem Nektarium am Grunde des Stylodiums. Alle Blüten zwitterig. Staubblätter (bei unserer Art) 4. . . . . *Sanguisorba*
3b Kein Nektarium. Blüten zum größten Teil eingeschlechtig. Staubblätter zahlreich . . . . *Poterium*
4a Staubblätter 4. Ausdauernde Pflanzen mit endständigen Blütenständen . . . . *Alchemilla*
4b Nur 1 Staubblatt. Einjährige Pflanzen, die Blüten in blattachselständigen Knäueln . . . *Aphanes*
5a Laubblätter einfach oder gelappt 6
5b Laubblätter gefiedert, gefingert oder dreizählig zusammengesetzt 12
6a Mit Außenkelch 7
6b Ohne Außenkelch 8
7a Strauch mit gegenständigen Laubblättern und 4 weißen Kronblättern . . . *Rhodotypos* (S. 238)

7b Staude mit abwechselnden Laubblättern und 5 gelben Kronblättern. . . . . *Waldsteinia*
8a Fruchtblätter zahlreich 9
8b Fruchtblätter 1 bis 6, meist 5 10
9a Blüten meist fünfzählig. Fruchtblätter bei der Reife nach Art einer Steinfrucht saftig *Rubus* (S. 274)
9b Blüten meist achtzählig. Fruchtblätter bei der Reife nußartig, trocken, mit langem, federig behaartem Stylodium . . . . *Dryas*
10a Blüten einzeln an Kurztrieben, 2 bis 3 cm breit. Kronblätter gelb. . . . . . . *Kerria* (S. 237)
10b Blüten in einfachen oder zusammengesetzten Trauben oder Doldentrauben, viel kleiner, weiß, rosa oder purpurn. 11
11a Mit ziemlich großen hinfälligen Nebenblättern und abblätternder Borke . . . *Physocarpus* (S. 235)
11b Ohne Nebenblätter. Borke nicht abblätternd . . . . *Spiraea* (S. 249)
12a Fruchtblätter 1 bis 2, in den krugförmigen Blütenbecher eingeschlossen. Krone gelb. Laubblätter unterbrochen gefiedert 13
12b Fruchtblätter 3 bis viele; wenn ein krugförmiger Blütenbecher vorhanden, dann Laubblätter nicht unterbrochen gefiedert 14
13a Blüten mit deutlichem, fünfzähligem Außenkelch, in armblütiger Doldentraube . . . . *Aremonia*
13b Blüten ohne Außenkelch, aber der Blütenbecher einen Kranz hakig gebogener Stacheln tragend; Blütenstand eine reichblütige, ährenartige Traube. . . . . *Agrimonia*
14a Ohne Außenkelch 15
14b Mit Außenkelch 19
15a Blütenbecher krugförmig, bei der Reife fleischig (Hagebutte), die zahlreichen Fruchtblätter verbergend. Sträucher mit unpaarig gefiederten Blättern . . . . *Rosa*
15b Blütenbecher flach oder schwach ausgehöhlt, die Fruchtblätter nicht einhüllend 16
16a Stauden mit unterbrochen gefiederten Laubblättern. . . . . *Filipendula* (S. 266)
16b Laubblätter gefingert, dreizählig oder regelmäßig gefiedert, doch nie unterbrochen 17
17a Fruchtblätter zahlreich, bei der Reife steinfruchtartig, saftig, nicht aufspringend . . *Rubus* (S. 274)
17b Fruchtblätter 3 bis 5, bei der Reife trocken, an der Bauchnaht aufspringend 18
18a Selten verwildernder Strauch mit unpaarig gefiederten Laubblättern, lanzettlichen Nebenblättern und Zwitterblüten . . . . *Sorbaria* (S. 233)
18b Staude mit doppelt bis dreifach dreizählig gefiederten Laubblättern und eingeschlechtigen Blüten. Nebenblätter fehlen . . . . *Aruncus* (S. 262)
19a Stylodium bei der Fruchtreife ganz oder wenigstens mit seiner unteren Hälfte am Fruchtblatt verbleibend, stets endständig. Grundblätter gewöhnlich unterbrochen gefiedert, das Endblättchen merklich größer als die paarigen Fiedern 20
19b Stylodium hinfällig, häufig seitlich oder am Grund der Fruchtblätter entspringend. Grundblätter niemals unterbrochen gefiedert 21
20a Stylodien nicht gegliedert, sich postfloral schwanzförmig verlängernd, der Länge nach zottig behaart, bei der Reife im Ganzen erhalten bleibend. Blüten meist einzeln . . . . *Sieversia*
20b Stylodien in halber Höhe gegliedert, die obere Hälfte bei der Reife abfallend, die untere mit dem Fruchtblatt verbunden bleibend; unterhalb der Gliederung eine kahle Zone. Blütenstände meist mehrblütig . . . . *Geum*
21a Fruchtblätter 2 bis 6. Grundblätter dreizählig 22
21b Fruchtblätter zahlreich 23
22a Stylodium endständig. Staubblätter zahlreich. Kronblätter den Kelch überragend . . *Waldsteinia*
22b Stylodium seitenständig. Staubblätter wenige, meist 5. Kronblätter kürzer als die Kelchblätter
. . . . *Sibbaldia*
23a Grundblätter fünf- bis mehrzählig gefingert oder gefiedert . . . . *Potentilla*
23b Grundblätter dreizählig 24
24a Kronblätter gelb 25
24b Kronblätter weiß 26

25a Außenkelchblätter ganzrandig. Fruchtblattträger bei der Reife nicht auffällig vergrößert und nicht beerenartig gefärbt . . . . *Potentilla*

25b Außenkelchblätter an der Spitze drei- bis fünfzähnig. Fruchtblattträger bei der Reife beerenartig vergrößert, leuchtend rot, einer Erdbeere ähnlich, aber schwammig und ziemlich trocken . *Duchesnea*

26a Fruchtblätter wenigstens am Grunde behaart. Fruchtblattträger bei der Reife trocken, nicht merklich angeschwollen . . . . *Potentilla*

26b Fruchtblätter kahl. Fruchtblattträger bei der Reife saftig und wohlschmeckend . . . . . *Fragaria*

380. Spiraea[1]) L., Spec. plant. 489 (1753). Spierstrauch.

Unbewehrte, sommergrüne Sträucher mit abwechselnden, ungeteilten oder gelegentlich schwach gelappten, meist gekerbten, gesägten oder seltener ganzrandigen Laubblättern. Nebenblätter fehlen. Blüten zwitterig, seltener eingeschlechtig, weiß bis purpurn, ziemlich klein, in meist reichblütigen, einfachen oder zusammengesetzten Trauben, Doldentrauben oder Ebensträußen. Kein Außenkelch. Kelchblätter 5, kurz dreieckig, am Grund in einen flach trichterförmigen oder glockigen Becher verwachsen; Blütenbecher so breit wie lang oder breiter, bei der Fruchtreife trocken. Kronblätter 5, kreisrund bis verkehrt eiförmig, 2 bis 5 mm lang, in der Knospe dachig oder gedreht. Staubblätter meist 15 bis sehr viele, wie die Kronblätter am Rande des Blütenbechers eingefügt; die innerste Reihe in einen ringförmigen, meist gekerbten Diskus umgebildet. Fruchtblätter allermeist 5, frei oder selten am Grunde kurz miteinander verwachsen, mit mehreren, hängenden Samenanlagen und endständigem, mitunter auch etwas auf die Seite gerücktem Stylodium, bei der Reife trocken, an der Bauchnaht aufreißend. Samen spindelförmig, mit häutiger oder lederiger, runzeliger Schale, ohne oder mit spärlichem Endosperm.

Spiraea ist mit über 60 Arten in der nördlichen gemäßigten Zone verbreitet, allerdings sehr ungleichmäßig: mehr als die Hälfte der Arten ist in Ostasien, dem Refugium so vieler mesophiler Gehölze, endemisch. In Europa finden sich kaum 10 unzweifelhaft wildwachsende Arten, von denen bestenfalls 3 oder 4 auf Europa beschränkt sind, während die Wohngebiete der übrigen weit nach Osten ausgreifen und wenigstens zum Teil mit dem fernöstlichen Verbreitungsschwerpunkt zusammenhängen. Im ganzen von der diluvialen Vereisung betroffenen Europa, dem größten Teil Mitteleuropas und dem gesamten Alpengebiet bis auf den äußersten Südosten fehlt die Gattung, obgleich sie an sich gegen Kälte nicht empfindlich ist und im arktischen Ostsibirien und in Alaska mit wenigstens 2 Arten den Polarkreis überschreitet. Abgesprengt vom Hauptareal der Gattung bewohnt eine, auch in ihren Merkmalen isolierte Art das südliche Hochland von Mexiko (Puebla und Oaxaca); eine ganz ähnliche Disjunktion wie bei *Deutzia* (S. 38).

Gliederung der Gattung. Die herkömmliche Einteilung in die 3 durch ihre Blütenstände charakterisierten Sektionen *Chamaedryon*, *Calospira* und *Spiraria* gibt die verwandtschaftlichen Zusammenhänge nicht zutreffend wieder. Solange hierüber keine gründlicheren Untersuchungen vorliegen, empfiehlt es sich, auf eine Sektionseinteilung ganz zu verzichten und an ihre Stelle Artengruppen zu setzen, von denen im folgenden nur die für uns wichtigeren genannt sind.

Fig. 193. *Spiraea hypericifolia* L. Blütendiagramm (nach EICHLER).

1. *Chinensis*-Gruppe. Achselknospen klein, 1 bis 2 mm lang, mehrschuppig. Einjährige Zweige rundlich. Laubblätter ungeteilt oder gelappt, wenigstens in der vorderen Hälfte gezähnt oder gekerbt, häufig aber die Zähnung weiter herunterreichend; fiedernervig. Blüten in einfachen Doldentrauben, diese an den Kurztrieben endständig; die blühenden Kurztriebe unter dem Blütenstand belaubt. Kelchblätter zur Fruchtzeit aufrecht oder abstehend, nicht zurückgeschlagen. Kronblätter weiß oder gelblich weiß, meist länger als die Staubblätter. Diskusring stets vorhanden. – Dieser Formenkreis ist ganz auf Ostasien beschränkt; einige Arten werden bei uns in Gärten gezogen.

S. cantoniensis LOUR. Fig. 194a–c u. 195a. Bis 1½ m hoher Strauch mit kahlen Zweigen und lanzettlich elliptischen oder länglich rautenförmigen, spitzen, in der vorderen Hälfte oder den vorderen zwei Dritteln gezähnten, kahlen, unterseits

---

[1]) Vom griech. σπειραία (speiraia), dem Namen eines Strauches bei THEOPHRASTOS. CLUSIUS (1601) übertrug als erster den Namen Spiraea auf eine Art dieser, den klassischen Schriftstellern unbekannten Gattung.

bläulich grünen Blättern; die der blühenden Kurztriebe etwa 2 bis 3 cm lang und bis 1 cm breit, an den Langtrieben größer. Blüten schneeweiß, 8 bis 10 mm breit. Stylodium endständig. – VI. – Heimat: Südchina, Japan. Diese Art ist in Mitteleuropa nicht zuverlässig winterhart und wird deshalb nur selten gepflanzt, ist aber der Elternteil einiger der wichtigsten und am weitesten verbreiteten Gartenhybriden.

S. trilobata L. Fig. 195 b. Kleiner, ½ bis 1 m hoher Strauch mit kahlen Zweigen und dreieckig-eiförmigen bis rundlichen, stumpfen, ungeteilten oder schwach drei- bis fünflappigen, in den vorderen zwei Dritteln grob gekerbten, kahlen, unterseits bläulich grünen Blättern; die der blühenden Kurztriebe 2 bis 3 cm lang und breit, die der Langtriebe meist größer.

Fig. 194. *a* bis *c*. *Spiraea cantoniensis* LOUR. *a* blühender Zweig. *b* Laubblatt eines blühenden Zweiges. *c* Kronblatt. *d* Laubblatt des Bastardes *S. cantoniensis* × *trilobata* = *S. Van-Houttei* ZABEL. (nach C. K. SCHNEIDER).

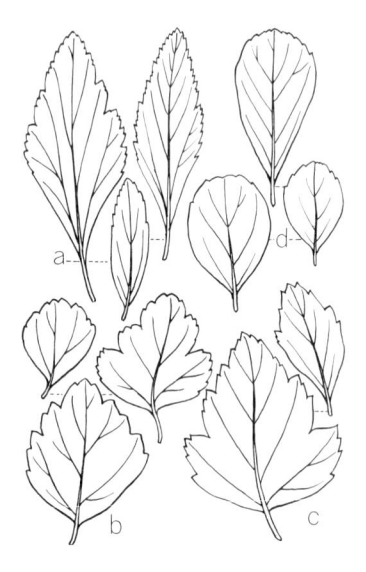

Fig. 195. Laubblätter von: *a* *Spiraea cantoniensis* LOUR. *b* *S. trilobata* L. *c* *S. chinensis* MAXIM. *d* *S. nipponica* MAXIM. (nach C. K. SCHNEIDER).

Blüten wie bei der vorangehenden Art. – V, VI. – Heimat: China, Mongolei, Altai. Wird seit 1801 in Europa meist unter dem Gärtnernamen ‚*S. grossulariaefolia*' kultiviert.

S. chinensis MAXIM. Fig. 195 c. ½ bis 1½ m hoher Strauch mit anfangs fein behaarten Zweigen und dreieckig eiförmigen bis rauten- oder verkehrt eiförmigen, spitzlichen, ungeteilten oder schwach drei- bis fünflappigen, in der vorderen Hälfte oder den vorderen zwei Dritteln gezähnten, oben spärlich, unterseits filzig hellgrau bis gelbbraun behaarten Laubblättern, die der blühenden Kurztriebe kaum über 1½ cm lang und 8 mm breit, an den Langtrieben mehrmals größer. Blüten gelblich weiß, etwa 1 cm im Durchmesser. Stylodien endständig. – V bis VI. – Heimat: China.

2. *Crenata*-Gruppe. Achselknospen klein, etwa 1 mm lang, mehrschuppig. Einjährige Zweige schwach kantig. Laubblätter ungeteilt, in der vorderen Hälfte oder häufiger im vorderen Drittel gekerbt, die der blühenden Kurztriebe meistens ganzrandig. Spreite vom Grund aus dreinervig, die Mittelrippe bleibt unverzeigt und die Seitennerven 1. Ordnung verlaufen bogig zur Blattspitze. Blüten in einfachen Doldentrauben, an den Kurztrieben endständig, die blühenden Kurztriebe unter dem Blütenstand belaubt. Kelchblätter zur Fruchtzeit aufrecht. Kronblätter weiß oder gelblich weiß, so lang wie die Staubblätter oder ein wenig kürzer. Diskusring stets vorhanden. – Hierher gehören neben *S. crenata* einige wenige und nahe verwandte Arten in Zentralasien und der Mongolei.

S. crenata L. Syn. *S. crenifolia* C. A. MEY. Fig. 196 u. 197 a. Bis 1 m hoher Strauch mit verkahlenden Zweigen und verkehrt eiförmigen bis keiligen, spitzlichen oder stumpfen, dünn flaumhaarigen bis fast kahlen Blättern; die der blühenden Kurztriebe 1 bis 2 cm lang und 3 bis 6 mm breit, an den Langtrieben größer. Blüten schwach gelblich weiß, 7 bis 8 mm im Durchmesser. Stylodien endständig oder ein wenig gegen den Rücken des Fruchtblattes verschoben. – V, VI. – Heimat: Ungarn, Siebenbürgen, Bulgarien, Süd- und Mittelrußland (hier in den Strauchsteppen stellenweise dominierend), Kaukasus, Altai, Alatau. In Mitteleuropa seit alters kultiviert, aber jetzt nur noch sehr gelegentlich. Verwildert in der Schweiz bei Neuchâtel und in Böhmen am Schloß Skalken bei Watislaw.

3. *Prunifolia*-Gruppe. Achselknospen klein, 1 bis kaum 2 mm lang, mehrschuppig. Einjährige Zweige rundlich, nur bei *S. Thunbergii* schwach kantig. Laubblätter meist ungeteilt, fast rundum oder nur im vorderen Drittel gezähnt, gesägt oder gekerbt, nicht selten ganzrandig, fiedernervig bis handförmig drei- oder fünfnervig. Die blühenden Kurztriebe ohne Laubblätter, auf eine einfache Doldentraube reduziert. Kelchblätter zur Fruchtzeit aufrecht. Kronblätter weiß, wenig länger bis wenig kürzer als die Staubblätter. Diskusring vorhanden. – Von den etwa 7 Arten dieses Formenkreises sind die primitiven auf China und Japan beschränkt, die stärker abgeleiteten bewohnen Sibirien, Kleinasien und die Gebirge Südeuropas. Einige werden als Ziersträucher gezogen:

S. prunifolia SIEB. et ZUCC. Fig. 197 b, b_1. Bis 2 m hoher Strauch mit rundlichen, behaarten Zweigen und eiförmigen bis länglich eiförmigen, stumpflichen, bis auf das untere Viertel fein gezähnten, fiedernervigen, unterseits behaarten, 2 bis über 4 cm langen und 1 bis 2 cm breiten Laubblättern. Blüten rein weiß, bei den kultivierten Pflanzen fast immer gefüllt, etwa 1 cm im Durchmesser. Stylodien etwas gegen den Rücken des Fruchtblattes verschoben. – Chromosomenzahl: $2n = 18$. – IV. – Heimat: China. Gilt als einer der schönsten Ziersträucher, auffällig durch die frühe Blütezeit und die orangerote Herbstfärbung, ist aber nur in milden Lagen winterhart. In Kultur gibt es fast nur gefüllt blühende Pflanzen.

S. Thunbergii SIEB. Fig. 197 c. Meist nur 1 m hoher Strauch mit schwach kantigen, anfangs flaumhaarigen Zweigen und schmal lanzettlichen, spitzen, in der vorderen Hälfte oder noch weiter herunter scharf gesägten, fiedernervigen, zerstreut feinhaarigen, 2 bis 4 cm langen und 2 bis 8 mm breiten Laubblättern. Blüten rein weiß, die Krone mehr als doppelt so

Fig. 196. *Spiraea crenata* L. *a* blühender Zweig. *b* Laubblatt eines Langtriebs (Schößlings). *c* Laubblatt eines blühenden Zweigs. *d* Blüte. *e* Frucht. *f* Same.

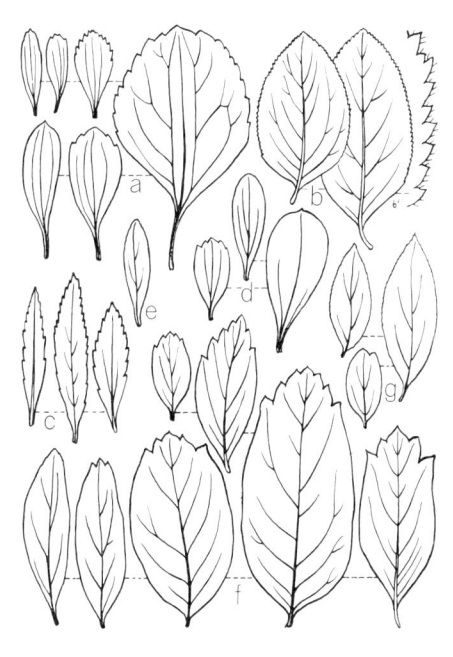

Fig. 197. Laubblätter von: *a Spiraea crenata* L. *b S. prunifolia* SIEB. et ZUCC. b_1 Blattrand vergrößert. *c S. Thunbergii* SIEB. *d S. hypericifolia* L. subsp. *obovata* (WALDST. et KIT.) H. HUBER. *e S. hypericifolia* L. subsp. *hypericifolia*. *f S. media* F. SCHMIDT. *g S. cana* WALDST. et KIT. (nach C. K. SCHNEIDER).

lang wie die Staubblätter. Stylodien endständig. – Chromosomenzahl: $2n = 18$. – Ende IV. – Heimat: China, Japan. Wird bei uns ab und zu angepflanzt.

S. hypericifolia L. ½ bis 1½ m hoher Strauch mit rundlichen, anfangs flaumig behaarten Zweigen und lanzettlichen bis verkehrt eiförmigen oder spateligen, spitzlichen oder vorne abgerundeten, nur im vorderen Drittel gekerbten oder vollständig ganzrandigen, drei- oder fast handförmig fünfnervigen, kahlen oder dünn behaarten, bis 2 cm langen und 3 bis 10 mm breiten Laubblättern. Blüten rein weiß, 6 bis 8 mm im Durchmesser, die Staubblätter nur wenig kürzer als die Kronblätter oder eher etwas länger als diese. Stylodien endständig. – Chromosomenzahl: $2n = 18$. – V, VI. – Die Art zerfällt in zwei oder mehrere geographische Rassen:

Subsp. *obovata* (WALDST. et KIT.) H. HUBER, stat. nov. Syn. *S. crenata* L. pro pte. *S. obovata* WALDST. et KIT. in WILLD. Enum. Hort. Berol. 54 (1809). Fig. 197d u. 198. Laubblätter verkehrt eiförmig, selten fast rundlich, an der Spitze abgerundet, stumpf oder mit wenigen, stumpflichen Zähnen, drei- bis fünfnervig; ohne Spaltöffnungen auf der Oberseite. Blütenstände meist nur 5- bis 6-blütig. Kronblätter etwa so lang wie die Staubblätter. – Heimat: Nord- und Nordostspanien, Frankreich (Cévennes, Charente, Vienne). Früher eine verbreitete Zierpflanze und mancherorts verwildert. So haben auch WALDSTEIN und KITAIBEL ihre *S. obovata* nach verwilderten Stöcken beschrieben.

Subsp. *hypericifolia* (L.). Fig. 197e. Laubblätter breit lanzettlich bis spatelig, mehr oder weniger plötzlich zugespitzt, seltener stumpf, meist dreinervig, meist mit verstreuten Spaltöffnungen auf der Oberseite. Blütenstände gewönlich 5- bis 10-blütig. Kronblätter so lang oder etwas länger als die Staubblätter. – Heimat: Südrußland bis Ostsibirien, auch im Kaukasus-Gebiet und in Turkestan. Selten in Kultur.

Um eine weitere Rasse aus dem Formenkreis dieser Art scheint es sich bei der mittelitalienischen *S. flabellata* BERT. zu handeln.

4. *Media*-Gruppe. Achselknospen klein, 1 bis 2 mm lang, mehrschuppig. Einjährige Zweige rundlich. Laubblätter ungeteilt, nur im vorderen Drittel gezähnt oder ganzrandig; fiedernervig. Blüten in einfachen Doldentrauben, diese an den Kurztrieben endständig; die blühenden Kurztriebe unter dem Blütenstand belaubt. Kelchblätter zur Fruchtzeit zurückgeschlagen, Kronblätter weiß oder gelblich weiß, so lang oder etwas kürzer als die Staubblätter. Diskusring stets vorhanden. – Etwa 5 Arten, von denen 2, *S. media* und *S. cana*, wenigstens die Südostgrenze unseres Florengebiets erreichen. Die übrigen in Südsibirien und Ostasien.

Fig. 198. *Spiraea hypericifolia* L. subsp. *obovata* (WALDST. et KIT.) H. HUBER. *a* blühender Zweig. *b* Blüte (vergrößert). *c* Kronblatt.

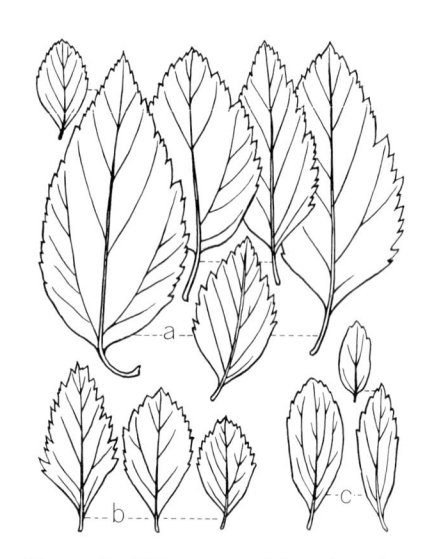

Fig. 199. Laubblätter von: *a Spiraea chamaedryfolia* L. emend. JACQ. *b S. decumbens* KOCH. *c S. Hacqetii* FENZL et K. KOCH (nach C. K. SCHNEIDER).

5. *Decumbens*-Gruppe. Achselknospen extrem klein, etwa ½ mm lang, mehrschuppig. Einjährige Zweige rundlich Laubblätter ungeteilt, in der vorderen Hälfte oder im vorderen Drittel gezähnt oder gesägt; fiedernervig. Blütenstand ein den Langtrieb abschließender Ebenstrauß. Kelchblätter zur Fruchtzeit zurückgeschlagen. Kronblätter weiß, so lang wie die Staubblätter oder nur wenig kürzer als diese. Diskusring stets vorhanden. – Von den 3 hierher gehörigen Arten bewohnt eine das Pamir-Alai-Gebiet, die übrigen, *S. decumbens* und *S. Hacquetii*, die Südostalpen.

6. *Chamaedrys*-Gruppe. Achselknospen ziemlich groß, 3 bis 5 mm lang, äußerlich zweischuppig. Einjährige Zweige kantig. Laubblätter ungeteilt, wenigstens in der vorderen Hälfte gezähnt oder die Zähnung noch weiter herunterreichend, fiedernervig. Blüten in einfachen Doldentrauben, diese an den Kurztrieben endständig, die blühenden Kurztriebe unter

dem Blütenstand belaubt. Kelchblätter zur Fruchtzeit zurückgeschlagen. Kronblätter weiß, kürzer als die Staubblätter. Diskusring vorhanden. – Hierher neben *S. chamaedryfolia*, die noch in den Südostalpen vorkommt, einige weitere Arten in Süd- und Ostsibirien.

7. **Canescens-Gruppe.** Achselknospen meist ziemlich groß, 3 bis über 5 mm lang, selten darunter, äußerlich zweischuppig. Einjährige Zweige kantig. Laubblätter ungeteilt, nur im vorderen Drittel gekerbt oder gelegentlich ganzrandig, fiedernervig bis schwach dreinervig. Blüten in einfachen, an belaubten Kurztrieben endständigen Doldentrauben oder in einem den Langtrieb abschließenden Ebenstrauß. Kelchblätter zur Fruchtzeit aufrecht oder abstehend, nicht zurückgeschlagen. Kronblätter gelblich weiß, so lang wie die Staubblätter oder kürzer als diese. Diskusring vorhanden. – Aus dieser in Ostasien und den Himalajaländern ansässigen Gruppe werden 2 Arten in Europa kultiviert und als besonders dekorative Blütensträucher zum Anbau empfohlen:

S. nipponica MAXIM. Fig. 195 d. Bis 2 m hoher Strauch mit kahlen Zweigen und verkehrt eiförmigen bis rundlichen, stumpfen, am Vorderrand schwach gekerbten, fiedernervigen, kahlen, unterseits graugrünen und papillösen Laubblättern; die der blühenden Kurztriebe etwa 1½ bis 2 cm lang und 1 bis 1,6 cm breit, an den Langtrieben viel größer. Blüten meist nur in einfachen, an den Kurztrieben endständigen Doldentrauben, seltener zusammengesetzte Inflorescenzen bildend. Blüten gelblich weiß, etwa 1 cm breit. Stylodien endständig. – Chromosomenzahl: 2 n = 18. – V, VI. – Zierstrauch aus Japan.

S. canescens D. DON. Fig. 200 a. Bis 1,8 m hoher Strauch mit lang überhängenden, behaarten Zweigen und elliptischen bis verkehrt eiförmigen, stumpfen, am Vorderrand schwach gekerbten, fieder- bis fast dreinervigen, oberseits locker-, unterseits dicht hellgrau behaarten, etwa 1 bis 3 cm langen und 7 bis 16 mm breiten Laubblättern. Blütenstand ein den Langtrieb abschließender Ebenstrauß. Blüten gelblich weiß, 5 bis 6 mm breit. Stylodien etwas gegen den Rücken des Fruchtblattes verschoben. – VII, VIII. – Heimat: Himalaja von Kaschmir bis Yünnan. In Europa seit 1843 in Kultur; wurde auch zur Züchtung von Gartenhybriden verwendet.

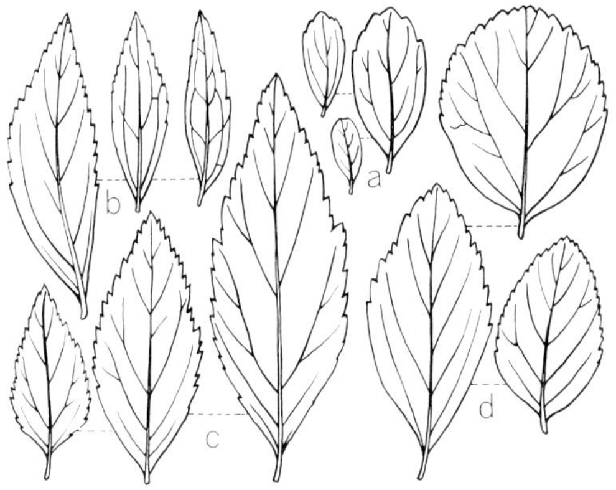

Fig. 200. Laubblätter von: *a Spiraea canescens* DON. *b S. albiflora* MIQ. *c S. japonica* L. f. *d S. corymbosa* RAFIN (nach C. K. SCHNEIDER).

8. **Japonica-Gruppe.** Achselknospen klein bis ziemlich groß, ½ bis 4 mm lang, mehrschuppig. Einjährige Zweige kantig oder rund. Laubblätter ungeteilt, wenigstens in der vorderen Hälfte gezähnt, meist aber die Zähnung viel weiter herunterreichend; fiedernervig. Blüten in einem den Langtrieb abschließenden Ebenstrauß. Kelchblätter zur Fruchtzeit zurückgeschlagen, seltener aufrecht. Kronblätter weiß, rosa oder purpurn, kürzer als die längsten Staubblätter. Mit oder ohne Diskusring. – Zahlreiche Arten in Ostasien, einige wenige greifen auf das westliche Nordamerika über; bei diesen sind die Kelchzipfel zur Fruchtzeit gewöhnlich aufgerichtet, während die altweltlichen Vertreter zurückgeschlagene Sepalen besitzen. – Als Zierpflanzen kommen in Betracht:

S. albiflora MIQ. Fig. 200 b. Etwa halbmeterhoher Strauch mit scharf kantigen, anfangs locker behaarten Zweigen und lanzettlichen, allmählich in die Spitze verschmälerten, im unteren Drittel ganzrandigen, kahlen, 4 bis 7 cm langen und 1 bis 2 cm breiten Laubblättern. Ebenstrauß ziemlich dicht, mit behaarten Rispenästen. Kelchblätter bei der Fruchtreife zurückgeschlagen. Blüten weiß, Diskusring gut entwickelt. Stylodien endständig. – VII, VIII. – Wildwachsend unbekannt, um die Mitte des 19. Jahrhunderts aus Japan nach Europa gekommen.

S. japonica L. f. Fig. 200 c. Etwa 1 m (bis 1½ m) hoher Strauch mit rundlichen oder nur schwach gestreiften, anfangs fein filzigen, bald verkahlenden Zweigen und lanzettlichen bis eiförmigen, lang zugespitzten, bis auf ein kurzes Stück am Blattgrund rundum gezähnten, locker behaarten oder seltener kahlen, bis etwa 10 cm langen und 4 cm breiten Laubblättern. Ebenstrauß ziemlich locker, mit behaarten Rispenästen. Kelchblätter bei der Fruchtreife zurückgeschlagen. Blüten heller oder dunkler purpurn. Diskusring undeutlich. Stylodien endständig. – Chromosomenzahl 2 n = 18. – VII, VIII – Heimat: Japan.

S. corymbosa RAFIN. Fig. 200 d. Etwa halbmeterhoher Strauch mit Ausläufern und rundlichen, fast immer kahlen Zweigen. Laubblätter breit eiförmig oder elliptisch, vorne meist abgerundet, in der vorderen Hälfte einfach oder doppelt gezähnt, meist ganz kahl, etwa 5 bis 7 cm lang und 2½ bis fast 5 cm breit. Ebenstrauß ziemlich locker, kahl. Kelchblätter bei der Fruchtreife aufrecht. Blüten weiß. Diskusring gut ausgebildet. Stylodien endständig. – Chromosomenzahl: 3 n = 27. – VI bis IX. – Heimat: Nordamerika, in Südkanada und den Vereinigten Staaten weit verbreitet. Wird gelegentlich kultiviert.

9. **Salicifolia-Gruppe.** Achselknospen klein, 1 bis 2 mm lang, mehrschuppig. Einjährige Zweige rund oder kantig. Laubblätter ungeteilt, in der vorderen Hälfte oder fast rundum, seltener nur im vorderen Drittel gezähnt oder gesägt;

fiedernervig. Blütenstand eine den Langtrieb abschließende, länglich-kegelförmige bis walzliche Rispe, stets länger als breit. Kelchblätter zur Fruchtzeit aufrecht oder zurückgeschlagen. Kronblätter weiß oder rosa, kürzer als die längsten Staubblätter. Mit oder ohne Diskusring. – Hierher gehören neben der in der Holarktis weiter verbreiteten *S. salicifolia* einige nordamerikanische Arten, von denen die 3 folgenden nicht selten in Europa gepflanzt werden.

S. alba DU ROI. Fig. 201 a und b. 1 bis 2 m hoher Strauch mit runden oder etwas kantigen, häufig bereiften und purpurn überlaufenen, anfangs bisweilen schwach behaarten Zweigen. Laubblätter lanzettlich bis breit elliptisch oder verkehrt eiförmig, spitzlich, zumindest in der vorderen Hälfte gezähnt, meist aber die Zähnung viel weiter herunter reichend, kahl, unterseits leicht bläulich, 4 bis 9, meist 6 cm lang und 1,5 bis 2,5 cm breit. Blütenstand kegelförmig, die unteren Rispenäste verlängert. Kelchblätter zur Fruchtzeit aufrecht. Blüten weiß, selten rosa. Diskusring vorhanden. – Chromosomenzahl: 4 n = 36. – VI, VII. – Heimat: Östliches Nordamerika von Neufundland bis Georgia, westwärts bis Missouri, wo *S. alba* die nahe verwandte *S. salicifolia* vertritt. In Europa seit langem in Kultur und mitunter verwildert, aber meist unbeständig. *S. alba* gliedert sich in zwei Rassen: var. *alba* mit länglich elliptischen bis lanzettlichen Blättern und var. *latifolia* (AIT.) DIPPEL mit eiförmigen bis verkehrt eiförmigen Blättern, die wie die Zweige stets kahl sind.

S. Douglasii HOOKER. Fig. 201 d. 0,6 bis 2 m hoher, Ausläufer treibender Strauch mit fast runden, anfangs weißfilzigen, später verkahlenden Zweigen und länglich elliptischen bis breit lanzettlichen, spitzen oder stumpflichen, in der vorderen Hälfte oder nur im vorderen Drittel gezähnten, oberseits kahlen oder kurz behaarten, unten dicht weiß- oder graufilzigen, 4 bis 9 cm langen und 2 bis 3 cm breiten Laubblättern. Blütenstand eine dichte, fast zylindrische Rispe. Kelchblätter zur Fruchtzeit zurückgeschlagen. Blüten dunkelrosa, ohne Diskusring. Fruchtblätter bei der Reife aufrecht. – Chromosomenzahl: 4 n = 36. – VII bis IX. – Heimat: Pazifisches Nordamerika von Britisch Kolumbien bis Kalifornien, wo diese Art die verwandte *S. tomentosa* vertritt. In Europa seit etwa 140 Jahren in Kultur und ab und zu verwildert.

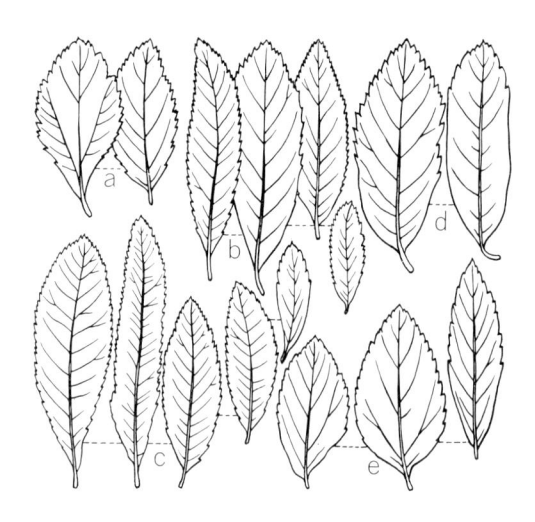

Fig. 201. Laubblätter von: *a Spiraea alba* DU ROI var. *latifolia* (AIT.) DIPPEL. *b S. alba* DU ROI var. *alba*. *c S. salicifolia* L. *d S. Douglasii* HOOKER. *e S. tomentosa* L.
(nach C. K. SCHNEIDER).

S. tomentosa L. Fig. 201 e. Bis 1½ m hoher Strauch mit starr aufrechten, bleibend rotbraun filzigen, zuletzt braunrindigen Zweigen. Laubblätter eiförmig bis lanzettlich, spitz, wenigstens in der vorderen Hälfte gezähnt oder Zähnung noch weiter herunterreichend, unterseits dicht braunfilzig, 3 bis 5 cm lang und 2 bis 3 cm breit. Blütenstand kegelförmig, die unteren Rispenäste meist etwas verlängert. Kelchblätter zur Fruchtzeit zurückgeschlagen. Blüten rosenrot, ohne Diskusring. Fruchtblätter wollig behaart, bei der Reife spreizend. – Chromosomenzahl: 4 n = 36. – Aus dem östlichen Nordamerika stammender Strauch, der in Europa seit dem 18. Jahrhundert gepflanzt wird und stellenweise verwildert, so bei Görlitz, bei Falkenberg in Oberschlesien, in Slowenien bei Laibach usw.

In dieser Gattung zeigt sich eine bemerkenswerte Relation zwischen der Form der Blütenstände und dem Chromosomensatz. Alle Spiräen mit einfachen, begrenzten Doldentrauben, die bekanntlich an den Kurztrieben endständig stehen, sind diploid; da in dieser Gattung nur die Grundzahl 9 vorkommt, ist also 2 n = 18. Nach den Ausführungen von S. 245 ist die einfache, begrenzte Doldentraube für die *Rosaceae* die ursprüngliche Blütenstandsform. Sie beschränkt sich ebenso wie die Diploidie auf die Spiräen der Alten Welt. Umgekehrt sind die Arten der *Salicifolia*-Gruppe, deren zusammengesetzte Infloreszenzen einen Langtrieb abschließen (die Kurztriebe sind hier, von den ihnen entsprechenden Rispenästen 1. Ordnung abgesehen, oft ganz verkümmert), samt und sonders tetraploid. Dieser tetraploide Formenkreis ist neuweltlich, nur eine Art, *S. salicifolia*, ist darüber hinaus auch in der Paläarktis verbreitet; sie ist eine der ganz wenigen polyploiden Spiräen der Alten Welt. Die Arten mit zusammengesetzt-ebensträußigen Blütenständen sind teils diploid, wie die ostasiatische *S. japonica*, teils triploid wie *S. corymbosa*. Diploide und tetraploide Individuen werden für *S. chamaedryfolia* angegeben.

Gartenhybriden sind in den Kulturen weiter verbreitet als die reinen Arten, teils wegen ihrer größeren Winterhärte, dann aber auch wegen ihres üppigeren Wachstums. Sie sind meist schwer zu unterscheiden, weil sie oft nicht intermediär sind und dann nur geringfügig von einem Elternteil abweichen. Die wichtigsten sind:

S. albiflora × *japonica* = *S.* × *bumalda* KOEHNE.

S. cana × *crenata* = *S.* × *inflexa* K. KOCH.

S. canescens × *salicifolia* = *S.* × *Fontanyasii* LEBAS.

S. cantoniensis × *chinensis* = *S.* × *blanda* ZABEL.

S. cantoniensis × *trilobata* = *S.* × *Van-Houttei* ZABEL (Fig. 194d).

S. chamaedryfolia × *trilobata* = *S.* × *Schinabeckii* ZABEL.

S. crenata × *hypericifolia* subsp. *obovata* = *S.* × *multiflora* ZABEL.

S. (crenata × *hypericifolia* subsp. *obovata)* × *Thunbergii* = *S.* × *arguta* ZABEL. Dieser Bastard wird als die schönste aller Spiräen gerühmt.

S. crenata × *media* = *S.* × *pikoviensis* BESS. Gehört zu den wenigen auch wildwachsend, und zwar in Podolien, beobachteten *Spiraea*-Hybriden. In Gärten verbreitet und wegen ihrer Wüchsigkeit beliebt.

S. Douglasii × *japonica* = *S.* × *sanssouciana* K. KOCH.

Blütenverhältnisse. Die im einzelnen meist unscheinbaren, aber in reichblütigen Infloreszenzen angeordneten, weißen, gelblich weißen oder roten Blüten haben einen unangenehmen Geruch, ähnlich dem des Weißdorns. Der Nektar wird von dem Diskusring sezerniert, der innerhalb der Staubblätter den Rand des Blütenbechers umgibt (Fig. 192a). Als Bestäuber der kultivierten Spiersträucher erwähnt HERMANN MÜLLER verschiedene Käfer, Dipteren und Hymenopteren, sowie wenige Schmetterlinge und Netzflügler.

Parasiten. Die Gattung beherbergt mehrere minierende Insektenlarven, von denen einige streng monophag und ganz an *Spiraea* gebunden sind, wie der Kleinschmetterling *Coleophora spiraeella* RBL., die Fliege *Agromyza spiraeoidarum* HERING und einige mehr. Außer an *Spiraea* auch an anderen Laubgehölzen minieren die Falter *Coleophora paripenella* Z. und *C. potentillae* ELISHA und *Incurvaria praelatella* SCHIFF.

Artenschlüssel.

1 a Blüten in einfachen, einen Kurztrieb abschließenden Doldentrauben 2
1 b Blüten in zusammengesetzten, einen Langtrieb abschließenden Rispen oder Ebensträußen. . . . 7
2 a Blühende Kurztriebe ohne Laubblätter, bis auf die fast sitzende, am Grund von schuppenförmigen Hochblättern umgebene Doldentraube reduziert. Selten verwildernde Ziersträucher
. . . . *Prunifolia*-Gruppe (S. 251)
2 b Blühende Kurztriebe mit gut ausgebildeten Laubblättern 3
3 a Kelchblätter zur Fruchtzeit aufrecht oder abstehend, nie zurückgeschlagen. Im Gebiet nicht wild wachsende Arten 4
3 b Kelchblätter zur Fruchtzeit zurückgeschlagen. Laubblätter stets fiedernervig 5
4 a Laubblätter fiedernervig, wenigstens in der vorderen Hälfte gezähnt oder gekerbt, meist die Zähnung weiter herunterreichend . . . . *Chinensis*-Gruppe (S. 249)
4 b Laubblätter dreinervig, höchstens in der vorderen Hälfte gekerbt, die der Kurztriebe ganzrandig
. . . . *S. crenata* L. (S. 250)
5 a Blütenstände behaart. Laubblätter fast immer ganzrandig. Venetien 1456b. *S. cana* WALDST. et KIT.
5 b Blütenstände kahl 6
6 a Zweige rund. Laubblätter nur im vorderen Drittel oder erst ganz an der Spitze gezähnt, gelegentlich auch ganzrandig. Stylodium etwas unterhalb der Spitze aus dem Fruchtblatt entspringend
. . . . 1456a. *S. media* F. SCHMIDT
6 b Zweige kantig. Laubblätter wenigstens in der vorderen Hälfte gezähnt, meist die Zähnung viel weiter herunter reichend. Stylodium endständig . . . . 1458. *S. chamaedryfolia* L.
7 a Blütenstände flach, ebensträußig 8
7 b Blütenstände länglich kegelförmige oder walzliche Rispen 11
8 a Kaum fußhohe Sträucher mit niederliegenden Ästen. Blüten rein weiß. Südostalpen 9
8 b Aufrechte Sträucher. Blüten weiß, gelblich oder rot. Im Gebiet nur gepflanzt und selten verwildert 10
9 a Einjährige Zweige wie der Blütenstand kahl. Laubblätter unterseits kahl oder mit vereinzelten Haaren . . . . 1457a. *S. decumbens* KOCH
9 b Einjährige Zweige wie der ganze Blütenstand weich behaart. Laubblätter unterseits dicht graufilzig
. . . . 1457b. *S. Hacquetii* FENZL et K. KOCH
10 a Laubblätter nur im vorderen Drittel gekerbt oder mehr oder weniger ganzrandig. Blüten gelblich-weiß . . . . *Canescens*-Gruppe (S. 253)

10b Laubblätter wenigstens in der vorderen Hälfte, meist in den vorderen zwei Dritteln gezähnt oder die Zähnung noch weiter herunter reichend. Blüten weiß bis purpurn . . *Japonica*-Gruppe (S. 253)

11a Laubblätter erwachsen beidseitig kahl, höchstens in der Jugend spärlich behaart. Kelchblätter zur Fruchtzeit aufrecht 12

11b Laubblätter unterseits bleibend filzig behaart. Kelchblätter zur Fruchtzeit zurückgeschlagen. Ziersträucher, nicht selten verwildernd 13

12a Rispe walzlich, ihre unteren Äste nicht verlängert. Blüten meist rosa. Stellenweise eingebürgert und scheinbar wild wachsend . . . . 1459. *S. salicifolia* L.

12b Rispe kegelförmig, ihre unteren Äste verlängert, fast waagrecht abstehend. Blüten meist weiß. Nur kultiviert und verwildert . . . . *S. alba* DU ROI (S. 254)

13a Laubblätter 4 bis 9 cm lang. Reife Fruchtblätter an der Spitze zusammenneigend
. . . . *S. Douglasii* HOOKER (S. 254)

13b Laubblätter 3 bis 5 cm lang. Reife Fruchtblätter spreizend . . . . . . *S. tomentosa* L. (S. 254)

1456a. Spiraea media F. SCHMIDT, Österr. allgem. Baumzucht **1**, 53 (1792). Syn. *S. chamaedryfolia* L. (1753) pro parte, emend. CAMBESSÈDES (1824). *S. oblongifolia* WALDST. et KIT. (1812). *S. confusa* REGEL et KOERNICKE (1858). *S. polonica* BLOCKI (1892) Karpaten-Spierstrauch. Slowenisch: Podolgastolistna medvejka. Fig. 197f und 202a–h.

1 bis 1,6 m hoher Strauch mit aufrechten oder an der Spitze überhängenden, anfangs meist locker behaarten, später verkahlenden, rotbraunen, stielrunden Zweigen. Laubknospen eiförmig, zugespitzt, 1,5 bis 2 mm lang, mehrschuppig. Laubblätter elliptisch bis länglich lanzettförmig, vorne stumpf oder kurz stachelspitzig, meist keilförmig in den kurzen Blattstiel verschmälert, seltener abgerundet oder fast gestutzt, gegen die Spitze zu meist gezähnt, die Zähne an den Langtrieben oft sehr kräftig, in den hinteren zwei Dritteln, gelegentlich aber vollständig ganzrandig; Spreite 2½ bis etwa 5 cm lang und 1 bis 2 cm breit, oberseits kahl oder kurz behaart, Blattrand und Unterseite wenigstens anfangs spärlich lang seidenhaarig, die Unterseite blaßgrün. Blütenstände kahl, aufrecht oder schief abstehend, sehr reichblütig, fast kugelig oder verlängert, einzeln an den Gipfeln der Kurztriebe, die 5 bis 8 Laubblätter tragen; diese sind denen der Langtriebe ganz ähnlich, nur kleiner und zum Teil ganzrandig. Blüten auf bis 2 cm langen, kahlen Stielen. Kelchblätter spitz dreieckig, 1,2 mm lang, kürzer als der Blütenbecher, außen kahl, innen und am Rande behaart, bei der Fruchtreife zurückgeschlagen. Kronblätter 5, kreisrund bis breit verkehrt eiförmig, 3 mm lang, rein weiß. Staubblätter so lang wie die Kronblätter oder ein wenig länger als diese; Staubbeutel rot. Innerhalb der Staubblätter ein deutlicher Diskusring. Fruchtblätter gewöhnlich 5; das Stylodium etwas unterhalb der Spitze aus dem Rücken des Fruchtblatts entspringend, etwa 1,5 mm lang, meist zurückgebogen. Früchtchen auf der Bauchseite gewölbt, kahl oder spärlich, seltener gegen die Spitze zu dichter behaart. Samen spindelförmig, um 2 mm lang, hellbraun. – Chromosomenzahl: $2n = 18$. – V bis VI.

Vorkommen. In buschigen Felshängen und an sonnigen Felsen, seltener auch in Laubwäldern. Auf Kalk, Basalt und Phyllit.

Allgemeine Verbreitung. Östliches Alpenvorland, Südostalpen, Dalmatien, Kroatien, Bosnien, Serbien, Ungarn, Karpatenländer und von Südrußland durch Sibirien (hier bis 68° nördlicher Breite) bis ins Amur- und Ussurigebiet.

Verbreitung im Gebiet. Nur in Österreich und in Slowenien, und zwar im Burgenland auf Phyllitfelsen (nicht Kalkschiefer) an der Westseite des „Weinberges" südlich von Althodis bei Rechnitz, in Niederösterreich auf der Bauernsteinwand des Gösings bei Sieding westlich von Neunkirchen und auf den Südhängen des Emmerbergs bei Winzendorf westlich von Wiener Neustadt, in der Steiermark bei Peggau und auf der Kanzel bei Graz und bei Klöch (nördl. v. Radkersburg) auf Basalt. Die z. T. ausgedehnten Bestände an klimatisch besonders begünstigten

Standorten können – abgesehen vom Emmerberger Vorkommen (Burgruine) – zwanglos nur als wärmezeitliche Relikte gedeutet werden[1]), in Slowenien am Gurkufer bei Rudolfswert und in Istrien auf dem Slavnik am Spižnik-Gipfel. – Im übrigen Mitteleuropa wird die Art gelegentlich kultiviert und manchmal verwildert sie.

Spiraea media ist in ihrem eigentlichen Verbreitungsgebiet ziemlich formenreich und bildet einige, nicht scharf abzugrenzende Rassen, die sich vor allem durch die Behaarung und Zähnung der Blätter unterscheiden. Die mitteleuropäischen

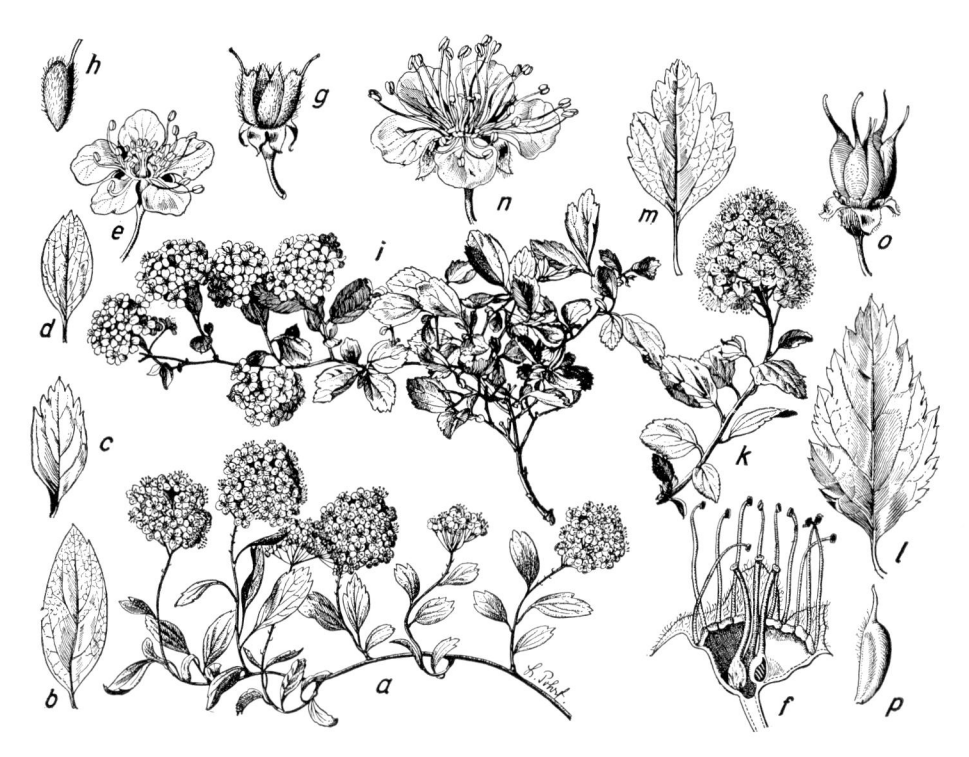

Fig. 202. *a* bis *h Spiraea media* F. SCHMIDT. *a* blühender Zweig ($^1/_3$ natürliche Größe). *b*, *c*, *d* Laubblätter. *e* Blüte. *f* Blüte, längsgeschnitten *g* Frucht. *h* einzelnes Balgfrüchtchen. *i* bis *p*. *Spiraea chamaedryfolia* L. em. JACQ. *i*, *k* blühende Zweige. *l*, *m* Laubblätter. *n* Blüte. *o* Frucht. *p* einzelnes Balgfrüchtchen.

Vorkommen gehören alle der Nominatrasse an, var. *media* (F. SCHMIDT), Syn. *S. media* F. SCHMIDT var. *oblongifolia* (WALDST. et KIT.) BECK (1904). Sie hat kahle oder fast kahle Blattstiele und oberseits meist kahle Laubblätter. Soll im ganzen Areal der Art vorkommen. – Pflanzen mit zottig behaarten Blattstielen und auch oberseits mehr oder weniger bleibend behaarten Laubblättern gibt es vor allem in Bosnien, Serbien, Ungarn und Galizien; sie bilden die var. *mollis* KOCH et BOUCHÉ) C. K. SCHNEIDER (1905).

1456b. Spiraea cana WALDST. et KIT., Pl. rar. hung. 3, 252, t. 227 (1812). Grauer Spierstrauch. Fig. 197g.

Aufrechter, breitbuschiger Strauch, ⅓ bis 1 m hoch werdend, ausnahmsweise auch darüber (bis 2,5 m), mit überhängenden Zweigspitzen. Zweige stielrund, anfangs dicht, später lockerer behaart. Laubknospen eiförmig, etwa 1 bis 1,5 mm lang, mehrschuppig, behaart. Laubblätter elliptisch, beidendig zugespitzt, vorne stachelspitz, am Grund in den kurzen, selten bis 2 mm langen Stiel verschmälert, ganzrandig oder die der Langtriebe (sehr selten auch die der Kurztriebe) vorne mit 2 bis 3 scharfen Zähnen; Spreite 0,8 bis 3,5 cm lang und ½ bis 1½ cm breit, oberseits locker graufilzig, unterseits dicht anliegend, weichzottig behaart. Blütenstände behaart, mäßig

---

[1]) Vgl. MELZER in Mitt. naturw. Ver. Steiermark **92**, 85–87 (1962).

reichblütig, etwas breiter als lang, einzeln an den Gipfeln der Kurztriebe, die 4 bis 8, selten bis 10 Laubblätter tragen. Blütenstiele bis etwa 1 cm lang. Kelchblätter dreieckig, kürzer als der Blütenbecher, außen behaart, bei der Fruchtreife zurückgeschlagen. Kronblätter 5, fast kreisrund, kaum 2 mm lang, selten darüber, schmutzig weiß. Staubblätter so lang wie die Kronblätter oder kaum länger als diese. Innerhalb der Staubblätter ein deutlicher Diskusring. Fruchtblätter gewöhnlich 5, mit endständigem Stylodium, das sich bei der Fruchtreife nach außen biegt. Früchtchen dicht kurzhaarig. – Chromosomenzahl: 2 n = 18. – IV bis VII.

Vorkommen. An sonnigen Felshängen und Waldrändern der Südostalpen. Wohl nur auf Kalk.

Allgemeine Verbreitung. Südostalpen, Kroatien, Dalmatien, Bosnien, Herzegowina, Serbien. Die Angaben für Kleinasien und Armenien sind unsicher.

Im Gebiet nur in Venetien: Monte Cavallo bei Sacile in der Provinz Udine.

1457a. Spiraea decumbens KOCH in MERT. et KOCH, Deutschl. Fl. 3, 433 (1831). Kärntner Spierstrauch. Fig. 199b, 203 und 204.

Kleiner Strauch mit niederliegenden, bis etwa halbmeterlangen Ästen und aufsteigenden, bis 20 cm hohen, rundlichen, kahlen Seitenzweigen. Laubknospen sehr klein, etwa ½ mm lang, stumpflich, mit wenigen, gewimperten Schuppen. Laubblätter länglich eiförmig bis elliptisch oder breit verkehrt eiförmig, vorn abgerundet oder gelegentlich spitz, am Grund keilförmig in den kurzen Blattstiel verschmälert, am Rand von der Mitte, seltener schon vom unteren Drittel an sägezähnig; die Spreite 1 bis etwa 3 cm lang und meist 1 bis 1½ cm breit, beiderseits kahl, oben dunkelgrün, unterseits hell bläulich grün. Blütenstand kahl, locker ebensträußig, den Langtrieb abschlie-

Fig. 203. *Spiraea decumbens* KOCH. *a* blühender Zweig. *b* Laubblatt. *c* Blüte, vergrößert. *d* Frucht. *e* Samen.

Fig. 204. *Spiraea decumbens* KOCH. In den Julischen Alpen (Aufn. P. MICHAELIS).

ßend, die unteren Infloreszenzäste verlängert und gewöhnlich belaubt, die inneren kürzer und ohne Laubblätter. Blüten auf bis 1½ cm langen, dünnen Stielen, zweihäusig (an getrennten Sträuchern männlich und weiblich). Kelchblätter spitz dreieckig, 1½ mm lang, kürzer als der Blütenbecher, außen kahl, nach dem Aufblühen zurückgeschlagen. Kronblätter 5, fast kreisrund, etwa 2½ mm lang, weiß. Staubblätter so lang wie die Kronblätter oder ein wenig länger als diese. Innerhalb der Staubblätter ein deutlicher Diskusring. Fruchtblätter 5, mit endständigen Stylodien, bei der Reife kahl und glänzend. Samen spindelförmig. – V, VI, vereinzelt bis IX.

Vorkommen. An sonnigen Hängen, auf Felsen und im Felsschutt der montanen Stufe in den Südostalpen (bis 800 m). Nur auf Kalk und Dolomit.

Allgemeine Verbreitung. Endemisch in Südkärnten und in der benachbarten Provinz Udine.

Im heutigen Österreich nur an einem einzigen Fundort: Förolach bei Hermagor in Kärnten. In dem von Kärnten abgetrennten Gebiet (Carnia) am Ausgang des Bombasch-Grabens bei Pontafel sowie sonst bei Pontafel im Kanaltal, im Vogelbachgraben und am Fuß des Schinouz unterhalb Leopoldskirchen, Seisera, Gamswurzgraben bei Raibl, Fellatal zwischen Pontebba und Resciutto.

Spiraea decumbens gehört, wie auch die eng verwandte *S. Hacquetii*, zu den wenigen zweihäusigen Arten der Gattung. Beide werden in den herkömmlichen Einteilungen der Gattung mit den anderen, aus Ostasien und Amerika stammenden ebensträußigen Arten in einer Sektion *(Calospira)* vereinigt, doch haben sie damit nichts zu tun: sie sind sicher beide mit der *Media*-Gruppe (S. 252) zunächst verwandt und daraus hervorgegangen. Der ebensträußige Gesamtblütenstand ergibt sich in Folge der Reduktion des Achsensystems, wie das bei den halbsträuchigen und krautigen Gattungen die Regel ist.

1457b. Spiraea Hacquetii[1]) FENZL et K. KOCH in REGEL, Gartenflora 3, 400 (1854). Syn. *S. decumbens* KOCH var. *tomentosa* POECH (1844). *S. lancifolia* ‚HOFFMANNSEGG' MAXIM. (1879)[2]). *S. decumbens* KOCH var. *bellunensis* BIZZOZERO (1883). Fig. 199c.

Wuchsform wie bei *Spiraea decumbens*, aber mit weich behaarten Zweigen. Laubblätter schmal elliptisch bis länglich verkehrt eiförmig, vorn abgerundet oder spitz, am Grund keilförmig oder ziemlich plötzlich in den kurzen Blattstiel verschmälert, bisweilen sogar abgerundet; meist nur im vorderen Drittel gesägt oder gezähnt, manchmal auch ganzrandig, die Zähnung häufig feiner als bei voriger Art; Blattgröße wie bei dieser, Ober- und vor allem Unterseite dicht graufilzig. Blütenstand dicht behaart, locker ebensträußig, verhältnismäßig armblütig. Kelchblätter dreieckig, kürzer als der Blütenbecher, außen filzig behaart, nach dem Aufblühen zurückgeschlagen. Kronblätter 5, fast kreisrund, weiß oder gelblich, meist ein wenig kürzer als die Staubblätter. Innerhalb der Staubblätter ein deutlicher Diskusring. Fruchtblätter 5, mit endständigen Stylodien, bleibend behaart.

Vorkommen. Auf Felsköpfen, in Felsspalten und in ruhendem Geröll der südöstlichen Kalkalpen, bis 1600 m ansteigend.

Allgemeine Verbreitung. Endemisch in den Venetianischen Alpen in den Provinzen Belluno, Treviso und Udine.

Die Fundorte: Piavetal zwischen Perarolo und Longarone, Venzone, Agordo, Monte Serva, Val di Zoldo, zwischen Titer und der früheren Tiroler Grenze bei Primiero, Monte Cavallo, Belluno, Straße von Resiutta nach Chiusaforte, Ringmauern bei Gemona, Canale di Cimolais.

---

[1]) Benannt nach BELSAZAR HACQUET (geb. 1739 zu Conquet in der Bretagne, gest. 1815 in Wien), der die Krainer Alpen und später auch die Ostkarpaten floristisch durchforschte.
[2]) *S. lancifolia* HOFFMANNSEGG (1825) ist nach einer nicht blühenden Pflanze beschrieben und kaum zu deuten. Es scheint eine kahle Pflanze zu sein; der Name ist somit aus der Synonymie von *S. Hacquetii* zu streichen (nach C. K. SCHNEIDER).

Nach Ansicht der meisten Autoren und auch der 1. Auflage dieses Werks ist *Spiraea Hacquetii* nur eine Rasse der vorangehenden Art, mit der sie tatsächlich in vielen Stücken übereinstimmt. Dennoch erscheinen dem Bearbeiter – in Übereinstimmung mit C. K. SCHNEIDER – beide Sippen spezifisch verschieden, zumal es keine Zwischenformen zu geben scheint, was bei den nahe benachbarten Arealen doch recht merkwürdig ist. Außerdem sind die Unterschiede im Indument handgreiflich und gerade in dieser Gattung im allgemeinen sehr konstant.

Der Bastard *S. decumbens* × *Hacquetii* = *S.* × *Pumilionum*[1]) ZABEL, der, wie gesagt, spontan nicht vorkommt, wurde von ZABEL künstlich erzogen.

1458. Spiraea chamaedryfolia L., Spec. plant. 489 (1753)[2]), emend. JACQ., Hort. Vindob. 2, 66, t. 140 (1772). Syn. *S. ulmifolia* SCOP. (1772). Ulmen-Spierstrauch. Slowenisch: Brestolistna medvejka. Fig. 199a, 202 i–p und 205.

Bis über 2 m hoher, oft ziemlich starrer Strauch mit aufrechten, an der Spitze überhängenden, kahlen, gelbbraunen, später rotbraunen oder grauen, etwas kantigen Zweigen. Laubknospen spitz eiförmig oder länglich, meist 3 bis 4 mm lang, abstehend, mit 2 gleichlangen äußeren Schuppen. Laubblätter eiförmig bis länglich eiförmig, vorn spitz oder stumpflich, am Grund abgerundet oder kurz keilförmig in den mäßig kurzen Stiel verschmälert, die der Langtriebe in den vorderen zwei Dritteln einfach oder doppelt gezähnt, die der blühenden Kurztriebe meist nur in der vorderen Hälfte oder im vorderen Drittel; Spreite 4 bis 7 cm lang und 2½ bis 4 cm breit, beiderseits kahl oder unten auf den Nerven und in den Nervenwinkeln spärlich behaart, die Unterseite bläulich grün. Blütenstände kahl, sehr reichblütig, halbkugelig oder kurz traubig verlängert, einzeln an den Gipfeln belaubter Kurztriebe; Laubblätter der Kurztriebe nicht viel kleiner als die der Langtriebe. Blütenstiele bis 2 cm lang, dünn. Kelchblätter dreieckig, etwa 2 mm lang, so lang wie der Blütenbecher oder länger als dieser, außen kahl, auf der Innenseite kurz behaart, bei der Fruchtreife zurückgeschlagen. Kronblätter 5, kreisrund bis breit verkehrt eiförmig, 4 (bis 6) mm lang, rein weiß. Staubblätter die Kronblätter überragend, bis 7 mm lang; Staubbeutel rötlich. Innerhalb der Staubblätter ein deutlicher Diskusring. Fruchtblätter 5, an der Spitze kahl, nur auf der Innenseite (selten fast ganz) behaart, das Stylodium endständig. Früchtchen auf dem Rücken gewölbt, kahl, glänzend. Samen spindelförmig, 2 mm lang hellbraun. – Chromosomenzahl: 2n = 18 und 4n = 36. – V bis VII.

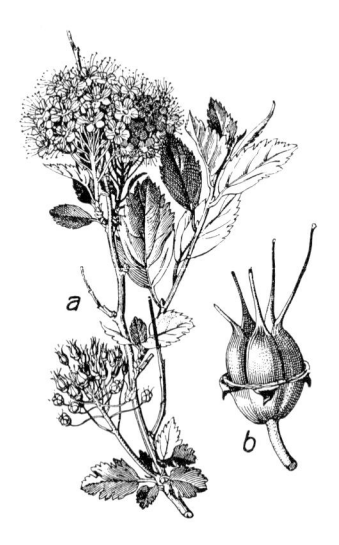

Fig. 205. *Spiraea chamaedryfolia* L. em. JACQ. *a* blühender Zweig. *b* Frucht.

Vorkommen. An sonnigen Felshängen und in lichten Bergwäldern nur im äußersten Südosten des Gebiets. Anderwärts verwildert in Hecken und an Ufern und dabei wenig wählerisch.

Allgemeine Verbreitung. Südkärnten, Slowenien, Kroatien, Bosnien, Serbien, Karpatenländer, Bulgarien, und dann wieder von Westsibirien (bis zum 69° nördlicher Breite) bis in die Mongolei, angeblich auch in Japan. Im europäischen Rußland scheint die Art zu fehlen.

Verbreitung im Gebiet. Wildwachsend nur in Kärnten am Nordfuß des Bleiberrückens (Erzberges) nordwestlich von Villach am Ausgang der Waldgräben häufig und sicher ursprünglich (PEHR 1932 und METLESICS 1963); außerdem in Slowenien: und zwar in der Südsteiermark bei Tüffer, Römerbad, im Savetal bei Trifail, Steinbrück, Lichtenwald und bei Wisell nächst Drachenburg; in Krain am Hügel Babna gora bei Laverca, im Besnicagraben

---

[1]) Genitiv Plural von lat. pumilio, der Zwerg.

[2]) Wie bei vielen Namen der Species plantarum wird es auch hier nie gelingen, festzustellen, was LINNAEUS gemeint hat. Da sich aber der Name im JACQUINschen Sinne eingebürgert hat und kein Anlaß zu Mißverständnissen besteht, mag er hier beibehalten werden. Auf einer soliden Grundlage steht er aber nicht.

bei Sallach nächst Laibach, in Unterkrain am rechten Saveufer zwischen Renke und Prusnik und bei Ratscha, in Oberkrain am Ursprunge der Feistritz in der Wochein, in Innerkrain auf der Kobal-Alm bei Idria, am Selivecwege im Rosatal bei Präwald; nach FLEISCHMANN auch bei Stein und Zirknitz. Im Küstenland in der Sabotina, auf dem Monte Santo bei Görz und in der Rasaschlucht bei Storje. – In Deutschland, Österreich und der Schweiz nicht selten verwildert.

Spiraea chamaedryfolia gehört zu den wüchsigsten Arten der Gattung und ist eine alte Zierpflanze.

1459. Spiraea salicifolia L., Spec. plant. 384 (1753). Weiden-Spierstrauch. Slowenisch: Vrbolistna medvejka. Fig. 201c und 206.

0,5 bis 1,5, selten bis über 2 m hoher, aufrechter Strauch. Zweige kahl, gelbbraun, später grau, stielrund oder leicht kantig, mit sich faserig ablösender Rinde, am Grund mit abgestorbenen Knospenschuppen besetzt. Laubknospen eiförmig, 1½ bis 2 mm lang, etwas abstehend, mit mehreren Schuppen. Laubblätter länglich elliptisch oder lanzettlich, vorne spitz, am Grund keilförmig in den sehr kurzen Blattstiel verschmälert, fast rundum einfach und gleichmäßig fein gesägt, seltener etwas doppelt gesägt oder gelegentlich im unteren Drittel ganzrandig, 4 bis 7 cm lang und 1½ bis 2½ cm breit, beiderseits kahl oder unten auf der Mittelrippe spärlich behaart, mit stark vorspringendem, gelblichem Adernetz, am Rand spärlich gewimpert. Blüten in dichten, reichblütigen, länglich eiförmigen bis walzlichen, 10 bis 15 cm langen, den Langtrieb abschließenden, behaarten Rispen mit kurzen, meist aufrecht abstehenden Ästen. Blütenstiele bis etwa 5 mm lang, meist dicht kurzhaarig. Kelchblätter breit dreieckig, etwa 1 mm lang, kürzer als der Blütenbecher, außen kahl oder spärlich, innen reichlicher behaart, bei der Fruchtreife aufrecht. Kronblätter 5, kreisrund bis breit eiförmig, 2½ bis 4 mm lang, hell bis kräftig rosa, halb so lang wie die Staubblätter. Innerhalb der Staubblätter mit deutlichem Diskusring. Fruchtblätter 5, am Grund etwas miteinander verwachsen, oberwärts erst nur wenig, bei der Reife stärker spreizend, mit endständigem Stylodium. Früchtchen beidseitig gewölbt, kahl oder an der Innenseite sparsam behaart. Samen spindelförmig, etwa 2 mm lang. – Chromosomenzahl: 4 n = 36. – VI, VII, zuweilen bis X.

Vorkommen. Auf feuchten Wiesen, in Zwischenmooren, Erlenbrüchen, an Ufern, seltener auch an sonnigen Hügeln; ferner vielfach in Siedlungsnähe in Hecken oder im Ufergebüsch (Salicion) verwildert. Von der Ebene bis in die montane Stufe. Mit Vorliebe auf Silikatunterlage.

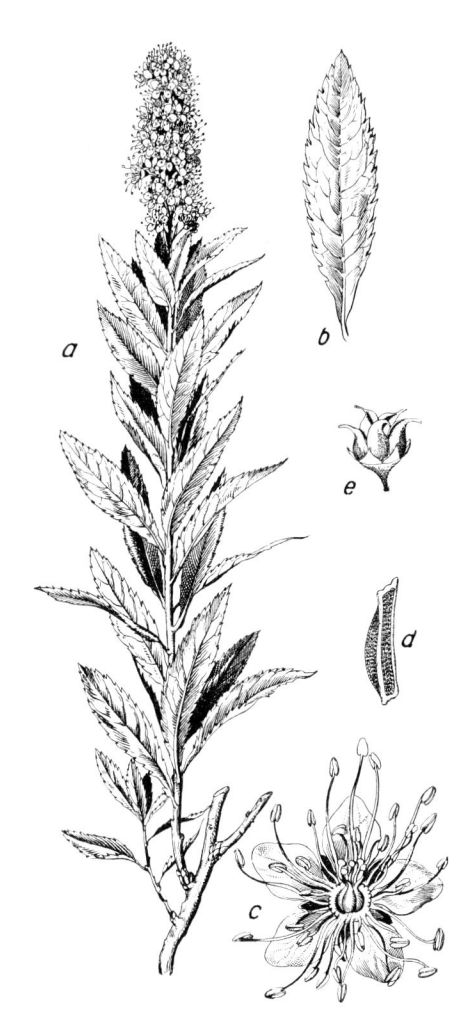

Fig. 206. *Spiraea salicifolia* L. a blühender Zweig. b Laubblatt. c Blüte. d Samen. e Frucht.

Allgemeine Verbreitung. In Europa, in Österreich, im südlichen Böhmen, in Mähren und dem angrenzenden Ungarn und in Siebenbürgen spontan, außerdem von Westsibirien ostwärts bis ins Ussurigebiet, Sachalin und die Mongolei verbreitet und im nordwestlichen Amerika (Alaska, Sitcha). Soll im europäischen Rußland fehlen.

Verbreitung im Gebiet. Im heutigen Deutschland wohl nirgends ursprünglich, aber durch jahrhundertelange Kultur vielfach verwildert und mancherorts eingebürgert, so in Bayern bei Oberammergau, Ottmarshausen bei Augsburg, im Oberpfälzer Wald, Fichtelgebirge, in Franken bei Nürnberg, Michelau, Kulmbach und anderwärts, in Baden-Württemberg bei Gmünd, Neustadt, Ruit, Tübingen, Wildbad, Schönmünzach, Kappel, Kieslegg, Eisenbach im Wolfachtal (Schwarzwald), in der Pfalz bei Zweibrücken und Homburg, im Harz, in Westfalen, Thüringen, in Brandenburg, Arnswalde, Frankfurt a. d. Oder usw. In den abgetrennten Ostgebieten, z. B. am Glumiafluß Krojanke im Bezirk Flatow, stellenweise sehr zahlreich und wie spontan, ebenso auch bei Königshuld in Oberschlesien. – In Österreich in Ober- und Niederösterreich (besonders im Waldviertel) im Silikatgebiet nördlich der Donau, wohl auch in Kärnten und der Steiermark spontan, in Tirol und Vorarlberg wohl nur verwildert. – In Böhmen und Mähren in den südlichen Landesteilen in der Wittingau-Budweiser Ebene, entlang der Moldau bis an den Fuß des Böhmerwaldes, an der Lužnice bei Tabor und Soběslau, bei Iglau, Göding, Wratzow bei Gaya, Bisenz, Morawka usw., in Nord- und Mittelböhmen nur verwildert; desgleichen in der Schweiz (z. B. bei Soluthurn und Biberist) und in Südtirol (bei Meran).

KÖPPEN bestritt das Indigenat von *Spiraea salicifolia* in Europa, da der Strauch im europäischen Rußland nicht vorkommt. Dieser Schluß ist jedoch nicht zwingend, man vergleiche nur die Verbreitung von *Spiraea chamaedryfolia*, der niemand das Bürgerrecht in Europa abspricht. Freilich kann nicht bezweifelt werden, daß sich spontane und eingebürgerte Vorkommen im einzelnen oft nicht auseinanderhalten lassen. Aber gerade im südlichen Böhmen und den östlich daran anschließenden Mittelgebirgen wächst die Pflanze vielfach in reichen Beständen auch an sehr kulturfernen Orten, so daß man sie unbedenklich als ein autochthones Element der ostmitteleuropäischen Flora betrachten darf; diese Meinung teilen auch ČELAKOVSKY, OBORNY, WETTSTEIN, BECK, HAYEK und andere mit den Vegetationsverhältnissen dieses Gebiets vertraute Botaniker. Ein gewichtiges Argument für die Heimatberechtigung von *Spiraea salicifolia* in Mitteleuropa liefert der von FIRBAS und GRAHMANN[1]) beschriebene Fund. Die Autoren schreiben „Da wohl kein Grund zu der Annahme vorliegt, daß die Art in spät- und postglazialer Zeit aus Europa wieder verdrängt worden wäre, ist ihr Indigenat in Mitteleuropa nunmehr wohl zweifelsfrei nachgewiesen".

Im Gebiet von Budweis und Wittingau bildet der Strauch nach HAYEK an Ufern und in Mooren ausgedehnte Bestände; auch in den Weidengebüschen der Flußauen ist er anzutreffen. Ähnliche Vegetationsbilder beschreibt CAJANDER von den Nebenflüssen der Lena, wo sich die Art zwischen die Uferwiesen und die Weidengebüsche des Ufersaums einschiebt.

In Mitteleuropa ist die Pflanze seit 1586 in Kultur nachgewiesen.

Morphologisch ist *Spiraea salicifolia* die abgeleitetste Spiräe Europas. Regelrechte Kurztriebe werden bei ihr – sieht man von den Rispenästen ab – im allgemeinen gar nicht mehr ausgebildet. Bei der ganz ähnlichen, nordostamerikanischen *S. alba* (S. 254), die freilich kaum etwas anderes als eine geographische Rasse unserer Art ist, kommen die sterilen Kurztriebe vielfach noch zur Entfaltung, aber sie bleiben gestaucht und tragen 2 bis 4 kleine Blätter, die Nebenblätter vortäuschen können.

Bastarde

kommen im Gebiet spontan nicht vor und sind auch in Osteuropa selten. Angegeben werden *S. crenata* × *media* für Podolien und *S. crenata* × *hypericifolia* subsp. *hypericifolia* für Südrußland. Über die Gartenhybriden vergleiche man S. 254–255.

381. Aruncus[2]) ADANS., Fam. pl. 2, 295 (1763). Syn. *Spiraea* sect. *Aruncus* SERINGE (1825). Geißbart.

Stattliche, unbewehrte Stauden mit abwechselnden, doppelt bis dreifach dreizählig gefiederten Laubblättern. Nebenblätter fehlen. Blüten zweihäusig (auf getrennten Stöcken männlich und weiblich), seltener zwitterig, weiß oder gelblich, unansehnlich, in reichblütigen, aus traubigen Ästen zusammengesetzten, endständigen Rispen. Kein Außenkelch. Kelchblätter 5, dreieckig eiförmig, am Grund kurz in einen flachen Becher verwachsen. Blütenbecher bei der Fruchtreife vertrocknend. Kronblätter 5, verkehrt eiförmig oder keilförmig, ½ bis 2 mm lang, in der Knospenlage gerollt. Staubblätter 20 bis 30, auf der Innenseite des Blütenbechers eingefügt. Kein Diskusring. Fruchtblätter meist 3, frei, mit einigen hängenden Samenanlagen und endständigem Stylodium, bei der Reife trocken, an der Bauchnaht aufspringend. Samen lanzettlich spindelförmig, mit häutiger Schale, fast ohne Endosperm.

---

[1]) F. FIRBAS und R. GRAHMANN, Über jungdiluviale und alluviale Torflager in der Grube Marga bei Senftenberg (Niederlausitz). Abh. Sächs. Akad. Wiss., math.-phys. Kl. **40**, Nr. 4 (1928).

[2]) Vom lat. aruncus, dem Ziegenbart bei PLINIUS. Die vorlinneischen Botaniker nannten die Pflanze Barba caprae.

Die Gattung ist rein holarktisch und zählt nur wenige Arten, selbst bei engster Fassung des Artbegriffs kaum ein Dutzend; die meisten sind in Ostasien zu Hause, in Europa wächst nur *Aruncus dioicus*.

Vegetationsorgane. Durch ihre mehrfach dreizählig gefiederten Blätter steht die Gattung unter den *Rosaceae* recht isoliert, erinnert dagegen stark an die Saxifragacee *Astilbe* (S. 128), die von manchen älteren Autoren tatsächlich mit *Aruncus* zusammengeworfen wurde. Von einer Verwandtschaft zwischen beiden Gattungen kann indessen keine Rede sein: ihre Ähnlichkeit ist das Ergebnis konvergenter Anpassung an die Lebensbedingungen luftfeuchter, schattiger Standorte.

1. Das Achsensystem besteht im wesentlichen aus einem Langtrieb, bei dem es allerdings zu einer ausgeprägten Differenzierung in den ausdauernden, in der Erde verborgenen Basalteil und den jeden Herbst absterbenden oberirdischen Sproßabschnitt kommt. Der ausdauernde Grundteil trägt in der Achsel eines Niederblattes eine sehr kräftige Erneuerungsknospe, häufig in der Achsel eines tiefer stehenden Niederblattes eine weitere, die aber viel schwächer bleibt. In der nächsten Vegetationsperiode wachsen beide Erneuerungsknospen zu Langtrieben aus, doch kommt gewöhnlich nur die geförderte zur Blüten- und Fruchtbildung, während die tiefer stehende an einer vielleicht spannenlangen Achse einige wenige Laubblätter trägt; doch trägt dieser nicht zur Blüte kommende Trieb am Grund eine Erneuerungsknospe, bis zu der er im Herbst abstirbt. Die Basalstücke der Langtriebe bleiben jahrelang am Leben und bedingen einen sympodial gebauten, verholzenden Wurzelstock.

Kurztriebe (außerhalb des Blütenstandes) fehlen den dem Verfasser vorliegenden Herbarpflanzen ganz, nicht so den im Garten gezogenen Stöcken; hier entspringt in den Achseln beinahe aller Laubblätter, vornehmlich der unteren, ein winziger, gestauchter, etwa 5 bis 10 mm langer Kurztrieb, der aber in seiner Entwicklung stecken bleibt. Etwas ganz Entsprechendes kann man ja auch bei *Spiraea salicifolia* und verwandten Arten gelegentlich beobachten. Damit ist gezeigt, daß das Achsensystem von *Aruncus* im wesentlichen mit dem der vorangehenden Gattung vergleichbar ist, nur sind die oberirdischen Sproßabschnitte krautig, d. h. sie sterben, gleichgültig, ob sie zur Blüte gekommen sind oder nicht, beim Abschluß der Vegetationsperiode ab.

2. Die Blattspreite ist im Prinzip dreizählig gefiedert, d. h. das unterste Fiedernpaar ist den weiter oben stehenden gegenüber stark gefördert. Diese Tendenz zum palmaten Blatt ist bei Gewächsen mit in eine perennierende Basis und einen krautigen Lufttrieb differenzierten Langtrieben bzw. Monopodien sehr verbreitet; ein Phänomen, das, zusammen mit gleichartigen Umweltbedingungen, für die habituelle Ähnlichkeit so unverwandter Gattungen wie *Actaea*, *Aruncus* und *Astilbe* mit verantwortlich sein mag.

Blütenstand. Wie bei den abgeleitetsten Spiräen schließt eine Rispe den Langtrieb ab. Der unterste Rispenast steht meist in der Achsel eines regelrechten Laubblattes, die Tragblätter der weiter oben stehenden Rispenäste sind dagegen stark verkleinert und zu keilförmigen oder linealischen, am Vorderrand handförmig eingeschnittenen oder weiter oben dreispaltigen oder endlich ganz ungeteilten, abfälligen Schuppen verkümmert. Vom Gipfel des Blütenstands abgesehen, verzweigen sich die Rispenäste 1. Ordnung in die dichtblütigen, zylindrischen Traubenachsen, nur am Grund der Infloreszenz verzweigen sich die Rispenäste 1. Ordnung in solche 2. Ordnung, und erst diese sich in die Traubenachsen. Bemerkenswert ist die Stellung der Rispen-

Fig. 207. *Aruncus dioicus* (WALT.) FERNALD.
a Fruchtstand. *b* reife Balgfrucht.

äste 2. Ordnung: sie ist gewöhnlich abwechselnd, wie das der Blattstellung entspricht; nur die jeweils untersten Seitenachsen der Rispenäste 1. Ordnung, gleichgültig ob sie einfach bleiben oder sich abermals verästeln, stehen einander meistens gegenüber, wenigstens an gut entwickelten Pflanzen. Das wird bedingt durch die opponierte Anordnung der Vorblätter, von denen jedes einen achselständigen Infloreszenzast trägt. Diese Beobachtung ist nicht unwesentlich, denn sie läßt erkennen, wie die dichasialen Verzweigungen in manchen *Rosaceae*-Infloreszenzen entstanden sein dürften.

Die Blütenstandsachsen letzter Ordnung sind unbegrenzte Trauben, die sich akropetal entwickeln. Es bleibt zu untersuchen, wie sie sich zu den begrenzten Trauben von *Spiraea* und verwandten Gattungen verhalten.

Blütenverhältnisse. *Aruncus* ist in der Regel zweihäusig, doch kommen auch Individuen mit männlichen und zwitterigen Blüten in einer Infloreszenz wie auch solche mit lauter Zwitterblüten[1] vor. Die Blüten sind sehr zahl-

---

[1]) Hierüber vergleiche man: T. E. T. BOND, On Bisexual Flowers in *Aruncus sylvester*. Baileya **10**, 3, 89–91 (1962).

reich – nach KERNER bis 10.000 in einem Blütenstand. Gewöhnlich sind die männlichen Infloreszenzen dichter, die weiblichen lockerer. Der Anlockung der Insekten dient der reichlich erzeugte Pollen. Nektar sezernieren die Blüten nicht. Nach den Beobachtungen von O. PORSCH [Österr. Bot. Zeitschr. **97**, 289 (1950)] ist *Aruncus* eine Käferblume.

Samen. Die sehr leichten, feilspanförmigen Samen (einer wiegt 0,00008 g) werden schon durch die lokalen, kaum spürbaren Luftströmungen verfrachtet, die die ungleichmäßige Erwärmung des Waldesinneren verursacht.

Inhaltsstoffe und Verwendung. Die ganze Pflanze enthält ein cyanogenes Glykosid. Die Wurzel hat bitteren Geschmack. Radix, folia und flores Barbae caprae, also Wurzel, Blätter und Blüten, dienten ehemals als stärkende, leicht adstringierende, fieberwidrige Mittel.

Parasiten. Auf *Aruncus dioicus* lebt sehr häufig eine minierende Diptere, *Agromyza spiraeoidarum – arunci* HERING, die auf keiner anderen Pflanze vorzukommen scheint. Umgekehrt meiden die übrigen auf *Spiraea* und anderen *Rosaceae* minierenden Insekten diese Gattung, deren verwandtschaftliche Isolierung auch dadurch betont wird.

Zierpflanzen. Der Geißbart wurde schon im 17. Jahrhundert als Gartenpflanze empfohlen; seine volle Schönheit entfaltet er allerdings nur an hinreichend schattigen Stellen. Außer der einheimischen Art wird gelegentlich auch der japanische *Aruncus astilboides* MAXIM. gezogen, eine viel zierlichere Pflanze mit 20 bis 60 cm hohen Stengeln und tiefer eingeschnittenen Fiederblättchen; Balgkapseln aufrecht, nicht wie bei der heimischen Art nickend.

1460. Aruncus dioicus (WALT.) FERNALD in Rhodora **61**, 423 (1939). Syn. *Spiraea Aruncus* L. (1753). *Actaea dioica* WALT. (1788). *Aruncus vulgaris* RAFIN. (1838). *Aruncus silvestris* KOSTELETZKY (1844). *Astilbe Aruncus* TREVIR. (1855). *Aruncus Aruncus* (L.) KARSTEN (1880–83). Geißbart. Franz.: Barbe de bouc, barbe de chèvre. Ital.: Barba di capra. Tschech.: Udatna. Slowenisch: Kresničevje. Taf. 153, Fig. 1 und Fig. 207–209.

Hochstaude mit kräftigem, vielköpfigem und verholztem Wurzelstock und ½ bis 2 m hohem, krautigem, steif aufrechtem, unverzweigtem und kahlem Stengel. Laubblätter doppelt bis dreifach dreizählig, lang gestielt, der Stiel am Grunde scheidig verbreitert. Blättchen breit eiförmig oder länglich eiförmig, meist in eine lange Spitze ausgezogen, am Grund seicht herzförmig eingeschnitten oder gestutzt oder abgerundet bis kurz keilförmig, am Rand scharf doppelt gesägt, kahl oder beiderseits spärlich behaart, unten vor allem auf den Adern. Endblättchen gestielt, nicht selten elliptisch oder verkehrt eiförmig. Untere Stengelblätter mit dem Stiel ⅓ bis 1 m lang, nach oben kleiner werdend. Blütenstand bis ½ m lang, zuletzt überhängend, reichlich behaart. Blüten etwa ½ mm lang gestielt, die Blütenstiele zunächst aufrecht abstehend, bei der Fruchtreife bis 1 oder 1½ mm verlängert und herabgebogen. Kelchblätter ½ mm lang. Kronblätter der männlichen Blüten länglich keilförmig, vorne abgerundet, 1½ bis 2 mm lang, gelblich weiß, der weiblichen schmal verkehrt eiförmig, 1,2 bis 1,5 mm lang, rein weiß. Staubblätter 20 bis 30, 3 bis 4 mm lang, mit kugeliger Anthere, in den weiblichen Blüten zu Staminodien rückgebildet, etwa so lang wie die Kelchblätter. Fruchtblätter so lang wie die Kronblätter, kahl oder selten behaart. Fruchtbälge bis 3 mm lang, in das nach außen gebogene, kurze Stylodium zugespitzt, braun und kahl. Samen linealisch lanzettlich, 2 mm lang, mit häutiger, hellbrauner Schale. – Chromosomenzahl: $2n = 14$ und 18. – V bis VII.

Vorkommen. An feuchten, schattigen und humosen Standorten, vorzugsweise in Schluchtwäldern, auf Waldschlägen, an Bachufern und in Hochstaudenfluren der montanen und subalpinen Stufe, seltener in der Ebene. Steigt im Wallis bis 1650 m, im Kaukasus bis 2020 m auf. Am häufigsten auf kalkarmer Unterlage, doch bei hinreichender Humusauflage auch auf Kalkböden, gern mit Esche, Bergulme oder Bergahorn im Aceri-Fraxinetum (Arunco-Aceretum), auch in Alno-Padion-Gesellschaften (Bergbach-Auen).

Allgemeine Verbreitung. West-, Mittel- und Osteuropa, südlich bis in die Pyrenäen, mittleren Apeninnen und illyrischen Gebirge (bis Albanien), westlich bis Westalpen, südlicher Jura, Vogesen, östlich bis Nordostpolen (Bialowieza), Kiew, Siebenbürgen, Rhodopen. Außerdem im

Fig. 208. *Aruncus dioicus* (WALT.) FERNALD. Männliche Pflanze. (Aufn. O. FEUCHT).

Fig. 209. *Aruncus dioicus* (WALT.) FERN. Ausschnitt aus einer Fruchttraube. (5 mal vergrößert. Aufn. TH. ARZT).

Kaukasus und Himalaja. In Ostsibirien und Nordamerika sehr ähnliche, spezifisch kaum verschiedene Rassen.[1])

Verbreitung im Gebiet. In Deutschland im Süden in den Alpen und im oberen Teil der Schwäbisch-bayerischen Hochebene verbreitet, in ihren unteren Teilen, im Jura und auf Muschelkalk zerstreut, im Keupergebiet wieder häufiger, ebenso in den Silikatgebirgen wie dem Bömisch-Bayerischen Wald, den mitteldeutschen Gebirgen, dem Schwarzwald und den Vogesen, ziemlich verbreitet, aber nur selten in die Ebene vordringend; fehlt z. B. in der oberrheinischen Ebene ganz. Absolute Nordwestgrenze: Echternach, Trarbach, Hohensolms bei Wetzlar, Vogelsberg, südliche Rhön, Bad Liebenstein, Hayn bei Erfurt, Hornburger Sattel (Riestedt), Grimma, Meißen, Bautzen. In Mitteldeutschland vom Charakter einer „östlichen Bergwaldpflanze" (MEUSEL) mit Häufigkeitsgefälle gegen Nordwesten [vgl. Verbreitungskarte bei MEUSEL, Hercynia 1, 2 (1938)]: häufig im Lausitzer Gebirge, in der Sächsischen Schweiz und im Ost-Erzgebirge, weniger häufig auch im Vogtland, im östlichen Thüringer Wald und in der Ostthüringischen Buntsandsteinlandschaft (Gera, Stadtroda, Eisenberg), nur noch vereinzelt im westlichen Thüringer Wald und im Unterunstrut-Helme-Gebiet (Ziegelrodaer Forst, Finne, Schrecke, Riestedt), im Harz bereits völlig fehlend. In den abgetrennten Ostgebieten nur in Schlesien. – In Österreich, vom pannonischen Florengebiet abgesehen, weit verbreitet, desgleichen in der Schweiz.

Wie viele verwandtschaftlich isolierte Arten bildet auch *Aruncus dioicus* kaum Abänderungen.

Begleitpflanzen. *Aruncus dioicus* ist in verschiedenen Schluchtwald-Gesellschaften und in verwandten Assoziationen verbreitet, aber in bester Entfaltung an den humusreichen Hangfüßen anzutreffen. Bezeichnende Begleiter sind: *Abies alba* MILL., *Acer Pseudoplatanus* L., *Fagus silvatica* L., *Ulmus glabra* HUDS., *Lonicera alpigena* L., *Actaea spicata* L.,

---

[1]) Der nomenklatorische Typus von *Aruncus dioicus* stammt aus Carolina und gehört ziemlich sicher einer anderen Rasse an als die europäischen Pflanzen. Da der Verfasser aber kein amerikanisches Material besitzt, kann er über die Unterschiede nichts mitteilen und keine neue Subspezies vorschlagen. Hält man die europäische und die amerikanische Sippe für zwei verschiedene Arten, wie das z. B. TUTIN und LÖVE tun, dann heißt die europäische Pflanze *A. vulgaris* RAFIN.

Circaea alpina L., *Epilobium montanum* L., *Festuca altissima* ALL., *Hordelymus europaeus* (L.) HARZ, *Matteuccia Struthiopteris* (L.) TODARO, *Phyteuma spicatum* L., *Polygonatum verticillatum* (L.) ALL., *Polystichum aculeatum* (L.) ROTH, *Prenanthes purpurea* L., *Senecio nemorensis* L. subsp. *Fuchsii* (GMEL.) ČELAK., *Veronica latifolia* L. und andere mehr.

Volksnamen. Die meisten Volksnamen beziehen sich auf den rispigen, bartähnlichen Blütenstand: Geißbart (in verschiedenen Mundarten), Bocksbart, Waldbart (Schweiz). Unseres Hergots-Barterl (Niederösterreich); Fedderbusk (Bremen). Im Böhmerwald nennt man die Pflanze nach ihrer volksmedizinischen Verwendung bei Frauenkrankheiten Bärmutterstäuße (vgl. auch *Filipendula Ulmaria*), im Züricher Oberland nach der hirseähnlichen Tracht der reifen Fruchtstände Wildhirs. Zu Imme-, Bienlikrut (Baden), Imbelichrut (Aargau) vgl. *Filipendula Ulmaria*, S. 271. In Tirol heißt die Pflanze Johanniswedel.

382. Filipendula[1]) MILLER, Gard. Dict. ed. 8 (1768). Syn. *Ulmaria* HILL (1769). Mädesüß.

Hochwüchsige, unbewehrte Stauden mit abwechselnden, unterbrochen gefiederten, seltener handförmig gelappten Laubblättern und großen, mit dem Blattstiel verbundenen Nebenblättern. Blüten zwitterig, weiß, gelblich weiß oder purpurn, ziemlich klein, in vielblütigen, ebensträußig verkürzten Rispen. Kein Außenkelch. Kelchblätter 5 oder 6, dreieckig eiförmig, am Grund kurz in einen fast flachen oder nur wenig ausgehöhlten Blütenbecher verwachsen; Blütenbecher bei der Fruchtreife vertrocknend. Kronblätter in der Zahl der Kelchblätter, verkehrt eiförmig bis spatelig, 2 bis 10 mm lang. Staubblätter 20 bis 40, mit schmälerem Grunde der Innenseite des Blütenbechers eingefügt. Kein Diskusring. Fruchtblätter 5 bis 15, frei, mit 2 hängenden Samenanlagen und einem endständigen Stylodium, bei der Reife trocken, lederig, einer Balgfrucht ähnlich, aber **nicht aufspringend**. Samen durch Verkümmerung einer Samenanlage einzeln in den Karpellen, länglich elliptisch, flach.

Filipendula ist mit etwa 10 Arten, die zum Teil erheblich voneinander abweichen, über die nördliche gemäßigte Zone verbreitet; der Schwerpunkt der Entwicklung liegt, wie bei fast allen mesophilen Gattungen dieses Arealmusters, in Ostasien.

Gliederung der Gattung. JUZEPCZUK zerlegt die Gattung *Filipendula* in 3 Untergattungen:

    a) Fruchtblätter länglich lanzettlich oder eiförmig, mit schmaler Basis sitzend.

Untergattung **Aceraria** JUZ. Wurzeln fadenförmig, unverdickt. Spreite der Laubblätter wegen der Verkümmerung der Seitenfiedern häufig nur oder fast nur aus dem handförmig gelappten Endblättchen bestehend. – *Aceraria* gliedert sich in 2 Sektionen:

    I. Sektion *Schalameya* JUZ. Fruchtblätter gestielt, meist in der Zahl der Kronblätter. Diese Sektion ist ganz auf Ostasien beschränkt. Als Zierstauden werden gelegentlich gezogen: *F. kamtschatica* (PALL.) MAXIM. aus dem Amurgebiet, Sachalin und Kamtschatka. Laubblätter meist handförmig drei- bis fünflappig, ohne Fiederblätter oder mit sehr kleinen, eiförmigen; Spreite unterseits rotzottig behaart. Blüte weiß. Fruchtblätter lang behaart. – *F. purpurea* MAXIM. aus Japan und dem Ussurigebiet, ähnlich voriger ohne oder mit sehr wenigen, kleinen, eiförmigen Seitenfiedern und um so größeren, handförmig fünf- bis siebenspaltigen Endblättchen, aber Stengel und Blätter kahl. Blüten meist pupurn, selten rein weiß mit roten Staubfäden; Fruchtblätter kahl oder spärlich behaart.

    II. Sektion *Albicoma* JUZ. Fruchtblätter sitzend, meist doppelt so viele wie Kronblätter. Hierher gehört neben einigen ostasiatischen Arten wohl auch die im atlantischen Nordamerika von Pennsylvanien bis Georgia verbreitete

---

[1]) Der Name kommt zuerst in dem Antidotarium (Rezeptsammlung) des Salernitaners NIKOLAOS PRAEPOSTIUS im 12. Jahrhundert vor und bezieht sich wohl auf die an dünnen Wurzeln hängenden Knollen der *F. vulgaris*, die bis zu TOURNEFORT allein diesen Namen trug.

F. rubra (HILL) ROB., Syn. *F. lobata* (GRONOV.) MURRAY mit wohlentwickelten, handförmig drei- bis fünfspaltigen Seitenfiedern der Laubblätter und rosafarbenen Blüten. Diese Art ist die „*Spiraea venusta*" der Gärtner.

b) Fruchtblätter halbherzförmig, scheinbar mit der Bauchseite sitzend, meist zahlreicher als die Kronblätter.

Untergattung **Ulmaria** (MOENCH pro gen.) JUZ. Wurzeln fadenförmig, nicht verdickt. Fruchtblätter schraubig zusammengedreht. Hierher wahrscheinlich nur eine einzige Art, *F. Ulmaria*, die allerdings formenreich und weit verbreitet ist.

Untergattung **Filipendula** (L.). Wurzeln in der Mitte knollig verdickt. Fruchtblätter gerade. Nur eine Art, *F. vulgaris*.

Vegetationsorgane. Das Achsensystem stimmt im wesentlichen mit dem von *Aruncus* überein, nur wächst die aus dem perennierenden Basalteil des Monopodiums entspringende Erneuerungsknospe, die das sympodiale Rhizom fortsetzt, unverzüglich weiter und bildet eine Rosette von Laubblättern, die bei *F. Ulmaria* im Herbst absterben. Der sich im folgenden Jahr bildende blühende Stengel trägt nur wenige Blätter. Kurztriebe fehlen oder sind ganz rudimentär.

Die Laubblätter unserer einheimischen Arten sind unterbrochen gefiedert, d. h. verhältnismäßig große Fiederblättchen wechseln mit sehr viel kleineren ab. Diese Art der Fiederung ist zwar nicht auf die *Rosaceae* beschränkt, aber für viele Gattungen sehr charakteristisch. Bei *F. Ulmaria* und *F. vulgaris* stehen die größeren paarigen Fiederblättchen dem Endblättchen in ihrer Größe nicht viel nach, bei den Arten der Untergattung *Aceraria* verschwinden sie vielfach, so daß aus dem Fiederblatt ein einfaches, handförmig gelapptes Blatt wird; das ist aber nichts weiter als das allein erhalten gebliebene Endblättchen.

Blütenstand. Die Inflorescenzen sind stark abgeleitet: das Monopodium schließt mit einer einzelnen Blüte ab, unter der in spiraliger Anordnung, aber nur durch ganz kurze Internodien voneinander getrennt, mehrere Seitenachsen 1. Ordnung auszweigen. Diesen doldentraubigen Blütenstandsästen fehlen, wie allen weiter oben folgenden Seitenachsen, im allgemeinen die Tragblätter; die Seitenachsen 1. Ordnung überragen zwar die das Monopodium abschließende Blüte sämtlich, sind aber ihrerseits ganz ungleich: die äußeren sehr kräftig und sich nun nach dem Vorbild des Langtriebs in einer Endblüte erschöpfend, unter der ebenfalls doldentraubig angeordnete Inflorescenzäste (2. Ordnung) entspringen, wenn auch in geringerer Zahl; nach innen, gegen die Terminalblüte hin, werden die Inflorescenzäste 1. Ordnung schwächer und unter ihrer Endblüte stehen nunmehr 2 Seitenachsen 2. Ordnung oder eine einzige; die schwächsten und innersten Blütenstandsäste 1. Ordnung sind ganz unverzweigt und bis auf ihre sehr lang gestielte Endblüte reduziert.

Nicht selten, vor allem an üppigen Pflanzen, rücken die untersten Inflorescenzen 1. Ordnung weit ab vom Gipfel des Langtriebs und entspringen dann stets aus der Achsel eines laubigen Tragblattes. Je weiter ihr Ursprung vom Gipfel des Langtriebs abliegt, um so länger ist ihr erstes Internodium und um so reicher der Ebenstrauß 2. Ordnung. Die distalsten Verzweigungen des Blütenstands sind mehr oder weniger dichasial, aber mit stark ungleicher Ausbildung der Seitenachsen, oder monochasial.

Blütenverhältnisse. Die Blüten sind gewöhnlich zwitterig, doch kommen bei *Filipendula Ulmaria* auch rein männliche vor. Sie sind gewöhnlich homogam bis schwach proterandrisch. Die Staubblätter sind anfangs über die Karpelle gebogen, dann krümmen sie sich, erst die äußeren, dann die inneren, nach außen. Die Bestäubung vermitteln Insekten der verschiedensten Ordnungen, wie Bienen, verschiedene Dipteren-Familien, auch Käfer, doch sind die Pflanzen nicht auf den Insektenbesuch angewiesen, denn wenn dieser ausbleibt, erfolgt regelmäßig Selbstbestäubung. Die Bestäuber werden durch den Pollen angelockt; Nektar führen die Blüten nicht.

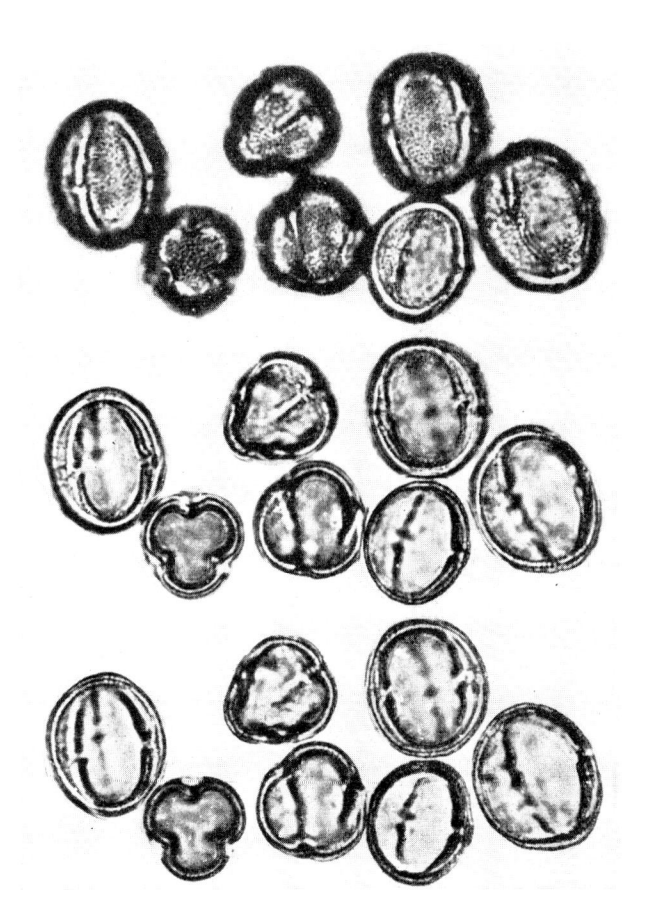

Fig. 210. Pollenkörner von *Filipendula Ulmaria* (L.) MAXIM. Gruppen von Pollenkörnern in verschiedenen Lagen: Polansichten, Äquatoransichten und schräge Lagen. *a* hohe Einstellung. *b* mittlere Einstellung. *c* tiefste Einstellung, die Pollenkörner vielfach im optischen Schnitt zeigend (etwa 900mal vergrößert. Mikrofoto H. STRAKA).

Pollen und Fossilfunde. Die tricolporaten, prolat-sphäroiden bis subprolaten (18 × 16μ) Pollen mit schlitzförmigen, zum Äquator gestreckten Ora und spitzen *(Filipendula Ulmaria)* oder stumpfen *(F. vulgaris)* Fortsätzen auf der Exine sind im Quartär nicht selten. Viel spärlicher sind Fruchtfunde, nur im Spätglazial finden sich Pollen und Fruchtreste öfters.

Inhaltsstoffe und Verwendung. Beide einheimischen Arten enthalten einerseits die Glykoside Gaultherin und Spiräin; mit dem Enzym Gaultherase spaltet das erstgenannte Salicylsäuremethylester (= spirige Säure) ab. Das Spiräin liefert bei der Destillation Salicylaldehyd. Anderseits kommen in *Filipendula* die Flavonolglykoside Avicularin und Hyperin vor. – In der Volksmedizin werden die *Filipendula*-Arten nurmehr selten verwendet; früher waren sie als Diureticum, bei Nieren- und Blasensteinen, Kropf, gegen Epilepsie und Eingeweidewürmer in Gebrauch.

Parasiten. Wie die meisten *Rosaceae* hat auch *Filipendula* unter dem Befall zahlreicher tierischer und pilzlicher Schmarotzer zu leiden. Auf beiden einheimischen Arten verursachen die Gallmücken *Perrisia pustulans* RÜBS. und *P. ulmariae* BREMI Blattgallen und *P. engstfeldii* RÜBS. Blütengallen. In den Blättern minieren die Larven der Dipteren *Agromyza spiraeae* KALTB. und *A. rubi* BRI. (sie erzeugen Gangminen), der Hymenoptere *Fenella nigrita* WESTW. (erzeugt beidseitige Platzminen) sowie mehrere Kleinschmetterlinge, wie *Coleophora albicostella* DP., *C. paripenella* Z. und *Cnephasiella incertana* T. Diese Minenerzeuger sind mehr oder weniger polyphag und zumindest auch auf anderen *Rosaceae* häufig; nicht so die beiden an *Filipendula* gebundenen *Stigmella*-Arten, deren eine, *St. ulmariae* WOCKE, nur auf *F. Ulmaria* lebt, während *St. filipendulae* WOCKE monophag in den Blättern von *F. vulgaris* frißt. – Ähnlich verhalten sich die Rost- und Brandpilze, von denen *Triphragmium Ulmariae* LK. und *Erysiphe Ulmariae* KICKX auf *Filipendula Ulmaria* und *Aruncus dioicus* leben, *F. vulgaris* davon aber nicht befallen wird; letztgenannte beherbergt dagegen die Arten *Triphragmium Filipendulae* PASS. und *Urocystis Filipendulae* FUCK., die nicht auf die erste Art übergehen. Anderseits finden sich auf *Filipendula* auch mehrere polyphage Pilze, wie *Synchytrium aureum* SCHRÖT. und andere mehr.

Zierpflanzen. Große gärtnerische Bedeutung hat die Gattung nicht, doch werden die S. 266 angeführten fernöstlichen Arten, besonders aber die amerikanische *Filipendula rubra* als Feuchtigkeit liebende Wildstauden gezogen.

Artenschlüssel.

1 a Die größeren Seitenfiedern in (1–) 2 bis 5 Paaren, 1 bis 4 cm breit. Wurzeln dünn. Fruchtblätter zusammengedreht . . . . 1461. *F. Ulmaria* (L.) MAXIM.

1 b Die größeren Seitenfiedern in 10 bis etwa 40 Paaren, 4 bis 8 mm breit. Wurzeln spindelförmig verdickt. Fruchtblätter gerade . . . . 1462. *F. vulgaris* MOENCH

1461. Filipendula Ulmaria[1]) (L.) MAXIM. in Act. hort. Petrop. 6, 251 (1879). Syn. *Spiraea Ulmaria* L. (1753). *Ulmaria pentapetala* GILIB. (1782) nom. illeg. *U. palustris* MOENCH (1794). Echtes Mädesüß, Rüsterstaude, Wiesengeißbart. Engl.: Meadow-sweet, queen of the meadows. Franz.: Reine des prés, ulmaire. Slowenisch: Močvirski oslad. Tschechisch: Tužebník jilmový. Dän.: Almindelig, Mjødurt (= Metkraut). Schwed. Ölgräs (= Bierkraut), Älgräs (= Elchkraut). Ital.: Olmaria. Taf. 152, Fig. 5.

Stattliche Staude mit waagrechtem, sympodialem, verholztem, knotig verdicktem Wurzelstock und fadendünnen Wurzeln und 0,6 bis 1,5 (selten bis 2) m hohem, steif aufrechtem, einfachem oder meist oberwärts ästigem, entfernt beblättert kantigem und kahlem Stengel. Laubblätter unterbrochen gefiedert, die unteren lang gestielt, die oberen fast sitzend; die größeren Seitenfiedern in 1 bis 5 Paaren, spitz eiförmig, am Grund abgerundet oder kurz keilförmig, am Rand doppelt gesägt bis gezähnt, 3 bis fast 10 cm lang und 1 bis 4 cm breit; die kleineren damit ab-

---

[1]) Den Namen Ulmaria hat CLUSIUS als Übersetzung der deutschen Rüsterstaude (wegen der angenommenen Ähnlichkeit der Blattabschnitte mit Ulmenblättern) eingeführt. Den klassischen Autoren dürfte diese dem Mittelmeergebiet fremde Art nicht bekannt gewesen sein. Im 16. und 17. Jahrhundert nannte man sie Geiß- oder Bocksbart (vgl. *Aruncus*, S. 266), Barba caprae oder Barba hirci, auch im Gegensatz zur Barba caprae major, unserem *Aruncus*, B. caprae foliis compactis (so bei BAUHIN), ferner Argentilla major (THAL) und Regina prati, welcher Name wohl eine Übersetzung des englischen Namens darstellt, der seinerseits wohl durch Umdeutung der skandinavischen Namen (meadow aus mjöd = Met) entstanden ist.

wechselnd, gezähnt und nur wenige mm lang, selten fehlend. Endblättchen drei- oder gelegentlich fünflappig, die Lappen in Form und Größe den (größeren) Seitenfiedern entsprechend, und wie diese oberseits dunkelgrün und meist kahl, unterseits dicht grau- bis weißfilzig oder grün und nur auf den Adern behaart, selten ganz kahl. Nebenblätter zumal der stengelständigen Laubblätter ansehnlich, nierenförmig oder fast herzförmig, gezähnt. Blütenstand eine reichblütige, zusammengesetzte Doldentraube mit aufrechten, stark ungleichen Ästen, die Verzweigungen letzter Ordnung annähernd dichasial oder monochasial. Blüten teils sitzend, teils mäßig lang gestielt, die Blütenstiele wie die Infloreszenzäste dünn flaumhaarig. Kelchblätter meist 5 oder 6, dreieckig, spitz, etwa 1 mm lang, nach der Blüte zurückgeschlagen, außen flaumhaarig. Kronblätter verkehrt eiförmig, ziemlich plötzlich in den kurzen Nagel verschmälert, 2 bis 5 mm lang, gelblich weiß. Staubblätter 20 bis 40, bis doppelt so lang wie die Kronblätter, mit rundlicher Anthere. Fruchtblätter meist 5 bis 12, halbherzförmig, kahl, mit etwa 0,7 mm langem, eine plötzlich verbreiterte, abgeflacht-kugelige Narbe tragendem Stylodium. Früchtchen bei der Reife schraubig zusammengewunden, 2 bis 2½ mm lang, kahl und braun, durch Verkümmerung einer Samenanlage einsamig. – Chromosomenzahl: 2 n = 14 und 16. – VI bis VIII.

Fig. 211. *Filipendula Ulmaria* (L.) MAXIM. (Aufn. TH. ARZT).

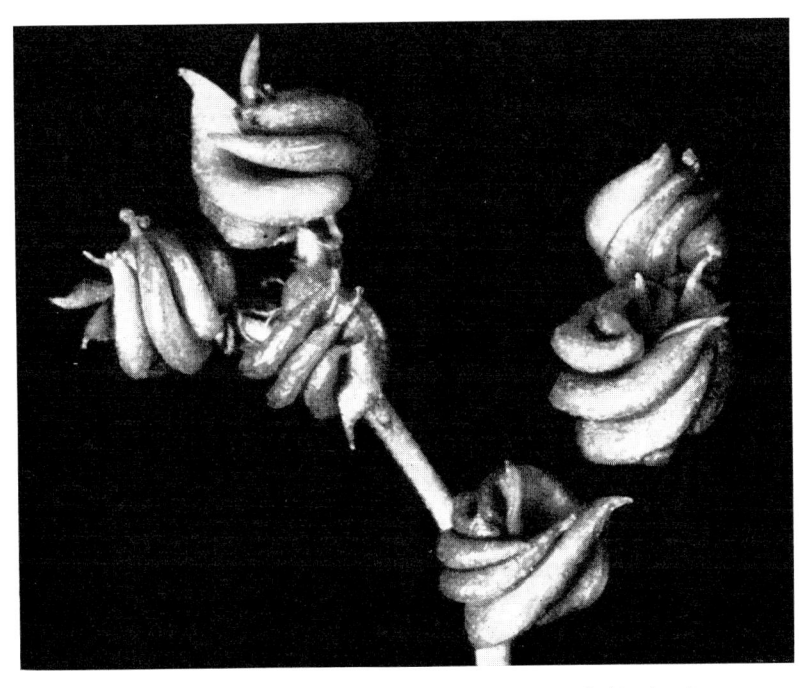

Fig. 212. *Filipendula Ulmaria* (L.) MAXIM. Früchtchen (Aufn. TH. ARZT).

Vorkommen. In Streuwiesen, Uferröhricht, lichten Auwäldern, vor allem in Hochstaudenfluren tieferer Lagen; nur selten bis in die subalpine Stufe ansteigend (in Oberbayern bis 1360 m, in Graubünden am Ofenberg bis 1800 m, im Wallis bis etwa 1660 m). Auf kalkarmem wie kalkreichem Substrat, aber mit Vorliebe auf nährstoffreichen Böden, vor allem im Filipendulo-Petasition, Molinietalia-Ordnungs-Charakterart, auch im Alno-Padion.

Allgemeine Verbreitung. Europa und Nordasien bis in die östliche Mongolei; nach Norden bis Island und zum Nordkap, im Süden nur in den Gebirgen, im eigentlichen Mittelmeergebiet fehlend.

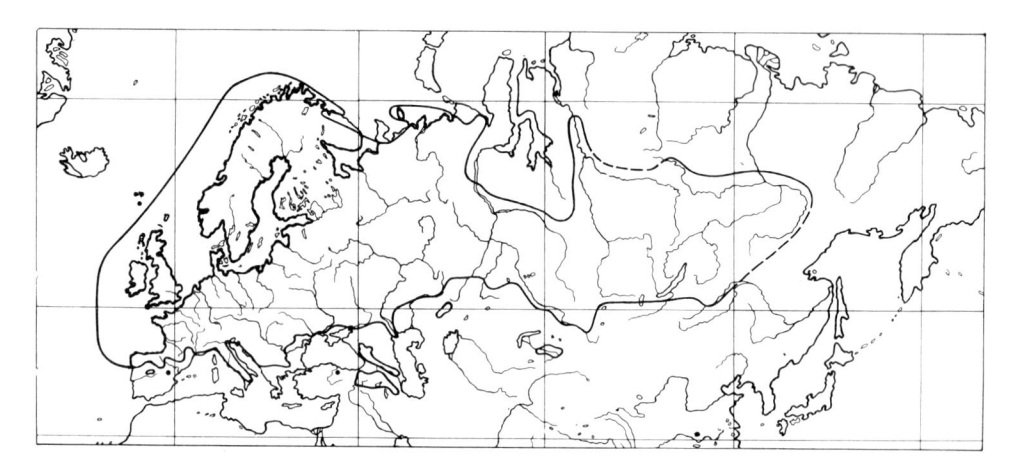

Fig. 213. Verbreitung von *Filipendula Ulmaria* (L.) MAXIM. (nach MEUSEL, JÄGER und WEINERT, Manuskript).

Im Gebiet fast allgemein verbreitet, fehlt nur auf den Ostfriesischen Inseln, den höchsten Erhebungen der Alpen und in Istrien.

Filipendula Ulmaria ist etwas veränderlich, sowohl in der Behaarung als auch in der Form der Laubblätter:

1. var. *nivea* (WALLR.) SCHINZ et KELLER.[1]) Syn. *Spiraea glauca* SCHULTZ. *S. Ulmaria* α *nivea* WALLR. *Filipendula Ulmaria* α *tomentosa* (CAMBESSEDES) MAXIM. Endblättchen dreilappig, die größeren Seitenfiedern eiförmig bis länglich eiförmig, ungeteilt, oberseits meist kahl, alle auf der Unterseite mehr oder weniger dicht grau- oder weißfilzig. – So im südlichen Mitteleuropa in den höheren Gebirgslagen, z.B. am Feldberg im Schwarzwald (und darüber hinaus bis in den Kaukasus, die Dschungarei und Ostsibirien) verbreitet, im Alpengebiet die dominierende Rasse; seltener im Norden des Gebiets.

2. var. *denudata* (PRESL) BECK[1]). Syn. *Spiraea denudata* PRESL. Teilung der Fiederblättchen wie bei var. *nivea*, aber die Unterseite grün, nur auf den Adern behaart, selten ganz kahl. – So vor allem in Nordeuropa, im Süden des Gebiets seltener; scheint nach Osten den Ural nicht zu überschreiten, wird aber für den Kaukasus angegeben.

Nach den Untersuchungen von R. H. YAPP[2]) sind die Varietäten *nivea* und *denudata* keine Modifikationen. Beide zeigen periodische Änderungen in ihrem Haarkleid. In jedem Fall bilden die Keimpflanzen nur kahle Blätter, und manchmal sind bis zum 9. Lebensjahr alle Laubblätter kahl. Ebenso sind, auch bei var. *nivea*, die ersten Blätter jedes Jahres kahl. An den Blütensprossen der var. *nivea* steigert sich die Behaarung in akropetaler Folge, und an den einzelnen Laubblättern

---

[1]) Der Bearbeiter konnte sich nicht entschließen, der Vorschrift der Nomenklaturregeln nachzukommen und den Artnamen für eine der beiden Varietäten zu verwenden. Beide hier als Varietäten behandelten Sippen wurden 1819 von verschiedenen Autoren als Arten von *Spiraea Ulmaria* abgetrennt, unsere var. *nivea* als *S. glauca* SCHULTZ, var. *denudata* als *S. denudata* PRESL. Ohne zu wissen, welche von beiden Emendationen zuerst erschienen ist, bleibt die Beibehaltung des Artnamens für eine Varietät willkürlich. Die Mehrzahl der Schriftsteller betrachtet var. *nivea* als den Typus, wie übrigens auch JUZEPCZUK.

[2]) *Spiraea Ulmaria* and its bearing on the problem of xeromorphy in marsh plants. Ann. of Botany **26**, 815 (1912).

sind die oberen Fiedern stärker behaart als die unteren. Von den rosettig gedrängten Blättern der nicht blühenden Rhizomäste sind die im Frühjahr und Herbst gebildeten mehr oder weniger kahl, die Sommerblätter dagegen behaart. Diese Beobachtungen geben nach Meinung des Bearbeiters (HUBER) Auskunft über die Entstehung der var. *denudata*: diese ist nämlich eine fixierte Jugendform der var. *nivea*, die, phylogenetisch betrachtet, die Stammform ist. Dafür sprechen auch die unterschiedlichen Areale beider Varietäten, siedelt doch die kahle Sippe vorwiegend im Gebiet der größten diluvialen Vergletscherung, während var. *nivea* auch in den davon weniger betroffenen Gegenden verbreitet ist.

3. var. *quinqueloba* (BAUMG.) ASCHERS. et GRAEBNER. Syn. *Spiraea quinqueloba* BAUMG. *F. Ulmaria* (L.) MAXIM. subsp. *quinqueloba* (BAUMG.) PODPĚRA. Endblättchen tief fünflappig, die größeren Seitenfiedern dreilappig, alle unten grün und nur auf den Adern dünn behaart. – Diese ursprünglich aus Siebenbürgen beschriebene Rasse soll auch in den Süd- und Ostalpen vorkommen und später blühen als die beiden vorangehenden Varietäten. Sie erinnert durch ihre Blatteilung an die amerikanische *Filipendula rubra* (S. 266) und verdient nähere Untersuchung. Nach DOSTÁL auch in der Slowakei in schattigen und feuchten Wäldern der Karpaten.

In den Formenkreis von *Filipendula Ulmaria* gehört auch die erst neuerdings für Mitteleuropa nachgewiesene *Filipendula stepposa* JUZ. in KOMAROW, Fl. URSS **10**, 617 (1941). Syn. *F. Ulmaria* (L.) MAXIM. var. *Picbaueri* PODPĚRA (1922). Steppen-Mädesüß. Der Stengel ist niedriger als bei *F. Ulmaria* und im oberen Teil filzig behaart. Laubblätter derber und manchmal fast ledrig, am Rande häufig kraus gewellt, oberseits meist striegelhaarig, unterseits dicht weißfilzig. Blütenstandsachsen kräftiger und Blüten größer als bei *F. Ulmaria*. Nach H. METLESICS haben die Blüten von *F. stepposa* einen fein säuerlichen Geruch, die von *F. Ulmaria* duften fade süßlich. – Diese zunächst nur aus dem östlichen europäischen Rußland und aus Sibirien bekannte Sippe kommt nach A. NEUMANN (1959) auch in Niederösterreich in den Marchauen (von Hohenau abwärts) vor.

Begleitpflanzen. *Filipendula Ulmaria* gedeiht in optimaler Entwicklung auf Streuwiesen und an Bachrändern auf nassem, humosem Boden, in Gesellschaft von *Achillea Ptarmica* L., *Caltha palustris* L., *Calystegia sepium* (L.) R. BR., *Cirsium oleraceum* (L.) SCOP., *Colchicum autumnale* L., *Geranium palustre* L., *Epilobium hirsutum* L., *Hypericum tetrapterum* FR., *Sanguisorba officinalis* L., *Stachys paluster* L., *Valeriana officinalis* L. und anderen Arten.

Verwendung. Die Flores Spiraeae Ulmariae, die Radix, herba et flores Reginae prati oder Herba Barbae Caprae sind nur noch in Frankreich und Belgien offizinell, bei uns höchstens noch als Volksmittel zu Blutreinigungskuren, als Adstringens, Diureticum, Antispasmodicum, Stomachicum, Stypticum, zu Pflastern, gegen Kropf, Blutungen, Eingeweidewürmer usw. in Gebrauch. – In Skandinavien werden die Blüten seit alters dem Met und Bier als Aroma zugesetzt. In Island stellte man durch Zusatz von Eisenerde aus dem Kraut eine schwarze Farbe her. – Vom Vieh wird das Mädesüß nur jung gern gefressen und ist dann auch als Notgemüse brauchbar.

Volksnamen. Die Benennungen Mäsöt, Sötmei [Umkehrung des erstgenannten Namens], Mäkrut, Melsöt (Lübeck), Miärsöt (Westfalen) entsprechen wohl dem (Bücher-)Namen Mädesüß, das seinerseits im engl. meadow-sweet (Wiesensüß) und im dänischen mjødurt (Metkraut, nach der Verwendung der Blüten als Zusatz zu Getränken) wiederkehrt, also mit „Mädchen" nichts zu tun hat. In vielen Gegenden wird die Pflanze zum Ausreiben der Bienenstöcke benützt, daher Immenkraut (Schleswig), Impenkraut (bayerisch-österreichisch), Imbelichrut (Schweiz), Beinkraut [Bienenkraut] (bayerisch-österreichisch), Beinnosset (Böhmerwald), Beietrost (Aargau). Zu großer Happelbort [Bocksbart] (Oberharz), Geistbart [statt Geiß-] (Riesengebirge), Bocksbart (Aargau) vgl. *Aruncus dioicus*, S. 266. Wilder Flieder (Ostpreußen: Saalfeld), falscher Holler (Böhmerwald), wilder Holler (Baden) beziehen sich auf die äußerliche Ähnlichkeit der Blütenstände mit denen des Holunders. Auf die volksmedizinische Verwendung weisen hin Bärmuttersträuße [vgl. *Aruncus dioicus* S. 266], (Böhmerwald), Frauwenkrud (Gotha), Krampfkrut (Elsaß). Andere Benennungen sind schließlich Muckröem (Untere Weser), Brannwiensblome [Geruch der Blüten] (Bremen), Sötbeeten (Mecklenburg), Roodstengel (Untere Weser), Federblume (Westfalen), Stolzer Heinrich (Nordböhmen), Honigblüte (Riesengebirge), Geissleitere [vgl. *Filipendula vulgaris*, S. 274] (Schweiz), Därrfleisch (Gotha).

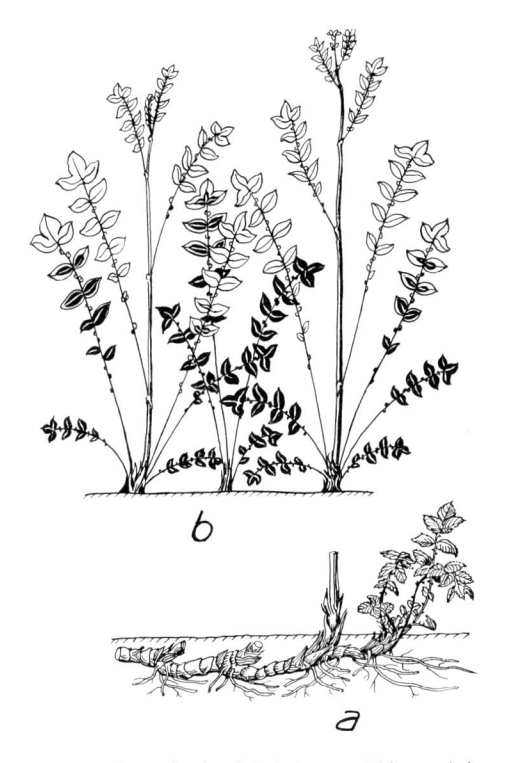

Fig. 214. *Filipendula Ulmaria* (L.) MAXIM. *a* Rhizom mit der Basis eines blühenden Stengels und steriler Rosette. *b* Schema der Haar-Entwicklung bei var. *nivea* (WALLR.) SCHINZ et KELLER. Die schwarz gehaltenen Blatteile sind kahl und meist etwas gerötet (nach YAPP).

1462. Filipendula vulgaris MOENCH, Meth. 663 (1794). Syn. *Spiraea Filipendula*[1]) L. (1753). *Filipendula hexapetala*[2]) GILIB. (1781) nom. illeg. *Ulmaria Filipendula* (L.) KOSTELETZKY (1844). Knolliges Mädesüß, Roter Steinbrech. Engl.: Dropwort. Franz.: Filipendule. Slowenisch: Gomoljasti oslad. Wendisch: Smałanka. Tschechisch: Tužebník šestiplátečný. Dän.: Knoldet Mjødurt. Schwed.: Brudbröd, Swinmandlar. Ital. Erba peperina. Fig. 215 und 216.

Etwa 30 bis 80 cm hohe Staude mit wenig verdickter, senkrechter oder aufsteigender Grundachse und knolligen, spindelförmig bis selten fast kugelig angeschwollenen Wurzeln. Stengel gewöhnlich aufrecht, einfach oder gelegentlich oberwärts verzweigt, am Grund rosettig, oberwärts sehr entfernt beblättert, krautig, kahl, stielrund oder schwach gerillt. Laubblätter unterbrochen gefiedert, kurz oder undeutlich gestielt bis sitzend; die größeren Seitenfiedern in 10 bis etwa 40 Paaren (nur an den oberen Stengelblättern auch weniger), im Umriß länglich, vorne stumpflich oder spitz, mit breitem Grunde sitzend oder keilförmig verschmälert, am Rande einfach oder doppelt gezähnt oder fiederlappig mit ungleich wenigzähnigen Lappen, 1 bis 2½ cm lang und (mit den Zähnen) 4 bis 8 mm breit; die kleineren damit abwechselnd, tief handförmig drei- bis fünfspaltig, nur wenige mm lang. Endblättchen tief dreispaltig, die Abschnitte den größeren Seitenfiedern gleich gestaltet und wie diese beiderseits grün, oben kahl, unten auf den Nerven etwas behaart. Nebenblätter der Grundblätter trocken braunhäutig, die der oberen Stengelblätter krautig, mäßig groß, halbeiförmig, grob gezähnt. Blütenstand eine reichblütige, zusammengesetzte Doldentraube mit aufrechten, ungleich langen und starken Ästen; Verzweigungen letzter Ordnung dichasial oder monochasial. Blüten zum Teil fast sitzend, zum Teil ziemlich lang gestielt, die Blütenstiele wie der ganze Blütenstand kahl. Kelchblätter meist 6, rundlich eiförmig, stumpf, kaum 1 mm lang, zurückgeschlagen. Kronblätter länglich verkehrt eiförmig, allmählich in den Nagel verschmälert, 5 bis 9 mm lang, weiß. Staubblätter 20 bis 40, so lang wie die Kronblätter oder doch nur wenig länger als diese. Fruchtblätter 6 bis 12, halbherzförmig, behaart, mit ⅓ bis ½ mm langem, eine schirmförmig verbreiterte Narbe tragendem Stylodium. Früchtchen gerade (nicht schraubig gewunden), etwa 2 mm lang, dicht behaart, hell braun, durch Verkümmerung einer Samenanlage einsamig. – Chromosomenzahl: 2 n = 14 und 15. – V bis VII, vereinzelt nochmals im Herbst.

Vorkommen. In Trockenrasen und Magerwiesen, lichten Gebüschen und sonnigen Föhrenwäldern, vorwiegend auf kalkhaltiger, toniger, wechseltrockener Unterlage. Steigt vom Tiefland bis in die montane Stufe, in Oberbayern bis 900 m, in Tirol und im Wallis bis 1400 m, in Judikarien bis 1500 m, vor allem in Halbtrockenrasen (Mesobromion und Cirsio-Brachypodion), Festuco-Brometea-Klassencharakterart, auch in trockenen Pfeifengraswiesen (Molinion) und am Saum sommerwarmer Wälder und Gebüsche (Geranion sanguinei).

Allgemeine Verbreitung. Europa und Sibirien (fehlt im mittleren und nördlichen Fennoskandien und auf den Mittelmeerinseln, nur vereinzelt in Irland und Schottland), Kleinasien, Kaukasus, Atlasländer; ostwärts bis in das Angara- und Sajangebiet. Eingeschleppt im östlichen Nordamerika.

Verbreitung im Gebiet. In Deutschland in den Kalkgebieten und im nordostdeutschen Tiefland weit verbreitet und stellenweise häufig, nordwestlich bis ins Rheinische Schiefergebirge, bis ins südliche Westfalen (Lichtenau, Ahlhornberg, Brilon), Hannover und Lüneburg (am Schildstein erloschen, häufig dagegen in der Elbeniederung); sonst zuweilen

---

[1]) Diese Art ist die Filipendula der alten Schriftsteller (NIKOLAOS PRAEPOSITUS, DODONAEUS, DALECHAMP, THAL) und die Filipendula vulgaris CASPAR BAUHINS. Im 17. Jahrhundert nannte man sie, wie auch andere gegen Blasen- und Nierensteine verwendete Pflanzen (besonders *Saxifraga granulata*, S. 195), Steinbrech, und zwar im Unterschied zu dieser Art Saxifraga rubra.

[2]) Wegen der sechszähligen Blüten.

verschleppt oder als Kulturrelikt; in den Herzynischen Gebirgen und in den Alpen auf große Strecken fehlend (im Bayrischen Wald nur längs der Donau, von da bis zum Fichtelgebirge und Erzgebirge ganz fehlend, ebenso im größten Teil des Thüringer Waldes und des Schwarzwaldes), im Donau- und Oberrheingebiet, im Bodenseegebiet und in der Oberlausitz.[1]) – In Österreich ziemlich verbreitet und im Bereich der pontischen Flora meist häufig, in den Zentralalpen weithin fehlend. – In Böhmen und Mähren im ganzen Gebiet von der Ebene bis in die submontane Stufe zerstreut, in den Karpaten auf kalkführender Unterlage bis in die montane Stufe ansteigend. – In der Schweiz im Jura verbreitet und stellenweise häufig, im Molasseland und in den Nordalpen selten und auf größere Strecken ganz fehlend (so in St. Gallen und Appenzell), im Wallis nur von Entremont bis zum Brigerberg und von Conthey bis Varen, im Tessin nur bei Locarno und im Sottoceneri, in Graubünden im Bergell, Puschlav und in der zentralen Föhrenregion (für das Engadin sehr zweifelhaft).

Filipendula vulgaris ist eine wenig veränderliche Art. In Gärten wird sie gelegentlich mit gefüllten oder rosafarbenen Blüten gezogen.

Begleitpflanzen. Das Knollige Mädesüß wächst am häufigsten in Trespen-Halbtrockenrasen, meist im Verein mit *Aster Amellus* L. und *A. Linosyris* (L.) BERNH., *Bromus erectus* L., *Carlina acaulis* L., *Cirsium acaule* (L.) SCOP., *Crepis praemorsa* (L.) TAUSCH, *Euphorbia verrucosa* L., *Gentiana ciliata* L. und *G. germanica* WILLD., *Hippocrepis comosa* L., *Pulsatilla vulgaris* MILL., *Ono-*

Fig. 215. *Filipendula vulgaris* MOENCH. *a* Habitus. *b* Stengelgrund mit den Wurzelknollen. *c* Blüte. *d* Gynäceum.

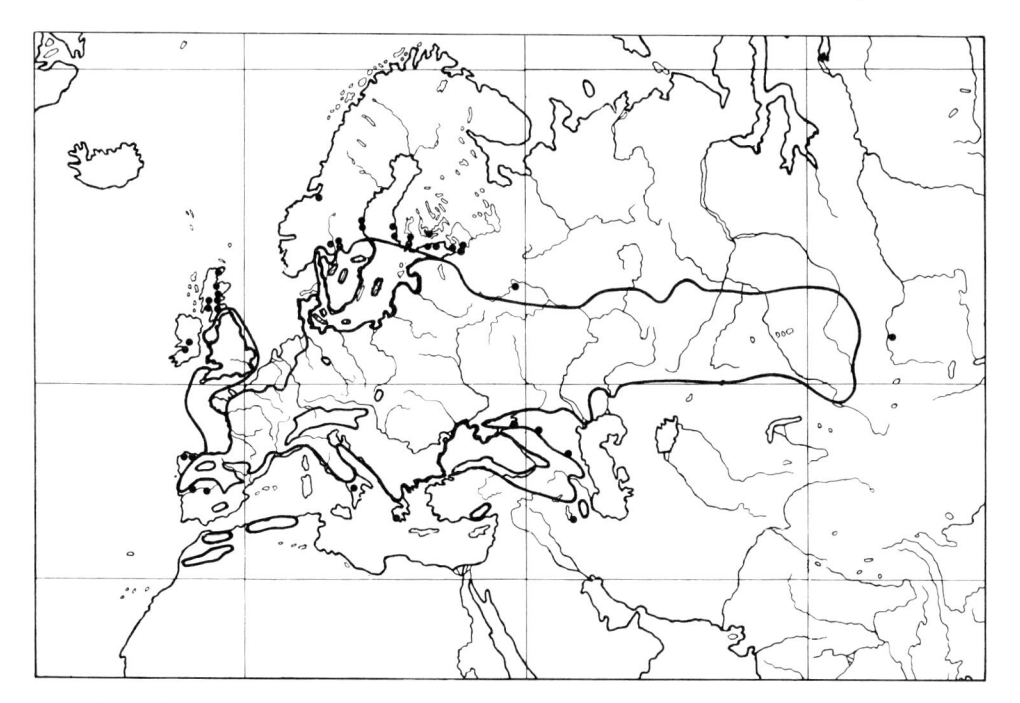

Fig. 216. Verbreitung von *Filipendula vulgaris* MOENCH (nach MEUSEL, JÄGER und WEINERT, Manuskript).

---

[1]) Eine Verbreitungskarte für Mitteldeutschland in Wiss. Zeitschr. Univ. Halle, math.-nat., **5**, 2 (1955).

brychis viciaefolia SCOP., *Ononis spinosa* L., *Orchis militaris* L. und *O. Morio* L., *Ophrys*-Arten, *Ranunculus bulbosus* L. und anderen, doch ist die Art nicht an diese Gesellschaft gebunden und dringt beispielsweise auch in trockenere Molinieten ein.

Verwendung. Die Wurzelknollen, die übrigens leicht Adventivsprosse bilden, enthalten Stärke und Gerbstoffe und können wie auch die jungen Laubblätter als Gemüse oder Salat zubereitet werden. Ihr süßlich bitterer Geschmack und Geruch kommt wohl von dem Gehalt an Gaultherin, Spiräin und Salicylaldehyd. Am besten sollen die Knollen im Herbst schmecken. Sie scheinen vor allem in Schweden als Speise und Schweinefutter benutzt zu werden, worauf die Volksnamen hindeuten: Brudbröd (= Brautbrot), Galtbröd (= Narrenbrot), Galteknappar, Svinmandlar (Schweinemandel) usw.

Als Radix, beziehungsweise Herba et Flores Filipendulae vel Saxifragae rubrae, waren Knollen und Sprosse bis ins 17. Jahrhundert offizinell; auch wurde die Pflanze damals häufiger in Gärten gezogen. Verwendung fand sie vor allem bei Nieren- und Blasensteinen, gegen Epilepsie, Kropf, bei Wassersucht, gegen Bandwürmer, in neuerer Zeit auch als stärkendes Volksmittel.

Volksnamen. Nach der leiterförmigen Anordnung der Blattfiedern heißt die Pflanze Leiterbaum, -blume (Anhalt), Ameisenleiter (Niederösterreich), Geiseleiter (Elsaß). Andere Bezeichnungen sind noch Bocks-, Gässabart (vgl. die vorige Art und *Aruncus dioicus*) (Schwäbische Alp), Wilder Holler (Niederösterreich), Sanikel (vgl. *Sanicula europaea*) (Niederlausitz), Schmietskraut (Moselgebiet).

383. Rubus[1]) L., Spec. plant. 492 (1753). Brombeere, Himbeere.

Wichtigste Literatur. Taxonomie: A. ADE, *Rubus* in VOLLMANN, Flora von Bayern, 358–440 (1914). – A. ADE, Die Gattung *Rubus* in Südwestdeutschland. Beihefte zur Schriftenreihe der Naturschutzstelle Darmstadt (1957). – L. H. BAILEY, Species Batorum. The genus *Rubus* in North America. Gentes Herbarum 5, 1–932 (1941). – W. BERTRAM, Flora v. Braunschweig (1908). – W. BEYERINCK, Rubi Neerlandici. Verh. Kon. Ned. Akad. Wettenschappen 51, 1–156 (1956). – C. BODEWIG. Die Brombeeren und Habichtskräuter der rheinischen Flora. Decheniana, Biol. Abt. 96, 1–157 (1937). – W. O. FOCKE, Synopsis Ruborum Germaniae (1877). – Derselbe, *Rubus* in ASCHERSON u. GRAEBNER, Synopsis d. mitteleurop. Flora 6, 1, 440–648 (1902–03). – Derselbe, Species Ruborum. Monographiae generis Ruborum prodromus. Bibliotheca botanica, Heft 72 (1910–11) und 83 (1914). – K. FRITSCH, Exkursionsflora für Österreich (1922). – G. GÁYER, Prodromus der Brombeerenflora Ungarns. Magy. Botan. Lapok 20, 1–44 (1922). – A. GILLI, Über die *Rubus*-Arten des Wienerwaldes. Verhandl. Zool.-Bot. Gesellsch. Wien 81, (24)–(29) (1931). – A. GREMLI, Excursionsflora für die Schweiz (1881). – A. v. HAYEK, Flora von Steiermark 1, 735–836 (1909) – J. HRUBY, Monogr. d. Rubi des Sudeten- u. Karpatengeb. Brünn, 1941–43. – R KELLER u. H. GAMS, *Rubus* in HEGI, Illustrierte Flora v. Mitteleuropa, 4, 2, 759–805 (1923). – E. MÜLLER, Die pfälzischen Brombeeren und ihre pflanzengeographische und klimatologische Bedeutung. Mitteilungen der Pollichia, N. F., 6, 63–112 (1937). – D. PACHER, Beiträge zur Flora von Kärnten, betreffend die Gattung *Rubus*. Jahrb. d. naturhist. Landesmuseums f. Kärnten, 24. Heft (1897). – TH. R. RESVOLL, *Rubus Chamaemorus* L. A morphological-biological study. Nyt Magazin f. Naturvidensk. 67, 55–129 (1928). – A. SCHUMACHER, Beitrag zur Brombeerflora Bielefelds. Bericht naturwiss. Ver. Bielefeld 15, 228–274 (1959). – H. SUDRE, Rubi Europaeae vel Monographia iconibus illustrata Ruborum Europae (1908–13). – W. C. R. WATSON, Handbook of the Rubi of Great Britain and Ireland (1958). – K. E. WEIHE et C. G. NEES AB ESENBECK, Rubi germanici descripti et figuris illustrati (1822–27). – Zytologie: A. GUSTAFSSON, Genesis of the European Blackberry Flora. Lunds Universitets Årsskrift 39 (1943). – Y. HESLOP-HARRISON, Chromosome numbers in the British *Rubus* flora. New Phytologist (1953). – A. VAARAMA, Cytologial studies on some Finnish species and hybrids of the genus *Rubus*. Journ. Sci. Agr. Soc. Finland 11 (1939).

Sommer- und immergrüne Sträucher und sommergrüne Stauden mit häufig bestachelten, derbborstigen oder stieldrüsigen Achsenteilen. Laubblätter abwechselnd, meist drei- bis siebenzählig gefingert, gefiedert oder fußförmig zusammengesetzt, seltener einfach, ungeteilt oder gelappt, gewöhnlich mit gesägtem oder gezähntem Rande. Nebenblätter vorhanden, frei oder ganz kurz mit dem Blattstiel verbunden, eiförmig bis lanzettlich oder fadenförmig, an den oberen Blättern bisweilen auf ein paar Fransen rückgebildet. Blüten zwitterig, selten eingeschlechtig (*R. Chamaemorus*), weiß oder purpurn, gewöhnlich in zusammengesetzten, den Langtrieb abschließenden Traubenrispen, seltener einfach traubig oder einzeln endständig. Kein Außenkelch. Kelchblätter meist 5, in der Knospe klappig, dreieckig bis spitz eiförmig, am Grund kurz in einen flachen bis

---

[1]) Name der Brombeeren und Wildrosen bei den Römern.

trichterförmigen Blütenbecher verwachsen; Kronblätter in der Zahl der Kelchblätter, elliptisch, verkehrt eiförmig bis länglich, 3 bis etwa 30 mm lang. Staubblätter zahlreich, wie die Kronblätter am Rande des Blütenbechers eingefügt, der innerhalb der Staubblätter einen undeutlichen Diskusring trägt. Fruchtblätter meist zahlreich, selten in der Zahl der Kronblätter oder weniger als diese, frei, bei der Reife meist mehr oder weniger fest zusammenhängend, mit 2 hängenden Samenanlagen und endständigem Stylodium, reif steinfruchtartig.

Diese überaus formenreiche Gattung ist fast weltweit und im gesamten Areal ihrer Familie verbreitet, am reichsten wiederum in Ostasien und Nordamerika, fehlt aber den extremen Trockengebieten und ist in den Tropen fast ganz auf die Bergländer beschränkt. Im hohen Norden wird sie noch durch 4 Arten vertreten: *R. arcticus*, *R. Chamaemorus*, *R. saxatilis* und *R. stellatus*. Europa beherbergt verhältnismäßig wenige Artengruppen, darunter freilich die in zahllose, zu Apomixis befähigte, aber nicht zwangsläufig apomiktische Sippen aufgespaltene Sektion *Moriferi*. In diesem Zusammenhang sei darauf verwiesen, daß die meisten europäischen Rubi tetraploid sind; es kommt auch Tri-, Penta-, Hexa- und Oktoploidie vor. Diploid sind in Europa nur die fünf Arten *R. arcticus*, *R. Idaeus*, *R. incanescens*[1]) und *R. ulmifolius*. Die Rubi Nordamerikas, Ostasiens und der Himalajaländer sind demgegenüber großenteils diploid. Leider liegen über die tropischen und südhemisphärischen Brombeeren keine Zählungen vor. Für die von LÉON CROIZAT angenommene Entstehung der Gattung in der Antarktis und ihre Wanderung in die nördlichen Außertropen gibt *Rubus* keine überzeugenden Argumente.

Gliederung der Gattung. Die hier gegebene Übersicht geht im wesentlichen auf FOCKE zurück. Bei den engen verwandtschaftlichen Beziehungen der meisten Sektionen untereinander konnte sich der Bearbeiter nicht entschließen, sie

Fig. 217. *Rubus arcticus* L. Habitus.

gruppenweise in Untergattungen zusammenzufassen. Einige exotische Sektionen, die weder als Nutz- noch als Zierpflanzen bemerkenswerte Arten enthalten, bleiben in der folgenden Darstellung unerwähnt.

A) Stachellose Sträucher und Kräuter mit lanzettlichen bis eiförmigen Nebenblättern. Fruchtblätter, beziehungsweise Steinfrüchtchen bei der Reife miteinander verbunden bleibend und sich vom Fruchtblattträger ablösend oder sich voneinander trennend und einzeln abfallend.

I) Nebenblätter frei, lanzettlich bis eiförmig. Krautige Pflanzen.

a) Blüten zwitterig.

Sektion *Dalibarda* FOCKE. Kleine, ausdauernde Kräuter mit einfachen, seltener fünfzähligen Laubblättern. Blütenstände wenigblütig oder auf Einzelblüten reduziert, aus den Achseln der Laubblätter entspringend. Blüten zwitterig. Fruchtblätter wenige (5 bis 20). – Eine stark abgeleitete, in einigen Merkmalen (das Fehlen von Stacheln, meist einfache Blätter, freie Stipeln, wohl auch in ihren Blütenständen) aber eindeutig ursprüngliche Sektion mit wenigen Arten in Nordamerika, Ostasien und Tasmanien. Die bekanntesten Arten sind *R. Dalibarda* L. mit einfachen, rundlich herzförmigen, nicht gelappten Laubblättern, einzelnen, blattachselständigen Blüten und meist nur 5, bei der Reife kaum saftigen Fruchtblättern. Diese in der Tracht einer *Viola* ähnliche Pflanze bewohnt die Laubwälder des atlantischen Nordamerika. – *R. pedatus* SM., ebenfalls aus Nordamerika, ist durch fußförmig fünfzählige Laubblätter gekennzeichnet.

---

[1]) *Rubus incanescens* BERTOL. wächst im westlichen Mittelmeergebiet und kommt in Mitteleuropa nicht vor. Nahe verwandt ist 1489 f. *R. Lejeunei* WEIHE et NEES.

Sektion *Arctobatus*¹) H. HUBER, sect. nov.²) Kleine, ausdauernde Kräuter mit einfachen oder dreizähligen Laubblättern. Blüten zwitterig, einzeln oder in 1- bis 3-blütigen Infloreszenzen endständig. Fruchtblätter meist zahlreich. – Hierher gehören einige wenige Arten aus dem Hohen Norden der Alten und Neuen Welt, so vor allem *R. stellatus* SM. mit einfachen, herz- oder nierenförmigen Laubblättern, ansehnlichen, rosaroten Blüten und kahlen Fruchtblättern; von Kamtschatka über die Aleuten bis Alaska und Yukon verbreitet. – *R. arcticus* L., in Skandinavien: Aakerbaer, ist die einzige europäische Art dieser Sektion. Laubblätter einfach, dreilappig oder dreizählig. Blüten einzeln oder zu wenigen endständig, ansehnlich, rosa. Fruchtblätter zahlreich, bei der Reife nur ganz lose in einer roten, himbeerähnlichen Sammelfrucht zusammenhängend, die als die schmackhafteste der ganzen Gattung gerühmt wird, südlich des 65. Breitengrades allerdings nicht zur Entwicklung kommt. *Rubus arcticus* ist in der Arktis circumpolar verbreitet. In Norwegen reicht er südlich bis zur Hardangervidda 60°45' nördl. Breite, in Schweden bis Svealand 59°20'. Er bildet Bastarde mit *R. Chamaemorus*, *R. saxatilis* und *R. Idaeus*.

Rubus arcticus und *R. stellatus* sind diploid und haben beide die Chromosomenzahl 2 n = 14.

b) Blüten eingeschlechtig.

Sektion *Chamaemorus* FOCKE. Kleine, ausdauernde Kräuter mit einfachen, handförmig gelappten Laubblättern. Blüten einzeln, endständig. Fruchtblätter etwa 20. – Einzige Art: *R. Chamaemorus*, S. 289.

II) Nebenblätter kurz mit dem Blattstiel verwachsen, lanzettlich.

Sektion *Anoplobatus*³) FOCKE. Syn. *Rubacer* RYDB. pro gen. Aufrechte, sommergrüne Sträucher mit zwei- oder mehrjährigen, kahlen oder behaarten, gewöhnlich stieldrüsigen Zweigen. Rinde sich im Alter ablösend. Laubblätter einfach, handförmig gelappt. Blüten zwitterig, ansehnlich, mehr oder weniger aufrecht, die Kronblätter länger als die Kelchblätter. Blütenbecher und Fruchtblattträger fast flach, die Fruchtblätter zahlreich, bei der Reife zusammenhängend, eine abgeflacht halbkugelige Sammelfrucht bildend. – *Anoplobatus* ist eine der ursprünglichsten Sektionen der Gattung und bewohnt mit einigen wenigen Arten Nord- und Mittelamerika; eine weitere, *R. trifidus* THUNB., ist in Japan und Korea zu Hause. Als Zierpflanzen werden in Europa gezogen:

§) Laubblätter klein, 2 bis knapp 8 cm lang und breit.

R. deliciosus JAMES. Syn. *Oreobatus deliciosus* (JAMES) RYDB. 1 bis 1½ m hoher Strauch ohne Ausläufer mit behaarten, zerstreut stieldrüsigen Ästen. Laubblätter drei- bis fünflappig, mit stumpflichen oder gerundeten Lappen, die Spreite 2 bis 7½ cm lang und breit. Blüten 4 bis 6 cm im Durchmesser. Blütenstiele ohne Stieldrüsen. Kronblätter weiß. Sammelfrucht klein, dunkelpurpurn bis violett, fast trocken. – Chromosomenzahl: 3 n = 21. – V. – Stammt aus Colorado, Arizona und Neumexiko. – In ihrer Belaubung erinnert diese Art eher an ein *Ribes* als an einen *Rubus*.

§§) Laubblätter groß, meist 10 bis 20 cm lang und breit. Blütenstiele stieldrüsig.

R. parviflorus NUTT. Syn. *R. nutkanus* MOCIÑO apud SER. Syn. *Rubacer parviflorum* (NUTT.) RYDB. 1 bis 1½ m hoher Strauch mit anfangs behaarten und drüsigen, später glatten und kahlen Zweigen. Laubblätter meist fünflappig, mit dreieckigen Lappen, die Spreite 9 bis 20 cm lang und breit. Blüten bis 4 cm im Durchmesser. Blütenstiele stieldrüsig. Blüten über 5 cm im Durchmesser. Kronblätter weiß. Sammelfrucht rot, angeblich ungenießbar. – V bis VII. – Heimat: mittleres und westliches Nordamerika von Alaska bis Kalifornien. – Trotz ihres irreführenden Artnamens (parviflorus = kleinblütig) hat diese Art mit die ansehnlichsten Blüten der ganzen Gattung.

Fig. 218. *Rubus arcticus* L. Bei Abisko. Lappland (Aufn. P. MICHAELIS).

---

¹) Von griech. ἄρκτος [arktos] „Bär, Norden" und βάτος [batos] „Brombeere, Wildrose" und ähnlich stacheliges Strauchwerk.

²) Rubi herbacei inermes stipulis liberis, inflorescentiis uni- vel perpaucifloris terminalibus, floribus hermaphroditis, petalis patentibus. Typus: *Rubus arcticus* L.

³) Von griech. ἄνοπλος [anoplos] „unbewehrt" und βάτος, vgl. Fußnote 1.

R. odoratus L. Syn. *Rubacer odoratum* (L.) SMALL. Zimt-Himbeere. Fig. 219. 1 bis 2 m hoher, Ausläufer treibender Strauch mit dicht stieldrüsigen Zweigen. Laubblätter meist fünflappig, mit spitz dreieckigen Lappen, die Spreite 8 bis 20 (selten bis 30) cm lang und breit. Blüten wohlriechend, 4 bis 5 cm im Durchmesser. Blütenstiele und Kelchblätter stieldrüsig. Kronblätter purpurrosa. Sammelfrucht rot, fade schmeckend, kommt aber in Europa nur sehr selten zur Entwicklung. – V bis VIII. – Heimat: atlantisches Nordamerika. In Europa ist die Zimt-Brombeere seit dem 17. Jahrhundert (Schlesien) ein beliebter, namentlich auch in Bauerngärten verbreiteter Zierstrauch, der gelegentlich verwildert, wie z. B. in der Rhön beim Bahnhof Milseburg und im nördlichen Mähren.

Aus der Kreuzung dieser Art mit *R. Idaeus* entstammt der Gartenbastard *R.* × *nobilis* REGEL. Diese Pflanze ist stachellos und hat rote Kronblätter wie *R. odoratus*, weicht aber durch dreizählige Laubblätter und kleinere Blüten davon ab.

Fig. 219. *Rubus odoratus* L. *a* blühender Zweig. *b* entlaubte Schößlingsspitze im Winter. *c* Winterknospe. *d* Ästchen des Blütenstandes. *e* Blütenstandsachse, vergrößert.

B) Stacheln wenigstens an den Sproßachsen vorhanden, oft auch an den Blattstielen.

III) Fruchtblätter beziehungsweise Steinfrüchtchen bei der Reife meist miteinander verbunden bleibend und sich vom Fruchtblattträger ablösend: Himbeeren im weiteren Sinne.

c) Nebenblätter lanzettlich, frei oder fast frei.

1) Meist immergrüne Sträucher.

Hierher gehört vor allem die im südlichen Ostasien, in Westchina und auf den Sundainseln überaus vielgestaltige Sektion *Malachobatus*[1]) FOCKE. Aus ihr werden 2 Arten gelegentlich als Zierpflanzen gezogen, nämlich: *R. Henryi* HEMSL. aus West- und Mittelchina, ein fast immergrüner, schwach oder nicht bestachelter, kletternder Strauch mit tief dreilappigen

---

[1]) Von griech. μαλακός [malakos] „weich, sanft, gelind"; wegen der schwachen und vielfach wenig entwickelten Stacheln.

oder bei var. *bambusarum* (FOCKE) REHD. dreizähligen Laubblättern. In Mitteleuropa meist winterhart. – *R. reflexus* KER-GAWL., Syn. *R. moluccanus* hort. non L., ein Kletterstrauch aus Südchina, der in Warmhäusern kultiviert und wegen seines schön gefärbten Laubes als Zimmerpflanze verwendet wird.

An *Malachobatus* schließt sich wahrscheinlich die artenarme Sektion *Micranthobatus* FRITSCH in Australien und Neuseeland an. Ihre Arten sind stärker bestachelt als es bei *Malachobatus* vorkommt, und xeromorph. Eine Art wird gelegentlich in botanischen Gärten gezogen. *R. australis* FORST. aus Neuseeland, ein immergrüner Kletterstrauch mit dünnen, stacheligen Zweigen. Die drei- bis fünfzähligen Blätter sind bei der am häufigsten kultivierten var. *squarrosus* FRITSCH durch Verkümmerung der Spreitenteile fast ganz auf den Blattstiel und die Mittelrippen der Blättchen rückgebildet.

2) Sommergrüne Stauden.

Sektion *Cylactis* (RAFINESQUE) FOCKE. Ausdauernde Kräuter mit dreizähligen Laubblättern und breiten Stipeln. Sammelfrucht aus wenigen Steinfrüchten bestehend, die bei der Reife kaum zusammenhängen. Näheres S. 292. – Hierher gehören neben dem in der Paläarktis verbreiteten *R. saxatilis* einige weitere Arten, davon in Europa nur noch *R. humulifolius* C. A. MEY., der von Karelien und Russisch-Lappland bis Nordost-Sibirien beheimatet ist. In Nordamerika ist diese Sektion durch *R. pubescens* RAFIN. vertreten.

d) Nebenblätter schmal lineallanzettlich, linealisch oder fädlich, kurz mit dem Blattstiel verwachsen.

Sektion *Idaeobatus* FOCKE. Aufrechte oder bogig überhängende, selten auch kletternde oder niederliegende, sommergrüne Sträucher, ausnahmsweise auch Kräuter. Laubblätter dreizählig oder fünf- bis siebenzählig gefiedert oder gefingert, seltener einfach und dann gelappt. Blüten zwitterig, häufig nickend, ansehnlich oder unscheinbar. Blütenbecher konkav. Fruchtblattträger wenigstens so hoch wie breit. Fruchtblätter zahlreich, bei der Reife zusammenhängend, eine kugelige, fingerhutförmig ausgehöhlte Sammelfrucht bildend. – Diese Sektion ist vor allem in Ost- und Südasien ungewöhnlich artenreich und darüber hinaus auch in Madagaskar, Ost- und Südafrika, Australien, auf Hawaii, in Nord- und Süd-

Fig. 220. *Rubus phoenicolasius* Maxim. Fruchtstand. (Aufn. aus dem Archiv des Max-Planck-Instituts für Züchtungsforschung).

amerika vertreten; in Europa wächst nur die allbekannte, zirkumpolar verbreitete Himbeere, *R. Idaeus*. Daneben werden einige fremde Arten gelegentlich als Obst- oder Ziersträucher angebaut:

§) Blüten ansehnlich, in armblütigen Inflorenszenzen oder einzeln end- und blattachselständig. Kronblätter ausgebreitet, die Kelchblätter überragend.

*) Laubblätter beiderseits kahl und grün.

R. spectabilis PURSH. Pracht-Himbeere. Engl. Salmonberry. 1 bis über 3 m hoher Strauch mit nur unterwärts bestachelten Stämmen und dreizähligen Laubblättern; Blättchen spitz eiförmig, die paarigen oft unsymmetrisch zweispaltig, das Endblättchen 4 bis 12 cm lang und 3 bis 9 cm breit. Blüten an beblätterten Kurztrieben meist einzeln endständig, 2½ bis 4 cm im Durchmesser. Kronblätter purpurrosa, etwa doppelt so lang wie die Kelchblätter. Sammelfrucht groß, durchscheinend, rot oder gelb. – V, VI. – Heimat: Pazifisches Nordamerika von Alaska bis Kalifornien, außerdem in Japan. In Europa seit dem frühen 19. Jahrhundert in Kultur.

Nahe verwandt mit dieser Art ist *R. Macraei* GRAY von Mauna Kena, Hawaii, die in den Vereinigten Staaten als „Hawaian Giant Raspberry" oder „Akalaberry" in Kultur genommen wurde.

R. illecebrosus[1]) FOCKE, die Erdbeer-Himbeere. Ein perennierendes Kraut mit 30 bis 50 cm hohen Stengeln, zerstreuten kegeligen Stacheln, fünf- bis siebenzählig gefiederten, beiderseits grünen Laubblättern. Blüten einzeln end- und blattachselständig, 4 bis 5 cm im Durchmesser, weiß. Sammelfrucht groß, leuchtend rot, wenig schmackhaft (gekocht sollen die Früchte angenehm schmecken). – Heimat: Japan, Fudschi-jama. – In Europa wird diese Art gelegentlich als Zierpflanze gezogen und soll sich besonders zur Bodenbedeckung im Baumschatten eignen.

**) Laubblätter unterseits weißfilzig.

R. biflorus BUCH.-HAM. Bis über 3 m hoher, aufrechter Strauch mit kahlen, kräftig bläulich-weiß bereiften, hakig bestachelten Zweigen und drei- bis fünfzähligen, unterseits weißfilzigen Blättern. Blüten hängend, Kronblätter weiß, sich mit den Rändern deckend, etwas länger als die Kelchblätter. Sammelfrucht hell gelbrot, duftend. – V, VI. – Heimat: Himalaja, Westchina. Seit fast 150 Jahren in Europa in Kultur.

§§) Blüten ziemlich unscheinbar, stets in mehrblütigen, traubigen oder ebensträußigen Infloreszenzen. Kronblätter gewöhnlich aufrecht, kürzer als die Kelchblätter.

†) Kronblätter rosa.

R. phoenicolasius[2]) MAXIM. Rotborstige Himbeere. Bis 2 m hoher Strauch mit bogigen, dicht behaarten, rot stieldrüsigen, borstigen und hakig bestachelten Zweigen. Laubblätter meist dreizählig, Blättchen breit eiförmig, kurz zugespitzt, das mittlere bis 10 cm lang und breit. Kelchblätter mehr als doppelt so lang wie die rosaroten Kronblätter. Sammelfrucht leuchtend orangerot, wohlschmeckend. – Chromosomenzahl: $2n = 14$. – VI, VII. – Heimat: Japan. Seit längerer Zeit als „Japanische Weinbeere" in Kultur und selten verwildernd, so zwischen Mainz-Gonsenheim und Budenheim, in Oberhessen an der Bieber gegenüber Rodheim (ADE), in Baden am Kaiserstuhl, im Bodensee-Gebiet, in Niederösterreich (Leopoldsberg), der Steiermark (Graz, Deutschlandsberg, Peggau [hier eingebürgert]), in Kärnten (Egg am Faakersee), Mähren (Brünn) usw. Bei Graz wurde neben verwildertem *R. phoenicolasius* auch der Bastard *R. Idaeus × phoenicolasius* = *R. × Paxii* FOCKE beobachtet.

††) Kronblätter weiß

△) Schößling aufrecht oder mit der Spitze nickend, aber nicht wurzelnd.

Hierher *R. Idaeus*, S. 295.

△△) Schößling bogig, mit der Spitze wurzelnd. Neuweltliche Arten.

R. occidentalis L. Schwarze Himbeere. Bis 2 m hoher Strauch mit bogigen, kahlen, bläulich grünen, später oft rot überlaufenen, dicht weiß bereiften Schößlingen. Laubblätter drei- oder fußförmig fünfzählig, oberseits dunkelgrün, unterseits dicht weißfilzig; die Blättchen plötzlich zugespitzt. Blütenstand mit nur schwach gebogenen oder geraden, seitlich kaum zusammengedrückten Stacheln. Kronblätter etwas kürzer als die Kelchblätter, aufrecht, sich nicht mit den Rändern deckend. Fruchtblattträger etwa so hoch wie breit. Sammelfrucht schwarzpurpurn. – V, VI. – Heimat: Östliches und mittleres Nordamerika. Wird in Nordamerika häufig, seltener in Europa als Obststrauch gezogen.

Einige sehr fruchtbare Gartensorten mit violetten Sammelfrüchten gehen auf die Verbindung von *R. occidentalis* mit *R. Idaeus* subsp. *Idaeus* zurück, die als *R. × neglectus* PECK zusammengefaßt werden.

R. leucodermis[3]) DOUGL. Ähnlich *R. occidentalis*, von dem er sich durch die unter dem weißen Reif gelblichen Schößlinge, die oberseits mehr gelblich-grünen (statt dunkelgrünen) Laubblätter, die weniger plötzlich zugespitzten Blättchen und die deutlich hakigen oder sichelförmigen, am Grunde stark seitlich zusammengedrückten Stacheln im Blütenstande unterscheidet. – Chromosomenzahl: $2n = 14$. – *R. leucodermis* vertritt die vorige Art im Pazifischen Nordamerika (Britisch Columbien bis Kalifornien). Um 1829 wurde er nach Europa gebracht. Von beiden Arten sind Fruchtsorten in Kultur.

IV) Fruchtblätter, beziehungsweise Steinfrüchtchen bei der Reife miteinander und mit dem Fruchtblattträger verbunden bleibend; letzterer wird saftig und fällt zusammen mit der Sammelfrucht ab. Nur bei *R. caesius* hängen die Steinfrüchte kaum zusammen und lösen sich auch leicht vom Fruchtblattträger: Brombeeren im weiteren Sinne.

e) Sammelfrucht bläulich bereift. Nebenblätter eiförmig bis lanzettlich. Laubblätter sommergrün. Rinde des Schößlings sich im zweiten Jahre ablösend.

---

[1]) Von lat. illecebra „Lockmittel, lockende Verführung, Anlockung".
[2]) Von griech. φοινίκεος [phoinikeos] „purpurn" und λάσιος [lasios] „zottig, wollig".
[3]) Von griech. λευκός [leukos] „weiß" und δέρμα [derma] „Haut", wegen der weiß bereiften Schößlinge.

Sektion *Rubus* (L.), Syn. *Rubus* sect. *Glaucobatus* DUMORT. Laubblätter dreizählig, unterseits grün. Sammelfrucht schwarz, hell bläulich bereift, die Steinfrüchtchen sich bei der Reife leicht voneinander und vom Fruchtblattträger lösend. Näheres S. 299. – Einzige Art: *R. caesius* L.

 f) Sammelfrucht gewöhnlich unbereift.

Hierher gehört in erster Linie die formenreiche Sektion *Moriferi*, vor die sich die kleineren, hybridogenen Sektionen *Corylifolii* FOCKE = *Moriferi* × *Rubus* und *Suberecti* Ph. J. MÜLLER = *Idaeobatus* × *Moriferi* einschieben lassen. Ihre Beschreibungen finden sich auf S. 301 und 309.

Sektion *Moriferi*. *Moriferi* FOCKE pro maiore pte. Primäre Rinde erhalten bleibend, sich nicht abschälend. Laubblätter sommer- oder immergrün, drei- bis siebenzählig gefingert oder fußförmig zusammengesetzt, mit schmal linealischen oder fädlichen Nebenblättern. Sammelfrucht schwarz, nicht bereift, die Steinfrüchtchen bei der Reife miteinander und mit dem saftig werdenden Fruchtblattträger verbunden bleibend. Näheres S. 317. – Diese Sektion enthält die Mehrzahl der europäischen und wohl auch nordamerikanischen Brombeeren.

Während die altweltlichen Arten im Obstbau fast keine Rolle spielen und nur von *Rubus laciniatus*, *R. procerus* und *R. ulmifolius* Fruchtsorten im Handel sind, waren die nordamerikanischen Rubi seit vielen Jahrzehnten Gegenstand züchterischer Bemühungen. Die amerikanischen Gartenbrombeeren unterscheiden sich von *R. laciniatus*, *R. procerus* und *R. ulmifolius* sogleich durch ihre stets weißen Blüten. Die obstbaulich wichtigsten Arten und Sorten sind:

§) Schößling aufrecht oder hoch bogig: „Aufrechte Brombeeren" der Obstbauer.[1]

*) Laubblätter unterseits graufilzig. Schößling steif aufrecht, kantig, mit aus breitem, seitlich zusammengedrücktem Grunde hakigen Stacheln. Blätter ziemlich derb. Blättchen meist schmal verkehrt eiförmig.

Hierher gehört *R. probabilis* BAILEY aus dem südöstlichen Nordamerika, von dem die Sorten „Perfection", „Topsy", „Nanticoke" und „Robinson" abstammen.

Fig. 221. *Rubus occidentalis* L. Schwarze amerikanische Himbeere. (Aufn. aus dem Archiv des Max-Planck-Instituts für Züchtungsforschung).

**) Laubblätter beiderseits grün.

†) Blütenstände stieldrüsig, traubig, nicht oder nur ganz am Grunde belaubt. Schößling kräftig, aufrecht und hoch bogig, stumpfkantig, gefurcht. Sammelfrüchte länglich.

R. alleghaniensis PORTER. Syn. *R. villosus* BIGELOW, *R. nigrobaccus* BAILEY, *R. sativus* BRAINERD. Diese aus dem östlichen Nordamerika (Neu-Schottland bis Nordkarolina, Arkansas und Illinois) stammende Art ist diploid (2n = 14) und an der Entstehung zahlreicher Züchtungen beteiligt. Die wichtigsten sind: „Agawam", „Albro", „Ancient Briton", „Eldorado", „Erskine Park", „Snyder", „Taylor" sowie „Ambrosia", „Dorchester" und „Early Mammouth"; die 3 letztgenannten gehen auf den Bastard *R. alleghaniensis* × *frondosus* zurück. Zu diesem Formenkreis gehört wohl auch die von ADE als „*R. villosus* AIT." bezeichnete Pflanze, die bei Marburg verwildert gefunden wurde.

††) Blütenstände ohne Drüsen.

△) Blütenstand eine etwa 7- bis 12-blütige Traube. Sammelfrucht länglich.

R. pergratus BLANCHARD. Im östlichen Nordamerika von Maine bis Ontario und Iowa verbreitet. Diese Art ist gleich der vorigen an zahllosen Gartenformen beteiligt, wie zum Beispiel „Black Chief", „Blowers", „Early King", „Fruitland", „Kittatinny", „Lovett", „Mersereau", „Miller", „Minnewaska", „Sanford", „Texas", „Ward" und vielen mehr.

△ △) Blütenstand ebensträußig. Sammelfrucht rundlich.

Hierher gehört *R. frondosus* BIGELOW aus den nordöstlichen und zentralen Vereinigten Staaten. Diese Art wurde vielfach mit *R. pergratus* gekreuzt, worauf die Sorten „Brewer", „Erie", „Success", „Triumph, „Woodland" und andere zurückgehen.

---

[1] Diese Gruppe hat deutliche Beziehungen zur Sektion *Suberecti*.

§§) Schößling niederliegend oder gelegentlich kletternd, meist stumpfkantig: „Niederliegende Brombeeren" der Obstbauer.

*) Fruchtkelch zurückgeschlagen. Sammelfrucht länglich. Laubblätter meist immergrün. Blättchen ziemlich schmal.

R. trivialis MICHAUX. Zu dieser in den südöstlichen Vereinigten Staaten beheimateten Art gehören die Sorten „San Jacinto" und „White Dewberry".

**) Kelch der Sammelfrucht anliegend. Laubblätter meist sommergrün. Blättchen gewöhnlich eiförmig, das unpaarige häufig rundlich.

†) Blütenstiele und Kelchblätter ohne Stieldrüsen.

△) Schößling von Anfang an dünn behaart oder fast kahl. Laubblätter unterseits grün. Blüten stets zwitterig. Früchte schwarz.

R. velox BAILEY. Schößling scharfkantig und gefurcht, anfangs dünn behaart. Schößlingsblätter fünfzählig, dünn, gelblich-grün. Blüten zu wenigen (1 bis 4) in den Blattachseln, die Tragblätter kaum überragend. Sammelfrucht länglich. – Heimat: Texas. – Zu dieser Art gehören die Sorten „Sonderegger Earliest" und „Honey Coreless".

R. flagellaris WILLD. Engl.-Amer.: Common Dewberry. Schößling rundlich, verkahlend, mit drei- oder fußförmig fünfzähligen Blättern. Blüten zu wenigen (1 bis 5) in den Blattachseln oder endständig, lang gestielt und die Tragblätter überragend. Sammelfrucht rundlich. – Chromosomenzahl: $9n = 63$. – Eine im östlichen Nordamerika weit verbreitete Art. Zu ihr gehören die Sorten „Bartel", „Gardena", „General Grant", „Lucretia", „Mayes", „Never Fail" und viele mehr.

△△) Schößling anfangs filzig, später mehr oder weniger verkahlend. Laubblätter unterseits dicht graufilzig. Blüten zwitterig oder eingeschlechtig.

R. Loganobaccus[1]) BAILEY. Syn. *R. ursinus* CHAM. et SCHLECHTD. var. *Loganobaccus* (BAILEY) BAILEY. Loganbeere. Schößling rundlich, dicht mit geraden, abstehenden Stacheln besetzt. Schößlingsblätter drei- bis fünfzählig, mäßig derb, oberseits dunkelgrün mit zerstreuten Haaren, unterseits dicht graufilzig, am Rande ungleichmäßig bis fast doppelt gesägt. Unpaariges Blättchen rundlich herzförmig bis schwach dreilappig, stumpf oder breit bespitzt, die (äußeren) Seitenblättchen sitzend. Blütenstand ebensträußig. Blütenstiele lang, filzig und abstehend bestachelt. Blüten zwitterig. Kelchblätter eiförmig lanzettlich, lang bespitzt. Kronblätter groß, weiß. Fruchtblätter fein flaumhaarig bis fast filzig. Sammelfrucht länglich, rot, säuerlich schmeckend. – Chromosomenzahl: $6n = 42$. – *R. Loganobaccus* ist eine in Kultur entstandene, zwitterblütige Mutante des in Kalifornien beheimateten *R. ursinus* CHAM. et SCHLECHTD., der sich durch eingeschlechtige, dimorphe Blüten (die männlichen sind größer als die weiblichen) unterscheidet. Zur Loganbeere gehören die Sorten „Phenomenal", eine Einführung LUTHER BURBANKS, sowie die neuerdings in Europa entstandene, stachellose „Prinzbeere" und ihre amerikanischen Gegenstücke „Thornless Logan" und „Thornless Young"[2]).

Aus der Kreuzung *R. Loganobaccus* „Phenomenal" × *R. flagellaris* „Lucretia" entstand die „Youngbeere", ein wertvoller, aber in Mitteleuropa etwas frostempfindlicher Obststrauch. Ähnlichen Ursprung hat die Sorte „Cameron".

††) Blütenstiele und Kelchblätter mehr oder weniger reichlich stieldrüsig.

R. macropetalus DOUGL. Schößling rundlich, verkahlend, oft bläulich bereift, mit dreizähligen oder gefiederten oder fußförmig fünfzähligen Blättern. Blattspreite beiderseits grün. Blüten in wenig- bis über 10-blütigen Ebensträußen. Blüten eingeschlechtig, die männlichen größer als die weiblichen. Sammelfrucht rund oder länglich, schwarz. – Eine nordwestamerikanische Art, die von Britisch Columbien bis Kalifornien verbreitet ist. Zu ihr gehören die Sorten „Belle of Washington", „Cazadero", „Humboldt", „Scagit Chief", „Washington Climbing" und „Zielinski".

Vegetationsorgane[3]) 1. Die Gattung *Rubus* übertrifft an Vielfalt der Vegetationsorgane die anderen *Rosaceae*, vor allem illustriert sie den schrittweisen Übergang vom strauchigen zum krautigen Habitus. Regelrechte Sträucher mit mehrere Jahre ausdauernden, oberirdischen Achsen sind seltener, kommen aber noch vor (z. B. *R. odoratus* und *R. spectabilis*). Die allermeisten Arten besitzen zweijährige, oberirdische Achsen: im 1. Jahr wachsen sie als unverzweigter Langtrieb oder Schößling, im 2. entwickeln sich die Seitenzweige mit den Blütenständen. Nach dem Fruchten stirbt der Sproß bis zum Grund, beziehungsweise dem an seiner Basis sitzenden Erneuerungssproß ab. Diese Wuchsform läßt sich

---

[1]) Benannt nach dem Richter J. H. LOGAN in Santa Cruz, Kalifornien, in dessen Garten diese Mutante entstanden ist.

[2]) Diese unbewehrten Brombeer-Sorten sind in der Regel Knospenmutationen, die in den verschiedensten Formenkreisen entstehen (man vergleiche auch unter *R. laciniatus*). Sie entbehren der Stacheln nicht vollkommen, sondern Blattstiele und Mittelrippe sind gewöhnlich bewehrt. Genetisch handelt es sich bei ihnen meist um Chimären, die aus dem Wurzelstock wieder vollständig bestachelte Schößlinge hervorbringen können (nach F. GRUBER).

[3]) Vgl. W. RAUH, Über die Verzweigung ausläuferbildender Sträucher. Hercynia 1, 2 S. 187–231 (1938).

Fig. 222. Einwurzelnder Schößling einer Brombeere.

nicht ohne weiteres in die herkömmlichen Kategorien einreihen. RAUNKIAER rechnet sie zu den Hemikryptophyten, doch wohl zu Unrecht, denn die überwinternden Schößlinge (und oft auch die Laubblätter) sprechen dagegen, wie denn auch andererseits das nur einmalige Blühen und Fruchten die Zuweisung unter die Sträucher ausschließt. Es empfiehlt sich daher, diese Habitusform von den anderen getrennt zu halten und mit HAYNE als Staudensträucher zu bezeichnen. Im Zusammenhang mit der kurzen Lebensdauer der Achsen steht das Fehlen von Lentizellen.

Die morphologisch am stärksten abgeleiteten Arten wie *Rubus arcticus*, *Chamaemorus*, *saxatilis* und andere gehören zu den Ausläufer-Geophyten, unter denen sie freilich die primitivste Entwicklungsstufe einnehmen, insofern als ihre Dauerachse bis auf den plagiotropen Wuchs und die Verkümmerung der Blätter noch keine besonderen Anpassungen verrät.

2. Die stammesgeschichtlich älteren Sektionen haben einfache, meist handförmig gelappte, seltener ganz ungeteilte Blätter. Unter den europäischen Rubi ist dies nur bei *R. Chamaemorus* der Fall, einer in anderer Hinsicht stark abgeleiteten Art. Außerdem finden sich einfache Blätter häufig in den Blütenständen von Arten mit zusammengesetzten Blättern. Die Laubblätter sind überdies nicht nur innerhalb der Gattung, sondern, wenigstens was ihre Form angeht, auch am Individuum recht plastisch. Die europäischen Rubi sind durchwegs sommergrün, ausgenommen die Sektion *Rubus* selber, die zahlreiche mehr oder weniger immergrüne Arten enthält. Damit steht die Vorherrschaft dieser Sektion im atlantischen Europa und den niederschlagsreicheren Gebirgen des Mediterrangebiets, vor allem im Pontischen Gebirge und dem Kaukasus im Zusammenhang, so daß die Brombeeren zu den ganz wenigen Gehölzgattungen der europäischen Flora gehören, die das Kaukasusgebiet ostwärts nur wenig überschreiten.

3. Nebenblätter sind bei allen Arten vorhanden, aber zumeist recht einförmig. Im allgemeinen haben die Sektionen mit ungeteilten oder gelappten Laubblättern verhältnismäßig breite Stipeln, die mit zusammengesetzten Laubblättern lanzettliche oder pfriemlich-fädliche. Mit zunehmender Entwicklungshöhe nimmt auch die Neigung der Nebenblätter zu, mit dem Blattstiel zu verwachsen, doch erfolgt die Verwachsung nie in dem Ausmaße wie etwa bei den Rosen. Zu den eigentümlichsten Arten gehört *R. Chamaemorus*, von dessen unteren Stengelblättern nach W. WATSON nur die Nebenblätter vorhanden sein und Niederblätter vortäuschen sollen, während die der oberen Stengelblätter verkümmert sind.

Trichome und Stacheln. Die auch in anderen Merkmalen als ziemlich ursprünglich erkannte Sektion *Anoplobatus* besitzt einfache, einzellige Haare, wie sie wohl bei allen anderen Sektionen auch vorkommen, und vielzellige Köpfchenhaare, die sogenannten Stieldrüsen; auch diese kehren bei vielen anderen Formenkreisen wieder. Ganz ähnlich verhält sich die Sektion *Chamaemorus*. Mehrzellige, nichtdrüsige Haare sind selten; sie finden sich besonders in der Sektion *Malachobatus*, den europäischen Arten fehlen sie.

Die stärker abgeleiteten Sektionen sind allermeist an den Achsen, Blattstielen und oft auch Blattadern bestachelt. Anders als bei den Rosen, an deren Stachelbildung auch hypodermales Gewebe teilnimmt, sind die *Rubus*-Stacheln rein epidermal und somit den Haaren homolog. Es ist aber fraglich, ob diese Homologie in allen Fällen zutrifft, denn manchmal tragen die Stacheln ihrerseits Haare (z. B. der balkanisch-kaukasische *R. sanguineus* FRIV. und andere Arten der *Ulmifolius*- und *Bifrons*-Gruppe). Da es aber bei den *Rosales* nirgends verzweigte Trichome gibt, dürften die Stacheln zumindest in diesen Fällen kaum richtige Trichome sein.

Viele Arten besitzen Sternhaare; diese gehen auf einfache, einzellige Haare zurück, die nicht gleichmäßig über die Epidermis zerstreut sind, sondern büschelweise zusammenrücken.

Blütenstand. Bei den strauchigen Arten stehen die Blütenstände gewöhnlich endständig an den Zweigen, die aus den Blattachseln des Schößlings entspringen. Der Blütenstand ist teils traubig, teils verzweigen sich seine Seitenachsen, wie das etwa bei den eigentlichen Brombeeren die Regel ist, stets aber schließt die Blütenstandsachse wie auch die der Seitenzweige mit einer sich zuerst entfaltenden Endblüte ab.

Bei den krautigen Arten geht mit der Reduktion des Vegetationskörpers auch eine Vereinfachung des Blütenstandes Hand in Hand. Die Infloreszenz von *R. saxatilis* ist in der Regel eine begrenzte Traube mit stark verkürzter Achse, eine Doldentraube. Dabei erscheint die die Traubenachse abschließende Blüte den seitlichen gegenüber gefördert: nicht nur, daß sie ihnen in der Entwicklung voraneilt, sondern auch durch das mehrzählige Gynäzeum (S. 294). Noch stärker, nämlich auf eine terminale Einzelblüte, ist der Blütenstand bei *R. Chamaemorus* und *R. arcticus* reduziert.

Fig. 223. Blüte einer Brombeere (*Rubus* sect. *Moriferi*) im Längsschnitt. (Aufn. Th. Arzt).

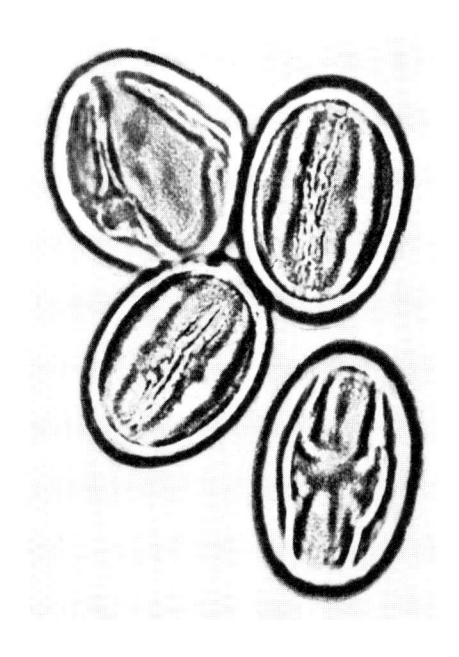

Fig. 224. Pollenkörner von *Rubus saxatilis* L. in Äquatoransicht. Oben links Aufsicht auf das Mesocolpium, oben rechts und Mitte auf den Colpus, unten rechts schräg auf das Mesocolpium (etwa 1000 mal vergrößert. Mikrofoto H. Straka).

Blütenverhältnisse. Bis auf einige stark abgeleitete Artengruppen führen alle *Rubus*-Arten Zwitterblüten. Eingeschlechtige Blüten hat in Europa nur *R. Chamaemorus* und gelegentlich auch *R. arcticus*, doch sind die Rudimente der absorbierten Staub- beziehungsweise Fruchtblätter stets deutlich entwickelt. Eingeschlechtige und außerdem geschlechtsdimorphe Blüten haben die nordwestamerikanischen Arten *R. macropetalus* (S. 281), *R. ursinus* (S. 281) und einige andere, bei denen die Staubblüten viel ansehnlichere Kronblätter führen als die Fruchtblüten. Bei einigen Arten, vor allem *R. caesius* und dem oben erwähnten *R. saxatilis*, gibt es dimorphe Blüten, wobei jene, die die Traubenspindel abschließt, mehr Glieder ausbildet als die seitenständigen.

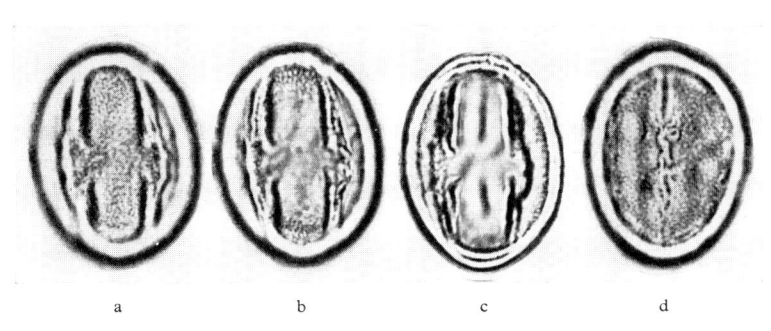

a   b   c   d

Fig. 225. Pollenkörner von *Rubus Idaeus* L. *a* bis *c* Äquatoransichten. *a* Mesocolpium, hohe Einstellung. *b* dasselbe, tiefere Einstellung. *c* dasselbe, tiefste Einstellung, optischer Schnitt. *d* Aufsicht auf den Colpus (etwa 1000 mal vergrößert. Mikrofoto H. Straka).

Die Blüten sind biologisch wenig spezialisiert; meist sind sie homogam und werden von Insekten der verschiedensten Ordnungen, am liebsten aber von Hymenopteren und Schwebfliegen aufgesucht. Die Bestäuber beuten den vom Diskus innerhalb der Staubblätter abgeschiedenen Nektar aus. Einige Arten, wie z. B. *R. caesius*, sind autogam, andere setzen nur bei Fremdbestäubung Frucht an.

Pollen. Der Pollen ist tricolporat. Die Sexine ist etwa so dick wie die Nexine und meist fein striat oder ornat. Nach Sv. Th. ANDERSEN lassen sich folgende Typen unterscheiden: *R. arcticus*: ornat oder psilat, Polarfeld-Index größer als 30; *R. saxatilis*: ebenso, aber Polarfeld-Index kleiner als 30; *R. „fruticosus"*: striat mit feinen und mit den Colpi parallelen Vallae. Ganz aus dem Rahmen der Gattung und der *Rosaceae* überhaupt fällt *R. Chamaemorus* (S. 290 und Fig. 230).

Früchte. Nicht weniger auffällig als die Blüten – bei manchen kleinblütigen Arten, wie der gewöhnlichen Himbeere, viel auffälliger als diese – sind die meist leuchtend rot oder schwarz gefärbten, auf endozoische Verbreitung eingerichteten Sammelfrüchte. Den größten Anteil an der Verbreitung der Früchtchen haben die Singvögel, dazu kommen Tauben,

Fig. 226. Sammelfrucht (Sammel-Steinfrucht) einer Brombeere (*Rubus* sect. *Moriferi*), links einige Früchtchen entfernt. Man beachte die zurückgeschlagenen Kelchblätter (Aufn. Th. ARZT).

Hühnervögel, manche Wiederkäuer und Raubtiere sowie der Mensch. Damit hängt einerseits das häufige Vorkommen an Waldrändern, in Hecken und entlang von Pfaden zusammen, andererseits wird das Vorkommen auch durch die Lichtempfindlichkeit der Keimpflanzen bestimmt: unmittelbares Sonnenlicht tötet die Pflänzchen binnen kurzer Zeit.

Die Früchte der Gattung *Rubus* sind Sammelfrüchte mit steinfruchtartig ausgebildeten Früchtchen. Bei der Reife bleiben im allgemeinen die Früchtchen miteinander verbunden und fallen gemeinsam ab. Die ursprünglicheren Sektionen sind durch fingerhutförmig ausgehöhlte Sammelfrüchte (Himbeeren) gekennzeichnet. Hier lösen sich die Früchtchen vom Fruchtblattträger ab; dieser wird trocken und gehört nicht zur Frucht als Verbreitungseinheit. Anders ist das bei den stärker abgeleiteten Brombeeren, bei denen der Fruchtblattträger wie das Exokarp der Früchtchen beerenartig saftig wird. Die Ablösung der reifen Sammelfrucht erfolgt bei diesen unterhalb des Fruchtblattträgers, der mit den Früchtchen verbunden bleibt.

Die Steinkerne, die von den inneren Schichten des Fruchtblattes gebildet werden und nur einen einzigen Samen enthalten (obwohl die Fruchtblätter zunächst 2 Samenanlagen ausbilden, von denen sich jedoch nur eine weiterentwickelt), sind in Form und Skulptur recht verschieden, meist netzig und runzelig, wie vor allem bei der Himbeere, selten glatt, wie bei *R. Chamaemorus*. Die Steinkerne der Brombeeren sind 2,6 bis 3,7 mm lang (mittlere Länge: 2,95 mm) und 1,6 bis 2,5 mm breit (im Mittel 1,91 mm) und lassen sich dadurch von denen der Himbeere unterscheiden, die kürzer und mehr abgerundet und 1,8 bis 3,0 mm (im Mittel: 2,2 mm) lang und 1,0 bis 1,9 mm breit sind.

Fossilfunde. In tertiären Ablagerungen ist die Gattung durch ihre Steinkerne nachgewiesen (Oligozän bis Pliozän), in quartären Schichten durch Steinkerne und auch durch Pollenfunde. Im einzelnen siehe man bei *Rubus Chamaemorus*, S. 290, *R. saxatilis*, S. 294, *R. Idaeus*, S. 297, *R. caesius*, S. 301 und Sektion *Moriferi*, S. 318

Inhaltsstoffe. Nach Documenta Geigy, 6. Auflage, 1960, weisen 100 g eßbare Früchte folgende chemische Zusammensetzung auf:

		Brombeere, frisch	Himbeere frisch	Saft, frisch
Wasser . . . . g		84	83	88
Proteine . . . . g		1,2	1,1	0,2
Fette	total . . . . g	1,1	0,6	0
	Cholesterin	–	–	–
Kohlehydrate	total . . . . g	11,9	14,4	11
	Faserstoffe . . . . g	4,1	2,8	–
Kalorien . . . . kcal		56	66	45
Vitamine	A (als Gesamtaktivität in JE)	200	150	100
	B¹ . . . . mg	0,03	0,03	0,03
	B² . . . . mg	0,04	0,07	–
	Nikotinsäure . . . . . . mg	0,31	0,3	–
	C . . . . mg	21	25	25
	weitere Vitamine . . . mg	–	–	–
Sonstige organische Verbin-	Äpfelsäure . . . . . . mg	160	40	–
dungen	Zitronensäure . . . . . mg	Spur	1300	–
	Oxalsäure . . . . mg	18	–	–
	Harnsäure . . . . . . mg	0	0	0
	Purinbasen . . . . . . mg	0	0	0
Säureüberschuß im ml		B	B	B
Basenüberschuß im ml		5,5	6,7	4,9
Elemente	Natrium . . . . mg	4	3	5
	Kalium . . . . mg	181	190	134
	Calcium . . . . mg	32	49	20
	Magnesium . . . . . . mg	24	23	18
	Mangan . . . . mg	0,59	0,51	0,36
	Eisen . . . . mg	1,0	1,0	–
	Kupfer . . . . mg	0,11	0,13	–
	Phosphor . . . . . . mg	34	37	10
	Schwefel . . . . mg	17	18	9
	Chlor . . . . mg	15	22	10

Anmerkung: – = es liegt keine Untersuchung vor. o = Nullwert. ml = Milliliter n/Säure bzw. Base.

Verwendung. Die Früchte fast aller heimischen Arten außer R. caesius schmecken angenehm und werden roh oder konserviert genossen, in größerem Maße die der Brombeeren und Himbeeren. Sie finden Verwendung zur Bereitung von Marmeladen, Gelees, Sirupen, Süßmost, Wein, auch zum Färben von Rotwein und anderem mehr. Dazu werden einige Arten und Gartensorten im großen angebaut, vor allem Sorten von R. Idaeus, S. 297. Über die Fruchtsorten der Brombeeren vgl. man S. 280–281 sowie unter R. procerus, R. laciniatus und R. ulmifolius.

Die zytologischen Verhältnisse und damit der Artbegriff sind bei Rubus, streng genommen bei den Brombeeren, äußerst problematisch. Diploid sind unter den mitteleuropäischen Rubi nur R. Idaeus, R. canescens und R. ulmifolius. Dazu kommt im Hohen Norden der ebenfalls diploide R. arcticus, der westmediterrane R. incanescens, der kanarische R. Bollei, R. moschus (und wohl auch andere) aus den Kaukasusländern und zahlreiche Arten in Ostasien und Nordamerika. Die meisten anderen Rubus-Arten, also fast alle europäischen, sind tetraploid, einige wenige tri-, penta- und hexaploid, der diözische *R. Chamaemorus* ist sogar oktoploid. In vielen Fällen kann an der hybridogenen Herkunft der polyploiden Rubi kein Zweifel bestehen: das zeigt sich schon an dem bei vielen, auch weit verbreiteten Arten teilweise fehlschlagenden Pollen und dem oft mangelhaften Fruchtansatz. Aber selbst Arten, bei denen dies nicht der Fall ist, scheinen durchwegs allopolyploid zu sein, wie das VAARAMA für *R. caesius* und *R. saxatilis* nachgewiesen hat.

Viele *Rubus*-Arten, zumal die eigentlichen Brombeeren, sind fakultativ apomiktisch, und zwar kann eine Zelle des Nuzellus in den Embryosack hineinwachsen und – ohne Reduktionsteilung oder Kernverschmelzung – einen Embryo bilden, wie das an *R. nitidoides* und *R. thyrsiger* gefunden wurde. Allerdings ist dazu notwendig, daß der sekundäre Embryosackkern mit einem der beiden männlichen, generativen Kerne verschmilzt und das Endosperm bildet, ohne das auch die apomiktische Samenbildung unmöglich ist (Pseudogamie). Wie nun W. WATSON sehr zu Recht bemerkt, wurde Pseudogamie beziehungsweise die apomiktische Entwicklung von Samen immer nur bei künstlicher Bastardierung festgestellt. WATSON vermutet demzufolge in der Apomixis eine Einrichtung zur Vermeidung von Bastardierung, sozusagen zur Erhaltung der Art ohne die mit solchen Vorkehrungen sonst verbundene Unfruchtbarkeit.

Nicht selten wird freilich diese (mutmaßliche) Sperre gegen das Einkreuzen fremder Genome durchbrochen, und es entstehen regelrechte (primäre) Hybriden, die sich, selbst wenn die Elternarten verwandschaftlich sehr ferne stehen, in ihrer Fertilität ganz verschieden verhalten, und manche alloploide Arten besitzen durchaus wohlentwickelte Pollen und setzen auch reichlich Frucht an; nur die triploiden Arten bilden allermeist sehr mangelhaften Pollen (nach W. WATSON).

Klone sind die Kleinarten der Brombeeren demnach in der Regel nicht; denn sie sind nicht habituell pseudogam, sondern gewissermaßen nur aus ‚Notwehr‘. Einige Arten, so die diploiden *R. canescens* und *R. ulmifolius*, sollen selbststeril sein, bei den übrigen ist Autogamie sehr verbreitet.

In diesen Ausführungen ist die grundsätzliche Schwierigkeit der taxonomischen Darstellung schon enthalten: sie liegt in der Vielzahl oft nur schwach charakterisierter, immer wieder die gleichen Merkmale in neuer Zusammenstellung wiederholender Sippen, die sich ganz wie Arten verhalten, indem sie variieren, sich geschlechtlich fortpflanzen und gegen das Eindringen fremden Erbguts mehr oder weniger geschützt sind. Als Einwand gegen ihre Artberechtigung bleibt nur die große Zahl, in der diese Sippen vorkommen: In Bayern allein über 200, in Österreich mehr als 250.

Nun hat es gewiß etwas Mißliches, sich allein in Mitteleuropa einer Gattung mit über 300 Arten konfrontiert zu sehen, und mehrere Autoren – in seiner letzten Zusammenfassung auch FOCKE (1914) – sind deshalb dazu übergegangen, diese kleingefaßten Sippen in Sammelarten zusammenzufassen, ähnlich wie das etwa bei *Hieracium* mit allgemeinem Beifall geübt wird. Allerdings lassen sich die Verhältnisse bei *Rubus* und *Hieracium* aus zwei Gründen nicht miteinander vergleichen:

1. Zwar sind die meisten Kleinarten von *Rubus* wie die von *Hieracium* aus Bastarden hervorgegangen, aber bei *Hieracium* kennen wir im allgemeinen die Eltern, bei *Rubus* nicht oder bestenfalls einen Elternteil, sehr selten beide, und in diesen wenigen Fällen ist gegen eine summarische Behandlung der hybridogenen Sippen nicht viel einzuwenden (vgl. 1468c. *R. agrestis*). Nicht korrekt wäre es aber, Kleinarten in Sammelarten zu vereinigen, solange nicht die Identität der Eltern geklärt ist. Das aber ist bei den Brombeeren so gut wie ausgeschlossen, da mit einem Aussterben der mutmaßlichen Stammformen[1]) im Diluvium gerechnet werden muß.

2. Die Kleinarten von *Rubus* sind keineswegs wie die von *Hieracium* zwangsläufig apomiktisch, sondern vorwiegend allo- und autogam. Deshalb ist es nur angemessen, sie auch wie Arten zu behandeln. Dazu kommt, daß die Sammelarten nicht schärfer voneinander abzutrennen sind als die Kleinarten, ja die Grenze zwischen den Sammelarten stets etwas Willkürliches bleibt, während über die Kleinarten, oder besser die eigentlichen Arten, bei den neueren Autoren weitgehend Übereinstimmung besteht. Künstliche Grenzlinien mögen für Artengruppen erlaubt sein, die in erster Linie der besseren Übersicht dienen, doch sollte ein halbwegs definierbarer Artbegriff nicht dem Bemühen, die Artenzahl recht niedrig zu halten, geopfert werden.

Die Notwendigkeit, die sich wie Arten verhaltenden Sippen auch als solche zu nehmen, bedingt eine vereinfachte Darstellung. Die Artbeschreibungen bei den Sektionen V. *Corylifolii*, VI. *Suberecti* und VII. *Rubus* beschränken sich deshalb auf das Notwendigste und wiederholen die in der vorangestellten Gruppenbeschreibung erwähnten Merkmale im allgemeinen nicht. Wenig verbreitete Arten mußten zum großen Teil ausgelassen werden, um die Darstellung der Gattung nicht über Gebühr aufzublähen. Die Beschreibungen sind zumeist den Arbeiten ADES, FOCKES und W. WATSONS entnommen. Für ein vertieftes Studium der Gattung ist auf die im Literaturverzeichnis (S. 274) angeführten Arbeiten nicht zu verzichten. Vor allem die Brombeeren Ostdeutschlands und Österreichs konnten nur zum kleinsten Teil berücksichtigt werden.

Parasiten. *Rubus* beherbergt zahlreiche Insekten, die nur an dieser Gattung leben, so die Schnabelkerfe *Siphonophora rubi*, *Coreus scapha* und *Typhlocyba smaragdula*, die Käfer *Glyptina rubi* PAYK., *Phyllobius alpinus* STIERL., Co-

---

[1]) Als solche nimmt GUSTAFSSON (1942, 1943, 1947) die diploiden Arten *R. Bollei*, *R. canescens*, *R. incanescens*, *R. moschus* und *R. ulmifolius* an, von denen gerade die mit grüner Blattunterseite ausgezeichneten (*R. Bollei* und *R. moschus*) ausgesprochen reliktartige Verbreitung haben. Die heute in West- und Mitteleuropa überreich vertretenen grünblätterigen Brombeeren lassen sich nur zum kleinsten Teil mit diesen in engeren Zusammenhang bringen.

raebus rubi L., u. a. m., die Schmetterlinge *Diarsia (Agrotis) rubi* VIEW., *Habrosyne derasa* L., *Thyatira bati* L., *Cidaria albicillata* L., *Notocelia uddmanniana* L. (Himbeerwickler), *Epiblema ustulana* . . ., *Bembecia hylaeiformis* LASP. (deren Raupe in den Wurzeln bohrt), dann vor allem die minierenden Kleinschmetterlinge aus den Gattungen *Coleophora* (die Platzminen erzeugen) und *Stigmella* (die Gangminen erzeugen), wie *Coleophora ahenella* HEIN und *C. potentillae* ELISHA, *Stigmella aeneofasciella* H. S., *St. rubivora* WOCKE, *St. erythrogenella* JOHANN., *St. bollii* FREY, *St. fruticosella* MÜLL.-RTZ., *St. splendidissimella* H. S. (fast monophag auf *Rubus*), *Tinagma perdicellum* Z., *Incurvaria praelatella* SCHIFF., *Cnephasia virgaureana* TR., *Cnephasiella incertana* TR., die minierenden Dipteren *Agromyza rubi* BRI. und *A. spiraeae* KLTB., die Hymenopteren *Metallus albipes* CAM. und *M. pumilus* KL. Die ausschließlich auf *Rubus* lebenden Arten sind durch ein * gekennzeichnet (nach HERING).

Die Gallwespe *Diastrophus rubi* HARTIG erzeugt an den Zweigen spindelförmige, bis 8 cm lange und 1 cm dicke, gekammerte Anschwellungen; häufiger sind noch die rundlichen, meist einseitigen, bis 3 cm langen und 2 cm breiten Gallen der Diptere *Lasioptera rubi* HEEGER. An den Blättern verschiedener Arten verursacht die Gallmilbe *Eriophyes gibbosus* NAL. filzig behaarte Stellen, namentlich unterseits.

Unter den pilzlichen Parasiten sind an erster Stelle die Uredineen *Phragmidium Rubi* WINTER und *Ph. violaceum* (SCHULTZ) WINTER sehr verbreitet, auf der Himbeere ferner *Chrysomyxa albida* J. KÜHN; häufig ist auch der Mehltau *Erysibe Rubi* FUCKEL. Auf den abgestorbenen Zweigen findet man vor allem Askomyzeten in großer Zahl, die zum Teil auf die einzelnen Arten oder Sektionen von *Rubus* spezialisiert sind. Über die an der Gartenhimbeere schädlichen Insekten und Pilze vergleiche man S. 297–298.

Hinweise für das Bestimmen und herbarmäßige Sammeln von Brombeeren. Da die Forderung, Brombeeren an Ort und Stelle zu bestimmen, utopisch ist, empfiehlt es sich, beim Einsammeln von Herbarmaterial einige Regeln zu beachten, deren Befolgung wenigstens in vielen Fällen sicher bestimmbare Exsikkaten zur Folge haben wird.

1. Von jedem zu bestimmenden Strauch soll ein mittlerer Teil eines diesjährigen Langtriebs (Schößling) mit einem Laubblatt gesammelt werden.

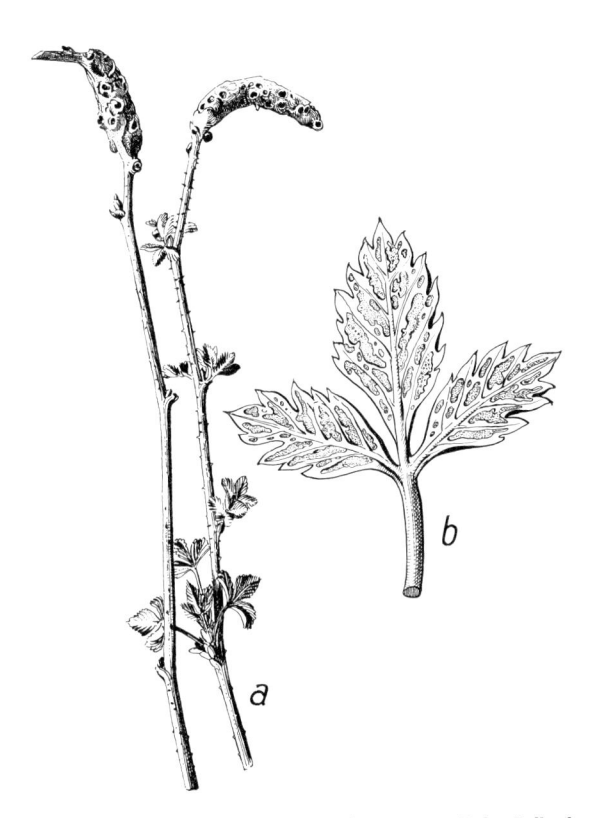

Fig. 227. *a* Sproßgallen von *Lasioptera rubi* HEEGER an *Rubus Bellard* WEIHE et NEES. *b* Äzidien des Rostpilzes *Gymnoconia Peckiana* (HOWE TROTTER auf *Rubus saxatilis* L.

2. Weichen Stammgrund und die Spitze des Schößlings erheblich von dem entnommenen Stück ab, dann sollte dies auf einem beizulegenden Zettel vermerkt werden. Reifüberzug ist manchmal nur am Grunde sicher zu erkennen, wie umgekehrt manchmal die Haare mit der Zeit verschwinden.

3. Der einzulegende Blütenstand soll nicht unter 20 bis 30 cm lang sein und den für den Strauch bezeichnenden Umriß erkennen lassen.

4. Sehr wichtig ist die Stellung der Kelchblätter nach dem Abblühen. Zeigt dies die zu bestimmende Pflanze noch nicht, dann ist zur Anfertigung eines brauchbaren Exsikkats und meistens auch zur sicheren Bestimmung ein späterer Besuch notwendig. Dagegen lohnt es in der Regel nicht, reife Früchte und Fruchtstände zu entnehmen.

5. Es ist ratsam, einzelne, entfaltete Kronblätter für sich zu pressen.

6. Man halte die Farbe der Kronblätter, der Filamente und der Stylodien auf dem Zettel fest, ebenso, ob die Staubblätter die Karpelle überragen oder kürzer als diese sind. Da die Karpelle leicht ihre Haare verlieren, ist es zweckmäßig, gleich bei dieser Gelegenheit zu vermerken, ob Fruchtblätter und Fruchtblattträger kahl oder behaart sind.

7. Vor allem aber überzeuge man sich, daß alle gesammelten Teile von ein und demselben Individuum stammen.

W. WATSON empfiehlt, bei der Frage nach dem Vorkommen von Drüsen zuerst den Blattstiel und die Blütenstiele zu untersuchen: fehlen ihnen die Drüsen, dann fehlen sie sicher überall. Ähnlich erkennt man die filzige Behaarung der Blattunterseite am leichtesten an den laubigen Tragblättern der Blütenstandsäste. Der Filz ist bisweilen sehr dünn, so daß das Blatt auch unten grün erscheint. Man benutze daher zu seinem Nachweis eine Lupe.

Gelegentlich wird man auch bei gewissenhafter Befolgung all dieser Empfehlungen auf unbestimmbare Sträucher stoßen.

Schlüssel zu den Sektionen.

1a Sprosse unbewehrt. Laubblätter einfach, handförmig gelappt. 2

    2a Sträucher. Blüten zwitterig, in mehrblütigen Infloreszenzen. Im Gebiet nur kultiviert und gelegentlich verwildernd . . . . Sektion *Anoplobatus* (S. 276)

    2b Stengel krautig, einblütig. Pflanze zweihäusig . . . . I. Sektion *Chamaemorus* (S. 289)
    . . . . (1463. *R. Chamaemorus* L.)

1b Sprosse mehr oder weniger stachelig. Laubblätter aus 3 oder mehr Blättchen zusammengesetzt . . . 3

    3a Nebenblätter an den nichtblühenden Sprossen lanzettlich oder spitzeiförmig, etwa in der Mitte am breitesten, nach beiden Enden verschmälert. Laubblätter stets sommergrün 4

        4a Oberirdischer Sproß krautig, einjährig. Sammelfrucht rot, aus wenigen (1 bis 6) Steinfrüchtchen bestehend . . . . II. Sektion *Cylactis* (S. 292)
        . . . . (1464. *R. saxatilis* L.)

        4b Oberirdische Achse verholzend, wenigstens einmal überwinternd, im ersten Jahr ein einfacher, belaubter Langtrieb (Schößling), im zweiten sich verzweigend und blühend. Sammelfrucht schwarz, seltener schwarz-purpurn, häufig aus zahlreichen Steinfrüchtchen bestehend. . . . 5

            5a Schößling stielrund. Laubblätter durchwegs dreizählig, unterseits grün. Sammelfrüchte schwarz, hell bläulich bereift. Vegetative Vermehrung durch die an der Spitze einwurzelnden Schößlinge; keine wurzelbürtigen Adventivsprosse . . . . . IV. Sektion *Rubus* (S. 299)
            . . . . (1466. *R. caesius* L.)

            5b Schößling fast stielrund bis oberwärts scharfkantig, seltener gefurcht. Laubblätter drei- bis fünfzählig, unterseits grün, grau oder weiß. Sammelfrüchte schwarz oder dunkelrot, gewöhnlich unbereift, glanzlos. Vegetative Vermehrung wie oben V. Sektion *Corylifolii* (S. 301)

            5c Schößling kantig, meist gefurcht. Laubblätter meist fünfzählig, unterseits grün, seltener anfangs graufilzig. Sammelfrüchte meist schwarz, unbereift. Vegetative Vermehrung durch wurzelbürtige Adventivsprosse, die Schößlinge nicht mit der Spitze einwurzelnd
            . . . . VI. Sektion *Suberecti* (S. 309)

    3b Nebenblätter an den nichtblühenden Sprossen linealisch bis fädlich. Laubblätter sommer- oder immergrün 6

        6a Laubblätter dreizählig oder fünf- (selten mehr-)zählig gefiedert, stets sommergrün. Fruchtblätter bei der Reife in einer fingerhutförmigen, roten, seltener schwarzen oder gelben Sammelfrucht zusammenhängend, sich vom trockenen Fruchtblattträger ablösend. Wildwachsend und gepflanzt . . . . III. Sektion *Idaeobatus* (S. 294)

        6b Laubblätter dreizählig oder fünf- bis siebenzählig gefingert. Fruchtblätter bei der Reife miteinander und mit dem saftigen Fruchtblattträger in einer schwarzen oder dunkelroten, nicht ausgehöhlten Sammelfrucht zusammenhängend 7

            7a Sommergrün. Häufig mit wurzelbürtigen Erneuerungssprossen. Schößling aufrecht bis überhängend oder hoch bogig, gewöhnlich nicht mit der Spitze einwurzelnd. Stacheln gleichartig, kantenständig. Blüten oft in einfachen Trauben. Staubblätter nach dem Verblühen meist nicht zusammenneigend. Sammelfrucht dunkelpurpurn oder schwarz . . . .
            . . . . VI. Sektion *Suberecti* (S. 309)

            7b Sommer- oder immergrün. Ohne wurzelbürtige Erneuerungssprosse. Schößling bogig oder niederliegend, gewöhnlich mit der Spitze einwurzelnd. Stacheln gleichartig oder ungleich. Blütenstände rispig. Staubblätter nach dem Abblühen den Fruchtblättern anliegend. Reife Sammelfrucht glänzend schwarz . . . . VII. Sektion *Moriferi* (S. 317)

I. Sektion Chamaemorus FOCKE.

Oberirdische Sprosse krautig, nicht überwinternd, stachellos. Laubblätter einfach, handförmig gelappt. Nebenblätter spitz eiförmig, bleibend; die der oberen Laubblätter stark rückgebildet oder fehlend. Blüten einzeln, endständig, aufrecht, eingeschlechtig. Kronblätter meist den Kelch überragend. Fruchtblätter mäßig viele, bei der Reife in einer fingerhutförmig ausgehöhlten Sammelfrucht zusammenhängend, sich vom trockenen, kegelförmigen Fruchtblattträger ablösend. Steinkern glatt.

Die Sektion *Chamaemorus* beginnt zweckmäßigerweise die Reihe der mitteleuropäischen *Rubus*-Sektionen, obgleich sie keineswegs besonders ursprünglich ist: im Gegenteil, sie gehört zu den am stärksten fortgeschrittenen Sektionen der Gattung. Sie ist wahrscheinlich durch Anpassung an die Lebensbedingungen eines arktischen (oder alpinen) Klimas aus einem ausgestorbenen, der Sektion *Anoplobatus* nahestehendem Formenkreis hervorgegangen.

Die einzige Art der Sektion ist *R. Chamaemorus*.

1463. Rubus Chamaemorus[1]) L., Spec. plant. 494 (1753). Moltebeere, Schellbeere (in Livland). Engl.: Cloudberry. Dän.: Multebaer. Norweg.: Molter. Schwed.: Hjortron. Tschechisch: Ostružiník moruška. Taf. 148, Fig. 4; Fig. 228, 229, 230, 231 a bis e.

Zweihäusig. Grundachse ausdauernd, weithin kriechend, unterirdisch, einjährige, aufrechte, sämtlich blühende Stengel treibend. Diese sind unverzweigt, 2 bis 30 cm hoch, kurz behaart und stieldrüsig, stachellos, tragen unterwärts schuppige, eiförmige Niederblätter (nach W. WATSON: Stipeln ohne Blatt), darüber 1 bis 4 langgestielte, seicht drei- bis siebenlappige, im Umriß nierenförmige, am Rand gekerbt gesägte Laubblätter. Nebenblätter des untersten Laubblattes frei, spitz eiförmig, die übrigen zu Fransen rückgebildet bis fast fehlend. Blüten ansehnlich, aufrecht, fünf- oder vierzählig, einzeln endständig. Kelchblätter länglich eiförmig, spitz, auch an der Frucht aufrecht oder höchstens waagrecht abstehend, wie der Blütenstiel dicht feinhaarig und drüsig. Kronblätter verkehrt eiförmig, ausgebreitet, weiß, behaart, vor dem Abfallen zurückgeschlagen. Staubblätter die Stylodien überragend, an den weiblichen Pflanzen ohne Staubbeutel. Sammelfrucht kugelig, groß, fingerhutförmig ausgehöhlt, aus etwa 20 Steinfrüchtchen bestehend, anfangs hellrot, später orangerot bis gelbbraun, mit angenehm säuerlichem und aromatischem Geschmack, sich bei der Reife vom Fruchtblattträger ablösend. – Chromosomenzahl: $8n = 56$. – V, VI, im Gebirge bis VII.

Vorkommen. Auf Hoch- und Zwischenmooren, in Heiden und Moorwäldern, meist sehr gesellig.

Fig. 228. *Rubus Chamaemorus* L. Bei Abisko, Lappland (Aufn. P. MICHAELIS).

Allgemeine Verbreitung. Zirkumpolar-subarktisch. Nord- und nördliches Mitteleuropa (südwärts bis in die Sudeten), Sibirien, Nordjapan, nördliches Nordamerika.

---

[1]) Von griech. χαμαί [chamai] „niedrig" und μῶρον [moron] „Maulbeere, Brombeere". Ein χαμαίβατος [chamaibatos] wird schon von THEOPHRAST angeführt (wahrscheinlich unser *R. ulmifolius* oder *R. sanguineus*).

Verbreitung im Gebiet. Im heutigen Deutschland nurmehr in Oldenburg (Upweger und Oldenbrucker Moor), in Schleswig-Holstein [hier erst 1963 auf dem Weißen Moor bei Heide (Dithmarschen) festgestellt und nur männliche Pflanzen] sowie im Swinemoor auf Usedom, früher auch auf dem Meißner in Hessen, angeblich in der Rhön, im nördlichen Schwarzwald am Kniebis, aber nicht im Schwenninger Moor zwischen Donau und Neckar[1]). In den abgetrennten Ostgebieten in Pommern (Lebamoor bei Stolp, früher auch auf der Halbinsel Darß), in Westpreußen (Bielawa-Moor, Slawoschin) und ziemlich verbreitet im nördlichen, selten im südlichen Ostpreußen, sowie in den Sudeten im Isergebirge (Iserwiese) und Riesengebirge (Elbwiese, Pantschewiese und Weiße Wiese), auch auf der Böhmischen Seite. Fehlt in Süddeutschland, Österreich und den ganzen Alpenländern.

Vegetationsorgane[2]). Das Achsensystem ist in eine ausläuferartig kriechende, unterirdische, sympodiale Dauerachse und in die Laubtriebe differenziert; letztgenannte tragen in ihrem unteren, in der Erde verborgenen Teil einige Erneuerungs-

Fig. 229. *Rubus Chamaemorus* L. Ausläufersystem mit Laubsprossen. *Nb* Nieder-, *L* Laubblätter, *B* terminale Blüte. *Ek* Erneuerungsknospen, *ab* bis zur Erde abgestorbene vorjährige Laubtriebe, *o* ober-, *u* unterseitige Achselsprosse des Ausläufers *A*, *sw* sproßbürtige Wurzeln (W. RAUH).

knospen. Die über den Erdboden emporragenden Sprosse sind krautig und kommen an der erwachsenen Pflanze alle zur Blüte. Vegetative Vermehrung erfolgt ausgiebig durch die unterirdischen Ausläufer. Die Vermehrung durch Samen hat demgegenüber keine große Bedeutung. Im Herbst sterben alle oberirdischen Teile ab, und die Laubblätter färben sich tief blutrot.

Pollen. Der Pollen dieser Art fällt stark aus dem Rahmen der übrigen *Rosaceae*; er hat sehr deutliche, mehr oder weniger stumpfe, etwa 1,5 μ lange Fortsätze und ist prolat ($40 \times 28\,\mu$). Fossil findet sich der Pollen von *R. Chamaemorus* nicht selten in spätglazialen Ablagerungen.

---

[1]) Vgl. K. BERTSCH, Über das ehemalige Vorkommen von *Rubus Chamaemorus* im Schwenninger Moor. Jahreshefte Ver. vaterl. Naturkunde Württemberg (Stuttgart) **82**, S. 50 u. 51 (1926). Nach BERTSCH geht diese Fundortangabe nicht auf eine Fehlbestimmung, sondern auf einen Schwindel zurück.

[2]) Vgl. W. RAUH, Über die Verzweigung ausläuferbildender Sträucher. Hercynia **1**, 2, S. 193 (1938).

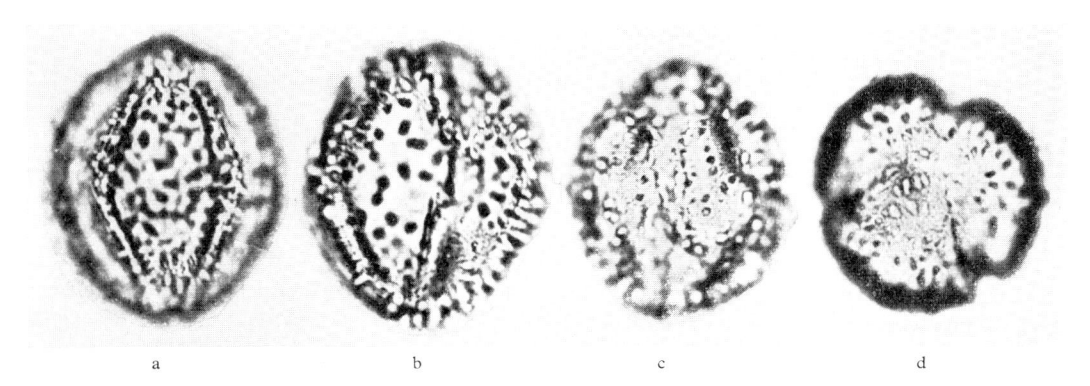

Fig. 230. Pollenkörner von *Rubus Chamaemorus* L. *a* bis *c* Äquatoransichten. *a* Aufsicht auf das Mesocolpium. *b* dasselbe etwas gedreht, mit Aussicht auf den Rand eines Colpus. *c* dasselbe mit Aufsicht auf einen Colpus. *d* Polansicht, etwas schräg (etwa 1000 mal vergrößert. Mikrofoto H. STRAKA).

Früchte. Die großen wohlschmeckenden Sammelfrüchte reifen meist sehr spät, in manchen Jahren und Gegenden überhaupt nicht. Oft bleiben sie den Winter über erhalten. Die Steinkerne werden vorwiegend durch Vögel verbreitet (nach HOLMBOE durch Schneehühner, Gänse und Möven, nach HEINTZE auch durch Krähenvögel und Drosseln), daneben verzehren auch Bären, Rentiere und Hasen die Früchte und steuern so ihren Teil zur Verbreitung bei.

Verwendung. In Skandinavien und dem übrigen Verbreitungsgebiet der Art wird die Molte- oder Schellbeere wie die Himbeeren gesammelt. In vielen Gegenden liefert sie das einzige Obst. Bewahrt man sie in offenen Gefäßen kühl auf, dann halten sich die Früchte auch roh das ganze Jahr über frisch. Sie gelten auch als Heilmittel gegen den Scharbock.

Parasiten. Neben verschiedenen, auch auf anderen Rubi lebenden Pilzen, wie dem Rost *Phragmidium Rubi* WINTER beherbergt *Rubus Chamaemorus* auch einige ganz an ihn gebundene Schmarotzer, wie die blattbewohnenden Ascomyceten *Cryptoderis Chamaemori* SACC., *Sphaerella Chamaemori* KARST. und einige weitere.

Lebensbedingungen und Begleitpflanzen. *Rubus Chamaemorus* meidet Kalk, ist aber in seinem Hauptverbreitungsgebiet an keine bestimmte Pflanzengesellschaft gebunden. In Hochmooren wächst er gern in den Polstern von *Sphagnum fuscum* (SCHIMPER) KLINGG., meist zusammen mit *Betula nana* L., dringt aber, wenigstens in Skandinavien, in verschiedene Heidegesellschaften [mit *Rhacomitrium lanuginosum* (EHRH. ap. HEDW.) BRID., *Empetrum nigrum* L., *Calluna vulgaris* (L.) HULL, *Vaccinium Myrtillus* L. und *V. uliginosum* L., *Juniperus communis* L. u. a. m.], Gebüsche, Birken- und Fichtenwälder ein; in den letztgenannten kommt er vor im Verein mit *Vaccinium*-Arten, *Trientalis europaea* L., *Chamaepericlymenum suecicum* (L.) ASCHERS. et GRAEBN., *Leucobryum glaucum* (L. ap. HEDW.) SCHIMPER. Im Gebiet er-

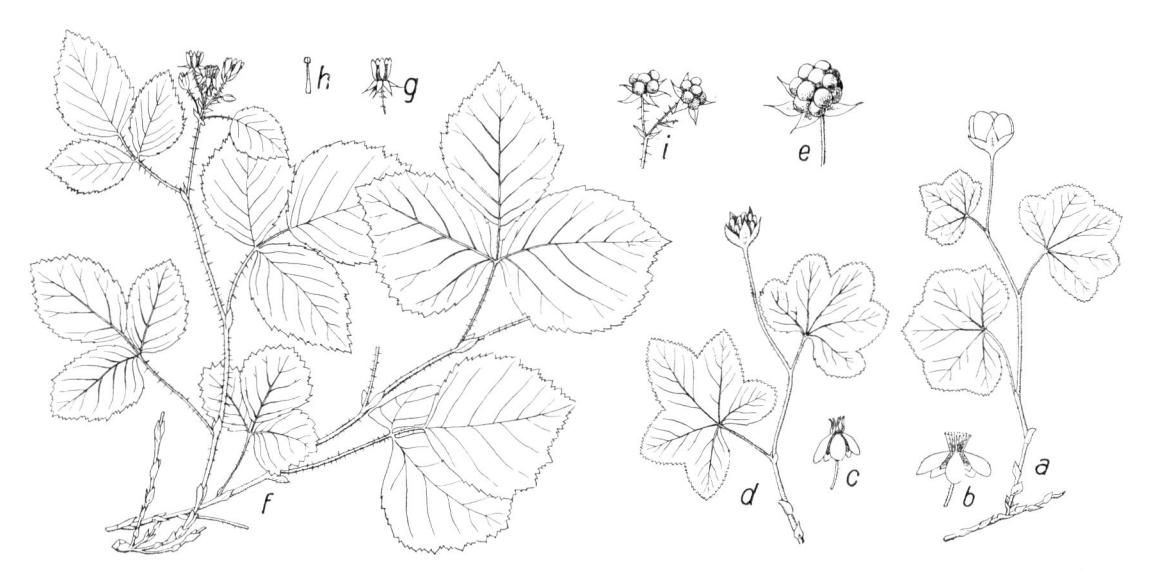

Fig. 231. *a* bis *e Rubus Chamaemorus* L. *a* blühende Pflanze. *b* männliche, *c* weibliche Blüte. *d* fruchtender Sproß. *e* Sammelfrucht. *f* bis *i Rubus saxatilis* L. *f* Habitus. *g* Blüte. *h* Staubblatt. *i* Fruchtstand.

scheint *R. Chamaemorus* einerseits in Zwischenmooren (sowohl baumlosen, z. B. den Bielawa-Mooren in Westpreußen, als auch in mit Kiefern bestandenen, z. B. den Leba-Mooren bei Stolp), andererseits wuchert er in Oldenburg üppig in Calluneten, während er in den *Sphagnum*-Polstern der Hochmoore viel spärlicher vorkommt.

In Nordeuropa steigt die Pflanze in den windexponierten und zeitweise stark austrocknenden *Rhacomitrium*- und Zwergbirken-Heiden beträchtlich über die Waldgrenze empor, im mittleren Norwegen etwa bis 1370 m.

Bastarde bildet *R. Chamaemorus* wildwachsend nur mit *R. arcticus*. YAEGER (1950) gelang außerdem die Kreuzung *R. Chamaemorus* × *Idaeus*.

II. Sektion Cylactis (RAFINESQUE) FOCKE.

Oberirdische Sprosse krautig, nicht überwinternd, schwach bestachelt. Laubblätter bei unserer Art dreizählig (bei dem das Gebiet nicht erreichenden *R. humulifolius* handförmig gelappt), beiderseits grün. Nebenblätter frei, elliptisch bis spitz eiförmig oder lanzettlich, bleibend. Blüten zwitterig, in armblütigen, endständigen Doldentrauben, nicht nickend. Kronblätter etwa so lang wie die Kelchblätter. Fruchtblätter nur 1 bis 6, sich bei der Reife leicht vom trockenen, schwach gewölbten, nicht kegelförmigen Fruchtblattträger ablösend, kaum miteinander zusammenhängend. Steinkern schwach runzelig bis fast glatt.

Diese Sektion ist in Mitteleuropa nur durch *R. saxatilis* vertreten.

1464. Rubus saxatilis L., Spec. plant. 494 (1753). Felsen-Himbeere, Steinbeere. Engl.: Stone Bramble. Franz.: Ronce des rochers. Dänisch: Fruebaer. Norweg.: Treiebaer. Schwed.: Jungfrubaer, stenbaer, stenhallon. Tschech.: Ostružiník skalní. Ital.: Rovo erbajolo, gramignello. Taf. 148, Fig. 1 und Fig. 224, 227b, 231 f bis i, 232 und 233.

Grundachse kurz, nicht kriechend, einjährige, nichtblühende und blühende, mehr oder weniger fein behaarte und schwach bestachelte, selten zerstreut drüsenborstige oder fast unbewehrte Sprosse treibend; die nichtblühenden ausläuferartig verlängert, sich im Herbst verzweigend und

Fig. 232. *Rubus saxatilis* L. (Aufn. E. SCHMID).

oft an den Enden einwurzelnd, die blühenden aufrecht, 10 bis 25 cm hoch. Laubblätter dreizählig, die Blättchen eiförmig bis rautenförmig, am Rande doppelt gesägt, beiderseits dünn behaart und grün. Blattstiel oberseits rinnig. Nebenblätter an den blühenden Sprossen breit elliptisch oder eiförmig, an den nichtblühenden lanzettlich. Blüten zwitterig, ziemlich klein, fünfzählig, in etwa zwei- bis achtblütigen, endständigen Doldentrauben. Kelchblätter lanzettlich, nach dem Abblühen abstehend oder leicht zurückgeschlagen, außen spärlich, innen dicht behaart. Kronblätter schmal elliptisch bis schmal verkehrt eiförmig, aufrecht, weiß, kahl. Staubblätter aufrecht, die Stylodien überragend. Sammelfrucht aus wenigen, großen, roten, durchscheinenden, kaum zusammenhängenden, kahlen Steinfrüchtchen bestehend, angenehm säuerlich schmeckend. – Chromosomenzahl: $4n = 28$. – V, VI, im Gebirge VII.

Vorkommen. In Wäldern, vor allem Schluchtwäldern und Gebüschen, im Krummholz und in Hochstaudengesellschaften auf mäßig frischem, basenreichem, neutralem bis schwach sauerem

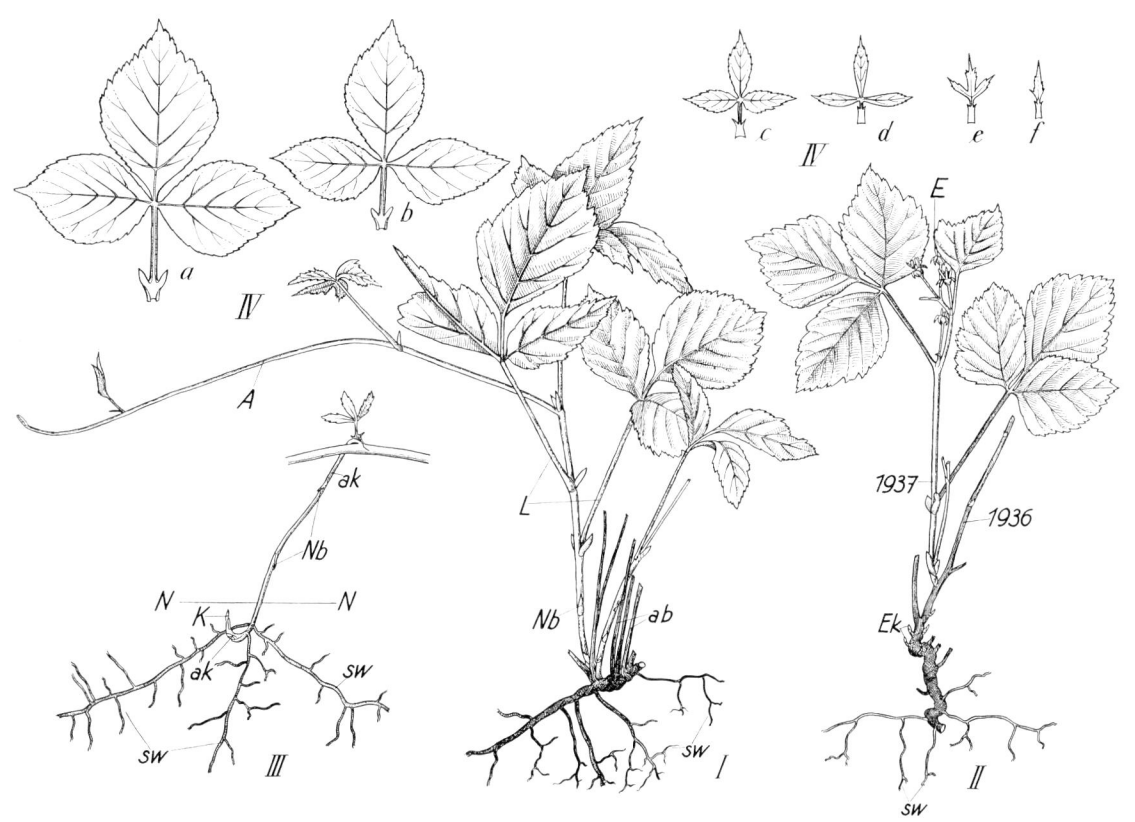

Fig. 233. *Rubus saxatilis* L. *I* vegetativer Trieb mit beginnender Ausläuferbildung (A); *Nb* Nieder-, *L* Laubblätter; *ab* abgestorbene Sprosse früherer Jahrgänge; *sw* sproßbürtige Wurzeln. *II* blühender, orthotroper Trieb; *E* endständige Blüte; *Ek* Erneuerungsknospen. *III* eingewurzelte Achselknospe, die mit verlängerten Interpodien dem Boden zugewachsen ist, sich im unterirdischen Abschnitt verdickt und mit der Spitze (K) aufgerichtet hat; *N—N* Bodenniveau. *IV* Blattfolge an einem Ausläufer (W. RAUH).

Boden. Im allgemeinen bodenvag, aber manchenorts ganz an kalkhaltige Unterlage gebunden. Von der Ebene bis über die Waldgrenze aufsteigend: in Oberbayern bis 1950 m, im Wallis bis 2350 m, in Graubünden bis 2400 m, gern in lichten, grasreichen Kiefern- oder Fichten-Mischwäldern (Vaccinio-Piceeta, Erico-Pineta) oder in offenen, sommerwarmen Hochgrasfluren des Gebirges.

Allgemeine Verbreitung. Südgrönland, Island, Europa von Nordskandinavien bis ins Mittelmeergebiet (hier nur im Gebirge und nach Südwesten nicht über die Pyrenäen hinausgehend), Kaukasus, gemäßigtes Asien durch Sibirien bis Nordjapan, nach Süden bis zum Altai und vereinzelt im Himalaja.

Verbreitung im Gebiet. In Deutschland in der Nähe der Nord- und Ostseeküsten ziemlich häufig, weiter landeinwärts in der Ebene sehr zerstreut, in den Mittelgebirgen und in Süddeutschland vorwiegend in den Kalkgegenden, doch auch in der Rhön und im südlichen Schwarzwald, nicht dagegen im Silikatgebiet des Böhmisch-Bayerischen Waldes.

In den Alpen meist häufig. – In Österreich verbreitet, nur nördlich der Donau selten und im Burgenland nur auf dem Serpentin von Bernstein (neuerdings von MELZER bestätigt). In den Zentralalpen auf weite Strecken fehlend. – In Böhmen, Mähren sowie in der Schweiz bis auf die Zentralalpen allgemein verbreitet.

Rubus saxatilis ist nach VAARAMA allotetraploid, wie übrigens *R. caesius* auch. Beide Arten stimmen noch in anderer Hinsicht überein; sie haben dreizählige, unterseits grüne Laubblätter, breite Stipeln, dimorphe Blüten und Früchte (die die Blütenstandsachse 1. Ordnung abschließende Blüte führt viel mehr Karpelle als die seitlichen Blüten) und sich bei der Reife leicht voneinander lösende Steinfrüchtchen, alles Merkmale, die sich bei den anderen einheimischen *Rubus*-Arten nicht wiederholen. Daher liegt die Annahme auf der Hand, beide Sippen gingen auf eine gemeinsame, allerdings (wahrscheinlich in der Eiszeit) verlorengegangene, möglicherweise mit der Sektion *Malachobatus* verwandte Elternart zurück. Der andere Elternteil von *R. saxatilis* gehört vielleicht der Sektion *Idaeobatus*, der von *R. caesius* eher der Sektion *Rubus* an.

Die Vegetationsorgane beschreibt W. RAUH[1]) folgendermaßen: Das oberirdische Sproßsystem differenziert sich in ausläuferartige, aber oberirdische, vegetative Triebe und aufrechte Blütensprosse. Die Ausläufer wachsen alsbald bogig plagiotrop, ihre Internodien strecken sich auf 20 bis 30 cm, und unter günstigen Bedingungen kann der Ausläufer eine Länge von 3 m erreichen. Im Spätsommer entwickeln sich an den Ausläufern Seitensprosse, die zunächst positiv geotrop auf den Erdboden zu wachsen, bei Berührung mit der Erdoberfläche aber negativ geotrop reagieren und sich mit ihrer Spitze aufrichten. Um diese Zeit bilden die Seitensprosse Wurzeln, die durch Kontraktion die Sproßspitze unter die Bodenoberfläche versenken. Später wurzelt auch die Endknospe des Ausläufers an. Da nun im Herbst das ganze oberirdische Achsensystem abstirbt, sind die eingewurzelten Knospen nunmehr isoliert.

Die unterirdische Überwinterungsknospe entwickelt sich in den folgenden Vegetationsperioden zu einem langlebigen, gestauchten Rhizom (an einem solchen zählte RAUH bei 3 mm Dicke 9 Jahresringe), aus dem alljährlich mehrere Ausläufer und Blütensprosse hervorbrechen.

Blütenverhältnisse. Sehr bemerkenswert ist der schon erwähnte Dimorphismus der Blüten. Die Endblüte der Doldentraube führt meist 6 Karpelle, die seitlichen Blüten nur eins oder zwei. – Die wenig auffälligen Blüten werden von Bienen und Fliegen besucht; sie sind aber nicht davon abhängig, sondern es findet leicht Selbstbefruchtung statt.

Pollen vgl. S. 284 und Fig. 224.

Fossilfunde. Steinkerne von *R. saxatilis* sind aus spät- und postglazialen Sedimenten bekannt geworden.

Parasiten. Neben dem auch auf anderen Rubi häufigen *Phragmidium Rubi* WINT. leben auf *R. saxatilis* zwei stenözische Rostpilze, nämlich *Phragmidium Rubi-saxatilis* LIRO und *Gymnoconia Peckiana* (HOWE) TROTTER, deren leuchtend orangeroten Äzidienlager die Laubblätter stark verunstalten; dieser Parasit wurde bisher erst in Nordeuropa, Südbayern und der Schweiz nachgewiesen. Außerdem schmarotzt auf *R. saxatilis* die Gallmilbe *Eriophyes silvicola* (CAN.), die sonst nur noch auf *R. arcticus* vorkommt.

Begleitpflanzen. *Rubus saxatilis* ist an keine bestimmte Pflanzengesellschaft gebunden, ist aber zumindest in den Alpen und Voralpen ein häufiger Bestandteil der Schneeheide-reichen Kiefernwälder, vielfach zusammen mit *Aquilegia atrata* KOCH, *Calamagrostis varia* (SCHRAD.) HOST, *Coronilla vaginalis* LAM., *Erica carnea* L., *Festuca amethystina* L., *Gymnadenia odoratissima* (L.) L. C. RICH., *Laserpitium latifolium* L., *Pleurospermum austriacum* (L.) HOFFM., *Thesium rostratum* MERT. et KOCH u. a. A.

Volksnamen. Nach dem Vorkommen an steinigen Stellen heißt diese Art Steinbeere (auch mundartlich), Steinträubchen (Eifel), nach ihrem niedrigen Wuchs Erdkirschele (Eifel). Die Form der Früchte veranlaßte die Benennung Hundshode (Graubünden). In Vorarlberg heißt sie Hundsfott. Das westpreußische Brunitschke, Brunischke stammt aus dem polnischen brusznica, das eigentlich die Preiselbeere bezeichnet. Rätoromanische Benennungen sind: Cagliuns-tgang (Oberland), schievschlins, schuschigna, musciner, tschütschlets (Engadin), tschireschettas (Oberland), mufing (Bergell).

Bastarde bildet *Rubus saxatilis* in der Natur nur mit *R. caesius* (S. 301) und im Hohen Norden mit *R. arcticus*; außerdem gelang es VAARAMA (1939), den Bastard *R. Idaeus* × *saxatilis* herzustellen. Dieser ist steril und triploid.

III. Sektion Idaeobatus FOCKE.

Sommergrüne, aufrechte, seltener kriechende Sträucher[2]) mit meist im zweiten Jahre blühenden und absterbenden, schwach bestachelten, nur ausnahmsweise ganz wehrlosen oberirdischen Achsen. Rinde abblätternd. Laubblätter drei- bis siebenzählig gefiedert. Nebenblätter kurz mit dem Blattstiel verbunden, schmal linealisch oder fädlich, bleibend. Blüten zwitterig, aufrecht oder nickend, häufig unscheinbar, die Krone meist nur so lang wie der Kelch oder kürzer als dieser. Fruchtblätter zahlreich, bei der Reife in einer fingerhutförmigen Sammelfrucht zusammenhängend, sich leicht vom trockenen, kegelförmigen Fruchtblattträger ablösend. Steinkern stark netzig runzelig.

Aus dieser fast kosmopolitischen Sektion werden neben dem einheimischen *R. Idaeus* auch einige fremdländische Arten in Gärten kultiviert. Die wichtigsten findet man S. 278 und 279.

---

[1]) W. RAUH, Über die Verzweigung ausläuferbildender Sträucher. Hercynia **1**, 2, S. 216 (1938).
[2]) Ausnahme: *R. illecebrosus*.

1465. Rubus Idaeus[1]) L., Spec. plant. 492 (1753). Himbeere. Engl.: Raspberry. Franz.: Framboisier; im Unterwallis ampoay (die Frucht: Framboise l' (es) ampôs, zampo). Dänisch-norweg.: Bringebaer. Schwed.: Hallon. Ital.: Frambosa, rovo ideo, amponello, l'ampone selvatica (die Frucht: ampone); im Tessin: Framboos. Slowenisch: Malina. Tschechisch: Malinīk, malina.
Taf. 148, Fig. 2; Fig. 225 und 234 bis 239.

Sommergrüne Sträucher mit an den Wurzeln entspringenden Adventivsprossen. Schößlinge im ersten Jahr unverzweigt, aufrecht, 1 bis 2 m hoch, stielrund, kahl, spärlich behaart oder dünn filzig, schwach bereift bis fast unbereift, im Gebiet drüsenlos, mehr oder weniger reichlich mit gleichförmigen, geraden oder schwach gebogenen, pfriemlichen Stacheln besetzt, die aus älteren Pflanzen hervorgegangenen Schößlinge zuweilen stachellos. Laubblätter dreizählig oder fünf- (selten sieben-) zählig gefiedert, die Blättchen eiförmig bis lanzettlich, das endständige manchmal herzeiförmig, alle scharf einfach oder doppelt gesägt, oberseits kahl, unterseits weißfilzig. Blattstiel oberseits seicht rinnig. Nebenblätter fädlich. Laubblätter der blühenden Kurztriebe meist nur dreizählig oder auch einfach und mehr oder weniger dreilappig. Blüten zwitterig, unscheinbar, meist nickend, fünfzählig, in armblütigen, an den Kurztrieben blattachsel- und endständigen Zymen. Kelchblätter länglich eiförmig, lang zugespitzt, nach dem Abblühen zurückgeschlagen, außen dünn-, innen dicht filzig behaart. Kronblätter schmal verkehrt eiförmig oder spatelig, aufrecht, weiß, kahl. Staubblätter aufrecht, die Stylodien nicht überragend. Sammelfrucht kugelig oder eiförmig, fingerhutförmig ausgehöhlt, aus zahlreichen Fruchtblättern bestehend, rot, seltener gelb oder weißlich, sternhaarig flaumig, sich leicht vom kegelförmigen Fruchtblattträger ablösend, wohlschmeckend. – Chromosomenzahl: $2n = 14$. – V, VI, im Gebirge bis VII.

Fig. 234. *Rubus Idaeus* L. *a* blühender Zweig. *b* Achsenstück eines jungen Schößlings. *c* Nebenblätter. *d* Laubblatt eines Schößlings. *e, f* Laubblätter aus dem Blütenstande. *g* Blüte. *h* Kronblätter. *i* Sammelfrüchte. *k* Ästchen aus einem Blütenstande der forma *phyllanthus* LANGE.

Vorkommen. In Wäldern, Waldschlägen, Gebüschen, Hochstauden- und Blockfluren, in niederschlagsreichen Gegenden allgemein verbreitet, in trockenen mehr im Hügel- und Bergland. Steigt in Oberbayern bis 1850 m, in Tirol und im Wallis bis über 2200 m, in Graubünden bis

---
[1]) Unter diesem Namen kannte schon PLINIUS die Himbeere. Dagegen dürfte sich der βάτος ἰδαῖος [batos idaios] der griechischen Schriftsteller, ein auf dem Berge Ida in Menge wachsender, zart bestachelter Strauch, nicht oder nicht ursprünglich auf die Himbeere beziehen, die auf dem Berge Ida und in der ganzen Ägäis gar nicht vorkommt.

2350 m an, vor allem auf nitratreichen Böden. Waldverlichtungspflanze, Epilobietalia angustifoliae-Ordnungs-Charakterart.

Allgemeine Verbreitung. Europa, gemäßigtes Asien und Nordamerika. In der subarktischen und kühleren gemäßigten Zone der nördlichen Halbkugel allgemein verbreitet, am Südrand des Areals auf die Gebirge beschränkt.

Die europäischen und die meisten sibirischen Vorkommen gehören zur Nominatrasse, subsp. **Idaeus** (L.), Syn. *R. Idaeus* subsp. *vulgatus* ARRHENIUS (1839), die durch das Fehlen von Drüsen auch an den Blattstielen und im Blütenstand ausgezeichnet ist. Diese Rasse ist wenig veränderlich, doch lassen sich festhalten:

Fig. 235. *Rubus Idaeus* L. Zweig mit reifen und halbreifen Früchten (1,25 mal vergrößert. Aufn. TH. ARZT).

1. var. *Idaeus* (L.) Schößlinge schwach bestachelt bis fast unbewehrt. Diskusring an der lebenden Blüte nicht durch einwärts gebogene Staubblätter verdeckt. – So im ganzen Gebiet allgemein verbreitet.

2. var. *maritimus* (ARRHENIUS) FOCKE (1902). Schößlinge mehr oder weniger dicht mit bleichen, borstigen Stacheln besetzt. Diskusring durch die einwärts gebogenen Staubblätter verdeckt. – So in Dünengebüschen an der Ostsee in Ostpreußen.

Als Obststrauch werden neben Abkömmlingen der Nominatrasse auch solche der nordamerikanischen subsp. **strigosus** (MICHX.) FOCKE (1911), Syn. *R. strigosus* MICHX. (1803) mit drüsenborstigen Blattstielen, Blütenständen und Blütenstielen gezogen. Über die Kultursorten vergleiche man S. 297).

Bildungsabweichungen. Eine seltsame Mutante ist forma *phyllanthus* LANGE, deren Blüten steril geworden und in einen kurzen, dicht mit lanzettlichen Hochblättern besetzten Laubsproß umgewandelt sind. – Eine scheinbar eingeschlechtige Mutante ist forma *obtusifolia* (WILLD.) W. WATSON mit großenteils einfachen, nierenförmigen Laubblättern und stumpfen Sepalen. Früchte bilden sich nur ganz vereinzelt, denn die Fruchtblätter klaffen am Grund des Stylodiums, und die Samenanlagen vertrocknen daher zumeist. FOCKE gelang es mit Mühe, Sämlinge dieser Form aufzuziehen und zur Blüte zu bringen. Sie wurden nur 35 cm hoch, glichen aber sonst der Mutterpflanze.

Vegetationsorgane. Die Himbeere erneuert sich reichlich aus wurzelbürtigen Adventivknospen, so daß ältere Pflanzen ein lockeres Gebüsch bilden. Die Wurzeln verlaufen meist wenig unter der Oberfläche und breiten sich weit aus.

Blütenverhältnisse. Die unscheinbaren Blütenblätter breiten sich nicht aus und fallen meist schon am 2. Tag der Anthese ab. Dennoch findet meist reicher Insektenbesuch statt, namentlich Apiden kommen als Bestäuber in Betracht, doch ist die Pflanze nicht darauf angewiesen, denn Selbstbestäubung ist häufig.

Früchte. Die Sammelfrucht löst sich im Gegensatz zu jener der Brombeeren leicht vom kegelförmigen Fruchtblattträger ab, der hier nicht saftig wird. Das Steinfrüchtchen besteht aus dem Steinkern (= Endokarp mit dem Samen) und dem saftigen Perikarp mit dem vertrockneten Stylodienrest. Die Epidermis ist mit zahlreichen, gewundenen Bandhaaren besetzt, das Endokarp führt wie bei den anderen *Rubus*-Arten reichlich Kristalldrusen. An diesen beiden Merkmalen sind Himbeerpräparate mikroskopisch leicht zu erkennen.

Pollen, vgl. S. 284 und Fig. 225.

Fossilfunde. Steinkerne von *R. Idaeus* sind aus spätglazialen Ablagerungen bekannt.

Verwendung. 1. Junges Himbeerlaub wird seit alters als Tee gebraucht, der als wohlschmeckendes Getränk (z. B. „Deutscher Tee" aus Himbeer-, Brombeer- und Erdbeerblättern mit Beimischung von Waldmeister, Schafgarbe, Pfefferminz, Lindenblüten usw.) dient, wie auch als Volksmittel gegen Durchfall, Ruhr, innere Blutungen, Geschwüre, chronische Hautkrankheiten, bei Wehen u. a. m. verwendet wird. Die im Frühjahr und Sommer gesammelten, getrockneten Blätter sind im Erg. Buch zum DAB 6 enthalten. Sie enthalten Gerbstoffe und Vitamin C.

2. Die Himbeeren finden außer als frisches Obst (selten auch getrocknet; so als Diaphoreticum) vor allem in Form eines Sirups (offizinell in den meisten europäischen Pharmacopöen: Sirupus Rubi Idaei) Anwendung. Daraus werden Limonaden, Liköre, Marmeladen, Gelées und verschiedene Fruchtspeisen (z. B. die in den Ostseeländern, namentlich in Dänemark, so beliebte Rote Grütze, rødgrød) bereitet. Auch dient Himbeersirup als Geschmackskorrigens; früher fand er arzneilich Verwendung bei Fieber, Abzehrung, Herzschwäche, Ohnmachten usw. Eines besonderen Ansehens erfreute sich das destillierte Himbeerwasser (Aqua Rubi Idaei) und ein durch Auskristallisieren aus besonders behandeltem Himbeersaft gewonnenes Sal essentiale Rubi Idaei. Wegen der Inhaltsstoffe vergleiche man die Tabelle S. 285.

Kultursorten. Die in Europa gezüchteten Himbeersorten gehören im allgemeinen zur Unterart *Idaeus* (Syn. subsp. *vulgatus*), während in den Vereinigten Staaten und in Kanada meist Abkömmlinge der Unterart *strigosus* sowie den Bastardes *Idaeus* × *strigosus* angebaut werden. Obstbaulich besonders wichtige Sorten der Unterart *Idaeus* sind: „Deutsch-

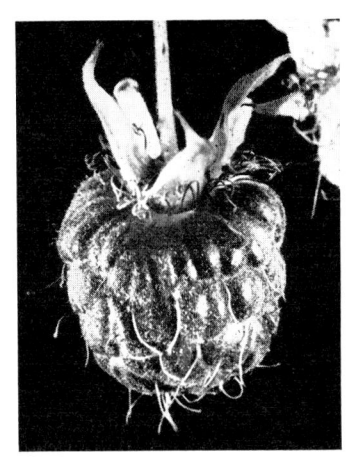

Fig. 236. *Rubus Idaeus* L. Sammelfrucht (3,25 mal vergrößert. Aufn. Th. Arzt).

Fig. 237. *Rubus Idaeus* L. Blüte von oben (4,65 mal vergrößert. Aufn. Th. Arzt).

land", „Lloyd George" (spielt bei der Züchtung neuer, großfrüchtiger Sorten eine hervorragende Rolle), „Preußen", „Pyne's Royal", „Schönemann", „Stuttgart" und andere. Bemerkenswert ist ferner die remontierende Sorte „Novostj Kuzjmina", eine russische Züchtung, die große Frostresistenz mit guten Erträgen und geringer Anfälligkeit gegen Viruskrankheiten verbindet.

Fast reine Abkömmlinge der nordamerikanischen Unterart *strigosus* sind die Sorten „Newman", „Herbert" und „Ranere". Auf die Kreuzung *Idaeus* × *strigosus* gehen die Sorten „Cuthbert" und „Latham" zurück.

Parasiten. Auf dem Himbeerstrauch leben einige monophage und oligophage Insekten, wie der Glasflügler *Bembecia hylaeiformis* Lasp., dessen Raupe in den unteren Achsenteilen wohnt und sie zum Absterben bringen kann, und die beiden sehr häufigen Käfer, der Himbeerblütenstecher *Anthonomus rubi* Ilbst., der auch gern auf Erdbeeren übergeht, und der

Himbeerkäfer *Byturus tomentosus* FABR., dessen Larve die bekannte Himbeermade ist. – Pilzliche Parasiten beherbergt die Himbeere in Anzahl, ohne daß einer davon besonders häufig wäre. Erwähnt sei nur der Rost *Phragmidium Rubi-Idaei* KARST.

Lebensbedingungen und Begleitpflanzen. Die Standortansprüche sind im allgemeinen gering, doch gedeiht die Himbeere am besten auf einem lockeren, nicht zu trockenen, nährstoffreichen und offenen Boden. In feuchten und

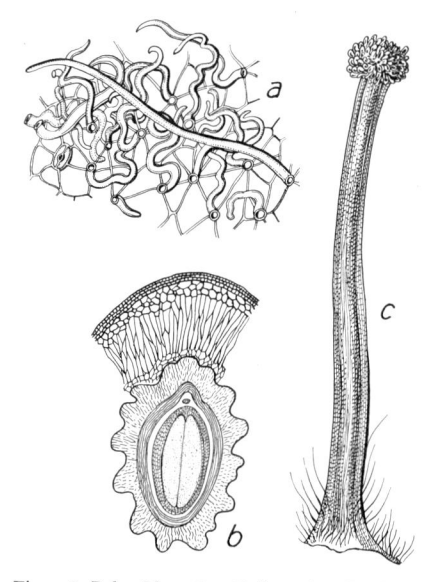

Fig. 238. *Rubus Idaeus* L. *a* Epikarp eines Früchtchens mit Spaltöffnungen, geraden und geschlängelten Haaren. Stark vergrößert. *b* Querschnitt durch ein Steinfrüchtchen; von außen nach innen: Epikarp, darunter das kurz- und großzellige Hypokarp, das fleischige Mesokarp mit seinen radial gestreckten Zellen, das äußere Endokarp mit runzeliger Oberfläche, das dünne innere Endokarp, die schwach entwickelte Samenschale (weiß gehalten) mit dem Leitbündel, das Endosperm sowie die 2 Keimblätter. *c* Stylodium.

Fig. 239. *Rubus Idaeus* L. subsp. *Idaeus*. Ein besonders großfrüchtiger Zuchtklon aus der Kreuzung von Kultursorten. (Aufn. aus dem Archiv des Max-Planck-Instituts für Züchtungsforschung).

kalten Gegenden bevorzugt sie sonnige, in warmen und trockenen dagegen vorwiegend frische und etwas schattige Lagen am Fuß der Hänge. Bei starker Beschattung fruchtet die Pflanze schlecht.

Rubus Idaeus ist bodenvag, aber nicht sehr konkurrenzkräftig. Um so größer ist seine Fähigkeit, sich rasch anzusiedeln und – wo Konkurrenz fehlt – sich auch rasch auszubreiten. In tieferen Lagen, wo in ursprünglichen Gesellschaften die Konkurrenz anderer Arten zu groß ist, wächst er am häufigsten auf Schlagflächen besonders von Buchen- und Fichtenwäldern, auf Schuttkegeln, Lesesteinhaufen, an Bahndämmen und ähnlichen Biotopen.

Die Himbeere ist ein wesentlicher Bestandteil der Schlagfluren und kommt gern mit folgenden Arten zusammen vor: *Arctium nemorosum* LEJ., *Atropa Belladonna* L., *Calamagrostis Epigeios* (L.) ROTH, *Centaurium minus* MOENCH, *Digitalis grandiflora* MILLER, *D. lutea* L. und *D. purpurea* L., *Eupatorium cannabinum* L., *Fragaria vesca* L., *Gnaphalium silvaticum* L., *Hypericum hirsutum* L., *Senecio silvaticus* L., *Verbascum nigrum* L. u.a.A. Im oberen Teil der montanen und in der subalpinen Stufe erscheint die Pflanze auch in Hochstaudengesellschaften, wie den Beständen von *Petasites albus* (L.) GAERTN. und *P. paradoxus* (RETZ.) BAUMG., *Adenostyles*, *Peucedanum Ostruthium* (L.) KOCH und vielen mehr.

Geschichte. Sicher haben schon die Pfahlbauern des Neolithikums und der Bronzezeit Himbeeren gesammelt, wie die häufigen Funde der Steinkerne[1]) in den Pfahlbauten der Schweiz, von Buchau und von Schussenried (Württemberg) beweisen. Auch aus Ratibor in Schlesien, Olmütz in Mähren und Laibach in Slowenien liegen vorgeschichtliche Himbeerfunde vor. In Kultur scheint die Himbeere wohl erst im 16. Jahrhundert genommen worden zu sein.

Volksnamen. Wie das althochdeutsche Hintperi beweist, bedeutet Himbeere „Beere der Hinde" (Hirschkuh). Früher erklärte man diese Bezeichnung dadurch, daß die Hinde diese Beere „mit Vorliebe fresse". Neuere Untersuchungen (von R. LOEWE) lassen vermuten, daß stark bedornte Sträucher nach den männlichen, geweihtragenden Tieren (z. B. Reh-

---
[1]) Über die Unterscheidung der Himbeer- und Brombeerkerne vgl. man S. 284.

bockbeere = Brombeere, Hirschdorn = *Rhamnus cathartica*), wenig bedornte oder unbewehrte Sträucher (wie die Himbeere) nach den weiblichen geweihlosen Tieren (Hinde) benannt wurden. Das Wort Himbeere ist in einer großen Anzahl, oft bis zur Unkenntlichkeit entstellter und häufig an „Honig", „Hummel", „Imme" und ähnliches angelehnter Formen in den verschiedenen deutschen Mundarten zu finden. Vielfach fällt auch das anlautende „H" in Himbeere aus. Einige Beispiele mundartlicher Formen sind: Himmere (Göttingen), Hennebêe (Ostfriesland), Himkes (Niederrhein), Humbel, Himmerte (bergisch), Himpelbeer (Schlesien), Heankbeer [Honigbeere] (Riesengebirge), Hindlbeer, Kindlbeer (Oberösterreich), Hummelbeer (Vorarlberg), Hübele (Baden), Amber, Ember (Hessen), Imbere (Eifel), Imper (z. B. Tirol, Elsaß), Imperi, Impele, Himpele, Oempele, Umpele (Schweiz). Andere Bezeichnungen sind ferner Holbeer, Hulba (bayerisch-österreichisch, z. T. auch schwäbisch), Huiwa (Bayerischer Wald), Molber, Moibeer [wegen der Weichheit der Beeren, vgl. mohl = überreif oder zu slav. malina = Himbeere] (bayerisch-österreichisch), Nidelbeeri (St. Gallen), Haarbeeri, Sidebeeri (nach der seidenartigen Behaarung der Blattunterseite und der Früchte] (Schweiz), Kornbeer [reift zur Zeit des Kornschnittes] (Oberösterreich). Malina, Malinabeer (Böhmerwald, Ober- und Niederösterreich) stammt aus dem Slavischen (tschech. u. russ. malina = Himbeere). Rätoromanische Bezeichnungen für die Pflanze sind omtgas, ampèr, amplair puauna cotschna, für die Früchte ampas, fruscher dad ampas cotschnas, empla, für den Bestand l'ampèra.

Bastarde bildet *Rubus Idaeus* im Gebiet fast nur mit *R. caesius* (S. 301); primäre Bastarde des *R. Idaeus* mit Arten der Sektion *Rubus* sind nicht zuverlässig beobachtet worden, doch geht die Sektion *Suberecti* auf diesen Ursprung zurück. Im arktischen Europa bastardiert die Himbeere auch mit *R. arcticus*. Die Kreuzungen *R. Chamaemorus* × *Idaeus* (S. 292), *R. Idaeus* × *odoratus* (S. 277) und *R. Idaeus* × *saxatilis* (S. 294) sind künstlich hergestellt worden.

IV. Sektion Rubus (L.).

Syn. *Rubus* sect. *Glaucobatus* DUMORTIER.

Sommergrüne Sträucher mit flachbogigen, an der Spitze einwurzelnden, meist im zweiten Jahr blühenden und absterbenden, stielrunden, bereiften Schößlingen. Stacheln gleichmäßig rund um den Stamm verstreut. Rinde abblätternd, Laubblätter dreizählig, beiderseits grün, das unterste Blättchenpaar sitzend oder sehr kurz gestielt. Nebenblätter eiförmig bis lanzettlich, bleibend. Blüten zwitterig, in verhältnismäßig kurzen, mehr oder weniger ebensträußigen Infloreszenzen, nicht nickend. Kronblätter meist die Kelchblätter überragend. Sammelfrucht schwarz, hell bläulich bereift. Fruchtblätter zahlreich, sich bei der Reife leicht voneinander und vom saftigen, kegelförmigen Fruchtblattträger lösend.

Die einzige Art dieser Sektion ist *R. caesius*.

1466. Rubus caesius L., Spec. plant. 493 (1753). Kratzbeere, Taubeere, Auen-Brombeere. Engl.: Dewberry[1]). Franz.: Ronce bleuâtre. Dänisch: Korbaer. Ital.: Rovo dal fior bianco, roveda bianca, im Puschlav: Muri rosini. Slowenisch: Ostrožnika. Tschech.: Ostružiník ježiník. Taf. 148, Fig. 3; Fig. 240.

Niedriger, im Herbst frühzeitig entlaubter Strauch mit bogig niederliegenden, seltener kletternden, sich im Herbst reichlich verzweigenden, stielrunden, bereiften, kahlen oder seltener kurzhaarigen, spärlich oder dicht mit schwächlichen, geraden oder sichelförmig gebogenen, unter sich fast gleichartigen Stacheln und oft auch mit kurzen Stieldrüsen besetzten. Keine wurzelbürtigen Erneuerungssprosse. Laubblätter dreizählig, die Blättchen breit eiförmig bis rauten- oder verkehrt eiförmig, das mittlere lang gestielt und am Grund abgerundet oder seicht herzförmig, die paarigen sehr kurz gestielt oder sitzend, manchmal unsymmetrisch zweilappig, alle grob und ungleich gesägt, beiderseits dünn behaart und grün. Blattstiel oberseits seicht rinnig. Nebenblätter der Schößlinge breit lanzettlich, die der blühenden Kurztriebe schmal lanzettlich bis linealllanzettlich, aber stets in der Mitte am breitesten und beidendig verschmälert. Blüten zwitterig, ansehnlich, fünfzählig, in kurzen und flachgipfeligen, oft fast ebensträußigen Rispen. Blütenstiele meist lang und dünn, filzig behaart und häufig Drüsenhaare und Stacheln tragend. Kelchblätter dreieckig lanzettlich, nach dem Abblühen und auch an der reifen Frucht aufrecht, außen grün, kurz behaart,

---

[1]) Die „Dewberries" des amerikanischen Sprachgebrauches sind dagegen die S. 281 erwähnten „Niederliegenden Brombeeren".

oft auch stieldrüsig, selten stachelborstig, innen filzig. Kronblätter breit eiförmig bis fast kreisrund, sehr kurz genagelt, ausgebreitet, weiß, kahl. Staubblätter spreizend, etwa die Höhe der Stylodien erreichend. Fruchtblätter und Fruchtblatträger kahl. Sammelfrucht mehr oder weniger kugelig, leicht in die einzelnen Steinfrüchtchen zerfallend, schwarz, bläulich bereift, kahl, saftreich, säuerlich, aber nicht sehr schmackhaft. – Chromosomenzahl: 4 n = 28, gelegentlich auch 5 n = 35. – V, VI, vereinzelt bis in den Spätherbst.

Vorkommen. In Auwäldern, Hecken, Waldrändern und brachliegenden Äckern auf nährstoffreichen, nicht zu trockenen Böden, mit Vorliebe, aber nicht ausschließlich, auf kalkführender Unterlage. Steigt in den Nordalpen nur bis etwa 1000 m, in den Südalpen bis 1200 m, in den Zentralalpen auch etwas höher (im Wallis vereinzelt bis 1560 m).

Allgemeine Verbreitung. Fast ganz Europa (einschließlich der Britischen Inseln, in Skandinavien nordwärts bis etwa 63° nördl. Breite, im Mittelmeergebiet fast nur in den Flußniederungen) und Westasien bis in den Altai und Persien.

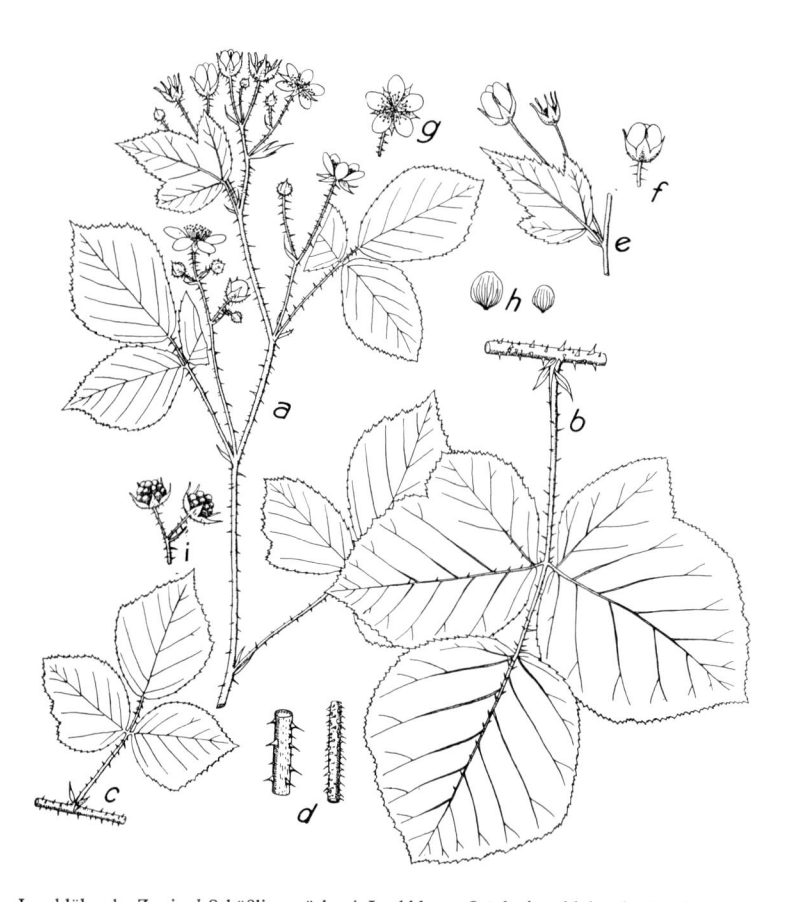

Fig. 240. *Rubus caesius* L. *a* blühender Zweig. *b* Schößlingsstück mit Laubblatt. *c* Stück eines blühenden Zweiges mit Laubblatt. *d* Achsenstücke, links eines Schößlings, rechts aus einem Blütenstande. *f* Blütenknospe. *g* Blüte. *h* Kronblätter. *i* Ästchen aus einem Fruchtstand.

Im Gebiet von den Nordseeinseln bis in die Alpentäler verbreitet, nur in manchen Moor- und Silikatgegenden selten oder fast fehlend (so weitgehend im Böhmisch-Bayerischen Wald).

Rubus caesius ist die am leichtesten kenntliche Brombeere und zugleich eine der am stärksten variierenden Arten. Veränderlich ist vor allem die Ausbildung der Haare und Drüsen. Selten tragen die Kelchblätter Stacheln. Im Gebiet lassen sich drei Formenkreise auseinanderhalten:

1. var. *caesius* (L.). Syn. *Rubus caesius* L. var. *aquaticus* WEIHE et NEES (1827). Schößlinge kahl. Blättchen dünn, meist tief eingeschnitten, unterseits locker behaart. Blütenstiele lang und dünn. Kelchblätter außen grün. – So mit Vorliebe in Auen, im Ufergebüsch und an feuchten Stellen.

2. var. *arvalis* RCHB. (1832). Syn. *R. caesius* L. subsp. *arvalis* (RCHB.) GÁYER (1922). Schößlinge meist kahl. Blättchen mehr runzelig, kaum eingeschnitten, unterseits dichter behaart. Blütenstiele kürzer. Kelchblätter außen graugrün. – Vorwiegend auf Kulturland.

3. var. *dunensis* NOELDECKE (1872). Schößlinge flaumig filzig, dicht bewehrt. Fruchtansatz sehr mangelhaft. Sonst wie var. *arvalis*. – Auf den Dünen der Nordseeinseln; ähnliche Formen auch an trockenen Standorten im Binnenland.

Der Pollen dieser allotetraploiden Art ist im allgemeinen fertil, nach LIDFORSS zu 90 bis 100%. Dagegen ist der Fruchtansatz individuell recht unterschiedlich, neben reich tragenden Stöcken findet man allenthalben auch weniger fertile.

Fossile Steinkerne kennt man aus dem Postglazial.

Lebensbedingungen und Begleitpflanzen. *Rubus caesius* unterscheidet sich von allen eigentlichen Brombeeren durch seine Verträglichkeit gegen Überschwemmungen. Daraus erklärt sich sein verbreitetes Vorkommen in Auwäldern, und in den größeren Stromtälern, wie denen der Donau, des Rheins und der Rhone. In solchen ist er zumeist die einzige spontane Brombeerart. Wie viele andere Arten des Auwaldes geht auch *R. caesius* vielfach auf künstliche Standorte über und wird in Hecken, Straßengräben, auf Brachäckern und in Weinbergen zuweilen ein lästiges Unkraut. In Auwäldern des Alpenvorlandes findet man ihn gewöhnlich im Verein mit *Alnus incana* (L.) MOENCH, *Calystegia sepium* (L.) R. BR., *Clematis Vitalba* L., *Equisetum hiemale* L., *Humulus Lupulus* L., *Lithospermum officinale* L., *Padus avium* MILL., *Populus alba* L. und *P. nigra* L., *Ranunculus auricomus* L., *Salix alba* L. und *S. purpurea* L., *Stachys silvaticus* L., *Thalictrum aquilegiifolium* L., *Ulmus carpinifolia* GLEDITSCH, *Viburnum Opulus* L. u.a.m. Werden die Auwälder durch Ackerland ersetzt, dann bleibt *R. caesius* als kaum ausrottbares Unkraut (besonders in Weizenfeldern) erhalten.

Bastarde. Von den zahlreichen primären Bastarden des *Rubus caesius* sollen hier nur zwei besonders merkwürdige erwähnt werden:

1. *R. caesius* × *Idaeus* = *R.* × *Idaeoides* RUTHE (1877). Im Gebiet zerstreut, nirgends häufig. Unterscheidet sich von den auf die gleichen Eltern zurückgehenden Arten der *Pruinosus*-Gruppe durch die kleinen, schmalen Kronblätter und die weitgehende Sterilität.

2. *R. caesius* × *saxatilis* = *R.* × *Areschougii* A. BLYTT (1875). Ursprünglich aus Norwegen beschrieben, soll dieser Mischling nach ADE auch an mehreren Stellen in Franken (Weinberg-Sulz, Weißenkirchberg bei Feuchtwangen, Guttenberger Wald bei Würzburg) vorkommen.

Die artgewordenen Abkömmlinge aus der Verbindung von *R. caesius* mit den Sektionen *Suberecti* und *Moriferi* werden in der nachfolgenden Sektion *Corylifolii* zusammengefaßt.

V. Sektion Corylifolii FOCKE

= Sektion *Moriferi* × *Rubus* und
Idaeobatus × *Moriferi* × *Rubus*.

Syn. *Rubus* sect. *Triviales*[1]) PH. J. MÜLLER.

Sommergrüne Sträucher mit meist flachbogigen, an der Spitze einwurzelnden, gewöhnlich im zweiten Jahr blühenden und absterbenden, oberwärts gewöhnlich schwach kantigen[2]), bereiften oder unbereiften Schößlingen. Stacheln gleichmäßig um die Achse verstreut oder mehr oder weniger kantenständig. Laubblätter drei- bis handförmig fünfzählig, selten bis siebenzählig oder schwach gefiedert, beiderseits grün oder unten grau- bis weißfilzig, das unterste Blättchenpaar meist sitzend oder sehr kurz gestielt. Nebenblätter lanzettlich bis schmal lanzettlich, bleibend. Blüten zwitterig, häufig in kurzen, rispigen, manchmal fast ebensträußigen, zum Teil auch in verlängerten Inflorenszenzen, nicht nickend. Kronblätter die Kelchblätter gewöhnlich überragend. Sammelfrucht schwarz, gelegentlich dunkel purpurn, unbereift oder fast unbereift, im Gegensatz zu Sektion *Moriferi* glanzlos, die Steinfrüchtchen bei der Reife miteinander verbunden bleibend und sich gemeinsam mit dem saftig werdenden Fruchtblattträger ablösend.

---

[1]) *Rubus trivialis* (S. 281) ist eine amerikanische Art aus einer anderen Sektion. Der eingebürgerte Sektionsname kann deshalb nicht beibehalten werden.

[2]) Nur bei *R. pruinosus* (S. 302) und seinen Verwandten sind die Schößlinge mehr oder weniger stielrund und meist höher bogig. Zugleich bleiben in dieser Artengruppe die Sammelfrüchte lange rot und werden wohl auch in der Vollreife kaum ganz schwarz.

Die *Corylifolii* gehen auf die Verbindung von *Rubus caesius* mit Arten der Sektionen *Suberecti* und *Moriferi* zurück. Im Gegensatz zu diesen bewohnen die *Corylifolii* vorzugsweise Kalkgebiete und gehören in diesen zu den dominierenden Brombeeren. Die Arten dieser Sektion werden vielfach unter dem Namen *R. dumetorum* HAYNE zusammengefaßt.

Artenschlüssel der Sektion *Corylifolii*.

1 a Schößling stielrund oder nur oben undeutlich kantig, bereift, mit ziemlich kleinen, meist mehr oder weniger gleichartigen Stacheln besetzt. Sammelfrüchte gewöhnlich lange rot bleibend, reif dunkelpurpurn . . . . 1467a. *R. pruinosus* ARRHENIUS und verwandte Arten (S. 302)
1 b Schößling oberwärts mehr oder weniger kantig, bereift oder unbereift. Sammelfrüchte bei der Reife tief schwarz 2
   2 a Schößling stark ungleich bestachelt, neben größeren Stacheln mehr oder weniger zahlreiche Stachelhöcker, Stachelborsten oder Drüsenborsten; nie ganz drüsenlos . . . .
     . . . . 1470a. *R. Orthacanthus* WIMMER und verwandte Arten (S. 307)
   2 b Schößling gleichförmig oder fast gleichförmig bestachelt; ohne Stachelhöcker oder Stachelborsten.
     3 a Laubblätter unterseits wenigstens in der Jugend grau- oder weißfilzig. Schößling drüsenlos oder armdrüsig . . . . 1468a. *R. Mougeotii* BILLOT ex F. SCHULZ und verwandte Arten (S. 303)
     3 b Laubblätter unterseits gewöhnlich von Anfang an grün. Schößling stets mehr oder weniger stieldrüsig . . . . 1469a. *R. Balfourianus* BLOXAM ex BABINGT. und verwandte Arten (S. 305)

1467a. Rubus pruinosus ARRHENIUS, Rub. suec. mon. 15 (1839).

Schößling rund oder nach oben zu rundlich, bereift, kahl, drüsenlos oder sehr spärlich stieldrüsig, mit rings um die Achse zerstreuten, aus breitem Grunde kegeligen oder pfriemlichen, oft schwarzviolett gefärbten Stacheln. Schößlingsblätter drei- oder handförmig fünf- bis siebenzählig, selten fünfzählig gefiedert, in der Jugend unterseits graufilzig, später graugrün, die Blättchen sich mit den Rändern deckend, das unpaarige gewöhnlich aus breit herzförmigem Grunde eiförmig bis rundlich. Blattstiel oberseits seicht rinnig. Blütenstiele ziemlich derb sichelig bestachelt, oft kurz stieldrüsig. Kelchblätter außen graufilzig, nach dem Abblühen und beim Fehlschlagen der Frucht aufrecht, bei sich entwickelnder Frucht abstehend bis zurückgeschlagen. Kronblätter meist groß, meist breit elliptisch, weiß oder blaß rosa. Sammelfrucht lange rot bleibend, zuletzt schwarzpurpurn.

Allgemeine Verbreitung. Nord- und Mitteldeutschland, Schweden.

Verbreitung im Gebiet. Ziemlich verbreitet in Norddeutschland, gelegentlich auch in Mitteldeutschland. Ähnliche, aber im Gegensatz zur typischen Form fast durchwegs unfruchtbare Pflanzen finden sich nach ADE vereinzelt in Bayern, Hessen und Thüringen.

Nach FOCKE geht *Rubus pruinosus* auf den Bastard *R. caesius* × *Idaeus* zurück, doch mag auch eine Art der Sektion *Moriferi* daran beteiligt sein. Der Pollen dieser Art ist in Schweden nach den Untersuchungen von L. M. NEUMANN zu 83 bis 95% gut entwickelt.

      Mit *Rubus pruinosus* verwandte Arten.

Gemeinsame Merkmale. Schößling rundlich, bereift, mit ziemlich kleinen, rund um die Achse verstreuten, mehr oder weniger gleichförmigen Stacheln. Laubblätter drei- bis siebenzählig, gefingert oder schwach gefiedert; Blättchen breit, sich mit den Rändern meist deckend. Kelchblätter nach dem Abblühen und bei fehlschlagender Frucht aufrecht, bei gut entwickelter abstehend bis zurückgeschlagen. Kronblätter groß, meist breit elliptisch, gewöhnlich weiß. Sammelfrucht lange rot bleibend, zuletzt schwarzpurpurn.

   A. Schößling kahl.

1467a. Rubus pruinosus ARRHENIUS, siehe oben.

1467 b. Rubus inhorrens FOCKE in ASCHERS. et GRAEBN., Syn. **6**, 630 (1902).

Schößling kahl, bereift, mit zahlreichen, ungleichen, aus breitem Grunde pfriemlichen Stacheln, meist mit eingemischten Stachelhöckern, Stachelborsten und Stieldrüsen. Blätter wie bei *R. Warmingii*. Blütenstiele mit ziemlich kräftigen, teils geraden, teils sicheligen Stacheln. Kelchblätter außen graufilzig. Blüten weiß, selten hell rosa.

Zwischen Bremen und Oldenburg verbreitet. Außerhalb des Gebiets nicht bekannt.

1467 c. Rubus maximus MARSSON, Fl. Neuvorpomm. 151 (1869).

Schößling robust, kahl, mit gleichförmigen, kleinen, kegelig pfriemlichen, schwarzroten Stacheln, drüsenlos. Laubblätter beiderseits grün, wenig behaart, das Endblättchen aus seicht herzförmigem Grunde rundlich, kurz zugespitzt. Blütenstiele meist mit zerstreuten Nadelstacheln, manchmal mit einzelnen Stieldrüsen. Kelch außen grün, weiß berandet.

An der Ostseeküste im westlichen Pommern, vor allem auf Usedom und Wolgast, mit Vorliebe in Dünengehölzen. Ähnliche, aber meist weniger fertile Pflanzen in Mecklenburg, an der Ostküste von Schleswig, in Niedersachsen, in Franken, Hessen und im Elsaß. Außerhalb des Gebiets in Dänemark und Südschweden.

Nach SUDRE soll *R. maximus* = *R. caesius* > *sulcatus* sein.

B. Schößling wenigstens anfangs behaart.

1467 d. Rubus Warmingii[1]) JENSEN in Bot. Tidskr. **16**, 122 (1887).

Schößling in der Jugend flaumig behaart, seltener kahl, mit aus breitem Grunde pfriemlichen Stacheln, bisweilen mit eingemischten, vereinzelten Stachelhöckern und Stieldrüsen. Jüngere Laubblätter sehr häufig unterseits dünn graufilzig; Endblättchen breit eiförmig, am Grund herzförmig eingebuchtet, vorne spitz oder allmählich zugespitzt. Blütenstiele zerstreut nadelstachelig und mit einzelnen Stieldrüsen. Kelchblätter außen graufilzig. Kronblätter elliptisch, meist weiß.

Im nördlichen Niedersachsen und in Schleswig-Holstein, sehr selten auch in Oberfranken; außerhalb des Gebietes nur in Dänemark.

1467 e. Rubus holosericeus VEST in Steierm. Zeitschr. **3**, 163 (1821) und in TRATT., Rosac. Monogr. **3**, 240 (1823).

Schößling schlank, rundlich, gegen die Spitze stumpfkantig, mehr oder weniger behaart, schwach bereift, mit pfriemlichen Stacheln und zerstreuten Stieldrüsen. Laubblätter ziemlich regelmäßig doppelt gesägt, oberseits mattgrün, anliegend behaart, unterseits dicht weichsamtig graufilzig, mit deutlich vortretendem Adernetz. Unpaariges Blättchen breit rundlich eiförmig, kurz bespitzt, die seitlichen sitzend. Blütenstand kurz rispig, am Grunde oft unterbrochen, oben dicht und abgerundet. Blütenstiele mit schlanken, pfriemlichen Stacheln und ungleich langen Stieldrüsen. Kelchblätter außen graufilzig und spärlich nadelstachelig. Die großen Kronblätter verkehrt eiförmig, weiß. Staubblätter die Stylodien überragend. Fruchtblätter kahl. Fruchtblattträger spärlich behaart. Meist reichlich fruchtend.

In Österreich am Alpenostrand und im Alpenvorland von Niederösterreich, Burgenland und der Steiermark. Außerdem in Westungarn und im nördlichen Jugoslawien.

SUDRE und FRITSCH deuten *R. holosericeus* als Bastard *R. caesius* × *canescens* × *hirtus*. Die Pflanze ist jedoch gut fruchtbar und weithin selbständig verbreitet.

1468 a. Rubus Mougeotii[2]) BILLOT ex F. SCHULTZ, Archives Fl. France et d'Allem. **1**, 166 (1850). Syn. *R. roseiflorus* PH. J. MÜLLER (1858). *R. corylifolius* SMITH Rasse *Callianthus* (PH. J. MÜLLER) FOCKE (1903).

Schößling kräftig, unten rundlich, oberwärts stumpfkantig, etwas bereift oder ganz unbereift, wenig behaart, manchmal mit vereinzelten Stieldrüsen oder Stachelhöckern; Stacheln fast gleich groß, lanzettlich oder etwas sichelig. Schößlingsblätter meist fußförmig fünfzählig, oberseits angedrückt behaart, später verkahlend, unterseits in der Jugend grau, später meist blaßgrün und weichhaarig, unregelmäßig, aber nicht tief gesägt oder gezähnt, die Blättchen sich meist mit den Rändern deckend, das unpaarige aus meist schwach herzförmigem Grunde rundlich bis breit elliptisch;

---

[1]) Benannt nach JOH. EUG. B. WARMING (1841–1924), Professor der Botanik in Kopenhagen.
[2]) Benannt nach dem elsässischen Floristen und Bryologen JEAN BAPTISTE MOUGEOT, geb. 1776 zu Bruyères in den Vogesen, gest. 1858 als Arzt daselbst.

kurz bespitzt. Blattstiel oberseits flach oder an den unteren Blättern seicht rinnig. Blütenstand unregelmäßig zusammengesetzt, mit kurzem, blattlosem Gipfel und kurz filzigen, oft zerstreut stieldrüsigen, mehr oder weniger reichlich fast gerade bestachelten Achsen. Kelchblätter außen filzig, nach dem Verblühen abstehend. Kronblätter groß, breit elliptisch, rosa. Staubblätter die Stylodien meist ein wenig überragend. Filamente weiß. Fruchtblätter kahl. Oft reichlich fruchtend. – VI bis VIII.

Vorkommen. In Hecken, buschigen Weiden, an Felshängen und Waldrändern.

Allgemeine Verbreitung. Westliches Mitteleuropa. Außerhalb des Gebiets in Belgien und Nordostfrankreich.

Im Gebiet vor allem im Rheinland und in der Pfalz (sehr häufig in der südöstlichen Pfalz), im übrigen Westdeutschland meist nur vereinzelt, ebenso in der Schweiz. In Österreich nur in Vorarlberg und Nordtirol.

Rubus Mougeotii ist der artgewordene Bastard *R. bifrons* × *caesius*.

Mit *Rubus Mougeotii* verwandte Arten.

Gemeinsame Merkmale. Schößling oberwärts stumpf- bis scharfkantig, drüsenlos bis sparsam stieldrüsig, mit fast gleichförmigen, kantenständigen, meist ziemlich kräftigen Stacheln. Laubblätter hand- oder fußförmig drei- bis fünfzählig, unterseits wenigstens in der Jugend grau- oder mitunter weißfilzig. Kelchblätter außen dicht graufilzig, abstehend oder zurückgeschlagen. Sammelfrucht schwarz.

A. Kronblätter rosa.

1468 a. Rubus Mougeotii BILLOT ex F. SCHULTZ, S. 303.

B. Kronblätter gewöhnlich weiß.

1468 b. Rubus virgultorum[1]) PH. J. MÜLLER in Pollichia **16–17**, 273 (1859). Syn. *R. Laschii* FOCKE (1877).

Schößling rundlich bis stumpfkantig, etwas bereift, wenig behaart, drüsenlos, mit zerstreuten, ziemlich kleinen, fast gleichartigen, am Grund des Schößlings pfriemlich lanzettlichen, weiter oben sicheligen Stacheln. Schößlingsblätter drei- bis fünfzählig, oberseits kahl, unterseits anfangs graufilzig, später weißlich grün, kurzhaarig, grob und oft eingeschnitten gesägt, die Blättchen sich mit den Rändern nicht berührend, das unpaarige elliptisch rautenförmig. Blattstiel oberseits rinnig. Blütenstand verlängert, schmal, bei dürftiger Entwicklung oft einfach traubig, sonst mit zu wenigen gebüschelten Blütenstielen oder kurz ästig; mit angedrückt filziger, spärlich kurz stieldrüsiger und fein bestachelter Achse. Kelchblätter außen dicht graufilzig, zur Blütezeit zurückgeschlagen, später abstehend. Kronblätter elliptisch, meist weiß. Staubblätter die grünlichen Stylodien kaum überragend. Fruchtblätter kahl, Fruchtblattträger spärlich behaart. Früchte häufig gut ausgebildet.

In Nord- und Westdeutschland ziemlich verbreitet, in Bayern fast nur in den fränkischen Keuperlandschaften; sehr selten in Südbayern. Außerdem in der nördlichen Schweiz und in Österreich (hier angeblich recht häufig und nach HALÁCSY überall, wo *R. caesius* und *R. candicans* zusammen vorkommen).

Rubus virgultorum ist aus dem Bastard *R. caesius* × *candicans* hervorgegangen.

1468 c. Rubus agrestis WALDST. et KIT., Pl. hung. rar. **3**, 296 (1812).

Schößling schlank, kantig, meist unbereift, kahl oder spärlich behaart, armdrüsig oder drüsenlos, mit zerstreuten, ziemlich kurzen und schwachen Stacheln. Laubblätter drei- bis fünfzählig, oberseits dünn sternhaarig bis kahl, unterseits grau- bis weißfilzig, das unpaarige kurz elliptisch rautenförmig bis verkehrt eiförmig, mit kurzer, plötzlich aufgesetzter Spitze, am Rande ungleichmäßig gezähnt. Blütenstand vielblütig, locker, häufig gestreckt, behaart, zerstreut stieldrüsig, ungleich bestachelt. Kelchblätter außen graufilzig, nach dem Abblühen zurückgeschlagen. Kronblätter weiß, gegen den Grund zu gelblich. Stylodien grünlich.

Verbreitet und vielfach gemein in wärmeren Lagen auf kalkführender Unterlage in Mittel- und Süddeutschland, Österreich und der Schweiz, auch in den Alpentälern.

―――――――――

[1]) Lat. virgultum „Gebüsch, Unterholz".

Als *Rubus agrestis* werden hier die auf die Verbindung von *R. caesius* mit *R. canescens* zurückgehenden, mehr oder weniger intermediären Sippen zusammengefaßt, die in den meisten Gegenden Süd- und Mitteldeutschlands häufiger sind als der reine *R. canescens*.

Stärker an *R. caesius* erinnert **1468 d. Rubus Lamottei** GENEV. in Mém. Soc. Acad. Maine-et-Loire **28**, 21 (1872) mit rundlich stumpfkantigen, meist blaugrün bereiften, kahlen Schößlingen, fünfzähligen, oberseits meist kahlen, unterseits grünen Laubblättern, ebensträußigem, armblütigem Blütenstand und aufrechtem Fruchtkelch. – Gleich *R. agrestis* weit verbreitet.

Ferner vergleiche man 1469 b. *R. Wahlbergii* ARRHENIUS, S. 306.

1469 a. Rubus Balfourianus[1]) BLOXAM ex BABINGT. in Ann. Nat. Hist. **19**, 68 (1847). Fig. 241.

Schößling schlank, stumpfkantig, bereift, flaumig behaart, arm bis mäßig reich stieldrüsig, mit fast gleichförmigen Stacheln. Laubblätter groß, meist handförmig fünfzählig, unterseits grün oder graugrün, flaumig behaart, das unpaarige Blättchen breit ei- bis fast rautenförmig. Blütenstand umfangreich, breit, behaart, zerstreut drüsig, schwach bewehrt bis stachellos. Kelchblätter außen graugrün, kurzdrüsig, in eine laubige Spitze ausgezogen, nach dem Verblühen aufrecht oder ausgebreitet, nicht zurückgeschlagen. Kronblätter groß bis sehr groß, verkehrt eiförmig, rosa. Staubblätter ziemlich kurz, mit rötlichen Filamenten. Staubbeutel behaart. Stylodien meist grünlich. Fruchtblätter und Fruchtblattträger behaart. – Chromosomenzahl: $4n = 28$ und $5n = 35$. – V, VI.

Vorkommen. Mit Vorliebe in feuchten Waldlichtungen und an versumpften Waldrändern.

Allgemeine Verbreitung. Nord-, West- und Mitteldeutschland, Nordfrankreich und auf den Britischen Inseln.

Im Gebiet in Nord- und Mitteldeutschland bis zur Oder verbreitet; nach Süden vereinzelt bis Hessen, Unterfranken und Schlesien.

Rubus Balfourianus ist sehr wahrscheinlich aus dem Bastard *R. caesius* × *gratus* hervorgegangen. Unter den gleichförmig bestachelten Arten der Sektion *Corylifolii* ist er an den behaarten Antheren leicht zu erkennen. Recht auffällig ist außerdem seine Blütengröße (die Blüten erreichen einen Durchmesser von 3 bis 5 cm) und – wenigstens in England – seine frühe Blütezeit (dort ab Mitte Mai, vor allen anderen Brombeeren).

Mit *Rubus Balfourianus* verwandte Arten.

Gemeinsame Merkmale. Schößling oberwärts stumpf- bis scharfkantig, spärlich bis reich stieldrüsig, mit fast gleichartigen, mäßig kräftigen bis derben, kantenständigen Stacheln. Laubblätter drei- bis fünfzählig gefingert, gewöhnlich beiderseits grün, seltener in der Jugend unterseits graufilzig. Kelchblätter außen grün bis graufilzig, nach dem Verblühen aufrecht, abstehend oder zurückgeschlagen. Kronblätter meist rosa. Sammelfrucht schwarz.

A. Staubbeutel behaart. Sehr großblütige Art.

1469 a. Rubus Balfourianus BLOXAM ex BABINGT., siehe oben.

B. Staubbeutel kahl.
  I. Stylodien grünlich.
    a. Kronblätter gewöhnlich rosa.

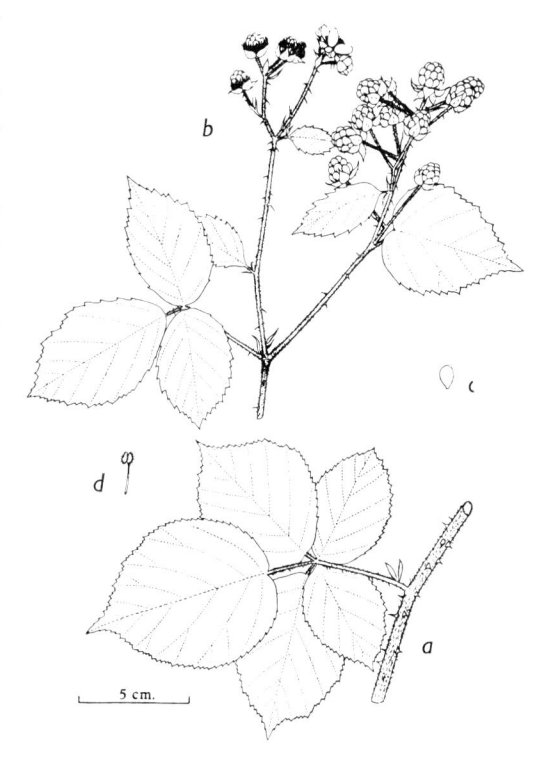

Fig. 241. *Rubus Balfourianus* BLOXAM et BABINGT. *a* Schößlingsstück mit Laubblatt. *b* blühender Zweig. *c* Kronblatt. *d* Staubblatt (nach W. WATSON).

---

[1]) Benannt nach JOHN HUTTON BALFOUR, geb. 1808, gest. 1884 als Professor der Botanik in Edinburgh.

1469 b. Rubus Wahlbergii[1]) ARRHENIUS, Rub. suec. mon. 39 (1839).

Schößling kräftig, scharfkantig bis gefurcht, bereift, dünn behaart, zerstreut stieldrüsig und borstig, mit fast gleichartigen, pfriemlichen, gelblichen, abstehenden und sicheligen Stacheln. Laubblätter meist fünfzählig, oberseits fast kahl, unten dünn behaart bis graufilzig, die paarigen Blättchen sich mit den Rändern breit überlappend, das unpaarige verhältnismäßig kurz gestielt, aus herzförmigem Grunde sehr breit eiförmig, allmählich zugespitzt, am Rande grob eingeschnitten sägezähnig. Blütenstand am Grunde durchblättert und unterbrochen, nach oben zu gedrungen, dünn behaart, reichdrüsig und mit vielen, geraden, ziemlich langen Stacheln. Kelchblätter außen graufilzig, drüsig und bestachelt, an der Frucht meist abstehend. Kronblätter groß, verkehrt rundlich eiförmig, rosa. Staubblätter die grünlichen Stylodien überragend. Reich fruchtend.

Nord- und Mitteldeutschland, ostwärts bis Posen und Schlesien; in Bayern seltener und südlich der Donau fehlend. Außerdem in Südengland, Nordfrankreich, Dänemark und Schweden.

Rubus Wahlbergii entspricht nach SUDRE der Formel *R. caesius* $<$ *villicaulis*.

1469 c. Rubus adenoleucus[2]) CHAB. in Bull. Soc. Bot. Fr. **7**, 267 (1860).

Eine meist kleine und zierliche Art. Schößlinge rundlich bis stumpfkantig, unbereift, am Gipfel glänzend rot, fast kahl, mäßig stieldrüsig, mit wenig ungleichen, sichelförmigen Stacheln. Laubblätter meist dreizählig, seltener fünffingerig, unterseits grün und verkahlend; Endblättchen eiförmig bis verkehrt eiförmig, am Grund abgerundet oder leicht ausgerandet, vorn zugespitzt. Blütenstand laubig durchblättert, mit stielrunder Achse, nadelig bestachelt, stieldrüsig, sonst fast kahl. Kelchblätter außen grün, nach dem Verblühen ausgebreitet oder aufgerichtet. Kronblätter ziemlich klein, eiförmig oder länglich, blaß rosa. Staubfäden die blassen Stylodien überragend. Fruchtblätter kahl. – Chromosomenzahl: $5 n = 35$.

Wird für Westdeutschland, Bayern nördlich der Donau, die Schweiz, Belgien, Frankreich und Südost-England angegeben.

1469 d. Rubus serrulatus LINDEB. ex FOCKE in ASCHERS. et GRAEBN., Syn., **6**, 641 (1902).

Schößling oberwärts stumpfkantig, mit kräftigen, fast gleichartigen Stacheln. Laubblätter gewöhnlich fünfzählig, unterseits von Anfang an grün, das Endblättchen aus ausgerandetem Grunde rundlich oder elliptisch, mit kurzer, aufgesetzter Spitze, am Rand klein gesägt. Blütenstand oft traubig, mit filzig-flaumigen Achsen, sehr kurzen Stieldrüsen und spärlichen Nadelstacheln. Kelchblätter außen graugrün, nach dem Verblühen abstehend. Kronblätter schön rosa. Staubbeutel kahl. Stylodien grünlich. Fruchtansatz meist mangelhaft.

Von Niedersachsen ostwärts bis Schlesien und Posen, nach Süden bis Thüringen, Franken und Hessen. Außerdem in Dänemark, Südschweden, Belgien und Frankreich. – *Rubus serrulatus* wird von SUDRE als *R. caesius* $\times$ *nitidus* gedeutet.

b. Kronblätter weiß.

1469 e. Rubus vaniloquus SCHUMACHER in Ber. Naturwiss. Ver. Bielefeld **15**, S. 272 (1959).

Schößling stumpfkantig oder gegen die Spitze hin nicht selten seicht rinnig, kahl, mit zahlreichen, mäßig starken, fast gleichen Stacheln und spärlichen, fast sitzenden Drüsen. Laubblätter fünfzählig, beiderseits grün, das unpaarige Blättchen breit eiförmig bis fast kreisrund, am Grund ausgerandet, vorn in eine lange und schmale Spitze ausgezogen, am Rande scharf doppelt gesägt. Blättchen sich mit den Rändern deckend. Blütenstand oft bis zur Spitze durchblättert, locker behaart. Kelchblätter außen graugrün, sparsam stieldrüsig und bestachelt, in eine lange, laubige Spitze ausgezogen, nach dem Verblühen ausgebreitet oder aufgerichtet. Kronblätter eiförmig, weiß. Staubblätter weiß, die grünlichen Stylodien nur wenig überragend. Fruchtblätter kahl. Meist reich fruchtend.

In der Umgebung von Bielefeld an mehreren Fundorten. Nach SCHUMACHER ist diese Art aus der Verbindung *R. caesius* $\times$ *R. gratus* hervorgegangen.

Ferner vergleiche man 1468 d. Rubus Lamottei GENEV., S. 305.

II. Stylodien rötlich.

1469 f. Rubus gothicus FRIDRICHSEN in Bot. Tidsskr. **16**, 115 (1887). Syn. *R. nemorosus* ARRHEN. (1839) non HAYNE.

Schößling rundlich, oberwärts stumpfkantig, stieldrüsig. Laubblätter oft schon von Anfang an beiderseits grün, grob und oft eingeschnitten gesägt, das unpaarige Blättchen eiförmig, von der Mitte an allmählich zugespitzt. Blütenstands-

---

[1]) Benannt nach PEHR FREDRIK WAHLBERG, geb. 1800, gestorben 1877, Professor der Botanik in Stockholm.
[2]) Von griech. ἀδήν [aden] „Drüse" und λευκός [leukos] „weiß"; die zunächst leuchtend roten Köpfchen der Stieldrüsen verfärben sich frühzeitig weißlich.

achse filzig behaart. Stylodien rot. Fruchtblätter kahl. Im ganzen ähnlich *R. virgultorum* (S. 304), aber die Blätter unterseits weniger behaart und der Blütenstand meist kürzer und lockerer.

Vorwiegend im nordöstlichen und mittleren Deutschland, von Schleswig-Holstein bis Ostpreußen, nach Süden bis Thüringen. Außerdem in Dänemark und Schweden.

1470a. Rubus orthacanthus[1]) WIMMER, Fl. Schles. 3. Aufl. 626 (1857).

Schößling rundlich bis stumpf kantig, oft etwas bereift, wenig behaart, reichlich mit ungleich langen Stieldrüsen besetzt sowie mit Drüsenborsten, zerstreuten kleineren und zahlreichen längeren Stacheln; diese sind ziemlich gleichförmig, pfriemlich, aus niedriger Basis plötzlich in die nadelförmige Spitze verschmälert. Schößlingsblätter meist handförmig fünfzählig, oberseits verkahlend, unterseits weichhaarig, ungleich grob sägezähnig; unpaariges Blättchen meist breit eiförmig. Blütenstand kurz, stumpf, mit langen Nadelstacheln, Borsten und Stieldrüsen. Kelchblätter außen grünfilzig, reich drüsig, nach dem Verblühen abstehend oder aufrecht. Kronblätter breit verkehrt eiförmig, weiß. Sammelfrucht schwarz.

Vorkommen. Waldränder und Waldlichtungen; seltener als andere Arten in Hecken und auf Kulturland übergehend (FOCKE).

Allgemeine Verbreitung. Angenäherte Formen in den Deutschen Mittelgebirgen von der Rheinpfalz und dem Spessart durch Thüringen, Sachsen und Oberfranken ostwärts bis Schlesien und Böhmen. Soll außerdem in der Schweiz, in Belgien und Ungarn vorkommen.

In typischer Ausbildung scheint sich *Rubus orthacanthus* auf die östlichen Mittelgebirge (Thüringen bis Schlesien und Böhmen) zu beschränken.

Nach SUDRE entspricht diese Art dem Bastard *R. caesius* < *Schleicheri*.

Mit *Rubus orthacanthus* verwandte Arten.

Gemeinsame Merkmale. Schößling rundlich bis stumpfkantig, neben zahlreichen größeren Stacheln auch Stachelborsten, Drüsenborsten oder Stachelhöcker tragend, stets mehr oder weniger stieldrüsig. Laubblätter hand- oder fußförmig drei- bis fünfzählig, unterseits dünn graugrün filzig oder grün. Kelchblätter außen graufilzig oder grün, nach dem Verblühen aufrecht oder ausgebreitet, nur bei *R. scabrosus* gelegentlich auch zurückgeschlagen. Kronblätter weiß oder rosa. Sammelfrucht schwarz.

A. Schößlingsstacheln kräftig, die größeren lanzettlich, aus breitem Grunde allmählich verschmälert.

I. Kronblätter heller oder dunkler rosa.

1470b. Rubus scabrosus PH. J. MÜLLER in Flora 41, 185 (1858).

Schößling kräftig, stumpfkantig, anfangs dünn behaart, schwach drüsig, mit zahlreichen, gedrängten, langen, zum Teil kräftigen, lanzettlichen, aus breiter Basis allmählich zugespitzten, zumeist abstehenden Stacheln. Schößlingsblätter meist fünfzählig, oberseits dicht angedrückt behaart, unterseits grauhaarig bis filzig, ungleich eingeschnitten gesägt. Unpaariges Blättchen rundlich herzförmig. Blütenstand kurz und breit, vorne abgerundet, dicht, locker behaart, mit wenigen längeren und zahlreichen kurzen, in Filz versteckten Drüsen, kräftig nadelstachelig. Kelchblätter außen graufilzig, drüsig, wenig bestachelt. Kronblätter rundlich, groß, blaß rosa. Staubbeutel meist etwas behaart. Fruchtblätter behaart, Stylodien grünlich. – Chromosomenzahl: $5n = 35$.

Im Gebiet vor allem in Nordwest- und Mitteldeutschland, im Süden seltener und die Donau nicht überschreitend. Außerdem im nordwestlichen Frankreich, in Dänemark und England.

Diese Art soll auf die Kreuzung *R. caesius* × *vestitus* zurückgehen. Die Kelchblätter stehen nach dem Verblühen meist ab, gelegentlich sind sie auch etwas zurückgeschlagen.

---

[1]) Von griech. ὀρθός [orthos] „gerade" und ἄκανθα „Dorn".

1470 c. Rubus ferus FOCKE in ASCHERS. et GRAEBN., Syn. d. mitteleurop. Flora **6**, 636 (1902) als Rasse von *R. diversifolius* LINDL. Syn. *R. ferox* WEIHE in BÖNNINGH. (1824) non *R. ferox* VEST, S. 359.

Schößling mit langen Stieldrüsen und dichten, zum Teil kräftigen Stacheln, die kräftigeren davon aus breiter Basis allmählich verschmälert. Stachelhöcker und Drüsenborsten spärlich bis reichlich. Schößlingsblätter meist fünfzählig, unterseits grün, das Endblättchen rundlich, der Rand scharf doppelt gesägt. Blütenstand steif aufrecht, oberwärts gedrungen, reichlich mit rotbraunen, pfriemlichen und nadelförmigen Stacheln sowie Stachelborsten, Drüsenborsten und Stieldrüsen besetzt. Kelchblätter außen graugrün. Kronblätter schön rosa. Gelegentlich reich fruchtend.

Im westlichen Nordwestdeutschland, nach ADE auch in der Rhön. Außerdem in Frankreich.

Rubus ferus soll dem Bastard *R. caesius* × *hystrix* entsprechen.

II. Kronblätter weiß.

1470 d. Rubus myriacanthus[1]) FOCKE in Abhandl. Naturw. Ver. Bremen **2**, 467 (1877). Syn. *R. diversifolius* LINDL. (1829) non TINEO.

Schößling außer den kräftigen, aus breiter Basis allmählich verschmälerten, sehr ungleich langen Stacheln Stachelborsten, Stachelhöcker, Stieldrüsen und Haare führend. Schößlingsblätter meist fußförmig fünfzählig, oberseits dunkelgrün und oft runzelig, unterseits dünn filzig behaart, mit länglich eiförmigem oder elliptischem Endblättchen und ungleich grob gesägtem Rande. Blütenstand meist schmal, mit entfernten, kurzen, aufstrebenden Ästen, dicht und ungleich bestachelt, stachelborstig und stieldrüsig. Kelchblätter außen graufilzig, stachelborstig. Kronblätter elliptisch, groß, weiß, am Rande behaart. Stylodien gelblich. – Chromosomenzahl: $5 n = 35$.

Im Gebiet um Aachen und Cleve, sonst in Holland, Belgien und auf den Britischen Inseln.

1470 e. Rubus Oreogiton[2]) FOCKE, Syn. Rub. Germ. 404 (1857).

Schößling gedrängt ungleich stachelig, spärliche oder zahlreiche Stachelhöcker, Drüsenborsten und Stieldrüsen tragend, fast kahl; größere Stacheln kräftig, teils allmählich, teils plötzlich aus dem breiten Grund verschmälert. Schößlingsblätter zumeist fünfzählig, meist beiderseits dünn behaart, mit herzeiförmigem Endblättchen und ungleich fein bis mäßig tief gesägtem Rande. Blütenstand locker, mit verlängerten Ästen, dicht mit Nadelstacheln und ungleich langen Stieldrüsen besetzt. Kelchblätter außen graugrün. Kronblätter breit, ansehnlich, weiß. Fruchtblätter kahl.

In Deutschland in den Mittelgebirgen verbreitet, vor allem gegen Osten: Sachsen und Thüringen. Außerdem in Brandenburg, Schlesien, Böhmen, Ober- und Niederösterreich, der Steiermark und in der Schweiz.

Rubus Oreogiton soll der Bastard *R. caesius* × *Koehleri* sein.

B. Schößlingsstacheln fein; auch die stärksten unter ihnen aus niedrigem und oft sehr verbreitertem Grunde plötzlich in die nadelförmige Spitze verschmälert. Kronblätter stets weiß.

III. Unpaariges Blättchen mit langer, schmaler Spitze. Seitenblättchen gestielt. Kronblätter länglich.

1470 f. Rubus Oreades[3]) PH. J. MÜLLER et WIRTG. ex GENEV. in Mém. Soc. Acad. Maine-et-Loire **24**, 89 (1868). Syn. *R. serpens* WEIHE subsp. *R. Oreades* (Ph. J. MÜLLER et WIRTG. ex GENEV.) SUDRE (1908–13).

Schößling wie bei der vorigen Art dünn, rundlich bis schwach kantig, bläulich grün bereift, schwach behaart bis fast kahl, reichlich stieldrüsig und stachelborstig, mit zerstreuten, ungleichen, aus breiter Basis plötzlich verschmälerten Stacheln. Schößlingsblätter meist dreizählig, groß, hellgrün, unterseits angedrückt behaart oder beiderseits fast kahl, am Rande grob, scharf und ungleichmäßig gesägt. Unpaariges Blättchen aus ausgerandetem bis schwach herzförmigem Grunde eiförmig oder elliptisch, mit langer, schmaler, aufgesetzter Spitze. Seitenblättchen kurz gestielt. Blütenstand gedrungen bis sehr locker, oft durchblättert, langästig, mit locker behaarter, schwach nadelstacheliger Achse. Kelchblätter außen graugrün, oft lang bespitzt, nach dem Verblühen aufgerichtet. Kronblätter länglich, weiß. Staubblätter die Höhe der grünlichen Stylodien erreichend oder kürzer, die Filamente weiß. Fruchtblätter kahl.

Selten und zerstreut in Westdeutschland (südliches Westfalen, Rheinisches Schiefergebirge, Pfalz, Schwarzwald), in den Vogesen, in Südbayern, der Steiermark und in der Schweiz (um Zürich).

GÁYER deutet diese Sippe als den artgewordenen Bastard *Rubus caesius* × *rivularis*.

---

[1]) Von griech. μύριος [myrios] „unzählig, tausendfältig", und ἄκανθα [akantha] „Dorn, Dornstrauch, Distel".

[2]) Von griech. ὄρος [oros] „Berg" und γείτων [geiton] „Nachbar".

[3]) Von griech. 'Ορειάδες [Oreiades], den Bergnymphen.

Rubus Oreades ist durch die gestielten Seitenblättchen von dem nahestehenden *R. Villarsianus* und den verwandten Arten zu unterscheiden. In der Gestalt des Blütenstandes nähert er sich dem *R. caesius*.

    IV. Unpaariges Blättchen kurz bespitzt. Seitenblättchen mehr oder weniger sitzend. Kronblätter verkehrt eiförmig oder rundlich.

        a. Stacheln pfriemlich.

            1. Blättchen grob gesägt.

1470 a. Rubus orthacanthus WIMMER. S. 307.

            2. Blättchen fein gesägt.

1470 g. Rubus spinosissimus PH. J. MÜLLER in Flora **41**, 177 (1858). Syn. *R. chlorophyllus* GREMLI (1871).

Schößling dicht ungleich lang bestachelt, stachelborstig und stieldrüsig, spärlich behaart; auch die stärkeren Stacheln aus breitem Grunde plötzlich verschmälert. Schößlingsblätter drei- bis fünfzählig, hellgrün, beiderseits behaart, unten grün, das unpaarige Blättchen breit herzeiförmig, rundlich oder breit elliptisch, kurz bespitzt, am Rande fein und scharf gesägt. Blütenstand meist klein, durchblättert, stumpf, kurz filzig behaart, zerstreut blaß drüsig, borstig und stachelig. Kelchblätter außen graufilzig. Kronblätter rundlich, ansehnlich, meist weiß. Stylodien grünlich.

In Süd-, Mittel- und Ostdeutschland, Böhmen und Mähren, in der nördlichen Schweiz sowie in Frankreich.

Diese Art soll dem Bastard *Rubus caesius* × *serpens* entsprechen.

        b. Stacheln sehr dünn nadelig.

1470 h. Rubus Villarsianus[1]) FOCKE in GREMLI, Beitr. Fl. Schweiz 28 (1870).

Schößling schwächer und weniger kantig als bei den vorausgehenden Arten, etwas bereift, wenig behaart, mit zahlreichen, ungleichen Stieldrüsen, Drüsenborsten und teils pfriemlichen, teils borstlichen, aber immer plötzlich aus breiter Basis verschmälerten Stacheln. Schößlingsblätter fast nur dreizählig, dunkelgrün, oberseits striegelhaarig, unten etwas stärker behaart, das Endblättchen breit herzeiförmig oder fast rundlich, mit kurzer, breiter Spitze; Blattrand ziemlich groß, aber nicht tief sägezähnig. Blütenstand meist kurz, locker zottig behaart, dicht mit roten bis dunkelroten Drüsen und Borsten und rechtwinkelig abstehenden Nadelstacheln besetzt. Kelchblätter außen zottig, drüsig, graugrün. Kronblätter ziemlich groß, verkehrt eiförmig, weiß. Stylodien grünlich.

Vorwiegend in den westlichen Voralpen und Alpentälern der Schweiz, in Savoyen und Piemont, seltener in den Ostalpen (Steiermark), nach ADE auch in Bayern (Dinkelscherben; bei Waldmünchen; Neuglashütten in der Rhön) und Belgien.

Für diese Art wird die Bastardformel *R. caesius* < *hirtus* angegeben. Sie erinnert auch stark an *R. hirtus*, unterscheidet sich aber davon durch die sitzenden Seitenblättchen, die breiteren Nebenblätter, die abstehenden Nadelstacheln im Blütenstand und die breiteren Kronblätter.

VI. Sektion Suberecti PH. J. MÜLLER

= Sektion *Idaeobatus* × *Moriferi*.

Syn. *Rubus fruticosus* L. pro pte. (1753).

Sommergrüne Sträucher, häufig mit wurzelbürtigen Erneuerungssprossen. Schößling anfangs aufrecht, später bogig überhängend, mit der Spitze gewöhnlich nicht einwurzelnd, im zweiten Jahr blühend und absterbend, kantig, oft bereift. Stacheln gleichartig, kantenständig. Schößlingsblätter meist fünfzählig gefingert, nicht selten auch einige siebenzählige dazwischen und dann bisweilen fast gefiedert; oberseits spärlich behaart oder kahl, unterseits meist grün, weichhaarig bis verkahlend, seltener bleibend graufilzig; das unterste Blättchenpaar sitzend oder kurz gestielt. Nebenblätter fädlich, seltener linealisch oder lanzettlich, bleibend. Blüten zwitterig, oft in traubigen oder zusammengesetzten Infloreszenzen, nicht nickend. Kelchblätter außen meist grün, weiß berandet. Kronblätter die Kelchblätter überragend, ausgebreitet. Staubblätter nach dem Verblühen ausgebreitet oder zusammenneigend. Sammelfrucht dunkel purpurn oder schwarz, unbereift, die Steinfrüchtchen bei der Reife miteinander und mit dem saftig werdenden Fruchtblattträger verbunden bleibend.

---

[1]) Nach dem berühmten französischen Arzt und Botaniker DOMINIQUE VILLARS (oder VILLAR), geb. 1745, gest. 1814, dem Verfasser des für die Kenntnis der westlichen Alpenflora grundlegenden Werkes „Histoire des plantes du Dauphiné" (1786–89).

Diese vor allem in Westeuropa beheimatete Sektion enthält die aus *Rubus Idaeus* und der Sektion *Moriferi*, den eigentlichen Brombeeren, hervorgegangenen hybridogenen Arten.

Die *Suberecti* sind an saure Böden gebunden. In den Trockengebieten und auf kalkhaltiger Unterlage fehlen sie.

Artenschlüssel.

1 a Staubblätter nach dem Verblühen ausgebreitet. Durchschnittlich entwickelte Blütenstände, wenigstens die zu Beginn der Blütezeit vorhandenen, einfach traubig oder gelegentlich mit einem oder einigen wenigen, armblütigen Seitenachsen (im Hochsommer folgen öfters rispige Blütenstände nach) . . . 2

  2 a Staubblätter etwa die Höhe der Stylodien erreichend, sie aber nicht überragend. Fruchtblattträger behaart. Äußere Seitenblättchen im Sommer meist nicht deutlich gestielt 3

    3 a Schößlingsstacheln zahlreich, klein, pfriemlich. Blattstiel mit zahlreichen Stacheln, oberseits tief gefurcht. Reife Sammelfrucht schwarzrot. Norddeutschland, selten in den Mittelgebirgen . . . . 1471 b. *R. scissus* W. WATSON

    3 b Schößlingsstacheln wenige, klein und kurz. Blattstiel mit wenigen Stacheln, oberseits gefurcht. Äußere Seitenblättchen im Sommer kurz gestielt. Reife Sammelfrucht klein, schwarz. Steiermark, Burgenland, Slowenien . . . . 1471 h. *R. graecensis* W. MAURER

    3 c Schößlingsstacheln mittellang, kräftig. Blattstiel oberseits flach. Reife Sammelfrucht schwarz. Fast allgemein verbreitet. . . . . 1471 c. *R. plicatus* WEIHE et NEES

  2 b Staubblätter die Stylodien deutlich überragend 4

    4 a Äußere Seitenblättchen im Sommer ungestielt 5

      5 a Schößlingsstacheln klein, kegelförmig, 1 bis 1½ mm lang, meist dunkel gefärbt. Fruchtblattträger kahl . . . . 1471 a. *R. nessensis* W. HALL

      5 b Schößlingsstacheln länger. Fruchtblattträger behaart . . . .
 . . . . 1471 c. *R. plicatus* WEIHE et NEES var. *macrander* FOCKE

    4 b Äußere Seitenblättchen schon im Sommer kurz (1 mm lang oder länger) gestielt 6

      6 a Fruchtblätter kahl, Fruchtblattträger fast kahl. Hochwüchsige Art, häufig . . . .
 . . . . 1471 d. *R. sulcatus* VEST

      6 b Fruchtblätter behaart. **Seltenere Arten** 11

1 b Staubblätter nach dem Verblühen aufrecht, zusammenneigend. Blütenstand meist mehr oder weniger rispig 7

  7 a Blütenstandsachsen ohne Stieldrüsen 8

    8 a Fruchtblätter kahl 9

      9 a Blattstiel oberseits flach. Fruchtblattträger behaart. Laubblätter unterseits weichhaarig, anfangs oft filzig. Blütenstand reichlich nadelstachelig . . . . 1480 f. *R. carpinifolius* WEIHE

      9 b Blattstiel oberseits rinnig, seltener fast flach, dann aber der Fruchtblattträger kahl. . . 10

        10 a Blättchen in der Jugend flach. Laubblätter unterseits verkahlend. Stacheln des Blütenstands sichelig und hakig . . . . 1472 b. *R. nitidus* WEIHE et NEES

        10 b Blättchen in der Jugend flach. Laubblätter unterseits dicht kurzhaarig bis samtig. Stacheln des Blütenstandes kurz, schwach, fast gerade. Vorwiegend linksrheinisch
 . . . . 1472 c. *R. integribasis* PH. J. MÜLLER

        10 c Blättchen in der Jugend gefaltet. Laubblätter unterseits dünn weichhaarig, anfangs oft weißschimmernd. Stacheln des Blütenstandes pfriemlich, gerade. Rechtsrheinisch
 . . . . 1472 d. *R. senticosus* KOEHL. ex WEIHE

    8 b Fruchtblätter behaart 11

      11 a Fruchtblattträger kahl. Bis 1 m hoher Strauch mit verkahlenden Blättern. Selten . . . .
 . . . . 1471 g. *R. Bertramii* G. BRAUN ex FOCKE

      11 b Fruchtblattträger behaart. Meist höhere Sträucher mit in der Jugend unterseits etwas graufilzigen, später gewöhnlich weichhaarigen Blättern. 12

        12 a Stylodien karminrot. Junge Blättchen flach, nicht gefaltet. Blattstiel oberseits flach
 . . . . 1472 a. *R. affinis* WEIHE ex NEES

        12 b Stylodien gelblich oder grünlich 13

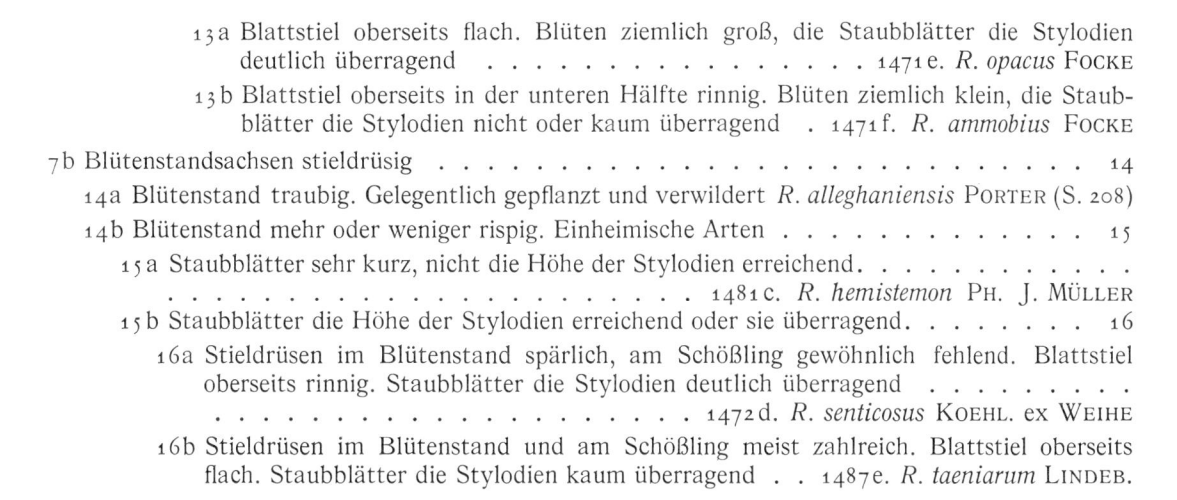

13a Blattstiel oberseits flach. Blüten ziemlich groß, die Staubblätter die Stylodien deutlich überragend . . . . 1471e. *R. opacus* FOCKE

13b Blattstiel oberseits in der unteren Hälfte rinnig. Blüten ziemlich klein, die Staubblätter die Stylodien nicht oder kaum überragend . 1471f. *R. ammobius* FOCKE

7b Blütenstandsachsen stieldrüsig 14

14a Blütenstand traubig. Gelegentlich gepflanzt und verwildert *R. alleghaniensis* PORTER (S. 208)

14b Blütenstand mehr oder weniger rispig. Einheimische Arten 15

15a Staubblätter sehr kurz, nicht die Höhe der Stylodien erreichend. . . . . 1481c. *R. hemistemon* PH. J. MÜLLER

15b Staubblätter die Höhe der Stylodien erreichend oder sie überragend. 16

16a Stieldrüsen im Blütenstand spärlich, am Schößling gewöhnlich fehlend. Blattstiel oberseits rinnig. Staubblätter die Stylodien deutlich überragend . . . . 1472d. *R. senticosus* KOEHL. ex WEIHE

16b Stieldrüsen im Blütenstand und am Schößling meist zahlreich. Blattstiel oberseits flach. Staubblätter die Stylodien kaum überragend . . 1487e. *R. taeniarum* LINDEB.

1471a. Rubus nessensis[1]) W. HALL in Transact. Edinb. 3, 20 (1794). Syn. *R. suberectus* ANDERS. (1815). Aufrechte Brombeere. Fig. 242 a bis g.

Schößling aufrecht, im Spätsommer nickend oder überhängend, ½ bis 3 m hoch, unterwärts stumpfkantig, nach der Spitze zu oft scharfkantig, kahl, grün, selten rötlich angelaufen, am Grunde reichlich, nach oben spärlich bestachelt; die Stacheln klein und kurz, aus zusammengedrücktem Grunde kegelig, fast gerade, meist dunkel rotbraun bis schwarzviolett. Laubblätter frisch grün, drei- bis siebenzählig, oberseits fast kahl, unterseits nur auf den Adern kurz flaumhaarig, scharf und ungleich fein gesägt, die Blättchen flach, das endständige herzeiförmig, lang zugespitzt, die äußeren Seitenblättchen im Sommer ungestielt, im Herbst oft mit kurzem Stielchen. Blattstiel durchgehend schwach rinnig. Nebenblätter fädlich. Blühende Äste fast zweizeilig angeordnet, waagrecht abstehend. Blütenstand fast den ganzen blühenden Ast einnehmend, traubig, etwa 5- bis 8- (selten bis 12-) blütig, mit fast ungestielter, von den benachbarten Seitenblüten übergipfelter Endblüte, wenig bestachelt bis fast stachellos. Kelchblätter außen grün, mit weißem Filzrand, nach dem Verblühen zurückgeschlagen. Kronblätter groß, eiförmig bis verkehrt eiförmig, kahl, weiß, nicht selten außen rot überlaufen. Staubblätter die Stylodien überragend, beim Abblühen ausgebreitet. Pollen mit mäßig vielen, wohlentwickelten Körnern. Fruchtblätter und Fruchtblattträger kahl. Sammelfrüchte anfangs bräunlich rot, zuletzt schwarzrot, nach Himbeeren schmeckend. Fruchtansatz oft mangelhaft. – Chromosomenzahl: $4 n = 28$. – Ende V bis Ende VI.

Vorkommen. Auf frischem, nährstoffreichem, mäßig saurem und kalkarmem Wald-, Heide- und Moorboden. Steigt im Bayerischen Wald bis 1000 m, in den Bayerischen Alpen bis 850 m, im Puschlav bis 1150 m. Vor allem in Waldlichtungen in Epilobietalia angustifolii-Gesellschaften.

Allgemeine Verbreitung. Von den Britischen Inseln und Mittelfrankreich über Südskandinavien und Mitteleuropa bis ins europäische Rußland (Kiew, Moskau), im Süden die Alpen (bis ins südliche Piemont) und die Karpaten erreichend.

Verbreitung im Gebiet. In Deutschland ziemlich verbreitet, fehlt aber in den Trockengebieten, vor allem in den kalkreichen. In Österreich und der Schweiz (fehlt im Wallis!), ziemlich verbreitet, fehlt aber in den Zentralalpen zum größten Teil. In Böhmen und Mähren eine der häufigsten Arten.

---

[1]) Benannt nach dem Loch Ness in Schottland, von wo die Art 1794 zum erstenmal beschrieben wurde. Da diese Beschreibung mangelhaft ist, zogen FOCKE und andere Autoren den jüngeren Namen *R. suberectus* vor.

Rubus nessensis erinnert durch ihren Wuchs, die häufig siebenzählig gefiedert-gefingerten Blätter, die kleinen Stacheln und den Geschmack der Früchte an die Himbeere und wird leicht für einen Bastard von dieser gehalten. Der bezeichnende Habitus, die winzigen, kegelförmigen, meist schwarzvioletten Stacheln und die im Sommer ungestielten äußeren Blättchen machen *R. nessensis* zu einer der am leichtesten kenntlichen Brombeeren.

Ähnlich *Rubus Idaeus* ist auch *R. nessensis* ein charakteristischer Bestandteil der Waldschlaggesellschaften (Epilobietalia angustifolii), aber im Gegensatz zur Himbeere ausgesprochen kalkfliehend.

Fig. 242. *a* bis *g Rubus nessensis* W. HALL. *a* Schößlingsstücke mit Laubblättern. *b* Blattrand. *c* blühender Zweig. *d* Blüte. *e* Kronblätter. *f* Fruchtstand. *g* Haar. *h Rubus plicatus* WEIHE et NEES. Fruchtstand.

Mit *Rubus nessensis* verwandte Arten.

Gemeinsame Merkmale. Schößling anfangs aufrecht, später mehr oder weniger überhängend, aber nicht mit der Spitze einwurzelnd; wenig verzweigt bis fast unverzweigt. Vegetative Vermehrung durch wurzelbürtige Erneuerungssprosse. Schößlingsblätter drei- bis siebenzählig. Blütenstände, wenigstens die zu Beginn der Anthese vorhandenen, einfach traubig; später entwickeln sich häufig noch mehr oder weniger rispige. Kelchblätter grün, mit deutlich abgesetztem, weißfilzigem Rand. Staubblätter nach dem Verblühen mehr oder weniger ausgebreitet oder zurückgeschlagen, seltener über den Fruchtblättern zusammenneigend. Reife Sammelfrucht dunkelrot bis schwarz.

Die hier zusammengefaßten Arten verraten ihre Verwandtschaft mit der Himbeere vor allem durch den Habitus und die Art ihrer vegetativen Vermehrung, vielfach auch durch die traubigen Blütenstände und die oft bis in die Vollreife dunkelroten Früchte. Am stärksten kommt die Ähnlichkeit mit *R. Idaeus* bei *R. nessensis* und *R. scissus* zum Ausdruck. Diese Arten verlieren, ganz wie die Himbeere, das Laub bereits im Herbst.

A. Äußere Seitenblättchen im Sommer ungestielt.

1471 b. Rubus scissus[1]) W. WATSON in Journ. of Bot. **75**, 162 (1937). Syn. *R. fissus* auct. plur. non LINDL.

Schößling schräg aufrecht, meist nur ½ bis 1, seltener bis 1½ m hoch, meist dünn behaart, unterwärts dicht, nach oben zu weniger reichlich bestachelt; die Stacheln klein, pfriemlich, blaß grün. Laubblätter matt grün, drei- bis siebenzählig, ungleich gesägt, die Blättchen in der Jugend gefaltet, kleiner und unterseits stärker behaart als bei *R. nessensis*, das Endblättchen herzeiförmig, kurz bespitzt, die seitlichen sich mit den Rändern überlappend, die äußeren Seitenblättchen im Sommer ungestielt. Blattstiel oberseits tief gefurcht. Blütenstand kurz traubig, meist wenigblütig, oft ziemlich reich bestachelt. Kelchblätter meist mit einem Stachelchen, nach dem Verblühen aufrecht oder ausgebreitet. Kronblätter oft mehr als 5 (bis 15), etwas kleiner als bei voriger Art, verkehrt eiförmig, flaumhaarig, weiß. Staubblätter etwa die Höhe der Stylodien erreichend. Fruchtblätter und Fruchtblattträger behaart. Frucht wie bei *R. nessensis* und wie bei dieser häufig fehlschlagend. – Chromosomenzahl: $4n = 28$.

Im nördlichen Mitteleuropa von den Ardennen durch Norddeutschland (südlich bis ins rheinische Schiefergebirge, die Pfalz und Hessen) bis Ostpreußen verbreitet. Fehlt in Schlesien und dem größten Teil der Mittelgebirge. Außerdem auf den Britischen Inseln, in Belgien und den Niederlanden, Dänemark, Südwestskandinavien, angeblich auch in den Baltischen Provinzen.

Getrocknete Exemplare sind am leichtesten durch die ziemlich zahlreichen, pfriemlichen Stacheln und die tief gefurchten Blattstiele zu erkennen. Die Art steht verwandtschaftlich zwischen *R. nessensis* und *R. plicatus*.

1471 c. Rubus plicatus WEIHE et NEES, Rub. Germ. 15, t. 1 (1822). Syn. *R. fruticosus* „L." emend. KOCH (1843–45) non WEIHE ET NEES. Faltige Brombeere. Fig. 242 h.

Schößling anfangs aufrecht mit nickender Spitze, später bogenförmig; ½ bis 1¾ m hoch, unterwärts rundlich stumpfkantig, nach der Spitze zu scharfkantig, kahl oder verkahlend, meist ziemlich dicht bewehrt. Stacheln gleichförmig, mittelgroß, aus breitem Grunde plötzlich verschmälert, gelblich oder rot. Laubblätter drei- bis fünf-, selten bis siebenzählig, oberseits zerstreut striegelhaarig, unterseits vor allem auf den Nerven weichhaarig, zuweilen in der Jugend dünn graufilzig, scharf doppelt gesägt; die Blättchen deutlich gefaltet, das endständige eiförmig bis herzeiförmig, breit zugespitzt, die seitlichen sich oft mit den Rändern deckend, die äußersten Seitenblättchen im Sommer ungestielt, im Herbst mit kurzem Stielchen. Blattstiel oberseits flach, hakig bestachelt. Nebenblätter breit linealisch. Die mittleren und oberen Blütenstände kurz, traubig oder doch nur am Grunde mit zweiblütigen Ästen, die tiefer entspringenden Blütenstände schwach rispig, oft stärker bewehrt und mit häufig länger gestielter Endblüte. Kelchblätter stachellos, außen grün, weiß berandet, konkav, zur Blütezeit und danach abstehend. Kronblätter elliptisch bis verkehrt eiförmig, abstehend (nicht aufwärts gebogen), meist mit nach unten umgerollten Rändern und daher scheinbar schmal, weiß oder blaß rosa, selten lebhaft rosa. Staubblätter oft in 5 Gruppen zusammengerückt, beim Aufblühen kaum die Höhe der Stylodien erreichend, später ausgebreitet. Staubbeutel manchmal behaart. Pollen mit mäßig vielen wohlentwickelten Körnern. Fruchtblätter kahl oder mit einzelnen, langen Haaren, der Fruchtblattträger dicht behaart. Stylodien grünlich. Sammelfrucht gut entwickelt, halbkugelig, aus 20 bis 30 glänzend schwarzen Steinfrüchtchen bestehend. – Chromosomenzahl: $4n = 28$.

In Deutschland vor allem im Norden und der Mitte allgemein verbreitet und meist die häufigste Brombeere, nur in den Kalkgebieten selten oder fehlend. In Österreich, Böhmen und Mähren bis die Kalkgebiete ziemlich verbreitet, nach Osten bis ins Leithagebirge. In der Schweiz selten in submontanen und montanen Mooren.

Das Verbreitungsgebiet reicht von den Britischen Inseln und Frankreich über Mitteleuropa und Skandinavien bis etwa an die Weichsel. Der östlichste Fundort liegt nach FOCKE auf der Kurischen Nehrung. Fehlt südlich der Alpen. Im Gebirge steigt *Rubus plicatus* bis etwa 1000 m (so am Zuger Berg).

Eine seltene Abänderung mit die Stylodien überragenden Staubblättern wird als var. *macrander* FOCKE bezeichnet.

B. Äußere Seitenblättchen schon im Sommer kurz gestielt.

1471 d. Rubus sulcatus[2]) VEST in Steierm. Zeitschr. **3**, 162 (1821) und in TRATT., Rosac. Monogr. 3, 42 (1823). Fig. 243.

Schößling anfangs aufrecht, später überhängend, 1½ bis 3 m hoch, kantig, gewöhnlich mit gefurchten Flächen, spärlich behaart oder kahl, meist grün, mit zerstreuten, kantenständigen, kräftigen, geraden (an den Ästen oft mehr oder weniger gebogenen), aus breitem Grunde allmählich verschmälerten Stacheln. Laubblätter groß, handförmig fünfzählig, oberseits wenig behaart, unterseits auf den Nerven dicht behaart, in der Jugend zuweilen leicht grauflaumig, ungleich scharf gesägt, das Endblättchen herzeiförmig, lang und schlank zugespitzt, die seitlichen sich mit den Rändern oft berührend, aber nicht überdeckend, die äußeren Seitenblättchen mit kurzem, schon im Sommer deutlichem Stielchen. Blattstiel kurz, oberseits flach. Nebenblätter linealisch lanzettlich bis lanzettlich. Blütenstand ziemlich lang, etwa 6- bis 12-blütig, trau-

---

[1]) Von lat. scindere „zerspalten", wegen des oft geteilten Endblättchens.
[2]) Lat. sulcatus „gefurcht", wegen der gefurchten Schößlinge.

big oder am Grunde mit einem oder einigen zweiblütigen Ästchen, mit sehr kurz gestielter Endblüte, fast oder völlig stachellos. Kelchblätter außen grün, flaumig, weiß berandet, zur Blütezeit abstehend, an der Frucht leicht zurückgeschlagen, die laubigen Kelchblattspitzen dabei mehr oder weniger aufsteigend. Kronblätter groß, verkehrt eiförmig, in der Knospe hell rosa, später meist weiß. Staubblätter die Stylodien überragend, nach dem Verblühen halb ausgebreitet, Pollen mit zahlreichen, wohlentwickelten Körnern. Fruchtblätter kahl, Fruchtblattträger fast kahl. Stylodien blaß grünlich. Sammelfrüchte gut entwickelt, länglich eiförmig, glänzend schwarz. – Chromosomenzahl: $4n = 28$.

In Deutschland, Österreich und der Schweiz unter Ausschluß der zentralalpinen Trockentäler verbreitet. Außerdem auf den Britischen Inseln, in Frankreich, Belgien, Holland, Dänemark, Südskandinavien, in Polen bis an die Weichsel, in Böhmen, Mähren, Galizien, Slowenien, Ungarn, Rumänien, der westlichen Ukraine sowie in Oberitalien.

Belaubung und Blüten erinnern an *Rubus nessensis*, von dem sich diese Art durch die gestielten, äußeren Blättchen und vor allem durch die kräftigen Stacheln unterscheidet.

1471 e. Rubus opacus FOCKE in ALPERS, Gefäßpfl. Stad. 25 (1875).

Schößling kräftig, meist schon im Sommer hoch bogig, nach oben zu scharf kantig. Laubblätter matt dunkelgrün, fünfzählig gefingert, unterseits in der Jugend grau schimmernd, später grün, weichhaarig, die Blättchen flach oder in der Jugend etwas gefaltet, das endständige herzeiförmig, allmählich lang zugespitzt; die äußeren Seitenblättchen kurz gestielt. Blattstiel oberseits flach, krumm bestachelt. Blütenstand schwach rispig. Kelchblätter abstehend bis locker zurückgebogen. Kronblätter ziemlich groß, breit elliptisch, mit aufwärtsgebogener Platte. Staubblätter die Stylodien überragend, nach dem Verblühen aufrecht. Fruchtblätter und Fruchtblattträger locker behaart.

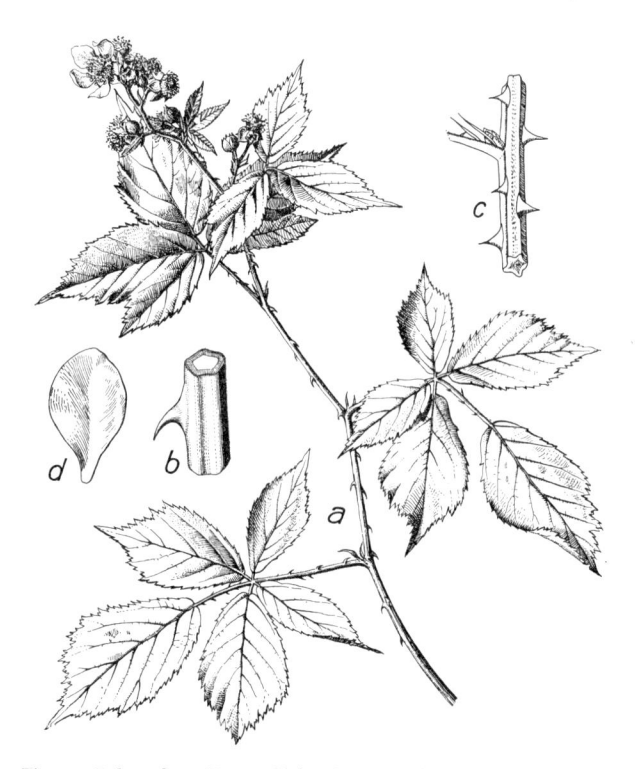

Fig. 243. *Rubus sulcatus* VEST. *a* blühender Spross. *b* Achsenstück. *c* Achsenstück eines Schößlings. *d* Kronblatt.

Im nordwestlichen Deutschland vorwiegend in der Ebene; selten in der Pfalz, in Hessen und in Franken (Schmausenbuck) sowie in Böhmen und Mähren. Bevorzugt Sandböden.

Rubus opacus vermittelt zwischen *R. affinis* und *R. plicatus* und ist mit beiden durch Übergänge verbunden.

1471 f. Rubus ammobius[1]) FOCKE, Syn. Rub. Germ. 118 (1877).

Schößling 1½ bis 2 m hoch, schwach gefurcht, oft etwas bereift, verkahlend, mit langen, aus seitlich zusammengedrücktem Grunde schlanken, schwach gekrümmten, gelblichen Stacheln. Laubblätter meist fünfzählig, gelegentlich auch einzelne bis siebenzählig, oberseits verkahlend, unterseits graufilzig behaart, am Rande scharf und ungleichmäßig gesägt, die Blättchen in der Jugend gefaltet, das Endblättchen breit herz-eiförmig, lang zugespitzt, die seitlichen sich mit den Rändern deckend. Blattstiel oberseits unterhalb der Mitte rinnig. Blütenstände ähnlich denen von *R. plicatus*, doch stärker rispig und oft durchblättert. Kelchblätter mit laubiger Spitze, locker zurückgeschlagen. Kronblätter ziemlich klein, verkehrt eiförmig, lang benagelt, meist blaß rosa. Staubblätter die gelblichen Stylodien kaum oder nur wenig überragend, nach dem Verblühen aufrecht. Fruchtblätter und Fruchtblattträger behaart. Sammelfrucht schwarzpurpurn.

Sehr zerstreut in Westfalen und dem westlichen Niedersachsen. Außerdem in England, den Niederlanden und in Dänemark.

1471 g. Rubus Bertramii[2]) G. BRAUN ex FOCKE, Syn. Rub. Germ. 117 (1877). Syn. *R. biformis* BOULAY (1900).

Schößling schräg aufrecht, bis 1 m hoch. Stacheln schlank, sichelig. Laubblätter groß, dunkelgrün, fünf- bis siebenzählig, verkahlend, scharf und ziemlich grob doppelt gesägt, das Endblättchen rundlich eiförmig, die äußeren Seitenblätt-

---

[1]) Von griech. ἄμμος [ammos] „Sand" und βιόω [bioo] „ich lebe".
[2]) Benannt nach W. BERTRAM, geb. 1835, gest. 1899, dem Verfasser einer Flora von Braunschweig (1894).

chen kurz gestielt. Blattstiel mit kleinen Hakenstacheln. Blütenstand breit und locker, schwach rispig, mit wenigblütigen Ästen, zerstreut kleine Hakenstacheln tragend. Kelchblätter langspitzig, die Frucht umfassend. Kronblätter mittelgroß, schmal verkehrt eiförmig, blaß rosa. Staubblätter die Stylodien weit überragend, oft mit behaarten Staubbeuteln. Fruchtblätter lang behaart, Fruchtblattträger kahl. Reich fruchtend.

Selten: Braunschweig, Südbayern (Waging, Wächtering bei Rain am Lech), BayerischerWald (Waldmünchen). Außerdem in England, Frankreich, Belgien und Dänemark.

1471 h. Rubus graecensis[1]) W. MAURER, spec. nov.[2])

Schößling mittelkräftig, anfangs aufrecht, im Herbst bogig, verzweigt, mit der Spitze meist einwurzelnd, scharf kantig, mit auffallend tief gefurchten Flächen, kahl, oft rotbraun überlaufen, sehr schwach und spärlich bestachelt; die wenigen Stacheln klein und kurz, geneigt oder leicht gekrümmt, aus breitem Grunde plötzlich verschmälert, an der Spitze rötlich. Laubblätter mittelgroß, fünfzählig, oberseits zerstreut behaart, mattgrün, unterseits dicht kurzhaarig-samtig und stets weich anzufühlen, am Rande ziemlich gleichmäßig gesägt; Blättchen in der Jugend oft gefaltet, das unpaarige aus herzförmigem Grunde verkehrt eiförmig bis breit elliptisch, vorn lang zugespitzt, die äußeren Seitenblättchen kurz gestielt. Blattstiel oberseits gefurcht, mit 1 bis 4 kleinen Hakenstacheln. Nebenblätter linealisch bis fädlich. Blütenstand stets traubig, wenig bestachelt bis fast stachellos. Kelchblätter außen grün bis graugrün, weißlich berandet, stachellos, nach dem Verblühen locker zurückgeschlagen. Kronblätter mittelgroß, eiförmig bis verkehrt eiförmig, weiß bis blaß gelblichweiß, nie rosa. Staubblätter etwa die Höhe der Stylodien erreichend, nach dem Verblühen ausgebreitet. Pollen mit mäßig vielen wohlentwickelten Körnern. Fruchtblätter kahl. Fruchtblattträger dicht behaart. Stylodien grünlich. Sammelfrucht klein, halbkugelig, schwarz.

Im Gebiet in Österreich von der Weststeiermark bis in das südliche Burgenland verbreitet und stellenweise häufig. Bei Graz am östlichen Stadtrand (Ragnitz, Waltendorf, St. Peter). Außerdem im nördlichen Slowenien.

Diese bemerkenswerte Art leitet durch die im Herbst einwurzelnden Schößlinge bereits zu den folgenden, mit *Rubus affinis* verwandten Arten über, obwohl sie stets einen traubigen Blütenstand und nach dem Verblühen ausgebreitete Staubblätter besitzt. Herbarbelege dieser Art wurden bisher mit *R. plicatus* verwechselt. *Rubus graecensis* ist jedoch an den auffallend tief gefurchten und oft fast vollkommen unbewehrten Schößlingen sowie an der samtigen Behaarung der Blattunterseite und den kleinen, schwarzen Sammelfrüchten von allen übrigen Arten der Sektion *Suberecti* leicht zu unterscheiden. Die Samenbeständigkeit wurde durch langjährige Kulturversuche nachgewiesen (W. MAURER).

1472a. Rubus affinis WEIHE et NEES, Rub. Germ. 18, t. 3 (1825).

Vegetative Vermehrung durch im Herbst mit der Spitze einwurzelnde Schößlinge und (gelegentlich) durch wurzelbürtige Erneuerungssprosse. Schößling kräftig, hochwüchsig, bis über 1½ m hoch, im Sommer aufrecht, im Herbst bogig, unterwärts rundlich, in der Mitte stumpf-, an der Spitze fast scharfkantig und gefurcht, kahl oder verkahlend, oft rotbraun überlaufen, stark und lang bestachelt; die Stacheln am Hauptstamm gerade, an den Ästen mehr sichelig. Laubblätter meist fünfzählig, oberseits dunkelgrün, unterseits in der Jugend oft filzig, später blaß grün, nicht tief, aber sehr scharf gesägt, die Blättchen flach, nicht gefaltet, das endständige breit herzeiförmig und lang zugespitzt, die seitlichen sich mit den Rändern überlappend, die untersten kurz gestielt. Blattstiel oberseits flach. Blütenstand anfangs fast traubig, später durch Entwicklung der unteren Seitenachsen rispig, in der Mitte mit ebensträußigen Ästchen; abstehend kurz behaart, mit zerstreuten, kräftigen, langen, nadel- und sichelförmigen Stacheln, ohne Stieldrüsen. Kelch-

---

[1]) Benannt nach der Stadt Graz, der Landeshauptstadt der Steiermark, in deren nächster Umgebung die Art erstmals gefunden wurde.

[2]) Turio subvalidus, canaliculatus, glaber, paulisper armatus, suberectus, apice arcuatus, autumno saepe apice radicans; aculei sparsi, parvi, pauci, interdum arcuati, basi dilatati; folia submagna, quinato-digitata, supra sparse pilosa, virescentia, subtus breviter piloso-velutina, subaequaliter dentata; foliolum terminale e basi cordata obovatum vel ovatum, acuminatum, infima breviter petiolata; petiolus supra canaliculatus, 1–4 aculeis parvis munitus; stipulae lineari-lanceolatae vel filiformes; inflorescentia racemosa, paulisper armata vel inermis; pedunculi uni- (raro bi-)flori, erecto-patentes; sepala inermia, viridia, margine tomentosa, in fructu reflexa; petala submagna, ovata vel obovata, alba vel lutescenti-alba; stamina alba stylos virescentes vix superantia, post anthesin patula; pollen imperfectum; carpella glabra, receptaculum dense pilosum; fructus subparvus, hemisphaericus, niger. Junius-julius. Descr.: WILLIBALD MAURER, Graz.

blätter filzig graugrün, nach dem Verblühen zurückgeschlagen, die laubigen Kelchblattspitzen mehr oder weniger aufsteigend. Kronblätter ansehnlich, breit eiförmig, mit aufwärts gebogener Platte, behaart, rosa, selten rein weiß, Staubblätter die tief karminroten Stylodien überragend, mit schwach behaarten Antheren, nach dem Verblühen zusammenneigend. Fruchtblätter und Fruchtblattträger behaart, dieser vor allem gegen den Grund zu. Sammelfrüchte oft gut entwickelt, aus großen Steinfrüchtchen bestehend. – Chromosomenzahl: 4 n = 28.

Vorkommen. Im Gebüsch an Waldrändern und in Lichtungen, auch in Hecken (Lonicero-Rubion).

Allgemeine Verbreitung. Mitteleuropa bis Schweden, Belgien und die Niederlande, Frankreich; selten in England und Wales.

Verbreitung im Gebiet. Häufig in Westfalen und Niedersachsen, seltener in West- und Mitteldeutschland südlich bis Hessen und Thüringen. Fehlt in Baden, Bayern und Württemberg, in der Schweiz, in Böhmen und Mähren und wahrscheinlich auch in Österreich (soll nach HORMUZAKI in Oberösterreich vorkommen).

Die Blüten dieser Art erinnern an *Rubus gratus*. Bezeichnend sind die starken, unterwärts rundlichen Schößlinge mit ihrer kräftigen und langen Bewehrung, das dunkle Laub und die breit herzförmigen Blättchen.

Mit *Rubus affinis* verwandte Arten.

Gemeinsame Merkmale. Schößling aufrecht oder bogig, nicht selten mit der Spitze einwurzelnd, meist stärker verzweigt als bei *R. nessensis* und seinen Verwandten. Wurzelbürtige Adventivsprosse ziemlich spärlich, oft auch ganz fehlend oder erst an älteren Stöcken vorhanden. Schößlingsblätter drei- bis fünfzählig, selten siebenzählig. Blütenstände mehr oder weniger ausgeprägt rispig. Kelchblätter grün oder graugrün. Staubblätter nach dem Verblühen zusammenneigend. Sammelfrucht schwarz.

Dieser Formenkreis nähert sich stark der Sektion *Moriferi*, und einige Arten können mit gleichem Recht in dieser wie in jener Sektion untergebracht werden. In den Bestimmungsschlüsseln werden sie an beiden Stellen berücksichtigt. Manche der hierher gezählten Arten behalten ihr Laub bis in den Spätherbst oder Winter.

1472 b. Rubus nitidus WEIHE et NEES, Rub. Germ. 19, t. 4 (1825).

Kleinblätteriger, hellgrün belaubter, bis etwa 1 m hoher Strauch, gelegentlich mit wurzelbürtigen Adventivsprossen und manchmal an der Spitze einwurzelnden, aufrecht-überhängenden, oft verzweigten, kahlen, glänzenden, rotbraunen bis dunkel violetten, reich bestachelten Schößlingen. Stacheln lang und schlank, seitlich zusammengedrückt, gerade oder gebogen, in der Jugend gelb. Laubblätter fünfzählig, oberseits glänzend, frisch grün, wenig behaart, unterseits grün, auf den Nerven feinhaarig, oft verkahlend, ungleich gesägt; Blättchen klein flach, das unpaarige eiförmig bis elliptisch oder länglich verkehrt eiförmig, mit breiter, kurzer, undeutlich abgesetzter Spitze, die äußeren Seitenblättchen schon im Sommer gestielt. Blattstiel oberseits an beiden Enden rinnig, im mittleren Teil fast flach, mit kräftigen, gebogenen Stacheln bewehrt. Blütenstand rispig, sparrig ausgebreitet, locker behaart, meist ohne Stieldrüsen, oft mit sicheligen oder fast geraden Stacheln besetzt, zuweilen auch beinahe stachellos. Kelchblätter grün, an der Frucht locker zurückgebogen, Kronblätter ziemlich groß, breit elliptisch, kräftig rosa, selten weiß. Staubblätter die Stylodien überragend, nach dem Abblühen zusammenneigend. Fruchtblätter und Fruchtblattträger kahl oder fast kahl. Sammelfrucht klein. – Chromosomenzahl: 3 n = 21 – Eine der am spätesten blühenden Arten.

In Westdeutschland verbreitet, aber nirgends häufig, in Bayern selten. Soll auch in Tirol, der Schweiz, Böhmen und Mähren vorkommen. Außerdem in Westeuropa von Portugal (?) bis zu den Britischen Inseln und Südschweden verbreitet.

Rubus nitidus wächst gewöhnlich in Wäldern auf undurchlässigem, lange feucht bleibendem Boden. *R. nitidus* ist auch ohne Blüten an den elliptischen, oberseits frisch grün glänzenden und unterseits mehr oder weniger behaarten Blättern der aufrechten Schößlinge zu erkennen (A. SCHUMACHER).

1472 c. Rubus integribasis[1]) PH. J. MÜLLER in BOULAY, Ronces Vosg. 23 (1866).

Schößling ästig, bogig, bis 2 m hoch, gefurcht, verkahlend, reichlich bestachelt. Stacheln kurz, pfriemlich. Laubblätter fünfzählig, unterseits dicht kurzhaarig bis fast samtig, unregelmäßig gesägt, die Blättchen ziemlich groß, das endständige rundlich eiförmig, kurz bespitzt. Blattstiel lang, mit sicheligen und hakigen Stacheln. Blütenstand kurz und breit

---

[1]) Von lat. integer „unversehrt" und basis „Grund", wegen des nicht ausgerandeten Blattgrundes.

rispig, schwach und kurz bestachelt, seine Stacheln fast gerade. Kelchblätter stachellos, locker zurückgeschlagen. Kronblätter mittelgroß, elliptisch bis verkehrt eiförmig, rosa. Staubblätter die grünlichen Stylodien wenig überragend. Fruchtblätter fast kahl, Fruchtblattträger kahl. – Chromosomenzahl: 6n = 42.

Nur im westlichen Deutschland, besonders in der Pfalz; östlich des Rheins sehr selten. Soll auch in der Schweiz vorkommen. Sonst noch in Südengland, Frankreich, Belgien und den Niederlanden.

1472d. Rubus senticosus[1]) KOEHL. ex WEIHE in WIMM. et GRAB., Fl. Siles. 1, 2, 51 (1829). Syn. *R. montanus* WIRTGEN (1857).

Schößlinge bogig, im Herbst ästig, im mittleren Teile flachseitig, nach der Spitze zu scharf kantig, spärlich behaart, mit sehr zahlreichen, kräftigen, etwas nach rückwärts geneigten Stacheln. Laubblätter meist fünfzählig, oberseits fast kahl, unterseits dünn weichhaarig, anfangs oft weiß schimmernd, ungleich scharf gesägt, die Blättchen (bei sonnigem Stand) meist ziemlich klein, in der Jugend gefaltet, das endständige eiförmig-elliptisch, zugespitzt, die äußeren Seitenblättchen kurz gestielt. Blattstiel rinnig, reichlich krummstachelig. Blütenstand kurz, sparrig, unten rispig, oben oft traubig, locker rauhhaarig, gedrängt pfriemlich bestachelt, meist mit einzelnen Stieldrüsen. Kelchblätter außen grün, grau berandet, abstehend oder locker zurückgebogen, die Spitzen oft aufsteigend. Kronblätter klein bis mittelgroß, breit elliptisch, weiß, seltener blaß rosa. Staubblätter die Stylodien überragend, nach dem Verblühen zusammenneigend. Fruchtblätter kahl. Sammelfrucht kugelig, mit großen Steinfrüchtchen.

Im Bereich der Mittelgebirge vom mittleren Rheintal ostwärts durch Mitteldeutschland bis Mähren und Niederösterreich; nach Süden bis Hessen, Oberfranken und in die Rhön.

Für diese Art ist die ausgiebige und kräftige Bestachelung des Blütenstandes recht bezeichnend; ist diese ausnahmsweise schwächer entwickelt, dann ist *R. senticosus* leicht mit *R. nitidus*, *opacus* oder *plicatus* zu verwechseln.

Ferner vergleiche man: 1480d. *R. chaerophyllus* SAG. et W. SCHULTZE, S. 343 und
1485c. *R. hypomalacus* FOCKE, S. 361.

VII. Sektion Moriferi FOCKE.

Syn. *Rubus fruticosus* L. pro pte. (1753).

Sommergrüne oder häufiger halb immergrüne bis immergrüne Sträucher mit bogigen, gewöhnlich an der Spitze einwurzelnden, im zweiten Jahr blühenden und dann meist absterbenden, bereiften oder unbereiften Schößlingen. Stacheln gleichartig bis stark ungleich, kantenständig oder über die Flächen des Schößlings zerstreut. Die primäre Rinde bleibt erhalten. Schößlingsblätter drei- bis hand- oder fußförmig fünfzählig, gelegentlich bis siebenzählig, beiderseits grün oder unten grau- bis weißfilzig, das unterste Blättchenpaar meist kurz gestielt. Nebenblätter schmal linealisch oder fädlich, bleibend. Blüten bei unseren Arten zwitterig, in meist reichblütigen, rispigen, gestreckten oder gestauchten Infloreszenzen, nicht nickend. Kelchblätter außen meist graufilzig. Kronblätter so lang wie die Kelchblätter oder meist länger. Staubblätter nach dem Verblühen zusammenneigend. Sammelfrucht glänzend schwarz, unbereift, die Steinfrüchtchen bei der Reife miteinander und mit dem saftig werdenden Fruchtblattträger verbunden bleibend.

Die Sektion *Moriferi* bewohnt mit sehr zahlreichen Arten die Westpaläarktis und das gemäßigte Nordamerika. Nach Osten reicht ihr Areal nur wenig über Europa hinaus: im Kaukasus und dem Pontischen Gebirge sind noch mehrere Arten vertreten, in Persien wenige, und nur eine Art, *R. sanguineus* FRIV., dringt bis Turkestan vor. Auch in Europa sind die Arten höchst ungleichmäßig verteilt: am reichsten sind Frankreich, die Britischen Inseln, das westliche und nördliche Mitteleuropa sowie Südskandinavien. Schon im Alpengebiet treten sie stark zurück und steigen auch im Gebirge kaum über die Montanstufe an, und in den Mittelmeerländern ziehen sich die Brombeeren bis auf einige wenige und sehr weit verbreitete Arten (*R. canescens*, *R. ulmifolius*, im Osten auch *R. sanguineus*) in die niederschlagsreichen Gebirge zurück.

Inhaltsstoffe und Verwendung. Das Laub der Brombeeren ist reich an Gerbstoff. Mit Lauge versetzt, gibt es eine schwarze Farbe. Als Heilpflanze waren die Brombeeren schon den klassischen Ärzten THEOPHRAST, GALEN und DIOSKURIDES bekannt. Die früher offizinellen Folia Rubi fruticosi sind heute nur noch als Volksmittel im Gebrauch, namentlich als Diureticum, gegen Durchfall, bei Husten, gegen Fieber, Entzündungen und besonders zur Blutreinigung. Brombeerblättertee ist auch neuerdings allgemein im Handel und wird als vorzüglicher Haustee empfohlen. Zu seiner Gewinnung eignen sich die schwächer behaarten Arten, wie auch *R. caesius* am besten. Das Erg. Buch zum DAB 6 schreibt die während der Blütezeit (Juni, Juli) gesammelten, getrockneten Blätter vor. Sie enthalten Gerbstoff und Vitamin C.

Die Verwendung der Früchte ist im allgemeinen die gleiche wie bei der Himbeere, nur werden die Brombeeren meist weniger geschätzt. Am häufigsten dienen sie zur Herstellung von Konfitüren und Likören. Wegen ihrer chemischen Zusammensetzung vergleiche man die Tabelle S. 285.

---

[1]) Von lat. sentis „Dornbusch, Dornstrauch".

Fossile Steinkerne von *Rubus „fruticosus"* werden vereinzelt aus dem Quartär angegeben.

Volksnamen. Das Wort Brombeere (althochdeutsch brâmberi) gehört in seinem ersten Bestandteil zu althochdeutsch brâmo = Dornstrauch (vgl. niederd. Bram = Ginster, engl. bramble = Brombeerstrauch). Das Wort ist häufig sehr weitgehend entstellt, bezw. volksetymologisch an andere Wörter angelehnt: Brummelbeer, (plattdeutsch), Brümmesbääre (Emsland), Brümmelken (Minden), Bromerte (Niederrhein), Blembern (Oberhessen), Brummbäre (Meissen), Braunber (Niederösterreich), Ramabeere (Riesengebirge, Böhmerwald), Pfrubeere, Brumelter (Baden), Brennbeere (bayer. Schwaben), Braunbeer (Schwäb. Alb), Brame-, Brömdorn (Elsass), Brum-, Bramberi, Brobere (Schweiz). Andere Benennungen sind noch Kratzbier (Oberhessen), Krôzbiäre (Nordostböhmen), Hundsbi(er) [weil als Speise wenig geschätzt] (Erzgebirge), Hundsbeer (Baden), Schwarzbeere (Nassau), Haberbeer (weil zur Zeit der Habererente reifend) (Egerland, Böhmerwald), Heckebeere (Rheinpfalz), Snôrbee [weil die Beeren wie auf einer Schnur angereiht an den Zweigen sitzen?] (Ostfriesland), Dûbenbeer (Mecklenburg-Schwerin). Moren, Muren, Murrper (Kärnten), Mure (Lothringen), gehören zu lat. morus (franz. mûre), der Bezeichnung für die Maulbeeren, denen die Brombeeren ähnlich sehen.

Artenschlüssel.

1 a Stacheln der Schößlinge gleich oder fast gleich groß. Schößling ohne Stieldrüsen, Stachelborsten oder Stachelhöcker, selten mit sitzenden Drüsen 2

   2 a Kelchblätter nach dem Verblühen waagrecht abstehend oder aufgerichtet. Laubblätter unterseits grün, seltener graugrün 3

      3 a Staubblätter die Stylodien überragend . . . .
. . . . 1480a. *R. gratus* FOCKE und verwandte Arten, S. 341

      3 b Staubblätter nicht die Höhe der Stylodien erreichend . . . .
. . . . 1481a. *R. Sprengelii* WEIHE und verwandte Arten, S. 345

   2 b Kelchblätter nach dem Verblühen zurückgeschlagen 4

      4 a Laubblätter beiderseits grün, höchstens in der Jugend unterseits schwach graufilzig . . . . .
. . . . 1479a. *R. macrophyllus* WEIHE et NEES und verwandte Arten, S. 334

      4 b Laubblätter auf der Unterseite grau- oder weißfilzig 5

         5 a Blütenstandsachse zerstreut stieldrüsig . . . .
. . . . 1478a. *R. villicaulis* KOEHLER ex WEIHE et NEES und verwandte Arten, S. 331

         5 b Blütenstandsachse ohne Stieldrüsen 6

            6 a Unpaariges Blättchen sehr lang gestielt (sein Stielchen halb bis fast so lang wie das Blättchen selbst). Blattrand fein gesägt . . . .
. . . . 1477a. *R. rhamnifolius* WEIHE et NEES und verwandte Arten, S. 329

            6 b Unpaariges Blättchen gewöhnlich kürzer gestielt 7

               7 a Staubblätter etwa die Höhe der Stylodien erreichend, selten länger 8

                  8 a Blattstiel oberseits flach. Schößling meist bläulichgrau bereift . . . .
. . . . 1473a. *R. ulmifolius* SCHOTT und verwandte Arten, S. 320

                  8 b Blattstiel oberseits gefurcht. Schößling nicht bereift . . . .
. . . . 1482a. *R. canescens* DC. und verwandte Arten, S. 349

               7 b Staubblätter die Stylodien deutlich überragend 9

                  9 a Blütenstand spärlich bestachelt, oft lang und schmal. Schößling häufig kahl oder verkahlend . . . . . 1476a. *R. candicans* WEIHE und verwandte Arten, S. 326

                  9 b Blütenstand kräftig bestachelt. Schößlinge meist behaart 10

                       10 a Stacheln des Blütenstandes gerade, selten an seinem Grunde einige gebogene eingemischt . . . . 1474. *R. bifrons* VEST

                     10 b Blütenstand sichelig und hakig bestachelt . . . .
. . . . . 1475a. *R. procerus* PH. J. MÜLLER und verwandte Arten, S. 323

1 b Stacheln der Schößlinge fast gleichförmig bis stark ungleich, vermischt mit Stieldrüsen, Stachelborsten oder (und) Stachelhöckern 11

11a Schößling fast gleichförmig bestachelt, spärlich bis mäßig reichlich kurz stieldrüsig, ohne oder mit wenigen Stachelhöckern und Stachelborsten 12

    12a Kelchblätter nach dem Verblühen ausgebreitet oder die Frucht umfassend 13

        13a Staubblätter nicht die Höhe der Stylodien erreichend . . . .
. . . . 1481a. *R. Sprengelii* WEIHE und verwandte Arten, S. 345

        13b Staubblätter die Stylodien überragend . . . .
. . . . 1485a. *R. hebecaulis* SUDRE und verwandte Arten, S. 360

    12b Kelchblätter nach dem Verblühen zurückgeschlagen 14

        14a Schößling gefurcht. Blattstiel oberseits rinnig. Staubblätter meist nur die Höhe der Stylodien erreichend. Laubblätter unterseits weiß- oder graufilzig . . . .
. . . . 1482a. *R. canescens* DC. und verwandte Arten, S. 349

        14b Schößling flachseitig. Blattstiel oberseits flach. Staubblätter meist die Stylodien überragend 15

            15a Laubblätter unterseits grau- oder weißfilzig . . . .
. . . . 1483a. *R. vestitus* WEIHE und verwandte Arten, S. 351

            15b Laubblätter unterseits grün . . . .
. . . . 1484a. *R. Gremlii* FOCKE und verwandte Arten, S. 357

11b Schößling meist ungleich bestachelt, von zahlreichen, kleinen Stachelhöckern rauh, manchmal ohne oder mit spärlichen Stieldrüsen und Stachelborsten (vgl. 11c!) 16

    16a Stieldrüsen des Blütenstandes länger als die Haare, etwa so lang wie der Durchmesser der Blütenstiele . . . . 1488a. *R. rudis* WEIHE und verwandte Arten, S. 374

    16b Stieldrüsen des Blütenstandes kurz und gleichförmig, die Haare kaum überragend . . 17

        17a Kelchblätter an der Frucht zurückgeschlagen. Laubblätter unterseits häufig grau- oder weißfilzig . . . . 1486a. *R. Radula* WEIHE und verwandte Arten, S. 363

        17b Kelchblätter nach dem Verblühen ausgebreitet oder die Frucht umfassend. Laubblätter meist beiderseits grün . . . . 1487a. *R. pallidus* WEIHE und verwandte Arten, S. 369

11c Schößling meist ungleich bestachelt, mit zahlreichen, ungleichen Stieldrüsen, Drüsenborsten und Borstenstacheln besetzt 18

    18a Schößling kantig; Stacheln teilweise kräftig, am Grunde seitlich zusammengedrückt. Blütenstand reichlich bestachelt 19

        19a Kronblätter rosa . . . . . . 1489a. *R. Hystrix* WEIHE und verwandte Arten, S. 378

        19b Kronblätter weiß . . . . . . 1490a. *R. Koehleri* WEIHE und verwandte Arten, S. 384

    18b Schößling rundlich oder stumpfkantig 20

        20a Schößling mit am Grunde verbreiterten, seitlich etwas zusammengedrückten Stacheln .
. . . . 1491a. *R. Schleicheri* WEIHE et NEES und verwandte Arten, S. 390

        20b Stacheln des Schößlings schlank nadelförmig, am Grunde kaum verbreitert, seitlich nicht zusammengedrückt 21

            21a Stieldrüsen des Blütenstandes kaum so lang wie der Durchmesser der Blütenstiele
. . . . 1492a. *R. tereticaulis* PH. J. MÜLLER und verwandte Arten, S. 395

            21b Blütenstand mit längeren, den Durchmesser der Blütenstiele zum Teil übertreffenden Stieldrüsen 22

                22a Stieldrüsen und Stacheln rot . . . .
. . . . . 1493a. *R. hirtus* WALDST. et KIT. und verwandte Arten, S. 397

                22b Stieldrüsen und Stacheln gelblich 23

                    23a Blütenstand und Kelchblätter reichlich bestachelt . . . .
1494a. *R. rivularis* PH. J. MÜLLER et WIRTG. und verwandte Arten, S. 404

                    23b Blütenstand und Kelchblätter kaum bestachelt . . . .
. . . . 1495a. *R. serpens* WEIHE und verwandte Arten, S. 408

1473a. Rubus ulmifolius[1]) SCHOTT in OKEN, Isis, fasc. **5**, 821 (1818). Syn. *R. dalmaticus* GUSS. (1842) non TRATT. *R. rusticanus* MERCIER (1861). Mittelmeer-Brombeere. Fig. 244.

Bei freiem Stande dichte, etwa meterhohe Büsche bildend, in Wäldern zuweilen mannshoch. Schößling kräftig, bogig, scharf kantig und auf den Flächen gefurcht, meist stark bläulich bereift, unten locker abstehend, nach oben zu angedrückt behaart, ohne Stieldrüsen; Stacheln kantenständig, gleichförmig, sehr kräftig, an den Schößlingen gerade oder etwas gebogen, an den blühenden Ästen mehr sichelig. Schößlingsblätter hand- oder fußförmig fünfzählig, mehr oder weniger wintergrün, derb, fast lederig, oberseits dunkelgrün, kahl oder mit einzelnen Haaren, unterseits durch dicht anliegenden Sternfilz weiß, ungleich und scharf gesägt. Blättchen ziemlich klein, das unpaarige mehrmals länger als sein Stielchen, meist verkehrt eiförmig, doch auch eiförmig, elliptisch oder schmal länglich, mit kurzer, aufgesetzter Spitze; die äußeren Seitenblättchen kurz gestielt. Blattstiel oberseits flach, hakig bestachelt. Blütenstand ziemlich schmal, am Grunde durchblättert, angedrückt weißfilzig, mit kräftigen Hakenstacheln bewehrt, ohne Stieldrüsen. Kelchblätter kürzer als die Blütenstiele, außen dicht weißfilzig, an Blüte und Frucht zurückgeschlagen. Kronblätter rundlich, mittelgroß, meist rosa. Staubblätter etwa die Höhe der Stylodien erreichend. Filamente und Stylodien rosa. Staubbeutel kahl. Pollen gleichkörnig. Frucht-

Fig. 244. *Rubus ulmifolius* SCHOTT. *a* blühender Zweig. *b* Achsenstück eines Schößlings. *c* Blütenstiel. *d* Blüte. *e* Kronblatt. *f* Schößling, stark verkleinert. *g* Schößlingsblatt.

---

[1]) Nach der allerdings sehr entfernten Ähnlichkeit der Blättchen mit Ulmenblättern.

blätter dicht behaart. Sammelfrucht glänzend schwarz, die Steinfrüchtchen ziemlich klein, von kräftigem, aromatischem Geschmack. – Chromosomenzahl: 2 n = 14. – V bis IX.

Vorkommen: In Auengebüschen, an Waldrändern, in Hecken, an Zäunen, auf Geröllhalden; bodenvag, aber mit Vorzug auf frischen, nährstoffreichen Böden des mediterranen und submediterranen Bereichs; Busch- und Heckenpflanze. Im Tessin bis 1200 m, im Wallis bis 1380 m aufsteigend.

Allgemeine Verbreitung. Westliches und mittleres Mittelmeergebiet von Marokko bis auf die Balkanhalbinsel, in Westeuropa nordwärts bis zu den Britischen Inseln, Belgien und Südholland; außerdem auf Madeira, den Kanarischen Inseln und den Azoren.

Verbreitung im Gebiet. In Deutschland nur um Aachen, hier aber häufig. – Fehlt im heutigen Österreich. – In der Schweiz im Puschlav, Bergell und Tessin allgemein verbreitet; nördlich des Gotthards im Urner Reußtal. Sehr häufig auch um den Genfer See und von da aus ins Wallis sowie bis an den Thuner und Neuenburger See ausstrahlend.

Rubus ulmifolius ist in Mitteleuropa nur in der durch angedrückt weißfilzige Blütenstände gekennzeichneten Nominatrasse vertreten. In Istrien nähert sich unserem Florengebiet die subsp. *dalmaticus* (TRATT.) FOCKE, die durch zottig filzige, abstehend behaarte Infloreszenzen abweicht Diese Unterart bewohnt vorwiegend die westliche Balkanhalbinsel von Istrien bis Herzegowina und wird auch für Kreta angegeben. Weiter östlich wird *R. ulmifolius* fast ganz durch den verwandten *R. sanguineus* FRIV., Syn. *R. anatolicus* FOCKE, ersetzt. *R. sanguineus* ist durch seine lang behaarten Staubbeutel leicht von *R. ulmifolius* zu unterscheiden. Seine Infloreszenzen sind angedrückt weißfilzig (wie bei *R. ulmifolius* subsp. *ulmifolius*). *R. sanguineus* bewohnt die mittlere, südliche und östliche Balkanhalbinsel, Kleinasien, die Kaukasusländer, Persien und das angrenzende Turkmenistan (Kopet Dag) sowie Syrien und Unterägypten.

Zur Nominatrasse, subsp. *ulmifolius*, gehört eine unter dem Namen *Rubus bellidiflorus* C. KOCH gelegentlich in Gärten gezogene Pflanze mit gefüllten Blüten, sowie die var. *inermis* (WILLD.) FOCKE (1914), Syn. *R. inermis* WILLD. (1809), mit stachellosen Schößlingen. Diese in Europa seit eineinhalb Jahrhunderten bekannte Mutation hat LUTHER BURBANK unter verschiedenen Bezeichnungen („Cory Thornless", „Santa Rosa", „Sebastopol") in den USA in den Handel gebracht.

Rubus ulmifolius gehört zusammen mit dem ebenfalls diploiden *R. canescens* zu den fruchtbarsten und am stärksten zur Bastardbildung neigenden Brombeeren. Besonders häufig sind Mischlinge mit *R. caesius* und *R. canescens*.

Mit *Rubus ulmifolius* ist verwandt:

1473 b. Rubus chloocladus[1]**)** W. WATSON in Watsonia 3, 288 (1956). Syn. *R. pubescens* WEIHE (1824) non RAFIN. Flaumhaarige Brombeere.

Schößling hoch bogig, kräftig, kantig, deutlich gefurcht, unterwärts bereift (was beim Einsammeln gewöhnlich übersehen wird), sich rötend, fein filzig und locker abstehend behaart, drüsenlos, mit kantenständigen, gleichförmigen, kräftigen, geraden bis stark gekrümmten Stacheln. Schößlingsblätter fünfzählig, oberseits wenig behaart, unterseits weiß- oder graufilzig, ungleich und scharf gesägt. Blättchen sich mit den Rändern nicht deckend, das unpaarige schmal eiförmig, elliptisch oder eilanzettlich, vorn allmählich lang zugespitzt, am Grunde abgerundet oder gestutzt, selten herzförmig eingebuchtet, die äußeren Seitenblättchen schmal und ziemlich kurz gestielt. Blattstiel oberseits flach, sichelig bestachelt. Blütenstand lang und schmal, fast blattlos, zottig behaart, drüsenlos, reichlich sichelstachelig. Kelchblätter außen graufilzig, stachellos, an Blüte und Frucht zurückgeschlagen. Kronblätter breit eiförmig bis verkehrt eiförmig, weiß oder blaß rosa. Staubblätter nur die Höhe der grünlichen Stylodien erreichend oder diese merklich überragend. Filamente weiß. Fruchtblätter mit langen, aber meist spärlichen Haaren. Fruchtblattträger behaart. – Chromosomenzahl: 4 n = 28. – Ende VI, VII.

Zerstreut in West-, seltener auch in Mitteldeutschland, vorwiegend im Hügellande, nur im Nordwesten in das Tiefland vordringend. In Württemberg selten im Unterlande (Heuchelberg und Rottenburg) sowie in der Alb (Wittlingen). In Bayern nur an wenigen Stellen im Oberpfälzer und Fränkischen Jura (Schlüpfelberg, Renzenhof, Roggenbrunn, Penzenhofen, Grünsberg und Gnadenberg bei Altdorf, Moritzberg bei Lauf). In Österreich nach JANCHEN in Vorarlberg. In der Schweiz in den Kantonen Zürich (Fehraltorf), Freiburg und Tessin (Luganer See). In den Südalpen bei Bozen und Görz. Sonst in Portugal, Südfrankreich, Belgien und sehr selten in England.

---

[1]) Vom griech. χλόη [chloë] „junges Grün" und κλάδος [klados] „Zweig".

Von *Rubus ulmifolius* ist diese Art durch die lang bespitzten, unpaarigen Blättchen, die blasseren Kronblätter, die weißen Filamente und die grünlichen Stylodien leicht zu unterscheiden. Recht ähnlich ist ferner *R. candicans* nebst seinen Verwandten; davon weicht *R. chloocladus* durch die abstehende Behaarung der Schößlinge und die weniger grob eingeschnittenen Blättchen ab.

1474. Rubus bifrons VEST in Steierm. Zeitschr. 3, 162 (1821) und in TRATT., Rosac. Monogr. 3, 28 (1823–24). Zweifarbige Brombeere. Fig. 245.

Bei freiem Stande etwa ½ bis 1 m hohe, verworrene, fast immergrüne Sträucher bildend. Schößling kräftig, flachbogig oder kletternd, stumpfkantig, gegen die Spitze zu auch scharfkantig, mit flachen oder oberwärts schwach gefurchten Seiten, unbereift, oft braunrot gefärbt, zerstreut behaart bis verkahlend, drüsenlos; Stacheln kantenständig, gleichförmig, kräftig, lanzettlich, am Hauptstamm meist gerade, an den Zweigen mehr gebogen. Stachelhöcker oder Stachelborsten fehlen. Schößlingsblätter meist fünfzählig, oberseits dunkelgrün, kahl oder verkahlend, unterseits dicht kreidig weißfilzig, am Rande scharf und nach vorne etwas ungleich gesägt, die größeren Zähne zurückgebogen. Unpaariges Blättchen rundlich, kurz verkehrt eiförmig, gelegentlich auch eiförmig bis elliptisch, plötzlich kurz zugespitzt, am Grunde abgerundet, gestutzt oder schwach herzförmig. Blattstiel oberseits flach, kräftig krummstachelig. Blütenstand meist ziemlich lang, nur mäßig breit, nach vorne nicht oder nur wenig verschmälert, stumpf, nicht oder nur am Grunde spärlich durchblättert, dicht kurzhaarig bis filzig, drüsenlos oder gelegentlich mit einigen wenigen Stieldrüsen, mit pfriemlichen bis nadelförmigen, geraden Stacheln, höchstens am Grunde mit einigen gebogenen dazwischen. Kelchblätter außen filzig und behaart, unbewehrt oder fein stachelig, an Blüte und Frucht zurückgeschlagen. Kronblätter breit eiförmig, mit gekräuseltem Rande, blaß bis kräftig rosa. Staubblätter weiß oder schwach rosa, die grünlichen, seltener etwas geröteten Stylodien überragend. Fruchtblätter spärlich behaart. – Chromosomenzahl: $4n = 28$. – Ende VI bis VIII.

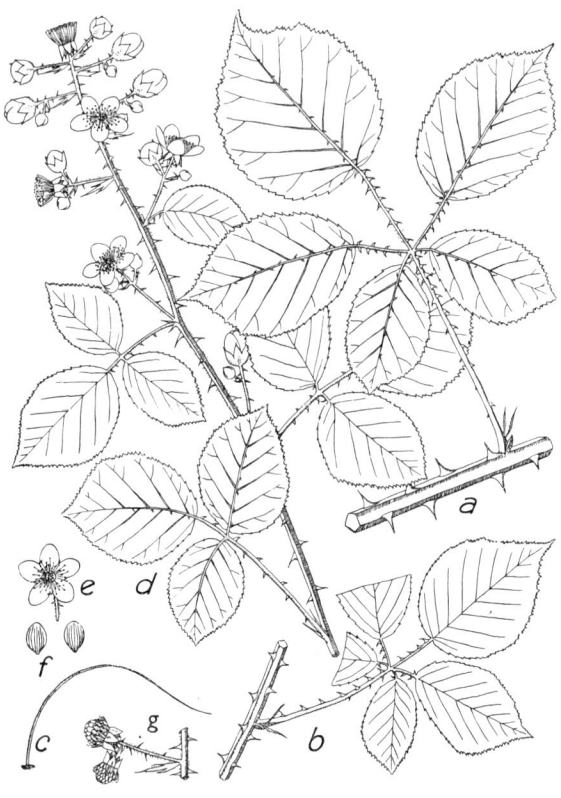

Fig. 245. *Rubus bifrons* VEST. *a* und *b* Schößlingsstücke mit Laubblättern. *c* Haar der Blattunterseite. *d* blühender Zweig. *e* Blüte. *f* Kronblätter. *g* Fruchtstand.

Vorkommen. An Waldrändern, in Hecken, auf Waldlichtungen, an buschigen und felsigen Abhängen, gern auf warmen, steinigen Lehmböden in Buschgesellschaften (Prunetalia).

Allgemeine Verbreitung. Mitteleuropa; nach Westen bis Ost- und Nordfrankreich sowie auf den Britischen Inseln, südwärts bis Oberitalien, nach Osten bis Schlesien, Böhmen, Mähren und Ungarn.

Verbreitung im Gebiet. Im westlichen, mittleren und südlichen Deutschland verbreitet, nordwärts bis ins Ruhrgebiet. – In Österreich und der Schweiz mit Ausnahme der inneralpinen Trockentäler verbreitet. – In Böhmen bei Pilsen, im Gebiet von Beraun, um Prag, Königgrätz, in Mähren in der Hanna-Ebene und in der ganzen südlichen Hälfte.

Rubus bifrons besitzt auch an schattigen Standorten unterseits mehr oder weniger weißfilzige Blätter. Von dem verwandten *R. ulmifolius* unterscheidet er sich im wesentlichen durch 3 Merkmale: unbereifte Schößlinge, gerade Stacheln im Blütenstand und die Stylodien überragende Staubblätter. Jede einzelne dieser Eigenschaften mag hin und wieder auch bei *R. ulmifolius* vorkommen, aber nie alle drei zusammen, wie es bei *R. bifrons* die Regel ist.

Mit *Rubus bifrons* verwandte Arten.

Man vergleiche 1475b. *Rubus geniculatus* KALTENB., S. 324.

1475a. Rubus procerus[1]) PH. J. MÜLLER, Ronces Vosg. 7 (1864). Syn. *R. macrostemon* FOCKE (1877). *R. hedycarpus*[2]) FOCKE (1877) pro pte. Süßfrüchtige Brombeere. Fig. 257 i

Bei freiem Stande breit gewölbte, 1 bis 1½ m hohe Büsche bildend. Schößling sehr kräftig, oft bis daumendick, manchmal mehrjährig, im Herbst ästig oder fast unverzweigt, kantig, mit flachen oder leicht gefurchten Seiten, unbereift oder schwach bläulich angelaufen, anfangs und am Grunde meist behaart, drüsenlos, mit zahlreichen, kantenständigen, gleichförmigen, kräftigen, aus breitem Grunde allmählich verschmälerten, geraden bis schwach sicheligen Stacheln. Stachelhöcker oder Stachelborsten fehlen. Schößlingsblätter groß, fünfzählig gefingert, im Winter lange grün bleibend, oberseits kahl oder zerstreut striegelhaarig, unterseits weißfilzig und flaumig behaart, ungleich scharf und nach vorne zu grob gesägt. Blättchen sich mit den Rändern nicht deckend, das unpaarige breit eiförmig bis verkehrt ei- oder rautenförmig, vorn kurz zugespitzt, am Grunde abgerundet oder ausgerandet; äußere Seitenblättchen kurz, aber deutlich gestielt. Blattstiel oberseits flach, krummstachelig. Blütenstand stattlich, breit und locker, oder über den obersten Laubblättern bisweilen dicht, stumpf kegelförmig, zottig behaart, drüsenlos, reichlich krummstachelig. Kelchblätter außen filzig, unbewehrt, zurückgeschlagen. Kronblätter groß, rundlich eiförmig, anfangs blaß rosa, später verblassend. Staubblätter die meist grünlichen Stylodien weit überragend, mit weißen oder blaß rötlichen Filamenten und behaarten Antheren. Fruchtblätter spärlich behaart bis fast kahl. Sammelfrucht sehr groß. – Chromosomenzahl: $4n = 28$. – Ende VI, VII.

Vorkommen. Hecken, Waldränder usw. in wärmeren Lagen. Nördlich der Alpen mit Vorzug auf silikatischer Unterlage, aber gelegentlich auch auf Kalkböden; in den Südalpen anscheinend ausgesprochen kalkhold; Gebüschpflanze (Prunetalia-Art).

Allgemeine Verbreitung. Eine der am weitesten verbreiteten Brombeer-Arten: von Frankreich durch das südliche Mitteleuropa bis in die Balkanländer.

Verbreitung im Gebiet. In Deutschland im Westen und Südwesten verbreitet, in Bayern etwas seltener, in Nordwestdeutschland fehlend, im Norden und Nordosten sehr selten. – In Österreich und der Schweiz verbreitet, ausgenommen Graubünden, Uri und das Wallis. – In Mähren besonders in den Beskiden und im Gesenke, Tischnowitz, Gurein, Brünn und Wall. Klobouk. Scheint in Böhmen zu fehlen. – In Südtirol stellenweise sehr häufig und namentlich im Fassatal und Fleimser Tal die einzige Brombeere (v. SARDAGNA).

Rubus procerus ist neben *R. macrophyllus* die robusteste Brombeerart Europas.
Mit *R. procerus* nahe verwandt ist *Rubus armeniacus* FOCKE (1874). Er stammt aus den Kaukasusländern und ist durch spärliche Bewehrung, dauernd rosarote Kronblätter und rötliche Stylodien unterschieden. Zu *Rubus armeniacus* gehören die meisten in Europa als Obststräucher gebauten Gartenbrombeeren, von denen die Sorte „Theodor Reimers" (in Amerika „Himalaya") die bekannteste ist. Diese soll auf eine aus Armenien stammende Wildform zurückgehen und gelegentlich verwildern. Aus der Kreuzung der Brombeere „Theodor Reimers" mit der amerikanischen Himbeere „Cuthbert" (S. 297) geht die sogenannte „Strawberry flavoured Blackberry" zurück

---

[1]) Lat. procērus „schlank gewachsen, hoch, erhaben".
[2]) Von griech. ἡδύς [hedys] „süß" und καρπός [karpos] „Frucht".

Mit *Rubus procerus* verwandte Arten.

Gemeinsame Merkmale. Schößling gleichförmig bestachelt, ohne Stieldrüsen, Stachelborsten oder Stachelhöcker, meist mehr oder weniger behaart, nur bei *R. geniculatus* kahl. Laubblätter unterseits weiß- oder mitunter graufilzig, einfach bis doppelt, aber nicht grob gesägt. Unpaariges Blättchen mehrfach länger als sein Stielchen. Blattstiel oberseits flach. Blütenstandsachse ohne Stieldrüsen, kräftig sichelig oder hakig bestachelt (ausgenommen *R. geniculatus*). Kelchblätter nach dem Verblühen zurückgeschlagen. Staubblätter die Stylodien überragend.

A) Schößling unbereift.

I) Schößling kahl. Blütenstand mit fast geraden Stacheln bewehrt.

1475 b. Rubus geniculatus KALTENB., Fl. Aach. Beck. 267 (1845). Syn. *R. falciferus* PH. J. MÜLLER (1859). *R. cerasifolius* PH. J. MÜLLER et LEFÈVRE (1859).

Schößling hoch bogig, stumpfkantig, mit flachen, nicht gefurchten Seiten, unbereift, rot überlaufen, kahl, drüsenlos, mit sehr langen, lanzettlichen, am Grunde stark verbreiterten Stacheln. Schößlingsblätter groß, fünfzählig, oberseits kahl, unterseits weißfilzig, ungleich scharf und fast doppelt gesägt. Unpaariges Blättchen elliptisch bis rautenförmig, am Grunde abgerundet oder gestutzt; äußere Seitenblättchen kurz gestielt. Blattstiel oberseits flach, kräftig krummstachelig. Blütenstand groß, breit kegelförmig, unterwärts durchlaubt, locker rauhhaarig, drüsenlos, reichlich mit langen und kräftigen, fast geraden Stacheln bewehrt. Kelchblätter filzig. Kronblätter groß, eiförmig bis elliptisch, gewöhnlich rein weiß. Staubblätter weiß, die grünlichen Stylodien überragend. Fruchtblätter fast kahl; Fruchtblattträger dünn behaart. Reich fruchtend.

Im Gebiet nur in Westfalen (z. B. Bergkirchen bei Minden, Herdecke an der Ruhr), im Rheinland (Aachen, Elberfeld usw.), in der Pfalz (Lemberg bei Oberhausen, Königsberg bei Wolfstein), in Böhmen (Umgebung von Budweis) und in Mähren (Beskiden, Tschinowitz). Außerdem in Belgien, Nordfrankreich und England (Buckinghamshire).

II) Schößling mehr oder weniger behaart. Stacheln des Blütenstandes geneigt bis gekrümmt.

1475 a. Rubus procerus PH. J. MÜLLER, S. 323.

1475 c. Rubus cuspidifer PH. J. MÜLLER et LEFÈVRE in Pollichia **16–17**, 89 (1859) ‚cuspidiferus'.

Schößling kräftig, kantig, flachseitig oder etwas gefurcht, unbereift, rot angelaufen, spärlich büschelig behaart, drüsenlos, mit zahlreichen, kräftigen, am Grunde seitlich zusammengedrückten, geraden oder schwach gebogenen, langen und schlanken Stacheln. Schößlingsblätter fünfzählig, oberseits fast kahl, blaß grün, unterseits weißfilzig, ungleich und scharf gesägt. Endblättchen breit eiförmig oder fast rundlich mit kurzer, plötzlich aufgesetzter Spitze und abgerundetem, gestutztem oder herzförmigem Grund; Seitenblättchen ziemlich lang gestielt. Blattstiel oberseits flach, sichel- oder hakenstachelig. Blütenstand breit, stumpf kegelig, oft fast ganz durchblättert, locker behaart, drüsenlos, reichlich und lang sichelig bestachelt. Kelchblätter außen filzig, nach dem Verblühen zurückgeschlagen. Kronblätter rundlich, verkehrt eiförmig oder elliptisch, kurz genagelt, blaß rosa oder weiß. Staubblätter weiß oder rosa, viel länger als die grünlichen, am Grunde geröteten Stylodien. Fruchtblätter dicht behaart. – Chromosomenzahl: $4n = 28$.

Selten im westlichen Deutschland (Stadtwald bei Lorch, in der Pfalz bei Wolfstein, Frankenstein im Odenwald), sowie je ein Fundort in Württemberg (Spitzberg bei Tübingen) und in Oberbayern (Taubenberg bei Osterwarngau). Außerdem in Frankreich und England.

Rubus cuspidifer ist von dem ähnlichen *R. procerus* durch den stark durchlaubten Blütenstand und die dicht behaarten Fruchtblätter zu unterscheiden.

1475 d. Rubus lepidus PH. J. MÜLLER in Pollichia **16–17**, 294 (1859).

Schößling flachseitig, unbereift, behaart, ohne Stieldrüsen, kräftig und gleichförmig bestachelt. Schößlingsblätter oberseits kahl, unterseits grau- bis weißfilzig, meist auch etwas samtig weichhaarig, scharf und ungleich gesägt. Unpaariges Blättchen schmal rautenförmig oder länglich, allmählich zugespitzt. Blattstiel oberseits flach. Blütenstand länglich, dicht, fast blattlos, zottig behaart, drüsenlos, reichlich schief oder sichelig bestachelt. Kelchblätter zurückgeschlagen. Kronblätter eiförmig, sich mit den Rändern nicht berührend, rosa. Staubblätter die Stylodien überragend. Filamente blaß rosa. Fruchtblätter dünn behaart.

Selten im westlichen Deutschland (Saalburg bei Homburg, Koblenz, Winningen, Großer Sand bei Mainz-Mombach, Bad Nauheim usw.). Außerdem in Frankreich.

Rubus lepidus ist durch sein schmales, unpaariges Blättchen und den länglichen Blütenstand von *R. procerus* und *R. cuspidifer* gut geschieden.

Ferner vergleiche man 1473 b. *Rubus chloocladus* W WATSON, S 321 und
1479 m. *Rubus rotundatus* PH. J. MÜLLER ex GENEV., 339

B) Schößling bereift, meist wenig behaart.

III) Schößling rundlich oder stumpfkantig, die Flächen nicht gefurcht. Stacheln mehr oder weniger kegelig.

1475 e. Rubus Godronii[1]) LECOQ et LAMOTTE, Catal. rais. Plat. centr. 151 (1847) emend. GREN. et GODR., Fr. France **1**, 540 (1848).

Schößling unten rundlich, oberwärts stumpfkantig, mit ebenen Flächen, bläulich bereift, wenig behaart, drüsenlos; Stacheln etwas ungleich, fast kegelig, meist gerade. Schößlingsblätter fünfzählig, oberseits kahl, unterseits grau- bis weißfilzig und weich behaart, am Rande ungleich fein und fast einfach gesägt. Unpaariges Blättchen eiförmig, am Grunde abgerundet oder seicht ausgerandet, vorn plötzlich lang zugespitzt. Blütenstand gestreckt, locker zugespitzt. Blattstiel oberseits flach. Blütenstand gestreckt, locker, unterwärts durchblättert, dünn behaart, drüsenlos, mäßig starke, etwas gebogene Stacheln tragend. Kelchblätter graufilzig, meist fast stachellos, zurückgeschlagen. Kronblätter länglich, meist schön rosa. Staubblätter die grünlichen Stylodien überragend, ihre Filamente weiß. Fruchtblätter sparsam behaart.

Im linksrheinischen Deutschland vor allem in der Pfalz verbreitet, rechts des Rheins vereinzelt bis in das südliche Westfalen sowie an einigen abgesprengten Fundorten im Badischen Schwarzwald, in Württemberg (Spitzberg bei Tübingen), in Oberbayern (bei Dachau und Simbach am Inn), in Böhmen im Gebiet von Brüx, in Mähren bei Mohelno; in der Schweiz in den Kantonen Aargau und Zürich. Außerdem in Frankreich.

1475 f. Rubus grandibasis SUDRE, Diagn. 16 (1906).

Von *Rubus Godronii* durch die ziemlich grob gesägten Blätter und das fast runde, am Grund verbreiterte und ausgeschnittene Endblättchen verschieden.

Bisher nur aus der Pfalz (St. Germanshof) bekannt.

IV) Schößling deutlich kantig, mit flachen oder gefurchten Seiten. Stacheln mehr lanzettlich.

1475 g. Rubus Winteri[2]) PH. J. MÜLLER ex FOCKE, Syn. Rub. Germ. 196 (1877). Fig. 246.

Schößling kräftig, kantig, meist leicht gefurcht, bereift, gerötet, wenig behaart, drüsenlos, mit kräftigen, breit aufsitzenden, purpurnen Stacheln. Schößlingsblätter fünfzählig, oberseits gelblich grün, verkahlend, unterseits graufilzig und weich behaart, ungleich doppelt gesägt. Endblättchen ziemlich lang gestielt, eiförmig bis keilig verkehrt eiförmig, am Grunde abgerundet. Blattstiel oberseits flach. Blütenstand lang und locker kegelförmig, locker behaart, drüsenlos, kräftig und ausgiebig krummstachelig. Kelchblätter außen graufilzig, locker zurückgeschlagen. Kronblätter rundlich verkehrt eiförmig, rosa. Staubblätter die grünlichen Stylodien überragend, ihre Filamente weiß oder rosa, die Staubbeutel meist behaart. Fruchtblätter behaart. – Chromosomenzahl: $4n = 28$. – VII bis VIII. Eine sehr spätblühende Art.

Im mittleren Westdeutschland nicht selten, vor allem für Hessen von zahlreichen Fundorten nachgewiesen; ostwärts etwa bis zur bayerischen Grenze. Ganz vereinzelt im Bayerischen Wald (Metten). Außerdem in der Schweiz, in Frankreich und auf den Britischen Inseln. Für Österreich fraglich.

1475 h. Rubus propinquus PH. J. MÜLLER in Pollichia **16–17**, 88 (1859).

Schößling kräftig, kantig, mit ebenen oder nur unbedeutend gefurchten Flächen, bläulich bereift, sich dunkelrot färbend, dünn büschelhaarig, ohne Stieldrüsen, mit starken, meist abstehenden und mehr oder weniger behaarten Stacheln. Schößlingsblätter fünfzählig, oberseits fast kahl, unterseits weiß filzig und weich behaart, feinspitzig und fast einfach gesägt. Endblättchen etwa doppelt so lang wie sein Stielchen, rundlich bis breit eiförmig oder schwach verkehrt ei-

---

[1]) Benannt nach DOMINIQUE ALEXANDRE GODRON, geb. 1807 zu Hayange in Lothringen, gest. 1880 in Nancy, Professor der Botanik und Verfasser einiger bedeutender Schriften, so der dreibändigen Flore de France (zusammen mit CH. GRENIER, 1848–1856), wie auch einer Monographie der um Nancy wachsenden Brombeeren (1843).

[2]) Benannt nach FERDINAND WINTER (1835–1888), zuletzt Apotheker in Gerolstein (Eifel).

förmig, ziemlich rasch zugespitzt. Blütenstand groß und breit, unten durchblättert, reichlich zottig rauhhaarig, drüsenlos, zerstreut bestachelt. Kelchblätter filzig, zurückgeschlagen. Kronblätter rundlich, ziemlich groß, rosa oder zweifarbig rosa und weiß. Staubblätter die grünlichen Stylodien hoch überragend, ihre Filamente meist weiß, die Antheren schwach behaart, ebenso die Fruchtblätter.

In Deutschland mehrfach in der Pfalz, selten in Südbayern, und durch Mitteldeutschland ostwärts bis Posen. – Außerhalb des Gebiets in Frankreich und auf den Britischen Inseln.

Ferner vergleiche man 1473b. *Rubus chloocladus* W. WATSON, S. 321.

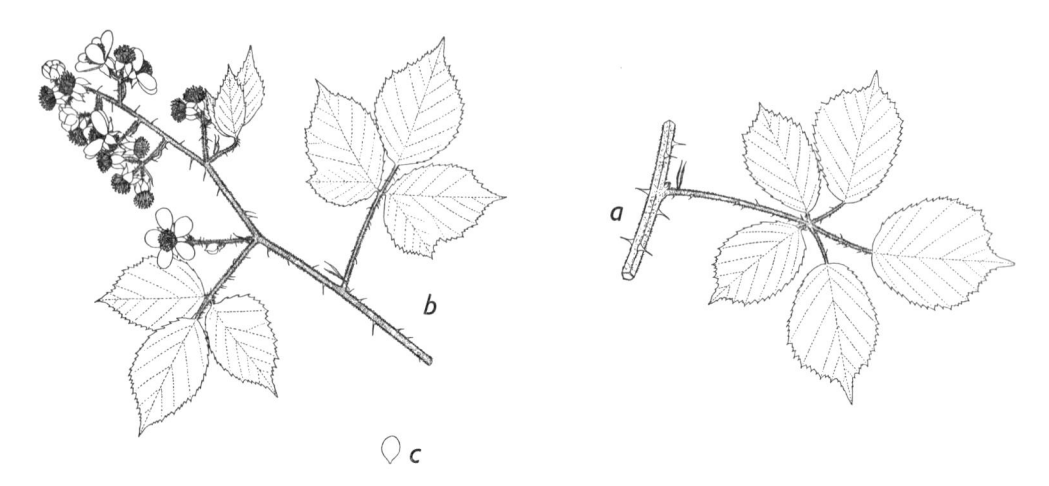

Fig. 246. *Rubus Winteri* PH. J. MÜLLER ex FOCKE. *a* Schößlingsstück mit Laubblatt. *b* blühender Zweig. *c* Kronblatt (nach W. WATSON).

1476a. Rubus candicans WEIHE in REICHENB., Fl. Germ. excurs. 601 (1832). Syn. *R. fruticosus* L. (1753) emend. WEIHE et NEES (1825). ? *R. montanus* LIBERT ex LEJEUNE (1813). *R. thyrsoideus* WIMMER (1840) pro pte. *R. thyrsoideus* WIMMER subsp. *R. candicans* (WEIHE) SUDRE (1908–13). Weißschimmernde Brombeere. Fig. 247.

Schößling kräftig, hochwüchsig, anfangs fast aufrecht, im Spätsommer bogig, oft ästig, zuletzt mit liegender, manchmal wurzelnder Spitze; unterwärts stumpfkantig, in der Mitte kantig mit fast flachen Seiten, nach der Spitze zu tief gefurcht; unbereift, fast kahl, drüsenlos, mit kräftigen, aus breitem Grunde lanzettlichen, fast geraden Stacheln (nur die obersten sind oft etwas rückwärts geneigt). Laubblätter fünfzählig, mittelgroß, oberseits matt hellgrün, kahl oder verkahlend, unterseits dünn weiß- bis graufilzig, zuletzt oft nur blaß grün, ungleich und scharf grob gesägt, oft mit tief eingeschnittenen, großen Zähnen. Unpaariges Blättchen anfangs schmal elliptisch, später meist breiter eiförmig, mit gestutztem oder seicht herzförmigem Grunde, vorn allmählich zugespitzt; äußere Seitenblättchen sehr kurz gestielt. Blattstiel oberseits flach, sichelig bestachelt. Blütenstand lang und schmal, nach der Spitze zu kaum verjüngt, ziemlich locker, oft durchblättert, drüsenlos, filzig und spärlich sichelig bestachelt. Kelchblätter außen graufilzig, zurückgeschlagen. Kronblätter länglich verkehrt eiförmig, allmählich den Nagel verschmälert, weiß oder blaß rosa. Staubblätter die Stylodien nur wenig überragend. Pollen zum großen Teil verkümmert. Fruchtblätter kahl, Fruchtblattträger dicht behaart. Reichlich fruchtend. – Ende VI, VII.

Vorkommen. An lichten bis halbschattigen Waldrändern, in Hecken, Kahlschlägen, Steinbrüchen usw., namentlich im Hügelland und in der unteren Bergstufe; vorwiegend Gebüschpflanze.

Allgemeine Verbreitung. Mitteleuropa von Ostfrankreich bis in das südliche Polen, Mähren, die Herzegowina und die oberen Apenninen.

Verbreitung im Gebiet. In Deutschland verbreitet im Hügelland zwischen Rhein und Elbe, im östlichen Mitteldeutschland seltener; in Bayern nördlich der Donau ziemlich verbreitet, südlich der Donau zerstreut. Fehlt im Alpengebiet und der Norddeutschen Tiefebene. – In Österreich, Böhmen und Mähren, der Schweiz und Südtirol in tieferen Lagen verbreitet, ebenso in Böhmen und Mähren.

Eine stattliche, durch ihren hohen Wuchs, die schmalen, grob gesägten Blättchen und die langen, schmalen Infloreszenzen ausgezeichnete Art.

Mit *Rubus candicans* verwandte Arten.

Gemeinsame Merkmale. Schößling wenigstens oberwärts kantig und gefurcht, unbereift, häufig kahl oder verkahlend, gleichförmig oder fast gleichförmig bestachelt, ohne Stieldrüsen, Stachelborsten oder Stachelhöcker. Laubblätter unterseits weiß- oder häufiger graufilzig, ungleich doppelt und häufig grob eingeschnitten gesägt. Unpaariges Blättchen mehrmals länger als sein Stielchen. Blattstiel oberseits flach, nur bei *R. arduennensis* gegen den Grund zu rinnig. Blütenstandsachse ohne Stieldrüsen, spärlich bestachelt bis fast unbewehrt. Kelchblätter nach dem Verblühen zurückgeschlagen. Staubblätter die Stylodien überragend.

Fig. 247. *Rubus candicans* WEIHE. *a* blühender Zweig. *b* Bestachelung in natürlicher Größe.

A) Schößling zerstreut, seltener reichlich behaart. Blüten weiß oder rosa.

1476 b. Rubus arduennensis LIBERT ex LEJEUNE, Fl. Spa 2, 317 (1813). Ardennen-Brombeere.

Schößling dünn, hoch bogig, wenigstens oberwärts gefurcht, unbereift, anfangs büschelig behaart, bald verkahlend, drüsenlos, mit mäßig zahlreichen, kräftigen, geraden Stacheln, von denen die jüngeren bis nahe an die Spitze behaart sind. Schößlingsblätter fünfzählig gefingert, oberseits kahl, unterseits grau- bis weißfilzig, ungleich doppelt gesägt. Unpaariges Blättchen rundlich oder breit eiförmig, kurz zugespitzt, am Grunde abgerundet, die äußeren Seitenblättchen sehr kurz gestielt. Blattstiel oberseits flach, gegen den Grund zu rinnig, sichelig bestachelt. Blütenstand länglich kegelförmig, fast blattlos, rauhhaarig, drüsenlos, sparsam und kurz krummstachelig. Kelchblätter außen graufilzig, unbewehrt, zurückgeschlagen. Kronblätter eiförmig oder breit elliptisch bis fast rundlich, weiß oder blaß rosa. Staubblätter ungleich lang, die grünlichen Stylodien überragend, mit weißen Filamenten. Fruchtblätter kahl, Fruchtblattträger behaart. – VII.

Im Gebiet nur im südlichen Westfalen, im Rheinland (z. B. Koblenz, Idartal), Nassau und in der Pfalz (um Kaiserslautern, Hochspeyer, Zweibrücken, Landstuhl, häufig um St. Ingbert; im Nordpfälzer Bergland ziemlich verbreitet). Sonst in Belgien, Nord- und Mittelfrankreich.

Rubus arduennensis ist sehr wahrscheinlich ein Abkömmling des Bastardes *R. canescens* × *ulmifolius*, bewohnt aber, ganz im Gegensatz zu seinen mutmaßlichen Eltern, nur kalkarme Unterlagen.

1476 c. Rubus flaccidus PH. J. MÜLLER in Flora 41, 134 (1858).

Schößling etwas gefurcht, unbereift, dünn behaart, ohne Stieldrüsen, mit zerstreuten, seitlich zusammengedrückten, geraden Stacheln. Schößlingsblätter fünfzählig, oberseits glatt und blaß grün, unterseits weißfilzig und flaumig behaart, breit und seicht gezähnt. Unpaariges Blättchen breit verkehrt eiförmig, am Grund leicht ausgerandet, mit plötzlich aufgesetzter, kurzer Spitze. Blütenstand groß, nur unterwärts durchblättert, abstehend behaart, drüsenlos, spärlich sichelig bestachelt. Kronblätter rundlich, kurz benagelt, blaß rosa. Staubblätter weiß, die grünlichen Stylodien wenig überragend. Fruchtblätter behaart.

Endemisch in der Pfalz: an der Weinstraße zwischen Schweigen und Neustadt/Haardt sowie am Donnersberg.
Die Art vermittelt zwischen *Rubus chloocladus* und *R. phyllostachys*, *R. thyrsanthus* und verwandten Formen.

1476 d. Rubus Linkianus[1]) SER. in DC., Prodr. **2**, 560 (1825).

Schößling kantig, kurz flaumig. Blätter oberseits ziemlich kahl, unterseits dicht weißfilzig (ergrünen auch im Schatten nicht), ungleich grob und oft fast eingeschnitten gesägt. Unpaariges Blättchen anfangs schmal, später breit elliptisch, am Grunde gestutzt, vorn einfach spitz oder kurz zugespitzt. Blütenstand ziemlich dicht, nach oben zu kaum verjüngt, nur unten beblättert, zerstreut bestachelt. Blüten halb gefüllt, weiß. – VII.
Eine Zierpflanze unbekannter Herkunft. Nach FOCKE bestehen Beziehungen zu *R. chloocladus* und *R. phyllostachys*.

1476 e. Rubus phyllostachys[2]) PH. J. MÜLLER in Flora **41**, 133 (1858). Syn. *R. thyrsoideus* WIMMER subsp. *R. phyllostachys* (PH. J. MÜLLER) SUDRE (1908–13).

Schößling anfangs aufrecht, später niedergebogen, wenig verzweigt, bis weit hinab gefurcht, unbereift, zerstreut behaart, drüsenlos, mit kräftigen Stacheln. Schößlingsblätter oberseits kahl, unterseits dicht graufilzig, im Schatten blaß grün, nach der Spitze zu ausgeschweift buchtig, dazwischen gleichmäßig gesägt. Unpaariges Blättchen in der Jugend länglich oder länglich verkehrt eiförmig, später elliptisch rautenförmig oder aus seicht herzförmigem Grunde breit eiförmig, mit kurzer Spitze. Blattstiel oberseits flach. Blütenstand lang und schmal, nach vorne zu kaum verschmälert, häufig durchblättert, wenig bestachelt bis stachellos. Kelchblätter außen graufilzig, nach dem Verblühen zurückgeschlagen. Kronblätter breit elliptisch, meist weiß. Staubblätter die grünlichen Stylodien kurz überragend. – Ende VI, VII.
Verbreitet im mittleren und südlichen Westdeutschland sowie in der nördlichen Schweiz. In Bayern selten (Bodenseegebiet, Oberbayern, Ober- und Mittelfranken). In Österreich vereinzelt in Vorarlberg, Oberösterreich und der Steiermark. In Böhmen im Brdywald, in Mähren bei Držková (Holleschau). Wird außerdem aus Belgien, Frankreich, Oberitalien und Spanien angegeben.
Die Laubblätter der blühenden Äste tragen oberseits meist einige Sternhaare.

B) Schößling kahl oder fast kahl.

I) Kronblätter weiß oder blaß rosa.

a) Unpaariges Blättchen mit gestutztem oder seicht herzförmig eingeschnittenem Grund. Fruchtblätter kahl oder spärlich behaart.

1476 a. Rubus candicans WEIHE, S. 326.

1476 f. Rubus Vestii[3]) FOCKE, Syn. Rub. Germ. 155 (1877). Syn. *R. sulcatus* VEST Rasse *Vestii* FOCKE (1902).

Schößling kräftig, hochbogig, gefurcht, kahl oder spärlich behaart, mit aus verbreiterter Basis lanzettlichen, geraden oder geneigten Stacheln bewehrt, drüsenlos. Schößlingsblätter handförmig fünfzählig, der Blattstiel mit sichelförmigen oder hakigen Stacheln bewehrt, oberseits flach, gegen den Grund seicht rinnig. Blättchen groß, ungleich grob gesägt, oberseits fast kahl, unterseits dünn graugrün filzig, im Alter oft ziemlich verkahlend, das Endblättchen breit elliptisch bis fast fünfeckig, zugespitzt, an der Basis seicht herzförmig, die seitlichen alle gestielt. Blütenzweige mit kurzen, sichelförmigen Stacheln bewehrt, ihre Blätter 3–5zählig, unterseits schwach filzig. Blütenstand verlängert, am Grunde mehrblütig und meist durchblättert, gegen die Spitze zu einfach traubig. Blütenstiele kurz filzig, drüsenlos, mit zarten, gekrümmten Stacheln bewehrt. Kelchzipfel dicht graufilzig, wehrlos, nach dem Verblühen zurückgeschlagen. Kronblätter groß, weiß oder blaßrosa. Staubblätter länger als die Griffel, nach dem Verblühen zusammenneigend. Fruchtblätter spärlich, Fruchtblattträger reichlich behaart.

---

[1]) Benannt nach dem Berliner Professor der Botanik HEINRICH FRIEDRICH LINK, geb. am 2. Febr. 1767 in Hildesheim, gestorben am 1. Jan. 1851 in Berlin.

[2]) Von griech. φύλλον [phyllon] „Blatt" und στάχυς [stachys] „Ähre".

[3]) Nach LORENZ CHRYSANTH EDLER VON VEST (1776–1840), Professor für Chemie und Botanik am Joanneum in Graz, später Arzt in Graz. VEST veröffentlichte im Jahre 1821 in der „Steyermärkischen Zeitschrift" die ersten Beschreibungen steirischer Brombeeren.

Im Gebiet in Ober- und Niederösterreich, Steiermark, Kärnten, Salzburg. Außerdem in Böhmen, Mähren, Westungarn und Slowenien. – Ähnliche Formen aus dem westlichen Mitteleuropa werden als *R. constrictus* PH. J. MÜLLER et LEFÈVRE bezeichnet.

b) Unpaarige Blättchen am Grunde nicht eingebuchtet. Fruchtblätter behaart.

1476 g. Rubus thyrsanthus[1]) FOCKE, Syn. Rub. Germ. 168 (1877). Syn. *R. thyrsoideus* WIMMER subsp. *R. thyrsanthus* (FOCKE) SUDRE (1908–13). Straußblütige Brombeere.

Schößling kräftig, erst im Spätsommer niedergebeugt, bis zum Grund furchig, unbereift, dunkel purpurn angelaufen, drüsenlos, kahl oder mit einigen wenigen Sternflocken; Stacheln ziemlich wenige, aus sehr breitem Grunde lanzettlich, teils gerade, teils zurückgebogen. Schößlingsblätter fünfzählig, oberseits kahl, unterseits graufilzig und behaart, ungleich gesägt. Unpaariges Blättchen breit eiförmig bis elliptisch oder keilig, am Grunde nicht eingebuchtet, kurz bespitzt. Blattstiel krumm bestachelt. Blütenstand lang und breit, oberwärts verschmälert, vielblütig, dicht, mehr oder weniger reich durchblättert, filzig, kurz und dicht behaart, spärlich sichelig bestachelt. Blüten ziemlich klein. Kelchblätter außen graufilzig, nach dem Verblühen zurückgeschlagen. Kronblätter länglich elliptisch bis rundlich, weiß bis blaß rosa. Staubblätter die grünlichen Stylodien kurz überragend. Fruchtblätter behaart. Unregelmäßig fruchtend. – Chromosomenzahl: $3n = 21$ und $4n = 28$. – Ende VI, VII.

In Deutschland verbreitet, desgleichen in Österreich, Böhmen und der Schweiz. Außerdem in Belgien, Frankreich und in Polen ostwärts bis zur Weichsel.

Rubus thyrsanthus ist eine wenig charakteristische Sippe und vor allem getrocknet oft nicht von *R. candicans*, *R. chloocladus* und *R. phyllostachys* zu unterscheiden.

1476 h. Rubus goniophyllus[2]) PH. J. MÜLLER et LEFÈVRE in Pollichia **16–17**, 80 (1859).

Unterscheidet sich von dem sehr ähnlichen *Rubus candicans* durch das verkehrt ei- bis rautenförmige, keilig in den Grund verschmälerte Endblättchen, die armblütige Infloreszenz und größere, eiförmige Kronblätter. Blüten blaß rosa.

Vereinzelt im westlichen Deutschland, in Bayern seltener. Außerdem in Frankreich, angeblich auch in Ungarn.

II) Kronblätter purpurrosa.

1476 i. Rubus fragrans FOCKE, Syn. Rub. Germ. 172 (1877). Syn *R. thyrsoideus* WIMMER subsp. *R. candicans* (WEIHE) SUDRE var. *fragrans* (FOCKE) SUDRE (1908–13). Wohlriechende Brombeere.

Schößling hoch bogig, gefurcht, unbereift, rotbraun, kahl oder fast kahl, drüsenlos. Laubblätter klein bis mittelgroß, oberseits dunkelgrün, fast glänzend, spärlich behaart, unterseits angedrückt dünnfilzig, grob gesägt. Unpaariges Blättchen länglich verkehrt ei- bis rautenförmig oder schmal elliptisch, kaum zugespitzt, am Grunde nicht oder schwach eingebuchtet. Blütenstand schmal und meist lang, mit wenigblütigen Ästen, zerstreut bestachelt. Blüten etwas nach Honig duftend. Kronblätter purpurrosa. Fruchtblätter oft reichlich, Fruchtblattträger spärlich behaart. – VII.

Vielleicht endemisch im mittleren Wesergebiet oberhalb Minden und von da westwärts bis Burgsteinfurt und an den Rhein (Drachenfels). Ähnliche Formen nach ADE in Hessen und in der Rhön, nach HRUBY auch in Nordtirol.

1477 a. Rubus rhamnifolius[3]) WEIHE et NEES, Rub. Germ. 22, t. 6 (1825). Kreuzdornblätterige Brombeere. Fig. 248.

Schößling hochwüchsig, später bogig, 1½ bis 2 m hoch, schon im Sommer verzweigt, mit herabhängenden Ästen, scharfkantig und gefurcht, auf der Lichtseite gerötet, im Herbst stahlblau überlaufen und matt bläulich bereift, fast kahl, drüsenlos, mit ziemlich kräftigen, gleichförmi-

---

[1]) Von griech. θύρσος [thyrsos], dem meist mit einem Pinienzapfen gekrönten Thyrsosstab der Bacchanten, im botanischen Sprachgebrauch im Sinne von Strauß, und ἄνθος [anthos] „Blüte".
[2]) Von griech. γωνία [gonia] „Winkel, Ecke" und φύλλον [phyllon] „Blatt".
[3]) Von lat. rhamnus „Kreuzdorn" und folium „Blatt".

gen, aus sehr breitem Grunde plötzlich in die fast pfriemliche, zurückgebogene Spitze verschmälerten Stacheln. Schößlingsblätter fünfzählig gefingert, oberseits dunkelgrün und fast kahl, unterseits angedrückt grau- oder anfangs auch weißfilzig, scharf und fein gesägt; die Blättchen anfangs gefaltet, später flach, das unpaarige auffallend lang gestielt (sein Stiel oft fast so lang wie das Blättchen selbst), rundlich bis breit elliptisch, kurz und plötzlich zugespitzt, am Grunde abgerundet. Blattstiel oberseits flach, nur gegen den Grund zu rinnig, reichlich hakenstachelig. Blütenstand gestreckt, nur unten durchblättert, oberwärts gedrungen, drüsenlos, reichlich mit pfriemlichen, gelblichen Stacheln bewehrt. Kelchblätter außen graufilzig, meist fein bestachelt, bei der Fruchtreife zurückgeschlagen. Kronblätter breit rundlich, kurz benagelt, weiß. Staubblätter die rötlichen oder grünen Stylodien überragend. Fruchtblätter an der Spitze bärtig. – Chromosomenzahl: $3n = 21$. – VII.

Vorkommen. Waldränder, Waldlichtungen, Hecken, auf frischen Böden aller Art; Gebüschpflanze (Prunetalia).

Allgemeine Verbreitung. In typischer Ausbildung im westlichen Mitteleuropa endemisch.

Ziemlich verbreitet in Nordwest-Deutschland im mittleren Wesergebiet (bei Rinteln und Minden), und von dort bis Osnabrück und Burgsteinfurt. Vereinzelt in der Pfalz (Bergzabern), im Schwarzwald (Baden-Baden, Badisch Wallbach, zwischen Hütten und Wehr, Calw), außerdem auf der Ostseeinsel Alsen. – In der Schweiz in den Kantonen Aargau und Freiburg. – Fehlt in Österreich und im ganzen Alpengebiet.

Mit *Rubus rhamnifolius* verwandte Arten.

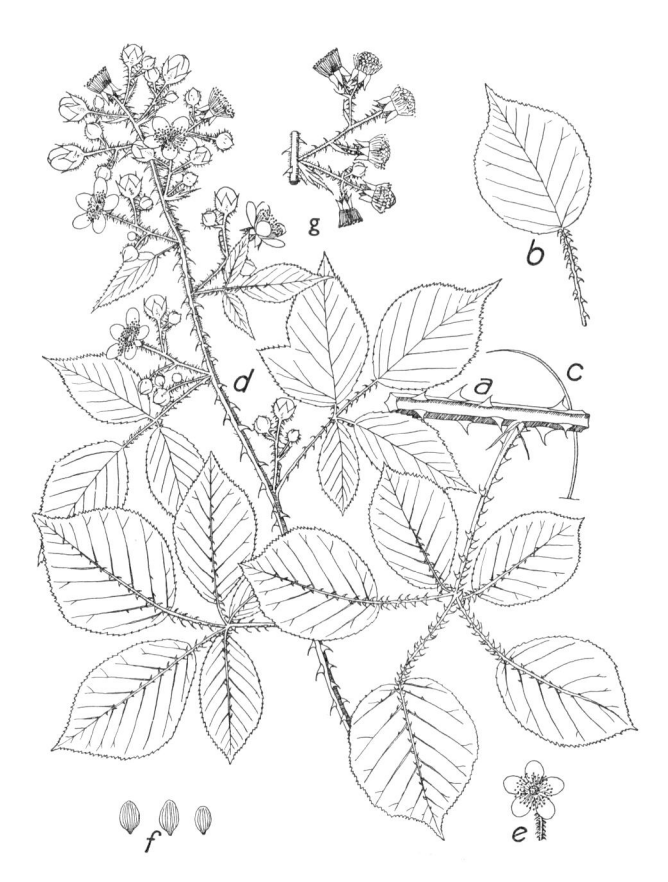

Fig. 248. *Rubus rhamnifolius* WEIHE. *a* Schößlingsstück mit Laubblatt. *b* unpaariges Blättchen. *c* Haar. *d* Blütensproß. *e* Blüte. *f* Kronblätter. *g* Fruchtstand.

Gemeinsame Merkmale. Schößling gleichförmig bestachelt, ohne Stieldrüsen, Stachelborsten oder Stachelhöcker. Laubblätter unterseits grau- oder weißfilzig, scharf und fein gesägt. Unpaariges Blättchen sehr lang gestielt, sein Stiel halb bis fast so lang wie das Blättchen selbst. Blattstiel oberseits gegen den Grund zu rinnig. Blütenstandsachse ohne Stieldrüsen (mit Stieldrüsen: vgl. 1483 i. *R. polyanthemos*). Kelchblätter nach dem Verblühen zurückgeschlagen. Kronblätter weiß oder blaß rosa. Staubblätter die Stylodien überragend. Fruchtblätter kahl oder nur an der Spitze behaart.

A) Schößling gefurcht.

    I) Schößling fast kahl. Laubblätter oberseits kahl oder verkahlend, dunkelgrün. Kronblätter breit, rundlich.

        a) Unpaariges Blättchen am Grunde abgerundet.

1477a. Rubus rhamnifolius WEIHE et NEES, S. 329.

        b) Unpaariges Blättchen mit breit herzförmigem Grunde.

1477 b. Rubus cardiophyllus[1]) Ph. J. Müller et Lefèvre in Pollichia **16–17**, 86 (1859).

Schößling hochwüchsig, scharfkantig, gefurcht, verkahlend, auf der Lichtseite leuchtend rot, im Herbst stahlblau angelaufen oder schwach bläulich bereift. Schößlingsblätter fünfzählig, oberseits dunkelgrün, kahl oder fast kahl, unterseits angedrückt grau-, in der Jugend auch weißfilzig, scharf und fein gesägt; unpaariges Blättchen auffallend lang gestielt, rundlich eiförmig mit breit herzförmiger Basis und plötzlich aufgesetzter Spitze. Blütenstand ziemlich kurz und breit, mit dünnfilziger und kurz rot bestachelter Achse. Kelchblätter außen graufilzig, zurückgeschlagen. Kronblätter rundlich, plötzlich in den kurzen Nagel zusammengezogen, mit eingebogener Spitze, dünn behaart, weiß bis sehr blaß rosa. Staubblätter die Stylodien überragend. Fruchtblätter kahl, Fruchtblattträger behaart.

In Nordwestdeutschland, Dänemark, Frankreich und auf den Britischen Inseln.

II) Schößling unterwärts reichlich behaart. Laubblätter oberseits striegelhaarig, schwach grau. Kronblätter schmal, länglich verkehrt eiförmig.

1477 c. Rubus Lindebergii[2]) Ph. J. Müller in Pollichia **16–17**, 292 (1859).

Schößling zunächst hoch bogig, später liegend, kantig, etwas gefurcht, unterwärts reichlich, nach oben zu dünn behaart, meist schwach bläulich angelaufen oder etwas bereift, mit kräftigen, abstehenden, geraden oder sichelförmig gebogenen Stacheln. Schößlingsblätter ziemlich klein, oberseits schwach grau und striegelhaarig, unterseits weiß oder graufilzig und weich behaart, scharf und fein gesägt; unpaariges Blättchen sehr lang gestielt, meist ziemlich schmal elliptisch bis verkehrt eiförmig, am Grunde abgerundet oder gestutzt, vorn allmählich zugespitzt. Blütenstand lang und schmal, unten durchblättert, reichlich und derb hakig bestachelt. Kelchblätter außen weißfilzig, zurückgeschlagen. Kronblätter schmal, verkehrt eiförmig bis länglich, meist weiß. Fruchtblätter kahl. – Chromosomenzahl: $4n = 28$.

Im östlichen Schleswig-Holstein und von da zerstreut bis ins westliche Pommern; nach Süden vereinzelt bis in den Harz. Außerdem in Dänemark, Südschweden und auf den Britischen Inseln.

B) Schößling mit ebenen oder gewölbten Seitenflächen. Laubblätter der blühenden Zweige in der Jugend oberseits zerstreut sternhaarig (wenn nicht, suche man unter den mit *R. macrophyllus* verwandten Arten, S. 335).

1477 d. Rubus obtusangulus Gremli, Beitr. Fl. Schweiz 19 (1870).

Schößling flachbogig, stumpfkantig, mit ebenen, nicht gefurchten Seitenflächen, kahl, kräftig bestachelt. Laubblätter ähnlich denen von *Rubus rhamnifolius*, doch die jüngeren oberseits mit zerstreuten Sternhaaren. Endblättchen elliptisch bis verkehrt eiförmig, kurz zugespitzt, meist kaum doppelt so lang wie sein Stielchen. Blütenstand mäßig lang, oberwärts blattlos und ziemlich dicht, mit zerstreuten und mäßig kleinen Stacheln.

In Deutschland nur im südlichen Baden, in der Schweiz im Norden und in der Mitte stellenweise häufig, außerdem in den Kantonen Graubünden, Waadt und Tessin. Außerhalb des Gebiets in Frankreich.

1478 a. Rubus villicaulis[3]) Koehler ex Weihe et Nees, Rub. Germ. 43, t. 17 (1825). Rauhstengelige Brombeere. Fig. 249.

Schößling hoch bogig, im Herbst flacher, unten stumpf-, oberwärts scharfkantig und nach der Spitze zu gefurcht, unbereift, meist rotbraun, abstehend behaart, drüsenlos, mit gleichartigen oder fast gleichen, kräftigen, fast geraden, aus breiter Basis lanzettlichen, am Grunde zottig behaarten Stacheln bewehrt. Stachelhöcker oder Stachelborsten fehlen. Schößlingsblätter handförmig fünfzählig, oberseits meist zerstreut striegelhaarig, unten weichhaarig graugrün bis graufilzig, ungleich bis grob sägezähnig. Blättchen alle gestielt, mittelgroß, das unpaarige rundlich eiförmig bis elliptisch, am Grunde kaum ausgerandet, vorn kurz zugespitzt. Blattstiel oberseits flach, nur gegen den Grund zu rinnig, reichlich krummstachelig. Blütenstand breit und oft ziemlich lang, häufig durchblättert, die Endblüten fast sitzend, filzig zottig, spärlich stieldrüsig oder drüsenlos, reichlich schief oder sichelig bestachelt. Kelchblätter lang zugespitzt, außen zottig graufilzig, meist fein bestachelt, an Blüte und Frucht zurückgeschlagen. Kronblätter breit elliptisch oder rundlich, blaß rosa, selten rein weiß. Staubblätter die grün-

---

[1]) Von griech. καρδία [kardia] „Herz" und φύλλον [phyllon] „Blatt".
[2]) Benannt nach Karl Johan Lindeberg (1815–1900), Oberlehrer in Gothenburg.
[3]) Von lat. villus „Zotte, zottiges Haar" und caulis „Stengel".

lichen oder geröteten Stylodien überragend, die Filamente weiß oder rosa. Fruchtblätter kahl oder spärlich behaart. Sammelfrüchte groß, vielzählig. Reichlich fruchtend. – Chromosomenzahl: $4n = 28$. – VII.

Vorkommen. Waldränder, Lichtungen, Hecken, mit Vorliebe auf kalkarmen Lehm- und Sandböden.

Allgemeine Verbreitung. Mitteleuropa, ostwärts bis an die Weichsel, Südschweden, in den Niederlanden und auf den Britischen Inseln.

Verbreitung im Gebiet. In Nord- und Mitteldeutschland ziemlich verbreitet, wenn auch streckenweise fehlend; nach Süden vereinzelt bis in die Schwäbische Alb (Wittlingen) und ins Alpenvorland, aber südlich der Donau selten. – In Böhmen und Mähren ziemlich verbreitet. Fehlt in Nordostdeutschland, dem Schwarzwald (und wohl dem ganzen Südwesten), fast dem ganzen Alpengebiet und dem größten Teil von Österreich (hier erst neuerdings in der Steiermark bei Mureck und zwischen Hartberg und Grafendorf von A. NEUMANN und W. MAURER nachgewiesen) sowie in der Schweiz.

Mit *Rubus villicaulis* verwandte Arten.

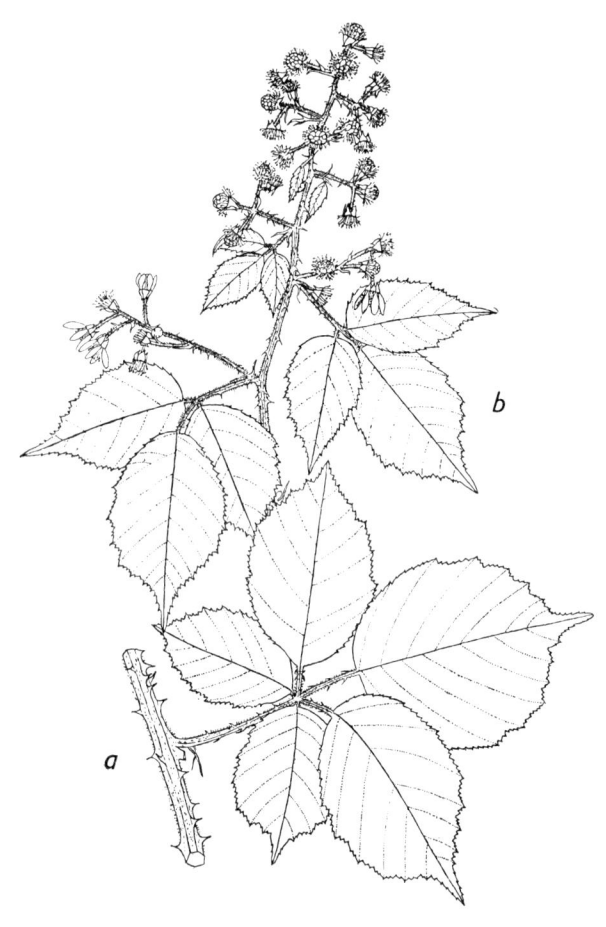

Fig. 249. *Rubus villicaulis* KOEHLER ex WEIHE et NEES. *a* Schößlingsstück mit Laubblatt. *b* blühender Zweig. (nach W. WATSON).

Gemeinsame Merkmale. Schößling gleichförmig oder fast gleichförmig bestachelt, meist ohne Stieldrüsen, Stachelborsten oder Stachelhöcker. Laubblätter unterseits grau- oder seltener weißfilzig. Blütenstandsachse und oft auch Kelch zerstreut, seltener reichlich stieldrüsig. Kelchblätter nach dem Verblühen meist zurückgeschlagen. Kronblätter stets und oft intensiv rosa, nur bei *R. villicaulis* blasser rosa bis weiß. Staubblätter die Stylodien überragend.

A) Kronblätter breit, eiförmig bis verkehrt eiförmig.

1478 a. Rubus villicaulis KOEHLER ex WEIHE et NEES, S 331.

1478 b. Rubus rhombifolius WEIHE in BOENNINGH., Prodr. Fl. Monast. 151 (1824), non *R. rhombifolius* ‚WEIHE' FOCKE et aliorum. Syn. *R. argenteus* WEIHE et NEES (1825). Fig. 250.

Schößling kräftig, bogig, kantig, gefurcht, dunkelrot, verkahlend, meist mit einzelnen, sehr kurzen Stieldrüsen und ziemlich zahlreichen, kräftigen, lanzettlichen oder sicheligen Stacheln. Schößlingsblätter fünfzählig, oberseits verkahlend, unterseits von dünnem Sternfilz und anliegenden, seidigen Haaren grau bis weiß, am Rande ungleich und sehr scharf gesägt. Blättchen sich mit den Rändern überdeckend, das unpaarige ziemlich kurz gestielt, eiförmig, breit elliptisch oder verkehrt eiförmig, am Grund häufig gestutzt, vorn allmählich, lang und schmal zugespitzt; die äußeren Seitenblättchen sehr kurz gestielt bis fast sitzend. Blütenstand breit und oft ziemlich lang, nach der Spitze verschmälert, oft durchblättert, mit zerstreuten Stieldrüsen und zahlreichen, aus breitem Grunde nadeligen Stacheln. Kelchblätter graugrün filzig, fein bestachelt und drüsig, waagrecht ausgebreitet oder locker zurückgeschlagen. Kronblätter rundlich eiförmig, keilig in den Grund verschmälert, fein flaumig, rosa. Staubblätter rosa, die Stylodien weit überragend. Staubbeutel und Fruchtblätter behaart. Reich fruchtend. – Chromosomenzahl: $4n = 28$. – VII, Anfang VIII.

Sehr zerstreut bis selten im westlichen Deutschland: Weserkette bei Minden in Westfalen, Hunsrück, Lambrecht und Donnersberg in der Pfalz, Darmstadt, Dieburg und Gundernhausen in Hessen, Odenwald, Kreuzberg in der Rhön, bei Glattbach im Spessart; ein Fundort in Nordbayern (Rabenshof bei Schnaittach). Fehlt in Österreich und wohl auch in der Schweiz. Hauptverbreitung: Frankreich, Britische Inseln.

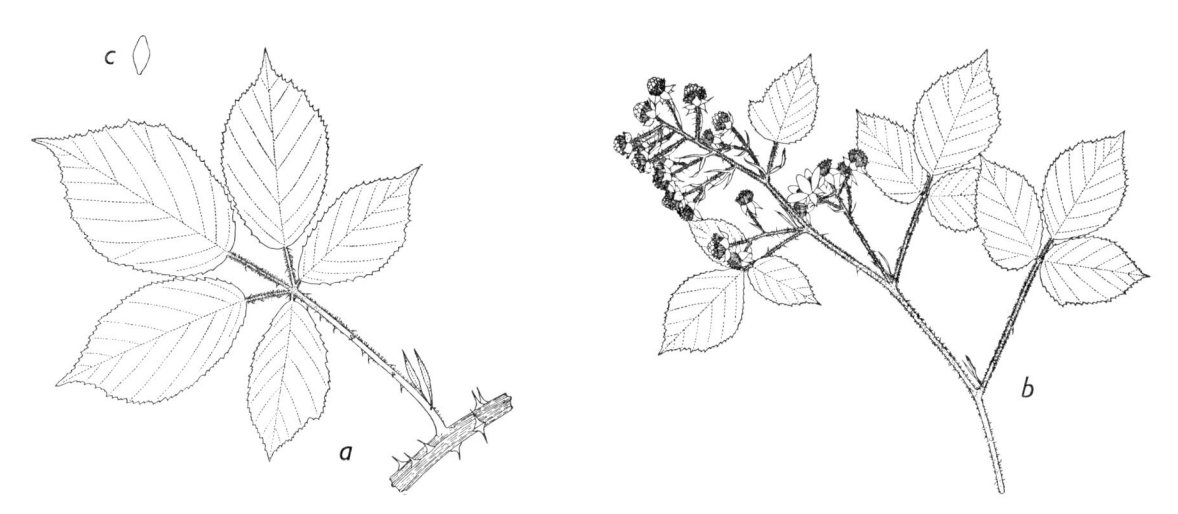

Fig. 250. *Rubus rhombifolius* WEIHE. *a* Schößlingsstück mit Laubblatt. *b* blühender Zweig. *c* Kronblatt (nach W. WATSON).

1478 c. Rubus atrocaulis PH. J. MÜLLER in Pollichia 16–17, 163 (1859). Syn. *R. stereacanthos* PH. J. MÜLLER ex GENEV. (1868).

Schößling gefurcht, sich an der Sonne schwarzpurpurn färbend, zerstreut und kurz büschelig behaart, drüsig punktiert, mit zahlreichen, abstehenden, aus breitem Grunde pfriemlichen Stacheln. Schößlingsblätter fünfzählig, oberseits fast kahl, unten graufilzig und haarig, gleichmäßig und ziemlich flach sägezähnig; die Zähne breit, kurz zugespitzt. Unpaariges Blättchen herzeiförmig bis fast kreisrund, kurz bespitzt. Blattstiel oberseits in seiner ganzen Länge rinnig. Blütenstand sehr breit, beinahe ebensträußig, drüsig punktiert, reichlich, derb, lang und ungleich bestachelt. Kelchblätter lang zugespitzt, außen filzig, drüsig punktiert und fein bestachelt, locker zurückgeschlagen mit aufsteigenden Spitzen. Kronblätter rundlich keilförmig, vorn meist etwas ausgeschnitten, rosa. Staubblätter rosa, die Stylodien ein wenig überragend. Stylodien gelblich, am Grunde gerötet. Fruchtblätter behaart.

Im Gebiet selten im Rheinland. Außerdem in Ostfrankreich und England.

Ferner vergleiche man 1474. *Rubus bifrons* VEST, S. 322.

1479 p. *Rubus egregius* FOCKE, S. 340.

B) Kronblätter schmal verkehrt eiförmig.

1478 d. Rubus Langei[1]) G. JENS. ex FRIDR. et GELERT, Rub. Dan. 67 (1877).

Schößling gefurcht, braun, behaart, mit langen, aus schmalem Grunde pfriemlichen, behaarten Stacheln. Schößlingsblätter fünfzählig, gelbgrün, unterseits weich behaart bis filzig, ungleich scharf bis doppelt gesägt; die Zähne schmal. Endblättchen breit herz- oder eiförmig bis rundlich oder schmal elliptisch, lang zugespitzt. Blütenstand verlängert, gegen den Gipfel schmäler werdend, oft der Länge nach durchblättert, mit wollhaariger und schwach drüsiger Achse und ungleichen, ziemlich langen, schlanken Stacheln. Kelchblätter locker zurückgeschlagen. Kronblätter schmal verkehrt eiförmig, lang benagelt, kräftig rosa. Staubfäden weiß oder kräftig rosa, die grünen oder dunkel rosenroten Stylodien hoch überragend. Staubbeutel und Fruchtblätter gewöhnlich behaart. – Chromosomenzahl: $4n = 28$.

Eine seltene, im Gebiet nur aus Ostschleswig, vereinzelt auch aus Holstein und Niedersachsen bekannte Art. Außerdem in Jütland (besonders im Osten) und England.

---

[1]) Benannt nach JOHANN MARTIN CHRISTIAN LANGE (1818 bis 1898), Professor der Botanik und Direktor des Botanischen Gartens zu Kopenhagen; LANGE war einer der bedeutendsten Kenner der arktischen wie auch der spanischen Flora.

1478 e. Rubus rhodanthus[1]) W. Watson in Journ. of Bot. **71**, 224 (1933). Syn. *R. rhombifolius* Focke (1877) nec Weihe. *R. Banningii* Focke (1902) pro pte.

Schößling mehr oder weniger kantig, mit flachen oder gewölbten, gelegentlich auch gefurchten Seiten, an der Sonne tief rot gefärbt, spärlich behaart, mit breit aufsitzenden, lang pfriemlichen Stacheln. Schößlingsblätter fünfzählig, oberseits dunkelgrün und striegelhaarig, unterseits dünn filzig und behaart, in der Jugend und an der Sonne grau, sonst graugrün oder blaß grün; ziemlich regelmäßig fein doppelt gesägt. Unpaariges Blättchen kurz gestielt, elliptisch oder rautenförmig und beidendig gleichmäßig verschmälert oder herzeiförmig, am Grunde abgerundet oder schwach herzförmig, immer in eine ziemlich lange Spitze auslaufend. Äußere Seitenblättchen sehr kurz gestielt. Blattstiel oberseits flach, kräftig hakig bestachelt. Blütenstand ziemlich locker, meist nur unterwärts durchblättert, etwas stieldrüsig, kurz filzig, kräftig und meist krumm bestachelt. Blüten auffallend groß, etwa 3½ cm breit. Kelchblätter lang bespitzt, außen grünlich, dünn filzig und behaart, meist fein bestachelt, zurückgeschlagen oder fast waagrecht abstehend, mit oft etwas laubigen Spitzen. Kronblätter schmal verkehrt eiförmig bis länglich, gegen den Grund zu verschmälert, kräftig rosa. Staubfäden rosa oder weiß, sehr lang, mit behaarten, rötlichen Staubbeuteln. Stylodien grünlich oder rosa. Fruchtblätter fast kahl. Sammelfrüchte groß. – VII.

Zerstreut in Nordwest-Deutschland (Rheinland, Westfalen, Niedersachsen und Schleswig-Holstein). Sehr vereinzelt weiter im Süden und Osten: Koblenz, Merzalbtal und Bobental in der Pfalz; ein Fundort in Franken; in Österreich nur bei Pitten in Niederösterreich, in der Schweiz ein Fundort im Kanton Zürich, in Mähren in den Beskiden. Außerdem in Posen, Dänemark, Belgien, Frankreich (selten) und auf den Britischen Inseln.

1479 a. Rubus macrophyllus Weihe et Nees, Rub. Germ. 35, t. 12 (1825). Großblätterige Brombeere. Fig. 251.

Schößling aus bogigem Grunde liegend oder im Gebüsch bis 3 oder 5 m hoch kletternd, sehr kräftig, unten rundlich, oberwärts etwas kantig, mit flachen, gewölbten oder seltener schwach gefurchten Seiten, oft leicht bläulich grün angelaufen, behaart, drüsenlos oder schwach drüsig;

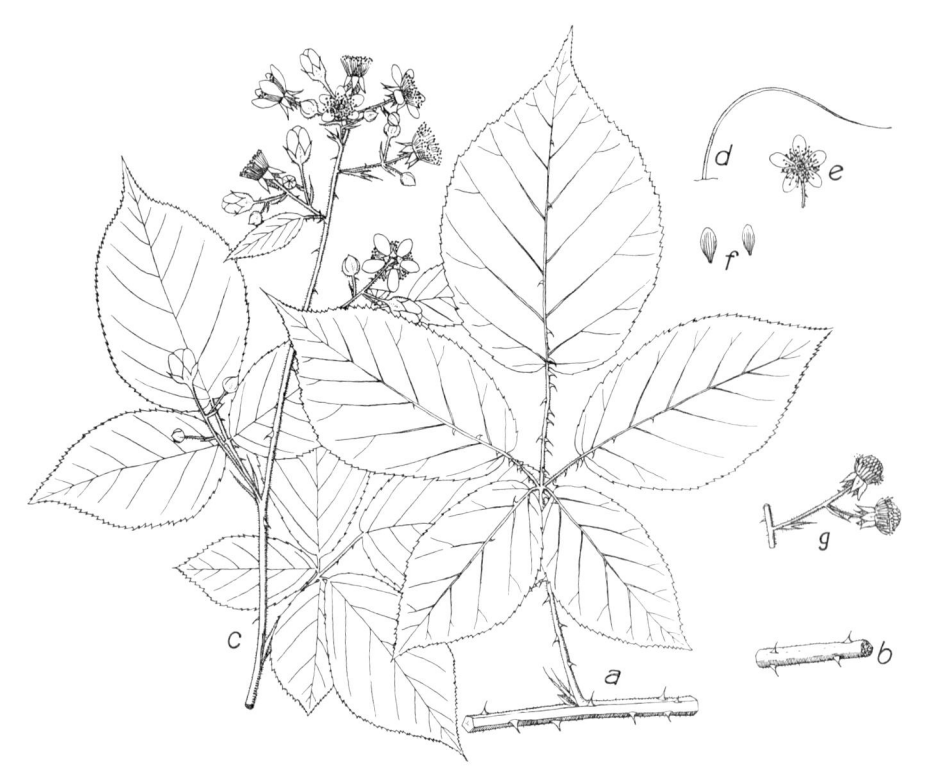

Fig. 251. *Rubus macrophyllus* Weihe et Nees. *a* Schößlingsstück mit Laubblatt. *b* Achsenstück eines blühenden Zweiges. *c* blühender Zweig. *d* Flaumhaar. *e* Blüte. *f* Kronblätter. *g* unreife Früchte.

---

[1]) Von griech. ῥόδον [rhodon] „Rose" und ἄνθος [anthos] „Blüte".

Stacheln ziemlich einförmig, mäßig stark und kurz, aus breitem Grunde pfriemlich, am unteren Teil des Schößlings gerade, weiter oben sichelig. Schößlingsblätter groß, fünfzählig, schlaff und weich, oberseits frisch grün, anfangs striegelhaarig, später fast kahl, unterseits in der Jugend weichhaarig, grün bis leicht graufilzig, später blaß grün, am Rande ungleich gesägt. Unpaariges Blättchen breit herzeiförmig, lang zugespitzt. Blütenstand kurz, stumpf, am Grunde beblättert, zottig rauhhaarig, spärlich stieldrüsig und schwach bestachelt. Kelchblätter zottig graufilzig, nach dem Abblühen zurückgeschlagen, seltener abstehend, an der Endblüte zuweilen mehr oder weniger aufrecht. Kronblätter oft groß verkehrt eiförmig, blaß rosa oder weiß. Staubblätter die grünlichen Stylodien überragend; die Filamente weiß, selten rosa. Fruchtblätter spärlich, Fruchtblattträger stark behaart. Sammelfrucht ziemlich groß und süß. – Chromosomenzahl: 4n = 28. – Ende VI, VII.

Vorkommen. An feuchten, humosen Waldlichtungen, Waldrändern, in Hecken und Ufergehölzen vorzugsweise auf frischen, nährstoffreichen, aber kalkarmen Lehmböden, gern in Schlägen und Waldlichtungen (Epilobieta).

Allgemeine Verbreitung. Von Westfrankreich und den Britischen Inseln durch Mitteleuropa ostwärts bis Westpreußen, Mittelschlesien und Ungarn.

Verbreitung im Gebiet. In Deutschland im Westen von der Nordseeküste bis in den Schwarzwald und das Württembergische Unterland verbreitet, nach Süden und Osten rasch selten werdend; sehr selten in Bayern südlich der Donau (Memmingen, Traunstein). – In Österreich in Ober- und Niederösterreich, dem Burgenland, Steiermark und Vorarlberg. – In der Schweiz im Rhein- und Aaregebiet vom Kanton Zürich bis an die Zuger Reuß und bis in den Kanton Waadt stellenweise nicht selten. – Für Böhmen fraglich, in Mähren zerstreut im mittleren Teil.

Rubus macrophyllus ist eine recht charakteristische Art und gehört zu den robustesten Brombeeren Europas.

Mit *Rubus macrophyllus* verwandte Arten.

Gemeinsame Merkmale. Schößlinge gleichförmig oder fast gleichförmig bestachelt, ohne oder selten mit einzelnen Stieldrüsen, Stachelborsten oder Stachelhöckern. Laubblätter erwachsen beiderseits grün, nur in der Jugend unterseits oft dünn graufilzig. Unpaariges Blättchen kurz bis ziemlich lang gestielt. Blattstiel oberseits flach oder rinnig. Blütenstandsachse drüsenlos oder spärlich stieldrüsig. Kelchblätter nach dem Verblühen zurückgeschlagen. Staubblätter die Stylodien ein wenig bis hoch überragend (ausgenommen *R. laciniatus* und *R. nemoralis*).

A) Schößling zerstreut bis mäßig behaart.

I) Blütenstandsachse und Kelch drüsenlos.

1479 b. Rubus leucandrus[1]) Focke in Alpers, Verz. Gefäßpfl. Stade 27 (1875).

Schößling anfangs aufrecht, später bogig, häufig kletternd, stumpfkantig, mit gewölbten, ebenen oder bisweilen schwach gefurchten Seiten, kräftig gerötet, glänzend, unbereift, locker abstehend behaart, drüsenlos, mit aus kurzem breitem Grunde pfriemlichen oder lanzettlichen Stacheln. Schößlingsblätter handförmig fünfzählig, oberseits fast kahl, unterseits weichhaarig, anfangs graufilzig, später grün, ungleich gesägt; Blättchen sich mit den Rändern überdeckend, das unpaarige breit eiförmig oder elliptisch, meist mit herzförmig eingebuchtetem Grunde und langer, schmaler Spitze. Blütenstand schmal, oberwärts gedrungen, unterwärts häufig durchblättert und ziemlich locker, dicht behaart, drüsenlos mit zerstreut nadelstacheliger Achse. Kelchblätter schmal bespitzt, außen graugrün, zur Blütezeit halb, danach vollständig zurückgeschlagen. Kronblätter ziemlich groß, eiförmig, verkehrt eiförmig oder elliptisch, wie die Filamente weiß. Fruchtblätter kahl. – Chromosomenzahl: 4n = 28. – Ende VI, VII.

In Nordwestdeutschland am Niederrhein (häufig um Aachen), in Westfalen und in Niedersachsen bis zum Harz. Außerdem in Belgien (verbreitet) und auf den Britischen Inseln.

1479 c. Rubus amygdalanthus[2]) Focke, Syn. Rub. Germ. 174 (1877).

Schößling gefurcht, dünn behaart, Laubblätter oberseits striegelhaarig, unterseits nur in der Jugend leicht graufilzig, erwachsen blaß grün, ungleichmäßig gesägt; die Blättchen ziemlich kurz gestielt und sich mit den Rändern

---

[1]) Von griech. λευκός [leukos] „weiß" und ἀνήρ [aner] „Mann".
[2]) Von griech. ἀμυγδαλή [amygdale] oder ἀμυγδαλέα [amygdalea], dem Mandelbaum, und ἄνθος [anthos] „Blüte".

oft berührend oder deckend, das unpaarige meist schmal eiförmig oder elliptisch, am Grunde gewöhnlich abgerundet oder gestutzt. Blütenstand häufig durchblättert, mit ziemlich schwachen, sicheligen Stacheln an der Hauptachse. Kronblätter rosa. – Ende VI, VII.

Nur im östlichen Thüringen, in Sachsen und Schlesien (Streitberg bei Striegau).

Rubus amygdalanthus ist im allgemeinen drüsenlos; um Meißen wächst eine Form mit Stieldrüsen im Blütenstande, oft auch am Schößling: var. *misniensis*[1]) FOCKE (1902).

Diese Art ist mit *R. chloocladus* verwandt, weicht aber unter anderem durch die grüne Blattunterseite davon ab. Ferner vergleiche man 1478a. *Rubus villicaulis* KOEHLER ex WEIHE et NEES, S. 331.

II. Blütenstandsachse oder Kelch oder beides mit sitzenden oder gestielten Drüsen.

1479 a. Rubus macrophyllus WEIHE et NEES, S. 334.

1479 d. Rubus pyramidalis KALTENB., Fl. Aach. Beck. 275 (1845).

Schößling flachbogig oder kletternd, kantig, nicht gefurcht, locker abstehend behaart, drüsenlos oder gelegentlich mit einzelnen Stieldrüsen. Stacheln mittelstark, aus breitem, seitlich zusammengedrücktem Grunde lanzettlich, gerade oder schwach gebogen. Schößlingsblätter fünfzählig, gelblich grün, oberseits fast kahl, unterseits grün, fast samtig kurzhaarig, an den Adern kammförmig behaart, grob ungleich und oft doppelt gesägt, mit häufig zurückgebogenen Hauptzähnen. Unpaariges Blättchen rundlich, eiförmig oder elliptisch, am Grund meist ausgerandet, lang zugespitzt. Blütenstand dicht, zur Blütezeit kegelförmig, später verlängert, am Grunde durchblättert, zottig behaart, zerstreut drüsig, mit schlanken, nadeligen, geraden oder gebogenen Stacheln. Kelchblätter drüsig und nadelstachelig, an der Blüte zuweilen abstehend, an der Frucht zurückgeschlagen. Kronblätter eiförmig elliptisch bis verkehrt eiförmig, rosa. Staubblätter weiß, die Stylodien wenig überragend. Staubbeutel und Fruchtblätter kahl oder fast kahl. Fruchtblattträger behaart. Sammelfrucht groß. – Chromosomenzahl: $4n = 28$. – VII.

Im Norden des Gebiets von der westlichen Grenze bis an die Weichsel verbreitet, seltener in Mittel- und Südwestdeutschland, in Bayern fehlend, in Österreich in Ober- und Niederösterreich, Steiermark und Tirol. In der Schweiz nur im Kanton Freiburg. In Böhmen und Mähren in den nördlichen Landesteilen. Außerdem in Dänemark, Südschweden und auf den Britischen Inseln.

1479 e. Rubus Schlechtendalii[2]) WEIHE in BOENNINGH., Prodr. Fl. Monast. 152 (1824).

Schößling sehr kräftig, stumpfkantig oder fast rundlich, bereift, rotviolett überlaufen, dicht behaart, von zahlreichen, sitzenden Drüsen punktiert und mit mäßig starken, fast gleichen, zurückgebogenen Stacheln bewehrt. Schößlingsblätter ziemlich groß, fünfzählig, unterseits grau filzig, mäßig stark gesägt; unpaariges Blättchen meist länglich eiförmig bis verkehrt eiförmig, zuweilen fast länglich elliptisch, lang zugespitzt, am Grunde meist abgerundet, seltener seicht ausgerandet. Blütenstand locker, durchlaubt, mit behaarter, reichlich kurz und schwach bestachelter Achse. Kelchblätter in eine laubige Spitze verlängert, bestachelt und drüsig punktiert, zurückgebogen. Kronblätter verkehrt eiförmig bis elliptisch, fast unbenagelt, gewöhnlich rosa oder weiß mit rosa Basis. Staubblätter die rötlichen Stylodien ein wenig überragend. Filamente weiß oder rosa. Staubbeutel behaart. Fruchtblätter und Fruchtblattträger behaart.

Im Gebiet nur in Nordschleswig, an einigen Fundorten in Westfalen, am Niederrhein und in Niederhessen (Kaufunger Wald). Wenig wahrscheinlich sind die Angaben für Mähren (Beskiden). Außerdem in Nord- und Mittelfrankreich sowie auf den Britischen Inseln.

1479 f. Rubus silvaticus WEIHE et NEES, Rub. Germ. 41, t. 15 (1825). Fig. 252.

Bei freiem Stande kaum $\frac{1}{2}$ m hoch. Schößling aus bogigem Grunde niederliegend, selten hoch kletternd, im Herbst reichlich verzweigt, oberwärts kantig, flachseitig, ziemlich dicht behaart, mit zahlreichen, gleichartigen, kurzen, breit aufsitzenden, rückwärts geneigten Stacheln. Schößlingsblätter handförmig fünfzählig, im Winter lange grün bleibend, oberseits striegelhaarig, unterseits grün, auf den Nerven dicht behaart, ziemlich gleichmäßig, nach vorn zu doppelt gesägt; unpaariges Blättchen kurzgestielt, elliptisch, am Grunde abgerundet, Blattstiel oberseits flach, sichelig bestachelt. Blütenstand ziemlich lang und dicht, manchmal bis zur Spitze durchblättert, dicht abstehend behaart, reichlich feinstachelig. Kelchblätter in eine laubige Spitze ausgezogen, außen filzig zottig, drüsig und bestachelt, an Blüte und Frucht zurückgeschlagen. Kronblätter elliptisch bis verkehrt eiförmig, plötzlich in den kurzen Nagel zusammengezogen,

---

[1]) Benannt nach der Stadt Meißen, latinisiert Misnia.

[2]) Benannt nach dem Juristen DIEDRICH FRIEDRICH KARL VON SCHLECHTENDAL (1767–1842), dem Vater des bekannten Botanikers; beschäftigte sich mit der Flora Westfalens.

Tafel 145

Tafel 145. Erklärung der Figuren.

Fig. 1. *Rubus saxatilis* (S. 292). Fruchtende Pflanze.
" 2. *Rubus Idaeus* (S. 295). Sproßgipfel mit Blüten und Sammelfrüchten.
" 2a. Fruchtknoten.
" 2b. Junge Steinfrucht mit Stylodium.
" 2c. Längsschnitt durch die Steinfrucht.

Fig. 2d,e. Steinkerne von der Raphe (2d) und seitlich (2e) gesehen.
" 3. *Rubus caesius* (S. 299). Blühender Sproß.
" 3a. Teil eines Fruchtstands.
" 4. *Rubus Chamaemorus* (S. 289). Blühende Pflanze.

weiß oder blaß rosa. Staubblätter beim Aufblühen die grünlichen Stylodien beträchtlich überragend. Filamente weiß. Staubbeutel behaart. Fruchtblätter an der Spitze behaart. – Chromosomenzahl: $4n = 28$. – VI, VII.

Im südlichen Schleswig-Holstein, in Niedersachsen, der Altmark und dem nördlichen Westfalen, weiter südlich nurmehr sehr vereinzelt (Montabaurer Höhe). Außerdem in Dänemark, Belgien und auf den Britischen Inseln. Die angeblichen Vorkommen in Böhmen (am Fuß des Adlergebirges) und Mähren (Beskiden) dürften kaum hierher gehören.

Ferner vergleiche man 1478a. *Rubus villicaulis* KOEHLER ex WEIHE et NEES, S. 331,

1478d. *Rubus Langei* G. JENS. ex FRIDR. et GELERT, S. 333,

1478e. *Rubus rhodanthus* W. WATSON, S. 334 und

1479c. *Rubus amygdalanthus* FOCKE var. *misniensis* FOCKE, S. 336.

B. Schößling kahl oder verkahlend.

III. Blättchen tief und fast doppelt fiederschnittig.

Fig. 252. *Rubus silvaticus* WEIHE et NEES. *a* Schößlingsstück mit Laubblatt. *b* blühender Zweig. *c* Kronblatt. *d* Staubblatt. *e* unreife Sammelfrucht (nach W. WATSON).

Fig. 253. *Rubus laciniatus* WILLD.

1479 g. Rubus laciniatus[1]) WILLD., Enum. pl. hort. Berol. 550 (1809). Schlitzblätterige Brombeere. Fig. 253.

Schößling gefurcht, verkahlend, sichelig bestachelt. Schößlingsblätter handförmig fünfzählig, beiderseits grün, in der Jugend unterseits etwas filzig, die Blättchen fast doppelt fiederschnittig. Blütenstand breit, häufig durchlaubt, reichlich kurz sichelstachelig. Kelchblätter in eine laubige Spitze ausgezogen. Kronblätter am Vorderrand unregelmäßig eingeschnitten, blaß rosa. Staubblätter etwa die Höhe der Stylodien erreichend. – VI bis VIII.

Rubus laciniatus ist wildwachsend nicht bekannt. Er wird wegen seines schönen und im Winter lange grün bleibenden Laubes seit dem 17. Jahrhundert in Gärten gezogen. In den Vereinigten Staaten, zumal in den durch milde Winter begünstigten Landschaften an der Westküste, findet diese Art neuerdings als Obstpflanze Verwendung. Sie wird dort unter dem Sortennamen „Oregon Evergreen" kultiviert.

IV. Blättchen ungeteilt.

a) Fruchtblätter gewöhnlich behaart.

1. Kronblätter rosa.

1479 h. Rubus Albionis[2]) W. WATSON in Watsonia **1**, 73 (1948). Syn. *R. Schlechtendalii* WEIHE var. *anglicus* SUDRE (1908–13).

Schößling scharfkantig, verkahlend, sich am Licht rötend. Stacheln lang pfriemlich, an der Spitze oft aufwärts gebogen. Schößlingsblätter fünfzählig, oberseits kahl, unterseits auf den Adern weich abstehend behaart, scharf und ungleich, oft zusammengesetzt gesägt. Unpaariges Blättchen elliptisch oder keilig verkehrt eiförmig, am Grunde gestutzt oder abgerundet, vorne plötzlich in die Spitze zusammengezogen. Blütenstand dicht, ziemlich schmal, gegen die Spitze etwas verschmälert, nicht beblättert, die Achse oberwärts unbewehrt, dicht filzig und zottig behaart, mit kurzen Stieldrüsen besetzt, oberwärts fast stachellos. Kelchblätter lang bespitzt. Kronblätter elliptisch bis keilförmig, nicht ausgerandet, rosa. Staubblätter rosa, die gelblichen Stylodien reichlich überragend. Fruchtblätter dünn behaart. Fruchtblattträger rauhhaarig.

Im Gebiet nur in Schleswig. Außerdem auf den Britischen Inseln.

1479 i. Rubus nemoralis PH. J. MÜLLER in Flora **41**. 139 (1858) non *R. nemoralis* FOCKE. Syn. *R. Selmeri* LINDEB. (1884).

Schößling bogig, kantig, auf den Seiten gefurcht, sich kräftig rötend; Stacheln kräftig aus breitem Grunde verschmälert, gebogen. Schößlingsblätter ziemlich groß, meist fünfzählig, dunkelgrün, oberseits kahl, unterseits weichhaarig oder in der Jugend graufilzig, fein, scharf und etwas ungleich gesägt, das unpaarige Blättchen lang gestielt, rundlich, kurz bespitzt, am Grunde abgerundet bis ausgerandet. Blütenstand lang und breit, stark durchlaubt und unterbrochen, mit gefurchter, behaarter und drüsig punktierter Achse. Kelchblätter in lange, laubige Zipfel ausgezogen, fein nadelstachelig, an der Frucht zumeist zurückgeschlagen. Kronblätter verkehrt eiförmig, vorne ausgerandet, rosa. Staubblätter kaum die Höhe der Stylodien erreichend. Filamente rosa. Fruchtblätter und Fruchtblattträger behaart. Reich fruchtend; Sammelfrüchte groß und süß. – Chromosomenzahl: $4n = 28$. – VI, VII.

Ziemlich häufig in Schleswig-Holstein und in Niedersachsen, nach Süden etwa bis Minden reichend. Außerdem in Dänemark, Südwest-Norwegen und auf den Britischen Inseln.

1479 k. Rubus splendidiflorus SUDRE in Bull. Soc. Études Sc. Angers **31**, 69 (1902).

Schößling schlank, stumpfkantig, fast kahl, drüsenlos, selten mit einigen wenigen Drüsen; Stacheln etwas ungleich am Grunde zusammengedrückt, gerade oder geneigt. Schößlingsblätter meist drei-, selten fünfzählig, beiderseits wenig behaart, grün, unterseits an sonnigen Stellen gelegentlich auch etwas graugrün, fast einfach gesägt; unpaariges Blättchen herzeiförmig bis fast rautenförmig, lang zugespitzt, am Grunde meist ausgerandet. Blütenstand wenigblütig, meist unbelaubt, schwach filzig, drüsenlos oder seltener armdrüsig, mit fast geraden Stacheln. Kelchblätter außen dünn filzig, zuweilen etwas drüsig, meist unbewehrt, stets zurückgeschlagen. Kronblätter schmal eiförmig, leuchtend rosenrot. Staubblätter die roten Stylodien überragend, mit rosaroten Filamenten. Fruchtblätter dünn behaart. Fruchtblattträger fast kahl.

---

[1]) Lat. laciniatus „geschlitzt".

[2]) Genetiv von Albion, dem älteren, vielleicht vorkeltischen Namen für die Britischen Inseln; bei PTOLEMÄUS als Ἀλουίων νῆσος.

Diese ursprünglich nur aus Frankreich (Departement Tarn) bekannte Art kommt nach ADE auch in Nordbaden (Sachsenhausen bei Wertheim) und in Oberbayern (Waging) vor, angeblich auch in Mähren (Beskiden).

Ferner vergleiche man 1476i. *Rubus fragrans* FOCKE, S. 329.

2. Kronblätter weiß.

1479 l. Rubus nemorensis PH. J. MÜLLER et LEFÈVRE in Pollichia **16–17**, 198 (1859).

Schößling schlank, kantig, meist flachseitig, bereift, fast kahl oder gelegentlich dünn behaart, drüsenlos oder seltener mit zerstreuten Stieldrüsen und Stachelhöckern; Stacheln fein, zerstreut, nicht auf die Kanten beschränkt, etwas ungleich, von Grund auf schmal. Schößlingsblätter drei- oder gelegentlich fußförmig fünfzählig, oberseits zerstreut striegelhaarig, unterseits mäßig dicht behaart, am Rande scharf und etwas ungleich gesägt. Unpaariges Blättchen breit herzeiförmig, vorn lang zugespitzt. Blütenstand locker kegelförmig, stumpf, teilweise durchblättert, etwas filzig, ohne oder fast ohne längere Haare, spärlich stieldrüsig, mit wenigen, von Grund auf dünnen Stacheln. Kelchblätter außen dünn filzig, wenig behaart, spärlich drüsig oder drüsenlos, meist unbewehrt. Kronblätter mittelgroß, schmal elliptisch, spitzlich, weiß. Staubblätter die grünlichen Stylodien überragend. Filamente weiß. Fruchtblätter dünn behaart bis fast kahl.

Im Gebiet an mehreren Stellen in der Pfalz, seltener im Odenwald, angeblich auch im südöstlichen Oberbayern um Traunstein und Waging sowie in der Schweiz, in Böhmen (bei Leitomischl) und in Mähren (Beskiden). Außerdem in Belgien, Frankreich und England.

1479 m. Rubus rotundatus PH. J. MÜLLER ex GENEVIER, Essai monogr. Rub. bassin Loire 177 (1869). Syn. *R. dumnoniensis* BAB. (1890). *R. Questieri* PH. J. MÜLLER et LEF. subsp. *R. calvifolius* SUDRE var. *rotundatus* (PH. J. MÜLLER ex GENEVIER) SUDRE (1908–13).

Schößling kräftig, gefurcht, nicht bereift, stark gerötet, verkahlend, drüsenlos, mit langen, meist abstehenden und oft paarweise beisammen stehenden Stacheln. Schößlingsblätter groß und breit, meist handförmig fünfzählig, unterseits grau- oder weißfilzig, ziemlich grob und ungleich gesägt. Unpaariges Blättchen rundlich eiförmig, eiförmig dreieckig oder länglich verkehrt eiförmig, vorn kurz bespitzt; äußere Seitenblättchen breit. Blütenstand lang und breit, nach vorn kegelig verschmälert oder gleichmäßig breit bleibend, oberwärts dicht, mit filziger und locker büschelig behaarter, meist drüsenloser Achse und langen, kräftigen, aus breitem Grunde pfriemlichen, abstehenden, geraden sowie mit an der Spitze gebogenen Stacheln. Kelchblätter locker zurückgeschlagen. Kronblätter sehr groß, rundlich bis rundlich verkehrt eiförmig, vorn ausgerandet oder ausgebissen und gewimpert, weiß. Staubblätter die grünlichen oder gelegentlich am Grunde geröteten Stylodien überragend. Filamente weiß. Fruchtblätter bärtig behaart oder verkahlend. Fruchtblattträger behaart. – Chromosomenzahl: $4n = 28$.

Im Gebiet bisher nur von wenigen Fundorten in der Pfalz, in Hessen und im Odenwald bekannt. Sonst ist *R. rotundatus* in Belgien, Nordfrankreich und auf den Britischen Inseln ziemlich verbreitet.

Die Pflanze ist im allgemeinen drüsenlos, doch kommen nach W. WATSON im Blütenstand gelegentlich vereinzelte Stieldrüsen und auf den Kelchblättern sitzende Drüsen vor.

b) Fruchtblätter gewöhnlich kahl.

3. Kronblätter rosa.

1479 n. Rubus Questieri[1] PH. J. MÜLLER et LEFÈVRE in Pollichia **16–17**, 120 (1859).

Schößling kräftig, kantig, gefurcht, schwach bereift, in der Jugend bronzefarben überlaufen, verkahlend, kräftig bestachelt, gelegentlich mit einigen schwächeren, drüsenkopfigen Stacheln dazwischen. Schößlingsblätter meist fünfzählig, sommergrün, unterseits kaum blasser als oben, beiderseits verkahlend, ungleich grob gesägt; unpaariges Blättchen kurz gestielt, elliptisch bis schmal verkehrt eiförmig, lang zugespitzt, am Grunde nicht ausgerandet. Blattstiel oberseits flach. Blütenstand lang und schmal, häufig mit einfachen, schmalen Laubblättern durchsetzt, mit graufilziger, kräftig krummstacheliger Achse. Kelchblätter lang zugespitzt, beiderseits dicht graufilzig, locker zurückgeschlagen oder sich während der Fruchtreife wieder ausbreitend. Kronblätter breit verkehrt eiförmig, vorn ausgerandet, rosa. Staubblätter die gelblichen oder geröteten Stylodien ein wenig überragend. Filamente weiß oder am Grunde gerötet. Fruchtblätter gewöhnlich kahl.

Im Gebiet bisher nur im Rheinland (Waldbröl), in der Steiermark, in Böhmen (Adlergebirge) und Mähren (Proßnitz). Außerdem selten in Belgien, Frankreich, auf den Britischen Inseln und in Portugal.

4. Kronblätter weiß, selten schwach rosa überlaufen.

---

[1] Benannt nach dem Abbé QUESTIER (gest. 1879), Pfarrer in Thury-en-Valois bei Betz (Oise).

1479 o. Rubus Lindleyanus[1]) ED. LEES in Phytol. **3**, 361 (1848), Syn. *R. platyacanthus* PH. J. MÜLLER et LEFÈVRE (1859).

Schößling hoch bogig, oberwärts gefurcht, spärlich behaart bis fast kahl, kräftig bestachelt. Laubblätter oberseits kahl, unterseits behaart und etwas graufilzig, ungleich, scharf und nach vorne zu tief gesägt, das unpaarige Blättchen meist schmal verkehrt eiförmig, nach dem Grunde zu keilig verschmälert oder abgerundet. Blütenstand sehr umfangreich, dicht behaart, mit fast gleich langen, sparrig abstehenden, mehrblütigen Ästchen und zahlreichen, etwas ungleichen, abwärts geneigten, schlanken Stacheln, oft auch mit einigen Stieldrüsen. Kelchblätter an Blüte und Frucht locker zurückgeschlagen. Kronblätter elliptisch, weiß, selten auf der Außenseite schwach rosa überlaufen. Staubblätter die grünlichen Stylodien weit überragend. Sammelfrucht klein. – Chromosomenzahl: $4n = 28$.

Im Gebiet nur in Nordwestdeutschland ostwärts bis an die Weser. Außerdem in Holland, Belgien, Nordfrankreich sowie auf den Britischen Inseln (dort eine der häufigsten Arten).

1479 p. Rubus egregius FOCKE in Abhandl. Nat. Ver. Bremen **2**, 463 (1871). Syn. *R. nemorensis* PH. J. MÜLLER et LEF. subsp. *R. egregius* (FOCKE) SUDRE (1908–13). Fig. 259 h, i.

Schößling ziemlich dünn, aus bogigem Grunde liegend oder häufiger kletternd, bis 3 oder 4 m hoch steigend, unten rundlich, oberwärts kantig, manchmal streckenweise gefurcht, unbereift, sparsam behaart, drüsenlos oder spärlich stieldrüsig, reichlich mit fast gleichartigen, kurzen, aus breitem Grunde rasch in die pfriemliche Spitze verschmälerten, gelben, rotbraunen oder fast orangefarbenen, rückwärts geneigten oder leicht gebogenen Stacheln, gelegentlich mit einzelnen eingestreuten Stachelhöckern. Schößlingsblätter vorwiegend drei-, nur an besonders kräftigen Trieben auch fünfzählig, im Winter lange grün bleibend, oberseits striegelhaarig, unterseits auf den Adern anliegend behaart und auf den Flächen dünn graufilzig, in der Jugend fast weißlich, später blaß grün, gleichmäßig fein bis ziemlich grob gesägt; unpaariges Blättchen verkehrt eiförmig bis rundlich herzeiförmig, am Grunde abgerundet oder seicht eingebuchtet, mit kurzer, aufgesetzter Spitze. Blattstiel oberseits undeutlich rinnig. Blütenstand lang und sehr schmal, bei üppiger Entwicklung am Grunde mit langen, aufrecht abstehenden, achselständigen, traubigen Seitenästen; kurzhaarig graufilzig, mit mäßig zahlreichen, ungleichen, feinen Nadelstacheln und meist auch kurzen, den Filz kaum überragenden Stieldrüsen. Kelchblätter außen grau- bis weißfilzig, mitunter drüsig, nach dem Verblühen zurückgeschlagen. Kronblätter mittelgroß, rundlich eiförmig bis verkehrt eiförmig, mit aufwärts gebogener Platte, weiß. Staubblätter die Stylodien überragend. Fruchtblätter kahl. Sammelfrucht klein, aus 15 bis 20 ziemlich großen Steinfrüchtchen bestehend. – Chromosomenzahl: $4n = 28$. – VII.

Im Gebiet in Westdeutschland von Schleswig-Holstein durch Niedersachsen bis Hannover und in das nördliche Westfalen; vereinzelt im Schwarzwald und in der Schweiz im Rheingebiet. Außerdem nur noch in Dänemark, Belgien, Frankreich (selten) und auf den Britischen Inseln (daselbst ziemlich häufig).

1479 q. Rubus Maassii[2]) FOCKE in BERTRAM, Fl. Braunschw. **1**, 75 (1876).

Schößling anfangs fast aufrecht, 1 bis 1½ m hoch, schon im Hochsommer sehr ästig und niedergebogen, kantig, nicht gefurcht, glänzend, oft etwas bereift, kahl oder spärlich behaart. Stacheln gleichförmig, wenig zahlreich, gelblich, aus breitem Grunde verschmälert, nach rückwärts geneigt bis sichelig gebogen. Schößlingsblätter fünfzählig, im Winter lange grün bleibend, oberseits striegelhaarig, unterseits dünn graufilzig und auf den Adern kurz behaart, scharf und fein doppelt gesägt; Blättchen ziemlich klein, das unpaarige lang gestielt, verkehrt eiförmig bis fast rundlich, aber stets im vorderen Drittel am breitesten, meist am Grunde herzförmig eingebuchtet und mit aufgesetzter Spitze. Blattstiel oberseits flach. Blütenstand ziemlich kurz und locker, drüsenlos, zerstreut lang nadelig bis sichelig bestachelt. Kelchblätter außen graugrün, mit grauem Saum, am Grunde bestachelt, an Blüte und Frucht zurückgeschlagen. Kronblätter schmal elliptisch, weiß. Staubblätter die gelblichen Stylodien überragend. Fruchtblätter kahl. Reich fruchtend. – VII.

In Nordwestdeutschland, meist sehr zerstreut, am häufigsten längs des nördlichen Harzrandes bis Westfalen. Wahrscheinlich auch in Mitteldeutschland. Außerdem in England (selten).

---

[1]) Benannt nach dem berühmten englischen Botaniker JOHN LINDLEY (1799–1865).
[2]) Benannt nach dem Liebhaber-Botaniker GUSTAV MAASS (1830–1901), einem vorzüglichen Kenner der Flora Nordostdeutschlands. MAASS bearbeitete die Gattung *Rubus* in ASCHERSON und GRAEBNER, Flora d. nordostdeutsch. Flachlandes (1898).

1479 r. Rubus Muenteri[1]) MARSS., Fl. Neuvorpommern 144 (1869). Syn. *R. Maassii* FOCKE subsp. *R. Muenteri* (MARSS.) SUDRE (1908–13).

Schößling kräftig, flach bogig, sich frühzeitig verzweigend, gefurcht, grün bis dunkelrot, mit aus breitem Grunde verschmälerten, abstehenden Stacheln. Schößlingsblätter ziemlich klein, drei- bis siebenzählig, oberseits matt, unterseits weichhaarig bis filzig, das unpaarige Blättchen oft sehr lang gestielt, rundlich herzförmig, bisweilen etwas fünfeckig. Blütenstand kurz walzlich bis kegelstumpf-förmig, mit filziger und zottig behaarter, drüsenloser, pfriemlich bestachelter Achse. Kronblätter keilig verkehrt eiförmig, meist weiß, seltener rosa. Staubblätter die grünlichen oder roten Stylodien überragend. Filamente weiß oder blaß rosa. Fruchtblätter kahl, Fruchtblattträger behaart.

Vereinzelt in Nord- und Mitteldeutschland. Außerhalb des Gebiets in Belgien und in England.

1479 s. Rubus constrictus PH. J. MÜLLER et LEFÈVRE in Pollichia **16–17**, 79 (1859). Syn. *R. thyrsoideus* WIMMER subsp. *R. constrictus* (PH. J. MÜLLER et LEF.) SUDRE (1908–13).

Schößling tief gefurcht, kahl, gleichförmig bestachelt. Laubblätter unterseits in der Jugend graugrün, später grünlich, kurzhaarig, ungleich gesägt. Unpaariges Blättchen eiförmig bis fast verkehrt eiförmig, kurz bespitzt, am Grunde ausgerandet. Blütenstand schmal, armblütig, drüsenlos, zerstreut sichelig bestachelt. Kelchblätter graugrün. Kronblätter breit eiförmig, weiß. Staubblätter die blassen Stylodien überragend. Fruchtblätter kahl.

Nicht selten, aber schwer kenntlich, in West-, Mittel- und Süddeutschland; in Österreich wahrscheinlich fehlend. Außerdem von Frankreich bis Südpolen und Oberungarn verbreitet.

Mit *Rubus constrictus* nahe verwandt und davon wohl nicht spezifisch verschieden ist der im südöstlichen Mitteleuropa verbreitete *R. Vestii* FOCKE (S. 328). Beide „Arten" leiten von *R. candicans* und dessen Verwandten zur Sektion *Suberecti* über.

Ferner vergleiche man 1479l. *Rubus nemorensis* PH. J. MÜLLER et LEFÈVRE, S. 339.

1480 a. Rubus gratus FOCKE in ALPERS, Verz. Gefäßpfl. Stade 26 (1875). Fig. 254.

Bei freiem Stande etwa 1 m hoch. Schößling kräftig, bogig, kantig, mit gefurchten Seiten, rot angelaufen, anfangs dünn behaart, später fast kahl, ohne Stieldrüsen, mit mäßig zahlreichen, gleichartigen, ziemlich kräftigen, aus breitem Grunde schlanken, leicht rückwärts geneigten Stacheln. Schößlingsblätter handförmig fünfzählig, oberseits striegelhaarig, unterseits kurz weichhaarig mit eingestreuten Sternhaaren, ungleichmäßig und ziemlich grob gesägt. Unpaariges Blättchen länglich eiförmig, verkehrt eiförmig oder rundlich elliptisch, mit abgerundetem oder seicht herzförmigem Grunde, allmählich ziemlich lang zugespitzt. Blattstiel oberseits flach, mit leicht gebogenen Stacheln. Blütenstand unterbrochen, oberhalb der Laubblätter kurz und locker, mit gestielter Endblüte und locker abstehend behaarten, mit ziemlich kleinen, nadeligen Stacheln bewehrten Achsen, ohne Stieldrüsen. Kelchblätter außen graugrün, weiß berandet, unbewehrt und ohne Stieldrüsen, an der Blüte zurückgeschlagen, nach dem Abblühen ausgebreitet oder die junge Frucht umfassend. Kronblätter groß, länglich eiförmig, mit aufwärts gebogener Platte, hell rosa oder weiß mit rotem Nagel. Staubblätter die grünlichen Stylodien überragend, die Filamente rosa, die Staubbeutel behaart. Pollen gut entwickelt, mit sehr wenigen verkümmerten Körnern. Fruchtblätter kahl, Fruchtblattträger besonders gegen den Grund zu behaart. Sammelfrucht groß und wohlschmeckend. – Chromosomenzahl: $4n = 28$. – Ende VI, VII.

Vorkommen. In Wäldern und Gebüsch, auch in die Hecken des Kulturlandes eindringend. Vor allem auf leichten, sandigen, mäßig sauren Böden; optimal in Gebüschen (Prunetalia-Gesellschaften).

Allgemeine Verbreitung. Auf den Britischen Inseln, in Nordfrankreich, Belgien und den Niederlanden, Deutschland und Dänemark.

---

[1]) Benannt nach JULIUS MÜNTER, geb. 1815, gest. 1885, Professor der Botanik und Zoologie in Greifswald.

Verbreitung im Gebiet. In Nordwestdeutschland von der belgischen Grenze durch Westfalen und Niedersachsen bis Nordschleswig verbreitet; auf Sandböden im genannten Gebiet eine der häufigsten Arten. Sehr vereinzelt auch weiter südlich: Elbsandsteingebirge, Schleusingen in Thüringen, Hengster bei Oberhausen in Hessen. In Böhmen im Elbsandsteingebirge, in Mähren in den Beskiden und in den Westkarpaten.

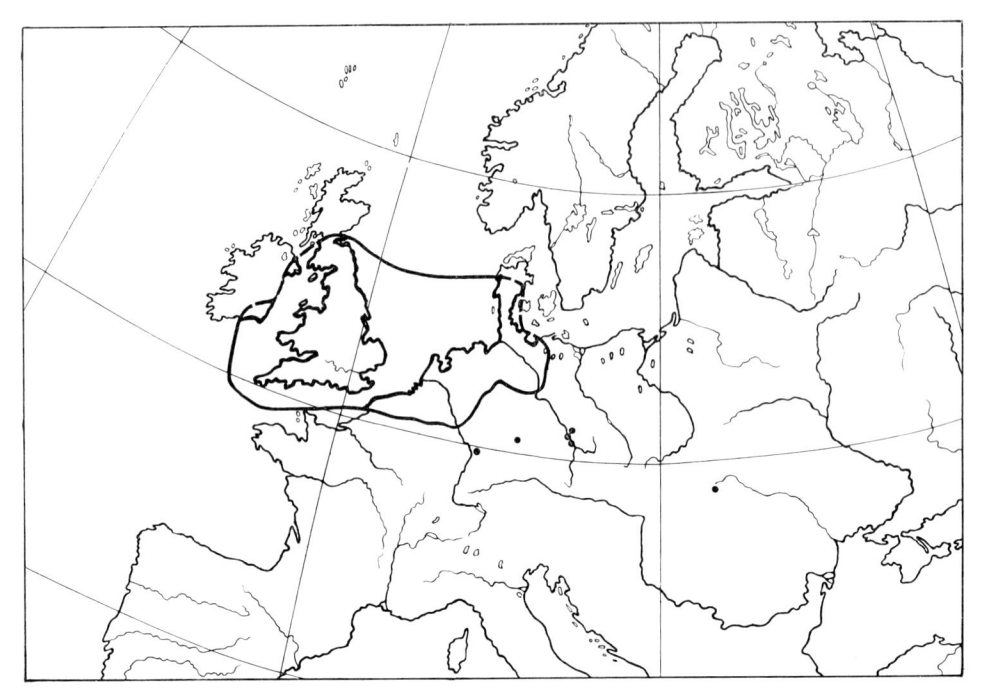

Fig. 254. Verbreitung von *Rubus gratus* FOCKE (nach MEUSEL, JÄGER und WEINERT, Manuskript).

Mit *Rubus gratus* verwandte Arten.

Gemeinsame Merkmale. Schößling gleichförmig oder fast gleichförmig bestachelt, drüsenlos oder mit sitzenden Drüsen, ohne Stieldrüsen, sehr selten mit vereinzelten Stachelborsten und Stachelhöckern. Laubblätter unterseits meist grün, manchmal grau-, selten weißfilzig. Blütenstandsachse drüsenlos oder mit sitzenden Drüsen, seltener stieldrüsig. Kelchblätter nach dem Verblühen gewöhnlich ausgebreitet oder die Frucht umfassend. Staubblätter die Stylodien ein wenig bis hoch überragend (ausgenommen *R. Myricae*).

    A. Die oberen Laubblätter unterseits grau- oder weißfilzig.

        I. Blütenstandsachse zerstreut stieldrüsig.

Vgl. 1478b. *R. rhombifolius* WEIHE, S. 332 und

1478e. *R. rhodanthus* W. WATSON, S. 334.

        II. Blütenstandsachse ohne Stieldrüsen.

1480b. Rubus incarnatus PH. J. MÜLLER in Pollichia **16–17**, 59 (1859).

Schößling bogig, kantig, flachseitig oder schwach gefurcht, braunrot, fein behaart, mit zahlreichen, langen, mit schmaler Basis sitzenden Stacheln. Schößlingsblätter fünfzählig, etwas ledrig, oberseits verkahlend, unterseits kurz filzig und behaart, grau, in der Jugend auch weißlich, mit fein gesägtem bis gezähntem oder fast gekerbtem Rand. Unpaariges Blättchen ziemlich kurz gestielt, rundlich bis breit eiförmig mit langer, meist sichelig gebogener Spitze und breitem, oft gestutztem oder seicht ausgerandetem Grunde. Blattstiel reichlich sichelig bestachelt. Blütenstand lang, schmal und dicht, reichlich und derb krummstachelig. Kelchblätter filzig, mehr oder weniger abstehend. Kronblätter breit eiförmig, am Rand etwas behaart, leuchtend rosa. Staubfäden unterwärts gerötet. Staubbeutel und Fruchtblätter behaart. Stylodien rosa.

Selten in der Pfalz (Bienwald), in der oberrheinischen Ebene, in Hessen (zwischen Burgsinn und Rieneck) und im Elsaß. Sonst noch in Frankreich (Valois), Belgien und Irland.

1480 c. Rubus consobrinus[1]) (SUDRE) BOUV., Rub. Anj. 676 (1903). Syn. *R. villicaulis* KOEHLER ex WEIHE et NEES subsp. *R. consobrinus* SUDRE (1899).

Schößling kräftig, kantig, flachseitig oder leicht rinnig, zuweilen schwach blaugrün überlaufen, anfangs zerstreut behaart, reichlich und derb bestachelt. Stacheln lang, gerade oder sichelförmig, oft paarweise zusammengerückt. Schößlingsblätter fünfzählig, die oberen unterseits weißfilzig, die übrigen unterseits grünlich grau und weich behaart; ungleich gesägt. Endblättchen breit eiförmig oder verkehrt eiförmig oder fast kreisrund, am Grund schwach herzförmig, vorne plötzlich in die kurze Spitze zusammengezogen. Seitenblättchen sich mit den Rändern überdeckend. Blütenstand breit, meist durchblättert, mit filziger und reichlich kurzhaariger sowie gedrängt krummstacheliger Achse. Kelchblätter außen graugrün mit weißfilzigem Saum, ausgebreitet oder aufrecht. Kronblätter länglich eiförmig, lang genagelt, rosa. Staubfäden meist weiß, seltener rosa. Staubbeutel behaart. Stylodien grünlich, manchmal am Grunde gerötet. Fruchtblätter meist kahl.

Selten in Westfalen sowie im Odenwald (Felsberg, Schöllenberg bei Erbach, Vielbrunn). Sonst in Belgien, Frankreich, den Pyrenäen und in England.

Ferner vergleiche man 1480f. *R. carpinifolius* WEIHE, S. 344 und
1480g. *R. vulgaris* WEIHE et NEES, S. 344.

B. Laubblätter schon in der Jugend unterseits grün.
    III. Blütenstandsachsen stieldrüsig.

1480 d. Rubus chaerophyllus[2]) SAGORSKI in Deutsche Bot. Monatsschr. **12**, 1 (1894).

Schößling kräftig, anfangs fast aufrecht, später bogig, stumpfkantig, mit konvexen Seiten, meist kahl, mit oft gedrängten, nur wenig ungleichen, aus breitem Grunde pfriemlichen Stacheln bewehrt. Schößlingsblätter fünfzählig, dünn, gelbgrün, oberseits spärlich striegelhaarig bis fast kahl, unterseits dünn flaumig behaart, mit ungleich und seicht gesägtem Rande. Blättchen sich mit den Rändern teilweise deckend, das unpaarige breit herzeiförmig bis rundlich elliptisch, allmählich zugespitzt. Blattstiel oberseits rinnig. Blütenstand kurz und locker, mit graufilzigen, spärlich blaß stieldrüsigen und schwach nadelstacheligen bis stachelborstigen Achsen. Kelchblätter außen graufilzig, mit hellem Saume, zerstreut nadelig bestachelt, seltener stieldrüsig, an der Blüte locker zurückgeschlagen, später gewöhnlich abstehend. Kronblätter ansehnlich, schmal elliptisch, weiß oder blaß rosa. Staubblätter etwa so hoch wie die grünlichen Stylodien oder diese ein wenig überragend. Staubbeutel kahl. Fruchtblätter meist dicht behaart. Reich fruchtend. – VII, VIII.

Ziemlich lokal in den Mittelgebirgen: Lausitz (am häufigsten in der Gegend von Zittau), östliches Thüringen, Rhön, Oberpfälzer Wald, in Böhmen (Adlergebirge) und Mähren (Beskiden). In wenig verschiedenen Formen in Belgien und Posen.

1480 e. Rubus porphyracanthus[3]) FOCKE, Syn. Rub. Germ. 148 (1877).

Niedrig. Schößling aus bogigem Grunde niederliegend, kantig, meist gefurcht, behaart bis fast kahl, drüsenlos, mit ziemlich gleichförmigen, kantenständigen, aus breitem Grunde kurz pfriemlichen, meist purpurbraunen Stacheln. Schößlingsblätter frisch grün, oberseits sparsam behaart, unterseits kurz weichhaarig, ziemlich gleichmäßig und fein gesägt, das unpaarige Blättchen lang gestielt, aus ausgerandetem Grunde rundlich. Kurz zugespitzt. Blattstiel bis über die Mitte rinnig. Blütenstand kurz, ziemlich sparrig, zottig filzig, mit zahlreichen, feinen, geraden Stacheln und spärlichen Stieldrüsen. Kelchblätter außen graugrün, nach dem Verblühen abstehend, zuweilen einzelne auch aufgerichtet oder locker zurückgeschlagen. Kronblätter rundlich, weiß. Staubblätter die rötlichen Stylodien etwas überragend. Reich fruchtend.

Bisher nur an beiden Weserufern oberhalb Minden und in Hessen bei Bad Wildungen.

Rubus porphyracanthus ist am nächsten mit *R. rhamnifolius* (S. 329) verwandt, von dem er sich durch die beiderseits grünen Blätter und die stieldrüsige Blütenstandsachse unterscheidet.

Ferner vergleiche man 1478e. *R. rhodanthus* W. WATSON, S. 334.
1480h. *R. danicus* FOCKE, S. 345 und
1480i. *R. sciocharis* (SUDRE) W. WATSON, S. 345.

IV. Blütenstandsachsen gewöhnlich ohne Stieldrüsen.
    a) Blättchen gefaltet.

---

[1]) Lat. consobrinus „Vetter, Cousin".
[2]) Von griech. χαίρω [chairo] „ich freue mich" und φύλλον [phyllon] „Blatt", wegen der hellgrünen Laubblätter dieser Art.
[3]) Von griech. πορφύρα [porphyra] „Purpur" und ἄκανθα [akantha] „Dorn".

1480 f. Rubus carpinifolius[1]) WEIHE in BOENNINGH., Prodr. Fl. Monast. 152 (1824). Hainbuchenblätterige Brombeere. Fig. 255.

Schößling hochwüchsig, fast aufrecht bis hoch bogig, wenig verzweigt, selten mit der Spitze einwurzelnd, oberwärts scharfkantig, zerstreut behaart bis fast kahl, mit sitzenden, aber ohne gestielte Drüsen, mit zahlreichen, starken, leicht zurückgebogenen, gelblichen bis ziegelroten Stacheln. Schößlingsblätter handförmig fünfzählig, oberseits schwach behaart, unterseits anliegend weichhaarig und die jüngeren etwas graufilzig; unregelmäßig scharf gesägt. Blättchen gefaltet (nur im Schatten fast flach), alle gestielt, das unpaarige breit eiförmig bis elliptisch, am Grunde abgerundet oder seicht ausgerandet, vorn kurz zugespitzt. Blattstiel oberseits flach, sichelig bestachelt. Blütenstand schmal rispig bis fast traubig, am Grunde locker und unterbrochen, nach der Spitze zu dicht, mit abstehend be-

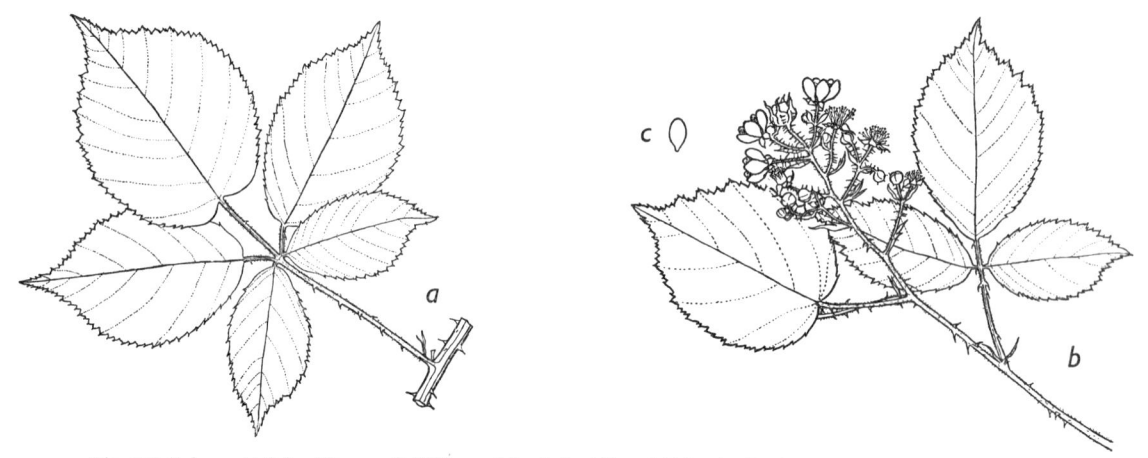

Fig. 255. *Rubus carpinifolius* WEIHE. a Schößlingsstück mit Laubblatt. b blühender Zweig. c Kronblatt (nach W. WATSON).

haarter und reichlich gerade nadelig bestachelter Achse, gewöhnlich ohne Stieldrüsen. Kelchblätter außen dicht behaart, graugrün, an der Blüte zurückgeschlagen, später meist abstehend. Kronblätter mäßig groß, eiförmig, elliptisch oder verkehrt eiförmig, mit aufwärts gebogener Platte, blaß rosa bis weiß. Staubblätter die grünlichen Stylodien deutlich überragend. Fruchtblätter kahl, Fruchtblatträger behaart. Früchte wohl entwickelt, früh und fast gleichzeitig reifend. Chromosomenzahl: $4n = 28$. – Ende VI, VII.

Verbreitet in Nordwestdeutschland von der Belgischen Grenze durch Westfalen und Niedersachsen bis Magdeburg und Holstein; südwärts sehr vereinzelt bis in den Spessart (Eschau, Heinrichstal), Franken, Böhmen und Mähren (Beskiden). Außerdem in Belgien und auf den Britischen Inseln.

1480 g. Rubus vulgaris WEIHE et NEES, Rub. Germ. 38, 39, t. 14 A (1825).

Dichte, im Winter lange grün bleibende Sträucher bildend. Schößling hoch bogig, reich verzweigt, unterwärts stumpfkantig, gegen die Spitze scharfkantig und gefurcht, schwarz-purpurn gefärbt und manchmal etwas bereift, dünn behaart bis fast kahl, mit fast gleichen, kantenständigen, aus breitem Grunde lanzettlichen, etwas geneigten Stacheln. Schößlingsblätter handförmig fünfzählig, oberseits hell grün, wenig behaart, unterseits weichhaarig und meist filzig graugrün, ungleich gesägt. Blättchen etwas gefaltet, alle deutlich gestielt, das unpaarige meist nach dem Grunde zu verschmälert, länglich rautenförmig, elliptisch oder verkehrt eiförmig, am Grunde abgerundet bis schwach eingebuchtet, vorn zugespitzt. Blattstiel oberseits nach dem Grund zu rinnig. Blütenstand unterbrochen, oft durchblättert, gegen die Spitze kaum schmäler, stumpf, mit behaarter, meist drüsenloser Achse und zahlreichen, starken, sichelig gebogenen Stacheln. Kelchblätter außen grau filzig, ausgebreitet bis locker zurückgeschlagen. Kronblätter elliptisch bis verkehrt eiförmig, vorn ausgerandet, rosa oder weiß. Staubblätter die rötlichen oder gelben Stylodien ein wenig überragend. Fruchtblätter behaart, Fruchtblatträger behaart. – VII.

Im Gebiet in Nordwestdeutschland ziemlich verbreitet und stellenweise häufig, seltener in den Mittelgebirgen: Harz, Thüringen, gelegentlich in Hessen, im Spessart strichweise häufig, im Odenwald und Schwarzwald sowie im nördlichen Böhmen und in Mähren in den Beskiden. Außerdem in Belgien (Ardennen), Frankreich und in England. In Bayern fehlt *Rubus vulgaris* in typischer Ausbildung; er wird hier durch die subsp. *Vindelicorum* ADE in VOLLM., Fl. v. Bay. 362 (1914) vertreten. Diese Sippe unterscheidet sich von der Nominatrasse durch die unterseits schwächer

---

[1]) Nach der Ähnlichkeit der Blättchen mit den Blättern der Hainbuche, lat. Carpinus.

und nur ganz am Anfang graugrünen Blätter sowie die kahlen Karpelle. – Endemisch im Bayerischen Schwaben und wohl auch im angrenzenden Oberbayern: Verbreitet um Donauwörth und Neuburg sowie um Augsburg (Kobel und Siegertshofen).

Rubus vulgaris ist oft von *R. villicaulis* nur schwer abzugrenzen, doch ist die Infloreszenz von *R. vulgaris* meist nicht so stark durchblättert und im allgemeinen kürzer als bei *R. villicaulis*, die Behaarung der Schößlinge ist schwächer und das unpaarige Blättchen meist gegen den Grund verschmälert.

b) Blättchen nicht gefaltet.

1480a. Rubus gratus FOCKE, S. 341.

1480h. Rubus danicus FOCKE in Abhandl. Naturw. Ver. Bremen **9**, 322 (1886).

Schößling bogig, kantig, behaart, mit zahlreichen, sitzenden Drüsen und ziemlich langen, fast gleichförmigen, geneigten oder sicheligen Stacheln. Laubblätter fünfzählig, unterseits grün, auf den Adern weichhaarig, scharf und ungleich gesägt, mit lang gestielten, aus herzförmigem oder kaum ausgerandetem Grunde rundlich bis verkehrt eiförmigem, kurz zugespitzten Endblättchen. Blütenstand lang und schmal, mit filziger und rauhhaariger, drüsenloser oder manchmal stieldrüsiger Achse. Kelchblätter außen graufilzig, drüsig und fein bestachelt, nach dem Verblühen abstehend, an der Frucht meist zurückgeschlagen. Kronblätter groß, eiförmig, weiß oder blaß rosa. Staubblätter die grünlichen Stylodien deutlich überragend. Staubbeutel behaart. Fruchtblätter behaart bis fast kahl.

Nicht selten in Schleswig-Holstein und Niedersachsen, vereinzelt in Sachsen und Niederhessen. Außerhalb des Gebiets in Dänemark, England und Schottland.

1480i. Rubus sciocharis[1]) (SUDRE) W. WATSON in Journ. Ecol. **33**, 339 (1946) Syn. *R. sciaphilus* LANGE (1883) non PH. J. MÜLLER et LEFÈVRE. *R. gratus* FOCKE subsp. *R. sciocharis* (SUDRE) SUDRE (1908–13).

Schößling reich verzweigt und meist niederliegend, stumpfkantig, behaart, kurz bestachelt, oft mit einigen eingestreuten Stachelhöckern. Schößlingsblätter vorwiegend drei- und fußförmig fünfzählig, unterseits anfangs weichhaarig; Blättchen sich mit den Rändern überdeckend, das unpaarige herzeiförmig, die seitlichen sehr kurz gestielt. Blütenstand kurz, fast ebensträußig oder beinahe traubig verlängert, mit wollig behaarter Achse und gelblichen Stacheln, manchmal mit einigen Stieldrüsen. Kelchblätter lang bespitzt, ausgebreitet oder die Frucht umfassend. Kronblätter mittelgroß bis groß, elliptisch oder schmal verkehrt eiförmig, weiß. Staubblätter die grünlichen Stylodien überragend. Staubbeutel behaart. Sammelfrucht ziemlich groß. – VII.

Im Gebiet nur im östlichen Schleswig-Holstein auf Lehmboden. Außerdem in Dänemark, England und Irland.

1480k. Rubus Myricae[2]) FOCKE in ALPERS, Verz. Gefäßpfl. Stade 27 (1875). Heide-Brombeere.

Schößling aus bogigem Grunde niedergestreckt oder kletternd, unterwärts rundlich, nach oben zu mit gewölbten oder ebenen Seitenflächen, spärlich behaart, mit zerstreuten, kurzen, aus breiter Basis pfriemlichen, etwas nach rückwärts geneigten Stacheln. Blätter überwiegend dreizählig, dazwischen einige hand- und fußförmig fünfzählige, oberseits matt grün, striegelhaarig, unterseits weichhaarig, fast gleichmäßig klein gesägt. Unpaariges Blättchen aus herzförmigem Grunde breit eiförmig oder elliptisch, zugespitzt; äußere Seitenblättchen kurz gestielt. Blütenstand fast traubig oder doch nur wenig zusammengesetzt, mit kurzhaarigen, filzigen, zerstreut fein bestachelten Achsen. Kelchblätter außen graugrün, kurz behaart, nach dem Verblühen aufrecht und den Grund der Frucht umfassend. Kronblätter länglich, weiß. Staubblätter etwa die Höhe der Stylodien erreichend. Pollen zum größten Teil wohl entwickelt. Fruchtblätter behaart. Reichlich fruchtend. – VII.

Bisher nur aus der Umgebung von Soltau in der Lüneburger Heide bekannt.

1481a. Rubus Sprengelii[3]) WEIHE in Flora **2**, 18 (1819). Fig. 256.

Schößling aus bogigem Grunde niederliegend oder kletternd, selten hoch ansteigend, im Spätsommer stark verzweigt, rundlich bis stumpfkantig, ziemlich dicht abstehend behaart, mit

---

[1]) Von griech. σκιά [skia] „Schatten" und χάρις [charis] „Freude, Lust, Anmut".

[2]) Myrica oder merica heißt im mittelalterlichen Latein die Heide; hier bezieht sich das Wort auf die Lüneburger Heide.

[3]) Benannt nach KURT POLYKARP JOACHIM SPRENGEL, geb. 1766 zu Baldekow, Kreis Anklam, gest. 1833 zu Halle als Professor der Medizin und Botanik. Er verfaßte u. a. eine Flora von Halle, eine Geschichte der Botanik und gab die 16. bzw. 18. Auflage von LINNÉS Systema vegetabilium (1825/28) heraus.

mäßig starken, am verbreiterten Grunde seitlich zusammengedrückten, an der Spitze sicheligen bis fast hakigen Stacheln, gelegentlich auch mit einzelnen Stachelhöckern und Stieldrüsen. Schößlingsblätter vorwiegend dreizählig, nur an kräftigen Stöcken manchmal vorherrschend fünfzählig, Spreite schlaff, beiderseits grün, zerstreut behaart und ohne Sternhärchen, unregelmäßig grob sägezähnig. Unpaariges Blättchen etwa dreimal so lang wie sein Stielchen, elliptisch verkehrt eiförmig bis fast rautenförmig, am Grunde oft seicht ausgerandet, vorn in eine breite Spitze ausgezogen, die äußeren Seitenblättchen kurz gestielt. Blattstiel oberseits flach, krumm bestachelt. Blütenstand kurz, manchmal fast ebensträußig, sparrig und locker, mit filzigen, dicht behaarten, gewöhnlich auch etwas stieldrüsigen Achsen; Stacheln ziemlich schwach, kurz, hakig gebogen. Kelchblätter lang zugespitzt, außen graugrünfilzig, manchmal stachelborstig und stieldrüsig, nach dem Verblühen abstehend. Kronblätter schmal, länglich verkehrt eiförmig, meist klein und leuchtend rosa. Staubblätter kaum die Höhe der Stylodien erreichend, mit wenigstens am Grunde geröteten Filamenten. Pollen mit mäßig zahlreichen wohlentwickelten Körnern. Fruchtblätter und Fruchtblattträger behaart. Sammelfrucht ziemlich klein, aus wenigen Steinfrüchten bestehend. – Chromosomenzahl: 4n = 28. – Ende VI bis Anfang VIII.

Vorkommen. In Laub- und Nadelwäldern; geht auch in die Heckengebüsche der Kulturlandschaft über. Vorzugsweise auf leichtem, meist kalkarmem Lehm- und Sandboden, vor allem in Waldlichtungen (Lonicero-Rubion).

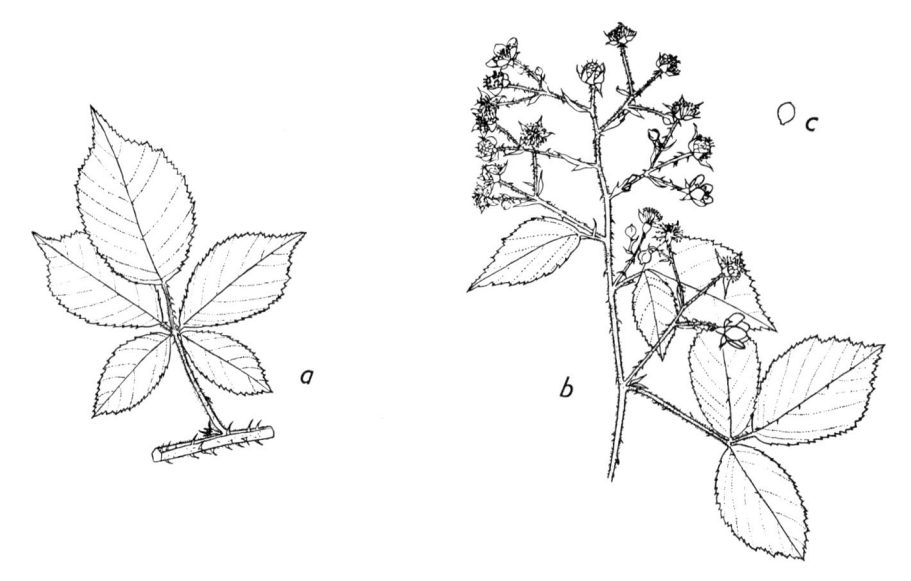

Fig. 256. *Rubus Sprengelii* WEIHE. *a* Schößlingsstück mit Laubblatt. *b* blühender Zweig. *c* Kronblatt (nach W. WATSON.)

Allgemeine Verbreitung. Von den Britischen Inseln über Nordfrankreich, Belgien, die Niederlande bis Nordbayern, Sachsen, Brandenburg, Ostpreußen und Dänemark; sehr selten weiter südlich.

Verbreitung im Gebiet. In Norddeutschland vom Niederrhein bis zur Frischen Nehrung verbreitet, nach Süden bis in die Pfalz (Landstuhl, Kaiserslautern usw.), Koblenz, Franken (Altdorf, Feucht, Haßberge zwischen Jesserndorf und Hofstetten usw.). – Soll auch in Oberösterreich und Vorarlberg vorkommen. – In Böhmen und Mähren in den nördlichen Gebietsteilen. Fehlt in der Schweiz.

Rubus Sprengelii ist an seinen sparrigen Blütenständen, den dünnen Blütenstielen und den kleinen, kräftig gefärbten Blüten leicht zu erkennen. Auch die Blattform und die kurzen, breiten, stark gekrümmten Stacheln geben ziemlich beständige Merkmale ab.

Mit *Rubus Sprengelii* verwandte Arten

Gemeinsame Merkmale. Schößlinge rundlich oder stumpfkantig, mit flachen Seiten (ausgenommen *R. axillaris*), gleichförmig oder fast gleich bestachelt, ohne Stieldrüsen oder zerstreut stieldrüsig, ohne Stachelborsten und Stachelhöcker. Laubblätter beiderseits grün, gelegentlich auf der Unterseite graugrün filzig. Blütenstand meist mehr oder weniger stieldrüsig. Kelchblätter nach dem Verblühen waagrecht ausgebreitet oder aufgerichtet. Kronblätter meist ziemlich klein. Staubblätter selten die Höhe der Stylodien erreichend, meist merklich kürzer.

A. Kronblätter schmal.

I. Blüten weiß. Blütenstand lang und schmal. Schößlingsblätter fünfzählig.

1481 b. Rubus chlorothyrsos[1]) FOCKE in Abhandl. Naturw. Ver. Bremen 2, 462 (1871).

Schößling aus bogigem Grunde niederliegend oder kletternd, ziemlich kräftig, unten rundlich, oben kantig mit flachen Seiten, ziemlich dicht abstehend behaart, meist etwas stieldrüsig; Stacheln zahlreich, ziemlich klein, fast gleichförmig, breit aufsitzend, lanzettlich, rückwärts geneigt bis sichelig. Schößlingsblätter fünfzählig, häutig, schlaff, oberseits striegelhaarig, unterseits auf den Adern behaart und etwas sternhaarig, grün oder gelegentlich graugrün; ungleich grob gesägt; unpaariges Blättchen elliptisch, am Grunde abgerundet, mit langer Spitze. Blütenstand lang und locker, meist bis über die Mitte hinaus, oft bis zur Spitze mit einfachen Laubblättern durchsetzt, mit dicht behaarter und reichlich nadelstacheliger Achse; Stieldrüsen zerstreut, in den Haaren verborgen. Kelchblätter in eine lange, laubige Spitze ausgezogen, außen graugrün filzig und zottig, aufrecht, ausgebreitet oder zurückgeschlagen. Kronblätter klein, länglich verkehrt eiförmig, weiß oder grünlich weiß. Stylodien grünlich, die Staubblätter ein wenig überragend. Staubfäden weiß. Fruchtblätter kahl oder behaart. – Chromosomenzahl: $4n = 28$. – VII.

Häufig in Niedersachsen in der Ebene, selten in Mecklenburg und in Schleswig-Holstein sowie in Böhmen (Leitomischl) und Mähren (Beskiden). Außerhalb des Gebiets selten in Dänemark, England und Irland.

Diese Art vermittelt zwischen *Rubus Sprengelii* und *R. silvaticus*; sie fruchtet reichlich.

Ferner vergleiche man 1480 k. *R. Myricae* FOCKE, S. 345.

II. Blüten kräftig rosa. Blütenstand kurz. Schößlingsblätter meist dreizählig.

1481 a. Rubus Sprengelii Weihe, S. 345.

B. Kronblätter breit, oft rundlich.

III. Unpaariges Blättchen lang zugespitzt.

1481 c. Rubus hemistemon[2]) PH. J. MÜLLER in BOULAY, Ronces Vosg. No. 3, 3 (1868).

Schößling aus bogigem Grunde niederliegend, kantig, flachseitig, meist wenig behaart, mit sitzenden Drüsen und ziemlich zahlreichen, kurzen, kaum gebogenen Stacheln. Schößlingsblätter drei- oder an kräftigen Stöcken vorwiegend fünfzählig, oberseits fast kahl, unterseits grün, zerstreut behaart, ungleich scharf gesägt, mit eiförmigem, länglich eiförmigem oder elliptischem, am Grunde meist nicht eingebuchtetem, sehr lang zugespitztem Endblättchen. Blütenstand schmal, oft bis kurz unter die Spitze durchblättert, mit behaarten, spärlich kurzdrüsigen und reichlich bestachelten Achsen. Kelchblätter außen grün, mit weißem Rand, behaart, oft nadelig bestachelt, armdrüsig, nach dem Verblühen abstehend. Kronblätter klein, breit verkehrt eiförmig, gekräuselt, weiß bis blaß rosa. Stylodien die Staubblätter erheblich überragend. Staubfäden weiß. Fruchtblätter kahl.

Endemisch im Gebiet: Westfalen, Pfalz, Vogesen, Westschweiz (Jorat bei Lausanne), angeblich auch in Mähren, aber überall selten und vereinzelt.

1481 d. Rubus cimbricus[3]) FOCKE in Abhandl. Naturw. Ver. Bremen. 9, 334 (1886).

Schößling bogig aufstrebend, im Herbst verzweigt und mit der Spitze liegend, stumpfkantig, rotbraun, spärlich behaart, mit kräftigen, fast gleichartigen, aus breitem Grunde schmal lanzettlichen, rückwärts geneigten Stacheln, meist

---

[1]) Von griech. χλωρός [chloros] „grün" und θύρσος [thyrsos] „Strauß" (vgl. S. 329); also grünsträußig, wegen des meist stark durchblätterten Blütenstandes.

[2]) Von griech. ἡμί [hemi] „halb" und στήμων [stemon], eigentlich der Aufzug am Webstuhl, im botanischen Sprachgebrauch das Staubblatt; weil die Staubblätter nur halb so hoch sind wie die Fruchtblätter mit den Stylodien.

[3]) War ursprünglich nur von der Cimbrischen Halbinsel bekannt.

auch mit zerstreuten Stieldrüsen. Schößlingsblätter zumal an kräftigen Stöcken überwiegend fuß- oder handförmig fünfzählig, derb, oberseits dunkelgrün und fast kahl, unterseits dicht weichhaarig, grün bis graugrün, scharf und nach vorn zu ungleich grob gesägt. Unpaariges Blättchen etwa dreimal so lang wie sein Stielchen, aus breitem, ausgerandetem oder herzförmigem Grunde eiförmig, allmählich lang zugespitzt; äußere Seitenblättchen fast sitzend. Blattstiel oberseits seicht rinnig. Blütenstand häufig durchblättert, mit filzig zottigen, zerstreut drüsenborstigen und reichlich nadelig bestachelten Achsen. Kelchblätter außen graugrün, nach dem Verblühen abstehend, später die Frucht locker umfassend. Kronblätter meist rundlich, blaß rosa. Stylodien die Staubfäden erheblich überragend. Sammelfrüchte groß und wohl entwickelt. – VII, Anfang VIII.

Im Gebiet endemisch: Ostküste von Schleswig-Holstein, zerstreut im Stromgebiet der Elbe von Chemnitz bis zur Nordseeküste.

IV) Unpaariges Blättchen kurz zugespitzt.

1481 e. Rubus Arrhenii[1]) J. LANGE, Haandb. Dansk. Fl. **3**, 386 (1864).

Schößling schlank, aus bogigem Grunde zuweilen ziemlich hoch kletternd, meist niederliegend, rundlich stumpfkantig, wenig verzweigt, abstehend behaart, mit zahlreichen kleinen, fast gleichförmigen, aus breitem Grunde rasch verschmälerten, zurückgeneigten oder leicht gebogenen Stacheln. Schößlingsblätter drei- oder häufiger fünfzählig, im Sommer hell-, im Winter dunkelgrün und erst sehr spät abfallend, unterseits etwas behaart, fein und scharf gesägt; unpaariges Blättchen elliptisch, kurz bespitzt, am Grunde schwach eingebuchtet oder abgerundet, gelegentlich fast keilförmig verschmälert. Blattstiel oberseits flach. Blütenstand lang und locker, häufig hängend, gerade, manchmal fast traubig, nur am Grunde beblättert, mit behaarten und drüsenlosen, zerstreut oder reichlich kurz stieldrüsigen und fein bestachelten Achsen; selten mit einigen ungleich langen Drüsenborsten. Kelchblätter in eine lange und laubige Spitze ausgezogen, außen grünlich, filzig, nach dem Verblühen ausgebreitet oder aufrecht. Kronblätter rundlich, keilförmig in den kurzen Nagel zusammengezogen, rosa oder weiß. Stylodien die Staubblätter erheblich überragend. Staubfäden weiß oder rosa. Pollen zum größten Teil wohl entwickelt. Fruchtblätter kahl oder behaart. Sammelfrucht mittelgroß, aus zahlreichen Steinfrüchtchen bestehend, aromatisch wohlschmeckend. – Chromosomenzahl: $4n = 28$. – VII.

Von der Flensburger Gegend durch Schleswig-Holstein und Niedersachsen bis ins nördliche Westfalen verbreitet, südwärts bis Braunschweig, Hannover und Burgsteinfurt. Außerdem in Dänemark und (sehr selten) in England, angeblich auch im nördlichen Teil von Mähren.

Im Gegensatz zu *Rubus Sprengelii* verliert diese Art ihr Laub erst sehr spät im Winter. Von allen verwandten Formen unterscheidet sich *R. Arrhenii* durch die fein gesägten Blättchen, die wie bei *R. axillaris* nur kurz bespitzt sind.

Mit *Rubus Arrhenii* eng verwandt ist **1481 f. Rubus sollingiacus** SUDRE, Rub. Eur. 32 (1908). Er unterscheidet sich von voriger Art durch oberseits behaarte Laubblätter, breitere Blattzähne, eiförmiges, am Grunde ausgerandetes Endblättchen und den dichten, stark durchblätterten, fast unbestachelten Blütenstand. Stylodien die Staubblätter nur wenig überragend.

Endemisch im Solling (Niederhessen).

1481 g. Rubus axillaris LEJEUNE in LEJEUNE et COURT., Comp. Fl. Belg. **2**, 166 (1831). Syn. *R. Leyi* FOCKE (1877). *R. scanicus* ARESCH. (1881).

Schößling aus flachem Bogen liegend, seltener kletternd, kantig, nach oben zu gefurcht, mehr oder weniger dicht behaart, oft auch leicht stieldrüsig, mit kurz lanzettlichen Stacheln. Schößlingsblätter drei- und fußförmig fünfzählig, etwas lederig, oberseits lebhaft grün, wenig behaart, unterseits weichhaarig bis grau schimmernd, ungleich grob gesägt. Unpaariges Blättchen aus seicht herzförmigem Grunde rundlich, kurz bespitzt. Blattstiel oberseits flach. Blütenstand locker, häufig durchblättert, mit abstehend behaarten und ziemlich reich pfriemlich bestachelten Achsen; Stieldrüsen zerstreut, die Haare wenig überragend. Kelchblätter außen graufilzig, meist drüsig, nach dem Verblühen abstehend. Kronblätter rundlich oder breit elliptisch, blaß rosa. Staubblätter etwa die Höhe der Stylodien erreichend. – Chromosomenzahl: $4n = 28$. – VII.

Im Gebiet nur um Aachen, Eupen und Malmedy sowie in Sachsen. Weiter verbreitet in den Ardennen; selten in Dänemark, Südschweden und England.

Rubus axillaris vereinigt in sich Merkmale von *R. Arrhenii*, *R. pyramidalis* und *R. rosaceus*.

Ferner vergleiche man 1485 b. *R. atrichantherus* KRAUSE, S. 361,

1485 c. *R. hypomalacus* FOCKE, S. 361 und

1485 g. *R. condensatus* PH. J. MÜLLER, S. 362.

---

[1]) Benannt nach JOHAN PEHR ARRHENIUS, geb. 1811, gest. 1899; er veröffentlichte 1839 eine Monographie der schwedischen Rubi.

1482 a. Rubus canescens DC., Cat. hort. Monsp. 139 (1813). Syn. *R. triphyllus* BELL. (1792) non THUNB. *R. tomentosus* BORKHAUSEN (1794), nom. illeg.[1]). *R. hypoleucos* VEST (1824). Filzige Brombeere. Fig. 257 a–h und 258.

Niedrige, ½ bis 1 m hohe, breite Sträucher bildend, im Gebüsch zuweilen höher. Schößlinge meist aufrecht mit nickender Spitze, schlank, kantig gefurcht, nicht bereift, locker behaart, selten ganz kahl, drüsenlos oder meist mit zerstreuten Stieldrüsen und manchmal mit vereinzelten Stachelhöckern; Stacheln kantenständig, gleichförmig oder etwas ungleich, ziemlich kurz und schwach, die größeren zurückgebogen. Schößlingsblätter dreizählig oder fußförmig fünfzählig, selten gefingert, oberseits grau sternfilzig, zerstreut sternhaarig oder kahl, unterseits dicht grau- oder weißfilzig und behaart, am Rande grob und ungleich gesägt. Unpaariges Blättchen vier- bis sechsmal so lang wie sein Stielchen, meist rauten- oder verkehrt eiförmig, nach dem Grund zu keilförmig verschmälert und gestutzt, vorn einfach spitz, ohne abgesetzte Spitze. Seitenblättchen der dreizähligen Blätter kurz gestielt, häufig zweilappig, äußere Blättchen der fünfzähligen Blätter mit sehr kurzen Stielchen. Blattstiel oberseits rinnig, krummbestachelt. Blütenstand ansehnlich, ziemlich lang, meist schmal und dicht, am Grunde beblättert, nach oben zu verschmälert, mit dicht filzig-zottigen, reichlich fein nadelig bestachelten, drüsenlosen oder zerstreut bis ausgiebig stieldrüsigen Achsen. Kelchblätter außen dicht graufilzig, zuweilen nadelig bestachelt, an Blüte und Frucht zurückgeschlagen. Kronblätter ziemlich klein, breit ellip-

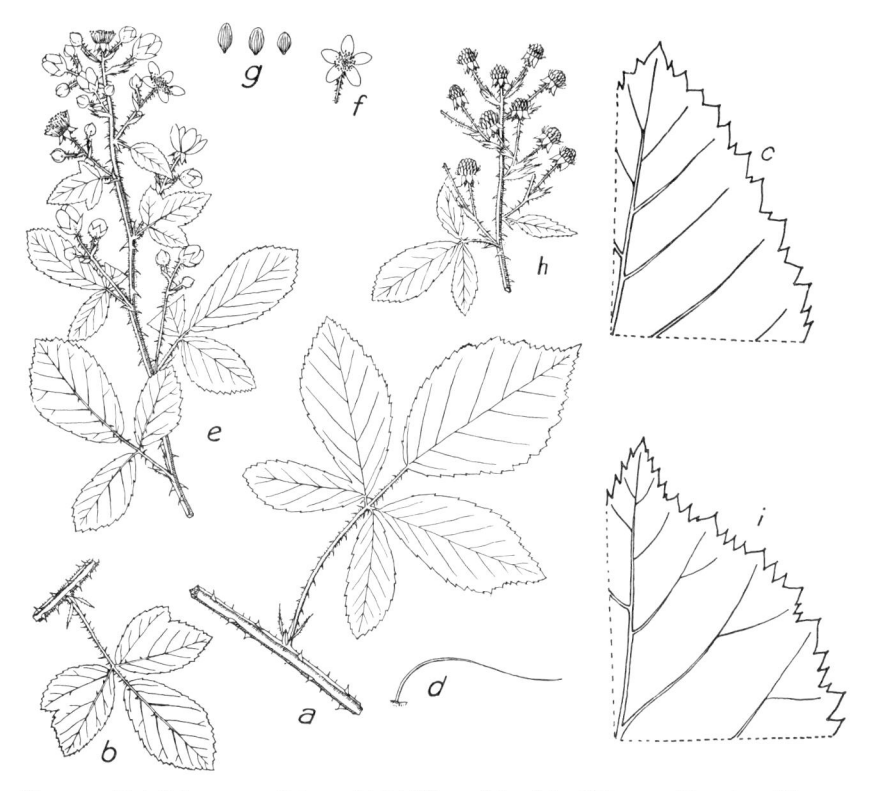

Fig. 257. *a* bis *i. Rubus canescens* DC. *a* und *b* Schößlingsstücke mit Laubblättern. *c* Blattspitze. *d* Flaumhaar. *e* Blütenstand. *f* Blüte. *g* Kronblätter. *h* Fruchtstand. *i Rubus procerus* PH. J. MÜLLER. Blattspitze.

---

[1]) Der Name *R. tomentosus* BORKH. muß verworfen werden, da sein Autor damit keine neue Art benennen, sondern für eine schon bekannte *(R. occidentalis)* einen nach seiner Meinung besser geeigneten Namen einführen wollte.

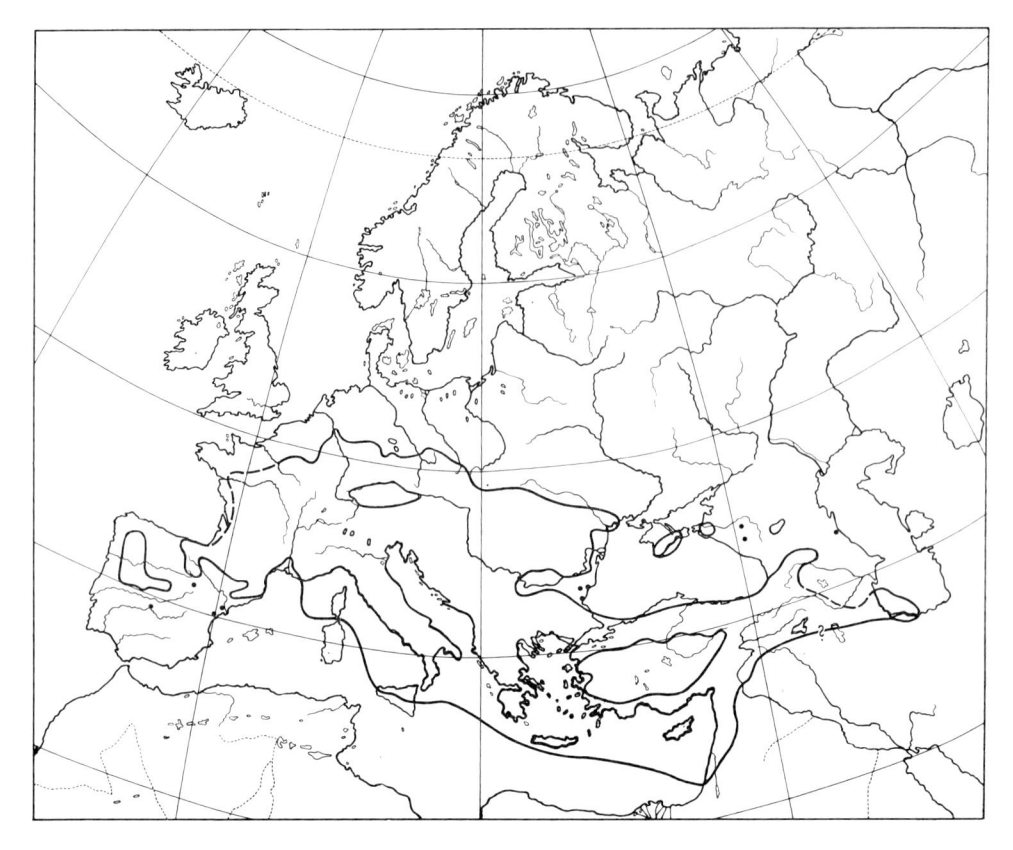

Fig. 258. Verbreitung von *Rubus canescens* DC. (nach MEUSEL, JÄGER und WEINERT, Manuskript).

tisch, weiß, oft ins Gelbliche spielend. Staubblätter etwa die Höhe der Stylodien erreichend, mit weißen Filamenten. Pollen gleichkörnig. Fruchtblätter kahl. Sammelfrucht glänzend schwarz, manchmal ziemlich trocken, mit aromatischem Geschmack. – Chromosomenzahl: $2n = 14$. – V bis VII.

Vorkommen. An sonnigen, trockenen Hängen, auf Weiden, an warmen Waldrändern, in lichten Eichen- oder Kiefernwäldern auf mäßig trockenen, basenreichen, meist kalkführenden, milden, aber auch mäßig sauren, steinigen oder reinen Lehm- und Tonböden der Hügelstufe, selten höher ansteigend, so über Fully im Unterwallis bis 1610 m. Vor allem in Prunetalia-Gesellschaften, auch im Quercion pubescentis-petraeae.

Allgemeine Verbreitung. Südeuropa von Portugal bis zur Balkanhalbinsel; Kleinasien, Syrien, Persien. In Europa nach Norden bis Südbelgien und Mitteldeutschland vordringend.

Verbreitung im Gebiet. In Deutschland nur im Süden und in der Mitte, besonders im Juragebiet und im oberen Rheintal, nordwärts bis ins Siebengebirge, Ahrtal, Nordhessen, Thüringen und Sachsen. – In Österreich, Böhmen, Mähren und der Schweiz in den wärmeren Landesteilen ziemlich verbreitet, im Tessin nur im Mendrisiotto und um den Luganer See.

Rubus canescens ist eine sehr vielgestaltige Art. Die wichtigsten Varietäten sind:

1. var. *canescens* Syn. *R. tomentosus* BORKH. var. *canescens* (DC.) WIRTG. (1877). Stieldrüsen und Stachelhöcker sehr spärlich oder vollständig fehlend. Laubblätter wenigstens in der Jugend oberseits mehr oder weniger sternhaarig oder sternfilzig. – So an den wärmeren Fundorten.

2. var. *cinereus* FOCKE (1902) sub *R. tomentoso*. Stieldrüsen und Stachelhöcker zahlreich. Laubblätter wie bei var. *canescens*. – Weniger häufig als die vorige Varietät.

3. var. *glabratus* GODR. (1843) sub *R. tomentoso*. Syn. *R. Lloydianus* GENEV. (1861). *R. canescens* DC. subsp. *Lloydianus* (GENEV.) SUDRE (1910). *R. tomentosus* BORKH. subsp. *hypoleucus* (VEST) GÁYER (1922). Schößling meist (spärlich) stieldrüsig, Blütenstand überwiegend drüsenlos. Laubblätter oberseits von Anfang an grün, ohne oder fast ohne Sternhaare. – Weniger wärmeliebend als die Nominatrasse und in vielen Gegenden Mitteleuropas häufiger als diese.

Begleitpflanzen. *Rubus canescens* ist, im südlichen Mitteleuropa oft zusammen mit *R. ulmifolius*, ein wesentlicher Bestandteil des Liguster-Schlehenbusches colliner Kalkgebiete. Als bezeichnende Begleitpflanzen kommen in Betracht: *Amelanchier ovalis* MEDIK., *Berberis vulgaris* L., *Bupleurum falcatum* L., *Coronilla Emerus* L., *Cotoneaster integerrima* MEDIK., *Helleborus foetidus* L., *Juniperus communis* L., *Melica ciliata* L., *Ligustrum vulgare* L., *Prunus spinosa* L., *Rosa rubiginosa* L. und andere Rosen, *Thelycrania sanguinea* (L.) FOURR., *Trifolium rubens* L., *Viburnum Lantana* L. u. a. A.

Die verschiedenen Standortansprüche von var. *canescens* und var. *glabratus* zeigen sich eindrucksvoll im Regensburger Jura; hier wächst var. *canescens* in fast reinen Beständen an kurzgrasigen, heißen, südexponierten Malmkalkhängen (z. B. des Keilstein) im Verein mit *Dictamnus albus* L., *Galium glaucum* L., *Lactuca perennis* L., *Pulsatilla vulgaris* MILL, *Stipa pulcherrima* K. KOCH, *Tunica Saxifraga* (L.) SCOP. und anderen, während auf den daran anschließenden, mit tertiären Sanden bedeckten Hochflächen var. *canescens* so gut wie die anderen genannten thermophilen Arten fehlt; an seiner Stelle treten hier var. *glabratus* und andere Brombeer-Arten.

Rubus canescens gehört zu den wenigen diploiden Brombeeren Europas. Er ist eine ausgezeichnete und trotz seiner Variabilität leicht kenntliche Art, die mit den meisten Arten der Sektionen *Corylifolii*, *Suberecti* und vor allem *Moriferi* Bastarde bildet.

Mit *Rubus canescens* ist verwandt:

A) Staubblätter die Stylodien nicht überragend.

1482b. Rubus Mercieri[1]) GENEV. in Mem. Soc. Maine-et-Loire **24**, 174 (1868).

Schößling bogig, kantig, mit gefurchten Seiten, nicht bereift, rot überlaufen, fein behaart bis verkahlend, mit sehr kurz gestielten oder fast sitzenden Drüsen und kräftigen meist gekrümmten Stacheln. Schößlingsblätter meist fünfzählig, oberseits kahl, unterseits weißfilzig und weich behaart, grob gesägt-gezähnt, das unpaarige Blättchen mäßig lang gestielt, breit eiförmig bis rauten- oder verkehrt eiförmig mit aufgesetzter Spitze; die äußeren Seitenblättchen fast ungestielt. Blattstiel oberseits rinnig. Blütenstand ziemlich lang und locker, oft durchlaubt, mit grauzottiger, meist zerstreut stieldrüsiger und krumm bestachelter Achse. Kelchblätter filzig, zurückgeschlagen. Kronblätter ziemlich groß, breit eiförmig oder rundlich, anfangs rosa, später häufig verbleichend. Staubfäden weiß, etwa die Höhe der Stylodien erreichend. Fruchtblätter schwach behaart. Reich fruchtend. – Ende VI, VII.

In Deutschland nur im südlichen Schwarzwald, in der Schweiz im Mittelland ziemlich verbreitet, häufiger in den südwestlichen Kantonen, vereinzelt im Jura und in den nördlichen Voralpen. Sonst noch in Mittel- und Ostfrankreich, besonders in Savoyen sowie in England (selten).

Rubus Mercieri dürfte aus dem Bastard *R. canescens* × *vestitus* hervorgegangen sein. Gelegentlich kommen Stöcke mit drüsenlosen Schößlingen und Blütenständen vor. Von *R. canescens* ist diese Art durch die kräftigere Bestachelung der Schößlinge, die aufgesetzt bespitzten Blättchen, die größeren, wenigstens anfangs rötlichen Blüten und andere Merkmale zu unterscheiden.

B) Staubblätter die Stylodien deutlich überragend.

Vgl. 1478b. *R. rhombifolius* WEIHE, S. 332 und
1479a. *R. macrophyllus* WEIHE et NEES, S. 334.

1483a. Rubus vestitus WEIHE et NEES in BLUFF et FINGERHUTH, Comp. Fl. Germ. **1**, 684 (1825)
Samt-Brombeere. Fig. 259a–h und 260.

Schößling ziemlich hoch bogig, meist im Gebüsch kletternd, selten niederliegend, kräftig, oberwärts stumpfkantig, nicht gefurcht, braunviolett gefärbt, im Spätherbst und Winter meist etwas bereift, mit dichten, abstehenden Büschelhaaren und kurzen anliegenden Sternhaaren bedeckt, da-

---

[1]) Benannt nach dem Schweizer Floristen E. MERCIER (1802–1863), Arzt in Coppet in der Waadt. Er bearbeitete die Brombeeren für REUTERS Catalogue de la Flore Genevoise (1861).

zwischen mit einzelnen bis ziemlich zahlreichen, gelblichen Stieldrüsen und zerstreuten Stachelhöckern; Stacheln fast gleich groß, aus breitem Grunde schmal lanzettlich, lang, gerade oder rückwärts geneigt, an den Ästen gebogen, dunkelrot. Schößlingsblätter meist fußförmig, fünfzählig, mittelgroß, oberseits dunkelgrün, striegelhaarig, verkahlend, unterseits durch Sternfilz und – auf den Adern – lange, etwas abstehende Haare weich graufilzig, in der Jugend manchmal fast weiß; am Rande wellig, ziemlich klein und scharf gesägt; Blättchen alle deutlich gestielt, das unpaarige etwa doppelt so lang wie sein Stielchen, **kreisrund oder breit elliptisch**, selten verkehrt eiförmig, **kurz bespitzt**. Blattstiel oberseits flach, sichelig bestachelt. Blütenstand lang, nach oben zu kaum verschmälert, nur am Grunde beblättert, mit dicht filzig zottiger, spärlich oder gelegentlich reicher ungleich stieldrüsiger, zerstreut nadelstacheliger Achse; Stacheln am Grunde des Blütenstandes zuweilen gedrängt und mehr sichelig. Kelchblätter außen zottig graufilzig, oft drüsig oder nadelig bestachelt, an Blüte und Frucht zurückgeschlagen. Kronblätter mittelgroß, rundlich bis breit verkehrteiförmig, wollig behaart, meist rosa. Staubblätter die grünlichen Stylodien etwas überragend. Filamente rosa oder weiß. Staubbeutel meist behaart. Fruchtblätter kahl oder spärlich behaart. Sammelfrucht ziemlich groß. – Chromosomenzahl: $4n = 28$. – Ende VI, VII.

Vorkommen. An Waldrändern, auf Waldlichtungen und in Gebüschen auf meist kalkhaltigem, besonders mergeligem Boden von der Ebene bis in die montane Stufe, vor allem in Vorwaldgesellschaften mit *Sambucus*-Arten und *Salix caprea*, auch in Heckengesellschaften (Prunetalia).

Fig. 259. *a* bis *h*. *Rubus vestitus* WEIHE et NEES. *a* Schößlingsstück mit Laubblatt. *b* blühender Zweig. *c* Achsenstück eines Schößlings. *d* dasselbe aus einem Blütenstande. *e* Blüte. *f* Kronblätter. *g* Fruchtzweig. *h, i* *Rubus egregius* FOCKE. *h* unpaariges Blättchen eines Schößlingsblattes. *i* Kronblatt. *k* *Rubus hebecaulis* SUDRE, Achsenstück eines Schößlings.

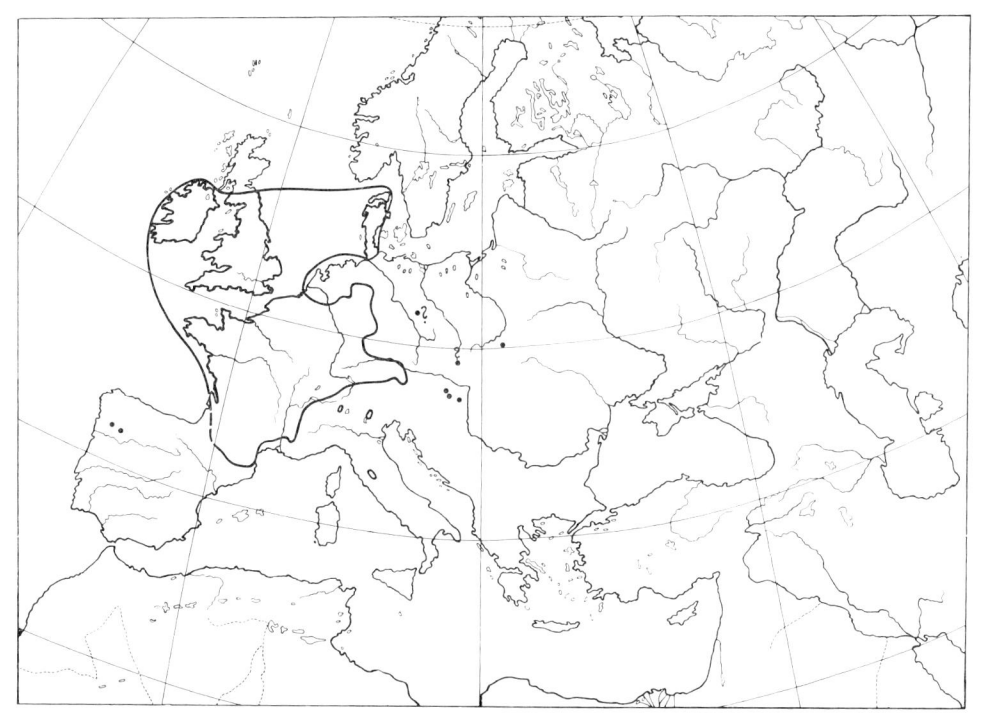

Fig. 260. Verbreitung von *Rubus vestitus* WEIHE et NEES (nach MEUSEL, JÄGER und WEINERT, Manuskript).

Allgemeine Verbreitung. Außerhalb des Gebiets in Belgien, Frankreich und auf den Britischen Inseln, in Dänemark, Italien und dem Nordwesten der Iberischen Halbinsel. Für Polen nicht ganz sicher.

Verbreitung im Gebiet. In Deutschland in Schleswig-Holstein und im Niedersächsisch-Westfälischen Hügellande sowie dem mittleren Rheingebiet südwärts bis in die Pfalz und den Odenwald; in Württemberg vereinzelt im Unterland und auf der Alb; in Bayern nur im Buntsandsteingebiet des Nordwestens sowie in Oberbayern und Schwaben, aber nicht in den Alpen. – In Österreich in allen Bundesländern nachgewiesen.[1]) – In der Schweiz ziemlich verbreitet und stellenweise häufig, fehlt jedoch in den Alpen auf weite Strecken.

Rubus vestitus ist in seiner Blütenfarbe etwas veränderlich. Bei der typischen Form sind Kronblätter und Filamente rosa; häufiger sind allerdings Pflanzen mit weißen Staubfäden und blassen Kronblättern. Diese können als var. *albiflorus* BOUL. (1900), Syn. *R. leucanthemus* PH. J. MÜLLER (1859) bezeichnet werden.

Mit *Rubus vestitus* verwandte Arten.

Gemeinsame Merkmale. Schößling stumpfkantig und flachseitig, nur bei *R. alterniflorus* und *R. obvallatus* mit ausgehöhlten oder gefurchten Seiten; fast gleichförmig bestachelt, sparsam bis ausgiebig kurz stieldrüsig, ohne oder mit vereinzelten Stachelborsten oder Stachelhöckern. Laubblätter unterseits grau-, seltener weißfilzig. Blattstiele oberseits flach. Blütenstandsachsen mit kurzen, ziemlich gleichförmigen Stieldrüsen. Kelchblätter nach dem Abblühen zurückgeschlagen. Staubblätter die Stylodien meist überragend (ausgenommen *R. pruinifer* und *R. rubellus*).

A. Blättchen grob gesägt, das unpaarige lang zugespitzt. Kronblätter gelegentlich schmal.
    I. Schößling dicht abstehend behaart. Kronblätter breit. Im Gebiet nur in Südbayern und Österreich.

1483b. Rubus dasyclados[2]) A. KERNER, Nov. pl. spec. **3**, 38 (1871). Syn. *R. adscitus* GENEV. var. *dasyclados* (A. KERNER) SUDRE (1908–13).

Sehr ähnlich *Rubus vestitus* und wie dieser mit dicht abstehend behaarten Schößlingen, aber die Blättchen grob und nach vorn zu ungleich gesägt, das unpaarige eiförmig oder elliptisch und lang zugespitzt. Blütenstand gegen den Gipfel verschmälert.

---

[1]) In der Karte nachzutragen.
[2]) griech. Von δασύς [dasys] „dicht behaart, zottig" und κλάδος [klados] „Ast".

Längs der Nordseite der Alpen von Vorarlberg ostwärts bis in das nordwestliche Ungarn; nach Norden bis Regensburg reichend.

Rubus dasyclados ist zunächst mit *R. adscitus* GENEV., Syn. *R. hypoleucos* PH. J. MÜLLER et LEFÈVRE non VEST verwandt, einer westeuropäischen Art, die im Gebiet nicht vorkommt.

II) Schößling dünn behaart, selten stärker behaart, dann aber Kronblätter schmal elliptisch. Vorwiegend nördliche und westliche Arten, in Bayern selten, in Österreich fehlend. Man vergleiche aber 1484 b. *R. styriacus* HALÁCSY, S. 358.

1483 c. Rubus Schlickumii[1]) WIRTG. in Flora **40**, 235 (1859). Syn. *R. argenteus* „WEIHE et NEES" B *Schlickumii* (WIRTG.) FOCKE (1902).

Schößling kantig, flachseitig, dünn behaart, spärlich stieldrüsig, mit kräftigen, fast gleichförmigen Stacheln und dazwischen zerstreuten, kleinen Stachelhöckern. Schößlingblätter fünfzählig, oberseits spärlich behaart bis fast kahl, unterseits weichhaarig graufilzig, tief und sehr scharf doppelt gesägt. Unpaariges Blättchen drei- bis viermal so lang wie sein Stielchen, schmal elliptisch bis verkehrt eiförmig, am Grunde abgerundet oder seicht ausgerandet, vorn allmählich zugespitzt. Blütenstand locker, nach oben zu wenig verschmälert, meist durchblättert, locker behaart, zerstreut stieldrüsig und sichelig bestachelt. Kelchblätter unbewehrt. Kronblätter schmal elliptisch, rosa. Staubblätter die rötlichen Stylodien überragend. Filamente gewöhnlich rosa. Fruchtblätter kahl oder fast kahl.

Endemisch im mittleren Rheingebiet zwischen Bingen und Koblenz. Eine sehr ähnliche Sippe mit dichter kurzhaarigen Schößlingen und unterseits grau- bis fast weißfilzigen Blättchen, var. *laevefactus* (PH. J. MÜLLER) SUDRE wächst in der Pfalz (reichlich zwischen Nedelsheim und Zweibrücken; Kaiserslautern).

1483 d. Rubus Gelertii[2]) K. FRIDRICHSEN in Bot. Tidsskr. **15**, 237 (1886).

Schößling hoch bogig, kantig, nach oben zu oft gefurcht, wenig behaart, spärlich stieldrüsig, reichlich und derb bestachelt. Schößlingsblätter fünfzählig, fast lederig, oberseits etwas glänzend, unterseits kurz graufilzig, später graugrün, unregelmäßig und nach der Spitze zu fast eingeschnitten gesägt. Unpaarige Blättchen eiförmig elliptisch, am Grunde gestutzt, lang zugespitzt. Blütenstand schmal, unten durchblättert, nach oben zu gedrungen. Achse und Kelch filzig, dicht behaart, zerstreut stieldrüsig und lang pfriemlich bestachelt. Kronblätter eiförmig, weiß. Staubblätter die Stylodien überragend. Fruchtblätter kahl, Fruchtblattträger mit dichten, langen Haarbüscheln.

Im Gebiet nur im östlichen Schleswig und in Westfalen, außerdem in Dänemark und in England.

Diese Art verbindet *Rubus candicans* mit *R. Radula*.

1483 e. Rubus obvallatus BOULAY et GILLOT, Assoc. Rub. 35 (1873).

Schößling kantig, mit konkaven Seiten, bläulich überlaufen, dünn behaart und spärlich kurzdrüsig; Stacheln mäßig stark, gelblich, leicht zurückgebogen. Schößlingsblätter fünfzählig, oberseits kahl oder seltener striegelhaarig, unterseits graufilzig und behaart, ziemlich scharf und tief doppelt gesägt. Unpaariges Blättchen verkehrt eiförmig, lang bespitzt, am Grunde gestutzt oder abgerundet. Blütenstand ziemlich kurz und breit, mit schwachen, ungleichen, abstehenden Stacheln. Kelchblätter außen graufilzig, drüsig punktiert. Kronblätter breit elliptisch bis schmal verkehrt eiförmig, weiß bis blaß rosa. Staubblätter weiß, die grünlichen Stylodien hoch überragend.

Selten in Westdeutschland (nach ADE im Spessart: Oberer Kreuzgrund bei Laufach und – in einer durch oberseits angedrückt behaarte Laubblätter verschiedenen Form – bei Bad Ems) sowie in der Schweiz. Außerdem in Frankreich, vor allem im Nordwesten, sowie in Wales (Merionethshire).

B) Blättchen grob gesägt, das unpaarige kurz bespitzt. Kronblätter breit und rosa (vgl. auch C, S. 355).

1483 a. Rubus vestitus WEIHE et NEES, S. 351.

1483 f. Rubus conspicuus PH. J. MÜLLER in Flora **42**, 71 (1859).

Schößling kräftig, kantig, rotbraun, kurzhaarig filzig, mit spärlichen Stachelhöckern; Stacheln pfriemlich bis nadelig, rot. Schößlingsblätter fünfzählig, oberseits kahl oder verkahlend, unterseits durch angedrückten Sternfilz weiß, im Alter blaß grün, grob und sehr scharf gesägt mit fein und lang bespitzten Sägezähnen. Unpaariges Blättchen zwei- bis dreimal so lang wie sein Stielchen, rundlich eiförmig bis breit verkehrt eiförmig, am Grunde meist etwas herzförmig ein-

---

[1]) Benannt nach JULIUS SCHLICKUM (1804–1884), Apotheker und Florist zu Winningen an der Mosel.
[2]) Benannt nach OTTO KRISTIAN LAURITS GELERT (1862–1899), der die Gattung *Rubus* in Dänemark eingehend bearbeitet hat.

gebuchtet, vorn kurz zugespitzt. Blütenstand breit, locker, nach oben verschmälert, durchlaubt, mit filzigen, behaarten, reichlich ungleich stieldrüsigen und stachelhöckerigen, pfriemlich bestachelten Achsen. Kelchblätter außen filzig und wollig behaart. Kronblätter breit elliptisch bis verkehrt eiförmig, am Rande behaart, kräftig rosa. Staubblätter die am Grunde geröteten Stylodien überragend, die Filamente rosa, seltener weiß. Fruchtblätter stark behaart. Sammelfrucht aus mäßig vielen, aber großen Steinfrüchten bestehend. – VII.

Im westlichen Deutschland vom Weserbergland und Siebengebirge bis ins Bodensee-Gebiet; ostwärts bis in den Spessart; außerdem in der westlichen Schweiz und in Savoyen; außerhalb des Gebiets in Frankreich und England.

Rubus conspicuus ersetzt vielfach den nahe verwandten *R. vestitus* auf kalkarmer Unterlage.

1483g. Rubus fimbriifolius PH. J. MÜLLER et WIRTG. ex FOCKE, Syn. Rub. Germ. 256 (1877). Syn. *R. macrostachys* PH. J. MÜLLER subsp. *R. fimbriifolius* (PH. J. MÜLLER et WIRTG.) SUDRE (1908–13).

Schößling kantig, flachseitig, locker behaart, sparsam drüsig und kräftig bestachelt. Schößlingsblätter fünfzählig, oberseits fast kahl, unterseits grau- bis weißfilzig, weich behaart, grob und ungleich doppelt bis fast eingeschnitten gesägt. Unpaariges Blättchen breit rautenförmig, am Grunde meist nicht eingebuchtet, vorn kurz bespitzt. Blütenstand nach oben verschmälert, fast blattlos, zottig behaart, reich kurzdrüsig, mit kräftigen bis mäßig starken Stacheln bewehrt. Kelchblätter außen filzig, behaart, wenig bedrüst, etwas bestachelt. Kronblätter rosa, nach dem Abblühen verblassend. Staubblätter die Stylodien überragend; Filamente weiß. Fruchtblätter kahl.

Im westlichen Deutschland im mittleren Rheingebiet, Odenwald und der Pfalz, gelegentlich auch in Südbayern und Oberösterreich. Außerhalb des Gebiets in Frankreich.

C) Blättchen fein gesägt, das unpaarige kurz bespitzt, seltener fast grob gesägt, dann aber die Kronblätter weiß.

III) Staubblätter die Stylodien meist überragend.

a) Schößling meist gefurcht. Kronblätter heller oder dunkel rosa.

1483h. Rubus alterniflorus PH. J. MÜLLER et LEFÈVRE in Pollichia **16–17**, 160 (1859).

Schößling kräftig, bogig niederlegend, meist gefurcht, schwarzpurpurn und später bläulich angelaufen, sehr spärlich kurzhaarig bis fast kahl, mit winzigen Stieldrüsen und Stachelhöckern; Stacheln kräftig, am Grunde zusammengedrückt, gerade, gelb oder rötlich. Schößlingsblätter fünfzählig, oberseits verkahlend, unterseits grau- bis weißfilzig und weich behaart, ziemlich fein und scharf sägezähnig bis gekerbt; unpaariges Blättchen lang gestielt, rundlich, eiförmig, elliptisch oder verkehrt eiförmig, kurz bespitzt mit abgerundetem bis seicht ausgerandetem Grunde. Blütenstand breit und locker kegelförmig, die unteren Äste verlängert und schräg aufsteigend, die Achse wollig behaart und kurz stieldrüsig, sehr zahlreiche, ungleich kräftige wie auch dünne, zumeist ziemlich kurze Stacheln tragend. Kelchblätter filzig, drüsig punktiert, oft fein bestachelt. Kronblätter verkehrt eiförmig bis länglich elliptisch, kräftig bis blaß rosa. Staubblätter die grünlichen oder am Grunde geröteten Stylodien überragend. Filamente weiß oder blaß rosa. Fruchtblätter kahl oder dünn behaart. Fruchtblattträger behaart bis fast kahl.

In der Pfalz und im Odenwald, ganz selten auch in Franken (z. B. um Nürnberg) und in Südbayern (Schleißheim, Parnkofen bei Landau, Traunauen bei Ruhpolding) sowie in Tirol bei Kufstein. – *Rubus alterniflorus* kommt gelegentlich auch auf kalkhaltiger Unterlage vor.

b) Schößling flachseitig. Kronblätter meist kräftig rosa (vgl. auch c!).

1483i. Rubus polyanthemos LINDEB. in Bot. Notiser **1883**, 105 (1883). Syn. *R. pulcherrimus* NEUM. (1883).

Schößling kantig, flachseitig, mäßig stark behaart, spärlich und sehr kurz stieldrüsig, nicht sehr derb bestachelt. Schößlingsblätter drei- bis siebenzählig, oberseits matt grün, unterseits graufilzig und behaart, fast einfach gesägt oder gezähnt, das unpaarige Blättchen rundlich oder breit bis schmal verkehrt eiförmig, lang zugespitzt. Blütenstand gestreckt, gegen die Spitze ein wenig verschmälert, dicht filzig und kurz stieldrüsig. Kelchblätter graufilzig und behaart, drüsig punktiert und fein bestachelt. Kronblätter breit verkehrt eiförmig, rosa mit gelblichem Nagel. Staubblätter rosa oder weiß, die grünlichen, nicht selten am Grunde geröteten Stylodien hoch überragend. Fruchtblätter und Fruchtblattträger behaart.

Selten im äußersten Norden (Ostschleswig) und Nordwesten (Cleve) des Gebietes. Weitere Verbreitung: Dänemark, Südschweden, Britische Inseln.

Ferner vergleiche man 1484 c. *R. Muelleri* LEFÈVRE, S. 358.

c) Schößling flachseitig. Kronblätter weiß, seltener blaß rosa.

1) Blütenstand walzlich.

1483a. Rubus vestitus WEIHE et NEES var. *albiflorus* BOULAY, S. 351.

Ferner vergleiche man 1479 p. *R. egregius* FOCKE, S. 340.

2) Blütenstand locker kegelförmig.

α) Blütenstand unterwärts durchblättert.

1483k. Rubus macrostachys[1]) PH. J. MÜLLER in Flora 41, 150 (1858).

Schößling stumpfkantig, rötlich braun, unbereift, behaart, kurz stieldrüsig mit fast gleichförmigen, am Grund seitlich zusammengedrückten, zum Teil lang pfriemlichen, rotbraunen Stacheln, sowie mit einigen sehr kleinen Stachelhöckern. Schößlingsblätter drei- bis fünfzählig, oberseits dünn behaart bis fast kahl, unterseits dicht kurzhaarig, grau- bis weiß-filzig, ungleich oder fast einfach und seicht gesägt. Unpaariges Blättchen breit eiförmig bis länglich verkehrt eiförmig, am Grunde nicht oder ein wenig ausgerandet. Blattstiel oberseits flach. Blütenstand breit kegelig, unterwärts durchblättert, reichlich kurzdrüsig, mit zerstreuten, langen und kurzen Stacheln, Stachelborsten und Stachelhöckern. Kelchblätter kurz bespitzt, außen filzig, mit sitzenden Drüsen, fast stachellos. Kronblätter groß, elliptisch, weiß. Staubblätter die grünlichen Stylodien überragend, mit weißen Filamenten. Fruchtblätter behaart. Fruchtblattträger kahl oder behaart.

Ziemlich vereinzelt in West- und Süddeutschland, Österreich, Böhmen und der Schweiz. Außerhalb des Gebiets in Frankreich (Valois) und England.

β) Blütenstand gewöhnlich ohne Laubblätter.

1483l. Rubus podophyllos[2]) PH. J. MÜLLER in Bonplandia 9, 281 (1861).

Schößling niederliegend, kantig, nicht oder kaum gefurcht, unbereift, spärlich behaart, mit wenigen Stachelhöckern und spärlichen Stieldrüsen oder fast drüsenlos; Stacheln ziemlich gleichförmig, gerade, ziemlich zahlreich und ungleichmäßig verstreut, dazwischen meist nur wenige kleinere Nadelstacheln. Schößlingsblätter drei- bis fünfzählig, dünn, oberseits wenig behaart bis fast kahl, unterseits reichlich kurzhaarig bis dünn filzig, die oberen Laubblätter graufilzig; Rand fein und fast gleichmäßig gesägt mit aufgesetzt bespitzten Zähnen. Unpaariges Blättchen fast dreimal so lang wie sein Stielchen, rundlich, elliptisch oder verkehrt eiförmig, am Grunde meist schwach ausgerandet. Blattstiel oberseits flach. Blütenstand locker kegelförmig, fast blattlos, mit filziger und zottig behaarter, reichlich und fast gleichförmig bestachelter, kurz stieldrüsiger Achse. Kronblätter sehr verschiedengestaltig, rundlich eiförmig bis schmal elliptisch, vorn meist spitz oder zugespitzt, bei geöffneter Blüte sich nicht mit den Rändern deckend, gewöhnlich weiß oder blaß rosa. Staubblätter die grünlichen oder am Grunde geröteten Stylodien etwas überragend. Filamente weiß. Fruchtblätter kahl oder mit zerstreuten, langen Haaren. Fruchtblattträger kahl. Sammelfrucht sehr wohlschmeckend, aber ziemlich klein. – Chromosomenzahl: $4n = 28$. – Ende VI, VII.

In Bergwäldern des südwestlichen Gebietsteiles: Vogesen, Schwarzwald, durch die nördliche Schweiz bis zum Genfersee, stellenweise sehr häufig und selbst vorherrschend (FOCKE). Selten weiter im Osten: Bayerisch-Böhmisches Grenzgebirge (Hals bei Passau, Metten, Umgebung von Waldmünchen) und in Oberösterreich. Außerdem in Frankreich und England.

IV) Staubblätter etwa die Höhe der Stylodien erreichend. Kronblätter kräftig rosa. Schößling flachseitig.

1483m. Rubus pruinifer[3]) SUDRE, Diagn. 26 (1906)

Schößling kräftig, stumpfkantig, mit flachen Seiten, stark bereift und behaart, sparsam bis zerstreut stieldrüsig, reich und kräftig bestachelt. Blätter oberseits dünn behaart, unterseits graufilzig und weichhaarig, ungleich scharf, aber nicht tief gesägt. Unpaariges Blättchen breit rautenförmig, am Grunde nicht eingebuchtet. Blütenstand locker, durchblättert, zottig behaart, zerstreut stieldrüsig, kräftig bestachelt. Kelchblätter außen zottig behaart. Kronblätter elliptisch bis verkehrt eiförmig, lebhaft rosa. Staubblätter etwa die Höhe der Stylodien erreichend. Filamente rosa. Fruchtblätter behaart.

Selten: ein Fundort in Oberbayern (Blossauerberg bei Waging), ein weiterer im Odenwald (Mitlechtern bei Rimbach). Außerdem in Frankreich.

---

[1]) Von griech. μακρός [makros] „lang" und στάχυς [stachys] „Ähre".
[2]) Von griech. πούς, Gen. ποδός [pus, podos] „Fuß" und φύλλον [phyllon] „Blatt".
[3]) Von lat. pruina „Reif (Frost)".

1483n. Rubus rubellus PH. J. MÜLLER in Flora **41**, 156 (1858). Syn. *R. Cunctator*[1]) FOCKE (1877). *R. macrostachys* PH. J. MÜLLER subsp. *R. rubellus* (PH. J. MÜLLER) SUDRE (1908–13).

Schößling stumpfkantig, angedrückt flaumig und zerstreut abstehend behaart, spärlich stieldrüsig, mit fast gleichförmigen, aus kurzem, breitem Grunde pfriemlichen, rückwärts geneigten Stacheln. Schößlingsblätter drei- bis fünfzählig, unterseits graufilzig und flaumhaarig, fast gleichmäßig und klein gesägt. Unpaariges Blättchen elliptisch oder verkehrt eiförmig, am Grunde nicht ausgerandet, vorn kurz zugespitzt. Blütenstand verlängert, locker und sparrig, gegen den Gipfel verschmälert, nur unterwärts belaubt, mit aufrecht abstehenden Ästen und angedrückt filzigen, locker kurzhaarigen, spärlich bis reich stieldrüsigen und zerstreut schwach nadelstacheligen Achsen. Kelchblätter außen weißfilzig. Kronblätter klein, verkehrt eiförmig, rosa. Staubblätter etwa die Höhe der Stylodien erreichend, gelegentlich kürzer. Fruchtblätter meist kahl.

Anscheinend im südlichen Mitteleuropa endemisch. In Deutschland in der Pfalz (selten), im Schwarzwald, in Mittelfranken (selten) und in Oberbayern (ziemlich verbreitet). In der Schweiz im Kanton Zürich, in Österreich in der Steiermark.

1484a. Rubus Gremlii[2]) FOCKE, Syn. Rub. Germ. 266 (1877). Syn. *R. Clusii* BORBÁS (1887).

Schößling flachbogig bis liegend, seltener kletternd, behaart, meist reichlich stieldrüsig und stachelhöckerig, ziemlich gleichförmig bestachelt, die Stacheln und Drüsen gelblich, die Stacheln meist gerade. Schößlingsblätter vorwiegend fußförmig fünfzählig, meist mit dreizähligen und handförmig fünfzähligen gemischt, beiderseits grün, behaart oder verkahlend, in der Jugend unterseits dünnfilzig graugrün, am Rande grob und sehr ungleich, nach vorn zu oft eingeschnitten gesägt. Unpaariges Blättchen drei- bis viermal so lang wie sein Stielchen, herzeiförmig oder länglich eiförmig, am Grunde ausgerandet, vorn kurz zugespitzt. Blütenstand schmal und mäßig lang, unterwärts durchblättert, mit dicht abstehenden behaarten, spärlich, seltener reichlich stieldrüsigen und zerstreut nadelstacheligen Achsen. Kelchblätter außen dicht graufilzig, an Blüte und Frucht zurückgeschlagen. Kronblätter schmal, länglich verkehrt eiförmig, gelblichweiß. Staubblätter die grünlichen Stylodien nur wenig, selten weit überragend. Filamente weiß. Fruchtblätter kahl. Reich fruchtend. – VII.

Vorkommen. In Bergwäldern, selten in Hecken übergehend, vorzugsweise auf frischen, mäßig sauren, humosen Sand- und Lehmböden.

Allgemeine Verbreitung. Südliches Mitteleuropa; von den Vogesen bis in das nordwestliche Ungarn, außerdem ein beschränktes Vorkommen in England (Middlesex).

Verbreitung im Gebiet. In Deutschland nur im Süden: selten in der Pfalz, im Spessart, in Franken, im Schwarzwald und Bodensee-Gebiet, häufiger im Alpenvorland; für die Alpen nur vom Hochfelln angegeben. – In Österreich mit Ausnahme von Tirol ziemlich verbreitet. – In der Schweiz vom Bodensee durch das Mittelland bis in den Jura und den Kanton Freiburg. – In Böhmen im Böhmerwald, in Mähren im Gesenke und in den Beskiden.

Mit *Rubus Gremlii* verwandte Arten.

Gemeinsame Merkmale. Schößling flachseitig, niemals gefurcht; fast gleichförmig bis mäßig ungleich bestachelt, sparsam bis reichlich stieldrüsig, meist mit vereinzelten Stachelhöckern und Stachelborsten besetzt. Laubblätter beiderseits grün. Blattstiel oberseits flach. Blütenstand mit kurzen, ziemlich gleichförmigen Stieldrüsen. Kelchblätter nach dem Verblühen gewöhnlich zurückgeschlagen. Staubblätter die Höhe der Stylodien erreichend oder sie ein wenig, seltener weit überragend.

A) Kronblätter meist breit, kräftig rosa. Filamente und Stylodien rötlich.
 I) Staubbeutel kahl.
  a) Schößlingsblätter zum Teil dreizählig. Blattrand sehr grob gezähnt.

---

[1]) Lat. cunctator „Zauderer"; wegen der späten Blütezeit.
[2]) Benannt nach dem Schweizer Floristen AUGUST GREMLI, geb. 1833 in Kreuzlingen, gest. 1899 zu Egelshofen. Er war erst Apotheker, dann Konservator des Herbars Burnat in Nant ob Vevey. Seine Flora der Schweiz erlebte 9 Auflagen. Auch befaßte er sich mit *Rubus* und anderen schwierigen Gattungen.

1484 b. Rubus styriacus HALÁCSY in Österr. Bot. Zeit. **41**, 432 (1890). Steierische Brombeere.

Schößling niederliegend, mit flachen Seiten, wenig behaart bis fast kahl, mit zerstreuten, kurzen, rötlichen Stieldrüsen und einzelnen, kurzen Nadelstacheln. Stacheln fast gleichförmig, aus breitem Grunde allmählich verschmälert, zurückgeneigt. Schößlingsblätter dreizählig bis fußförmig fünfzählig, beiderseits kurz zerstreut behaart, oberseits dunkelgrün, unterseits an sonnigen Standorten dünn graugrün filzig, im Schatten grün. Blattrand sehr grob gezähnt. Unpaariges Blättchen eiförmig oder länglich eiförmig, am Grunde leicht herzförmig eingebuchtet, vorn in eine lange Spitze ausgezogen. Blütenstand locker, wenigstens unterwärts durchlaubt, mit zottig behaarter Achse und mäßig zahlreichen, kurzen, rotköpfigen Stieldrüsen sowie sicheligen, zumindest an ihrer Basis geröteten Stacheln. Kelchblätter an Blüte und Frucht zurückgeschlagen. Kronblätter tief rosenrot. Staubblätter die Stylodien überragend. Fruchtblätter kahl.

In Österreich in Niederösterreich, dem Burgenland, der Steiermark und in Kärnten sowie in Slowenien weit verbreitet und stellenweise eine der häufigsten *Rubus*-Arten.

Von *R. Gremlii*, mit dem diese Art in den grob gezähnten, oberseits dunkelgrünen Blättern übereinstimmt, unterscheidet sie sich sogleich durch die kräftig rosenroten Kronblätter und die rotköpfigen, auf dem Schößling weniger zahlreichen Stieldrüsen.

Ferner vergleiche man 1485 b. *R. atrichantherus* KRAUSE, S. 361.

b) Schößlingsblätter fünfzählig. Blattrand fein gesägt.

1484 c. Rubus Muelleri[1]) LEFÈVRE in Pollichia **16–17**, 180 (1850).

Schößling scharfkantig, flachseitig, unbereift, tief purpurn, locker behaart; Stacheln fast gleichförmig, pfriemlich, gerade oder schwach sichelig. Schößlingsblätter handförmig fünfzählig, oberseits fast kahl, unterseits grün, angedrückt behaart[2]) am Rande fein und fast einfach gesägt; Blättchen alle lang gestielt, das unpaarige etwa zwei- bis dreimal so lang wie sein Stielchen, rundlich eiförmig bis länglich verkehrt eiförmig, am Grunde herzförmig eingebuchtet oder abgerundet. Blütenstand lang, breit, locker, vorn stumpf, am Grunde durchblättert, mit locker rauhhaariger und mäßig bis reich stieldrüsiger, pfriemlich nadelig oder sichelig bestachelter Achse; Stieldrüsen etwas ungleich und fast so lang wie der Durchmesser des Blütenstiels. Kelchblätter lang zugespitzt, außen filzig und feindrüsig, locker zurückgeschlagen oder abstehend. Kronblätter elliptisch oder breit eiförmig, kräftig rosa. Staubblätter die am Grunde oder vollständig geröteten Stylodien überragend. Filamente rosa. Staubbeutel kahl. Fruchtblätter und Fruchtblattträger kahl oder – nach W. WATSON – behaart.

Selten in West- und Süddeutschland, Oberösterreich und der Schweiz. Außerhalb des Gebiets in Belgien, Frankreich und sehr selten in England.

Ferner vergleiche man 1485 b. *R. atrichantherus* KRAUSE S. 361.

II) Staubbeutel behaart.

1484 d. Rubus badius[3]) FOCKE, Syn. Rub. Germ. 276 (1877), Syn. *R. axillaris* LEJEUNE subsp. *R. badius* (FOCKE) SUDRE (1908–13).

Schößling aus bogigem Grunde niederliegend, mit flachen Seiten, rotbraun, spärlich behaart bis fast kahl, oberwärts meist mit zahlreichen, ungleichen Stieldrüsen und Stachelhöckern. Stacheln zerstreut, gelblich, aus breitem Grunde rasch verschmälert, schmal pfriemlich, rückwärts geneigt. Schößlingsblätter meist fußförmig fünfzählig, gelblich grün, oberseits wenig behaart, unterseits grün anliegend samtig behaart, am Rande ziemlich klein und scharf gesägt, außerdem oft seicht buchtig großzähnig. Blättchen sich mit den Rändern deckend, das unpaarige elliptisch bis eiförmig, leicht herzförmig eingebuchtet, kurz bespitzt, die seitlichen Blättchen sehr kurz gestielt. Nebenblätter schmal linealanzettlich. Blütenstand breit und locker, nur am Grunde oder fast vollständig durchlaubt, die Achsen locker behaart, mehr oder weniger reichlich stieldrüsig, drüsenborstig und zerstreut nadelig bestachelt. Kelchblätter außen graugrün, drüsig und oft nadelborstig, an Blüte und der reifen Frucht zurückgeschlagen, nach dem Verblühen zeitweilig ausgebreitet oder aufgerichtet. Kronblätter ziemlich groß, elliptisch, rosa. Staubblätter die Stylodien überragend. Filamente rosa, Staubbeutel behaart. Pollen zum größten Teil verkümmert. Fruchtblätter meist behaart. Sammelfrucht groß, eiförmig. – VII.

Im Gebiet nur in Nordwest-Deutschland im östlichen Holstein, im niedersächsischen und westfälischen Hügellande, im südlichen Westfalen und am Niederrhein. Sonst aus England und Irland bekannt.

---

[1]) Benannt nach PHILIPP JAKOB MÜLLER in Weißenburg im Elsaß, dem unermüdlichen Erforscher der Pfälzer Brombeeren.

[2]) Nach W. WATSON ist die Blattunterseite samtig grau- bis weißfilzig.

[3]) Lat. badius „braun".

Ferner vergleiche man 1485 h. *R. mucronifer* SUDRE, S. 363.

B) Kronblätter meist weiß, seltener blaß rosa. Filamente weiß. Stylodien meist grünlich.

III.) Kronblätter breit elliptisch.

1484 e. Rubus ferox VEST in Steierm. Zeitschrift **3**, 162 (1821) und in TRATT., Rosac. Monogr. 3, 40 (1823–24). Syn. *R. macrophyllus* WEIHE et NEES var. *acanthosepalus* BORB. et WAISB. (1893). *R. lasiaxon* BORB. et WAISB. 1893). *R. Gremlii* FOCKE subsp. *R. lasiaxon* (BORB. et WAISB.) SUDRE (1908–13). *R. apum* FRITSCH (1905). *R. macrophyllus* × *Clusii* GÁYER (1924). Bienen-Brombeere.

Schößling niedrig bogig, liegend oder kletternd, unterwärts mit abstehenden, sonst mit mehr oder weniger anliegenden, einfachen und gebüschelten Haaren bekleidet, dazwischen mit zerstreuten, fast sitzenden Stieldrüsen und höckerförmigen, sitzenden Drüsen; Stacheln zahlreich, aus dem breiten Grunde plötzlich verschmälert, schlank, zurückgeneigt bis sichelig gekrümmt. Schößlingsblätter groß, allermeist fünfzählig gefingert bis schwach fußförmig, am Grunde und gegen die Spitze des Schößlings zum Teil auch dreizählig. Blätter ziemlich schlaff und dünn, matt hellgrün, oberseits fast kahl, unterseits mehr oder weniger dicht behaart, am Rande ziemlich fein und gleichmäßig gesägt. Unpaariges Blättchen der unteren Schößlingsblätter verkehrt eiförmig, weiter oben breit elliptisch, lang zugespitzt. Blattstiel etwa halb so lang wie das Endblättchen, nur ganz am Grunde gefurcht. Blütenstand schmal rispig, oberwärts blattlos, meist verlängert und zur Fruchtzeit oft überhängend, selten an kräftigen Pflanzen breit verzweigt; Achse des Blütenstands wollig behaart, sehr spärlich kurz stieldrüsig, mit zahlreichen langen, gelblichen, deutlich geneigten bis gekrümmten Stacheln bewehrt. Stieldrüsen der Blütenstiele sehr spärlich und im Filz verborgen. Kelchzipfel löffelförmig ausgehöhlt, außen dicht graufilzig, mit mehr oder weniger zahlreichen, gelblichen Nadelstacheln, zur Blütezeit und nach dem Verblühen zurückgeschlagen, zur Fruchtzeit einige meist etwas abstehend. Kronblätter groß, breit elliptisch, sich mit den Rändern berührend oder schwach deckend, rein weiß. Staubblätter die grünlichen Stylodien überragend. Fruchtblätter kahl oder spärlich behaart, Fruchtblattträger behaart. – VI, VII.

Nur in Österreich im Grazer Bergland und dem östlichen Alpenvorland der Steiermark, neuerdings auch mehrere Fundorte im oberen Murtal, sowie bei Köszeg (Güns) in Westungarn. SUDRES Angabe des *R. lasiaxon* für Oberbayern gehört nach W. MAURER nicht zu dieser Art.

Eine Verbreitungskarte von *R. ferox* gibt W. MAURER in den Mitteilungen d. Abt. f. Zool. u. Bot. am Joanneum in Graz, Heft 18 (1964).

Rubus ferox weicht von dem in seinem Verbreitungsgebiet häufigen *R. Gremlii* und *R. styriacus* ab durch die ziemlich fein gesägten, heller grünen Laubblätter und die spärlichen, sehr kurz gestielten, im Indument versteckten Drüsen des Blütenstandes (nach W. MAURER).

Ferner vergleiche man 1479a. *R. macrophyllus* WEIHE et NEES, S. 334 und
1483l. *R. podophyllos* PH. J. MÜLLER, S. 356.

IV) Kronblätter schmal elliptisch. Blättchen grob und ungleich gesägt (wenn fein und gleichmäßig gesägt, vergleiche man 1483 l. *R. podophyllos* PH. J. MÜLLER, S. 356).

a) Staubblätter die am Grunde geröteten Stylodien deutlich überragend.

1484f. Rubus eriostachys[1]) PH. J. MÜLLER et LEFÈVRE in Pollichia **16–17**, 225 (1859). Syn. *R. Colemannii* BLOXAM subsp. *R. eriostachys* (PH. J. MÜLLER et LEF.) SUDRE (1908–13).

Schößling schwach, stumpfkantig, dünn behaart, spärlich stieldrüsig, mit schwachen, etwas ungleichen Stacheln. Schößlingsblätter ziemlich groß, drei- bis fünfzählig, oberseits wenig behaart, unterseits dünn filzig bis verkahlend, am Rande grob und ungleich gesägt. Unpaariges Blättchen rundlich oder kurz verkehrt eiförmig, mit ganzen oder ausgerandetem Grunde, plötzlich zugespitzt. Blütenstand ziemlich kurz und schmal oder locker kegelig, nur am Grunde oder fast ganz durchblättert, mit zottig rauhhaarigen, kurz drüsigen und spärlich dünnstacheligen Achsen. Kelchblätter außen grünlich, filzig, kurz drüsig und kurz bestachelt bis stachellos. Kronblätter länglich eiförmig, weiß. Staubblätter die am Grunde geröteten Stylodien überragend. Filamente weiß. Staubbeutel behaart. Fruchtblätter kahl bis behaart.

Im Gebiet nur in der Pfalz und nach HRUBY in Niederösterreich. Außerdem in Belgien, Frankreich und sehr selten in England.

b) Stylodien grünlich.

1) Fruchtblätter behaart. Unpaariges Blättchen plötzlich lang zugespitzt.

---

[1]) Von griech. ἔριον [erion] „Wolle" und στάχυς [stachys] „Ähre".

1484 g. Rubus helveticus GREMLI, Beitr. Fl. Schweiz 36 (1870). Syn. *R. Colemannii* BLOXAM subsp. *R. helveticus* (GREMLI) SUDRE (1908–13).

Schößling stumpfkantig, grün, dünn behaart, mit zerstreuten, manchmal nur vereinzelten Stieldrüsen; Stacheln ziemlich ungleich, über dem Grunde plötzlich verschmälert, gerade, gelblich. Schößlingsblätter breit, drei- bis fünfzählig, tief grün, beiderseits dünn behaart, grob, scharf und ungleich gesägt; das unpaarige Blättchen fast doppelt so lang wie sein Stielchen, rundlich oder breit eiförmig, am Grunde abgerundet oder ausgerandet, plötzlich lang zugespitzt; die äußeren Seitenblättchen deutlich gestielt. Blütenstand kurz, breit, locker, mehr oder weniger stark durchlaubt, mit filzigen, nadelig bestachelten und reichlich bis sparsam stieldrüsigen Achsen. Kelchblätter schmal. Kronblätter schmal elliptisch, weiß. Staubblätter die grünlichen Stylodien kaum oder nur wenig überragend. Filamente weiß. Fruchtblätter behaart.

Zerstreut im Schwarzwald, Spessart (hier in einer durch dreizählige Schößlingsblätter ausgezeichneten Rasse), Thüringen, Oberbayern, Salzburg, Nordtirol und in der nördlichen Schweiz.

2) Fruchtblätter gewöhnlich kahl. Unpaariges Blättchen allmählich zugespitzt.

α) Staubblätter die Stylodien meist überragend. Schößling meist reichlich stieldrüsig, deutlich behaart.

1484 a. Rubus Gremlii FOCKE, S. 357.

β) Staubblätter nur die Höhe der Stylodien erreichend. Schößling mit sitzenden und nur wenigen gestielten Drüsen, wenig behaart.

1484 h. Rubus silesiacus WEIHE in WIMM. et GRAB., Fl. Siles 1, 2, 53 (1829).

Schößling kräftig, aus bogigem Grunde liegend oder bei Gelegenheit kletternd, kantig, flachseitig, dünn behaart bis verkahlend, mit sitzenden oder auch gestielten Drüsen und kleinen Stachelhöckern; Stacheln etwas ungleich, pfriemlich lanzettlich, leicht zurückgeneigt, gelblich. Schößlingsblätter überwiegend handförmig fünfzählig, schlaff, oberwärts striegelhaarig, unterseits blaß grün, auf den Adern weichhaarig, scharf und nach vorn zugleich doppelt gesägt; Blättchen sich mit den Rändern überdeckend, das unpaarige etwa dreimal so lang wie sein Stielchen, breit herzeiförmig[1]), allmählich lang zugespitzt; äußere Seitenblättchen kurz gestielt. Blattstiel oberseits flach. Blütenstand lang, ziemlich schmal, mit dünn filzigen, zerstreut nadelstacheligen und stieldrüsigen Achsen. Kelchblätter schmal, außen kurzhaarig graufilzig, etwa halb so lang wie die Blütenstiele. Kronblätter schmal elliptisch oder verkehrt eiförmig, weiß. Staubblätter etwa die Höhe der grünlichen Stylodien erreichend. Filamente weiß. Fruchtblätter kahl oder mit vereinzelten Haaren. – Chromosomenzahl: $4 n = 28$. – Ende VI, VII.

Im Bereich der Mittelgebirge vom Odenwald durch Thüringen und die Lausitz bis Schlesien, Böhmen, Mähren, Posen und in die Westkarpaten.

1485a. Rubus hebecaulis[2]) SUDRE, Rub. Pyr. 63 (1900). Fig. 259 k.

Schößling niederliegend, schlank, rundlich bis stumpfkantig, wollig behaart, meist blaugrün angelaufen, spärlich drüsig und stachelhöckerig mit etwas ungleichen, langen und schmalen Stacheln. Schößlingsblätter drei- bis fünfzählig, beiderseits grün und dünn behaart, nur die jüngeren unterseits zuweilen graugrün; am Rande mäßig stark und ungleich gesägt. Unpaariges Blättchen eiförmig, elliptisch oder verkehrt eiförmig, am Grunde seicht ausgerandet oder abgerundet, vorn ziemlich lang zugespitzt. Blütenstand lang und dicht oder breit kegelig und dann locker, mehr oder weniger hoch durchblättert, mit locker behaarten, kurz drüsigen, fein oder mäßig stark bestachelten Achsen. Kelchblätter in eine lange Spitze ausgezogen, außen grün, dünn filzig und wollig behaart, spärlich bedrüst und bestachelt, nach dem Verblühen waagrecht ausgebreitet oder aufgerichtet. Kronblätter eiförmig, elliptisch oder verkehrt eiförmig, rosa oder weiß. Staubblätter die Stylodien ein wenig überragend. Filamente weiß. Fruchtblätter kahl oder spärlich, selten dicht behaart. Fruchtblattträger behaart.

---

[1]) Nach W. WATSON ist das Endblättchen länglich verkehrt eiförmig.
[2]) Von griech. ἥβη [hebe] „Jugendzeit, Vollkraft, Mannesalter, Mannbarkeit", hier wohl im Sinn von „erstem Bart, Schamhaare", und καυλός [kaulos] „Stengel". Sprachlich richtiger ist „hebeticaulis", wie W. WATSON schreibt.

Vorkommen. In Gebüschen und lichten Wäldern der Berg- und Hügelstufe auf frischen, lokkeren, kalkarmen Böden, z. B. mit *Corylus Avellana* im Rubo-Coryletum (Rubion subatlanticum).

Allgemeine Verbreitung. Britische Inseln, Frankreich, Belgien, in den deutschen Mittelgebirgen, Österreich (?) und der Schweiz.

Verbreitung im Gebiet. In Deutschland in den Mittelgebirgen von der Pfalz bis in den Harz und in den Odenwald verbreitet, in Südbayern nur um Traunstein. Wird außerdem für Österreich (Oberösterreich, Nordtirol), Mähren (Beskiden, Weiße Karpaten) und die Schweiz angegeben.

Mit Rubus hebecaulis verwandte Arten.

Gemeinsame Merkmale. Schößling konvex- oder flachseitig, nicht gefurcht, fast gleichförmig bis ziemlich ungleich bestachelt, meist mit vereinzelten, seltener zahlreichen Stieldrüsen, sowie Stachelborsten und Stachelhöckern; gelegentlich fehlen die Stieldrüsen am Schößling überhaupt (*R. Schmidelyanus*). Laubblätter beiderseits grün, in der Jugend nicht selten unterseits grau oder graugrün. Blattstiel oberseits gewöhnlich flach. Blütenstand mit kurzen Stieldrüsen. Kelchblätter nach dem Abblühen im allgemeinen waagrecht ausgebreitet oder aufgerichtet. Staubblätter kurz oder lang. – *Rubus Drejeri* und *R. mucronifer* fallen durch ihre ungleich lang stieldrüsigen Blütenstände aus diesem Formenkreis heraus.

A) Schößling wenig behaart bis fast kahl.

1485 b. Rubus atrichantherus[1]) KRAUSE in PRAHL, Krit. Fl. SCHLESW. Holst. 2, 61 (1889).

Schößling stumpfkantig, schwach bereift, fast kahl, mit zerstreuten, winzigen Stieldrüsen und Stachelchen; Stacheln abstehend, ziemlich klein. Schößlingsblätter drei- und fünfzählig, bei den dreizähligen die Seitenblättchen meist zweilappig; oberseits kahl, unten grün und fast verkahlend, am Rande leicht sägezähnig; unpaariges Blättchen sehr **breit verkehrt eiförmig**. Blütenstand kegelig bis fast ebensträußig, mit fast kahler oder filziger und behaarter, kurz stieldrüsiger und borstenstacheliger Achse; Stacheln weich und blaß. Kelchblätter ausgebreitet oder locker zurückgeschlagen. Kronblätter klein, elliptisch, kahl, blaßrosa oder weiß. Staubblätter kaum die Höhe der rötlichen Stylodien erreichend. **Staubbeutel und Fruchtblätter kahl.**

Im Gebiet wohl nur in Schleswig-Holstein, vor allem an der Ostküste. Außerdem in Dänemark, Belgien, England und Wales.

Rubus atrichantherus ist mit *R. mucronifer* eng verwandt.

1485 c. Rubus hypomalacus[2] FOCKE, Syn. Rub. Germ. 274 (1877).

Schößling stumpfkantig, dünn behaart, manchmal etwas stachelhöckerig und stieldrüsig. Stacheln lang pfriemlich. wenig zahlreich, gelblich. Schößlingsblätter groß, drei- bis fünfzählig, oberseits behaart, unterseits weich samtig bis verkahlend, anfangs oft etwas grau schimmernd, mit grob gesägtem Rande. Unpaariges Blättchen **herzeiförmig, elliptisch oder länglich,** lang zugespitzt; äußere Seitenblättchen sehr kurz gestielt. Blütenstand meist kurz und im Laub versteckt, oberwärts fast traubig, zottig behaart, stieldrüsig und nadelig bestachelt. Kelchblätter außen graugrün, nach dem Verblühen ausgebreitet bis aufrecht. Kronblätter elliptisch, am Rande kahl, rosa, selten weiß. Staubblätter nur die Höhe der Stylodien erreichend oder diese hoch überragend, mit weißen oder rötlichen Filamenten. Staubbeutel kahl oder mit wenigen Haaren. **Fruchtblätter und Fruchtblattträger behaart.**

In Nordwestdeutschland vom Niederrhein bis Schleswig-Holstein; seltener in den Mittelgebirgen (Odenwald, Rhön, Spessart, Erzgebirge). Außerhalb des Gebiets in Dänemark und auf den Britischen Inseln. Fraglich sind die Angaben für Böhmen und Mähren.

Ferner vergleiche man 1478 b. *R. rhombifolius* WEIHE, S. 332,

1480 d. *R. chaerophyllus* SAGORSKI, S. 343,

1484 d. *R. badius* FOCKE, S. 358 und

1485 h. *R. mucronifer* SUDRE, S. 363.

---

[1]) Aus dem griech. θρίξ, Genitiv τριχός [thrix, trichos] „Haar", dem botanischen Kunstwort anthera „Staubbeutel" und vorgesetztem α privativum gebildet; also: mit unbehaarten Staubbeuteln.

[2]) Griech. ὑπό [hypo] „unten" und μαλακός [malakos] „weich".

B) Schößling locker bis dicht behaart.

I) Staubblätter die Stylodien nur wenig oder nicht überragend. Filamente meist weiß. Stylodien niemals gerötet.

c) Schößling kantig.

1485 d. Rubus Schmidelyanus SUDRE, Bull. Soc. Bot. Fr. **51**, 21 (1904).

Schößling deutlich kantig, mit flachen oder konvexen Seiten, dicht behaart, mit Stachelhöckern aber ohne oder fast ohne Stieldrüsen; Stacheln ein wenig ungleich, die stärkeren seitlich zusammengedrückt, gerade oder geneigt. Schößlingsblätter fünfzählig, oberseits dünn behaart, unterseits grün oder anfangs graugrün; grob und ungleich scharf gesägt. Unpaariges Blättchen zwei- bis dreimal so lang wie sein Stielchen, rundlich eiförmig, am Grunde ausgerandet oder fast abgerundet, mäßig lang zugespitzt. Blütenstand ziemlich kurz, nach vorne kaum verschmälert, mit rauhhaariger, armdrüsiger, mit kräftigen, geneigten bis sicheligen Stacheln bewehrter Achse. Kelchblätter lang bespitzt, außen filzig, wenig bedrüst und bestachelt, nach der Blüte abstehend oder locker aufgerichtet. Kronblätter ziemlich schmal, verkehrt eiförmig oder länglich, weiß, höchstens in der Knospe zart rosa angehaucht. Staubblätter die grünlichen Stylodien überragend. Filamente weiß, seltener blaß rosa, Fruchtblätter und Fruchtblattträger zumeist behaart.

In West- und Süddeutschland sehr zerstreut (Pfalz, Odenwald; in Bayern nur bei Miltenberg und Traunstein); in Österreich im Lande Salzburg und in der Steiermark; außerdem in der Schweiz, Schlesien, Mähren, Belgien, Frankreich und England.

1485 e. Rubus eifeliensis WIRTG. in Flora **42**, 235 (1859).

Schößling kräftig, deutlich kantig, mit flachen Seiten, bereift, stark behaart, zerstreut stieldrüsig, stachelhöckerig und stachelborstig; Stacheln fast gleichförmig, pfriemlich. Schößlingsblätter (vier- bis) fünfzählig, unterseits graufilzig und auf den Adern dicht behaart, grob und ungleich doppelt gesägt. Unpaariges Blättchen rundlich eiförmig bis breit rautenförmig. Blattstiel oberseits flach. Blütenstand dicht und breit, mit behaarten, kurz stieldrüsigen und krummstacheligen Achsen. Blüten oft sechszählig. Kelchblätter außen graufilzig und bestachelt, nach dem Verblühen ausgebreitet oder aufrecht. Kronblätter keilig verkehrt eiförmig, am Rande kahl, heller oder dunkler rosa. Staubblätter die grünlichen Stylodien ein wenig überragend. Fruchtblätter kahl oder schwach behaart. Fruchtblattträger vor allem unterwärts behaart.

Nur in der Eifel und außerhalb des Gebiets in England.

d) Schößling stumpfkantig oder rundlich. Filamente stets weiß.

1) Staubblätter die Stylodien ein wenig überragend. Kronblätter rosa oder weiß.

1485 a. Rubus hebecaulis SUDRE, S. 360.

1485 f. Rubus macrothyrsos[1]) LANGE, Fl. Dan. fasc. 48, 6 t. 2823 (1870).

Schößling stumpfkantig, wollhaarig, sehr spärlich stieldrüsig, stachelhöckerig und stachelborstig; Stacheln mäßig kräftig. Schößlingsblätter gewöhnlich ziemlich klein, fußförmig fünfzählig, oberseits fast kahl, unterseits graufilzig, auf den Adern dicht weichhaarig, ziemlich grob gesägt. Unpaariges Blättchen verkehrt eiförmig oder elliptisch, mit breit gestutztem oder ausgerandetem Grunde, allmählich kurz bespitzt. Blütenstand lang und schmal, oft durchblättert, mit filzigen, meist spärlich drüsigen, sichelig und pfriemlich bestachelten Achsen. Kelchblätter außen mit tief roten Stacheln bewehrt, ausgebreitet. Kronblätter breit elliptisch oder verkehrt eiförmig, gefranst, leuchtend rosa. Staubblätter die gelblichen Stylodien ein wenig überragend. Filamente weiß. Fruchtblätter behaart. Sammelfrucht wohl entwickelt, klein, aus ziemlich großen Steinfrüchtchen bestehend. – Chromosomenzahl: $4n = 28$.

In Schleswig-Holstein und im nordwestlichen Harz. Außerhalb des Gebiets in Dänemark, England und Irland.

2) Staubblätter etwa die Höhe der Stylodien erreichend. Kronblätter weiß.

1485 g. Rubus condensatus PH. J. MÜLLER in Flora **41**, 167 (1858) Syn. *R. hebecaulis* SUDRE var. *condensatus* (PH. J. MÜLLER) SUDRE (1908–13).

Schößling flach bogig, niederliegend, stumpfkantig, kurz behaart, sehr spärlich kurz stieldrüsig; Stacheln ziemlich kurz, aus breitem Grunde pfriemlich, geneigt. Schößlingsblätter drei- bis fünfzählig, unterseits grün und dünn behaart,

---

[1]) Von griech. μακρός [makros] „lang" und θύρσος, vgl. S. 329.

am Rande grob gesägt. Unpaariges Blättchen breit herzeiförmig, rundlich oder länglich elliptisch; die äußeren Seitenblättchen sehr kurzgestielt. Blütenstand dicht, meist stark durchblättert, weich behaart, mit kurzen, blassen Stieldrüsen. Kelchblätter an der Frucht aufgerichtet. Kronblätter rundlich verkehrt eiförmig, vorn ausgerandet, weiß. Staubblätter etwa die Höhe der grünlichen Stylodien erreichend oder kürzer. Filamente weiß. Fruchtblätter behaart.

Im Gebiet in der Pfalz, im Elsaß, in der Schweiz und in Tirol (?); außerdem in Nordfrankreich und England.

II) Staubblätter die roten oder gelblichen Stylodien hoch überragend. Kronblätter und Filamente meist rosa. Schößling rundlich oder stumpfkantig. Blütenstandsachse mit ungleich langen Stieldrüsen.

1485h. Rubus mucronifer SUDRE, Rub. Herb. Bor. 56 (1902). Syn. *R. mucronatus* BLOXAM in KIRBY (1850) non SERINGE.

Schößling kräftig, kletternd oder flachbogig bis liegend, rundlich, anfangs zerstreut behaart, mehr oder weniger reichlich stieldrüsig und stachelhöckerig. Stacheln ungleich lanzettlich, mäßig zahlreich. Schößlingsblätter drei- oder fußförmig fünfzählig, oberseits striegelhaarig, unterseits stärker behaart, grün oder anfangs graugrün filzig, am Rande ziemlich fein und gleichmäßig gezähnt. Blättchen sich mit den Rändern überdeckend, das unpaarige zwei- bis dreimal so lang wie sein Stielchen, rundlich verkehrt eiförmig, am Grunde meist leicht herzförmig eingebuchtet, vorn kurz bespitzt. Blütenstand verlängert, locker armblütig, unten durchblättert, filzig zottig, mit zahlreichen kurzen und einzelnen langen Stieldrüsen und spärlichen Nadelstacheln. Kelchblätter außen grünlich mit weißem Saum, nach dem Verblühen abstehend oder locker zurückgeschlagen. Kronblätter ziemlich groß, elliptisch oder verkehrt eiförmig, rosa, seltener weiß. Staubblätter die geröteten Stylodien erheblich überragend. Filamente rosa. Staubbeutel behaart. Fruchtknoten kahl oder behaart. – Ende VI, VII.

Im Gebiet nur im östlichen Schleswig-Holstein und um Bielefeld. Außerdem auf den Britischen Inseln. Die angeblichen Vorkommen in der Steiermark und in den Beskiden dürften kaum zu dieser Art gehören.

1485i. Rubus Drejeri[1]) G. JENSEN in Fl. Dan. fasc. 51, 7, t 3023 (1883).

Ähnlich voriger Art, doch der Schößling reicher bestachelt und meist auch stärker behaart. Schößlingsblätter drei- bis überwiegend fünfzählig, unterseits dünn behaart oder oft dünn sternfilzig, am Rande fein gesägt, das unpaarige Blättchen etwa viermal so lang wie sein Stielchen, rundlich bis länglich verkehrt eiförmig, mit kurzer, aufgesetzter Spitze; äußere Seitenblättchen fast sitzend. Blütenstand ziemlich kurz, kegelig, abstehend zottig, mit zahlreichen, ungleichen Stieldrüsen und Stachelborsten sowie mit ziemlich kleinen, sicheligen oder hakigen Stacheln. Kelch oft die unreife Frucht umfassend. Blüten meist etwas kleiner als bei *R. mucronifer*, mit gelblichen Stylodien und stark behaarten Fruchtblättern.

Im Gebiet nur in Nordwestdeutschland: verbreitet in Ostschleswig; sonst sehr zerstreut, südwärts bis Harzburg am nordwestlichen Harzrande. Außerdem in Dänemark, Belgien und auf den Britischen Inseln.

Ferner vergleiche man: 1480i. *R. sciocharis* (SUDRE) W. WATSON, S. 345 und
1484c. *R. Muelleri* LEFÈVRE, S. 358.

1486a. Rubus Radula[2]) WEIHE in BOENNINGH., Prodr. Fl. Monast. 152 (1824).
Raspel-Brombeere. Fig. 261.

Schößling kräftig, aus ziemlich hochbogigem Grunde kletternd oder niederliegend, oberwärts kantig, mit ebenen oder gegen die Spitze zu oft ausgehöhlten Seitenflächen, mehr oder weniger dicht mit einfachen und büscheligen Haaren sowie Sternhaaren und zahlreichen, kurzen Stieldrüsen, Stachelborsten und Stachelhöckern besetzt; Stacheln untereinander fast gleich, kantenständig, kräftig lanzettlich, gerade oder nach rückwärts geneigt. Schößlingsblätter meist fußförmig fünfzählig, ziemlich groß, im Winter lange grün bleibend, oberseits sparsam striegelhaarig bis verkahlend, dunkelgrün, unterseits in der Jugend weiß-, später graufilzig und behaart, am Rande ziemlich grob und ungleich scharf gesägt. Unpaariges Blättchen eiförmig oder elliptisch,

---

[1]) Benannt nach S. TH. N. DREJER, geb. 1813, gest. 1842 in Kopenhagen, dem Verfasser einer Flora excursoria Hafniensis (1838) sowie mehrerer Abhandlungen über *Carex*.
[2]) Lat. radula „Kratzbürste, Raspel, Reibeisen"; im zoologischen Sprachgebrauch die Reibplatte der Schnecken.

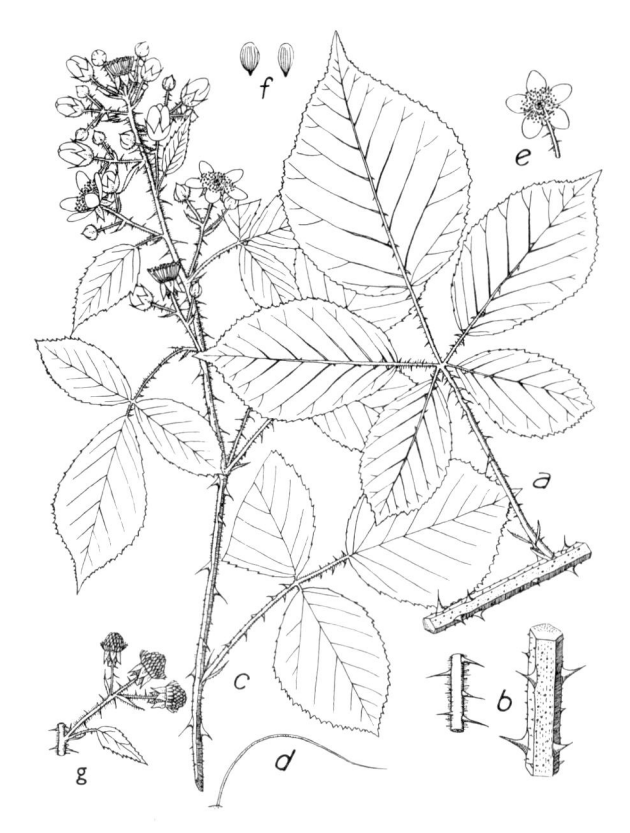

Fig. 261. *Rubus Radula* WEIHE. *a* Schößlingsstück mit Laubblättern. *b* rechts: Achsenstück eines Schößlings, links: des Blütenstandes. *c* blühender Zweig. *d* Flaumhaar. *e* Blüte. *f* Kronblätter. *g* Fruchtzweig.

am Grunde abgerundet oder gestutzt, vorn in eine lange Spitze verschmälert, äußere Seitenblättchen deutlich gestielt. Blattstiel oberseits flach, kurz und krumm bestachelt. Blütenstand länglich kegelig, oft bis zur Spitze durchblättert, am Grunde mit starken, langen, geraden, rückwärts geneigten Stacheln bewehrt, im übrigen filzig zottig behaart, mit zahlreichen, die Haare wenig überragenden Stieldrüsen und vielen Nadelstacheln. Kelchblätter außen graugrün, drüsig, bestachelt, an Blüte und Frucht zurückgeschlagen, wenig kürzer als die Blütenstiele. Kronblätter ziemlich klein, breit elliptisch, vorne nicht ausgerandet, blaß rosa oder weiß. Staubblätter die grünlichen oder am Grunde geröteten Stylodien hoch überragend. Filamente meist weiß. Fruchtblätter gewöhnlich kahl. Reich fruchtend. – Chromosomenzahl: $4n = 28$ und $5n = 35$. – Ende VI bis Anfang VIII.

Vorkommen. An Waldrändern und in Hecken der tieferen Lagen, auf frischen, basenreichen Sand- und Lehmböden, vor allem in Prunetalia-Gesellschaften.

Allgemeine Verbreitung. Von den Britischen Inseln über Nord- und Ostfrankreich durch Mitteleuropa bis in die Schweiz, Ungarn und Polen bis zur Weichsel. Außerdem in Dänemark und Südskandinavien.

Rubus Radula ist im Gebiet ziemlich verbreitet, nur südlich der Donau und in den Alpen seltener. Fehlt in Kärnten, dem Oberinntal, dem Mittelwallis und den Südalpen, angeblich auch in Böhmen; in Mähren nur für die Beskiden angegeben.

Mit *Rubus Radula* verwandte Arten.

Gemeinsame Merkmale. Schößling flachseitig oder gefurcht, ziemlich gleichförmig bis mäßig ungleich bestachelt, mit ziemlich zahlreichen, kurzen Stieldrüsen und Stachelhöckern. Laubblätter beiderseits grün oder unterseits graufilzig, in der Jugend bisweilen auch weißfilzig. Blütenstand mit zahlreichen, kurzen, gleichförmigen Stieldrüsen, die die Haare kaum überragen. Kelchblätter an Blüte und Frucht meist zurückgeschlagen. Staubblätter lang oder kurz.

A) Obere Laubblätter unterseits grau- bis weißfilzig.

I) Schößling dicht behaart. Blütenstand kräftig bestachelt. Laubblätter unterseits flaumig behaart.

1486 b. Rubus Genevieri[1]) BOREAU, Fl. Centre France, ed. 3, **2**, 193 (1857).

Schößling schlank, stumpfkantig mit flachen Seiten, dicht behaart, mit zahlreichen kurzen, aber meist die Haare überragenden Stieldrüsen und Stachelhöckern und ungleichen, kräftigen, langen, kantenständigen Stacheln. Schößlingsblätter meist ziemlich klein, fußförmig fünf-, seltener nur dreizählig, oberseits verkahlend, blaß grün, unterseits weiß filzig

---

[1]) Benannt nach dem Apotheker und Botaniker GASTON GENEVIER, gestorben 1880 in Nantes. Er befaßte sich u. a. mit der Brombeerflora Mittelfrankreichs.

und kurz behaart, am Rande ungleich doppelt gesägt mit teilweise abstehenden Zähnen. Unpaariges zwei- bis dreimal so lang wie sein Stielchen, ei-, rauten- oder verkehrt eiförmig, am Grunde abgerundet oder ausgerandet, vorn lang zugespitzt. Blütenstand sehr lang, gegen den Gipfel zu allmählich verschmälert, locker, durchblättert, mit gebogener, filziger und kurz behaarter, ungleich kurz stieldrüsiger, spärlich bis reich drüsenborstiger und stachelborstiger sowie nadelstacheliger Achse. Kelchblätter in eine lange Spitze ausgezogen, nach dem Abblühen zurückgeschlagen. Kronblätter verkehrt eiförmig, in den Grund verschmälert oder fast spatelig, vorn ausgerandet, blaß rosa. Staubblätter die rötlichen Stylodien hoch überragend. Filamente weiß oder am Grunde gerötet. Fruchtblätter dicht behaart.

Selten im mittleren Rheintal, der Pfalz, im Spessart und in Oberbayern. Außerdem in Portugal, Nordwest-Frankreich, England und Irland.

1486c. Rubus discerptus PH. J. MÜLLER in Pollichia **16–17**, 146 (1859).

Schößling kräftig, bogig, gefurcht, an der Sonne sich schwarzpurpurn bis fast schwarz färbend, behaart, mit zahlreichen, abstehenden, zum Teil sehr langen und starken Stacheln. Schößlingsblätter handförmig fünfzählig, unterseits graufilzig und kräftig gelblich behaart, scharf und doppelt gesägt, mit eiförmigen, elliptischen oder verkehrt eiförmigen, am Grunde nicht eingebuchteten Endblättchen. Blütenstand breit und dicht, nach vorne kaum verschmälert, meist stark durchblättert, mit zottig behaarter Achse und geraden bis krummen Stacheln, mit etwas ungleichen Stieldrüsen, Stachelhöckern und Stachelborsten. Kelchblätter in eine lange Spitze ausgezogen, nach dem Verblühen zurückgeschlagen. Kronblätter breit eiförmig oder elliptisch, vorne nicht ausgerandet, am Rande schwach behaart, rosa. Staubblätter die gelblichen Stylodien überragend. Filamente weiß. Fruchtblätter kahl. Fruchtblattträger behaart. – Chromosomenzahl: $4n = 28$.

Im Gebiet selten in der Rhön (Platz), in Oberbayern (Petting, Waging), im schwäbischen Jura (Hoppingen) und in der Schweiz. – *Rubus discerptus* ist eine ausgesprochen atlantische Pflanze und von Portugal bis Schottland verbreitet. Auf den Britischen Inseln gehört sie zu den häufigsten Arten.

II) Schößling spärlich behaart bis fast kahl.

a) Blütenstand schwach bestachelt. Laubblätter unterseits seidig behaart.

1486d. Rubus apiculatus WEIHE et NEES in BLUFF et FINGERHUTH, Comp. Fl. Germ. **1**, 680 (1825). Syn. *R. anglosaxonicus* GELERT (1888). Bespitzte Brombeere.

Schößling niedrig bogig, kantig, oft glänzend, schwach bläulich grün überlaufen, spärlich behaart, mit zerstreuten Stieldrüsen und meist zahlreichen, ungleichen Stachelhöckern. Stacheln ungleich, die größeren seitlich zusammengedrückt, schwach zurückgebogen, leicht sichelig oder fast gerade, die kleineren zahlreich, höckerförmig, davon einige ein Drüsenköpfchen tragend. Schößlingsblätter meist fünfzählig, manchmal auch nur drei- oder vierzählig, oberseits kahl oder dünn behaart, unterseits graufilzig, seidenhaarig, am Rande mäßig stark und fast einfach gesägt, mit scharfen, ungleichen, fast abstehend bespitzten Zähnen. Unpaariges Blättchen zumeist aus abgerundetem oder seicht ausgerandetem Grunde verkehrt eiförmig, plötzlich kurz zugespitzt, seltener elliptisch mit fast parallelen Rändern und länger bespitzt. Blütenstand lang, unterbrochen und am Grunde durchblättert, gegen den Gipfel verschmälert, zottig behaart, reich stieldrüsig, fein bis mittelstark mit geraden oder schiefen, kaum stechenden Stacheln besetzt. Kelchblätter filzig, behaart, drüsig, wenig bestachelt, locker zurückgeschlagen, nur selten an der Frucht aufrecht. Kronblätter elliptisch oder eiförmig, fast kahl, rosa bis blaß rosa. Staubblätter etwa die Höhe der gelblichen Stylodien erreichen oder sie etwas überragend. Filamente weiß oder rosa. Fruchtblätter kahl oder dünn behaart. – Chromosomenzahl: $4n = 28$. – Ende VI, VII.

Im Gebiet vor allem im Westen verbreitet, von Schleswig-Holstein bis in die Schweiz, außerdem in Bayern ostwärts bis in den Bayerischen Wald, auf der Schwäbisch-Bayerischen Hochebene in den Voralpen und selten auch in den Nordalpen (Zifferalm bei Brannenburg, 800 m). In Österreich in Nordtirol, Oberösterreich und der Steiermark. In Böhmen und Mähren im Böhmerwald und in den nördlichen Grenzgebirgen. *Rubus apiculatus* ist von den Britischen Inseln über Frankreich durch Mitteleuropa bis Ungarn verbreitet.

b) Blütenstand kräftig bestachelt. Laubblätter unterseits flaumig behaart.

1) Blättchen ziemlich grob gesägt. Unpaariges Blättchen eiförmig oder elliptisch.

1486a. Rubus Radula WEIHE, S. 363.

2) Blättchen fein gesägt.

1486 e. Rubus uncinatus PH. J. MÜLLER in Flora **41**, 154 (1858). Syn. *R. Radula* WEIHE subsp. *uncinatus* (PH. J. MÜLLER) SUDRE (1908–13).

Schößling wie *Rubus Radula*, doch mit zahlreicheren Stieldrüsen und Stachelhöckern. Schößlingsblätter drei- bis fünfzählig, oberseits fast kahl, unterseits dünn graufilzig, fein und ungleich gesägt. Unpaariges Blättchen verkehrt eiförmig, am Grunde meist nicht ausgerandet, vorn plötzlich zugespitzt. Blütenstand oft durchblättert, locker behaart, etwas ungleich drüsig, reich bestachelt. Kelchblätter zurückgeschlagen. Kronblätter verkehrt eiförmig, vorn ausgerandet, blaß rosa oder weiß. Staub- und Fruchtblätter wie bei *R. Radula*.

In Westdeutschland nicht selten, nach Osten bis Unterfranken (im Spessart und in der Rhön ziemlich verbreitet) reichend. Außerdem in Vorarlberg.

1486 f. Rubus trachycaulon[1]) SUDRE in Bull. Soc. Bot. France **52**, 324 (1905).

Schößling schlank, rundlich, sehr rauh, wenig behaart. Laubblätter unterseits grau- bis weißfilzig, fein gesägt, mit schmal eiförmigem oder elliptischem, am Grunde seicht ausgerandetem, vorn allmählich lang zugespitztem Endblättchen. Blütenstand kegelig, locker behaart, kurzdrüsig, wenig bis mäßig stark bewehrt. Kelchblätter ohne Stacheln. Kronblätter elliptisch, vorn nicht ausgerandet, rosa. Staubfäden weiß. Fruchtblätter behaart.

Selten im Schwarzwald, im Spessart und in Oberbayern. Außerdem in Frankreich.

B) Alle Laubblätter unterseits grün.

III) Blütenstand kräftig bestachelt. Blüten weiß oder blaß rosa.

c) Schößling mäßig behaart bis fast kahl.

Vgl. 1487 g. *R. granulatus* PH. J. MÜLLER et LEFÈVRE, S. 372.

d) Schößling meist stärker behaart.

3) Blättchen grob und ungleich gesägt. Fruchtblätter kahl oder schwach behaart.

α) Staubblätter die Stylodien überragend.

1486 g. Rubus fuscus[2]) WEIHE et NEES in BLUFF et FINGERHUTH, Comp. Fl. Germ. **1**, 682 (1825). Syn. *R. fusciformis* SUDRE (1906).

Schößling kräftig, am Grunde stumpfkantig, oberwärts mit flachen oder seicht gefurchten Seiten, dicht behaart, wenig drüsig; Stacheln ungleich, die stärkeren seitlich zusammengedrückt, gerade oder etwas gebogen, die kleineren zerstreut, höcker- oder nadelförmig. Schößlingsblätter fünfzählig, oberseits kaum behaart, dunkelgrün, unterseits schwach behaart, am Rande grob und ungleich gesägt. Unpaariges Blättchen etwa doppelt so lang wie sein Stielchen, aus herzförmigem Grunde eiförmig, vorn zugespitzt. Blütenstand mäßig lang, schmal, behaart, drüsig, mit zahlreichen, geraden oder geneigten Stacheln. Kelchblätter filzig, drüsig, meist bestachelt, zurückgeschlagen, seltener zum Teil aufgerichtet. Kronblätter eiförmig oder elliptisch, weiß oder blaß rosa. Staubblätter die grünlichen, zuweilen am Grunde geröteten Stylodien überragend. Filamente weiß. Fruchtblätter kahl oder dünn behaart.

Zerstreut in West- und Süddeutschland, Österreich und der Schweiz.

1486 h. Rubus retrodentatus PH. J. MÜLLER et LEFÈVRE in Pollichia **16–17**, 168 (1859). Syn. *R. Schmidelyanus* SUDRE var. *breviglandulosus* SUDRE (1908-13).

Schößling wie bei *Rubus fuscus*. Laubblätter unterseits kurz behaart, grob gesägt, mit tiefen, ungleichen, eckigen, meist etwas zurückgebogenen Zähnen. Unpaariges Blättchen kurz verkehrt eiförmig, am Grunde abgerundet oder seicht ausgerandet, plötzlich zugespitzt. Blütenstand groß, locker, reichlich mit kräftigen Stacheln bewehrt. Kelchblätter ausgebreitet oder zum Teil zurückgeschlagen. Kronblätter elliptisch bis verkehrt eiförmig, blaß rosa oder weiß. Staubblätter die gelblichen, am Grunde geröteten Stylodien überragend. Filamente weiß. Fruchtblätter schwach behaart. – Chromosomenzahl: $4n = 28$.

Ziemlich selten in der Pfalz, im Odenwald, in der Rhön, sowie in der Steiermark. Außerhalb des Gebiets in Belgien, Frankreich und auf den Britischen Inseln.

β) Staubblätter etwa die Höhe der Stylodien erreichend.

---

[1]) Von griech. τραχύς [trachys] „rauh" und καυλός [kaulos] „Stengel".
[2]) Lat. fuscus „dunkel, schwärzlich, von der Sonne gebräunt".

1486i. Rubus racemiger[1]) GREMLI in Österreich. Bot. Zeitschr. **21**, 128 (1871) ‚*racemigerus*'. Syn. *R. angustifolius* PH. J. MÜLLER et LEFÈVRE (1859) non KALTENB.

Schößling wie bei *Rubus fuscus* dicht behaart. Laubblätter unterseits kurz behaart, am Rande grob gesägt. Unpaariges Blättchen doppelt so lang wie sein Stielchen, verkehrt eiförmig, am Grunde nicht ausgerandet, vorn zugespitzt. Blütenstand lang, durchblättert, zottig behaart, mit kräftigen Stacheln reichlich bewehrt. Kelchblätter zurückgeschlagen. Kronblätter breit elliptisch, weiß, nicht gefranst. Staubblätter etwa die Höhe der grünlichen Stylodien erreichend. Filamente weiß. Fruchtblätter kahl.

Vereinzelt im mittleren Rheingebiet und im Spessart. Außerdem in der Schweiz, in Frankreich und England (Kent).

1486k. Rubus apiculatiformis (SUDRE) BOUV., Rub. Anjou 62 (1923).

Schößling kräftig, stumpfkantig, bläulich grün, behaart. Schößlingsblätter fünfzählig, unterseits grün oder zuweilen die oberen etwas grau, grünlich, auf den Adern locker kammförmig behaart, am Rande ungleich und fast einfach aufgesetzt-bespitzt gesägt. Unpaariges Blättchen verkehrt eiförmig, am Grunde kaum ausgerandet, vorn plötzlich zugespitzt; äußere Seitenblättchen deutlich gestielt. Blütenstand lang und schmal, zottig behaart, sehr reichlich bestachelt. Kelchblätter zurückgeschlagen oder ausgebreitet. Kronblätter elliptisch, gefranst, weiß oder blaß rosa. Staubblätter etwa die Höhe der grünlichen Stylodien erreichend. Filamente weiß. Fruchtblätter kahl.

Im Gebiet nur in Westdeutschland (Pfalz, Spessart). Außerdem in Belgien, Frankreich und England.

Ferner vergleiche man 1487 m. *R. hirsutus* WIRTGEN, S. 373.

4) Blättchen fein und gleichmäßig gesägt. Fruchtblätter behaart (ob auch bei *R. parviserrulatus*?).

γ) Unpaariges Blättchen schmal länglich oder elliptisch, kurz gestielt.

1486 l. Rubus parviserrulatus SUDRE in Bull. Soc. Bot. France **52**, 322 (1905).

Schößling schlank, dicht behaart, mit dünnen, blassen Stacheln bewehrt. Laubblätter fein aufgesetzt-bespitzt und klein gesägt. Unpaariges Blättchen schmal länglich oder elliptisch, mit fast ganzem Grunde, kurz gestielt. Blütenstand fast blattlos, kurz rauhhaarig, mit schwachen, geraden Stacheln besetzt.

Sehr vereinzelt in der Pfalz, im Spessart und in Franken.

δ) Unpaariges Blättchen verkehrt eiförmig bis rundlich, lang gestielt.

1486 m. Rubus acutipetalus PH. J. MÜLLER et LEFÈVRE in Pollichia **16–17**, 174 (1859). Syn. *R. fuscus* WEIHE et NEES subsp. *R. acutipetalus* (PH. J. MÜLLER et LEF.) SUDRE (1908–13).

Schößling wie bei *Rubus fuscus* dicht behaart. Laubblätter unterseits leicht behaart, am Rande fein und gleichmäßig aufgesetzt-bespitzt gesägt. Unpaariges Blättchen verkehrt eiförmig, rundlich oder kreisförmig, am Grunde ausgerandet, vorn spitz oder sehr kurz zugespitzt. Blütenstand dicht zottig rauhhaarig, kurz, spärlich stieldrüsig, mit blassen Stacheln bewehrt. Kelchblätter ausgebreitet. Kronblätter elliptisch, hell rosa oder weiß. Staubblätter ein wenig länger als die grünlichen oder rötlichen Stylodien. Filamente weiß. Fruchtblätter behaart. – Chromosomenzahl: $4n = 28$.

Im Gebiet nur in der Pfalz (gemein in den Tälern westlich der Wasserscheide des Pfälzer Waldes und um Kaiserslautern), bei Freiburg und nach HORMUZAKI auch in Oberösterreich. Außerdem in Belgien, Frankreich und auf den Britischen Inseln.

IV) Blütenstand wenig bestachelt oder wehrlos.

e) Blüten blaß rosa oder weiß.

1) Fruchtblätter behaart.

1486 n. Rubus foliosus WEIHE et NEES in BLUFF et FINGERHUTH, Comp. Fl. Germ. **1**, 682 (1825). Syn. *R. flexuosus* PH. J. MÜLLER (1859). *R. saltuum* FOCKE (1870).

Schößling stumpfkantig, dunkelrot, mehr oder weniger behaart, dicht mit roten Stieldrüsen besetzt, außerdem stachelhöckerig und stachelborstig; Stacheln zum Teil sehr lang, zurückgeneigt und sichelig gebogen. Schößlingsblätter drei- bis fünfzählig, derb, oberseits dunkelgrün und glänzend, unterseits behaart und oft graufilzig, am Rande nicht tief gezähnt. Unpaariges Blättchen eiförmig, elliptisch oder elliptisch-rautenförmig, am Grunde herzförmig eingebuchtet oder abgerundet, vorn allmählich zugespitzt. Blütenstand kegelförmig, mit gerader Hauptachse und abstehenden Ästen oder schmal mit geknickter Achse; ganz durchblättert, oft mit sehr großen, die Blüten überragenden Tragblättern. Kelchblätter lang bespitzt, zurückgeschlagen oder ausgebreitet. Kronblätter schmal rautenförmig, gefranst, rosa, sel-

---

[1]) Von lat. racemus „Traube" und gerere „führen", hier in der Bedeutung „tragen".

tener weiß. Staubblätter die Höhe der rötlichen oder (bei weißen Blüten) grünlichen Stylodien erreichend, Filamente meist weiß. Fruchtblätter dünn behaart. Sammelfrucht gut entwickelt, länglich.

Vor allem im Westen des Gebiets: Schleswig-Holstein, westliches Niedersachsen, Westfalen, Rheinland, Pfalz, Odenwald, Spessart, Schwarzwald, Elsaß, Westschweiz; angeblich auch in Niederösterreich, der Steiermark und Südtirol sowie angeblich im westlichen Böhmen und in den Beskiden. Außerhalb des Gebiets in Dänemark, Belgien und den Niederanden, Nordwestfrankreich und auf den Britischen Inseln.

1486 o. Rubus corymbosus PH. J. MÜLLER in Flora 41, 151 (1858). Syn. *R. foliosus* WEIHE var. *corymbosus* (PH. J. MÜLLER) SUDRE (1908–13).

Schößling kräftig, stumpfkantig, rotbraun, spärlich behaart und verkahlend, meist wenig stieldrüsig und stachelhöckerig; Stacheln kräftig, meist kurz, zurückgeneigt und sichelförmig. Schößlingsblätter drei- bis fünfzählig, oberseits kahl, unterseits weichhaarig bis verkahlend. Unpaariges Blättchen eiförmig, breit rautenförmig oder fast verkehrt eiförmig. Blütenstand oberwärts dicht und kaum schmäler werdend, stumpflich, mit zerstreut kurzdrüsigen Ästen. Kelchblätter zurückgeschlagen oder ausgebreitet. Kronblätter schmal länglich verkehrt eiförmig, vorn abgerundet, rosa bis weiß. Staubblätter etwa die Höhe der grünlichen oder bisweilen geröteten Stylodien erreichend oder diese ein wenig überragend. Filamente weiß. Fruchtblätter behaart.

Selten in West- und Süddeutschland, Oberösterreich, der Steiermark und der Schweiz.

6) Fruchtblätter kahl.

1486 p. Rubus microanchus[1]) SUDRE, Diagn. 36 (1906).

Schößling kantig, behaart, armdrüsig, mit schwachen Stacheln. Schößlingsblätter fünfzählig, unterseits grün und schwach behaart, am Rande fein gesägt. Unpaariges Blättchen verkehrt eiförmig, am Grunde nicht ausgerandet, vorn plötzlich kurz zugespitzt. Blütenstand fast blattlos, rauhzottig, reich drüsig, zerstreut schwach und meist gelblich krummstachelig. Kelchblätter drüsig, unbewehrt, zurückgeschlagen. Kronblätter länglich, weiß. Staubblätter die Stylodien überragend. Fruchtblätter kahl.

Selten in Bayern (Waging, Regensburg, Schney) und der Pfalz. Außerdem in Frankreich.

Ferner vergleiche man: Nr. 1487 m. *R. hirsutus* WIRTGEN, S. 373.

f) Blüten kräftig rosa.

1486 q. Rubus insericatus PH. J. MÜLLER in Flora 41, 184 (1858).

Schößling flachbogig, kantig, mit ebenen Seiten, dicht zottig behaart, wenig drüsig. Stacheln ungleich, die größeren mäßig stark, wenig zusammengedrückt, gerade oder geneigt, die kleineren nadelig. Schößlingsblätter drei- bis fünfzählig, dünn, oberseits angedrückt behaart, unterseits grün, auf den Adern kammförmig behaart, am Rande fein, einfach und ziemlich gleichmäßig gesägt. Unpaariges Blättchen drei- bis viermal so lang wie sein Stielchen, elliptisch bis rautenförmig, am Grunde nicht eingebuchtet, vorn lang zugespitzt. Blütenstand kegelig, wenig durchblättert, zottig behaart, fein drüsig und spärlich mit schwachen Stacheln besetzt. Kelchblätter unbewehrt, zurückgeschlagen. Kronblätter schmal elliptisch oder eiförmig, kräftig rosa. Staubblätter die Höhe der roten Stylodien erreichend oder kürzer, mit weißen Filamenten. Fruchtblätter kahl. Fruchtblattträger behaart. Chromosomenzahl: $4n = 28$.

Zerstreut in Westdeutschland im Rheinland, der Pfalz, um Aschaffenburg, in der Rhön und in der Oberpfalz; außerdem im nördlichen und westlichen Böhmen, in Mähren (Beskiden) und in der Schweiz. Sonst in Belgien, Frankreich und England.

1486 r. Rubus rhombophyllus[2]) PH. J. MÜLLER et LEFÈVRE in Pollichia 16–17, 175 (1859).

Schößling kräftiger als bei voriger Art, rötlich, zerstreut kurzdrüsig; Stacheln oft paarweise oder zu dreien beisammen stehend, kräftig, abstehend bis zurückgeneigt. Schößlingsblätter oberseits kahl, unterseits grün bis gelegentlich graufilzig, ungleich und weniger scharf gezähnt als bei *R. insericatus*. Unpaariges Blättchen breit rautenförmig, am Grunde seicht ausgerandet. Blütenstand stark durchblättert, dichtblütig. Kelchblätter bestachelt, zurückgeschlagen. Kronblätter kräftig rosa. Staubblätter die gelblichen, am Grunde geröteten Stylodien überragend, mit rosaroten Filamenten. Fruchtblätter kahl.

---

[1]) Von griech. μικρός [mikros] „klein" und ἄγχειν [anchein] "würgen."

[2]) Von griech. ῥόμβος [rhombos], ursprünglich der Kreisel der Zauberer, dann auch ein Plattfisch, neuerdings nurmehr im Sinn von Raute verwendet; rhombophyllus daher „rautenblätterig".

Selten im Schwarzwald und in Oberbayern; in angenäherten, durch unvollständig zurückgeschlagene und auch abstehende Kelchblätter zu *Rubus obscurus* überleitenden Formen (*R. rhombophyllus* MÜLLER et LEFÈVRE var. *pseudosericatus* PROG. ex ADE) von der Pfalz bis in die Rhön, den Odenwald und den Spessart verbreitet. Außerhalb des Gebiets in Belgien, Frankreich und England.

1486 s. Rubus truncifolius PH. J. MÜLLER et LEFÈVRE in Pollichia **16–17**, 139 (1859). Syn. *R. insericatus* PH. J. MÜLLER subsp. *R. truncifolius* (PH. J. MÜLLER et LEF.) SUDRE (1908–13).

Schößling kantig, flachseitig, behaart, mit kurzen Stieldrüsen und seitlich zusammengedrückten, geraden und geneigten Stacheln. Schößlingsblätter drei- bis fünfzählig, beiderseits grün und wenig behaart, mit wenig tief, einfach und fast gleich gezähntem Rande. Unpaariges Blättchen rundlich verkehrt eiförmig, mit ganzem oder wenig ausgerandetem Grunde vorn plötzlich zugespitzt oder fast abgeschnitten mit aufgesetzter Spitze. Blütenstand lang und schmal kegelförmig, meist etwas durchblättert, locker, zottig rauhhaarig, wenig bestachelt. Kelchblätter behaart, drüsig, nicht oder wenig bestachelt, meist locker zurückgeschlagen, im Fruchtstadium teilweise aufrecht. Kronblätter schmal verkehrt eiförmig oder elliptisch, gegen den Grund verschmälert, leuchtend, seltener blaß rosa. Staubblätter die Höhe der rötlichen Stylodien erreichend oder diese ein wenig überragend. Filamente weiß, getrocknet häufig rosa. Fruchtblätter behaart oder kahl.

Ziemlich selten im Rheinland, der Pfalz, in Hessen, sowie im südöstlichen Oberbayern. Außerdem in Belgien, Frankreich und England.

1486 t. Rubus Gravetii (BOULAY ex SUDRE) W. WATSON in Journ. Ecol. **33**, 341 (1946). Syn. *R. insericatus* PH. J. MÜLLER subsp. *R. Gravetii* BOULAY ex SUDRE (1908–13).

Schößling stumpfkantig, dicht und lang behaart; Stacheln oft seitlich zusammengedrückt. Schößlingsblätter fünfzählig, oberseits fast kahl, unterseits weichhaarig, an den Adern kammförmig behaart, mit ungleich und mäßig stark gesägtem Rande. Blütenstand stumpf kegelig, fast blattlos, rauhhaarig, dünn bestachelt, mit abstehenden Ästchen. Kelchblätter behaart, drüsig, unbestachelt oder armstachelig, locker zurückgeschlagen. Kronblätter länglich verkehrt eiförmig, tief rosenrot. Staubblätter so lang wie die rötlichen Stylodien oder diese überragend. Filamente rosa. Fruchtblätter kahl oder behaart. Unreife Sammelfrucht dunkel karminrot.

Im Gebiet in der Eifel, Pfalz und Schweiz. Außerdem in Belgien, Frankreich und England. Nirgends häufig.

1486 u. Rubus adornatiformis SUDRE in Bull. Études Sci. Angers **31**, 113 (1902).

Schößling stumpfkantig, dünn behaart, ungleich bestachelt. Schößlingsblätter meist dreizählig, unterseits grün und wenig behaart oder fast kahl, ungleich und grob gesägt. Unpaariges Blättchen eiförmig, am Grunde seicht ausgerandet. Blütenstand zottig behaart, wenig bewehrt. Blüten rötlich. Staubblätter die meist geröteten Stylodien überragend. Filamente weiß.

Selten in der Pfalz, im Odenwald, Spessart, in Oberbayern (Waging) und der Steiermark. Außerdem in Frankreich.

1487 a. Rubus pallidus WEIHE et NEES in BLUFF et FINGERHUTH, Comp. Fl. Germ. **1**, 622 (1825). Syn. *R. cernuus* PH. MÜLLER (1859). Bleiche Brombeere. Fig. 262.

Schößling aus bogigem Grunde liegend, unten rundlich, fein bestachelt, oberwärts kantig mit flachen Seiten, ziemlich dicht behaart, mit ungleichen unter den Haaren verborgenen Stachelborsten und Stieldrüsen, sowie mit fast gleichartigen, breit aufsitzenden, kurzen, rückwärts geneigten Stacheln. Schößlingsblätter zumeist fußförmig fünfzählig, dünn, oberseits kurzhaarig, unterseits anliegend fein behaart, grün, am Rande ungleich grob gesägt. Unpaariges Blättchen fast dreimal so lang wie sein Stielchen, herzeiförmig bis eiförmig elliptisch, mit breitem, herzförmigem Grunde, lang zugespitzt. Blattstiel oberseits gegen den Grund zu seicht rinnig, sichelig bestachelt, Blütenstand meist nur am Grunde beblättert, breit kegelig, gestutzt, zottig rauhhaarig, fein und kurz stieldrüsig, mit schwachen, blassen geraden oder geneigten Stacheln. Kelchblätter außen grünlich, filzig, locker behaart, drüsig, bestachelt, lanzettlich, an der Blüte zurückgeschlagen, an der Frucht abstehend, Kronblätter elliptisch, vorn gestutzt, weiß, seltener blaß rosa. Staubblätter die fast immer purpurnen Stylodien etwas überragend, mit weißen Filamenten. Fruchtblätter kahl. Reich fruchtend. – Chromosomenzahl: $4n = 28$. – Ende VI, VII.

Vorkommen. Auf nährstoffreichen, frischen, vor allem etwas mergeligen, aber kalkarmen Böden in lichten Wäldern, an Waldrändern und in Hecken, in Lonicero-Rubion-Gesellschaften.

Allgemeine Verbreitung. In Mitteleuropa sowie in Dänemark, Belgien, Frankreich (selten), England und Wales.

Verbreitung im Gebiet. Ziemlich verbreitet in Nordwest-Deutschland, sowohl in der Ebene wie im Hügelland, ostwärts bis Pommern (Stettin) und durch die Mittelgebirge bis in die Sächsische Schweiz. Nach Süden bis in den Schwarzwald, den Fränkischen Jura und den Bayerischen Wald, aber hier wie überall in Bayern, selten. – In Österreich in Vorarlberg, Tirol, Oberösterreich und der Steiermark. – In Böhmen im Iser- und Adlergebirge, in Mähren in den Beskiden und den Weißen Karpaten.

Mit *Rubus pallidus* verwandte Arten.

Gemeinsame Merkmale. Schößling meist flachseitig, seltener leicht gefurcht, allermeist deutlich und oft stark behaart (ausgenommen *R. micans*, *R. taeniarum* und *R. thyrsiflorus*), meist ziemlich gleichförmig bestachelt, mit kurzen Stieldrüsen und Stachelhöckern. Laubblätter beiderseits grün, seltener unterseits graufilzig. Blütenstand mit zahlreichen, kurzen, die Haare kaum überragenden Stieldrüsen. Kelchblätter an der Blüte häufig zurückgeschlagen, nach dem Abblühen jedoch ausgebreitet oder die Frucht umfassend. Staubblätter etwa die Höhe der Stylodien erreichend oder diese häufiger überragend.

A) Obere Laubblätter unterseits graufilzig.

  I) Schößling rundlich, selten schwach kantig.

1487 b. Rubus subcanus PH. J. MÜLLER in BOULAY, Ronces Vosg. 34 (1866). Syn. *R. micans* subsp. *R. subcanus* (PH. J. MÜLLER) SUDRE (1908 bis 13).

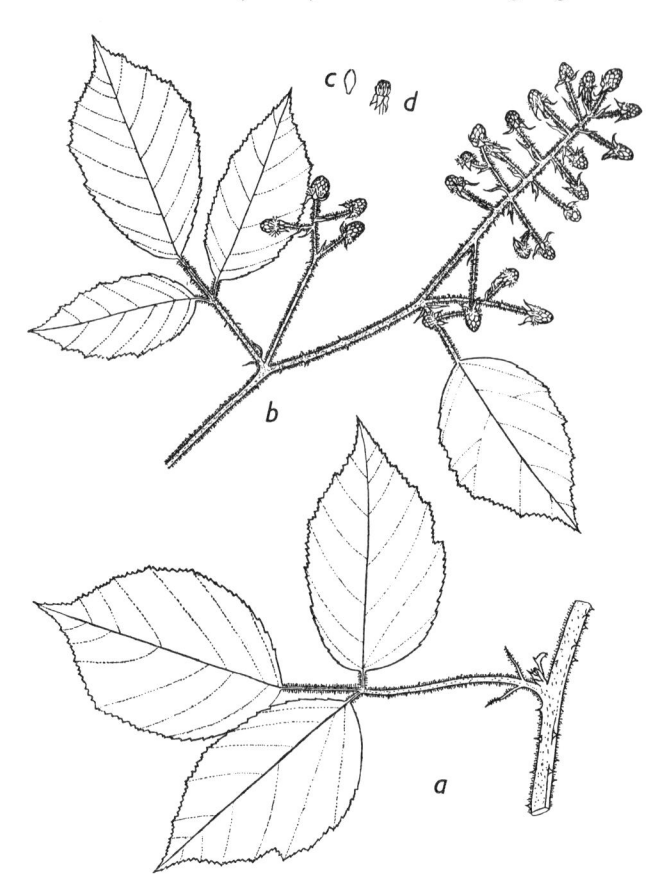

Fig. 262. *Rubus pallidus* WEIHE et NEES. *a* Schößlingsstück mit Laubblatt. *b* blühender Zweig. *c* Kronblatt. *d* unreife Sammelfrucht (nach W. WATSON).

Schößling schwach, kaum kantig, bläulich grün, behaart, stieldrüsig, mit geneigten, seitlich leicht zusammengedrückten größeren Stacheln. Schößlingsblätter drei- und fünfzählig, oberseits dünn behaart, unten weichhaarig graufilzig, im Schatten graugrün, ungleich und fast einfach gezähnt, mit breit eiförmigem oder fast verkehrt eiförmigem, am Grunde oft ausgerandetem, vorn kurz zugespitztem Endblättchen. Blütenstand schmal, durchblättert, kurz rauhhaarig, mäßig kräftig bestachelt, mit kurzen Blütenstielen. Kelchblätter außen dicht drüsig, ausgebreitet, oft mit aufgerichteten Spitzen. Kronblätter eiförmig bis verkehrt eiförmig, weiß oder blaß rosa. Staubblätter die am Grunde rötlichen Stylodien überragend. Filamente weiß. Fruchtblätter kahl.

Ziemlich selten in der Pfalz, bei Darmstadt und in Südbayern (Ering am Inn, Waging, Zifferalm bei Brannenburg 800 m, Zwickling bei Ruhpolding) sowie im Lande Salzburg. Sonst nur noch in Frankreich.

  II) Schößling kantig, mit flachen oder leicht gefurchten Seiten.

1487 c. Rubus micans[1]) GODR. in GREN. et GODR., Fl. France **1**, 546 (1848). Fig. 263.

Schößling kantig, flachseitig oder leicht gefurcht, verkahlend, spärlich kurz drüsig und stachelborstig, reichlich ungleich stachelhöckerig; Stacheln ungleich, die stärkeren seitlich zusammengedrückt, mit pfriemlicher Spitze, gerade oder geneigt, gelblich oder rotbraun. Schößlingsblätter drei- bis fußförmig fünfzählig, ziemlich fest, oberseits wenig behaart,

---

[1]) Lat. micans „schimmernd" oder „funkelnd".

unterseits graugrün bis weißfilzig und weich behaart, am Rande grob und ungleich gesägt. Unpaariges Blättchen etwa dreimal so lang wie sein Stielchen, breit eiförmig, rundlich oder verkehrt eiförmig elliptisch, kurz zugespitzt. Blütenstand breit kegelig, durchblättert, langästig, filzig und behaart, fein bedrüst, dünn bis mittelstark bestachelt. Kelchblätter an der Blüte meist zurückgeschlagen, später waagrecht abstehend oder zum Teil aufgerichtet. Kronblätter schmal eiförmig, leuchtend rosa bis weiß. Staubblätter die grünlichen Stylodien überragend. Filamente weiß oder am Grunde gerötet. Fruchtblätter kahl oder dünn behaart.

Vereinzelt in Westdeutschland (Pfalz, Rhön, Odenwald, Spessart), in Mähren (Beskiden), nach HRUBY auch in der Steiermark. Außerhalb des Gebiets in Belgien, Frankreich, England und Wales.

Noch seltener ist der sehr ähnliche **1487 d. Rubus pulcher** PH. J. MÜLLER et LEFÈVRE in Pollichia **16–17**, 148 (1859), der sich von voriger Art durch den kleinen, oft nickenden, meist blattlosen Blütenstand, die kräftig gefärbten rundlichen oder breit eiförmigen Kronblätter und die leuchtend rosaroten Filamente unterscheidet. Bei Büdingen in Hessen; außerdem in England und Frankreich, aber überall sehr vereinzelt.

B) Alle Laubblätter unterseits grün.

III) Schößling kahl oder nur spärlich behaart.

1487 e. Rubus taeniarum LINDEB., Novit. Fl. Suec. **5**, 1 (1958). Syn. *Rubus infestus* sensu FOCKE, SUDRE, ADE et aliorum, non WEIHE.

Schößling bogig, kantig, mit flachen oder gefurchten Seiten, unbereift, dünn behaart bis kahl, spärlich stieldrüsig; Stacheln ungleich, die größeren mit verbreitertem Grunde, gerade bis leicht sichelig, die kleineren nadel- oder höckerförmig. Schößlingsblätter meist fünfzählig, oberseits dünn behaart, unterseits grün, behaart, zuweilen die oberen unterseits dünn graugrün filzig; am Rande mäßig tief, ungleich bis fast gleichförmig gesägt. Unpaariges Blättchen eiförmig, am Grunde seicht ausgerandet. Blütenstand oft ganz durchblättert, locker behaart, drüsig, mit zahlreichen, kräftigen, meist sicheligen oder hakigen Stacheln. Kelchblätter außen grünlich. weiß berandet, kurz behaart, drüsig, wenig bestachelt, nach der Blüte abstehend oder locker die Frucht umfassend. Kronblätter rundlich, vorn ausgerandet, gewimpert, weiß oder blaß rosa. Staubblätter die grünlichen Stylodien kaum überragend, mit kräftig roten Filamenten. Fruchtblätter bärtig. Reife Sammelfrucht schwarzviolett. – Ende VI, VII.

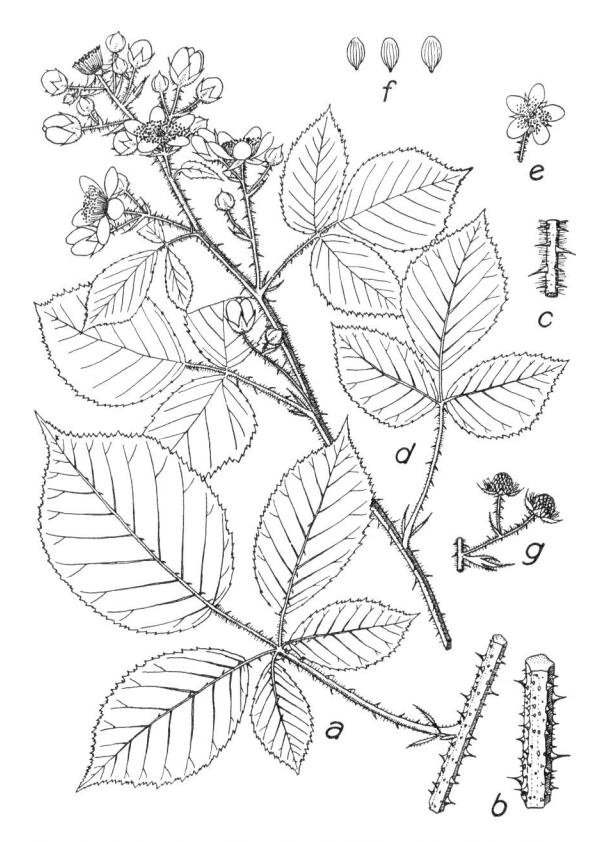

Fig. 263. *Rubus micans* GODRON. *a* Schößlingsstück mit Laubblatt. *b* Achsenstück eines Schößlings. *c* dasselbe aus einem Blütenstande. *d* blühender Zweig. *e* Blüte. *f* Kronblätter. *g* Fruchtstand.

Im nordwestdeutschen Hügellande von Westfalen bis zum Harz und nach Thüringen, nach Süden sehr vereinzelt bis in den Odenwald. Wird auch für Böhmen und Mähren angegeben. Außerdem in Dänemark, Schweden, Belgien, den Niederlanden, England, Wales und Schottland.

1487 f. Rubus thyrsiflorus WEIHE et NEES in BLUFF et FINGERHUTH, Comp. Fl. Germ. **1**, 684 (1825).

Schößling niederliegend oder kletternd, kantig, mit flachen oder leicht gewölbten Seiten, bläulichgrün, kahl oder dünn behaart, zerstreut stieldrüsig, Stacheln ungleich, zahlreich, kurz, gerade oder sichelig. Schößlingsblätter drei- bis fünfzählig, dünn, oberseits spärlich behaart, unterseits grün, dünn behaart, am Rande grob bis mäßig tief, ungleich oder fast einfach gesägt. Unpaariges Blättchen etwa viermal so lang wie sein Stielchen, breit eiförmig bis rundlich, mit herzförmigem Grunde. Blütenstand verlängert, wenig beblättert, dicht zottig behaart, reichlich blaßdrüsig (die Stieldrüsen fast so lang wie der Durchmesser der Blütenstiele), sowie mit zerstreuten, schwachen Nadelstacheln. Kelchblätter außen grünfilzig, drüsig, an der Blüte zurückgeschlagen, später abstehend. Kronblätter elliptisch, vorn ausgerandet, weiß. Staubblätter etwa die Höhe der rötlichen oder grünen Stylodien erreichend, mit weißen Filamenten. Fruchtblätter kahl oder dünn behaart. – Chromosomenzahl: $4n = 28$.

Im Gebiet im Westen vom Weserbergland über Westfalen, das Rheinland, die Pfalz südwärts bis in den Schwarzwald, das Elsaß und die nördliche Schweiz; seltener im Osten: Bayerischer Wald, südöstliches Oberbayern, Tirol und Steiermark, Böhmen und Mähren. Außerdem in England und (sehr selten) in Frankreich.

Ferner vergleiche man die folgende Art, 1487 g. *R. granulatus* PH. J MÜLLER.

  IV) Schößling deutlich behaart.

    a) Blütenstand kräftig bestachelt. Blüten weiß.

1487 g. Rubus granulatus PH. J. MÜLLER et LEFÈVRE in Pollichia **16–17**, 154 (1859).

Schößling kantig, flachseitig oder schwach gefurcht, unbereift, rotbraun, mäßig behaart bis fast kahl, reichlich kurz drüsig und durch Stachelhöcker rauh; Stacheln ungleich, gerade. Schößlingsblätter drei- bis fünfzählig, oberseits dunkelgrün, dünn behaart oder verkahlend, unterseits dünn behaart, grün, am Rande ungleich und meist einfach gezähnt. Unpaariges Blättchen langgestielt, meist kurz verkehrt eiförmig oder breit elliptisch, lang zugespitzt. Blütenstand dicht, gegen den Gipfel kaum verschmälert, durchblättert, die obersten Blätter auf der Oberseite drüsig; mit locker rauhhaariger, dicht drüsiger, reichlich mit mäßig starken Stacheln bewehrter Achse; Stieldrüsen etwa so lang wie die Haare. Kelchblätter nach dem Verblühen ausgebreitet oder aufrecht. Kronblätter breit verkehrt eiförmig, sich bei der Vollblüte nicht mit den Rändern deckend, weiß. Staubblätter die grünlichen Stylodien überragend. Filamente weiß. Fruchtblätter kahl oder fast kahl. Fruchtblattträger behaart.

Eine westliche Art mit nur vereinzelten Vorposten im Gebiet; die Angaben für Oberbayern und Österreich sind unwahrscheinlich. Sonst in Belgien, Frankreich und auf den Britischen Inseln.

1487 h. Rubus Menkei[1]) WEIHE et NEES in BLUFF et FINGERHUTH, Comp. Fl. Germ. **1**, 679 (1825).

Schößling niederliegend, am Grunde rundlich, oben kantig, dicht behaart, rauh und reichlich stieldrüsig; Stacheln sehr ungleich, die größeren seitlich zusammengedrückt, gerade oder geneigt, die kleineren nadel- oder höckerförmig. Schößlingsblätter drei- und fünfzählig, oberseits dünn behaart, unterseits behaart, grün, am Rande grob und ungleich gesägt mit abstehenden oder zurückgebogenen Hauptzähnen. Unpaariges Blättchen **verkehrt eiförmig, mit ganzem oder kaum ausgerandetem Grunde**, aufgesetzt bespitzt oder plötzlich zugespitzt. Blütenstand stark durchblättert, mit stumpfem, fast ebensträußigem Gipfel, zottig behaart, reichdrüsig, mit zahlreichen, kräftigen oder mittelstarken Stacheln. Kelchblätter außen grünfilzig, drüsig, bestachelt, an der Blüte zurückgeschlagen, an der Frucht abstehend. Kronblätter breit eiförmig elliptisch, mit kahlem Rand, weiß. Staubblätter die grünlichen oder blaß roten Stylodien überragend; Filamente weiß. Fruchtblätter kahl. Fruchtblattträger behaart.

Zerstreut im westlichen Deutschland vom Weserbergland (häufig um Höxter und Bad Pyrmont) südwärts bis in die Schweiz, gegen Osten seltener; zahlreich im Oberpfälzer Jura, sonst in Bayern fast fehlend; in Österreich in Vorarlberg und Oberösterreich; in Mähren in den Beskiden. Außerdem in Belgien, Nordostfrankreich und England.

1487 i. Rubus bregutiensis[2]) KERNER ex FOCKE in Abhandl. Naturw. Ver. Bremen **13**, 152 (1894). Syn. *R. Menkei* WEIHE et NEES subsp. *R. bregutiensis* (KERNER ex FOCKE) SUDRE (1908–13).

Von dem nahe verwandten *Rubus Menkei* durch das **breit eiförmige, am Grunde herzförmig ausgerandete Endblättchen** der Schößlingsblätter zu unterscheiden. Schößling fast rundlich, stark behaart. Laubblätter meist dreizählig, unterseits grün, am Rande ziemlich klein gesägt. Blütenstand oft ganz durchblättert, kurz, sparrig, kräftig bestachelt, mit langen, rotbraunen Stieldrüsen. Fruchtkelch locker zurückgeschlagen. Fruchtblätter behaart.

In Deutschland im Schwarzwald, Bodenseegebiet und in Oberbayern um Tölz, in Österreich in Vorarlberg, Tirol, Salzburg und der Steiermark, in der Schweiz sehr häufig im Rheintal bei Zizers und im Reußtal bis in den Kanton Uri, in der Mittelschweiz vom Bodensee bis in die Waadt. – Außerhalb des Gebiets nur in Fankreich.

Ferner vergleiche man 1486 k. *R. apiculatiformis* (SUDRE) BOUV., S. 367.

  b) Blütenstand meist wenig bestachelt.

    1) Kronblätter weiß oder blaß rosa. Filamente gewöhnlich weiß.

      α) Staubblätter die roten Stylodien etwas überragend. Unpaariges Blättchen am Grunde herzförmig eingebuchtet. Fruchtblätter kahl.

---

[1]) Benannt nach KARL THEODOR MENKE (1791 bis 1861), Brunnenarzt in Pyrmont.
[2]) Von Bregutium, dem lateinischen Namen der Stadt Bregenz am Bodensee.

1487 a. Rubus pallidus S. 369.

β) Staubblätter die gelben oder grünlichen, seltener roten Stylodien kaum überragend.

1487 k. Rubus chlorocaulon[1]) (SUDRE) W. WATSON in Journ. Ecol. **33**, 340 (1946). Syn. *R. pallidus* WEIHE et NEES subsp. *R. chlorocaulon* SUDRE (1908–13).

Ähnlich *Rubus pallidus*, aber Schößling stumpfkantig, Blätter unterseits weichhaarig, die oberen auch graufilzig, fein und aufgesetzt-bespitzt gezähnt, das unpaarige Blättchen verkehrt eiförmig, mit ganzem oder leicht ausgerandetem Grunde, vorn plötzlich lang zugespitzt. Blütenstand schmal und ziemlich lang, mit kurzen, sehr reichlich stieldrüsigen Ästen. Kelchblätter die Frucht locker umfassend. Kronblätter lang, schmal elliptisch oder verkehrt eiförmig, blaß rosa oder weiß. Staubblätter etwa die Höhe der gelblichen Stylodien erreichend, mit weißen Filamenten. Fruchtblätter kahl oder behaart. Reich fruchtend, aber kleinfrüchtig.

Im Gebiet in Westfalen (westl. Versmold), der Pfalz, in Hessen sowie im Spessart und in der Schweiz; sonst nur aus Belgien, England, Wales und den Zentralpyrenäen bekannt.

1487 l. Rubus Loehrii[2]) WIRTGEN, Herb. Rub. Rhen. ed. 1, no. 22 (1854).

Schößling kantig, behaart, mit feinen, sehr kurzen, dunkelroten Stieldrüsen. Schößlingsblätter drei- bis fünfzählig, unterseits etwas grau, aber nicht filzig, grob und ungleich gesägt. Unpaariges Blättchen breit elliptisch oder rautenförmig, am Grunde nicht oder wenig ausgerandet. Blütenstand ziemlich lang und schmal kegelförmig, meist bis zum Gipfel durchblättert, zerstreut und schwach bestachelt. Kelchblätter dreieckig eiförmig, außen grün, sich bald aufrichtend. Kronblätter eiförmig, rein weiß, Staubblätter kaum die grünlichen oder geröteten Stylodien überragend, mit weißen Filamenten. Fruchtblätter dünn behaart.

Im Rheinland um Koblenz, mehrfach in der Pfalz (nicht selten im Nordpfälzer Bergland) und vereinzelt im Odenwald. Sonst nur in den belgischen Ardennen und in England.

1487 m. Rubus hirsutus WIRTGEN, Prodr. Fl. Rheinl. 413 (1841). Syn. *R. pallidus* WEIHE et NEES subsp. *R. hirsutus* (WIRTGEN) SUDRE (1908–13).

Schößling dicht behaart, flachseitig, mit wenig ungleichen Stacheln, Schößlingsblätter meist fünfzählig, oberseits mehr oder weniger kahl, unterseits dicht samtig behaart, grün oder zuweilen etwas graugrün, scharf und ungleich gesägt. Blättchen sich mit den Rändern überdeckend, das unpaarige eiförmig, am Grunde ausgerandet, vorn zugespitzt. Blütenstand locker kegelförmig, unterwärts durchblättert, oben gestutzt, kurz zottig behaart, mit rötlichbraunen Stieldrüsen und dünnen, geraden Stacheln. Kelchblätter außen grün, filzig, in eine laubige Spitze ausgezogen, meist abstehend, bisweilen auch locker zurückgeschlagen oder aufrecht. Kronblätter länglich, weiß. Staubblätter etwa die Höhe der grünlichen Stylodien erreichend; Filamente weiß. Fruchtblätter fast kahl.

Selten im Rheinland (Koblenz, Neuwied), der Pfalz, im Spessart und bei Aschaffenburg sowie in Schlesien. Außerdem in der Schweiz, in Belgien und England.

²) Kronblätter und meist auch die Filamente kräftig rosa.

1487 n. Rubus obscurus KALTENB., Fl. Aach. Beckens 281 (1845). Dunkle Brombeere.

Schößling stumpfkantig, mit flachen Seiten, dicht und lang behaart, drüsig, rauh; Stacheln ungleich, die größeren seitlich zusammengedrückt, gerade oder geneigt. Schößlingsblätter fünfzählig, oberseits fast kahl, unterseits grün, flaumig behaart, am Rande ungleich, mäßig fein bis grob gesägt. Unpaariges Blättchen breit elliptisch mit ganzem oder leicht ausgerandetem Grunde, vorn kurz zugespitzt. Blütenstand breit, in die abgerundete Spitze verschmälert, am Grunde durchblättert, reichlich stieldrüsig (die Drüsen unter der dicht zottigen Behaarung versteckt) und mit dünnen, gelblichen, geraden oder geneigten Stacheln bewehrt. Kelchblätter außen grünfilzig, zottig behaart, drüsig, bestachelt, an der Frucht abstehend oder aufgerichtet. Kronblätter schmal, rosa. Staubblätter die blassen Stylodien wenig überragend, Filamente weiß oder rosa. Fruchtblätter und Fruchtblattträger behaart.

Zerstreut in Westdeutschland vom Schwarzwald bis an den Niederrhein, angeblich auch in der Schweiz. Weiter im Osten sehr selten in Schlesien und Südbayern. Fehlt im heutigen Österreich. Außerhalb des Gebietes in Belgien und England.

---

[1]) Von griech. χλωρός [chloros] „grün" und καυλός [kaulos] „Stengel".
[2]) Benannt nach dem Apotheker MATTHIAS JOSEF LÖHR, geb. 1800 in Koblenz, gestorben 1882 in Köln.

1487 o. Rubus erraticus[1]) SUDRE in Bull. Soc. Bot. France **46**, 91 (1899).

Schößling rundlich oder stumpfkantig mit flachen Seiten, bereift, wollig behaart und kurz stieldrüsig. Schößlingsblätter gelblich grün, meist dreizählig, oberseits verkahlend, unterseits meist grün, seltener etwas grau, weich behaart und dünn filzig, am Rande einfach und ziemlich gleichmäßig fein gesägt. Unpaariges Blättchen eiförmig oder elliptisch bis verkehrt eiförmig, am Grunde ausgerandet. Blütenstand bis zum Gipfel durchblättert, locker zottig behaart, rotbraun stieldrüsig und spärlich bestachelt. Kelchblätter kurz bespitzt, außen grün, meist aufrecht. Kronblätter elliptisch, rosa, am Rande kahl. Staubblätter rosa oder weiß. Fruchtblätter kahl, mit roten Stylodien.

Selten in Baden, Schlesien, angenähert (mit grünlichen Stylodien = var. *brevidentatus* SUDRE) auch in der Pfalz. Außerdem in der Schweiz, in Belgien, Frankreich und England.

1488 a. Rubus rudis[2]) WEIHE et NEES in BLUFF et FINGERHUTH, Comp. Fl. Germ. **1**, 687 (1825).
Rauhe Brombeere.

Bei freiem Stande kaum ½ m hoch werdend, meist kletternd. Schößling aus bogigem Grunde liegend oder im Gebüsch aufsteigend, oberwärts scharfkantig, mit ebenen, nach der Spitze zu gefurchten Flächen, dunkel rot gefärbt, spärlich behaart oder kahl, reichlich mit kurzen Stieldrüsen und drüsentragenden Stachelhöckerchen besetzt; Stacheln am Grunde des Schößlings etwas ungleich, im mittleren Teile fast gleich, kräftig, kurz, nach rückwärts gebogen. Schößlingsblätter drei- bis fußförmig fünfzählig, im Winter lange grün bleibend, oberseits dunkelgrün, etwas glänzend, zerstreut striegelhaarig, später verkahlend, unterseits angedrückt sternfilzig graugrün (in der Sonne manchmal dünn weißfilzig, im Schatten blaß grün), am Rande ungleich grob gesägt. Unpaariges Blättchen elliptisch oder ei- bis rautenförmig, am Grunde abgerundet oder fast keilig, vorn lang zugespitzt. Blattstiel oberseits gegen den Grund zu rinnig. Blütenstand kurz, breit, sparrig ebensträußig, nur am Grunde beblättert, mit kurz filzigen, gedrängt kurz stieldrüsigen, nadelstacheligen Achsen, die Hauptachse auch mit zerstreuten Drüsenborsten. Blütenstielchen dünn, seine kurzen Stieldrüsen den Filz überragend, Kelchblätter allmählich zugespitzt, außen graugrün, behaart und filzig, kurz drüsig, oft mit Stachelborsten besetzt, nach dem Verblühen abstehend bis aufgerichtet, gelegentlich auch locker zurückgeschlagen, besonders an der Frucht. Kronblätter ziemlich klein, länglich verkehrt eiförmig, fast oder vollständig kahl, blaß rosa. Staubblätter die grünlichen Stylodien etwas überragend. Staubfäden weiß. Fruchtblätter und Fruchtblattträger kahl oder fast kahl. Sammelfrucht ziemlich klein. – Chromosomenzahl: $4n = 28$. – Ende VI, VII.

Vorkommen. In Wäldern und Hecken der collinen und submontanen Stufe, seltener in der Ebene, auf frischen, basen- und nährstoffreichen, aber vorzugsweise kalkarmen Sand- und Lehmböden, in Sambuco-Salicion-Gesellschaften.

Allgemeine Verbreitung. England, Frankreich, Belgien, Deutschland, Österreich, Böhmen und Mähren, Schweiz.

Verbreitung im Gebiet. In Deutschland in der norddeutschen Niederung ziemlich selten, nach Norden bis Schleswig-Holstein, nach Osten bis in die Mark Brandenburg reichend; häufiger im Rheinland, der Pfalz und in Hessen, durch die Mittelgebirge bis Sachsen und in den Bayerisch-Böhmischen Wald vordringend; südlich bis in das voralpine Hügelland und hier strichweise verbreitet, aber nicht im Alpengebiet. – In Österreich bis auf Kärnten und das Burgenland verbreitet. – In der Schweiz zerstreut im Rheingebiet, in den Kantonen Aargau, Zürich, Thurgau, Schaffhausen, Bern, Freiburg und um den Genfer See.

Mit Rubus rudis verwandte Arten.

Gemeinsame Merkmale. Schößling flachseitig oder gefurcht, oft ziemlich gleichförmig bestachelt, dünn behaart oder meist verkahlend, kurz oder gelegentlich (*R. Caflischii*) ziemlich lang stieldrüsig und reichlich stachelhöckerig.

---

[1]) Lat. erraticus „umherirrend, sich hin und her schlängelnd".
[2]) Lat. rudis „rauh, roh".

Laubblätter beiderseits grün oder unterseits dünnfilzig graugrün. Blütenstand stieldrüsig und oft auch drüsenborstig; Stieldrüsen wenigstens teilweise die Haare überragend. Kelchblätter nach dem Verblühen zurückgeschlagen, ausgebreitet oder aufgerichtet. Staubblätter meist die Stylodien überragend, nur bei *R. obscurus* und *R. erraticus* kürzer.

    A) Staubblätter die Höhe der Stylodien erreichend oder sie überragend.

        I) Kelchblätter nach dem Verblühen zurückgeschlagen.

            a) Laubblätter unterseits dünn graufilzig oder seidig grauschimmernd behaart.

1488 b. Rubus Caflischii[1]) FOCKE, Syn. Rub. Germ. 278 (1877). Syn. *R. macrostachys* PH. J. MÜLLER subsp. *R. Caflischii* (FOCKE) SUDRE (1908–13).

Schößling niedrig bogig, nach oben zu kantig, mit flachen oder oberwärts oft gefurchten Seiten, dünn behaart, mit zerstreuten, sehr ungleichen, zum Teil langen Stieldrüsen und Stachelhöckern, sowie mit zahlreichen, großen, schmallanzettlichen und fast gleichförmigen Stacheln. Schößlingsblätter drei- oder meist fußförmig fünfzählig, oberseits kahl, unterseits graufilzig und flaumhaarig, zuletzt oft nur blaßgrün, am Rande ungleich und doppelt scharf gesägt. Unpaariges Blättchen herzeiförmig oder breit elliptisch, am Grunde ausgerandet, vorn kurz zugespitzt. Äußere Seitenblättchen kurz gestielt. Blütenstand unterwärts durchblättert, meist ziemlich kurz, mit sparrig abstehenden Ästen und locker behaarter, reichlich stieldrüsiger und fein nadelig bestachelter Achse, seltener auch mit einigen Drüsenborsten. Kelchblätter außen grauzottig, oft nadelstachelig, an Blüte und Frucht zurückgeschlagen. Kronblätter breit elliptisch, weiß oder blaß rosa. Staubblätter die grünlichen Stylodien überragend. Filamente weiß. Fruchtblätter dünn behaart. – Ende VI, VII.

Nur im Süden des Gebiets: selten in Nordbayern (Franken, Jura, Bayerisch-Böhmisches Grenzgebirge), in Südbayern zumal in der südlichen Hälfte des Alpenvorlandes ziemlich verbreitet, wie auch in Österreich (Tirol, Salzburg, Steiermark, Ober- und Niederösterreich, Burgenland) und der nördlichen Schweiz. Außerhalb des Gebiets angeblich in Frankreich.

Rubus Caflischii ist wahrscheinlich aus dem Bastard *R. bifrons* × *hirtus* hervorgegangen.

1488 c. Rubus thelybatos[2]) FOCKE, Syn. Rub. Germ. 279 (1877). Syn. *R. omalus* SUDRE subsp. *R. thelybatos* (FOCKE) SUDRE (1908–13).

Schößling schlank, fast kahl, mit zahlreichen, ziemlich langen Stieldrüsen, rauh. Schößlingsblätter meist dreizählig, oberseits fast kahl, unterseits dünnfilzig grauschimmernd oder blaßgrün. Unpaariges Blättchen kaum doppelt so lang wie sein Stielchen, aus gestutztem oder ausgerandetem Grunde breit eiförmig bis elliptisch rautenförmig, undeutlich und breit zugespitzt, grob gesägt. Blütenstand kurz, locker, sparrig, wenigblütig, mit feinen, die Haare überragenden Stieldrüsen und borstigen oder nadelförmigen Stacheln. Fruchtkelch zurückgeschlagen. Kronblätter schmal, rosa oder weiß. Staubblätter die rötlichen Stylodien überragend. Filamente weiß. Fruchtblätter behaart, seltener kahl. – VI, VII.

Im Gebiet endemisch: Pfalz (Bärenloch bei Kindsbach), im Oberpfälzer Jura und in Südbayern von der Donau bis in die Voralpen an zahlreichen Fundorten; selten im Bayerischen Wald (Tegernheimer Keller); in den Alpen nur um Oberstdorf im Allgäu sowie im Lande Salzburg.

Gelegentlich kommen auch bei *Rubus thelybatos* fünfzählige Schößlingsblätter vor; diese fallen durch ihre lang gestielten äußeren Seitenblättchen auf.

            b) Laubblätter unterseits grün, wenig behaart.

                1) Kräftige Sträucher mit meist fünfzähligen Schößlingsblättern.

1488 d. Rubus omalus[3]) SUDRE, Rub. Pyr. 142 (1901).

Schößling kräftig, kantig, mit flachen Seiten, kahl oder spärlich behaart, unbereift, spärlich bedrüst, rauh; die stärkeren Stacheln seitlich zusammengedrückt, gerade oder geneigt, die kleineren höckerförmig. Schößlingsblätter gewöhnlich fünfzählig, oberseits fast kahl, unterseits wenig behaart, grün bis fast grau, am Rande mäßig stark und fast einfach gesägt. Unpaariges Blättchen breit eiförmig, am Grunde zumeist ausgerandet. Blütenstand groß, mit flaumhaarigen, kurz und dünn behaarten oder fast kahlen, rotbraun bedrüsten, ungleich kräftig oder gerade bestachelten Achsen. Kelchblätter außen grünfilzig, kurz drüsig, bestachelt, manchmal in eine laubige Spitze ausgezogen, nach dem Verblühen zurück

---

[1]) Benannt nach JAKOB FRIEDRICH CAFLISCH (1817–1882), Lehrer in Augsburg und Verfasser einer „Excursionsflora für das südöstliche Deutschland" (1878).
[2]) Von griech. ϑῆλυς [thelys] „weiblich, zart", und βάτος [batos] „Brombeere, Dornstrauch".
[3]) Von griech. ὁμαλός [homalos] „gleich, eben, glatt". Sprachlich richtiger wäre daher *R. homalus*.

geschlagen. Kronblätter eiförmig, rosa. Staubblätter die grünlichen Stylodien überragend. Filamente weiß. Fruchtblätter und Fruchtblattträger kahl oder fast kahl.

Nicht häufig in der Pfalz, in Hessen, im Odenwald, Spessart, im Bayerischen Wald und im südöstlichen Oberbayern, in Mähren in den Beskiden sowie in der Schweiz und in Frankreich.

1488 e. Rubus viridis KALTENB., Fl. Aach. Beck. 284 (1845). Syn. *R. rivularis* PH. J. MÜLLER et WIRTG. subsp. *R. incultes* (WIRTG.) SUDRE forma *viridis* (KALTENB.) SUDRE (1908–13). Fig. 264.

Schößling scharfkantig, gefurcht, verkahlend, mit wenigen, ungleichen Stieldrüsen, Stachelborsten und Stachelhöckern; Stacheln ungleich, mit breitem, seitlich zusammengedrücktem Grunde. Schößlingsblätter meist fünfzählig, hellgrün, oberseits kahl, unterseits dünn seidig behaart, am Rande fast doppelt gesägt, die Blättchen sich mit den

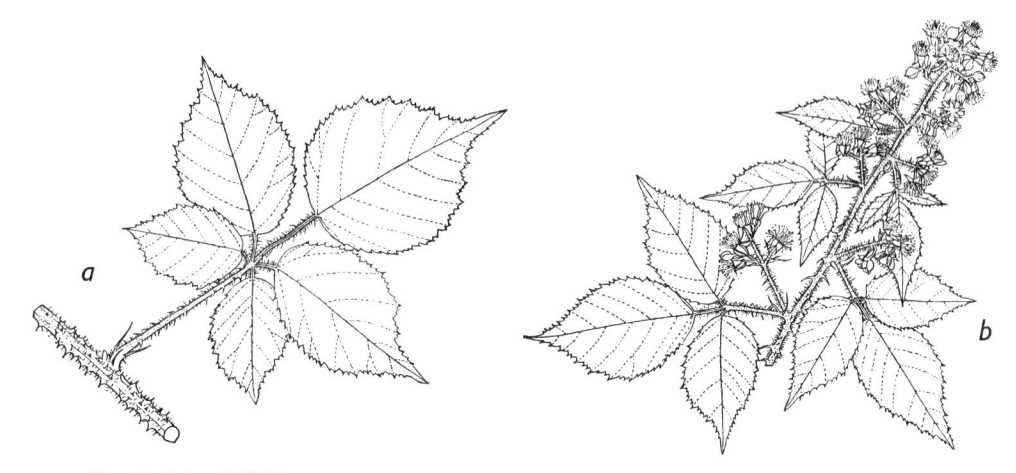

Fig. 264. *Rubus viridis* KALTENB. *a* Schößlingsstück mit Laubblatt. *b* blühender Zweig (nach W. WATSON).

Rändern überlappend, das unpaarige aus herzförmigem Grude rundlich eiförmig, vorn lang zugespitzt. Blattstiel oberseits der Länge nach gefurcht, krummstachelig. Blütenstand locker, durchblättert, mit halb aufrechten Ästen, oberwärts fast ebensträußig, dünn behaart bis verkahlend, mit dünnen, langen, teils geraden, teils krummen Stacheln besetzt. Kelchblätter lang bespitzt, außen grünlich, nach dem Verblühen zurückgeschlagen. Kronblätter klein, schmal, weiß. Staubblätter die grünlichen Stylodien überragend. Filamente weiß. Fruchtblätter kahl.

Zerstreut in West- und Süddeutschland, Österreich und der Schweiz. – GÁYER hält *Rubus viridis* für den Bastard *R. Koehleri* × *scaber*.

Ferner vergleiche man 1484 d. *R. badius* FOCKE, S. 358.

2) Schwächere Sträucher mit meist dreizähligen Schößlingsblättern.

1488 f. Rubus riguliformis SUDRE, Rub. Pyr. 145 (1901).

Schößling weniger kantig als bei *Rubus thelybatos*, reicher bedrüst und rauher. Unpaariges Blättchen dreizählig, oberseits dünn striegelig behaart, unterseits wenig behaart, grün, am Rande etwas ungleich gesägt. Unpaariges Blättchen doppelt so lang wie sein Stielchen, schmal elliptisch bis fast verkehrt eiförmig, am Grunde ausgerandet, vorn plötzlich kurz zugespitzt. Blütenstand kurz, fein flaumhaarig, reich drüsig, kräftig und ungleich bestachelt. Kronblätter schmal, weiß. Staubblätter die grünlichen Stylodien überragend. Filamente weiß. Fruchtblätter dünn behaart.

Selten in der Pfalz, in Hessen, Franken und Schwaben; sonst nur aus Frankreich bekannt.

Ferner vergleiche man 1488 c. *R. thelybatos* FOCKE, S. 375.

II) Kelchblätter nach dem Verblühen abstehend oder aufgerichtet.

c) Schößling kantig, meist unbereift.

1) Unpaariges Blättchen der Schößlingsblätter am Grunde abgerundet bis fast keilförmig.

1488 a. Rubus rudis WEIHE et NEES, S. 374.

4) Unpaariges Blättchen der Schößlingsblätter mit ausgerandetem oder herzförmig eingebuchtetem Grunde.

1488g. Rubus melanoxylon[1]) Ph. J. Müller et Wirtgen, Herb. Rub. Rhen. ed. 1, no. 181 (1861). Schwarzholzige Brombeere.

Schößling kantig, schwarzbraun, mit flachen Seiten, unbereift, fast kahl, zerstreut drüsig, rauh; Stacheln ungleich, die größeren kräftig, seitlich zusammengedrückt, gerade oder geneigt, die kleineren höckerförmig. Schößlingsblätter meist fünfzählig, oberseits schwach behaart, später verkahlend, unterseits behaart, grün oder die oberen graugrün, am Rande grob und ungleich gesägt. Unpaariges Blättchen etwa dreimal so lang wie sein Stielchen, aus ausgerandetem Grunde eiförmig, vorn kurz und plötzlich zugespitzt. Blütenstand locker, meist durchblättert, mit hin- und hergebogener Hauptachse, kahl oder fast kahl, mit langen, ungleichen, purpurnen Drüsen und zahlreichen kräftigen, geraden bis schwach sichelförmigen Stacheln. Kelchblätter außen grünfilzig, wenig behaart, drüsig, bestachelt, nach dem Verblühen abstehend. Kronblätter schmal eiförmig oder elliptisch, manchmal spitzlich, am Rande gefranst, rosa bis weiß. Staubblätter die grünlichen oder am Grunde geröteten Stylodien hoch überragend, mit weißen oder unterwärts rötlichen Filamenten. Fruchtblätter behaart oder kahl. – Chromosomenzahl: $4 n = 28$. – VII.

Im Gebiet im südlichen Westfalen, in der Pfalz, im Odenwald, Spessart und in der Rhön, in Franken, Oberbayern und im Westallgäu; ferner in Oberösterreich und der Steiermark und in der Schweiz im Kanton Schaffhausen. Außerdem in Ungarn, Belgien, Frankreich und England.

1488h. Rubus rhodopsis Sabransky ex Sudre, Rub. Europ. 201 (1913). Syn. *R. melanoxylon* Ph. J. Müller et Wirtg. var. *rhodopsis* (Sabr.) Sudre (1912).

Schößling stumpfkantig, dünn behaart, kurz drüsig, mit zahlreichen, geneigten, blassen Stacheln besetzt. Schößlingsblätter groß, drei- bis fünfzählig, beiderseits grün, unten nur wenig behaart, am Rande scharf und fast gleichmäßig gesägt. Unpaariges Blättchen breit herzeiförmig, lang zugespitzt. Blütenstand kurzdrüsig, reichlich gelblich bestachelt. Kelchblätter stark bestachelt, die Frucht locker umfassend. Kronblätter dunkel rosa. Staubblätter die geröteten Stylodien überragend. Filamente rosa. Fruchtblätter kahl.

In Mitteleuropa endemisch. Bisher nur aus der Oststeiermark, dem Burgenland und der Pfalz (?) bekannt.

Ferner vergleiche man 1484 d. *R. badius* Focke, S. 358.

d) Schößling rundlich oder stumpfkantig, meist bereift.

5) Fruchtblätter locker behaart.

1488i. Rubus vallisparsus[2]) Sudre, Diagn. 42 (1906).

Schößling schlank, rundlich oder stumpfkantig, im Alter weißlich bereift, kahl oder dünn behaart, zerstreut stieldrüsig, rauh; Stacheln sehr ungleich, die stärkeren seitlich zusammengedrückt, gerade oder schief, die kleineren höckerförmig. Schößlingsblätter drei- bis fünfzählig, oberseits dünn behaart, unterseits grün, fast kahl bis dünn graugrün filzig, am Rande ungleich, mäßig tief und meist einfach gezähnt. Unpaariges Blättchen etwa doppelt so lang wie sein Stielchen, breit eiförmig, elliptisch oder fast verkehrt eiförmig, am Grunde ausgerandet, vorn scharf zugespitzt. Blütenstand kegelförmig, oben gestutzt, locker, teilweise durchlaubt, sehr dünn und kurz behaart, rotbraun stieldrüsig und mit kräftigen bis mäßig starken, geraden oder leicht gekrümmten Stacheln bewehrt. Kelchblätter außen grünfilzig, gewöhnlich schwach bestachelt, kurz drüsig, abstehend oder die Frucht locker umfassend, Kronblätter ei- oder elliptisch rautenförmig, vorn ausgerandet, sich nicht mit den Rändern berührend, rosa. Staubblätter die anfangs meist gelblichen, sich später gewöhnlich stark rötenden Stylodien ein wenig überragend. Filamente weiß oder blaß rosa. Fruchtblätter dünn behaart.

Selten in der Pfalz und im südlichen Oberbayern. Außerdem in der Schweiz, in Belgien, Frankreich und England.

Ferner vergleiche man 1485 h. *R. mucronifer* Sudre, S. 363 und
1485 i. *R. Drejeri* G. Jensen, S 363.

6) Fruchtblätter kahl oder verkahlend.

1488k. Rubus scaberrimus Sudre, Rub. Pyr. 19 (1898).

Schößling stumpfkantig oder rund, bläulich grün überlaufen, fast kahl, oft armdrüsig, sehr rauh, gerade bestachelt. Schößlingsblätter drei- bis fünfzählig, beiderseits grün und fast unbehaart, am Rande mäßig tief und fast gleichmäßig gesägt. Unpaariges Blättchen kurz gestielt, rundlich ei- bis rautenförmig, am Grunde leicht ausgerandet, vorn spitz oder zugespitzt. Blütenstand lang und breit, meist stark durchblättert, meist reichlich gerade oder schief bestachelt und ungleich rotdrüsig. Kelchblätter außen filzig, behaart, drüsig punktiert und bestachelt, ausgebreitet. Kron-

---

[1]) Von griech. μέλας [melas] „schwarz" und ξύλον [xylon] „Holz"; wegen der dunkel gefärbten Schößlinge.
[2]) Von lat. vallis „Tal" und sparsus „zerstreut", also „der im Tal zerstreute".

blätter breit eiförmig, vorn gestutzt, weiß oder blaß rosa. Staubblätter die grünen oder rötlichen Stylodien überragend. Fruchtblätter kahl.

Selten in der Pfalz, Rhön, im Spessart und angenähert bei Traunstein in Oberbayern. Außerdem in Belgien, Frankreich und Südost-England.

1488 l. Rubus dispectus SUDRE, Rub. Pyr. 21 (1898).

Schößling kahl, kaum bereift, gerade bestachelt. Blätter spärlich behaart bis fast kahl, fein und gleichmäßig gezähnt, mit verkehrt eiförmigem, am Grunde kaum ausgeschnittenen, plötzlich ziemlich lang zugespitzten Endblättchen. Blütenstand klein, fast unbelaubt, schwach bewehrt. Kelchblätter abstehend oder locker zurückgebogen. Kronblätter breit eiförmig. Staubblätter die Höhe der Stylodien erreichend oder etwas überragend. Fruchtblätter verkahlend.

Selten im südöstlichen Oberbayern und im Bayerischen Wald. Außerdem in den Pyrenäen.

Ferner vergleiche man Nr. 1488 h. *R. rhodopsis* SABRANSKY ex SUDRE, S. 377.

B) Staubblätter die Höhe der Stylodien nicht erreichend.

1488 m. Rubus amplus FRITSCH ex HALÁCSY in Verh. zool.-bot. Ges. Wien **41**, 262 (1891). Syn. *R. melanoxylon* PH. J. MÜLLER et WIRTG. subsp. *R. superbus* SUDRE var. *amplus* (FRITSCH ex HAL.) SUDRE (1908–13).

Schößling flachbogig, kahl, mit kurzen Stacheln, dazwischen mit Stieldrüsen und Stachelborsten. Schößlingsblätter drei- bis fünfzählig, beiderseits grün, unten spärlich behaart. Unpaarige Blättchen herzeiförmig, zugespitzt. Blütenstand kurz und breit, locker, mit filzigen, abstehend behaarten, nadelig bestachelten und reichlich kurz stieldrüsigen Achsen. Kelchblätter außen graufilzig, nach dem Verblühen abstehend bis aufrecht. Kronblätter klein, weiß. Staubblätter die Höhe der Stylodien nicht erreichend. Fruchtblätter filzig behaart.

Im Gebiet endemisch. Niederösterreich, Steiermark, nach ADE auch bei Nürnberg.

1488 n. Rubus exilis[2]) SUDRE in Bull. Soc. Bot. France **52**, 340 (1905).

Schößling schlank, stumpfkantig, fast kahl, unbereift. Schößlingsblätter drei- bis fünfzählig, unterseits grün, dünn behaart, am Rande ungleich und fast einfach gesägt. Unpaariges Blättchen fast drei- oder viermal so lang wie sein Stielchen, aus leicht ausgerandeter Basis eiförmig, vorn zugespitzt. Blütenstand armblütig, oft durchblättert, wenig bewehrt. Kelchblätter abstehend. Kronblätter eiförmig, blaß rosa. Staubblätter die Höhe der Stylodien nicht erreichend, mit weißen oder blaß rosa Filamenten. Fruchtblätter fast kahl.

Im Schwarzwald, Odenwald und in Sachsen. Außerdem in Frankreich.

1489 a. Rubus Hystrix[1]) WEIHE et NEES in BLUFF et FINGERHUTH, Comp. Fl. Germ. **1**, 687 (1825). Vielstachelige Brombeere. Fig. 265.

Schößling flachbogig, kantig, rotbraun, nicht oder schwach bläulich bereift, kahl oder locker büschelig behaart, dicht mit an Größe und Gestalt sehr ungleichen Stieldrüsen, Drüsenborsten, Stachelborsten und Stacheln besetzt; die größeren Stacheln seitlich zusammengedrückt, sehr kräftig, lanzettlich, gerade oder schief, die kleineren nadelförmig. Schößlingsblätter meist fünfzählig, oberseits zerstreut behaart, unterseits flaumig kurzhaarig, grün, am Rande ziemlich ungleich grob und nach vorne zu fast eingeschnitten gesägt. Unpaariges Blättchen aus ausgerandetem oder ganzem Grunde, schmal elliptisch bis schmal rautenförmig, allmählich lang zugespitzt. Blütenstand locker kegelig, stark durchblättert, mit abstehend behaarter, dicht ungleich lang stieldrüsiger und bestachelter Achse. Kelchblätter außen grünfilzig, kahl oder schwach behaart, drüsig und nadelstachelig, an der Blüte zurückgeschlagen, später ausgebreitet bis locker aufgerichtet. Kronblätter mittelgroß, eiförmig, elliptisch oder verkehrt eiförmig, vorn ausgerandet, lebhaft rosa. Staubblätter die gelblichen oder am Grunde geröteten Stylodien überragend; Filamente rosa. Fruchtblätter und meist auch der Fruchtblattträger kahl. — Chromosomenzahl: $4n = 28$. – VII.

---

[1]) Griech. ὕστριξ [hystrix] „Stachelschwein, Igel".
[2]) Lat. exilis „dünn, schwach, dürftig".

Vorkommen. Vorzugsweise in feuchten Wäldern.

Allgemeine Verbreitung. Westeuropa von den Pyrenäen bis zu den Britischen Inseln, auf dem Festland ziemlich selten. Die Ostgrenze des Areals verläuft durch Mitteleuropa.

Im Gebiet nur im westlichen und südlichen Deutschland: in Westfalen, um Aachen, Hengster bei Obertshausen, im Fränkischen Jura bei Ochenbruck (?) und im südöstlichen Oberbayern bei Waging (?).

Etwas abweichende Formen werden für das Idar- und Nahetal und für die Pfalz angegeben.

Fig. 265. *Rubus Hystrix* WEIHE et NEES. *a* Schößlingsstück mit Laubblatt. *b* blühender Zweig. *c* unpaariges Blättchen aus einem Blütenstande. *d* Kronblatt (nach W. WATSON).

Mit *Rubus Hystrix* verwandte Arten.

Gemeinsame Merkmale. Schößling stumpf- bis scharfkantig, flachseitig, seltener mit gefurchten Seiten, mit zahlreichen, ungleichen Stieldrüsen, Drüsenborsten, Stachelborsten und Stacheln, die stärkeren Stacheln an ihrem Grunde verbreitert und kräftig von der Seite zusammengedrückt. Laubblätter beiderseits grün oder unterseits grau-, seltener unterseits weißfilzig. Blütenstandsachsen reichlich mit ungleich langen Stieldrüsen und Stacheln besetzt. Kelchblätter nach dem Verblühen meist ausgebreitet oder aufgerichtet, nur bei *R. rubrans* und *R. Lejeunii* dauernd zurückgeschlagen. Kronblätter rosa. Staubblätter meist die Stylodien überragend, nur bei wenigen Arten kürzer.

A) Obere Blätter unterseits grau- oder weißfilzig.

I) Kelchblätter nach dem Verblühen locker zurückgeschlagen.

1489 b. Rubus rubrans PH. J. MÜLLER

Schößling kantig, sich rötend, bläulich übergelaufen, kahl. Schößlingsblätter drei- bis fünfzählig, die oberen unterseits graufilzig, alle am Rande scharf gesägt. Unpaariges Blättchen breit eiförmig bis fast rund, am Grunde ausgerandet, vorn plötzlich zugespitzt. Kelchblätter nach dem Verblühen locker zurückgeschlagen. Kronblätter lebhaft rosenrot. Fruchtblätter fast kahl.

Selten in der Pfalz (Donnersberg, Königsberg bei Wolfstein, Kaiserslautern), im Odenwald (Obermossau) und im Spessart (Geiselbach). Außerdem in Frankreich.

II) Kelchblätter nach dem Verblühen ausgebreitet oder aufgerichtet.

1489 c. Rubus pilocarpus[1]) GREMLI, Beitr. Fl. Schweiz 42 (1870). Syn. *R. obtruncatus* PH. J. MÜLLER subsp. *R. pilocarpus* (GREMLI) SUDRE (1908–13).

Schößling aus niedrigem Bogen liegend, stumpfkantig, oft etwas bereift, sich schwarzpurpurn verfärbend, spärlich bis ziemlich dicht behaart, mit zerstreuten Stieldrüsen und sehr ungleichen, am Grunde stark verbreiterten Stacheln; die größeren lanzettlich pfriemlich. Schößlingsblätter drei- bis fünfzählig, oberseits wenig behaart, unterseits grün bis graufilzig, am Rande ungleich, aber nicht tief gesägt. Unpaariges Blättchen aus herzförmigem Grunde rundlich bis verkehrt eiförmig oder breit elliptisch, mit kurzer, aufgesetzter Spitze. Blattstiel oberseits flach. Blütenstand kurz und breit, teilweise durchblättert, locker zottig behaart, reichlich mit langen, braunen Stieldrüsen und langen, oft kräftigen Stacheln besetzt. Kelchblätter außen weißfilzig, reich stieldrüsig und rot bestachelt, nach dem Verblühen aufrecht, den Grund der Frucht umhüllend. Kronblätter rundlich oder verkehrt eiförmig, rosa, seltener weißlich. Staubblätter die grünlichen oder gelegentlich geröteten Stylodien kaum überragend. Fruchtblätter dicht und lange bleibend behaart. Eine reich fruchtende und wohlschmeckende Art.

Im Gebiet in den Vogesen, im Schwarzwald (?), in Süd-Bayern im Alpenvorland an mehreren Stellen, seltener im Bayerischen Wald; außerdem in Niederösterreich, der Steiermark, in der Schweiz (in den Kantonen Appenzell, Zürich, Schaffhausen, Aargau und Freiburg) sowie in Böhmen und Mähren. Außerhalb des Gebietes in England.

1489 d. Rubus obtruncatus PH. J. MÜLLER in Flora **41**, 152 (1858).

Schößling kantig, fast kahl, unbereift, mit langen, rötlichen Drüsen und sehr ungleichen Stacheln; die stärkeren seitlich zusammengedrückt, gerade oder schief, die kleineren nadelig oder höckerig. Schößlingsblätter fünfzählig, oberseits kahl, die unteren unterseits grün, dünn behaart, die oberen grau- oder weißfilzig, am Rande mäßig tief ungleich und fast aufgesetzt bespitzt gesägt. Unpaariges Blättchen eiförmig bis verkehrt eiförmig, am Grunde leicht ausgerandet, vorn plötzlich zugespitzt. Blütenstand länglich, unterwärts durchblättert, locker behaart, reich und lang drüsig, mit zahlreichen, gelblichen, geraden oder geneigten Stacheln. Kelchblätter außen graufilzig, behaart, drüsig, kurz stachelig, nach dem Verblühen abstehend. Kronblätter lebhaft rosa. Staubblätter die gelblichen Stylodien überragend. Filamente blaß rosa. Fruchtblätter dünn behaart. – VII.

Im Rheinland und in der Pfalz endemisch.

1489 e. Rubus mutabilis GENEV. in Mem. Soc. Acad. Maine-et-Loire **8**, 84 (1860).

Schößling kantig, flachseitig, fast kahl, blaugrün überlaufen, verkahlend, mit zahlreichen, zum Teil sehr kleinen Stieldrüsen, Stachelhöckern und Stachelborsten; Stacheln sehr ungleich, gerade oder sichelig gebogen. Schößlingsblätter meist fünfzählig, oberseits schwach angedrückt behaart, unterseits grau- bis weißfilzig, am Rande grob und ungleich gesägt. Unpaariges Blättchen eiförmig bis breit rautenförmig, am Grunde seicht ausgerandet, vorn lang zugespitzt. Blütenstand verlängert, schmal kegelförmig, unterwärts durchblättert, locker behaart, kräftig mit schiefen bis sichelförmigen Stacheln bewehrt, sowie zahlreiche, lange, rote Stieldrüsen führend. Kelchblätter außen stark bestachelt, nach dem Abblühen locker aufgerichtet. Kronblätter klein, verkehrt eiförmig, blaß rosa. Staubblätter die gelblichen oder am Grunde geröteten Stylodien überragend. Filamente weiß. Fruchtblätter kahl.

Im Gebiet einzig im südöstlichen Oberbayern (Tettenhausen, Traunstein, Waging). Außerdem in Frankreich und England.

B) Alle Laubblätter unterseits grün.

III) Schößling kahl oder dünn behaart.

a) Kelchblätter nach dem Verblühen zurückgeschlagen.

---

[1]) Von griech. πῖλος [pilos] „Filz" und καρπός [karpos] „Frucht".

1489 f. Rubus Lejeunii[1]) WEIHE et NEES in BLUFF et FINGERHUTH, Comp. Fl. Germ. 1, 633 (1825). Fig. 266.

Schößling aus bogigem Grunde liegend, seltener kletternd, stumpfkantig, mehr oder weniger locker kurzhaarig, mit zerstreuten oder gedrängten Stieldrüsen, Stachelborsten und Stachelhöckern sowie mit ungleichen, schlanken, aus breitem Grunde schmal lanzettlichen oder pfriemlichen Stacheln. Schößlingsblätter drei- oder fußförmig fünfzählig, oberseits zerstreut behaart, unterseits grün und wenig behaart, am Rande ungleich und mäßig stark gesägt. Unpaariges Blättchen aus abgerundetem oder ein wenig ausgerandetem Grunde elliptisch, breit rauten- oder verkehrt eiförmig, vorn ziemlich lang zugespitzt. Äußere Seitenblättchen schmal, kurz gestielt. Blütenstand locker kegelig, am Grunde belaubt, mit abstehend kurzhaariger Achse, ungleichen, roten Stieldrüsen und ziemlich starken, geraden oder geneigten Stacheln. Kelchblätter außen filzig, dünn behaart, drüsig, bestachelt, nach dem Abblühen zurückgeschlagen. Kronblätter breit elliptisch, kahl, lebhaft rosa, seltener weiß. Staubblätter die grünen oder am Grunde geröteten Stylodien etwas überragend. Filamente weiß oder rosa. Fruchtblätter fast kahl, Fruchtblattträger behaart. – Chromosomenzahl: 5 n = 35. – VII.

Im Gebiet selten im Rheinland (Koblenzer Wald), in der Pfalz, im südl. Niedersachsen (Solling), dem Spessart, Fichtelgebirge (Warmensteinach) und im südöstlichen Oberbayern (Waging). – Im westlichen Europa weit verbreitet von Portugal und Nordspanien bis Piemont, Belgien und England.

1489 g. Rubus emarginatus PH. J. MÜLLER in Flora **41**, 164 (1858). Syn. *R. napaeus*[2]) FOCKE (1902).

Schößling niedrig bogig, schlank, kantig, kahl oder dünn behaart, mit zahlreichen, ungleichen Stieldrüsen, Drüsenborsten oder Stachelborsten sowie ziemlich kräftigen, schlanken, schmal lanzettlichen, rückwärts geneigten Stacheln. Schößlingsblätter groß, meist fußförmig fünfzählig, gelblich grün, oberseits striegelhaarig, unterseits auf den Adern dicht kammförmig behaart, die oberen gelegentlich auch dünn graufilzig, am Rande ungleich scharf gesägt. Unpaariges Blättchen aus herzförmigem Grunde breit eiförmig, rundlich oder verkehrt eiförmig, ziemlich kurz zugespitzt. Blütenstand mäßig kurz, ziemlich locker, oberwärts oftmals traubig,

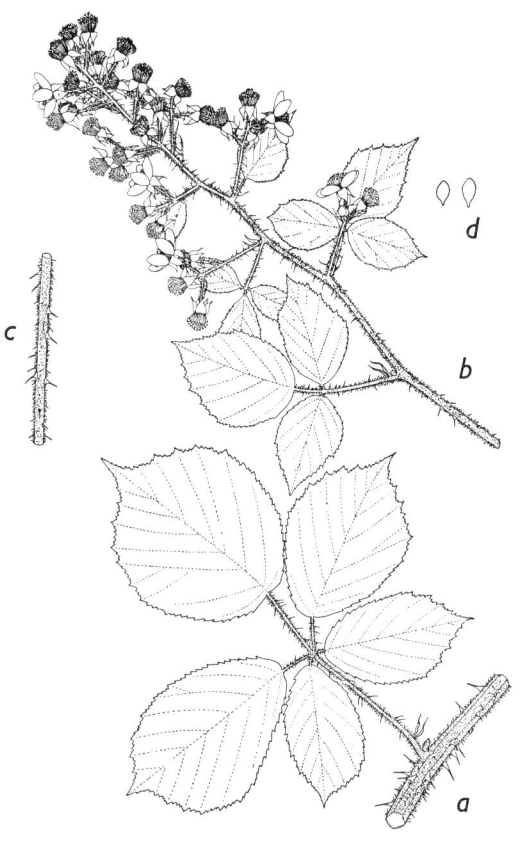

Fig. 266. *Rubus Lejeunii* WEIHE et NEES. *a* Schößlingsstück mit Laubblatt. *b* blühender Zweig. *c* Achsenstück eines blühenden Zweiges. *d* Kronblätter (nach W. WATSON).

mit kurzhaariger und filziger, ungleich stieldrüsiger, drüsenborstiger und lang nadelig bestachelter Achse. Kelchblätter lang bespitzt, außen graufilzig und stieldrüsig. Kronblätter schmal elliptisch bis fast rautenförmig, vorn meist ausgerandet, meist kahl, rosa. Staubblätter die am Grunde geröteten Stylodien überragend. Filamente rosa oder weiß. Fruchtblätter kahl, Fruchtblattträger stark behaart, namentlich unterhalb der Karpelle. – VII.

Selten und stark disjunkt verbreitet: Pfalz (Bobental, Pirmasens, Wolfstein), Traunstein (Waging), in der Schweiz am Fuße des Rigi am Vierwaldstätter See, um Winterthur sowie bei Lugano; im insubrischen Gebiet wahrscheinlich weiter verbreitet. Außerdem in Belgien und sehr selten in England.

  b) Kelchblätter nach dem Verblühen abstehend oder aufgerichtet.
   1) Staubblätter die Stylodien überragend.
    α) Unpaariges Blättchen schmal.

1489 a. Rubus Hystrix WEIHE et NEES, S. 378.

    β) Unpaariges Blättchen breit eiförmig oder rundlich.

---

[1]) Benannt nach dem belgischen Arzt ALEXANDRE LOUIS SIMON LEJEUNE, geb. 1779, gest. 1858, dem Verfasser der zweibändigen Flore des environs de Spa, Liège 1811–13, und anderer botanischer Werke.
[2]) Von griech. ναπαῖος [napaios] „in Waldtälern wohnend".

1489 h. Rubus aculeatissimus KALTENB., Fl. Aach. Beckens, 300 (1845). Syn. *R. rosaceus* FOCKE, SUDRE et aliorum, non WEIHE et NEES.

Schößling scharfkantig, dunkelrot, wenig behaart bis fast kahl, sparsam bis reichlich mit ungleichen Drüsen, Stachelborsten, Stachelhöckern und Stacheln besetzt; die stärkeren Stacheln aus breitem Grunde verschmälert, meist gerade. Schößlingsblätter meist fünfzählig, oberseits kahl oder verkahlend, unterseits grün und wenig behaart, am Rande grob und ungleich gesägt. Unpaariges Blättchen kurz gestielt, breit eiförmig oder rundlich. Blütenstand kurz und breit, nicht oder unten durchblättert, locker behaart, reichlich mit roten Drüsen und langen, geneigten bis sichelförmigen Stacheln besetzt. Kelchblätter in eine laubige Spitze ausgezogen, aufrecht. Kronblätter lang und schmal, vorn ausgerandet, am Rande kahl, kräftig rosa. Staubblätter die Stylodien überragend. Filamente bei grünlichen Stylodien weiß oder bei geröteten rosa.

In Westdeutschland im Rheinland und in der Pfalz, nach ADE auch bei Waging in Oberbayern. Ferner soll diese Art in Vorarlberg, Salzburg, der Steiermark, in Böhmen und Mähren vorkommen, außerhalb des Gebiets auch in Belgien, Nordfrankreich und England.

1489 i. Rubus rosaceus WEIHE et NEES in BLUFF et FINGERHUTH, Comp. Fl. Germ. **1**, 685 (1825) non FOCKE, SUDRE et aliorum. Syn. *R. serpens* WEIHE var. *calliphylloides* (SUDRE) SUDRE (1908–13).

Schößling stumpfkantig, gefurcht, behaart, kurzdrüsig und stachelborstig; Stacheln ungleich, ziemlich kurz, einige sehr klein. Schößlingsblätter breit, drei- bis fünfzählig, unterseits behaart, grün, am Rande grob und oft eingeschnitten gezähnt. Unpaariges Blättchen kurz gestielt, rundlich, vorn zugespitzt. Blütenstand häufig überhängend, äußerst reichblütig, breit kegelförmig, aber nicht lang, nicht oder wenig belaubt. Kelchblätter in eine lange, laubige Spitze ausgezogen, außen grün, die Frucht umfassend. Kronblätter (oft mehr als 5, bisweilen in zwei Wirteln angeordnet und dann bis über 10) rundlich oder breit eiförmig elliptisch, kräftig rosa. Staubblätter die roten Stylodien gewöhnlich überragend, mit weißen oder rosaroten Filamenten. Fruchtblätter kahl oder behaart.

Nach W. WATSON in Westdeutschland, Belgien und Südostengland. Genaue Angaben über die Verbreitung im Gebiet können wegen der Verwechslung mit *R. aculeatissimus* nicht gemacht werden.

2) Staubblätter etwa die Höhe der Stylodien erreichend oder kürzer.

1489 k. Rubus rubicundus PH. J. MÜLLER et WIRTG., Herb. Rub. Rhen. ed. 1, Nr. 150 und ed. 2, Nr. 39 (1861) und ex FOCKE, Syn. Rub. Germ. 310 (1877).

Schößling stärker behaart als bei der vorigen Art, mit nadelig pfriemlichen, am Grunde wenig verbreiterten, oft braunroten Stacheln. Schößlingsblätter drei- bis fünfzählig, oberseits oft verkahlend, unterseits in der Jugend locker filzig und grau schimmernd, später weich seidig behaart, am Rande fein gezähnt. Unpaariges Blättchen eiförmig bis breit elliptisch, lang bespitzt. Blütenstand ziemlich kurz und locker, mit filzig zottiger, lang und rot bedrüster, nadelstacheliger Achse. Kelchblätter nach dem Verblühen ausgebreitet oder aufrecht. Kronblätter länglich, kräftig rosa. Staubblätter etwa die Höhe der roten Stylodien erreichend.

Im Gebiet endemisch: Rheinland, Pfalz, Westschweiz.

1489 l. Rubus abietinus SUDRE, Rub. Europ. 181, t. 178 (1908–13).

Schößling stumpfkantig, rotbraun, fast kahl, mit gelblichen, aus breitem Grunde sichelförmigen Stacheln. Schößlingsblätter oft dreizählig, oberseits kahl, unterseits behaart und manchmal graufilzig, am Rande scharf gesägt. Unpaariges Blättchen rundlich verkehrt eiförmig, am Grunde gestutzt, vorn lang zugespitzt. Blütenstand unterbrochen, durchblättert, rauhhaarig, dicht stieldrüsig und nadelborstig, mit schwachen und kurzen Stacheln besetzt. Kelchblätter außen filzig, kurz stieldrüsig, abstehend bis aufgerichtet. Kronblätter elliptisch, am Rande behaart, rosa. Stylodien kräftig rot, die Staubblätter hoch überragend. Filamente rosa. Antheren und Fruchtblätter behaart.

Eine sehr seltene Art, die im Gebiet erst an drei Stellen gefunden wurde: in der Pfalz bei Kaiserslautern, in Oberbayern bei Traunsdorf unweit Traunstein und – nach HORMUZAKI – in Oberösterreich. Außerdem einige wenige Fundorte in Frankreich und England.

    IV) Schößling dicht behaart.
        c) Staubblätter die Stylodien überragend.
            3) Drüsen und Stacheln des Blütenstandes purpurn oder rotbraun.

1489 m. Rubus fusco-ater Weihe et Nees in Bluff et Fingerhuth, Comp. Fl. Germ. **1**, 681 (1825).

Schößling aus flachbogigem Grund liegend, unten rundlich, nach oben zu kantig, an der Lichtseite rotbraun gefärbt, dicht behaart, sehr reichlich mit ungleichen Stieldrüsen, Stachelborsten und Stacheln besetzt; die stärkeren Stacheln aus seitlich zusammengedrücktem Grunde pfriemlich lanzettlich, fast gerade oder geneigt; die kleineren zahlreich, nadelig oder knötchenförmig. Schößlingsblätter drei- bis fünfzählig, oberseits dunkelgrün, dünn behaart, weich flaumhaarig und oft dünn graugrünlich filzig, am Rande ungleich, aber nicht tief gesägt. Unpaariges Blättchen rundlich, am Grunde ausgerandet, vorn kurz und plötzlich zugespitzt. Blütenstand kurz und breit, mit sparrig abstehenden Ästen, dicht zottig behaart, mit rötlichen Stieldrüsen und rotbraunen Nadelstacheln besetzt. Kelchblätter kurz bespitzt, außen grün, weiß berandet, dünn filzig und zottig behaart, an der Blüte zurückgeschlagen, später meist abstehend oder locker aufgerichtet. Kronblätter elliptisch, gefranst, an der Spitze seicht ausgerandet, kräftig purpurrosa. Staubblätter die grünlichen oder roten Stylodien ein wenig überragend. Filamente rosa. Fruchtblätter meist, Fruchtblattträger stets behaart. – Chromosomenzahl: $4n = 28$. – VII.

Zerstreut in Bergwäldern auf kalkarmer Unterlage im südlichen Westfalen, im Rheinland, in der Pfalz, auch im Schwarzwald und in Oberbayern; in Österreich im Burgenland und in der Steiermark, in der Schweiz in den Kantonen Thurgau, Bern und Freiburg. Außerdem in Frankreich, England und Wales.

  2) Drüsen und Stacheln des Blütenstandes gelblich.

  γ) Unpaariges Blättchen rundlich eiförmig, am Grunde ausgerandet.

1489 n. Rubus oigocladus[1]) Ph. J. Müller et Lefèvre in Pollichia, **16–17**, 134 (1859).

Schößling dicht wollhaarig, kurz drüsig und reichlich mit kurzen, ungleichen, aus breitem Grunde plötzlich verschmälerten Stachelborsten und Drüsenborsten sowie ziemlich schlanken, gelben Stacheln besetzt. Laubblätter beiderseits behaart, unterseits gelegentlich dünn graufilzig, am Rande klein gesägt. Unpaariges Blättchen rundlich eiförmig, am Grunde ausgerandet, vorn kurz zugespitzt. Blütenstand locker kegelig, wenig belaubt, dicht rauhhaarig, mit gelblichen Stieldrüsen und schwachen, blassen Stacheln besetzt. Kelchblätter in eine laubige Spitze ausgezogen, außen grün, dünnfilzig, kurzdrüsig, wenig bestachelt, locker zurückgeschlagen oder manchmal aufrecht. Kronblätter klein, rundlich bis verkehrt eiförmig, behaart, rosa oder zweifarbig weiß und rot. Staubblätter die rosaroten oder grünlichen Stylodien überragend. Filamente rosa oder weiß. Fruchtblätter kahl, Fruchtblattträger behaart.

Selten in der Pfalz, im Schwarzwald und der Schweiz. Außerdem in Frankreich und England.

1489 o. Rubus adornatus Ph. J. Müller et Wirtg. Herb. Rub. Rhen. ed. 1, Nr. 87 (1859) und in Flora **42**, 231 (1859).

Schößling niederliegend oder kletternd, stumpfkantig, mit flachen Seiten, unbereift, dicht zottig behaart, wenig bedrüst, sehr ungleich bestachelt; die stärkeren Stacheln am Grunde verbreitert, zurückgeneigt, die mittleren nadelig, die kleineren höckerig. Schößlingsblätter fünfzählig, oberseits dünn behaart, unterseits grün, dünn weichhaarig bis schwach filzig, an den Adern kammförmig behaart; am Rande grob und ungleich gesägt. Unpaariges Blättchen rundlich oder breit eiförmig, am Grunde ausgerandet, vorn einfach spitz oder mit kurzer, aufgesetzter Spitze. Blütenstand ziemlich lang und schmal kegelförmig, oben stumpf, nur am Grunde oder ganz durchblättert, dicht zottig behaart, reichlich blasse Drüsen sowie kräftige, gelbliche Stacheln führend. Kelchblätter in eine laubige Spitze ausgezogen, außen graugrün, zottig behaart, dicht drüsig und bestachelt, locker die Frucht umfassend. Kronblätter rundlich oder breit elliptisch, kräftig rosa. Staubblätter die rötlichen Stylodien überragend. Filamente rosa oder weiß. Staubbeutel manchmal behaart. Fruchtblätter kahl oder behaart. Fruchtblattträger behaart.

Zerstreut im Rheinland, in der Pfalz, im Odenwald, Spessart, in der Steiermark und der Schweiz. Außerdem in Belgien, Frankreich und England.

  δ) Unpaariges Blättchen elliptisch, verkehrt eiförmig oder rautenförmig, am Grunde gestutzt.

1489 p. Rubus hostilis Ph. J. Müller et Wirtgen, Herb. Rub. Rhen. ed. 1, Nr. 139 (1861).

Schößling aus flachbogigem Grunde kriechend, kantig, etwas bläulich überlaufen, mit ungleichen Stieldrüsen und Stachelborsten; Stacheln ungleich, mäßig lang, am Grunde verbreitert, gerade oder teilweise gebogen. Schößlingsblätter ziemlich klein, drei- bis fünfzählig, unterseits dünn behaart bis fast filzig, am Rande scharf und fein gesägt. Unpaariges Blättchen elliptisch verkehrt eiförmig, rautenförmig oder (besonders an älteren Stöcken) länglich, Blüten-

---

[1]) Von griech. οἴγειν [oigein] „öffnen" und κλάδος [klados] „Zweig".

stand verlängert, schmal, unterbrochen, spärlich bis stark durchblättert, meist sehr kurz stieldrüsig und reichlich stachelborstig; einige Stachelborsten ein Drüsenköpfchen tragend. Kelchblätter schlank bespitzt, außen filzig, nach dem Verblühen aufrecht. Kronblätter schmal, vorn ausgerandet, kahl, rosa. Staubblätter die grünlichen oder roten Stylodien weit überragend. Filamente rosa oder weiß. Fruchtblätter kahl. Fruchtblattträger behaart.

Zerstreut im Rheinland, in der Pfalz, im Odenwald, Spessart und in der Schweiz. Außerdem in Frankreich (Finistère) und Südostengland.

d) Staubblätter die Höhe der Stylodien kaum erreichend.

1489 q. Rubus decorus PH. J. MÜLLER in Flora **41**, 151 (1858).

Schößling wie bei *Rubus fusco-ater*. Schößlingsblätter fünfzählig, sehr groß, oberseits fast kahl, unterseits weichhaarig grün bis graugrün, regelmäßig und ziemlich fein gesägt. Unpaariges Blättchen rundlich, am Grunde ausgerandet, vorn kurz zugespitzt. Blütenstand stark durchblättert, abstehend zottig behaart, reich und derb nadelig bestachelt, dicht mit blaß rötlichen Stieldrüsen besetzt. Kelchblätter außen behaart, drüsig und stachelborstig, an der Frucht aufgerichtet. Kronblätter eiförmig, lebhaft rosa. Staubblätter die Höhe der roten Stylodien nicht erreichend. Filamente hell rosa. Fruchtblätter behaart.

Endemisch in der Pfalz an mehreren Stellen oberhalb Weißenburg sowie im rheinischen Schiefergebirge (Montabaurer Höhe).

1489 r. Rubus Billotii[1]) PH. J. MÜLLER in Bonplandia **9**, 283 (1861).

Schößling kantig, wirr behaart, ungleich stieldrüsig, stachelborstig und stachelig; einige Stachelborsten mit einem Drüsenköpfchen; Stacheln pfriemlich, blaß. Schößlingsblätter drei- bis fünfzählig, oberseits fast kahl, unterseits dünn seidig behaart und bisweilen filzig, am Rande fast gleichmäßig fein gesägt. Unpaariges Blättchen elliptisch bis verkehrt eiförmig, am Grunde gestutzt oder ausgerandet, vorn plötzlich schmal zugespitzt. Blütenstand sehr lang, kegelig, blattlos, mit dicht wollhaariger Achse und sehr langen, schlanken, geneigten bis sicheligen Stacheln sowie sehr langen Stieldrüsen und Drüsenborsten. Kelchblätter in eine lange, laubige Spitze ausgezogen, außen gelblich grün, graufilzig, bestachelt, nach dem Abblühen aufrecht. Kronblätter schmal elliptisch, gefranst, rosa. Staubblätter kaum die Höhe der grünlichen Stylodien erreichend. Filamente weiß oder blaß rosa. Fruchtblätter kahl oder behaart.

Selten in der Pfalz und in Nordwest-Deutschland (Sieg- und Brölgebiet). Außerdem in den Vogesen, in Belgien und in England.

Eine wenig abweichende Rasse, var. *tutzingensis* SUDRE, wächst in Oberbayern um Tutzing und Buchberg bei Tölz. Hier sind die unpaarigen Blättchen schmäler eiförmig oder elliptisch, am Grunde seicht ausgerandet, die Kronblätter verkehrt eiförmig, rosa, die Staubblätter erreichen die Höhe der fleischfarbenen Stylodien, die Filamente sind weiß und die Fruchtblätter behaart.

1490 a. Rubus Koehleri[2]) WEIHE et NEES in BLUFF et FINGERHUTH, Comp. Fl. Germ. **1**, 681 (1825). Köhlers Brombeere. Fig. 267.

Schößling aus bogigem Grunde liegend, seltener im Gebüsch kletternd, ziemlich kräftig, unten rundlich, nach oben zu mehr oder weniger kantig, meist rotbraun gefärbt, spärlich behaart, dicht mit großen und kleinen Stacheln, Drüsenborsten und Stieldrüsen besetzt; die größeren Stacheln aus zusammengedrücktem Grunde lanzettlich, lang, gerade oder ein wenig rückwärts geneigt. Schößlingsblätter vorwiegend fußförmig fünfzählig, daneben zum Teil auch gefingert und dreizählig; oberseits sparsam kurzhaarig, unterseits weichhaarig, hellgrün, am Rande grob- und ungleich, nach vorn zu oft buchtig bis eingeschnitten gesägt. Unpaariges Blättchen zwei- bis dreimal so lang wie sein Stielchen, aus breitem, abgerundetem oder seicht herzförmigem Grunde elliptisch, vorn zugespitzt. Blattstiel oberseits flach. Blütenstand breit, locker, oft sehr

---

[1]) Benannt nach PAUL CONSTANT BILLOT, geb. 1796 zu Rambervillers in den Vogesen, gest. 1863 in Mutzig.
[2]) Benannt nach JOHANN CHRISTIAN GOTTLIEB KOEHLER, geb. 1759, gest. 1833 als Institutsvorsteher zu Schmiedeberg in Schlesien. KOEHLER sammelte zahlreiche schlesische Rubi für WEIHE und NEES.

lang, nach oben zu kaum schmäler werdend, oft reichlich durchblättert, locker behaart, dicht mit blassen oder schwach rötlichen, ungleichen Drüsen, Drüsenborsten und zum Teil kräftigen, geraden Stacheln besetzt. Kelchblätter außen etwas graufilzig, drüsig und oft nadelstachelig, an Blüte und Frucht zurückgeschlagen. Kronblätter eiförmig oder elliptisch, weiß, seltener blaß rosa. Staubblätter die grünlichen Stylodien hoch überragend. Filamente weiß. Fruchtblätter kahl oder behaart. – Ende VI, Anfang VII.

Vorkommen. In lichten Wäldern, an Waldrändern, seltener in Hecken der collinen und unteren montanen Stufe; in der Ebene selten, vor allem in Sambuco-Salicion-Gesellschaften auf frischen, vorzugsweise kalkarmen, aber basenreichen Sand- und Lehmböden.

Allgemeine Verbreitung. Mitteleuropa von Ostfrankreich bis Ostpreußen, Schlesien und Mähren und von Norddeutschland bis in die Südalpen; außerdem selten auf den Britischen Inseln.

Verbreitung im Gebiet. In Deutschland vorwiegend in den Mittelgebirgen verbreitet, so im rheinischen Schiefergebirge, in der Pfalz, dem Odenwald, Spessart, der Rhön, im Harz und durch Thüringen und Sachsen bis Schlesien; in der norddeutschen Tiefebene zerstreut bis selten (nach Osten bis Ostpreußen vordringend), ebenso in Süddeutschland; in Bayern vereinzelt bis in die Voralpen (besonders in der Umgebung von Tölz). – In Österreich mit Ausschluß der Alpen mäßig verbreitet, in Salzburg und Kärnten fehlend. – In der Schweiz sehr zerstreut durch das ganze Alpenvorland (hier wie auch in Südbayern meist durch ähnliche Arten vertreten) und ganz vereinzelt im Tessin (oberhalb Rivio). – In Böhmen fehlend, in Mähren häufig in den Beskiden und den Westkarpaten.

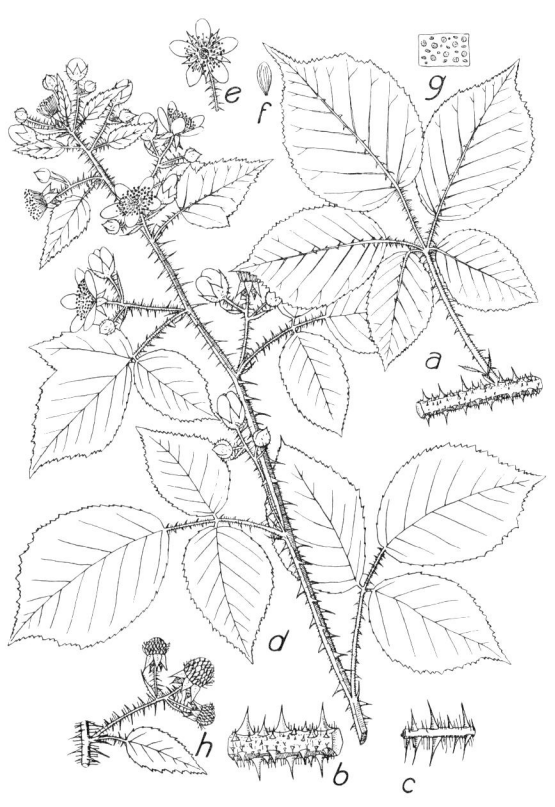

Fig. 267. *Rubus Koehleri* WEIHE. *a* und *b* Achsenstück eines Schößlings *a* mit Laubblatt. *c* Achsenstück aus einem Blütenstand. *d* Blütensproß *e* Blüte. *f* Kronblatt. *g* Pollen. *h* Fruchtzweig.

Mit *Rubus Koehleri* verwandte Arten.

Gemeinsame Merkmale. Schößling stumpf- bis scharfkantig, nicht oder nur selten schwach gefurcht, mit ungleichen Stieldrüsen, Drüsenborsten, Stachelborsten und Stacheln, die stärkeren Stacheln an ihrem Grunde merklich verbreitert und von der Seite zusammengedrückt. Laubblätter beiderseits grün oder unterseits grau- bis weißfilzig. Blütenstandsachsen reichlich mit ungleich langen Stieldrüsen und Stacheln besetzt. Kelchblätter nach dem Abblühen zurückgeschlagen, ausgebreitet oder der Frucht anliegend. Kronblätter meist weiß. Staubblätter die Stylodien überragend oder häufig kürzer.

    A) Obere Laubblätter unterseits grau- oder weißfilzig.
        I) Kelchblätter nach dem Abblühen zurückgeschlagen.
            a) Blätter ziemlich grob und ungleichmäßig gesägt.

1490b. Rubus aceratispinus SUDRE in Bull. Soc. Bot. France **51**, 23 (1904).

Schößling kantig, mit leicht ausgehöhlten Seiten, fast kahl, sehr rauh, mit kräftigen Stacheln besetzt. Schößlingsblätter fünfzählig, oberseits kahl, unterseits angedrückt graufilzig. Unpaariges Blättchen etwa doppelt so lang wie sein Stielchen, breit herzeiförmig, vorn lang zugespitzt. Blütenstand kurz, durchblättert, locker zottig behaart, reichlich und kräftig bestachelt, mit schiefen bis sicheligen, blassen Stacheln. Kelchblätter nach dem Abblühen zurückgeschlagen. Kronblätter weiß. Staubblätter die grünlichen oder am Grunde geröteten Stylodien überragend. Filamente weiß. Fruchtblätter behaart.

Selten in Niederhessen (Meißner), Odenwald (Frankenstein), in der Rhön (Feuerberge bei Oberbach), bei Weltenburg im Jura und in Oberbayern (Taching, Tettenhausen). Sonst nur aus Frankreich bekannt.

b) Blätter fein und gleichmäßig gesägt.

1490 c. Rubus hebecarpos[1]) PH. J. MÜLLER in Bonplandia 9, 282 (1861).

Schößling etwas kantig, unbereift, dünn behaart, drüsig, sehr ungleich und zum Teil kräftig bestachelt; die größeren Stacheln seitlich zusammengedrückt, die kleineren nadelförmig. Schößlingsblätter meist fünfzählig, oberseits fast kahl, unten flaumig behaart, grau- oder weißfilzig, am Rande klein und einfach aufgesetzt-bespitzt gesägt, mit abstehenden Zähnen. Unpaariges Blättchen breit eiförmig, rundlich oder verkehrt eiförmig, am Grunde gestutzt oder seicht ausgerandet, vorn kurz aufgesetzt bespitzt. Blütenstand kegelig, unterbrochen, am Grunde durchblättert, locker behaart, reichlich und kräftig schief bestachelt, mit ungleich langen Stieldrüsen. Kelchblätter filzig, drüsig und bestachelt, zurückgeschlagen (nach W. WATSON: ausgebreitet). Kronblätter schmal elliptisch bis schmal verkehrt eiförmig, vorn ausgerandet, behaart, blaß rosa. Staubblätter etwa die Höhe der rötlichen Stylodien erreichend. Filamente weiß. Fruchtblätter dicht behaart.

Selten in den Vogesen, in Franken (Gipfel des Großen Gleichberges bei Römhild, 650 m), im Bayerischen Waln (Bierhütte bei Freyung) in Böhmen und Mähren (Beskiden). Sonst nur noch ein Fundort in Südengland (Devonp bekannt.

1490 d. Rubus indusiatus FOCKE, Syn. Rub. Germ. 284 (1877).

Schößling stumpfkantig bis rundlich, liegend, behaart, drüsig, stachelborstig und ungleich bestachelt; die stärkeren Stacheln pfriemlich. Schößlingsblätter drei- bis fünfzählig, oberseits kurzhaarig, verkahlend, unterseits samtig, seidig weißschimmernd oder graugrün, am Rande scharf und fast einfach gesägt. Unpaariges Blättchen eiförmig, am Grunde ausgerandet, vorn lang zugespitzt. Blütenstand dicht, mit abstehend rauhhaariger, versteckt stieldrüsiger und ungleich, zum Teil kräftig und krumm bestachelter Achse. Kelchblätter filzig, drüsig und bestachelt, zurückgeschlagen. Kronblätter schmal elliptisch bis schmal verkehrt eiförmig, etwas gefranst, weiß bis blaß rosa. Staubblätter die grünlichen Stylodien kaum oder nur wenig überragend. Filamente weiß. Fruchtblätter meist behaart.

Selten in den Vogesen, in der Pfalz und im südöstlichen Oberbayern. Sonst nur in Belgien und Südostengland.

II) Kelchblätter nach dem Verblühen meist ausgebreitet.

1490 e. Rubus bavaricus FOCKE, Syn. Rub. Germ. 357 (1877). Syn. *R. hebecarpos* PH. J. MÜLLER subsp. *R. bavaricus* (FOCKE) SUDRE (1908–13).

Schößling kantig, behaart, dicht mit ungleichen, teils geraden, teils gebogenen, kräftigen Stacheln bewehrt. Schößlingsblätter drei- bis fünfzählig, oberseits kahl, unterseits grau- bis weißfilzig und kurz behaart, am Rande scharf und ungleich gesägt. Unpaariges Blättchen eiförmig, am Grunde ausgerandet, vorn scharf zugespitzt. Blütenstand oft breit und sparrig, mehr oder weniger stark durchblättert, filzig zottig, ungleich lange, gelbliche Stieldrüsen und gerade wie sicheligen Stacheln führend. Kelchblätter außen grünlich filzig, behaart und bestachelt, ausgebreitet oder locker zurückgeschlagen. Kronblätter mäßig groß, breit elliptisch, weiß oder blaß rosa. Staubblätter die gelblichen Stylodien überragend. Staubfäden weiß. Fruchtblätter behaart.

In Deutschland am häufigsten in Südbayern (aber dem Alpengebiet fehlend), besonders um Augsburg, München und Traunstein, sowie im Bayerischen Wald. Vereinzelt im Jura von Neuburg a. d. Donau bis Regensburg, selten in Mittelfranken, in der Rhön (nur am Gipfel des Kreuzbergs bei 900 m), im Odenwald[2]) und in Sachsen. In Österreich in Vorarlberg, Tirol, Salzburg, Oberösterreich und der Steiermark. In der Schweiz im Alpenvorland ziemlich verbreitet. Außerdem in Böhmen, Mähren (Beskiden), Ungarn und als Seltenheit in England.

Ferner vergleiche man 1490 c. *Rubus hebecarpos* PH. J. MÜLLER, diese Seite oben.

B) Alle Laubblätter beiderseits grün.

---

[1]) Von griech. ἥβη [hebe] „Jugendzeit, Vollkraft, Mannesalter, erster Bart, Schamhaare" und καρπός [karpos] „Frucht". Sprachlich besser wäre hebeticarpos, wie W. WATSON schreibt.

[2]) Hier zumeist in der var. *terribilis* (KUPČOK) SUDRE mit kahlen Schößlingen, gelblichen Stacheln, verkehrt eiförmigem Endblättchen und kahlen Karpellen. Die typische Form ist im Odenwald sehr selten.

III) Kelchblätter an der Frucht zurückgeschlagen (nur die Endblüte häufig mit ausgebreitetem oder aufrechtem Fruchtkelch).

e) Schößling mit zahlreichen Stieldrüsen. Kronblätter eiförmig oder elliptisch.

1490a. Rubus Koehleri WEIHE ET NEES, S. 384.

f) Schößling spärlich stieldrüsig.

1490f. Rubus spinulifer PH. J. MÜLLER et LEFÈVRE in Pollichia **16–17**, 213 (1859).

Schößling schlank, kantig, sich an der Sonne rotbraun bis schwarzpurpurn färbend, dünn behaart, spärlich drüsig und reichlich mit ungleichen Stachelborsten, Stachelhöckern und Stacheln besetzt; die größeren Stacheln aus dem angeschwollenen Grund pfriemlich verschmälert. Schößlingsblätter ziemlich klein, meist dreizählig, doch zum Teil auch fünfzählig, oberseits fast kahl, unten dünn behaart oder verkahlend, am Rande scharf und fast doppelt gesägt. Unpaariges Blättchen rundlich verkehrt eiförmig, am Grund meist gestutzt bis abgerundet, vorn kurz bespitzt. Blütenstand schmal, manchmal durchblättert, mit dünn behaarter, kurz stieldrüsiger und wenig bewehrter Achse. Kelchblätter in lange Zipfel ausgezogen, kräftig zurückgeschlagen. Kronblätter verkehrt eiförmig, vorn ausgerandet, kahl, weiß oder blaß rötlich. Staubblätter weiß, die grünlichen Stylodien überragend. Fruchtblätter kahl oder behaart. Sammelfrucht klein, die einzelnen Steinfrüchtchen ziemlich groß. – Chromosomenzahl: $4n = 28$.

Nicht selten in Westdeutschland, vor allem in der Pfalz, der Rhön, im Odenwald und Spessart; ganz vereinzelt auch in Südbayern (Ering am Inn) und selbst im Alpengebiet (Zwickling bei Ruhpolding). Ferner in Mähren, in der Schweiz, in Belgien, Frankreich, England und Wales.

1490g. Rubus Chenoni SUDRE, Diagn. 46 (1906).

Schößling kantig, mit flachen oder leicht ausgehöhlten Seiten, unbereift, zerstreut kurzdrüsig und reichlich mit blassen, meist zurückgeneigten bis sicheligen Stacheln besetzt. Schößlingsblätter drei- bis fünfzählig, unterseits dünn behaart, grün oder – nach W. WATSON – graufilzig, am Rande grob (aber nicht tief) gesägt. Unpaariges Blättchen rundlich verkehrt eiförmig, selten schmal verkehrt eiförmig, am Grunde nicht oder seicht eingebuchtet. Blütenstand länglich, durchblättert, locker zottig behaart, mit feinen Stieldrüsen und zahlreichen, gelblichen, sehr schiefen, sicheligen, geknieten oder hakigen Stacheln besetzt. Kelchblätter locker zurückgeschlagen, manchmal auch teilweise aufrecht. Kronblätter elliptisch, kahl, weiß, nach W. WATSON blaß rosa. Staubblätter etwa die Höhe der grünlichen oder roten Stylodien erreichend, nicht selten auch kürzer. Filamente weiß. Fruchtblätter behaart oder kahl. Fruchtblattträger behaart.

Im Gebiet nur in der Pfalz. Außerdem in Belgien, Nordfrankreich und als große Seltenheit in England.

Ferner vergleiche man 1488e. *R. viridis* KALTENB., S. 376.

IV) Kelchblätter nach dem Verblühen ausgebreitet oder aufgerichtet.

g) Blätter, besonders die der blühenden Zweige, ungleich und meist grob gesägt.

1) Kelchblätter nach dem Verblühen zumeist abstehend, nur an den Endblüten häufig aufgerichtet.

α) Unpaariges Blättchen der Schößlingsblätter breit eiförmig bis fast rundlich.

1490h. Rubus spinulatus BOULAY, Ronces Vosg. 101 (1868). Syn. *R. Koehleri* WEIHE et NEES var. *spinulatus* (BOULAY) SUDRE (1908–13).

Schößling stumpfkantig, reichlich langdrüsig und stachelborstig, mit dünnen, zerstreuten Stacheln. Schößlingsblätter drei- bis fünfzählig, oberseits fast kahl, unterseits weichhaarig bis gelegentlich dünn filzig, am Rande ungleich scharf gezähnt. Unpaariges Blättchen breit eiförmig oder fast rundlich, am Grunde leicht herzförmig eingebuchtet, vorn plötzlich zugespitzt. Blütenstand ziemlich lang, nach oben kaum verschmälert, wenig beblättert, mit zottig behaarter Achse und langen, sehr dünnen Stacheln. Kelchblätter eiförmig, in eine laubige Spitze ausgezogen, ausgebreitet oder aufrecht. Kronblätter schmal, weiß. Staubblätter die grünlichen Stylodien überragend. Filamente weiß. Fruchtblätter kahl.

Selten im Odenwald (Wartberg bei Wertheim), in Franken (Reicholzheim), der Steiermark, in der Schweiz sowie in Frankreich und England (Kent).

β) Unpaariges Blättchen der Schößlingsblätter schmäler.

1490i. Rubus pygmaeopsis[1]) FOCKE, Syn. Rub. Germ. 364 (1877). Syn. *R. Koehleri* WEIHE et NEES subsp. *R. Reuteri* (MERCIER) SUDRE forma *pygmaeopsis* (FOCKE) SUDRE (1908–13).

Schößling schlank, stumpfkantig, locker behaart, mit wenigen, kurzen Drüsen und Stachelborsten, aber zahlreichen, sehr ungleichen, langen, gelblichen Stacheln, die alle bis auf die längsten ein Drüsenköpfchen tragen. Schößlingsblätter ziemlich klein, fünfzählig, beiderseits grün und spärlich behaart, grob und oft eingeschnitten gesägt. Unpaariges Blättchen eiförmig, elliptisch oder verkehrt eiförmig, sehr lang bespitzt; äußere Seitenblättchen verhältnismäßig lang gestielt. Blütenstand unterwärts unterbrochen und durchblättert, der obere Teil kurz und flachgipfelig; mit filzig zottigen, dicht stieldrüsigen Achsen und kräftigen, sehr ungleichen, geraden und gebogenen Stacheln. Kelchblätter außen grünlich, graufilzig, nadelborstig, nach dem Verblühen meist abstehend. Kronblätter breit elliptisch, weiß. Staubblätter die Stylodien ein wenig überragend. Filamente weiß. Fruchtblätter kahl.

In Nordwest- und Westdeutschland wahrscheinlich verbreitet, vor allem im westlichen Niedersachsen, in Westfalen, dem Rheinland, südwärts bis in die Pfalz und den Spessart (Geißelbach). In Österreich in Vorarlberg, Tirol, Salzburg, Kärnten und der Steiermark. Dürfte in der Schweiz kaum fehlen. Außerdem in Belgien und Südostengland.

1490k. Rubus asperidens SUDRE in BOUV., Rub. Anjou 58 (1907).

Schößling flachbogig, kantig, nur schwach bläulich bereift, reichlich behaart, mit feinen Stieldrüsen und Borstenstacheln; Stacheln schlank, geneigt oder sichelig gebogen, am Grunde gerötet. Schößlingsblätter meist fußförmig fünfzählig, unterseits weich behaart, am Rande sehr ungleich eingeschnitten gezähnt. Unpaariges Blättchen kurz gestielt, schmal ei- bis rautenförmig oder elliptisch, am Grunde leicht ausgerandet, vorn in eine schlanke und manchmal sichelförmige Spitze ausgezogen. Blütenstand kurz, breit, locker, meist ganz durchblättert, locker behaart, mit ungleichen, rötlichen Drüsen und mäßig starken, geraden oder schiefen Stacheln. Kelchblätter nach dem Verblühen abstehend, nur an den Endblüten aufgerichtet. Kronblätter schmal verkehrt eiförmig, kahl, weiß. Staubblätter die grünlichen Stylodien überragend. Filamente weiß. Fruchtblätter kahl oder behaart.

In Westdeutschland ziemlich verbreitet, vor allem im Rheinland, in der Pfalz und dem Spessart, außerdem in Sachsen und seltener in Südbayern. Außerdem in Belgien, Frankreich und England.

1490l. Rubus Reuteri[2]) MERCIER in REUTER, Cat. pl. Genêve ed 2, 272 (1861). Syn. *R. Koehleri* WEIHE et NEES subsp. *R. Reuteri* (MERCIER) SUDRE (1908–13).

Ähnlich *Rubus Koehleri*, aber Schößling dichter behaart, Blätter aufgesetzt bespitzt gesägt, unpaariges Blättchen der Schößlingsblätter schmäler, länglich elliptisch bis rautenförmig, am Grunde nicht oder seicht ausgerandet. Blütenstand gelblich, dicht zottig behaart, schief und sichelig bestachelt. Kelchblätter an der Frucht abstehend. Kronblätter weiß oder blaß rosa. Staubblätter die Stylodien überragend.

Selten in der Pfalz, Oberhessen, Oberfranken; in der Westschweiz anscheinend häufiger. Außerdem in Frankreich.

2) Kelchblätter nach dem Verblühen aufgerichtet.

1490m. Rubus apricus WIMMER, Fl. v. Schlesien, 3. Aufl. 626 (1857). Syn. *R. Koehleri* WEIHE et NEES subsp. *R. apricus* (WIMMER) SUDRE (1908–13).

Schößling stumpfkantig, reichlich behaart und ungleich stieldrüsig, mit zahlreichen, ungleichen, aus breiterem Grunde plötzlich verschmälerten, zurückgeneigten Stacheln. Schößlingsblätter drei- und fußförmig fünfzählig, unterseits auf den Adern behaart, an sonnigen Standorten dicht weichhaarig, am Rande ungleich grob und nach der Spitze zu buchtig gesägt. Unpaariges Blättchen elliptisch oder länglich eiförmig, am Grunde gestutzt, seltener schwach ausgerandet. Blütenstand breit und locker kegelig, durchblättert, zottig behaart, dicht mit Stieldrüsen, Drüsenborsten und ungleichen Nadelstacheln besetzt. Kelchblätter lang bespitzt, außen grünlich, zur Blütezeit zurückgebogen, danach aufrecht. Kronblätter elliptisch, weiß, grünlich weiß oder selten blaßrosa. Staubblätter die grünlichen oder geröteten Stylodien überragend[3]). Filamente weiß. Fruchtblätter kahl.

In Mitteleuropa unter Ausschluß der Alpen und der norddeutschen Tiefebene ziemlich verbreitet, vor allem in den Mittelgebirgen vom rheinischen Schiefergebirge, der Pfalz, Rhön, dem Odenwald und Spessart bis Sachsen, Schlesien und das nördliche Böhmen; im Süden mehr vereinzelt in Mittelfranken, im Fichtelgebirge und Bayerischen Wald, im Bodenseegebiet und im Alpenvorland. In Österreich in Tirol, der Steiermark, Ober- und Niederösterreich sowie dem Burgenland. Sonst in Ungarn, Belgien, Frankreich und England.

Rubus apricus entspricht nach GÁYER dem Bastard *R. Koehleri* × *rivularis*.

---

1) Weil die Pflanze zunächst für *Rubus pygmaeus* gehalten wurde.

2) Benannt nach GEORGE-FRANÇOIS REUTER, geb. 1805 in Paris, gest. 1872 als Direktor des Botanischen Gartens in Genf. REUTER befaßte sich vor allem mit der Flora der Schweiz, der Süd- und Westalpen sowie Spaniens.

3) Nach W. WATSON erreichen die Staubblätter die Höhe der Stylodien, überragen sie aber nicht.

1490 n. Rubus subpygmaeopsis SPIRIB. ex FOCKE, Rub. Europ. 187 (1912). Syn. *R. Koehleri* WEIHE et NEES subsp. *R. apricus* (WIMMER) SUDRE var. *subpygmaeopsis* (SPIRIB. ex FOCKE) SUDRE (1908–13).

Im wesentlichen wie *Rubus apricus*. Schößlingsblätter überwiegend fünfzählig, sehr grob und zum Teil doppelt gesägt, unpaariges Blättchen breit eiförmig, am Grunde ausgerandet. Alle Achsen reichlich und teilweise kräftig krumm bestachelt. Blütenstand kurz. Staubblätter nur die Höhe der Stylodien erreichend. Fruchtblätter meist kahl.

Hin und wieder in der Pfalz, in Hessen bei Gießen, in Südbayern, Oberösterreich und Schlesien.

1490 o. Rubus pygmaeus WEIHE et NEES, Rub. Germ. 93, t. 42 (1827). Syn. *R. Koehleri* WEIHE et NEES subsp. *R. apricus* (WIMMER) SUDRE var. *pygmaeus* (WEIHE) SUDRE (1908–13).

Sehr ähnlich *Rubus apricus*, aber durch die meist dreizähligen Schößlingsblätter verschieden. Blätter sehr scharf doppelt gesägt, unpaariges Blättchen elliptisch bis verkehrt eiförmig, am Grunde kaum ausgeschnitten. Blütenstand locker, rotdrüsig, borstig und reich bestachelt. Kronblätter schmal eiförmig. Staubblätter die Stylodien meist überragend. Fruchtblätter oft behaart.

Selten in Oberhessen (Niederweimar), der Rhön (Jossa), dem Odenwald, in Franken, dem südöstlichen Oberbayern, in Oberösterreich, Schlesien und Ungarn.

> h) Alle Blätter fein und gleichmäßig gesägt.
>
> > 3) Blütenstandsachse zottig rauhhaarig. Schößling abstehend behaart. Staubblätter die Stylodien kaum überragend.

1490 p. Rubus saxicolus PH. J. MÜLLER in Pollichia **16–17**, 202 (1859).

Schößling kantig, mehr oder weniger stark behaart, mäßig kräftig und gerade bestachelt. Schößlingsblätter fünfzählig, oberseits dünn striegelhaarig, unterseits kurz weichhaarig mit samtigem Schimmer, einfach gezähnt mit aufgesetzt bespitzten Zähnen. Unpaariges Blättchen breit eiförmig, am Grunde leicht ausgerandet, vorn kurz und breit zugespitzt. Blütenstand groß, kegelig, wenig durchblättert, zottig behaart, wenig bestachelt, mit teils pfriemlichen, teils leicht gekrümmten Stacheln, sowie dünnen, meist drüsentragenden Stachelborsten und feinen Stieldrüsen. Fruchtkelch abstehend, zum Teil auch aufgerichtet. Kronblätter schmal, weiß. Staubblätter die grünlichen Stylodien kaum überragend. Filamente weiß. Fruchtblätter kahl oder zerstreut behaart. – VII.

In Westdeutschland ziemlich verbreitet: Eifel, Pfalz, Oberhessen (zwischen Marburg und Kölbe), Spessart (Soden), Schwarzwald, Vogesen, Schweiz, sowie je ein Fundort im südöstlichen Oberbayern (zwischen Teisendorf und Waging) und in den Bayerischen Alpen bei Fischbach. Außerdem in Belgien (Ardennen), den Hochpyrenäen und in England.

> 4) Blütenstandsachse kurz behaart oder fast kahl. Schößling meist kahl.
>
> > γ) Staubblätter die Stylodien überragend, seltener nur ihre Höhe erreichend.

1490 q. Rubus rotundellus SUDRE in Bull. Soc. Bot. France **51**, 23 (1904). Syn. *R. Koehleri* WEIHE et NEES subsp. *R. rotundellus* (SUDRE) SUDRE (1908–13).

Schößling schwach kantig, kahl. Schößlingsblätter meist fünfzählig, unterseits kaum behaart, scharf und fein gezähnt. Unpaariges Blättchen fast kreisrund, am Grunde ausgeschnitten, vorn kurz bespitzt. Blütenstand kurz, stumpf, kaum behaart, reichlich mit blassen Stieldrüsen besetzt. Kelchblätter drüsenborstig und stachelig, an der Frucht locker aufgerichtet. Kronblätter verkehrt eiförmig, weiß. Staubblätter die blassen oder geröteten Stylodien überragend, mit weißen Filamenten. Fruchtblätter behaart oder kahl. Fruchtblattträger behaart.

Selten in Niederhessen, Oberbayern (Waging) und der Schweiz; eine durch oberseits striegelig behaarte Blätter abweichende Pflanze im Oberpfälzer Wald.

> δ) Staubblätter die Höhe der Stylodien nicht erreichend.

1490 r. Rubus impolitus SUDRE, Fl. Toul. 75 (1907). Syn. *R. Koehleri* WEIHE et NEES subsp. *R. rotundellus* (SUDRE) SUDRE var. *impolitus* (SUDRE) SUDRE (1908–13).

Schößling sparsam kurzhaarig, ungleich pfriemlich bestachelt, Blätter unterseits dünn behaart, das unpaarige breit herzeiförmig bis elliptisch. Blütenstand kegelig. Staubblätter kurz, Fruchtblätter kahl. Sonst wie *R. rotundellus*.

Im Gebiet nur in Oberbayern (zwischen Maierhofen und Greinach bei Waging und bei Fischbach in den Bayerichen Alpen) und in Oberösterreich. Außerdem in Frankreich.

1491a. Rubus Schleicheri[1]) WEIHE in BÖNNINGH., Prodr. Fl. Monast. 152 (1824). Schleichers Brombeere. Fig. 268a bis h.

Schößling niederliegend, häufig kletternd, im unteren Teile rundlich, nach oben zu kantig, grün, schwach bereift, mehr oder weniger dicht behaart, ringsum mit gedrängten, ungleichen Stieldrüsen, Drüsenborsten und Stacheln besetzt. Die größeren Stacheln derb, kräftig, mit breitem Grunde aufsitzend, sichelig rückwärts gebogen, die kleineren mehr gerade, zurückgeneigt.

Fig. 268. a bis h. *Rubus Schleicheri* WEIHE. a Schößlingsstück mit Laubblatt. b Achsenstücke, links eines Schößlings, rechts aus einem Blütenstande. c blühender Zeig. d Blüte. e Kelchblatt. f Kronblatt. g Pollen. h Fruchtzweig. i *Rubus tereticaulis* PH. J. MÜLLER, Spitze eines unpaarigen Blättchens. k *Rubus Kaltenbachii* METSCH, Spitze eines unpaarigen Blättchens.

Schößlingsblätter überwiegend dreizählig, doch auch einige fußförmig vier- und fünfzählige dazwischen, halb immergrün, oberseits dunkelgrün und kurz behaart, unterseits blasser und dicht anliegend behaart, am Rande ungleich grob und nach vorn zu oft eingeschnitten gesägt. Blättchen fast gleich groß, das unpaarige aus schmal gestutztem Grunde elliptisch, in eine ziemlich scharfe Spitze auslaufend; die seitlichen ziemlich lang gestielt. Blattstiel oberseits flach, sichelig bestachelt. Blütenstand mäßig lang, schmal, oft mit geknickter Achse, vor dem Aufblühen nickend, oberwärts traubig; Achsen dicht behaart, mit zahlreichen, den Filz nicht überragenden Stieldrüsen, zerstreuten, etwas längeren Drüsenborsten und feinen, gelblichen Nadelstacheln besetzt. Kelchblätter lanzettlich, außen grünlich grau, drüsig, oft nadelborstig, gegen Ende der Blütezeit zurückgeschlagen, nachher halb aufrecht, bei der Fruchtreife oft wieder zurückgeschla-

---

[1]) Benannt nach JOHANN CHRISTOPH SCHLEICHER, geb. 1768 zu Hofgeismar in Hessen, lebte seit 1790 als Apotheker in Bex an der Rhône, wo er 1834 starb. Er war ein fleißiger Pflanzensammler und entdeckte im Rhônetal neue Pflanzen. Sein Herbarium wird an der Universität Lausanne aufbewahrt.

gen, Kronblätter klein, schmal verkehrt eiförmig, weiß, seltener blaß rosa. Staubblätter die grünlichen Stylodien überragend. Filamente weiß. Fruchtblätter auf dem Rücken filzig kurzhaarig. Chromosomenzahl: $4n = 28$. – VI, VII.

Vorkommen. An Waldrändern und in Heckengebüschen, vor allem in Lonicero-Rubion-Gesellschaften auf frischen, mehr oder weniger kalkarmen und sauren Sand- und Lehmböden.

Allgemeine Verbreitung. Von England, Frankreich, Belgien und den Niederlanden ostwärts durch Mittel- und Süddeutschland bis Schlesien und die Westkarpaten.

Verbreitung im Gebiet. In Deutschland im Bereich der Mittelgebirge vom südlichen Westfalen, Niederrhein und der Pfalz durch Hessen, Nordbayern, Thüringen und Sachsen bis Schlesien verbreitet, seltener südlich der Donau, in den bayerischen Alpen fehlend. – In Österreich zerstreut in Vorarlberg, Tirol, Kärnten, Ober- und Niederösterreich. – In der Schweiz vereinzelt im Rhein- und Bodenseegebiet und im Mittelland bis in den Kanton Freiburg. – In Böhmen und Mähren in den Vorbergen der Sudeten und in den westlichen Karpaten.

Mit *Rubus Schleicheri* verwandte Arten.

Gemeinsame Merkmale. Schößling unterwärts meist rundlich, nach oben oft stumpfkantig, dicht mit ungleich langen Stieldrüsen, Drüsenborsten sowie kleinen und größeren Stacheln besetzt, die stärkeren Stacheln an ihrem Grunde verbreitert und seitlich zusammengedrückt. Laubblätter beiderseits grün. Blütenstand reichlich stieldrüsig, reichlich bis zerstreut drüsenborstig und bestachelt. Kelch nach dem Verblühen zurückgeschlagen, ausgebreitet oder aufrecht. Kronblätter meist klein und schmal, weiß oder bisweilen rosa (und dann der Fruchtkelch aufrecht).

A) Kronblätter kräftig rosa. Kelch zuletzt die Frucht umfassend.

I) Staubblätter die meist rötlichen Stylodien überragend.

1491b. Rubus furvus Sudre, Rub. Pyr. 81 (1900).

Schößling rundlich oder schwach kantig, unbereift oder schwach bläulich bereift, kahl oder fast kahl, mit langen Stieldrüsen und sehr ungleichen, gelblichen Stacheln. Schößlingsblätter meist dreizählig, oberseits dunkelgrün, zerstreut behaart, unterseits grün, zerstreut behaart bis verkahlend, am Rande scharf und ungleich, aber nicht tief gesägt. Unpaariges Blättchen breit eiförmig, ei- bis rautenförmig oder seltener schwach verkehrt eiförmig, am Grunde ausgerandet, vorn kurz bespitzt. Blütenstand mittelgroß, etwas sparrig, am Grunde durchblättert, ohne längere Haare, mit langen, ungleichen Stieldrüsen und dichten, feinen, geraden, gelblichen Stacheln besetzt. Kelchblätter lang zugespitzt, außen dünnfilzig, grünlich, dicht drüsenborstig, der Frucht anliegend. Kronblätter länglich, lebhaft rosa. Staubblätter die roten Stylodien überragend. Filamente rosa. Fruchtblätter fast kahl. Fruchtblattträger behaart. – VII.

Diese ursprünglich aus den Pyrenäen beschriebene Sippe soll im Gebiet in der Pfalz, im Odenwald, nördlichen Schwarzwald, Bodenseegebiet, im südöstlichen Oberbayern, in Sachsen, Oberösterreich, der Steiermark und im westlichen Böhmen vorkommen; in Oberbayern und dem Oberpfälzer Wald wächst meist eine Form mit grünlichen Stylodien.

1491c. Rubus amplifrons Sudre, Reliq. Prog. 51 (1911). Syn. *R. furvus* Sudre subsp. *R. amplifrons* (Sudre) Sudre (1908–13).

Schößling behaart, mit meist fünfzähligen Blättern. Unpaariges Blättchen rundlich, am Grunde ausgerandet, vorn plötzlich zugespitzt. Blütenstandsachsen kurz behaart, mit kurzen, rötlichen Stieldrüsen. Kronblätter lebhaft rosa. Staubblätter die rötlichen Stylodien überragend. Fruchtblätter behaart.

Bisher nur im südöstlichen Oberbayern und in der Steiermark.

1491d. Rubus fontivagus Sudre in Bull. Soc. Bot. Belg. 47, 219 (1910).

Schößling behaart, mit kurzen Stacheln. Unpaariges Blättchen schmal verkehrt eiförmig. Blütenstandsachsen zottig rauhhaarig. Kronblätter rosa. Staubblätter die bei der typischen Form grünlichen, im Gebiet oft auch geröteten Stylodien überragend. Filamente rosa. Fruchtblätter fast kahl.

Im Gebiet vereinzelt im südöstlichen Oberbayern.

II) Staubblätter etwa die Höhe der grünlichen Stylodien erreichend.

1491 e. Rubus rosellus SUDRE, Rub. Pyr. 158 (1901). Syn. *R. furvus* SUDRE subsp. *R. rosellus* (SUDRE) SUDRE (1908–13).

Schößling rundlich, oft bläulich grün bereift, wenig behaart, mit ziemlich kräftigen Stacheln bewehrt, die stärkeren lanzettlich. Schößlingsblätter drei- bis fünfzählig, blaßgrün, beiderseits grün und dünn striegelhaarig, am Rande scharf gesägt. Unpaariges Blättchen aus ganzem oder schwach ausgerandetem Grunde verkehrt eiförmig bis ei- oder rautenförmig, vorn allmählich lang zugespitzt. Blütenstand groß, locker, sparrig, kurz filzig, mit kräftigen, oft gekrümmten, gelblichen Stacheln, langen, rötlichen Stieldrüsen und Drüsenborsten dicht besetzt, Kelchblätter außen dünn filzig und stieldrüsig, die Frucht locker umfassend. Kronblätter schmal, rosa. Staubblätter etwa die Höhe der grünlichen Stylodien erreichend, gelegentlich ein wenig kürzer oder länger. Filamente meist rosa. Fruchtblätter gewöhnlich schwach behaart.

Ursprünglich aus den Pyrenäen beschrieben, kommt *Rubus rosellus* auch im südöstlichen Oberbayern, vor allem um Traunstein und Waging, sowie in Oberösterreich und der Steiermark vor.

B) Kronblätter weiß, seltener blaß rosa. Stacheln und Drüsen im Blütenstand durchwegs gelblich.

III) Blütenstand meist wenig bewehrt bis fast stachellos, kurzdrüsig. Schößlingsstacheln wenig ungleich.

1491 f. Rubus scaber WEIHE et NEES in BLUFF et FINGERHUTH, Comp. Fl. Germ. **1**, 683 (1825).

Schößling schwächlich, flachbogig oder kriechend, rundlich bis stumpfkantig, mehr oder weniger behaart, dicht und blaß kurzdrüsig, mit kurzen, zurückgeneigten bis hakigen Stacheln und drüsenköpfigen Stachelhöckern besetzt. Schößlingsblätter drei- bis fünfzählig, blaß grün, beiderseits dünn behaart, am Rande scharf und fast gleichmäßig gesägt. Unpaariges Blättchen aus gestutztem oder ausgerandetem Grunde eiförmig, elliptisch oder fast verkehrt eiförmig, deutlich bespitzt. Blütenstand kegelig, zum Teil durchblättert, kurz zottig behaart, mit dichten, kurzen Stieldrüsen, zerstreuten, gelblichen Nadelstacheln und einzelnen Drüsenborsten besetzt. Kelchblätter außen graugrün, fein drüsenborstig, nach der Blüte abstehend oder locker zurückgeschlagen, nach W. WATSON aber frühzeitig die Frucht umfassend. Kronblätter klein, schmal, weiß oder blaß rosa. Staubblätter etwa die Höhe der grünlichen oder gelegentlich roten Stylodien erreichend oder diese etwas überragend, mit weißen Filamenten. Fruchtblätter kahl oder schwach behaart.

Weit verbreitet, aber überall ziemlich selten. Im Bereich der Mittelgebirge von Westfalen, der Pfalz, dem Schwarzwald ostwärts bis Schlesien und in die Bayerisch-Böhmischen Grenzgebirge, sowie in der Schweiz, der Steiermark, in Ober- und Niederösterreich, dem Burgenland und in Böhmen. Außerhalb des Gebiets in Belgien, Frankreich, England und Irland.

IV) Blütenstand meist stark bestachelt, meist mit langen Stieldrüsen besetzt. Schößling stark ungleich bestachelt, die größeren Stacheln seitlich zusammengedrückt.

a) Unpaariges Blättchen breit herzeiförmig, lang zugespitzt.

1) Fruchtkelch zurückgeschlagen.

1491 g. Rubus humifusus WEIHE et NEES in BLUFF et FINGERHUTH, Comp. Fl. Germ. **1**, 685 (1825). Syn. *R. Schleicheri* WEIHE subsp. *R. humifusus* (WEIHE et NEES) SUDRE (1908–13).

Schößling aus bogigem Grunde niederliegend, seltener kletternd, unten rundlich, nach oben zu kantig und gefurcht, unbereift oder leicht bläulich überlaufen, auf der Sonnenseite rotbraun gefärbt, meist wenig behaart, mit Stieldrüsen, gedrängten Stachelborsten und zerstreuten, sehr ungleichen, rückwärts geneigten Stacheln. Schößlingsblätter drei- oder fußförmig fünfzählig, oberseits hellgrün, striegelhaarig, unterseits blasser und dichter behaart, am Rande ungleich und nach vorn zu grob buchtig gesägt. Unpaariges Blättchen drei- bis viermal so lang wie sein Stielchen, breit eiförmig, rundlich oder breit elliptisch, am Grunde herzförmig eingebuchtet, vorn mit aufgesetzter, schmaler, manchmal sehr langer Spitze. Blütenstand meist ziemlich kurz, blattlos, armblütig, locker abstehend behaart, reichlich stieldrüsig und mit dünnen, gelblichen Stacheln besetzt. Kelchblätter außen grün, dicht stieldrüsig und stachelborstig, nach dem Verblühen meist etwas aufgerichtet, bei der Fruchtreife oft wieder zurückgeschlagen. Kronblätter mittelgroß, schmal verkehrt eiförmig oder länglich, am Rande oft flaumig behaart, weiß. Staubblätter wenigstens die Höhe der grünlichen Stylodien erreichend oder diese überragend. Filamente weiß. Fruchtblätter schwach behaart oder verkahlend.

Im Gebiet in der Pfalz (Haardt), in den Vogesen, dem Schwarzwald, Odenwald und Spessart, im rheinischen Schiefergebirge, Harz, Holstein, selten auch im Bayerischen Wald und im südöstlichen Oberbayern, ferner in der Schweiz, der Steiermark, in Niederösterreich und Mähren. Außerhalb des Gebiets in Savoyen, Belgien und England.

2) Fruchtkelch aufrecht.

α) Blätter grob und ungleich gesägt.

1491 h. Rubus inaequabilis SUDRE, Rub. Pyr. 164 (1901) Syn. *R. Schleicheri* WEIHE subsp. *R. inaequabilis* (SUDRE) SUDRE. *R. pseudapricus* HAYEK (1909).

Schößling behaart, mit wenig gekrümmten Stacheln und meist fünfzähligen, unterseits fast kahlen, am Rande grob und ungleichmäßig gezähnten Blättern. Unpaariges Blättchen herzeiförmig, allmählich zugespitzt. Blütenstand lang, dünn, kurz behaart, mit langen Nadelstacheln. Staubblätter die Höhe der Stylodien nicht erreichend. Fruchtkelch aufgerichtet. Fruchtblätter kahl.

Selten im südöstlichen Oberbayern, in Oberösterreich und der Steiermark. Außerdem in Frankreich.

Ferner vergleiche man **1491 g. Rubus humifusus** WEIHE et NEES, S. 392.

β) Blätter fein und gleichmäßig gesägt.

1491 i. Rubus irrufatus PH. J. MÜLLER in Bonplandia **9**, 291 (1861).

Stacheln verhältnismäßig kurz; Schößlingsblätter oft dreizählig, einfach und fast gleichmäßig gezähnt, das unpaarige Blättchen breit eiförmig, am Grunde abgerundet oder wenig ausgerandet. Blütenstand kurz behaart, schwach bestachelt. Fruchtkelch aufrecht. Kronblätter schmal. Staubblätter die Stylodien überragend.

Selten in der Pfalz, in Sachsen, Schlesien, dem südöstlichen Oberbayern, der Schweiz und den Weißen Karpaten. Außerdem in Belgien und Frankreich.

1491 k. Rubus caeruleicaulis SUDRE, Diagn. 47 (1906). Syn. *R. Schleicheri* WEIHE subsp. *R. inaequabilis* (SUDRE) SUDRE var. *caeruleicaulis* (SUDRE) SUDRE (1908–13).

Schößling bereift, fast kahl. Blätter unterseits wenig behaart, am Rande fein gesägt. Unpaariges Blättchen am Grunde seicht ausgerandet. Blütenstand unbehaart, ziemlich dicht bestachelt. Kronblätter klein, verkehrt eiförmig. Staubblätter die Höhe der rötlichen Stylodien nicht erreichend.

In Oberbayern (Traunstein) und der Steiermark.

1491 l. Rubus graciliflorens SUDRE, Rub. Pyr. 175 (1901).

Schößling nicht bereift, fast kahl, mit meist drei-, zum Teil auch fünfzähligen Blättern; diese unterseits dünn behaart, scharf und fein gesägt, mit eiförmigem, am Grunde ausgerandetem, vorn lang zugespitztem Endblättchen. Blütenstand sehr kurz und schmal, dicht, deutlich behaart. Fruchtkelch aufrecht. Kronblätter sehr klein, verkehrt eiförmig. Staubblätter die Höhe der grünlichen Stylodien nicht erreichend (nach W. WATSON diese hoch überragend!). Fruchtblätter kahl.

Sehr selten in Bayern (Siegsdorf in den Salzburger Alpen), der Schweiz, England und in Südfrankreich.

b) Unpaariges Blättchen schmal eiförmig, elliptisch, rautenförmig oder verkehrt eiförmig.

3) Schößling behaart, Blütenstandsachsen zottig rauhhaarig.

α) Unpaariges Blättchen elliptisch, schmal ei- oder rautenförmig.

*) Staubblätter die Stylodien überragend.

1491 a. Rubus Schleicheri WEIHE, S. 390.

**) Staubblätter etwa die Höhe der Stylodien erreichend.

1491 m. Rubus mucronipetalus PH. J. MÜLLER in Bonplandia **9**, 298 (1861). Syn. *R. Schleicheri* WEIHE subsp. *R. mucronipetalus* (PH. J. MÜLLER) SUDRE (1908–13).

Schößling bläulich bereift, behaart, wenig ungleich bestachelt als bei *Rubus Schleicheri*, mit zerstreut stehenden, geneigten, seltener sicheligen Stacheln. Laubblätter grob gesägt; unpaariges Blättchen schmal ei- bis rautenförmig oder länglich elliptisch, am Grunde ausgerandet, vorn lang zugespitzt. Blütenstand locker kegelförmig, oberwärts blattlos, abstehend behaart, kurz stieldrüsig und zerstreut bestachelt. Kelchblätter an der Frucht abstehend bis locker zurückgeschlagen. Kronblätter länglich, spitz. Staubblätter etwa die Höhe der grünlichen Stylodien erreichend. Filamente weiß. Fruchtblätter kahl.

Selten in der Pfalz, im Odenwald, in Thüringen, Schlesien, Oberbayern (Waging) und der Steiermark. Außerdem in Belgien und Frankreich.

1491 n. Rubus humilis PH. J. MÜLLER in Pollichia **16–17**, 246 (1859).

Schößling ziemlich stark behaart, Stacheln oft gebogen. Schößlingsblätter meist dreizählig, unterseits behaart, scharf und fein gezähnt, mit aufgesetzt bespitzten Zähnen. Unpaariges Blättchen schmal rautenförmig oder elliptisch, mit ganzem oder kaum ausgerandetem, oft fast keilförmigem Grunde, vorn lang zugespitzt. Blütenstand kurz kegelig, oft beinahe blattlos, kurz filzig und behaart, mit sehr langen Stieldrüsen und meist zahlreichen Stacheln. Kelchblätter der Frucht anliegend. Kronblätter klein, schmal, weiß. Staubblätter etwa die Höhe der grünlichen Stylodien erreichend. Fruchtblätter kahl.

Im Odenwald, im Oberpfälzer Wald (um Waldmünchen) und bei Traunstein in Oberbayern.

β) Unpaariges Blättchen verkehrt eiförmig. Staubblätter die Stylodien überragend.

1491 o. Rubus longicuspis PH. J. MÜLLER ex GENEV. in Mem. Soc. Acad. Maine et Loire **24**, 120 (1868). Syn. *R. Schleicheri* WEIHE subsp. *R. longicuspis* (PH. J. MÜLLER) SUDRE (1908–13).

Schößling rundlich, unbereift, behaart, mit sehr zahlreichen und ungleichen, weniger kräftigen Stacheln als bei *Rubus Schleicheri*. Schößlingsblätter drei- bis fünfzählig, oberseits kahl, unterseits flaumhaarig, grün, am Rande fein gesägt mit aufgesetzt bespitzten Zähnen. Unpaariges Blättchen verkehrt eiförmig, am Grunde ganz oder schwach ausgerandet, lang und plötzlich zugespitzt. Blütenstand kegelig, aufrecht, wenig beblättert, kurz behaart, mit mäßig starken, geraden oder geneigten Stacheln. Kelchblätter außen filzig, behaart, stieldrüsig und bestachelt, an der Frucht abstehend bis fast ausgebreitet. Kronblätter länglich, weiß. Staubblätter die grünlichen Stylodien überragend. Filamente weiß. Fruchtblätter kahl.

Selten in der Pfalz, in Oberhessen, Franken, mehrfach im südöstlichen Oberbayern, auch in Oberösterreich und Schlesien; außerhalb des Gebiets in Ungarn und Frankreich.

1491 p. Rubus scopulicola SUDRE, Rub. Tarn 53 (1909).

Ähnlich voriger Art, doch durch die unterseits graufilzigen, am Rande grob gesägten Blätter zu unterscheiden. Stylodien grünlich oder gerötet, Fruchtblätter manchmal stark behaart.

Im Gebiet im südöstlichen Oberbayern an mehreren Stellen; sonst nur aus Frankreich bekannt.

Ferner vergleiche man: 1495 d. *R. corylinus* PH. J. MÜLLER, S. 409.

4) Schößling spärlich behaart bis kahl. Blütenstandsachsen kurz- und dünnhaarig oder kahl, nur bei *Rubus dissectifolius* zottig rauhhaarig.

γ) Staubblätter die Stylodien überragend.

1491 q. Rubus fissurarum SUDRE, Rub. Pyr. 161 (1901). Syn. *R. Schleicheri* WEIHE subsp. *R. fissurarum* (SUDRE) SUDRE (1908–13).

Schößling schwach behaart, krumm bestachelt. Blätter beidseitig grün, grob gesägt. Unpaariges Blättchen schmal eiförmig, am Grunde wenig ausgerandet. Kelchblätter unter der Frucht abstehend oder leicht zurückgeschlagen. Fruchtblätter kahl.

So im Oberpfälzer Wald (Waldmünchen), in Oberbayern um Traunstein und Waging, sowie in Oberösterreich. Ursprünglich wurde *Rubus fissurarum* aus den Pyrenäen beschrieben

1491 r. Rubus dissectifolius SUDRE, Diagn. 47 (1906)

Schößling bereift, verkahlend, mit meist dreizähligen Blättern; diese beidseitig verkahlend, tief und ungleich grob gesägt. Unpaariges Blättchen ei- bis rautenförmig oder fast verkehrt eiförmig, vorn in eine breite Spitze ausgezogen. Blütenstand meist kegelig und ziemlich dicht, mit kurz abstehend behaarter Achse. Kelchblätter in eine laubige Spitze ausgezogen, außen grün, die Frucht umfassend Kronblätter klein, elliptisch, kahl, weiß. Staubblätter die grünlichen Stylodien ein wenig überragend Fruchtblätter kahl.

Im Gebiet bisher nur bei Traunstein in Oberbayern nachgewiesen, doch wohl weiter verbreitet. Allgemeine Verbreitung: England, Belgien, Frankreich, Ungarn.

1491 s. Rubus chloroxylon SUDRE, Rub. Tarn 53 (1909). Syn. *R. euryanthemus* W. WATSON (1946).

Schößling fast kahl, mit drei- bis fünfzähligen, ziemlich fein gezähnten Blättern. Unpaariges Blättchen breit ei- bis rautenförmig, elliptisch oder verkehrt eiförmig, am Grunde meist ausgerandet, vorn lang zugespitzt. Blütenstand groß, sparrig, locker, dünn behaart, mit schwachen gelblichen Stacheln. Kelchblätter zuletzt locker aufgerichtet. Kronblätter schmal verkehrt eiförmig bis fast lanzettlich, fast kahl, weiß. Staubblätter die Stylodien überragend. Fruchtblätter kahl.

Ziemlich selten im Rheinland, der Pfalz, im Oberpfälzer Wald (hier verbreitet!), in Oberbayern, ferner in Sachsen, Schlesien und Mähren, außerhalb des Gebiets in Belgien, Frankreich, England und Schottland.

δ) Staubblätter kaum die Höhe der Stylodien erreichend.

1491 t. Rubus laceratus PH. J. MÜLLER in Pollichia **16–17**, 229 (1859). Syn. *R. Schleicheri* WEIHE subsp. *R. conterminus* (SUDRE) SUDRE var. *laceratus* (PH. J. MÜLLER) SUDRE (1908–13).

Schößling rundlich bis stumpfkantig, bläulichgrün überlaufen, fast kahl, mit geraden bis geneigten Stacheln. Schößlingsblätter meist dreizählig, beiderseits spärlich behaart bis verkahlend, am Rande grob und ungleich gesägt. Unpaariges Blättchen verkehrt eiförmig, am Grunde leicht ausgerandet, vorn lang und plötzlich zugespitzt. Blütenstand wenig entwickelt, dicht filzig, dünn behaart, kurz stieldrüsig, spärlich und fein bestachelt. Kelchblätter abstehend bis aufgerichtet. Staubblätter nicht die Höhe der rötlichen Stylodien erreichend. Filamente weiß. Fruchtblätter kahl.

Im Gebiet nur aus der Pfalz (Bobenthal, Alschbachtal und Lauterbachtal bei St. Germanshof), angeblich auch aus Oberösterreich und Schlesien bekannt.

1491 u. Rubus conterminus SUDRE, Rub. Pyr. 84 (1900). Syn. *R. Schleicheri* WEIHE subsp. *R. conterminus* (SUDRE) SUDRE.

Schößling schwach behaart, mit kräftigen Stacheln. Blätter beiderseits grün, am Rande fein und fast gleichmäßig gesägt. Unpaariges Blättchen eiförmig, am Grunde ausgeschnitten. Blütenstand mit kurzen, feinen Stieldrüsen und spärlichen Stacheln. Staubblätter die Höhe der Stylodien nicht erreichen.

Diese ursprünglich aus den Pyrenäen beschriebene Sippe wächst – nach ADE – auch in Oberbayern (Umgebung von Traunstein) und – nach HRUBY – in Tirol.

1492 a. Rubus tereticaulis PH. J. MÜLLER in Flora **41**, 173 (1858). Rundstengelige Brombeere.
Fig. 268 i.

Schößling schwächlich, rundlich, bläulichgrün überlaufen, dicht filzig zottig behaart, mit feinen, kurzen, leicht rötlichen Stieldrüsen und sehr feinen, ungleichen, etwas gebogenen Stacheln sowie kurzen Nadelstacheln besetzt. Schößlingsblätter allermeist dreizählig, schlaff, beiderseits grün und dünn behaart, am Rande scharf, einfach und fast gleichmäßig gezähnt mit aufgesetzt bespitzten Zähnen. Unpaariges Blättchen kurz gestielt, elliptisch oder verkehrt eiförmig, am Grunde ausgerandet oder abgerundet, vorn lang und fast plötzlich fein zugespitzt. Blütenstand dicht oder locker, oberwärts kaum verschmälert, oft bis zum Gipfel durchlaubt, mit dicht filzigen, flaumhaarigen, kurz und rötlich stieldrüsigen, zerstreut sehr feinstacheligen, oft fast unbewehrten Achsen; Stieldrüsen kaum so lang wie der Durchmesser der Blütenstiele, meist im Filz verborgen, nur am Grunde des Blütenstandes an der Hauptachse auch längere Stieldrüsen oder Drüsenborsten, weiter oben und an den Ästen nur vereinzelt. Kelchblätter lang bespitzt, außen graugrün, filzig, kurz behaart, drüsen- und stachelborstig, an der Frucht ausgebreitet oder locker aufgerichtet. Kronblätter klein, länglich, weiß. Staubblätter kaum die Höhe der gelblichen, am Grunde geröteten Stylodien erreichend. Filamente weiß. Fruchtblätter kahl. – VII.

Vorkommen. Zerstreut in Eichen- oder Buchenwäldern, auch unter Tannen oder Kiefern, in Waldlichtungen, mit Vorliebe auf etwas frischen, nährstoffreichen, meist kalkarmen, mäßig sauer humosen Sand-, Stein- oder Lehmböden, vor allem in Buchen- und Buchenmischwäldern des Eu-Fagion, auch in zugeordneten *Salix-Sambucus*-Vorwald-Gesellschaften (OBERDORFER).

Allgemeine Verbreitung. Mitteleuropa nördlich der Alpen sowie Belgien, Frankreich und England.

Verbreitung im Gebiet. In Deutschland in der nordwestdeutschen Tiefebene zerstreut bis selten, in West-, Südwest- und Mitteldeutschland ziemlich verbreitet (ostwärts bis in die Oberlausitz), in Bayern seltener und nur im Spessart, im Bayerischen und Oberpfälzer Wald sowie im südöstlichen Alpenvorland. – In Österreich in Tirol, Salzburg und der Steiermark. In der Schweiz ziemlich verbreitet, im Mittellande häufig, in Graubünden, Uri und dem Wallis fehlend. – In Böhmen im Böhmerwald, in Mähren in den Beskiden.

Mit *Rubus tereticaulis* verwandte Arten.

Gemeinsame Merkmale. Schößling rundlich, kurz stieldrüsig, dicht und fein nadelig bestachelt. Stärkere, am Grunde verbreiterte und seitlich zusammengedrückte Stacheln fehlen. Laubblätter beiderseits grün. Blütenstand häufig stark durchblättert, mit kurzen Stieldrüsen (Stieldrüsen kaum so lang wie der Durchmesser der Blütenstiele) und spärlichen, feinen Nadelstacheln, oft fast stachellos. Fruchtkelch ausgebreitet oder locker aufgerichtet, selten zurückgeschlagen. Kronblätter oft klein und länglich, weiß oder rosa. Staubblätter oft knapp die Höhe der Stylodien erreichend.

A) Schößling deutlich behaart.

I) Staubblätter die Stylodien überragend.

a) Unpaariges Blättchen rundlich oder breit eiförmig.

1492 b. Rubus miostylus BOULAY, Ronces Vosg. 105 (1868) und Sudre, Rub. Eur. 195 (1868). Syn. *R. tereticaulis* PH. J. MÜLLER var. *miostylus* (BOULAY) SUDRE. *R. inermis* HALÁCSY non WILLD.

Ähnlich *Rubus tereticaulis*, aber das unpaarige Blättchen rundlich oder eiförmig, am Grunde tief herzförmig eingebuchtet, vorn kurz bespitzt. Blütenstand gedrängt, graufilzig, fast unbestachelt.
Selten in Franken (bei Lauf), dem Oberpfälzer Wald, in Oberbayern, in Tirol, Oberösterreich und der Steiermark. Außerdem in Frankreich.

1492 c. Rubus curtiglandulosus SUDRE, Rub. Pyr. 173 (1901). Syn. *R. tereticaulis* PH. J. MÜLLER subsp. *R. curtiglandulosus* (SUDRE) SUDRE (1908–13).

Schößling rauher als bei *Rubus tereticaulis*. Schößlingsblätter drei- oder fußförmig fünfzählig, oberseits bläulichgrün, am Rande einfach gesägt. Unpaariges Blättchen kurz gestielt, aus schwach ausgerandetem Grunde länglich eiförmig oder elliptisch, Blütenstand oberwärts kegelig verschmälert, kurz behaart, locker mit kurzen und bleichen Stieldrüsen besetzt. Kelchblätter unter der Frucht aufgerichtet, abstehend oder locker zurückgeschlagen. Kronblätter weiß oder blaß rosa. Staubblätter die Stylodien überragend. Fruchtblätter stark behaart.
Selten im Odenwald (Obernburg), in Franken (Altdorf), im Oberpfälzer Wald, mehrfach im südöstlichen Oberbayern (aber nicht in den Alpen) sowie in Oberösterreich und der Schweiz. Außerhalb des Gebiets in Ungarn, Belgien, Südfrankreich und auf den Britischen Inseln.

II) Staubblätter kaum die Höhe der Stylodien erreichend.

c) Blätter grob und ungleich gesägt.

1492 d. Rubus fragariiflorus PH. J. MÜLLER in Flora **41**, 173 (1858). Syn. *R. tereticaulis* PH. J. MÜLLER var. *fragariiflorus* (PH. J. MÜLLER) SUDRE (1908–13).

Stacheln ziemlich fein. Blättchen grob und ungleich gesägt, das unpaarige der Schößlingsblätter schmal eiförmig bis fast rautenförmig, am Grunde schwach ausgerandet, vorn scharf bespitzt. Blütenstand bogig, locker sparrig, durchblättert, kurz behaart, mit kurzen, blassen Stieldrüsen, fast unbewehrt. Fruchtkelch abstehend. Kronblätter klein, schmal. Fruchtblätter kahl.
Selten im südöstlichen Oberbayern und in der Steiermark.

d) Blätter fein, fast einfach und ziemlich gleichmäßig gezähnt, mit aufgesetzt bespitzten Zähnen.

1492a. Rubus tereticaulis Ph. J. Müller, S. 395.

1492e. Rubus derasifolius Sudre in Bull. Soc. Bot. France **52**, 335 (1905).

Schößling rundlich, dicht behaart, mit kurzen Stieldrüsen und Stachelborsten sowie kurzen, zurückgeneigten oder schwach sicheligen Stacheln. Schößlingsblätter sehr groß und breit, häufig dreizählig, einfach und fein gesägt mit aufgesetzt bespitzten Zähnen. Unpaariges Blättchen breit verkehrt eiförmig bis länglich elliptisch, am Grunde schwach herzförmig eingebuchtet, vorn plötzlich und sehr kurz bespitzt; äußere Seitenblättchen fast sitzend. Blütenstand kurz, locker, zottig behaart, mit rotbraunen Stieldrüsen, die fast so lang sind wie der Durchmesser der Blütenstiele, sowie mit schwachen, gelblichen Stacheln. Kelchblätter in eine laubige Spitze ausgezogen, nach dem Abblühen locker aufgerichtet. Kronblätter lang, schmal elliptisch, weiß oder rosa. Staubblätter kaum die Höhe der grünlichen Stylodien erreichend. Filamente weiß. Fruchtblätter dünn behaart oder kahl.

Im Gebiet in Baden, im Spessart, im südöstlichen Oberbayern und in der Schweiz. Außerdem in Belgien, Frankreich und England; nach W. Watson vorzugsweise in schattigen Wäldern.

B) Schößling fast unbehaart.

III) Unpaariges Blättchen länglich eiförmig oder schmal elliptisch: man vergleiche 1492d. *Rubus curtiglandulosus* Sudre, S. 396.

IV) Unpaariges Blättchen breiter; die Blättchen sich oft mit den Rändern deckend.

1492f. Rubus argutipilus Sudre Rub. Pyr. 174 (1901).

Schößling rundlich, fast kahl, unbereift oder schwach bläulich überlaufen, ungleich fein bestachelt. Schößlingsblätter drei- bis fünfzählig, beiderseits grün, oberseits fast kahl, unterseits wenig behaart, am Rande fein und scharf gesägt. Unpaariges Blättchen eiförmig bis breit verkehrt eiförmig, am Grunde schwach ausgerandet, vorn plötzlich zugespitzt. Blütenstand groß und breit, locker, kurz und dünn behaart, mit kurzen Stieldrüsen, wenig bestachelt. Kelchblätter nach dem Verblühen aufgerichtet. **Staubblätter die Stylodien überragend.** Fruchtblätter wenig behaart bis fast kahl.

Im Gebiet im Rheinland, Odenwald, Oberpfälzer Wald, im südöstlichen Oberbayern und in Schlesien. Außerdem in Ungarn und in Frankreich.

1492g. Rubus finitimus Sudre, Rub. Pyr. 21 (1898).

Schößling kahl, bläulichgrün bereift, mit drei- bis fünfzähligen, scharf gesägten Blättern. Unpaariges Blättchen breit eiförmig bis elliptisch, am Grunde leicht ausgerandet, vorn lang zugespitzt. Blütenstand fast blattlos, kahl oder kurz behaart, sehr kurz stieldrüsig, fast unbestachelt. Kelchblätter stachellos, ausgebreitet oder locker aufgerichtet. Kronblätter weiß oder blaß rosa. Staubblätter die Höhe der Stylodien nicht erreichend. Filamente weiß. Fruchtblätter flaumig behaart.

Im Odenwald, im Oberpfälzer- und Bayerischen Wald, um Traunstein in Oberbayern, in Schlesien. Außerhalb des Gebiets in Ungarn und Frankreich.

1493a. Rubus hirtus Waldst. et Kitaibel, Pl. rar. Hung. **2**, 150 t. 114 (1805). Syn. *R. glandulosus* Reichenb. (1832) non Bellardi (1793). Drüsenborstige Brombeere. Fig. 269a–g.

Schößling aus flachem Bogen niederliegend und weithin kriechend, unten rundlich, oben etwas kantig, meist ein wenig bereift, dicht behaart, wie die ganze Pflanze dicht mit purpurnen oder rotbraunen Stieldrüsen bekleidet, sowie mit Drüsenborsten, Nadelborsten und verhältnismäßig spärlichen, ungleichen, nadelförmigen, von Grund auf stielrunden Stacheln. Schößlingsblätter meist dreizählig, an starken Pflanzen mehr oder weniger zahlreiche fünfzählige dazwischen, von dünner Textur, den Winter über grün bleibend, oberseits dunkelgrün, dünn striegelhaarig, unter-

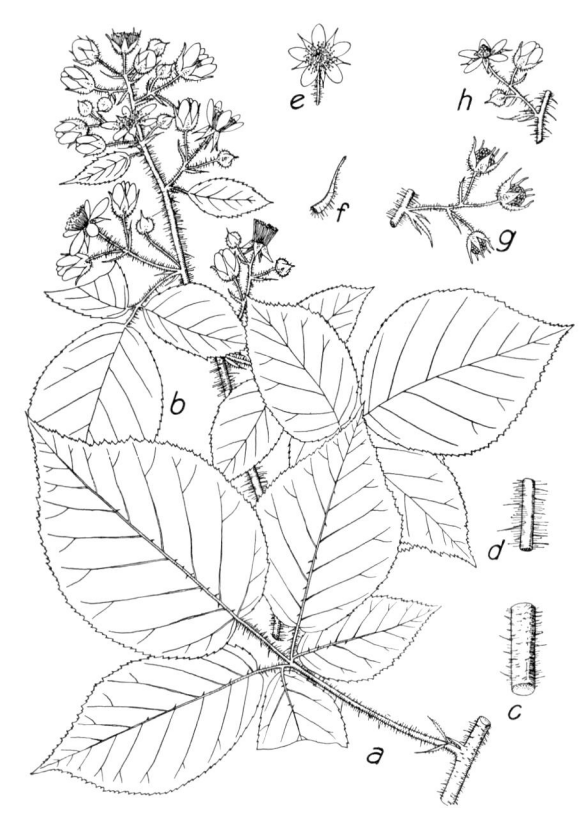

Fig. 269. a bis g. *Rubus hirtus* WALDST. et KIT. *a* Schößlingsstück mit Laubblatt. *b* Blütenstand. *c* Achsenstück eines Schößlings. *d* dasselbe aus einem Blütenstande. *e* Blüte. *f* Kelchblatt. *g* Fruchtzweig. *h* Rubus *Guentheri* WEIHE et NEES. Ästchen aus einem Blütenstande.

seits mäßig dicht flaumhaarig, selten schwach grau, mäßig tief oder fein gesägt. Unpaariges Blättchen eiförmig, am Grunde seicht herzförmig eingebuchtet, vorn allmählich zugespitzt. Blütenstand vor dem Aufblühen nickend, meist ansehnlich, breit kegelförmig, locker, unterwärts belaubt, zottig abstehend behaart, mit lang gestielten, purpurnen Drüsen und zerstreuten Nadelstacheln. Kelchblätter außen dicht drüsig bestachelt, an der Frucht aufgerichtet. Kronblätter mittelgroß, schmal elliptisch bis länglich verkehrt eiförmig, kahl, weiß. Staubblätter die grünlichen Stylodien ein wenig überragend. Filamente weiß. Fruchtblätter und Fruchtblattträger behaart. Sammelfrucht ziemlich klein, fast kugelig, aus kleinen Steinfrüchtchen bestehend, süß und würzig schmeckend. – Chromosomenzahl: $4n = 28$. – VI–VIII.

Vorkommen. In Laub- und Nadelmischwäldern auf frischen, meist nährstoffreichen, kalkarmen, mäßig sauer humosen, steinigen oder sandigen Lehmböden in luftfeuchten Lagen, oft in tiefem Schatten. Mit Vorliebe in Buchen-, Tannen- oder Bergahorn-Wäldern des Eu-Fagion (OBERDORFER).

Allgemeine Verbreitung. Von den Britischen Inseln und Belgien durch Mittel- und Osteuropa über die Krim und das Pontische Gebirge bis in den Kaukasus.

Verbreitung im Gebiet. In Deutschland vor allem im Bereich der Mittelgebirge vom Rheinland und der Pfalz bis Sachsen und in das Bayerisch-Böhmische Grenzgebirge verbreitet. Fehlt im norddeutschen Flachland. In Süddeutschland zerstreut, in den Bayerischen Alpen bis 1600 m ansteigend. – In Österreich und der Schweiz unter Ausschluß der Trockengebiete ziemlich verbreitet und stellenweise häufig. – In Böhmen und Mähren ziemlich verbreitet.

Mit *Rubus hirtus* verwandte Arten.

Gemeinsame Merkmale. Schößling meist rundlich, reichlich mit roten oder rotbraunen Stieldrüsen besetzt, sowie mit Drüsenborsten, Nadelborsten und meist spärlichen, ungleichen, fast von Grund auf stielrunden Stacheln. Stärkere Stacheln mit verbreiterter und seitlich zusammengedrückter Basis fehlen. Laubblätter beiderseits grün, seltener auf der Unterseite schwach graufilzig. Blütenstand mit zahlreichen, rötlichen Stieldrüsen (Stieldrüsen länger als der Durchmesser der Blütenstiele) und spärlichen Nadelstacheln, oft auch fast oder ganz stachellos, gelegentlich reichlich bestachelt. Kelchblätter dicht stieldrüsig, nadelig bestachelt bis stachellos, nach dem Verblühen ausgebreitet oder die Frucht umfassend. Kronblätter meist ziemlich schmal, weiß, seltener rosa.

A) Kronblätter kräftig rosa oder purpurn.

I) Schößling und Blütenstandsachsen abstehend behaart.

1493 b. Rubus praedatus SCHMIDELY in Bull. Herb. Boiss. **2**, 3, 79 (1902). Syn *R. purpuratus* SUDRE var. *praedatus* (SCHMIDELY) SUDRE.

Schößling ziemlich kräftig, dicht behaart, mit drei- bis fünfzähligen, scharf und klein gesägten Blättern. Blütenstand kegelig, vielblütig, abstehend behaart, ziemlich kurz stieldrüsig. Kelchblätter nach dem Verblühen ausgebreitet oder locker aufgerichtet. Fruchtblätter flaumig behaart.

Vereinzelt in der Pfalz, im Oberpfälzer Wald, in Oberbayern, Oberösterreich und in Schlesien. Außerdem in Ungarn und Frankreich.

1493c. Rubus carneus SABRANSKY in Mitt. Nat. Ver. Steiermark 1915, 52: 270 (1916), in clavi. Syn. *R. purpuratus* SUDRE var. *carneus* (SABR.) SUDRE.

Schößling abstehend behaart. Blättchen fein gezähnelt mit aufgesetzt bespitzten Zähnen, das unpaarige elliptisch. Blütenstand kurz, dicht mit langen Stieldrüsen besetzt, reich bestachelt. Kelchblätter außen grün, kräftig stachelborstig, sich nach dem Verblühen aufrichtend. Staubblätter die meist geröteten Stylodien ein wenig überragend. Filamente hell rosa.

Selten im Bodenseegebiet (Hergensweiler), in Oberbayern (Waging), in Oberösterreich und der Steiermark, in einer angenäherten Form auch in der Pfalz. – *Rubus carneus* scheint im Gebiet endemisch zu sein.

II) Schößling fast kahl, Blütenstandsachse wenig behaart.

1493d. Rubus amoenus KOEHLER in WIMM. et GRAB., Fl. Siles. **1**, 2, 54 (1829). Syn *R. purpuratus* SUDRE (1900). *R. hirtus* WALDST. et KIT. subsp. *amoenus* (KOEHLER) GÁYER (1917).

Schößling bereift, verkahlend, reichlich mit ungleichen, zum Teil langen, purpurnen Stieldrüsen besetzt; Stacheln schwach, ungleich, oft nadelförmig. Schößlingsblätter drei- bis fünfzählig, oberseits dünn striegelhaarig, unterseits grün, etwas behaart, fast gleichmäßig gesägt. Unpaariges Blättchen breit eiförmig bis länglich elliptisch oder schmal verkehrt eiförmig, am Grunde meist seicht ausgerandet, vorn kurz zugespitzt. Blütenstand klein, kurz und stumpf kegelförmig, meist mit einem einfachen Blatte am Grunde, filzig, dünn behaart, lang und dicht purpurn stieldrüsig, mit mäßig starken, geraden Stacheln besetzt. Kelchblätter in eine laubige Spitze ausgezogen, außen grünlich, drüsenborstig, nach dem Verblühen die Frucht umfassend. Kronblätter schmal verkehrt eiförmig, spitz, am Rande kahl, kräftig rosa, seltener blaß rosa bis rein weiß. Staubblätter die roten oder rötlichen Stylodien überragend. Filamente meist rosa. Fruchtblätter kahl.

Vereinzelt im mittleren und südlichen Gebietsteil: Pfalz, Oberbayern (Mariaeck bei Traunstein), Sachsen, Schlesien, Tirol, Oberösterreich, Steiermark. Außerdem in Ungarn, Frankreich und England.

1493e. Rubus brumalis[1]) SUDRE, Rub. Pyr. 83 (1900). Syn. *R. purpuratus* SUDRE subsp. *R. brumalis* (SUDRE) SUDRE (1908–13).

Sehr ähnlich *Rubus amoenus*, aber mit gröber gezähnten Blättern, kürzeren, die Stylodien nicht überragenden Staubblättern und breiten Kronblättern.

Selten in Oberbayern (Traunstein) und Oberösterreich. Außerdem in Frankreich.

B) Kronblätter weiß, selten blaß rosa.

 III) Blättchen gleichmäßig kleingesägt, das unpaarige breit elliptisch oder elliptisch verkehrt eiförmig, vorn mit plötzlich aufgesetzter, lanzettlicher bis lineal-lanzettlicher Spitze.

1493f. Rubus Bellardii[2]) WEIHE et NEES in BLUFF et FINGERHUTH, Comp. Fl. Germ. **1**, 688 (1825).

Schößling stielrund, nur nach der Spitze zu undeutlich kantig, bläulich bereift, sparsam behaart; Stacheln sehr ungleich, die größeren mit etwas verbreitertem Grunde. Schößlingsblätter dreizählig, groß, in geschützten Lagen fast immergrün, hellgrün, oberseits striegelhaarig, unterseits kurz behaart, am Rande ziemlich gleichmäßig klein gesägt. Blättchen sich nicht mit den Rändern deckend, das unpaarige zumeist elliptisch, beidendig gleichmäßig abgerundet, am Grunde rundlich oder schwach ausgerandet, vorn mit plötzlich aufgesetzter, lanzettlicher bis fast lineallanzettlicher Spitze; die äußeren Seitenblättchen ziemlich lang gestielt. Blütenstand kurz, sparrig, mit zwei- bis dreiblütigen unteren und einblütigen oberen Ästen und locker rauhhaariger, dicht stieldrüsiger und drüsenborstiger, reichlich und meist schwarzpurpurn bestachelter Achse. Kelchblätter weißlich sternfilzig, drüsenborstig, erst locker zurückgeschlagen, später die Frucht umfassend. Kronblätter schmal länglich verkehrt eiförmig oder spatelig, an der Spitze gefranst, weiß. Staubblätter etwa die Höhe der grünlichen Stylodien erreichend. Filamente weiß. Fruchtblätter meist kahl. Fruchtblattträger behaart. Sammelfrucht ziemlich klein, unreif blutrot, später glänzend schwarz und aromatisch. – Chromosomenzahl: $4n = 28$ und $5n = 35$. – VI, VII.

---

[1]) Lat. brumalis „winterlich, zur Wintersonnenwende gehörig."
[2]) Benannt nach dem italienischen Arzte CARLO ANTONIO LUDOVICO BELLARDI, gest. 1826 in Turin, einem Mitarbeiter ALLIONIS an der Flora Pedemontana.

Im Gebiet vom Niederrhein bis Ostpreußen und der Schweiz bis Ungarn verbreitet, sowohl in der Ebene als im Hügellande, im Harz bis über 500 m, in der Rhön bis 920 m, in den Nordalpen bis 1200 m ansteigend. Fehlt in den Bayerischen Alpen, den Zentralalpen und fast den ganzen Südalpen. Außerhalb des Gebietes in Dänemark, Südskandinavien, England und Wales, Ost- und Mittelfrankreich, Piemont.

IV) Blättchen fein bis grob gesägt, ohne plötzlich aufgesetzte Spitze.

a) Schößling deutlich behaart.

1) Unpaariges Blättchen breit eiförmig oder rundlich, am Grunde meist ausgerandet.

α) Staubblätter die Stylodien überragend.

*) Blütenstand dicht und kräftig bestachelt.

1493 g. Rubus offensus PH. J. MÜLLER in Bonplandia **9**, 286 (1861). Syn *R. hirtus* WALDST. et KIT. var. *offensus* (PH. J. MÜLLER) SUDRE.

Schößling reichlich und kräftig bewehrt. Schößlingsblätter drei- bis fünfzählig, beiderseits grün und wenig behaart, am Rande ungleich und scharf gesägt. Unpaariges Blättchen breit eiförmig bis verkehrt eiförmig, am Grunde seicht ausgerandet, vorn plötzlich zugespitzt. Blütenstand kurz, stumpf, zottig behaart, dicht und kräftig bestachelt. Staubblätter die grünlichen Stylodien überragend. Fruchtblätter behaart.

Vereinzelt in den Vogesen, der Pfalz, im Odenwald und Spessart, in Sachsen, Schlesien, Mittelfranken, dem südöstlichen Oberbayern, in Oberösterreich, Salzburg und der Steiermark sowie in der Schweiz. Außerhalb des Gebiets in Ungarn und den Pyrenäen.

**) Blütenstand unbewehrt oder schwach bestachelt.

1493 a. Rubus hirtus WALDST. et KITAIBEL, S. 397.

1493 h. Rubus Pierratii[1]) BOULAY, Ronces Vosg. 89 (1868). Syn. *R. hirtus* WALDST. et KIT. var. *Pierratii* (BOULAY) SUDRE (1908–13).

Unterscheidet sich von *Rubus hirtus* durch die ziemlich tief doppelt gesägten Blätter. Unpaariges Blättchen kurz verkehrt eiförmig, am Grunde abgerundet oder kaum ausgerandet, vorn lang zugespitzt. Blütenstand bogig, locker behaart, fast stachellos. Staubblätter die rötlichen Stylodien überragend. Fruchtblätter behaart.

Selten in der Rhön (Maria Ehrenberg), in Oberbayern (bei Waging), und in Oberösterreich. Außerdem in der Schweiz, in Ungarn und Frankreich.

β) Staubblätter die Stylodien nicht überragend, meist nicht einmal ihre Höhe erreichend.

o) Blütenstandsachse mehr oder weniger stark bestachelt.

1493 i. Rubus crassus HOLUBY in Österr. Bot. Zeit. **23**, 381 (1873). Syn. *R. peltifolius* PROGEL (1882). *R. chlorosericeus* SABRANSKY non BORBÁS. *R. hirtus* WALDST. et KIT. susp. *R. Guentheri* (WEIHE) SUDRE var. *crassus* (HOLULBY) SUDRE (1908–13).

Schößling kräftig behaart, rotdrüsig. Schößlingsblätter meist nur dreizählig, oberseits striegelhaarig, unterseits grün, angedrückt kurzhaarig, am Rande ungleichmäßig klein und daneben oft buchtig grob gesägt. Blättchen derb, breit, sich oft mit den Rändern deckend, das unpaarige breit eiförmig oder rundlich, am Grunde seicht ausgerandet, vorn plötzlich kurz bespitzt. Blütenstand kurz, gedrungen, oft durchblättert, mit graufilzigen, locker behaarten, reichlich langdrüsigen und oft ziemlich dicht bestachelten Achsen. Kelchblätter außen graufilzig, mit gelblichen Drüsen, sich nach dem Verblühen aufrichtend. Staubblätter etwa die Höhe der grünlichen Stylodien erreichend, häufiger kürzer. Fruchtblätter kahl.

Selten in der Rhön, weiter verbreitet im östlichen Bayern, vor allem im Fichtelgebirge, Oberpfälzer und Bayerischen Wald sowie im südöstlichen Oberbayern; in Österreich in Oberösterreich, der Steiermark und dem Burgenland. Außerdem in Ungarn und im Kaukasus.

---

[1]) Benannt nach D. PIERRAT in Saulxures im Déptm. Vosges, einem Mitarbeiter BOULAYS beim Sammeln der Brombeeren in den Vogesen.

1493 k. Rubus Guentheri¹) WEIHE et NEES in BLUFF et FINGERHUTH, Comp. Fl. Germ. **1**, 679 (1825). Syn. *R. hirtus* WALDST. et KIT. Rasse *Guentheri* (WEIHE et NEES) FOCKE (1903). *R. hirtus* Waldst. et KIT. subsp. *R. Guentheri* (WEIHE et NEES) SUDRE (1908–13). Fig. 269 h.

Schößlinge grün, zuweilen etwas bereift, locker behaart, mit schwarzroten Stieldrüsen, pfriemlich bestachelt. Laubblätter beiderseits grün, dünn anliegend behaart, ungleich grob gesägt. Unpaariges Blättchen eiförmig oder eiförmig elliptisch, am Grunde seicht ausgerandet, vorn zugespitzt. Blütenstand kurz und armblütig oder zusammengesetzt und durchblättert, sparrig und stumpf; Achsen kurz filzig, mit spärlichen längeren Haaren, ungleich langen, schwarzpurpurnen Stieldrüsen und zerstreuten Nadelstacheln. Kelchblätter graufilzig, nach dem Verblühen die Frucht umfassend. Kronblätter klein, schmal, vorn ausgerandet und behaart. Staubblätter kaum die Höhe der meist rötlichen Stylodien erreichend. Fruchtblätter meist kahl.

Im Bereich der Mittelgebirge von den Vogesen und dem Rheinischen Schiefergebirge ostwärts bis in die Sudeten und Karpaten, nach Süden bis in die Schweiz und durch ganz Österreich verbreitet und mancherorts, wie im Bayerisch-Böhmischen Grenzgebirge, ziemlich häufig. – *Rubus Guentheri* steigt in den Nordalpen bis etwa 1500 m auf.

oo) Blütenstandsachse kaum bestachelt.

1493 l. Rubus anoplocladus²) SUDRE in Bull. Soc. Bot. France **52**, 337 (1905). Syn. *R. hirtus* WALDST. et KIT. subsp. *R. Guentheri* (WEIHE et NEES) SUDRE var. *anoplocladus* (SUDRE) SUDRE (1908–13).

Schößling behaart, zerstreut bestachelt, mit meist dreizähligen, unterseits grünen, behaarten, am Rande mäßig fein, scharf und ungleich gezähnten Blättern. Unpaariges Blättchen eiförmig bis verkehrt eiförmig, am Grunde schwach ausgerandet, vorn zugespitzt. Blütenstand locker, meist unbelaubt, wenig behaart, fast stachellos. Staubblätter nicht die Höhe der rötlichen Stylodien erreichend. Fruchtblätter kahl.

Selten in der Pfalz, im Odenwald, im Bodenseegebiet, im Bayerisch-Böhmischen Grenzgebirge und in Oberösterreich. Außerhalb des Gebiets in Ungarn und Frankreich.

2) Unpaariges Blättchen verkehrt eiförmig, elliptisch oder rautenförmig.

γ) Staubblätter die Stylodien überragend.

*) Laubblätter grob gezähnt.

1493 m. Rubus Posoniensis³) SABRANSKY in Verh. Zool. Bot. Ges. Wien **36**, 90 (1886).

Schößling stumpfkantig, unbereift, behaart, mit seitlich ein wenig zusammengedrückten Stacheln. Schößlingsblätter fünfzählig, oberseits fast kahl, unterseits flaumig, am Rande grob und ungleich, fast eingeschnitten gesägt. Unpaariges Blättchen rautenförmig, am Grunde ganz oder kaum ausgerandet, vorn allmählich lang zugespitzt. Blütenstand groß, aufrecht, durchblättert, vielblütig, mit behaarter Achse, langen Stieldrüsen und geneigten, blassen oder rotbraunen Stacheln besetzt. Kelchblätter außen behaart, nach dem Verblühen locker zurückgeschlagen. Kronblätter schmal. Staubblätter die grünlichen Stylodien überragend. Filamente weiß. Fruchtblätter kahl.

Diese ursprünglich nur aus der Umgebung von Preßburg bekannte Pflanze kommt nach ADE auch an mehreren Stellen in der Pfalz vor.

**) Blätter meist gleichmäßig und fein gesägt.

1493 n. Rubus nigricatus PH. J. MÜLLER et LEFÈVRE in Pollichia **16–17**, 204 (1859). Syn. *R. hirtus* WALDST. et KIT. subsp. *R. nigricatus* (PH. J. MÜLLER et LEF.) SUDRE (1908–13).

Schößling kantig, rot angelaufen, bläulich bereift, dicht abstehend behaart, mit zahlreichen purpurnen Stieldrüsen und pfriemlichen, zurückgeneigten Stacheln. Schößlingsblätter ziemlich klein, meist dreizählig, beiderseits grün und dünn angedrückt behaart, am Rande regelmäßig fein gesägt, die Zähne zuweilen drüsig bespitzt. Unpaariges Blättchen breit elliptisch bis verkehrt eiförmig, am Grunde meist abgerundet. Blütenstand ziemlich breit, gestutzt kegelförmig, teilweise durchblättert, mit behaarter und dicht schwarzpurpurn stieldrüsiger Achse sowie feinen Borstenstacheln. Kelchblätter außen graufilzig, dicht stieldrüsig, die Frucht umfassend. Kronblätter länglich eiförmig bis schmal verkehrt eiförmig, weiß. Staubblätter die grünlichen, meist am Grunde geröteten Stylodien ein wenig überragend oder auch kürzer als diese. Fruchtblätter kahl oder behaart.

---

¹) Benannt nach KARL CHRISTIAN GÜNTHER, geb. 1769, gest. 1833, Apotheker in Breslau.
²) Von griech. ἄνοπλος [anoplos] „unbewaffnet" und κλάδος [klados] „Zweig, Sproß."
³) Von Posonium, dem lateinischen Namen der Stadt Preßburg, ungarisch Pozsony.

Nicht selten in der Pfalz, im Odenwald, Spessart, im Oberpfälzer und Bayerischen Wald, im Alpenvorland, vereinzelt auch in den Allgäuer und Ostbayerischen Alpen sowie in Nordtirol und der Schweiz. Außerhalb des Gebiets in Belgien, Frankreich und Irland.

Ferner vergleiche man 1493 v. *Rubus hercynicus* G. BRAUN, S. 403.

δ) Staubblätter die Höhe der Stylodien nicht erreichend.

1493 o. Rubus minutidentatus SUDRE in Bull. Soc. Bot. France **52**, 323 (1905). Syn. *R. hirtus* WALDST. et KIT. subsp. *R. nigricatus* (PH. KJ. MÜLLER et LEF.) SUDRE var. *minutidentatus* SUDRE (1908–13).

Schößling rauhhaarig, mit dreizähligen Blättern. Blättchen sehr fein gezähnelt, unterseits kahl bis dünn behaart, das unpaarige kurz gestielt, rautenförmig, elliptisch oder verkehrt eiförmig, am Grunde abgerundet oder seicht ausgerandet; vorn zugespitzt. Blütenstand klein und sehr dicht, abstehend behaart, wenig bewehrt. Fruchtblätter kahl.

In Baden, im Spessart, im Oberpfälzer und Bayerischen Wald, im südöstlichen Oberbayern, in Oberösterreich, in Schlesien und der Schweiz. Außerhalb des Gebietes in Ungarn, Frankreich und den Pyrenäen.

Ähnlich ist der ursprünglich aus Belgien beschriebene **1493 p. Rubus pectinatus** SUDRE et GRAVET in SUDRE, Rub. Europ. **2**, 33 (1904) mit schwarzpurpurnen Stieldrüsen, dreizähligen, unterseits weichflaumig und gekämmt behaarten und am Rande fein gesägten Schößlingsblättern. Unpaariges Blättchen meist eiförmig, mit ganzem Grunde, vorn scharf zugespitzt.

Im Gebiet in typischer Ausbildung anscheinend nur in Oberösterreich und der Steiermark, in angenäherten Formen auch im Bayerischen Wald und im südöstlichen Oberbayern.

Ferner vergleiche man: 1493 l. *Rubus anoplocladus* SUDRE, S. 401 und

1493 n. *Rubus nigricatus* PH. J. MÜLLER, S. 401.

b) Schößling schwach behaart bis kahl.

3) Unpaariges Blättchen breit eiförmig oder rundlich, mit verbreitertem, herzförmig eingeschnittenem Grunde.

ε) Staubblätter die Stylodien überragend.

1493 q. Rubus rubiginosus PH. J. MÜLLER in Flora **42**, 166 (1858).

Schößling kantig, bereift, kahl, gerötet, mit sehr zahlreichen, ungleichen, oft gelblichen Stieldrüsen, Stachelborsten und Stacheln. Schößlingsblätter ziemlich groß, meist dreizählig, oberseits striegelhaarig, unterseits verkahlend, am Rande mäßig stark gesägt mit aufgesetzt bespitzten Zähnen. Unpaariges Blättchen eiförmig bis verkehrt eiförmig, am Grunde seicht herzförmig eingebuchtet, vorn zugespitzt. Blütenstand groß, reichblütig, filzig, ohne längere Haare, kräftig und reich bestachelt. Kelchblätter in eine linealische Spitze ausgezogen, außen grün mit weißfilzigem Saum, dicht stieldrüsig und borstig bestachelt, nach dem Abblühen locker zurückgeschlagen, ausgebreitet oder aufgerichtet. Kronblätter klein, mäßig breit elliptisch, kahl, weiß oder blaß rosa. Staubblätter die Höhe der roten Stylodien erreichend oder diese überragend. Fruchtblätter kahl.

In der Pfalz, Rhön, im Oberpfälzer Wald, in Oberbayern und in Oberösterreich, außerdem in Ungarn, Belgien, Frankreich und England.

1493 r. Rubus Kaltenbachii[1]) METSCH in Linnaea **28**, 170 (1856). Syn. *R. hirtus* WALDST. et KIT. Rasse *Kaltenbachii* (METSCH) FOCKE (1903). *R. hirtus* WALDST. et KIT. subsp. *R. Kaltenbachii* (METSCH) SUDRE (1908–13). Fig. 268 k.

Schößling bogig, niederliegend oder kletternd, am Grunde stielrund, oberwärts kantig, bereift, fast unbehaart, reichlich mit dunkelbraunen oder schwarzpurpurnen Stieldrüsen, Drüsenborsten, Stachelborsten und ungleichen Nadelstacheln besetzt. Schößlingsblätter drei- bis fünfzählig, beiderseits dünn striegelhaarig, am Rande ungleich und ziemlich grob gesägt. Unpaariges Blättchen schmal herzeiförmig bis länglich verkehrt eiförmig, vorn lang zugespitzt. Blütenstand locker, meist sehr lang und gegen die Spitze schmäler werdend, mit wenig behaarter, ziemlich kurz und oft schwarzpurpurn bedrüster, kleinstacheliger Achse. Kelch lang zugespitzt, außen dunkel grünlich, reichlich stieldrüsig und nadelstachelig, an der Frucht abstehend. Kronblätter schmal. Staubblätter die am Grunde geröteten Stylodien überragend. Fruchtblätter kahl.

---

[1]) Benannt nach dem Realschullehrer JOHANN HEINRICH KALTENBACH, geb. 1807, gest. 1876 in Aachen, Verfasser einer Flora des Aachener Beckens (1845).

Zerstreut durch die Mittelgebirge und über Süddeutschland vom Rheinland ostwärts bis Schlesien und in die kleinen Karpaten, in Österreich in Tirol, Oberösterreich, Salzburg und der Steiermark, außerdem in Südtirol. Außerhalb des Gebiets nicht zuverlässig nachgewiesen.

ζ) Staubblätter die Höhe der Stylodien nicht erreichend.

1493s. Rubus hypodasyphyllus SUDRE, Rub. Eur. 231 (1913).

Schößling kahl, bereift, mit drei- bis fünfzähligen, gelblich grünen, oberseits striegelhaarigen, unterseits weich behaarten, mehr oder weniger graufilzigen, fein gesägten Blättern; Blattzähne mit aufgesetzten Spitzen. Unpaariges Blättchen breit herzförmig bis rundlich, vorn scharf zugespitzt. Blütenstand filzig, kurz behaart, wenig bestachelt. Fruchtblätter zottig behaart.

Selten in Oberbayern (Empfing) und im Oberpfälzer Wald.

1493t. Rubus minutiflorus PH. J. MÜLLER in Pollichia **16–17**, 235 (1859). Syn. *R. hirtus* WALDST. et KIT. subsp. *R. Kaltenbachii* (METSCH) SUDRE var. *minutiflorus* (PH. J. MÜLLER) SUDRE.

Schößling kahl, dicht feinstachelig und lang stieldrüsig. Schößlingsblätter meist dreizählig, oberseits dünn striegelhaarig, unterseits fast kahl, bläulichgrün, am Rande klein und etwas ungleich gesägt. Unpaariges Blättchen eiförmig, am Grunde ausgerandet, vorn scharf zugespitzt. Blütenstand überhängend, locker, mit filzigen, lang stieldrüsigen und fein borstenstacheligen Achsen. Kelchblätter lang zugespitzt, drüsig, sich nach dem Verblühen aufrichtend. Kronblätter schmal. Staubblätter die Höhe der grünlichen, am Grunde oft geröteten Stylodien nicht erreichend. Fruchtblätter kahl.

Selten in der Pfalz, dem Bayerisch-Böhmischen Grenzgebirge, im Alpenvorland, im Allgäu (Freibergsee), in Oberösterreich, Salzburg und der Steiermark. Außerhalb des Gebietes weit verbreitet von Frankreich bis in den Kaukasus.

4) Unpaariges Blättchen verkehrt eiförmig, elliptisch oder rautenförmig.

η) Staubblätter die Stylodien überragend.

*) Blätter grob und ungleich gesägt.

1493u. Rubus trachyadenes[1]) SUDRE, Rub. Tarn 58 (1909). Syn. *R. hirtus* WALDST. et KIT. subsp. *R. tenuidentatus* (SUDRE) SUDRE var. *trachyadenes* (SUDRE) SUDRE (1908–13).

Schößling kahl oder kaum behaart. Laubblätter unterseits mehr oder weniger flaumig bis seidig behaart, grob und ungleich doppelt gesägt. Unpaariges Blättchen rautenförmig, elliptisch oder verkehrt eiförmig, am Grunde abgerundet oder seicht ausgerandet, vorn zugespitzt. Blütenstand reichblütig, kurz behaart, lang stieldrüsig, mäßig stark bestachelt. Fruchtkelch aufrecht. Staubblätter die Stylodien überragend. Fruchtblätter kahl.

Selten im Rheinland, der Pfalz, in Franken, in Thüringen und Schlesien, dem Bayerischen und Oberpfälzer Wald, dem Bayerischen Alpenvorland, in Nordtirol und der Steiermark. Außerhalb des Gebiets in Frankreich.

**) Blätter fein und gleichmäßig gesägt.

1493v. Rubus hercynicus[2]) G. BRAUN in FOCKE, Syn. Rub. Germ. 370 (1877). Syn. *R. hirtus* WALDST. et KIT. Rasse *hercynicus* (G. BRAUN) FOCKE (1903). *R. hirtus* WALDST. et KIT. subsp. *R. hercynicus* (G. BRAUN) SUDRE (1908–13).

Schößling rundlich, bereift, rötlich anlaufend, dünn behaart. Schößlingsblätter meist dreizählig, oberseits fast kahl, unterseits bläulich grün und zerstreut behaart, mäßig tief oder fein und meist gleichmäßig gesägt. Unpaariges Blättchen rundlich eiförmig bis breit verkehrt eiförmig, am Grunde leicht ausgerandet, vorn kurz zugespitzt. Blütenstand meist gerade, ziemlich lang, reichblütig, oft bis zum Gipfel durchblättert; Achsen kurzfilzig, ohne längere Haare ungleich lang stieldrüsig, zerstreut bis dicht bestachelt. Kelchblätter außen dünn filzig, dicht stieldrüsig, dünn nadlig bestachelt, an der Frucht abstehend oder locker aufgerichtet. Kronblätter breit eiförmig, weiß. Staubblätter die Stylodien überragend. Filamente weiß. Fruchtblätter kahl.

Ziemlich selten in der Pfalz, im Harz, in Thüringen, Sachsen, Schlesien, der Rhön, dem Spessart, in Mittelfranken, dem Oberpfälzer Wald, Schlesien und den kleinen Karpaten; in den Nordalpen sehr vereinzelt am Wendelstein. Scheint in Österreich zu fehlen. Außerhalb des Gebiets in Ungarn und Frankreich.

---

[1]) Von griech. τραχύς [trachys] „rauh" und ἀδήν [aden] „Drüse".

[2]) Benannt nach der Hercynia silva oder dem saltus Hercynicus, worunter die Römer die deutschen Mittelgebirge vom Rhein bis zu den Karpathen verstanden.

1493 w. Rubus tenuidentatus SUDRE, Rub. Pyr. 92 (1900) et in Bull. Soc. Bot. France **52**, 344 (1905). Syn. *R. hirtus* WALDST. et KIT. subsp. *R. tenuidentatus* (SUDRE) SUDRE (1908–13).

Schößling fast kahl. Schößlingsblätter beiderseits dünn behaart, sehr fein gesägt, mit aufgesetzt bespitzten Zähnen. Unpaariges Blättchen schmal verkehrt eiförmig oder elliptisch, am Grunde abgerundet bis leicht ausgerandet, vorn allmählich zugespitzt. Blütenstand gestreckt, reichblütig, vollständig durchlaubt, mit fast unbehaarten Achsen. Kelchblätter in eine laubige Spitze ausgezogen, außen grünlich, nach dem Verblühen aufgerichtet. Stylodien blaß. Fruchtblätter verkahlend.

Vereinzelt im mittleren und südlichen Deutschland von der Pfalz bis Böhmen und Mähren, im Alpenvorland und den Ostbayerischen Alpen, in Nordtirol, der Steiermark und Niederösterreich. Außerhalb des Gebiets angeblich bis in die Pyrenäen und in den Kaukasus reichend.

ϑ) Staubblätter die Höhe der Stylodien nicht erreichend.

1493 x. Rubus anisacanthoides SUDRE in Bull. Soc. Bot. France **51**, 18 (1904). Syn. *R. hirtus* WALDST. et KIT. subsp. *R. tenuidentatus* (SUDRE) SUDRE var. *anisacanthoides* SUDRE (1908–13).

Schößling kahl. Schößlingsblätter dünn, dreizählig, unterseits grün, am Rande ungleich und scharf gesägt. Unpaariges Blättchen schmal rautenförmig, am Grunde nicht ausgerandet, vorn lang zugespitzt. Blütenstand schmal, durchlaubt, mit unbehaarten, reichlich und lang schwarzpurpurn stieldrüsigen, dicht und kräftig bestachelten Achsen. Fruchtkelch aufgerichtet. Staubblätter die Höhe der roten Stylodien nicht erreichend. Fruchtblätter kahl.

Vereinzelt in Franken (Altdorf), im Oberpfälzer und Bayerischen Wald, im südöstlichen Oberbayern sowie in Oberösterreich und der Steiermark.

1493 y. Rubus declivis SUDRE, Rub. Tarn 58 (1909). Syn. *R. hirtus* Waldst. et KIT. subsp. *R. tenuidentatus* (SUDRE) SUDRE var. *declivis* SUDRE (1908–13).

Schößling stumpfkantig, oft bereift, kahl oder fast kahl, mit vielfach starken, geneigten Stacheln. Laubblätter ungleich grob gezähnt. Unpaariges Blättchen schmal eiförmig oder länglich, am Grunde ausgerandet, lang zugespitzt. Blütenstand armblütig, vor dem Aufblühen nickend, dünn behaart, wenig bestachelt. Staubblätter die Höhe der roten Stylodien nicht erreichend. Fruchtblätter kahl.

Nach ADE im Odenwald und in Oberbayern bei Traunstein, nach HRUBY auch im Land Salzburg. Ähnliche, aber in einzelnen Stücken abweichende Formen sind weiter verbreitet. Außerhalb des Gebiets wird *Rubus declivis* aus Frankreich, Ungarn und dem Kaukasus angegeben.

1493 z. Rubus interruptus SUDRE, Rub. Pyr. 28 (1899). Syn. *R. hirtus* WALDST. et KIT. subsp. *R. tenuidentatus* (SUDRE) SUDRE var. *interruptus* (SUDRE) SUDRE (1908–13).

Schößling meist kahl, bläulich grün, mit blassen Stacheln. Schößlingsblätter dünn, drei- bis fünfzählig, dunkelgrün, beiderseits wenig behaart, ungleich und scharf gesägt. Unpaariges Blättchen breit verkehrt eiförmig bis elliptisch verkehrt eiförmig, am Grunde seicht ausgerandet. Blütenstand schmal, durchblättert, mit wenig behaarten, aber lang und dicht stieldrüsigen, fast unbewehrten Achsen. Kelchblätter lang, meist stachellos. Kronblätter klein, oft rundlich und blaß rosa. Staubblätter die Höhe der meist roten Stylodien nicht erreichend. Fruchtblätter kahl.

Im Bayerischen und Oberpfälzer Wald, im südöstlichen Oberbayern, in Oberösterreich und in Nordtirol.

1494 a. Rubus rivularis PH. J. MÜLLER et WIRTGEN, Herb. Rub. Rhen. ed. 1 Nr. 104 (1858) und in Flora **52**, 237 (1859).

Schößling niederliegend, rundlich, dicht behaart, dicht mit gelblichen Stieldrüsen, Stachelborsten und ungleichen, feinen Stacheln besetzt. Schößlingsblätter meist dreizählig, dünn, gelblich grün, oberseits spärlich behaart, unterseits grün oder bisweilen auch dünn grauflaumig, am Rande fein gesägt mit aufgesetzt bespitzten Zähnen. Unpaariges Blättchen eiförmig, am Grunde ausgerandet, vorn zugespitzt. Blütenstand mäßig groß, meist etwas gedrungen, am Grunde durchblättert, mit locker behaarten, fein und blaß stieldrüsigen Achsen und gedrängten, sehr langen, ungleichen, gelblichen, geraden und sicheligen Borstenstacheln. Kelchblätter außen dünn filzig, dicht drüsenborstig und stachelig, nach dem Verblühen meist locker aufgerichtet. Kronblätter ziemlich groß, elliptisch, weiß. Staubblätter die grünlichen Stylodien überragend. Filamente weiß. Fruchtblätter fast kahl, Fruchtblattträger behaart. – VII.

Vorkommen. In Laubwäldern wie Nadelholzforsten, Waldlichtungen, an Waldrändern vorzugsweise auf frischen und basenreichen Sand- und Lehmböden (OBERDORFER).

Allgemeine Verbreitung. Mitteleuropa von den Ardennen und Vogesen bis in die kleinen Karpaten.

Verbreitung im Gebiet. In Deutschland im Norden nur in Holstein, in der Mitte vom Rheinland (um Koblenz häufig) und der Pfalz ostwärts bis in die Oberlausitz, im Süden im Schwarzwald, Bodenseegebiet, in Franken, dem Bayerischen und Oberpfälzer Wald und vereinzelt in Südbayern, aber nicht in den Alpen. – In Österreich in Tirol, Salzburg, der Steiermark, Ober- und Niederösterreich. – In der Schweiz zerstreut zwischen Bodensee und Genfer See; von dort aus bis in das Unterwallis und Savoyen ausstrahlend. – In Böhmen in Lužicke hory, in Mähren in den Beskiden und Weißen Karpaten.

Mit *Rubus rivularis* verwandte Arten.

Gemeinsame Merkmale. Schößling meist rundlich, dicht mit geldlichen Stieldrüsen und Stachelborsten besetzt sowie mit feinen, ungleichen, fast von Grund auf stielrunden Nadelstacheln. Stärkere Stachen mit verbreiterter und seitlich zusammengedrückter Basis fehlen. Schößlingsblätter meist beiderseits gelblich grün oder unten gelegentlich ein wenig grauflaumig. Blütenstandsachse und Außenseite der Kelchblätter mit gelblichen Stieldrüsen und zahlreichen, borstigen oder nadeligen Stacheln. Kelchblätter nach dem Verblühen meist ausgebreitet oder aufgerichtet und die Frucht umfassend, selten *(R. aculeolatus)* mehr oder weniger deutlich zurückgeschlagen. Kronblätter elliptisch oder länglich, weiß.

A) Schößling deutlich abstehend behaart.

I) Blätter meist ziemlich grob und ungleich gesägt.

1494b. Rubus incultus PH. J. MÜLLER et WIRTG., Herb. Rub. rhen. ed. 1, nr. 153 (1862). Syn. *R. rivularis* PH. J. MÜLLER et WIRTG. subsp. *R. incultus* (PH. J. MÜLLER) SUDRE (1908–13).

Schößling kantig, stark behaart, sehr dicht mit gelblichen Stieldrüsen und Stachelborsten besetzt; Stacheln dünn, kurz, zurückgeneigt oder sichelig. Schößlingsblätter meist fußförmig fünfzählig, unterseits grün und anfangs weich behaart, am Rande grob und ungleich gesägt. Blättchen verhältnismäßig kurz gestielt, ziemlich schmal, das unpaarige elliptisch bis fast verkehrt eiförmig, am Grunde abgerundet oder leicht ausgerandet. Blütenstand dicht, reichlich durchblättert, stumpf, zottig behaart, lang stieldrüsig, dicht und fein bestachelt. Kelchblätter schmal, außen dicht stieldrüsig und stachelborstig, nach dem Verblühen gewöhnlich aufgerichtet. Kronblätter ziemlich klein, schmal elliptisch, gefranst, weiß. Staubblätter die Höhe der gelblichen Stylodien erreichend oder diese überragend. Filamente weiß. Fruchtblätter kahl.

In Norddeutschland in Pommern, in der Mitte weit verbreitet vom Rheinland und der Pfalz bis Schlesien und Mähren, nach Süden bis ins Alpenvorland und in die Steiermark reichend. Außerhalb des Gebiets in Mittelfrankreich und England.

1494c. Rubus lamprophyllus[1]) GREMLI in Österr. Bot. Zeit. **21**, 94 (1871). Syn. *R. rivularis* PH. J. MÜLLER et WIRTG. subsp. *R. incultus* (WIRTG.) SUDRE var. *lamprophyllus* (GREMLI) SUDRE (1908–13).

Schößling bereift, abstehend behaart, mit ziemlich kräftigen Stacheln. Schößlingsblätter dreizählig, oberseits frisch grün und etwas glänzend, unterseits durch reichliche, angedrückte Behaarung fast grauschimmernd. Unpaariges Blättchen verkehrt eiförmig oder breit elliptisch, am Grunde seicht ausgerandet, vorn mit aufgesetzter, manchmal langer und schmaler Spitze. Blütenstand kurz zottig behaart, lang drüsenborstig. Fruchtkelch aufgerichtet. Kronblätter schmal. Staubblätter die Höhe der Stylodien erreichend oder diese wenig überragend.

Im Süden des Gebiets verbreitet: Schweiz, südöstliches Oberbayern, Tirol, Ober- und Niederösterreich, Kärnten. Sonst selten und sehr vereinzelt im Bayerisch-Böhmischen Grenzgebirge und im Rheinland. In Mitteleuropa endemisch.

---

[1]) Von griech. λαμπρός [lampros] „glänzend" und φύλλον [phyllon] „Blatt".

1494d. Rubus biserratus PH. J. MÜLLER in Boulay, Ronces Vosg. 115 (1868). Syn. *R. rivluaris* PH. J. MÜLLER et WIRTG. subsp. *R. incultus* (WIRTG.) SUDRE var. *biserratus* (PH. J. MÜLLER) SUDRE (1908–13).

Schößling dicht behaart, ungleich stieldrüsig und pfriemlich bestachelt. Schößlingsblätter dreizählig, beiderseits grün, striegelhaarig, unterseits meist verkahlend, am Rande grob und scharf doppelt gesägt. Unpaariges Blättchen herzeiförmig bis breit verkehrt eiförmig, am Grunde ausgerandet, vorn kurz und plötzlich zugespitzt. Blütenstand stumpf walzlich, ziemlich locker, graufilzig, dicht zottig behaart, drüsenborstig und nadelig bestachelt. Fruchtkelch aufgerichtet. Staubblätter die Höhe der rötlichen Stylodien nicht erreichend. Fruchtblätter kahl.

Sehr vereinzelt in Baden, Oberbayern (Waging), Oberösterreich und Schlesien, außerdem in Belgien und Frankreich.

Ferner vergleiche man: 1488e. *Rubus viridis* KALTENB., S. 376.
1494a. *Rubus rivularis* PH. J. MÜLLER et WIRTG., S. 404.

II) Blätter fein und meist gleichmäßig gesägt.

c) Unpaariges Blättchen eiförmig, herzförmig oder rundlich, am Grunde ausgerandet.

1) Staubblätter die Stylodien überragend.

1494a. Rubus rivularis PH. J. MÜLLER et WIRTG., S. 404.

1494e. Rubus setiger PH. J. MÜLLER et LEFÈVRE in Pollichia **16–17**, 222 (1859) „setigerus". Syn. *R. rivularis* PH. J. MÜLLER et WIRTG. subsp. *R. setiger* (PH. J. MÜLLER et LEF.) SUDRE (1908–13).

Schößling behaart, kräftig, mit drei- bis fünfzähligen Blättern. Blättchen fein gezähnt, breit, sich mit den Rändern deckend, das unpaarige rundlich herzförmig, am Grunde ausgeschnitten, vorn ziemlich plötzlich zugespitzt. Blütenstandsachse locker behaart, sehr stark bestachelt. Kelch nach dem Verblühen locker aufgerichtet. Fruchtblätter kahl.

Im Bereich der Mittelgebirge (Rhön, Thüringen, Sachsen, Schlesien), im Bayerisch-Böhmischen Grenzgebirge und im südöstlichen Oberbayern um Waging.

2) Staubblätter nicht die Höhe der Stylodien erreichend.

1494f. Rubus angustisetus SUDRE in. Bull. Acad. Géogr. Bot. 1905, XV: 231. Syn. *R. rivularis* PH. J. MÜLLER et WIRTG. var. *angustisetus* (SUDRE) SUDRE (1908–13).

Schößling locker behaart, dicht drüsenborstig und borstenstachelig. Blätter wie bei *Rubus rivularis*. Blütenstand groß, stumpf kegelig, häufig durchblättert, fein nadelborstig. Fruchtkelch aufrecht. Fruchtblätter oft behaart.

Zerstreut in den Mittelgebirgen vom Rheinland, der Pfalz und dem Odenwald ostwärts bis Schlesien, sowie im Bayerisch-Böhmischen Grenzgebirge, im südöstlichen Oberbayern und in Oberösterreich; dringt auch in das Alpengebiet ein (Hochkampen).

d) Unpaariges Blättchen elliptisch, länglich elliptisch, rauten- oder verkehrt eiförmig.

1494g. Rubus lusaticus WAGNER in Wiss. Beilag. z. 10. Jahresb. d. Realschule Löbau f. Ostern (1886) und in Ber. Deutsch. Bot. Ges. **5**, 94 (1887). Syn. *R. rivularis* PH. J. MÜLLER et WIRTG. subsp. *R. lusicatus* (WAGNER) SUDRE (1908–13).

Schößling stumpfkantig, etwas bereift, ziemlich dicht behaart, reichlich stieldrüsig und ungleich stachelborstig; Stacheln ungleich, zurückgeneigt, goldgelb. Schößlingsblätter dreizählig, unterseits oft seidig grauschimmernd bis dünn filzig, am Rande fein gesägt. Unpaariges Blättchen schmal elliptisch, rautenförmig oder verkehrt eiförmig, oft keilförmig in den abgerundeten oder seicht ausgerandeten Grund verschmälert, vorn allmählich lang zugespitzt. Blütenstand kurz, schmal, filzig, behaart, mit schwächlichen Stacheln besetzt. Kelchblätter außen dünnfilzig graugrün, drüsig und bestachelt, der Frucht anliegend. Kronblätter sehr klein, schmal, mit kahlem Rande, weiß. Staubblätter die am Grunde geröteten Stylodien überragend. Filamente weiß. Fruchtblätter kahl. Sammelfrucht klein, aus wenigen, großen Steinfrüchtchen bestehend.

In den Mittelgebirgen von den Vogesen, der Pfalz und dem Odenwald nach Osten bis in die Oberpfalz, Sachsen und Schlesien verbreitet, ganz vereinzelt auch im südöstlichen Oberbayern, in Oberösterreich und in der Schweiz. Außerdem in Mittelfrankreich und sehr selten in England.

Bemerkenswert sind die sehr kleinen Blüten dieser Art; ihr Durchmesser beträgt gewöhnlich nur 0,75–1 cm.

B) Schößling kahl oder fast kahl.

III) Blätter (auch am Schößling) ziemlich grob und ungleich gesägt. Staubblätter die Höhe der Stylodien erreichend oder kürzer.

e) Fruchtkelch zurückgeschlagen oder ausgebreitet.

1494 h. Rubus aculeolatus PH. J. MÜLLER in Pollichia **16**–**17**, 228 (1859). Syn. *R. rivularis* PH. J. MÜLLER et WIRTG. subsp. *R. aculeolatus* (PH. J. MÜLLER) SUDRE (1908–13).

Schößling schwach kantig, nur spärlich behaart, mit zum Teil ziemlich kräftigen, am Grunde verbreiterten und oft etwas gebogenen Stacheln. Schößlingsblätter drei- bis fünfzählig, oberseits striegelhaarig, unterseits flaumig. Unpaariges Blättchen breit oder länglich eiförmig bis elliptisch, am Grunde tief ausgerandet, vorn lang und schmal zugespitzt. Blütenstand kurz, mit zottig behaarter, stieldrüsiger, lang drüsenborstiger Achse mit gebogenen Stacheln. Kelchblätter verlängert, stachelborstig, nach dem Verblühen locker zurückgeschlagen. Staubblätter etwa die Höhe der Stylodien erreichend. Fruchtblätter wenig behaart.

Bisher in der Pfalz, im Odenwald, in Unterfranken bei Gemünden, in Mittelfranken, im Oberpfälzer Wald, im südöstlichen Oberbayern, in Schlesien und Oberösterreich nachgewiesen. Außerhalb des Gebiets in Belgien und Frankreich.

1494 i. Rubus leptobelus[1]) SUDRE, Bat. Eur. **2**, 31 (1904). Syn. *R. rivularis* PH. J. MÜLLER et WIRTG. subsp. *R. aculeolatus* (PH. J. MÜLLER) SUDRE var. *leptobelus* (SUDRE) SUDRE (1908–13).

Schößling kahl, unbereift, mit drei- bis fünfzähligen, unterseits flaumigen, am Rande meist grob gesägten Blättern. Unpaariges Blättchen länglich rautenförmig, allmählich lang zugespitzt. Blütenstandsachse oft unbehaart. Kelchblätter nach dem Verblühen spreizend. Staubblätter etwa die Höhe der blassen Stylodien erreichend. Fruchtblätter meist behaart.

In Deutschland im Westen und Süden sehr zerstreut, südlich der Donau nur von einem Fundort (Waging in Oberbayern) bekannt. Außerdem in Oberösterreich, Ungarn und Fankreich.

f) Fruchtkelch aufgerichtet.

1494 k. Rubus Durotrigum[2]) R. P. MURRAY in Journ. of Bot. **30**, 15 (1892). Syn. *R. rivularis* PH. J. MÜLLER et WIRTG. subsp. *R. aculeolatus* (PH. J. MÜLLER) SUDRE var. *Durotrigum* (R. P. MURRAY) SUDRE (1908–13).

Schößling kräftig, leicht kantig, gerötet, verkahlend, reichlich mit Stieldrüsen und Stachelborsten besetzt, die in Stacheln übergehen. Schößlingsblätter groß, meist fünfzählig, oberseits beinahe kahl, unterseits dünn behaart, am Rande grob und ungleich gezähnt. Unpaariges Blättchen kurz gestielt, aus herzförmigem Grunde rundlich eiförmig, vorn plötzlich zugespitzt. Blütenstand dicht, gegen die Spitze verschmälert, etwas durchblättert, dünn behaart, mit sehr schwachen, pfriemlichen Stacheln. Kelchblätter in eine laubige Spitze ausgezogen, außen grünlich, behaart, drüsig, die Frucht umfassend. Kronblätter groß, schmal, in den Grund verschmälert, rosa oder blaß rosa. Staubblätter knapp die Höhe der am Grunde geröteten Stylodien erreichend. Filamente weiß. Fruchtblätter dünn behaart. – VII.

Selten in der Pfalz, im Odenwald, im Bayerischen und Oberpfälzer Wald, in Schlesien, Oberösterreich und der Schweiz. Außerhalb des Gebietes nur in England (Dorset).

IV) Blätter fein oder gleichmäßig gesägt.

---

[1]) Von griech. λεπτός [leptos] „dünn, zart" und βέλος [belos] „Pfeil, Wurfspieß".
[2]) Lat. Genetiv Plural von Durotriges, die Bewohner von Dorset.

1494 I. Rubus horridulus PH. J. MÜLLER in BOULAY, Ronces Vosges, Nr. 94, 112 (1868) non HOOK. f. Syn. *R. divexiramus* PH. J. MÜLLER forma *horridulus* (PH. J. MÜLLER) FOCKE. *R. rivularis* PH. J. MÜLLER et WIRTG. subsp. *R. spinosulus* SUDRE var. *horridulus* (PH. J. MÜLLER) SUDRE (1908–13).

Sehr ähnlich voriger Art, aber die Blätter meist mäßig tief und fast regelmäßig scharf gesägt, das unpaarige Blättchen eiförmig bis verkehrt eiförmig, am Grunde kaum ausgerandet, vorn plötzlich zugespitzt, der Blütenstand kurz, gestutzt, sehr stark bestachelt, die Staubblätter die Höhe der meist rötlichen Stylodien nicht erreichend und die Fruchtblätter flaumig behaart.

Sehr zerstreut im mittleren und südlichen Deutschland, zum Beispiel in Oberfranken bei Banz, mehrfach im Bayerisch-Böhmischen Grenzgebirge, im südöstlichen Oberbayern, im Lande Salzburg und in der Steiermark.

1495a. Rubus serpens WEIHE in LEJEUNE et COURT., Comp. Fl. Belg. 2, 172 (1831).

Schößling niederliegend, rundlich oder schwach kantig, bläulich grün bereift, meist kräftig behaart, reichlich mit ungleichen, blassen Stieldrüsen und Stachelborsten besetzt mit dazwischen eingestreuten kurzen, leicht gekrümmten, stärkeren Stacheln. Schößlingsblätter drei- bis fußförmig fünfzählig, beiderseits (gelblich-) grün, oberseits dünn behaart, unterseits flaumig, am Rande scharf, fein und etwas ungleich gesägt. Unpaariges Blättchen drei- bis viermal so lang wie sein Stielchen, aus gestutztem oder ausgerandetem Grunde eiförmig bis länglich verkehrt eiförmig, seltener fast herzeiförmig, vorn lang zugespitzt. Blütenstand meist kurz, häufig durchblättert, oft bogig, zottig behaart und zahlreiche, feine, lange, blasse Stieldrüsen sowie gelbliche, nicht stechende Borstenstacheln tragend. Kelchblätter außen grünlich, dünnfilzig, drüsig, unbewehrt oder mit spärlichen Borsten besetzt, anfangs zurückgeschlagen, später abstehend oder locker aufgerichtet. Kronblätter mittelgroß, länglich, weiß. Staubblätter die grünlichen Stylodien überragend. Filamente weiß. Fruchtblätter meist kahl. – Chromosomenzahl: $4n = 28$. – Ende VI, VII.

Vorkommen. In Eichen- und Kiefernwäldern, Waldlichtungen, auf mäßig trockenen bis frischen, meist kalkarmen, mäßig sauer humosen, sandigen, steinigen oder reinen Lehmböden, vor allem in Quercion Roboris-Wäldern oder in Lonicero-Rubion-Verlichtungs-Gesellschaften (OBERDORFER).

Allgemeine Verbreitung. Von Frankreich durch Mitteleuropa und die Karpatenländer bis in den Kaukasus.

Verbreitung im Gebiet. In Deutschland in der norddeutschen Tiefebene selten und anscheinend nur in Schleswig und außerhalb der Gebietsgrenze in Posen; im Bereich der Mittelgebirge von den Ardennen, den Vogesen, dem Schwarzwald und der Pfalz ostwärts bis Thüringen, Sachsen, das Bayerisch-Böhmische Grenzgebirge (und darüber hinaus bis in die Sudeten und Kleinen Karpaten verbreitet); südlich der Donau sehr selten im Bodenseegebiet und im südöstlichen Oberbayern; fehlt in den Bayerischen Alpen. – In Österreich zerstreut von Nordtirol bis Niederösterreich, fehlt aber in Vorarlberg und wohl auch im Burgenlande. – In der Schweiz zerstreut im Molassegebiet. – In Böhmen und Mähren im ganzen Gebiet zerstreut.

Mit Rubus serpens verwandte Arten.

Gemeinsame Merkmale. Schößling rundlich bis stumpfkantig, mit zahlreichen, gelblichen Stieldrüsen und Stachelborsten sowie mit eingestreuten, fast von Grund auf stielrunden Nadelstacheln. Stärkere Stacheln mit verbreiterter und seitlich zusammengedrückter Basis fehlen in der Regel (ausgenommen *R. corylinus*). Laubblätter beiderseits gelblich grün. Blütenstandsachse dicht mit gelblichen Stieldrüsen und zerstreuten bis sehr spärlichen

Borsten oder Nadelstacheln besetzt. Kelch reichlich stieldrüsig, spärlich borstenstachelig oder mehr oder weniger stachellos, nach dem Verblühen abstehend oder aufgerichtet. Kronblätter meist länglich, weiß.

A) Schößling deutlich behaart. Blütenstandsachse meist zottig behaart.

I) Staubblätter die Stylodien überragend. Blütenstand meist kurz (Ausnahmen bei *R. corylinus* und *R. angustifrons*).

a) Unpaariges Blättchen mit breit herzförmigem, ausgerandetem Grunde.

1) Blätter grob gesägt.

1495 b. Rubus longisepalus PH. J. MÜLLER in Bonplandia **9**, 297 (1861). Syn. *R. serpens* WEIHE var. *longisepalus* (PH. J. MÜLLER) SUDRE (1908–13).

Schößling schwächer behaart als bei *Rubus serpens*. Schößlingsblätter dreizählig, unterseits kurz behaart, am Rande scharf und breit gezähnt. Unpaariges Blättchen meist breit eiförmig, am Grunde ausgerandet, vorn allmählich kurz zugespitzt, die seitlichen Blättchen oft kurz gestielt. Blütenstand lang, locker kegelig, mit abstehenden Ästen und dünn filzigen, kurz abstehend behaarten Achsen. Kelchblätter in ein langes Anhängsel ausgezogen, außen grünlich. Kronblätter ziemlich groß, schmal elliptisch. Staubblätter die Stylodien überragend.

Selten in den Vogesen, im Rheinland und dem Rheinischen Schiefergebirge (Winningen), im Bayerisch-Böhmischen Grenzgebirge, ganz vereinzelt im südöstlichen Oberbayern bei Waging, sowie in Oberösterreich. Eine durch fast unbehaarte Schößlinge abweichende Form (var. *minutiflorens* SUDRE) in der Rhön bei Wildflecken und bei Winningen.

Ferner vergleiche man 1495 c. *Rubus napophiloides* SUDRE.

2) Blätter fein gesägt.

1495 a. Rubus serpens WEIHE, S. 408.

b) Unpaariges Blättchen am Grunde abgerundet oder gestutzt, seltener schwach ausgerandet.

1495 c. Rubus napophiloides[1]) SUDRE in Bull. Soc. Bot. France **51**, 25 (1904). Syn. *R. serpens* WEIHE subsp. *R. napophiloides* (SUDRE) SUDRE (1908–13).

Schößling bereift, dicht behaart. Schößlingsblätter drei- bis fünfzählig, unterseits flaumig und fast grauschimmernd, oft bläulich grün, am Rande ziemlich grob und ungleich gesägt. Unpaariges Blättchen eiförmig, am Grunde abgerundete oder kaum ausgerandet, vorn ziemlich plötzlich zugespitzt. Blütenstand meist kurz und gedrungen, abstehend behaart, reichlich und kurz stieldrüsig, mit spärlichen Nadelstacheln. Fruchtkelch aufrecht. Staubblätter die Stylodien überragend. Fruchtblätter meist kahl.

In Süddeutschland (Pfalz, Baden, Odenwald, Rhön, Bayerisch-Böhmisches Grenzgebirge, südöstliches Alpenvorland), Ober- und Niederösterreich und der Schweiz weit verbreitet, aber meist nur in einzelnen Stöcken.

1495 d. Rubus corylinus[2]) PH. J. MÜLLER in Flora **41**, 169 (1858). Syn. *R. serpens* WEIHE subsp. *R. napophiloides* SUDRE var. *corylinus* (PH. J. MÜLLER) SUDRE (1908–13).

Schößling schwach kantig, dünn behaart, mit seitlich zusammengedrückten Stacheln (ähnlich *Rubus Schleicheri* S. 390). Schößlingsblätter drei bis fünfzählig, oberseits zerstreut striegelhaarig, unterseits dünn behaart, am Rande grobungleich und oft eingeschnitten gesägt. Unpaariges Blättchen groß, breit, verkehrt eiförmig, mit abgerundetem oder kaum ausgerandetem Grunde, vorn plötzlich lang und oft säbelförmig zugespitzt. Blütenstand kurz, breit, mit behaarter, stieldrüsiger, mäßig stark bestachelter Achse. Kelchblätter in ein langes Anhängsel ausgezogen. Staubblätter die blassen Stylodien ein wenig überragend.

Selten in der Pfalz, im Odenwald, der Rhön, im Oberpfälzer Wald, im Bodenseegebiet und in Oberösterreich.

Die durch einfach gesägte Blättchen und oft verlängerten, fast schmal traubigen Blütenstand abweichende var. *coryliniformis* SUDRE vereinzelt in Franken, im Bayerischen Wald und im Alpenvorland.

---

[1]) Wegen der Ähnlichkeit mit dem *Rubus napophilus*; von griech. νάπη [nape] „Waldtal, Schlucht", φιλεῖν [philein] „lieben" und εἰδής [eides] „gestaltet".

[2]) Nach der Ähnlichkeit der unpaarigen Blättchen mit den Laubblättern des Haselstrauches, lat. Corylus.

1495 e. Rubus elegans Ph. J. Müller in Flora **41**, 170 (1858). Syn. *R. angustifrons* Sudre (1904). *R. serpens* Weihe subsp. *R. angustifrons* (Sudre) Sudre (1908–13).

Schößling bereift und behaart, Schößlingsblätter drei- bis fünfzählig, ziemlich groß, gelblich grün, oberseits zerstreut striegelhaarig, unterseits dünn behaart bis schwach grauschimmernd, am Rande ungleich und scharf gesägt. Unpaariges Blättchen aus meist abgerundetem Grunde elliptisch oder verkehrt eiförmig, oft ziemlich schmal und manchmal fast lanzettlich, vorn plötzlich in eine schmale, häufig sichelige Spitze zusammengezogen. Blütenstand klein, dicht und sparrig oder – nach W. Watson – lang und breit kegelig, nickend und durchlaubt, locker abstehend behaart. Kelchblätter die Frucht umfassend. Kronblätter mittelgroß, schmal, verkehrt eiförmig, kurz bespitzt, kahl, weiß oder blaß rosa. Staubblätter die gelblichen Stylodien meist hoch überragend, selten kürzer und ihre Höhe nicht erreichend. Filamente weiß.

Sehr zerstreut in West-, Mittel- und Süddeutschland (zum Beispiel in der Pfalz, im Odenwald, Spessart, der Rhön, in Baden, in Franken und im Bayerisch-Böhmischen Grenzgebirge, im Allgäu und dem südöstlichen Oberbayern), in Oberösterreich, der Steiermark und der Schweiz.

Außerhalb des Gebiets in Ungarn, Belgien, Frankreich und England.

II) Staubblätter kaum die Höhe der Stylodien erreichend.
  c) Blätter ungleich und grob gesägt.

1495 f. Rubus obrosus Ph. J. Müller in Pollichia **16–17**, 234 (1859). Syn. *R. brevistamineus* Boulay (1869). *R. serpens* Weihe subsp. *R. flaccidifolius* (Ph. J. Müller) Sudre var. *obrosus* (Ph. J. Müller) Sudre (1908–13).

Schößling dicht behaart, drüsenborstig und pfriemlich bestachelt. Blätter dünn, unterseits fast kahl, ungleich grob und oft wie angefressen gesägt. Unpaariges Blättchen breit eiförmig, am Grunde herzförmig ausgeschnitten, vorn lang und scharf zugespitzt. Blütenstand ziemlich kurz, locker, wenigblütig, mit abstehend zottig behaarter Achse, feinen Stieldrüsen und schlanken Stacheln. Kelchblätter sich nach dem Verblühen aufrichtend. Staubblätter die Höhe der rötlichen Stylodien nicht erreichend. Fruchtblätter kahl.

In typischer Ausprägung sehr selten in der Pfalz, im Allgäu, in Oberösterreich und der Steiermark; in angenäherten Formen gelegentlich in Süddeutschland und wohl auch andernorts.

  d) Blätter ziemlich seicht und fein gesägt.
    3) Blütenstand klein, kurz, die Blätter kaum überragend.

1495 g. Rubus vepallidus Sudre, Rub. Pyr. 175 (190) und in Bull. Soc. Bot. France **52**, 330 (1905). Syn. *R. serpens* Weihe subsp. *R. vepallidus* (Sudre) Sudre (1908–13).

Schößling schlank, bläulich grün bereift, locker behaart, kurz stieldrüsig, schwach bestachelt. Schößlingsblätter meist dreizählig, zum Teil auch fünfzählig, oberseits spärlich behaart, unterseits dünn flaumhaarig, am Rande ziemlich seicht und mäßig fein gesägt. Unpaariges Blättchen eiförmig, verkehrt eiförmig bis fast rautenförmig, am Grunde meist etwas ausgerandet, vorn ziemlich lang zugespitzt. Blütenstand klein, kurz, locker, häufig nickend, armblütig, kaum die Laubblätter überragend, mit locker behaarter, meist kurz stieldrüsiger, zerstreut nadelig bestachelter Achse. Kelchblätter außen grünlich, armdrüsig, nach dem Verblühen aufgerichtet. Kronblätter klein. Stylodien grünlich, seltener etwas gerötet, die sehr kurzen Staubblätter beträchtlich überragend. Fruchtblätter meist kahl. – VI, VII.

In West-, Süd- und Mitteldeutschland ziemlich verbreitet, vereinzelt auch in die Nordalpen eindringend, sowie in Oberösterreich und der Schweiz. Wird außerdem für Ungarn, Belgien und Frankreich angegeben.

  4) Blütenstand verlängert, die Laubblätter deutlich überragend.

1495 h. Rubus chlorostachys[1]) Ph. J. Müller in Bonplandia **9**, 303 (1861). Syn. *R. brachyandrus* Gremli (1871). *R. serpens* Weihe subsp. *R. chlorostachys* (Ph. J. Müller) Sudre (1908–13).

Schößling fast rundlich, dicht behaart. Schößlingsblätter meist dreizählig, gelblich grün, oberseits fast kahl, unterseits behaart, am Rande ziemlich fein und gleichmäßig gesägt. Unpaariges Blättchen eiförmig, verkehrt eiförmig oder kurz elliptisch, am Grunde schwach ausgerandet, vorn plötzlich und kurz zugespitzt. Blütenstand verlängert, dicht, schmal, oft bogig, reichblütig, mit zottig behaarter Achse. Fruchtkelch gewöhnlich aufgerichtet. Kronblätter klein, schmal, aufrecht, Staubblätter kurz, die Höhe der grünlichen Stylodien nicht erreichend, Fruchtblätter flaumig behaart.

---
[1]) Von griech. χλωρός [chloros] „grün" und στάχυς [stachys] „Ähre".

In typischer Ausbildung selten in den Vogesen, der Pfalz, Rhön, in Salzburg, der Steiermark, in Ober- und Niederösterreich, angeblich auch in den Kleinen Karpaten. Etwas abweichende Formen im nördlichen Franken, im Bayerisch-Böhmischen Grenzgebirge, in Schlesien und im Allgäu sowie außerhalb des Gebiets in Frankreich.

B) Schößling kahl oder fast kahl. Blütenstandsachsen wenig behaart oder ganz ohne längere Haare.

III) Staubblätter höchstens die Höhe der Stylodien erreichend, meist kürzer.

e) Blätter grob, scharf und ungleich gesägt.

Vgl. 1470f. *R. Oreades* PH. J. MÜLLER et WIRTG. ex GENEV., S. 308.

f) Blätter fein und gleichmäßig gesägt.

1495i. Rubus decurtatus PH. J. MÜLLER in Pollichia **16–17**, 210 (1859). Syn. *R. egeniflorus* PROGEL (1889). *R. longiglandulosus* SUDRE (1901) forma *decurtatus* (PH. J. MÜLLER) SUDRE (1908–13).

Schößling oft bereift, kahl oder schwach behaart, fein stieldrüsig, mit kleinen Stacheln. Schößlingsblätter drei- bis fünfzählig, unterseits schwach behaart, am Rande ziemlich fein und gleichmäßig gesägt. Unpaariges Blättchen eiförmig, schmal eiförmig oder leicht verkehrt eiförmig, am Grunde ausgerandet, vorn breit bespitzt. Blütenstand locker, breit, etwas filzig, wenig behaart, lang und fein stieldrüsig, mit kurzen Nadelstacheln. Kelchblätter der Frucht anliegend. Kronblätter schmal, weiß. Stylodien die meist zweireihigen Staubblätter deutlich überragend. Fruchtblätter meist kahl.

Sehr vereinzelt in der Pfalz, im Bayerischen Wald, im südöstlichen Oberbayern, in Oberösterreich und in der Steiermark sowie in Mähren. Außerhalb des Gebiets auch in Ungarn und Frankreich.

IV) Staubblätter die Stylodien überragend. Blätter ungleich und scharf gesägt.

1495k. Rubus leptadenes[1]) SUDRE in Bull. Acad. Géogr. Bot. **15**, 232 (1905). Syn. *R. echinatus* PH. J. MÜLLER (1858) non LINDL.

Schößling niederliegend, bereift, kahl, sehr reichlich stieldrüsig (die Drüsenköpfchen rot oder schwarz), stachelborstig und stachelhöckerig, mit schlanken, fast gleichförmigen, die Stachelborsten etwa um das Doppelte überragenden Stacheln. Schößlingsblätter drei- bis fünfzählig, oberseits fast kahl, unterseits wenig behaart, ungleich scharf gesägt. Unpaariges Blättchen eiförmig, verkehrt eiförmig oder elliptisch, am Grunde leicht ausgerandet. Blütenstand aufrecht, stumpf, gegen die Spitze nicht verschmälert, mit filzigen, reichlich und lang stieldrüsigen, schwach bewehrten Achsen. Kelchblätter außen dunkelgrün mit weißem Saum, nach dem Verblühen aufgerichtet. Kronblätter mittelgroß elliptisch rautenförmig, manchmal vorn eingeschnitten, weiß oder blaß rosa. Staubblätter die grünlichen Stylodien überragend. Filamente weiß. Fruchtblätter fast kahl. – Chromosomenzahl: $4n = 28$.

Zerstreut in der Pfalz, im Harz, in Thüringen, Schlesien, der Rhön, in Franken, im Bayerisch-Böhmischen Grenzgebirge, sehr selten auch im Alpenvorland und im Allgäu sowie in der Schweiz. Außerhalb des Gebiets in Ungarn, Belgien, Frankreich und England.

Ferner vergleiche man 1495b. *Rubus longisepalus* PH. J. MÜLLER, S. 409.

Auf Grund der S. 232–243 ausgeführten Gliederung der Familie schließen sich an die Tribus *Rubeae* mit der einzigen Gattung *Rubus* die Triben *Roseae* mit der Gattung *Rosa* sowie die *Sanguisorbeae*, *Potentilleae*, *Geeae*, *Dryadeae* und *Alchemilleae* an. Da nun der Umfang dieses Bandes in der zweiten Auflage so sehr zugenommen hat, daß eine Aufteilung in 2 Teilbände zweckmäßig erscheint, andrerseits aber vermieden werden sollte, die sich hier anschließende Gattung *Rosa* über 2 Bände hinzuziehen, folgen hier anstelle der *Roseae* die Triben *Geeae* und *Dryadeae*, während die *Roseae*, *Sanguisorbeae*, *Potentilleae* und *Alchemilleae* zusammen mit den Kern- und Steinobstgewächsen in der 2. Hälfte des Bandes IV/2 behandelt werden.

---

[1]) Von griech. λεπτός [leptos] „dünn" und ἀδήν [aden] „Drüse".

393. Waldsteinia[1]) WILLD., Neue Schrift. Ges. naturf. Freunde Berlin 2, 105, t. 4 (1799). Waldsteinie.

Niedrige, unbewehrte Stauden mit abwechselnden, gelappten oder drei-, selten und nicht im Gebiet handförmig fünfzähligen Laubblättern. Die unteren Laubblätter rosettig gedrängt, lang gestielt, ohne freie Nebenblätter; an ihrer Stelle ein breiter, fast trockener, allmählich in den Blattstiel verschmälerter Hautrand. Die blühenden Stengel wie bei *Geum* aus den Achseln von Grundblättern entspringend (die Grundachse wächst dadurch monopodial weiter). Stengelblätter mit kleinen, ungeteilten, krautigen, kurz mit dem Blattstiel verbundenen oder fast freien Nebenblättern. Blüten zwitterig, gelb, ansehnlich, in armblütigen, ebensträußig verkürzten Rispen. Außenkelch und Kelch fünfzählig. Kelchblätter schmal dreieckig oder lanzettlich, in der Knospe klappig, am Grunde in den breit trichterförmigen, bei der Reife trockenen Blütenbecher verwachsen. Kronblätter 5, rundlich eiförmig, sehr kurz genagelt, gelb. Staubblätter ungefähr 40, in vier 10-gliederigen Wirteln, doch die inneren Wirtel oft unregelmäßig; nach dem Abblühen verwelkend und abfallend, wie die Kronblätter kurz vor dem Saum des Blütenbechers eingefügt. Innerhalb der Staubblätter ein schmaler, zusammenhängender Diskusring. Fruchtblätter 2 bis 6, frei, kurz gestielt, mit einer aufsteigenden Samenanlage und endständigem, sich bei der Reife am Grunde abgliederndem Griffelchen,[2]) bei der Reife nußartig. Fruchtblattträger bei der Reife vertrocknend.

Waldsteinia ist eine Gattung des holarktischen Waldgürtels und bewohnt mit nurmehr 4 Arten ein heute stark zerstückeltes Areal: in Europa und Asien findet sich neben der gerade noch nach Mitteleuropa reichenden *W. ternata* (STEPH.) FRITSCH eine weitere Art, *W. geoides* WILLD. Diese ist eine 7 bis 25 cm hohe Rosettenstaude mit kurz kriechendem, keine oberirdischen Ausläufer treibendem Rhizom und ungeteilten, breit herz-nierenförmigen, meist etwas fünflappigen Laubblättern. Blütenstand locker, die Grundblätter kaum überragend. Blüten etwa 2 cm im Durchmesser. Kronblätter breit verkehrt eiförmig, am Grunde geöhrt, gelb, länger als die Kelchblätter. – Chromosomenzahl 2 n = 14. – IV bis V. – Heimat: Oberungarn (bis in die Umgebung von Budapest), Siebenbürgen, Galizien, Bosnien-Herzegowina, Serbien, Bulgarien. Die Pflanze wird seit langem in Botanischen Gärten gezogen und ist in Mitteleuropa gelegentlich verwildert, so mehrfach in und um Berlin und Potsdam, bei Jena und im Hafen von Mannheim. – Die Öhrchen am Grunde der Kronblätter überdachen den Nektar im Blütenbecher, der vom Diskusring abgesondert wurde. Die Blüten sind nach E. LOEW stark proterogyn, wobei die Styluli bereits weit hervorragen und empfängnisfähig sind, während die Staubblätter noch einwärts gekrümmt und die Antheren geschlossen sind. Die Besucher (*Halictus*- und *Anthomyia*-Arten) können bei *W. geoides* nur durch die Spalten zwischen den Kronblatt-Öhrchen zum Nektar gelangen. Nach dem Verblühen erschlaffen die Blütenstiele, die Kronblätter fallen ab und bald darauf auch die Griffelchen, wogegen Kelchblätter und Blütenbecher weiterwachsen. Die dicht behaarten Nüßchen weisen am Grund eine weiche, ölreiche Schwiele auf, die R. SERNANDER als Eläosom deutet. – Zwei weitere Arten gehören der Neuen Welt an: *W. fragarioides* (MICHX.) TRATT., die durch ihre dreizähligen Grundblätter an unsere *W. ternata* erinnert, sowie *W. lobata* TORR. et GRAY mit dreilappigen Laubblättern; diese Pflanze steht der osteuropäischen *W. geoides* recht nahe. *W. fragarioides* und *W. lobata* bewohnen das östliche Nordamerika.

Über Inhaltsstoffe liegen keine Untersuchungen vor.

Bastarde. Im Gegensatz zur folgenden Gattung, die sich einer ungewöhnlichen Fähigkeit erfreut, Mischlinge zu erzeugen, sind von *Waldsteinia* weder natürliche noch künstliche Bastarde bekannt. W. GAJEWSKI gelang es in keinem Falle, *W. geoides* oder *ternata* mit Arten der Gattungen *Coluria* und *Geum* zu kreuzen.

---

[1]) Benannt nach dem Grafen FRANZ ADAM VON WALDSTEIN-WARTENBERG, geb. 1759, gest. 1812, der 1799 bis 1812 zusammen mit PAUL KITAIBEL das dreibändige, für die Kenntnis der Flora Ungarns grundlegende Werk Plantae rariores Hungariae herausgab.

[2]) Der Bearbeiter hält es für richtig, dem Vorschlag von M. G. BAUMANN-BODENHEIM [Berichte der Schweizerischen Bot. Gesellsch. 64, 95 (1954)] zu folgen und die Endung -odium auf verkümmerte Organe zu beschränken (z. B. Staminodium). An Stelle von Stylodium wird deshalb im folgenden die Bezeichnung Griffelchen oder Stylulus, Mehrz. Styluli, verwendet.

Arten-Schlüssel.

1a. Oberirdische Ausläufer fehlen. Laubblätter ungeteilt, meist fünflappig. Kronblätter am Grunde mit 2 Öhrchen versehen . . . . W. geoides WILLD. (S. 412)
1b. Mit oberirdischen, wurzelnden Ausläufern. Laubblätter dreizählig. Kronblätter am Grunde nicht geöhrt. Kärnten . . . . 1496. W. ternata (STEPH.) WILLD.

1496. Waldsteinia ternata (STEPH.) FRITSCH in Österr. Bot. Zeitschr. **39**, 277 (1889). Syn. *Dalibarda ternata* STEPH. (1806). *Waldsteinia sibirica* TRATT. (1823–24). *W. trifolia* ROCHEL apud KOCH (1839). *Comaropsis sibirica* (TRATT.) SERINGE (1825). Dreiblätterige Waldsteinie. Fig. 270

Rosettenstaude mit kurzlebiger Primärwurzel und waagrechtem, kurze, oberirdisch kriechende, wurzelnde, mit Niederblättern besetzte und mit einer Blattrosette endende Ausläufer treibendem Wurzelstock. Rosettenblätter dreizählig, lang gestielt. Blättchen aus breit keilförmigem Grunde rundlich ei- bis verkehrt eiförmig, kurz gestielt bis fast sitzend, am Grunde ganzrandig, etwa vom unteren Viertel oder Drittel an ungleichmäßig grob gekerbt bis gelappt. Blühender Stengel aus der Achsel eines Grundblattes entspringend, aufrecht oder aufsteigend, etwa 10 cm hoch, bis auf die Tragblätter der Blüten blattlos oder ein ungeteiltes Hochblatt tragend, wie die Laubblätter rauh behaart. Blütenstand 1- bis 7-blütig, locker rispig, die Grundblätter meist etwas überragend. Blüten mittelgroß, lang gestielt, aufrecht. Außenkelch sehr klein. Kelchblätter dreieckig-lanzettlich, zurückgeschlagen. Kronblätter rundlich, sehr kurz genagelt, die Kelchblätter überragend, am Grunde nicht geöhrt, goldgelb. Staubblätter gelb. Fruchtblätter 2 bis 6, seidig behaart. – Chromosomenzahl: $2n = 42$. – IV, V.

Vorkommen. In Gesellschaft von *Calluna vulgaris* in der montanen Stufe auf kalkarmer Unterlage in Ostkärnten.

Allgemeine Verbreitung. Ostkärnten, Karpatenländer von der Slowakei bis Siebenbürgen; im mittleren Sibirien im Gebiet des Baikalsees, im fernöstlichen Sibirien am Unteren Amur, in Sachalin sowie in Nordjapan.

Verbreitung im Gebiet. Nur in Österreich, und zwar in Kärnten am Westfuß der Koralpe im Pressinggraben bei Wolfsberg in etwa 650 m Höhe (hier 1888 von GABRIEL HÖFNER entdeckt) und am Burgstallkogel bei Lavamünd in der Nähe des Siegelssteins.

Das vom Hauptareal weit abliegende Vorkommen in Kärnten macht die Annahme wahrscheinlich, die Pflanze habe vor den letzten Eiszeiten ein größeres Verbreitungsgebiet bewohnt. Ob *W. ternata* ebenso wie *W. geoides* myrmekochor ist, müssen erst weitere Beobachtungen lehren. In Siebenbürgen wächst sie öfters in Bergwäldern zusammen mit *Hepatica transsilvanica* FUSS.

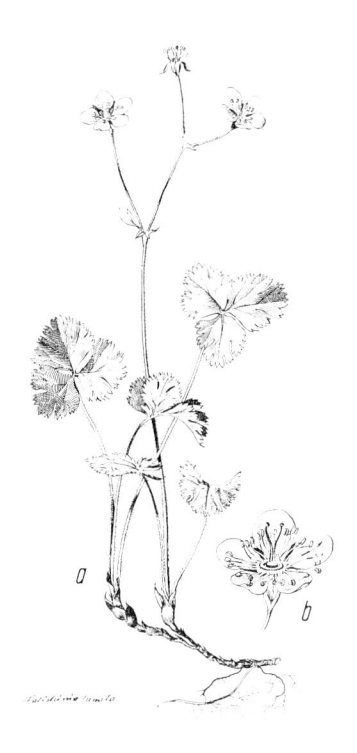

Fig. 270. *Waldsteinia ternata* (STEPHAN) FRITSCH. *a* Habitus. *b* Blüte.

394, 395. Geum[1]) L. Spec. plant. 500 (1753). Nelkenwurz.

Wichtigste Literatur. Morphologie, Zytologie und Systematik: F. BOLLE, Übersicht über die Gattung *Geum* und die ihr nahestehenden Gattungen. Fedde, Repert. spec. nov., Beihefte Bd. **72** (1933). – W. GAJEWSKI, A Cytogenetic Study of the Genus *Geum*. Monogr. Bot. **4**, 1–416 (1957). – Derselbe, Evolution in the Genus *Geum*. Evolution, **13** (3),

---

[1]) Geum (gaeum) bedeutet bei PLINIUS (XXVI, 37) eine Heilpflanze, vielleicht unser *Geum urbanum*. Die Ableitung des Namens ist unsicher.

378–388, Lancaster, Pa. (1959). – H. ILTIS, Über das Gynophor und die Fruchtausbildung bei der Gattung *Geum*. Sitzungsber. der Akademie der Wissensch. Wien, Math.-nat. Klasse, Bd. **122**, Abs. 1 (1913). – S. JUZEPCZUK in Komarov, Flora URSS **10**, 251 (1941). – A. PÉNZES, *Geum- (Sieversia-)* tanulmányok. Botan. Közlemények **45** (3/4) 275–281 (1954). – L. A. RAYNOR, Cytotaxonomie Studies of *Geum*. Amer. Journ. Bot. **39**, 713–719 (1952). – N. J. SCHEUTZ, Prodromus Monographiae Georum. Uppsala (1870). – Pharmakognosie und Chemie: J. CHEYMOL, Sur la composition chimique de la racine de *Geum urbanum* L. Thèse, Paris 1927. – E. GRIGORESCU, Pharmakognostische Studie über das Rhizom von *Geum urbanum* und Bestimmung der Gerbstoffe. Farmacia **4**, 226 (1956) und **6**, 441 (1960), rumänisch. – R. HEGNAUER, Geïn-Bestimmungsmethode. Pharm. Weekblaad **88**, 385 (1953).

Niedrige bis mittelgroße, unbewehrte Stauden, selten und nicht im Gebiet Spaliersträucher teils mit langlebiger Primärwurzel und kräftigem, von den Resten der abgestorbenen Grundblätter umhülltem Wurzelstock, teils mit frühzeitig absterbender Hauptwurzel und dicklichem Rhizom. Laubblätter abwechselnd, die grundständigen in einer Rosette zusammengedrängt, unpaarig und meist unterbrochen gefiedert, oft mit vergrößertem Endblättchen. Die blühenden Stengel aus den Achseln der Rosettenblätter entspringend (die Grundachse wächst dadurch monopodial weiter), unverzweigt und einblütig oder oberwärts mehr oder weniger deutlich dichasial verzweigt. Stengelblätter einfach (ungeteilt oder dreispaltig) oder dreizählig, mit krautigen, ungeteilten oder eingeschnittenen, freien oder kurz mit dem Blattstiel verwachsenen Nebenblättern. Blüten zwitterig oder männlich (bei den mitteleuropäischen Arten kommt sowohl (a) Andromonözie als auch (b) Androdiözie vor, d. h., neben durchwegs zwitterblütigen Individuen gibt es (a) solche, die zugleich zwitterige und männliche Blüten hervorbringen, und (b) solche, die ausschließlich männliche Blüten erzeugen). Außenkelch[1]) und Kelch fünfzählig. Kelchblätter schmal lanzettlich bis dreieckig eiförmig, in der Knospe klappig, am Grund in den breiten, flachen oder nur wenig vertieften, bei der Fruchtreife vertrocknenden Blütenbecher verwachsen. Kronblätter 5 bis 8, kreisrund bis verkehrt eiförmig oder herzförmig, unbenagelt bis lang benagelt, länger oder kürzer als der Kelch, gelb, weiß, rosa oder rot. Staubblätter zahlreich, bei den meisten Arten nach dem Verblühen welkend und abfallend,[2]) wie die Kronblätter kurz vor dem Saum des Blütenbechers entspringend. Innerhalb der Staubblätter ein zusammenhängender Diskusring. Fruchtblätter meist zahlreich, frei, mit einer aufsteigenden Samenanlage und endständigem Griffelchen. Dieses ist behaart oder kahl, ungegliedert oder gegliedert und verlängert sich bei vielen Arten nach dem Abblühen in ein Flugorgan oder einen Angelhaken. Reifes Früchtchen nußartig. Fruchtblattträger abgeflacht kugelig bis hoch gewölbt, sitzend oder gestielt, bei der Reife vertrocknend.

Der Bearbeiter hat sich nach längerem Zögern entschlossen, die Gattung in Anlehnung an die Monographie GAJEWSKIS weit zu fassen, d. h. auch die Formen mit ungegliederten Styluli einzubeziehen. Eine nahe Verwandtschaft zwischen diesen Arten, die in der 1. Auflage dieser Flora zur Gattung *Sieversia* gestellt worden waren, mit der durch artikulierte Griffelchen ausgezeichneten Gattung *Geum* im engeren Sinn soll damit gar nicht in Frage gestellt werden. Diese Affinität bekundet sich schon im Vorkommen natürlicher Bastarde zwischen Arten mit gegliedertem und ungegliedertem Griffelchen, und überdies gelang es GAJEWSKI wiederholt, solche Mischlinge künstlich herzustellen.

Bei den hier übernommenen, weiten Gattungsgrenzen umfaßt *Geum* eine Reihe namentlich in der Gestalt des Griffelchens stark differenzierter Entwicklungslinien, wie es sich in vergleichbarer Vielfalt in keiner (natürlichen) Gattung des Pflanzenreichs wiederholt. Eine Reihe von Arten mit ungegliedertem Griffelchen ist an die Verbreitung der Früchtchen durch den Wind angepaßt; in diesem Falle verlängern sich die Styluli nach dem Abblühen und sind der Länge nach federig behaart. Das bedingt eine verblüffende Ähnlichkeit mit den Federfrüchtchen von *Cercocarpus* und *Dryas*, und fast alle Autoren neigen dazu, dies eher für das Zeichen einer – wenn auch nicht gerade sehr nahen – Verwandtschaft zu halten als für eine bloße Konvergenz. Bei einer anderen Entwicklungslinie *(Acomastylis)* kommt es zu einer Verkahlung des (nicht gegliederten) Griffelchens; die Reduktion des Haarkleids schreitet von der Spitze gegen die Basis fort, und oftmals unterbleibt in diesem Zusammenhang die postflorale Streckung der Styluli. Hier schließt sich

---

[1]) Bei dem nordamerikanischen, selten in Mitteleuropa eingeschleppten *Geum vernum* fehlt der Außenkelch regelmäßig, ausnahmsweise auch bei unserem *G. urbanum*. Andrerseits besitzt das im arktischen Sibirien und in Alaska verbreitete *Geum glaciale* einen doppelten Außenkelch.

[2]) Wegen der Ausnahmen vgl. S. 417.

eine kleine Gruppe von Arten an, deren ungegliedertes und verkahltes Griffelchen an der Spitze hakig gebogen ist *(Oncostylus)*. Dies ist die primitivste der drei möglichen Anpassungen an Epizoochorie, die bei *Geum* verwirklicht sind. Die Gattung *Geum* im engeren Sinne (hier Untergattung) erzielt diese Anpassung auf einem anderen Weg. Das Griffelchen ist in seiner Mitte oder im oberen Drittel gegliedert und S-förmig gekrümmt. Nach dem Verblühen vertrocknet der obere, die Narben tragende Teil und wird abgeworfen, der untere bleibt dagegen bis zur Fruchtreife erhalten, wächst nach dem Abblühen sogar noch etwas weiter und endet in einem Angelhaken, der die Verbreitung der Früchtchen durch vorbeistreichende Tiere ermöglicht. Das abfällige obere Glied des Stylulus ist bei dieser Gruppe oft noch mehr oder weniger federig behaart, ein ursprüngliches Merkmal, das sich ohne ersichtliche Funktion bei mehreren Arten erhalten hat. Das untere Teilstück des Griffelchens verkahlt dagegen, ähnlich dem ganzen Griffelchen von *Acomastylis* und *Oncostylus*, aus denen aber *Geum* im engeren Sinn schwerlich entstanden sein kann. Eine dritte Möglichkeit der Fruchtverbreitung durch Tiere kennzeichnet die Gattung oder Untergattung *Orthurus* (Fig. 189b). Das Griffelchen ist hier gegliedert, ein Trenngewebe, wie bei *Geum* im engeren Sinne, findet sich jedoch nicht und das Griffelchen bleibt bis zur Fruchtreife im ganzen erhalten; es ist von kurzen, nach rückwärts gerichteten Börstchen rauh, und diese Vorrichtung bedingt gleichfalls eine Fruchtverbreitung durch Anhängen am Fell vorbeistreichender Tiere. Das untere Teilstück des Stylulus verkahlt bei *Orthurus* wie bei *Geum*. Ganz aus dem Rahmen der Sammelgattung fällt das *Geum speciosum* mit gleichmäßig kurz behaartem Stylulus, der sich nach der Anthese an seiner Basis vom Fruchtblatt abtrennt. Diese Pflanze verbindet *Geum* mit *Coluria* und wurde von JUZEPCZUK wohl zu Recht als Vertreter einer besonderen Gattung *(Woronowia)* angesehen.

Diese Verhältnisse veranlaßten BOLLE, die Sammelgattung in 5 kleinere Gattungen zu zerlegen, denen JUZEPCZUK 2 weitere Gattungen zufügte. Allerdings stößt auch dieses Verfahren auf Schwierigkeiten, zumal bei den Formenkreisen mit nicht gegliederten Griffelchen, die, voneinander nur durch sehr wenige Merkmale geschieden, sich nur künstlich zu größeren Gruppen (wie z. B. der Gattung *Sieversia* im Sinn der 1. Auflage) zusammenfassen lassen.

Gliederung der Gattung. GAJEWSKI verteilt die 56 Arten der Gattung *Geum* im weitesten Sinne auf 11 allerdings sehr ungleichwertige Untergattungen *(Sieversia, Neosieversia, Oreogeum, Erythrocoma, Acomastylis, Andicola, Oncostylus, Eugeum, Stylipus, Orthurus, Woronowia)*. Von diesen kommen einige, wie oben angedeutet, im Range einer Gattung nahe, andere dagegen lassen sich höchstens als Sektionen aufrechterhalten. Nachfolgende Einteilung weicht von dem Entwurf GAJEWSKIS in einigen Punkten ab.

a) Griffelchen nicht gegliedert; es bleibt bis zur Fruchtreife als Ganzes erhalten.

α) Griffelchen bis auf die kurze, narbentragende Spitze der Länge nach lang federig behaart, sich postfloral stark verlängernd; Spitze gerade.

Untergattung **Sieversia**[1]) (WILLD. pro gen.) FOCKE. Hierher gehören die anemochoren Arten der Gattung. Ihr Verbreitungsgebiet umfaßt die Gebirge Mittel- und Südeuropas, das arktische und östliche Sibirien, Japan und weite Teile Nordamerikas. Die hier zusammengefaßten Sektionen unterscheiden sich voneinander jeweils nur durch ein einziges Merkmal. Trotzdem verteilt sie BOLLE auf 3 Gattungen und GAJEWSKI behandelt sie als Subgenera.

I. Sektion *Sieversia*. Niederliegende, im Habitus an *Dryas* erinnernde Halbsträucher. Kelch und Außenkelch gleichzählig. Die narbentragende, kahle Spitze des Griffelchens bleibt vertrocknet bis zur Fruchtreife erhalten. – Zwei Arten in Kamtschatka, den Küstenländern des Ochotskischen Meeres, Sachalin und Nordjapan. Am bekanntesten: *G. pentapetalum* (L.) MAKINO.

II. Sektion *Neosieversia* (BOLLE pro gen.) stat. nov. Rosettenstaude. Außenkelch doppelt so vielzählig wie der Kelch. Die narbentragende Spitze des Griffelchens bleibt vertrocknet bis zur Fruchtreife erhalten. – Einzige Art.: *G. glaciale* ADAMS im arktischen Sibirien von der Yenisei-Mündung bis an die Beringstraße und Alaska.

III. Sektion *Oreogeum* SERINGE.[2]) Rosettenstauden. Kelch und Außenkelch gleichzählig. Die narbentragende Spitze des Griffelchens bleibt vertrocknet bis zur Fruchtreife erhalten. – Drei Arten: außer den auch in Mitteleuropa beheimateten, *G. montanum* und *G. reptans*, eine weitere, *G. bulgaricum* PANČIĆ in Bulgarien (Rila und Pirin Planina) und Herzegowina (Prenj Planina). Von unseren Arten verschieden durch die nickenden Blüten und blaßgelben Kronblätter, die den Kelch kaum überragen.

IV. Sektion *Erythrocoma* (BOLLE pro gen.) stat. nov. Wie *Oreogeum*, nur fällt die kahle, narbentragende Spitze des Griffelchens nach dem Verblühen ab. – Vier Arten im gemäßigten Nordamerika. Davon ist *G. triflorum* PURSH quer durch den Kontinent verbreitet, die anderen sind auf die Gebirge im Westen beschränkt.

---

[1]) Benannt nach dem Geographen und Botaniker JOHANNES SIEVERS, der von 1790 bis 1793 Sibirien und die Dsungarei bereiste.

[2]) *Oreogeum* umfaßt bei SERINGE auch Arten aus den anderen Sektionen dieser Untergattung.

β) Griffelchen in der apikalen Hälfte kurz behaart oder kahl, unterwärts mit längeren oder kurzen Haaren, sich postfloral wenig oder kaum streckend; die narbentragende Spitze ist gerade und bleibt vertrocknet bis zur Fruchtreife erhalten. Rosettenstauden. Kelch und Außenkelch gleichzählig.

Untergattung **Acomastylis** (GREENE pro gen.) GAJEWSKI. – Hierher etwa 10 Arten, im Himalaja-Gebiet, in Nordostasien und in Nordamerika, besonders im Westen. Die bekanntesten Arten sind: *G. calthifolium* SMITH aus Japan, Kamtschatka, Alaska und Britisch Columbien, *G. radiatum* MICHX., nahe mit vorigem verwandt, in Gebirgen des atlantischen Nordamerikas sowie *G. Rossii* (R. BR.) SERINGE im nordöstlichen Sibirien, in Kamtschatka und Alaska. Wahrscheinlich gehört auch *G. andicolum* REICHE aus Mittelchile hierher. Diese Art bildet bei GAJEWSKI wegen ihrer geographischen Isolation die Untergattung *Andicola*.

γ) Griffelchen sich postfloral verlängernd und mehr oder weniger behaart, oder kurz bleibend und dann meist kahl; die narbentragende Spitze ist hakig gebogen und bleibt an dem reifen Früchtchen erhalten. Rosettenstauden. Kelch und Außenkelch gleichzählig.

Untergattung **Oncostylus** (BOLLE pro gen.) GAJEWSKI. – Neun Arten in Tasmanien (hier *G. renifolium* F. V. MUELL.), Neuseeland, den Aucklandinseln, Südchile und Feuerland.

b) Griffelchen gegliedert, das obere Glied erhalten bleibend oder abfällig. Rosettenstauden. Kelch und Außenkelch gleichzählig (Ausnahme: Sektion *Stylipus*).

δ) Griffelchen in der Mitte oder im oberen Viertel gegliedert und an dieser Stelle S-förmig gebogen. Das abfällige, obere Glied des Griffelchens ist locker federig behaart oder kahl.

Untergattung **Geum**. Diese artenreichste Gruppe ist fast im ganzen Areal der Gattung verbreitet, nur in Tasmanien und Neuseeland fehlt sie ursprünglich. Es lassen sich zwei Sektionen unterscheiden:

Sektion *Geum*. Syn. *Geum* sect. *Caryophyllata*[1]) SERINGE und sect. *Caryophyllastrum*[1]) SERINGE. Außenkelch vorhanden. – 25 Arten in Europa, dem mediterranen Nordafrika, dem gemäßigten Asien und Nordamerika südwärts bis Mexiko; außerdem in den Anden von Kolumbien bis Patagonien, Südbrasilien und Südostafrika. Drei Arten dieser Sektion – *G. urbanum, G. aleppicum* und *G. rivale* – finden sich spontan im Gebiet. Im übrigen Europa kommen fünf weitere vor: *G. silvaticum* POURR. im westlichen Mittelmeergebiet, *G. pyrenaicum* WILLD. in den Pyrenäen, *G. coccineum* SIBTH. et SM. (siehe unten), *G. molle* VIS. et PANČIĆ und *G. hispidum* E. FRIES im südöstlichen Schweden und in Nordspanien.

Einige Arten dieser Sektion haben als Zierpflanzen Bedeutung, vor allem *G. coccineum* SIBTH. et SM. Pflanze 12 bis 30 cm hoch. Grundblätter unterbrochen gefiedert, mit 4 bis 6 Seitenblättchen und sehr viel größerem, fast nierenförmigem Endblättchen. Blättchen gelappt, mit spitzen Zähnen. Blütenstand meist 2- bis 4-blütig. Blüten ansehnlich, ziegelrot. Das untere Glied des Griffelchens etwa so lang wie das kahle obere. – Heimat: Griechenland, Bulgarien, nördliches Kleinasien bis in den Kaukasus. Eine wegen ihrer auffallenden Blütenfarbe und bescheidenen Kulturbedingungen sehr beliebte und empfehlenswerte Zierstaude. Die vom Handel angebotenen Sorten sind zum Teil Bastarde mit anderen Arten, z. B. *G. chiloense*. Auch solche mit *Geum montanum* kommen vor.

Dieser Art ähnlich ist *G. chiloense* BALB. Syn. *G. magellanicum* COMMERS. Es unterscheidet sich durch den höheren Wuchs (40 bis 60 cm), die mehrzählig gefiederten Grundblätter (10 bis 12 Seitenblättchen), die mehrblütige Infloreszenz, die gelben – nach anderen Autoren scharlachroten – Kronblätter und vor allem durch das abstehend behaarte obere Glied des Griffelchens. – Heimat: Chile.

Im 19. Jahrhundert wurde außerdem *G. japonicum* THUNB. als Zierpflanze gezogen und verwildert angetroffen (so bei Hamburg [Flottbeck], in der Oberlausitz [Bautzen, Oppach, Gaussig] und anderwärts). Jetzt ist die Art aus den Gärten verschwunden. Sie stammt aus China, Korea und Japan.

Sektion *Stylipus* (RAFINESQUE) FOCKE. Außenkelch fehlt. – Die einzige Art ist *G. vernum* (RAF.) TORR. et Gray aus dem östlichen Nordamerika mit sehr unscheinbaren Blüten. Die Pflanze war in der Steiermark (Graz) vorübergehend eingeschleppt.[2])

ε) Griffelchen etwa in der Mitte gegliedert, fast gerade, das obere Glied nicht abfällig, dicht mit kurzen, rückwärts gerichteten Haaren besetzt.

---

[1]) Der spätlateinische Name Caryophyllata (ital. cariofillata), der u. a. schon bei ALBERTUS MAGNUS (als gariofilata) vorkommt, ist abgeleitet von Caryophyllus, griech. καρυόφυλλος (karyophyllos), eigentlich Kernblatt, dann Nelke, auch Gewürznelke, und bezieht sich auf den Nelkengeruch der Grundachse von *Geum urbanum* und *G. rivale*. Diese Arten hießen von FUCHS bis TOURNEFORT allgemein Caryophyllata.

[2]) G. WEISSL, *Geum vernum* (RAF.) T. et G. als Adventivpflanze in Graz. Phyton **1**, 301 (1949).

Untergattung **Orthurus** (Juz.) Gajewski. Zu dieser sehr distinkten Untergattung gehören zwei Arten, *G. heterocarpum* Boiss. (vgl. S. 242 unter *Orthurus heterocarpus*) und *G. kokanicum* Regel et Schmalh. in Nordpersien und Turkestan.

ζ) Griffelchen wenig über dem Grund gegliedert, gerade, nicht hakig, kahl, abfällig.

Untergattung **Woronowia** (Juz. pro gen.) Gajewski. Die einzige Art, *G. speciosum* (Alb.) Alb., stammt aus dem westlichen Kaukasus und weicht außer durch die sich fast ganz abgliedernden Styluli auch durch die Insertion der Fruchtblätter von allen *Geum*-Arten ab: diese sitzen einzeln in grubigen Vertiefungen des Fruchtblattträgers, ganz wie bei *Coluria*. Mit dieser Gattung stimmt das *G. speciosum* ferner in den steifen Staubblättern überein, die nach dem Abblühen erhalten bleiben. Sonst erschlaffen die Staubblätter beim Verblühen und werden abgeworfen. Ausnahmen von dieser Regel sind neben *G. speciosum* nur noch das *G. (Acomastylis) Rossii*.

Chromosomenzahlen und Bastarde. Die Chromosomenzahlen von *Geum* und der ganzen Tribus *Geeae* sind ein Mehrfaches von 7. Diploid sind nur *Waldsteinia geoides* und *Coluria geoides* ($2n = 14$); diploide *Geum*-Arten scheint es nicht zu geben. In dieser Gattung kommen tetra-, hexa-, okto-, deka- und dodekaploide Arten vor. Tetraploidie ($2n = 28$) ist selten und nach Gajewski bisher nur von *G. (Oreogeum) montanum* und *G. (Orthurus) heterocarpum* bekannt. Mehr als die Hälfte aller *Geum*-Arten ist hexaploid ($2n = 42$). Als Beispiele seien genannt: *G. (Oreogeum) reptans, G. (Erythrocoma) triflorum, G. (Acomastylis) radiatum, G. (Geum) aleppicum, coccineum, hispidum, molle, pyrenaicum, rivale, silvaticum, urbanum* und *G. (Stylipus) vernum*. Als oktoploid ($2n = 56$) hat sich bisher nur das *G. (Acomastylis) Rossii* herausgestellt. Dekaploid ($2n = 70$) sind *G. (Oreogeum) bulgaricum* und *G. (Woronowia) speciosa*, dodekaploid ($2n = 84$) einige ostasiatische und südamerikanische Arten der Sektion *Geum*, wie das *G. magellanicum*. Bastarde zwischen Arten verschiedener Subgenera und Sektionen hat Gajewski in Anzahl hergestellt. Spontan kommen solche nur zwischen *G. (Oreogeum) montanum* und Arten der Sektion *Geum* vor. Die Fertilität der *Geum*-Bastarde ist sehr unterschiedlich: meist sind Pflanzen der 1. Bastardgeneration weitgehend steril, einen bemerkenswerten Prozentsatz fertiler Pollen (10–35%) und keimfähiger Samen (8–34%) erreichen nur die Mischlinge von *G. (Oreogeum) montanum* mit manchen Arten der Sektion *Geum*, z. B. *G. coccineum* und *G. rivale* mit einer Pollenfertilität um 35% und zu 18, bzw. 15% keimfähigen Samen. Innerhalb der Sektion *Geum* ergeben *G. coccineum, rivale* und *silvaticum* mit mehreren Arten in verhältnismäßig hohem Maße fertile Nachkommen, während Bastarde, an denen z. B. *G. magellanicum* oder *G. pyrenaicum* beteiligt sind, fast unfruchtbar bleiben.

Inhaltsstoffe. Die Rhizome der untersuchten Arten (*G. urbanum, G. rivale* und *G. × intermedium*) sind reich an Gerbstoffen und führen außerdem geringe Mengen des bezeichnenden, bitter schmeckenden Glykosides Gein, das bei enzymatischer Spaltung, wie z. B. beim Welken, durch die in der frischen Wurzel gleichzeitig vorhandene Gease in Eugenol, den Riechstoff der Gewürznelken und den Zucker Vicianose zerlegt wird. An Gerbstoffen wurden in der letzten Zeit Gallus- und Ellagsäure nachgewiesen. – Das Rhizom von *G. urbanum* (Radix Caryophyllatae s. Sanamundae), aber auch das von *G. rivale* stand früher in der Volksmedizin in hohem Ansehen als Mittel gegen die verschiedensten Krankheiten (vgl. die Volksnamen, S. 424), sowie als Tonikum nach schweren Erkrankungen.

Parasiten. Die Arten der Sektion *Oreogeum* werden nur von wenigen Schmarotzern befallen. Zu nennen ist hier vor allem der Kleinschmetterling *Stigmella geimontana* Klim., dessen Raupe in den Blättern von *Geum montanum* eine sich aus einem anfänglichen Gang zu einem Platz erweiternde Minen erzeugt und streng an diese Futterpflanze gebunden ist. Das Tier lebt in den Alpen in einer Höhe von 2000 m (nach Hering). – Ferner leben auf *Geum montanum* zwei parasitische Pilze, die allerdings nicht auf diesen Wirt beschränkt sind, nämlich *Peronospora gei* Syd. und *Taphrina potentillae* (Farl.) Johans. Auf *Geum reptans* erscheinen die Teleutosporen des Rostpilzes *Puccinia tatrensis* Urb.

Auf *Geum rivale* und *G. urbanum* stellen sich mehrere, auch an anderen Rosaceen lebende und zum Teil ziemlich polyphage, minierende Kleinschmetterlinge ein, so *Cnephasia virgaureana* Tr., *Cnephasiella incertana* Tr., *Coleophora alniella* Hein., *Col. paripenella* Z., *Col. potentillae* Elisha, *Incurvaria praelatella* Schiff., sowie die Diptere *Agromyza spiraeae* Kltb. Stenophage, tierische Parasiten sind *Metallus gei* Bri., eine Hymenoptere, deren Larve beiderseitig Platzminen erzeugt; *Stigmella gei* Wck. und *St. pretiosa* Hein., Kleinschmetterlinge, deren Raupen Gangminen verursachen, sowie *Eriophyes nudus* Nal., eine Blattgallen erzeugende Milbe. – An parasitischen Pilzen werden für die Arten der Sektion *Geum Peronospora gei* Syd. und *Spaerotheca macularis* (Wallr.) Jacz. angegeben.

Zierpflanzen. Die wichtigste Zierstaude der Gattung ist *Geum coccineum* mit seinen Sorten und Hybriden. Daneben haben Gartenformen von *G. rivale* nur eine untergeordnete Bedeutung.

Artenschlüssel.

1a. Mit langen Ausläufern. Endblättchen nur wenig größer als die größten Seitenfiedern. Geröllpflanze der alpinen und nivalen Stufe . . . . 1498. *G. reptans* L.
1b. Ausläufer fehlen. Endblättchen viel größer als die Seitenfiedern 2

2a. Blüten nickend. Kelchblätter aufgerichtet. Kronblätter lang benagelt, trüb rosa oder gelblich. Fruchtköpfchen mehr oder weniger gestielt . . . . 1501. *G. rivale* L.
2b. Blüten aufrecht (wenn halb nickend, vgl. die Bastarde S. 429). Kelchblätter ausgebreitet oder zurückgeschlagen. Kronblätter ungenagelt, rein gelb (wenn trüb rosa, vgl. die Bastarde, wenn leuchtend rot, das kultivierte *G. coccineum*, S. 416) 3
3a. Stengel ein-, selten zweiblütig. Blüten groß, meist 2 bis 3 (bis 4) cm breit. Kelchblätter nach dem Verblühen ausgebreitet. Griffelchen der Länge nach federig behaart, nicht gegliedert. Alpen und Riesengebirge . . . . 1497. *G. montanum* L.
3b. Stengel oberwärts ästig, mehrblütig. Blüten kleiner. Kelchblätter nach dem Verblühen zurückgeschlagen. Griffelchen im oberen Drittel oder Viertel S-förmig gebogen und gegliedert; unteres Glied des Griffelchens kahl oder nur ganz am Grunde behaart. Pflanzen tieferer Lagen 4
4a. Früchtchen kurz borstig. Unteres Glied des Griffelchens kahl, drei- bis viermal so lang wie das nur am Grunde kurz behaarte obere. Allgemein verbreitete Art . . . . 1499. *G. urbanum* L.
4b. Früchtchen lang borstig. Unteres Glied des Griffelchens am Grunde borstig, etwa doppelt so lang wie das fast bis zu Spitze behaarte obere. Im Gebiet nur in Ostpreußen . . 1500. *G. aleppicum* JACQ.

1497. Geum montanum[1]) L., Spec. plant. 501 (1753). Syn. *Sieversia montana* (L.) R. BR. (1823). Alpen-Petersbart. Taf. 146, Fig. 4; Fig. 271, 272.

Halbrosettenstaude mit kräftiger Pfahlwurzel. Wurzelstock walzlich, waagrecht oder schief, an der Spitze eine Blattrosette tragend, von den Resten der abgestorbenen Laubblätter dicht eingehüllt, unterwärts reichlich bewurzelt. Ausläufer fehlen. Grundblätter gestielt, unterbrochen leierförmig gefiedert, die seitlichen Fiedern vom Grund gegen die Spitze an Größe zunehmend, rundlich eiförmig, grob und ungleichmäßig gekerbt, viel kleiner als das sehr große, rundliche, oft fast nierenförmige, leicht gelappte, kerbig gezähnte Endblättchen, beiderseits locker behaart mit einfachen und drüsigen Haaren, am Rande gewimpert. Nebenblätter der Grundblätter der Länge nach mit dem Blattstiel verbunden. Blühender Stengel aus den Achseln der Grundblätter entspringend, einzeln oder meist mehrere, 5 bis 40 cm hoch, ein-, selten zweiblütig, dicht behaart mit ungleich langen, abstehenden, einfachen und drüsigen Haaren. Stengelblätter klein, ungeteilt oder dreispaltig; ihre Nebenblätter krautig, meist nur am Grund mit dem Blattstiel verbunden, ungeteilt oder fast handförmig eingeschnitten. Blüten 2 bis 3 (bis 4) cm breit, aufrecht. Außenkelch aus 5 lineal-lanzettlichen, beiderseits behaarten Blättern bestehend. Kelchblätter 5, doppelt so lang wie der Außenkelch, spitz eiförmig oder eiförmig lanzettlich, oberseits gegen die Spitze zu und unterseits ziemlich dicht behaart. Kronblätter 5 bis 6 (ausnahmsweise bis 8), rundlich verkehrt eiförmig, so breit oder fast so breit wie lang, ohne deutlichen Nagel, meist deutlich länger als der Kelch, lebhaft gelb.

Fig. 271. *Geum montanum* L. Bei der Edelrauten-Hütte, Niedere Tauern (Aufn. P. MICHAELIS).

Fruchtblätter bis auf die kurze, 1½ mm lange, kahle Spitze der Griffelchen zottig behaart, die Griffelchen anfangs schraubig gedreht, sich bei der Reife bis gegen 3 cm verlängernd, federig behaart. – Chromosomenzahl: $2n = 28$. – V bis VII, vereinzelt noch einmal im Herbst.

---

[1]) Unter diesem Namen war die Pflanze bereits im 16. und 17. Jahrhundert GESNER und CLUSIUS bekannt.

Vorkommen. Im Alpengebiet und Riesengebirge meist häufig auf Wiesen und Weiden (namentlich Nardeten und Curvuleten), auch in Zwergstrauchheiden, in Schneeboden-Gesellschaften und unter Lärchen und Legföhren. In den Nordalpen zwischen (1100 bis) 1400 bis 2300 m, in den Zentralalpen zwischen 1600 und 2800 m, in den Südalpen nicht selten tiefer hinab (im Puschlav bis 1170 m, Centovalli 700 m) und bis über die Schneegrenze hinaufsteigend (im Tessin am Basodino bis 3120 m, im Wallis [Zermatt] bis 3200 m, auf der Südseite des Monte Rosa [Italien] bis 3500 m). Im allgemeinen auf nährstoffarmen, bodensauren, kalkarmen oder entkalkten Lehm- und Humusböden. Nardion-Verbandscharakterart.

Allgemeine Verbreitung. Pyrenäen, französisches Zentralmassiv, südlicher Jura, Alpen, Apenninen, Korsika, Riesengebirge, Karpaten, Gebirge der Balkanhalbinsel.

Verbreitung im Gebiet. Im heutigen Deutschland wildwachsend nur im Alpengebiet, und zwar in den Allgäuer Alpen verbreitet, im mittleren Alpenzug nur im Wettersteingebirge auf Raibler Sandstein, am Hohen Kamm, Juifen und Schinder, in den Salzburger Alpen zerstreut (Reiteralpe, Funtensee, Schneiber, Gotzen, Laafeld, Stuhljoch). Das Vorkommen in den Mittelgebirgen auf dem Gipfel des Brocken, wo die Pflanze erstmals 1859 beobachtet wurde, ist wahrscheinlich nicht ursprünglich. – In Österreich in den Zentral- und Südalpen ostwärts bis in die Norischen Alpen sehr verbreitet, in den Kalkalpen seltener, so in Oberösterreich auf dem Kasberg, im Sengsengebirge, am Fahrenberg bei Windischgarsten, am Großen und Kleinen Priel, Warschenegg, im Dachsteingebirge, in Niederösterreich ziemlich häufig auf kalkführenden Schiefern, in der Steiermark bis in die nördlichen Kalkalpen verbreitet, fehlt dagegen in den Sanntaler Alpen fast ganz. – In der Schweiz in den Alpen verbreitet, in den Zentralalpen gemein, vereinzelt in den Nagelfluh-Voralpen, aber nicht im Schweizer Jura (jedoch im benachbarten französischen Jura). – In Südtirol verbreitet, ebenso in den Alpen von Slowenien. – Außerdem in Böhmen im Riesengebirge.

Geum montanum ist wenig veränderlich.

Blütenverhältnisse. Die Blüten sind proterandrisch. Die wichtigsten Besucher sind Fliegen. Außer zwitterigen Pflanzen finden sich auch solche mit nur

Fig. 272. *Geum montanum* L. Frucht im Gegenlicht. Ramolhaus bei Obergurgl, Tirol (Aufn. Th. Arzt).

männlichen Blüten und solche mit männlichen und zwitterigen zugleich. – Die Styluli sind anfangs schraubig zusammengedreht, bei der Fruchtreife strecken sie sich.

Bildungsabweichungen. Nicht selten sind Blüten mit 6, 7 oder 8 Kronblättern. Ausnahmsweise besitzen die Blüten 5 größere und 3 kleinere Kelchblätter.

Inhaltsstoffe und Verwendung. Über *G. montanum* und *G. reptans* liegen keine chemischen Untersuchungen vor. Das Rhizom von *G. montanum* riecht etwas aromatisch und hat, durch Gerbstoffe bedingt, einen zusammenziehenden Geschmack. Die Pflanze wird ebenso wie *G. reptans* im Alpengebiet noch gelegentlich volksmedizinisch verwendet (vgl. Volksnamen).

Lebensbedingungen und Begleitpflanzen. Am häufigsten findet sich *Geum montanum* auf Weiden und Wildheuplanggen im Verein mit *Carex sempervirens* Vill., *Festuca violacea* Gaud. und *Nardus stricta* L. An eine bestimmte Pflanzengesellschaft ist die Art nicht gebunden. Sie überwintert mit grüner Blattrosette und ist dadurch auf Standorte mit regelmäßiger Schneebedeckung beschränkt. – Die Wurzeln besitzen nach Stahl eine endotrophe Mykorrhiza.

Volksnamen. Diese Art und oft auch das verwandte *Geum reptans* heißt wegen ihrer Verwendung gegen Ruhr und Blutharnen [schweiz. „Trüebe"]: Ruhrwurz (Kärnten), Trüebchrut, -würze (Graubünden), Wasser-Bergwurz [Wasser = Harn] (Steiermark), wegen der haarigen Fruchtschöpfe [vgl. auch *Pulsatilla alpina*]: Petersbart (Tirol),

Grantiger Jager (Salzburg: Sonnwendgebiet), Ruwas [zu rauh?] (Salzburg: Mauterndorf). Zu Benediktenwurzel, Benediktusblumen (Kärnten), Steinbenedix (Riesengebirge) vgl. *Geum urbanum*. Weitere Benennungen sind: Gelber Speik [vgl. *Valeriana celtica*] (Oberösterreich), Tüfelsabbiß (Graubünden), Schrietwurz (Kärnten).

1498. Geum reptans L., Spec. plant. 501 (1753). Syn. *Sieversia reptans* (L.) R. Br. (1823). Gletscher-Petersbart. Fig. 273 bis 275.

Halbrosettenstaude. Wurzelstock einfach, schief, waagrecht oder senkrecht, dick walzlich, verholzt, nur im unteren Teile Wurzeln treibend, dicht von Blattresten bedeckt, an der Spitze eine Blattrosette tragend. Aus den Achseln der Rosettenblätter entspringen mehrere oberirdisch kriechende, bis 1 m lange Ausläufer. Diese tragen kleine Laubblätter und bewurzeln sich an der Spitze. Rosettenblätter kurz gestielt, unterbrochen leierförmig gefiedert, das Endblättchen mäßig groß, aus breit keilförmigem Grunde fast quadratisch, tief 3- (bis 5-) spaltig mit grob gezähnten oder ganzrandigen Lappen, die größeren paarigen Fiedern nur wenig kleiner als das Endblättchen, breit verkehrt eiförmig, etwas unsymmetrisch, meist dreispaltig, gegen den Blattgrund zu kleiner werdend. Laubblätter auf der Oberseite mit ziemlich spärlichen einfachen und zahlreichen, kurzen Drüsenhaaren, auf der Unterseite und am Rande mit zahlreichen einfachen und Drüsenhaaren. Nebenblätter der ganzen Länge nach mit dem Blattstiel zu einer Scheide verwachsen. Laubblätter der Ausläufer klein, 7- bis 3-zählig gefiedert, mit breit lanzettlichen, krautigen, nur der halben Länge nach mit dem Blattstiel verbundenen, ganzrandigen Nebenblättern. Blühender Stengel aus den Achseln der Rosettenblätter entspringend, meist mehrere (gelegentlich bis über 100) an jeder Pflanze, aufrecht, seltener aufsteigend, 3 bis 15 cm hoch, einfach, einblütig, mit einfachen, waagrecht abstehenden Haaren und Drüsenhaaren, oft rotbraun gefärbt. Stengelblätter klein, 3- (bis 5-) spaltig oder ungeteilt, ihre Nebenblätter wie die der Ausläufer. Blüten groß, häufig 3 bis 4 cm im Durchmesser, aufrecht. Außenkelch mit 5 lineal-lanzettlichen, beiderseits behaarten Blättern. Kelchblätter 5, doppelt so lang wie der Außenkelch, sich noch während der Blütezeit verlängernd, oberseits spärlich, unterseits dichter behaart, rotbraun. Kronblätter 5 bis 10, rundlich elliptisch, deutlich länger als breit, meist um die Hälfte länger als die Kelchblätter, seltener nur so lang wie diese, lebhaft gelb. Fruchtblätter bis auf die kurze, 1½ mm lange, kahle Spitze der Griffelchen zottig behaart, die Griffelchen anfangs schraubig gedreht (Fig. 275), sich bei der Reife streckend und bis 3 cm verlängernd, federig behaart, rotbraun. – Chromosomenzahl: $2n = 42$. – VII, VIII, vereinzelt VI und IX.

Fig. 273. *Geum reptans* L. *a* Habitus (⅓ natürl. Größe). *b* und *c* Blüte von außen und von innen. *d* Frucht.

Vorkommen. Pionierpflanze und Schuttwanderer der Alpen auf kalkarmen, rohen, lockeren Grob- und Feinschuttböden vor allem im Oxyrietum digynae. Androsacion alpinae-Verbandscharakterart. Meist nur zwischen 2100 und 2800 m wachsend (im Allgäu von 2080 bis 2400 m, im Gotthardgebiet [Meiental] schon bei 1750 m, am Hüfigletscher bei 1450 m, in den Moränen der Oberengadiner Gletscher bis 1950 m hinunter, andrerseits am Piz Julier bis 3260 m, am Piz Platta bis 3280 m, im Tessin [am Basodino] bis 3150 m, in den Penninischen Alpen [am Matterhorn] und ebenfalls in den Grajischen Alpen [an der Grivola] bis gegen 3800 m aufsteigend).

Fig. 274. *Geum reptans* L. mit *Ranunculus glacialis* L. Ferwalljoch bei Obergurgl, Tirol, c. 2900 m (Aufn. TH. ARZT).

Allgemeine Verbreitung. Alpen, Karpaten, Dinarische Alpen bis Albanien und Mazedonien.

Verbreitung im Gebiet. In Deutschland nur in den Allgäuer Alpen am Kleinen Rappenkopf, Linkerskopf, Kratzer, Laufbacheneck und Nebelhorn. – In Österreich in Salzburg nur im Tauerngebiet (z. B. Hundstein, Fuscher, Gasteiner und Lungauer Alpen, Hochgolling, Liegnitzer Alpen, am Großen Rettigstein); in der Steiermark in den Niederen Tauern (fehlt in der Bösenstein-Gruppe) und im Stangalpenzuge, fehlt aber in den Seetaler-Alpen; in Kärnten ziemlich verbreitet; in Tirol südlich des Inns verbreitet, auch in Osttirol, außerdem in Paznaun und im Lechgebiet (z. B. an der Kleinen Rappenspitze); in Vorarlberg zerstreut, nach Norden bis zum Hohen Licht. – In der Schweiz in den Silikatalpen sehr verbreitet, in den Nordketten dagegen selten und fast nur auf Verrukano, Bündnerschiefer und Flysch, nördlich bis in die Umrahmung des Aiguilles rouges und Aarmassivs (in den Waadtländer Alpen schon von HALLER gefunden), bis zu den Grauen Hörnern, Murgseealpen, Plessuralpen und in die Silvretta. – In Südtirol von Judikarien (Tonale, gegen den Montozzo; Presanella) bis ins Fassatal (Rollepaß, 1900 m), im Vintschgau, Eisackgebiet, Pustertal, Schlern, Latemar. – In Slowenien auf der Kuppe des Mangart.

Abänderungen, die einen eigenen Namen verdienen, sind auch von dieser Art nicht bekannt.

Vegetationsorgane.[1] Aus den Achseln der ersten, im Frühjahr entfalteten Rosettenblätter (und wohl auch

Fig. 275. *Geum reptans* L. fruchtend, mit den eigentümlich schraubig gedrehten Griffelchen. Geißbergtal bei Obergurgl, Tirol (Aufn. TH. ARZT).

---

[1] Vgl. H. HARTMANN, Studien über die vegetative Fortpflanzung in den Hochalpen. Jahresber. Naturf. Ges. Graubünden N. F. **86**, 126–130 (1957).

der letzten Herbstblätter) entspringen die Ausläufer, aus den Achseln der folgenden die blühenden Stengel. Die bis meterlangen Ausläufer – sie erinnern an die der Erdbeeren – befähigen die Pflanze vorzüglich, Schuttböden zu besiedeln.

Blütenverhältnisse. Die auffälligen, sich noch während der Anthese vergrößernden Blüten sind ausgeprägt proterogyn. Nach KERNER, MÜLLER und STÄGER kommen Blüten mit langen und solche mit kurzen Staubblättern vor, und das sowohl in rein männlichen Stöcken als auch zusammen mit Zwitterblüten.

Früchte. Die Früchtchen reifen noch über der Schneegrenze; *Geum reptans* gehört demnach zu den wenigen echten Nivalpflanzen. Ihre Verbreitung erfolgt ausschließlich durch den Wind.

Andrerseits erlauben die zahlreichen Ausläufer eine ausgiebige vegetative Vermehrung.

Lebensbedingungen und Begleitpflanzen. *Geum reptans* ist fast ganz auf kalkarme Unterlagen beschränkt, meidet allerdings im Gegensatz zur vorigen Art Humusböden. Am liebsten besiedelt sie Schutthalden und Alluvionen der nivalen und subnivalen Stufe, gern zusammen mit *Stereocaulon alpinum* LAURER, *Achillea moschata* WULF. und *A. nana* L., *Adenostyles leucophylla* (WILLD.) RCHB., *Agrostis alpina* SCOP. und *A. rupestris* ALL., *Androsace alpina* (L.) LAM., *Artemisia mutellina* VILL., *Chamaenerion Fleischeri* (HOCHST.) FRITSCH, *Doronicum Clusii* (ALL.) TAUSCH, *Linaria alpina* (L.) MILL., *Luzula alpino-pilosa* (CHAIX) BREISTR., *Myosotis alpestris* F. W. SCHMIDT, *Oxyria digyna* (L.) HILL, *Poa laxa* HAENKE, *Ranunculus glacialis* L., *Saxifraga bryoides* L. und *S. exarata* VILL., *Tanacetum alpinum* (L.) SCHULTZ-BIP. und anderen mehr. Außer an feuchten, vorwiegend nordexponierten Schutthängen stellt sich die Pflanze gern auf frischen Moränen, an Felsbändern, Grat- und Gipfelfelsen ein, an Standorten also, die im Winter meist keine Schneedecke bieten. Nach BRAUN-BLANQUET findet sich *G. reptans* auch als Erstbesiedler an sonnigen Schutthalden, pflegt aber bei Rasenschluß wieder zu verschwinden.

Volksnamen. Im Volksmund wird der Gletscher-Petersbart nicht von der vorigen Art unterschieden.

1499. Geum urbanum[1]) L., Spec. plant. 501 (1753). Echte Nelkenwurz. Engl.: Herb Bennet, Wood Avens. Franz.: Benoîte, herbe de Saint-Benoît, herbe ou racine bénite. Ital.: Cariofillata, garofanaja, erba di plaga, erba benedetta, ambretta selvatica. Tschechisch: Kuklík městský. Dänisch: Feber-Nellikerod. Taf. 146, Fig. 3; Fig. 276 bis 278.

Halbrosettenstaude mit kurzlebiger Primärwurzel und meist einfacher, seltener verzweigter, walzlicher, schiefer, bis zu 2 cm dicker Grundachse, mit zahlreichen Adventivwurzeln und einer endständigen Rosette von überwinternden Laubblättern. Rosettenblätter kurz gestielt, unterbrochen leierförmig 5- bis 7-zählig gefiedert, ausnahmsweise dreizählig; die paarigen Blättchen schief eiförmig bis ei-rautenförmig, unregelmäßig doppelt gezähnt, das Endblättchen größer als die Seitenblättchen, drei- bis fünflappig, beiderseits locker behaart mit einfachen und – vor allem auf den Adern – ein- bis dreizelligen Köpfchenhaaren. Nebenblätter der Grundblätter der Länge nach mit dem Blattstiel verbunden, zu einem schmalen Flügelsaum verkümmert. Blühender Stengel aus den Achseln von Rosettenblättern entspringend, aus häufig bogigem Grunde aufrecht, 25 bis 130 cm hoch, dünn, selten einfach, gewöhnlich oberwärts (meist etwas verschoben) dichasial verzweigt, feinkantig, dünn flaumig behaart. Die unteren Stengelblätter dreizählig, die oberen dreispaltig bis ungeteilt, ihre Nebenblätter groß und krautig, frei, rundlich eiförmig, ungleich grob gezähnt, einfach bis handförmig drei- oder fünflappig. Blüten und Teilblütenstände lang gestielt. Außenkelch aus 5 schmalen, lineallanzettlichen, beiderseits behaarten Blättchen bestehend. Kelchblätter 5, etwa doppelt so lang wie der Außenkelch, länglich dreieckig-eiförmig, zugespitzt, außen wie die Blütenstiele behaart, innen mit Ausnahme des weißfilzigen Randes und der Spitze kahl, anfangs aufrecht abstehend, nach dem Verblühen zurückgeschlagen. Kronblätter 5, rundlich verkehrt eiförmig, fast unbenagelt, 3 bis 7 mm lang, leuchtend gelb, nach dem Verblühen rasch abfallend. Fruchtblätter im unteren, samentragenden Teil behaart, das Griffelchen gegliedert und

---

[1]) So zuerst 1561 bei GESNER, vom lat. urbanus „stadtbewohnend", nach dem häufig apophytischen Vorkommen in Siedlungen. Bei den meisten vorlinnéischen Autoren hieß die Art einfach Caryophyllata oder, im Gegensatz zu *Geum rivale*, Caryophyllata vulgaris (z. B. bei C. BAUHIN) oder C. flore aureo (z. B. bei THAL), auch Geum Plinii, Benedicta (schon bei der Heiligen Hildegard), Sanamunda (heile und reinige) usw.

gekniet, das untere Glied drei- bis viermal so lang wie das obere, kahl, das obere am Grunde behaart. Narbe flach, kaum breiter als das Griffelchen. Fruchtblattträger behaart, sitzend, sich nicht streckend. – Chromosomenzahl: 2n = 42. V bis X.

Vorkommen. In lichten Gehölzen, namentlich Auwäldern, Eichen-Niederwäldern, Hasel-Buschweiden, an Waldrändern, in Hecken, häufig auch an Mauern, Zäunen, feuchten Schuttplätzen usw. auf den verschiedensten Unterlagen allgemein verbreitet und in den meisten Gegenden häufig. Nährstoffzeiger. Stellenweise nur ruderal, wie auf einigen Nordseeinseln. Galio-Alliarion-Verbands-Kennart. Steigt vom Tiefland bis in die Alpentäler an (in Oberbayern bis 930 m, im Inntal bis etwa 1500 m, im Rhonetal bis 1600 m, im Maderanertal bis 1800 m).

Allgemeine Verbreitung. Europa und gemäßigtes Asien, südlich bis in die Atlasländer (im Mittelmeergebiet vorwiegend montan) und in den westlichen Himalaja, nördlich bis Irland, Schottland, Lofoten, Norrland und Österbotten; ferner in Nordamerika. In Australien nur eingeschleppt.

Fig. 276. *Geum urbanum* L. (Aufn. B. HALDY).

Verbreitung im Gebiet. In allen Gebietsteilen nachgewiesen und meist häufig.

Geum urbanum ändert wenig ab. Nach Gestalt und Teilungsgrad der Laubblätter wurden einige unbedeutende Formen unterschieden.

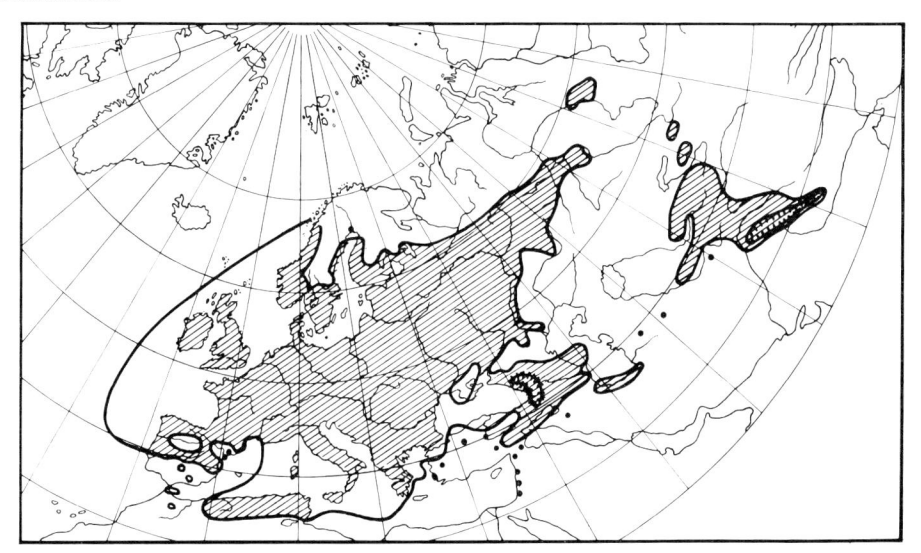

Fig. 277. Verbreitung von *Geum urbanum* L. und den verwandten Arten *G. latilobum* SOMM. et LEV. (Kaukasus) und *G. Roylei* WALLICH (Westhimalaja. Nach MEUSEL, JÄGER und WEINERT).

Blütenverhältnisse. Die Blüten sind meist schwach proterogyn. Bei Beginn der Anthese sind die Narben der inneren Fruchtblätter entwickelt und überragen die noch unreifen äußeren; diese werden von den nach innen gebogenen Staubblättern überdeckt. Die Staubblätter krümmen sich in zentripetaler Folge nach außen und öffnen die Staubbeutel. Zuletzt öffnen sich die Staubbeutel der innersten Staubblätter, wobei leicht Pollen auf die Narben der äußersten Karpelle gelangt und so Selbstbestäubung bewirken kann, sofern im weiblichen Stadium der Blüte nicht schon Fremdbestäubung stattgefunden hat. Der innerhalb der Staubblätter liegende, fleischige Diskusring sondert Nektar ab. Besucher sind überwiegend Musciden und Syrphiden. Außer Zwitterblüten sind auch männliche Blüten an sonst zwitterblütigen Stöcken (Andromonögie) beobachtet worden, selten sind rein männliche Pflanzen (Androdiözie), ferner großblütige, meist proterogyne und kleinblütige, zu Homogamie neigende Formen.

Früchte. Die Früchtchen sind durch das an seiner Spitze hakig gekrümmte untere Glied des Griffelchens vorzüglich an Verbreitung durch Tiere (Epizoochorie) angepaßt und bleiben leicht am Fell und an Kleidern hängen.

Bildungsabweichungen. Vereinzelt kommen Blüten ohne Außenkelch vor, in Staubblätter umgewandelte Kronblätter und in Kronblätter umgewandelte Staubblätter (d. h. „gefüllte" Blüten), sechszählige Blüten, Verkümmerung eines Teils der Staubblätter oder Fehlschlagen der Fruchtblätter (männliche Blüten), Staubbeutel-tragende Fruchtblätter und Durchwachsung von Blüten.

Lebensbedingungen und Begleitpflanzen. Geum urbanum ist eine ziemlich euryözische, zirkumpolare Waldpflanze. Das häufige und oft massenhafte Vorkommen an Wildlägern, in wildreichen Auengehölzen, Buschweiden und entlang von Waldwegen wird durch die ausgeprägte Epizoochorie leicht verständlich. Optimale Lebensbedingungen findet die Pflanze auf nährstoffreichen Böden mittlerer Feuchte bei leichter Beschattung. Dabei ist sie häufig mit *Circaea lutetiana* L. und *Stachys silvaticus* L. vergesellschaftet. Im Gegensatz zu *G. rivale* kommt *G. urbanum* allerdings auch an verhältnismäßig trockenen Standorten fort (z. B. im Unterwallis in den Flaumeichen-Buschwäldern), vermag sich aber in Wiesen weniger zu halten.

Fig. 278. Frucht von *Geum urbanum* L., 3,9 mal vergrößert
(Aufn. TH. ARZT)

Inhaltsstoffe und Verwendung. Der als Benedikten- oder Nelkenwurzel (Radix Caryophyllata, Radix Sanamundae vel Rhizoma Gei urbani) bekannte Wurzelstock ist heute nicht mehr offizinell. Das Rhizom ist 3 bis 7 cm lang und erreicht einen Durchmesser von 1 bis 2 cm. Außen ist es braun oder gelblich, geringelt, von zahlreichen, kräftigen Wurzeln und Blattgrundresten besetzt, innen ist es fleischfarbig bis lila, verblaßt an der Luft rasch und färbt sich schließlich braun. Es findet wegen seines Gerbstoffgehalts gelegentlich Interesse, während das nach HEGNAUER nur zu 0,0008–0,001% enthaltene Eugenol kaum des Aufhebens wert ist. Die Benediktenwurzel wurde – dem Wein zugesetzt oder als Tee aufgebrüht – seit dem Altertum gegen alle möglichen Krankheiten empfohlen. Die jungen Blätter können als Salat genossen werden. Das Rhizom soll früher dem Bier und Branntwein zur Geschmacksverbesserung und Verdauungsförderung zugesetzt worden sein.

Volksnamen. Da der Wurzelstock der Pflanze beim Trocknen nach Gewürznelken duftet, heißt sie Nelkenwurzl (auch volkstümlich), Nägalaswurzl (Schwäbische Alb). Wegen der vermeintlich großen Heilkraft hieß sie früher (herba) Benedicta (= gesegnetes Kraut), daher volkstümlich Benedikte, Benediktechrut (Schweiz), Benediktenkraut (Riesengebirge), Benedictworzel (Teplitzer Gegend). Gleichfalls auf die Heilkraft gehen zurück: Wilder Sanikel [vgl.

Sanicula europaea], Heilnarsch [= „Heil den Arsch"; wegen der Anwendung bei Verdauungsstörungen] (Ostpreußen). Auf die Verwendung bei Augenleiden [Flecken in den Augen = „Nagel"] spielen an: Flecka-, Nagel-, Augabüntelichrut (St. Gallen). Sonst heißt die Pflanze noch Igelköppe [wegen der stacheligen Fruchtköpfchen] (Westfalen), Igelkraut (Schwaben), Johanniskraut [wohl wegen der Blütezeit?] (Glatz), Teufelsabbiß [wegen des hinten scharf abgeschnittenen Wurzelstocks] (Kärnten).

1500. Geum aleppicum[1]) JACQ., Icon. plant. rar. **1**, t. 95 (1781–86). Syn. *G. strictum* AIT. (1789). *G. intermedium* M. BIEB. (1808) non EHRH. *G. hispidum* KLINGGRÄFF (1848) non FRIES. Russische Nelkenwurz. Fig. 279, 280.

Wuchs und Rhizom wie bei *G. urbanum*, aber in allen Teilen größer. Rosettenblätter verschieden gestaltet, die äußeren mit verhältnismäßig kleinem, unregelmäßig eingeschnittenem Endblättchen, ihre Seitenblättchen dem Endblättchen ähnlich, nur wenig kleiner; die inneren Rosettenblätter mit großem, rundlich-dreieckigem, seicht dreilappigem, am Grunde herzförmigem Endblättchen und meist breiteren Seitenblättchen als die äußeren Grundblätter. Stengel etwa 40 bis 80 cm hoch, steif, meist borstig behaart. Stengelblätter größer und zahlreicher als bei *G. urbanum*, mit meist tiefer eingeschnittenen, 2–2½ cm langen Nebenblättern. Blüten ein wenig größer als bei der vorigen Art. Kronblätter breit verkehrt eiförmig, oft etwas länger als der Kelch, gelb. Früchtchen lang borstig behaart, das untere Glied des Griffelchens am Grund borstenhaarig, sonst kahl, etwa doppelt so lang wie das fast bis zur Spitze kurz behaarte obere. – Chromosomenzahl: $2n = 42$. – (VI) VII bis IX.

Vorkommen. An ähnlichen Standorten wie *G. urbanum*: in Gebüschen, an Waldrändern, in Hecken, an Zäunen, Wegen, Dorfstraßen usw.

Allgemeine Verbreitung: Osteuropa von Böhmen und Ostpreußen, Galizien und Bulgarien ostwärts durch Rußland und Sibirien bis ins Amurgebiet, Kamtschatka, Japan und China; außerdem in Nordamerika von Quebec bis Vancouver und im Felsengebirge nach Süden bis Colorado.

Im Gebiet in Ostpreußen: mit Ausnahme der Küste westlich bis zur Buchengrenze ziemlich verbreitet; in Böhmen: Račín, Štírův důl bei Krucemburk, Peperek bei Saar; sowie in Mähren (Schlesien) bei Suchdol a. d. Oder (nach DOSTÁL). Sonst selten verschleppt, so in Westpreußen und bei München (1859 am Würmkanal).

---

[1]) Benannt nach der Stadt Aleppo in Syrien, von wo, wie JACQUIN irrtümlich glaubte, die Pflanze stammen sollte.

Fig. 279. *Geum aleppicum* JACQ. *a* Habitus. *b* Blüte. *c* Junges Fruchtköpfchen. *d* und *e* Junges und fast reifes Früchtchen.

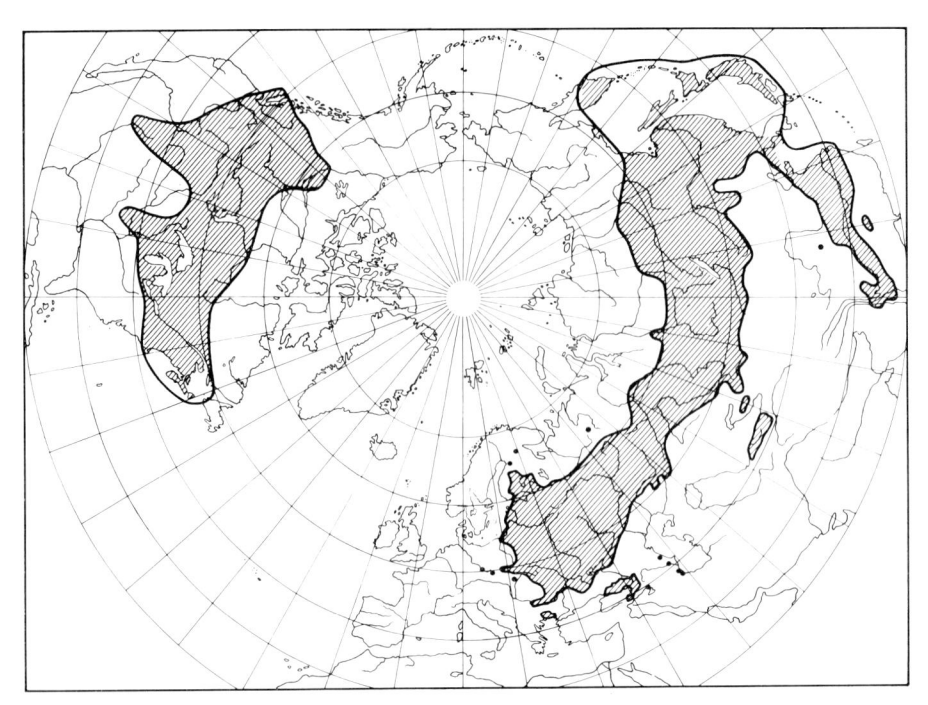

Fig. 280. Verbreitung von *Geum aleppicum* JACQ. (nach MEUSEL, JÄGER und WEINERT).

In Ostpreußen wurde die Pflanze zuerst im 17. Jahrhundert von HELWING „zu Stulichen im Geküchgarten" (bei Angerburg) gesammelt, aber fälschlich für eine Form des *G. urbanum* gehalten.

Mit *Geum aleppicum* sind zwei weitere europäische Arten nahe verwandt, nämlich *G. hispidum* FRIES in Schweden und Spanien sowie *G. molle* VIS. et PANČ., in Italien (von den Abruzzen bis zur Sila) und auf der Balkanhalbinsel.

1501. Geum rivale L., Spec. plant. 501 (1753). Bach-Nelkenwurz, Blutströpfchen. Engl.: Water Avens. Franz.: Benoîte d'eau ou des ruisseaux. Ital.: Cariofillata o benedetta aquatica. Tschechisch: Kuklík potoční. Dänisch: Eng-Nellkerod. Taf. 146, Fig. 2; Fig. 281 bis 284.

Halbrosettenstaude mit frühzeitig absterbender, durch Adventivwurzeln ersetzter Primärwurzel. Grundachse einfach, dick walzlich, schief, mit einer endständigen Rosette von im Herbst absterbenden Laubblättern. Rosettenblätter lang gestielt, unterbrochen leierförmig 5- bis 11-zählig gefiedert, ausnahmsweise nur dreizählig; die paarigen schief eiförmig, grob gekerbt-gezähnt, das oberste Paar größer als die unteren; Endblättchen sehr groß aus breit keil- bis herzförmigem Grunde rundlich eiförmig bis nierenförmig, meist seicht dreilappig, grob und ungleich gekerbt-gesägt. Laubblätter oberseits spärlich anliegend striegelhaarig und reichlich drüsig behaart, unterseits vor allem auf den Adern stärker behaart. Nebenblätter der Grundblätter ihrer ganzen Länge nach mit dem Blattstiel zu einem schmalen Flügelsaum verwachsen. Blühender Stengel meist einzeln aus den Achseln von Rosettenblättern entspringend, selten auch endständig, aufrecht oder am Grunde aufsteigend, 10 bis 70 cm hoch, oberwärts mehr oder weniger deutlich dichasial verzweigt, oft rotbraun überlaufen, von einfachen Haaren und Drüsenhaaren flaumig. Die unteren Stengelblätter den Grundblättern ähnlich und wie diese lang gestielt, gefiedert mit 1 bis 2 Paaren sehr kleiner und darüber meist einem Paar größerer Fiederblättchen sowie einem meist dreilappigen Endblättchen, oder nur dreizählig; die mittleren und oberen kurz gestielt, dreizählig bis dreispaltig, in der Behaarung mit den Grundblättern übereinstimmend; ihre Nebenblätter ziemlich klein, krautig, nur kurz mit dem Blattstiel verwachsen, unsymmetrisch ei-lanzettlich, gezähnt bis fiederspaltig. Blüten und Teilblütenstände auf langen, dicht einfach und drüsig behaarten Stielen, die Blüten nickend. Außenkelch aus 5 linealisch-lanzettlichen, beiderseits behaarten Blättchen bestehend, Kelchblätter 5, mehr als doppelt so lang wie der Außenkelch, dreieckig-lanzettlich, lang zugespitzt, ganzrandig oder selten ein wenig gezähnt, außen gleichmäßig und innen an der Spitze einfach und drüsig behaart, rotbraun, während und nach der Blüte aufgerichtet (die Blüte dadurch breit glockig). Kronblätter 5, kürzer oder etwas länger als die Kelchblätter, verkehrt ei- bis verkehrt herzförmig, vorn gestutzt oder meist ausgerandet, allmählich in den Nagel verschmälert, 8 bis 15 mm lang, blaßgelb und meist schmutzig rosa überlaufen, nach dem Verblühen lange haftenbleibend. Fruchtblätter zottig behaart, das Griffelchen gefiedert und gekniet, das untere Glied etwa so lang wie das obere, das untere zottig und drüsig, das obere fast bis zur Spitze federig behaart. Fruchtblattträger gestielt, auf einem 3 bis über 20 mm langen Achsenglied emporgehoben, sich bei der Reife streckend, zottig behaart. Das untere erhaltenbleibende Glied des Griffelchens bis 1 cm lang. – Chromosomenzahl: $2n = 42$. – IV bis VI, im Gebirge noch später, vereinzelt noch einmal im Herbst.

Fig. 281. *Geum rivale* L. Beilsteiner Heide im Westerwald (Aufn. TH. ARZT).

Vorkommen. Auf feuchten, humosen Wiesen, in Hochstaudenfluren, an Quellen, Gräben und Bachufern, in Auwäldern und feuchten Gebüschen vom Tiefland (selten oder ganz fehlend in den meisten Trockengebieten) bis in die subalpine Stufe aufsteigend, bisweilen noch darüber (in den Bayerischen Alpen bis 1860 m, in Tirol bis etwa 2000 m, in Graubünden und dem Wallis bis 2100 und gelegentlich sogar bis 2400 m). Bevorzugt kalkhaltige Unterlagen, ist aber nicht darauf beschränkt. Verbreitungsschwerpunkt in Calthion-Gesellschaften (vor allem im Angelico-Cirsietum oleracei), auch in anderen Molinietalia-Gesellschaften, ferner im Adenostylion oder Alno-Padion (z. B. Alnetum incanae).

Allgemeine Verbreitung. Europa (von Island, den Faröern und dem nördlichsten Finnmarken bis in die Gebirge der nördlichen Mittelmeerländer; im eigentlichen Mittelmeergebiet [so auf allen Inseln] und in der Ungarischen Tiefebene ganz fehlend), Kaukasus, Westsibirien, Altaigebiet, Tarbagatai, Tianschan (aber nicht in Ostasien); ferner im gemäßigten Nordamerika von der atlantischen bis an die pazifische Küste.

Verbreitung im Gebiet: In Deutschland ziemlich verbreitet und meist häufig, auf den Nordseeinseln und strichweise im Norddeutschen Tiefland fehlend und in manchen Mittelgebirgen (Schwarzwald, Bayerisch-Böhmisches Grenzgebirge, Oberlausitz) wie auch im Mitteldeutschen Muschelkalkgebiet selten. – In Österreich zumal in den Voralpen und im Hügellande häufig, im Tiefland weithin selten oder fehlend, so im ganzen Burgenland. – In der Schweiz ziemlich verbreitet, in der zentralalpinen Föhrenregion jedoch fast ganz auf die höheren Lagen beschränkt. – Fehlt in Mittelböhmen und Südmähren.

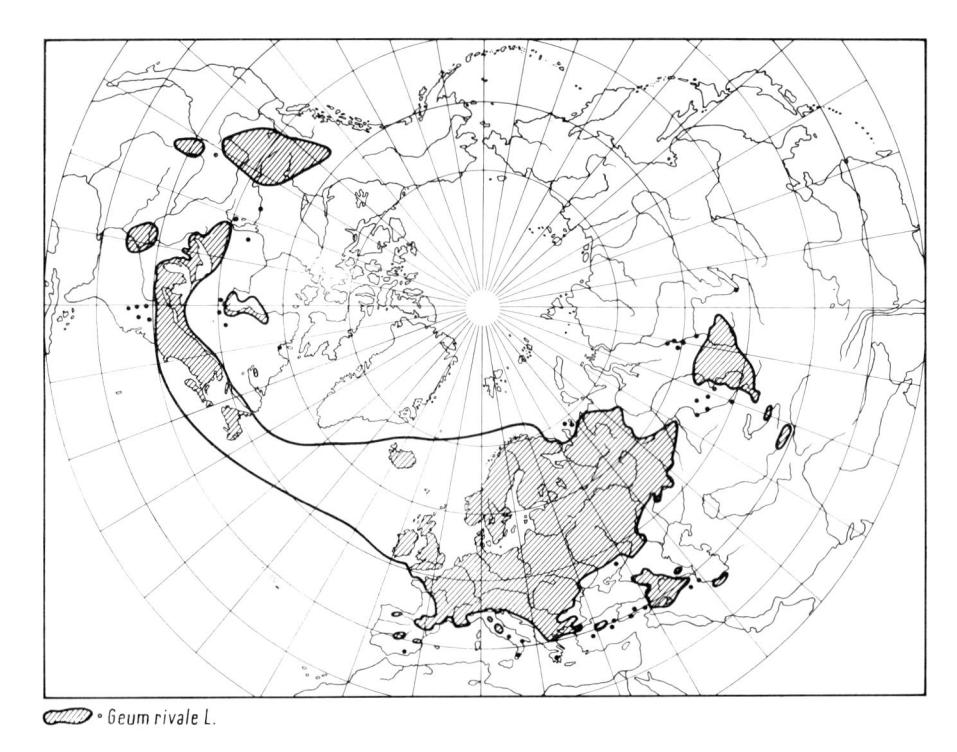

Fig. 282. Verbreitung von *Geum rivale* L. (nach MEUSEL, JÄGER und WEINERT).

Geum rivale ist nach Größe, Blattschnitt, Gestalt und Färbung der Blüte, Länge des Gynophors und anderen Merkmalen eine ziemlich veränderliche Pflanze. Diese Abänderungen sind, wie TURESSON nachgewiesen hat, erblich festgelegt. Zur Ausbildung geographischer Rassen kam es bei dieser Art nur in ganz bescheidenem Umfang und nicht im Gebiet. Gelegentlich findet man albinotische Pflanzen mit gelbgrünen Stengeln, Kelch- und Kronblättern. Diese wurden als var. *pallidum* (FISCHER et MEYER) BLYTT bezeichnet, sind aber untereinander ebensowenig einheitlich wie die Anthozyan führenden. DAHLGREN betrachtet sie als Ein-Gen-Mutanten.

Vegetationsorgane. Der Wurzelstock ist etwa 10 bis 15 cm lang und 6 bis 8 mm dick, außen dunkelbraun, innen weißlich bis rötlich und schließt mit einer Blattrosette ab, selten mit einem Blütensproß; Einachsigkeit kommt also, ähnlich wie bei *Geum montanum*, als Ausnahme vor. Die Laubblätter sind im Gegensatz zu denen von *Geum urbanum* sämtlich sommergrün.

Blütenverhältnisse. Die becherförmigen Blüten des *Geum rivale* mit den aufrechten Kelch- und Kronblättern lassen sich im Sinne einer Neotenie aus den flach ausgebreiteten Blüten der meisten anderen *Geum*-Arten entstanden denken, das heißt, Kelch- und Kronblätter behalten während der Anthese die aufrechte Stellung bei, die sie in der Knospe einnehmen. – Die Blüten sind im allgemeinen zwitterig und schwach proterogyn, daneben kommen aber auch männliche Blüten vor, und zwar mit den Zwitterblüten zusammen als auch an rein männlichen Stöcken. Die Nektarreichen Blüten werden vor allem von Hummeln, aber auch von Bienen und Schwebfliegen aufgesucht. Während sich die langrüsse-

Fig. 283. Pollenkörner von *Geum rivale* L. Obere Reihe: Äquatoransicht auf ein Mesocolpium, links höhere, rechts tiefere Einstellung. Mittlere Reihe: links Äquatoransicht auf ein schräg liegendes Mesocolpium, rechts Polansicht, tiefere Einstellung (optischer Schnitt im Äquator). Untere Reihe: dasselbe in tieferer Einstellung, links optischer Schnitt des linken Colpus-Randes (etwa 1000 mal vergrößert. Mikrofoto H. STRAKA).

ligen Hummeln von unten an die Blüte hängen und diese umklammern, bricht der kurzrüsselige *Bombus terrestris* nicht selten von oben, durch den Blütenbecher, ein. Gegen das Ende der Anthese ist Selbstbestäubung möglich. – Das obere, abfallende Glied des Griffelchens ist fiederig behaart und dadurch ursprünglicher als bei den vorangehenden Arten. Anemochorie scheint allerdings nicht vorzukommen. Die Art vereinigt demnach einen stärker abgeleiteten Bauplan der Blütenhülle und der Blütenachse mit einer ursprünglicheren Behaarung der Styluli.

Der Pollen ist 3-colporat, mit runden Ora. Die Sexine ist tectat, striat und mit dicht gestellten, stumpfen Fortsätzen besetzt. Fossil werden Pollen dieser Art nur sehr vereinzelt, aber im ganzen Quartär gefunden.

Bildungsabweichungen sind im Blütenbereich recht häufig. Kelch und Krone vergrünen leicht, und die vergrünten Phyllome sind dann gestielt. An Stelle von Staubblättern können Kronblätter entstehen. Besonders veränderlich ist die Blütenachse: gewöhnlich sitzt der Fruchtblattträger auf einem kurzen, 3 bis 8 mm langen Stielchen (= Gynophor), das sich aber gelegentlich, zumal nach dem Verblühen, zu einer bis über 2 cm langen Säule verlängert (Fig. 189 c_7). Außerdem werden nicht selten durchwachsene Blüten angetroffen; dabei ist die Durchwachsung häufig mit Vergrünung verbunden (Fig. 284). Gewöhnlich nicken die Blüten im Knospenstadium und in der Anthese; erst nach der Befruchtung verdickt und verstärkt sich der Blütenstiel, wodurch die Frucht aufgerichtet wird. Es kommen indessen auch monströse Pflanzen vor mit von Anfang an aufrechten und mehr oder weniger vergrünten Blüten. Diese haben schon frühzeitig die Aufmerksamkeit der Botaniker (CLUSIUS, CAMERARIUS, C. BAUHIN) erregt, und KROCKER beschrieb eine solche wegen ihres fremdartigen Aussehens in seiner Flora von Schlesien (1790) als *Anemone dodecaphylla*.

Fig. 284. *Geum rivale* L. Durchwachsene Blüte.

Lebensbedingungen und Begleitpflanzen. Die Pflanze gedeiht an feuchten, meist humusreichen Standorten und zieht kalk- und nährstoffreiche Unterlagen vor. Sie ist ein regelmäßig wiederkehrender Bestandteil nasser, gedüngter Flachmoorwiesen (Calthion) auf stickstoffhaltigen Tonböden der Auen in Grundwassernähe, die durch Melioration aus Großseggensümpfen oder Rodung der Weichholzauen entstanden sind. *Geum rivale* wächst auf solchen Sumpfdotterblumen-Wiesen gern im Verein mit *Bromus racemosus* L., *Caltha palustris* L., *Cirsium oleraceum* (L.) SCOP., *C. palustre* (L.) SCOP. und *C. rivulare* (JACQ.) ALL., *Colchicum autumnale* L., *Crepis paludosa* (L.) MOENCH, *Equisetum palustre* L., *Filipendula Ulmaria* (L.) MAXIM., *Galium uliginosum* L., *Myosotis palustris* (L.) NATH., *Lychnis Flos-cuculi* L., *Orchis incarnatus* L. und *O. latifolius* L., *Polygonum Bistorta* L., *Sanguisorba officinalis* L., *Senecio aquaticus* HUDS., *Silaum Silaus* (L.) SCHINZ et THELL., *Succisa pratensis* MOENCH, *Trifolium hybridum* L., *Trollius europaeus* L. und vielen anderen.

Inhaltsstoffe und Verwendung. Die ,,Radix Caryophyllatae aquaticae" ist obsolet und wird, da sie schwächer wirkt als die von *Geum urbanum*, auch als Volksmittel kaum mehr gebraucht.

Volksnamen. Fast alle Volksnamen beziehen sich auf Form und Farbe der Blüten und auf den feuchten Standort: Bachbluemae (Waldstätten), Bachrösli (Thurgau), Bachnägeli (Baden), Herzglocken (Oberharz), Wille Klocken (Schleswig), Fleischglöckchen (Thüringen), Feuerglucke (Nordböhmen), Ziegenfleisch (Schlesien), Bluatströpferl (Altbayern), Schloatfegerla (Mittelfranken), Scheißhäfala (um Nürnberg), Nachthäfele (Oberfranken), Rotzglockn (Altbayern), Hergottsschühchen (Eifel), Kuhschelle (Baden), Frauaseckali, Maiaseckal (St. Gallen), Dudelsackblume (Schmalkalden), Dotebüdele [Dote ,,Pate", Büdele ,,Beutelchen"] (Thüringen), Schlotterhose (Thurgau), Kapuzinerle [die Blüte erinnert durch ihre braune Farbe und durch ihre Form an eine Kapuzinerkutte oder -kapuze] (Baden, Schweiz), Kapuzinerglöggli, -schella, -zotteli (St. Gallen, Waldstätten), Patakappel [vgl. *Evonymus europaea*] (Egerland). Von Kindern werden die Blüten ausgesaugt und daher auch Heilands-, Himmelsbrot (Schwäbische Alb) und (wohl auch) Speckblümchen (Gotha) und Speckblüemli (Schweiz) genannt.

Bastarde.

Wie GAJEWSKI festgestellt hat, lassen sich fast alle *Geum*-Arten miteinander kreuzen, selbst wenn sie verschiedenen Untergattungen angehören. Auch wildwachsend kommen mehrere Mischlinge vor, am häufigsten solche, an denen *G. montanum* und *G. rivale* beteiligt sind. Für Mitteleuropa werden angegeben:

Sektion *Oreogeum*

1. *G. montanum* × *reptans* = *G.* × *rhaeticum* BRÜGGER (1882). Syn *G.* × *Kolbianum* OBRIST et STEIN. *Sieversia* × *rhaetica* (BRÜGGER) NYMAN. Sehr selten in Voralberg, Nordtirol, Kärnten, den Berner (?) Alpen, Ortler-Gebiet und der Tatra. Im Wallis und Engadin kommt der Bastard nicht vor (vgl. BECHERER, Fl. Valles. Suppl. [1956] und BRAUN-

BLANQUET u. RÜBEL, Fl. v. Graubünden). Diese Pflanze erinnert durch ihren kriechenden Wurzelstock mit ausgiebiger Adventivbewurzelung und durch das vollständige Fehlen von Ausläufern viel mehr an *G. montanum* als an den anderen Elternteil. Sie ist pentaploid ($2n = 35$) und nahezu steril. Sie erzeugt keine keimfähigen Samen und weniger als 1% fertile Pollen (GAJEWSKI).

Section *Oreogeum* × *Geum*

2. *G. montanum* × *rivale* = *G.* × *sudeticum* TAUSCH (1823). Syn. *G.* × *inclinatum* SCHLEICHER, nom. nud. *G.* × *tiroliense* KERNER. In den Alpen und Sudeten ziemlich verbreitet. Außerhalb des Gebiets in der Auvergne, den Westalpen, der Tatra, den Karpaten und in Serbien. Dieser seit langem bekannte Bastard kommt in zahlreichen, intermediären oder einem Elternteil genäherten Formen vor. Chromosomenzahl: $2n = 35$. Die Pollen sind durchschnittlich zu 35% gut entwickelt und die Samen zu 15% keimfähig.

Die Bastarde *G. montanum* × *urbanum* und *G. reptans* × *rivale* sind wildwachsend nicht bekannt. GAJEWSKI gelang es, beide herzustellen. Der erstgenannte ist pentaploid, der andere hexaploid. Die Fertilität ist in beiden Fällen sehr gering (*G. montanum* × *urbanum*: Pollen zu 0,45%, Samen zu 0,6% wohl entwickelt; *G. reptans* × *rivale*: Pollen zu mehr oder weniger als 1% fertil, Samen zu 0,05%).

Sektion *Geum*

3. *G. aleppicum* × *rivale* = *G.* × *Meinshausenii* GAMS in HEGI (1923). Diese zuerst von MEINSHAUSEN in Ingrien festgestellte Pflanze wurde von WEISS auch in Ostpreußen (Caymen) gefunden. Dieser Bastard ist nach GAJEWSKI hexaploid und erzeugt etwa zu 16% fertilen Pollen und 10% keimfähige Samen.

Fig. 285. *Geum rivale* × *urbanum* = *G.* × *intermedium* EHRH. *a* Habitus. *b* Nebenblätter der Stengelblätter. *c* Blüte. *d* Kronblatt. *e* Fruchtblatt. *f* Reifes Früchtchen.

4. *G. aleppicum* × *G. urbanum* = *G.* × *spurium* FISCHER et MEYER (1846). Selten in Ostpreußen (Caymen). Außerhalb des Gebietes in Litauen, Polen und Siebenbürgen. Wahrscheinlich im Areal der Eltern weiter verbreitet. Chromosomenzahl: $2n = 42$. Trotz der Ähnlichkeit der Eltern ist dieser Bastard weitgehend unfruchtbar. Fertile Pollenkörner werden nur zu 0,6%, keimfähige Samen zu 0,01% entwickelt.

5. *G. rivale* × *urbanum* = *G.* × *intermedium* EHRH. (1789). Syn. *G.* × *urbano-rivale* SCHIEDE. *G.* × *Willdenowii* BUEK. Fig. 285. Unter den Eltern im Gebiet verbreitet, wenn auch meist in geringer Zahl. Chromosomenzahl: $2n = 42$. *G.* × *intermedium* ist neben dem im Gebiet nicht vorkommenden *G. coccineum* × *rivale* der fruchtbarste aller *Geum*-Bastarde. Die Pollenkörner sind etwa zu 78%, die Samen zu 72% gut entwickelt (nach GAJEWSKI).

396. Dryas¹) L., Spec. plant. 501 (1753). Silberwurz.

Wichtigste Literatur: E. HULTÉN, Studies in the Genus *Dryas*. Svensk Botanisk Tidskrift **53**, 507–542 (1959). – S. V. JUZEPCZUK, *Dryas*. Flora SSSR **10**, 264–279 (1941). – TH. PORSILD, Griffelhaarene hos *Dryas octopetala* og *Dr. integaifolia*. Svensk Botanisk Tidskrift **37**, 121–124 (1920). – E. SCHMID, Eine Form von *Dryas octopetale* L. aus der ostalpinen *Erica*-Heide und ihre florengeschichtliche Deutung. Vierteljahresschrift naturf. Ges. Zürich **73**, Beiblatt Nr. 15 (SCHINZ-Festschrift), S. 424–449 (1928).

Unbewehrte, immergrüne Spaliersträucher mit ausdauernder Pfahlwurzel und stark zu dorsiventraler Ausbildung neigenden, abwechselnd beblätterten Achsen. Laubblätter lederig, ungeteilt (selten und nicht im Gebiet am Grund der Spreite fast bis zur Mittelrippe eingeschnitten), gekerbt oder ganzrandig. Nebenblätter trockenhäutig, schmal lanzettlich bis linealisch, etwa zu zwei Dritteln ihrer Länge dem Blattstiel angewachsen. Niederblätter und Knospenschuppen fehlen. Blüten zwitterig oder durch Verkümmerung des einen Geschlechts polygam, einzeln an langen, blattlosen²) Stielen aus den Blattachseln entspringend. Kein Außenkelch. Kelch- und Kronblätter in wechselnder Anzahl, meist 6 bis 18. Kelchblätter eiförmig bis lanzettlich, in der Knospe klappig, am Grund in den kreiselförmig vertieften oder bei *Dr. Drummondii* flachen Blütenbecher verwachsen. Kronblätter elliptisch bis länglich verkehrt eiförmig, den Kelch überragend, ohne deutlichen Nagel, in der Anthese ausgebreitet oder (nicht im Gebiet) aufgerichtet, weiß oder *(Dr. Drummondii)* hellgelb. Staubblätter sehr zahlreich, wie die Kronblätter am Saum des Blütenbechers eingefügt. Filamente kahl, nur bei *Dr. Drummondii* behaart. Fruchtblätter sehr zahlreich, frei, mit einer aufsteigenden Samenanlage und endständigem, federig behaartem, nach dem Verblühen weiterwachsendem und an der reifen Frucht erhalten bleibendem Griffelchen. Reife Früchtchen nußartig, der flach gewölbten, vertrocknenden Blütenachse (Fruchtblattträger) aufsitzend.

Dryas ist die einzige Gattung ihrer Tribus, die auch außerhalb Amerikas vorkommt. Sie ist mit 4³) Arten zirkumpolar verbreitet. Die größte Formenvielfalt besteht in Ostsibirien und Nordamerika. In Europa ist nur die weit verbreitete *Dr. octopetala* beheimatet. Damit nahe verwandt sind *Dr. integrifolia* VAHL aus Grönland, dem nördlichen Nordamerika und der Kolyma-Halbinsel, die von unserer Art durch die ganzrandigen oder nur am Grund gekerbten Blattspreiten und das Fehlen der Stieldrüsen und der behaarten Zotten auf der Unterseite der Mittelrippe abweicht, sowie *Dr. grandis* JUZ. aus dem östlichen Sibirien, die sich in ihrer Behaarung an *Dr. octopetala* anschließt, aber durch die am Grund keilförmige Blattspreite davon abweicht und wegen ihrer in der Anthese aufrechten Kronblätter an *Dr. Drummondii* erinnert. Die von *Dr. octopetala* am weitesten abweichende Art ist *Dr. Drummondii*⁴) RICHARDS. in HOOK. aus Neufundland und dem nordwestlichen Nordamerika. Sie ist ausgezeichnet durch nickende Blüten, flachen Blütenbecher, hellgelbe, in der Anthese mehr oder weniger aufrechte Kronblätter und lang behaarte Filamente. – Die *Dryas*-Arten bilden spontan Bastarde, wo mehrere nebeneinander wachsen.

Parasiten. Die Silberwurz wird von einigen, streng an diesen Wirt gebundenen, aber meist seltenen Schmarotzern befallen. An tierischen Parasiten sind einige Schmetterlinge bemerkenswert, deren Raupen in den Blättern minieren: *Coleophora fulvosquamella* HS. und *C. derasofasciella* TOLL, deren Raupen kotlose, beiderseitige Platzminen erzeugen; *Stigmella dryadella* HOFM., die eine als Gang beginnende, sich später zu einem Platz erweiternde, kotführende Mine verursacht, sowie *Parornix alpicola* WCK. und *P. fulluzella* CHRÉT., deren Raupen Faltenminen erzeugen (nach HERING). Blattgallen erzeugt ein Fadenwurm aus der Gattung *Tylenchus*. – Außerdem leben auf *Dryas* die parasitischen Pilze *Hypospila rhytismoides* (BAB.) NIESSER, *Sphaerotheca Volkartii* BLUM. und *Synchytrium cupulatum* THOMAS.

---

¹) Griechisch δρυάς [dryas] „Baumnymphe", von δρῦς [drys] „Eiche" in unserm Fall von χαμαίδρυς [chamaidrys] „Zwergeiche", d. h. *Teucrium Chamaedrys*, wegen der Ähnlichkeit der Laubblätter mit denen dieser Pflanze.

²) Ausgenommen *Dr. octopetala* L. subsp. *caucasica* (BORNM.) HULTÉN mit kleinen Schuppenblättern auf dem Blütenstiel.

³) So nach HULTÉN. Bei dem viel engeren Artbegriff von JUZEPCZUK und A. E. PORSILD umfaßt die Gattung über 20 Arten.

⁴) Benannt nach THOMAS DRUMMOND, gest. 1835, der in Nordamerika ausgedehnte botanische Reisen machte und auch die Eismeer-Küsten besuchte.

1502. Dryas octopetala[1]) L., Spec. plant. 501 (1753) Syn. *Geum chamaedryfolium* CRANTZ (1763). Silberwurz, Weißer Gathau. Engl.: Mountain Avens. Franz.: Chênette, thé suisse. Ital.: Camedrio alpino. Norweg.: Reinrose. Tschechisch: Dryádka osmiplátečná. Taf. 151, Fig. 7; 286 bis 292.

Spalierstrauch mit reich verzweigtem, bis ½ m langem und über 1 cm dickem, dorsiventralem (Fig. 291 c–e), vereinzelte Wurzeln treibendem Stämmchen. Zweige sich 2 bis 10 cm über den Boden erhebend, die waagrechten zweizeilig, die senkrechten rundum beblättert, anfangs von den lange erhalten bleibenden Blattbasen bekleidet, aber diese schließlich mit der rotbraunen oder schwärzlichen Ringelborke abstoßend. Laubblätter immergrün, derb ledrig, kurz gestielt, die Spreite aus gestutztem oder herzförmigem Grunde spatelig verkehrt eiförmig bis länglich elliptisch, ½ bis 4 cm lang und 2 bis 25 mm breit, stumpf oder allmählich in eine kurze Spitze verschmälert, am Rand umgerollt und auf jeder Seite mit 4 bis 8 (selten bis 10) spitzen oder stumpfen Zähnen, oberseits meist kahl und dunkelgrün, durch das eingesenkte Adernetz runzelig, unterseits dicht weißfilzig mit vorspringender Aderung. Spaltöffnungen unter dem aus langen, einfachen Haaren bestehenden Filz verborgen; dazu kommen auf der Unterseite der Mittelrippe mehrzellreihige, meist etwas abgeflachte, braune Zotten mit seitlich daraus entspringenden einfachen, weißen Haaren. Nebenblätter linealisch lanzettlich, scharf zugespitzt, etwa zu ⅔ ihrer Länge mit dem Blattstiel verwachsen, am Rand und im freien Teil auch auf der Fläche behaart. Blütenstiele einzeln aus den Achseln der Laubblätter entspringend, aufrecht, zur Blütezeit 2 bis 8 cm, zur Fruchtzeit 5 bis 15 cm lang, einfach und drüsig behaart. Blüten zwitterig oder polygam, 2 bis 4 cm im Durchmesser. Kelchblätter in der gleichen Zahl wie die Kronblätter, meist 7 bis 9, ohne Außenkelch, eiförmig lanzettlich, schmal elliptisch bis länglich verkehrt eiförmig, 7 bis 11 mm lang, innen kahl, außen braunfilzig und drüsig. Kronblätter meist 7 bis 9, elliptisch bis schmal verkehrt eiförmig, 10 bis 18 mm lang und 5 bis 12 mm breit, kahl, rein weiß, nach dem Verblühen rasch abfallend. Staubblätter zahlreich, die Styluli überragend oder ihre Höhe nicht erreichend. Fruchtblätter dicht behaart, mit endständigem, nicht gegliedertem, anfangs schraubig gedrehtem und an der Spitze eingerolltem, sich bei der Fruchtreife bis 2 oder 3 cm verlängerndem, federig weiß behaartem Griffelchen. Fruchtblattträger behaart, schwach gewölbt, sich bei der Fruchtreife nicht streckend. – Chromosomenzahl: $2n = 18$. – VI, VII, in tiefen Lagen von V ab, im Hochgebirge und in der Arktis Mitte VI bis Anfang VIII.

Vorkommen.[2]) In den Alpen auf Kalk, Dolomit und kalkführenden Silikaten sowie in den Kalkgebieten gelegentlich auch auf Rohhumus verbreitet und meist sehr gesellig auf mäßig trockenem bis frischem, ruhendem oder leicht bewegtem Grob- und Feinschutt, auf Felsköpfen, Moränen und Alluvionen, in den offenen Rasengesellschaften von *Carex firma* und *Sesleria varia* und in den Zwergstrauchheiden von *Erica carnea* und *Rhododendron hirsutum*, doch bei Rasenschluß und zunehmender Beschattung durch Sträucher und Bäume alsbald verschwindende Pionierpflanze. Elyno-Seslerietea-Klassen-Kennart. Am häufigsten zwischen 1200 und 2500 m,

---

[1]) octopetala „mit 8 Kronblättern". Die Silberwurz ist anscheinend bis ins 16. Jahrhundert den Botanikern unbekannt geblieben. Entdeckt wurde sie bei den ersten botanischen Alpenreisen, die 1536 bis 1555 von Pfarrer MÜLLER (RHELLICANUS) und B. MARTI (ARETIUS) auf das Stockhorn und den Niessen und von C. GESNER auf den Pilatus unternommen wurden. GESNER übersetzte den dort gehörten Namen Hirtzblum mit Cervaria. CAMERARIUS, der die Pflanze wohl als erster kultivierte, nennt sie Alpina Simleri (nach JOSIAS SIMLER, in dessen 1577 erschienenem De Alpibus Commentarius die Ergebnisse der genannten Alpenreisen zusammengestellt sind). Bei C. BAUHIN heißt sie Chamaedrys alpina Cisti flore.

[2]) Vgl. E. AICHINGER, Die Silberwurzteppiche als Vegetationsentwicklungstypen. Angew. Pflanzensoziologie, Heft 14, 156–171 (1957).

Tafel 146

Tafel 146. Erklärung der Figuren

Fig. 1. *Agrimonia Eupatoria*. Blühende Pflanze.
Fig 1 a. Blütenbecher im Fruchtstadium.
Fig. 2. *Geum rivale* (S. 426). Blühende Pflanze. Ein ungewöhnlich kleinwüchsiges Individuum.
Fig. 2 a. Kronblatt.
Fig. 3. *Geum urbanum* (S. 422). Blühender Stengel.
Fig. 3 a. Fruchtblatt.
Fig. 4. *Geum montanum* (S. 418). Blühende Pflanze.

Fig. 4 a. Reife Nüßchenfrucht.
Fig. 4 b. Nüßchen.
Fig. 5. *Filipendula Ulmaria* (S. 268) Blühender Stengel.
Fig. 5 a. Blüte.
Fig. 5 b. Reife Frucht.
Fig. 5 c. Früchtchen.

vielfach auch tiefer, teils erst in neuerer Zeit herabgeschwemmt, teils als Relikt spät- und nachwärmezeitlicher Ansiedlung, so in Bayern an der Isar oberhalb München bis 550 m, am Lech bei Augsburg, in Südtirol bei Margreid bis 290 m und bei Sulden bis 266 m, in der Schweiz bei St. Gallen bis 720 m, am Walensee bis 480 m und am Genfer See bis 400 m; andererseits steigt die Pflanze in den Hohen Tauern bis 2600 m, im Tessin bis 2650 m, im Oberengadin (Piz Padella) bis 2800 m, im Unterengadin (Piz Tavrü, Ofenpaß) bis 3115 m an.

Allgemeine Verbreitung. Die Nominatrasse (subsp. *octopetala*) in Ostgrönland, Island, Irland, Schottland und Wales, Spitzbergen, Skandinavien, den Pyrenäen, der Auvergne, den Alpen,

Fig. 286. *Dryas octopetala* L. Bei der Vajoletthütte am Rosengarten, Südtiroler Dolomiten (Aufn. Th. Arzt).

Apennin, der Tatra, den Karpaten und Gebirgen der Balkanhalbinsel von Dalmatien bis Thessalien und Bulgarien; in der Sowjetunion von der Halbinsel Kola ostwärts durch das ganze arktische Rußland und Sibirien bis zur Kolyma-Halbinsel und Alaska. Abweichende Rassen im Kaukasus (subsp. *caucasica* [Bornm.] Hultén), in den Gebirgen Mittel- und Ostsibiriens (hier u. a. subsp. *viscosa* [Juz.] Hultén), in der Dsungarei (Alatau), in Sachalin, Japan (hier subsp. *Tschonoskii* [Juz.] Hultén) und Nordkorea und im westlichen Nordamerika von Alaska (hier u. a. subsp. *alaskensis* [Pors.] Hultén) durch das Felsengebirge bis Colorado (subsp. *Hookeriana* [Juz.] Hultén).

Fig. 287. *Dryas octopetala* L. Ilsauk bei Berchtesgaden, Oberbayern (Aufn. TH. ARZT).

Fig. 288. *Dryas octopetala* L., fruchtend. Am Totenmann bei Berchtesgaden, Oberbayern (Aufn. TH. ARZT).

Verbreitung im Gebiet. In Deutschland früher auf dem Meißner in Hessen (hier im 18. Jahrhundert von Mönch entdeckt und 1837 von Grau wieder aufgefunden. Über spätere Beobachtungen vgl. A. Grimme, Flora von Nordhessen in Abhandl. Ver. Naturkunde Kassel **61**, 97 [1958] und in den Allgäuer und Oberbayerischen Alpen sowie im Alpenvorland an den Flüssen bis Augsburg und München herabsteigend. – In Österreich in den Kalkalpen allgemein verbreitet, in den Zentralalpen zerstreut und fast nur auf Kalk und Dolomit. – In der Schweiz in den nördlichen und südlichen Kalkalpen verbreitet, in den Silikatgebieten des Oberengadins und der Penninischen Alpen auf größere Strecken fehlend, außerhalb der Alpen im Waadtländer und Neuenburger Jura (Dent de Vaulion, Mont Tendre, Dôle, Mont d'Or, Suchet, Creux du Van; auf dem Chasseral wohl ausgerottet) sowie im Solothurner (Balmfluh; auf dem Weißenstein erloschen) und Basler Jura (Lauchfluh bei Waldenburg).

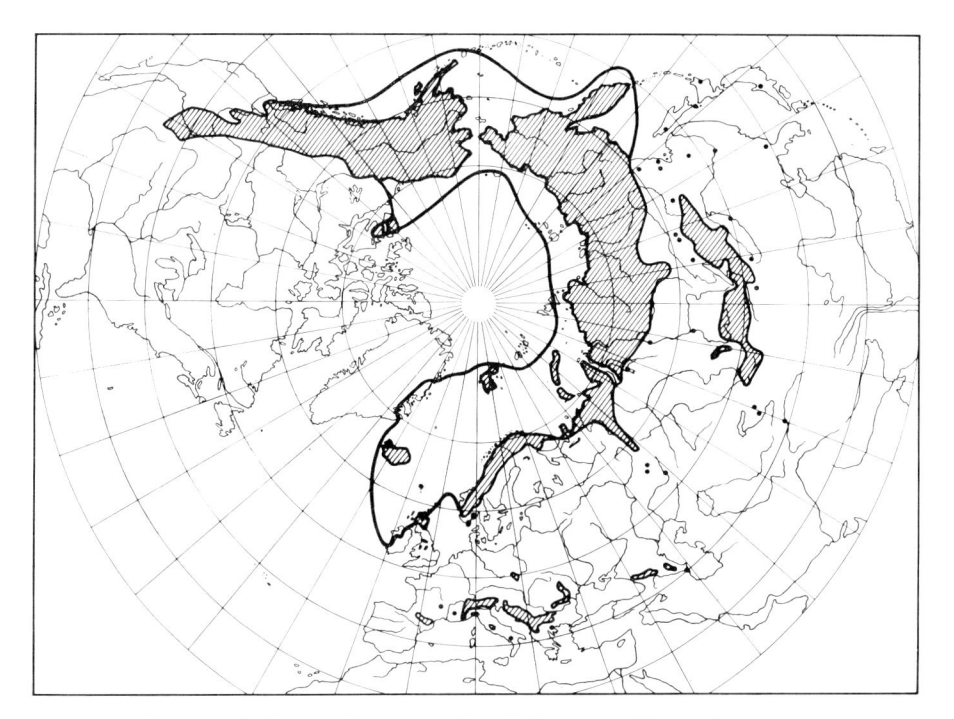

Fig. 289. Verbreitung von *Dryas octopetala* L. (nach Meusel, Jäger und Weinert).

Dryas octopetala ist in Europa nur durch die subsp. *octopetala*, Syn. *Dr. octopetala* L. subsp. *chamaedryfolia* (Crantz) Gams in Hegi (1923), vertreten. Diese Rasse ändert im Gebiet nur wenig ab. Neben der verbreiteten Form mit oberseits kahlen oder nur ganz spärlich behaarten Blättern wächst im nördlichen Norwegen und in den Ostalpen (Obersteiermark, Tirol [zumal um Innsbruck in den tieferen Lagen des Föhrengebiets], Unterengadin), sehr selten auch in den Westalpen (Öschinensee im Berner Oberland) eine durch beiderseits silbern weißfilzige Laubblätter auffallende Pflanze: f. *argentea* (Blytt) Hultén, Syn. *Dr. octopetala* L. var. *vestita* Beck.

Vegetationsorgane.[1]) Den Leitbündelverlauf und seine Entwicklung in der Keimpflanze beschreibt A. E. Mellor (Seedling Structure of *Dryas octopetala*. Naturalist Nr. 656, 1911). Die Stämmchen zeigen frühzeitig eine exzentrische, und zwar hypotrophe Verdickung (Fig. 291) und erreichen bei einer mittleren Breite der Jahresringe von 0,1 bis 0,2 mm ein Alter von 50 bis 100 Jahren. Das Holz ist weiß, weich und sehr elastisch. Die Anlagen der Sproß- und Blütenknospen werden bereits in der vorausgehenden Vegetationsperiode gebildet. Da Knospenschuppen fehlen, werden die jungen Laubblätter nur von den Blattscheiden der älteren umhüllt. Trotzdem vermögen sie, wie die von *Loiseleuria*, an exponierten Standorten dem Schneegebläse standzuhalten. Die Blattspreiten führen sehr starke mechanische Gewebe und eignen sich deshalb vorzüglich für fossile Erhaltung.

---

[1]) Vgl. zur Morphologie: W. Rauh, Beitr. zur Morphologie u. Biologie der Holzgewächse. Nova Acta Leopold. N. F. **5** (1937).

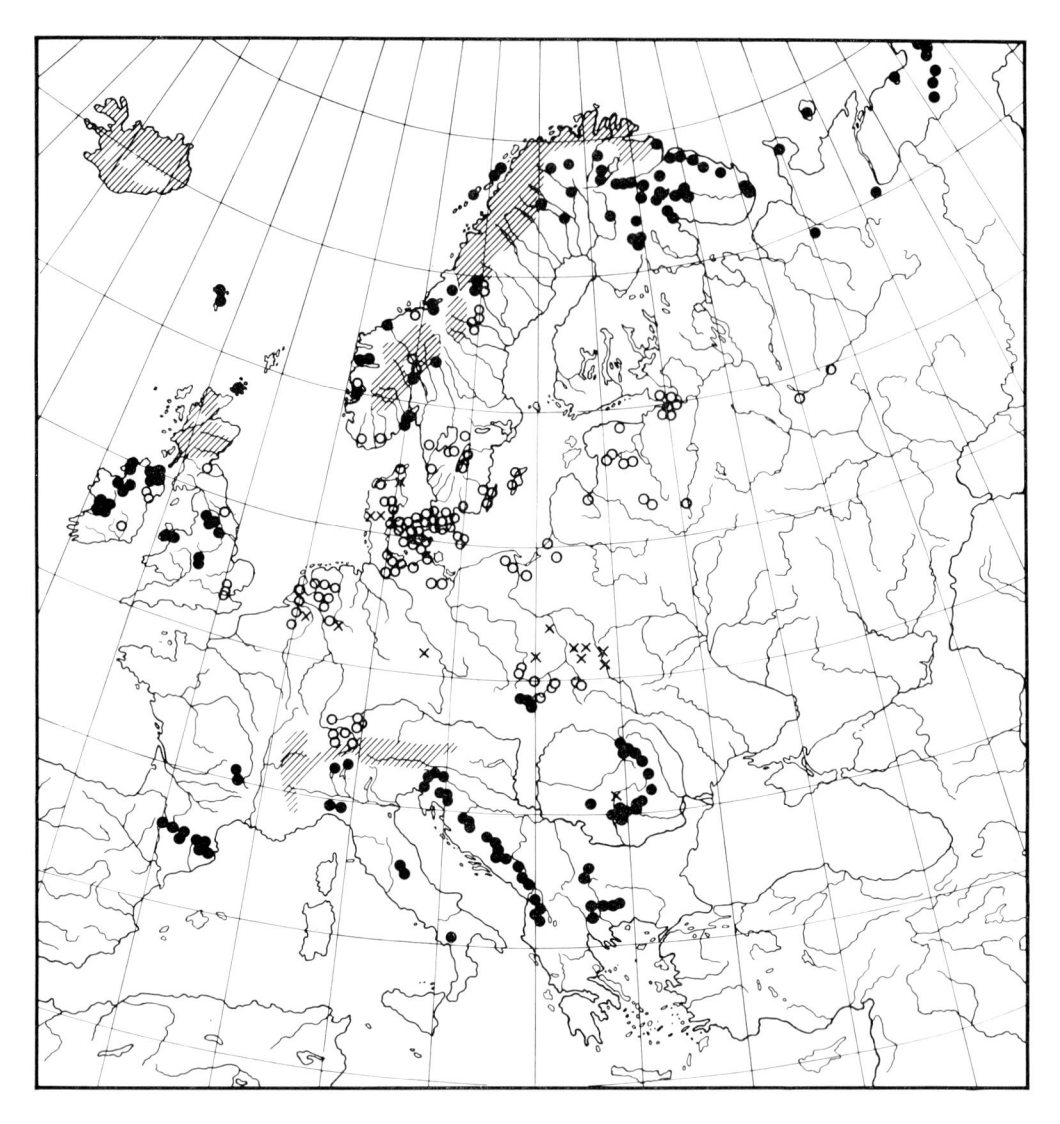

Fig. 290. *Dryas octopetala* L. in Europa. Schraffiert und ● rezente Vorkommen. × Vorkommen älter als die Würm-Eiszeit. O Würmeiszeitliche und jüngere Fossilfunde (nach H. TRALAU, Botaniska Notiser, *114*, 220, 221 [1961]).

Blütenverhältnisse. Die Zahlen sämtlicher Blütenorgane schwanken beträchtlich. Nicht selten sind „gefüllte" Blüten, bei denen die äußeren Staubblätter in Kronblätter umgewandelt sind. Neben den ansehnlichen, 3 bis 4 cm breiten Zwitterblüten kommen auch kleinere, eingeschlechtige Blüten vor, bei denen die Staub- oder Fruchtblätter verkümmert sind, und zwar sowohl in andro- und gynomonözischer wie auch in andro- und gynodiözischer Verteilung.[1] Zwischen den alpinen und nordischen Pflanzen scheinen hierin Unterschiede zu bestehen. So sollen in den Alpen und den Gebirgen Skandinaviens die Zwitterblüten proterogyn, in der Arktis dagegen homogam sein. Der innerhalb der Staubblätter liegende Diskus sondert Nektar ab. Als Besucher wurden zahlreiche Fliegen und Bienen, vereinzelt auch Schmetterlinge und Käfer festgestellt.

Pollen. Die Pollenkörner sind 3-colporoid, prolat-sphäroid ($22 \times 21\,\mu$) mit verhältnismäßig breiten, am Äquator zusammengezogenen Colpi. Die Sexine ist dicker als die Nexine, tectat und unregelmäßig parallel gestreift.

---

[1] Näheres hierüber bei H. HARMS, Über die Geschlechtsverteilung bei *Dryas octopetala*. Berichte d. Deutsch. Bot. Gesellsch. **35**, 5 (1918).

Fossilfunde. Blätter, Früchtchen und, seit man ihn bestimmen kann, auch Pollen von *Dryas* wurden mehrfach in hoch- und spätglazialen Ablagerungen gefunden, vor allem in Nord-, Ost- und dem nördlichen Mitteleuropa sowie auf den britischen Inseln. Die meisten Fundorte liegen in dem zur Zeit der größten diluvialen Vereisung von Gletschern bedeckten Gebiete, einzelne aber auch beträchtlich außerhalb der äußersten Vereisungsgrenzen. Die ältesten Fossilfunde stammen aus Ablagerungen der Riß-Eiszeit in Holland, Dänemark, Mitteldeutschland (Quakenbrück), Polen und dem östlichen Ungarn. Das Alpengebiet scheint die Silberwurz damals noch nicht erreicht zu haben. Weiter verbreitet sind *Dryas*-Reste in den Sedimenten der Würm-Eiszeit und jüngeren Ablagerungen (im Gebiet im Schweizer und württembergischen Alpenvorland, im Süd-Schwarzwald, am Niederrhein, in Schleswig-Holstein, Pommern und

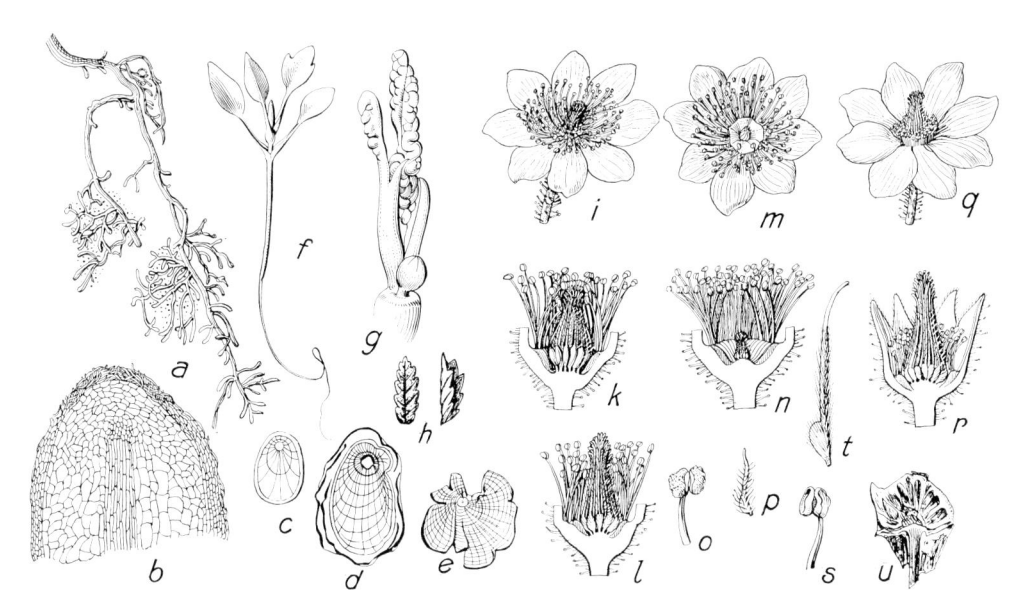

Fig. 291. *Dryas octopetala* L. *a* Wurzelsystem mit ektotropher Mykorrhiza. *b* Längsschnitt durch die verpilzte Wurzelspitze (*a* und *b* nach H. HESSELMANN). *c* Querschnitt durch ein dreijähriges, *d* durch ein achtjähriges, *e* durch ein altes Stämmchen (*c* und *d* schwach vergrößert, *e* etwas verkleinert; nach C. SCHRÖTER). *f* Keimpflanze. *g* Die im Herbst angelegten Blatt- und Blütenknospen (*f* und *g* nach Th. RESVOLL). *h* Fossile Laubblätter aus Dryastonen (nach NATHORST und SCHRÖTER). *i, k, l* Zwitterige Blüte, ganz und im Längsschnitt. *m, n* Männliche Blüte, ganz und im Längsschnitt. *o* Reifes Staubblatt. *p* Verkümmertes Fruchtblatt. *q, r* Weibliche Blüte, ganz und im Längsschnitt. *s* Verkümmertes Staubblatt. *t* gut ausgebildetes Fruchtblatt (*i* bis *t* nach H. HARMS). *u* Blütenfragment aus dem Dryastuff von Leine (nach R. NORDHAGEN).

Ostpreußen). Die Silberwurz ist Leitart der Pionierfloren, die nach dem Rückgang der Gletscher das eisfreigewordene Gebiet besiedelt haben. Daher heißt dieser Zeitabschnitt die „Dryas-" oder „Tundrenzeit". Weitere kennzeichnende Bestandteile der „Dryasfloren" sind *Betula nana* L., *Empetrum nigrum* L., *Eriophorum Scheuchzeri* HOPPE, *Menyanthes trifoliata* L., *Polygonum viviparum* L. u. a. M. –

Lebensbedingungen und Begleitpflanzen. *Dryas octopetala* ist in ihrem gesamten Verbreitungsgebiet an kalkführende Unterlagen gebunden. Gemeinsam sind den alpinen, karpatischen und skandinavischen *Dryas*-Beständen einige Flechten und Blütenpflanzen wie *Cetraria nivalis* (L.) ACH., *Thamnolia vermicularis* (Sw.) ACH., *Selaginella Selaginoides* (L.) LK., *Arctostaphylos alpina* (L.) SPRENG., *Astragalus alpinus* L., *Bartsia alpina* L., *Carex atrata* L. und *C. rupestris* ALL., *Elyna myosuroides* (VILL.) FRITSCH, *Erigeron uniflorus* L., *Oxytropis campestris* (L.) DC. und *O. lapponica* (WAHLENBG.) GAY, *Parnassia palustris* L., *Pedicularis Oederi* VAHL, *Polygonum viviparum* L., *Potentilla Crantzii* (CRANTZ) BECK, *Salix retusa* L., *Saxifraga aizoides* L. und *S. oppositifolia* L., *Silene acaulis* (L.) JACQ. und *Veronica fruticans* JACQ. Im Norden ist *Dryas* darüber hinaus oft mit einigen, in den Alpen selteneren oder fehlenden Arten vergesellschaftet, wie *Astragalus norvegicus* GRAUER, *Cerastium alpinum* L., *Poa glauca* VAHL und *Thalictrum alpinum* L., während die in den Alpen häufig mit *Dryas* zusammen wachsenden Arten *Saxifraga paniculata* MILL. und *Sesleria varia* (JACQ.) WETTST. in Skandinavien seltener sind oder fehlen. An die Stelle der in den alpinen und karpatischen *Dryas*-Beständen verbreiteten *Antennaria carpatica* (WAHLENBG.) BLUFF et FINGERH., *Carex firma* HOST und *C. sempervirens* VILL., *Gypsophila repens* L., *Primula Auricula* L. und *Salix retusa* L. treten in Skandinavien *Antennaria alpina* GAERTN., *Carex Bigelowii* TORREY, *Lychnis apetala* L., *Primula scotica* HOOK., *Salix herbacea* L. und *S. polaris* WAHLENBG. – In den Alpen findet sich die Silberwurz vor allem in Pioniergesellschaften; bei Rasenschluß verschwindet sie wieder. Namentlich sind es einige kalkfeste Zwergsträucher wie *Erica carnea* L., *Rhododendron hirsutum* L. und *Rhodothamnus Chamaecistus* (L.) RCHB., die die Silberwurz alsbald verdrängen. Im Norden fehlen die genannten, kalkliebenden Ericaceen und werden durch das seltene *Rhododendron lapponicum* (L.) WAHLENBG. sowie die ausgesprochen kalkmeidenden *Betula nana* L. und *Phyllodoce caerulea* (L.) BAB. ersetzt. Infolge mangelnder Konkurrenz entstehen dort vielfach „*Dryas*-Wiesen", wie sie in Mitteleuropa nahezu unbekannt sind.

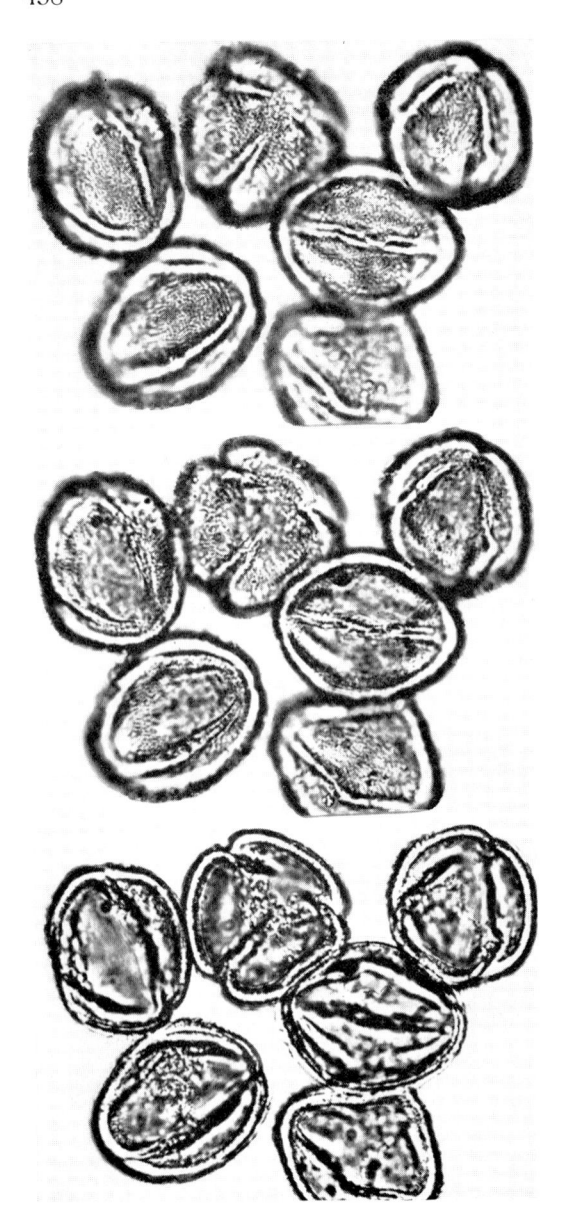

Verwendung. In den Alpenländern werden die Laubblätter als Tee-Ersatz (Kaisertee, Schweizertee) gesammelt und bisweilen gegen heftigen Durchfall medizinisch verwendet.

Volksnamen. Nach den unterseits weißen Laubblättern heißt die Pflanze Silberwurz (auch volkstümlich), Müdla [wohl von Müller] (Nieder-Österreich: Dürrenstein). Auf die haarigen Früchte beziehen sich Frauenhaar (Kärnten), Petersbart [vgl. *Geum montanum*, S. 418] (Niederösterreich: Schneeberg), auf den Standort Steinrücherer (St. Galler Oberland). Im Salzburgischen (Mauterndorf) nennt man die Silberwurz Kaisertee, in Pinzgau Kateinl, in Kärnten (Bleiberg) Frauenrosen.

Fig. 292. Pollenkörner von *Dryas octopetala* L. in Pol- und Äquatoransichten. Oben: hohe Einstellung; Mitte: tiefere Einstellung; unten: tiefste Einstellung, meist optische Schnitte (etwa 1000 mal vergrößert. Mikrofoto H. STRAKA).

I. Verzeichnis der deutschen Pflanzennamen

Aagenwurz 117
Aalbessim 53
Adebarskasber 55
Aejresch 61
Affaritzen 56
Agersch 61
Agraß 61
Agres 61
Ahlbeere 53
Aischlitzen 61
Albeere 55
Allbeer 53
Alpen-Johannisbeere 55
– -Mauerpfeffer 94
– -Petersbart 418
Amber 299
Amberbaumgewächse 26
Ameisenleiter 274
Annenverz 61
Antoniblüh 42
Augenbüntelichrut 425

Bachbluema 429
Bachnägeli 429
Bachrösli 429
Bach-Nelkenwurz 426
Bärmuttersträuße 266
Becherholler 42
Beietrost 271
Beinkraut 271
Beinnosset 271
Benedicta 424
Benedictworzel 424
Benedikte 424
Benediktechrut 424
Benediktenkraut 424
Benediktenwurzel 420
Benediktusblumen 420
Berghauswurz 119
Bettlerkersch'n 61
Bimmele 53
Birkenblume 39
Biskotenröserl 39
Blasenspiere 235
Blauspiere 236
Blitzkraut 77
Bluatströpferl 429
Blut-Johannisbeere 44
Blutströpfchen 426
Bocksbart 266, 271, 274
Bocksbeere 55
Brannwiensblome 271
Brantblum 117
Brombeere 274
–, Ardennen- 327
–, Auen- 299
–, Aufrechte 311
–, Bienen- 359
–, Bleiche 369
–, Drüsenborstige 397
–, Dunkle 373
–, Filzige 349
–, Flaumhaarige 321
–, Großblättrige 334
–, Hainbuchenblättrige 344
–, Köhlers- 384
–, Kreuzdornblättrige 329
–, Mittelmeer- 320
–, Raspel- 363
–, Rauhe 374
–, Raustengelige 331
–, Rundstengelige 395
–, Samt- 351
–, Schleichers 390

–, Schlitzblättrige 338
–, Schwarzholzige 377
–, Steierische 358
–, Straußblütige 329
–, Süßfrüchtige 323
–, Vielstachelige 378
–, Weißschimmernde 326
–, Wohlriechende 329
–, Zweifarbige 322
Bruchkraut 77
Bruchwurtz 77
Brunischke 294
Brunitschke 294
Brunnen-Fürzli 61
Bucksbeere 55
Bullenkraut 77
Buwekraut 77

Christbeere 61
Christikraut 94
Christuskrone 94
Christusschweiß 94
Chrottablüemli 224
Chrüselbeere 61
Chrüselbeeri 61
Chruselbeeri 61
Chruserle 61
Chrutzele 61
Chrutzerle 61

Dabernatschen 56
Dachapfel 116
Dachkappes 77, 116
Dachkraut 116
Dachschisser 94
Dachwurz 116
Därrfleisch 271
Dickblattgewächse 62
Dickblatt-Mauerpfeffer 80
Dolomiten-Hauswurz 113
Donner-bohne 77
– kraut 77, 117
– lôk 117
– loof 77
– wurz 117
Dotebüdele 429
Dudelsackblume 429
Dunnerboort 117
Dunnerknöpf 117

Eiskraut 69, 77
Ember 299
Erdkirschele 294

Falsche Hauswurz 163
Falscher Holler 271
Falscher Jasmin 40, 41
Federblume 271
Fedderbusk 266
Felsen-Johannisbeere 49
Felsestruß 164
Fette Gans 77
Fette Gänschen 94
Fette Henne 77
Fetthenne 67
–, Große 74
–, Kaukasus- 78
–, Rote 75
–, Rispen- 79
Fettkraut 94
Feuerglucke 429
Fieber-Trugblume 40
Firschtekraut 77
Flachsmutter 77

Fleckachrut 425
Fleischglöckchen 429
Fransen-Hauswurz 102, 104
Frauaseckali 429
Frauenhaar 438
Frauenrosen 438
Frauwenkrud 271
Frier un Brut 77
Froschgöschlein 224
Froschacha 224
Fröschamüli 224
Fröschächrut 224

Gässabart 274
Gamswurz 162
Garten-Hortensie 39
Gathau, Weißer 432
Geiseleiter 274
Geißbart 262, 264
Geißleitere 271
Geistbart 271
Geschwulstkraut 77
Gewitterkrut 117
G'hansdrauwe 53
Gichtbäumchen 55
Gichtbeere 53, 55
Gichtholt 55
Gletscher-Petersbart 420
Gösefoot 196
Goldblümel 94
Gold-Johannisbeere 44
Goldkraut 94
Goldröschen 237
Gottvergessene Beeren 56
Grachel(beer) 61
Grantiger Jager 420
Greschle 73
Grinschel 60
Grischeln 60
Grossel 73
Grummelblome 117
Grummelkraut 117
Gruschel 60
Gütterli 61
Guttere-Beri 61

Haarbeeri 299
Haarellen 61
Händleinkraut 191
Hagebutten-Stachelbeere 45
Hannskiesche 53
Hansetribili 53
Hansistriiweli 53
Happelbort 271
Harnkraut 94
Hasenkraut 77
Hausampfer 116
Hauswurz 108
–, Berg- 119
–, Dolomiten- 113
–, Echte 91
–, Fransen- 102, 104
–, Gelbe 117
–, Großblütige 118
–, Serpentin- 110
–, Spinnweb- 110
Hecke(n)bere 61
Hehmerschken 55
Hehnderschken 55
Heil-aller-Wunden 77
Heilandsbrot 429
Heilblättli 77
Heilkraut 195
Hennebee 288

Herchesbeere 61
Hergelberge 61
Hergottsschühchen 429
Herrgottskraut 94
Herrgottsrue 94
Herzblatt 227, 228
Herzblattgewächse 225
Herzglocken 429
Himbeere 274, 295
–, Erdbeer- 279
–, Felsen- 292
–, Pracht- 278
–, Rotborstige 279
–, Schwarze 279
–, Zimt- 277
Himkes 299
Himmelbresl 94
Himmelsbrot 429
Himmere 299
Himmerte 299
Himpelbeer 299
Himpele 299
Hindlbeer 299
Hindrischke 55
Hoalpletzl 224
Holbeer 299
Holder, spanischer 40
Holler, Stinkter 42
–, Wilder 271, 274
Honigblüte 271
Hortensie, Garten- 39
Hübele 299
Hühnerträubchen 94
Huiwa 299
Hulba 299
Humbel 299
Hummelbeer 299
Hundrischke 55
Hundsfott 294
Hundshode 294
Hundsrebe 195
Hûslôf 116
Hûslôk 116

Icako-Pflaume 36
Igelköppe 425
Igelkraut 425
Ihlenblom 230
Imbelichrut 271
Imbere 299
Immenkraut 271
Impcle 299
Imper 299
Imperi 299
Impenkraut 271
Inde(n)träuble 94

Jakobibeer 61
Jasmin, Falscher 40, 41
Johannisbeere 43
–, Alpen- 55
–, Blut- 44
–, Felsen- 49
–, Rote Garten- 51
–, Schwarze 53
–, Wilde rote 50
Johanniskraut 77, 425
Johannislötel 77
Johannislook 77
Johanniswedel 266
Judendrauf 85
Judenträuble 94

Kaisertee 438

Kakelbeere 55
Kandelblüh 42
Kannenpflanze 3
Kanstraube 53
Kanzeltriweli 53
Kapuzinerglöggl 429
Kapuzinerle 429
Kapuzinerschella 429
Kapuzinerzotteli 429
Kasbiten 53
Kaßbeten 53
Kateinl 438
Katzentraube 94
Kies-Steinbrech 162
Kindlbeer 299
Klosterbeere 61
Klusterbiern 61
Knabenkraut 77
Knackbusch 235
Knierschelkraut 77
Knorpelkräutich 94
Knörpala 94
Kopfwehblume 42
Koppienblööm 42
Kornbeer 299
Krachelbeere 61
Kränselte 60
Krätzenblaml 224
Krätzenkraut 224
Kräuselbeere 60
Krampfkrut 271
Kratzbeere 299
Krente(nstruk) 53
Kreschelheck 61
Kriesbeer 60
Krieschel 60
Krißbetten 60
Kristbeere 61
Krönschel 60
Krönzel 60
Krollekopfes 69
Krollekopp 69
Krollesche 69
Kronschel 61
Kro(n)lkraut 94
Kroschel 61
Krot'nkraut 224
Krüesbeere 60
Krüsebeerje 60
Krüselsbeer 61
Krusel(s)beer 61
Kruspel 61
Kuhschelle 429

Leben und Sterben 77
Lebenskraut 77
Leberkraut, Weißes 230
Leienkappes 77
Leiterbaum 274
Leiterblume 274
Liebchéskraut 77
Liebfrauenbröserl 94
Loganbeere 281
Lunge(n)-Chrut 187

Mädesüß 266
-, Echtes 268
-, Knolliges 272
Mäkrut 271
Mäsöt 271
Mäuserling 61
Maierislistrauch 39
Malina 299
Malinabeer 299
Mandelbloom 196
Mardau(n)e 56
Margreten 61
Maria-Theresien-Stöckerl 69
Mauchele 61
Maucherlen 61
Mauerblümchen 94
Mauerkräutchen 94

Mauerkraut 116
Mauerpfeffer 67, 94
-, Alpen- 94
-, Behaarter 82
-, Berg- 88
-, Blaßgelber 89
-, Dickblatt- 80
-, Dunkler 96
-, Einjähriger 91
-, Felsen- 86
-, Milder 89
-, Moor- 82
-, Rötlicher 98
-, Scharfer 92
-, Spanischer 97
-, Ungarischer 90
-, Weißer 83
Meertrübli 53
Mehlbeeren 56
Meiketsche 61
Meischgl 61
Melsöt 271
Miärsöt 271
Midridat 94
Migetze 61
Milzkraut 218
-, Gold- 223
-, Paarblättriges 221
-, Schwefel- 221
-, Wechselblättriges 223
Moagreatizpearlein 61
Moibeer 299
Mokesauerampfer 224
Molber 299
Molteebere 289
Moosblümchen 122, 123
Muckroem 271

Nachthäfele 429
Nachttüppel 42
Nägalaswurzel 424
Nagelchrut 425
Nelkenwurz 413
-, Echte 422
-, Russische 425
Nelkenwurzel 424
-, Bach- 426
Nesselröschen 237
Nidelbeeri 299
Nodernkraut 77
Nonnenfarzen 61
Nonnenfürzle 61

Oablatt 230
Oaterpatz'n 61
Ochsenkraut 77
Oempele 299
Ohrpeinkraut 117
Oktoberbliml 69
Oktoberl 69
Oktoberlich 69
Oktöberli 70

Patakappel 429
Petersbart 419
-, Gletscher- 420
Pfefferkraut 94
Pfeifenstrauch 40
-, Gewöhnlicher 41
Platane, ahornblätterige 31
-, Amerikanische 30
-, London- 31
-, Morgenländische 29
Platanengewächse 28
Pollack 77
Pottlack 77

Rauchling 61
Rau(ch)Beern 61
Raupbeeren 61
Reichling 61
Reidlinger 61

Ribis(e)l 52
Riebs 53
Rispen-Fetthenne 79
Rispen-Steinbrech 167
Riwels 53
Riwis(e)l 53
Roodstengel 271
Rosengewächse 321
Rosenwurz 99, 100
Rote Garten-Johannisbeere 51
Rotes Sternwies 185
Rotzglocken 429
Rüsterstaude 268
Ruhrwurz 419
Russelen 61
Ruwas 420

Saalbeer 55
Sanigl 187
Sanikel 274
Santihansberi 53
Santihanstriweli 53
Sauwurzel 77
Schälchrut 77
Schatzkraut 77
Scheinerdbeere, Indische 241
Scheißbeere 55
Scheißhäfala 429
Scheißhafe 42
Scheißmine 42
Schellbeere 289
Schellkraut, Wildes 187
Schelmkraut 224
Schelmwurz 224
Scherzenblatt 117
Scherzenkraut 117
Schesmin 42
Schießmi(n) 42
Schloatfegerla 429
Schlotterhose 429
Schmalzbluma, Weißi 230
Schmalzbör 56
Schmargeln 56
Schmeerblom 42
Schmietskraut 274
Schnappenbeeren 56
Schnapsbeeren 55
Schneller 61
Schossemiau 42
Schrietwurz 420
Schuhsalbe 77
Schuhschmier 77
Schusterbeere 55
Schwarze Johannisbeere 53
Seifenbaum, Chilenischer 234
Semmelmilch 196
Sempelfi 117
Sidebeeri 299
Silberwurz 431, 432
Silwerkraut 85
Sirupsblume 42
Sollbeer 55
Soltbeer 55
Sonnentau 5
-, Rundblätteriger 11
-, Mittlerer 15
-, Langblätteriger 14
Sonnentaugewächse 4
Sötbeeten 271
Sötmei 271
Spanischer Holder 40
Speckbloom 42
Speckblüemli 429
Speckblümchen 429
Speick, gelber 420
Spierstrauch 249
-, Grauer 257
-, Kärntner 258
-, Karpathen- 256
-, Ulmen- 260
-, Weiden- 261

Sponellen 60
Spunellen 60
Spunsker 60
Stachelbeere 43, 57 ff.
Stachelbeergewächse 43
Stachellitzen 60
Stachelhutchen 60
Stachelpunzchen 60
Stachle 60
Stänepfl 113
Stechabeerle 60
Stechblümlein 230
Steck(e)beere 60
Steinbeere 292, 294
Steinbenedix 420
Steinbrech 130
-, Aufsteigender 189
-, Bach- 160
-, Blattloser 207
-, Blaugrüner 173
-, Bocks- 155
-, Bursers 176
-, Dreifinger- 191
-, Fassaner 203
-, Fetthennen- 160
-, Fettkrautartiger 208
-, Furchen- 198
-, Gestutzter 177
-, Glimmer- 214
-, Grannen- 213
-, Habichtskrautblätteriger 151
-, Karst- 188
-, Keilblätteriger 157
-, Kies- 162
-, Knöllchen- 195
-, Krusten- 169
-, Mannschildähnlicher 204
-, Moor- 155
-, Moos- 159, 212
-, Moschus- 201
-, Nickender 192
-, Paarblättriger 180
-, Pracht- 163
-, Presolana- 210
-, Rauher 158
-, Rispen- 167
-, Rosenblütiger 197
-, Roter 272
-, Rundblätteriger 186
-, Schnee- 152
-, Seguiers 205
-, Seltsamer 214
-, Spinnweb- 187
-, Sternblütiger 153
-, Südalpen- 164
-, Tombea- 174
-, Vandellis- 175
-, Zweiblütiger 178
-, Zwiebel- 194
Steinbrechgewächse 126
Steinkraut 94, 196
Steinmoos, Weißes 174
Steinpfeffer 94
Steinroggen 94, 174
Steinrose 113
Steinträubchen 294
Steinweizen 94
Sternablüemli 230
Sternblum 94
Sternli 230
Sternwies, Rotes 60
Stickbeeren 60
Stickelbeer 66
Stiefelschmiere 77
Stierkraut 77, 94
Stinketer Holler 42
Stinkstrük 55
Stolzer Heinrich 271
Strukberten 61
Studentenröschen 227, 228
Studentenrösli 230

Sunnen-Fürzele 61

Taterbeere 55
Taubeere 299
Teichkraut 122
–, Nordisches 124
Teufelsabbiß 425
Teufelskraut 77
Teufelsüberstrich 230
Theresienblume 69
Totenblume 42, 117
Träuble 53
Tripmadam 85, 86
Trüebchrut 419
Trüebwürze 419

Tüfelsabbiß 420

Umpele 299
Unseres Hergots-Barterl 266

Venusnabel 65
Vögeleroggen 94

Waldbart 266
Waldsteinie 412
–, Dreiblätterige 413
Wanzenbeere 55
Warzenkraut 77, 94, 117, 162
Wasserfalle 18
Wasser-Bergwurz 419
Weinbeer 53

Weißdorn-Stachelbeere 45
Weißer Sanikel 187
Wenschmerblume, Weiße 196
Wideritod 94
Widertat 94
Wiemelter 53
Wiesengeißbart 268
Wilde rote Johannisbeere 50
Wilder Flieder 271
Wilder Holler 271, 274
Wilder Sanikel 424
Wildes Schellkraut 187
Wildhirs 266
Wille Klocken 429
Wimbeere 53

Wimmele 53
Wisse Stei(n)rogge(n) 85
Wundfetthenne 72

Zaubernuß 24
– gewächse 23
Zidriwurzn 117
Ziedererkraut 94
Ziegenfleisch 429
Zimmetrösli 42
Zimpelfi 117
Zitterich 94
Zitterichkraut 224
Zwiebelpfeffer 79
Zwiebelsteinbrech 194

II. Verzeichnis der fremdsprachigen Pflanzennamen

d = dänisch, *e* = englisch, *f* = französisch, *i* = italienisch, *k* = kroatisch, *n* = norwegisch, *p* = polnisch, *rät* = rätoromanisch,
sch = schwedisch, *sl* = slowenisch, *s* = sorbisch, *t* = tschechisch, *w* = wendisch

Älgräs *sch* 268
Agrest *p* 57
Almindelig *d* 268
–, Milturt *d* 223
–, St. Hansurt *d* 74
Alpine Saxifrage *e* 152
Alternate-leaved Golden
 Saxifrage *e* 223
Alzugáir *rät* 49
Ambretta selvatica *i* 422
Ampoay *f* 295
l'Ampone selvatica *i* 295
Amponello *i* 295
D'angiolo *i* 41
Angrešt *t* 57
Anzoua ascha *rät* 49
Artichaut de murailles *f* 114
–, sauvage *f* 114

Barba di capra *i* 264
– di Giove *i* 114
Barbe de bouc *f* 264
– de chèvre *f* 264
Bela homulica *sl* 83
Běle mydleško *s* 83
Benoîte *f* 422
– d'eau ou des ruisseaux *f* 426
Bidende stenurt *d* 92
Bjerg-Stenurt *d* 86
Black Currant *e* 53
Bö-sch da muschins *rät* 49
Boričak *k* 51
Borracina *i* 92
Bradovicnik *sl* 92
Brestolistna medvejka *sl* 260
Bringebaer *d* 295
Brstični Kreč *sl* 194
Brudbröt *sch* 272

Caglia d'eua *rät* 49
Camedrio alpino *i* 432
Carcioffi grassi *i* 114
Cariofillata *i* 422
– o benedetta aquatica *i* 426
Casse-pierre *f* 195
Cassis *f* 53
Castillier *f* 51
Cepèa *i* 79
Čerwjeny januškowc *s* 51
Chênette *f* 432
Cloudberry *e* 289

Čorny januškowc *s* 53
Cresson doré *f* 221
Črni čmanjci *k* 53
Črno grozdičic *s* 53
Crosei *i* 51
Crosej *rät* 49
Crosell *rät* 49
Čuvar kuča *k* 114

Dewberry *e* 299
Dorine *f* 221
Dropwort *e* 272
Dryádka osmiplátečná *t* 432

Eneta *i* 49
Eng-Nellkerod *d* 426
Erba benedetta *i* 422
– della Madonna *i* 80
– di plaga *i* 422
– grassa *i* 86
– muraria *i* 80
– peperina *i* 272
– pignola *i* 83, 92
– S. Giovanni *i* 74
– stella *i* 186

Fava grassa *i* 74
Feber-Nellkerod *d* 422
Filipendule *f* 272
Framboisier *f* 295
Framboos *i* 295
Frambosa *i* 295
Fruebaer *d* 292

Gadellier *f* 51
Garofanaja *i* 422
Gazon d'or *f* 92
Gelsomino de' frati *i* 41
Gomoljasti oslad *sl* 272
Gooseberry *e* 57
Gramignello *i* 292
Grand joubarbe *f* 114
– orpin *f* 74
Grass of Parnassus *e* 228
Great Sundew *e* 14
Greš *k* 57
Gresalei *f* 57
Gromo tresk *sl* 114
Groseillier à grappes *f* 51
– commun *f* 51
– des alpes *f* 55

– des haies *f* 57
– des rochers *f* 49
– épineux à marquerau *f* 57
– noir *f* 53
– rouge *f* 51
– vert *f* 57
Grozdič *k* 51, 53

Hallon *sch* 295
Herb Bennet *e* 422
Herbe à la goutte *f* 11
– à la gravelle *f* 195
– à la rosée *f* 11
– de Saint-Benoît *f* 422
– ou racine bénite *f* 422
Hjortron *sch* 289
Homuljica *k* 92
Hórski januškowc *s* 55
Houseleek *e* 114
However drunk you be *e* 114

Insipid Stonecrop *e* 89
Ivansko grožde *k* 51

Jaric *k* 92
Jasmin bâtard *f* 41
Joubarbe des montagnes *f* 119
Joubarbetoile d'araignée *f*
 110
Jungfrubar *sch* 292

Knoldet Mjödurt *d* 272
Kokoški *s* 74
Korbaer *d* 299
Kornet Stenbraek *d* 195
Kosmača *k* 57
Kosmaćkowc *s* 57
Kosmulja *sl* 57
Kresničevje *sl* 264
Kuklik městský *t* 422
– potoční *t* 426

Langbladet Soldug *d* 14
Leverurt *d* 228
Liden Soldug *d* 25
Livelong *e* 75
Ljuti zednjak *k* 92
Long-leaved Sundew *e* 15
Lucernicchia *i* 191

Malina *sl* 295

– *t* 295
Malinik *t* 295
Masná bylina *t* 74
Meadow Saxifrage *e* 195
Meadow-sweet *e* 268
Medjede grožde *k* 51
Meruzalka černá *t* 53
– červená *t* 51
– skalni *t* 49
Midsummer-men *e* 100
Mild Stenurt *d* 89
Mjødurt *d* 268
Močvirski oslad *sl* 268
Mokrýs *t* 223
Molter *n* 289
Moorgrass *e* 11
Mountain Avens *e* 432
– Currant *e* 55
Mousse jaune *f* 92
Mozic *sl* 114
Multebaer *d* 289
Muri rosini *i* 299

Navadni netresk *sl* 114
– vraničnik *sl* 223
Netřesk střešní *t* 114

Oeil de bouc *f* 155
Ölgräs *sch* 268
Ogroz *k* 57
Ogrozd *k* 57
Olmaria *i* 268
Opposite-leaved Golden
 Saxifrage *e* 221
Oreille de diable *f* 11
Orpin à feuilles épaisses *f* 80
– à large feuilles *f* 74
– brûlant *f* 92
– robuste *f* 74
Orpine *e* 75
Ostra homulica *sl* 92
Ostrožnika *sl* 299
Ostružnik ježnik *t* 299
– moruška *t* 289
– skalni *t* 292

Parnassia *i* 228
Parnassie des marais *f* 228
Perce-pierre *f* 191
Petite joubarbe *f* 92
Philadelphe *f* 41

441

Pinochiella *i* 83
Podolgastolistna medvejka *sl* 256
Poivre de muraille *f* 92
Popjerjane mydleško *s* 92
Porzeczka czarna *p* 53
– czerwona *p* 51

Queen of the meadows *e* 268

Raisin de mare *f* 51
– de ratte *f* 80, 83
Raisinet *f* 51
Raspberry *e* 295
Rdeče grozdjiče *sl* 51
Red currant *e* 51
Red-rot *e* 11
Reine des près *f* 268
Reinrose *n* 432
Reprise *f* 74, 75
Ribes rosso *i* 51
Ribizelj *sl* 51
Ribizla črna *k* 53
– crvena *k* 51
Ribs *d* 51
Ris di ratt *i* 83
Rock Stonecrop *e* 86
Rodžni koren *sl* 100
Röd St. Hansurt *d* 75
Rojnik *p* 114
Rompe-pierre *f* 195
Ronce bleuâtre *f* 299
– des rochers *f* 292
Ronjgoza *k* 57
Rorella *i* 11

Rorelle *f* 11
Rosalaire *f* 11
Rose-root *e* 100
Rosée du soleil *f* 11
Rosette *f* 11
Rosiczka okraglotistna *p* 11
Rosika *sl* 11
Rosnatka *t* 11
Rosnik *p* 11
Rosolida *i* 11
Rossolis *f* 11
Round-leaved Sundew *e* 11
Roveda bianca *i* 299
Rovo dal fior bianco *i* 299
– erbajolo *i* 292
– ideo *i* 295
Rozalaira *f* 11
Rozchodnice růžová *t* 100
Rozchódnik *s* 74
– bílý *t* 83
– největši *t* 74
– ostry *sl* 92
– prudký *t* 92
– skalní *t* 86
– wielki *p* 74
Rue-leaved Saxifrage *e* 191
Rugiuda del sole *i* 11
Rundbladet Soldug *d* 11
Rybiz *t* 51

Samoperka *sl* 228
Samoroda *p* 114
Samorost *t* 92
Sannicola delle Alpi *i* 163
Saxifrage à feuilles rondes *f* 186

– à trois doigts *f* 191
– des murailles *f* 191
– jeune *f* 155
– pyramidale *f* 163
Seringa des jardins *f* 41
– magnifique *f* 41
– odorant *f* 41
Skalna homulica *sl* 86
Skalne mydleško *s* 86
Skobotovec *sl* 41
Smaabladet Milturt *d* 221
Smalanka *w* 272
Smradinka *t* 53
Smrodynka *p* 53
Solbaer *d* 53
Sopravvivolo dei muri *i* 86
Spinella dei sass *i* 49
Srstka *t* 57
Stenbaer *sch* 292
Stenhallon *sch* 292
Stikkelsbaer *d* 57
Stone Bramble *e* 292
Stresnik *sl* 114
Svalniček *t* 92
Svib *k* 53
Swinmandlar *sch* 272

Tačakojta rosowka *s* 11
Thé suisse *f* 432
Tjaeld-Ribs *d* 55
Tolije *t* 228
Treiebaer *n* 292
Treklöft Stenbraek *d* 191
Třešny rozkólnik *s* 114
Trique madame *f* 86

Trnata ribizla *k* 57
Tučne kaponki *s* 74
– mužiki *s* 92
Tužebník jilmový *t* 268
– šestiplátečný *t* 272

Udatna *t* 264
Uga spina *i* 57
Ughetter *rät* 49
Uheljnik *sl* 114
Ulmaire *f* 268
Usesnik *sl* 114
Uva spina *i* 57

Vermiculaire *f* 83
– brûlante *f* 92
Vino sv. Jana *t* 51
Vrbolistna medvejka *sl* 261

Wall-pepper *e* 92
Water Avens *e* 426
Welcome home husband *e* 100
White Stonecrop *e* 83
– syringa *e* 41
Wićowa jahoda *s* 53
Wood Avens *e* 422
Wulke mydleško *s* 74

Yellow Marsh Saxifrage *e* 155
Youth-wort *e* 11

Zahrodny januškowc *s* 51
Zdravilna homulica *sl* 74
Zrnati Kreč *sl* 195
Zuslög *d* 114

III. Verzeichnis der lateinischen Pflanzennamen

Acaena Vahl 240
Aeonium Webb. et Berth. 64
— arboreum (L.) 64
Afrolicania elaeosperma Mildbr. 35
Aldrovanda L. 18
— vesiculosa L. 18
Altingiaceae 26
Amygdalaceae 35
Aruncus Adans. 262
— dioicus (Walt.) Fernald 264
— silvestris Kosteletzky 264
— vulgaris Rafin. 264
Astilbe Buch. Hamilt. 128
— Arendsii hort. 128
— Davidii (Franch.) Henry 128
— Lemoinei hort. 128
— rosea v. Waweren & Kruiff 128
Astilboides tabularis (Hemsl.) 128

Bergenia Moench 128
— cordifolia (Haw.) Sternb. 129
— crassifolia (L.) Fritsch 129
— purpurascens (Hooker f. et Thoms.) Engl. 129
— Stracheyi (Hooker f. et Thoms.) Engl. 129
Boykinia aconitifolia Nutt. 129
Brexiaceae 33
Bryophyllum Salisb. 65
— crenatum Baker 66
— tubiflorum Harv. 66
Bruniaceae 33
Brunelliaceae 32
Bulliarda Vaillantii (Willd.) DC. 123
— aquatica (L.) DC. 124
Bursaria spinosa Cav. 33

Caesalpiniaceae 36
Cephalotaceae 34
Cephalotus follicularis Labill. 34
Cercocarpus ledifolius Nutt. 243
Chrysobalanaceae 35
Chrysobalanus Icaco L. 35
— — orbicularis Schum. et Thonn. 36
Chrysosplenium L. 218
— alternifolium L. 223
— dubium J. Gay 220
— oppositifolium L. 221
— tetrandrum (Lund ex Malmgr.) 220
Coluria R. Br. 242
— geoides (Pallas) Ledeb. 242
— Laxmannii (Gaertn.) 242
Connaraceae 36
Corokia Cotoneaster Raoul 33
Corylopsis glabrescens Franch. et Sav. 25
— pauciflora Sieb. et Zucc. 25
— platypetala Rehder et Wilson 25
— Willmottiae Rehder et Wilson 25
Cotyledon orbiculata L. 66
— umbilicus L. 65
— undulata Haw. 66
Cowania D. Don 243
Crassula L. 66
— aquatica (L.) 124
— falcata Wendl. 66
— lactea Soland. 66
— muscosa (L.) Roth 123
— rubens L. 98
— Tillaea Lester 123
Crassulaceae 34, 62

Cunoniaceae 32
Cunonia capensis L. 32

Darlingtonia Torr. 2
Deinanthe Maxim. 40
— bifida Maxim. 40
— caerulea Stapf 40
Deutzia Thunb. 38
— corymbosa R. Br. 39
— crenata Sieb. et Zucc. 39
— gracilis Sieb. et Zucc. 39
— scabra Thunb. 39
— Sieboldiana Maxim. 39
Dichroa Lour. 40
— febrifuga Lour. 40
Dionaea muscipula Ellis. 4
Diopogon Allionii Jord. et Fourr. 102, 104
— Heuffelii (Schott.) H. Huber 103
— hirtus (Julsen) Fuchs ex Huber 104
Droseraceae 4
Drosera anglica Hudson 14
— Beleziana Camus 17
— intermedia Hayne 15
— longifolia L. 15
— obovata Mert. et Koch 16
— rotundifolia L. 11
Dryas L. 431
— octopetala L. 432
Duchesnea
— fragarioides Smith 241
— indica (Andrew) Focke 241

Echeveria DC. 64
— agavoides Lem. 64
— Derenbergii J. A. Purpus 65
— elegans Berger 64
— elegans Rose 64
— fulgens Lem. 65
— gibbiflora DC. 65
— glauca Baker 64
— Harmsii Macbridge 64
— secunda Booth 64
Escalloniaceae 33
Escallonia L. 33
Eucryphia Cav. 32
Eucryphiaceae 32
Exochorda Lindl. 234
— Alberti Regel 234
— Giraldii Hesse 234
— grandiflora Lindl. 234
— Korolkowii Lavall. 234
— macrantha C. K. Schneider 234
— racemosa (Lindl.) Rehd. 234

Fallugia paradoxa (D. Don.) Endl. 243
Filipendula Miller 266
— hexapetala Gilib. 272
— kamtschatica (Pall.) Maxim. 266
— lobata (Gronov.) Murray 267
— purpurea Maxim. 266
— rubra (Hill) Rob. 267
— stepposa Juz. 271
— Ulmaria (L) Maxim. 268
— vulgaris Moench 272
Fothergilla Murray 25
— alnifolia L. 25
— Gardenii Murray 25

— monticola Ashe 25
Fragaria indica Andrew 241
Francoa sonchifolia Cav. 34
Francoaceae 34

Geum L. 413
— aleppicum Jacq. 425
— heterocarpum Boiss. 242
— montanum L. 418
— reptans L. 420
— rivale L. 426
— urbanum L. 422
Gillenia Moench. 233
— trifoliata (L.) Moench. 233
Grossularia Uva-crispa (L.) Miller 57
Grossulariaceae 32, 43

Hagenia abyssinica Willd. 240
Hamamelidaceae 23
Hamamelis L. 24
— japonica Sieb. et Zucc. 25
— mollis Oliver 25
— virginiana L. 23. 24
Heliamphora Benth. 2
Heuchera L. 129
— americana L. 129
— brizoides hort. 129
— sanguinea Engelm. 129
Holodiscus (K. Koch) Maxim. 237
— discolor (Pursh) Maxim. 237
Hydrangea L. 39
— arborescens L. 39
— Hortensia Sieb. et Zucc. 39
— macrophylla (Thunb.) DC. 39
— opuloides Lam. 39
— paniculata Sieb. et Zucc. 39
— petiolaris Sieb. et Zucc. 39
— quercifolia Bartr. 39
— radiata Walt. 39
— Sargentiana Rehd. 39

Itea virginica L. 32
Iteaceae 32

Jovibarba Opiz 102
— arenaria (Koch) Opiz 105
— hirta (Juslen) Opiz 104

Kalanchoë Adanson 64, 65
— Blossfeldiana v. Poelln. 65
— crenata (Baker) Hamet 66
— laxiflora Baker 65
— tubiflora (Harv.) Hamet 66
Kerria japonica (L.) DC. 237
Kirengeshoma palmata Yatabe 40

Licania rigida Benth. 36
Liquidambar styraciflua L. 26
— orientalis Miller 26

Mespilaceae 35
Mimosaceae 36

Mitella diphylla L. 129
– nuda L. 129
Monanthes Haw. 64
Moquitea tomentosa Benth. 36
Myrothamnaceae 32
Myrothamnus Welw. 32

Neillia D. Don. 236
Neillieae Maxim. 235
Nepenthaceae 3
Nepenthes L. 3
Neuradaceae 35
Neviusia alabamensis A. Gray 238

Oliverella elegans Rose 64
Orthurus Juz. 242
– heterocarpus (Boiss.) Juz. 242

Papilionaceae 36
Parinarium macrophyllum Sabine 36
– Mobola Oliv. 36
Parnassia L. 227
– palustris L. 228
Parnassiaceae 34, 225
Parrotia persica (DC.) C. A. Mey. 25
Parrotiopsis Jaquemontiana (Decne) Rehder 25
Peltiphyllum peltatum (Tarr.) Engl. 129
Penthoraceae 34
Penthorum L. 34
– sedoides L. 34
Philadelphaceae 32, 37
Philadelphus L. 40
– caucasicus Koehne 41
– coronarius L. 41
– hirsutus Nutt. 41
– inodorus L. 41
– insignis Carr. 41
– latifolius Schrad. 41
– Lemoinei hort. 41
– microphyllus A. Gray 41
– pallidus Hayek 41
– pekinensis Rupr. 41
– pubescens Loisl. 41
Physocarpus Maxim. 235
– amurensis (Maxim.) 235
– opulifolius (L.) Maxim. 235
Pittosporaceae 33
Pittosporum Gaertn. 33
– Tobira (Thunb.) Ait. 33
Platanaceae 28
Platanus acerifolia (Ait.) Willd. 31
– hybrida Brot. 31
– occidentalis L. 30
– orientalis L. 29
Potentilla indica (Andrew) Th. Wolf 241
Pterostemon Schauer 32
Pterostemonaceae 32
Pyxidanthera spathulata Mühlenb. 34

Quillaja Saponaria Molendo 234

Rhodiola 99
Rhodiola artica Borissova 100
– irmelica Borissova 100
– quadrifida (Pall.) Fischer et Mey. 100
– Rosea L. 100
Rhodotypos scandens (Thunb.) Makino 238
– kerrioides 238
Ribes 43
– alpinum L. 55
– aureum Pursh 44, 45

– Culverwellii Macfarlane 61
– Cynosbati L. 45
– divaricatum Dougl. 45
– domesticum Jancz. 51
– Gordonianum Lemaire 45
– Grossularia L. 57
– montigenum McClatchie 45
– multiflorum Kit. 44
– nigrum L. 53
– orientale Desf. 45
– oxyacanthoides L. 45
– pallidum Otto et Dietr. 61
– petraeum Wulfen 49
– rotundifolium Michx. 45
– rubrum L. 51
– sanguineum Pursh 44, 45
– sardoum Martelli 45
– sativum Syme 51
– Schlechtendalii Lange 50
– spicatum Robson 50
– sylvestre Syme 51
– Uva-crispa L. 47, 57
– vulgare Lamarck 51
Rochea DC. 66
– coccinea (L.) DC. 66
Rodgersia A. Gray 128
Rosaceae 35, 231
Rubus L. 274
– abietinus Sudre 382
– aceratispinus Sudre 385
– aculeatissimus Kaltenb. 382
– aculeolatus Ph. J. Müller 407
– acutipetalus Ph. J. Müller et Lefèvre 367
– adenoleucus Chab. 306
– adornatiformis Sudre 369
– adornatus Ph. J. Müller et Wirtg. 383
– adscitus Genev. 354
– affinis Weihe et Nees 315
– agrestis Waldst. et Kit. 304
– Albionis W. Watson 338
– alleghaniensis Porter 280
– alterniflorus Ph. J. Müller et Lefèvre 355
– ammobius Focke 314
– amygdalanthus Focke 335
– amoenus Koehler 399
– amplifrons Sudre 391
– amplus Fritsch 378
– anatolicus Focke 321
– anglosaxonicus Gelert 365
– angustifolius Ph. J. Müller et Lefèvre 367
– angustifrons Sudre 410
– angustisetus Sudre 406
– anisacanthoides Sudre 404
– anoplocladus Sudre 401
– apiculatiformis (Sudre) Bouv. 367
– apiculatus Weihe et Nees 365
– apricus Wimmer 388
– apum Fritsch 359
– arcticus L. 276
– arduennensis Libert 327
– Areschougii A. Blytt 301
– argenteus Weihe et Nees 332
– argutipilus Sudre 397
– armeniacus Focke 323
– Arrhenii J. Lange 348
– asperidens Sudre 388
– atrichantherus Krause 361
– atrocaulis Ph. J. Müller 333
– australis Forst. 278
– axillaris Lejeune 348
– badius Focke 358
– Balfourianus Bloxam 305
– Banningii Focke 334
– bavaricus Focke 386
– Bellardii Weihe et Nees 399
– bellidiflorus C. Koch 321
– Bertramii G. Braun 314
– biflorus Buch.-Ham. 279
– biformis Boulay 314
– bifrons Vest. 322

– Billotii Ph. J. Müller 384
– biserratus Ph. J. Müller 406
– brachyandrus Gremli 410
– bregutiensis Kerner 372
– brevistramineus Boulay 410
– brumalis Sudre 399
– caeruleicaulis Sudre 393
– caesius L. 279, 299
– Caflischii Focke 375
– canescens DC. 349
– candicans Weihe 326
– cardiophyllus Ph. J. Müller et Lefèvre 331
– carneuus Sabransky 399
– carpinifolius Weihe 344
– cerasifolius Ph. J. Müller et Lefèvre 324
– cernus Ph. J. Müller 369
– chaerophyllus Sagorski 343
– Chamaemorus L. 289
– Chenoni Sudre 387
– chloocladus W. Watson 321
– chlorocaulon (Sudre) W. Watson 373
– chlorophyllus Gremli 309
– chlorosericeus Sabransky 400
– chlorostachys Ph. J. Müller 410
– chlorothyrsos Focke 347
– chloroxylon Sudre 394
– cimbricus Focke 347
– Clusii Borbás 357
– condensatus Ph. J. Müller 362
– consobrinus (Sudre) Bouv. 343
– conspicuus Ph. J. Müller 354
– constrictus Ph. J. Müller et Lefèvre 341
– conterminus Sudre 395
– corylinus Ph. J. Müller 409
– corymbosus Ph. J. Müller 368
– crassus Holuby 400
– cunctator Focke 357
– curtiglandulosus Sudre 396
– cuspidifer Ph. J. Müller et Lefèvre 324
– Dalibarda 275
– dalmaticus Guss. 320
– danicus Focke 345
– dasyclados A. Kerner 353
– declivis Sudre 404
– decorus Ph. J. Müller 384
– decurtatus Ph. J. Müller 411
– deliciosus James 276
– derasifolius Sudre 397
– discerptus Ph. J. Müller 365
– dispectus Sudre 378
– dissectifolius Sudre 394
– diversifolius Lindl. 308
– Drejeri G. Jensen 363
– dumetorum Hayne 302
– dumnoniensis Bab. 339
– Durotrigum R. P. Murray 407
– echinatus Ph. J. Müller 411
– egeniflorus Progel 411
– egregius Focke 340
– eifeliensis Wirtg. 362
– elegans Ph. J. Müller 410
– elongatifolius Boulay et Gillot 411
– emarginatus Ph. J. Müller 381
– eriostachys Ph. J. Müller et Lefèvre 359
– erraticus Sudre 374
– euryanthemus Watson 394
– exilis Sudre 378
– falciferus Ph. J. Müller 324
– ferox Vest 359
– ferox Weihe 308
– ferus Focke 308
– fimbriifolius Ph. J. Müller et Wirtg. 355
– finitimus Sudre 397
– fissurarum Sudre 394
– fissus auct. non Lindl. 313
– flaccidus Ph. J. Müller 327
– flagellaris Willd. 281
– flexuosus Ph. J. Müller 367
– foliosus Weihe et Nees 367
– fontivagus Sudre 391
– fragariiflorus Ph. J. Müller 396

Rubus fragrans Focke 329
- frondosus Bigelow 280
- fruticosus L. 309, 313, 317, 326
- furvus Sudre 329
- fusciformis Sudre 366
- fusco-ater Weihe et Nees 383
- fuscus Weihe et Nees 366
- Genevieri Boreau 364
- Gelertii K. Fridrichsen 354
- geniculatus Kaltenb. 324
- Godronii Lecoq et Lamotte 325
- goniophyllus Ph. J. Müller 329
- gothicus Fridrichsen 306
- graciliflorens Sudre 393
- graecensis W. Maurer 315
- grandibasis Sudre 325
- granulatus Müller et Lefèvre 372
- gratus Focke 341
- Gravetii (Boulay) 369
- Gremlii Focke 357
- Guentheri Weihe et Nees 401
- hebecarpos Ph. J. Müller 386
- hebecaulis Sudre 360
- hedycarpus Focke 323
- helveticus Gremli 360
- Henryi Hemsl. 277
- hemistemon Ph. J. Müller 347
- hercynicus G. Braun 403
- hirsutus Wirtgen 373
- hirtus Waldst. et Kitaibel 397
- holosericeus Vest. 303
- horridulus Ph. J. Müller 408
- hostilis Ph. J. Müller et Wirtg. 383
- humifusus Weihe et Nees 392
- humulifolius C. A. Mey. 278
- humilis Ph. J. Müller 394
- hypodasyphyllus Sudre 403
- hypoleucos Vest 349
- hypomalacus Focke 361
- Hystrix Weihe et Nees 378
- Idaeus L. 275, 276, 295
- illecebrosus Focke 279
- impolitus Sudre 389
- inaequabilis Sudre 393
- incarnatus Ph. J. Müller 342
- incultus Ph. J. Müller et Wirtg. 405
- indusiatus Focke 386
- inermis Willd. 321
- infestus auct. 371
- inhorrens Focke 303
- insericatus Ph. J. Müller 368
- integribasis Ph. J. Müller 316
- interruptus Sudre 404
- irrufatus Ph. J. Müller 393
- Kaltenbachii Metsch 402
- Koehleri Weihe et Nees 384
- laceratus Ph. J. Müller 395
- laciniatus Willd. 338
- Lamottei Genev. 305
- lamprophyllus Gremli 405
- Langei G. Jens 333
- Laschii Focke 280
- lasiaxon Borb. et Waisb. 359
- Lejeunii Weihe et Nees 381
- lepidus Ph. J. Müller 324
- leptadenes Sudre 411
- leptobelus Sudre 407
- leucandrus Focke 335
- leucanthemus Ph. J. Müller 353
- leucodermis Dougl. 279
- Leyi Focke 348
- Lindebergii Ph. J. Müller 331
- Lindleyanus Ed. Lees 340
- Linkianus Ser. 328
- Lloydianus Genev. 351
- Loehrii Wirtgen 373
- Loganobaccus Bailey 281
- longicuspis Ph. J. Müller 394
- longisepalus Ph. J. Müller 409
- lusaticus Wagner 406
- Maassii Focke 340
- Macraei Gray 279

- macropetalus Dougl. 281
- macrophyllus Weihe et Nees 334
- macrostachys Ph. J. Müller 356
- macrostemon Focke 323
- macrothyrsos Lange 362
- maritimus (Arrhenius) Focke 296
- maximus Marsson 303
- melanoxylon Ph. J. Müller et Wirtg. 377
- Menkei Weihe et Nees 372
- Mercieri Genev. 351
- micans Godr. 370
- microanchus Sudre 368
- minutidentatus Sudre 402
- minutiflorus Ph. J. Müller 403
- miostylus Boulay 396
- moluccanus hort. non L. 278
- montanus Libert 326
- montanus Wirtgen 317
- Mougeotii Billot 303, 304
- mucronatus Bloxam 363
- mucronifer Sudre 363
- mucronipetalus Ph. J. Müller 393
- Muelleri Lefèvre 358
- Muenteri Marss. 341
- mutabilis Genev. 380
- myriacanthus Focke 308
- Myricae Focke 345
- napaeus Focke 381
- napophiloides Sudre 409
- neglectus Peck 279
- nemoralis Ph. J. Müller 338
- nemorensis Ph. J. Müller et Lefèvre 339
- nemorosus Arrhen. 306
- nemorosus Hayne 302
- nessensis W. Hall. 311
- nigricatus Ph. J. Müller et Lefèvre 401
- nigribaccus Bailey 280
- nitidus Weihe et Nees 316
- nobilis Regel 277
- occidentalis L. 279
- obrosus Ph. J. Müller 410
- obscurus Kaltenb. 373
- obtruncatus Ph. J. Müller 380
- obtusangulus Gremli 331
- obvallatus Boulay et Gillot 354
- odoratus L. 277
- offensus Ph. J. Müller 400
- oigocladus Ph. J. Müller et Lefèvre 383
- omalus Sudre 375
- opacus Focke 314
- Oreades Ph. J. Müller et Wirtg. 308
- Oreogiton Focke 308
- orthacanthus Wimmer 307
- pallidus Weihe et Nees 369
- parviflorus Nutt. 276
- parviserrulatus Sudre 367
- Paxii Focke 279
- pedatus Sm. 275
- pectinatus Sudre et Grav. 402
- peltifolius Progel 400
- pergratus Blanchard 280
- phoenicolasius Maxim. 279
- phyllostachys Ph. J. Müller 328
- Pierratii Boulay 400
- pilocarpus Gremli 380
- platyacanthus Ph. J. Müller et Lefèvre 340
- plicatus Weihe et Nees 313
- podophyllos Ph. J. Müller 356
- polyanthemos Lindeb. 355
- porphyracanthus Focke 343
- posoniensis Sabransky 401
- praedatus Schmidely 398
- probabilis Bailey 280
- procerus Ph. J. Müller 323
- propinquus Ph. J. Müller 325
- pruinifer Sudre 356
- pruinosus Arrhenius 302
- pseudapricus Hayek 393
- pubescens Weihe 321
- pulcher Ph. J. Müller et Lefèvre 371

445

- pulcherrimus Neum. 355
- pygmaeopsis Focke 388
- pygmaeus Weihe et Nees 389
- pyramidalis Kaltenb. 336
- Questieri Ph. J. Müller et Lefèvre 339
- racemiger Gremli 367
- Radula Weihe 363
- reflexus Ker-Gawl. 278
- retrodentatus Ph. J. Müller et Lefèvre 366
- Reuteri Mercier 388
- rhamnifolius Weihe et Nees 329, 330
- rhodanthus W. Watson 334
- rhodopsis Sabransky 377
- rhombifolius auct. 334
- rhombifolius Weihe 332,
- rhombophyllus Ph. J. Müller et Lefèvre 368
- rigiduliformis Sudre 376
- rivularis Ph. J. Müller et Wirtg. 404
- rosaceus Weihe et Nees 382
- roseiflorus Ph. J. Müller 303
- rosellus Sudre 392
- rotundatus J. Ph. Müller 339
- rotundellus Sudre 389
- rubellus Ph. J. Müller 357
- rubicundus Ph. J. Müller et Wirtg. 382
- rubiginosus Ph. J. Müller 402
- rubrans Ph. J. Müller 379
- rudis Weihe et Nees 374
- rusticanus Mercier 320
- saltuum Focke 367
- sanguineus Friv. 321
- sativus Brainerd 280
- saxatilis L. 292
- saxicolus Ph. J. Müller 389
- scaber Weihe et Nees 392
- scaberrimus Sudre 377
- scabrosus Ph. J. Müller 307
- scanicus Aresch. 348
- Schlechtendalii Weihe 336
- Schleicheri Weihe 390
- Schlickumii Wirtg. 354
- Schmidelyanus Sudre 362
- sciaphilus Lange 345
- sciocharis (Sudre) W. Watson 345
- scissus W. Watson 313
- scopulicola Sudre 394
- Selmeri Lindeb. 338
- senticosus Koehl. ex Weihe 317
- serpens Weihe 408
- serrulatus Lindeb. 306
- setiger Ph. J. Müller et Lefèvre 406
- silesiacus Weihe 360
- silvaticus Weihe et Nees 336
- sollingiacus Sudre 348
- spectabilis Pursh 278
- spinosissimus Ph. J. Müller 309
- spinosulus Sudre 407
- spinulatus Boulay 387
- spinulifer Ph. J. Müller et Lefèvre 387
- splendidiflorus Sudre 338
- Sprengelii Weihe 345
- stereacanthos Ph. J. Müller 333
- strigosus Michx. 296
- styriacus Halácsy 358
- subcanus Ph. J. Müller 370
- suberectus Anders. 311
- subpygmaeopsis Spirib. 389
- sulcatus Vest 313
- taeniarum Lindeb. 371
- tenuidentatus Sudre 404
- tereticaulis Ph. J. Müller 395
- thelybatos Focke 375
- thyrsanthus Focke 329
- thyrsiflorus Weihe et Nees 371
- thyrsoideus Wimmer 326
- tomentosus Borkhausen 349
- trachyadenes Sudre 403
- trachycaulon Sudre 366
- trivialis Michaux 281
- trunicifolius Ph. J. Müller et Lefèvre 369

Rubus ulmifolius Schott. 320
- uncinatus Ph. J. Müller 366
- ursinus Cham. et Schlechtd. 281
- vallisparsus Sudre 377
- vaniloquus Schumacher 306
- velox Bailey 281
- vepallidus Sudre 410
- Vestii Focke 328
- vestitus Weihe et Nees 351
- Villarsianus Focke 309
- villicaulis Koehler 331
- villosus Bigelow 280
- virgultorum Ph. J. Müller 304
- viridis Kaltenb. 376
- vulgaris Weihe et Nees 344
- Wahlbergii Arrhenius 306
- Warmingii Jensen 303
- Winteri Ph. J. Müller 325

Sarracenia L. 1
Sarraceniaceae 1
Sarracenia purpurea L. 3
Saxifragaceae 34, 126
Saxifraga L. 130
- adscendens L. 189
- aizoides L. 160
- Aizoon Jacq. 167
- ajugifolia L. 139, 448
- altissima Kerner 166
- amphibia (Sündermann) Braun-Bl. 184
- Andrewsii Harv. 216
- androsacea L. 204
- Angelisii Strobl 218
- aphylla Sternb. 207
- apiculata Engl. 138
- aquatica Lap. 139
- arachnoidea Sternb. 187
- Arendsii Engl. 140
- aretioides Lap. 138
- aspera L. 158
- - L. var. bryoides DC. 159
- - L. subsp. elongata Gaud. 158
- autumnalis L. 160
- Baumgartenii Schott 177
- berica (Béguinot) D. A. Webb 139
- bernardensis Vaccari 217
- biflora All. 178
- blepharophylla Kerner 182
- Braunii Wiemann 218
- bronchialis L. 136
- bryoides L. 159
- bulbifera L. 194
- Burseriana L. 176
- caerulea Pers. 180
- caesia L. 173
- caespitosa L. 140
- - subsp. decipiens (Ehrh.) Engl. et Irmsch. 197
- callosa Sm. 448
- camonicana Sündermann 216
- carniolica Huter 201
- carpathica Reichenb. 139
- cartilaginea Willd. 136
- chrysantha A. Gray 133
- cernua L. 192
- Churchillii Huter 216
- Clusii Gouan 133
- cochlearis Reichb. 136
- connectens Engl. et Irmscher 218
- continentalis (Engl. et Irmscher) D. A. Webb 140
- controversa Sternb. 189
- corymbosa Boiss. 136
- cortusifolia Sieb. et Zucc. 135
- Cotyledon L. 163
- crustacea Hoppe 169
- crustata Vest. 169
- cuneifolia L. 157
- cuscutiformis Lodd. 135
- Cymbalaria L. 141

- decipiens Ehrh. 197
- decipientoides Engler et Irmscher 218
- depressa Sternb. 203
- diapensioides Neilr. 174
- diapensioides Bell. 171
- Engleri Huter 216
- exarata Vill. 198
- Facchinii Koch 213
- fassana Handel-Mazzetti 203
- Ferdinandi-Coburgi Kellerer et Sündermann 138
- flagellaris Willd. 133
- florulenta Moretti 136
- Forsteri Stein 216
- Freibergeri Ruppert 218
- Gaudinii Brügger 216
- Gentyana Bouchard 218
- Geum L. 133, 134
- Girtanneri Brügger 216
- glauca Clairv. 171
- granulata L. 195
- granulatoides Engl. et Irmscher 218
- Haagii Sündermann 138
- Hartii D. A. Webb. 140
- Hausmannii Kerner 216
- Hausknechtii Engler et Irmscher 218
- Hayekiana Vaccari 217
- hederacea L. 141
- hederifolia Hochst. 141
- hieraciifolia Waldstein et Kit. 151
- Hirculus L. 155
- hirsuta L. 133
- Hohenwartii Sternb. 210
- Hostii Tausch 164
- Huteri Außerdorfer 217
- hypnoides L. 139
- imbricata Bert. 171
- imperfecta Braun-Bl. 218
- incrustata Vest. 169
- ingrata Huter 218
- irrigua M. Bieberst. 139
- italica D. A. Webb 448
- Jaeggiana Brügger 215
- juniperifolia Adams 137
- Kochii Hornung 218
- latepetiolata Willk. 139
- leucantha Thomas 199
- lilacina Duthie 137
- lingulata Bell. 136, 448
- longifolia Lapeyr 136
- macropetala Kerner 179
- maculata Schrank 167
- marginata Sternb. 137
- Mattfeldii Engl. 216
- media Gouan 136
- montavonensis Kerner 163
- moschata Wulf. 200
- - subsp. basaltica Br.-Bl. 202
- - subsp. linifolia Br.-Bl. 202
- - subsp. pseudoexarata Br.-Bl. 202
- - subsp. Rhodanensis Br.-Bl. 202
- multiflora All. 163
- Murithiana Tissière 182
- muscoides Allioni 212
- mutata L. 162
- nivalis L. 152
- norica Kerner 218
- Nuttallii Small. 139
- oppositifolia L. 180
- paniculata Miller 167
- Padallae Brügger 218
- paradoxa Sternb. 214
- patens Gaud. 216
- pectinata Schott, Nym. et Kotschy 216
- pedemontana All. 139
- pennsylvanica L. 133
- perdurans Kit. 139, 448
- petraea L. 188
- planifolia Lap. 200
- planifolia Sternb. 212
- Ponae Sternb. 188

- porophylla Bertol. 136
- praetermissa D. A. Webb 448
- prenja Beck 210
- presolanensis Engl. 210, 448
- pungens Clairv. 175
- purpurea All. 138
- pyramidalis Lap. 163
- retusa Gouan 177
- Reyeri Huter 218
- rhaetica Kerner 165
- rivularis L. 139
- rosacea Moench. 197
- rotundifolia L. 186
- Rudolphiana Hornsch. 183
- rupestris Willd. 188
- sancta Griseb. 137
- sarmentosa Schreder 135
- scardica Griseb. 137
- sedoides L. 208
- Seguieri Sprengel 205
- Sibthorpii Boiss. 141
- sibirica L. 139
- sotchensis Engler 216
- spathularis Brot. 133
- sponhemica Gmelin 197
- Spruneri Boiss. 137
- spuria Kerner 217
- squarrosa Sieber 172
- stellaris L. 153
- stenopetala Gaud. 207
- Sternbergii Willd. 197
- stolonifera Meerb. 135
- Tazetta hort. 216
- tenella Wulfen 213
- tiroliensis Kerner 217
- tombeanensis Boiss. 174
- tricuspidata Rottb. 136
- tridactylites L. 191
- tridens Jan 140, 448
- trifurcata Schrad. 140
- umbrosa L. 134
- urbium Webb. 134
- valdensis DC. 136
- Vandellii Sternb. 175
- veronicaefolia Pers. 194
- Vierhapperi Handel-Mazzetti 218
- Wahlenbergii Ball 448
- Wettsteinii Brügger 218
- Wulfeniana Schott 177
- zermattensis Hayek 217
- Zimmeteri Kerner 215
Schizophragma Sieb. et Zucc. 39
- hydrangeoides Sieb. et Zucc. 39
Sedum L. 67
- acre L. 92
- Adolphi Hamet 69
- Aizoon L. 69
- album L. 83
- alpestre Villars 94
- allantoides Rose 69
- alsinefolium Allioni 70
- altissimum Poir. 71
- Anacampseros L. 72
- anglicum Huds. 70
- annuum L. 91
- anopetalum DC. 89
- atratum L. 96
- bellum Rose 69
- boloniense Loisel 89
- caeruleum Vahl 70
- Cepaea L. 79
- cyaneum Rud. 69
- dasyphyllum L. 80
- Derbezii Petitmengin 99
- elegans Lejeune 85
- Ellacombianum Praeger 69
- engadinense Brügger 99
- erraticum Brügger 99
- Ewersii Ledeb. 69
- Fabaria Koch 76
- Forsterianum Smith 85
- Fuereri K. Wein 99

Sedum glaucum Lam. 80
- glaucum Waldst. et Kit. 97
- Hillebrandtii Fenzl 90, 448
- hirsutum Allioni 70
- hispanicum Juslen 97
- hybridum L. 69
- kamtschaticum Fisch. et Mey. 69
- latifolium Bertol. 74
- lineare Thunb. 70
- maximum (L.) Suter 74
- micranthum (Bastard ex DC.) Syme 84
- Middendorffianum Maxim. 69
- mite Gilib. 89
- monregalense Balb. 70
- montanum Perr. et Song. 88
- nicaeense All. 71
- ochroleucum Chaix. 89
- pachyphyllum Rose 69
- polonicum Blocki 69
- populifolium Pallas 68, 69
- praealtum DC. 68
- purpurascens Koch 76
- reflexum L. 86
- Rhodiola DC. 100
- roseum Scop. 100
- rubens L. 98
- rupestre Willkomm 88
- rupestre Villars 89
- saxatile Allioni 94
- saxatile DC. 91
- sediforme (Jacq.) Pau 71
- Sempervivum Grimm 89
- sexangulare L. 89
- sexfidum M. Bieberstein 97
- Sieboldii Sweet 69
- spectabile Borreau 70
- spurium M. Bieberstein 78
- Stahlii Solms 71
- Telephium L. 75
- var. purpureum L. 76
- var. vulgare (Haw.) Burnat 76
- villosum L. 82
- vulgare (Haw.) Link 75
Sempervivum L. 108
- adenophorum Borb. 107
- Allionii Nym. 104
- alpinum Griseb. et Schenk 114
- angustifolium Kerner 121
- arachnoideum L. 110
- arenarium Koch 105
- atropurpureum hort. 109
- barbulatum Schott 121
- Braunii Funck 120
- calcareum Jord. 108
- Clusianum Tenore 108
- Delasoiei Lehm. et Schnittsp. 121
- Doellianum (Schnittsp. et Lehm.) 111
- dolomiticum Facch. 113
- Fauconnettii Reuter 121, 448
- fimbriatum Schott 121
- flavipilum Hausmann 121

- Funckii F. Braun 122
- Gaudinii Christ 118
- glaucum Tenore 114
- globiferum L. 107, 109
- globiferum Wulfen 117
- grandiflorum Haw. 118
- Hausmannii Lehm. 121
- Heerianum Brügger 121
- Heuffelii Schott 103
- Hillebrandtii Schott 107
- hirtum Juslen 104
- Kochii Facch. 105
- montanum L. 119
- montanum L. subsp. stiriacum Wettst. et Hayek 120
- murale Boreau 114
- Neilreichii Schott 106
- noricum Hayek 121
- Pernhofferi Hayek 121
- Pittonii Schott 110
- roseum Huter et Gander 121
- rupicolum Kerner 121
- ruthenicum Koch 109
- Schlehannii Schott 108
- Schottii Baker 114
- Schottii C. B. Lehm. et Schnittsp. 448
- stiriacum Wettst. 120
- soboliferum Sims 107
- tectorum L. 114
- tomentosum Schnittsp. et Lehm. 112
- triste hort. 109
- Wulfenii Hoppe 117
Sibiraea Maxim. 236
- altaiensis (Laxm.) C. K. Schneider 236
- laevigata (L.) Maxim. 236
Sieversia montana (L.) R. Br. 418
- reptans (L.) R. Br. 420
Sorbaria (Ser.) A. Br. 233
- sorbifolia (L.) A. Br. 233
Spiraea L. 249
- alba Du Roi 254
- albiflora Miq. 253
- altaiensis Laxm. 236
- arguta Zabel 255
- Aruncus L. 264
- blanda Zabel 255
- bumalda Koehne 254
- cana Waldst. et Kit. 257
- canescens D. Don. 253
- cantoniensis Lour. 249
- chamaedryfolia L. 260
- chinensis Maxim. 250
- confusa Regel et Koernicke 256
- corymbosa Rafin. 253
- crenata L. 250
- crenifolia C. A. Mey. 250
- decumbens Koch 258
- Douglasii Hooker 254
- Filipendula L. 272
- Fontanyasii Lebas 254
- grossulariaefolia hort. 250

- Hacquetii Fenzl et K. Koch 259
- hypericifolia L. 251
- inflexa K. Koch 254
- japonica L. 253
- media F. Schmidt 256
- multiflora Zabel 255
- nipponica Maxim. 253
- oblongifolia Waldst. et Kit. 256
- obovata Waldst. et Kit. 252
- polonica Blocki 256
- prunifolia L. Sieb. et Zucc. 251
- salicifolia L. 261
- sanssouciana K. Koch 255
- Schinabeckii Zabel 255
- sorbifolia (L.) 233
- Thunbergii Sieb. 251
- tomentosa L. 254
- trilobata L. 250
- Ulmaria L. 268
- ulmifolia Scop. 260
- van Houttei Zabel 255
- venusta 267
Stephanadra Sieb. et Zucc. 236
- incisa (Thunb.) Zabel 236
- Tanakae Franch et Sav. 236

Tellima grandiflora (Pursh.) R. Br. 129
Tiarella L. 129
- cordifolia L. 129
Tillaea L. 122
- aquatica L. 124
- muscosa L. 123
- Vaillantii Willd. 123
Tolmiea Menziesii (Pursch) Torr. et A. Gray 129

Ulmaria Filipendula (L.) Kosteletzky 272
- pentapetala Gilib. 268
Umbilicus DC. 65
- pendulinus DC. 65
- rupester (Salisb.) Dandy 65

Vahliaceae 34
Vahlia Thunb. 34

Waldsteinia Willd. 412
- geoides Willd. 412
- ternata (Steph.) 413
Weinmannia glabra L. Fil. 32

Zahlbrucknera paradoxa (Sternb.) Reihb. 214

Ergänzungen und Berichtigungen

S. 9 Tafel 139, Fig. 1. *Reseda lutea* (Bd. **4**, 1, S. 521 der 2. Aufl.).

S. 49: Zeile 23 von oben, Betulo-Adenostyletea-Klassen-Charakterart.

S. 70 *Sedum alsinefolium* kommt in der Schweiz nirgends vor.

S. 76 Korrektes Zitat: *Sedum Telephium* L. subsp. *Fabaria* (KOCH) KIRSCHLEGER, Fl. Alsace **1**, 284 (1852).

S. 90 *Sedum Hillebrandtii* ist nach D. A. WEBB eine Unterart von *S. Sartorianum*. Es heißt demnach: *S. Sartorianum* BOISS. subsp. *Hillebrandtii* (FENZL) D. A. WEBB in FEDDES Repertorium **68**, 198 (1963).

S. 121 5. *S. arachnoideum* subsp. *arachnoideum* × *tectorum* = *S.* × *Fauconnettii* REUTER. Syn. *S.* × *angustifolium* KERNER.

S. 121 10. *S. montanum* subsp. *montanum* × *tectorum* = *S.* × *Schottii* C. B. LEHM. et SCHNITTSP.

S. 136 *Saxifraga lingulata* BELL. heißt richtig *S. callosa* SMITH.

S. 139 *Saxifraga ajugifolia* „L." heißt richtig *S. praetermissa* D. A. WEBB.

Saxifraga perdurans KIT. heißt richtig *S. Wahlenbergii* BALL.

S. 140 *Saxifraga tridens* JAN ex ENGL. heißt richtig *S. italica* D. A. WEBB.

S. 141 *Saxifraga presolanensis* ENGL. gehört in die (9.) *Aphylla*-Gruppe. Sie ist mit *S. sedoides* L. am nächsten verwandt.

S. 149 Zeile 8 von oben: 33a (statt 3a).

S. 151 Zeile 4 und 5: 56a Kronblätter linealisch lanzettlich oder schmal keilförmig, vorn abgerundet oder häufig ausgerandet, deutlich schmäler als die Kelchzipfel. . . . . 1449a. *S. presolanensis* ENGL.

S. 210 *Saxifraga presolanensis* ENGL. Literatur: G. ARIETTI e L. FENAROLI, Cronologia dei reperti e posizione sistematica della *Saxifraga presolanensis* ENGLER endemismo orobico. Bergamo 1960. Die Autoren korrigieren die auf S. 211 gegebene, von MERXMÜLLER übernommene Beschreibung in 2 Punkten: *S. presolanensis* bildet gewöhnlich lockere Polster; die Form der Kronblätter ist veränderlich, neben den ausgerandeten mit einem Zähnchen in der Einbuchtung finden sich häufig auch solche ohne das Zähnchen und selbst an der Spitze abgerundete, nicht ausgerandete Kronblätter kommen vor. Die Art ist nach ARIETTI und FENAROLI nur mit *S. sedoides* L. näher verwandt. – Außerdem bringen die Verfasser eine Karte mit allen bekannten Fundorten der Art; diese liegen sämtlich im Bereich der Orobischen Kalkalpen (auch der Cimon de Bagozza).

S. 211 *Saxifraga presolanensis* ENGL. Chromosomenzahl: $2n = 16$.

S. 239 *Hulthemia* läßt sich nicht als selbständige Gattung aufrechterhalten. Sie gehört zu *Rosa* und besitzt kleine, vergängliche Nebenblätter.

S. 289 *Rubus Chamaemorus*. Taf. 145 (nicht 148), Fig. 4.

S. 292 *Rubus saxatilis*. Taf. 145 (nicht 148) Fig. 1.

S. 295 *Rubus Idaeus*. Taf. 145 (nicht 148) Fig. 2.

S. 299 *Rubus caesius*. Taf. 145 (nicht 148) Fig. 3.